JN209216

写真 1　Rhyl Flats 洋上ウィンドファーム：25 基 × 3.6 MW Siemens 風車（撮影は Guy Woodland. RWE npower renewables より）

写真 2　ブレード製造状況：型内でブレードスキンに合板を積層しているところ（NEG Micon より）.

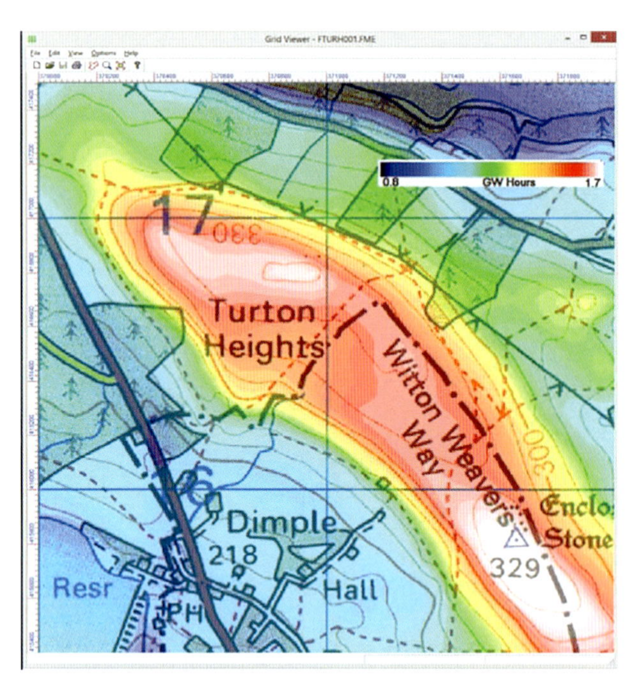

写真 3　ウィンドファーム解析ソフトウェア WindFarm による風力エネルギーマップ [GWh/year] の例（図 10.3 のカラー版）（ReSoft より．ⒸCrown copyright（2019）OS 100061895）

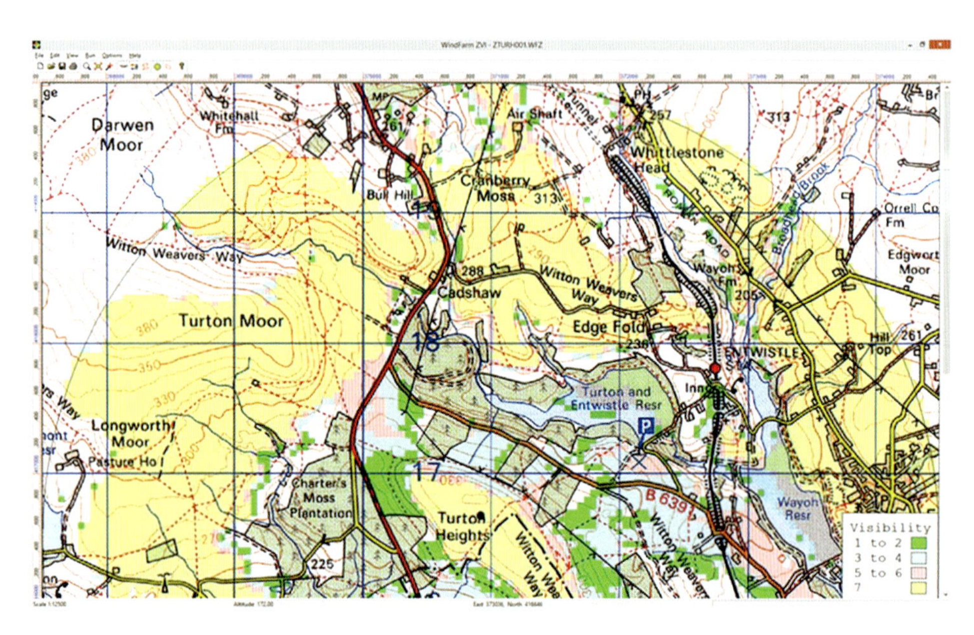

写真 4　ウィンドファームの理論的な視認性（ビジュアルインパクト）の解析例（図 10.8 のカラー版）：計画中のウィンドファームの予定地は Turton Heights（B6391 の南側）（ReSoft より．ⒸCrown copyright（2019）OS 100061895）

写真 5　London Array ウィンドファームにおける Siemens 3.6 MW 風車のタワー：手前側がトランジションピースと作業用プラットフォーム．

写真 6　East Anglia ウィンドファームにおける 3 脚ジャケット基礎：上方に見える特別な装置で海底に設置された．

写真 7　タイン（Tyne）川のドライドックで製造中の Blyth ウィンドファームの重力基礎：コンクリートを詰める前にケーソンの上部のパネルを設置しているところ.

写真 8　Hywind Scotland ウィンドファームの建造状況：ノルウェーのストード（Stord）近郊のフィヨルドにて，Siemens 6 MW 風車をスパーブイ上に設置しているところ.

風力エネルギーハンドブック 第3版

Wind Energy Handbook
Third Edition

Tony Burton・Nick Jenkins・Ervin Bossanyi
David Sharpe・Michael Graham ［原著］

吉田茂雄［監訳］

石原　孟・出野　勝・今村　博
鎌田泰成・小垣哲也・嶋田健司 ［共訳］
飛永育男・前田太佳夫・安田　陽・山口　敦

森北出版

●本書のサポート情報を当社 Web サイトに掲載する場合があります．下記のURL にアクセスし，サポートの案内をご覧ください．
https://www.morikita.co.jp/support/

●本書の内容に関するご質問は下記のメールアドレスまでお願いします．なお，電話でのご質問には応じかねますので，あらかじめご了承ください．
editor@morikita.co.jp

第3版の序文

Wind Energy Handbook の第 2 版が発刊されてから 10 年が経った．この新版では，その間に見られた風車設計の多くの分野における技術革新に関して修正・変更を加えた．この 10 年でブレードの設計技術が進歩し，材料特性の理解が進み，さらなる大型化が可能となった．洋上における 2 枚翼・ダウンウィンド風車の可能性は指摘されているものの，依然，可変速・ピッチ制御の 3 枚翼・アップウィンド風車が標準機としての地位を保っている．また，ダイレクトドライブや中速増速機と永久磁石型同期発電機との組み合わせを使用する風車が増え，従来の高速ドライブトレインの独占は崩れてきている．着床式洋上風車の支持構造の設計も進歩し続けているが，もっとも目覚ましい進歩といえば，浮体式洋上風車の成功であった．風車設計の基本的な理論は変化していないため，第 3 版では第 2 版の内容はほとんど変更していないが，最近の進展を扱うために多くの章を拡張している．ウィンドファームの発電電力量と風車の荷重に対してウェイクの影響が大きいことを考慮して，「ウェイクの影響とウィンドファームの制御」という新しい章（第 9 章）を追加した．この章では，ウェイクのエンジニアリングモデルの詳細と，ウィンドファーム制御について解説する．これは，ウェイクの影響を軽減することにより，ウィンドファームの発電電力量の向上と風車の疲労荷重低減を図る方法として現れた新しい分野である．また，ウィンドファームを利用した電力系統のアンシラリーサービスの重要性が高まっていることから，ウィンドファームの制御と電力系統に関する章も設けている．

各章のおもな変更点は次のとおりである．

■第 1 章　序論

風車とウィンドファームの大型化を考慮して更新した．

■第 2 章　風力資源と風況

IEC 61400-1 ed.4 を含むように改訂した．また，極値風速に関するガンベル法の実例を追加し，ウェイクおよびウィンドファームの乱流の説明は，新たに設けた第 9 章で包括的に扱うようにした．

■第 3 章　水平軸風車の空気力学，および，第 4 章　風車の空気力学に関するその他のトピック

第 2 版と同様，第 3 章は基本的な内容，第 4 章はより高度なトピックと分けている．第 3 章では，翼端損失を扱う 3.8 節の一部を変更し，3.17 節にフラットバック翼型を，3.19 節に低騒音設計をそれぞれ追加した．また，揚力と抗力を制御するデバイスに関する節を追加し，第 3 章の付録から抗力の節を削除した．第 4 章では，キナー（Kinner）の循環翼の数学的解析に関する 4.3 節について，最終結果以外を削除した．また，動的失速に関する 4.6 節を拡張し，ロータ空気力学とウェイクへの CFD（数値流体力学）の利用に関して 4.7 節を追加した．

■第 5 章　水平軸風車の設計荷重

軽微な変更のみ行った．すなわち，IEC の設計荷重ケースの更新の説明を追加し，ブレードの試

設計には，既存の平面形状で，構造上より効率的なブレード断面を採用した．また，ピッチ制御風車のブレード翼根曲げモーメントに対する，ヨーとウィンドシアーの影響を示す図を追加した．

■第6章　水平軸風車の概念設計

高速ロータ，軽負荷ロータ，マルチロータの構造，ならびに，パワー係数に対する翼枚数の影響に関する節を追加した．また，風車の大型化を考慮して，風車のサイズと定格の選択に関する節を修正した．発電機に関する節には，革新的なドライブトレインと電力変換法を追加した．

■第7章　要素設計

ブレード設計の節を大幅に拡張し，積層材の静的・疲労特性をより詳細に扱った．スパーキャップをもつブレードの疲労設計手法の説明のために，簡略計算例を追加した．また，製造手順をより詳細に説明し，ブレード試験，前縁エロージョン，曲げ–捩れ連成に関する節を追加した．

■第8章　コントローラ

風速推定とライダー支援制御に関する節を追加した．

■第9章　ウェイクの影響とウィンドファーム制御

第2章の説明のとおり．

■第10章　陸上の風車の設置とウィンドファーム（第2版の第9章）

風力エネルギー開発が環境に及ぼす影響への理解と対応が進んだことを考慮して，改訂・更新した．第2版以降発行された，環境への影響や，ウィンドファームの効果的で持続可能な開発のためのソフトウェアの高度化に関する文献を大幅に追加した．

■第11章　風力発電と電力系統（第2版の第10章）

風力エネルギーは電源としての重要性がますます高くなり，風車とウィンドファームを電力系統に連系し，それらの運用を統合するための技術が急速に進歩している．この章は，グリッドコード要件の進歩や，風力エネルギーの電力系統運用への統合の拡充を含む，これらの重要な進展に対処するために改訂・更新した．

■第12章　洋上風車と洋上ウィンドファーム（第2版の第11章）

近年の洋上風車の導入量の増加と均等化発電原価（Levelized Cost of Electricity: LCoE）の傾向を示すために導入の節を更新し，差金決済取引（Contract for Difference）の支援メカニズムを付録に追加した．洋上風力資源に関する節では，最近の研究を考慮して，ウェイク損失とウェイクの風下側の空間的広がり，および，ウィンドファームのブロッケージ効果について追加した．

浮体式洋上風車は利用可能な風力資源を飛躍的に増加させる可能性があり，すでに試作段階は終えて，いくつかのパイロットウィンドファームが稼働している．それをふまえ，浮体式洋上風車の構造に関する節を追加し，さまざまな構成の設計基準と設計方法，ならびに，三つのケーススタディを追加した．

また，モノパイル設計の節を拡張し，PISA研究プロジェクトによって可能になった新しい地盤工学的設計手法を追加した．さらに，近年の進展を反映して，さまざまな形式の着床支持構造の説明を更新し，疲労設計曲線を説明する節を追加した．

洋上ウィンドファームの環境影響については，公的資金によるモニタリングプログラムにより，多くの知見が得られた．これらの調査結果の一部は，環境モニタリングに関する新しい節で報告している．最後に，電力の収集と送電に関する節を更新し，高圧直流電流（High Voltage Direct Current: HVDC）用のモジュラーマルチレベルコンバータの説明を追加した．

第2版の序文

Wind Energy Handbook の第 2 版は，設計基準など，初版が出版されて以降 10 年間の主要な技術革新の進展を反映しようとしたものである．この間の風力エネルギー開発では，おもに洋力風力に関して進展があったため，洋上風車ならびに洋上風力ウィンドファームに関する新たな章を設けた．

洋上風力の章では，まず，洋上ウィンドファームの開発の現状，エネルギー賦存量評価とウェイクによる損失について述べた．その後，IEC 基準の設計荷重ケースで定められる風と波の組み合わせや，適用可能な波理論の概要など，基礎に作用する荷重について詳細に述べた．そこでは，線形（エアリー，Airy）波理論とディーン（Dean）流れ関数理論，モリソン（Morison）方程式を用いた波荷重への適用を説明した．これには，回折と砕波理論も含まれている．

これまで，波の荷重の検討により，さまざまな形式の基礎が使用されてきた．本書では，モノパイル，重力基礎，ジャケット構造，トリポッド，トリパイルについて説明した．もっとも普及しているモノパイルについては多くのページを割き，重要な設計上の検討項目ならびに，周波数領域でのモノパイル基礎の疲労解析について説明した．

ほかに，コストに対する影響が大きい要素として，発電した電力を陸上まで送電するための海底ケーブルがある．これに関しては，集電と電力系統の節で詳細に述べられている．洋上においては風車の信頼性もきわめて重要になるため，風車の状態監視やその他の信頼性を向上させる方法についても記載した．また，環境影響，保守，アクセス，ならびに，最適な風車サイズの選定についても述べた．

初版からある章は，すべて最新の情報に改訂した．新しい図表を追加した箇所もある．各章のおもな修正箇所は以下のとおりである．

■第 1 章　序論

最新の情報に改訂し，内容も拡充した．

■第 2 章　風力資源

乱流スペクトルの高周波の漸近的な特性，ならびに，マン（Mann）の乱流モデルについて追記した．

■第 3 章・第 4 章　水平軸風車の空気力学

初版における第 3 章と第 4 章の記述は，基礎を第 3 章に，先進的な内容を第 4 章に組み直した．また，運転試験ならびに性能計測に関する図表の一部を削除し，風車翼型や動的失速，ならびに，数値流体力学（CFD）の記述を追加した．

■第 5 章　水平軸風車の設計荷重

IEC の設計荷重ケースを最新のものに改訂し，極値荷重の統計外挿を追加した．例示した風車のサイズは直径 80 m とした.

■第 6 章　水平軸風車の概念設計

冒頭の節で，風車のサイズ，定格出力，ブレード枚数などについて，NREL のコストモデルを使用することにより大幅に改訂した．また，可変速風車に関して，詳細を説明した．タワーの剛性に関する節では，ロータ速度とブレード通過周波数におけるタワーの励振について追記した．

■第 7 章　要素設計

タワーの座屈設計に関する新しい基準，ならびに，基礎の回転方向の剛性を追記した．

■第 8 章　コントローラ

独立ピッチ制御の記述を大幅に追加した．

■第 9 章　ウィンドファームとその設置

鳥に対する風車の影響に関する最近の調査結果を追記した．

■第 10 章　電気システム

大規模ウィンドファームを系統連系するための要件，ならびに，発電システムに対するウィンドファームの影響について追記した．

第3版の謝辞

著者らは，知識と経験を共有してくれた風力エネルギーコミュニティの多くの仲間の支援に感謝したいと思う．これらの多くの方々に時間を割いていただいた．

ブレード設計に関して改訂・拡張した節では，多くの新しい資料を収集する必要があった．Tony Burton は，ブレード設計の実用性について Mark Hancock に，積層材の疲労試験からの教訓について Daniel Samborsky に，ワイト（Wight）島の Vestas のブレード試験施設への訪問を迎え入れてくれた Tomas Vronsky に感謝する．

モノパイル地盤工学設計に関する新しい節では，PISA 共同産業研究プロジェクトによって可能となった，より洗練された設計方法を参照している．Tony Burton は，同プロジェクトの中心メンバーで，プロジェクトの調査結果に関するチュートリアルを開催してくれた，オックスフォード（Oxford）大学の Byron Byrne と Guy Houlsby，ならびに，彼らの研究生である Toby Balaam に感謝する．

また，Tony Burton は，テキストのレビューを引き受けてくれた人々への感謝の気持ちを書き留めたいと思う．ブレード設計の節をレビューした Mark Hancock，Daniel Samborsky，Samuel Scott，モノパイル地盤工学設計の節をレビューした Byron Byne，浮体支持構造の節をレビューした James Nicholls と Kevin Drake に感謝する．ただし，これらの節の誤りに対する責任は著者にある．

Nick Jenkins は，設計ツール Windfarm の画像データの使用を承諾し，助言をくれた ReSoft 社の Alan Harris，ならびに，第 11 章の精査に貢献してくれたペラデニヤ（Peradeniya）大学の Janaka Ekanayake 教授に感謝する．

邪魔のない，気が散らない作業空間は，どの著者にとっても不可欠である．Tony Burton は，2020 年 3 月に Covid-19 ガイドラインによって避難が義務付けられるまで，自宅に静かで心地よい職場を提供してくれた，元同僚の Richard Stonor に感謝する．

本書では，NREL，Sandia 研究所，モンタナ州立大学（Montana State University），DNV GL 社，デンマーク工科大学（Technical University of Denmark）の出版物を幅広く活用した．資料を無料で提供し，その中の一部の掲載を認可してくれたこれらの組織に感謝の意を表する．また，ウィンドファームの気流の数値シミュレーションからカバーデザインを作成してくれた，Georgios Deskos（Imperial College London，現在はアメリカの National Renewable Energy Laboratory）に感謝する．

第2版の謝辞

Wind Energy Handbook の第 2 版は，初版を支援してくれた多くの方々により，引き続き支援と援助をいただいた．これらの方々に加えて，とくに新しく設けた洋上風車の章に関して，初版には関与していないが，第 2 版において助言や専門知識を提供していただいた多くの方々にも感謝している．とくに，Rose King には博士論文に基づき洋上の電気システムに関して，また，Tim Camp には洋上風車の基礎の荷重に関して，それぞれ議論いただいた．また，Bieshoy Awad には発電システムの図を作成していただき，Rebecca Barthelmie と Wolfgang Schlez には洋上ウィンドファームのウェイクの影響に関して助言いただいた．さらに，Joe Phillips には洋上風力エネルギーポテンシャルについて，Sven Eric Thor には Lillgund ウィンドファームにおける見識と図の提供を，Marc Seidel にはジャケット基礎の情報について，Jan Wienke には砕波に関する議論を，そして，Ben Hendricks には風車のサイズとコストの関係について，それぞれ協力いただいた．ここに謝意を表する．

加えて，原稿の精査という大変な作業を担当した方々もいる．とくに，陸上と洋上の設計荷重の節を担当した Tim Camp，基礎の節に関して貴重な意見をいただいた Colin Morgan，シミュレーション結果を使用した極値荷重の外挿法，ならびに，モノパイルタワーの周波数領域での疲労解析の内容を点検してくださった Graeme McCann に感謝する．ただし，いかなる誤記についても，責任の所在は著者らにある．また，初版における誤記を指摘してくださった方々にも感謝する．

Tony Burton は，博士論文（‘Dynamics and design optimization of offshore wind energy conversion systems’，ならびに，‘Constrained stochastic simulation of wind gusts for wind turbine design’）を提供いただいた，Martin Kuhn と Wim Bierbooms にも感謝の意を表する．いずれも，第 2 版の執筆を進めるにあたり，非常に貴重な論文であった．

初版の謝辞

Wind Energy Handbook 初版の執筆にあたり，数多くの方々に，さまざまな形で支援していただいた．David Infield には，第 4 章の内容の一部を提供いただいた．David Quarton には，第 5 章の内容を熟読していただき，コメントをいただいた．Mark Hancock には，第 7 章のブレード材料特性に関する情報と指針を提供いただいた．Martin Ansell，Colin Anderson，Ray Hicks には，増速機の設計に関する見識を伺った．また，Roger Haines と Steve Gilkes には，それぞれヨー駆動系の設計とブレーキの原理について啓発的な議論をしていただいた．そして，James Shawler には第 3 章の補助と検討をしていただいた．この場を借りて，謝意を表したい．

執筆にあたり，ETSU と Risø の文献をかなりの部分について利用した．これらの機関には，無料で閲覧可能な文書を作成していただき，その中の一部について本書への掲載を許可していただいたことに，謝意を表す．

なお，上述の組織や個人からの援助は受けてはいるが，本書に関する責任は我々にある．訂正や建設的な批判をいただきたい．

英国規格からの抜粋は，英国規格協会の許可を得て複製した（ライセンス番号 2001/SK0281）．なお，基準の一式は BSI カスタマーサービスから入手できる（電話：+44(0)20 8996 9001）．

監訳者序文

Wind Energy Handbook 翻訳に着手して約 10 年を経て，ようやく，「風力エネルギーハンドブック」として出版の運びとなった．その間，2020 年のカーボンニュートラル宣言を契機に，わが国でも再生可能エネルギーの導入拡大が政策的に進められ，風力発電，とくに洋上風力発電関連の導入には大きな前進が見られた．一方，風車に関しては，世界的には，信頼性の向上や風車の大型化などが大きく飛躍したものの，国内に目を向けると，大型風車を自社開発していたメーカーが撤退し，海外技術／海外製風車に依存せざるを得ない状況になっている．

風力発電は，機械工学，電気工学，制御工学，航空工学，風工学，土木工学，海洋工学，社会学など幅広い分野の統合技術であり，そこで見られる問題・課題，イノベーションのほとんどは分野をまたいだところにある．したがって，風力発電の実用的な情報を網羅的に扱っている本書は，風車にとどまらず，ウィンドファームの計画，周辺設備，輸送・建設，運転・保守の研究者・技術者，さらには，政策・制度の立案者など，風力発電のあらゆる分野の方々に有用な情報を与えるであろう．とりわけ，今日の日本では，技術者・研究者の成長に最高の機会を与える大型風車の開発がストップする中，導入目標の実現に必要な技術者数が急速に増加している状況に鑑みれば，本書の社会的な意義は，従来に増して高まっていると考えられる．

本書は，ハンドブックとしての特性上，最新の研究や技術開発の情報は限定的で，設計基準や制度などにもタイムラグがある．加えて，本書では触れられていない技術的／社会的ダイナミクスと，それらを説明するための数多くの理論・手法もある．これらについては，ぜひ，個々の読者が補完・探究していただきたい．意欲的な読者のサポートとして，当面の間，日本風力エネルギー学会のホームページ（https://www.jwea.or.jp/）に，本書の内容に関する質疑応答のプラットフォームを提供する予定であるので，併せて活用いただきたい．

Wind Energy Handbook は，風力エネルギーに関する数ある専門書の中でも，その内容の幅と実用性において最高レベルのものである．原著執筆者各位には，改めて敬意を表したい．本書の訳者も，各分野の一線で活躍する技術者・研究者で，いずれも多忙の中，多くの時間と労力を割いていただいた．また，鈴木遼氏ほか森北出版の関係各位には，膨大な原稿を正確で読みやすい図書に仕上げていただいた．そのほか，本書の出版にあたり，お力添えをいただいたすべての方々に心より感謝いたします．

本書を通じて，将来のエネルギーミックスに大きな役割を担う風力発電において，問題・課題の解決やイノベーションの創出に貢献できる専門家が次々と生まれることになれば，望外の喜びである．

2025 年 1 月

監訳　吉田茂雄

目 次

記　号

注意：このリストは網羅的なものではなく，それぞれの章に固有の多くの記号を省略している．

a	軸方向の流れの誘導係数（axial flow induction factor），ボルト中心からフランジ外縁までの長さ（flange projection beyond bolt centre）
a_b	ブレードにおける軸方向の流れの誘導係数（axial flow induction factor at blade）
$\bar{a}$	a のアジマス平均値（azimuthally averaged a）
a'	接線方向の流れの誘導係数（tangential flow induction factor）
a'_b	ブレードにおける接線方向の流れの誘導係数（tangential flow induction factor at blade）
$\bar{a}'$	a' のアジマス平均値（azimuthally averaged a'）
a'_t	翼端における接線方向の流れの誘導係数（tangential flow induction factor at the blade tip）
a_0	二次元揚力傾斜 $dC_l/d\alpha$（two-dimensional lift-curve slope）
a_1	構造減衰の大きさを決定する定数（constant defining magnitude of structural damping）
A, A_D	ロータ面積（rotor swept area）
A_∞, A_w	上流側／下流側の流管の断面積（upstream and downstream streamtube cross-sectional areas）
A_c	チャーノック定数（Charnock's constant）
b	ギアの歯幅（face width of gear teeth），フランジ接手におけるタワー側面に対するボルトの偏心（eccentricity of bolt to tower wall in bolted flange joint），ウェイクの幅（wake width）
b_r	β_r のバイアスなしの推定量（unbiased estimator of β_r）
B	ブレード枚数（number of blades）
c	ブレード翼弦長（blade chord），ワイブル尺度係数（Weibull scale parameter），分散（dispersion of distribution），平板の幅の 1/2（flat plate half width），円柱を平板で模擬した場合の，円柱の直径の 1/2（half of cylinder immersed width）
c^*	円柱を平板で模擬した場合の，時刻 t^* における円柱の直径の 1/2（half of cylinder immersed width at time t^*）
$\hat{c}$	単位幅あたりの減衰係数（damping coefficient per unit length）
c_i	i 次モードの一般化減衰係数（generalised damping coefficient with respect to the i-th mode）
C	ディケイ定数（decay constant），波の伝播速度（wave celerity），制約付き波峰高さ（constrained wave crest elevation）
$C(\nu), C(k)$	テオドールセン関数（Theodorsen's function）；$C(\nu) = F(\nu) + iG(\nu)$，$\nu$ または k は換算周波数（reduced frequency）
C_d	断面の抗力係数（sectional drag coefficient）
C_D	モリソン式における抗力係数（drag coefficient in Morison's equation）
C_{DS}	モリソン式における定常流における抗力係数（steady flow drag coefficient in Morison's equation）
C_f	断面力係数（sectional force coefficient）；C_d または C_l
C_l, C_L	断面の揚力係数（sectional lift coefficient）
C_M	モリソン式における慣性力係数（inertia coefficient in Morison's equation），モーメント係数（moment coefficient）
C_n^m	キナー圧力分布の係数（coefficient of a Kinner pressure distribution）
C_N	法線力係数（normal force coefficient）

C_p	圧力係数（pressure coefficient）
C_P	パワー係数（power coefficient または coefficient of performance）
C_Q	トルク係数（torque coefficient）
C_T	スラスト係数（thrust coefficient），風車の総コスト（total cost of wind turbine）
C_{TB}	ベースライン風車の総コスト（total cost of baseline wind turbine）
C_x	翼素の面外力係数（coefficient of sectional blade element force normal to the rotor plane）
C_y	翼素の面内力係数（coefficient of sectional blade element force parallel to the rotor plane）
$C(\Delta r, n)$	風直交方向に Δr 離れた 2 点間の風速のコヒーレンス（正規化クロススペクトル）（coherence (normalised cross-spectrum) for wind speed fluctuations at points separated by distance Δr measured in the across wind direction）
$C_{jk}(n)$	点 j と点 k の 2 点間の風方向の風速のコヒーレンス（正規化クロススペクトル）（coherence (normalised cross-spectrum) for longitudinal wind speed fluctuations at points j and k）
d	ウェイク中の渦シート間の風方向の距離（streamwise distance between vortex sheets in a wake），水深（water depth），浮体式支持構造の喫水（floating support structure draft）
d_l	ピニオンギアのピッチ円直径（pitch diameter of pinion gear）
d_{PL}	遊星ギアのピッチ円直径（pitch diameter of planet gear）
D	抗力（drag force），タワー直径（tower diameter），ロータ直径（rotor diameter），平板の曲げ剛性（flexural rigidity of plate），制約付き波谷の高さ（constrained wave trough elevation）
E	取得エネルギー（energy capture，風車の規定の期間中の発電電力量），弾性係数（modulus of elasticity）
E_1	長手方向の弾性係数（非等方材料の場合）（longitudinal elastic modulus of uniaxial composite ply）
E_2	横方向の弾性係数（非等方材料の場合）（transverse elastic modulus of uniaxial composite ply）
$E\{\ \}$	$\{\ \}$ 内の量の時間平均値（time averaged value of expression within brackets）
$E(H_s \mid \overline{U})$	ハブ高さの平均風速 $\overline{U}$ における有義波高の期待値（expected value of significant wave height conditional on a hub-height mean wind speed $\overline{U}$）
f	翼端損失係数（tip-loss factor），コリオリパラメータ（Coriolis parameter），波周波数（wave frequency），湧き出しの強さ（source intensity）
$f(\ )$	確率密度関数（probability density function）
$f_1(t)$	支持構造の 1 次モードによるハブの変位（support structure first mode hub displacement）
$f_j(t)$	j 次モードの翼端変位（blade tip displacement in j-th mode）
$f_{in}(t)$	i 次モードの n 番目の時間ステップ後の翼端変位（blade tip displacement in i-th mode at the end of the n-th timestep）
$f_J(t)$	J 番目のブレードの 1 次モードの翼端変位（blade J first mode tip displacement）
f_p	波のピーク周波数（wave frequency corresponding to peak spectral density）
$f_T(t)$	タワー 1 次モードによるハブの変位（hub displacement for tower first mode）
F	力（force），単位幅あたりの力（force per unit length）
F_x	x 方向の力（load in x (downwind) direction）
F_y	y 方向の力（load in y direction）
F_t	ギアの歯の間の力のギア中心から作用点に垂直な方向の成分（force between gear teeth at right angles to the line joining the gear centres）
$F(\mu)$	流れの拡大関数（flow expansion function，ウェイク軸直交方向の誘導速度の半径方向の分布を決定する）
$F(x \mid U_k)$	変数 x の $U = U_k$ における累積出現確率（cumulative probability distribution function for variable x conditional on $U = U_k$）
g	重力加速度（acceleration due to gravity）

g	渦シートの強さ（vortex sheet strength），ピークファクタ（peak factor，ゼロアップクロス周波数 ν において，極値と平均値の差を標準偏差の倍数で示したもの）
g_0	ピークファクタ（ゼロアップクロス周波数が n_0 である以外は g と同じ）
G	地衡風速（geostrophic wind speed），せん断弾性係数（shear modulus），増速比（gearbox ratio）
G_{12}	複合材のせん断弾性係数（shear modulus of composite ply）
$G(f)$	伝達関数（動的倍率で除したもの）（transfer function divided by dynamic magnification ratio）
$G(t)$	t 秒ガスト係数（t second gust factor）
h	大気境界層の高さ（height of atmospheric boundary layer），タイムステップの時間刻み（duration of timestep），薄板の厚さ（thickness of thin-walled panel），ギアの歯の付け根のクリティカルな面からの歯接触の最大高さ（maximum height of single gear tooth contact above critical root section），スパーブイの重心から浮心までの高さ（height of centre of buoyancy above centre of gravity for a spar buoy）
$h(\psi)$	渦影響関数（root vortex influence function）
H	ハブ高さ（hub height），波高（wave height），平均潮位におけるハブ高さ（hub height above mean sea level）
H_1	極値波高の 1 年再現期待値（1 year extreme wave height）
H_{50}	極値波高の 50 年再現期待値（50 year extreme wave height）
H_{jk}	風のシミュレーションで使用される変換行列 $\mathbf{H}$ の要素（elements of transformational matrix, $\mathbf{H}$, used in wind simulation）
$H_i(n)$	i 次モードの複素周波数応答（complex frequency response function for the i-th mode）
$H(f)$	周波数に依存する伝達関数（frequency-dependent transfer function）
H_s	有義波高（significant wave height）
H_{s1}	参照時間 3 時間の極値有義波高の 1 年再現期待値（1 year extreme significant wave height based on 3 hour reference period）
H_{s50}	参照時間 3 時間の極値有義波高の 50 年再現期待値（50 year extreme significant wave height based on 3 hour reference period）
H_B	砕波波高（breaking wave height）
I	乱流強度（turbulence intensity），断面 2 次モーメント（second moment of area），慣性モーメント（moment of inertia），電流（electrical current，太字の場合は複素数）
I_0	周囲乱流強度（ambient turbulence intensity）
I_+	追加の乱流強度（added turbulence intensity）
I_{++}	ハブ高さよりも上方の追加の乱流強度（added turbulence intensity above hub height）
I_b	翼根まわりのブレードの慣性モーメント（blade inertia about root）
I_r	ロータ軸まわりのロータの慣性モーメント（inertia of rotor about rotor axis in its plane）
I_{ref}	参照乱流強度（reference turbulence intensity，ハブ高さの平均風速 15 m/s における乱流強度の期待値）
I_u	風方向の風速成分 u の乱流強度（longitudinal turbulence intensity）
I_v	風直交水平方向の風速成分 v の乱流強度（lateral turbulence intensity）
I_w	風直交鉛直方向の風速成分 w の乱流強度（vertical turbulence intensity）
I_{wake}	ウェイクの乱流強度（total wake turbulence intensity）
i, j	$\sqrt{-1}$
k	ワイブル形状パラメータ（shape parameter for Weibull function），GEV（一般化極値）分布の形状パラメータ（shape parameter for GEV distribution），整数（integer），換算周波数 $\omega c/2W$（reduced frequency），波数 $2\pi/L$（wave number），表面粗度（surface roughness），乱流エネルギー（turbulence energy）
k_i	i 次モードの一般化剛性 $m_i\omega_i^2$（generalised stiffness with respect to the i-th mode）
K	ベルヌーイの方程式の右辺の定数（constant on right hand side of Bernouilli equation）

K_C	クーリガン－カーペンター数（Keulegan–Carpenter number）
K_P	翼端周速基準のパワー係数（power coefficient based on tip speed）
K_{SMB}	構造要素における変動風の相関の影響を考慮するための寸法低減係数（size reduction factor accounting for the lack of correlation of wind fluctuations over structural element or elements）
$K_{Sx}(n_1)$	構造要素の共振周波数における変動風の相関の影響を考慮するための寸法低減係数（size reduction factor accounting for the lack of correlation of wind fluctuations at resonant frequency over structural element or elements）
$K_\nu(\ )$	ν 次の第 2 種変形ベッセル関数（modified Bessel function of the second kind and order ν）
$K(\chi)$	ヨー角を持ったロータのロータ面に垂直な方向の誘導速度を決定する関数（function determining the induced velocity normal to the plane of a yawed rotor）
L	乱流長さスケール（length scale for turbulence，文脈に応じて上下に添字がつく），揚力（lift force），波長（wave length）
${}^xL_u$	風速の u 成分の x 方向の積分長さスケール（integral length scale for the along-wind turbulence component, u, measured in the longitudinal direction, x）
m	単位幅あたりの質量（mass per unit length），整数（integer），モノポールの海底面からの有効固定深さ（depth below seabed of effective monopole fixity），両対数スケールの S–N 曲線の傾斜の逆数（inverse slope of log-log plot of S–N curve）
m_a	ブレード翼素の単位幅あたりの付加質量（added mass per unit span of blade）
m_i	i 次モードの一般化質量（generalised mass with respect to the i-th mode）
m_{T1}	タワー 1 次モードのタワーと RNA の一般化質量（generalised mass of tower, nacelle, and rotor with respect to tower first mode）
M	モーメント（moment），整数（integer），RNA の質量（tower top mass），浮体の質量（mass of floating structure）
$\overline{M}$	平均曲げモーメント（mean bending moment）
M_0	泥線における準静的モーメントのピーク値（peak quasi-static mudline moment）
$M_1(t)$	1 次モードの励振による片持ち梁の付け根のモーメント（fluctuating cantilever root bending moment due to excitation of first mode）
M_T	ティータリングモーメント（teeter moment）
M_X	ブレード面内曲げモーメント（blade in-plane moment），タワー横方向曲げモーメント（tower side-to-side moment）
M_Y	ブレード面外曲げモーメント（blade out-of-plane moment），タワー前後方向曲げモーメント（tower fore–aft moment）
M_Z	ブレード捩りモーメント（blade torsional moment），タワー捩りモーメント（tower torsional moment）
M_{YS}	1 番ブレードの軸に垂直な軸まわりの主軸曲げモーメント（回転座標系）（low-speed shaft moment about rotating axis perpendicular to axis of blade 1）
M_{ZS}	1 番ブレードの軸に平行な軸まわりの主軸曲げモーメント（回転座標系）（low-speed shaft moment about rotating axis parallel to axis of blade 1）
M_{YN}	ナセル座標系の y 軸（主軸直交水平方向）まわりの主軸の曲げモーメント（moment exerted by low-speed shaft on nacelle about (horizontal) y axis）
M_{ZN}	ナセル座標系の z 軸（主軸直交方向上方）まわりの主軸の曲げモーメント（moment exerted by low-speed shaft on nacelle about (vertical) z axis）
n	周波数（frequency），疲労荷重サイクル数（number of fatigue loading cycles），整数（integer），表面からの垂直方向の距離（distance measured normal to a surface）
n_0	準静的応答のゼロアップクロス周波数（zero up-crossing frequency of quasi-static response）
n_1	1 次モードの振動数（frequency of first mode of vibration）

N	1 回転あたりの時間ステップ数（number of timesteps per revolution），整数（integer），規定の一定の応力幅における設計寿命中のサイクル数（design fatigue life in number of cycles for a given constant stress range）
$N(r)$	遠心力（centrifugal force）
$N(S)$	応力レベル S における疲労損傷サイクル数（number of fatigue cycles to failure at stress level S）
p	静圧（static pressure）
$p(\ )$	確率密度関数（probability density function）
P	空力パワー（aerodynamic power），有効電力（electrical real (active) power）
$P_n^m(\ )$	第 1 種ルジャンドル陪多項式（associated Legendre polynomial of the first kind）
$q(r,t)$	単位幅あたりの変動揚力（fluctuating aerodynamic lift per unit length）
Q	ロータトルク（rotor torque），無効電力（electrical reactive power）
Q_a	空力トルク（aerodynamic torque）
$\dot{Q}$	熱流率（rate of heat flow）
$\overline{Q}$	単位幅あたりの平均揚力（mean aerodynamic lift per unit length）
Q_D	ガストの準静的モーメントに対する終局モーメントで定義される動的係数（dynamic factor defined as ratio of extreme moment to gust quasi-static moment）
Q_g	発電機トルク（load torque at generator）
Q_L	損失トルク（loss torque）
$Q_n^m(\ )$	第 2 種ルジャンドル陪多項式（associated Legendre polynomial of the second kind）
$Q_1(t)$	式 (A5.13) で定義される，片持ちブレードの一般化荷重（generalised load, defined in relation to a cantilever blade）
r	翼素の半径位置（radius of blade element or point on blade），出力と風速の相関係数（correlation coefficient between power and wind speed），円筒タワーの半径（radius of tubular tower），モノパイルの半径（radius of monopile）
r'	ブレード上の点の半径位置（radius of point on blade）
r_1, r_2	同一または別のブレード上の半径位置（radii of points on blade or blades）
R	ロータ半径（blade tip radius），疲労荷重サイクルの最大応力と最小応力の比（ratio of minimum to maximum stress in fatigue load cycle），電気抵抗（electrical resistance）
Re	レイノルズ数（Reynolds number）
$R_u(n)$	固定点における風速の u 成分の正規化パワースペクトル密度 $nS_u(n)/\sigma_u^2$（normalised power spectral density, $nS_u(n)/\sigma_u^2$, of longitudinal wind speed fluctuations, u, at a fixed point）
s	翼端から内翼方向の距離（distance inboard from the blade tip），前縁から翼弦方向の距離（distance along the blade chord from the leading edge），2 点間の距離（separation between two points），ラプラス演算子（Laplace operator），誘導機の滑り（slip of induction machine），セミサブ浮体のコラム間の長さ（spacing of columns of a semi-submersible）
s_1	風向方向の 2 点間の距離（separation between two points measured in the along-wind direction）
S	ロータ面積（rotor area），オートジャイロのディスク面積（autogyro disc area），疲労応力幅（fatigue stress range），表面積（surface area）
$\boldsymbol{S}$	皮相電力（(apparent) electrical power，複素数）
$S(\ )$	不確かさ（uncertainty），または，誤差範囲（error band）
$S_{jk}(n)$	点 j と点 k の間の風の u 成分の片側クロススペクトル（cross-spectrum of longitudinal wind speed fluctuations, u, at points j and k (single-sided)）
$S_M(n)$	曲げモーメントの片側パワースペクトル（single-sided power spectrum of bending moment）
$S_{Q1}(n)$	一般化荷重の片側パワースペクトル（single-sided power spectrum of generalised load）
$S_u(n)$	固定点における風速の u 成分の片側パワースペクトル（single-sided power spectrum of longitudinal wind speed fluctuations, u, at a fixed point）

$S_u^o(n)$ 回転するブレードから見た風速の u 成分の片側パワースペクトル（回転サンプリングスペクトル）(single-sided power spectrum of longitudinal wind speed fluctuations, u, as seen by a point on a rotating blade (rotationally sampled spectrum))

$S_u^o(r_1, r_2, n)$ 風速の u 成分の，回転するブレードまたはロータの半径位置 r_1 と r_2 の片側クロススペクトル（cross-spectrum of longitudinal wind speed fluctuations, u, as seen by points at radii r_1 and r_2 on a rotating blade or rotor (single-sided)）

$S_v(n)$ 固定点における風速の v 成分の片側パワースペクトル（single-sided power spectrum of lateral wind speed fluctuations, v, at a fixed point）

$S_w(n)$ 固定点における風速の w 成分の片側パワースペクトル（single-sided power spectrum of vertical wind speed fluctuations, w, at a fixed point）

$S_{\eta\eta}(n)$ 海面高さの片側パワースペクトル（single-sided power spectrum of sea surface elevation）

t 時間（time），ギアの歯のクリティカルな断面の厚さ（gear tooth thickness at critical root section），タワー板厚（tower wall thickness），モノパイルの板厚（monopole wall thickness），翼型の最大翼厚（thickness of aerofoil section (maximum)）

T ロータスラスト（rotor thrust），決定論的ガストの継続時間（duration of discrete gust），風速の平均期間（wind speed averaging period），規則波の周期（wave period for regular waves），時間刻み（time step）

T_c 波峰間の平均時間（mean period between wave crests）

T_p ピーク波周期 $1/f_p$（peak wave period）

T_z 平均ゼロクロス波周期（mean zero crossing wave period）

u x 方向の風速の変動成分（fluctuating component of wind speed in the x direction），上流側への誘導速度（induced velocity in upstream direction）；図 4.5 参照，x 方向の摂動風速（perturbation velocity in x direction）；図 4.11 参照，平板の面内 x 方向の変位（in-plane plate deflection in x direction），増速比（gear ratio），水粒子速度の x 方向成分（water particle velocity in x direction）

u^* 境界層における摩擦速度（friction velocity in boundary layer）

U_∞ 自由流速度（free-stream velocity）

U_0 自由流速度（free-stream velocity）

$U, U(t)$ 風方向の瞬間風速（instantaneous wind speed in the along-wind direction）

$\bar{U}$ 風方向の平均風速（mean component of wind speed in the along-wind direction，一般に，10 分平均または 1 時間平均）

U_{ave} ハブ高さにおける年平均風速（annual average wind speed at hub height）

U_D ロータディスクにおける主流方向の流速（streamwise velocity at the rotor disc）

U_i カットイン風速（最低値）（turbine lower cut-in wind speed）

U_W ファーウェイクにおける主流方向の風速（streamwise velocity in the far wake）

U_{e1} 極値 3 s ガストの 1 年再現期待値（extreme 3 s gust wind speed with 1 year return period）

U_{e50} 極値 3 s ガストの 50 年再現期待値（extreme 3 s gust wind speed with 50 year return period）

U_o カットアウト風速（最大値）（turbine upper cut-out wind speed）

U_r 定格風速（turbine rated wind speed，定格出力が得られる最低の定常風速）

U_{ref} 参照風速（reference wind speed，ハブ高さの 10 分間平均風速の 50 年再現期待値）

U_1 平板たわみのひずみエネルギー（strain energy of plate flexure）

U_2 面内のひずみエネルギー（in-plane strain energy）

v 風速の y 方向の変動成分（fluctuating component of wind speed in the y direction），y 方向の誘導速度（induced velocity in y direction），平板の面内 y 方向の変位（in-plane plate deflection in y direction）

V オートジャイロの気流速度（airspeed of an autogyro），ロータディスクにおける主流方向の速度 $U_\infty(1-a)$（streamwise velocity at rotor disc），電圧（voltage，太字の場合は複素数）

VAr 無効電力（reactive power volt-amperes-reactive）

$V(t)$	瞬間風速の y 方向成分（instantaneous lateral wind speed）
VA	皮相電力（apparent power electrical volt-amperes）
V_f	複合材料の繊維体積含有率（fibre volume fraction in composite material）
w	風速の z 方向の変動成分（fluctuating component of wind speed in the z direction），z 方向の誘導速度（induced velocity in z direction），平板の面外方向の変位（out-of-plane plate deflection），重み係数（weighting factor），水粒子速度の z 方向成分（water particle velocity in z direction）
$w(r)$	ブレードのシェルの厚さ（blade shell skin thickness）
W	ブレード翼素への流入速度（wind velocity relative to a point on rotating blade），損失電力（electrical power loss）
x	風下方向（downwind coordinate – fixed and rotating axis systems），波の伝播方向（horizontal co-ordinate in the direction of wave propagation），風下側への変位（downwind displacement）
$x(t)$	変数の統計論的成分（stochastic component of a variable）
x_n	ニアウェイク領域の長さ（length of near wake region）
x_0	分布のモード（mode of distribution）
$\bar{x}_1$	定常的な翼端変位の 1 次モード成分（first mode component of steady tip displacement）
X	誘導リアクタンス（electrical inductive reactance）
X_n	ディーンの流れ関数の n 次項の係数（coefficient of n-th term in Dean's stream function）
y	固定座標系の水平方向（風下側に向かって左側を正）（lateral coordinate with respect to vertical axis (starboard positive)—fixed axis system），回転座標系でブレード軸に対して横方向（lateral coordinate with respect to blade axis—rotating axis system），横方向の変位（lateral displacement），分布の誘導変数（reduced variate of distribution），海底面からの高さ（height above seabed）
z	固定座標系の鉛直上方（vertical coordinate (upwards positive)—fixed axis system），地表基準面からの高さ（height above ground datum），水面上高さ（height above water level），遅れ演算子（delay operator），回転座標系のブレード軸方向（radial coordinate along blade axis—rotating axis system）
z_0	地表面粗度長（ground roughness length）
z_1	ピニオンギアの歯数（number of teeth on pinion gear）
$z(t)$	変数の周期的成分（periodic component of a variable）
Z	断面係数（section modulus），フランジ接手への荷重（externally applied load on flanged joint）
$\boldsymbol{Z}$	インピーダンス（electrical impedance，複素数）

■ギリシャ文字

α	迎角（angle of attack，翼素の翼弦線と気流との間の角度），ウィンドシアー指数係数（wind-shear power law exponent），3 変数ワイブル分布の指数係数（exponent of reduced variate in three parameter Weibull distribution），JONSWAP スペクトルのピーク形状係数（exponent of JONSWAP spectrum peak shape parameter），地表に対する地衡風の風向変化（direction change of geostrophic wind relative to surface）
α_x	軸方向の欠陥低減係数（meridional elastic imperfection reduction factor）
β	ロータ面に対する翼弦の角度（= ブレード捩れ角 + ブレードピッチ角，inclination of local blade chord to rotor plane），ブレードピッチ角（pitch angle），環境コンターの半径（radius of environmental contour）
β_r	r 乗確率加重モーメント（probability weighted moment raised to power r）
γ	ヨー角（yaw angle），オイラー定数 0.5772（Euler's constant），JONSWAP スペクトルのピーク形状係数（JONSWAP spectrum peak shape parameter）

γ_L　荷重に対する部分安全係数（partial safety factor for load）

γ_{mf}　材料の疲労強度に対する部分安全係数（partial safety factor for material fatigue strength）

γ_{mu}　材料の終局強度に対する部分安全係数（partial safety factor for material ultimate strength）

Γ　ブレードによる循環（blade circulation），渦の強さ（vortex strength）

$\Gamma(\,)$　ガンマ関数（gamma function）

δ　対数減衰率（logarithmic decrement of combined aerodynamic and structural damping），タワーシャドウの幅（width of tower shadow deficit region），表面粗度の深さ（depth of surface irregularity），ジェットスロットの幅（width of jet slot），ウェイク風速欠損（wake velocity deficit）

δ_3　δ_3 角度（主軸とブレード軸の両方に垂直な軸とティータヒンジ軸の間の角度）（angle between axis of teeter hinge and the line perpendicular to both the blade axis and the low-speed shaft axis）

δ_a　空力減衰による指数減衰率（logarithmic decrement of aerodynamic damping）

δ_s　構造減衰の指数減衰率（logarithmic decrement of structural damping）

Δ　$1-\nu_{12}\nu_{21}$，$()^- - ()^+$ などの不連続な値の飛び（discrete jump）

ε　全応力に対する軸方向応力（proportion of axial stress to total stress），渦粘性（eddy viscosity），乱流散逸（turbulence dissipation）

$\varepsilon_1, \varepsilon_2, \varepsilon_3$　変数が 3 レベルの方形波で最大値，平均値，最小値の各々をとる時間の割合（proportion of time in which a variable takes the maximum, mean, or minimum values in a three-level square wave）

ζ　ティータ角（teeter angle）

η　楕円体座標（ellipsoidal coordinate），ロータティルト角（shaft tilt），ロック数の 1/8（one eighth of Lock number），歪度パラメータ（skewness parameter），水面高さ（water surface elevation）

η_b　砕波の波峰の静水面からの高さ（crest elevation above still water level for a breaking wave）

θ　ブレードピッチ角（blade pitch angle），風向変化（wind speed direction change），ランダム位相角（random phase angle），方位角（azimuthal direction），円筒パネル座標（cylindrical panel coordinate），ブレーキディスク温度（brake disc temperature）

κ　フォン・カルマン定数（von Karman's constant）

$\kappa(t-t_0)$　自己相関関数（auto-correlation function）

$\kappa_L(s)$　離隔距離 s の 2 点における平行方向の風速成分の相互相関関数（cross-correlation function between velocity components at points in space a distance s apart, in the direction parallel to the line joining them）

$\kappa_T(s)$　離隔距離 s の 2 点における直交方向風速成分の相互相関関数（cross-correlation function between velocity components at points in space a distance s apart, in the direction perpendicular to the line joining them）

$\kappa_u(r,\tau)$　ロータ（固定座標系）上の半径位置 r における風方向の風速成分の自己相関関数（auto-correlation function for along-wind velocity component at radius r on stationary rotor）

$\kappa_u^o(r,\tau)$　ロータ（回転座標系）上の半径位置 r における風方向の風速成分の自己相関関数（auto-correlation function for along-wind velocity component as seen by a point at radius r on a rotating rotor）

$\kappa_u(r_1,r_2,\tau)$　ロータ（固定座標系）上の同一または異なるブレードの半径位置 r_1 と r_2 における風方向の風速成分の相互相関関数（cross-correlation function between along-wind velocity components at radii r_1 and r_2 (not necessarily on same blade), for stationary rotor）

$\kappa_u^o(r_1,r_2,\tau)$　ロータ（回転座標系）上の同一または異なるブレードの半径位置 r_1 と r_2 における風方向の風速成分の相互相関関数（cross-correlation function between along-wind velocity components as seen by points (not necessarily on same blade) at radii r_1 and r_2 on a rotating rotor）

λ	周速比（tip speed ratio），緯度（latitude），横方向の座屈半波長に対する縦方向の座屈半波長の比（ratio of longitudinal to transverse buckle half wavelengths），シェルの先細比（relative shell slenderness），砕波の巻き込み係数（curling factor of breaking wave）
λ_r	ブレード半径位置 r における周速比（tangential speed of blade element at radius r divided by wind speed），局所流速比（local speed ratio）
$\lambda(d)$	1 次モード共振時の片持ち梁の根元付近の荷重の影響に関する比率（ratio measuring influence of loading near cantilever root on first mode resonance）
$\lambda^*(d)$	$\lambda(d)$ の近似値（approximate value of $\lambda(d)$）
Λ	ヨー角速度（yaw rate）
μ	無次元半径位置 r/R（non-dimensional radial position），粘性係数（viscosity），摩擦係数（coefficient of friction）
$\mu_i(r)$	ブレードの i 次モード形状（mode shape of i-th blade mode）
$\mu_1(z)$	洋上支持構造の 1 次モード形状（mode shape of first mode of offshore support structure）
$\mu_i(z)$	タワーの i 次モード形状（mode shape of i-th tower mode）
$\mu_T(z)$	タワーの 1 次モード形状（tower first mode shape）
$\mu_{TJ}(r)$	J 番ブレード（剛体）のタワー 1 次モードによる正規化変位（normalised rigid body deflection of blade J resulting from excitation of tower first mode）
μ_z	変数 z の平均値（mean value of variable z）
ν	楕円座標系（ellipsoidal coordinate），平均ゼロアップクロス周波数（mean zero up-crossing frequency），データ点のランク（rank in series of data points），動粘性係数（kinematic viscosity），ポアソン比（Poisson's ratio）
ν_{12}, ν_{21}	一方向材（複合材）のポアソン比（Poisson's ratios for uniaxial composite ply）
ξ	減衰比（damping ratio）
ρ	空気密度（air density），水の密度（water density）
$\rho_u^o(r_1, r_2, \tau)$	同一または異なるブレードの半径位置 r_1 と r_2 における風方向の風速成分の正規化相互相関関数 $\kappa_u^o(r_1, r_2, \tau)/\sigma_u^2$（normalised cross-correlation function between along-wind velocity components as seen by points (not necessarily on same blade) at radii r_1 and r_2 on a rotating rotor
σ	ロータソリディティ（rotor solidity），標準偏差（standard deviation），応力（stress）
$\bar{\sigma}$	平均応力（mean stress）
σ_{cr}	限界座屈応力（elastic critical buckling stress）
σ_M	曲げモーメントの標準偏差（standard deviation of bending moment）
σ_{M1}	ブレードの翼根，または，タワーの基部における，1 次モード共振モーメントの標準偏差（standard deviation of first mode resonant bending moment, at blade root for blade resonance, and at tower base for tower resonance）
σ_{MB}	準静的曲げモーメント（または，バックグラウンド応答）の標準偏差（standard deviation of quasi-static bending moment (or bending moment background response)）
σ_{Mh}	ハブディッシングモーメントの標準偏差（standard deviation of hub dishing moment）
σ_{MT}	2 枚翼リジッドロータのティータリングモーメントの標準偏差（standard deviation of teeter moment for rigidly mounted, two bladed rotor）
$\sigma_{\overline{M}}$	2 枚翼ロータにおける，翼根曲げモーメントの両ブレード平均値の標準偏差（standard deviation of mean of blade root bending moments for two bladed rotor）
σ_{Q1}	1 次モードの一般化荷重標準偏差（standard deviation of generalised load with respect to first mode）
σ_r	半径位置 r におけるロータソリディティ（rotor solidity）$Bc/(2\pi r)$
σ_u	風速の u 成分の標準偏差（standard deviation of fluctuating component of wind in along-wind direction）
σ_v	風速の v 成分の標準偏差（standard deviation of wind speed in across-wind direction）

σ_w	風速の w 成分の標準偏差（standard deviation of wind speed in vertical direction）
σ_{x1}	1 次モード変位の標準偏差（standard deviation of first mode resonant displacement，ブレードの場合は翼端，タワーの場合はナセル）
τ	時間間隔（time interval），無次元時間（non-dimensional time），せん断応力（shear stress）
υ	ポアソン比（Poisson's ratio）
ϕ	流入角（flow angle of resultant velocity W to rotor plane），速度ポテンシャル（velocity potential），ブレードアジマス角（blade azimuth）
$\Phi(\ )$	標準正規分布関数（standard normal distribution function）
$\Phi(x,y,z,t)$	単一湧き出しによる速度ポテンシャル（velocity potential due to unit source）
Φ	ワグナー関数（ヒーブ方向のインパルス運動）（Wagner (impulsive heave motion) function
χ	ウェイクスキュー角（wake skew angle: angle between the axis of the wake of a yawed rotor and the axis of rotation of rotor），座屈耐力低減係数（buckling strength reduction factor），ブレードパネル軸に対する繊維の傾斜（fibre inclination to blade panel axis）
χ_{M1}	加重質量比（weighted mass ratio）
ψ	ブレードアジマス角（blade azimuth），円柱板パネルによる角度（angle subtended by cylindrical plate panel），流れ関数（固定座標系）（stream function parameter with respect to fixed reference frame），ウェイク増幅係数（wake amplification factor）
$\bar{\psi}$	波峰と同じ速度で移動する座標系における流れ関数（stream function parameter with respect to frame of reference moving at same speed as wave crests and troughs）
$\psi_{uu}(r,r',n)$	正規化クロススペクトルの実部（real part of normalised cross-spectrum）
Ψ	クスナー関数（Kussner (indicial gust) function）
ω	角速度，角振動数（angular frequency）
ω_d	発電機角速度の指令値（demanded generator angular speed）
ω_i	i 次モードの固有角振動数（natural angular frequency of i-th mode）
ω_g	発電機角速度（generator angular speed）
ω_r	誘導機回転子の角速度（induction machine rotor angular speed）
ω_s	誘導機固定子の磁界角速度（induction machine stator field angular speed）
Ω	ロータ角速度（angular speed of rotor），地球の自転角速度（Earth's angular speed）

■下付き文字

a	空力（aerodynamic）
B	ベースライン（baseline）
c	圧縮（compressive）
d	ディスク（disc），抗力（drag），設計値（design）
e	弾性（elastic）変形による変位
$e1$	極値（extreme）の 1 年再現期待値
$e50$	極値の 50 年再現期待値
ext	極値
f	繊維（fibre）
i	i 次モード
j	j 次モード
J	J 番ブレード
k	特性値（characteristic）
l	揚力（lift）
m	マトリックス（樹脂）（matrix）
M	モーメント（moment）
max	最大値
min	最小値

n	n 番目の時間ステップの値
Q	一般化荷重
R	翼端における値
s	構造（structure）
t	引張り（tensile）
T	スラスト（thrust）
u	風方向（x 方向），終局（ultimate）
v	風直交水平方向（y 方向）
w	鉛直方向（z 方向）
w	ウェイク（wake）
x	風方向

■上付き文字

o	回転サンプリング（風速スペクトル）

座標系

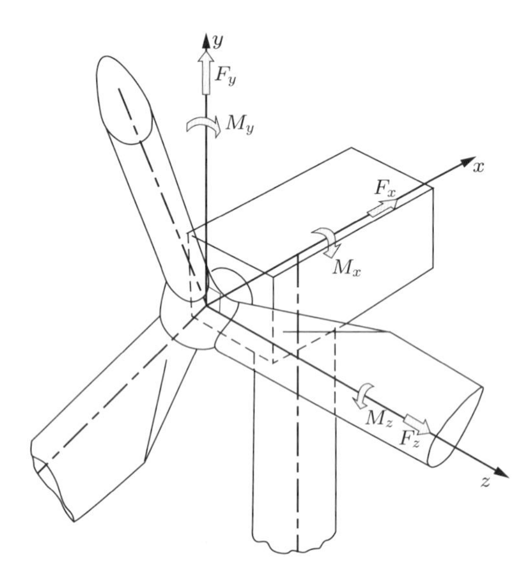

図 C1　ブレード座標系（ロータとともに回転し，ピッチ角により変化しない）．原点：主軸とブレード軸の交点．z 軸：ブレード軸方向（外翼側が正）．x 軸：ブレード軸とロータ軸を含む面内でブレード軸に垂直（風下側が正）．y 軸：ブレード軸とロータ軸を含む面に垂直（右手系）．注：この座標系の定義は，ロータのティルト（傾斜），コーニング，ティータリング，ブレードのピッチ変角にも対応している．

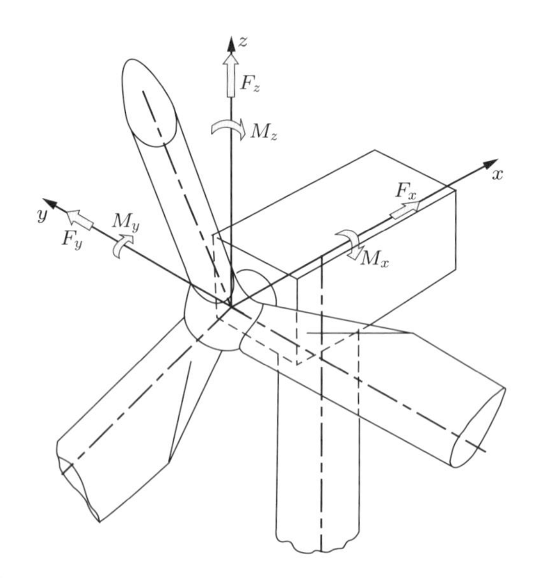

図 C2　固定ハブ座標系（ナセルに固定）．原点：対象とするブレード断面とブレード軸の交点．x 軸：主軸と平行（風下側が正）．z 軸：主軸を通る鉛直面内で主軸に垂直（上方が正）．y 軸：水平方向（右手系）．注：この座標系の定義は，ロータのティルト（傾斜），コーニング，ティータリング，ブレードのピッチ変角にも対応している．

第1章

序論

1.1 風力エネルギー利用の歴史的変遷

風車は，3000年以上前から，穀物の製粉や揚水などに利用されてきた．また，船に関しては，これ以前から風がきわめて重要な動力源であった．風車は中世の農村経済に不可欠なものであったが，その後，安価な化石燃料を用いた定置型発動機の登場や，地方の電化により，しだいに利用されなくなった（Musgrove 2010）．

風車の発電への利用は，19世紀後半のアメリカの技術者 Charles Brush の 12 kW 直流風車，ならびに，デンマークの科学者 Pau la Cour の研究により始まったが，20世紀になると，遠隔地の住民がバッテリを充電する用途以外にはほとんど関心がもたれなくなった．また，これらの小規模なシステムも，遠隔地まで電力系統が延長されると速やかに撤去された．1941年にアメリカで建設された 1250 kW の Smith–Putnam 風車は，直径 53 m の鋼製ロータ，フルスパンピッチ制御，荷重低減のためのフラッピングブレードを有する，優れた風車であった．1945年にブレードのスパー（桁）が壊滅的に破損する事故を発生させたが，その後40年間，最大の風車であり続けた（Putnam 1948）．

Golding（1955）と Spera（1994）に，1931年にソ連で開発された Balaclave 風車（ロータ直径 30 m，出力 100 kW），ならびに，1950年代前半にイギリスで開発された，空気圧を利用した Andrea Enfield 風車（ロータ直径 24 m，定格出力 100 kW）などの初期の風車開発に関して，興味深い記述が見られる．後者は，翼端に穴を設けた中空のブレードによりタワー内部の空気を吸い出し，タワー内に設置したタービンで発電を行うものである．デンマークでは，1956年に Gedser 風車（ロータ直径 24 m，200 kW）が建造され，フランスでは，1963年に Electricité de France 社が 1.1 MW 風車（ロータ直径 35 m）を試験運転した．ドイツでは，1950～60年代に Ulrich Hutter 教授が多くの革新的な風車を開発した．しかし，これらの技術進歩やイギリスの Golding at the Electrical Research Association の熱心な取り組みにもかかわらず，風力発電は，1973年に原油価格が急激に高騰するまで，ほとんど興味をもたれることはなかった．この原油価格の急激な上昇を受けて，政府資金による数多くの研究，開発，実証のプログラムが始まった．アメリカでは，1975年の Mod-0（ロータ直径 38 m，定格出力 100 kW）に始まり，1987年の Mod-5B（同，97.5 m，2.5 MW）で最高潮に達する，一連のプロトタイプ風車の開発が行われた．同様のプロジェクトがドイツとイギリスでも進められた．ドイツの Growian 風車（同，100 m，3 MW，1982年），ならびに，イギリスの LS-1 風車（同，60 m，3 MW，1988年）は，いずれも2枚翼ロータを採用していた（Hau 2010）．この時点では，経済性に優れたコンセプトがよくわかっていなかったため，あらゆる革新的なコンセプトがフルスケールで試験された．カナダでは 4 MW のダリウス風車（垂直軸風車）による研究が，アメリカの Sandia 国立研究所では直径 34 m の垂直軸風車実証機による研究が行われた．イギリスでは，Peter Musgrove 博士による H 型ロータをもつ直線翼垂直軸風車（500 kW）の試作機が建設された（Musgrove 2010）．1981 年には，米国において Schachle–Bendix 社の革新的な 3 MW 水平軸風車が建設され，運転試験が行われた（Spera 1994）．この風車は油圧変速機を使用し，ヨー駆動装置なしに風車全体を風上に向けるものであった．また，MBB 社の Monopteros 600 kW 風車など，カウンタウェイト付きの 1 枚翼の風車もあった（Hau 2010）．

政府資金による研究プログラムで開発されたこれらのプロトタイプは，全般的に設計どおりに動作し，多くの重要な科学的・技術的情報をもたらした．しかし，厳しい環境下で無人運転される超大型風車の課題は過小評価されることが多く，これらのプロトタイプの信頼性は高くはなかった．これらの国の補助を受けた数 MW 機の開発と並行して，かなりコンパクトで単純な商業用風車が開発された．とくに，1980 年代半ばには，カリフォルニア州の金融メカニズムにより，100 kW 未満の小型風車が同州に数多く導入された．これらの風車でもさまざまな問題が発生したが，ほとんどが修理や改修が容易なものだった．

その中で，3 枚翼アップウィンドロータ，ストール制御，ならびに，定速の誘導発電機を特徴とするデンマーク風車のコンセプトが現れた．この単純な構造の風車はデンマークとドイツを中心に広く導入され，固定価格買取制度（Feed-In Tariff: FIT）の支援を受けて大きな成功を収め，ロータ直径 60 m，定格出力 1.5 MW までの風車に適用された．しかし，風車が大型化すると，失速の予測，誘導発電機によるドライブトレインのダンピングや軸振れのコンプライアンス（剛性の逆数）の付与，系統連系のための送電系統運用者（Transmission System Operator: TSO）のグリッドコードの順守などが困難になった．その結果，1980 年代の大型プロトタイプ機と同等以上のサイズの商業風車においては，可変速のフルスパンピッチ制御，ならびに，先進的な制御システムが使用されることが多くなった．近年の風車の進歩は，Serrano-González and Lacal-Arántegui（2016）にも記述されている．

1991 年に，デンマークの沖合 3 km の Vindeby に，世界最初の洋上ウィンドファーム（450 kW 風車 11 基）が建設された．1990 年代にはごく少数の風車が陸地の近くに設置された中で，2002 年には，デンマーク西海岸の沖合 20 km の Horns Rev に 20 MW 洋上ウィンドファームが建設された．2020 年時点で，北ヨーロッパの沖合と中国東部を中心に，約 29 GW の洋上ウィンドファームが稼働している（Global Wind Energy Council 2020）．その中には 500 MW を超える容量の洋上ウィンドファームが多数あり，さらに大規模な設備が建設中あるいは計画中である．初期の洋上ウィンドファームに設置された風車は，陸上で認証を受けた風車を洋上に適用したものであったが，近年では，洋上用に設計した超大型の風車が，工場から直接海上輸送され，サイトに設置されている．さらに，陸上から遠く離れた洋上ウィンドファームでは，騒音の制約が小さく，景観の重要性が低くなるため，ブレードの先端速度を高くできる可能性があり，非常に大型で剛性の低いロータの開発に関心が集まっている（Jamieson 2018）．

風力エネルギー開発の機運の高まりは，1973 年前後のものは石油の価格の上昇と化石燃料資源枯渇の懸念が要因であったが，1990 年以降のものは，製造，設置，運用，廃棄のライフサイクル全体において，CO_2 排出量がきわめて低く，気候変動緩和に対する潜在能力が高いことによるものである．また，2007 年に EU（欧州連合）は，2020 年までに全エネルギーの 20%を再生可能エネルギーから取得するとの方針を宣言した．再生可能エネルギーは輸送や熱における利用は難しいため，この目標達成のためには，各国の電力の 30〜40%を再生可能エネルギーから得る必要があり，その中でも，風力エネルギーが大きな割合を占めると考えられる．エネルギー政策は急速に発展し続けており，EU は，2030 年までに再生可能エネルギーの目標シェアを 32%に拡大する予定である．また，多くの国が 2050 年までに温室効果ガス排出量を削減または排除することを約束している．

図 1.1 は，2019 年までの 15 年間で，世界の風力発電の設備容量が年間約 10%の割合で急速に増加したことを示している．図 1.2 は，中国，アメリカなどの主要国の風力エネルギー容量の推移を示している．図 1.3 は，世界の国および地域ごとの現在の容量（2019 年）をまとめたものである．

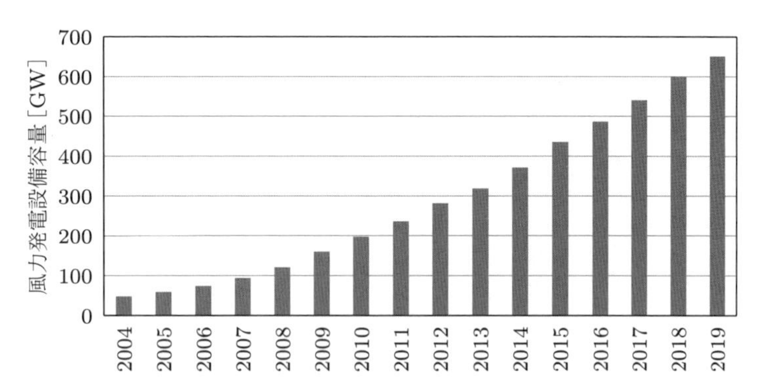

図 1.1 世界中の風力発電設備容量（World Wind Energy Association 2020）

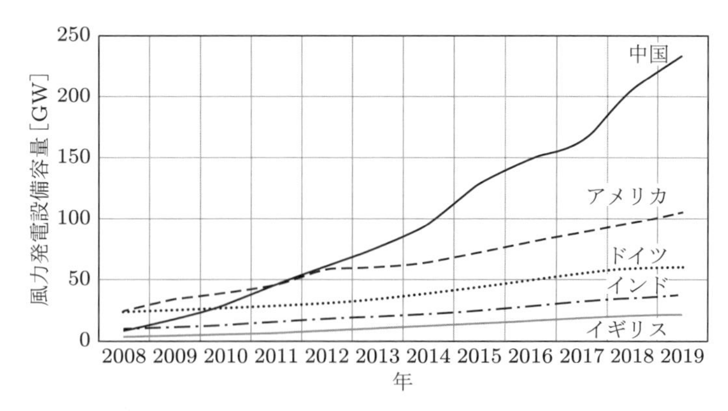

図 1.2 国別の風力発電容量（US Energy Information Administration 2019; REN21 2020）

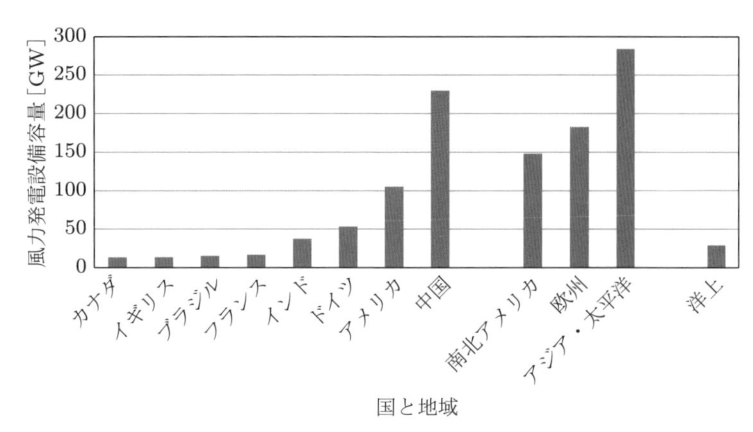

図 1.3 10 GW を超える国・地域の陸上風力と，洋上全体の発電設備容量（Global Wind Energy Council 2020）

風力エネルギーの開発は，一部の国・地域では迅速に進んだが，これは風速の違いのみでは説明できず，風力発電に対する財政支援，系統連系，ウィンドファーム建設に対する地方当局による許認可プロセス，景観インパクトへの社会受容などが重要な要因になっている．洋上ウィンドファームの開発においては，コストは大幅に増加するものの，環境影響に対する問題は，陸上の場合ほど高くない．

図 1.4 は開放的な平坦地形における最新の風車を，図 1.5 は洋上ウィンドファームをそれぞれ示している．

図 1.4　平坦な地形における陸上風車（Stockr/Shutterstock.com）

図 1.5　洋上ウィンドファーム（fokke baarssen/Shutterstock.com）

風力発電は比較的新しい技術であるため，開発と民間企業からの投資を促すために，数年間オーダーの財政支援策が必要である．多くの国では，風力発電が気候変動の緩和と各国のエネルギーセキュリティーに貢献していることが認められて，このような支援策がとられてきており，引き続き多くの国で FIT が採用されている．これは，風力，太陽光，ならびに，その他の再生可能エネルギーの単位発電電力量あたりの買取価格を国が定める制度である．成功しているプロジェクトから確実に収入が得られるようにできるのがこの支援メカニズムの利点であり，支援者からは，これらの国々での風力エネルギーやその他の再生可能エネルギーの非常に急速な開発への効果が評価されている．

近年の大規模なウィンドファームは，プロジェクト開発事業者が発電コストを予想して売電価格を設定し，その価格による入札を通して支援されることが多い．これは，不確実性を減らし，プロジェクトの資金調達コストを減らすのに有効である．近年，風力発電コストは下がり続けて，ほとんどの国で電力の小売価格を下回っており，サイト風速が高くウィンドファームの条件がよい場合，発電コストはその他の電源よりも低くなっている．これらのコスト削減により，国の補助金の必要性が急速に低下している．

1.2 最新の風車

風車による出力は，以下のよく知られた式で表現される．

$$P = \frac{1}{2}\rho U^3 A C_P$$

ここで，ρ は空気密度，U は風速，A はロータ面積，C_P はパワー係数（power coefficient）である．

空気の密度は水の 1/800 と非常に小さいため，水力発電で用いる水車と比較して風車のサイズは大きく，設計定格風速によっては，3.5 MW の風車のロータ直径は 100 m にもなる．風のパワーに対する風車の動力の比を示すパワー係数は，理論上の最大値は 0.593（ベッツ限界）であるが，実際に得られる値はこれよりもかなり低い（第 3 章参照）．ロータの詳細な設計変更により，パワー係数は徐々に改善されており，可変速運転により，ある程度の風速範囲で最大パワー係数を維持することが可能であるが，これによる出力の増加はわずかである．出力を大幅に増加させるには，ロータ面積を増加させ，より高風速の地点へ風車を設置する必要がある．そのため，市販の風車のロータ直径は，過去 25 年間で約 40 m から 170 m を超えるまでになっている（図 1.6）．ロータ直径が 3 倍になると，出力は 9 倍に増加する．風速の影響はこれよりも顕著で，風速が 2 倍になると，出力は 8 倍に増加するため，ウィンドファームのための高風速地の調査や，ウィンドファーム内の風車配置の最適化に多くの努力がなされてきた．また，あまり風速が高くない地点でより高い風速を得るために，非常に高いタワーが使用される例もある．

これまで，売電収入に対する製造，建設，運転にわたるすべてのコストを評価し，最適なサイズを決定するための多くの研究がなされてきた（Molly et al. 1993）．初期の研究では風車のサイズは

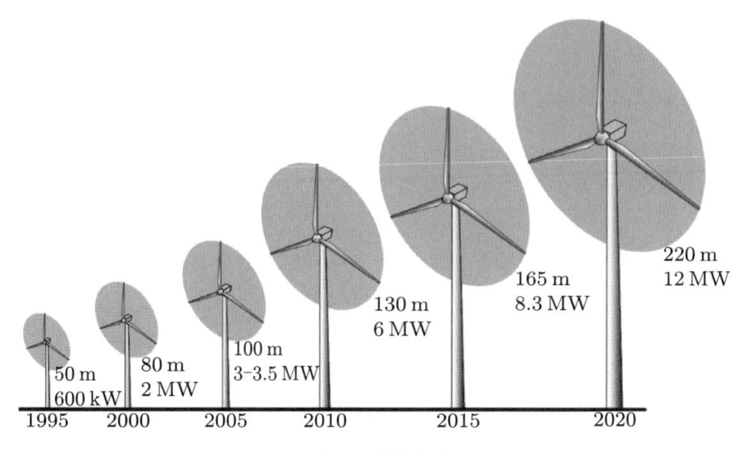

図 1.6 最大の商業風車の歴史

小さかったが，最近の研究では，ロータの直径が150 m前後で発電コストが最小になることが示されている．それでも，環境影響や大型部品の輸送性を勘案して，これよりも小型の風車が選定される場合もある．個々の風車の基礎と送電ケーブルのコストが高く，非常に長尺のブレードを工場から現場に直接船で輸送できる洋上では，さらに大きな風車で発電コストが最小になる可能性がある．

近年の発電用の風車はすべて，ブレードの揚力によりロータを駆動している．増速比の低減には，ロータのソリディティ（ロータ面積に対するブレード面積の比）を低くして，ロータ速度を高くすることが有効である．また，ソリディティの低いロータは効率的なエネルギー収集装置（コンセントレータ）として機能し，風車の運用期間中の発電電力量に対する，製造および建設に使用するエネルギーの比は小さくなる．3 MW風車に関するライフサイクルアセスメントの例では，製造，運用，輸送，解体・廃棄に使用するエネルギーと同量のエネルギーを生成するのに要する期間は6〜7か月との報告がある（European Wind Energy Association 2009）．洋上風車の計算結果も同様で，洋上ウィンドファームのコストと建設および運用に費やされるエネルギーは大きくなるが，平均風速が高く発電電力量が大きいため，それを相殺する．

2000年ごろまでは風力発電の総量はかなり小さかったため，送電事業者は，風車の出力を，単なる負の負荷であり，電力系統の運用と安定性の維持には何の役割も果たしていないとみなしていた．しかし，2000年以降，風車の設備容量が大幅に増加したため，風車にも，電力系統の運用への寄与が求められるようになった．系統連系のためには，送電事業者により発行されるグリッドコードの性能要件を順守し，それを事前に実証する必要がある（Roberts 2018）．グリッドコード要件の順守は，単純な固定速度誘導発電機をもつデンマーク型風車では難しい．このことが，可変速発電機を使用する強い動機となっている．

1.3　本書の範囲

風力エネルギーを使用した発電は現在広く受け入れられており，毎年最大50 GW分を新規に製造・設置する大きな産業となっている．とくに超大型風車の開発など，多くの課題が残されているが，風車の科学技術に関してはかなりの体系化された知識がある．本書は，この知識の一部を記録し，風車の設計，製造，運用にかかわる方が利用するのに適した形にまとめたものである．現在使用されている風車のほとんどは大規模電力系統に連系された水平軸風車であり，本書でもこの形式の風車を扱う．

第2章では風力資源について説明する．とくに，風車の設計において重要である風の乱れについて言及する．第3章では水平軸風車の空気力学の基礎を，第4章では風車の空気力学のより専門的な内容を，それぞれ説明する．第5章では，風車設計の始点である設計荷重の設定について説明する．第6章では水平軸風車の設計上のさまざまな選択肢について説明し，第7章で重要な部品の設計手順を示す．第8章では風車コントローラの機能と，コントローラの設計と実装に使用できるいくつかの手法について説明する．第9章はこの版の新しい章で，ウェイク効果とウィンドファームの制御について説明する．第10章では，ウィンドファームとその開発について，とくに環境影響に重点を置いて説明する．第11章では風車の電力系統への連系方法，ならびに，重要な発電源としての風車の特性について考察する．第12章では，今日，非常に大規模なウィンドファームが数km沖合に建設されるようになった洋上風力発電について，重要なトピックを扱う．

本書は，現在商業的に重要な風車に関して，十分に確立された知識を記録することを意図したものであるため，多くの興味深い研究テーマや開発中の技術には触れていない．大型の垂直軸風車に関しても，1980年代にかなり詳細に検討されたものの，商業的に競争力をもつことが証明されておらず，現在ほとんど製造されていないため，本書では扱っていない．

現在，世界の約10億人が，電力系統の電力を利用できない状況にある．風車は，ほかの発電機（バッテリ，ディーゼルエンジン，太陽光発電ユニットなど）と組み合わせることで，将来，これらの未電化地域の電化において，ある程度効果的な手段になる可能性がある．ただし，世界各地の遠隔地で予算が限られている場合には，信頼性の高い自律型電力システム（自律型マイクログリッドともよばれる）の運用はきわめて困難である．小さな自律型マイクログリッドには，大規模な国の電力系統が抱えるものと同じ技術的課題が存在する．さらに，発電機の慣性が低いため，安定した動作とエネルギーの貯蔵を維持するために，非常に高速で高度な制御システムが必要となる．過去40年間，世界中の離島やその他の遠隔地で自律型風車・ディーゼルシステムを運用する試みが数多く行われてきたが，成功事例は限られている．この種のシステムには独自の特徴があり，今日の市場はきわめて限られているため，本書では扱っていない．

参考文献

European Wind Energy Association（2009）. *Wind Energy — The Facts.* London: Earthscan.

Golding, E. W.（1955）. *The Generation of Electricity from Wind Power.* London: E. & F. N. Spon（reprinted R. I. Harris, London 1976）.

Hau, E.（2010）. *Wind Turbines: Fundamentals, Technologies, Application, Economics, 2e.* Heidelberg: Springer.

Jamieson, P.（2018）. *Innovation in Wind Turbine Design, 2e.* Chichester: Wiley.

Molly, J. P., Keuper, A., and Veltrup, M.（1993）. Statistical WEC design and cost trends. *Proceedings of the European Wind Energy Conference*, Travemunde（8–12 March 1993）, pp. 57–59.

Musgrove, P.（2010）. *Wind Power.* Cambridge: Cambridge University Press.

Putnam, G. C.（1948）. *Power from the Wind.* New York: Van Nostrand Reinhold.

Roberts C.（2018） Review of international grid codes. *Lawrence Berkeley National Laboratory.* LBNL Report #: LBNL-2001103. https://escholarship.org/uc/item/5sv540qx（accessed 7 December 2019）.

Serrano-González, J. and Lacal-Arántegui, R.（2016）. Technological evolution of onshore wind turbines—a market-based analysis. *Wind Energy 19*: 2171–2187.

Spera, D. A.（1994）. *Wind Turbine Technology: Fundamental Concepts of Wind Turbine Engineering.* New York: ASME Press.

ウェブサイト

Global Wind Energy Council（2020）. Global wind report 2019. https://gwec.net/global-wind-report-2019/（accessed 30 July 2020）.

REN21（2020）. 2020 Global status report. https://www.ren21.net/gsr-2020/（accessed 31 July 2020）.

US Energy Information Administration,（2019）. International data. https://www.eia.gov/beta/international/data/world（accessed 26 May 2019）.

World Wind Energy Association（2020）. Statistics. https://wwindea.org/information-2/statistics-news（accessed 30 July 2020）.

さらに学ぶための図書

Anderson, C.（2020）. *Wind Turbines: Theory and Practice.* Cambridge University Press.

Boyle, G. (ed.) (2017). *Renewable Energy and the Grid.* London: Earthscan.

Eggleston, D. M. and Stoddard, F. S. (1987). *Wind Turbine Engineering Design.* New York: Van Nostrand Reinhold.

Freris, L. L. (ed.) (1990). *Wind Energy Conversion Systems.* NewYork: Prentice-Hall.

Harrison, R., Hau, E. and Snel, H. (2000). *Large Wind Turbines, Design and Economics.* Chichester: Wiley.

Manwell, J. W., McGown, J. G. and Rogers, A. L. (2009). *Wind Energy Explained: Theory, Design and Application, 2e.* Oxford: Wiley Blackwell.

Orkney Sustainable Energy (1955). Costa Head experimental wind turbine.

Twidell, J. W. and Weir, A. D. (2015). *Renewable Energy Resources, 3e.* Abingdon: Routledge.

Twidell, J. W. and Gaudiosi, G. (eds.) (2009). *Offshore Wind Power.* Brentford: Multi-science Publishing Co.

第2章

風力資源と風況

2.1 風の性質

風のエネルギーは風速の3乗に比例する．そのため，風力資源の特性を理解することは，風力発電プロジェクトの適地選定や経済性評価から，風車の設計や配電網や需要家への影響の理解に至るまで，風力エネルギー開発のすべての面において重要である．

風力資源のもっとも顕著な特徴は，変動するということである．風は空間的にも時間的にも大きく変動する．さらにこの変動は，空間と時間の両方で非常に広い範囲にわたって持続する．この変動は，利用可能なエネルギーとしては3乗で増幅されるため，重要である．

大きなスケールの空間的な変動とは，世界には多くの異なる気候帯があり，ある地域はほかよりも風が強いということである．これらの気候帯は，おもに日射量に影響を与える緯度によって決定される．いずれの気候帯内でも，より小さなスケールの空間変化がある．これはおもに，陸と海の割合，陸塊の大きさ，山地と平地の存在などの地理的要因によって決まる．植生の種類も，太陽放射の吸収または反射率を通じて表面温度に影響を与え，また，湿度に対しても重要な影響を与える．

これよりも小さいスケールでは，地形が風況に大きな影響を与える．たとえば，高台の背後や周囲を囲まれた谷よりも，丘や山の頂上で風速は高く，さらに小さなスケールでは，樹木や建物などの障害物によって風速は大幅に低下する．

ある場所で長い周期の時間変動があるということは，風速が経年変化をし，時には数十年規模の変動を示すということを意味する．これらの長期変動はまだあまり解明されておらず，風力発電プロジェクトの経済性の正確な評価を困難にしている．

1年よりも短い時間スケールの季節変動は，より簡単に予測できる．とはいうものの，さらに短い時間スケールでは大きな変動があり，現象は解明されてはいるが，数日より先の予報をすることは難しい．場所によっては時刻による変動（日変化）があり得るが，これも通常はかなり予測できる．これらの時間スケールでの風の予測は，電力系統に大規模な風力発電を連系して系統上のほかの電源を適切に運用するために重要である．

数分から数秒あるいはより短い時間スケールでは，乱流として知られている風速変動が，個々の風車の設計と性能，ならびに，系統や需要家に供給される電力の品質にも影響を与える．

Van der Hoven（1957）は，ニューヨークのブルックヘイブン（Brookhaven）での長期および短期の観測記録から風速のスペクトルを構築し，総観スケール，日スケール，乱流に対応する明確なピークを示した（図2.1）．このスペクトルには日変動と乱流のピークの間に明確な「スペクトルギャップ」があり，2時間と10分の間の領域ではスペクトルにほとんどエネルギーがなく，総観スケールの変動と日スケールの変動は，高周波の乱流による変動とは明確に異なるものとして扱えることを示している．しかしながら，次節で示すように，場所が違えば風の性質は大きく変化するた

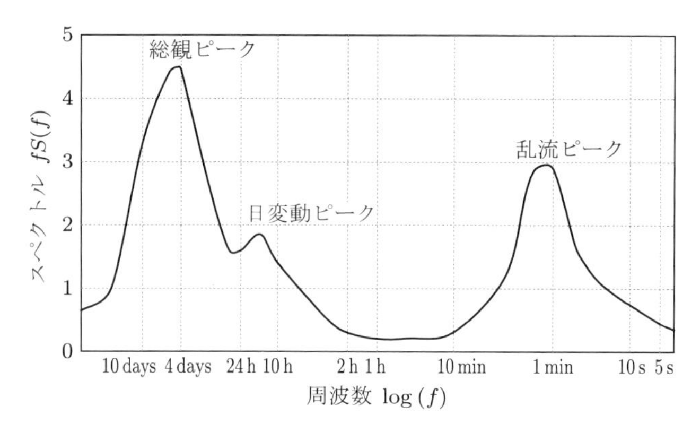

図 2.1　ブルックヘイブンにおける風のスペクトル（Van der Hoven 1957）

め，Van der Hoven スペクトルがどこでもあてはまるとは仮定できないし，スペクトルギャップが常に顕著であるとも限らない．それにもかかわらず，10 分より短い周期にあるスペクトルギャップの概念は，乱流強度の定義など，風の状態を仮定する際にしばしば暗黙的に使用されている．

2.2　風力資源の場所による違い

風は，究極的には，太陽エネルギーによって作り出された地表面温度の違いによって引き起こされる．赤道付近の陸地はもっとも激しく加熱され，また，明らかに，昼間にもっとも加熱される．そのため，地球の自転に伴って，もっとも加熱される地域は移動することになる．そこで，暖かい空気は上昇し，大気中を循環し，冷たい地域で地表面に戻ってくる．この結果生じる大気の大規模な運動は，地球の回転によるコリオリ力の影響を強く受ける．この結果が，大気大循環のパターンである．その中でもっとも特徴的なものとして，貿易風や「魔の南緯 40 度」が知られている．

地球の表面は陸や海があり均一ではないので，大気大循環は大陸規模の変動によって乱される．これらの変動は非常に複雑で非線形的な相互作用をするため，やや混沌とさせ，天気の日々の予報を難しくしている．しかし，その背後には明らかにある傾向があり，地域間の気候の違いを生み出している．この気候の違いは，局地的な地形や熱の影響によって緩和される．

丘や山によって風速は局所的に高くなる．この原因の一つは，高度によるものである．地表面の境界層内では，一般に地面からの高さが高いほうが風速は高くなるため，丘や山の頂部では風速が高くなる．それに加えて，山や丘のまわりで風が強くなるほか，風の流れに沿った谷や峠での風の増速の効果もある．地形は増速の原因となるだけでなく，周囲を山で囲まれた谷や，尾根の風下，流れのよどみ点など，風速が低くなる領域も作り出す．

局所的な風は熱によっても大きく影響される．海岸沿いでは，陸と海の加熱の度合いが異なるため，風が強いことが多い．海が陸地よりも暖かいときは，地表面で陸から海へと風が吹き，海上で暖かい空気が上昇し，陸上で冷たい空気が下降するような局所循環が発生する．逆に，陸地のほうが暖かいときには反対の現象が見られる．陸地は海面より速く暖められたり冷やされたりして，この海陸風のパターンは 24 時間周期で繰り返される．この現象は，初期のカリフォルニアの風力開発において重要であった．カリフォルニアでは，日中強く暖められる砂漠からほど近い海岸に，海流によって冷たい水が運ばれ，気流が海岸と砂漠の間にある山脈の鞍部を越えるときに収束することにより，局所的に強く安定した風となる（この強風のピークは，エアコンの使用による電力のピークと強い相関があった）．

熱の影響は，高度の違いによっても引き起こされる．つまり，高山の冷たい空気が低い平野に沈むことによって，強く成層した「おろし風」とよばれる強風を引き起こす．

2.1〜2.5 節の風速変動の説明は簡単かつ一般的なものである．より詳しい内容については，気象学の教科書を参照されたい．風力開発の候補地での風況の評価方法は第 10 章の 10.1.3 項で説明するが，風の予報については 2.9 節で説明する．

2.6 節では，乱流として知られる高周波の風速変動について，より詳細に説明する．乱流は風車の設計および運用において重要であり，風車の荷重に大きな影響を与える．風車の安全性を考えるうえでは強風も重要であり，これについては 2.8 節で説明する．

2.3　長期的な風速変動

ある地点における風速が非常にゆっくりとした長期的な変動をする可能性があるという証拠がある．入手できる正確な過去の風速記録は限られているが，たとえば Palutikoff ら（1991）は慎重に分析を行い，明確な傾向があることを示した．この傾向は，十分な歴史的証拠がある長期の温度変動に関連付けることができる．人間活動による地球温暖化が気候に与え得る影響についても現在多くの議論があるが，これは間違いなく，数十年後の風況に影響を与える．

これらの長期的な傾向とは別に，対象地点の風速は毎年変動し得る．そのような変動には多くの原因があり，エルニーニョなどの地球規模の気候現象，火山の噴火に起因する大気中の粒子状物質の変化，太陽の黒点活動などに関係している．

これらの変動は，特定の風力発電所における事業期間中の発電量を予測する際の不確かさを大幅に増加させる．

2.4　年間変動および季節変動

年平均風速の年々の変動を予測するのは難しいが，年内の風速の変動は確率分布を用いて特徴付けることができる．次式で示すワイブル分布（Weibull distribution）は，多くの典型的なサイトで，年間にわたって 1 時間平均風速の変動をよく再現できるとされてきた．

$$F(U) = \exp\left[-\left(\frac{U}{c}\right)^k\right] \tag{2.1}$$

ここで，$F(U)$ は 1 時間平均風速が U を超える時間の割合を示す．この割合は，尺度係数（Weibull scale parameter）c と平均値まわりの分布を示す形状係数（Weibull shape parameter）k の二つの係数によって決まる．c は，次式に示す関係によって年平均風速 $\overline{U}$ と関係付けられる．

$$\overline{U} = c\Gamma\left(1 + \frac{1}{k}\right) \tag{2.2}$$

ここで，Γ はガンマ関数である．これは，以下に示すワイブル分布の確率密度関数 $f(U)$ と平均風

速 $\overline{U}$ の定義から導出することができる.

$$f(U) = -\frac{dF(U)}{dU} = k\frac{U^{k-1}}{c^k}\exp\left[-\left(\frac{U}{c}\right)^k\right] \tag{2.3}$$

$$\overline{U} = \int_0^\infty Uf(U)\,dU \tag{2.4}$$

$k = 2$ であるワイブル分布の特殊なケースはレイリー分布（Rayleigh distribution）とよばれ，これは多くの場所で典型的な値である．この場合，係数 $\Gamma(1 + 1/k)$ の値は $\sqrt{\pi}/2 = 0.8862$ となる．2.5 や 3.0 などの高い k は，貿易風帯のような，1 時間平均風速が年平均風速のまわりであまり変動しない地域の風況を示す．また，1.2 や 1.5 などの低い k は，1 時間平均風速が平均風速のまわりで大きく変動することを示している．いくつかの例を図 2.2 に示す．図 2.3 に示すように，$\Gamma(1 + 1/k)$ の値は 1.000 と 0.885 の間でしか変化しない.

年間の 1 時間平均風速のワイブル分布は，明らかに，非常に大きなランダムな変動の結果である．しかし，その背後には，地球の自転軸が傾いているために生じる年間の日射変化によって駆動される，季節変化が存在する．その結果，中緯度地方では，冬季に夏季よりも大幅に風が強くなる傾向がある．また，春分や秋分のころに強風が発達する傾向がある．熱帯域でもモンスーンや熱帯低気圧などの季節変化はあり，風況に影響を与える．実際のところ，熱帯低気圧によって引き起こされ

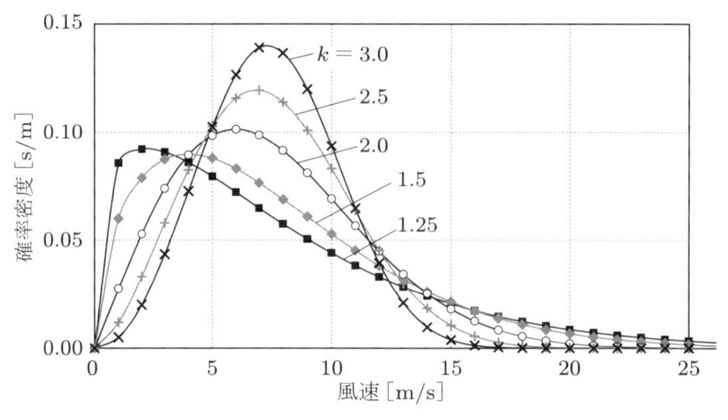

図 2.2　ワイブル分布の例

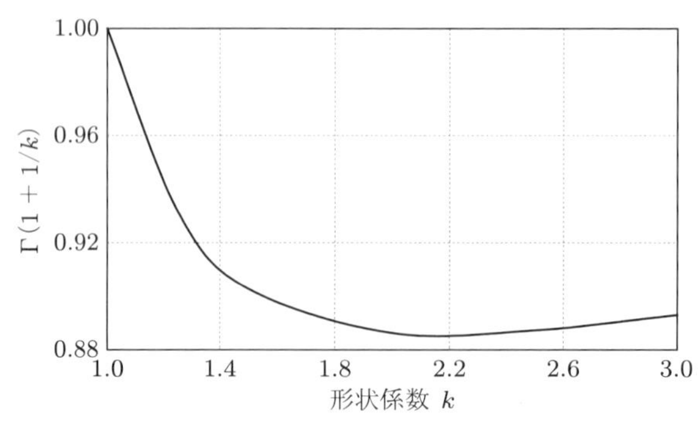

図 2.3　$\Gamma(1 + 1/k)$ の値

る強風は，熱帯域での風車の設計に大きな影響を与える．

ワイブル分布は多くのサイトで風況をよく再現するが，そうでない場合もある．たとえば，夏と冬で明らかに異なる風況を示すようなサイトでは，次式で示す二重ワイブル分布で，風況を非常によく表現できることがある．この分布は季節によって異なる尺度係数と形状係数をもち，二つのピークをもつ．

$$F(U) = F_1 \exp\left[-\left(\frac{U}{c_1}\right)^{k_1}\right] + (1 - F_1)\exp\left[-\left(\frac{U}{c_2}\right)^{k_2}\right] \tag{2.5}$$

カリフォルニア州のある地域は，このよい例である．

2.5 総観規模の変動と日変動

2.4 節で説明した季節変化より短い時間スケールでは，風速の変動はややランダムで予測しにくいが，この変動には明確なパターンが含まれている．この変動を周波数領域で表すと，典型的には約 4 日間の周期にピークをもつ．これらは，気圧の高い領域と低い領域，および，それらに関連した前線の移動に伴う，大規模な気象パターンに関連する総観規模の変動（synoptic variation）である．空気が高気圧の領域から低気圧の領域に移動しようとする際に，コリオリ力が回転運動をもたらす．このような一体の大規模大気循環パターンがある 1 点を通過するのに，通常数日かかるが，場合によっては 1 箇所に長くとどまったあとに動き出したり，そのまま消滅したりすることもある．

スペクトルのさらに高い周波数域において，多くの場所では 24 時間周期の日変化のピークが見られる．これは通常，局所的な熱の効果によって駆動されるものである．日中の強い加熱が大気中に大規模な対流セルを発生させることがあるが，夜間には収まる．この過程は，対流セルの大きさに対応する時間スケールで乱流に影響を与えるため，2.6 節でより詳細に述べる．陸と海の加熱と冷却の差によって生じる海陸風も，日変化のピークに大きく寄与する．これらの 1 日を通しての風向変化は，風速のスペクトルにおいては 12 時間周期のピークとして現れる．

2.6 乱 流

2.6.1 乱流の性質

乱流は，通常，10 分以下の比較的短い時間スケールでの風速の変動を指す．これは，図 2.1 のもっとも高い周波数スペクトルピークに対応する．風は，これまで述べたような季節変動，総観規模の変動，日変化の影響を受けて 1 時間から数時間のスケールで変動する平均風速に，乱流による変動が加わったものとして理解できる．この乱流変動は，10 分間で平均すると 0 となる．図 2.1 に示すように「スペクトルギャップ」が明確な場合には，この説明は有用である．

乱流はおもに二つの要因から生成される．一つ目は空気と地球の表面との摩擦で，丘や山などの地形に起因する流れのひずみも含む．もう一つは熱効果で，空気中の温度や密度の違いによって空気が鉛直に動く．空気が山脈を越えるときに低温領域に強制的に上昇させられ，周囲の空気と熱平衡ではなくなる場合などのように，これら二つの効果は相互に関連している．

乱流は明らかに複雑なプロセスであり，決定論的な方程式を用いて簡単に表すことができない．

質量，運動量，エネルギーの保存則のような物理法則に従っているというのは明らかであるが，これらの法則を用いて乱流を説明するためには，空気の動きに加え，温度，圧力，密度，湿度を三次元的に考慮する必要がある．これによって，乱流のプロセスを記述する微分方程式を定式化することが可能になり，原理的にはこれらの方程式を時間で積分することにより，ある初期条件や境界条件のもとでの乱流の発達を予測できる．実際には，このプロセスは，初期条件や境界条件中のわずかな違いが比較的短い時間のあとの予測結果に大きな差を生じる「カオス的」な状態になることは言うまでもない．このため，一般に，乱流をその統計的性質によって記述する方法のほうが有用である．

乱流の統計的な記述方法としては，用途に応じて，有用なものが数多くある．これらの記述方法には，乱流強度（turbulence intensity）やガスト係数（または，ガストファクタ，突風係数，gust factor）のような単純なものから，時間・空間的に変動する乱流の3成分を周波数領域で表した詳細なものまである．

乱流強度は乱流の全体的な強さを示す尺度であり，次式のように定義される．

$$I = \frac{\sigma}{\overline{U}} \tag{2.6}$$

ここで，$\overline{U}$ と σ は通常，10分間あるいは1時間の平均風速と標準偏差である．乱流の風速変動は通常，平均風速 $\overline{U}$ のまわりに標準偏差 σ で分布している正規分布（ガウス分布）と近似できる．しかし，実際には分布の裾のほうは明らかに非正規的であるため，ある評価時間内の強風の分布を推定するためには，この近似は適していない．

乱流強度は，明らかに地表面の粗度や地表面からの高さに依存する．また，それ以外にも，木や建物などの障害物や，とくに風上にある場合には丘や山などの地形的な特徴にも依存する．さらに，大気中の熱の挙動にも依存する．たとえば，地面に近い空気が晴れた日に暖められると，十分軽くなって大気中を上昇し，対流セルを引き起こして大規模な乱流渦となる．

地表面からの高度が高くなると，地表面での相互作用によって駆動されるすべてのプロセスの効果は明らかに弱くなる．ある高さ以上では，空気の流れは表面の影響をほとんど受けず，大規模な総観スケールの圧力勾配と地球の自転によって駆動されていると考えることができる．このような空気の流れは地衡風として知られている．また，低い高度では，地表面の効果が影響を与える．大気のこのような領域は 境界層（boundary layer）として知られている．境界層の特性は，風車が受ける乱流を理解するうえで重要である．

2.6.2　境界層

境界層の特性を決める主要な要因は，地衡風の強さ，地表面粗度，地球の回転によるコリオリ効果，熱の影響である．

熱の影響により，境界層は，安定成層，不安定成層，中立成層の三つのカテゴリに分類することができる．不安定成層（unstable stratification）は，地表面の加熱が強く，地表面の近くの空気が暖められて上昇する場合に発生する．空気は上昇するにつれ，気圧の低下に伴って膨張し，断熱冷却される．冷却が周囲の空気との熱的な平衡に十分でない場合に，空気は上昇を続け，大規模な対流セルが生じる．この結果，大気境界層は厚くなり，乱流の渦スケールは大きくなる．また，鉛直方向の混合や運動量の移動が多く，結果的に平均風速の高さによる変化は比較的小さくなる．

断熱冷却効果により上昇する空気の温度がその周囲よりも低温になる場合，空気の鉛直方向の運動は抑制される．これは安定成層（stable stratification）として知られており，地表面が冷える寒い夜によく見られる．この状況では，乱流の成因としては地表面との摩擦が支配的であり，シアー（高さ方向の平均風速の変化）は大きくなる．

中立成層（neutral stratification）では，空気の上昇に伴う断熱冷却によって，周囲との熱的な平衡が保たれる．強風時には，地表面粗度に起因する乱流が境界層の十分な混合をもたらすため，この現象がよく見られる．風力エネルギーにおいて，乱流による風荷重は強風時に最大となるため，通常，風車への乱流による風荷重を考慮する場合には中立安定がもっとも重要である．しかしながら，不安定成層も低高度での突然のガストをもたらすことがあるため重要であり，安定成層も，大きい風速のシアーにより，大幅に非対称な荷重の原因となることがある．また，安定成層時には，高さに伴い風向が急激に変化することがある．

これ以降の各節では，乱流強度，スペクトル，長さスケール，コヒーレンス関数などの大気境界層の性質を記述する一連の関係式について述べる．これらの関係には，理論的な考察により得られたものもあれば，多くの研究者による，さまざまな地域条件での幅広い観測から得られた経験式に基づいているものもある．

中立大気では，境界層の特性は，おもに地表面粗度とコリオリ効果に依存している．地表面粗度は，粗度長 z_o により表される．z_o の典型的な値を表 2.1 に示す．

表 2.1 典型的な地表面粗度長

地形の種類	粗度長 z_0 [m]
都市・森林	0.7
郊外・樹木に覆われた田舎	0.3
村・樹木や生垣のある田舎	0.1
開けた農場・樹木や建物がほとんどない土地	0.03
平坦な草地	0.01
平坦な砂漠・荒れた海	0.001

コリオリパラメータ f は以下のように定義される．

$$f = 2\Omega \sin(|\lambda|) \tag{2.7}$$

ここで，Ω は地球の自転の角速度であり，λ は緯度である．温帯地域では，境界層の高さは次式で与えられる．

$$h = \frac{u^*}{6f} \tag{2.8}$$

しかし，この式とこれに続く議論は，$f = 0$ である赤道上では明らかに成り立たない．よって，実用的には，すべての熱帯地域では緯度として $\lambda = 22.5°$ を使用することを推奨する．ここで，u^* は摩擦速度として知られ，次式で与えられる．

$$\frac{u^*}{\overline{U}(z)} = \frac{\kappa}{\ln(z/z_o) + \psi} \tag{2.9}$$

κ はカルマン定数（約 0.4），z は地面からの高さ，z_o は地表面粗度長（surface roughness length）

である．ψ は安定度に依存する関数であり，不安定成層では負の値をとり，このとき，ウィンドシアー（wind shear）は小さくなる．一方，安定成層では ψ は正の値をとり，ウィンドシアーは大きくなる．中立状態に対して，ESDU（1985）は $\psi = 34.5fz/u^*$ を与えているが，この値は，ここで対象としている状況では $\ln(z/z_o)$ に比べて小さい．ψ を無視すると，ウィンドシアーは対数則によって記述される．

$$\overline{U}(z) \propto \ln\left(\frac{z}{z_0}\right) \tag{2.10}$$

また，べき則による近似もよく用いられる．

$$\overline{U}(z) \propto z^{\alpha} \tag{2.11}$$

ここで，典型的なべき指数 α は陸上では約 0.14 で，洋上ではより低い値であるが，地形の種類によって変化する．しかし，α の値はこの式を適用する 2 高度の組に応じて異なるため，この近似は対数則に比べてあまり有用ではない．

風車の設計基準では，概して特定のべき指数を使うことが規定されている．International Electrotechnical Commission（IEC）と Germanischer Lloyd（GL）の基準は，たとえば，陸上の通常の風条件では $\alpha = 0.20$，洋上の通常の風条件では $\alpha = 0.14$ を規定している．また，どちらの基準も，（陸上，洋上とも）極値風に対しては $\alpha = 0.11$ を規定している．IEC 規格の第 4 版（IEC 61400-1:2019）では，「中」規模の風車（ロータ面積 200〜1000 m^2）に対して，安全側の評価として，高いべき指数（0.3）を使用することが許されている．

地表面粗度の変化がある場合には，変化点の下流側で，風速の鉛直分布は，もとの形状から新しい形状へと徐々に変化する．本質的には，新しい境界層が始まると，完全に発達するまで，新旧の境界層間の境界の高さは，変化点におけるゼロから増加する．この遷移域内のウィンドシアーの計算は，Cook（1985）などを参照されたい．

式 (2.8) と式 (2.9) を組み合わせることにより，境界層の外側の風速が得られる．

$$\overline{U}(h) = \frac{u^*}{\kappa}\left[\ln\left(\frac{u^*}{fz_0}\right) - \ln 6 + 5.75\right] \tag{2.12}$$

これは，気圧場から計算され，境界層を駆動する概念的な風速である，いわゆる地衡風速（geostrophic wind speed）G（次式）と類似している．

$$G = \frac{u^*}{\kappa}\sqrt{\left[\ln\left(\frac{u^*}{fz_0}\right) - A\right]^2 + B^2} \tag{2.13}$$

ここで，中立状態では $A = \ln 6$ および $B = 4.5$ である．この関係は，しばしば地衡風則とよばれる．

地表面粗度により，風速が地面近くで低下するだけではなく，気圧が駆動する「自由な」地衡風と地面に近い風との間で，風向の変化も生じる．大気中で地衡風は気圧勾配によって駆動されているが，風が圧力勾配に対して垂直方向に流れるようにコリオリ力が作用するため，特徴的な循環パターンが生じる．つまり，北半球では，南の高圧部から北の低圧部に吹く風は，回転する地球上の角運動量を保存するコリオリ効果によって，東方に強制的に移送される．その結果，風は低気圧のまわりでは反時計回りに，高気圧のまわりでは時計回りに吹き，南半球ではその逆になる．また，地面の近くでは，これらの風向は地表面の摩擦の効果によって変化する．地衡風から地上風への角度の変化は，次式の α で与えられる．

$$\sin\alpha = \frac{-B}{\sqrt{\left[\ln\left(u^*/fz_0\right)\right]^2 + B^2}} \tag{2.14}$$

2.6.3 乱流強度

中立大気での乱流強度は，明らかに地表面粗度に依存する．風方向成分については，標準偏差 σ_u は高さによらずほぼ一定であるため，乱流強度は高さとともに低下する．より正確には，前項で計算した摩擦速度 u^* と $\sigma_u \approx 2.5u^*$ の関係を用いて標準偏差を計算することができる．ESDU（1985）では，次式が示されている．

$$\sigma_u = \frac{75\eta\left[0.538 + 0.09\ \ln\left(z/z_0\right)\right]^p u^*}{1 + 0.156\ \ln\left[u^*/(fz_0)\right]} \tag{2.15}$$

ここで，

$$\eta = 1 - 6\frac{fz}{u^*} \tag{2.16}$$

$$p = \eta^{16} \tag{2.17}$$

である．

この式は，地表近くでは $\sigma_u = 2.5u^*$ に近づくが，地面からの高さが高いところでは，より大きな値を与える．そして，風方向の乱流強度は

$$I_u = \frac{\sigma_u}{\overline{U}} \tag{2.18}$$

であり，横方向（v）と鉛直方向（w）の乱流強度は次式で与えられる（ESDU 1985）．

$$I_v = \frac{\sigma_v}{\overline{U}} = I_u\left[1 - 0.22\ \cos^4\left(\frac{\pi z}{2h}\right)\right] \tag{2.19}$$

$$I_w = \frac{\sigma_w}{\overline{U}} = I_u\left[1 - 0.45\ \cos^4\left(\frac{\pi z}{2h}\right)\right] \tag{2.20}$$

設計計算に使用する乱流強度の具体的な値は，風車の設計計算に使用される基準に規定されており，それらは必ずしも上記の式と一致するとは限らない．たとえば，かつてのデンマーク標準（DS 472 1992）では，次式のように規定されている．

$$I_u = \frac{1.0}{\ln\left(z/z_0\right)} \tag{2.21}$$

また，IEC 基準第 2 版（IEC 1999）では，次式のように規定されている．

$$I_u = I_{15}\frac{a + 15/\overline{U}}{a+1} \tag{2.22}$$

ここで，高乱流サイトでは $I_{15} = 0.18$，低乱流サイトでは 0.16 で，対応する a はそれぞれ 2 と 3 である．横方向と鉛直方向の成分には，$I_v = 0.8I_u$，$I_w = 0.5I_u$，または，$I_u = I_v = I_w$ の等方性モデルのいずれかを選ぶことができる．

さらに，IEC 規格の第 3 版（IEC 61400-1 2005）と第 4 版（IEC 61400-1 2019）では，次式が規定されている．

$$I_u = I_{\mathrm{ref}}\left(0.75 + \frac{5.60}{\overline{U}}\right) \tag{2.23}$$

ここで，I_{ref} は乱れのクラスに応じて 0.16，0.14，0.12 であり，横方向および鉛直方向の成分は，I_v は $0.7I_u$ 以上，I_w は $0.5I_u$ 以上でなければならない．標準偏差は高さ方向に一定であると仮定している．平均風速はウィンドシアーのために高さによって変化するため，乱流強度も高さによって変化する．

ドイツ船級協会 Germanischer Lloyd（GL）の初期の規則（GL 1993）は 20%一定の乱流強度を指定していたが，のちの版（GL 2003）は IEC 第 2 版に従っている．

図 2.4 は，GL，IEC，デンマーク規格 DS 472 の風方向の乱流強度を示す．デンマーク規格の low の値は，地表面粗度 0.01 m，高さ 90 m での値であり，high の値は，地表面粗度 0.3 m，高さ 30 m での値である．IEC 第 2 版，第 3 版，第 4 版の high の値は同じであるが，low の値は，第 3 版と第 4 版では第 2 版より明らかに小さい．

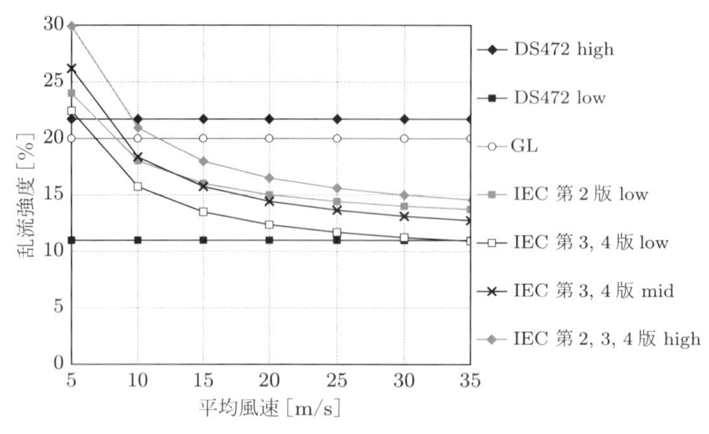

図 2.4　さまざまな規格での乱流強度

2.6.4　乱流スペクトル

乱流スペクトルは，変動風の周波数成分を示す．コルモゴロフ（Kolmogorov）の法則によると，スペクトルは高周波において，$n^{-5/3}$ に比例する漸近値に近づくはずである（ここで，n は周波数 [Hz]）．この関係は，高周波数域では乱流エネルギーが熱として消散するため，乱流渦の減衰が大きくなることに基づいている．

乱流の風方向成分のスペクトルにはカイマル（Kaimal）スペクトルとフォン・カルマン（von

Karman）スペクトルの二つがあり，いずれも同じ漸近境界値に近づく．

$$\text{カイマルスペクトル：}\quad \frac{nS_u(n)}{\sigma_u^2} = \frac{4nL_{1u}/\overline{U}}{\left(1+6nL_{1u}/\overline{U}\right)^{5/3}} \tag{2.24}$$

$$\text{フォン・カルマンスペクトル：}\quad \frac{nS_u(n)}{\sigma_u^2} = \frac{4nL_{2u}/\overline{U}}{\left[1+70.8\left(nL_{2u}/\overline{U}\right)^2\right]^{5/6}} \tag{2.25}$$

ここで，$S_u(n)$ は風方向成分の自己スペクトル密度関数で，L_{1u} と L_{2u} は長さスケールである．これら二つの式が高周波において同じ漸近限界値をもつためには，これらの長さスケールの比は $(36/70.8)^{-5/4}$，すなわち，$L_{1u} = 2.329L_{2u}$ とならなければならない．適切な長さスケールについては，次の項で説明する．

Petersen ら（1998）によると，カイマルスペクトルは経験的に大気乱流の観測値とよく一致するが，フォン・カルマンスペクトルは，風洞での乱流を適切に記述し，解析式と整合性がとれているためによく使用される．長さスケール L_{2u} は乱流成分 U の風方向での積分長さスケールで，${}^xL_u = \int_0^\infty \kappa(r_x)dr_x$ で定義される．ここで，$\kappa(r_x)$ は，流れ方向に r_x 離れた 2 点で同時に計測された乱流成分 u の間の相互相関関数である．なお，乱流成分の風横方向および鉛直方向の積分長さスケール ${}^yL_u$ および ${}^zL_u$ も同様に定義する．これらは，後述するクロススペクトルを定義するために用いる．さらに，乱流成分 v および w の各 3 方向の積分長さスケールも同様に定義する．なお，パワースペクトルおよび付随する長さスケールは理論的に得られたものであり，実際の大気データに適合させようとする際には，必ずしも理論と完全には整合性のとれていない半経験的モデルになるということに注意する必要がある．

図 2.5，2.6 に示すように，カイマルスペクトルのピークは，フォン・カルマンスペクトルよりも低く，幅が広くなっている．より最近の研究では，フォン・カルマンスペクトルは地上約 150 m 以上の大気乱流をよく再現しているが，低高度でいくつか欠点があることが示されている．その改良も提案されていて（Harris 1990），次式に示す修正フォン・カルマンスペクトルが推奨されている（ESDU 1985）．

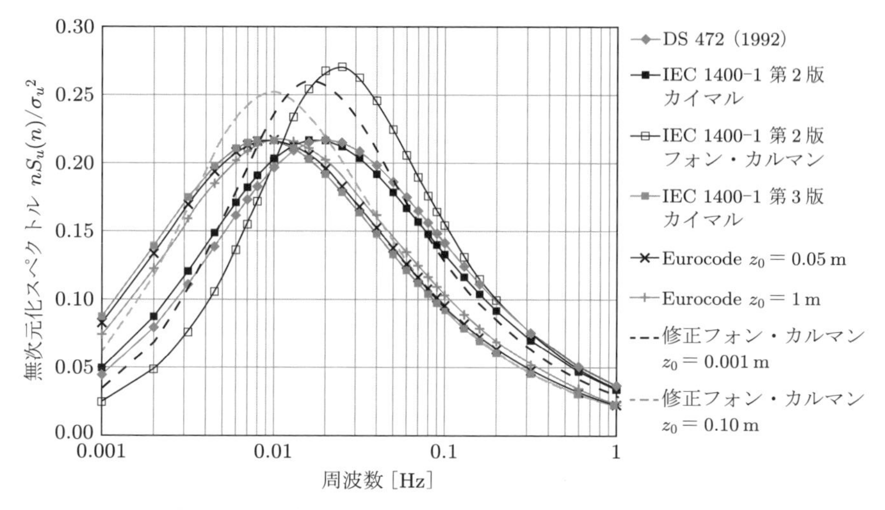

図 2.5　12 m/s でのスペクトルの比較（地上 80 m，北緯 50°）

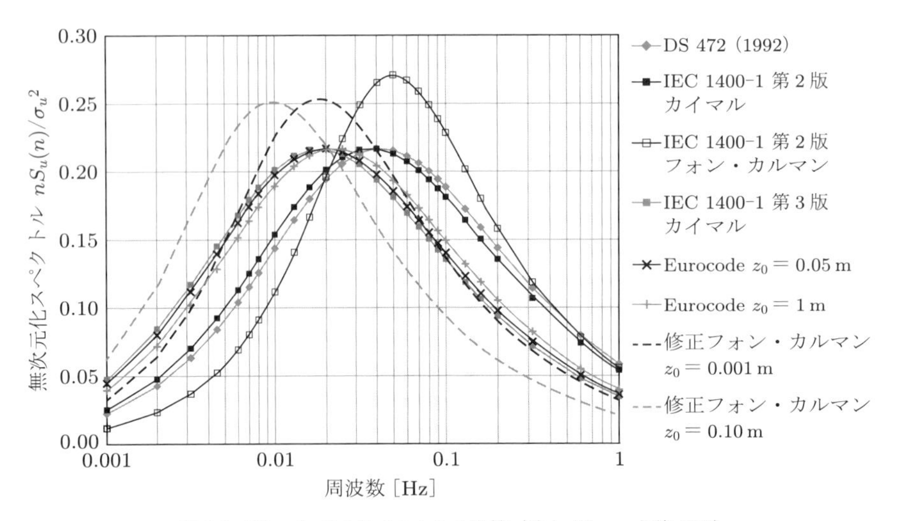

図 2.6　25 m/s でのスペクトルの比較（地上 80 m，北緯 50°）

$$\frac{nS_u(n)}{\sigma_u^2} = \beta_1 \frac{2.987nL_{3u}/\overline{U}}{[1+(2\pi nL_{3u}/\overline{U})^2]^{5/6}} + \beta_2 \frac{1.294nL_{3u}/\overline{U}}{[1+(\pi nL_{3u}/\overline{U})^2]^{5/6}} F_1 \tag{2.26}$$

これら三つのスペクトルには，すべて乱流の横方向および鉛直方向の成分に対応する式がある．カイマルスペクトルでは，横方向と鉛直方向の式は風方向成分と同じ形であるが，それぞれ異なる長さスケール（L_{1v} と L_{1w}）をもっている．フォン・カルマンスペクトルの i 方向成分（$i = v$ または w）は次式のとおりである．

$$\frac{nS_i(n)}{\sigma_i^2} = \frac{4(nL_{2i}/\overline{U})\left[1+755.2(nL_{2i}/\overline{U})^2\right]}{[1+283.2(nL_{2i}/\overline{U})^2]^{11/6}} \tag{2.27}$$

ここで，$L_{2v} = {}^xL_v$，$L_{2w} = {}^xL_w$ である．式 (2.26) の修正フォン・カルマンスペクトルでは次式のようになる．

$$\frac{nS_i(n)}{\sigma_i^2} = \beta_1 \frac{2.987(nL_{3i}/\overline{U})\left[1+(8/3)(4\pi nL_{3i}/\overline{U})^2\right]}{[1+(4\pi nL_{3i}/\overline{U})^2]^{11/6}} + \beta_2 \frac{1.294nL_{3i}/\overline{U}}{[1+(2\pi nL_{3i}/\overline{U})^2]^{5/6}} F_{2i} \tag{2.28}$$

2.6.5　長さスケールおよびその他のパラメータ

上記で定義されたスペクトルを使用するには，適切な長さスケールを定義する必要がある．さらに，修正フォン・カルマンモデルには，β_1, β_2, F_1, F_2 も必要となる．

長さスケールは，地表面粗度 z_0 だけでなく，地表面からの高さ z にも依存している．地表付近では，乱流渦の大きさが制限されるため，長さスケールも小さくなる．代表的な高さ z' で多くの小さな障害物が地面にある場合は，等価的な地面が高さ $z' - 2.5z_0$ にあると仮定して，地面からの高さを補正する必要がある (ESDU 1975)．地面から十分離れた高さ，すなわち，z が基準となる高さ z_i より大きいときは，乱流は表面近傍に制約されず，等方的となる．ESDU（1975）によると，$z_i = 1000z_0^{0.18}$ であり，これより高い位置では，${}^xL_u = 280$ m，${}^yL_u = {}^zL_u = {}^xL_v = {}^zL_v = 140$ m である．粗度長 z_0 が非常に小さい場合でさえ，等方性が保たれる領域は風車よりもはるか上空であり，$z < z_i$

では，${}^xL_w = {}^yL_w = 0.35z$（$z < 400\,m$）の関係に加えて，次の補正を適用する必要がある．

$$
\begin{aligned}
{}^xL_u &= 280\left(\frac{z}{z_i}\right)^{0.35} \\
{}^yL_u &= 140\left(\frac{z}{z_i}\right)^{0.38} \\
{}^zL_u &= 140\left(\frac{z}{z_i}\right)^{0.45} \\
{}^xL_v &= 140\left(\frac{z}{z_i}\right)^{0.48} \\
{}^zL_v &= 140\left(\frac{z}{z_i}\right)^{0.55}
\end{aligned}
\tag{2.29}
$$

なお，${}^yL_v$ と ${}^zL_w$ の式は与えられていない．また，長さスケール ${}^xL_u$, ${}^xL_v$, ${}^xL_w$ は，フォン・カルマンスペクトルの式中で直接使うことができる．カイマルスペクトルでは，すでに $L_{1u} = 2.329{}^xL_u$ の関係があるが，ほかの成分で高周波でも同じ漸近限界値をもつことから，$L_{1v} = 302054{}^xL_v$, $L_{1w} = 302054{}^xL_w$ の関係が得られる．

より広い範囲の高度での観測値に基づくその後の研究（Harris 1990; ESDU 1985）では，境界層の厚さ h の増加と，平均風速に伴う長さスケールの増加が考慮されている．ここから，z/h, σ_u/u^* と，リチャードソン（Richardson）数 $u^*/(fz_0)$ を用いた，九つの長さスケールのより複雑な式が得られる．

風車に作用する荷重の計算に使用する基準によっては，特定の乱流スペクトルと長さスケールの使用が規定されていることに注意を要する．これらは，上記の式よりも簡略化されている．たとえば，デンマーク規準（DS 472 1992）では，以下のパラメータを用いたカイマルスペクトルが指定されている．

$$
\begin{aligned}
L_{1u} &= 150\ \text{m，ただし，} z < 30\ \text{m のときは } L_{1u} = 5z \\
L_{1v} &= 0.3L_{1u} \\
L_{1w} &= 0.1L_{1u}
\end{aligned}
\tag{2.30}
$$

一方，IEC 規格第 2 版（IEC 1999）は以下のパラメータを用いたカイマルモデル

$$
\begin{aligned}
\Lambda_1 &= 21\ \text{m，ただし，} z < 30\ \text{m のときは } 0.7\,z \\
L_{1u} &= 8.1\Lambda_1 = 170.1\ \text{m，ただし，} z < 30\ \text{m のときは } 5.67\,z \\
L_{1v} &= 2.7\Lambda_1 = 0.3333L_{1u} \\
L_{1w} &= 0.66\Lambda_1 = 0.08148L_{1u}
\end{aligned}
\tag{2.31}
$$

と，以下のパラメータを用いた等方性フォン・カルマンモデル

$$
\begin{aligned}
{}^xL_u &= 73.5\ \text{m，ただし，} z < 30\ \text{m のときは } 2.45\,z \\
{}^xL_v &= {}^xL_w = 0.5{}^xL_u
\end{aligned}
\tag{2.32}
$$

の選択肢を提供している．IEC 規格の第 3 版（IEC 61400-1 2005）および第 4 版（IEC 61400-1 2019）は，上述のものとわずかに異なるカイマルモデルとマン（Mann）モデルの選択肢を提供し

ている．このカイマルモデルは式 (2.24) と同じ形だが，次式で示すパラメータが用いられている．

$$\begin{aligned} \Lambda_1 &= 42\ \mathrm{m},\ \text{ただし，} z < 60\ \mathrm{m}\ \text{のときは}\ 0.7\,z \\ L_{1u} &= 8.1\Lambda_1 = 340.2\ \mathrm{m},\ \text{ただし，} z < 60\ \mathrm{m}\ \text{のときは}\ 5.67\,z \\ L_{1v} &= 2.7\Lambda_1 = 0.3333L_{1u} \\ L_{1w} &= 0.66\Lambda_1 = 0.08148L_{1u} \end{aligned} \tag{2.33}$$

マンモデルはかなり異なる形をしており，2.6.8 項で説明する．

風荷重を計算するための Eurocode（2005）の規格は，$L_{1u} = 1.7L_i$ でカイマルの風方向のスペクトルを指定している．ここで，

$$L_i = 300\left(\frac{z}{200}\right)^{\alpha} \tag{2.34}$$

である．ただし，$z < 200\,\mathrm{m}$, $\alpha = 0.67 + 0.05\ln(z_0)$ とする．この規格は建築物に用いられるが，通常，風車には用いられない．

スペクトルは非常に多くの変数で表されており，異なるスペクトルの簡潔な比較を提示することは困難であるため，少数の例のみ図 2.5 と 2.6 に示した．これらは，風方向の無次元化したスペクトル $_nS_u(n)/\sigma_u^2$ を周波数の関数としてプロットしたものであり，指定した特定の周波数範囲内の曲線の下の面積は，全分散に対する割合を表す．ハブ高さは 80 m で，修正フォン・カルマンモデルにおいては，緯度は 50° と仮定した．

図 2.5 には，定格風速として一般的な 12 m/s でのスペクトルを示した．IEC 第 2 版で例示されているカイマルスペクトルは，明らかに DS 472 と非常によく似ている．一方で，IEC 第 3 版で例示されているスペクトルは明らかに低周波数側に移動しており，より Eurocode に近くなっている（実際，高さ 80 m で $z_0 = 0.01\,\mathrm{m}$ とするとまったく同じになる）．カイマルスペクトルとフォン・カルマンスペクトルでは，後者のほうがピークが鮮明であるという特性の違いがある．修正フォン・カルマンスペクトルの形状はその中間であり，粗度長が非常に小さい場合には，ピークは IEC 第 2 版のスペクトルと同じような周波数にあるが，粗度長が大きい場合には，ピークの位置は第 3 版のものに近づく．

図 2.6 には，カットアウト風速として一般的な 25 m/s に対して，図 2.5 と同様の図を示した．予想どおり，すべてのピークは高い周波数側に移動しているが，修正フォン・カルマンモデルは，非常に小さな粗度長で IEC 規格第 3 版と一致するようになる．

2.6.6　漸近限界

ほかのスペクトルも使用することができるが，IEC 規格に適合するためには，高周波における漸近線が以下の関係を満たさなければならない．

$$\frac{S_u(n)}{\sigma_u^2} \xrightarrow[n=\infty]{} 0.05\left(\frac{\Lambda_1}{\overline{U}}\right)^{-2/3} n^{-5/3} \tag{2.35}$$

Λ_1 は前項で述べたように定義され，地面からの高さのみの関数であるが，30 m 以上の高さでは IEC 第 2 版と第 3 版で異なる．これを下記のように表現する．

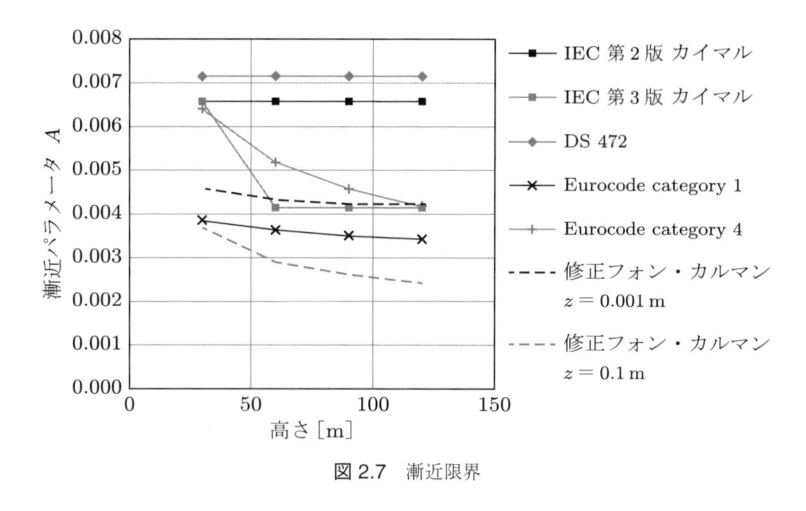

図 2.7 漸近限界

$$\frac{S_u(n)}{\sigma_u^2} \xrightarrow[n=\infty]{} A\overline{U}^{2/3} n^{-5/3} \tag{2.36}$$

漸近パラメータ A は，図 2.7 に示すように，異なるスペクトルについて比較することができる．この図から，DS 472 の漸近線は IEC 規格第 2 版に近い（カイマルスペクトルとフォン・カルマンスペクトルは同じ漸近線をもつ）が，IEC 規格の第 3 版と第 4 版では，地面からの高度 30 m 以上の場合に，漸近線がより低くなり，Eurocode と同程度になることがわかる．ESDU の修正フォン・カルマンモデルの性質は，漸近線が風速，表面粗度，地理緯度によっても変化するため，説明がより難しい．図 2.7 は，風速 20 m/s，緯度 50° における二つの異なる粗度長での結果を示す．漸近線を IEC 第 3 版と第 4 版の規定に一致させることはできるが，それが可能なのは非常に小さな粗度長を選択したときだけであり，IEC 第 2 版と一致させるようにする場合は，さらに粗度長を小さくする必要がある．

しかし，このような小さい粗度長を選択した場合，ESDU モデルによって示される乱流強度は，規格によって要求されるよりもはるかに小さくなる．ESDU モデルを使用する場合に，乱流強度が規格と一致するまで各風速で地表面粗度を調整することがよく行われるが，これには，明らかに物理的な意味はない．要求される漸近線と乱流強度の両方を同時に満足するように粗度を調整することは，明らかに不可能である．したがって，当然予想されることではあるが，物理モデルと比較して IEC 規格は，おそらく安全側である．また，物理モデルは平坦な地形上で有効であるが，多くの風力発電所は乱流強度が高く長さスケールが小さい，複雑な地形上に建てられていることを考慮する必要がある．

IEC 規格第 3 版では，さらに高周波数の極限では $S_v(N) = S_w(n) = (4/3)S_u(n)$ と規定されていることにも注意する必要がある．

2.6.7 クロススペクトル関数とコヒーレンス関数

ここまでで示した乱流スペクトルは，任意の地点における乱流の各成分の時間変化を説明するものである．しかし，風車のブレードが回転する際に受ける風速の変動は，これらの 1 点におけるスペクトルのみでは正しく表現されない．横方向および鉛直方向の乱流の空間的変動は，ブレードが空間的に変動する乱流中を動くことにより，時間変動を経験することになるため，明らかに重要である．

これらの効果をモデル化するためには，横方向および鉛直方向に離れた点における風速変動の相互相関の情報を含むように，乱流のスペクトルの記述を拡張する必要がある．明らかに，これらの相関は，2点間の距離が大きくなるにつれて小さくなる．また，低周波数変動に比べて高周波数変動で相関は小さくなる．したがって，これらの関係は，周波数と距離の関数として相関を記述する「コヒーレンス（coherence）」関数によって記述することができる．コヒーレンス $C(\Delta r, n)$ は次式によって定義される．

$$C(\Delta r, n) = \frac{|S_{12}(n)|}{\sqrt{S_{11}(n)S_{22}(n)}} \tag{2.37}$$

ここで，n は周波数，$S_{12}(n)$ は距離が Δr 離れた2点のクロススペクトルであり，$S_{11}(n)$ および $S_{22}(n)$ は各点における変動のスペクトル（通常，これらは等しいとすることができる）である．

フォン・カルマンスペクトルの式をもとに，テイラーの凍結乱流仮説を仮定すると，風速変動のコヒーレンスの解析式を導くことができる．つまり，風向に対して直交する方向に距離 Δr だけ離れた2点での風方向成分のコヒーレンス $C_u(\Delta R, n)$ は次のようになる．

$$C_u(\Delta r, n) = 0.994\left(A_{5/6}(\eta_u) - \frac{1}{2}\eta_u^{5/3}A_{1/6}(\eta_u)\right) \tag{2.38}$$

$A_j(x) = x^i K_j(x)$，K は分数次の変形ベッセル関数，また，

$$\eta_u = \Delta r\sqrt{\left(\frac{0.747}{L_u}\right)^2 + \left(c\frac{2\pi n}{\overline{U}}\right)^2} \tag{2.39}$$

である．ここで，$c = 1$ である．L_u は次式で定義されるローカル長さスケールである．

$$L_u(\Delta r, n) = 2f_u(n)\sqrt{\frac{({}^yL_u\Delta y)^2 + ({}^zL_u\Delta z)^2}{\Delta y^2 + \Delta z^2}} \tag{2.40}$$

Δy と Δz は2点間の距離 Δr の風に直交する水平方向および鉛直方向の成分であり，${}^yL_u$ と ${}^zL_u$ は乱流の横方向および鉛直方向の長さスケールである．通常，$f_u(n) = 1$ であるが，ESDU（1975）は，風がより異方性をもつ低周波域での修正値として，$f_u(n) = \min\left(1.0,\ 0.04n^{-2/3}\right)$ を提案している．

IEC（1999）規格第2版では，フォン・カルマンスペクトルとしては等方性乱流モデルのみが許されており，${}^xL_u = 2{}^yL_u = 2{}^zL_u$ であり，$L_u = {}^xL_u$，$f_u(n) = 1$ である．

式(2.26)の修正フォン・カルマンモデルもまた $f_u(n) = 1$ を使用するが，その代わり，式(2.39)における係数 c が修正されている（ESDU 1985）．

横方向および鉛直方向成分では，対応する方程式は以下のようになる．前述の場合と同様に，カルマンスペクトルとテイラー仮説に基づくコヒーレンスの解析式は，

$$C_i(\Delta r, n) = \frac{0.597}{2.869\gamma_i^2 - 1}\left(4.781\gamma_i^2 A_{5/6}(\eta_i) - A_{11/6}(\eta_i)\right) \tag{2.41}$$

となる．ここで，$i = u$ または v で，η_i は式 (2.39) のように計算されるが，L_u はそれぞれ L_v または L_w に置き換えられ，$c = 1$ である．また，

$$\gamma_i = \frac{\eta_i L_i(\Delta r, n)}{\Delta r} \tag{2.42}$$

であり，L_v と L_w は式 (2.40) と類似の形で表される．

式 (2.38)，(2.41) の空間コヒーレンスは，たとえば長さのスケールのように，一部経験的な要素はあるものの，フォン・カルマンスペクトルから理論的に導かれる．仮に，フォン・カルマンスペクトルの代わりにカイマルスペクトルに基づくと，コヒーレンス関数にはこのような比較的簡単な解析式は存在しない．この場合，簡単で純粋に経験的な指数コヒーレンスモデルがよく使用される．たとえば，IEC 規格第 2 版では，乱流の風方向成分のコヒーレンスとして次式を与えている．

$$C_u(\Delta r, n) = \exp\left[-H\Delta r\sqrt{\left(\frac{0.12}{L_c}\right)^2 + \left(\frac{n}{\overline{U}}\right)^2}\right] \tag{2.43}$$

ここで，$H = 8.8$, $L_c = L_u$ である．また，これは次式のようにも書くことができる．

$$C_u(\Delta r, n) = \exp\left(-1.4\eta_u\right) \tag{2.44}$$

ここで，η_u は式 (2.39) と同じである．

このIEC 規格では，式 (2.38) の近似として，上式をフォン・カルマンモデルで使用することができる．また，IEC 規格では，カイマルモデルで使用するほかの二つの成分のコヒーレンスを規定していないため，次式がよく使用される．

$$C_v(\Delta r, n) = C_w(\Delta r, n) = \exp\left(-H\Delta r\frac{n}{\overline{U}}\right) \tag{2.45}$$

IEC 規格第 3 版では，これらの式は若干変更され，$H = 12$, $L_c = L_{1u}$ とされている．

三つの乱流成分は，通常，互いに独立であると仮定される．これは，地表面近くでの風方向成分と鉛直方向成分との間にわずかな相関をもたらすレイノルズ応力の影響を無視することになるが，それでも合理的な仮定である．次項で説明するマンモデルは，この影響を考慮することができる．

さまざまなスペクトルとコヒーレンス関数が推奨されているが，明らかに，これらの間にはかなりのばらつきがある．また，これらの風モデルは平坦地に適用可能であるが，丘の上や複雑地形上で乱流特性がどのように変化するかについての理解は十分とはいえない．風車の荷重や性能に乱流特性が重要であることを考えると，さらなる研究の余地がある領域である．

2.6.8 マンの乱流モデル

IEC 規格第 3 版と第 4 版（IEC 2005; IEC 2019）は，カイマルモデルに加え，Mann（1994, 1998）によって開発された別の形の乱流モデルの選択肢を提供している．これまでに説明したほかのモデルでは，スペクトルから時刻歴を生成するためには，一次元高速フーリエ変換（FFT）を各乱流成分に独立に適用する．対照的に，マンモデルは，乱流の三次元スペクトルのテンソル表現に基づいており，三次元 FFT を 1 回だけ用いることにより，乱流の 3 成分すべてを同時に生成する．

この三次元スペクトルテンソルは，急速変形理論により導出される．この理論によれば，カルマンスペクトルにより表される等方性乱流は，一様な平均風速の鉛直シアーにより変形させられる．これは，流れの中の渦の変形によってエネルギーが風方向成分と鉛直方向成分の間で伝達されるため，三つの乱流成分が独立ではなくなることを意味する．このことから，レイノルズ応力によって記述される流れ方向成分と鉛直方向成分の間の相関の現実的な表現が得られる．任意の三次元波数ベクトルのスペクトル密度が導出され，乱流の三つすべての成分は，適切な振幅とランダムな位相をもつこのような波数ベクトルの組を合計することによって同時に生成される．

これは多くの点で簡潔で的確なアプローチであるが，実際にはいくつかの計算上の制約があり，使用が困難である．このアプローチでは，総和の計算を妥当な計算時間で達成するために，三次元 FFT を必要とする．効率的な FFT 計算のためには，風方向，横方向，鉛直方向の点の数は，2 の累乗でなければならない．風方向においては，点の数は必要な時刻歴の長さと関心のある最大周波数によって決定されるので，一般には 1024 点以上が必要である．使用される最大波長は，生成される乱流の時刻歴の長さ，つまり，風速に必要な時系列の持続時間を乗じたものであり，最小波長は，風方向の点の間隔の 2 倍（つまり，風速を興味のある最大周波数で除したもの）である．横方向および鉛直方向では，使用する点の数は大幅に少なくなければならず，利用できる計算機のメモリに依存するが，もっとも少ない場合，32 点程度である．この問題の解は空間方向に周期的で，その周期はそれぞれの方向の最大波長であるため，最大波長はロータ直径よりもかなり大きくなければならない．また，FFT の点の数は各方向の最小波長を決定する．現実的な点の数を使った場合，結果として生じる乱流スペクトルは高周波数端において欠損する（Veldkamp 2006）．Mann（1998）は，このようにして生成した乱流場は有限な体積にわたる乱流の平均値を表し，これは工学的には適切であるので，現実的であり得ることを示唆している．しかし，実際のシミュレーションツールは，どのような場合にも必要なすべての空間平均を実行するので，高い周波数変動は本当に失われる．Mann（1998）はこのための対策を提案したが，それを行うと計算量が非常に多くなる．

2.7　最大瞬間風速

ある一定の評価時間内に発生することが予想される最大瞬間風速を知ることは有用である．これは通常，最大瞬間風速と 1 時間平均風速との比であるガスト係数 G で表される．G は明らかに乱流強度の関数であり，それはまた，瞬間風速の評価時間にも依存する．つまり，1 秒最大瞬間風速用のガスト係数は，3 秒最大瞬間風速の場合よりも大きくなる．なぜならば，評価時間 3 秒の瞬間風速の中には必ず，それより大きい評価時間 1 秒の瞬間風速が含まれるからである．

乱流のスペクトルからガスト係数を導くことは可能（ESDU 1983; Greenway 1979）であるが，Weiringa（1973）による経験式は，それよりもはるかに簡単であり，理論的な結果とよく一致する．この場合，評価時間 t 秒のガスト係数は次式で与えられる．

$$G(t) = 1 + 0.42 I_u \ln\left(\frac{3600}{t}\right) \tag{2.46}$$

ここで，I_u は風方向の乱流強度である．図 2.8 に，この式に基づいて計算した，いくつかの異なる乱流強度と瞬間風速評価時間に対するガスト係数を示す．

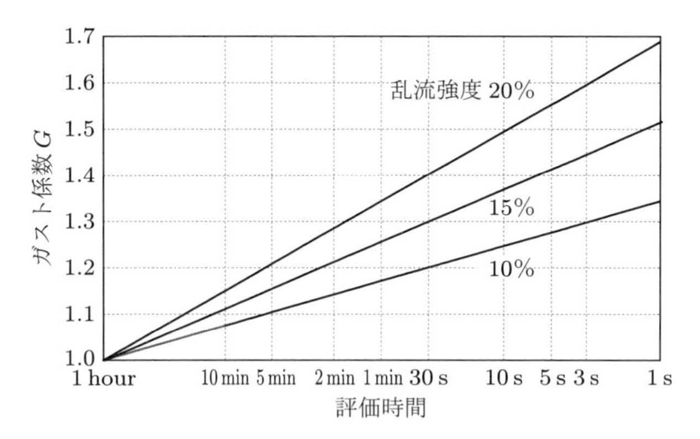

図 2.8 式 (2.46) により計算されたガスト係数

2.8 極値風速

これまで説明してきた風の平均的な統計的特徴に加えて，特定のサイトで発生し得る長期の極値風速（extreme wind speed）の推定も非常に関心のあるところである．

たとえば，ワイブル分布のような 1 時間平均風速の確率分布から，ある特定のレベルの風速の超過確率を推定することができる．ただし，極値風速の確率分布を推定するためには，高風速側の裾の分布を正確に知る必要があるが，分布のパラメータを適合させるために使用するデータはほとんどが低風速域で計測されているため，裾の分布形状はあまり信頼できない．また，分布を高い風速域に外挿することは，正確な結果を得るために信頼できる方法ではない．

Fisher と Tippett（1928）や Gumbel（1958）は，この点で役に立つ極値理論を開発した．観測された変数（たとえば，1 時間平均風速 $\overline{U}$）が特定の累積確率分布 $F(\overline{U})$ に適合し，$\overline{U}$ が増大するにつれ $F(\overline{U}) \to 1$ となるとき，特定の評価時間（たとえば 1 年）内の 1 時間平均風速のピーク値は，累積確率分布 F^N に従う．ここで，N は評価時間中の独立したピークの数である．たとえば，Cook（1982）によれば，イギリスにおいては，個々の気象変化の通過に対応して，年間約 100 個の独立した風速ピークが存在する．したがって，仮にワイブル分布のように $F(\overline{U}) = 1 - \exp\left[-(\overline{U}/c)^k\right]$ であるなら，1 年の風速のピークは，およそ $[1 - \exp\{-(\overline{U}/c)^k\}]^{100}$ で与えられる累積確率分布に従う．しかし，これまで述べたように，分布の高風速側の裾を信頼できる形で知ることができないため，この手法は 1 時間平均風速の極値の正確な推定をしているとはいえない．そのような中でも，Fisher と Tippett（1928）は，少なくとも指数関数的に 1 に向かって収束する任意の累積確率分布関数（通常の風速分布と同様ワイブル分布を含む）では，極値 $\hat{U}$ の累積確率分布関数は，評価時間が増加するにつれて，必ず次式の漸近限界に向かうことを示した．

$$F(\hat{U}) = \exp\left[-\exp\left\{-a(\hat{U} - U')\right\}\right] \tag{2.47}$$

U' はもっとも可能性の高い極値，または分布の最頻値である．$1/a$ は分布の幅や広がりを表し，散布度（dispersion）とよばれる．

これにより，ごく限られたピークの観測値，たとえば N 個の各強風イベントで観測された 1 時間平均風速の最大値に基づき，極値の分布を推定することが可能になる．N 個の極値の観測値を昇順に並べることで，累積確率分布関数は次式のように推定される．

$$\tilde{F}(\hat{U}) \cong \frac{m(\hat{U})}{N+1} \tag{2.48}$$

ここで，$m(\hat{U})$ は観測値 $\hat{U}$ の階級，つまり，昇順に並べたときの順番の中での位置である．次に，$\hat{U}$ に対して $G = -\ln[-\ln(\tilde{F}(\hat{U}))]$ をプロットし，データ点に直線をフィッティングすることによって，散布度 $1/a$ とモード $\hat{U}$ を推定する．これはガンベル（Gumbel）法とよばれる．

29 年間の極値風速のデータを用いて，図 2.9 によりガンベル法を説明する．上段の図は，極値風速を示す．中段の図は，これらの値を並べ替えて得られた累積分布の推定値を表す．破線は，ガンベル法を用いて得られた近似分布を示している．下段の図は，その近似がどのように得られるかを示している．図から，最頻値 $U' = 27.8\,\mathrm{m/s}$ であり，逆勾配から分散 $2.52\,\mathrm{m/s}$ が得られる．

Lieblein（1974）は，ガンベルプロットに対する単純最小二乗法による直線近似に比べ，偏りのない U' と $1/a$ の推定値を与える数値計算法を開発した．

累積確率分布 $F(\hat{U})$ を推定すれば，再現期間 M 年の 1 時間平均風速の極値は，超過確率 $F = 1 - 1/M$ に対応する U の値として推定することができる．

Cook（1985）によれば，極値風速の確率分布は，極値風速の 2 乗にガンベル分布を当てはめることによって，よりよいものが得られる．これは，風速の 2 乗の累積確率分布関数は，風速自体の分布よりも指数関数に近く，より急速にガンベル分布に収束するからである．したがって，この手法を用いて風速の 2 乗の極値を予測することで，より信頼性の高い推定値が所与の観測値から得られる．

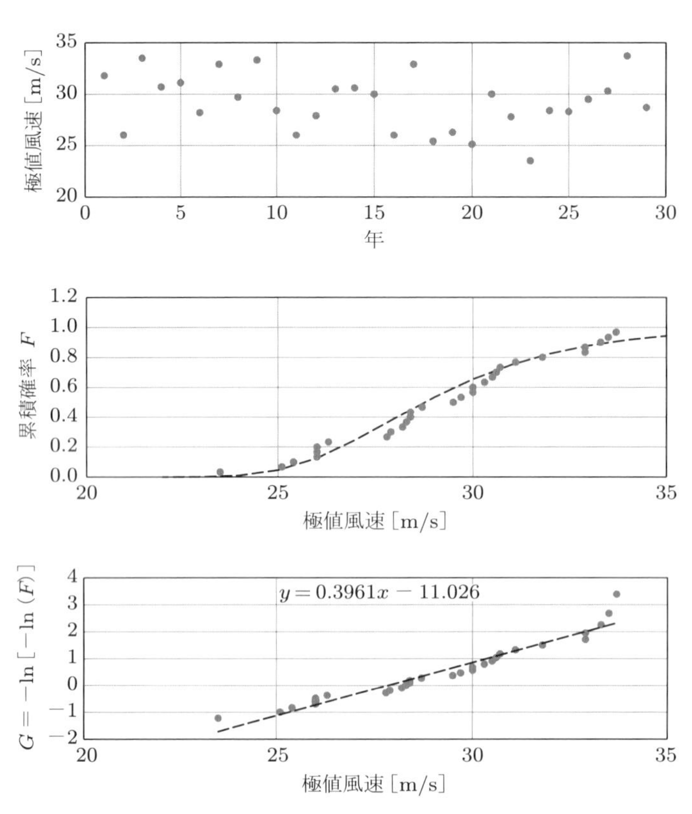

図 2.9　ガンベル法の説明

2.8.1 各規格における極値風

風車の設計においては，上述の頻度の高い典型的な条件に対応できるようにするとともに，極値風にも耐えられるようにする必要がある．そのため，多くの規格では，設計用の風速についても規定している．これには種々のガストに加え，風速の極値も含まれる．

終局状態は，さまざまな種類の故障や系統障害の有無に応じて，風車の発電時または停止・待機時に起こる．さらに，風車の急停止時などの特別な運用時にも起こり得る．極値風速の状態は「再現期間」によって特徴付けることができる．たとえば，50年のガストは，平均50年に一度発生する程度の厳しさのものである．風車に故障がない場合，このようなガストに対して風車が耐えることを期待するのは適当であろう．

ガスト時に故障により風車が急停止することはよく起こり得る．故障がガストに対する風車の能力を損なう場合，たとえば，ヨーシステムに障害が発生し，風車が風に対し不適切な角度で停止している場合，風車は，より大きな荷重に耐える必要がある．しかし，風車の故障ともっとも激しい暴風が同時に発生する確率は非常に小さいので，通常，故障時には50年ではなく，1年などの再現期間の極値風に耐えるように風車を設計することが規定されている．

これが妥当であるためには，問題とする故障と極値風の発生に相関がないことが重要である．系統の障害は，風車による故障とは考えられず，実際には，極値風と相関が高いと考えられている．

ガストの大きさと形は，平坦な海岸沿いの地点と丘の頂上など，場所によって大きく異なる．IEC基準は，年平均風速の5倍である基準風速（reference wind speed）V_{ref} を規定している．ハブ高さでの50年再現期間極値風速は，V_{ref} を1.4倍し，べき指数0.11のべき則により高さ方向に変化させて与えられる．1年最大極値風速は，1999年の第2版では50年再現期待値の75%，2004年の第3版では80%である．

IEC規格第2版では，下記のように，設計上考慮すべき多くの過渡事象も定義している．

- **運転中の極値ガスト（Extreme Operating Gust: EOG）**：風速が一度低下して，その後急上昇，急降下し，最後にもとの風速に戻る．突風の振幅と持続時間は，再現期間によって異なる．
- **極値風向変化（Extreme Direction Change: EDC）**：余弦曲線に従う風向の変化．この場合の変化の振幅と持続時間も，再現期間によって異なる．
- **極値コヒーレントガスト（Extreme Coherent Gust: ECG）**：振幅と持続時間が再現期間に依存した，余弦曲線に従う風速の変化．
- **風向変化を伴う極値コヒーレントガスト（Extreme Coherent gust with Direction change: ECD）**：EDCおよびECGと同様の，風速と風向の同時変化．
- **極値ウィンドシアー（Extreme Wind Shear: EWS）**：ロータ面の水平方向および鉛直方向の風速の勾配の過渡的な変化．風速勾配は余弦曲線に従って最初に増加したあと，最初の勾配に戻る．

こうした過渡事象は，指定された再現期間での発生が予想される極端な乱流変動を表すことを意図した決定論的なガストである．ただし，これらは，前述した通常の乱流に加えて発生することを意図するものではない．しかし，このような決定論的な突風は，実際に測定されたもの，あるいは理論的な風の特性にはほとんど基づいていないため，IEC 61400-1の第3版では，終局荷重の一部は，シミュレーションを多数実施し，各シミュレーションで得られたピーク荷重に統計的外挿法を適用することによって推定するようにしている．その場合，適切な確率分布をシミュレーションによって得られたピークに当てはめることで求め，50年の極値荷重を分布の裾から推定する（5.14節を参照）．

2.9　風速の予測と予報

風力資源は変動するため，事前に風速を予測することは有用である．このような予報は，二つのカテゴリに大別される．時間スケール数秒から数分の短期の乱流変動の予測は，風車や風力発電所の運転制御を支援するために有用であり，数時間から数日にわたる比較的長期の予報は，電力系統上のほかの発電所の運用を計画するために有用である．

短期予測には，直近のデータから外挿するための統計的手法が利用できる．それに対し，長期予測は気象的な方法を利用することができる．風力発電所の出力の予測には，気象的な方法と統計的な方法を組み合わせることが非常に有効である．

2.9.1　統計的手法

もっとも簡単な統計的予測は「持続モデル（persistent forecast）」として知られており，この手法では最近の観測値が予報値となる．つまり，直近の観測値が何の変化もなく将来にわたって持続すると想定される．そのことは，次のような式で表される．

$$\hat{y}_k = y_{k-1} \tag{2.49}$$

ここで，y_{k-1} は $k-1$ ステップ目での観測値であり，$\widehat{y}_k$ は次の k ステップ目の予測値である．

より洗練された予測では，直近の n 個の観測値のいくつかの線形組み合わせで，次式のように表される．

$$\hat{y}_k = \sum_{i=1}^{n} a_i y_{k-i} \tag{2.50}$$

これは，n 次の自己回帰モデル（n-th order AutoRegressive model: AR(n)）として知られている．k ステップ目の予測誤差は次式で定義される．

$$e_k = \hat{y}_k - y_k \tag{2.51}$$

次に，直近の予測誤差を利用して，次式のように予測を改善する．

$$\hat{y}_k = \sum_{i=1}^{n} a_i y_{k-i} + \sum_{j=1}^{m} b_j e_{k-j} \tag{2.52}$$

これは，n 次の自己回帰，m 次の移動平均モデル（n-th order AutoRegressive, m-th order Moving Average model: ARMA(n, m)）として知られている．これはさらに，ARMAXモデルに拡張することができる．ここで，Xは‘exogeneous（外部の）’変数を意味し，y に影響を与えるほかの観測された変数である．

モデルパラメータ a_i, b_j はさまざまな方法で推定することができる．一つの有用な方法は，再帰的最小二乗法（Ljung and Sderstrom 1983）である．モデルパラメータの推定値は，予測誤差の2乗和の期待値を最小化するように，各タイムステップで更新される．いわゆる「忘却係数」を含むことにより，古い観測値の影響を徐々に低減させ，変数 y の統計的特性の変化に適応させるような動的適合推定を行うことができるようになる．

Bossanyi（1985）は，数秒先から数分先の風速の予測に ARMA モデルの使用を検討し，持続モデルによる予測と比較した場合，二乗平均誤差が最大 20%低減するという結論を得た．また，最良の結果は，1 分データから 10 分先を予測するときに得られた．

Kariniotakis ら（1997）は，ARMA 手法を，ニューラルネットワーク，ファジー理論，ウェーブレットに基づく最近の手法と比較した．そこでは，持続モデルに比べて 10 分先から 2 時間先の予報を 10%から 18%改善したファジー理論が，最善の予測モデルとして選ばれた．

Nielsen と Medsen（1999）は，以前の発電出力値と，外部の変数として観測風速に基づき，風速の日変化を記述する関数と風速・風向の気象予報値で補足し，再帰的最小二乗法に基づく ARX モデルを風力発電所の出力予報に用いた．そこでは，48 時間先までの予測を考慮し，気象予報を含めることによって，とくに，より長い予報時間の予報精度を大幅に改善できることが示された．

2.9.2 気象学的手法

前項で示したように，数時間先から数日先までの時間スケールに対する予測では，純粋に統計的な方法よりも，気象予測を用いることによって，はるかによい予測を行うことができる．陸域，海域の広範囲にわたる気圧，気温，風速などの観測値を取り入れた大気の詳細なシミュレーションモデルから，非常に洗練された気象予報を行うことができる．

Landberg（1999, 1997）は，このようなモデルによって出力される広域の風の予測を特定の風力発電所にまで外挿することにより，風力発電所の出力を予測するようなモデルについて述べている．まず，地衡風摩擦則と風速のシアーの対数プロファイル（2.6.2 項を参照）を用いて地表面付近の風の予報を推定する．そして，地形，風力発電所周辺の自然地理条件，地表面粗度による気流の修正は，WAsP（Mortensen et al. 1993）によって行う．次に，風車ウェイク干渉モデル PARK（Sanderhoff 1993）で，風向と実際の風車の仕様を考慮して後流損失を計算する．最後に，（前項で説明したように）統計モデルによって予報結果と発電所の直近の観測値とを組み合わせ，電力系統上のほかの発電所の運用を計画するのに十分な精度出力の予報を行う．

2.9.3 今日の手法

近年，風力発電の予測は経済的に非常に重要になっている．風力発電所の運用者は，発電電力のマーケティングの取り決めに応じて，15 分または 30 分先から 24 時間または 48 時間先まで，可能なかぎり正確に出力を予測する必要がある．また，発電不足または過剰な発電には罰金が科せられる場合がある．実際の予測だけでなく，各予測の信頼性の見積もりも，風力発電所の運用者が次の期間においてどれだけの電力を約束するかを決定するのに役立つ．その結果，現在，ますます洗練された方法が使用されており，多くの場合，複数の機関からの気象予報と，さまざまな方法から得られた結果を重み付けして予測の不確実性を推定する機械学習やアンサンブル平均などの統計手法とが組み合わされている．予測はそれ自体が重要なトピックになっており，11.6.3 項で詳しく説明する．

2.10　複雑地形中の乱れ

複雑な地形上にある地点での乱流強度やスペクトルを予測することは簡単ではない．対象とするサイトの風上が丘陵地形の場合は，一般に乱れのレベルが高くなるが，この効果は地表面粗度を考慮した地域粗度長（regional roughness length）から計算できるとする研究（Tieleman 1992）もある．一方，局所的な地形による流れのひずみが乱流強度を低減することもある．風車にとって重要な地上高さでは急速ひずみ理論が適用可能で，流れが丘のような地形の上を通過する際に，乱流変動の分散はあまり変化しない．よって，流れが丘の上で増速する場合，乱流強度が低下し，長さスケールは増大し，その結果，乱流スペクトルの形状は変わらずに，全体的に低周波数側に向かってシフトする（Schlez 2000）．したがって，このような効果は，WAsP などのモデルによってある地点での風速の割増係数が計算されると，容易に推定される．しかし，この効果はまた，風方向の乱流エネルギーが水平方向および鉛直方向の成分にシフトすることを伴い，丘の頂上での乱れはより等方的になる（Petersen et al. 1998）．

参考文献

Bossanyi, E. A.（1985）. Short-term stochastic wind prediction and possible control applications. *Proceedings of the Delphi Workshop on Wind Energy Applications* (May 1985).

Cook, N. J.（1982）. Towards a better estimation of extreme wind speeds. *J. Wind Eng. Ind. Aerodyn.* 9: 295–323.

Cook, N. J.（1985）. *The Designer's Guide to Wind Loading of Building Structures, Part 1.* Oxford: Butterworth-Heinemann.

DS 472.（1992）. *Code of practice for loads and safety of wind turbine constructions.* Copenhagen: Danish Standards Foundation.

ESDU.（1975）. Characteristics of atmospheric turbulence near the ground. Part III: Variations in space and time for strong winds (neutral atmosphere), *ESDU 75001, Engineering Sciences Data Unit.*

ESDU.（1983） Strong winds in the atmospheric boundary layer. Part 2: Discrete gust speeds, *ESDU 83045, Engineering Sciences Data Unit.*

ESDU.（1985） Characteristics of atmospheric turbulence near the ground. Part II: Single point data for strong winds (neutral atmosphere), ESDU 85020 (amended 1993), *Engineering Sciences Data Unit.* (amended 1993)

EN 1991–1–4:2005.（2005）. *Eurocode 1: Actions on structures—Part 1–4: General actions—Wind actions.* Brussels: European Committeefor Standardization.

Fisher, R. A. and Tippett, L. H. C.（1928）. Limiting forms of the frequency distribution of the largest or smallest member of a sample. *Proc. Cambridge Philosophical Society*, 24: 180–190.

Germanischer Lloyd.（1993）. *Rules and regulations IV—Non-marine technology, Part 1.—Wind Energy* (supplemented 1994, 1998).

Germanischer Lloyd.（2003）. *Rules and Guidelines, IV Industrial Services, 1 Guideline for the Certification of Wind Turbines,* edition 2003 with supplement 2004.

Greenway, M. E.（1979）. An analytical approach to wind velocity gust factors. *J. Wind Eng. Ind. Aerodyn.*, 5: 61–91.

Gumbel, E. J.（1958）. *Statistics of Extremes.* New York: Columbia University Press.

Harris, R. I.（1990）. Some further thoughts on the spectrum of gustiness in strong winds. *J. Wind Eng. Ind. Aerodyn.*, 33: 461–477.

IEC 61400-1.（1999）. *Wind turbine generator systems—Part 1: Safety requirements*, International Standard 61400–1 edition 2, International Electrotechnical Commission.

IEC 61400-1. (2005). *Wind turbines—Part 1: Design requirements (3rd edition)*, International Electrotechnical Commission.

IEC 61400-1. (2019). *Wind turbines—Part 1: Design requirements (4th edition)*, International Electrotechnical Commission.

Landberg, L. (1997). Predicting the power output from wind farms. In the *Proceedings of the European Wind Energy Conference*, Dublin 1997, pp. 747–750.

Landberg, L. (1999). Operational results from a physical power prediction model. In the *Proceedings of the European Wind Energy Conference*, Nice 1999, pp. 1086–1089.

Lieblein, J. (1974). Efficient methods of extreme-value methodology. *NBSIR 74-602*, National Bureau of Standards, Washington, 1974.

Ljung, L. and Söderström, T. (1983). *Theory and Practice of Recursive Identification.* MIT Press.

Mann, J. (1994). The spatial structure of neutral atmospheric surface-layer turbulence. *J. Fluid Mech.* 273: 141–168.

Mann, J. (1998). Wind field simulation. *Probab. Eng. Mech.* 13 (4):, 269–282.

Mortensen, N. G., Landberg, L., Troen, I. and Petersen, E. L. (1993). Wind Atlas Analysis and Application Program (WAsP), user's guide. Risø-I-666-(EN)(v.2).

Nielsen, T. S. and Madsen, H. (1999). Experiences with statistical methods for wind power prediction. *Proceedings of the European Wind Energy Conference*, Nice 1999, pp. 1066–1069.

Palutikof, J. P., Guo, X. and Halliday, J. A. (1991). The reconstruction of long wind speed records in the UK. *Proceedings of the 13th British Wind Energy Association Conference*, Swansea, April 1991.

Petersen, E. L., Mortensen, N. G., Landberg, L. et al. (1998). Wind power meteorology. Part I: climate and turbulence. *Wind Energy* 1 (1): 2–22.

Sanderhoff, P. (1993). PARK –User's guide. Risø-I-668(EN).

Schlez, W. (2000). Voltage fluctuations caused by groups of wind turbines. PhD thesis. Loughborough University.

Tieleman, H. W. (1992). Wind characteristics in the surface layer over heterogeneous terrain. *J. Wind Eng. Ind. Aerodyn.* 41–44: 329–340.

Van der Hoven, I. (1957). Power spectrum of horizontal wind speed in the frequency range from 0.0007 to 900 cycles per hour. *J. Meteorol.* 14: 160–164.

Veldkamp, H. F. (2006). Chances in wind energy: A probabilistic approach to wind turbine fatigue design. PhD dissertation. Delft University of Technology.

Weiringa, J. (1973). Gust factors over open water and built-up country. *Boundary Layer Meteorol.* 3: 424–441.

第3章

水平軸風車の空気力学

■空気力学について

一般に，風車の空気力学を理解するためには流体力学の知識が必要であり，とくに航空機の空気力学が重要である．そのため，空気力学の優れた教科書を，本章の末尾に参考文献として示す．これらの文献の内容を本書で要約して正確に解説することは難しく，参考文献として挙げるにとどめているが，空気力学の中で風車の研究に必要ないくつかの項目については，読者にとって有益であるため，付録 A3 で簡単に解説している．

3.2 節および 3.3 節を理解するためには，定常非圧縮性流のベルヌーイの定理（Bernoulli's theorem）と連続の方程式の知識が必要になる．

3.4 節を理解するには，渦度や渦によって誘起される流れ場の知識が必要である．本書を最初に読むときには読み飛ばしてよい．渦によって誘起される速度の理解には，電磁気学の分野でよく知られているビオ－サバールの法則（Biot-Savart low）を用いる．また，束縛渦によって発生する力を決定するためのクッタ－ジュコーフスキーの定理（Kutta-Jowkowski theorem）についても学ぶ必要がある．

3.5 節から 3.8 節を理解するためには，翼に発生する揚力，抗力ならびに失速の知識が不可欠である．

3.1 はじめに

風車は，風から運動エネルギーを取得する装置である．風は，運動エネルギーの一部を失うことにより速度が低下するが，その影響を受けるのは，ロータディスクを通過する気流のみである．その影響を受けた気流と，ロータディスクを通過せず速度が低下しない気流とが分離したままで流れることを仮定すると，影響を受けた気流によって形成される境界面は，ロータディスクから下流方向だけでなく上流方向へも延びた，円形断面の長い流管を形成する．また，気流は境界面を横切っては流れないため，流管に沿って流れる気流の質量流量は，流管に沿った主流方向のすべての位置において一定である．流管の外側では，ロータの近くを通過する気流は，流管内のように減速することはなく，ロータ周囲の流線の広がりにより，位置によって加減速する．なお，流管内の気流は減速するが圧縮されないため，気流の速度が低下すると流管の断面積が大きくなる（図 3.1 参照）．

気流から運動エネルギーが取得されるが，流速がステップ状に急激に変化するには非常に大きな加速度と力が必要となるため，このような変化は起こりえない．一方，圧力はステップ状に変化することができるため，設計に関係なく，すべての風車はステップ状の圧力変化のもとで運転される．

風車の存在により，気流は上流からロータディスクに近づくにつれて徐々に減速し，気流がロータディスクに到達したときには，その速度はすでに自由流速度よりも低くなっている．気流の減速

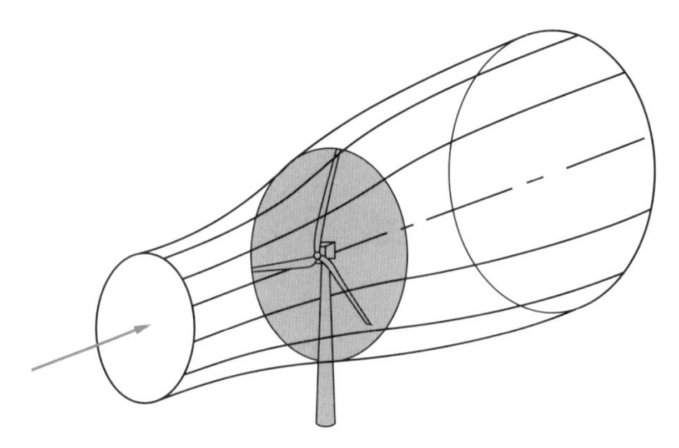

図 3.1　風車がエネルギーを取得するときの流管

の結果，流管は拡大するが，この段階では仕事をしていないので，気流の運動エネルギーの減少を補うために静圧が上昇する．

ロータディスクを通過する気流の静圧は，ロータディスクを通過したあとに大気圧よりも低くなる．その後，気流は，速度と静圧が低下した状態で下流に流れる．この領域はウェイク（wake）とよばれる．最終的に，十分下流では，ウェイク内の静圧は平衡状態の大気圧に戻らなければならない．平衡状態に戻すように静圧を上昇させるためには，運動エネルギーを低下させる必要があるので，さらに風速が低下する．したがって，ロータディスクの十分上流と比べて，十分下流のウェイクでは，静圧は変化しないが運動エネルギーは低下する．

3.2　アクチュエータディスクの概念

前節の内容は運動エネルギーの取得メカニズムについての説明であったが，その運動エネルギー自体に何が起こるのかを説明したものではない．運動エネルギーの多くは有効な仕事になり，一部が乱れとして風に戻され，最終的に熱として散逸される．

特定の設計の風車を想定しなくても，エネルギー取得過程だけを考慮することにより，風車の空気力学的な挙動の解析をすることができる．この検討を行うために，アクチュエータディスク（actuator disc）とよばれるモデルを考える（図 3.2 参照）．

流管の断面積は，アクチュエータディスクの上流側ではアクチュエータディスクよりも小さく，

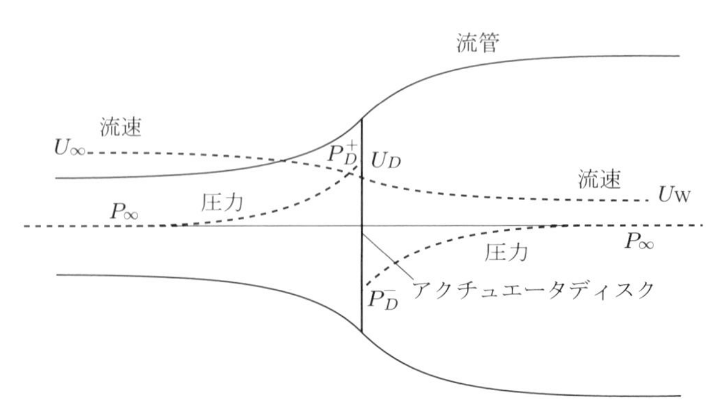

図 3.2　アクチュエータディスクと流管

下流側ではアクチュエータディスクよりも大きい．流管の拡大は，質量流量が一定であることから起こる．単位時間あたりに流管断面を通過する気流の質量は ρAU である．ここで，ρ は空気密度，A は断面積，U は流速である．質量流量は，流管に沿って任意の位置で一定であるため，次式が成り立つ．

$$\rho A_\infty U_\infty = \rho A_D U_D = \rho A_W U_W \tag{3.1}$$

ここで，添字 ∞ は十分上流での，D はアクチュエータディスクでの，W は十分下流のウェイクの位置での条件を表す．

アクチュエータディスクが誘導する流速変化と自由流速度を重ね合わせて考えるのが一般的である．アクチュエータディスク上で，この誘導速度の主流方向成分は $-aU_\infty$ で与えられる．ここで，a は軸方向の誘導係数（axial flow induction factor），または流入速度係数とよばれる．そのため，アクチュエータディスクの位置における正味の主流方向流速は次式で与えられる．

$$U_D = U_\infty(1-a) \tag{3.2}$$

3.2.1 単純運動量理論

アクチュエータディスクを通過する気流の運動量変化率（*Rate of change of momentum*）は，全体的な流速変化 $U_\infty - U_W$ と質量流量の積に等しく，次式で与えられる．

$$Rate\ of\ change\ of\ momentum = (U_\infty - U_W)\rho A_D U_D \tag{3.3}$$

この運動量変化を引き起こす力は，アクチュエータディスク前後の圧力差と，湾曲した流管表面に作用する圧力の軸方向成分によってのみ発生する．後者の圧力は，通常，大気圧と仮定されるため，運動量変化に寄与しない．実際には，この圧力は，流管に沿った速度の軸方向変化により，大気圧とは異なる．しかし，この圧力の軸方向成分を十分上流から十分下流まで積分した値は，厳密にゼロに等しい．アクチュエータディスクの上流の圧力の流れ方向成分は，流れと反対方向に作用する下流の圧力と厳密につりあう（Jamieson 2018）．

したがって，次式が得られる．

$$(p_D^+ - p_D^-)A_D = (U_\infty - U_W)\rho A_D U_\infty(1-a) \tag{3.4}$$

流管の上流側と下流側とでは全エネルギーが異なるため，圧力差 $p_D^+ - p_D^-$ を得るには，上流側と下流側でそれぞれ個別のベルヌーイの式（Bernoulli's equation）を用いる．ベルヌーイの式は，定常状態で流体が仕事をしない，あるいはされないという仮定のもとに，運動エネルギー，静圧エネルギーおよび重力ポテンシャルエネルギーの総和である全エネルギーが保存されることを示している．ベルヌーイの式により，単位体積の気流に対して次式が成り立つ．

$$\frac{1}{2}\rho U^2 + p + \rho gh = const \tag{3.5a}$$

したがって，ロータの上流側では以下のベルヌーイの式が得られる．

$$\frac{1}{2}\rho_\infty U_\infty^2 + p_\infty + \rho_\infty g h_\infty = \frac{1}{2}\rho_D U_D^2 + p_D^+ + \rho_D g h_D \tag{3.5b}$$

そしてマッハ数 M の低い（一般には $M < 0.3$）流れを仮定すれば，非圧縮性流体（$\rho_\infty = \rho_D$）として扱うことができ，浮力の効果を無視（$\rho g h_\infty = \rho g h_D$）すると次式となる．

$$\frac{1}{2}\rho U_\infty^2 + p_\infty = \frac{1}{2}\rho U_D^2 + p_D^+ \tag{3.5c}$$

同様に，ロータの下流側では次のベルヌーイの式が成り立つ．

$$\frac{1}{2}\rho U_W^2 + p_\infty = \frac{1}{2}\rho U_D^2 + p_D^- \tag{3.5d}$$

これらの式の各辺の差をとることにより，次式が得られる．

$$p_D^+ - p_D^- = \frac{1}{2}\rho(U_\infty^2 - U_W^2) \tag{3.6}$$

これを式 (3.4) に代入すると次式となる．

$$\frac{1}{2}\rho(U_\infty^2 - U_W^2)A_D = (U_\infty - U_W)\rho A_D U_\infty(1-a) \tag{3.7}$$

ゆえに次式が得られる．

$$U_W = (1-2a)U_\infty \tag{3.8}$$

これは，流管内の軸方向速度の損失の半分はアクチュエータディスクの上流側で，残りの半分は下流側で発生することを意味している．

3.2.2　パワー係数

式 (3.4) から，気流に作用する力は，次式のようになる．

$$T = (p_D^+ - p_D^-)A_D = 2\rho A_D U_\infty^2 a(1-a) \tag{3.9}$$

この力はアクチュエータディスクに集中して作用するので，この力によるパワー（仕事率）は TU_D となるため，気流から取得されるパワー（$Power$）は次式で与えられる．

$$Power = TU_D = 2\rho A_D U_\infty^3 a(1-a)^2 \tag{3.10}$$

パワー係数は次のように定義される．

$$C_P = \frac{Power}{(1/2)\rho U_\infty^3 A_D} \tag{3.11}$$

ここで分母は，アクチュエータディスクが存在しない状態で気流が有するパワーである．したがって，次式が得られる．

$$C_P = 4a(1-a)^2 \tag{3.12}$$

3.2.3 ベッツの限界

最大パワー係数 C_P は次の条件，つまり $a = 1/3$ で発生する．

$$\frac{dC_P}{da} = 4(1-a)(1-3a) = 0$$

したがって，最大パワー係数は，

$$C_{P\,\max} = \frac{16}{27} = 0.593 \tag{3.13}$$

である．このパワー係数の最大値は，ドイツの空気力学者である Albert Betz（1919）により研究され，ベッツの限界（Betz limit）として知られている．英国の航空分野の先駆者である Frederic Lanchester（1915）はベッツよりも早くから類似の研究に取り組み，また，Joukowski（1920）も類似の解析で貢献した．そのため，この限界はランチェスター－ベッツ（Lanchester–Betz）の限界またはベッツ－ジュコーフスキー（Betz–Joukowski）の限界ともいわれる†．現在まで，ベッツの限界を超えることができる風車は設計されていない．ここまでの議論では設計に立ち入っていないため，ベッツの限界は風車の設計上の欠陥から生じているわけではない．なお，流管がアクチュエータディスクの上流側に延びるので，気流が完全な自由流速度となる位置での流管断面積は，アクチュエータディスクの面積よりも小さくなる．

ロータの効率を定義するときは，次式の，取得可能なパワー（*Power available*）に対する取得パワー（*Power extracted*）の比を用いるのがより適切と思われる．

$$\frac{Power\ extracted}{Power\ available} = \frac{Power\ extracted}{(16/27)[(1/2)\rho U_\infty^3 A_D]} \tag{3.14}$$

しかし，これはパワー係数の定義として認められていない．

3.2.4 スラスト係数

式 (3.9) で得られた圧力降下によってアクチュエータディスクに発生するスラスト（*Thrust*）から，無次元量のスラスト係数（thrust coefficient）C_T が得られる．

$$C_T = \frac{Thrust}{(1/2)\rho U_\infty^2 A_D} \tag{3.15}$$

$$C_T = 4a(1-a) \tag{3.16}$$

この式には，$a \geq 1/2$ の場合に，$(1-2a)U_\infty$ で与えられるウェイク速度がゼロまたは負になるという問題がある．これらの条件下では，前述の運動量理論は適用できず，経験的な修正が必要にな

† ランチェスター（Lanchester 1915），ベッツ（Betz 1919, 1920）およびジューコフスキー（Joukowski 1920）がほぼ同時期に本件に関連する論文を発表したため，この限界の適切な呼称について完全な合意はない．「ベッツの限界」が，もっとも一般的に使用される呼称である（第 1 章も参照）．

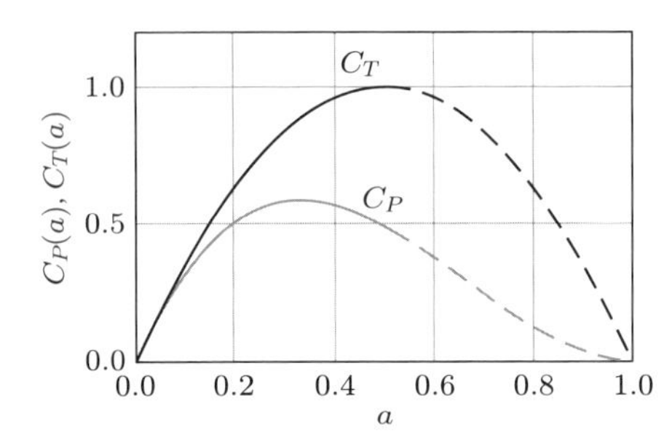

図 3.3　軸方向の誘導係数 a に対する C_P と C_T

る（3.7 節を参照）.

軸方向の誘導係数 a に対するパワー係数とスラスト係数の変化を図 3.3 に示す．実線は理論が適切である領域を示し，破線はそうでない領域を示す．

3.3　ロータディスク理論

風から取得されたエネルギーを利用可能なエネルギーに変換する方法は，風車の設計により異なる．ほとんどの風車は，複数のブレードを有するロータを採用している．ブレードは，回転面に垂直で風に平行な軸まわりに，角速度 Ω で回転する．ブレードは回転することにより円形平板（ロータディスク）を形成し，前述のように，ブレードの空力設計により，ウェイク内の軸方向の運動量の損失に応じたロータディスク前後の圧力差を生じる．軸方向の運動量の損失分は，エネルギー損失として，ロータ軸に取り付けられた発電機により取得する．スラストと同様に，ロータは発電機が発生するトルクと逆方向のトルクを発生させる．空力トルクによって行われた仕事は発電機に作用し，電気エネルギーに変換される．スラストとトルクを与えるために要求されるロータブレードの空力設計については，3.5 節で説明する．

3.3.1　ウェイクの回転

ロータディスクを通過する気流によってトルクが発生すると，気流にも逆方向に同じ値のトルクが生じる．この反トルクが気流に作用する結果，気流がロータとは逆方向に回転する．このように気流が角運動量を得ることにより，ロータのウェイク内の空気粒子は，軸方向速度成分のほかに回転による接線方向速度をもつ（図 3.4 を参照）.

気流が接線方向速度を得ることにより，ウェイク内の気流の運動エネルギーが増加する．これにより，前節で説明したウェイクの静圧はさらに低下する．

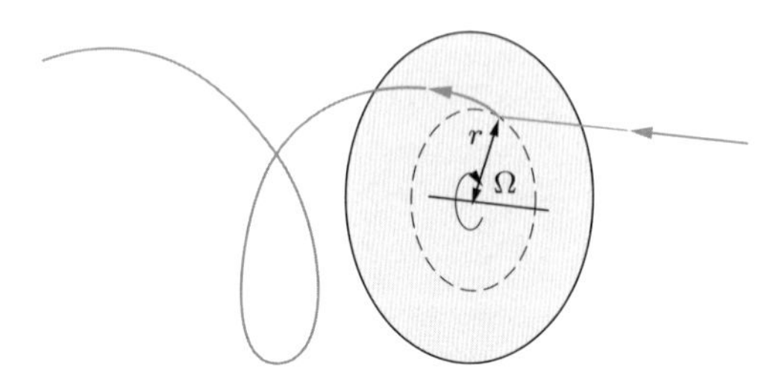

図 3.4　ロータディスクを通過する空気粒子の軌跡

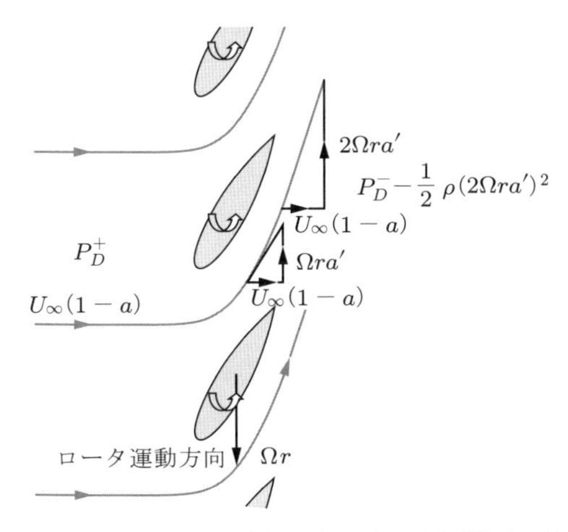

図 3.5 厚さのあるロータディスクを通過することにより増加する接線方向速度

アクチュエータディスクへ流入する気流はまったく回転運動していないが，アクチュエータディスクから流出する気流は回転しており，その回転を一定に保ったままウェイク内を下流に進む．気流への回転運動の伝達は，ディスクの厚さにわたって，ディスク全体で行われる（図 3.5 参照）．接線方向速度の変化は，接線方向の誘導係数（tangential induction factor）a' を用いて表される．接線方向速度はディスクの上流ではゼロ，ディスクのすぐ下流では $2\Omega ra'$，ディスクの厚さの中央断面においては $\Omega ra'$ である（図 3.10 の説明も参照）．接線方向速度はトルクの反作用として生じるので，ロータの回転方向とは逆方向となる．

実際には，接線方向速度も，急激にではなく徐々に生じる．図 3.5 は，例として，複数のブレードを有するロータの断面を示したものである．気流に対するブレードの迎角によって揚力が生じ，この揚力によりブレードとブレードの間で気流の向きが変わるときに，アクチュエータディスクを通過する気流は接線方向に加速される．

3.3.2 角運動量理論

接線方向速度は半径位置により異なり，軸方向の誘導速度も半径位置により異なることがある．両方の誘導速度成分の変化を考慮するため，ロータディスク上の半径 r の位置で幅 δr の環状要素を考える．

環状要素に作用するトルクは気流の接線方向速度を増加させるのに対して，軸方向のスラストは軸方向速度を低下させる．ロータディスク全体が多数の環状要素で構成され，各環状要素を通過する気流に対して，トルクやスラストはそれぞれ独立に運動量を変化させると仮定する．

環状要素上のトルクは，そこを通過する気流の角運動量の変化率に等しくなる．したがって，（トルク）＝（角運動量の変化率）＝（質量流量 × 接線方向速度の変化 × 半径）の関係から次式が得られる．

$$\delta Q = \rho \delta A_D U_\infty (1-a) 2\Omega a' r^2 \tag{3.17}$$

ここで，δA_D は環状要素の面積である．

ロータ軸に発生する駆動トルク δQ により，ロータ軸パワーの増加は次式で与えられる．

$$\delta P = \delta Q\Omega$$

したがって，風を減速することにより風から取得される全パワーは，3.2.2 項の式 (3.10) で示された軸方向の運動量の変化率によって決定されるので，環状要素に対しても同様に次のようになる．

$$\delta P = 2\rho\delta A_D U_\infty^3 a(1-a)^2$$

以上により次式が得られる．

$$2\rho\delta A_D U_\infty^3 a(1-a)^2 = \rho\delta A_D U_\infty(1-a)2\Omega^2 a' r^2$$

つまり，

$$U_\infty^2 a(1-a) = \Omega^2 r^2 a'$$

となる．Ωr は，回転する環状要素の接線方向速度である．また，$\lambda_r = r\Omega/U_\infty$ は局所周速比（local speed ratio）とよばれ，ロータディスク外縁 $r = R$ における $\lambda = R\Omega/U_\infty$ は，周速比（tip speed ratio）として知られている．

これにより次式が得られる．

$$a(1-a) = \lambda_r^2 a' \tag{3.18}$$

環状要素の面積は $\delta A_D = 2\pi r\delta r$ であるため，式 (3.17) から，ロータ軸パワーの増加分は次式で与えられる．

$$\delta P = \delta Q\Omega = \left(\frac{1}{2}\rho U_\infty^3 2\pi r\delta r\right) \times 4a'(1-a)\lambda_r^2$$

前半の括弧内は，ロータが回転していないときの環状要素を通過するパワーフラックス（気流がもつ運動エネルギー流束）である．後半はパワーを取得する際の翼素効率であり，次式で与えられる．

$$\eta_r = 4a'(1-a)\lambda_r^2 \tag{3.19}$$

また，パワー係数 C_P に関しては，以下の式が成り立つ．

$$\frac{dC_P}{dr} = \frac{4\pi\rho U_\infty^3(1-a)a'\lambda_r^2 r}{(1/2)\rho U_\infty^3 \pi R^2} = \frac{8(1-a)a'\lambda_r^2 r}{R^2}$$

$$\frac{dC_P}{d\mu} = 8(1-a)a'\lambda^2\mu^3 \tag{3.20}$$

ここで，$\mu = r/R$ である．

a と a' の半径方向の分布がわかれば，式 (3.20) を積分することにより，与えられた周速比 λ に対するロータディスク全体のパワー係数を決定することができる．

ウェイク内の回転は，気流からエネルギー供給を必要とする反面，エネルギー取得はできないということが Glauert（1935b）によって論じられた．しかし，これが事実ではないことを示すことができる．十分下流のウェイク中に残っている回転は，ロータで誘導される回転成分 $\Omega a'$ によって供給される．ロータディスクを構成するブレードに発生する揚力は，ブレードに流入する相対的な合成速度に垂直方向に作用するため，この揚力は気流に対して仕事をしない．したがって，角速度 Ω で回転するロータディスク上の半径 r の環状要素を通過する気流にベルヌーイの定理を用いると，次式が得られる．

$$\frac{1}{2}\rho U_\infty^2(1-a)^2+\frac{1}{2}\rho\Omega^2 r^2+\frac{1}{2}\rho w^2+p_D^+$$
$$=\frac{1}{2}\rho U_\infty^2(1-a)^2+\frac{1}{2}\rho\Omega^2(1+2a')^2 r^2+\frac{1}{2}\rho w^2+p_D^-$$

ここで，w は半径方向速度成分であり，ディスクを通過するときに連続であると仮定する．

その結果，次式が得られる．

$$\Delta p_D=2\rho\Omega^2(1+a')a'r^2$$

ロータディスク前後の圧力降下は，明らかに二つの要素を含んでいる．第 1 の要素は，

$$\Delta p_{D1}=2\rho\Omega^2 a'r^2 \tag{3.21}$$

である．これと式 (3.18) から，回転効果を考慮していない単純運動量理論で示された式 (3.9) と同じ式が得られることがわかる．また，第 2 の要素は，

$$\Delta p_{D2}=2\rho\Omega^2 a'^2 r^2 \tag{3.22}$$

であり，次式の半径方向の静圧勾配によって発生する．

$$\frac{dp}{dr}=\rho(2\Omega a')^2 r$$

回転しているウェイク内では，この式に式 (3.33) を代入し，$a'(r)=a'(R)R^2/r^2$ の関係を用いると，静圧勾配は回転する気流の遠心力とつりあう．この圧力により，ウェイク境界での圧力に $2\rho(a'(R)\Omega R)^2$ に等しい小さな不連続性が生じる．これは，実際には，ウェイク境界でのほかの物理量の不連続性と同様に，目立たないものである．

ウェイク内で回転する気流の単位体積あたりの運動エネルギーは，式 (3.22) の静圧降下に等しく，これら二つは平衡を保っているため，利用可能エネルギーの損失はない．

しかし，回転する気流の遠心力とつりあう式 (3.22) の圧力降下により，ロータディスクに追加のスラストが発生する．原理的には，ウェイク内の遠心力によって引き起こされる軸近傍の低圧領域では，局所的なパワー係数が増加する可能性がある．これは，十分上流の領域から気流が吸い込まれ，ロータ面を通過するときに増速するためである．この増速効果により，ロータ面に流入する流線の拡大がわずかに減少する．しかし，この効果によってパワーがどの程度増加するかは，依然として議論の対象である．たとえば，Sorensen と van Kuik（2011），Sharpe（2004）ならびに Jamieson（2011）による解析を参照するとよい．理想的なモデルでは，軸に垂直な方向に一様なブレード循環を有する．しかし，実際には，半径方向で異なる回転速度が迎角に影響するため，循環は一様にはならず，軸でゼロになるように滑らかに低下する必要があるため，翼根渦は有限直径をもつ渦でなければならない．これについては，ウェイクの渦モデルを解説する 3.4 節で述べる．

Madsen ら（2007）による最適なアクチュエータディスクの数値解析は，ベッツの限界を超える最適なパワー係数を見出してはいない．しかし，この件に関して，ロータの渦のコアサイズが有限であること，すなわち，正の半径位置でらせん渦が放出され，十分下流のウェイク中に残っている回転エネルギーによる損失が小さいことを考慮すると，非常に低い周速比で回転している風車の場合，ベッツの限界で予測されるパワーを超える可能性がある．

3.3.3　最大パワー係数

最大効率を与える a と a' の値は，いずれかの変数による式 (3.19) の微分をゼロとおくことによって決定することができる．これにより次式が得られる．

$$\frac{da}{da'} = \frac{1-a}{a'} \tag{3.23}$$

一方，式 (3.18) からは次式が得られる．

$$\frac{da}{da'} = \frac{\lambda_r^2}{1-2a}$$

以上により，次式が得られる．

$$a'\lambda_r^2 = (1-a)(1-2a) \tag{3.24}$$

式 (3.18) と式 (3.24) により，パワー係数を最大化するための a と a' の値は次のようになる．

$$a = \frac{1}{3}, \quad a' = \frac{a(1-a)}{\lambda_r^2} \tag{3.25}$$

最大パワーを取得するための軸方向の誘導係数は，非回転ウェイクの場合と同様に，ロータディスク全体にわたって $a = 1/3$ で一様となるが，a' は半径位置に応じて変化する．

式 (3.20) から，ロータディスク全体の最大パワー係数は次式で与えられる．

$$C_P = 8\int_0^1 (1-a)a'\lambda^2\mu^3 d\mu$$

この式の a' に式 (3.25) を代入すると，最大パワー係数が次のように得られる．

$$C_P = 8\int_0^1 (1-a)\frac{a(1-a)}{\lambda^2\mu^2}\lambda^2\mu^3 d\mu = 4a(1-a)^2 = \frac{16}{27} \tag{3.26}$$

これはウェイクの回転を無視した場合と同じ結果となる．

3.4　アクチュエータディスクのボルテックスシリンダモデル

3.4.1　はじめに

3.2 節の運動量理論は，ロータを通過する間の圧力降下がロータによる取得エネルギーを生み出すという，アクチュエータディスクの概念を用いている．3.3 節のロータディスク理論では，アクチュエータディスクを，半径方向に一様な循環 $\Delta\Gamma$ をもつ多数のブレードが掃過したものとして扱った．この循環は，各ブレードまわりの束縛渦（bound circulation）による循環（ブレード表面上の半径方向渦度の合計）である．これらの渦線は，通常，ブレードの 1/4 翼弦長の線に一致しているとみなされるが，翼端で途切れることはない．したがって，渦線は各ブレードの先端から局所流速で下流方向に流出し，$\Delta\Gamma$ の強さのらせん状の翼端渦（tip vortex）で構成される渦ウェイクを形成する．ブレード枚数 B は非常に多いが，全体のソリディティは有限で小さいと仮定すると，らせん状翼端渦の集合体は流管の表面を形成する．ブレードが無限枚数に近づくにつれて，流管表面は連続的な管状渦面となる（図 3.6 参照）．

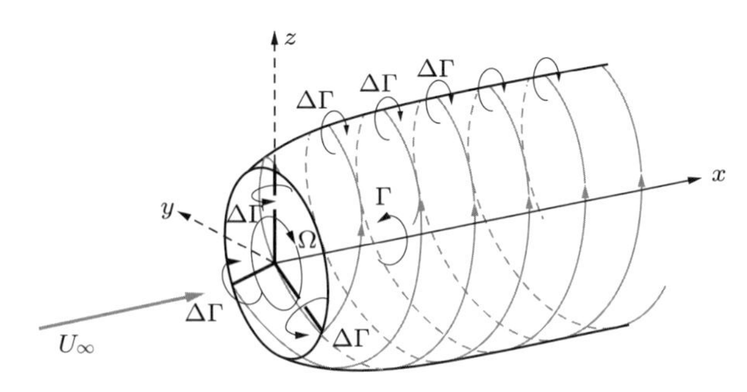

図 3.6 各ブレードが一様な循環 $\Delta\Gamma$ を有する 3 枚翼ロータから放出されるらせん状渦ウェイク

各ブレードの翼根が回転軸にあると仮定すると，強さ $\Delta\Gamma$ の渦線は回転軸に沿って下流方向に延び，全体としては強さ Γ（$= B\Delta\Gamma$）の翼根渦（root vortex）になる．渦管内部のウェイク内流速が減少するとともに，渦管は半径方向に拡大する．したがって，翼端渦の軸方向への移流は，ロータから十分下流のウェイクまで速度が低下するため，それらの間隔は小さくなり，翼端渦で構成される渦管上の渦度の密度は増加する．渦度は，渦管の表面，翼根渦およびロータディスクを形成する複数のブレードが掃過する束縛渦面に閉じ込められる．一方，ウェイク内のほかの場所や，全体の流れ場のほかの位置では渦度はゼロである．

渦管の拡大の度合いは，運動量理論によっては決定することができないが，数値解析から，通常は非常に小さいことが知られている．そのため，近似的に，渦管は円筒形のままとする（図 3.7 を参照）．アクチュエータディスク近傍の任意の点における誘導速度を求めるために，ビオ－サバールの法則を用いる．ウェイクが円筒形のまま拡大しないという条件において，ボルテックスシリンダ（vortex cylinder）モデルは全体の正確な流れ場を決定することができる．

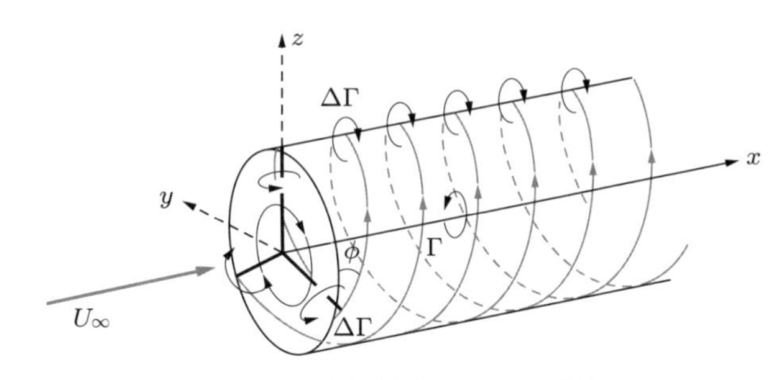

図 3.7 ウェイクの拡大を無視したらせん状渦ウェイク

3.4.2　ボルテックスシリンダ理論

ブレードが無限枚数であると仮定して翼端渦の拡大を無視すると，表面に渦度のある円筒が形成される．このボルテックスシリンダはディスク外縁での流れ角と同じ角度のらせん角（helix angle）ϕ_t をもつ．連続する二つの翼端渦間の渦管表面に沿った距離を Δn とし，向きを $\Delta\Gamma$ に垂直とすれば，渦度（vorticity）は $g = \Delta\Gamma/\Delta n$ となる．ここで，g の接線方向成分を g_θ，軸方向成分を g_x とする．g_θ により，ロータ面での軸方向（ロータ回転軸に平行方向）の誘導速度 u_d はロータディスクにわたり一様であり，ビオ－サバールの法則によって次のようになる．

$$u_d = -\frac{g_\theta}{2} = -aU_\infty \tag{3.27}$$

十分下流の円筒ウェイク内でも，軸方向の誘導速度 u_w は一様であり，次のようになる．

$$u_w = -g_\theta = -2aU_\infty \tag{3.28}$$

これらの誘導速度の比は，単純運動量理論における誘導速度の比と一致するため，ボルテックスシリンダ面の仮定は妥当と考えられる．

3.4.3　束縛渦と誘導速度との関係

ブレードが 1 回転する間に，すべてのブレードに発生する循環の合計 Γ がウェイクに一様に放出される．したがって，円筒を縦方向に切って展開した図 3.8 から，渦度の軸方向成分は次のようになる．

$$g_x = \frac{\Gamma}{2\pi R} \tag{3.29}$$

これは，渦の対流速度に関係なく，全体の循環 Γ が円筒周囲の長さ $2\pi R$ にわたって分布しているためである．

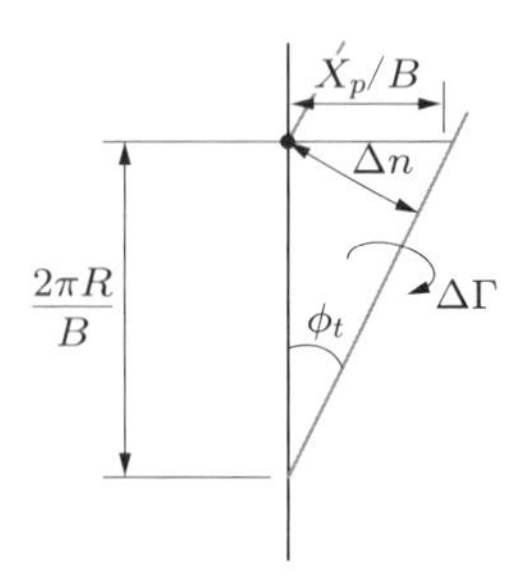

図 3.8　円筒表面の渦に対する幾何学的寸法

接線方向の渦度の強さを求めるには，それが分布する軸方向の間隔，つまり，ある翼端渦と次の翼端渦の間の軸方向の距離が必要である．渦と渦シートは，外力が存在しないかぎり，局所的な流れ場の速度で流れる必要がある．この速度は，渦または渦要素の位置での流れ場全体の速度から，それ自体の局所的な（特異な）速度を差し引いたものとなる．連続する渦シートの場合は，渦シートの内側と外側の速度の平均となる．軸方向に対流する十分下流のウェイク内では，これらの軸方向速度は次のようになる．

$$\text{内側：} U_\infty(1-2a)$$
$$\text{外側：} U_\infty$$

これにより，軸方向の流速が $U_\infty(1-a)$ となるようにしている．ただし，渦ウェイクも，下流のウェイクのすぐ内側の気流の回転方向の速度（$= 2\Omega Ra'$）とすぐ外側の気流の回転方向の速度（$= 0$）の中間値で，静止軸に対して回転する．したがって，らせん状渦ウェイク（または渦管として制限されている部分）は，速度 $\Omega Ra'$ で回転する．その結果，らせん渦ウェイクの間隔（ピッチ）X_p は次のようになる（図 3.8 を参照）．

$$X_p = \frac{2\pi U_\infty(1-a)}{\Omega(1+a')} \tag{3.30}$$

この値を使用して次式が得られる．

$$g_\theta = \frac{\lambda\Gamma(1+a')}{2\pi R(1-a)} \tag{3.31}$$

ここで，$\lambda = \Omega R/U_\infty$ は周速比，$2\pi/\Omega$ は回転周期である．

したがって，全循環量は誘導係数 a を用いて次式で表される．

$$\Gamma = \frac{4\pi U_\infty^2 a(1-a)}{\Omega(1+a')} \tag{3.32}$$

同様に，渦の傾斜角度 ϕ_t を計算するためには，次式のように接線方向の誘導係数 a' を含める必要がある．

$$\tan\ \phi_t = \frac{1-a}{(1+a')\lambda}$$

3.4.4 翼根渦

各ブレードの先端から渦が放出されるように，各ブレードの根元からも渦は放出される．ブレードの根元が回転軸中心にあると仮定すると，各ブレードの翼根渦は，ロータディスク中心から軸方向下流へ流れていく渦線となる．すべてのブレードの翼根渦の回転方向は同じであるため，全循環量 Γ のコア渦（または翼根渦）を形成する．翼根渦は，主としてウェイク内，とくにロータディスク上の接線方向速度を誘導する．

ビオ－サバールの法則により，翼根渦がロータディスク上に誘導する接線方向速度は次のようになる．

$$\frac{\Gamma}{4\pi r} = a'\Omega r$$

これから，次式が得られる．

$$a' = \frac{\Gamma}{4\pi r^2\Omega} \tag{3.33}$$

この関係は，運動量理論からも導出することができる．ロータディスク上の半径 r の位置で幅 δr の環状要素を通過する気流の角運動量変化率は，環状要素に作用するトルクの変化量に等しい．

$$\delta Q = \rho U_\infty (1-a) 2\pi r 2a' r^2 \Omega \delta r \tag{3.34}$$

全ブレードに発生する単位幅あたりのトルクは，クッタ－ジュコーフスキーの定理から求められる．半径方向の単位幅あたりの揚力 $\boldsymbol{L}$ は，次式のようになる．

$$\boldsymbol{L} = \rho(\boldsymbol{W} \times \boldsymbol{\Gamma})$$

ここで $\boldsymbol{W} \times \boldsymbol{\Gamma}$ はベクトル量の外積であり，$\boldsymbol{W}$ はブレードを通過する気流の相対速度である．この式を用いると，

$$\delta Q = \rho W \Gamma r \sin\phi_t \delta r = \rho \Gamma r U_\infty (1-a) \delta r \tag{3.35}$$

となる．δQ に対する二つの式 (3.34)，(3.35) を等置して次式が得られる．

$$a' = \frac{\Gamma}{4\pi r^2 \Omega}$$

式 (3.32) の a' は通常状態では 1 に対して無視できるため，次式が得られる．

$$a' = \frac{U_\infty^2 a(1-a)}{(\Omega r)^2} = \frac{a(1-a)}{\lambda_r^2}$$

ロータディスクの外縁では，接線方向の誘導速度は次式で与えられる．

$$a'_t = \frac{a(1-a)}{\lambda^2} \tag{3.36}$$

式 (3.36) は，3.3.3 項の式 (3.25) と厳密に一致する．

式 (3.32) の中の a' が無視できないとすると，渦理論と，回転効果を無視した一次元アクチュエータディスク理論との間には若干の矛盾があることになる．

3.4.5 トルクとパワー

アクチュエータディスク理論は回転を無視しているため，a' を無視すると，半径 r の位置で幅 δr の環状要素に発生するトルクは次式で表される．

$$\frac{dQ}{dr}\delta r = \rho W \Gamma r \sin\phi_t \delta r = \frac{\rho 4\pi r U_\infty^3 a(1-a)^2}{\Omega}\delta r \tag{3.37}$$

パワーの半径方向の分布は次式で与えられる．

$$\frac{dP}{dr} = \Omega \frac{dQ}{dr} = \frac{1}{2}\rho U_\infty^3 2\pi r 4a(1-a)^2 \tag{3.38}$$

したがって，全パワーは次式となる．

$$P = \frac{1}{2}\rho U_\infty^3 \pi R^2 4a(1-a)^2 \tag{3.39}$$

また，パワー係数は次式となる．

$$C_P = 4a(1-a)^2 = 4a_t'(1-a)\lambda^2 \tag{3.40}$$

これは単純な運動量理論によって求められた結果と同じである．

ウェイク内の回転流を考慮しているときのパワー係数が，回転を考慮していない運動量理論により得られる結果と一致することは興味深い．

3.4.6　軸方向の流れ場

主流方向（軸方向）の誘導速度は，アクチュエータディスク上で決定されるのは当然であるが，ディスクの上流流れと下流のウェイクからも決定できる．この誘導速度は，図 3.9 の半径方向断面の流れ場で示されるように，半径 R のボルテックスシリンダシート中の渦度の接線方向成分によって誘導される（これにより，ウェイク中に軸対称な逆方向の流れが発生する）．半径方向および軸方向の距離は，ディスクから下流にとった軸方向距離および回転軸からとった半径方向距離を，それぞれディスク半径 R によって無次元化したものである．また，速度は風速によって無次元化している．

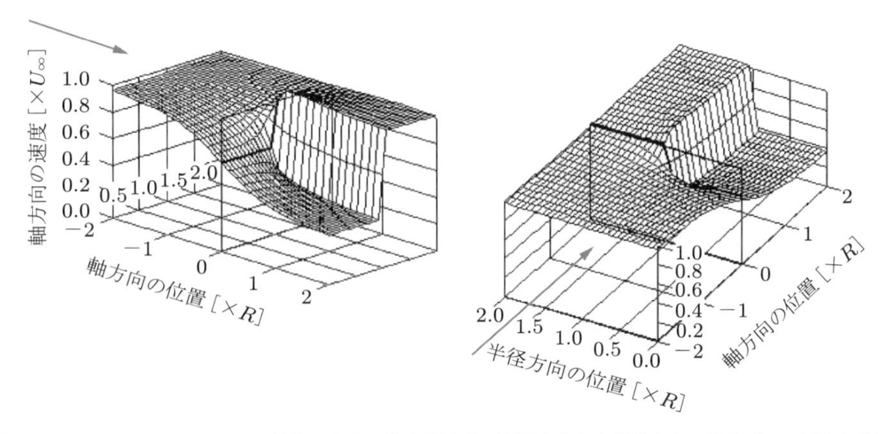

図 3.9　アクチュエータディスク近傍における軸方向速度の半径方向および軸方向の分布（a= 1/3 の場合）

運動量理論による予測と同様に，このモデルでは，ウェイク内の軸方向速度は，ウェイク外部の速度の値からウェイク境界を越えて不連続に低下し，ディスクと十分下流のウェイクで半径方向に一様である．ウェイクのすぐ外側では，ディスク近傍の流れがわずかに加速する．円筒ウェイク自体の誘導速度は，ディスクの位置で $-a/2$，十分下流のウェイク内で $-a$ である．

3.4.7　接線方向の流れ場

接線方向の誘導速度は，次の三つによって誘導される．

・軸に沿った翼根からの渦線（上流では旋回がゼロの状態から，十分下流のウェイクで旋回が一定値まで上昇するもの）

・半径 R の円筒シート内の渦度の軸方向成分 $g\sin\phi_t$

・ディスク上の半径方向のいたるところにある束縛渦

束縛渦は，ディスクを通過するときに，上流と下流とでは逆方向に回転するように，ステップ状に変化する．ディスクの回転と同方向に回転する上流側の束縛渦は，ディスクと逆方向に回転する翼根渦によって相殺される．下流側では，翼根渦と束縛渦の回転方向が同じであり，これら二つの合計により主流方向への渦度変化が一定となる．円筒ウェイクの表面上に分布する渦の寄与は少ない．

束縛渦（ブレードに流入する気流と誘導流れに応じて生じるブレード上の循環）は，ディスクの位置で回転がゼロとなり，その後増大したのちに，下流方向に減衰することに注意を要する．ディスクにおける接線方向速度の不連続性は，理想的な変化が厚さゼロのディスクを介して発生すると仮定されていることにより生じる．実際には，図3.5に示すように，ディスクの有限厚さの領域の影響があり，気流がディスクを通過するときに接線方向速度は急激に増大するが，その変化は連続的である．

ディスクの位置では，束縛渦は回転せず，円筒ウェイクの内部も回転しないため，翼根渦のみが回転を誘導し，その速度はウェイク中に発生する接線方向の全誘導速度の1/2である．したがって，ウェイク中の接線方向速度の半分の翼根渦が誘導する渦によって，ディスクでの流れ角が決まる．例として，ディスク半径の50%の位置における三つの渦の寄与の軸方向変化を，図3.10に示す．

回転流はウェイク内，つまり円筒内に限定されており，ロータの十分下流で$2\Omega ra'$に漸近する傾向がある．アクチュエータディスク上流や円筒ウェイク外側のように，ウェイクの外部では回転流は存在しない．このため，固定翼航空機の後縁渦と同様に，風車の渦ウェイクの下流方向への移流については，地表面付近の1次の横効果（貫流効果）は存在しない．円筒ウェイク内の回転流は，軸からウェイク外縁に近づくに従い減少するが，ウェイクの外縁でゼロにならないため，円筒表面の渦シートを横切る際に回転速度が急激に低下する．

したがって，ボルテックスシリンダシート自体は内側も外側も（翼端での接線方向誘導係数a'_tを用いて）角速度$a'_t\Omega$で回転するので，ディスクに対するディスク外縁の流れの相対回転角速度は$(1+a'_t)\Omega$である．このことから，らせん角ϕ_tは，3.4.3項で与えられる角度に加えて，さらなる回転を考慮すべきであると思われる．

ディスクの101%半径位置における回転流に対する三つの渦の寄与を図3.11に示す．すべての軸方向位置で回転流の合計はゼロであるが，個々の渦成分はゼロではない．

3.4.8 スラスト

ディスクのスラストTは，次式で与えられるクッタ－ジュコーフスキーの定理を用いて求められる．

$$\frac{dT}{dr} = \rho V \Gamma$$

ここで，Vはディスクの位置での接線方向速度である．仮に$V = r\Omega(1+a')$であるとして，式(3.32)を用いて，さらに，3.3.2項の最後で説明したウェイク旋回に伴う遠心圧力低下によってディスクへ吸い込まれる追加の流量を無視すると，次式のようになる．

$$\frac{dT}{dr} = \rho 4\pi r U_\infty^2 a(1-a) \tag{3.41}$$

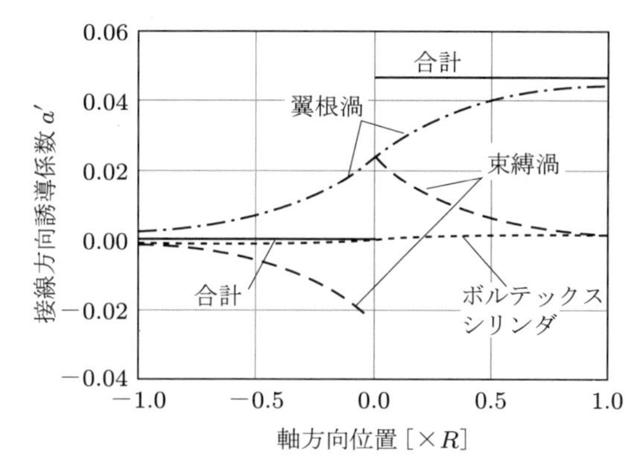

図 3.10　50%半径位置におけるアクチュエータディスク近傍の接線方向速度の軸方向の変化（$a=1/3$, $\lambda=6$ の場合）

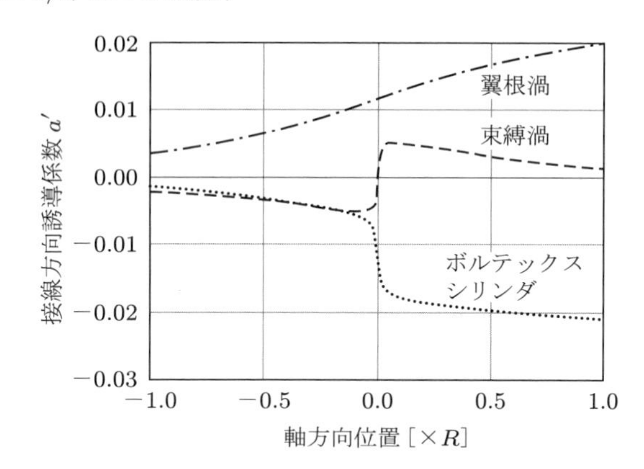

図 3.11　101%半径位置におけるアクチュエータディスク近傍の接線方向速度の軸方向の変化（$a=1/3$, $\lambda=6$ の場合）

ディスク全体にわたって式 (3.41) を積分することにより，スラスト係数は次式となる．

$$C_T = 4a(1-a) \tag{3.42}$$

これは単純な運動量理論と同様に，軸方向運動量の変化率から求められる．しかし，翼素運動量（Blade-Element/Momentum: BEM）理論では，ブレードの循環は軸から翼端まで一定であるため，V に接線方向の誘導速度 $\Omega ra'$ が含まれる場合，軸の位置と翼端の部分に作用する軸方向力には特異点が存在する．これは，翼端損失の修正に関する節で説明するように，一様な束縛渦を仮定した単純モデルがブレードの両端では成り立たないことを示している．

3.4.9 半径方向の流れ場

ボルテックスシリンダモデルは円筒を拡大させないことによって単純化されているが，渦理論からは気流の拡大が予測される．半径方向の速度の分布は，ロータディスクを通過する流れ場の縦断面を示す図 3.12 のように，理論的に求めることができる．この理論は，実際には微小擾乱理論であるので，ロータにより発生した微小擾乱が消滅する限界にある円筒表面に，流れ場（この場合は渦シート）の特異点が配置される．

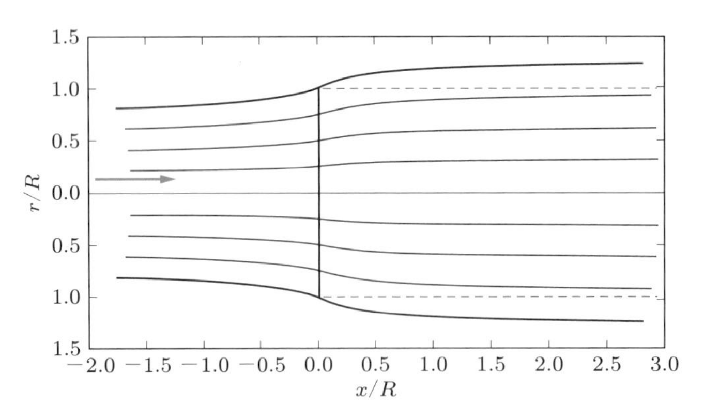

図 3.12　$a = 1/3$ の場合にディスクを通過する流れ場

半径方向速度は，流線がアクチュエータディスクを通過するときに最大になる．ここでは，半径方向速度は，軸上のゼロから半径方向に緩やかに対数的に増加し，翼端が通過するディスク外縁で無限大まで上昇する分布となる．外縁で半径方向速度が無限大となるのは，ディスクの負荷が外縁間際までゼロでないためである．これは，ロータが無数のブレードで構成されており，その効果がディスク全体に一様に分布していると仮定した結果であるため，現実的ではないが，特異性が弱いので，ほかの流れ場に大きな影響はない．実際にはブレードの負荷が翼端でゼロに低下するため，より現実に即した翼素運動量理論を適用する場合には，翼端領域は翼端損失係数によって補正する必要がある．

近年，アクチュエータディスクの速度場を導出する別の方法が，Conway（1998）によって提案された．この方法は，円筒状のポテンシャル流の基本解であるベッセル関数の和から流れ場を構築するもので，ウェイクと主流の境界である流管の内側と外側の両方に対して，流れ場全体の任意の点で速度を計算する必要がある場合に利点がある．単純で一様なアクチュエータディスク流れの主流方向速度 U_1 は，次式で与えられる．

$$U_1(r,x) = 1 - a_1 \int_0^\infty e^{xx'} J_1(x') J_0(rx') dx' \qquad (x < 0)$$

$$U_1(r,x) = 1 - a_1 \int_0^\infty (2 - e^{-xx'}) J_1(x') J_0(rx') dx' \qquad (x \geq 0)$$

ここで，r と x は，ロータ半径によって無次元化された半径方向および主流方向の座標であり，a_1 はウェイク誘導係数，J_0 と J_1 は第 1 種のベッセル関数である．

この流れ場は，非粘性のオイラー方程式，または，ロータウェイクの粘性（乱流）混合の効果を考慮した完全なナビエ－ストークス方程式のいずれかによって，軸対称流れの方程式を数値的に解いて計算することもできる（第 4 章の数値流体力学（CFD）の節参照）．これを行うには，流れ関数と渦度の式，および，流体と圧力の関係式の両方が使用される．たとえば，Mikkelsen（2003），Soerensen et al.（1998），Madsen et al.（2010）を参照されたい．

アクチュエータディスクを通過する気流の円筒ウェイクモデルの限界は，アクチュエータディスクに作用する負荷が増加してウェイク誘導係数 a の値が 0.5 に近づくときに発生する．この値で，ウェイクの主流方向速度 U_w（$= (1-2a)U_\infty$）はゼロに低下し，それにより，ウェイクの断面積は無限大に拡大する．この値を超えると，ウェイクの速度は負になり，理論は崩壊する．ロータウェイク（または，気流が垂直に通過する多孔質ディスク（アクチュエータディスクに相当する）のウェイク）は，ニアウェイク（near wake）領域の圧力が十分低下したときに，定常な流線の流れがニアウェイク領域で安定して存在できなくなる状態に達する．Castro（1971）は，多孔質ディスクのウェイクを詳細に研究し，逆流領域がウェイクの下流で形成され，負荷が増加するにつれてアクチュエータディスクに向かって上流に移動することを示している．この現象はロータの乱流ウェイク状態（turbulent wake state）として知られており，翼素運動量理論に関する3.5節でさらに説明する．

3.4.10 さらなるアクチュエータモデルの開発

一次元アクチュエータディスクモデルとこれに関連する流れ場のボルテックスシリンダによる表現は，水平軸風車に有用な結果を提供し得るもっとも単純なモデルである．このモデルには，流れの詳細をよりよく表現するために，いくつかの発展形がある．

アクチュエータディスクの半径方向の変化は，3.5節で示す翼素運動量理論のように考えることができる．

また，風車のブレード枚数は，通常は2枚または3枚など有限であるため，それぞれのブレードは運動量を吸収する個別のアクチュエータとして扱うことができる．平均値を用いたもっとも単純な考え方は，各ブレードに作用する力は円周方向に一定であると仮定することである．翼型特性，および，ブレードの流入角から計算された揚力と抗力（3.5.2項参照）を，より大きな流れ場の数値解析格子に反映させることにより，軸方向および接線方向の運動量変化を計算する．これが，もっとも単純なアクチュエータライン（actuator line）モデルの考え方である（3.6節参照）．

とくに洋上の大規模ウィンドファームの開発に伴い，ウィンドファーム全体の流れを解析して，ウェイク同士の干渉や，ウィンドファームに流入する大気境界層（Atmospheric Boundary Layer: ABL）とウェイクとの干渉，および，下流側の風車に流入する複数ウェイクの影響を計算することが重要になってきた．ウェイクの干渉は，下流側の風車の発電量（Argyle et al. 2018 などを参照）および下流側の風車のバフェッティング（変動荷重により生じる振動現象）に非常に大きな影響を及ぼす．これらを計算する通常の方法は，ウィンドファーム全体を包含する巨大な数値解析格子内に，風車のアクチュエータモデルを埋め込むことである．この外側の大規模流れは，現在確立されているCFDのレイノルズ平均ナビエ–ストークス（Reynolds Averaged Navier–Stokes: RANS）シミュレーションで数値的に解かれるが，より高精度には，計算コストが高価なラージエディシミュレーション（Large Eddy Simulation: LES）で解かれる．各風車の運転を表現するために格子に埋め込まれたアクチュエータモデルは，アクチュエータディスクモデルのもっとも単純なもので，ロータディスクのスラストは運動量変化から計算される場合が多い．つまり，ロータディスクを横切る主流方向の運動量のステップ状の変化がスラストになる．ただし，一般に，格子内の各風車ブレードにアクチュエータラインモデルを埋め込んで，旋回を含むより高いレベルの計算を行うほうが望ましい．回転するアクチュエータラインは，半径方向の変化を考慮した軸方向と接線方向の両方の力による運動量変化になり，各タイムステップで隣接する格子点に反映される（Soerensen and Shen 2002 などを参照）．

3.4.11 まとめ

渦理論では，ウェイクの拡大を無視したにもかかわらず，運動量理論と厳密に一致する結果が得られ，エネルギーを取得するアクチュエータディスクを通過する流れを理解することができた．しかし，ディスクの外縁で予測される無限大の半径方向速度は，アクチュエータディスクが物理的に非現実的であることを示している．

3.5　ロータブレード理論（翼素運動量理論）

3.5.1　はじめに

風車ブレードの半径 r の位置で幅 δr の翼素（ブレード要素）に作用する揚力および抗力は，翼素が掃過する環状要素を通過する気流の，軸方向運動量と角運動量の変化率によって発生する．また，ウェイク内の気流の回転に伴う圧力降下によって翼素に発生する力も，空気力学的な揚力と抗力により与えられなければならない．ロータに接近する流れは回転していないため，ロータの下流側では，ウェイクの回転によりステップ状の圧力降下が発生し，軸方向の運動量の変化を引き起こす．ウェイクは十分下流においても回転しているので，回転に起因する圧力降下も存在するが，それは軸方向の運動量の変化には寄与しない．

3.5.2　翼素理論

翼素に発生する力は，翼素に流入する速度から決定される迎角を用いて，二次元翼型特性により算出することができると仮定する．ここで，独立成分分析（A3.1 節を参照）を適用し，半径方向の速度成分，ならびに三次元性は無視する．

ブレード上の任意の半径位置における速度成分は，風速，誘導係数，ロータ回転速度によって求められ，これと捩れ角により迎角が決定される．また，迎角に対する翼型の揚力係数（lift coefficient）C_l および抗力係数（drag coefficient）C_d の特性により，a と a' に対するブレードに作用する力が決定される．

ここで，ブレード枚数 B，ロータ半径 R，翼弦長 c，翼型のゼロ揚力線と回転面がなす捩れ角 β の風車を考える（捩れ角をブレード翼弦線に対して示すときには，ゼロ揚力迎角を考慮する必要がある）．なお，翼弦長，翼断面形状（翼厚とキャンバ），捩れ角は，ブレード半径方向に変化してもよい．ブレードの角速度を Ω，風速を U_∞ とする．図 3.13 に示す翼素の接線方向速度は $(1+a')r\Omega$ である．アクチュエータディスクはきわめて薄く，接線方向速度の変化が急激である一方で，この変化に影響するのは翼根渦によって誘導される成分のみである．この翼根渦で誘起される速度成分

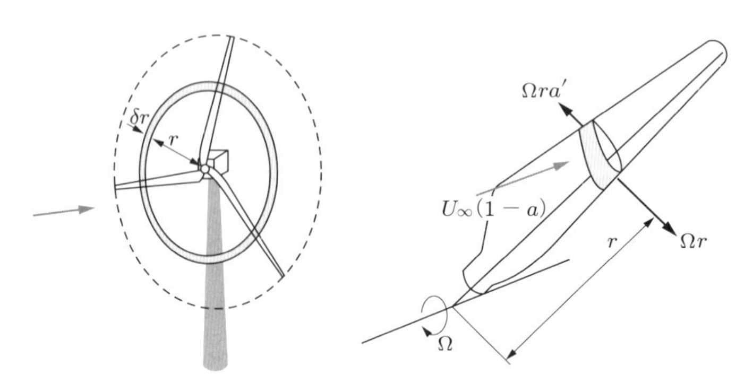

図 3.13　翼素によって掃過される環状要素

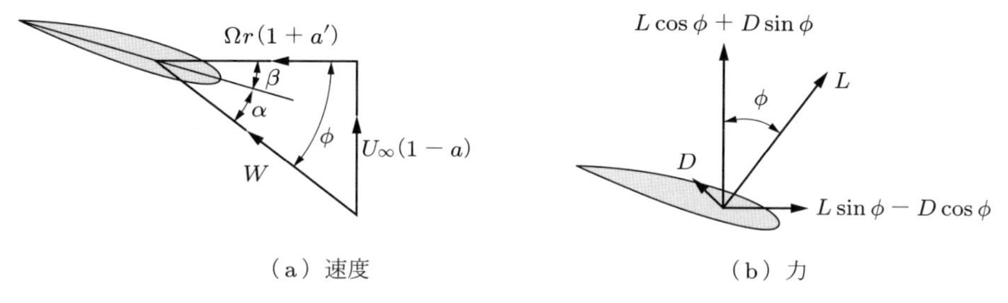

（a）速度　　（b）力

図 3.14　翼素に対する速度と力

は，アクチュエータディスクの領域全体で滑らかに変化する（図 3.10）．なお，ディスク上の渦度によって誘起される束縛渦はこの誘起速度には影響しない．

図 3.14 に，半径 r における翼弦線に対する速度と力を示す．

この図から，ブレードにおける合成相対速度は次式となる．

$$W = \sqrt{U_\infty^2(1-a)^2 + r^2\Omega^2(1+a')^2} \tag{3.43}$$

回転面に対する流入角（inflow angle）ϕ は，次式のように示される．

$$\sin\phi = \frac{U_\infty(1-a)}{W}, \quad \cos\phi = \frac{r\Omega(1+a')}{W} \tag{3.44}$$

迎角（angle of attack）α は次式で与えられる．

$$\alpha = \phi - \beta \tag{3.45}$$

翼素理論における基本的な前提は，二次元流における迎角で決定される揚力と抗力が，回転している翼素においても同様に揚力と抗力として作用するということである．

各ブレードの半径方向幅 δr の翼素の流入速度 W に垂直な方向に作用する揚力 δL と平行な方向に作用する抗力 δD は，それぞれ次式で与えられる．

$$\delta L = \frac{1}{2}\rho W^2 c C_l \delta r$$
$$\delta D = \frac{1}{2}\rho W^2 c C_d \delta r$$

アクチュエータディスクの環状要素に作用するスラスト δT とトルク δQ は，以下のようになる．

$$\delta T = \delta L\cos\phi + \delta D\sin\phi = \frac{1}{2}\rho W^2 Bc(C_l\cos\phi + C_d\sin\phi)\delta r \tag{3.46}$$

$$\delta Q = (\delta L\sin\phi - \delta D\cos\phi)r = \frac{1}{2}\rho W^2 Bcr(C_l\sin\phi - C_d\cos\phi)\delta r \tag{3.47}$$

ここで，B はブレードの枚数である．

3.5.3　翼素運動量（BEM）理論

翼素運動量理論の基本的な前提は，翼素に発生する力は，翼素が掃過することによって形成される環状要素を通過する気流の軸方向運動量の変化のみに依存するということである．これは，隣接する環状要素を通った気流同士の間には半径方向の相互作用が存在しないことを意味している．この仮定は，厳密には，湾曲した流線に作用する軸方向の圧力勾配を無視しており，軸方向の誘導係数が半径方向に変化しない場合には正しい．実際には，ほとんどの場合，軸方向の誘導係数は一様ではないが，Lock（1924）によるプロペラディスクを通る流れの実験結果により，半径方向の独立性が仮定できることが示されている．

$A_D = 2\pi r\delta r$ を式 (3.9) に代入して得られるスラストと，翼素が掃過する環状要素を通過する気流の軸方向運動量の変化率から求められるスラストの式 (3.46) を等置すると，

$$\delta T = \frac{1}{2}\rho W^2 Bc(C_l\cos\phi + C_d\sin\phi)\delta r = 2\pi r\delta r\rho U_\infty(1-a)2aU_\infty \tag{3.48}$$

となる．ここで，式 (3.48) の右辺では，軸方向の運動量平衡（十分下流のウェイク中で軸からウェイク境界までの遠心圧力勾配の生成により発生する）に対する旋回速度 $2a'\Omega r$ の影響を無視していることに注意する．ディスクを通過する際に生じる追加の圧力低下は，前述の式 (3.22) で考慮した項 Δp_{D2} である．

式 (3.47) で与えられる翼素に作用するトルクと，式 (3.34) で与えられる環状要素を通過する気流の角運動量の変化率を等置すると，

$$\delta Q = \frac{1}{2}\rho W^2 Bcr(C_l\sin\phi - C_d\cos\phi)\delta r = 2\pi r\delta r\rho U_\infty(1-a)2a'r^2\Omega \tag{3.49}$$

となる．3.4 節の渦理論の結果と比較するために，式 (3.48) と式 (3.49) で抗力を無視すると，流入角 ϕ を次のように求めることができる．

$$\tan\phi = \frac{a'r\Omega}{aU_\infty} = \frac{a'}{a}\frac{r}{R}\lambda$$

また，式 (3.44) で与えられる翼素における速度三角形から，流入角は次のように表される．

$$\tan\phi = \frac{1-a}{\lambda_r(1+a')}$$

$\tan\phi$ に関するこれら 2 式を等置すると，

$$\frac{a'}{a}\frac{r}{R}\lambda = \frac{1-a}{\lambda_r(1+a')}$$

$$a(1-a) = \lambda_r^2 a'(1+a') \tag{3.50a}$$

となる．ロータの外縁（$\mu = 1$）では $a' = a'_t$（翼端での接線方向の誘導係数）であるので，

$$a(1-a) = \lambda^2 a'_t(1+a'_t) \tag{3.50b}$$

である．式 (3.50a) は，前述の式 (3.32) および式 (3.33) から求められる式と一致している．

抗力を考慮したスラストの式 (3.48) は，次のように変形できる．

$$\frac{W^2}{U_\infty^2} B \frac{c}{R} (C_l \cos\phi + C_d \sin\phi) = 8\pi a(1-a)\mu \tag{3.51}$$

ここで，$\mu = r/R$ である．

圧力降下項 Δp_{D2} を無視しない場合，上式の右辺は $8\pi\mu[a(1-a)+(a'\lambda\mu)^2]$ となる．付加された項 $(a'\lambda\mu)^2$ は小さく，ロータ軸に非常に近いか，周速比が低い場合を除いて，通常は無視できる．

トルクの式 (3.49) は次のように変形できる．

$$\frac{W^2}{U_\infty^2} B \frac{c}{R} (C_l \sin\phi - C_d \cos\phi) = 8\pi\lambda\mu^2 a'(1-a) \tag{3.52}$$

ここで，便宜上，C_x と C_y をそれぞれ次のようにおく．

$$C_l \cos\phi + C_d \sin\phi = C_x \tag{3.53a}$$

$$C_l \sin\phi - C_d \cos\phi = C_y \tag{3.53b}$$

二次元翼型特性を用いて式 (3.51) と式 (3.52) から誘導係数 a と a' の値を容易に求めるには，式 (3.51)，式 (3.52)，式 (3.53a) および式 (3.53b) から導かれる次の二つの式を反復計算によって解くのがよい．誘導係数の現在値を用いてこれらの式の右辺の値を計算すれば，次の反復ステップの誘導係数をこれらの単純な式から求めることができる．

$$\frac{a}{1-a} = \frac{\sigma_r}{4\sin^2\phi} C_x \tag{3.54a}$$

$$\frac{a'}{1+a'} = \frac{\sigma_r C_y}{4\sin\phi\cos\phi} \tag{3.55}$$

ウェイク回転によるロータでの圧力降下の付加項 Δp_{D2} を考慮する場合，式 (3.48) の右辺に式 (3.22) の項を追加することにより，式 (3.54a) は次のようになる．

$$\frac{a}{1-a} = \frac{\sigma_r}{4\sin^2\phi} \left(C_x - \frac{\sigma_r}{4} \frac{C_y^2}{\sin^2\phi} \right) \tag{3.54b}$$

ロータのソリディティ（solidity）σ は，ロータディスク面積に対するブレードの合計面積の比として定義され，ロータ性能を決定する重要なパラメータである．また，局所ソリディティ（chord solidity）σ_r は，任意の半径位置の全ブレードの翼弦長の和をその半径における円周長さで除したものとして，次式のように定義される．

$$\sigma_r = \frac{Bc}{2\pi r} = \frac{B}{2\pi\mu} \frac{c}{R} \tag{3.56}$$

Wilson ら（1974）は，抗力によって生じる速度欠損が翼型の後縁から流れ出る狭いウェイクに限定されているので，式 (3.54a) または式 (3.54b)，および式 (3.55) に抗力係数を含めるべきではないと主張した．さらに，Wilson と Lissaman は，抗力に基づく速度欠損はウェイクだけの特徴であり，ロータディスク上流の速度欠損には寄与しないと論じている．誘導係数の決定において抗力を無視することの論拠は，抗力は付着流では摩擦抗力によってのみ発生するため，ロータ前後の圧力降下には影響しない，ということである．しかし，はく離流では，抗力は明らかに圧力により発生する．Young と Squire（1938）による付着流の計算では，翼まわりの非粘性圧力分布に境界層を考慮して修正すると，揚力と抗力の両方に影響を及ぼすことが示された．迎角ゼロでの全抗力に対する圧力抗力の比は，翼弦長に対する翼厚の比とほぼ同じであり，迎角が大きくなると増加する．

翼素運動量理論についての最後の重要な点は，この理論は，隣接する流管の湾曲した境界に発生する圧力の軸方向成分を無視していることである．厳密には，ブレードが一様な循環を有する場合，つまり a が一様な場合にのみ想定することができる．非一様な循環に対しては，隣接する翼素環状要素を通過する流れの間の垂直圧力と粘性せん断力の影響で，流れの半径方向への相互作用と運動量交換が生じる．しかし実際には，周速比が 3 よりも大きい場合には，ブレードが一様な循環を有するものとして取り扱っても誤差は小さい．

3.5.4　ロータトルクとパワーの計算

ロータによって発生するトルクとパワーを計算するためには，式 (3.54a) または式 (3.54b)，および式 (3.55) を解くことによって得られる誘導係数が必要である．二次元翼型特性は迎角に対する非線形関数であるため，通常，解を反復計算によって求める．

また，ロータの完全な性能特性，すなわち，広い周速比範囲にわたって変化するパワー係数を求めるにも，反復解法が必要である．

反復計算の手順は以下のようになる．まず a と a' の初期値をゼロとおき，次いで，それに基づいて ϕ，C_l，C_d を決定し，続いて，式 (3.54a) または式 (3.54b)，および式 (3.55) を用いて誘導係数の新たな値を計算する．以上の手順を解が収束するまで繰り返す．

式 (3.49) から，半径方向幅 δr の翼素が発生するトルクは，

$$\delta Q = 4\pi\rho U_\infty \Omega r a'(1-a)r^2\delta r$$

となる．誘導係数を決定する際に，抗力または抗力の一部が無視された場合，トルクの計算では，式 (3.49) を参照して抗力の効果を導入する必要がある．すなわち，

$$\delta Q = 4\pi\rho U_\infty \Omega r a'(1-a)r^2\delta r - \frac{1}{2}\rho W^2 BcC_d\cos\phi r\delta r$$

である．したがって，ロータ全体では次式のトルク Q を生じる．

$$Q = \frac{1}{2}\rho U_\infty^2 \pi R^3 \lambda \int_0^R \mu^2 \left[8a'(1-a)\mu - \frac{W}{U_\infty}\frac{Bc/R}{\pi}C_d(1+a')\right] d\mu \tag{3.57}$$

ロータが発生するパワーは，

$$P = Q\Omega$$

である．

したがって，パワー係数は次式となる．

$$C_P = \frac{P}{(1/2)\rho U_\infty^3 \pi R^2}$$

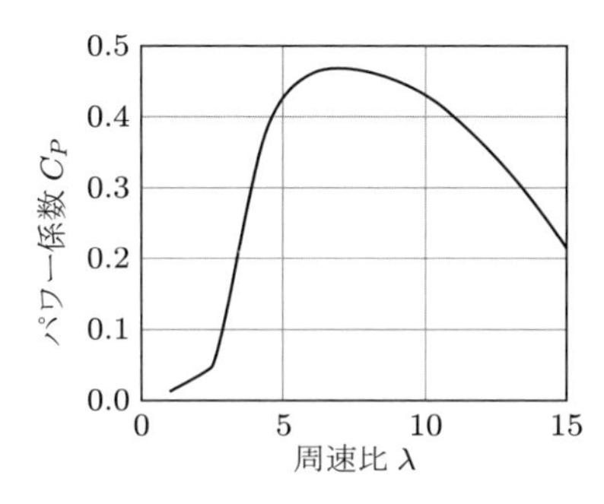

図 3.15 周速比 λ に対するパワー係数 C_P

ブレード形状と空力設計が与えられれば，翼素運動量の式 (3.54a) または式 (3.54b)，および式 (3.55) を解くことによって，周速比の関数であるパワー係数とトルク係数（torque coefficient）を求めることができる．典型的な高速風車の性能曲線を図 3.15 に示す．

最大パワー係数は，一般に，半径方向に変化する軸方向の誘導係数 a がベッツの限界の 1/3 にもっとも近い値となるような周速比で生じる．これより低い周速比では，軸方向の誘導係数が 1/3 よりも小さく，翼型の迎角は失速を引き起こすような大きな角度となる．ほとんどの風車では，ブレードの内翼部で失速が発生しやすい．これは，実用的な制約から，ブレードの捩れ角 β は，内翼部では十分な大きさでないためである．低周速比では，ブレードの失速は，図 3.15 に示されているように，パワーの大幅な損失の原因となる．一方，高周速比では，a の値は大きく，迎角は小さく，抗力が支配的になる．したがって，高周速比と低周速比の両方においては，抗力が大きく，a の値が最適でないので，パワー係数が小さくなる．風車は，パワー係数が最大となる周速比の近傍で運転するのが望ましい．

3.6 半径方向の変化を含むアクチュエータライン理論

アクチュエータライン理論は，翼素運動量理論で使用される二次元翼型特性と，ウェイクを含むロータブレードの外部流れ全体の CFD を組み合わせた計算法である．これは，とくにウィンドファームや複雑地形上の大気境界層など，広い範囲の複雑な流れ場内で風車が運転するときに，空力負荷と流れ場の物理量を計算する場合に有用である．

この方法では，非定常レイノルズ平均ナビエ–ストークス（Unsteady Reynolds Averaged Navier–Stokes: URANS）や LES（第 4 章参照）などの非定常流の方程式の数値解析（通常は乱流の粘性流体）によって，有限体積法または有限要素法の格子上で外部流れが計算される．多くのオープンソースまたは商用コードを利用して，さまざまな精度とコストで計算を行うことができる．計算は各時間ステップで実行され，空間的に三次元であるため，かなりの計算資源が必要である．離散化スケールは，大気境界層の主要な構造とその乱流，および，ロータ（直径）とそれらのウェイクの乱流構造を解くために適切に選ぶ必要がある．この方法では，ブレード翼弦長の長さスケールによる流れと，境界層の長さスケールによる流れの違いの問題は解決することができないが，流れ場にすべてのスケールを再現した完全な解析よりも桁違いに高速で計算できる．

ブレードの断面の流れを解く代わりに，翼素運動量理論のように，ルックアップテーブル（迎角に対して揚力や抗力等を割り当てた表）による翼型特性（X-FOIL（Drela 1989）などの高速パネル法）を用いる．ロータブレードの位置は外部流れの格子上で変化させ，格子上で計算された速度を，指定されたロータブレードの断面位置に補間して速度を求める．翼型特性のルックアップテーブルから補間することによって得られたブレード断面の力は，力の 3 成分に対する一連の運動量変化として外部格子に反映される．これらの変化は，次のタイムステップで，格子上の流れ場計算の一部を形成する．この内側流れと外側流れの計算間の結合は，あるタイムステップから次のタイムステップへの弱連成か，または，各タイムステップ内で流れが収束するように反復計算または非常に大きな行列全体を解くような強連成のいずれかである．内側流れと外側流れの間の力と大規模な速度の受け渡しは十分に確立されているが，大規模構造の外側流れに対して，ロータブレード流れの小規模構造から有効な乱れを決定する方法は確立されておらず，さらなる研究が必要である．この方法についての良著として，Mikkelsen（2003）や Troldborg et al.（2006）がある．

3.7　運動量理論が成立しない条件

3.7.1　自由流とウェイクの混合

運動量理論では，高負荷，つまり a の値が大きい場合に，ウェイク内に逆流が発生する場合がある．しかし実際には，十分下流のウェイク全体に及ぶまでこのような流れが一様に発生することはない．実際には，局所的な流れの逆流と乱流への崩壊により，ウェイクが不安定になり，ウェイクの外側から気流を巻き込み，混合が増加し，ロータを通過した低速の気流にふたたびエネルギーを供給する．

高い周速比で運転するロータでは，流れに対するロータディスクの透過性が低下する．軸方向の誘導係数が 1 になるほど周速比 λ が十分に大きい場合には，ロータディスク周囲の流れは，ウェイクの流れを含めて固体円板周囲の流れのように見える．

この条件に近づくと，ロータを通過する流れは，透過性が低い多孔質ディスクを通る流れのように減速し，流れの抵抗が大幅に増加する．ロータを通過した気流は，低圧領域に出てゆっくりと移動する．ウェイクの外側の領域と同様に，十分下流のウェイクでは大気圧になるはずであるが，これを達成するために静圧が上昇するには，運動エネルギーが不十分である．この大気圧が実現するには，気流がロータディスクを避けて流れ，ウェイクの外側にある流れと混合することでエネルギーを獲得する必要がある．Castro（1971）は，流れに対する多孔質板の不透過性が増加するときのウェイクの変化を詳細に研究した．ある程度の抵抗では，ウェイク内のせん断の不安定性の結果として，逆回転する渦対（平面内の二次元流の場合）または渦輪（軸対称流の場合）が多孔質板の下流のウェイク内に形成される．この渦構造では，ウェイクの対称面または軸の近くで逆流が成長する．抵抗がさらに増加すると，渦構造と逆流の領域は，多孔質板の下流面に到達するまで上流に移動する．これはレイノルズ数に依存し，レイノルズ数が高くなると，渦構造がさらに不安定になり，ウェイクが乱流になり，主流との混合が大幅に増加し，運動エネルギーが回復する．ロータのウェイクには，多孔質板のウェイクと比べていくつかの重要な違いがある．とくに，多孔質板のウェイクには，ロータウェイクに存在する強いらせん渦構造がない．それにもかかわらず，高負荷のロータウェイクの挙動は，多孔質板のウェイクと定性的に非常に似ている．一方で，ロータを通過した軸方向流れが逆流して乱流に崩壊する位置は，多孔質板の場合とまったく同じではない．

3.7.2 ウェイク崩壊によるロータスラストの修正

通常，抵抗係数 K（$= \Delta p/(\rho U^2/2)$）が 4 を超えると，多孔質板のウェイク内で逆流と乱流への崩壊が始まる．このとき，実験結果によれば，物体に作用するスラストが，多孔質板を通過する流れに関するテイラーの理論（Taylor 1944）から逸脱する．同様に，実験で求めたロータのスラスト係数は，アクチュエータディスクの運動量理論による $C_T = 4a(1-a)$ から逸脱する．例として，図 3.16 に，Glauert（1926）によるロータの実測値（$C_{T\text{exp}}$）を示す．多孔質板のスラストとロータのスラストのどちらの場合も，測定された力は理論の予測（$C_{T\text{mom}}$）よりも大きく，逸脱点は運動量理論によって予測された最大値の近傍になる．

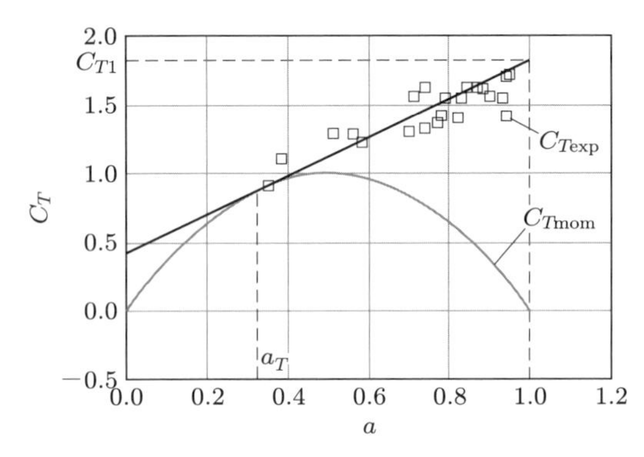

図 3.16 C_T の理論と実測値の比較

図 3.16 で示すように，ロータディスクのスラストは，Hoerner（1965）によって与えられた円形平板に対するスラスト係数（または抗力係数）の値 1.17 よりも高くなる．円形平板とロータのウェイクとのおもな違いは，ウェイクでの逆流が始まったあとでも後者は強く回転していることである．

以上の議論から，軸方向の誘導係数が大きいときには，円形平板に循環が存在しないのと同様に，アクチュエータディスクを通過する際の圧力降下のほとんどはブレードの循環には関係しないことがわかる．また，運動量理論では，実際にディスクを通過する非常に小さい軸方向速度により圧力が低下するが，これと同様に，循環によっても圧力が若干低下する．

3.7.3 スラスト係数の経験値

Glauert はスラスト係数として放物線を提案したが，高負荷のロータ（軸方向の誘導係数が大きい条件で運転されるロータ）に関しては，実験値に基づく適当な直線で表すことも可能である．

ほとんどの文献は，ロータディスク上の全スラストが軸方向運動量の変化と関連していることを前提としている．そのため，経験的な直線を有用なものにするためには，スラストと運動量の関係が，ロータ全体だけでなく，それぞれ個別の流管に対しても適用されることを想定しなければならない．いま，C_{T1} を $a = 1$ のときの C_T の経験値とすると，その直線は運動量理論による放物線の接線でなければならないので，直線の方程式は次式で表される．

$$C_T = C_{T1} - 4(\sqrt{C_{T1}} - 1)(1 - a) \tag{3.58}$$

直線と放物線の接点での a の値は，

$$a_T = 1 - \frac{1}{2}\sqrt{C_{T1}}$$

である．さまざまな研究により，C_{T1} は 1.6 と 2.0 の間の値となることが明らかになっている．Wilson ら（1974）の提案は $C_{T1} = 1.6$ であるが，図 3.16 の実験値には $C_{T1} = 1.816$ がもっともよく合う．Glauert は，かなり高い C_{T1} の実験値には放物線がよく合うとしていたが（$a > 1/3$ のときの流量を $4a(1-a)/(0.6 + 0.61a + 0.79a^2)$ に置き換えて），これは，迎角が負となる状態では，風車は制動状態となり，プロペラになることを仮定していたためである．De Vaal ら（2014）は，風車の制動状態の条件をやや緩くするために，a を $0.25a(5-3a)$ に置き換えることを提案している．

高負荷条件で風車を通過する流れ場のモデル化は簡単ではなく，この経験的な解析結果は近似にすぎないが，運動量理論よりも優れた予測値を与える．また，ほとんどの実用設計では，軸方向の誘導係数が 0.6 を超えることは稀であり，適切に設計されたブレードでは動作範囲は 1/3 の近傍になる．

a の値が a_T より大きい場合，式 (3.9) から導かれる運動量理論によるスラストを式 (3.58) で置き換えることが一般的である．このとき，式 (3.54) は次式で置き換えられる．

$$(1-a)^2 \frac{\sigma_r}{\sin^2 \phi} C_x + 4(\sqrt{C_{T1}} - 1)(1-a) - C_{T1} = 0 \tag{3.59}$$

しかし，流線形ウェイクの崩壊に起因する付加的な圧力降下があるため，一連の補正方法には疑念があり，式 (3.54) を用いるほうがより適切な可能性がある．

3.8　ブレード形状

3.8.1　はじめに

ほとんどの風車の目的は，風から可能なかぎり多くのエネルギーを取得することである．その目的のために，風車の各要素を最適化する必要がある．最適なブレード設計は，風車の運転方法（定速または可変速）や，想定される設置サイトにおける風速分布の影響を受ける．実際には工学的な妥協が行われるが，それには，最適設計に関する知識が必要である．

ブレード形状の最適化は取得パワーの最大化を意味する．そのためには，翼素運動量理論による式 (3.54) または式 (3.59)，および式 (3.55) の適切な解が必要となる．

3.8.2　可変速運転向けの最適設計

可変速風車は，風速によらず最大のパワー係数を発生させる周速比を維持することができる．実現可能な最大のパワー係数を発生させるためには，適切なブレード形状が必要であり，ここではそのための条件を説明する．

ある周速比 λ において，ブレードの各断面での発生トルクは式 (3.49) で与えられ，次の条件で最大となる．

$$\frac{d}{da'}[a'(1-a)] = 0$$

したがって，次式が得られる．

$$\frac{da}{da'} = \frac{1-a}{a'} \tag{3.60}$$

式 (3.51) と式 (3.52) から，二つの誘導係数の関係が得られる．式 (3.52) を式 (3.51) で除し，圧力降下項 Δp_{D2} からもたらされる軸方向運動量の付加損失を含むように修正すると，次のとおりとなる．なお，圧力降下項 Δp_{D2} は，十分下流のウェイク内において旋回による遠心力が生成した半径方向の圧力勾配によるものである．

$$\frac{(C_l/C_d)\tan\phi - 1}{C_l/C_d + \tan\phi} = \frac{\lambda\mu a'(1-a)}{a(1-a) + (a'\lambda\mu)^2} \tag{3.61}$$

流入角 ϕ は次式で与えられる．

$$\tan\phi = \frac{1-a}{\lambda\mu(1+a')} \tag{3.62}$$

式 (3.61) に式 (3.62) を代入すると，次式が得られる．

$$\frac{(C_l/C_d)\,[(1-a)/\{\lambda\mu(1+a')\}] - 1}{C_l/C_d + (1-a)/[\lambda\mu(1+a')]} = \frac{\lambda\mu a'(1-a)}{a(1-a) + (a'\lambda\mu)^2}$$

さらに簡単化すると，次式のとおりとなる．

$$\begin{aligned} &[(1-a)C_l - \lambda\mu(1+a')C_d]\left[a(1-a) + (a'\lambda\mu)^2\right] \\ &\quad = [\lambda\mu(1+a')C_l + (1-a)C_d]\,\lambda\mu a'(1-a) \end{aligned} \tag{3.63}$$

この段階で，式の誘導過程を簡単にするため，抗力を無視すると，次のとおりとなる．

$$a(1-a) - \lambda^2\mu^2 a' = 0 \tag{3.64}$$

この式を a' で微分すると，次式が得られる．

$$(1-2a)\frac{da}{da'} - \lambda^2\mu^2 = 0 \tag{3.65}$$

さらに，上式に式 (3.60) を代入すると，次のようになる．

$$(1-2a)(1-a) - \lambda^2\mu^2 a' = 0 \tag{3.66}$$

式 (3.64) と式 (3.66) は，最適化条件の誘導係数を次のように与える．

$$a = \frac{1}{3}, \quad a' = \frac{a(1-a)}{\lambda^2\mu^2} \tag{3.67}$$

これらの式は，$a' \ll 1$ であり a'^2 の項が無視できるときの，式 (3.36) のロータ先端（$\mu = 1$）の場合と一致する．ここでは空力抵抗などの損失が含まれておらず，また，ブレード枚数が多いと仮定されているため，これらの結果は，ロータの先端に対しては正しく，運動量理論の予測と厳密に一致する．この最後の仮定は，ロータディスクを通過するすべての流体粒子がブレードと強く干渉し，その結果，ディスク全体で軸方向速度がより一様になることを意味する．旋回による圧力降下項を省いて同じ解析を行った場合は $a = 1/3$ となり，値が小さい項 $a' \sim 2/(9\lambda^2\mu^2)$ は，軸（翼根）に非常に近い部分，または周速比が非常に低いときを除いて無視できる．

最適なブレード設計は，式 (3.48) または式 (3.49) のいずれかで得られる．これらのうち，抗力を無視し，$a' \ll 1$ を仮定することにより，より単純にできる式 (3.49) を選ぶと，最適運転時に発生するトルクは次のとおりとなる．

$$\delta Q = 4\pi\rho U_\infty \Omega r a'(1-a)r^2\delta r = 4\pi\rho\frac{U_\infty^3}{\Omega}a(1-a)^2 r\delta r$$

単位幅あたりの揚力の接線方向成分は，次のとおりである．

$$L\sin\phi = 4\pi\rho\frac{U_\infty^3}{\Omega}a(1-a)^2$$

また，クッタ－ジュコーフスキーの定理により，単位幅あたりの揚力は次のようになる．

$$L = \rho W\Gamma$$

ここで，Γ は全ブレードの循環の和であり，W は，Γ と L の両方に垂直なブレードへの流入速度成分である．

このように流入速度が空間的に変化する場合，W は，ブレードの局所的な循環である束縛渦の実効的な位置での値とする必要があるが，循環自体から生じる誘導速度は含んでいないことに注意が必要である．

その結果，

$$\rho W\Gamma\sin\phi = \rho\Gamma U_\infty(1-a) = 4\pi\rho\frac{U_\infty^3}{\Omega}a(1-a)^2 \tag{3.68}$$

であり，変形すると，

$$\Gamma = 4\pi\frac{U_\infty^2}{\Omega}a(1-a) \tag{3.69}$$

となる．a が一様に最適値の 1/3 である場合，循環はブレードの半径方向に一様であり，これが最適運転条件となる．

ブレード形状，すなわち，ブレード半径方向の翼弦長と捩れ角 β の分布を決定するため，抗力の影響を無視し，式 (3.52) の C_d をゼロにすると，次式が得られる．

$$\frac{W^2}{U_\infty^2}B\frac{c}{R}C_l\sin\phi = 8\pi\lambda\mu^2 a'(1-a)$$

ここで，式 (3.44) の $\sin\phi$ を代入すると，次のとおりとなる．

$$\frac{W}{U_\infty} B \frac{c}{R} C_l(1-a) = 8\pi\lambda\mu^2 a'(1-a) \tag{3.70}$$

上式の揚力係数 C_l の値は入力値であり，通常は，ブレード形状を表すパラメータである翼弦長 c を用いた局所ソリディティ $Bc/(2\pi R)$ とともに，同式の左辺に含まれている．抗力損失を最小限に抑えるため，揚力係数は最大揚抗比 C_l/C_d のときの値を選択する．抗力は，最適な誘導係数とブレード形状の決定に対しては無視できるが，トルクとパワーの計算では無視できない．ブレード形状は周速比 λ に依存するが，周速比もまた入力である．式 (3.70) から，ブレード形状パラメータは次のように表すことができる．

$$\frac{B}{2\pi}\frac{c}{R} = \frac{4\lambda\mu^2 a'}{(W/U_\infty)C_l}$$

したがって，

$$\sigma_r \lambda\mu C_l = \frac{B}{2\pi}\frac{c}{R}\lambda C_l = \frac{4\lambda^2\mu^2 a'}{\sqrt{(1-a)^2 + (\lambda\mu(1+a'))^2}} \tag{3.71}$$

となる．これに式 (3.67) の最適条件を代入すると，次式が得られる．

$$\sigma_r \lambda\mu C_l = \frac{Bc}{2\pi R}\lambda C_l = \frac{8/9}{\sqrt{(1-1/3)^2 + \lambda^2\mu^2\left[1+2/(9\lambda^2\mu^2)\right]^2}} \tag{3.72}$$

パラメータ $\lambda\mu$ は局所周速比 λ_r であり，$\mu = 1$ のとき周速比 λ と一致する．

図 3.17 に，C_l が一定の場合のブレードの平面形の例を示す．ブレードは，設計周速比が高い場合には細長い（高アスペクト比）形状となり，低い場合には幅広い形状となる．設計周速比は，最適な性能が得られる周速比である．ロータが設計周速比から外れて運転する場合は，抗力を無視した理想的な条件においても，性能は低下する．その場合，軸方向の誘導係数は，1/3 にも，一様にもならない．

ブレードの半径方向の各断面における局所流入角 ϕ は，式 (3.73) ならびに図 3.18 に示すように変化する．

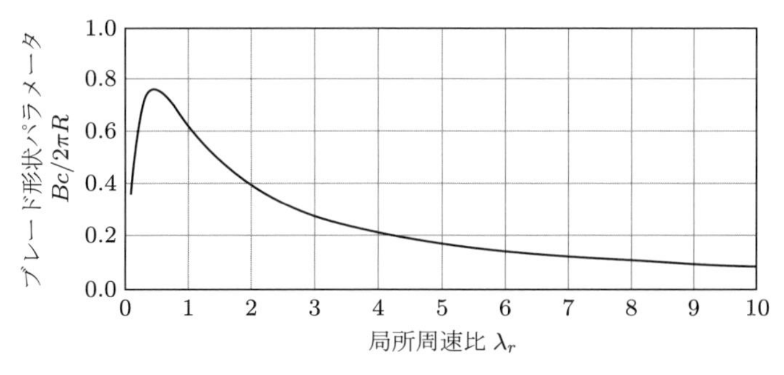

図 3.17 局所周速比に対するブレード形状パラメータの変化

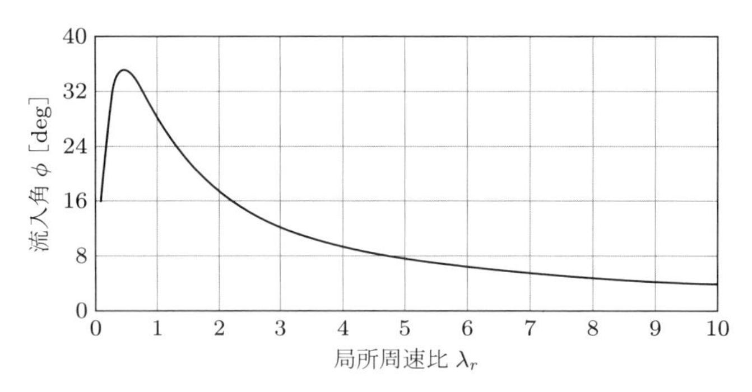

図 3.18 局所周速比に対する流入角の変化

$$\phi = \tan^{-1}\left[\frac{1-a}{\lambda\mu(1+a')}\right] \tag{3.73}$$

ここで，最適条件においては次式のようになる．

$$\phi = \tan^{-1}\left[\frac{1-1/3}{\lambda\mu\{1+2/(9\lambda^2\mu^2)\}}\right] \tag{3.74}$$

翼根付近では，流入角が大きくなるので失速しやすい．抗力係数をいたるところで最小化するために，揚力係数を半径方向に一様にする場合，迎角 α も半径方向に適切な値で一様にする必要がある．そのためには，ブレードの設計捩れ角 $\beta = \phi - \alpha$ を半径方向に変化させる必要がある．

翼型の例として，下面（正圧側）がほぼ平坦で製作しやすく，手作り風車用としてよく使用される NACA4412 を想定する．この翼型は，レイノルズ数 5×10^5 において，迎角が約 3°，揚力係数が約 0.7 の条件で最大揚抗比が得られる．C_l と α を半径方向に一定として，周速比 6 で運転する 3 枚翼ロータについて，ブレードの捩れ角と平面形状の分布を図 3.19(a) と (b) に示す．このブレードの局所ソリディティは翼根部で非常に大きくなるが，ブレードの軸の位置によっては $r/R = 0.1$ 付近まで翼形状を保つことができる．

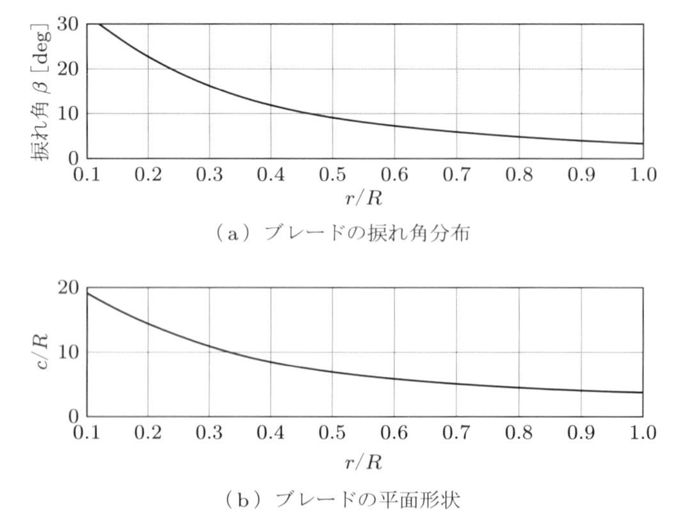

図 3.19 最適ブレード形状の例（3 枚翼，$\lambda = 6$ の場合）

3.8.3 ブレード簡易設計

図 3.19 のように最適設計されたブレードは，効率が高いが，製造が複雑でコストが高くなる．そこで，ブレードの外翼部分が図 3.19(b) の形状に近くなるように，直線テーパをもつ平面形状を想定する．ブレードの外翼部の $0.7 < r/R < 0.9$ の範囲で，式 (3.72) の実際の曲線との差が最小になるように導いた直線の式 (3.75) を図 3.20 に示す．この線形テーパによるブレードは，平面形状が単純化されるだけでなく，翼根部の材料を大幅に削減できる．

第3章 水平軸風車の空気力学

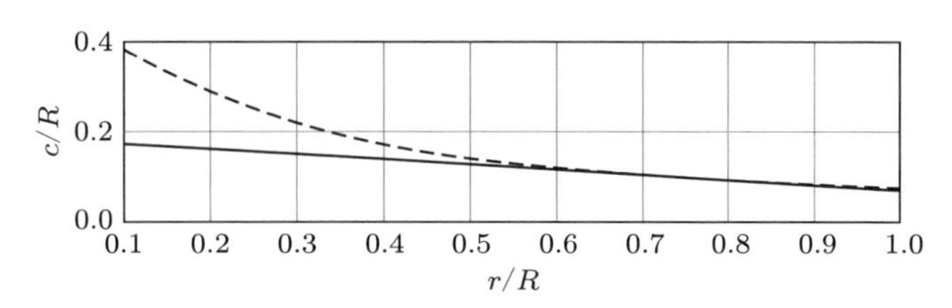

図 3.20 直線テーパブレードの最適形状

図 3.20 で示した最適な平面形状になるように翼弦長分布 c_{lin} を近似した式は，次のように表される．

$$c_{lin} = \frac{8}{9 \times 0.8\lambda}\left(2 - \frac{\lambda\mu}{0.8\lambda}\right)\frac{2\pi R}{C_l \lambda B} \tag{3.75}$$

式 (3.75) 中の 0.8 は，目標とした半径方向位置 0.7 と 0.9 の中点である 0.8 を実線が通ることを意味する．

式 (3.75) と式 (3.72) より，一様なテーパをもつブレードが最適運転するように，C_l の半径方向分布を修正した式は，次のとおりとなる（図 3.21 を参照）．

$$C_l = \frac{8}{9}\frac{1}{[Bc_{lin}\lambda/(2\pi R)]\sqrt{(1-1/3)^2 + \lambda^2\mu^2[1+2/(9\lambda^2\mu^2)]^2}}$$

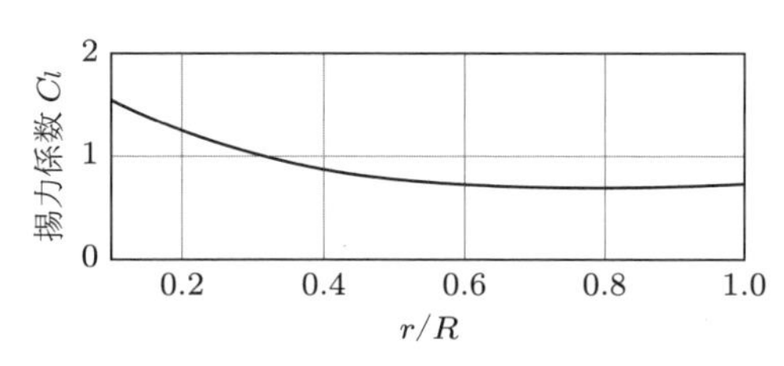

図 3.21 直線テーパブレードの最適な揚力係数の分布

ブレード翼根部付近では，揚力係数が失速状態に近づき抗力が大きくなるが，その領域では反トルクが小さいので損失は小さい．

失速が発生せず，翼型が 4%のキャンバ（camber, 反り）をもつと仮定すると，迎角 $-4°$ で揚力がほぼゼロになるため，揚力係数は次式で与えられる．

$$C_l = 0.1(\alpha + 4°)$$

ここで，α の単位は度（degree）であり，係数の 0.1 は，ほとんどの翼型において，α に対する C_l の勾配（揚力傾斜）のよい近似を与える．したがって，

$$\alpha = \frac{C_l}{0.1} - 4^\circ$$

である．

ブレードの捩れ角分布を式 (3.74) と式 (3.45) から決定することができる．これを図 3.22 に示す．翼根部の捩れ角は大きいが，半径方向に C_l が一定の場合よりは小さくなる．

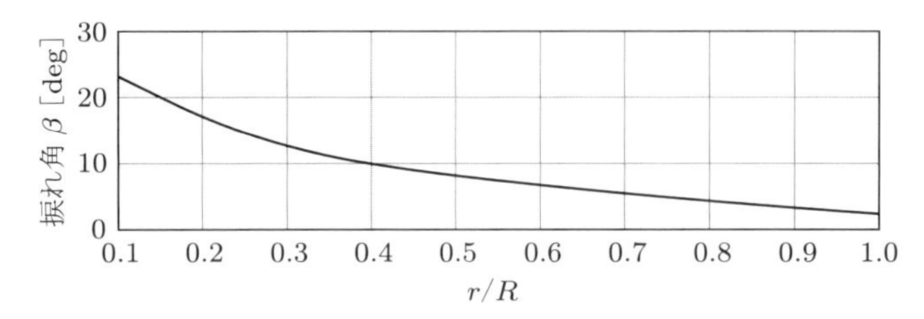

図 3.22　直線テーパブレードの捩れ角分布

3.8.4　ブレード最適設計における抗力の影響

Wilson ら（1974）の見解（3.5.3 項参照）に対して，誘導係数の決定において抗力の影響を含める場合，式 (3.48) に戻って，前述の抗力なしのケースと同じ手順に従う必要がある．

ここで，抗力の影響は揚抗比の大きさに依存する．揚抗比は翼型形状に依存するが，おもに影響するのは，レイノルズ数（Reynolds number）とブレードの表面粗さである．揚抗比は約 40～約 150 となる．なお，抗力を含めると，多項式を a と a' の両方に対して解く必要があるため，計算が複雑になる．解析の詳細については読者自身で調べていただきたい．

抗力なしを仮定した場合の最適条件では，軸方向の誘導係数がアクチュエータディスク上で一様であったが，抗力を考慮する場合は一様にはならない．しかし，揚抗比（lift/drag ratio: L/D）が低く，ブレード上の流れが付着している条件においては，軸方向の誘導係数はほぼ一様となる．

抗力なしと抗力あり（揚抗比 40）の場合の，軸方向および接線方向の誘導係数の半径方向変化を図 3.23 に示す．接線方向の誘導係数は，抗力がある場合はない場合よりも低くなる．これは，ブレードが空気を回転方向に引きずり，トルクの反作用に対抗するためである．

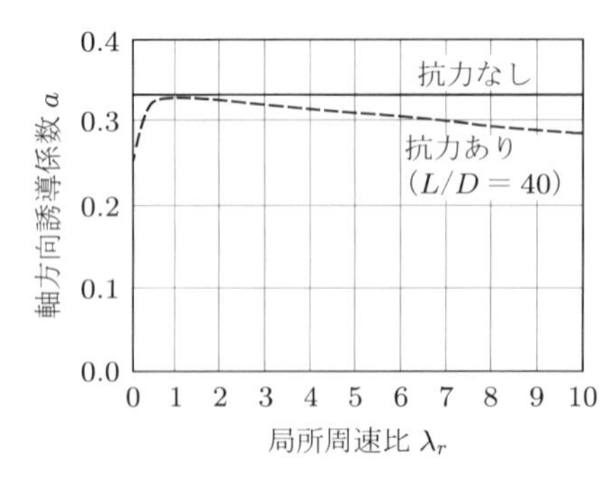

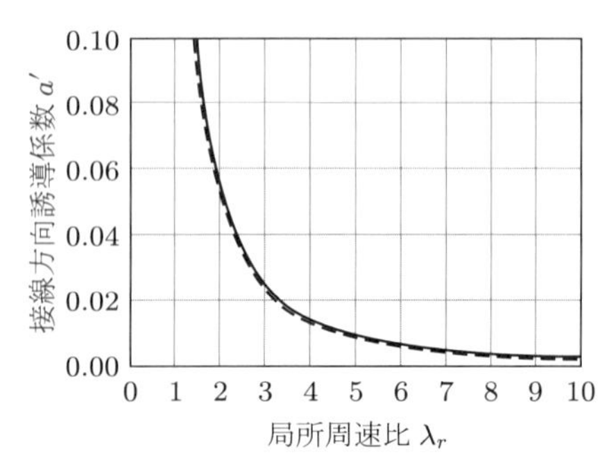

図 3.23　抗力あり／なしの場合の局所周速比に対する誘導係数の変化

トルクと角運動量の関係式 (3.52) から，ブレード形状パラメータは次のようになる．

$$\frac{Bc\lambda}{2\pi R}C_l = \frac{4\lambda^2\mu^2 a'(1-a)}{(W/U_\infty)\left[(1-a)-(C_d/C_l)\lambda\mu(1+a')\right]} \tag{3.76}$$

図 3.24 に，抗力なしと抗力あり（揚抗比 40）の場合におけるブレード形状パラメータの比較を示す．ブレードの最適設計に対する抗力の影響は明らかに小さい．

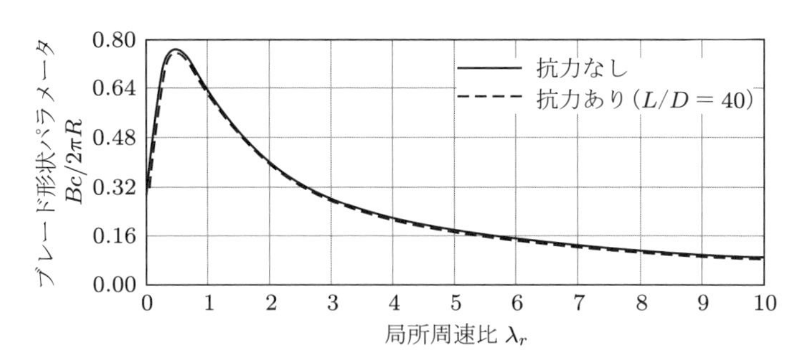

図 3.24　抗力あり／なしにおける局所周速比に対するブレード形状パラメータの変化

図 3.25 で示される流入角においても同様の結果であり，抗力の影響は明らかに小さい．

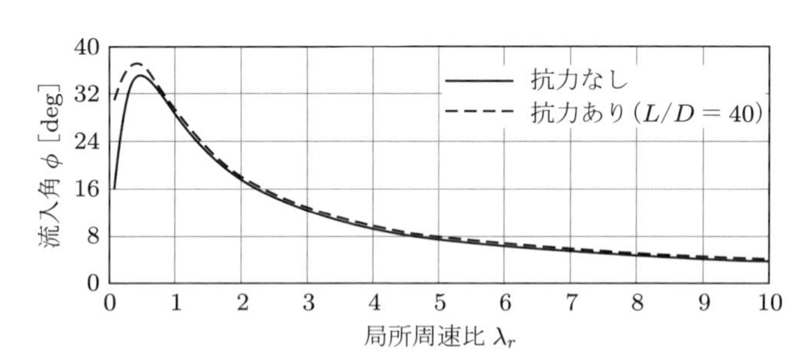

図 3.25　抗力あり／なしにおける局所周速比に対する流入角の変化

このように，ブレード最適設計に関しては抗力を無視することができ，それにより設計プロセスを大幅に簡単化できる．

式 (3.57) による，設計周速比といくつかの揚抗比に対する最大パワー係数を図 3.26 に示す．誘導係数は式 (3.54a) および式 (3.55) に対して抗力なしとして決定できるが，トルクは抗力を含んだ式 (3.57) を用いて計算している．この結果のように，抗力による損失は顕著であり，その損失は設計周速比が高いほど大きくなる．後述の翼端損失の影響を考慮すると，低周速比における損失はさらに大きくなる．

3.8.5　定速機向けのブレード最適設計

定速機として風車の回転速度を一定に維持して運転する場合，周速比が変化するので，特定の周速比に適したブレードでは最適化することができない．定速機のブレードの最適化には，風速の出現確率分布などの条件を追加する必要がある（Peters and Modarres 2013; Jamieson 2018）．

定速機のブレードの最適設計に関しては，簡易な方法はない．想定される設置サイトに対して最大エネルギーが得られるようにするためには，そのサイトの風速分布データと組み合わせた非線形

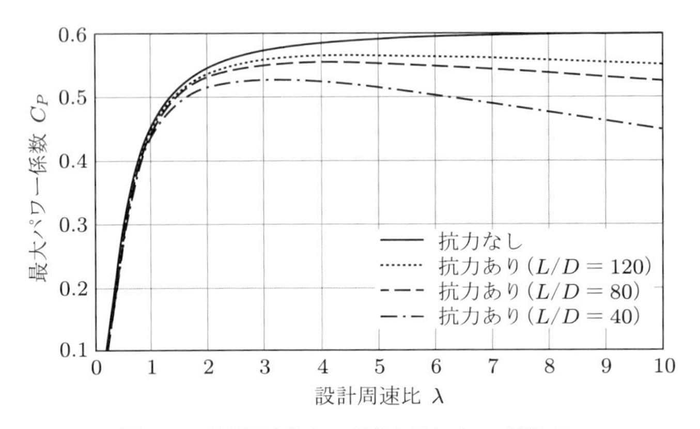

図 3.26　設計周速比 λ に対する最大パワー係数 C_P

（数値）解法を用いる．または，設置サイトの風速に対応する設計周速比を選択する場合もある．さらに，より現実的には，得られるエネルギーを最大化するようにブレードのピッチ角を調整する場合もある．

3.9　ブレード枚数の影響

3.9.1　はじめに

ここまで説明したすべての解析では，翼弦長がほぼゼロで，ブレードが無限枚数のロータを仮定しているため，ロータディスクを通過するすべての流体粒子は，ブレード近傍を通過し，ブレードと強く干渉する．つまり，環状要素内の運動量損失はアジマス角 θ によらず一様である．ブレードの枚数が有限（通常は 2 枚または 3 枚）の場合，一部の流体粒子はブレードと強く干渉するが，多くの粒子はそれほど強く干渉しない．粒子の運動による瞬間的な運動量損失は，粒子がロータディスクを通過するときの流線とブレードの間の距離に依存する．これらの損失はその後減少するが，隣接する湾曲した流線間の圧力の作用によって，そして最終的には混合によって，無視することはできない．したがって，軸方向の誘導速度はディスク付近で変化し，その平均値が流れの全体的な軸方向運動量を決定する．また，運動量は，回転している各ブレードの断面が受ける流入速度（相対流入角と相対速度）に関係する．半径方向の流入速度が一様でない場合，ブレード自体の存在によって生成する流れ場がないかぎり，ブレード断面の流れは平均的な誘導速度の影響を受ける．これには通常，ブレード断面の 1/4 翼弦長の点での速度が使われる（揚力線理論を参照）．一般のロータでは，ソリディティと周速比の積 $\sigma\lambda$ が小さすぎることはない．そのため，二次元断面近似が成り立たない翼端近傍と翼根近傍を除くと，流入速度，平均軸方向誘導速度，および，ブレード回転速度の合成速度が，1/4 翼弦長の点での速度に非常によく一致することが知られている．

3.9.2　翼端損失

軸方向の誘導係数 a がブレードの位置で大きくなる場合，式 (3.44) により，流入角 ϕ は低下し，ピッチ角に対する迎角 α も低下するため，揚力は小さくなる．ブレード表面の圧力は翼端付近でも連続している必要があるため，翼端では揚力がゼロまで下がらなくてはならない．したがって，翼端領域の揚力の接線方向成分は小さくなり，トルクへの寄与も小さくなる．トルクの低下はパワーの低下を意味し，この減少はブレードのもっとも外側の部分で影響が大きいため，翼端損失として知られている．翼根部でも同様の損失が発生するが，半径が小さいのでトルクとパワーへの影響ははるかに小さい．

翼端損失を考慮するために，軸方向の誘導係数の接線方向の変化に関する知識が必要であるが，これは翼素運動量理論では扱えない．

航空機翼の翼端から渦が随伴するように，風車ブレードの翼端からも渦が随伴する．風車ブレードの翼端は円形の軌跡をたどるため，ウェイクの速度で下流側に流されるらせん構造をもつ束縛渦を翼端から放出する．2 枚翼ロータを例にとると，航空機の翼とは異なり，2 枚のブレード上に束縛されている循環は符号が反対であるため，ブレードの循環にブレード枚数を乗じたのと等しい強さをもち，回転軸に沿って放出される直線渦と結合する（図 3.27）．通常の風車のように，翼根が軸のやや外側にある場合，二つの翼根渦は，翼端から放出される翼端渦に似ているが，半径が小さく互いに接近している独立したらせん渦を形成する．これらの渦が組み合わさって直線軸の渦となると仮定するのは，よい近似である．

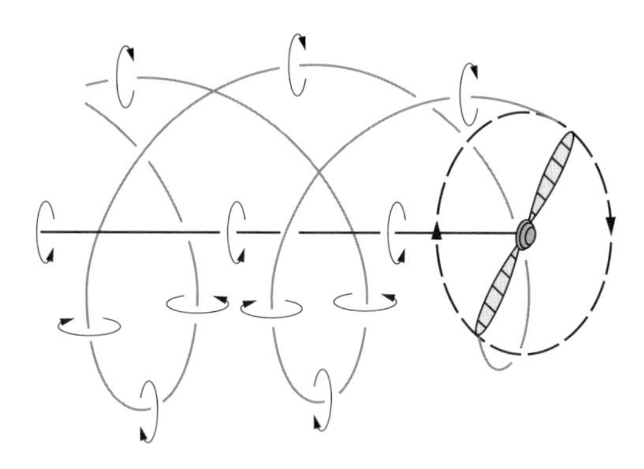

図 3.27 水平軸風車ウェイクのらせん状翼端渦

翼端から単一の渦が放出される場合，ブレード半径方向に沿った循環の強さは一様であり，それは翼端でゼロへと急激に減少する．これまでに示されてきたとおり，一様な循環では最適なパワー係数が得られるが，一様な循環は，軸方向の誘導係数がディスクにわたって一様であることを仮定している．ブレードが無限枚数の場合には，翼端渦は円筒形シートを構成し，円筒表面に一定の角度をなす渦度が配置されている．このような渦シートは，ディスク全体の軸方向の誘導係数が一様な場合と一致している．しかし，前述のように，一様なディスクではなく有限枚数のブレードでは，誘導係数は一様ではない．ブレードの両端（翼端と翼根）のきわめて近くまで一様な循環を維持すると，それらの両端の領域では，一定であった循環が無限大となり，循環の勾配が非常に大きくなり，その結果，誘導係数 a と a' は半径方向に大きく変化する．

図 3.27 の場合には，翼端渦の影響で，翼端近傍で誘導係数 a の値が著しく高くなり，局所的には正味の流れが上流方向にブレードを通過するようになる．この効果は，固定翼航空機の単純な馬蹄形渦モデルで発生する現象と似ている．このモデルは，より詳細な誘導速度の解析が必要な固定翼航空機またはブレードの翼端には適用できない．軸方向の誘導係数 a のアジマス平均値は半径方向に一様である．ブレード近傍では，翼端や翼根に向かって誘導係数 a は高くなり，とくに翼端ではより高くなる．そのため，ブレードとブレードの間の領域では，平均値よりも誘導係数が低くなる．周速比 6 で回転する 3 枚翼ロータの，代表的な半径位置における誘導係数 a のアジマス方向の

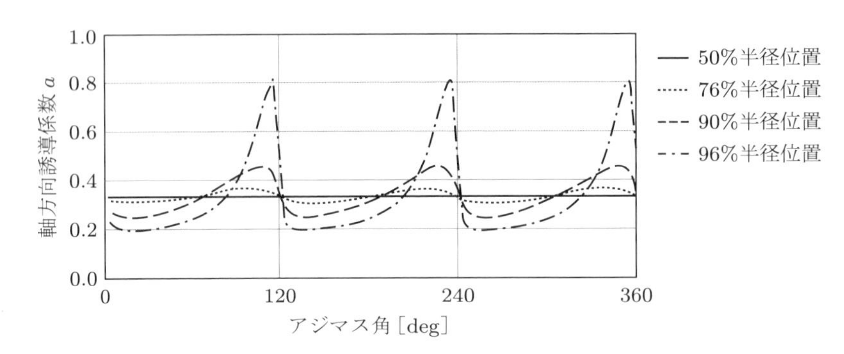

図 3.28　ブレードが一様な循環をもつ 3 枚翼ロータにおける，代表的な半径位置における誘導係数 a のアジマス方向の変化（周速比 6，ブレードの位置：120°, 240°, 360°）

変化を，図 3.28 に示す．図 3.28 の計算では，各ブレードから一定間隔で半径一定のらせん構造の離散渦が放出されることを仮定しており，それはウェイク渦の効果から計算できる．

任意の半径位置における，1/4 翼弦長の点での $a_b(r)$ の値に対する誘導係数 a のアジマス平均（以降では $\bar{a}$ と記述する）の比を図 3.29 に示す．この比は翼端損失係数とよばれ，ブレードのほとんどの半径位置で 1 であるが，翼端に近づくとともにゼロに近づく．

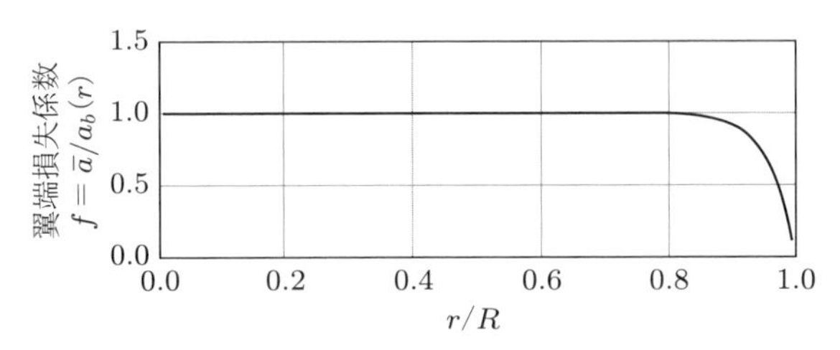

図 3.29　一様な循環をもつブレードの翼端損失係数のスパン方向の変化

式 (3.20) で翼端損失と抗力を無視すると，各翼素でのパワー係数は次のとおりとなる．

$$\delta C_P = 8\lambda^2\mu^3 a'(1-a)\delta\mu \tag{3.77}$$

この式に最適点（式 (3.25)）の a' を代入すると，次のとおりとなる．

$$\delta C_P = 8\mu a(1-a)^2\delta\mu \tag{3.78}$$

クッタ－ジュコーフスキーの定理から，ブレードまわりの一様な循環 Γ による単位半径長さあたりのトルクは次のようになる．

$$\frac{dQ}{dr} = \rho|\boldsymbol{W}\times\boldsymbol{\Gamma}|\sin\phi_r r$$

ここで，角度 ϕ_r は，ブレードに対する局所的な流入速度によって決定される．

すべてのブレードの循環の合計が式 (3.69) で与えられると仮定すると，翼端損失を考慮した翼素のパワー係数は次のとおりとなる．

$$\delta C_P = 8\mu a(1-a)(1-a_b)\delta\mu \tag{3.79}$$

これは，Γ をウェイクの角運動量損失に関連付ける係数 $a(1-a)$ について，アジマス平均された軸方向の誘導係数 $\bar{a}$ を用いて $\bar{a}\,(1-\bar{a})$ と表現する必要があることを除けば，式 (3.78) と一致する．なお，$\bar{a}=1/3$ が最適条件である．ただし，最後の誘導係数の項 $(1-a_b)$ はブレードの位置での流入角に関係するため，翼端近傍を除けば，ブレードの位置での軸方向の誘導係数 a_b は $a_b \approx \bar{a}$ となる必要がある（ここで，$a_b = \bar{a}/f$）．この節では，これらを区別する必要がある場合，ここで定義されている表記 $\bar{a}$, a_b, $\bar{a}'$, a_b' を使用する．

翼端での軸方向の誘導係数 a_b の値が高いと，翼端領域の迎角が小さくなり，循環が減少するため，循環 $\Gamma(r)$ が翼端まで一定にならず，翼端領域で滑らかに低下して翼端でゼロになる必要がある．したがって，固定翼の場合と同じ理由で，負荷は翼端で滑らかにゼロに低下する．これは，負荷に対する翼端損失の影響の現れである．翼端に向かって循環が連続的に低下することは，束縛渦による循環の半径方向の勾配に等しい量の渦が，翼端付近の領域から放出されることを意味する．これはつまり，単一の集中したらせん渦ではなく，渦度によって形作られるリボン状の渦が放出され，この渦がらせん状の経路をたどることを意味する．翼端領域から放出される渦の効果は，翼端の誘導速度が無限にならないようにするために，放出された渦度，誘導速度および循環の間の閉ループを通じて，翼端で負荷が滑らかにゼロに減少するように，有限の誘導速度に収束させることである．負荷への影響は，適切に計算された翼端損失係数 $f(r)$ に，未修正の翼素運動量理論によって計算された軸方向の誘導係数 a_b および接線方向の誘導係数 a_b' を乗じることにより，すべてのブレード断面を独立した二次元流として扱う翼素運動量理論に組み込むことができる．同様に，翼根でも循環をゼロに低下させる必要があるため，同じ方法で翼根損失係数が適用される．

翼端損失係数は，翼素運動量理論などのディスク状のアクチュエータを想定する方法（つまり，接線方向に一様）にのみ適用する必要があり，たとえば，アクチュエータライン法のように，個々のブレードに対して誘導速度に翼端効果が組み込まれているような場合には適用できないことに注意を要する．

式 (3.79) から得られる翼端損失の有無による結果を図 3.30 に示す．明らかに，翼端損失がパワーに及ぼす影響が見られる．式 (3.78) では，アクチュエータディスク全体にわたって一様に $\bar{a}=1/3$ を仮定したが，翼端損失を考慮した場合の結果は，$\bar{a}$ は半径方向に一様でないことを意味している．翼端渦が発生した結果として生じる翼端損失は，誘導係数 a を生じる（つまり，誘導抗力を生じる）．翼端損失に関係する追加の抗力の効果は発生しないことに注意を要する．

循環がブレード半径方向に変化する場合，渦度は，循環の半径方向勾配がゼロではないすべての

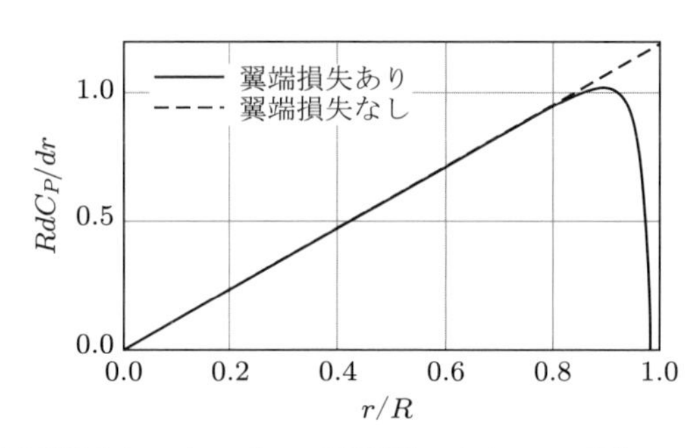

図 3.30　一様な循環をもつブレードの，翼端損失によるパワー係数のスパン方向の分布（3 枚翼ロータ，周速比 6）

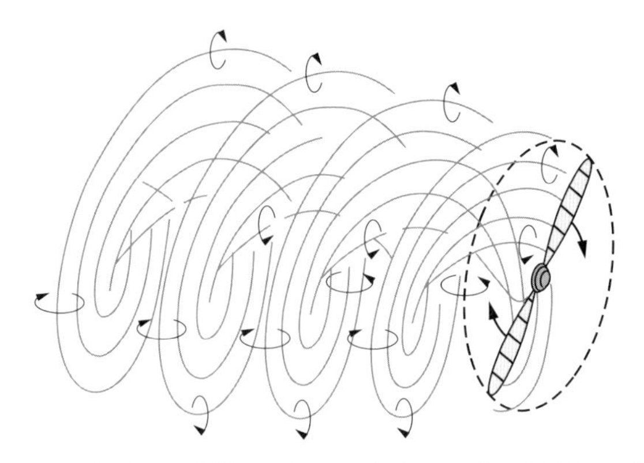

図 3.31　2 枚翼ロータにおけるらせん状渦ウェイクシート（ブレードの半径方向に循環が変化する場合）

断面の後縁から，連続的にウェイク中に放出される．

したがって，図 3.27 に示した単一のらせん渦ではなく，図 3.31 に示すように，それぞれのブレードが渦のらせん状シートを放出する．らせん状シートは，ウェイクの速度で下流側に回転しながら流れるので，そのシートを横切るような流れは存在せず，非透過性とみなすことができる．渦シートの強さは，ブレード半径方向の束縛渦による循環の変化率に等しいため，翼端に向かって急激に増加する．翼端では，ブレードの両面の圧力差のため，翼端をまわり込む流れが存在する．つまり，ブレードの正圧側では翼端側に流れ，負圧側では翼根側に流れる．ブレードの後縁の両面からの流れは互いに平行とならず，ウェイク内の半径方向に速度の不連続面を形成する（軸方向の速度成分は等しい）．この不連続な面を渦シートとよぶ．類似の現象は航空機の翼でも発生し，航空機の空気力学の教科書では，より詳細に説明されている．

a のアジマス平均値 $\bar{a}$ は $a_b(r)f(r)$ として表すことができる．ここで，$f(r)$ は翼端損失係数（tip-loss factor）として知られ，ロータディスクの中心部では 1 となり，外縁でゼロに低下する．

翼素運動量理論を適用すると，軸方向運動量の変化率は軸方向の誘導係数のアジマス平均によって決定されるのに対し，ブレードに作用する力は翼素が「感じる」誘導係数の値によって決定される．3.9.2 項で説明されているように，これには注意深い解釈が必要である．

$$\text{環状要素を通過する質量流量} = \rho U_\infty (1 - \bar{a}(r)) 2\pi r \delta r$$

$$\text{軸方向速度変化のアジマス平均} = 2\bar{a}(r) U_\infty$$

$$\text{軸方向運動量の変化率} = 4\pi\rho U_\infty^2 (1 - \bar{a}(r))\bar{a}(r)\delta r$$

これらの結果から，翼素が発生する力は $(1/2)\rho W^2 BcC_l$ と $(1/2)\rho W^2 BcC_d$ となる．ここで，W と C_l は $a_b(r)$ を使って決定される．

ウェイクの回転によって生じるトルクも，ブレードに作用する力と同様に翼端損失が適用され，接線方向の誘導係数のアジマス平均 $2\bar{a}'(r)$ を使用して計算される．これは，接線方向の誘導速度も，軸方向の誘導速度と同じく，放出された渦度の分布によって誘導されるからである．

3.9.3　翼端損失係数のプラントル近似

周速比 6 で一様な循環をもつブレードの翼端損失係数 $f(r)$ を図 3.29 に示したが，これは，任意の周速比に対しては解析的には容易には得られない．Sidney Goldstein（1929）は，プロペラの翼端損失について解析を行い，ベッセル関数を用いた解を得たが，これも，前述のビオ－サバールの解を用いた渦法も，翼素運動量理論への組み込みには適していない．幸いなことに，プラントル（Ludwig Prandtl）が 1919 年に翼端損失係数の比較的簡単な方程式を解析的に導いていたことが，ベッツ（Betz 1919）により報告されている．

プラントル近似は，渦シートは非透過性であり物質的なシートに置き換えられ，ウェイクによって決定される速さで移動し，ウェイクの流れには影響を与えない，という事実に着想を得ていた．なお，この近似理論は，発達したウェイクにのみ適用される．プラントルは，解析を単純化するために，らせん状シートを，ウェイク中心の速度が一様に $U_\infty(1-a)$ で移動する連続したアクチュエータディスクに置き換え，アクチュエータディスク間の間隔は渦シート間の標準的な間隔と同じ距離とした．概念的には，軸方向に $U_\infty(1-a)$ の速さで移動するアクチュエータディスクは，アクチュエータディスクの外縁部で減速していない速さ U_∞ の自由流に接する．速く流れる自由流の気流は，連続するアクチュエータディスク間を出入りして波打つことになり，連続したアクチュエータディスク同士の間隔が広いほど，自由流は半径方向により深く入り込む．ロータ軸と平行で，ウェイクの半径 R_w（これはロータ半径 R にほぼ等しい）よりも若干小さい半径 r の位置の線で考えると，その線に沿った平均の軸方向速度は，$U_\infty(1-a)$ より大きく，U_∞ より小さい．そこで，この線上の平均速度を $U_\infty(1-af(r))$ とする．ここで，$f(r)$ は翼端損失係数であり，1 よりも小さい値をもち，ウェイクの境界でゼロに低下する．ウェイクの外縁部から少し内側では，自由流がアクチュエータディスクの間に入り込めなくなる領域となり，ディスクでの速度とそのウェイク中での速度の違いはわずかである．つまり，この領域では $f(r)=1$ となる．

図 3.32 に示す粒子の軌跡は，実際の状況においては，アクチュエータディスクの任意の半径位置を通過する平均的な粒子軌跡として解釈することができる．さまざまな半径位置における粒子の軸方向速度の接線方向変化を図 3.28 に示した．「プラントル粒子」の速度は，この速度のアジマス平均である．図 3.32 はウェイクモデルを表している．

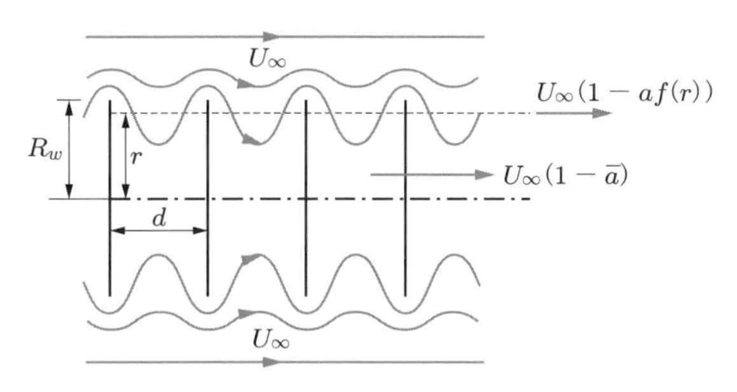

図 3.32 翼端損失に関するプラントルのウェイクアクチュエータディスクモデル

プラントルの解析の数学的な詳細は Glauert（1935a）が示しているが，それはややおかしな方法で単純化されたウェイクモデルに基づいているため，ここでは取り上げない．しかし，これは依然としてもっとも広く使用されている翼端損失補正であり，適度に正確である．また，ゴールドスタイン（Goldstein）の理論とは異なり，その結果は閉じた解の形式で表現が可能である．プラントルの翼端損失係数は，次式で与えられる．

$$f(r)=\frac{2}{\pi}\cos^{-1}\left[\exp\left(-\pi\frac{R_w-r}{d}\right)\right] \tag{3.80}$$

$(R_w - r)$ は，ウェイク外縁からの距離である．ディスク間の距離 d は，連続する渦シート間の流れによって粒子が移動した距離とするべきであるが，Glauert（1935a）は，連続するらせん渦シート間の標準的な距離を d とした．

渦シートのらせん角 ϕ_s は，翼端の流入角 ϕ_t と同じと仮定される．したがって，B 枚のブレードから B 枚の渦シートが生成され，ディスクがウェイク中の平均軸方向速度 $U_\infty(1-\bar{a})$ で移動すると仮定すると，次式が得られる．

$$d = \frac{2\pi R_w}{B}\sin\phi_s = \frac{2\pi R_w}{B}\frac{U_\infty(1-\bar{a})}{W_s} \tag{3.81}$$

プラントルのモデルではウェイクの回転は考慮されていないが，非粘性であるため，アクチュエータディスクで回転を考慮しているか否かは流れ場には無関係である．したがって，a' はゼロであり，W_s はアクチュエータディスクの外縁部における合成速度（半径方向速度は含まない）である．Glauert（1935a）は，より簡略化して，$R_w/W_s \approx r/W$ と近似して次式を得た．

$$W = \sqrt{[U_\infty(1-\bar{a})]^2 + (r\Omega)^2}$$

したがって，

$$\pi\left(\frac{R-r}{d}\right) = \frac{B}{2}\left(\frac{R_w - r}{r}\right)\sqrt{1 + \frac{(r\Omega)^2}{[U_\infty(1-\bar{a})]^2}}$$

であり，そして，

$$f(\mu) = \frac{2}{\pi}\cos^{-1}\left[\exp\left\{-\frac{B(1-\mu)}{2\mu}\sqrt{1+\left(\frac{\lambda\mu}{1-\bar{a}}\right)^2}\right\}\right] \tag{3.82}$$

となる．このモデルの物理的根拠は正しくないが，らせん渦シートによって引き起こされる実際の速度が翼端方向に減衰することについて，簡便な近似を非常によく表している．

図 3.33 に，周速比 6 で運転する 3 枚翼ロータに対するプラントルの翼端損失係数と，らせん状渦ウェイクの翼端損失係数との比較を示す．

翼端損失係数を接線方向の誘導係数にも適用すべきであることは，図 3.28 の渦理論でも予測されていた．

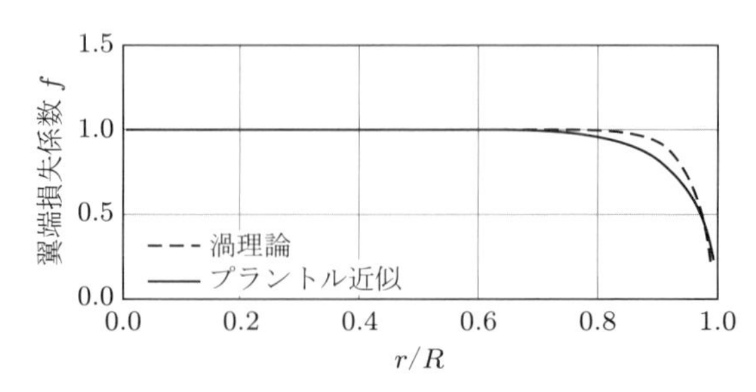

図 3.33　プラントル近似と渦理論による翼端損失係数（3 枚翼ロータ，周速比 6）

ブレードまわりの循環の変化を知ることは有益である．翼端損失を無視した前述の解析において，ブレードの循環は一様である（式 (3.69) 参照）．

式 (3.68) の導出と同じ手順に従うと，次のとおりとなる．

$$\rho WT\sin\phi = \rho\Gamma U_\infty(1-a_b(r)) = 4\pi\rho\frac{U_\infty^3}{\Omega}\bar{a}(r)(1-\bar{a}(r))(1-a_b(r))$$

ここで，$a_b(r)$ は半径 r におけるブレードの局所的な誘導係数であり，$\bar{a}(r)$ は半径 r における誘導係数のアジマス平均値である．したがって，

$$\frac{\Gamma(r)}{U_\infty R} = \frac{4\pi}{\lambda(1-a_b(r))}\bar{a}(r)(1-\bar{a}(r))(1-a_b(r)) \tag{3.83}$$

となる．すべてのブレードの循環の合計 $\Gamma(r)$ を図 3.34 に示す．$\Gamma(r)$ は，翼端付近を除き，ほぼ一定である．翼端付近の循環がブレードの内翼部の値のままで維持されると仮定すると，破線の縦線は，有効なロータ半径 $R_{\rm eff} = 0.975$ を示す．

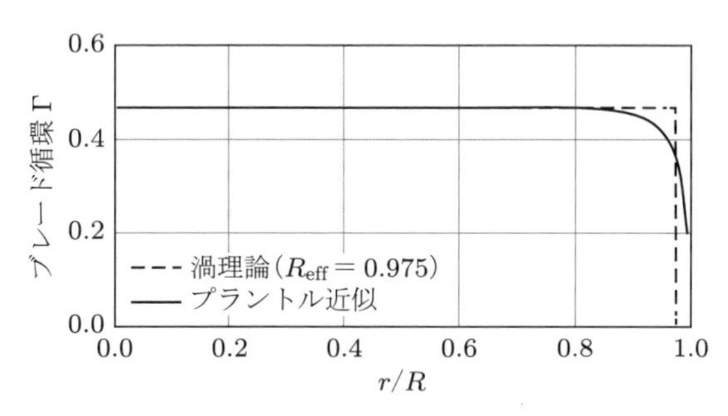

図 3.34　循環の半径方向分布（3 枚翼ロータ，周速比 6）

プラントルの翼端損失係数は，複雑な問題に対して許容可能な簡易解であり，それによって個々のブレードの効果が求められるのみならず，誘導係数がアクチュエータディスクの外縁部においてゼロになることが許容される．

近年 Shen ら（2005）が，実験データを用いて校正することにより，翼端損失係数を改善した．これは軸方向力と接線方向力の半径方向分布に次の係数を乗じたものである．

$$F_1(r) = \frac{2}{\pi}\cos^{-1}\left[\exp\left\{-g_1\frac{B(R-r)}{2r\sin(\phi(r))}\right\}\right]$$

ここで，$g_1 = 0.1 + \exp[-c_1(B\lambda - c_2)]$, $c_1 = 0.125$, $c_2 = 21.0$ である．

この式は Glauert（1935a）が簡単化したプラントルの翼端損失補正に似ているが，1 の代わりに変数 g_1 が導入されている．Wimshurst と Willden（2018）は，上式について，軸方向力補正（$c_1 \sim 0.122$ および $c_2 \sim 21.5$）と接線方向力補正（$c_1 \sim 0.1$ および $c_2 \sim 13.0$）に対して異なる定数を用いて定義することを提案し，実験データとのよりよい一致が得られることを示している．

3.9.4　翼根損失

翼端と同様に，翼根においても循環をゼロに減少させる必要があるため，翼端の場合と類似した

現象が発生すると考えることができる．翼根はロータ軸から離れた距離にあり，翼根半径内のアクチュエータディスクを通過する気流は，自由流の速度と同じ速度で流れると仮定する．実際には，3.4節の渦理論を拡張すると，アクチュエータディスクを通過する流れは，自由流の速度よりも若干速くなることが示される．したがって，プラントルの翼端損失係数を，翼端と同様に翼根にも適用するのが一般的である（図3.35を参照）．

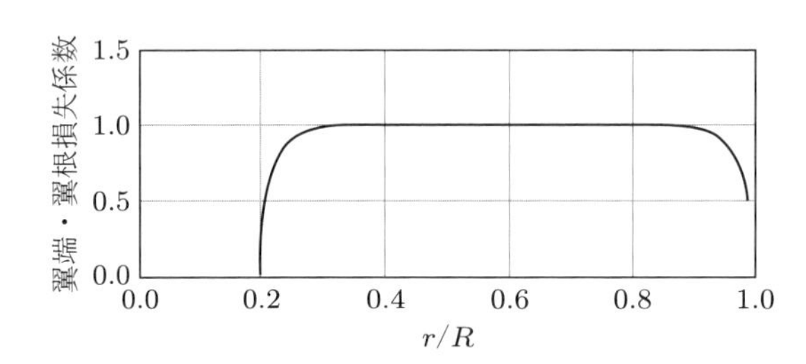

図3.35　翼根が20%半径の3枚翼ロータにおける翼端・翼根損失係数（周速比6の最適条件）

μ_R をロータ半径で正規化された翼根半径とすれば，式(3.82)の翼端損失係数を修正することによって，翼根損失係数を次式のように決定できる．

$$f_R(\mu) = \frac{2}{\pi}\cos^{-1}\left[\exp\left\{-\frac{B(\mu-\mu_R)}{2\mu}\sqrt{1+\frac{(\lambda\mu)^2}{(1-\bar{a})^2}}\right\}\right] \tag{3.84}$$

式(3.82)における翼端損失係数 $f(\mu)$ を，ここでは $f_T(\mu)$ と表記すると，翼端・翼根損失係数 $f(\mu)$ は次のとおりとなる．

$$f(\mu) = f_T(\mu)f_R(\mu) \tag{3.85}$$

3.9.5　最適ブレード設計とパワーに対する翼端損失の影響

翼端損失を考慮しない場合，最適な軸方向の誘導係数は，ロータ面全体にわたって一様に1/3である．翼端損失を考慮する場合，a の平均値の最適値は変化する．これは，a はウェイクの外縁部においてゼロに減少するが，ブレードに対する局所的な傾向としては翼端領域で増大するためである．

この章の誘導係数を含む解析では，アジマス平均値とブレードの局所値のみが必要であるため，利便性のため，$a(r)$ と $a'(r)$ が半径 r でのアジマス平均を意味するものとする．ここで，ブレードの誘導係数の局所値については $a_b = a(r)/f(r)$ と $a'_b = a'(r)/f(r)$ の関係があるので，数式において平均値を表す上線と下付き文字 b を使う必要がなくなる．ブレードにおける流入角 ϕ は，式(3.62)から次式となる．

$$\tan\phi = \frac{1}{\lambda\mu}\left(\frac{1-a/f}{1+a'/f}\right) \tag{3.86}$$

しかし，式(3.61)は，軸方向運動量の無次元変化率に対する角運動量の無次元変化率の比から $\tan\phi$ を導く式であり，この場合，アクチュエータディスクを通過する平均流れを扱い，平均値を使用するため，$\tan\phi$ は変化しない．ここで，抗力を無視すると，式(3.62)は次のとおりとなる．

$$\tan\phi = \frac{\lambda\mu a'(1-a)}{a(1-a)+(a'\lambda\mu)^2} \tag{3.87}$$

したがって，

$$\frac{(1-a)\lambda\mu a'}{a(1-a)+(a'\lambda\mu)^2} = \frac{1-a/f}{\lambda\mu(1+a'/f)}$$

であり，さらに次のようになる．

$$\lambda^2\mu^2\frac{f-1}{f}a'^2 - \lambda^2\mu^2(1-a)a' + a(1-a)\left(1-\frac{a}{f}\right) = 0 \tag{3.88}$$

ブレードの大部分では $f=1$ であり，また，翼端付近では a'^2 の値が非常に小さいため，第 1 項を無視することにより，式 (3.88) は大幅に簡単化することができる．実際，周速比が 3 以上の場合，第 1 項を無視することによる結果の違いは無視できる．よって，次式が得られる．

$$\lambda^2\mu^2 a' = a\left(1-\frac{a}{f}\right) \tag{3.89}$$

前述の式 (3.60) は次のとおりである．

$$\frac{da}{da'} = \frac{1-a}{a'}$$

式 (3.89) から

$$\frac{da'}{da} = \frac{1}{\lambda^2\mu^2}\left(1-2\frac{a}{f}\right)$$

となり，その結果，

$$(1-a)\left(1-2\frac{a}{f}\right) = \lambda^2\mu^2 a'$$

となる．ここで，上式を式 (3.89) と組み合わせると，次のとおりとなる．

$$a^2 - \frac{2}{3}(f+1)a + \frac{1}{3}f = 0$$

したがって，

$$a = \frac{1}{3} + \frac{1}{3}f - \frac{1}{3}\sqrt{1-f+f^2} \tag{3.90}$$

となる．式 (3.90) で与えられる a のアジマス平均の半径方向の分布と，ブレード上の局所的な値 a/f を図 3.36 に示す．厳密解もまた，翼端において局所的な誘導係数がゼロに低下する．

局所的な誘導係数 $a_b = a/f$ が翼端でゼロに低下しないため，最適運転に必要なブレード設計は，

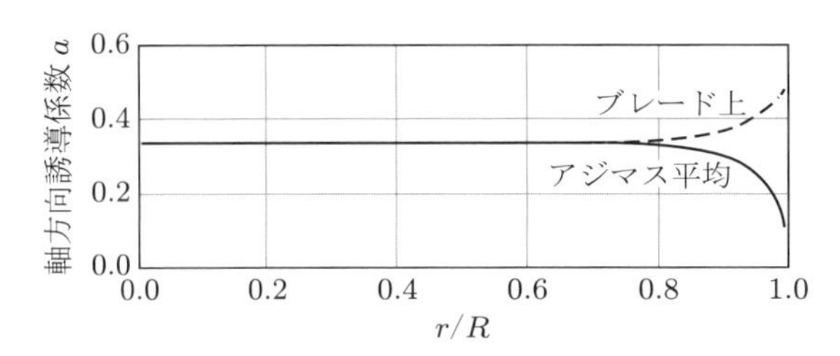

図 3.36　軸方向の誘導係数の分布（3 枚翼ロータ，周速比 6）

プラントルの翼端損失係数に対応するものとは若干異なる．当初より認識されていたことではあるが，プラントルの翼端損失係数はあくまでも近似である．

式 (3.70) の左辺がブレードでの局所的な流入角を表していることに注意すれば，係数を $1-a/f$ に置き換えることにより，式 (3.70) と式 (3.71) を用いて，最適なパワーを得るブレード形状を決定できる．すなわち，次式が得られる．

$$\mu\sigma_r\lambda C_l = \frac{4\lambda^2\mu^2 a'}{\sqrt{(1-a/f)^2+[\lambda\mu(1+a'/f)]^2}}\frac{1-a}{1-a/f}$$

式 (3.89) を代入すると次のようになる．

$$\mu\sigma_r\lambda C_l = \frac{4a(1-a)}{\sqrt{(1-a/f)^2+[\lambda\mu\{1+a(1-a/f)/(\lambda^2\mu^2 f)\}]^2}} \tag{3.91}$$

式 (3.91) で得られるブレード形状パラメータと，翼端損失を考慮しない設計によるものとの比較を図 3.37 に示す．図から明らかなように，二つの設計の間で違いが見られるのは翼端付近のみである．

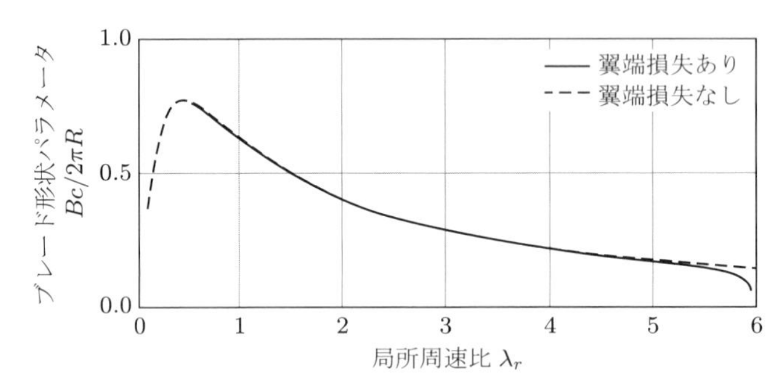

図 3.37　翼端損失あり／なしの場合の局所周速比に対するブレード形状パラメータの分布（3 枚翼ロータ，周速比 6）

同様に，図 3.38 に示す流入角分布は，式 (3.73) を修正した次式で表される．

$$\tan\phi = \frac{1-a/f}{\lambda\mu[1+a(1-a/f)/(\lambda^2\mu^2 f)]} \tag{3.92}$$

ここでも，翼端損失の影響は翼端付近に限定される．

抗力と翼端損失がなく，設計周速比で運転する最適化されたロータのパワー係数は，ベッツの限界である 0.593 に等しいが，翼端損失がある場合，最適なパワー係数は明らかに低下する．式 (3.20)

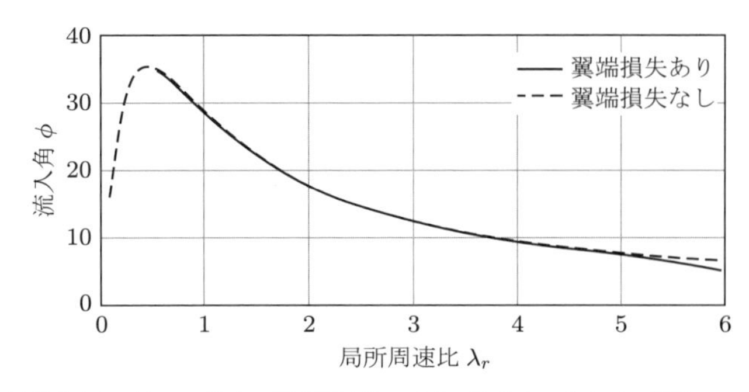

図 3.38 翼端損失あり／なしの場合の局所周速比に対する流入角の分布（3 枚翼ロータ，周速比 6）

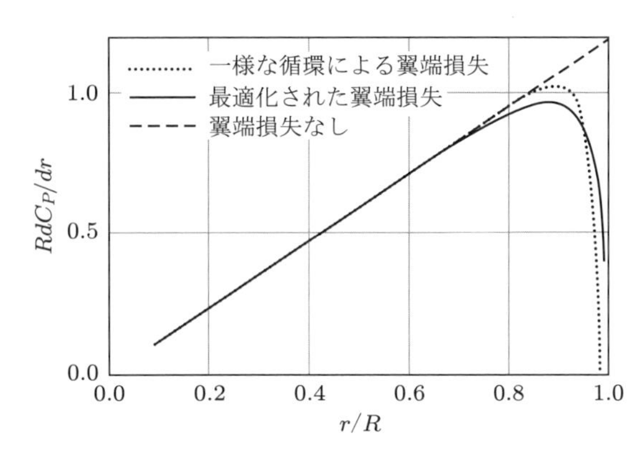

図 3.39 半径方向の取得パワーの分布（3 枚翼ロータ，周速比 6）

から，パワー係数は次式のようになる（図 3.39 を参照）．

$$C_P = \frac{P}{(1/2)\rho U_\infty^3 \pi R^2} = 8\lambda^2 \int_0^1 \frac{a'(1-a)}{1+a'/f}\mu^3 d\mu \tag{3.93}$$

ここで，a' および a は，式 (3.89) および式 (3.90) から得られる．この式は式 (3.20) から得られる結果とは異なるが，実際には，式 (3.93) の分母の項 a'/f は，低周速比で翼根に近い場合を除いて非常に小さい．

抗力と翼端損失を考慮した場合に得られる最大パワー係数は，すべての周速比において，ベッツの限界よりも著しく小さい．図 3.40 に示すように，高周速比においては抗力がパワー係数を減少させ

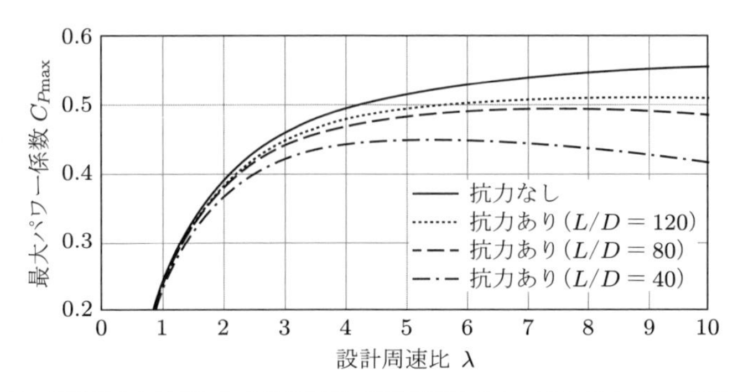

図 3.40 翼端損失を考慮した 3 枚翼風車の設計周速比 λ に対する最大パワー係数の変化

るが，一方で，低周速比においてはらせん渦シートの間隔が大きく，翼端損失の影響が顕著である．

翼端損失効果を組み込む代わりに，翼端損失効果を用いてブレード断面の力を直接修正し，翼根と翼端でそれらがゼロとなるように仮定する方法がある．この方法では，ウェイクでの運動量損失から δT と δQ を予測する式 (3.48) および式 (3.49) の右辺に係数 f をかけることで，翼端損失を表現する（Wilson et al.（1974）や Jamieson（2018）などを参照）．この式を用いると，f は C_P の式の係数としてのみ現れるため，前述のパワー係数の計算が簡単化される．

ただし，以降の解析では，3.9.2 項で導出された翼端損失係数を適用する方法を引き続き使用する．

3.9.6　非最適運転時の翼端損失の組み込み

非最適運転における誘導係数を決定するために，式 (3.54a) および式 (3.55) で示される翼素運動量理論の式を使用する．翼端損失を考慮するために，これらの式を修正する必要があるが，誘導係数のアジマス平均，または，誘導係数の最大値のどちらを修正するかに応じて，必要な修正は異なる．前者の場合には，運動量の項の誘導係数の平均値 a と a' は修正しないが，翼素の項の誘導係数は翼端損失係数で除した平均値として表される．また，後者の場合には，誘導係数，つまり a_b および a'_b の最大値は，翼素の項では修正しないが，運動量の項では翼端損失係数をかけた値として得られる．式 (3.54a) と式 (3.55) の修正としては，前者のほうが簡単であり，修正した式は次のようになる．

$$\frac{a}{1-a/f} = \frac{\sigma_r}{4\sin^2\phi}C_x\frac{1-a/f}{1-a} \tag{3.54c}$$

$$\frac{a'}{1+a'/f} = \frac{\sigma_r}{4\sin\phi\cos\phi}C_y\frac{1-a/f}{1-a} \tag{3.55a}$$

ここで，誘導係数 a と a' の値はアジマス平均値である．

ウェイクの混合が発生する場合には，らせん渦シートが存在しない可能性があり，それによってプラントル近似が物理的に不適切となり，運動量理論が破綻する可能性がある．それでも，ブレードの長さと渦ウェイクの半径は有限であるため，翼端損失係数を適用する必要がある．プラントル近似は唯一の実用的な方法であり，そのため，一般によく使用されている．図 3.16 の実験結果を考慮すると，運動量理論が破綻する前の段階で a の平均値を決定する必要がある．

3.9.7　半径効果と翼端損失に関する別の説明

ロータに接近する流れは減速するので，流れは拡大する．そのため，流れの方向も，ロータの回転軸，すなわち，周囲の流れの方向と平行ではなくなる．したがって，ロータの内翼部よりも外翼部のほうが低圧となり，半径方向に圧力勾配が生じるため，ロータの風上側の面に半径方向の流れが生じる．ロータディスク上の任意の点における半径方向運動量の変化は，ロータの反対側の面上の点における逆方向の半径方向運動量の変化と近似的に平衡となり，半径方向の速度は外翼部ほど高くなり，翼端付近で最大となる．半径方向の流れの運動エネルギーは，ブレードの空気力に影響しないため，エネルギー取得には直接影響しない．

翼端では，ブレードの翼弦長がゼロになり（通常は徐々に減少する），ロータを迂回するように翼端を回り込む気流に作用する軸方向力もゼロになる必要がある．理想化されたアクチュエータディスク理論からは，翼端で対数的に増加する特異な半径方向速度が予測される．これはあり得ないことであり，ディスク全体の圧力差は，翼端のわずかな領域で半径方向に連続的に急低下し，翼端でゼロになる必要がある.

a とロータ軸方向に対する合成速度の角度 ψ のいずれも，半径方向に，ディスク上の循環分布に応じて変化する．図 3.41 に示すように，ディスクの循環またはディスク上の束縛渦は，翼根から翼端に向かって増減する.

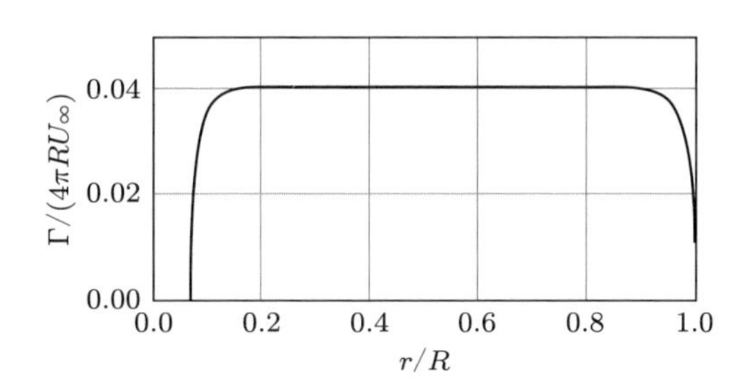

図 3.41 ブレードスパン方向の循環の分布

運動量理論のみでは a と ψ の分布を決定することができないが，式 (3.89) を用いて式 (3.93) を半径 r で積分することにより，ベッツの限界より低いものの，最適なパワー係数が得られる.

翼素運動量理論の解析では，ロータウェイク内で生じる旋回成分は十分に小さいため，圧力場への影響は無視できることが暗黙に仮定される．そして，ウェイクの十分下流では，運動量の平衡により，圧力は一様で大気圧に等しくなる．ただし，3.5.3 項の最後で述べたように，低周速比の条件下で，翼根近くを通過する流管内のように局所周速比が $\lambda_r = \Omega r/U_\infty < 2$ となるような場合には，この仮定は正しくない．なお，ベッツの限界を超える局所パワー係数を達成する可能性があることを除いて，この効果に関して専門家の間で見解が十分一致した解析はいまだない．実際には，ロータパワーが増加する可能性は低い.

3.10 失速遅れ

Himmelskamp（1945）は，プロペラの内翼部では二次元の静的な最大揚力係数よりも大幅に高い揚力係数が得られる現象に初めて気づいた．言い換えれば，同じ翼型の失速迎角は，静的試験よりも回転翼のほうが大きくなる．この失速遅れ（stall delay）により，ロータパワーも，理論的な予測値よりも計測値が高くなる．また，この効果は翼根付近でより大きく，外翼ほど小さくなることが知られている.

失速遅れの原因は数多く議論されてきたが，いまだ説得力のある説明はされていない．そのことは，ピッチ制御を使用する現在の風車に対して，ストール制御を用いた固定ピッチ風車が段階的に廃止されてきた一因となっているかもしれない．翼型の負圧ピークよりも下流側の翼表面の逆圧力勾配が，境界層の下層の運動量を粘性または乱流拡散が再活性化するよりも速くゼロに減らすほど十分強いときに，失速が発生する．この条件で流れの逆流が起こり，境界層が翼表面からはく離することにより翼が失速し，揚力傾斜が減少または負になり，抗力が急激に増加する．ただし，ブレード，とくに翼根付近では，流れに対して外向きの成分が強く，境界層内の流線に沿った圧力勾配が発生するが，それによる影響は，翼型形状および局所流入角に基づいて発生する圧力勾配よりは少ない．これは，失速遅れという現象の一部を説明しているにすぎない.

粘性の影響を考慮した数値流体力学による回転翼の空気力学的解析（Wood 1991; Snel et al.

1993）により，逆圧力勾配が減少することが示された．失速遅れに影響を与えるおもなパラメータはブレードの局所ソリディティ $Bc/2\pi R$ であるということは，専門家の間で一致した意見である．

静的（非回転時）な状態での失速迎角未満の付着流の条件においては，二次元流の付着流と回転流の付着流の条件にはほとんど違いがない．回転により，境界層内の気流は強い遠心力を受け，翼表面上をゆっくりと移動する．遠心力の影響により半径方向の圧力勾配が変化し，外翼方向の速度成分を生じさせる．この効果は，失速が生じる前の状態では，流線に沿った逆圧力勾配を減少させ，境界層の排除厚さの増加を抑制し，はく離を発生しにくくする．失速が発生すると，ゆっくりと移動する気流の領域は，はく離の成長により著しく厚くなる．そのため，比較的大量の気流が外翼方向に流れ，流れの様相を変化させ，はく離した流れ領域の半径方向の圧力勾配を減少させ，結果として翼弦方向の翼面圧力分布を大幅に変化させる．

Ronsten（1991）により，静止時と回転時の翼の表面圧力が計測された．図 3.42 は，周速比 4.32 の回転翼の 3 断面における圧力係数を示している．回転時と同じ迎角となる静止時の分布も各断面で示してある．静止時の圧力係数分布でも確認できるように，30%半径位置における推定迎角 30.41° は，静的な失速迎角を大幅に超えた迎角である．しかし，回転時の 30%半径位置における圧力係数分布では，前縁付近での大きな負圧ピークと，翼上面での圧力勾配が一定の圧力回復が見られる．緩やかな圧力回復は，境界層の逆圧力勾配の減少を示しており，この効果によりはく離が発生しにくくなる．しかし，非回転時の迎角 30.41° における前縁負圧ピークのレベルは，付着流の場合よりも大幅に低い．

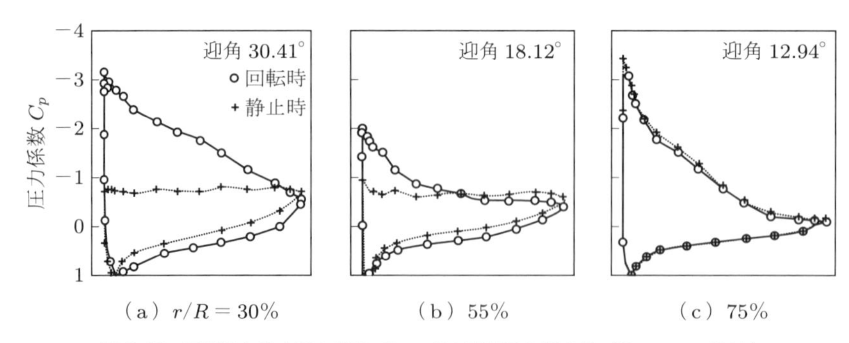

図 3.42　回転時と静止時の風車ブレードの表面圧力測定値（Ronsten 1991）

55%半径位置の圧力分布は 30%半径位置におけるものと類似している．静止時の圧力分布は，流れがはく離していることを示しているが，回転時の圧力分布は，小さいがはっきりとした前縁負圧ピークを示している．75%半径位置では，迎角は静止時における失速迎角よりも小さい 12.94° で，静止時と回転時で翼の圧力係数分布にはほとんど差がない．前縁負圧ピークは，30%半径位置よりも若干大きく，また 55%半径位置よりも大幅に大きいが，圧力回復の勾配はかなり大きい．回転時における 30%と 55%半径位置では流れは付着しているが，測定された圧力分布は，失速時の圧力分布とは大きく異なる．ただし，これらの迎角に対応する完全に付着した流れとしては，負圧のピークが低すぎる．そのため，圧力回復の逆圧力勾配が小さくなることにより，失速が大幅に遅れる．なお，30%，55%，75%半径位置における c/r は，それぞれ 0.374，0.161，0.093 である．失速後の領域（ポストストール）で揚力が増加し，これがはく離流れ領域内での半径方向流れの要因となる．

Snel ら（1993）は，三次元レイノルズ平均ナビエ–ストークス（3-D RANS）方程式による数値流体力学による計算結果と Ronsten（1991）による計測値により，静止した二次元翼の揚力係数を回転時のものに修正するための式を提案した．

静止時の二次元翼の C_l–α 曲線の線形領域を，失速域を越えて延長する．ここで，もとの曲線と延長した曲線との間の差を ΔC_l とすると，二次元翼の曲線に対して回転中の三次元効果を考慮するための修正量は，$3(c/r)^2\Delta C_l$ となる．すなわち，回転時の揚力係数は，以下のような式で表現される．

$$C_{l,3\mathrm{D}} = C_{l,2\mathrm{D}} + 3\left(\frac{c}{r}\right)^2 \Delta C_l \tag{3.94}$$

表 3.1 は，静止時における揚力係数の計測値 $C_{l,2\mathrm{D}}$ と，回転時における Snel の補正式 (3.94) を用いた揚力係数の値 $C_{l,3\mathrm{D}}$ との比較を表している．この補正は非常に簡単であり，かなりよい結果を示している．Snel ら（1993）による補正の適用例を図 3.43 に示す．

表 3.1 Ronsten による揚力係数の計測値と式 (3.94) による修正値

r/R	30%	55%	75%
c/r	0.374	0.161	0.093
迎角 α [deg]	30.41	18.12	12.94
C_l 静止時（計測値）	0.8	0.74	1.3
C_l 回転時（計測値）	1.83	0.93	1.3
C_l 回転時（Snel）	1.87	0.84	1.3

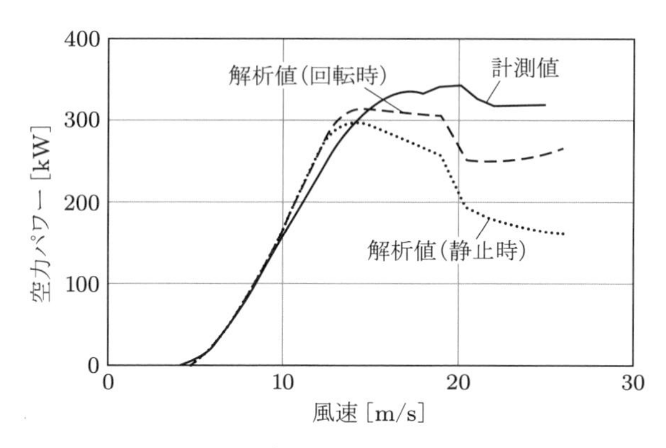

図 3.43 Nordtank 300 kW 風車のパワーカーブの計測値と Snel による解析値

3.11 実際の風車に対する計算結果

定速・固定ピッチ風車のブレード形状を表 3.2 に，翼型特性を図 3.44 に示す．設計に必要な C_P–λ 曲線は図 3.15 で与えられる．これらのデータにより，図 3.45 に示す結果が得られる．

このブレードは，周速比が約 6 で最大の性能が得られるように設計されており，翼の各断面で最大揚抗比が得られる迎角（ここで想定した翼型では約 7°）となるのが理想的である．図 3.45 に示されている中でもっとも周速比が低い条件では，ブレード全体が失速していて，回転速度 60 rpm のとき，カットアウト風速 26 m/s となる．逆に，図中でもっとも周速比が高い条件では，この回

表 3.2　直径 17 m ロータのブレード形状

半径位置 r [mm]	$\mu = r/R$	翼弦長 c [mm]	捩れ角 β [deg]	最大翼厚比 [%]
1700	0.20	1085	15.0	24.6
2125	0.25	1045	12.1	22.5
2150	0.30	1005	9.5	20.7
2975	0.35	965	7.6	19.5
3400	0.40	925	6.1	18.7
3825	0.45	885	4.9	18.1
4250	0.50	845	3.9	17.6
4675	0.55	805	3.1	17.1
5100	0.60	765	2.4	16.6
5525	0.65	725	1.9	16.1
5950	0.70	685	1.5	15.6
6375	0.75	645	1.2	15.1
6800	0.80	605	0.9	14.6
6375	0.85	565	0.6	14.1
7225	0.90	525	0.4	13.6
8075	0.95	485	0.2	13.1
8500	1.00	445	0.0	12.6

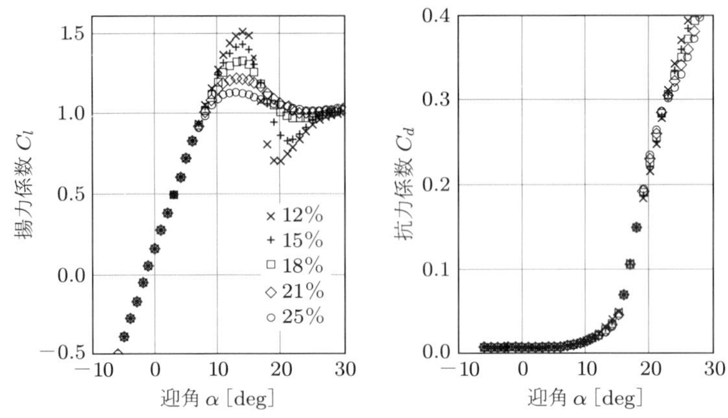

図 3.44　NACA632XX 翼型シリーズの空気力学的特性（XX は凡例で示した各翼厚の百分率）

転速度に対応する風速は，カットイン風速 4.5 m/s である．風速 13 m/s，周速比 4.0 でパワーが最大となるが，この条件ではブレードの大半は失速している．

ブレードの設計が工学的妥協によるものであるため，ブレードの軸方向の誘導係数の半径方向分布は，任意の周速比において必ずしも一様にならない．ただし，周速比 6 においては，軸方向の誘導係数は 1/3 より若干大きい値となる．図 3.46 にブレードの局所的な誘導係数を示すが，周速比が 6 の場合，軸方向の誘導係数の平均値はおおむね 1/3 となっている．

一般に，周速比の増加とともに軸方向の誘導係数は増加するが，接線方向の誘導係数は減少する．ウェイクの角速度は翼根渦によって決まるため，直線渦まわりの角速度は距離に反比例し，ブレードの内翼部で急激に大きくなる．

ブレードの外翼部の重要性は，図 3.47 からも明らかである．失速の影響が非常に大きいことは，周速比 4 と 2 のトルク分布の違いからもわかる．12 などの高い周速比においては，ブレード全体

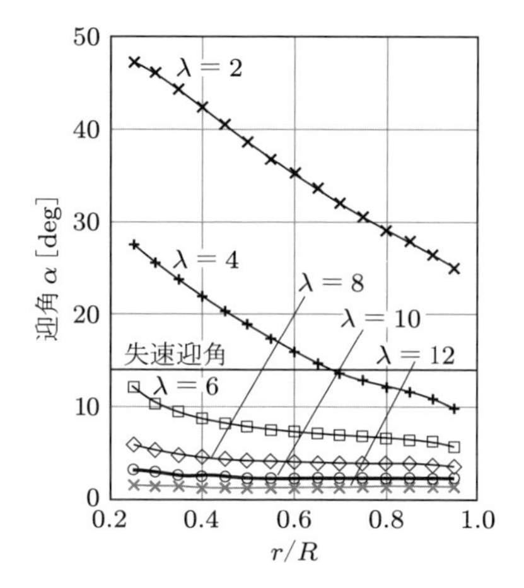

図 3.45 周速比ごとの迎角分布

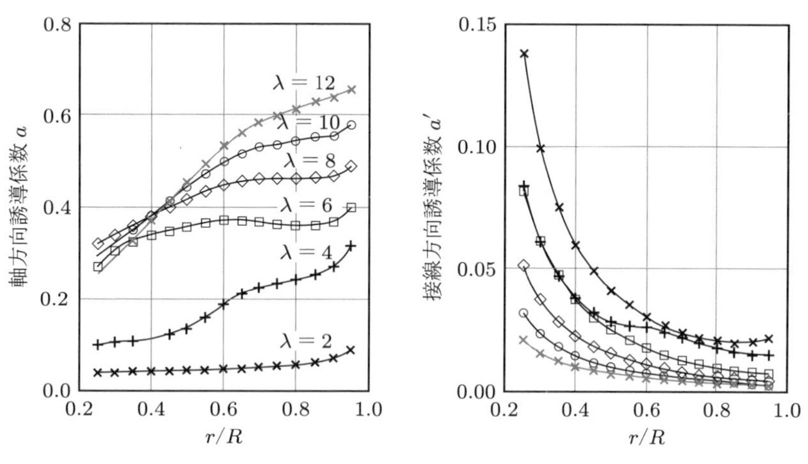

図 3.46 周速比ごとの誘導係数の分布

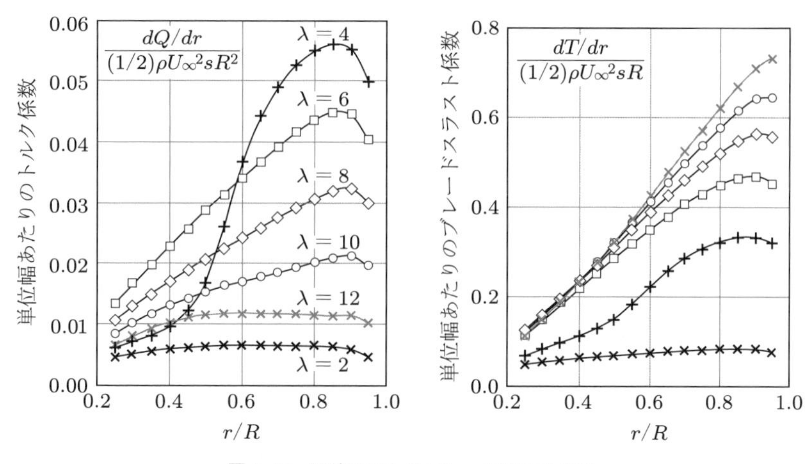

図 3.47 周速比ごとのブレード荷重の分布

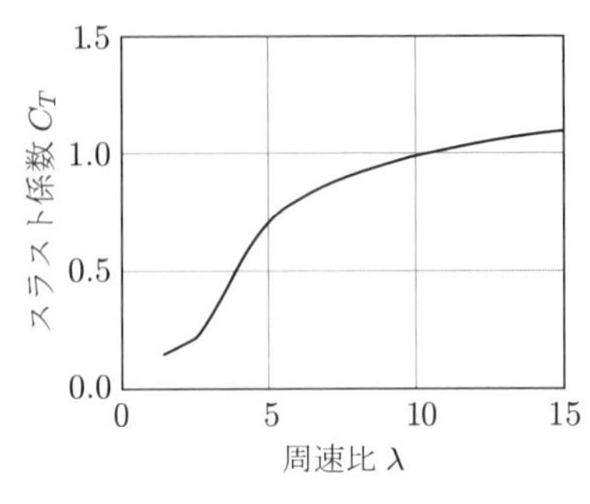

図 3.48　周速比に対するスラスト係数の変化

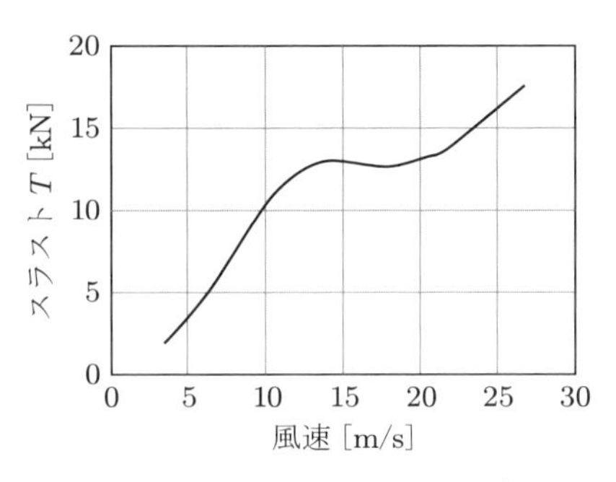

図 3.49　風速に対するスラストの変化

のトルク分布が平坦になる．これは，局所周速比の 2 乗で影響する抗力がトルクを減少させるためで，周速比 $\lambda = 12$ における小さい迎角においても，かなりの損失を生む．

図 3.48 に示すように，周速比の増加とともにブレードのスラスト係数が増加するが，図 3.49 に示すように，風速とともに実際のスラストも増加する．

3.12　性能曲線

3.12.1　はじめに

風車性能は，風速に応じて変化する三つの主要なパラメータ（パワー，トルク，スラスト）によって特徴付けられる．パワーは，風車ロータが風から取得するエネルギーを決定する．トルクは増速機のサイズを決めるが，風車ロータにより駆動される発電機に適合させる必要がある．風車ロータのスラストは，タワーの構造に大きな影響を与える．通常，風車性能は無次元性能曲線で表すのが便利であり，実際の性能は風車の運転方法（定速または可変速など）にかかわらず決定される．風車ロータの無次元の空気力学的性能は周速比とピッチ角により決定されるため，パワー係数，トルク係数，スラスト係数は，周速比の関数として表すのが一般的である．

3.12.2　C_P–λ 性能曲線

この章の前半で説明した理論は，風車パワーに対する各設計パラメータの影響を検討するうえで有用である．通常，パワー性能は，無次元の C_P–λ 曲線によって表される．一般的な 3 枚翼固定ピッチ風車の性能曲線を図 3.50 に示す．

周速比 7 において得られる C_P の最大値はわずか 0.47 であり，ベッツの限界よりもかなり小さ

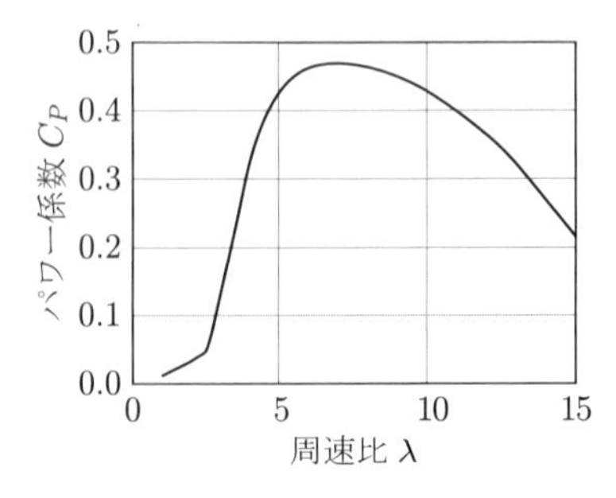

図 3.50　3 枚翼風車の C_P–λ 性能曲線

い．ベッツの限界と実機の C_P の最大値の差は，ブレードの抗力や翼端損失によるものであるが，低周速比域においては，ブレードの失速によっても C_P が減少する．

しかし，ブレードの設計は完璧ではないことをふまえると，解析中に含まれる損失を無視しても，ベッツの限界を達成することはない（図 3.51 を参照）．

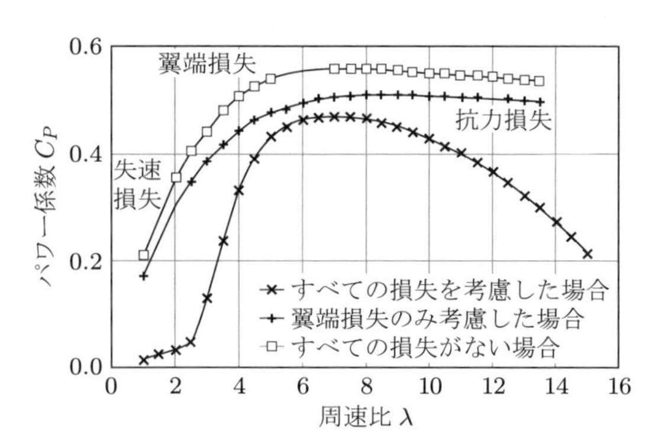

図 3.51　3 枚翼風車の C_P–λ 性能曲線と損失の影響

3.12.3 ソリディティが性能に及ぼす影響

ここでは，ロータの受風面積に対するブレードの全面積の比であるソリディティの影響を検討する．前述の 3 枚翼風車のソリディティは 0.0345 であるが，図 3.52 に示すように，翼枚数が変化するとソリディティも変化する．また，ソリディティはブレード翼弦長によっても変化する．

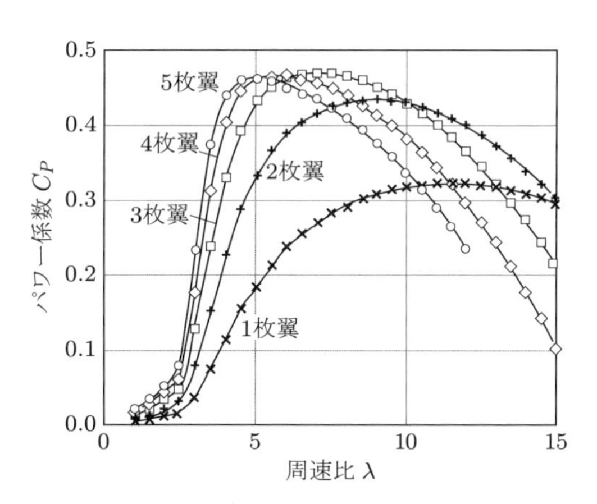

図 3.52　パワー係数に対するソリディティの影響

ソリディティのおもな効果は以下のとおりである．

1. ソリディティが小さい場合は，C_P 曲線は幅広で平坦な形状，すなわち，広範囲の周速比で C_P の変化が小さく，最大値が小さい分布となる．これは，抗力による損失が大きいためである（抗力損失は周速比の約 3 乗に比例する）．
2. ソリディティが大きい場合は，C_P 曲線は幅が狭い鋭いピーク形状となり，風車性能が周速比の変化に非常に敏感となる．しかし，ソリディティが大きすぎると，失速損失によって C_P の最大値が低下する．

3. 最適なソリディティは，3枚翼において得られる．2枚翼の場合は，C_P の最大値は若干低くなるが，ピーク値付近の幅が広くなるため，エネルギー取得量が増加する可能性もある．

ソリディティの小さい多数のブレードのロータがよいとの主張もあるが，この場合，製造コストがかなり高くなり，構造が弱く非常に柔らかいブレードとなってしまう．

ソリディティの大きいロータが適している風車として，直接駆動の揚水ポンプ用や蓄電池充電用の小型風車がある．いずれも，大きな起動トルク（非常に低い周速比における大きなトルク）が重要である．これにより，蓄電池充電用の風車に理想的な，トリクル充電（非常に低い風速において少量のパワーで充電し続ける方法）が得られる．

3.12.4　C_Q–λ 曲線

トルク係数は，単純にパワー係数を周速比で割ることにより計算できるので，風車性能についてなんら新しい情報を与えるものではない．C_Q–λ 曲線は，主として，増速機と発電機をつなげるためのトルクの評価に使用される．

図3.53は，ソリディティによる風車トルクの変化を示している．高速回転する現代的な発電用風車では，増速機のコストを低減するために，トルクを極力小さくすることが望ましい．一方，19世紀に揚水ポンプ用に開発された多翼の高ソリディティ風車は，低速で回転し，容積式ポンプを起動させるために必要な大きな起動トルクを発揮する．

トルク曲線のピークは，失速開始付近の，パワー係数のピークよりも低い周速比で発生する．

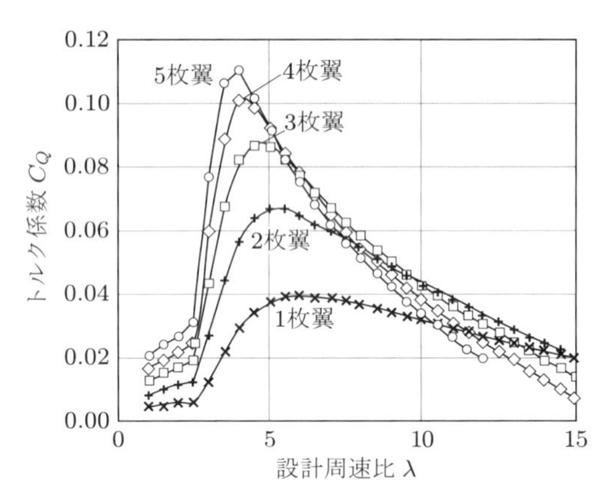

図3.53　トルク係数に対するソリディティの影響

3.12.5　C_T–λ 曲線

風車ロータに作用するスラストは風車ロータを支持するタワーに直接作用するため，タワーの構造設計に大きな影響を及ぼす．

図3.54に示すように，一般に，風車ロータに作用するスラストはソリディティの増加とともに増加する．これらの結果は，回転ウェイクの圧力項 Δp_{D2} からの付加的な寄与がないときの式(3.48)を用いて計算される（式(3.22)および式(3.48)に続く説明を参照）．もし，この項を含めると，$\lambda = 8$ の場合に C_T の値が1%程度増加する（具体的には，$\lambda = 8$, $a = 1/3$ の場合で，翼根の $r/R = 0.135$ の位置では1.39%増加する）．

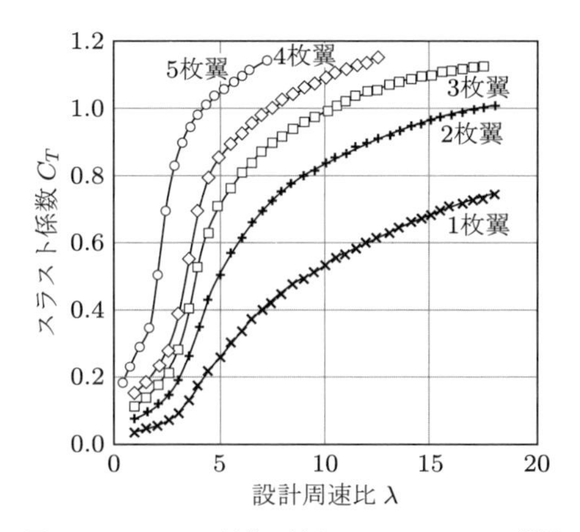

図 3.54　スラスト係数に対するソリディティの影響

3.13　定速運転

3.13.1　はじめに

今日設置されている風車のほとんどは発電用である．そのような風車では，系統連系の有無にかかわらず，数多くの電気製品を正常に機能させるために，一定の周波数の電気を発生させる必要がある．そのため，初期の風車では定速運転が好まれた．電力系統に連系された定速風車は自動的に制御されるが，系統に連系しない独立運転（スタンドアロン）の風車では，回転速度の制御と余剰電力の消費手段が必要である．

3.13.2　K_P–$1/\lambda$ 曲線

風車の性能曲線として，C_P–λ 曲線は，一定風速の条件のもとに，回転速度に対するパワーの変化を無次元量で示している．一方，K_P–$1/\lambda$ 曲線は，一定回転速度の条件のもとに，風速に対するパワーの変化を無次元量で示したものである．なお，K_P は次のように定義される．

$$K_P = \frac{Power}{(1/2)\rho(\Omega R)^3 A_d} = \frac{C_p}{\lambda^3} \tag{3.95}$$

一般的な固定ピッチ風車の C_P–λ 曲線と K_P–$1/\lambda$ 曲線を図 3.55 に示す．前述のとおり，K_P–$1/\lambda$ 曲線は風速に対する風車のパワー特性と同じ形となる．定速運転では，C_P–λ 曲線によって与えられる風車の効率が風速に応じて大きく変化するのが欠点であり，利用可能なエネルギーがもっとも大きくなる風速において最大効率が得られるように風車を設計すべきである．

3.13.3　ストール制御

この K_P–$1/\lambda$ 曲線では，パワーは失速後にいったん減少し，その後，風速の増加とともに徐々に増加するという重要な特徴が見られる．この特徴により，風速が増加しても発電機が確実に過負荷にならない，受動的なパワー制御が可能である．ストール制御風車は，風速の増加とともにパワーが最大値まで上昇し，その後は風速に関係なくパワーが一定となるのが理想的である（完全ストール制御とよばれる）が，一般には，理想的な失速特性を示すことはない．

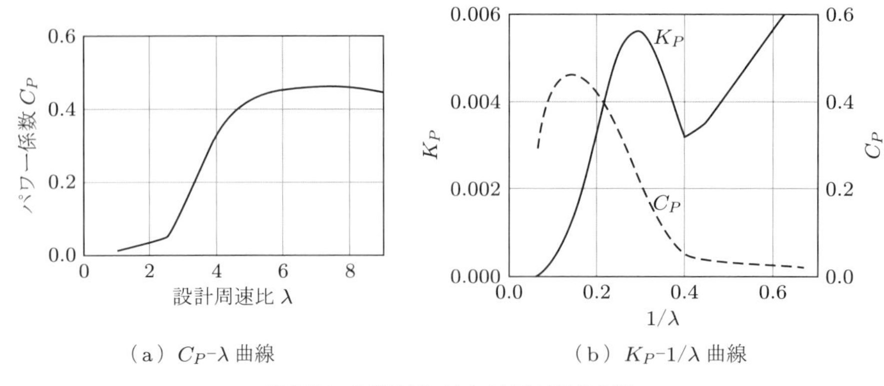

（a）C_P-λ 曲線　　（b）K_P-1/λ 曲線

図 3.55　定速運転に対する無次元性能曲線

ストール制御は，発電機と増速機に合わせて風車の最大パワーを制御する，もっとも単純な手法である．単純なことは大きな特長だが，ストール制御には重大な欠点がある．ストール制御風車のパワーカーブ（power curve）は，ブレードの空気力学的特性，とくに失速特性によって決定されるが，風車の失速後のパワーは非常に不安定で，後出の図 3.62 の例のように，予測どおりの値を示さない．また，失速後はブレードの負圧面上の流れがはく離しているため，振動に対する減衰が低下する．それによりブレード振動が大きくなり，振動がブレードの空気力に多少の影響を及ぼす．また，減衰の低下により，大きな振動，さらには大きな曲げモーメントと応力が発生し，疲労破壊の原因となる．さらに，ストール制御風車が停止中に高乱流を受けた場合，固定ピッチのブレードに大きな空力荷重が発生する可能性があるが，ピッチ制御風車のようにフェザリングによってその荷重を軽減することができない．その結果，固定ピッチのストール制御風車には非常に強い構造が必要で，それによりコストも増加する．

3.13.4　回転速度の影響

定速風車の出力は，設定した回転速度の影響を強く受ける．設定回転速度が低い場合，低風速において最大効率に達するが，その際の出力は非常に小さく，高風速域では風車は失速状態にあり，効率は非常に低くなる．反対に，設定回転速度が高い場合は，高風速で多くのエネルギーを取得するが，中程度の風速においては抗力による損失が大きく，効率が低くなる．図 3.56 に，設定回転速度に対するパワーカーブを示す．回転速度が 45 rpm から 60 rpm へ 33%高くなると，ピークパワーが 150%増加する．これは，回転速度を 60 rpm とすることにより，最大効率を得る風速が高くなっているためである．

一方，図 3.57 に示すように，低風速域では，回転速度が高いと出力が大幅に低下する．実際に，低風速においては回転速度が低いほうがより高い出力が得られるため，回転速度を 2 段変速にした風車も開発されている．これは，発電電力量が最大となるように設計した定速風車ではカットイン風速（cut-in wind speed，発電する最低の風速）が高くなるが，低風速域で回転速度を低下させることにより，カットイン風速を低下させ，発電電力量を増加させられることを利用したものである．しかし，これによる発電電力量の増加は，2 段変速により追加した機械類のコストによって相殺される．

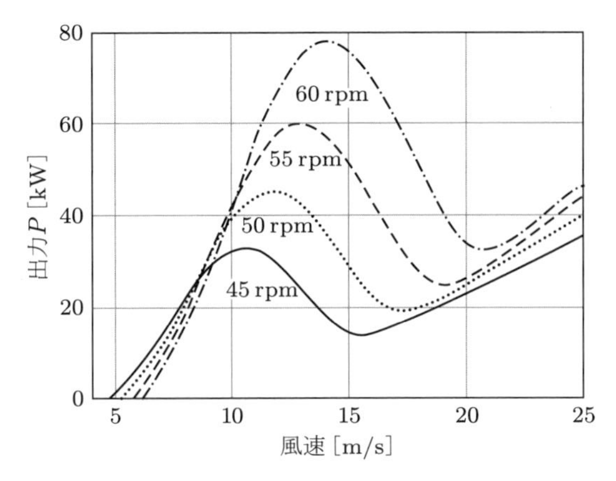

図 3.56 出力に対する回転速度の影響

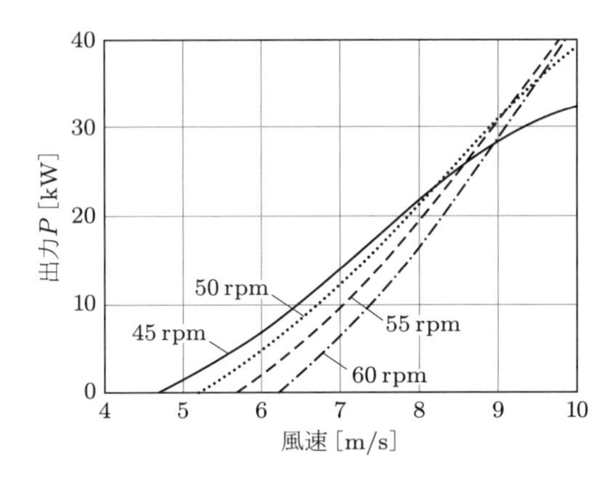

図 3.57 低風速域の出力に対する回転速度の影響

3.13.5 ブレードピッチ角の効果

ブレードピッチ角（pitch angle, pitch setting angle）β_s もパワーに影響を与える．ほとんどの場合，ブレードは捩れをもち，ブレード全体のピッチ角を取り付け部で調整することができる．パワーに対するピッチ角の影響を図 3.58 に示す．

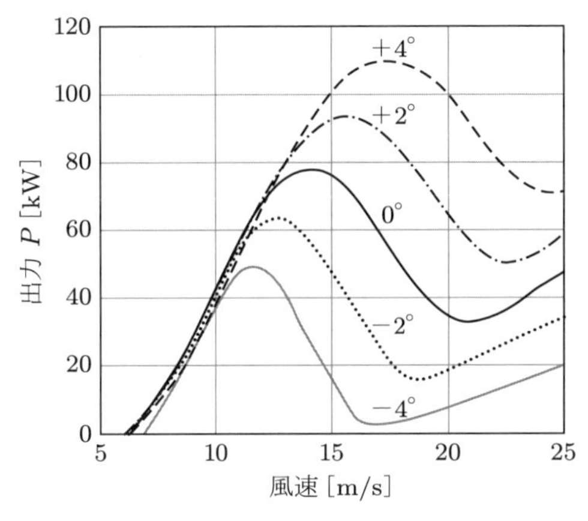

図 3.58 パワーカーブに対するブレードピッチ角の影響

ピッチ角の変化が小さくても，出力に大きな影響を与える．正のピッチ角は，取付角を増加させるので，流入角を減少させる．逆に，負のピッチ角は，流入角を増加させ，失速を引き起こす場合がある（図3.58を参照）．ある風速条件で最適に運転するように設計された風車ロータでも，ブレードピッチ角と回転速度を適切に調整することによって，ほかの条件にも適応させることができる．

3.14　ピッチ制御

3.14.1　はじめに

固定ピッチのストール制御の欠点の多くは，アクティブピッチ制御によって解消することができる．図3.58に，ピッチ角に対するパワーの変化を示す．

ピッチ制御のもっとも重要な用途は出力の制御であるが，ほかにも利点がある．たとえば，風車ロータが回転し始めるために大きな正のピッチ角とすることで，大きな起動トルクを発生させることができる．また，風車停止中はピッチ角を90°とすることで，高風速時にブレードが損傷しないように荷重を最小化することができる．なお，ピッチ角が約90°の状態にあることを「フェザリング（feathering）」とよぶ．また，ピッチ制御風車のブレードは，ストール制御風車のブレードのような強度は必要としないため，ブレードのコストを低減できる．さらに，ピッチ角をわずかに変えるだけで，風車の起動を容易にすることができる．

ピッチ制御の原理的な欠点は信頼性とコストであるが，後者については，ブレードのコストの低下によって相殺される．

ピッチ制御では，ピッチ角をフェザー方向に変化（迎角を減少）させてブレードの揚力を減少させても，フェザーと逆方向に変化させて失速を促進しても，出力を制御することができる．

3.14.2　ストール方向へのピッチ制御（アクティブストール制御）

図3.58に，定格出力60 kW，定格風速12 m/sの風車のパワーカーブを示す．定格以下の風速では，ピッチ角は0°に維持されるが，定格出力に達すると，失速を促進し出力を定格レベルに制限するために，負の方向に約2°だけピッチ角を操作する必要がある．さらに，風速が増加すると，一定の出力を維持するために，正負いずれかの方向にピッチ角を微調整する必要がある．

失速させるのに必要なピッチ角の操作量は小さいので，設計上，ピッチ制御は非常に魅力的であるが，固定ピッチ風車と同様，ブレードの減衰と疲労の問題が残る．

3.14.3　フェザー方向へのピッチ制御（ピッチ制御）

定格出力に達した状況でピッチ角をフェザー側に調整することにより，迎角を減少させ，揚力とトルクを低下させることができる．ここで，ブレード面上の流れは，はく離せず付着したままとなる．図3.59は，図3.58と同じ風車のパワーカーブであるが，定格以下ではピッチ角0°のパワーに従って変化する．また，定格以上の条件で，大きなピッチ角のパワーカーブが定格出力の線と交差しているが，これらの交点は，対応する風速において定格出力を発生させるために必要なピッチ角を示している．図3.59に見られるように，交点となるピッチ角は風速とともに徐々に増加し，一般には，アクティブストール制御の場合よりも，はるかに大きなピッチ角操作が必要となる．したがって，強いガスト（突風）を受ける場合，一定のパワーを維持するために大きなピッチ操作が必要であり，ブレード慣性の影響で制御系の応答が遅れることがある．

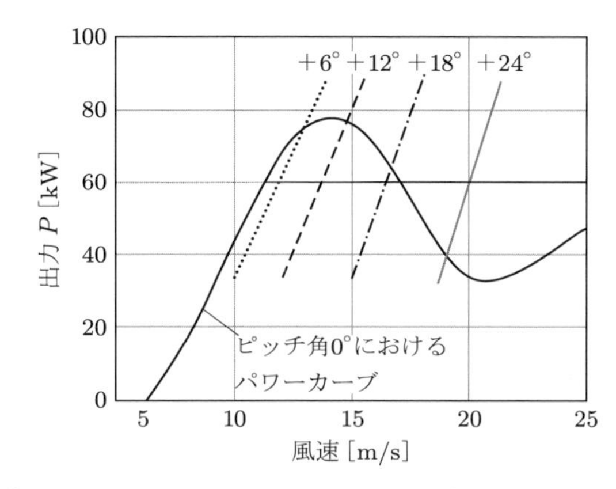

図 3.59 大きなピッチ操作を必要とする，フェザー方向へのピッチ制御に対するパワーカーブの例

定格以上の風速で強いガストを受けたとき，ブレードを失速していない状態に保つためには，迎角を大きく変化させて揚力を大きく変化させる必要がある．したがって，ピッチ制御風車では，ガストによりブレードに作用する荷重は，ストール制御の場合よりも大きくなる．

ブレードのピッチ角をフェザー方向に調整する通常のピッチ制御の利点は，ブレード面上の流れが付着していることである．付着流の現象はよく理解されており，構造に好ましい正の減衰効果を与えることが知られている．また，フェザリングによって，ロータ回転の停止や，起動の補助も可能である．

ピッチ制御は，アクティブストール制御よりも信頼性が高く，ブレード荷重を予測することが容易である．このことも，ピッチ制御が好まれる理由である．

3.15 性能の理論値と計測値の比較

この節では，ストール制御で運転される定速風車について考える．この運転方法の詳細は次節で説明されるが，理論上，与えられた風速で得られる出力の値は一つである．

このような風車について，回転速度 44 rpm で出力と風速を計測し，1 分間隔で平均値を求めた．十分な風速範囲のデータが得られるまで試験を続け，1 分間平均値を 0.5 m/s の風速幅をもつビン（bin）に分けることにより，図 3.60 に示されるような，かなり滑らかなパワーカーブが得られた．

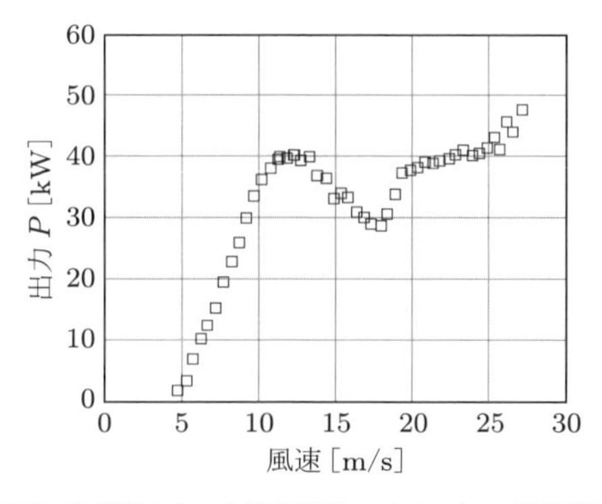

図 3.60 3 枚翼ストール制御風車のパワーカーブ計測値の例

試験した風車は直径 17 m であるが，より高い回転速度で運転した場合には，この図で示したものよりも大きな出力を発生させることが予想される．

図 3.60 のデータから C_P–λ 曲線を得ることができる．ロータの翼端速度は $(44 \times 2\pi/60)\,\mathrm{rad/s} \times 8.5\,\mathrm{m} = 39.2\,\mathrm{m/s}$，ロータ面積は $\pi \times 8.5^2 = 227\,\mathrm{m}^2$，空気密度は大気圧と温度から $1.19\,\mathrm{kg/m}^3$ であるため，

$$\lambda = \frac{39.2}{wind\ speed}, \quad C_P = \frac{Power \times \lambda^3}{(1/2) \times 1.19 \times 39.2^3 \times 227} \tag{3.96}$$

となる．計測値と理論的との比較を図 3.61 に示す．ここで，機械的および電気的損失の推定値 5.62 kW を用いて，C_P の理論値を補正した．

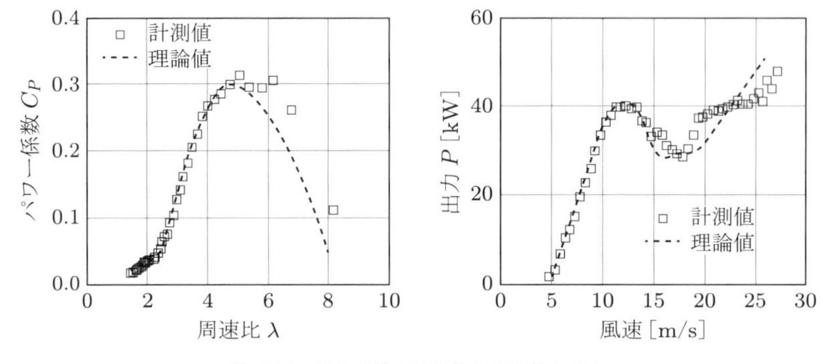

図 3.61　性能曲線の計測値と理論値の比較

この比較はかなりよく一致しており，理論の信頼性が高いことを示しているが，理論予測の信頼性は翼型データの性能に強く依存する．なお，ここで扱ったブレードは，3.11 節で示したものと同じである．

理論を完全なものとして扱う前に，もう 1 点確認する必要がある．それは，ビン処理前の生の 1 分間平均データを観察することである．その結果を図 3.62 に示す．失速後の領域で，単純理論による予測よりもかなり複雑な特性を示しているが，これは，非定常な空気力学的効果や双安定（bistable）はく離条件（ストールヒステリシス）により発生している．

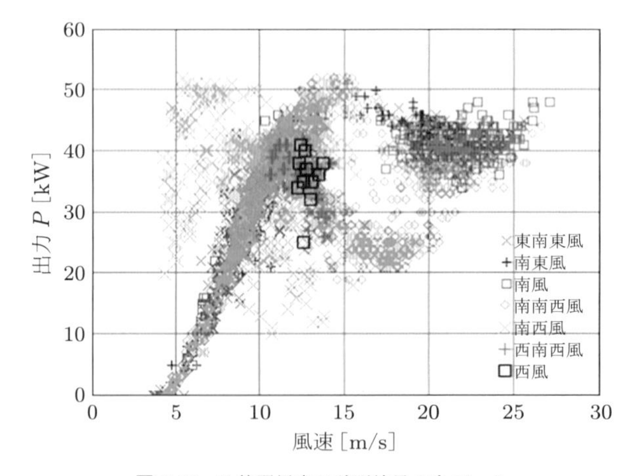

図 3.62　3 枚翼風車の計測結果の生データ

3.16　発電電力量の推定

風車によって発電できる電力量は，風速に対する風車出力の特性と，設置サイトにおける風速分布に依存する．

風速分布については 2.4 節で示した．設置サイトにおける風速分布は，サイト固有のパラメータを用いて，確率密度関数の式 (2.3) で表すことができる．

図 3.63 に，最適周速比 7 で設計された風車の性能曲線を示す．一例として，ストール制御風車が定速運転するときの計算例を示す．サイトの平均風速が 6 m/s，ワイブル形状パラメータが $k = 1.8$ とすると，式 (2.2) から，尺度係数は $c = 6.75\,\mathrm{m/s}$ となる．

この風車の K_P–$1/\lambda$ 曲線を図 3.64 に示す．これにより，失速が発生する，つまり，最大パワーが発生する周速比が 3.7（$1/\lambda = 0.27$）であり，それに対応する C_P は 0.22 であることがわかる．

風車に要求される最大出力を 500 kW，駆動系の伝達損失を 10 kW，発電機の平均効率を 90%，風車の利用可能率（メンテナンスや修理時間を考慮に入れた風車が運転可能な時間の比率）を 98% とすると，最大の空気力学的なパワーは次のとおりである．

$$P_S = \frac{500 + 10}{0.9} = 567\,\mathrm{kW} \tag{3.97}$$

最大出力が発生する風速（ここでは，定速風車に対して $dC_P/d\lambda = 3C_P/\lambda$）は 13 m/s で，空気密度を 1.225 kg/m^3 と仮定すると，風車ロータの受風面積は次のとおりである．

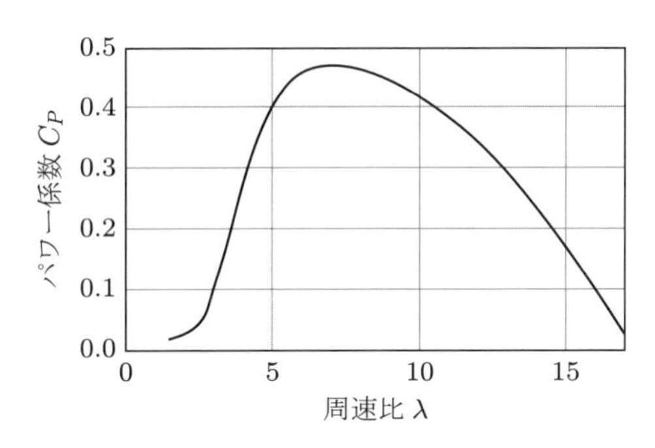

図 3.63　風速 7 m/s 時に設計周速比 7 の風車の C_P–λ 曲線

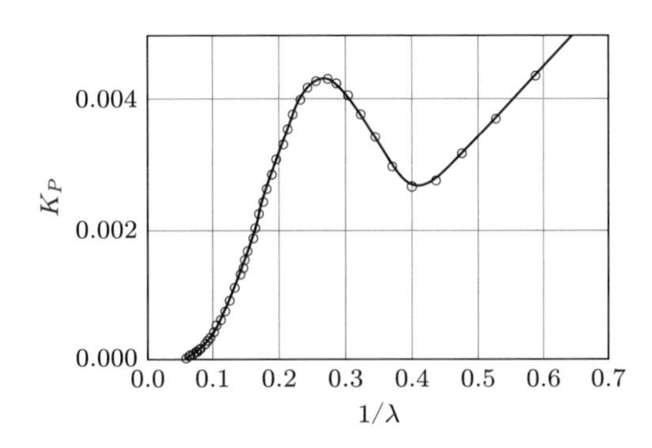

図 3.64　定速ストール制御風車の K_P–$1/\lambda$ 曲線の例

$$\frac{567000}{(1/2) \times 1.225 \times 13^3 \times 0.22} = 1.92 \times 10^3\,\mathrm{m}^2$$

したがって，以上の条件で必要なロータ半径は 24.6 m である．

ロータの周速は $3.7 \times 13\,\mathrm{m/s} = 48.1\,\mathrm{m/s}$ なので，ロータ速度は $48.1/24.6\,\mathrm{rad/s} = 1.96\,\mathrm{rad/s}$，すなわち，$1.96 \times 60/2\pi\,\mathrm{rpm} = 18.7\,\mathrm{rpm}$ となる．

図 3.64 から，風速に対する風車パワーが次式のように得られる．また，風速は $(48.1\,\mathrm{m/s})/\lambda$ であるので，風速と出力の関係は図 3.65 のようになる．

$$\text{出力（電力）} = \left[K_P \times \frac{1}{2} \times 1.225\,\mathrm{kg/m^3} \times (48.1\,\mathrm{m/s})^3 \times 1.92 \times 10^3\,\mathrm{m}^2 - 10 \times 1000\,\mathrm{W}\right] \times 0.9 \tag{3.98}$$

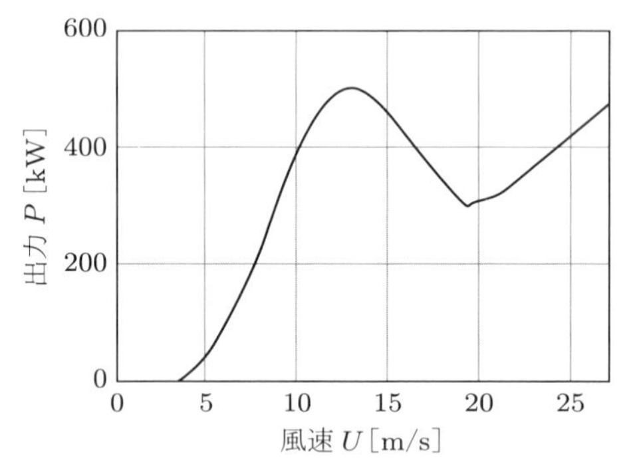

図 3.65　定速ストール制御風車の風速に対する出力の例

時間 T の間の風車のエネルギー取得量を決定するために，出力特性 $P(u)$ に確率 $f(u)$ を乗じて，時間 T で積分し，これをさらに風速 u で積分する．すなわち，風速 u の状態で $f(u)$ が時間 T に占める割合は，

$$f(u)\delta u = \frac{\delta T}{T} \tag{3.99}$$

となる．なお，

$$\int_0^{\infty} f(u)du = 1 \tag{3.100}$$

である．$P(u)f(u)$ を u に対してプロットすると，図 3.66 のようになる．さらに，$P(u)f(u)$ を風車の運転風速範囲で積分することにより，発電電力量が計算される．

運転する風速範囲は，カットイン風速 U_{ci} とカットアウト風速 U_{co} との間である．カットイン風速は，伝達損失を考慮し，発電を開始する風速とする．そのため，パワーゼロの風速よりも若干高くなるように選択され，一般には 4 m/s 前後である．カットアウト風速（cut-out wind speed）は，大きな荷重から風車を守るように選択され，一般には 25 m/s である．

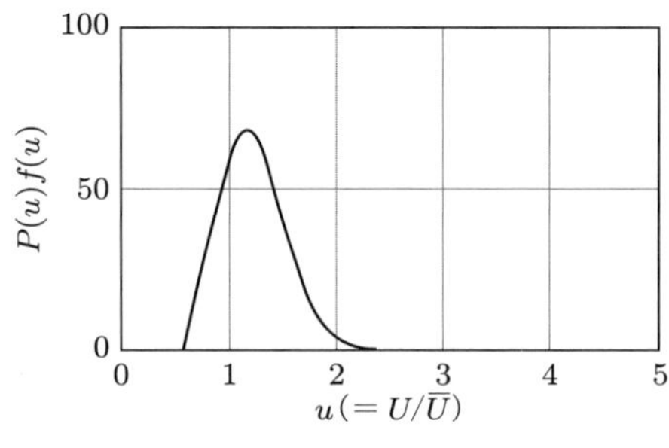

図 3.66 エネルギー取得曲線

時間 T の間に風車によって取得される全エネルギー E は，次のとおりである．

$$T\int_{U_{ci}/\overline{U}}^{U_{co}/\overline{U}} P(u)f(u)du = E \tag{3.101}$$

つまり，E は図 3.66 の曲線の下側の面積に時間 T を乗じたものとなる．この積分は，一般に解析的には求められないため，台形公式，または，より高精度なシンプソン（Simpson）の公式などを用いた数値積分法が必要となる．

期間を 1 年間として，図 3.67 に示されるように数値的に計算すると，発電電力量は次のとおりとなる．

$$E = 4.5413 \times 10^8\,\mathrm{kW\,h} \tag{3.102}$$

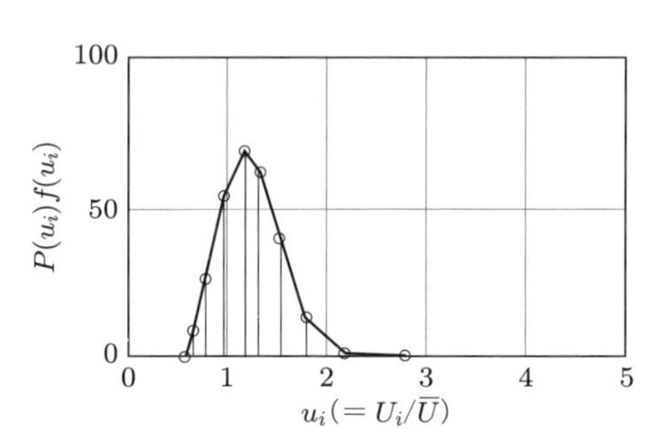

図 3.67 数値積分によるエネルギー取得曲線

積分範囲の上限 $u_{co} = U_{co}/\overline{U} = 4.17$ は，図 3.67 に示される u の最大値よりも大きいが，そのような風速域ではエネルギーがほとんど取得されない．

ピッチ制御風車は，より多くのエネルギーを取得できるが，制御システムの追加によりコストが増加し，信頼性が低下する．定格出力に達するまで一定の周速比で可変速運転し，高風速域ではピッチ制御により一定の回転速度で運転する風車は，与えられた時間内で利用可能なエネルギーを最大限取得できる．そのような風車のパワーカーブを図 3.68 に示す．

この風車の年間発電電力量は $E = 4.8138 \times 10^8\,\mathrm{kW\,h}$ であり，これは定速ストール制御風車と比較して 6%大きい．この発電電力量の増加の経済的な価値については議論の余地があるが，可変速運転にはほかにも多くの利点がある（6.9.4 項参照）．

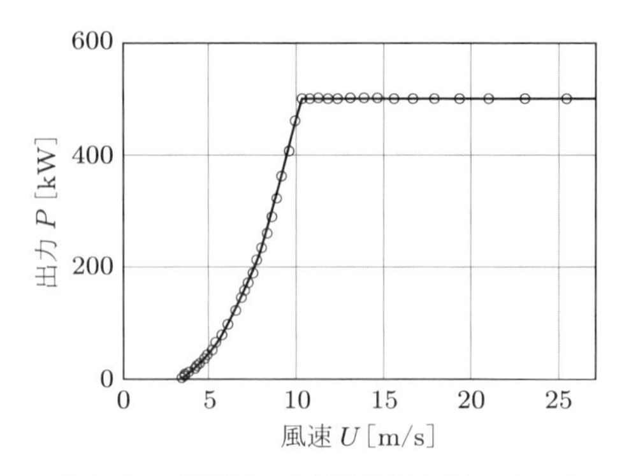

図 3.68　可変速ピッチ制御風車のパワーカーブ

3.17　風車用翼型の設計

3.17.1　はじめに

長年にわたり，風車ブレードの空力設計は航空産業の経験に頼っていたが，航空機向けの翼型(airfoil, aerofoil）は必ずしも風車に適したものではないことが明らかになった.

初期の近代的な風車のおもな問題は，性能に対するブレード前縁領域への昆虫付着の影響であった．1970 年代の風車では，大幅に低下したパワーレベルを回復するために，ブレードに定期的に放水し，翼面上に付着した汚れを除去する必要があるとの報告があった．したがって，風車には，前縁粗さに対して感度の低い翼型が必要であった.

初期の約 50 kW 以上の風車のほとんどは，定速のストール制御を行っていた．航空機用の翼型を使用したほとんどの風車では，出力は失速により急激に低下し，風速が増加するまで回復せず，発電電力量が大幅に低下していた．失速がエネルギー取得において大きな損失になっていたのである．したがって，失速特性が緩やかなことも，風車用翼型の要件の一つとなっている.

翼型の失速は，付録 A3 の図 A3.12 に示すように，負圧面上の境界層が後縁に到達する前にはく離（separation）する場合に発生する．この過程は，負圧のピークの後方の強い逆圧力勾配が長く続く領域において発生する．これについては，A3.3 節でより詳細に説明する．この過程は境界層の状態（層流または乱流）に強く依存するため，層流境界層（laminar boundary layer）から乱流境界層（turbulent boundary layer）に遷移する位置と，遷移直後に何が起こるかによって異なる.

遷移は，流れに小さいスケールの乱れが存在する場合に生じる．その乱れは，流入風に含まれているもの，気流がブレードに衝突する際の音響騒音によるもの，表面粗さによるもの，または境界層内の速度分布の変曲点（$\partial^2 U/\partial y^2 = 0$，図 A3.2 および図 A3.3 を参照）により発生するものがある．また，遷移は，境界層の厚さによっても生じる.

通常，大気中の乱れは，非定常なスロッシング効果を除くと，遷移に影響を与えるにはスケールが大きすぎるが，ほかの風車からのウェイクによる乱れは，遷移に影響を及ぼす可能性がある．風車には騒音問題があるが，風車ブレードの騒音は，おもに前縁領域でブレードに付着する汚れ，昆虫，および，その他の固体粒子により発生する.

前述のように，変曲点のある速度分布は逆圧力勾配の領域で発生し，不安定性に対してより敏感である．古典的な非粘性流体力学的安定性理論（Lin（1955）など）を参照すると，レイノルズ数が非常に低くなければ，変曲点のある速度分布は乱れに対してすぐに不安定化することが示されている．ブレードがかなり厚く，前縁が丸みを帯びて，レイノルズ数が十分に高い場合，気流が前縁に付着した直後に遷移が発生する．このとき，適度に強い逆圧力勾配により，境界層がもっとも厚くなる後縁で最初にはく離が発生するため，結果として生じる乱流境界層は，かなり大きな迎角まで付着したままになる．この場合，迎角がさらに大きくなると，はく離点は徐々に前方に移動する．その結果，C_l–α 曲線の最大値はより緩やかに丸められ，適度に高い $C_{l\,\max}$ が得られる．このような失速は後縁失速（trailing edge stall）とよばれる．

薄翼または低レイノルズ数の場合，迎角の増加に伴って発生する負圧面上の逆圧力勾配により，遷移前に層流境界層がはく離する．はく離によって生じる自由せん断層は，変曲点のある速度分布のため非常に不安定であり，すぐに乱流に遷移したのちに再付着し，小さなはく離泡を形成し，その下流では乱流境界層が後縁まで付着したままになる．迎角がさらに大きくなると，次の二つの状態になる可能性がある．

(i) 薄翼失速（thin aerofoil stall）：はく離泡の再付着位置が後縁を通過するまで遠くなり，その結果，はく離泡が崩壊し，翼型が失速する．
(ii) 前縁失速（leading edge stall）：小さいはく離泡がさらに小さくなり，突然消滅する．

(i) の薄翼失速は，薄翼やレイノルズ数が低い場合に発生する．失速は徐々に発生するが，一般に風車ブレードにおいては好ましくない．(ii) の前縁失速は，失速時の揚力が急激に低下するため，一般に好ましくない．このような失速は，小型風車のブレードで発生する可能性がある．これらの失速形式のうち二つまたは三つが混合した過程で発生する混合失速（mixed stall）もある．Gault（1957）は，多数の流体力学的に滑らかな NACA 翼型の低乱流風洞試験結果を解析し，失速形式を予測するための非常に有用な相関関係を示した．しかし，前述のように，これらの断面の多くで汚れや昆虫が付着すると，失速形式が大幅に変わる可能性があるため，汚れの付着にあまり敏感でない翼型断面を開発することは非常に重要であった．翼型に大きなはく離領域が存在すると，その負圧面の圧力分布が変化するため，失速はさらに複雑になる．このとき，失速した翼の迎角が減少すると，通常，再付着と失速回復は，迎角が増加しているときと同じ角度では起こらない．したがって，失速と失速回復のサイクルは，迎角の変化方向に応じて，失速後の条件でヒステリシスループを形成し，揚力が二つの値をとる可能性がある．

現在よく使用されている NACA6 桁系列の翼型の例を 3.11 節で論じた．NACA6 桁系列は，前縁粗さに対する耐性がより高いものの，NACA4 桁系列（付録 A3 に記載）に対して優れているわけではない．NACA 翼型（NACA airfoil）がよく使われるおもな理由は，NACA（1959 年に NASA に組織変更）の高圧風洞を用いて 1930 年代に計測された，質の高い実験データが利用可能なためである．NACA の技術報告書は NASA のウェブサイトから無料で利用することができ，また，翼型特性データの多くは，Abbott と von Doenhoff（1959）による *Theory of Wing Sections* に掲載されている．

3.17.2 NREL 翼型

水平軸風車用に特化した翼型の開発が，National Renewable Energy Laboratory（NREL，前身は Solar Energy Research Institute（SERI））と，Airfoils Incorporated 社の Tangler と Somers（1995）との共同で，1984 年に始まった．それ以来，さまざまなサイズのロータ向けに，九つの翼型系列が設計された（表 3.3 参照）．幅広いレイノルズ数，つまりさまざまなロータサイズ

表 3.3　NREL 翼型の概要と適用例

直径 [m]	風車形式	翼厚	主要部	翼端部	翼根部
3–10	可変速・ピッチ制御	厚翼	—	S822	S823
10–20	可変速・ピッチ制御	薄翼	S802	S802, S803	S804
10–20	ストール制御	薄翼	S805, S805A	S806, S806A	S807, S808
10–20	ストール制御	厚翼	S819	S820	S821
20–30	ストール制御	厚翼	S809, S812	S810, S813	S811, S814, S815
20–40	可変速・ピッチ制御	—	S825	S826	S814, S815
30–50	ストール制御	厚翼	S816	S817	S818
40–50	ストール制御	厚翼	S827	S828	S818
40–50	可変速・ピッチ制御	厚翼	S830	S831, S832	S818

に対して，最大揚力係数が前縁の表面粗さの影響を受けないということが主要な設計要件であった．

初期の設計ツールは，二次元翼型まわりの粘性流解析法を開発した Eppler（1990, 1993）の研究に基づいていた．Eppler の方法は，失速初期におけるはく離も考慮しており，十分検証されたものである．

これらに加えて，ストール制御風車用，可変速・ピッチ制御風車用に別の翼型系列も設計された．ストール制御風車用の翼型については，失速後の出力制御を改善するよう，ブレードの外翼部の翼型の最大揚力係数を制限した．また，翼端空力ブレーキ装置を収容するため，翼端部の翼型の最大翼厚比（maximum thickness to chord ratio）が比較的大きくなっている．可変速・ピッチ制御風車用の翼型は，ソリディティを低減できるように，外翼部は高い最大揚力係数をもつ．一般に，最大翼厚比の大きい翼型は，質量をほとんど増加させずに剛性と強度を向上させることができる．また，最大翼厚比の小さい翼型は抗力を低下させることができる．NREL 翼型系列を用いることにより，年間エネルギー取得量が，ストール制御風車の場合は 23～35%程度，ピッチ制御風車の場合は 8～20%程度，可変速風車の場合は 8～10%程度，それぞれ改善できると主張されている．なお，ストール制御風車のエネルギー取得量の改善については，フィールド試験で実証されている．

いくつかの NREL 翼型の形状を規定する座標は，NREL の National Wind Turbine Center（NWTC）のウェブサイトから利用可能である．なお，測定されたデータ（揚力係数，抗力係数，表面圧力係数など）が提供されている翼型もあるが，使用にあたって許諾が必要なものもある．

代表的な大型風車用の NREL 翼型形状を図 3.69 に示す．

3.17.3　Risø翼型

デンマークの Risø National Laboratory の Fuglsang と Bak（2004）も，NREL 翼型と同様の目的で風車用の翼型系列を開発している．NREL と Risøの二つの研究機関における空力設計技術は異なるものの，実際に設計された翼型はかなり類似している．

Risø翼型の設計ツールは，Drela（1989）によって開発された X-FOIL と，Eppler（1990, 1993）によって開発されたコード，そして，デンマーク工科大学（Technical University of Denmark）の Sørensen（1995）によって開発された CFD（数値流体力学）シミュレーションコード Ellipsys-2D である．

Risøは，Risø-A，Risø-P，Risø-B の三つの翼型系列を開発している．Risø-A 翼型系列は，ストール制御風車向けに 1990 年代に設計されたが，予想よりも表面粗さの影響を受けやすいことが実証試験によって確認された．Risø-A 翼型系列の形状を図 3.70 と表 3.4 に示す．

大型ブレード用の厚翼系列

NREL S810

翼端部(95%半径)

NREL S809

代表的な外翼部(75%半径)

NREL S814

翼根部(40%半径)

設計仕様

翼型	r/R	Re [$\times 10^6$]	t/c	$C_{l\max}$	$C_{d\min}$	C_{mp}
S810	0.95	2.0	0.180	0.9	0.006	−0.05
S809	0.75	2.0	0.210	1.0	0.007	−0.05
S814	0.40	1.5	0.240	1.3	0.012	−0.15
S815	0.30	1.2	0.260	1.1	0.014	−0.15

大型ブレード用の厚翼系列(より低い翼端 $C_{l\max}$)

大型ブレード用の厚翼系列

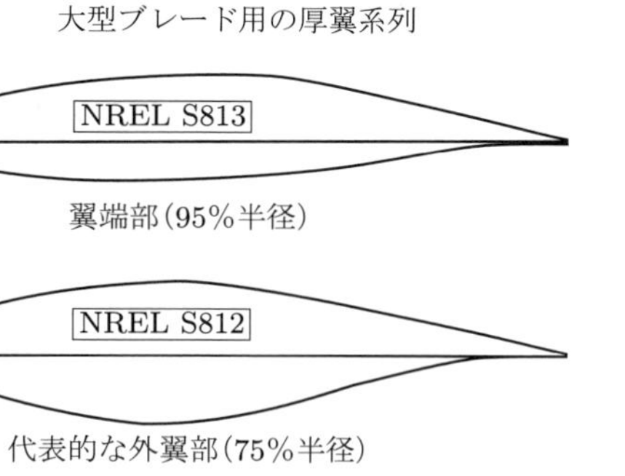

NREL S814

翼根部(40%半径)

設計仕様

翼型	r/R	Re [$\times 10^6$]	t/c	$C_{l\max}$	$C_{d\min}$	C_{mp}
S813	0.95	2.0	0.160	1.1	0.007	−0.07
S812	0.75	2.0	0.210	1.2	0.008	−0.07
S814	0.40	1.5	0.240	1.3	0.012	−0.15
S815	0.30	1.2	0.260	1.1	0.014	−0.15

大型ブレード用の厚翼系列(低い翼端 $C_{l\max}$)

図 3.69 大型風車用の NREL 翼型の形状

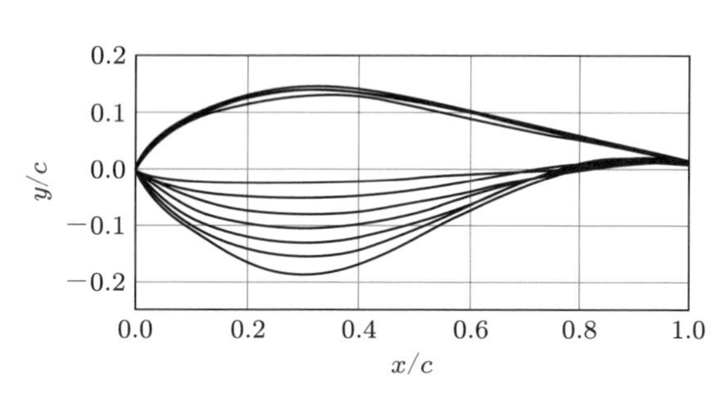

図 3.70 Risø-A 系列の翼型形状

表 3.4 Risø-A 系列のおもな翼型特性

翼型	$(t/c)_{\max}$ [%]	x/c at $(t/c)_{\max}$	$(y/c)_{\mathrm{TE}}$	Re [$\times 10^{-6}$]	α_0 [deg]	$C_{l\,\max}$	設計 α [deg]	設計 C_l	$(L/D)_{\max}$
Risø-A1-15	15	0.325	0.0025	3.00	−4.0	1.50	6.0	1.13	168
Risø-A1-18	18	0.336	0.0025	3.00	−3.6	1.53	6.0	1.15	167
Risø-A1-21	21	0.298	0.005	3.00	−3.3	1.45	7.0	1.15	161
Risø-A1-24	24	0.302	0.01	2.75	−3.4	1.48	7.0	1.19	157
Risø-A1-27	27	0.303	0.01	2.75	−3.2	1.44	7.0	1.15	N/A
Risø-A1-30	30	0.300	0.01	2.50	−2.7	1.35	7.0	1.05	N/A
Risø-A1-33	33	0.304	0.01	2.50	−1.6	1.20	7.0	0.93	N/A

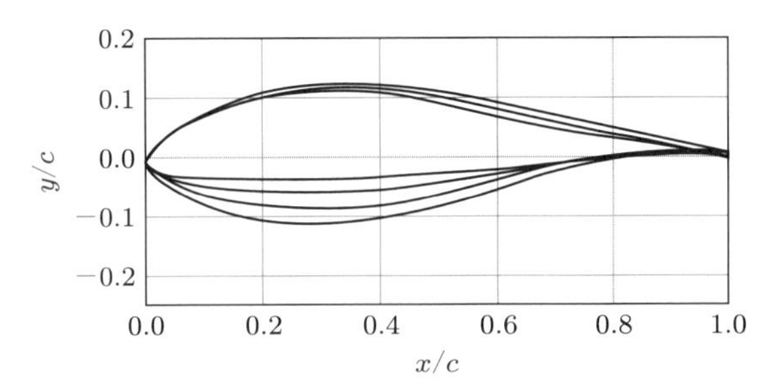

図 3.71　Risø-P 系列の翼型形状

表 3.5　Risø-P 系列のおもな翼型特性

翼型	$(t/c)_{\max}$ [%]	x/c at $(t/c)_{\max}$	$(y/c)_{\mathrm{TE}}$	Re [$\times 10^{-6}$]	α_0 [deg]	$C_{l\,\max}$	設計 α [deg]	設計 C_l	$(L/D)_{\max}$
Risø-P-15	15	0.328	0.0025	3.00	−3.5	1.49	6.0	1.12	173
Risø-P-18	18	0.328	0.0025	3.00	−3.7	1.50	6.0	1.15	170
Risø-P-21	21	0.323	0.005	3.00	−3.5	1.48	6.0	1.14	159
Risø-P-24	24	0.320	0.01	2.75	−3.7	1.48	6.0	1.17	156

図 3.71 と表 3.5 に示される Risø-P 翼型系列は，翼型が 4 種類しかないが，これらは Risø-A 翼型系列を可変速ピッチ制御風車に使用するため，対応する翼型形状を修正したものである．

Risø-B 翼型系列は，最大翼厚比が 15〜36%の六つの翼型である．この翼型は，マルチメガワットの可変速ピッチ制御風車用の低ソリディティ，柔構造ブレード向けに開発され，全般的に大きな最大揚力係数をもつ．Risø-B 翼型系列の形状を図 3.72 と表 3.6 に示す．

これらの表中の「設計 C_l」は，最大揚抗比 $(L/D)_{\max}$ が得られる設計迎角 α における揚力係数である．可変速風車を最適化するには，ブレードの翼断面がこの迎角で運転するように設計する必

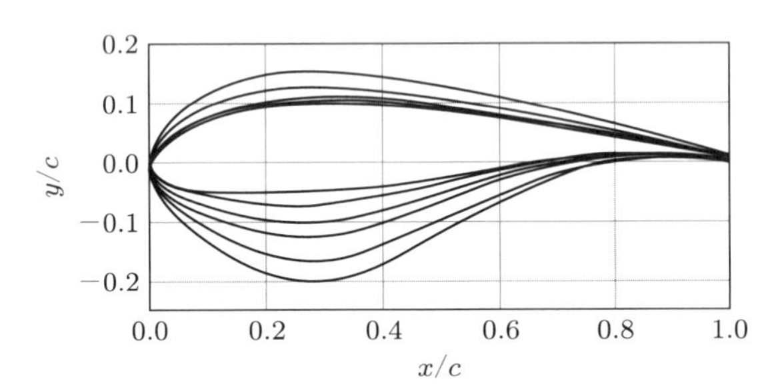

図 3.72　Risø-B 系列の翼型形状

表 3.6　Risø-B 系列のおもな翼型特性

翼型	$(t/c)_{\max}$ [%]	x/c at $(t/c)_{\max}$	$(y/c)_{\mathrm{TE}}$	Re [$\times 10^{-6}$]	α_0 [deg]	$C_{l\,\max}$	設計 α [deg]	設計 C_l	$(L/D)_{\max}$
Risø-B1-15	15	0.278	0.006	6.00	−4.1	1.92	6.0	1.21	157
Risø-B1-18	18	0.279	0.004	6.00	−4.0	1.87	6.0	1.19	166
Risø-B1-21	21	0.278	0.005	6.00	−3.6	1.83	6.0	1.16	139
Risø-B1-24	24	0.270	0.007	6.00	−3.1	1.76	6.0	1.15	120
Risø-B1-30	30	0.270	0.01	6.00	−2.1	1.61	5.0	0.90	N/A
Risø-B1-36	36	0.270	0.012	6.00	−1.3	1.15	5.0	0.90	N/A

要がある．低ソリディティにおいてもっとも高効率となるように設計 C_l が高く設定されていることが，Risø翼型の特徴である．

3.17.4 デルフト（DU）翼型

オランダのデルフト工科大学（Delft University of Technology）もまた，数多くの風車用翼型を開発した（Timmer and van Rooij 2003）．これらの翼型のおもな特徴は，NREL 翼型およびRisø翼型と同じように，性能が表面粗さの影響を受けにくく，構造的に有利な厚翼に重点が置かれたことである．デルフト工科大学の翼型系列（DU 翼型系列）の形状を図 3.73 と表 3.7 に示す．

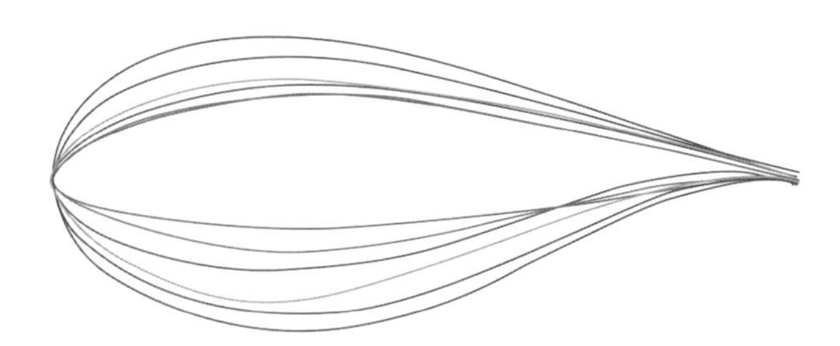

図 3.73 DU 系列の翼型形状

表 3.7 DU 系列のおもな翼型特性

翼型	$(t/c)_{\max}$ [%]	x/c at $(t/c)_{\max}$	$(y/c)_{\mathrm{TE}}$	Re [$\times 10^{-6}$]	α_0 [deg]	$C_{l\max}$	設計 α [deg]	設計 C_l	$(L/D)_{\max}$
DU 96-W-180	18	0.3	0.0018	3.00	−2.7	1.26	6.59	1.07	145
DU 00-W-212	21.2	0.3	0.0023	3.00	−2.7	1.29	6.5	1.06	132
DU 91-W-2-250	25	0.3	0.0054	3.00	−3.2	1.37	6.68	1.24	137
DU 97-W-300	30	0.3	0.0048	3.00	−2.2	1.56	9.3	1.39	98
DU 00-W-350	35	0.3	0.01	3.00	−2.0	1.39	7.0	1.13	81
DU 00-W-401	40.1	0.3	0.01	3.00	−3.0	1.04	5.0	0.82	54

デルフト翼型の設計には，R-FOIL コードという，失速遅れの影響を考慮するようにデルフト工科大学で X-FOIL コードを改良したものが使用された．

なお，もっとも翼厚比の大きい二つの翼型は風洞試験をされておらず，その特性は計算によって決定されたものである．

3.17.5 ブレードの外翼部および内翼部の原理

ブレードの外翼部の翼型は，風力エネルギーの大部分を取得する役割を果たしている．したがって，これらの断面は，高い揚抗比で効率的であることが要求されるため，構造強度を保ちながら適度に薄くする必要がある．通常，最大翼厚比が 18%程度のときは，$C_{l\max}$ が比較的高いので，最適揚抗比 C_l/C_d における運転中の C_l は，$C_{l\max}$ を大幅に下回る．これにより，ガストにより迎角が瞬間的に高くなってピッチ制御が十分に応答しない場合の悪影響を回避でき，失速を十分に避けながら効率的に発電することが可能になる．

風車ブレードの内翼部は，構造的な曲げ荷重に十分耐えられるように設計されるため，翼根に近いほど厚い翼型が使用される．翼根の最大翼厚比は，40%になる場合がある．ブレード断面が空気力学的に意味のある翼型形状をしている部分よりも内側では，ブレードをハブに接続するために，円形その他の翼厚比の大きい断面に滑らかにつなげるように形状を変化させることが多い．これらの非常に厚い断面が，強度確保とともにパワー取得も目的として高い $C_{l\,\max}$ を維持できるように，ブレードの前縁はく離位置の近傍に，後述のボルテックスジェネレータ（Vortex Generator: VG）が取り付けられることが多い．また，後縁を切り落とした，いわゆるフラットバック翼型（flat-back airfoil）にされることもよくある．フラットバック翼型の例として，図 3.74 に，DU-97-W-300 の後縁部を厚くした翼型を示す．この翼型の空気力学と空力音響の数値解析は，Lynch and Smith (2009) に報告されている．

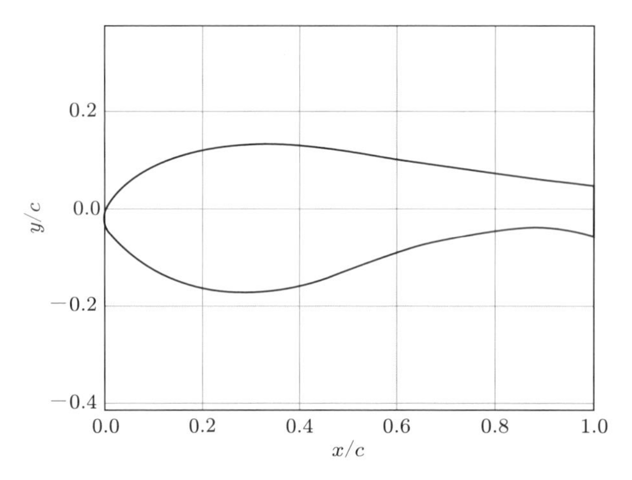

図 3.74　DU-97-W-300 から作られたフラットバック翼型

3.18　空力デバイスなど

ブレードの構造性能を損なうことなく，設計後に既存の風車ブレードに追加できる小さな空力デバイスがいくつかある．これらのデバイスは，航空機に用いられていたものが多く，通常は，設計値を下回ることが判明したときに性能改善するためや，状況に応じて意図した以上の性能を得るために付加される．後者の例として，標高の高いサイトでは空気密度が非常に低いため，この環境で運転する風車ブレードの設計揚力係数を増加させることが望ましい場合がある．

3.18.1　はく離と失速を制御するデバイス

ボルテックスジェネレータ（VG）は，小さく硬い三角形や長方形の平板などであり，これらの低アスペクト比の小片が，局所流れに対して大きな流れ角（30° 程度）となるように，ブレード表面に垂直に設置される（図 3.75 参照）．このような小片は，強い前縁渦（三角形 VG の場合）または強い翼端渦（長方形 VG の場合）を生成する．これらの渦がブレード表面上を移動することにより，境界層の上層（外層）から下層（内層）に流れを輸送することにより混合し，流れにエネルギーを与えることによってはく離を抑制する．境界層厚さ δ にほぼ等しい高さの小さなデバイスを，はく離が予想される位置から適度に上流の位置に線状に配置すると，ブレードのはく離を抑制するのに非常に効果的である．VG は，底面部分を固定することで，ブレードに簡単に取り付けられる．通

図 3.75 ブレード負圧面上のボルテックスジェネレータ（流れは右から左）

常は，渦の回転方向が交互になるように，流入角が正と負の交互になるように配置する．これらは，図のように δ の約 10 倍までの距離に適度に接近させて配置することで，下流の領域まで連続的な効果を維持し，最大揚力係数 $C_{l\,\max}$ を増加させることができる．このようなデバイスのおもな欠点は，固定された受動的なデバイスであるため，不要な場合でも継続的に渦を発生し続け，失速していない条件での抗力が若干増加することである．

マイクロ VG は境界層の内層に作用するもので，高さが δ の約 1/10 と，標準的な VG よりもはるかに小さく，設置間隔もやや狭くなっている．乱流境界層の内層では，ブレード表面に垂直方向の速度勾配が非常に大きい．マイクロ VG は，はく離を抑制するのに，標準的な VG と同様に効果的であり，また，抗力の増加がわずかなのが利点である．

翼面空気噴流は，VG と同様の位置に互いにかなり接近して配置される傾斜噴流である．噴流は，ブレードのよどみ点の近くの高圧空気によって供給されることが多いが，ブレード内翼部と外翼部との間の遠心力の差を利用して，内翼部の領域のより高圧な空気によって供給されることもある．噴流は，自身の運動量によって，境界層の下層にふたたびエネルギーを与えるように作用し，失速を抑制する．噴流は，不要なときに止めることができるという利点があるが，配管を追加する煩雑さと，それに伴う噴流供給のための必要コスト，そして吹き出し口の脆弱性がおもな欠点である．

擬似ジェット（synthetic jet）は，気柱内の振動ピストンによって作動する空気噴流の一種であり，ブレード表面の小さな穴から脈動噴流を出す．脈動噴流では正味の平均質量流量はゼロであるため，噴流の流量はオリフィスに出入りする質量流量に等しい．吸い込み過程では，流れは比較的小さな外乱を生成する吸い込み流れとなるが，吹き出し過程では渦輪を形成する噴流となるため，デバイスの振動動作により，一連の渦輪の生成が境界層にふたたびエネルギーを与える．吸気口や配管は必要ないが，各オリフィスを個別に作動させる必要がある．風車ブレードではまだ使用されていないが，ほかの分野でははく離の制御に効果的であることがわかっているため，将来の選択肢になる可能性がある．各サイクルでは吸気だけでなく排気があるため，汚れの影響をあまり受けないと思われる．

3.18.2 最大揚力係数と揚抗比を増加させるデバイス

一般的なフラップ（flap）は，エルロンなどの航空機の補助翼のようにブレードの後部にヒンジで取り付けられ，機械式アクチュエータで操作される後縁フラップ（TE フラップ，図 3.76(a) 参

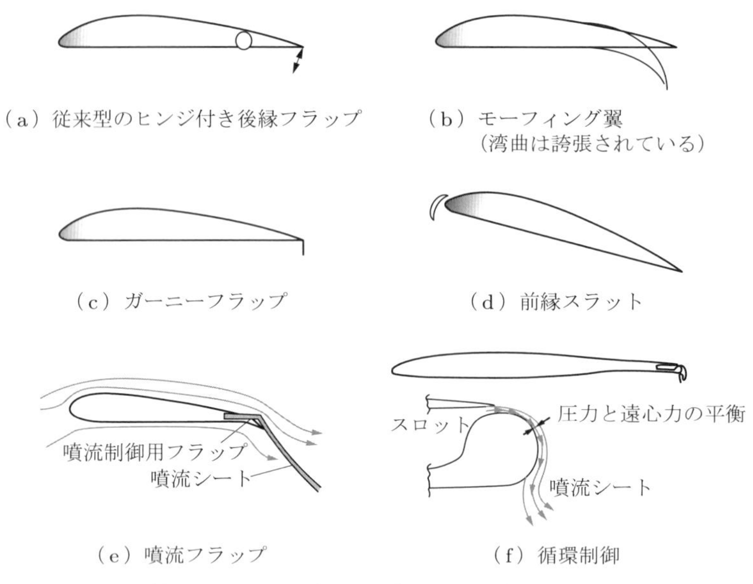

図 3.76　フラップと類似の作用のある空力デバイス

照）であり，前縁フラップは非常に稀である．フラップは，ブレード断面のキャンバを増加または減少させることにより，揚力を増加または減少させる．風車ブレードにおいて，フラップは，機械的な複雑さや翼端付近の質量増加によるコストやメンテナンスに問題があり，使用されることは滅多にない．フラップの利点を活かすには，揚力を変化させることがもっとも効果的な位置，つまり，通常はブレードの外翼部に設置することが重要である．風車ブレードが長くなり，ますます柔らかくなるにつれて，この局所的な効果は，翼根で行う通常のピッチ制御よりも優れた分散制御を行う可能性があり，将来的に活用できる可能性がある．また，小さなフラップは非常に迅速に作動させて局所的に作用させることができるため，乱流や突風の影響を軽減するアクティブ制御にとくに効果がある．

モーフィング翼（図 3.76(b)）は，近年開発された一種の後縁フラップである．アクチュエータはブレードの後部にあり，柔軟な複合材料で製造されている．これが作動すると，キャンバがより滑らかに湾曲することでフラップと同様の効果が得られる．すべての機械部品がブレード内部で保護されており，汚れや腐食の影響を受けにくいと考えられる．モーフィング翼は，空気力学的効果を最大化するように，キャンバの曲率を連続的に調整することができる．この技術により，従来の後縁フラップに比べていくつかの機械的なメリットがある分散制御を行うことができ，有望な方法と考えられている．

ガーニーフラップ（Gurney flap，図 3.76(c)，自動車レース用のダウンフォースウィングを発明した Dan Gurney にちなんで名付けられた）は，ブレード正圧面の後縁に垂直に固定された，薄い小さなフラップであり，揚力が増加するように 90° の角度で展開された小さな後縁フラップのようなものである．ガーニーフラップの翼面からの高さは，通常，翼弦長の 1～2% である．短いが取付角は大きいため，抗力係数は若干増加するが，揚力係数を増加（0.1～0.25）させる．適切に設計されたガーニーフラップは，揚抗比を一定にしたまま，または，わずかに増加させながら，揚力係数を増加させることができる（Giguere et al.（1997）など）．

同じ理由により，航空機において，大きな迎角で操縦中（離着陸中）のはく離を防ぐために翼前縁に配置されたスラット（図 3.76(d)）も，風車ブレードで試しに使われたことがある．

3.18.3　循環制御（噴流フラップ）

翼型まわりの循環，つまり揚力は，後縁に噴流を作用させることによって非常に迅速に制御することができる．噴流は，ブレードの後縁の負圧面に沿って発生させる．適切に配置された排気ノズル（図 3.76(e)），または距離が短い曲面上のコアンダ効果（図 3.76(f) の下図）により，偏向された噴流シートを生成し，翼型の有効キャンバを増加させることにより揚力を増加させる．図 3.76(e) に示したものは，従来の機械式フラップと非常によく似た原理で機能するため，噴流フラップとよばれる．ほかに，図 3.76(f) に示すように，噴流を丸みを帯びた後縁の上下いずれかの面のスロットから放出して，高い偏向度の噴流を生成することで循環を制御し，ブレード断面の揚力を制御する方法もある．図 3.77 は，この形式のデバイスによる揚力係数と噴流運動量係数 $C_\mu = 2(U_J/U_\infty)^2 t/c$ の関係を示している．ここで，U_J は噴流速度，t は噴流出口スロットの厚さである（翼型の最大翼厚ではない）．噴流運動量により，従来のフラップのはく離限界を超えることができるため，大きな偏向角で十分な噴流運動量がある場合，揚力係数を非常に高くすることが可能である．

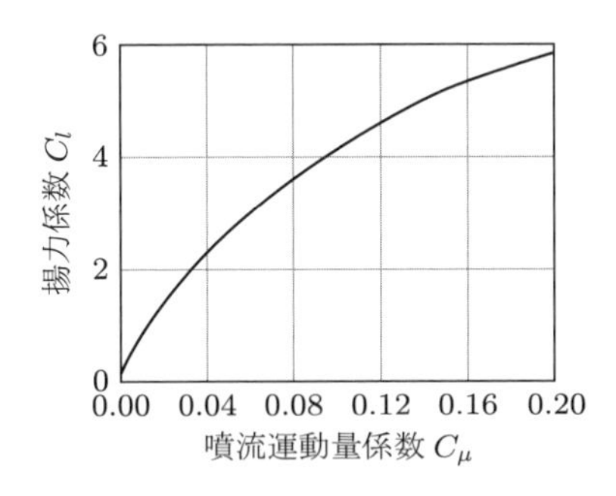

図 3.77　噴流循環制御における噴流運動量係数に対する揚力係数

これらのデバイスは従来の（機械式）フラップの効果を模倣しているが，噴流圧力による運動量の急激な変化によって，非常に迅速に揚力を大きく変化させることができるという利点がある．これらの循環の制御は，コアンダ効果によるものであり，このコアンダ効果により，出口から放出された壁面噴流が高い曲率の表面に付着する．噴流フラップの場合，噴流シートの効果的な長さと曲率は，噴流の運動量に依存する．後縁に丸みがある場合，噴流の運動量に応じて，噴流は高い曲率の表面に付着し，その後，翼型の後縁から放出される．結果として生じる自由噴流は，どちらの場合も機械式フラップと同様である．ただし，急速な動作の際に機械式フラップで必要な大きな慣性は，これらのデバイスでは克服する必要はない．

ブレードの後縁に沿って設置されたこのようなデバイスには，二つの利点がある．第 1 に，それらにより高い揚力係数を得ることができ（機械式フラップと同様にはく離による制限がない），同じ発電量を得るための翼弦長を大幅に減らすことができる．これにより，ブレードが軽量化し，運転停止中にブレードが大きな流入角でガストを受けた場合のブレード荷重も低減される．第 2 に，非常に迅速な制御が可能である．ただし，システムが複雑になり，メンテナンスおよびコストの面で明らかに不利になる（ただし，加圧装置であるため，汚れの侵入の問題は発生しにくい）．また，噴流していない場合は，通常の尖った後縁よりも抗力が大きくなる．さらに，噴流のために電力が必要である．これらについては，Johnson ら（2008）によるブレード荷重制御のための各種デバイスに関する幅広いレビューを参照されたい.

3.19　空力騒音

3.19.1　騒音源

1990年代以降, 風車の導入が陸上で拡大したため, 住居に近い地域での風車設置に対する市民の抵抗が高まり, 導入計画上の問題になってきた. 通常, 反対意見のもっとも重要なポイントは, 景観と騒音の二つである. これらの問題のうち, 景観については, 風車の配置や外観に関する問題を最小化するための努力がなされてきたが, 目立たないようにするための風車配置と発電量を最大化するための配置は一般に矛盾することに注意を要する. 一方, 風車の騒音のおもな原因は機械騒音とブレード空力騒音であるため, 騒音問題は風車の運転と密接に関連している. 過去20〜30年の間の風車設計技術の進歩により, 風車を構成する機械（発電機, 増速機など）から発生する騒音は大幅に低減された. これまで, 機械騒音を低減するために, 機械内の騒音源を特定して抑制すること, および, 騒音を遮断することに, かなりの注意が払われてきた. その結果, 今日の大型風車については, 機械騒音は空力騒音よりもはるかに重要でないと考えられている.

この節では, ブレードから発生する空力騒音と, ブレード形状や断面形状の変更による騒音低減方法を扱う. 風車の騒音とその測定や予測, および環境影響評価の詳細については, 10.3節を参照されたい.

空力騒音はおもに以下の二つの要因から発生する.

(i) ブレードとブレード表面上の気流との局所的な相互作用によって発生する自己騒音（ブレードに気流が滑らかに流入する場合でも発生する）

(ii) 流入風の乱れによって引き起こされる騒音（おもに大気の乱流であるが, 上流側の風車からのウェイクの乱れがブレードと相互作用し, ブレードの変動荷重を引き起こす場合もある）

空力騒音は, 広帯域音または純音のいずれかである. 後者は一般的ではないが, 顕著な場合はより耳障りなものになる.

ブレード以外にも多くの騒音源がある. 重要なものの一つは, ブレードとタワーの間の周期的な相互干渉である. ブレードの通過周波数は可聴域を下回っているが, ブレードがタワーと非常に近い距離で通過するときの準衝撃相互作用により発生する周波数成分は, かなりのレベルで可聴音に影響する可能性がある. ブレードとタワーの間の空力干渉は, ブレードとタワーの間の離隔距離の2乗に応じて低下するため, アップウィンドロータでは, その影響を無視できるほど小さくすることができる. したがって, ブレードがタワーの非常に近くを通過しないかぎり, 通常, この空力干渉は最小限に抑えられる. また, ロータのオーバーハング（overhang）とティルト（tilt）により, 適切な離隔（タワー直径の1倍以上）を確保することで, おもな影響を取り除くことができる. 強風時の運転のように, ブレードがタワーに向かって曲がり, 離隔が減少する場合にのみ影響が現れるが, この場合, 風の暗騒音のため, ブレードの騒音はそれほど問題にならない. ブレードとタワーの空力干渉による騒音は, タワーの直径が大きいダウンウィンドロータにとっては顕著になる可能性があるが, ダウンウィンド風車はほとんど例がないため, この騒音源はあまり研究されていない. タワーウェイクを通過するブレードから騒音が発生する場合, タワーウェイクの拡散には長い距離が必要なため, 騒音を低減させることが困難になる可能性がある. 風車ロータによる一般的な空力騒音については，Wagner ら（1996）による非常に優れたレビューがある．

非定常流入風が風車ブレードに変動力を誘発して発生する騒音は，一般に低周波であり，翼型に対する局所流入風速の 6 乗に比例する．可聴域全体で支配的な自己騒音は，ブレードの相対速度の 5 乗から 6 乗の関係にある（5 乗に近い）が，通常は周速比が高いため，この相対速度は事実上ブレード周速となり，そのため騒音は，ロータが回転しているときの，おもにブレードの外翼部 25%から顕著に発せられる．放射音の強さは出力に対する依存性が高いので，ロータの翼端速度に依存する．そのため，風車からの空力騒音放射を低減するもっとも簡単な方法は，ロータをより低い周速比で運転することである．一般に，ロータのソリディティが低下するにつれて最適周速比が増加するため，上記がブレード枚数が 3 枚未満の風車が陸上設計に適さないおもな理由であることはよく知られている．しかし，効率の点から周速比を下げることにも限度があるため，ブレードの空力騒音源自体を減らす努力が続けられている．

3.19.2 流入風の乱れに起因するブレード騒音

流入風の乱れはブレードと相互作用し，その結果発生するブレードの非定常荷重により騒音が発生する．この騒音は，一般にはブレードの自己誘導騒音（3.19.3 項参照）よりも小さい．流入風による騒音を低減する唯一の方法は，乱れによる個々のブレードの非定常荷重を軽減するための制御システムを導入することである．風車の各ブレードを，可聴域騒音のスペクトルに影響を与えるほど十分高い周波数で制御する方法はまだない．流入風による騒音の強さは，おもに強風時やガスト時に懸念されるレベルにすぎず，しかも，そのような条件では，ほかの騒音源からの風切り音が非常に大きいため，風車騒音は顕著でない．しかし，航空機のターボジェットエンジンや回転翼航空機からの騒音放射においては重要であるため，長年にわたり，乱流流入風によるロータブレードの騒音を予測するための多くの理論が開発されてきた．Amiet（1975）によって，圧縮性を考慮したブレードの非定常荷重の予測に基づく方法が考案されたが，これは，もとは航空機エンジン用に開発されたものである．この方法はさらに開発が続けられ，風車ロータの騒音予測方法として現在も使用されているが，かなりの計算作業が必要になる．Moriarty ら（2005）は，標準的なブレード形状のパラメータを用いて，より単純なモデルを考案した．

3.19.3 ブレードの自己誘導騒音

ブレードの自己誘導の空力騒音は，次のいくつかの原因から発生する．

(1) ブレード上の乱流境界層と後縁との相互作用
(2) 局所的なはく離流れによる騒音
(3) ウェイク渦（これは，通常，後縁を切り落とした形状のために発生するが，レイノルズ数が低い場合は層流ウェイクの不安定性によって発生する）
(4) 翼端渦

3.19.4 ブレード上の乱流境界層と後縁との相互作用

ブレード上の境界層内の乱流渦と後縁との相互作用（前項の (1)）は，通常，もっとも重要な騒音源とみなされており，これを最小限に抑えるようにブレードを設計する努力が続けられている．この騒音源からの空中音響放射の予測モデルが開発された（Brooks et al.（1989），Zhu et al.（2005）

参照）．騒音を低減するために，おもに以下の二つの方法が検討されている．

1. 後縁の負圧面上の境界層厚さ（正圧面上の境界層に比べて，乱流渦スケールが大きく，境界層が厚い）を小さくするためのブレード形状の設計．とくに，正圧面上のよどみ点以降の正圧を増加させることによって全体的な揚力と揚抗比を維持しながら，負圧面上の負圧を低減させ，負圧面上の境界層厚さを減らすことで，ある程度の進歩が達成された．なお，この方法にはさまざまな制約があるため，最大で約 2dB 程度の騒音低減にとどまった．この方法を用いて，DTU-LNxxx 系列など，低騒音の翼型系列が設計されている（図 3.78(a)～(c) および Wang et al.（2015）参照）．
2. 後縁をセレーション（serration，鋸歯状）にする（図 3.79 参照），または柔軟なブラシを追加する．この概念は，後縁をセレーションにすると後縁からの騒音放射率が低下するという，

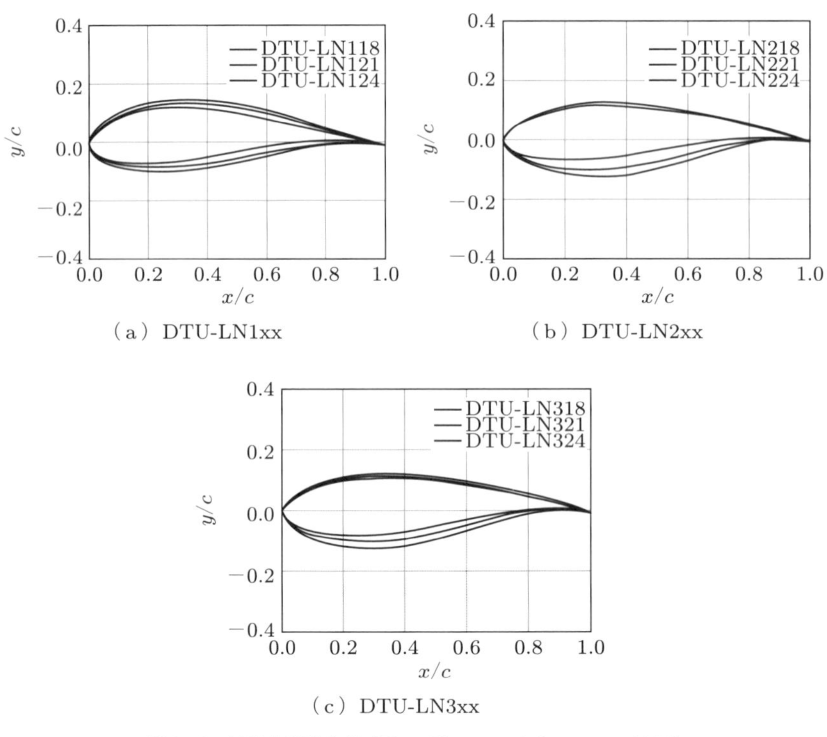

（a）DTU-LN1xx　（b）DTU-LN2xx　（c）DTU-LN3xx

図 3.78　低騒音翼型系列（Zhu, Shen, and Sorensen 2016）

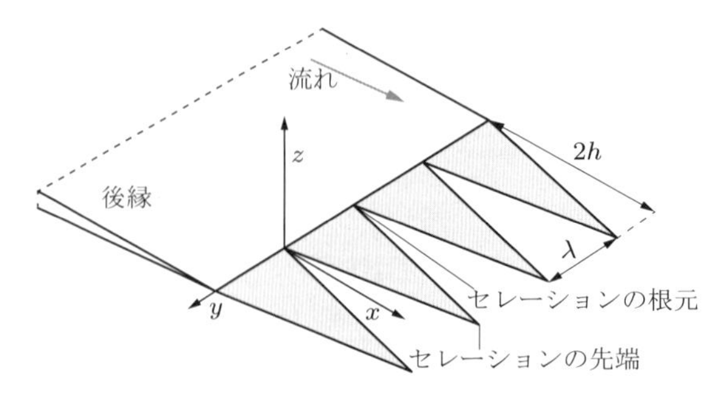

図 3.79　後縁騒音を低減する後縁セレーション形状

Howe（1991）の解析に基づいている．Howe の理論では，達成される実際の音響パワーの低減を正確に予測することはできないが，それでも，この手法では 3 dB を超える大幅な騒音低減効果が得られることが示されている．この種のセレーションは，翼型の揚力や抗力に大きな影響を与えることなく取り付け可能であるようである．これらは，ブレード外翼部を設計するときに装備される場合もあれば，既存のブレードへ追加されることもあり得る．これについては，Zhu ら（2016）によって適切な説明がなされている．

3.19.5 その他のブレード騒音源

ブレードの空気力学的な自己騒音の残りの三つの原因は，通常，前述の (1) で示した乱流境界層と尖った後縁の間の相互作用による騒音よりも重要ではない．

(2) 局所的なはく離による騒音は，おもに内翼部で発生するが，相対速度が小さいため，騒音も小さい．ブレードの騒音が懸念される可能性のある弱風から中程度の風条件では，ブレード外翼部で大きなはく離を発生することは稀である．
(3) ブレードの後縁からの渦放出による騒音が懸念される場合がある．これは，ブレード外翼部の翼型に鈍頭形状の後縁がある場合にのみ，検討する必要がある．この騒音が発生した場合，強い純音成分のために，純粋な広帯域騒音よりも耳障りになる可能性がある．
(4) 翼端渦の騒音は十分に理解されているようには思われないが，適切な丸みで適切に設計された翼端によって，最小限に抑えることができる．

3.19.6 まとめ

近隣住民に対する影響が，騒音が懸念されるおもな理由である．洋上風車からの音の水中伝播は，海洋生物に関しては留意する必要があるかもしれないが，潮流発電の水車ほど重要ではない．近隣住民への騒音の影響は，通常，感覚騒音レベル（PNdB）の等値線に基づく地理的な騒音分布によって定義される．そのような分布図を作成する際には，さまざまな周波数の騒音の伝播の効率，とくに低周波騒音が高周波騒音よりもはるかに遠くまで伝わることや，可聴周波数範囲での耳の感度の個人差を考慮に入れる必要がある．航空機の場合，騒音は滑走路周辺において大きな問題なので，これに関して発表された多くの研究がある．

本節は，空力騒音に関するおもな問題を要約し，風車のロータブレードから発生する騒音に関する課題と研究をまとめたものにすぎない．実際には，空力騒音は風車から発生するもっとも重要な騒音であり，また，騒音は風車を設置するための主要な計画上の制約の一つになっているため，それを抑制する方法の開発にかなりの努力を続ける必要がある．空力騒音と音源，音の放射および伝播を説明する理論に関する優れた参考資料として，Richards and Mead（1968）がある．

参考文献

Abbott, I. H. and von Doenhoff, A. E.（1959）. *Theory of Wing Sections.* USA: Dover Books.

Amiet, R.（1975）. *Acoustic radiation from an aerofoil in a turbulent stream. J. Sound Vib.* 41:407–420.

Argyle, P., Watson, S., Montavon, C. et al.（2018）. Modelling turbulence intensity within a large offshore wind-farm. *Wind Energy Res.* https://doi.org/10.1002/we.2257.

Betz, A.（1919）. *Schraubenpropeller mit geringstem Energieverlust.* Delft: Gottinger Nachrichten.

Betz, A.（1920）. Das Maximum der theoretisch moglichen Ausnutzung des Windes durch Wind-motoren.

Zeitschrift fur das gesamte Turbinenwesen 26: 307–309.

Brooks, T. F., Pope, D. S., and Marcolini, M. A. (1989). Airfoil self-noise and prediction. *NASA Ref. Pub.* 1218.

Castro, I. P. (1971). Wake characteristics of two-dimensional perforated plates normal to an airstream. *J. Fluid Mech.* 46: 599–609.

Conway, J. T. (1998). Exact actuator disc solutions for non-uniform heavy loading and slipstream contraction. *J. Fluid Mech.* 365: 235–267.

De Vaal, J. B., Hansen, M. O. L., and Moan, T. (2014). Effect of wind turbine surge motion on rotor thrust and induced velocity. *Wind Energy* 17: 105–121. https://doi.org/10.1002/we.1562.

Drela, M. (1989). X-Foil: an analysis and design system for low Reynolds number Airfoils. In: *Low Reynolds Number Aerodynamics*, vol. 54 (ed. T. J. Mueller), 1–12. Springer-Verlag Lec. Notes in Eng.

Eppler, R. (1990). *Airfoil Design and Data.* Berlin: Springer-Verlag.

Eppler, R. (1993). Airfoil Program System user's guide.

Fugslang, P. and Bak, C. (2004). Development of the Risø wind turbine airfoils. *Wind Energy* 7:145–162.

Gault, D. E. (1957). A correlation of low speed airfoil section stalling characteristics with Reynolds number and airfoil geometry. *NACA Tech. Note* 3963.

Giguere, P., Dumas, G., and Lemay, J. (1997). Gurney flap scaling for optimum lift-to-drag ratio. *AIAA J.* 35: 1888–1890.

Glauert, H. (1926). The analysis of experimental results in the windmill brake and vortex ring states of an airscrew. *ARC R&M* No. 1026.

Glauert, H. (1935a). *Airplane propellers.* In: *Aerodynamic Theory*, vol. 4, Division L (ed. W. F. Durand), 169–360. Berlin: Julius Springer.

Glauert, H. (1935b). *Windmills and fans.* In: *Aerodynamic Theory*, vol. 4, Division L (ed. W. F. Durand), 169–360. Berlin: Julius Springer.

Goldstein, S. (1929). On the vortex theory of screw propeller. *Proc. R. Soc. Lond.* 123: 440.

Himmelskamp, H. (1945). Profile investigations on a rotating airscrew. Doctoral thesis, Gottingen.

Hoerner, S. F. (1965). Pressure drag on rotating bodies. In: *Fluid-Dynamic Drag*, 3–13. Midland Park, NJ, USA: Hoerner.

Howe, M. S. (1991). Noise produced by a saw-tooth trailing edge. *J. Acoust. Soc. Am.* 90: 482–487.

Jamieson, P. (2011). *Innovation in Wind Turbine Design.* UK: Wiley.

Jamieson, P. (2018). I*nnovation in Wind Turbine Design*, 2e. UK: Wiley.

Johnson, S. J., van Dam, C. P., and Berg, D. E. (2008). Active load control techniques for wind turbines. *Sandia Rept.*, SAND2008-4809.

Joukowski, J. N. (1920). Windmills of the NEJ type. *Transactions of the Central Institute for Aero-Hydrodynamics of Moscow*: 405–430.

Katz, J. and Plotkin, A. (1991). *Low Speed Aerodynamics: From Wing Theory to Panel Methods.* New York, USA, McGraw-Hill.

Lanchester, F. W. (1915). *A contribution to the theory of propulsion and the screw propeller. Trans.Inst. Naval Architects* 57: 98.

Lin, C. C. (1955). *The Theory of Hydrodynamic Stability.* UK: Cambridge University Press.

Lock, C. N. H. (1924). Experiments to verify the independence of the elements of an airscrew blade. *ARCR R&M No. 953.*

Lynch, C. E. and Smith, M. (2009). A computational study of the aerodynamics and aeroacoustics of a flat-back airfoil using hybrid RANS-LES. ResearchGate, https://www.researchgate.net/publication/253982002.

Madsen, H. A., Mikkelsen, R. F., Oye, S. et al. (2007). A detailed investigation of the blade element momentum (BEM) model based on analytical and numerical results and proposal for modifications of the BEM model. *Jnl. Physics Conf. Series* 75: 012016.

Madsen, H. A., Bak, C., Doessing, M. et al. (2010). Validation and modification of the blade element momentum theory based on comparisons with actuator disc simulations. *Wind Energy* 13: 373–389.

Mikkelsen R. F. (2003). Actuator disc methods applied to wind turbines. PhD thesis, Tech. University of Denmark, Lyngby.

Moriarty, P. J., Guidati, G., and Migliore, P. (2005). Prediction of turbulent inflow and trailing edge noise for wind turbines. *AIAA paper 2005-2881.*

Peters, D. A. and Modarres, R. (2013, 2014). A compact closed-form solution for the optimum, ideal wind turbine. *Wind Energy* 17 (4): 589–603. Published online in 2013, https://doi.org/doi.org/10.1002/we.1592.

Richards, E. J. and Meade, D. J. (1968). *Noise and Acoustic Fatigue in Aeronautics.* UK: Wiley.

Ronsten, G. (1991). Static pressure measurements in a rotating and a non-rotating 2.35 m wind turbine blade. Comparison with 2D calculations. *Proceedings of the EWEC '91 Conference*, Amsterdam.

Sharpe, D. J. (2004). Aerodynamic momentum theory applied to an energy extracting actuator disc. *Wind Energy* 7: 177–188.

Shen, W. Z., Mikkelsen, R. F., and Soerensen, J. N. (2005). Tip-loss corrections for wind turbine com-putations. *Wind Energy* 8: 457–475.

Snel, H., Houwink, R., Bousschers Piers, W. J., van Bussel, G. J. W. and Bruining, A. (1993). Sectional prediction of 3-D effects for stalled flow on rotating blades and comparison with measurements. *Proceedings of the EWEC '93 Conference*, Lübeck-Travemünde, Germany.

Soerensen, J. N. and Shen, W. Z. (2002). Numerical modelling of wind turbine wakes. *J. Fluids Eng.* 124: 393–399.

Soerensen, J. N. and van Kuik, G. A. M. (2011). General momentum theory for wind turbines at low tip speed ratios. *Wind Energy* 14: 821–839.

Soerensen, J. N., Shen, W. Z., and Munduate, X. (1998). Analysis of wake states by a full-field actuator-disc model. *Wind Energy* 88: 73–88.

Sørensen, N. N. (1995). General purpose flow solver applied to flow over hills. *Risø-R-827(EN)* .

Tangler, J. L., and Somers, D. M. (1995). NREL airfoil families for HAWTs. AWEA '95, Washington, DC, USA.

Taylor, G. I. (1944). The air resistance of flat plates of very porous material. *Aero. Res. Council (UK), Rept. & Memo.* No. 2236.

Timmer, W. A. and van Rooij, R. P. J. O. M. (2003). Summary of the Delft University wind turbine dedicated airfoils. *J. Solar Energy Eng.* 125: 488–496.

Troldborg, N., Soerensen, J. N., and Mikkelsen, R. F. (2006). Actuator line computations of wakes of wind turbines in wind-farms. IEA. Annual Rept. Annex XI Proc. Joint Action on Aerodynamics of Wind Turbines.

Wagner, S., Bareiss, R., and Guidati, G. (1996). *Wind Turbine Noise.* New York: Springer Verlag.

Wang, Q., Chen, J. T., Cheng, J. T. et al. (2015). Wind turbine airfoil design method with low noise and experimental analysis. *J. Beijing Univ. Aero. Astro.* 41: 23–28. Also as DTU-Orbit: https://doi.org/10.13700/j.bh.1001-5965.2014.0072.

White, F. M. (1991). *Viscous Fluid Flow.* New York: McGraw-Hill.

Wilson, R. E., Lissaman, P. B. S., and Walker S. N. (1974). Applied aerodynamics of wind power-machines. *Oregon State University,* NTIS: PB-238-595.

Wimshurst, A. and Willden, R. (2018). Computational observations of the tip-loss mechanisms experienced by horizontal axis rotors. *Wind Energy* 21: 792.

Wood, D. H. (1991). A three-dimensional analysis of stall-delay on a horizontal-axis wind turbine. *J. Wind Eng. Ind. Aerodyn.* 37: 1–14.

Young, A. D. and Squire, H. B. (1938). The calculation of the profile drag of aerofoils. *Aero. Res. Council (UK), Rept. & Memo.* No. 1838.

Zhu, W. T., Heilskov, N., Shen, W. Z., and Soerensen, J. N. (2005). Modeling of aerodynamically generated noise from wind turbines. *J. Solar Energy Eng.* 127: 517–528.

Zhu, W. T., Shen, W. Z., and Soerensen, J. N. (2016). Low noise airfoil and wind turbine design. In: *Wind Turbine Design, Control and Applications,* Ch. 3. (ed. A. G. Aissaoui), 55. Intech Open https://doi.org/10.5772/63335.

ウェブサイト

https://www.nrel.gov/wind/

https://www.nrel.gov/wind/publications.html

https://www.nrel.gov/wind/data-tools.html

https://www.thewindpower.net/

https://www.tudelft.nl/lr/organisatie/afdelingen/flow-physics-and-technology/wind-energy

さらに学ぶための図書

Anderson, J. D. (1991). *Fundamentals of Aerodynamics*, 2e. Singapore: McGraw-Hill.

Ashill, P. R., Fulker, J. L., and Hackett, K. C. (2005). A review of recent developments in flow control. *Aeronaut. J.* 109: 205–232.

Barnard, R. H. and Philpott, D. R. (1989). *Aircraft Flight: A Description of the Physical Principles of Aircraft Flight.* Singapore: Longman.

Duncan, W. J., Thom, A. S., and Young, A. D. (1970). *Mechanics of Fluids*, 2e. London: Edward Arnold.

Eggleston, D. M. and Stoddard, F. S. (1987). *Wind Turbine Engineering Design.* New York: Van Nostrand Reinhold Co.

Fung, Y. C. (1969). *An Introduction to the Theory of Aeroelasticity.* New York: Dover.

Hansen, M. O. L. (2000). *Aerodynamics of Wind Turbines.* London: James & James.

Johnson, W. (1980). *Helicopter Theory.* New York: Dover.

Manwell, J. F., McGowan, J. G., and Rogers, A. L. (2002). *Wind Energy Explained.* Chichester: Wiley.

Prandtl, L. and Tietjens, O. G. (1957). *Applied Hydro- and Aeromechanics.* New York: Dover.

Stepniewski, W. Z. and Keys, C. N. (1984). *Rotary-Wing Aerodynamics.* New York: Dover.

付録 A3

翼型の揚力と抗力

流れの中にある物体の揚力と抗力は，物体に作用する力の流れに対して，それぞれ垂直方向と平行方向の成分として定義される．

次元解析によると，低速（つまり，流れの相対速度が音速よりはるかに低い，マッハ数が小さい場合）の定常流では，揚力 L と抗力 D の無次元量である揚力係数 C_L および抗力係数 C_D は，次のように表される．

$$C_L = \frac{L}{(1/2)\rho U^2 A}, \quad C_D = \frac{D}{(1/2)\rho U^2 A}$$

これらはいずれも，次式で定義される流れのレイノルズ数の関数である．

$$Re = \frac{Ul}{\nu}$$

ここで，ρ は流体の密度，ν は流体の動粘性係数である．U は流速，l は代表長さ（多くの場合，平均翼弦長 c），A は物体の適切な面積である．翼またはブレードの場合，A は通常，平面面積 sc である．ここで，s は物体のスパン（幅）または物体の断面の長さである．亜音速航空機の翼や水平軸風車のブレードなど，抗力を最小限に抑えて揚力を発生するように設計されたほとんどの揚力面は，スパン方向に断面形状（翼弦長 c，翼厚，キャンバ，捩れ角）が徐々に変化する．また，これらの物体のアスペクト比は，ブレードまたは翼のスパンを平均翼弦長で割ったものとして定義される．スパンは，航空機の場合は一対の翼の二つの翼端間の距離として定義されるが，風車の場合は，回転軸からブレードの翼端までの長さである．翼またはブレードに沿って特性が徐々に変化するため，通常，翼全体またはブレード全体の力を，各断面に作用する力（力の係数）で解析することは非常に便利で，実際に十分正確である．これについては，A3.8 節で解説する．

空気（または水）を含む実際のほとんどの典型的な流れでは，流速と長さのスケールで無次元化した力の係数は，レイノルズ数に関して比較的緩やかに変化する．これらの係数で流れに起因する力を表すことは，スケールモデルで試験する場合，または，異なる流体や速度で同様の形状の物体に生じる力を比較する場合に，とくに便利である．風車ブレードまわりの流れのレイノルズ数は，通常，10^6 から 10^7 程度である（直径が 1 m 程度の小さなロータの場合は 10^5 程度）．本書では，低レイノルズ数という用語は，レイノルズ数が約 10^5 未満の流れを表すために使われる．このような低レイノルズ数の流れは，小型風車の風洞試験で発生する可能性がある．本書には関係ないが，厳密には，流体力学において，低レイノルズ数とは，レイノルズ数が 1 程度のことであり，ストークス流れとよばれる，ストークス方程式をほぼ満たす流れのことを指す．また，係数 1/2 は，もともと揚力係数および抗力係数の定義の分母には含まれていなかったが，ベルヌーイの式の圧力項との関係で生じるため，20 世紀の流体力学の発展の過程で導入された．係数 1/2 は，現在，力の係数，圧力係数，パワー係数の定義に導入されているが，例外なく使われているわけではない．たとえば，アメリカのヘリコプタのロータパワー係数およびスラスト係数の定義では，1/2 は省略されている．

A3.1　抗　力

粘性流体の流れによって物体に作用する力は，次の要因で発生する．

1. 物体表面に作用する接線方向応力，つまり表面摩擦応力．これは滑りなし条件（流体の粘性により，物体表面では粘性流体の相対運動がないという条件）によって発生する．
2. 物体表面に作用する垂直応力，つまり圧力．

これら両方の応力が抗力に寄与する．

実用的な物体の多くは，流れに直交する長手方向の寸法をもつ．流れはその長手方向には徐々に変化するため，一様流を横切る二次元物体に発生する抗力を考えると便利である．このような場合，二次元流は，物体の長手方向に垂直な任意断面まわりの局所流れにより近似できる．このような流れは準二次元とよばれることがある．風車のブレードとタワーは，そのような物体の例である．

すべての流体（液体ヘリウムなどのごく少数の特別な例を除く）にはある程度の粘性が存在するが，もっとも一般的な流体である空気と水の粘性は比較的小さい．粘性がない場合，流れは物体表面で滑る．この流れはポテンシャル関数で表すことができるため，ポテンシャル流れ（potential flow）とよばれる．この場合，音速に対して十分低速な定常非粘性流中の二次元物体には後流が生成されないため，抗力は厳密にゼロになる．

粘性による物体表面での滑りなし条件において流れが減速すると，粘性の作用は渦の拡散，つまり，運動量を熱として拡散させることと類似の過程で拡散する．流体の動粘度が小さく，長さと速度が比較的大きい場合は，レイノルズ数が高くなり，物体表面に沿った主流速度よりも非常に速度が低い減速領域が壁面近傍に広がる．その結果，粘性拡散効果は，物体表面に隣接する薄い層である境界層に限定される．

一般に，物体は流線形と鈍頭形の二つに分類される．流線形物体のおもな特徴（図 A3.1 など参照）は，境界層が物体表面全体から物体の後縁まで薄いままに保たれるということである．物体の後縁では，両面の境界層は合流して薄い後流として流れ出し，抗力係数は比較的小さくなる．図 A3.1 の翼やロータブレードなど，断面が翼型の物体がその例である．すべての境界層がこのように後縁まで付着したままではなく，物体の比較的前部ではく離して厚い後流を形成することもある．このような物体は，鈍頭物体（ブラフボディ）とよばれる．鈍頭物体のまわりの流れ，たとえば円柱まわりの流れや完全失速した翼まわりの流れ（図 A3.12 参照）は，比較的高い抗力係数を示す．ここ

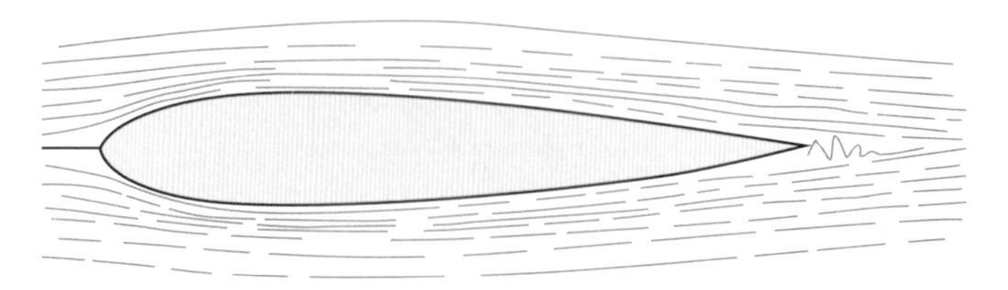

図 A3.1　流線形物体まわりの流れ

では関係ないが，より一般的な三次元物体は，スレンダーボディ（流れ方向に細い）というカテゴリに分類される場合もある．

風車や航空機などの多くの実用的な物体には，前述の分類に別々に属する部品が複雑に組み合わせられる．このような物体に作用する力は，通常，物体を準二次元要素に分解することによって計算され，要素間の相互作用が重要な場合は干渉係数によって処理される．風車ブレードのように，各断面の流れを考慮することが適切な場合，流れは断面内だけではなく，長手方向（または横方向）の成分を含む可能性がある．通常，境界層の影響を無視すると，長手方向に垂直な物体断面に作用する圧力と力は，断面内の流れ成分（つまり，長手方向に平行な速度成分の影響を受けない流れ成分）のみに起因することが示せる．これは独立成分分析（independence principle）として知られており，長手方向との間の偏角が 0°（通常の流れ）から約 45° までの流れであれば，付着した粘性流に対して非常に正確である．この角度範囲は，風車ブレードの各要素断面などに対する通常の流れの範囲内にある．これよりも大きな偏角の場合，独立成分分析の誤差は大きくなり，偏角が 90° に近づくにつれて，流れは細い物体まわりの流れに近くなる．

A3.2 境界層

任意の物体（とくに風車ブレードや翼型）の表面近傍の流れは，流体の粘性応力により，物体表面で速度がゼロになる（滑りなし条件）．実際に発生する通常の流れのレイノルズ数（10^5 程度から 10^8 程度）では，表面近傍の流れ領域の拡散は，主流方向の移流よりもはるかに遅く，速度変化のほとんどすべてが境界層とよばれる物体表面近傍の非常に薄い領域で発生する結果，境界層内では強いせん断速度分布を示す（図 A3.2 参照）．これらの境界層は，前縁の付着点から厚くなり，最終的には物体の後流中に放出される．放出されたあとは自由せん断層として下流に対流し，これと同様に粘性応力が重要な後流を形成する．

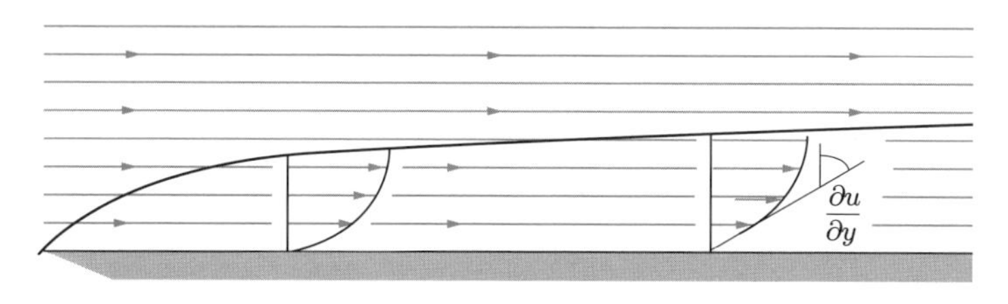

図 A3.2 境界層における速度分布

境界層や後流の外側の流れは，ほぼ非粘性のようにふるまう．粘性応力によって発生する物体表面の摩擦の流れ方向成分の積分値は，物体の抗力の重要な成分の一つである摩擦抗力となる．もう一つの成分は，圧力抗力（物体表面に作用する法線力の流れ方向成分の積分値）である．物体の上流側半分に作用する圧力の流れ方向成分が下流側半分のものとほぼつりあうため（境界層が薄いほどつりあいに近くなる），圧力抗力は小さい．翼型などの流線形物体に対しては，圧力抗力は，通常，摩擦抗力と同程度である．しかし，境界層のはく離が発生すると，圧力抗力ははるかに大きくなる．二次元流の翼型の摩擦抗力と圧力抗力の組み合わせは，形状抗力（profile drag）として知られている．上記のようなレイノルズ数では，翼型の形状抗力係数は非常に小さく，流れが付着していれば，レイノルズ数と迎角による影響は小さい．

A3.3　境界層はく離

ブレードや翼などの物体上の流れでは，下に凹の形状によって流線が湾曲するため，流れの運動量の鉛直成分に下向きの運動量が追加され，その結果，反力として物体に揚力（通常は上向きを正）を発生する．結果として生じる物体表面の圧力分布は，流線の湾曲とつりあうような，物体表面に垂直方向の圧力勾配を考えることによって，定性的に理解できる．したがって，翼から十分に離れた大気圧を基準とすると，翼上面では圧力は低下し，下面では上昇する必要がある．ベルヌーイのエネルギー方程式（たとえば式 (3.5a)）は，流れの圧力（エネルギー）の減（増）は運動エネルギーの増（減）（つまり速度の増（減））によってつりあわせる必要があることを示している．質量流量の保存は，速度が高くなると流線が互いに接近することを意味する．翼の上面と下面の速度の違いは，物体まわりの速度の閉路積分（循環といわれる）がゼロではないことを意味する．クッタ－ジュコーフスキーの定理で示されるとおり，循環は揚力に比例する（式 (A3.1) 参照）．循環の詳細については，A3.5 節で説明する．高い迎角では，翼型前縁まわりの流れのように，流線の曲率が大きくなるほど表面圧力が大きく低下し，この領域で強い負圧のピークが生じる．

物体（たとえばブレード断面）への接近流れでは，速度がゼロになるよどみ点に付着する 1 本の流線がある．このよどみ点の流線に隣接した流線は，物体により分岐する前に，速度が物体近傍で最低値に低下するため，そこでの圧力は最高値になる．境界層のすぐ外側にあるこの流線上の流れは，物体を通過するときに急速に加速し，接近流れよりも速くなる．この増速作用の一部は，物体の厚さが流線の間隔を狭め，それによって速度を上げる効果によるものである．

揚力を発生する物体に対する増速作用の一部は，前述の揚力または循環による圧力低下によるものである．流れに対してかなり大きな迎角をもつ翼型の場合，上面（または負圧面）での速度は，下面（または正圧面）での速度よりもはるかに大きくなる．負圧と減速のピークの発生後に，上面の流れがふたたび減速して，ほぼ大気圧に等しくなってから，ウェイクに流出する．流れが遅くなると，流れ方向に圧力が上昇する．その圧力は，境界層内の表面近傍の運動量が大幅に減少するように作用し，流れと逆方向に作用する逆圧力勾配が運動量をさらに減少させる．この逆圧力勾配が逆流するのに十分なほど強い場合は，主流が速度ゼロまで減速していなくても，最終的には表面近傍の速度がゼロになる（図 A3.3 参照）．この過程に対して，主流から供給される高い運動量による粘性混合が，流体を流そうと対抗する．しかし，逆圧力勾配が十分に大きい場合には，境界層内で逆流が発生する．これははく離とよばれ，境界層はその位置で表面からはがれる．はく離した領域は非常に厚くなり，物体まわりの圧力分布を劇的に変化させる．圧力は揚力に強く影響し，揚力を急激に低下させることもある．また，積分された圧力の流れ方向成分の前後のつりあいにも影響し，圧

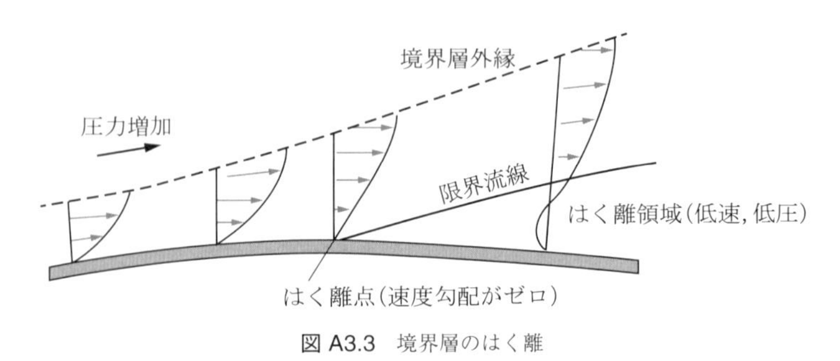

図 A3.3　境界層のはく離

力抗力を急激に上昇させる．この現象は，翼の失速として知られている．物体の下流端（翼型の後縁）に到達するまで表面からはがれていない境界層は，「はく離していない」という．物体の下流端では，表面形状の傾斜が急激に変化するため，最終的に流れがはがれる（はく離する）．角部では非常に高い速度が発生するため，流れがふたたび減速するときに，極端な逆圧力勾配が発生する．そのため，尖った下流端を回り込む流れは維持できない．翼面上の流線形（はく離していない）流れの場合，両面の境界層は後縁で合流するまではく離しないままであり，それらは後縁から薄いウェイクで下流に対流するので，圧力抗力は非常に小さい．

図 A3.4 に示すように，流れに垂直な平板のような鈍頭物体（流線形ではない物体）では，境界層が下流の角部から別々にはく離し，流れは合流しない．これらの場合，後縁が尖っていない物体からの境界層はく離の場合と同様に，大きな渦運動を伴う厚いウェイクが生じ，圧力抗力が大きくなる．このように，物体の鋭い角部は常にはく離を引き起こす．流れに対して横に広がる平板の場合（図 A3.4），境界層は鋭い角部ではく離する．このとき，抗力係数はレイノルズ数にほとんど依存しないが，平板のアスペクト比には依存する．

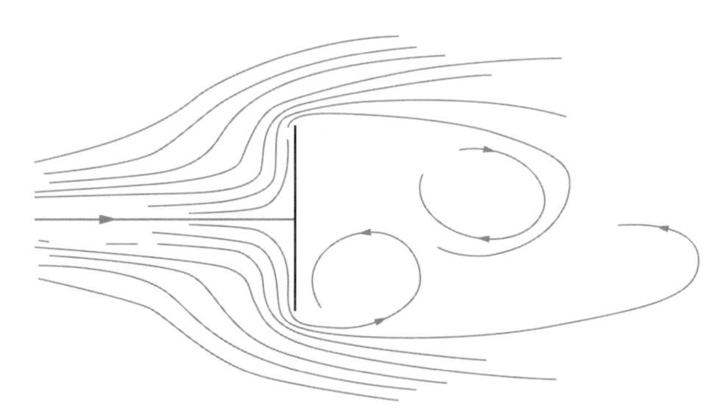

図 A3.4　平板まわりのはく離流

A3.4　層流境界層と乱流境界層と遷移

スケールが小さく強い乱れが流れに含まれていないかぎり，前縁のすぐ下流では層流境界層が形成される．また，レイノルズ数がかなり低くないかぎり，最終的には，下流方向への距離に伴う境界層厚さの増加と，速度分布による逆圧力勾配の影響により，層流境界層は不安定になり，この不安定性が成長して乱流になる．この点が遷移点であり，その下流で境界層は乱流境界層になる（図 A3.5 参照）．翼の遷移点は，翼の抗力と，失速が発生し始める迎角に強い影響を及ぼす．その位置は，以下の要素に強く依存する．

(1) レイノルズ数と境界層厚さ
(2) 翼面圧力分布，とくに逆圧力勾配の強さ
(3) 表面粗さ
(4) 主流の乱れ

(1) と (2) が大きいと不安定性が増加し，(3) と (4) は，乱れが成長するための核となる，有限サイズの擾乱になる．もう一つ，ここに追加すべき，遷移を促進する非常に強い要因は，

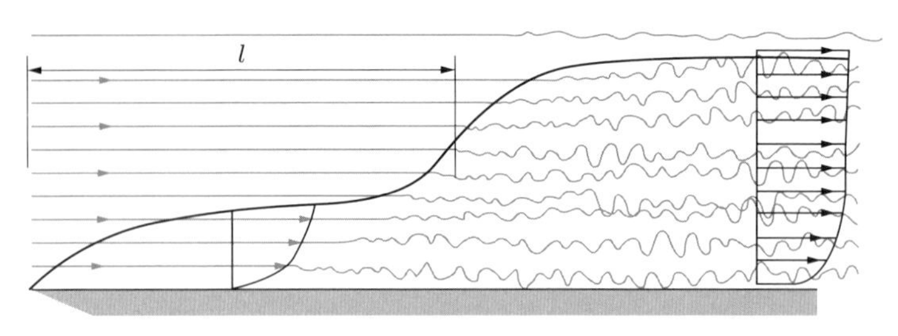

図 A3.5　層流境界層と乱流境界層

(5) はく離泡

として知られる，非常に小さなはく離領域の発生である．変曲点のあるせん断層はすぐに不安定になるため，非常に強い負圧ピーク直後の強い逆圧力勾配領域で発生するはく離泡や層流境界層は，最初に完全にはく離しないかぎり，すぐに遷移する．関係するスケールが非常に小さいため，単純な翼型形状でも，遷移の直接シミュレーションには非常に大きな計算能力が必要である．実際には，その発生を予測するためには，e^n 法（$n \sim 9$, White 1991）などの単純化された半経験的方法が使用される．

遷移後，境界層は乱流になり，混合が非常に活発になるため，はるかに高いせん断力で，より十分に発達した速度分布が形成される．ただし，これは物体表面近傍の薄い領域内でのみ発生する．これにより，表面摩擦がかなり増加して（したがって，表面摩擦抗力が増加し，境界層がより急速に厚くなる），はく離を引き起こす際の逆圧力勾配の影響に対して，さらに強く対抗する．はく離に対して，乱流境界層は，層流境界層よりもはるかに耐性がある．粘性せん断が無視できる境界層外縁は，正確な境界面ではないが，通常，平均速度が主流の 99.5%に達した面が境界面とみなされる．これは，たとえば大気境界層のように外部圧力場が変化している場合には，正確に定義するのが難しい．また，乱流境界層の場合，乱流渦により，各瞬間の境界面は空間と時間に依存して，相当に複雑な波形になる．

したがって，抗力係数は，レイノルズ数によって複雑に変化する可能性がある．図 A3.6 は，古くから知られている円柱の抗力係数を示している．中程度のレイノルズ数から低レイノルズ数（つまり，円柱が小径または流速が低い場合）では，境界層は層流を保ち，前方付着点（よどみ点）から角度 90° となる位置の直前ではく離する．レイノルズ数が臨界値まで増加すると，ウェイク内で

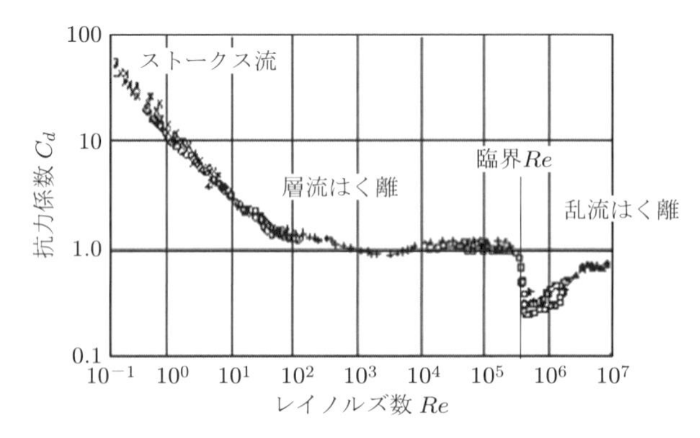

図 A3.6　二次元円柱におけるレイノルズ数 Re に対する抗力係数 C_d の変化

発生している乱流への遷移がはく離点に向かって上流に移動し，乱流境界層がすぐに再付着して小さなはく離泡を形成する．このはく離泡の下流には，円柱を回り込むまではく離しない乱流境界層があるため，ウェイクの領域は狭くなり，抗力係数が急激に低下する．レイノルズ数がさらに増加すると，乱流はく離が拡大し，抗力係数がふたたびゆっくりと増加する．通常，はく離と抗力に対するレイノルズ数の効果は，ほかの多くの形状の物体ではそれほど複雑ではない．しかし，とくにはく離泡が形成される場合，多くの翼型では失速が発生する可能性があり，レイノルズ数に対する抗力特性の挙動は複雑で急激になる．

乱流への遷移は，流れ中の小さな長さスケールの乱れまたは高周波音響騒音のレベル（バイパス遷移），および，物体上の要素または物体表面の粗さに非常に敏感である．これを利用して，意図的に表面を粗くしたり，粗さ要素の帯を分布させたりするほか，表面にトリップワイヤーを貼り付けることによって，意図的に遷移させることができる．同様に，風車ブレードの前縁への昆虫の付着は，遷移を引き起こす可能性がある．

翼型などの流線形物体は，後部領域で緩やかに先細りになるため，逆圧力勾配はかなり小さくなり，後縁に近づくまではく離しない．これにより，大きな圧力抗力が回避されるため，後流が非常に狭くなり，抗力が非常に低くなる．

より大きな迎角の翼では，負圧面境界層が早期に遷移することによって，失速の開始を遅らせることができる．この現象には，はく離泡の発生も含まれる．このはく離泡は，層流はく離の直後にはく離によるせん断層の遷移が発生し，乱流混合によって表面に再付着して形成される．これらの効果により，境界層内の乱れの出現，とくにはく離泡の発生は，翼型の失速角と失速形式を決定する．自由流の乱れと表面粗さは遷移を促進する傾向があるため，物体の揚力と抗力に影響を与える可能性がある．境界層の遷移に影響を与える乱れは，小さな長さスケールのものにすることが望ましい．翼型の場合，乱れの効果は，失速領域付近でとくに影響する．そのため，地面に近い汚れた空気中で動作する多くの翼型では，前縁に付着した汚れや昆虫を定期的に清掃することが推奨される．現在の風車設計では，前縁付近の表面粗さに対して比較的鈍感な翼型形状が求められる．また，はく離が発生するすべての物体と同様に，遷移を促進してはく離を抑制することにより，圧力抗力を減少させることができる．

翼型の失速形式については，Gault（1957）による分類が有用である．

A3.5 揚力の定義と循環との関係

流れの中の物体に発生する揚力は，流れに垂直な方向に作用する力である．

亜音速定常流では，流れが物体まわりの循環成分を含んでいる場合にのみ，物体は揚力を発生する．このとき，物体は循環をもつといわれる．この流れは，速度 U の一様な流れ場の中で回転する円柱まわりの流れによって説明できる．その結果として生じる流れ場では，図 A3.7 に示すように円柱上部では流速が増加し，静圧が減少する．逆に，円柱下部では流速は低下し，静圧は増加する．これにより，自由流に対して垂直方向の強い力が円柱に上向きに作用し，揚力が発生する．

回転する円柱に発生する揚力の現象は，その発見者にちなんで「マグナス効果（Magnus effect）」として知られており，回転するボールが飛行中に方向が変化する理由などを説明できる．

この流れの循環成分を図 A3.8 に示す．この循環成分は境界層の外側の速度分布であり，これは渦線まわりの流れと同じ分布となる．

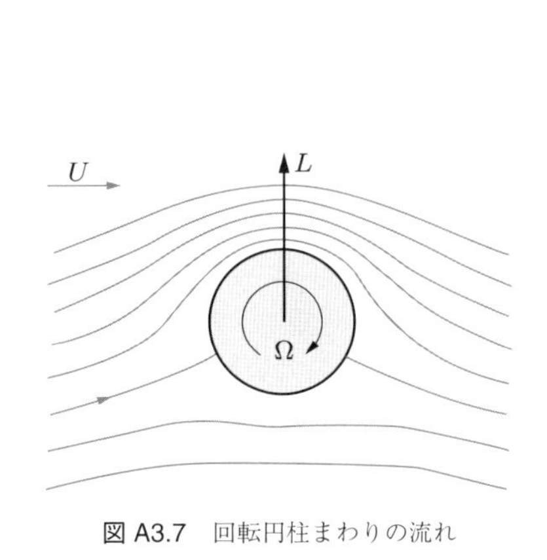

図 A3.7　回転円柱まわりの流れ

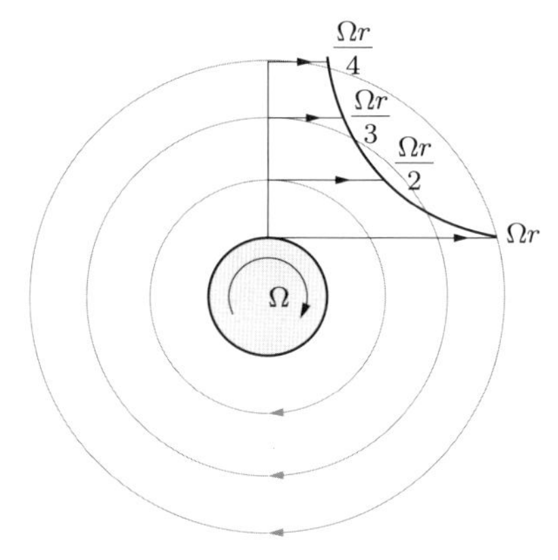

図 A3.8　回転円柱まわりの循環流

循環による揚力 L は，クッタ－ジュコーフスキーの定理によって与えられる．これは，回転円柱を含むすべての物体に対して，亜音速流で発生する揚力の現象を理解するための鍵が循環であると気が付いた，2 人の先駆的な空気力学者にちなんで名付けられた．

$$L = \rho U \Gamma \tag{A3.1}$$

ここで，Γ は循環，すなわち，渦の強さであり，閉曲線 s に対する接線方向速度 v の物体を囲む任意の閉曲線に沿った積分として，次式で定義される．

$$\Gamma = \oint v ds \tag{A3.2}$$

一般的な二次元物体まわりの二次元非粘性ポテンシャル流について循環を定義するには，はく離位置を定義する必要がある．循環は，境界層がはく離する位置によって変化するため，回転していない物体に対しては，はく離位置によって，任意の断面まわりに循環流を発生させることができる．失速していない翼型では，流れがはく離する位置は尖った後縁のみである．図 A3.9 に示すような翼まわりの流れは，次の二つで構成される．

(1) 翼に流入する自由流によって引き起こされる非循環流
(2) 翼型まわりの渦度分布に相当する純粋な循環流

一般に，これらの流れはどちらも後縁からはく離しない．つまり，(2) の適切な量を (1) に追加して循環を固定することにより，

(3) 後縁からはく離する組み合わせ流れ

が得られる．非粘性流を後縁からはく離するように強制する条件は，クッタ－ジュコーフスキーの条件として知られている．

（準）二次元物体に揚力が発生している場合，物体まわりの流れ場は，物体の軸から半径方向に遠い位置では，一様流と渦（および，大きな粘性がある場合は吹き出し流れ）の組み合わせになっている．式 (A3.2) の自由流 U の v 成分（吹き出し流れ成分が存在する場合もある）は，閉曲線に沿っ

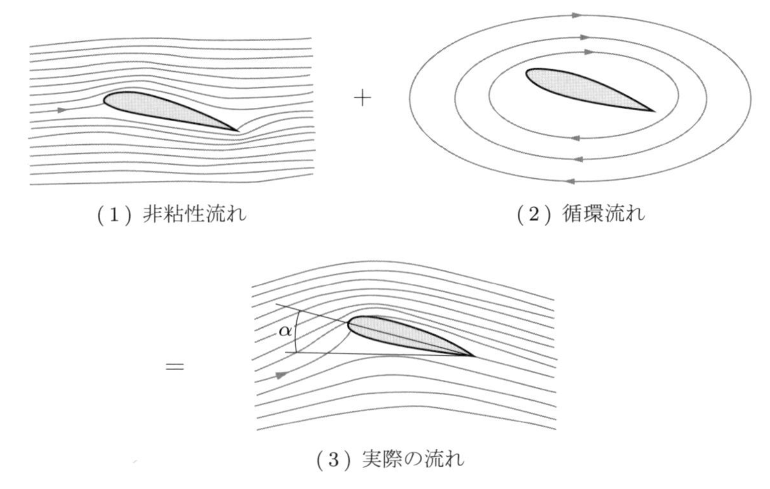

図 A3.9　小迎角における翼型まわりの流れ

て積分するとゼロになる．たとえば，渦と同心円上の v 成分は $v = k/r$ である．ここで，k は定数である．これを式 (A3.2) によって閉曲線に沿って積分すると，次式の循環になる（定数 r で定義される円形の閉曲線に対しては簡単に思えるが，実際には渦を囲むすべての閉曲線に当てはまる）．

$$\Gamma = 2\pi k$$

したがって，断面に発生する単位幅あたりの揚力は

$$L = 2\pi\rho U k$$

となる．

翼型などの流線形の揚力体の場合，後縁のクッタ－ジュコーフスキー条件によって固定される循環 Γ は，迎角 α が増加すると $\sin\alpha$ に比例して増加する．後縁では，翼型の上面と下面の速度および圧力が一致する必要があるが，後縁で合流する上面と下面からの流体粒子は，前縁において分岐した流体粒子同士ではない．翼型の上面を通過してくる流体粒子は，距離が長くても循環に比例して速度が増加するため，後縁には，一般に，距離が短い下面からの流体粒子よりも早く到着する．

実際の粘性流では，前述のように境界層が後縁ではく離するため，この状態に非常に近くなる．したがって，実際の流れにおける翼型の失速前の揚力は，非粘性ポテンシャル流解析によって非常に正確に予測できる．ただし，非粘性流はウェイクを発生せず，（形状）抗力はゼロになるため，非粘性流解析では抗力を予測することはできない．

翼まわりの圧力変化（大気圧に対する差）を図 A3.10 に示す．上面では負圧（大気圧に対して）であり，揚力の大部分はこの圧力分布に起因している．なお，境界層を垂直に横切る断面内の圧力差は無視できるほど小さいため，圧力分布は境界層がないものとして計算される．圧力と力に対する高次で正確な解は，準非粘性流の流線を境界層の排除厚さの分だけ少し外側に移動させ，境界層での速度低下の影響を考慮に入れることで得られる．

図 A3.11 に，同じ圧力分布を翼型形状の翼弦方向座標に対する圧力係数（$C_p = (p - p_\infty)/[(1/2)\rho U^2]$）として図示したものを示す．この図において，実線は境界層の影響を無視した場合の圧力係数分布を，破線は実際の分布を示す．

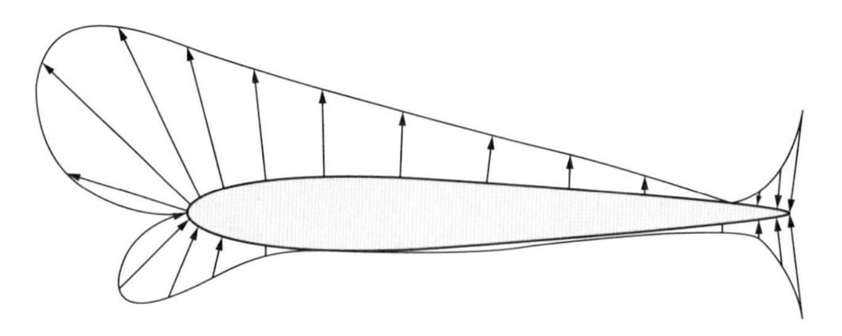

図 A3.10　$\alpha = 5°$ における NACA0012 翼型まわりの圧力分布

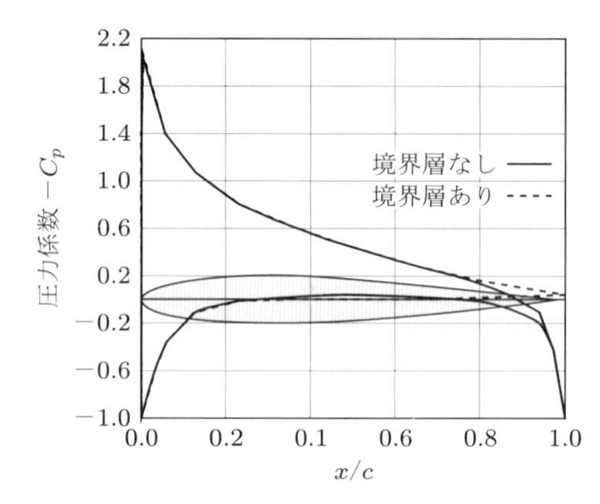

図 A3.11　$\alpha = 5°$ における NACA0012 翼型まわりの圧力係数分布

翼型の後方部における圧力分布は，境界層の影響により，境界層を無視した場合よりも負圧が減少する．この境界層の影響による圧力分布の変化により，表面摩擦抗力（これも境界層の影響による作用）に加えて圧力抗力が発生する．

A3.6　失速状態の翼型

迎角がある特定の角度（レイノルズ数により，10°～16° 程度）を超えると，上面において境界層がはく離する（図 A3.12）．これにより，翼型の上方でウェイクが形成され，循環と揚力が減少し，抗力が増加する．そして，翼型を通過する流れが失速する．平板でもまた循環と揚力が発生するが，前縁が鋭いため，非常に小さい迎角で失速する．失速特性は，平板をアーチ状に反らせることにより改善されるが，平板翼を厚くし，前縁を丸めることによって，さらに大幅に改善される．

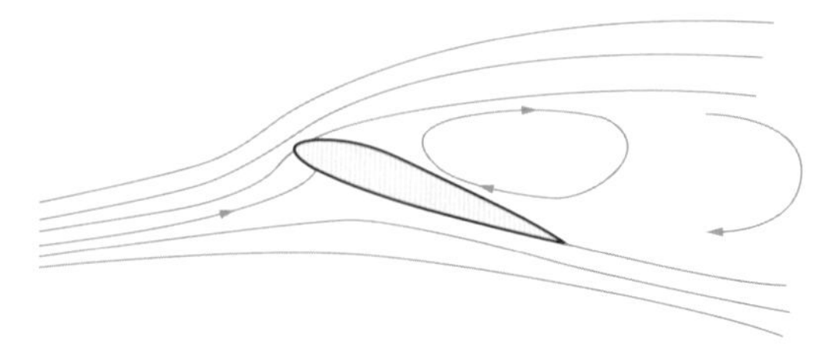

図 A3.12　翼型まわりの失速流れ

A3.7 揚力係数

揚力係数は次のように定義される.

$$C_L = \frac{Lift}{(1/2)\rho U^2 A} \tag{A3.3}$$

ここで, U は速度, A は物体の平面面積である. 航空機翼や風車ブレードのような長い物体の場合, 単位幅あたりの揚力が使用され, 平面面積は（単位幅を乗じた）翼弦長に置き換えられ, 揚力係数は次式のようになる.

$$C_l = \frac{Lift/unitspan}{(1/2)\rho U^2 c} = \frac{\rho U \Gamma}{(1/2)\rho U^2 c} \tag{A3.4}$$

実用上は, 失速前の状態に対して次式のように記述すると便利である.

$$C_l = a_0 \sin\alpha + C_{l0} \tag{A3.5}$$

ここで, a_0 は揚力傾斜（lift-curre slope）$dC_l/d\alpha$ であり, 約 6.0 /rad（約 0.1 /deg）である. なお, a_0 は, 流れの誘導係数と混同しやすいので注意が必要である.

平板または非常に薄い翼型の場合に用いられる薄翼のポテンシャル理論では, 次式のクッタ－ジュコーフスキー条件が満たされる.

$$\Gamma = \pi U c \sin(\alpha - \alpha_0)$$

ここで, α_0 はゼロ揚力迎角であり, キャンバに比例し, 正のキャンバ（上に凸）の場合は負になる. ゆえに,

$$C_l = a_0 \sin(\alpha - \alpha_0)$$

となる. ここで $a_0 = 2\pi$ である. 一般に, 翼の厚さは a_0 を増加させ, 粘性効果（境界層）は a_0 を減少させる.

揚力は, 迎角 α と流速 U の二つのパラメータに依存する. したがって, 同じ揚力を異なる α と U の組み合わせによって発生させることもできる.

典型的な対称翼型である NACA0012 の, 迎角 α に対する C_l の変化を図 A3.13 に示す. 単純な関係式 (A3.5) は, 失速前の迎角域に対してのみ有効であることがわかる. 迎角が小さい（16° 以下）の場合, 式 (A3.5) は次のように書ける.

$$C_l = a_0 \alpha + C_{l0} \tag{A3.6}$$

翼型まわりのポテンシャル流の速度場および圧力場は, 古典的な写像変換理論, または, より一般的な境界積分パネル法によって計算することができる. 多くの商用 CFD コードには, フィールド法（差分法, 有限体積法, 有限要素法）によりポテンシャル流を計算するオプションも含まれている. 抗力の推定値を与えるために, 層流境界層および乱流境界層の影響を考慮し, 排除厚さの境界層計算を行ってポテンシャル流を修正すれば, より現実に近い表面圧力または速度のポテンシャ

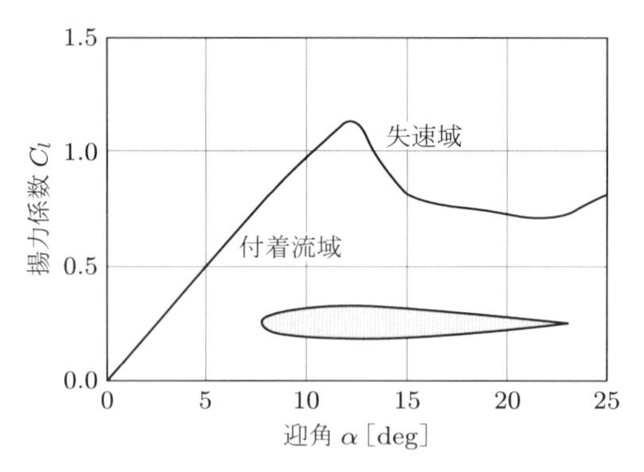

図 A3.13　NACA0012 翼型における C_l–α 曲線（$Re = 10^6$）

ル流の解が得られる．流れがはく離しない間は直接法が使用されるが，はく離が進むにつれて逆解法を使用する必要がある．これらの方法は計算上非常に効率的であり，薄いはく離が翼型失速を開始する迎角までは良好な結果を与える．一方，大きなはく離が発生する（完全失速）と精度が低下するため，CFD（第 4 章で説明する）を使用する必要がある．よく知られているコードの X-FOIL（Drela 1989）は，この計算方法で広く使用されている例である．これらの方法については，Katz and Plotkin（1991）で詳しく説明されている．

A3.8　翼型の抗力特性

航空機翼または風車ブレードのような流線形物体に対する抗力係数は，表面摩擦が大きく影響するため，正面面積ではなく平面面積に基づいている．流れ方向に対して垂直なスパン方向に長い物体を通過する流れは，局所的に準二次元であるため，抗力係数は，流れ方向の翼弦長を代表長さとした単位幅あたりの抗力の無次元量として，次式のように定義される．

$$C_d = \frac{Drag/unitspan}{(1/2)\rho U^2 c} \tag{A3.7}$$

翼の抗力係数は迎角によって異なる．中から高程度のレイノルズ数（10^6 程度〜10^7 程度）で適切に設計された翼型の場合，C_d の値は，最小抗力をとる迎角範囲（ドラッグバケット（drag bucket）とよばれる）で 0.01 程度である．

次項では，二つの古典的な NACA 4 桁翼型の結果を示す．これらの翼型は，風車を除いて現在は使用されていないが，翼型の典型的な力学的挙動を示す．

A3.8.1　対称翼

図 A3.11 は，流れが負圧ピークから後縁に向かって移動するにつれて，上面の圧力が上昇していることを示している．これは，気流の速度を低下させる逆圧力勾配である．これにより，境界層が急に厚くなり，より多くの運動量が失われる．境界層内の翼面上（つまり，表面近傍）の流れが減速して停止すると，翼面の流線がはく離し，失速が発生し，圧力抗力が急激に上昇する．逆圧力勾配の強さは迎角とともに増加するため，抗力も迎角とともに増加する．図 A3.14 は，対称翼型 NACA0012 の α に対する C_d の変化を示している．

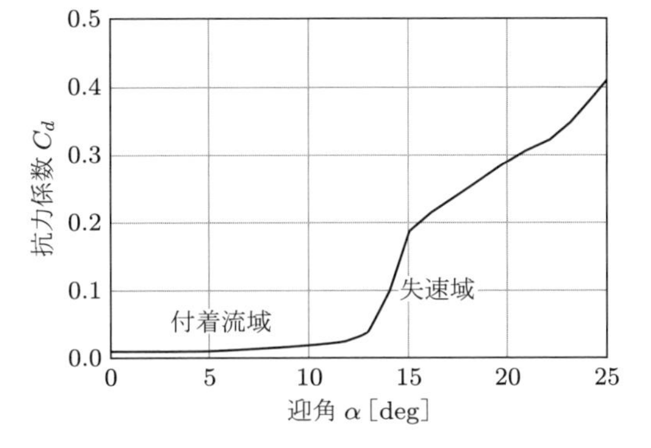

図 A3.14　NACA0012 翼型における C_d–α 曲線（$Re = 10^6$）

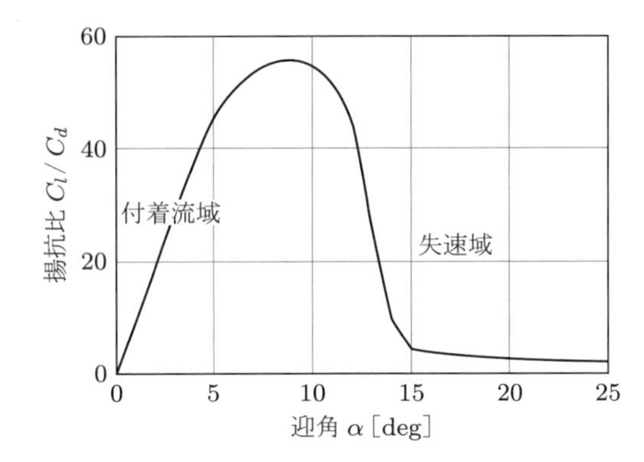

図 A3.15　NACA0012 翼型の揚抗比（$Re = 10^6$）

風車のロータブレードの効率は，翼型の揚抗比に大きく影響される（図 A3.15 を参照）ため，ブレードは最大揚抗比の点で運転することが望ましい．

翼まわりの流れパターンはレイノルズ数によって決定され，これは揚力係数と抗力係数の値に影響を与える．抗力係数の値は，一般にレイノルズ数が減少するにつれて増加する．揚力係数への影響は，失速が発生する迎角に大きく関係する．臨界レイノルズ数（約 200000）を下回ると，境界層は層流のままになり，迎角が小さい場合には，通常，初期失速または部分的なはく離（長いはく離泡）が発生する．レイノルズ数が増加すると，失速角も増加する．また，失速発生前には，揚力係数は迎角とともに直線的に増加するため，揚力係数の最大値も増加する．

NACA0012 翼型の特性を図 A3.16 および A3.17 に示す．

A3.8.2　キャンバ付き翼型

図 A3.18 に示す NACA4412 のようなキャンバ付き翼型は，反りがあるため，迎角がゼロの場合でも揚力を発生する．

一般に，キャンバ付き翼型は，ゼロよりも大きい迎角に最小抗力範囲（ドラッグバケット）がある．そのため，正の迎角において，対称翼型よりも高い最大揚抗比が得られることから，キャンバ付き翼型はよく使用される．

初期の風車によく使用されていた NACA4 桁系列の翼型は，図 A3.19 に示すとおり，非常に単純である．4 桁の数字のうち，1 桁目は翼弦長に対するキャンバ（反り）を百分率で，2 桁目は翼弦

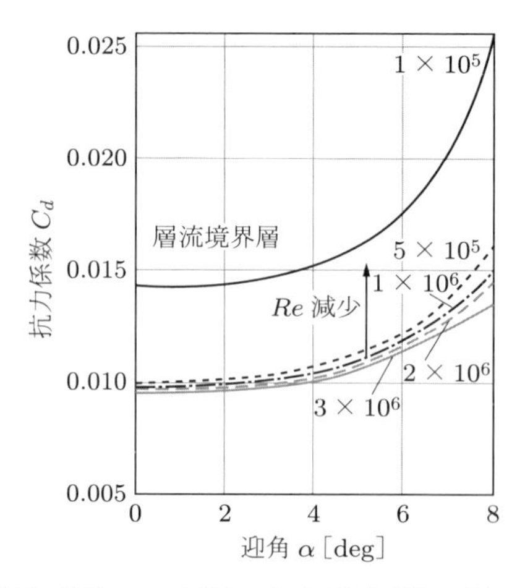

図 A3.16　NACA0012 翼型での，小迎角における抗力係数に対するレイノルズ数の影響

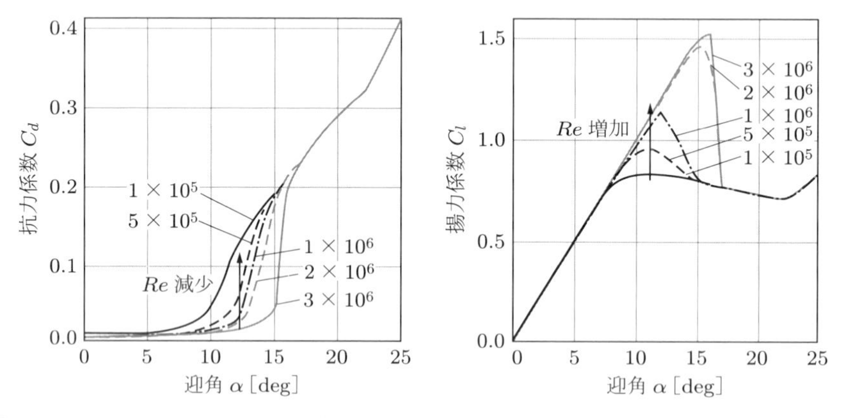

図 A3.17　NACA0012 翼型での，失速領域における抗力係数と揚力係数に対するレイノルズ数の影響

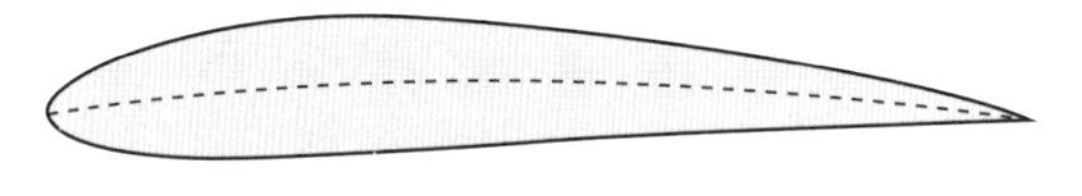

図 A3.18　NACA4412 翼型の形状

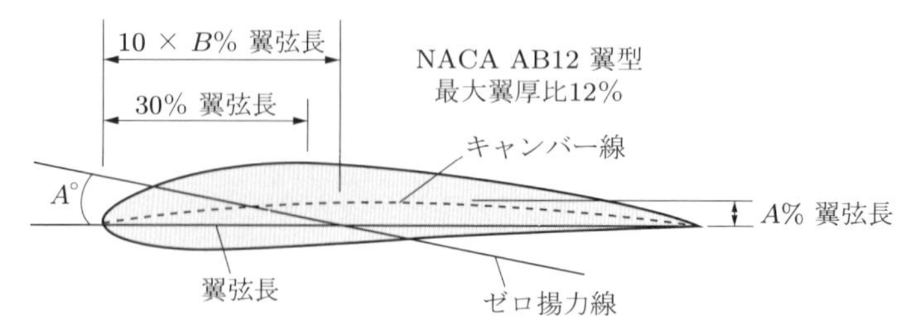

図 A3.19　NACAXXXX 系列の翼型

方向の最大キャンバ位置を10%単位で，最後の2桁は最大翼厚比を翼弦長に対する百分率でそれぞれ表す．この翼型系列の場合，最大翼厚比は30%翼弦長の位置にある．翼厚の中心を結んだ反った線はキャンバ線とよばれ，最大キャンバ位置において滑らかにつながる二つの放物線の弧で形成される．ほかの翼型については，Abbott と von Doenhoff（1959）の *Theory of Wing Sections* を参照されたい．

迎角 α は，キャンバ線の両端を結ぶ直線として定義される翼弦線からの角度である．

キャンバがあるため，負の迎角において揚力がゼロとなる．ほとんどのキャンバ付き翼型では，度単位のゼロ揚力角は $-A°$ にほぼ等しくなる．ここで，A は翼弦長に対するキャンバの百分率である．

失速前と失速直後の迎角範囲における NACA4412 翼型の特性を図 A3.20 に示す．図より，迎角ゼロで正の揚力を発生していることがわかる．揚力がゼロとなるのは，負の迎角（約 $-4°$）においてである．

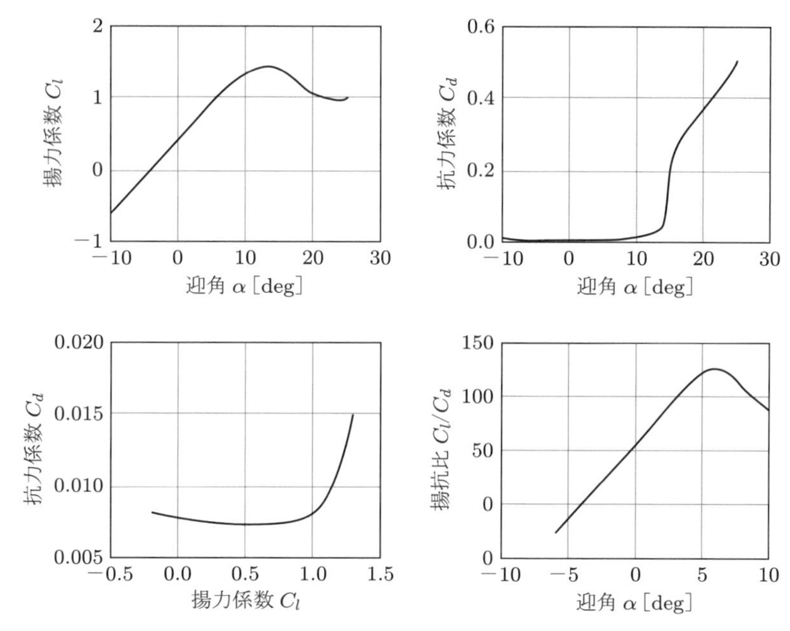

図 A3.20　$Re = 1.5 \times 10^6$ における NACA4412 翼型の特性

対称翼型では，1/4 翼弦長の点に圧力中心（つまり，揚力が集中して作用する点）があるが，キャンバ付き翼型では，圧力中心は 1/4 翼弦長の点よりも後方に位置し，失速までは迎角の増加とともに後縁側に向かって移動する．失速後，すべての翼型の圧力中心は，翼弦長の中点に向かって後方に移動する．しかし，翼弦線上の固定点を通る合力がある場合は，この点まわりにピッチングモーメント（慣例上，前縁上げ方向を正とする）が発生する．ピッチングモーメントの中心は，通常は 1/4 翼弦長の点（前縁から $c/4$ 後方）であるが，翼弦長の中点や，ピッチ軸で定義する場合もある．ピッチングモーメント係数は次のように定義される．

$$C_m = \frac{Pitching/unitspan}{(1/2)\rho U^2 c^2} \tag{A3.8}$$

$dC_m/dC_l = 0$ となる翼弦位置を空力中心とよぶ．空力中心は，理論的には 1/4 翼弦長の点にあり，ほとんどの実用的な翼型においても，この点に近いところに位置している．

モーメント係数 C_m の値はキャンバに依存するが，NACA4412 翼型の C_m は -0.1 で一定である．なお，実際のピッチングモーメントは常に負（前縁下げ方向）である．

失速後の領域では，通常，失速直前の空力中心位置を用いる．しかし，この領域では，前述の説明は成り立たない．

第4章

風車の空気力学に関するその他のトピック

4.1　はじめに

第 3 章では，定常風に正対している風車の空気力学的挙動について扱った．しかし，実際には，ブレードとタワーとの離隔を確保するため，通常，ロータは上方に傾き（ティルト）を有しているし，風向は時々刻々変化する．また，風車は風向に完全には追従できず，ある程度のヨー角をもって運転するため，風車ロータは風向に対して完全に正対しているわけではない．本章では，風に正対していない偏差状態におけるロータを扱うこととし，この偏差や，急速な流れ条件の変化などによって生じる，ロータの非定常な空気力学について考察する．

4.2　定常なヨー状態における風車の空気力学

風向は絶えず変化しているため，図 4.1 に示すとおり，風車のロータ軸の向きは，常に風向に一致しているわけではない．過度な加速度を生じさせることなく風向変動に追従するため，ヨー制御システムにはある程度大きい時定数をもたせ，ロータ軸の向きは風向に対して数度程度までの偏差を許容する．ヨー状態のロータは正対時よりも効率が低下し，非定常荷重が増加するため，発電電力量や荷重に対するヨーの影響について評価することが重要である．

ヨー状態では，定常風においても，ロータの回転に伴い各ブレードの迎角が常時変化する．そのため，ブレードに作用する荷重が変動し，疲労ダメージを増加させる．

この迎角の変化により，ブレードに作用する力は，軸方向のスラストのみならず，ヨー軸（z 軸）とピッチ軸（y 軸）まわりのモーメントも発生させる．ロータが定常風に正対し，アクチュエータディスク面において一様な誘導速度で運転しているとしても，ロータがヨー角をもつと，誘導速度がアジマス方向と半径方向の両方向に変化するため，誘導速度の計算がより難しくなる．

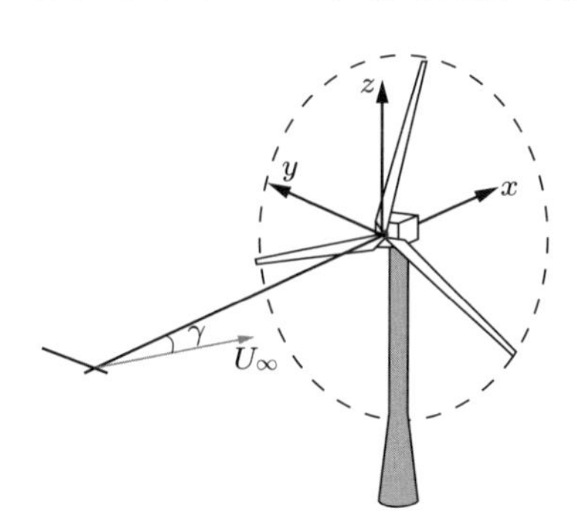

図 4.1　ヨー状態の風車

4.2.1　定常なヨー状態における風車ロータの運動量理論

運動量理論をヨー状態のアクチュエータディスクに適用するには問題がある．運動量理論では，ロータと遠方ウェイク領域との間で運動量がつりあうことを仮定するが，そのような仮定が成り立つのは平均値に関してのみであるため，運動量理論により決定できるのは，アクチュエータディスク全体での平均的な誘導速度のみである．しかし，ロータがヨー角をもつ条件では，ブレードの循環はアジマス角に応じて常に変化する．アクチュエータディスクに垂直に作用する圧力による力が流れの運動量変化率により発生すると仮定すると，平均誘導速度は，アクチュエータディスク面に垂直方向，つまり，軸方向となる必要がある．そのため，誘導速度が風向に対して直交する成分をもつ場合には，ウェイクが一方にゆがむことになる．ここで，正対状態と同様にウェイクの拡大を無視すると，アクチュエータディスクにおける平均誘導速度は，ウェイクにおける誘導速度の 1/2 となる．

ロータ軸が定常風に対してヨー角 γ をもち（図 4.2），軸方向の運動量変化率が，アクチュエータディスクを通過する風の質量流量とロータ面に垂直な速度の変化の積に等しいと仮定すると，スラストは，

$$T = \rho A_D U_\infty (\cos\gamma - a) 2aU_\infty \tag{4.1}$$

となる．したがって，スラスト係数は，

$$C_T = 4a(\cos\gamma - a) \tag{4.2}$$

となる．そして，これにより生み出されるパワーは $TU_\infty(\cos\gamma - a)$ であり，パワー係数は，

$$C_P = 4a(\cos\gamma - a)^2 \tag{4.3}$$

である．

C_P の最大値を求めるため，式 (4.3) の a（軸方向誘導係数）に関する微分がゼロとなる a を求めると，次のとおりとなる．

$$\begin{aligned} a &= \frac{\cos\gamma}{3} \\ C_{P\,\max} &= \frac{16}{27}\cos^3\gamma \end{aligned} \tag{4.4}$$

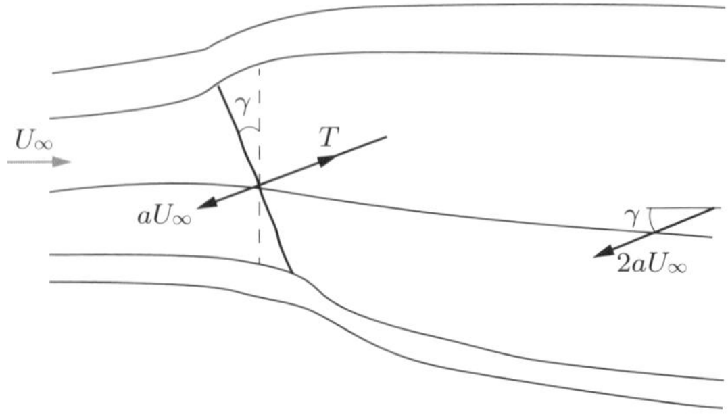

図 4.2　ヨー状態の風車におけるゆがんだウェイクと誘導速度

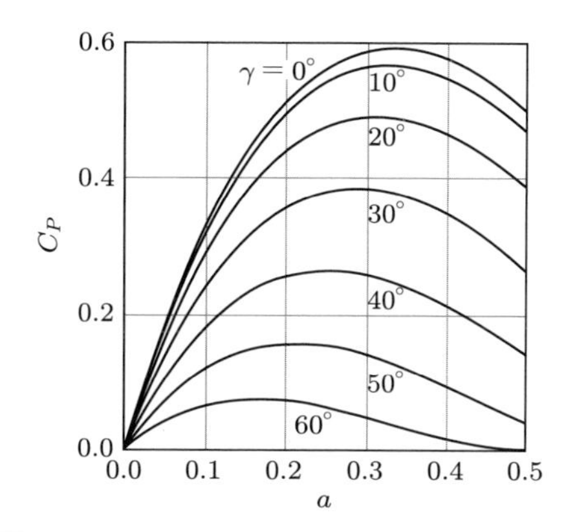

図 4.3 ヨー角と軸方向誘導係数に対するパワー係数

この $\cos^3\gamma$ 則は，ヨー状態の流れのパワー評価において一般に採用されているものである．この式による，ヨー角と軸方向誘導係数に対するパワー係数を図 4.3 に示す．ヨー角の増加に伴い，パワー係数が減少するのがわかる．

ここで，ウェイクを横向きにゆがめる横方向の圧力勾配が，軸方向誘導速度に影響を与え，軸方向の流れに作用する正味の力に影響を及ぼす可能性があるため，ヨー状態のロータに対して運動量理論を適用することの妥当性に疑問が残る．上記の検討は，平均的な軸方向誘導速度を決定するには十分かもしれないが，各翼素位置に対して運動量理論を適用することについては，正対状態の場合よりも正当性が低い．設計の段階でいかなる用途にも使用可能な理論とするためには，各翼素の誘導速度を十分な精度で決定できなければならない．また，ブレードに作用する力を十分な精度で計算することも，パワーの推定と同様に重要である．

4.2.2 ヨー状態のロータに対するグラウアートの運動量理論

グラウアート（Glauert）は，もともとオートジャイロ（autogyro）に興味をもっていた（Glauert 1926）．オートジャイロは，揚力を生み出す自由回転翼と前方への推力を生み出す通常のプロペラで構成される航空機である．自由回転翼は，鉛直方向から若干後方に傾いた回転軸を有し，オートジャイロが前進することで空気がアクチュエータディスクを通過して流れることによって，自由回転翼が回転して上向きの揚力を生み出す．このように，オートジャイロの自由回転翼は，ヨー状態にある風車ロータに類似している．オートジャイロの前進速度が高い場合はヨー角は大きいが，推力を落として垂直に下降する場合はヨー角はゼロとなる．

グラウアートは，高い前進速度で，かつ高い周速比で運転しているアクチュエータディスクは，小さな迎角（大きなヨー角）状態の円形の平面形状をもつ翼のようなものであり，アクチュエータディスクに作用するスラストは円形翼に作用する揚力となる，と論じた．単純な揚力線理論（Prandtl and Tiejens 1957）では，後縁渦系によって生み出される翼でのダウンウォッシュ（ロータにおける誘導速度）が翼（楕円形の平面形状をした捩れのない翼で，オートジャイロの円形翼も含む）のスパン（アクチュエータディスクの半径方向）にわたり一様であるという結果が得られている．

その理論により，次のとおり，一様な平均誘導速度 u が与えられる．

$$u = \frac{2L}{\pi(2R)^2\rho V} \tag{4.5}$$

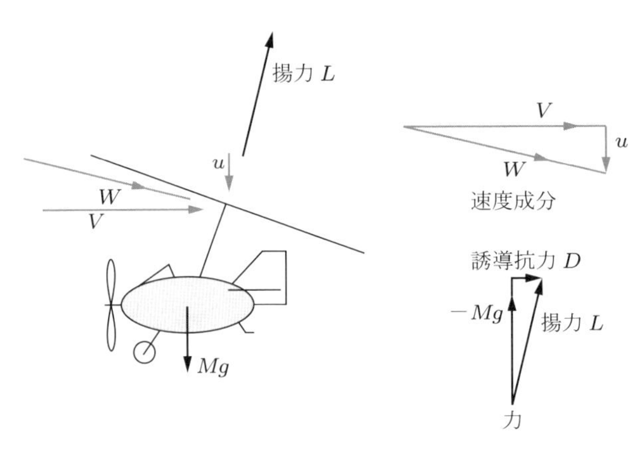

図 4.4　高速で前進飛行中のオートジャイロに作用する速度，揚力，誘導抗力

ここで，L は揚力，ρ は空気密度，R と V はオートジャイロの半径と前進速度を示す．

揚力は実質的な入射速度 W に垂直な方向に作用する（図 4.4 参照）が，実際には，相対速度 W が後流による誘導速度 u によって後方に傾くため，鉛直方向ではなく後方に少し傾く．揚力の鉛直方向成分はオートジャイロの自重を支え，揚力の水平方向成分は誘導抗力となる．水平飛行状態では，揚力の鉛直方向成分は仕事をしないが，抗力は仕事をする．

図 4.4 の力と速度のベクトル三角形から，次式が導かれる．

$$\frac{D}{L} = \frac{u}{W} \tag{4.6}$$

オートジャイロの遠方後流における後縁渦による誘導速度 u_w は，ロータにおける誘導速度よりも大きい．ロータを通過する質量流量 ρVS の空気は，ロータを通過し，遠方後流において速度 u_w の下向きの変化を受けるが，これは，空気流全体に誘導される下向きの流速変化の代表値とみなすことができる．ここで，S は速度 V に垂直な方向の面積である．図 4.4 内の揚力ベクトル L は傾きをもつ速度 W に対して垂直，すなわち，鉛直方向から角度 $\cos^{-1}(V/W)$ をもって傾いている．これが，鉛直方向の力が下向きの運動量の変化率と等しいことから，運動量理論により，

$$\frac{V}{W}L = \rho V S u_w \tag{4.7}$$

となる．また，オートジャイロのウェイク内における静圧は，オートジャイロ前方の圧力と等しいため，抗力による仕事率 DV は，後流内の運動エネルギーの変化率 $(1/2)\rho u_w^2 VS$ と等しくなければならない．よって，

$$DV = \frac{1}{2}\rho u_w^2 VS \tag{4.8}$$

となる．式 (4.5)〜(4.8) により，

$$D = \frac{L^2}{2\rho V^2 S} \tag{4.9}$$

である．また，

$$u_w = 2u \tag{4.10}$$

となる．式 (4.10) は，ロータがヨーミスアライメントのない正対状態である場合の関係と同じである．また，式 (4.5) の揚力線理論によるロータ面での誘導速度と式 (4.6) とを組み合わせることにより，次式が得られる．

$$D = \frac{2L^2}{\rho V^2 \pi (2R)^2} \tag{4.11}$$

式 (4.9) と式 (4.11) との比較により，必要な面積が次式のように計算できる．

$$S = \pi R^2 \tag{4.12}$$

ここで，S はアクチュエータディスクと同じ面積であるが，向きは飛行方向に垂直である．

上記の検討において，迎角は十分小さいものとして近似していることに注意する必要がある．このモデルは非常に単純化されたものであり，小さい迎角を仮定しているだけでなく，ロータからの後縁渦がそれ自身による誘導速度の影響によりロータ背後で下方に引きずられるなどの，ほかの小さな効果も無視している．式 (4.11) の抗力 D は，誘導抗力（induced drag）とよばれ，誘導速度によって生じる揚力の後方傾きにより発生するものであり，空気の粘性には関係しない完全な圧力抵抗である．u は小さく，V と W との間の角度も小さいため，式 (4.5) において，V をアクチュエータディスクにおける合成速度 W に置き換えることができる．このとき，面積 S は W に垂直な平面内への投影面積である．W の向きはロータ面に近いので，揚力 L はロータ面に垂直なスラスト T とほぼ同じである．これは，誘導速度がロータ面に対してほぼ垂直であるということと同じであり，式 (4.5) から次式が得られる．

$$u = \frac{2T}{\pi \rho W (2R)^2} \tag{4.13}$$

よって，大きなヨー角における風車ロータの挙動は，オートジャイロのロータと同様であると仮定することができる．

正対する風においてアクチュエータディスクに作用するスラストは，運動量理論によって次式のように与えられる．

$$T = \pi R^2 \frac{1}{2} \rho 4u (U_\infty - u) \tag{4.14}$$

ここで，オートジャイロの前進速度 V を風速 U_∞ に置き換えている．誘導速度は次式のとおりである．

$$u = \frac{2T}{\pi \rho (U_\infty - u)(2R)^2} \tag{4.15}$$

流れの誘導速度を表すために，式 (4.15) において $W = U_\infty - u$ とすると，大きなヨー角におけ

る式 (4.13) とまったく同じ式が得られる．この議論に基づき，グラウアートは，質量流量を決定する際の面積 $S = \pi R^2$ の面は合成速度と垂直な平面内にあり，単純な運動量理論である式 (4.13) はすべてのヨー角に適用可能と仮定した．面積 S の定義については，4.2.1 項で述べた理論（軸方向運動量理論と称する）における仮定とは異なり，軸力の一部はアクチュエータディスク全体に作用する揚力に起因すると考える．

したがって，

$$T = \rho \pi R^2 2uW \tag{4.16}$$

となる．ここで，

$$W = \sqrt{U_\infty^2 \sin^2 \gamma + (U_\infty \cos \gamma - u)^2} \tag{4.17}$$

である．

スラストは，質量流量にスラストの方向の速度の変化を乗じたものと等しくなるが，T と u は，いずれもアクチュエータディスク面に対して垂直であると仮定すると，スラスト係数は次のとおりである．

$$C_T = 4a\sqrt{1 - a(2\cos \gamma - a)} \tag{4.18}$$

ここで，パワーは，スラスト（ベクトル）とアクチュエータディスクにおける合成速度（ベクトル）W との内積により計算されるスカラー量である．したがって，パワー係数は，

$$C_P = 4a(\cos \gamma - a)\sqrt{1 - a(2\cos \gamma - a)} \tag{4.19}$$

となる．

上式で得られる C_P は，式 (4.3) から得られる値よりもわずかに大きくなる．しかし，式 (4.19) の定式化においては，アクチュエータディスク面での力と速度の成分を無視しており，それらの成分の向きは反対であるため，真のパワーは上記よりも若干小さくなる．また，この式は，円形の翼（アクチュエータディスクにおける修正合成速度 W に対して垂直な向きの風の成分からはパワーを抽出しない）として作用するアクチュエータディスクの揚力の影響を含んでいる．その結果，パワーの推算精度は軸方向運動量理論（式 (4.3)）のほうが高く，スラストの推算精度は式 (4.18) のほうが高くなることが予想される．

オートジャイロの前後の距離は位置により変化するため，ロータを通過する誘導速度は一様ではない．このことは，グラウアートのオートジャイロ理論からも予想される．図 4.5 に，ヨー状態のロータを通過する流れを示す．同図は，飛行方向に平行なロータ直径に沿った，ロータ面に垂直な速度の変化を単純化したものである．式 (4.13) によって決定されるロータを通過する平均誘導速度は u_0，オートジャイロの前方速度の鉛直成分はアクチュエータディスク全面で一様で，$U_\infty \cos \gamma$ である．しかし，示されている流れパターンを説明するためには，非一様な成分が必要である．その成分によって，アクチュエータディスクの鉛直方向の誘導速度がディスクの前縁部で減少し，後縁部で増加する．対称性から，飛行方向に垂直なアクチュエータディスク面における誘導速度は一

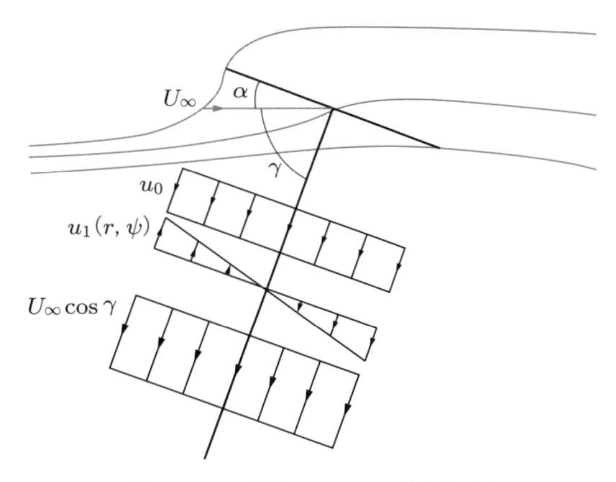

図 4.5 ヨー状態のロータに垂直な速度

様である．非一様な誘導速度は，もっとも単純化すると，次のように表せる．

$$u_1(r,\psi) = u_1 \frac{r}{R} \sin\psi \tag{4.20}$$

ここで，ψ はブレードのアジマス角で，ブレードが飛行方向に垂直な位置（または，風車ブレードが鉛直上方の位置）において $0°$ で，回転方向を正とする．また，u_1 はヨー角による非一様な成分の振幅である．アクチュエータディスク面に平行な誘導速度も必要であるが，その重要性は二次的なものである．むしろ，アクチュエータディスク面に垂直な方向の誘導速度のほうが，ブレードの迎角に対する影響が大きく，また，翼素の力に対する影響が大きい．

式 (4.20) における u_1 の値を運動量理論から決定することはできないが，グラウアートは，u_0 の値と同オーダーとすることを提案した．このとき，ロータ面に垂直な全誘導速度は次式のようになる．

$$u = u_0 \left(1 + K \frac{r}{R} \sin\psi\right) \tag{4.21}$$

ここで，K の値は，ヨー角により変化する．

4.2.3 ヨー状態におけるアクチュエータディスクの渦管モデル

3.4 節における風に正対したロータの渦理論は，その主要な結果が運動量理論と等価で，流れ場に関してかなり詳細な情報も与えることを示した．一方，4.2.1 項および 4.2.2 項の運動量理論は，非常に限定された結果しか与えないが，ヨー状態のロータに対する渦理論的アプローチを翼素理論と組み合わせることで，運動量理論よりも詳細な流れ構造を与えるので，有用である．

アクチュエータディスクに作用するスラスト T はアクチュエータディスク面に対して垂直で，ヨー状態のロータのウェイクは，流れ方向に垂直な成分をもつため，一方に偏る．流れに作用する力はスラスト T に対して逆方向となり，流れを上流方向に減速させ，横方向に曲げる（つまり，加速させる）．ウェイクの中心線は，ウェイクのスキュー角（skew angle）χ として知られる，回転軸（アクチュエータディスク面に対して垂直な軸）に対する角度をもつ．なお，スキュー角はヨー角よりも大きくなる．3.4 節において示した基礎理論を，回転軸に対して角度 χ 偏ったウェイクをもつアクチュエータディスクに適用することができる．しかし，ここで重要な条件として，アクチュエータディスクの束縛渦の循環は，半径方向にもアジマス方向にも一様であると仮定する必要がある．さらに，この条件は，後流に放出されるすべての渦が外部境界のシート内で回転軸に沿って存在するという，単純なモデルに整合する必要がある．しかし，前述のとおり，ブレードの迎角は周期的に変化するので，循環は一様にはならない．そこで，循環は平均値から変動するが，誘導速度に対する影響は小さく，ウェイクに対しては翼端から放出される渦（強さが循環の平均値）が支配的であることを仮定する必要がある（図4.6参照）．

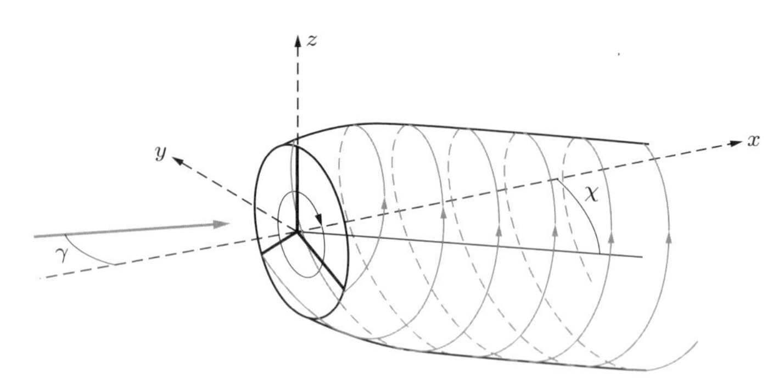

図4.6　3枚翼から放出されるヨー状態の偏り渦ウェイク

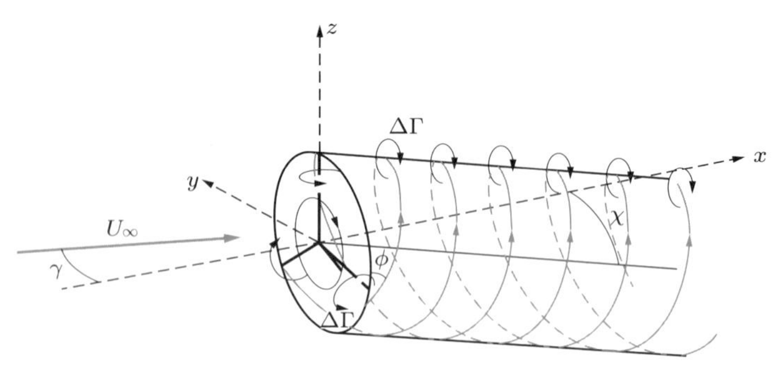

図4.7　拡大のないヨー状態のロータウェイク

ここで，ウェイクの拡大を考慮すると解析が困難になるため，前記と同様に無視する（図4.7）．ヨー状態のロータについては，前進するヘリコプタに関して，Colemanら（1945）が初めて解析した．この解析は，循環と誘導速度の符号を逆転させることによって，風車ロータに容易に応用することができる．

3.4節の解析では，無限枚数のブレードを仮定した．ψ 方向の渦度 g_ψ（ψ はアジマス角）はヨー状態のアクチュエータディスクと平行で一様（アジマス角に対して一定）であると仮定すると，ビオ－サバールの法則を用いて，スキュー角を2等分した方向（図4.8参照）に，アクチュエータディスクでの時間平均速度 $aU_\infty \sec(\chi/2)$ を誘起することがわかる．ここで，ロータ面に垂直な軸方向平均誘導速度は，ロータ正対状態と同様 aU_∞ である．また，完全に発達したウェイクにおける誘導速度は，アクチュエータディスクでの誘導速度の2倍である．

4.1.1項と4.1.2項の運動量理論において仮定したように，アクチュエータディスクでの平均誘導速度の方向はロータ軸と平行ではないので，流れの運動量変化率を担っているのは軸方向のスラス

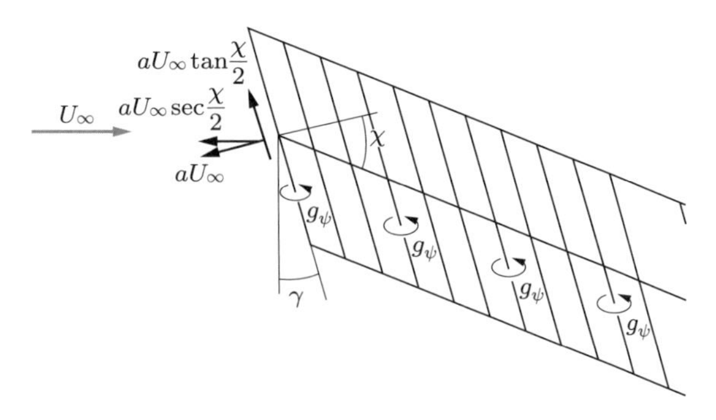

図 4.8 ヨー状態のアクチュエータディスクの渦管ウェイクの平面図

ト T だけではない．つまり，ロータ軸に垂直な方向にも運動量変化がある．

アクチュエータディスクに垂直および平行な速度成分により，スキュー角は次のように定義される．

$$\tan\chi = \frac{2\tan(\chi/2)}{1-\tan^2(\chi/2)} = \frac{U_\infty[\sin\gamma - a\tan(\chi/2)]}{U_\infty(\cos\gamma - a)} \tag{4.22}$$

χ，γ，a の関係は次式で精度よく近似される．

$$\chi = (0.6a + 1)\gamma \tag{4.23}$$

図 4.9 に示す速度を用いて，新たな分析ができる．アクチュエータディスクに作用する平均的な力は，アクチュエータディスクの風上と風下との両方の流れ領域にベルヌーイの式を適用することによって決定できる．

$$\text{風上側：}\quad p_\infty + \frac{1}{2}\rho U_\infty^2 = p_D^+ + \frac{1}{2}\rho U_D^2$$

$$\text{風下側：}\quad p_D^- + \frac{1}{2}\rho U_D^2 = p_\infty + \frac{1}{2}\rho U_\infty^2\left[(\cos\gamma - 2a)^2 + \left(\sin\gamma - 2a\tan\frac{\chi}{2}\right)^2\right]$$

ここで，下付き添字の D はアクチュエータディスク位置であることを示す．U_D は，アクチュエータディスク面における合成速度である．

アクチュエータディスクを横切る際の圧力降下を得るために，上の二つの式から次式を得る．

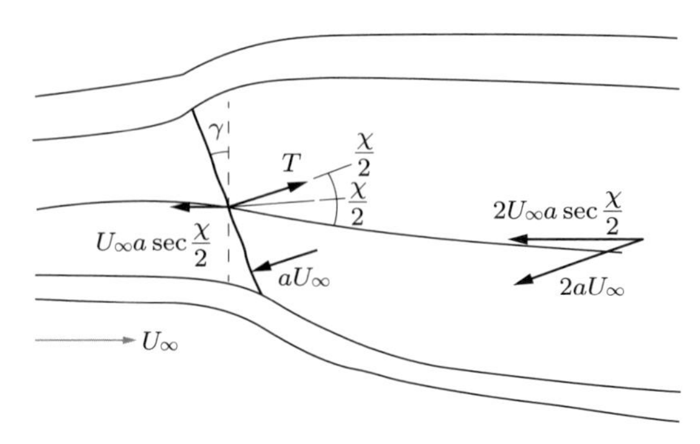

図 4.9 ヨー状態のアクチュエータディスクによって生じる平均誘導速度

$$p_D^+ - p_D^- = \frac{1}{2}\rho U_\infty^2 4a \left(\cos\gamma + \tan\frac{\chi}{2}\sin\gamma - a\sec^2\frac{\chi}{2}\right)$$

したがって，アクチュエータディスクに作用するスラスト係数は，

$$C_T = 4a \left(\cos\gamma + \tan\frac{\chi}{2}\sin\gamma - a\sec^2\frac{\chi}{2}\right) \tag{4.24}$$

となる．また，パワー係数は，

$$C_P = 4a(\cos\gamma - a) \left(\cos\gamma + \tan\frac{\chi}{2}\sin\gamma - a\sec^2\frac{\chi}{2}\right) \tag{4.25}$$

となる．

グラウアート理論と同様に，式 (4.24) のスラストのうち，流れから抽出できるパワーは不明確であり，式 (4.25) におけるパワーは過大評価の可能性が高い．三つの理論から導出される，ヨー角に対する C_P の最大値の比較を図 4.10 に示す．

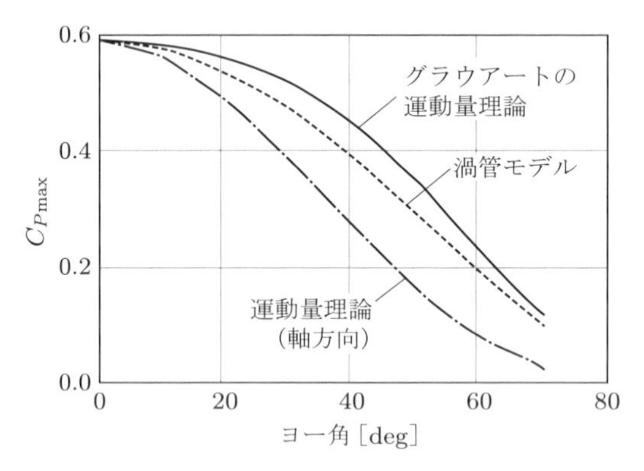

図 4.10　ヨー角に対する最大パワー係数（運動量理論と渦理論との比較）

4.2.4　流れの拡大

偏りをもったウェイク軸に平行な平均誘導速度成分の値は，図 4.9 に示したように aU_∞ である．アクチュエータディスクにおける誘導速度の水平方向成分は，アクチュエータディスク面全域において一様で，$aU_\infty \tan(\chi/2)$ となる．

図 4.9 に示した円筒ウェイクモデルによって誘導される速度に加えて，流れの拡大が，y および z 方向（すなわち，後流軸に対して垂直な面で，ロータ面に対してスキュー角 χ をもつ方向．図 4.11 参照）に速度を生じさせる．この速度をロータ面に平行な向きと垂直な向きに分解すると，流れの拡大速度により，グラウアートによって予測された式 (4.21) に示す非一様な垂直方向の誘導速度が生じる．ウェイクにおける誘導速度 u の符号は慣例的に風上方向を正とするが，このあとの解析では，変動速度 u, v, w の符号は入射速度場の符号に従うこととする．とくに，軸方向の変動速度 u，u'' などは風下方向を正に定義することに注意を要する．

半径 r およびアジマス角 ψ におけるアクチュエータディスク上の 1 点（図 4.11 で定義）において，誘導流れの拡大速度は，r と ψ の複雑な関数になる．コールマン（Coleman）らは，ディスク

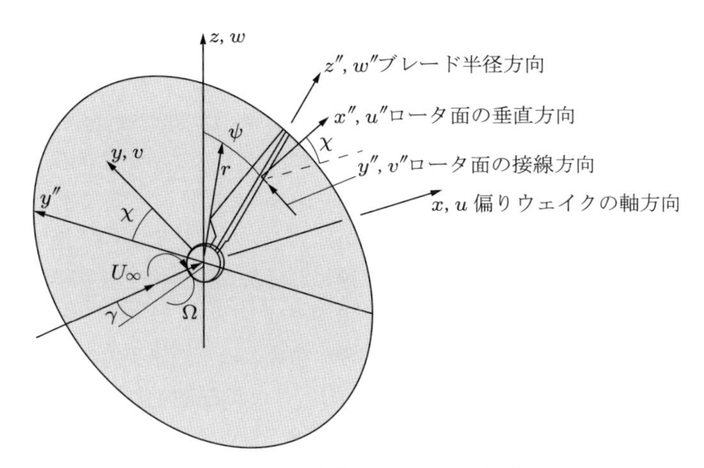

図 4.11　ヨー状態にあるロータの軸系

面に対して水平な方向（$\psi = \pm 90°$）に，完全楕円積分を含む，y 方向の流れ拡大速度の解析解を得た．しかし，数値的に評価するには二つの大きな数値間の違いを計算する必要があるため，この解はあまり現実的ではない．水平方向の流れ拡大率に対する解析解を単純化すると次のような形になり，評価は容易になるが，閉形式ではなくなる．

$$v(\chi, \psi, \mu) = \frac{-2aU_\infty \mu \sin\psi}{\pi} \int_0^{\frac{\pi}{2}} \frac{\sin^2 2\varepsilon}{\sqrt{(1+\mu)^2 - 4\mu \sin^2\varepsilon}} \frac{1}{(\mu + \cos 2\varepsilon)^2 \cos^2\chi + \sin^2 2\varepsilon} d\varepsilon \quad (4.26)$$

ここで，$\mu = r/R$ で，ε は定積分（楕円積分）から生じる積分変数である．また，aU_∞ は，先に定義した平均誘導速度である．式 (4.26) における重要な特徴は，流れの拡大速度が軸方向の平均誘導係数に比例し，アジマス角 ψ とともに正弦波状に変化するということである．さらに，式 (4.26) を $\sec^2(\chi/2)$ で割った場合，その結果はスキュー角 χ に対してほぼ独立である．$v(\chi, \psi, \mu)/[aU_\infty \sec^2(\chi/2) \sin\psi]$ を流れ拡大関数（flow expansion function）$F(\mu)$ として定義すると，図 4.12 に示すとおり，スキュー角 0°〜60° の範囲における $F(\mu)$ の変化はわずかである．

すべてのスキュー角において，流れ拡大関数の値は，アクチュエータディスクの外縁において無限大となり，流れの中における特異点となる．これは，ブレードに現実には起こらない一様な循環

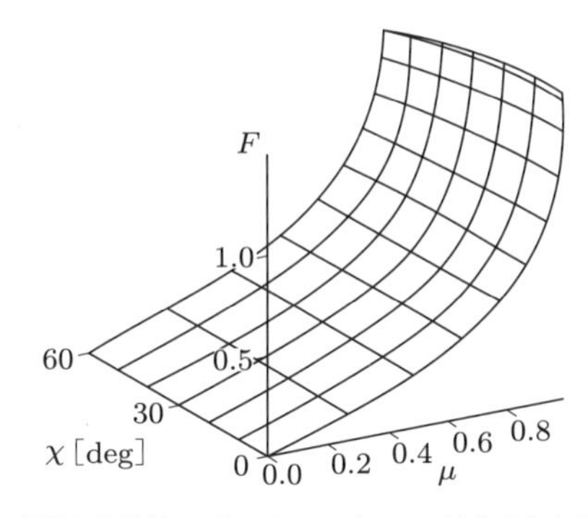

図 4.12　半径方向位置 μ とスキュー角 χ に対する流れ拡大関数 F

を仮定したことにより生じるものである．実際には，循環は，アクチュエータディスクの外縁で滑らかにゼロとなる必要がある．

コールマンらは，$\pm 90^\circ$ 以外のアジマス角 ψ における流れの拡大速度成分の解析式を導出しなかったが，これは，ビオ－サバールの法則を用いて数値的に評価することができる．

流れの拡大速度の半径方向の分布は，スキュー角が $\pm 45^\circ$ の間においては F とほぼ一致する．一方，この範囲外では，アクチュエータディスクの外縁において，垂直方向の速度が水平方向の速度よりも急激に大きくなる．後述のとおり，ヨー状態におけるロータの空気力学的挙動を決定するうえで，垂直方向の拡大速度は水平方向と比較して重要ではない．

アクチュエータディスク面上における，同一半径の円周に沿った水平方向および垂直方向の流れの拡大速度の変化から，スキュー角が小さい場合には，さらなる簡略化が可能であることがわかる．

図 4.13 は，スキュー角 30° における，アクチュエータディスクを横切る流れの拡大速度の変化を示している．スキュー角をもつウェイクの軸に垂直な平面内に速度成分があることは重要である．拡大速度の変化を精査することにより，二つの速度成分に対する簡単な近似式が次のように導かれる．

$$v(\chi, \psi, \mu) = -aU_\infty F \sec^2 \frac{\chi}{2} \sin\psi \tag{4.27}$$

$$w(\chi, \psi, \mu) = aU_\infty F \sec^2 \frac{\chi}{2} \cos\psi \tag{4.28}$$

ここで，

$$F = \frac{2\mu}{\pi} \int_0^{\frac{\pi}{2}} \frac{\sin^2 2\varepsilon}{\sqrt{(1+\mu)^2 - 4\mu\sin^2\varepsilon}} \frac{\cos^2(\chi/2)}{(\mu + \cos 2\varepsilon)^2 \cos^2\chi + \sin^2 2\varepsilon} d\varepsilon \tag{4.29}$$

である．

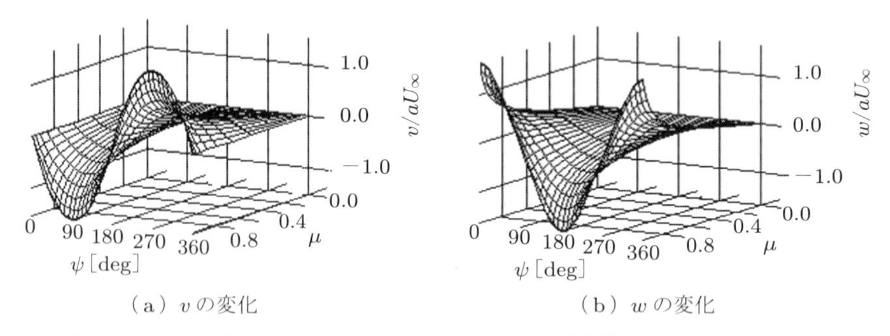

（a）v の変化　　（b）w の変化

図 4.13　スキュー角 30° における，アジマス角 ψ と半径方向位置 $\mu = r/R$ に対する，ロータ面上の水平方向速度 v および垂直方向速度 w の変化

これらの近似の欠点は，アクチュエータディスクの外縁部において流れ拡大関数式 (4.29) が特異点をもつことである．アクチュエータディスクを翼枚数が少ないロータに置き換えると，流れの拡大関数は非常に大きく変化する．この場合，半径方向に一様な強さの揚力渦線によって表される正対状態の 1 枚翼ロータに対して，ビオ－サバールの法則を適用することにより，流れの拡大関数を数値的に決定することができる．半径方向の揚力線に沿った流れの拡大速度は，揚力線（ブレード）の翼端から放出される離散的な渦線のらせん角（helix angle，翼端渦が翼端から放出される角

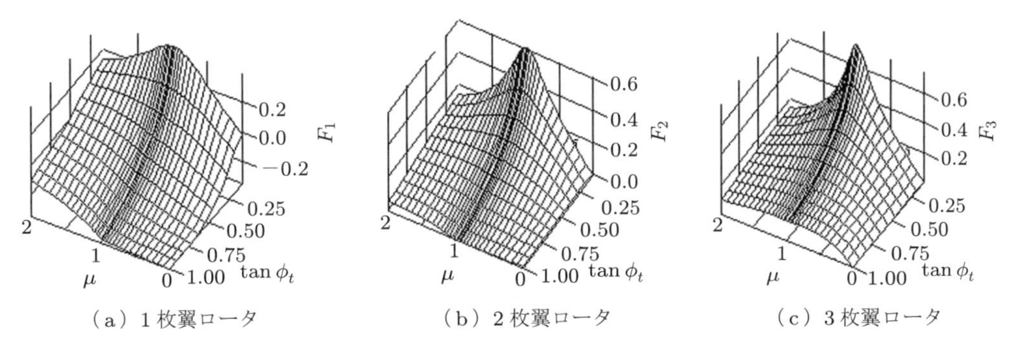

（a）1 枚翼ロータ　（b）2 枚翼ロータ　（c）3 枚翼ロータ

図 4.14　揚力線理論による 1〜3 枚翼ロータの流れ拡大関数

第4章 風車の空気力学に関するその他のトピック

度．流れ角（flow angle）ともいう）の関数であることがわかる．らせん角とウェイク直径がロータ位置での値に固定されるように，剛体的な渦ウェイクを仮定する．1 枚翼ロータの解を単純に重ね合わせることにより，複数翼の流れ場を決定することができる．こうして得られる N 枚翼ロータ（$N = 1〜3$）に対する流れ拡大関数 F_N を，図 4.14 に示す．

アクチュエータディスクにおいて発生する特異点とは対照的に，図 4.14 における半径方向の変化は，ロータ半径を越えて延び，有限枚数のブレードにおいても連続的な特性を示している．図 4.14 の流れ拡大関数には，二つの顕著な特徴がある．一つは，流れ拡大関数がらせん角 ϕ_t の値に強く依存すること，そしてもう一つは，1 枚翼ロータにおいて負の流れ拡大関数値（流れの収縮）が発生し得ることである．

2 枚翼と 3 枚翼ロータに対して，図 4.14 に示したグラフ形状の近似的な解析式は次のとおりである（図 4.15 参照）．

$$F_a(\mu, \phi_t, N) = \frac{F}{\sqrt{1 + 50\tan^2(\phi_t/N^2)(1/\tan\phi_t + 8)F^2[\mu(2-\mu)F]^{0.05\cot\phi_t}}} \tag{4.30}$$

ここで，$\tan\phi_t = (1-a)/[\lambda(1+a')]$ である．

ロータ軸（図 4.11 中の x'', y'', z'' 軸）のまわりを回転する軸に対して，速度成分を座標変換すると，式 (4.27) と式 (4.28) の流れ拡大速度は，翼素に対して垂直方向および接線方向に分解され

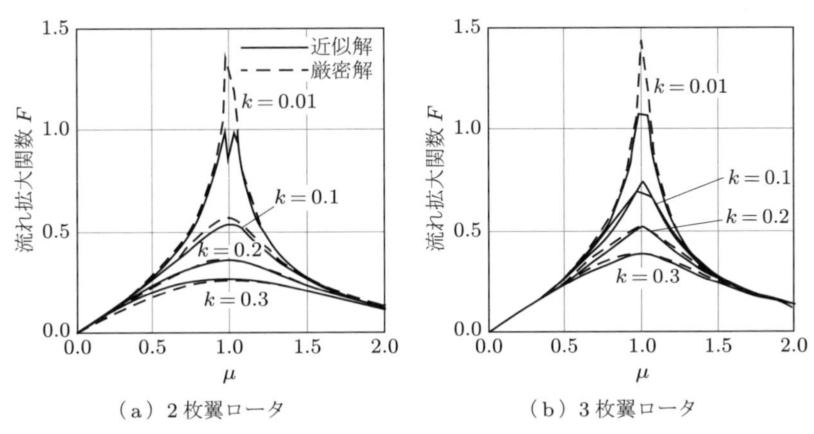

（a）2 枚翼ロータ　（b）3 枚翼ロータ

図 4.15　2 枚翼および 3 枚翼ロータの近似流れ関数（$k = \tan\phi_t$）

る（図 4.11 参照）．垂直成分は，

$$u'' = -aU_\infty \left(1 + 2\sin\psi \tan\frac{\chi}{2} F\right) \tag{4.31}$$

であり，そして接線成分は，

$$v'' = aU_\infty \cos\psi \tan\frac{\chi}{2} \left(1 + 2\sin\psi \tan\frac{\chi}{2} F\right) \tag{4.32}$$

である．これに追加する風速 U_∞ の垂直成分は，

$$U'' = U_\infty \cos\gamma \tag{4.33}$$

であり，そして接線成分は，

$$V'' = -U_\infty \cos\psi \sin\gamma \tag{4.34}$$

となる．

式 (4.31) や (4.32) 内の F に対して若干異なる近似を行うこともある（図 4.16 と式 (4.36) 参照）．式 (4.31) から明らかなように，コールマン理論により，関数 K_C（式 (4.21) 参照）が次式のように与えられる．

$$K_C(\chi) = 2\tan\frac{\chi}{2} \tag{4.35}$$

ここで，$F \approx \mu = r/R$ と近似している．一方，式 (4.36) と図 4.16 では，$F(\mu) \approx 0.5\,\mu$ と別の近似をしている．この近似は便利であるが，外部領域において精度が低下する．

速度としては，さらに，ブレードの回転による接線方向速度 Ωr と，誘起されるウェイクの回転があるが，後者は当面無視する．

正のアジマス角 ψ における式 (4.31)〜(4.34) の速度は，アジマス角が負の場合よりも小さいので，迎角は周期的に変化する（図 4.17 参照）．正の ψ における入射垂直速度 u'' の向きは，負の ψ

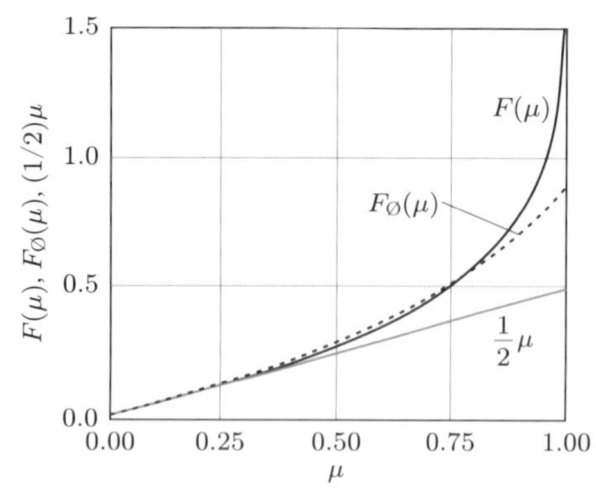

図 4.16　コールマンの流れ拡大関数に対するØye の曲線近似

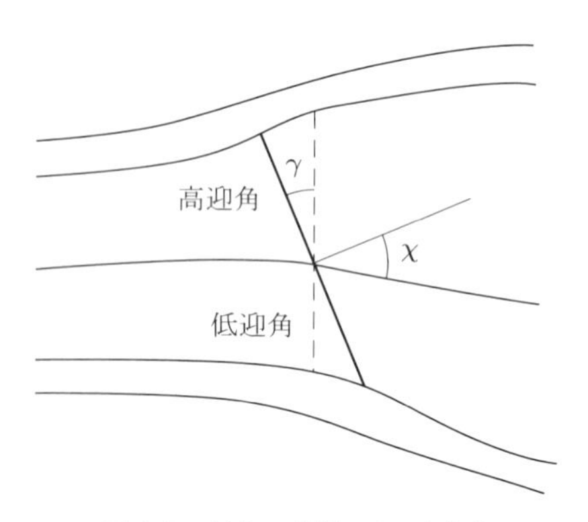

図 4.17　流れの拡張による迎角差

の場合よりブレード軸に近くなる．図 4.17 に示すように，迎角の差は流れの拡大によるものと考えることができる．

迎角の変化により，翼型まわりの流れが非定常になるため，揚力は 4.4 節で論じられるような応答となる．したがって，ブレードの循環は回転の過程で変化するため，一定の循環を仮定して導出される渦モデルでは不完全であるということになる．

これに加えて，ウェイク内には，ブレード後縁かららせん状に放出され，アジマス角によってその強さが変化するスパン方向の渦度が存在する．アジマス角によって強さが変化し，らせん状に放出されるため，誘導速度に影響するが，その影響についてはこの理論の中では考慮されていない．また，その影響による付加的な誘導速度は周期的であるため，アクチュエータディスクに垂直な平均誘導速度には影響しないが，周期的な迎角変化の位相と振幅に影響を与えると考えられる．

コールマンの渦理論の数値解析により，$\pm 45°$ 以上のスキュー角では，拡大誘導速度において，式 (4.21) 中の回転速度より高い高調波の変動が顕著となることがわかる．また，ヨー軸に対する非対称性により，奇数次の高調波だけが存在することが示されている．

4.2.5 関連する理論

多くの研究者により，グラウアートとコールマンの理論に対する改良が提案されてきた．ほとんどはヘリコプタの空気力学を扱うものであったが，風車に特化したものもいくつかあった．とくに Øye（1992）は，コールマンと同じ解析を行い，式 (4.29) に対して以下の単純な曲線近似式を提案した．

$$F_{\emptyset}(\mu) = \frac{1}{2}(\mu + 0.4\mu^3 + 0.4\mu^5) \tag{4.36}$$

オーイエ（Øye）は，式 (4.29) がアクチュエータディスクの外縁付近で非常に大きな値になることを避けた．上式は，代表的な周速比において，図 4.14 に示した流れ拡大関数とおおむね一致する．

Meijer Drees（1949）は，ブレードの循環の正弦波状の変化を考慮するために，コールマンらの渦モデルを拡張した．そのおもな結果は関数 K_C の修正であるが，垂直方向速度の線形変化についてのグラウアートの仮定（次式）はそのまま保持した（Snel and Schepers（1995）参照）．

$$u'' = -aU_\infty \left[1 + \frac{4}{3}\mu \left\{1 - 1.8\left(\frac{\sin\gamma}{\lambda}\right)^2\right\} \sin\psi \tan\frac{\chi}{2}\right] \tag{4.37}$$

4.2.6 定常なヨー状態の風車ロータにおけるウェイクの回転

ウェイク中の流れには回転があるが，ヨー状態においては，これをトルクのみに関連付けることはできない．渦理論においては，偏向した軸に沿ったウェイクの中に常に存在する，移流する翼根渦を考慮する必要がある．したがって，ヨー状態のウェイク中の回転は，ロータの回転軸まわりではなく，偏向したウェイク軸まわりの回転である．ウェイク回転速度（ベクトル）は，偏向したウェイク軸に垂直な平面内にある．

ウェイクの回転速度を決定するために，偏向したウェイク軸まわりの角運動量の変化率が，ブレードの力によって生成される同軸まわりのモーメントと等しいとする．

前述のように，ウェイク回転速度をロータの角速度によって表すと，次のとおりである．

$$v''' = \Omega r''' a' h(\psi) \tag{4.38}$$

ここで，3重プライム（$'''$）はウェイク軸まわりに回転する軸系を表し，$h(\psi)$ は翼根渦の影響の強さを決定する関数である．ロータが風に正対した状態の場合，翼根渦はロータにおいて速度を誘起し，その速度は，同じ半径における遠方場での速度の 1/2 になる．ヨー状態の場合，同様の条件を，中心が実際のロータ中心に一致している，スキュー軸に垂直なアクチュエータディスクに対して適用する．ウェイク軸に垂直なアクチュエータディスクの中心を通る面から上流側，あるいは下流側の点までの距離により，翼根渦影響関数 $h(\psi)$ が決定される．$h(\psi)$ の値は，上下方向の直径位置において 1.0 に等しく，非常に大きなヨー角において 1.0 までの振幅をもち，アジマス角の変化ととともに，この値を中心に正弦波状に変化する．

ビオ－サバールの法則から，強さ Γ をもつ x 軸に沿った半無限（0〜∞）の渦線によって円筒座標 (x''', ψ''', r''') 上の点に誘導される速度は，次のようになる．

$$\vec{V}''' = \frac{\Gamma}{4\pi r'''}\begin{bmatrix} 0 \\ 1 + \dfrac{x'''}{\sqrt{x'''^2 + r'''^2}} \\ 0 \end{bmatrix} = \begin{bmatrix} 0 \\ v''' \\ 0 \end{bmatrix} \tag{4.39}$$

誘導速度は，$x''' = \infty$ では $x''' = 0$ における値の2倍であり，$x''' = -\infty$ ではゼロである．

アクチュエータディスク上のある点 $(0, \psi, r)$ は，アクチュエータディスク軸に垂直な座標系 (x''', ψ''', r''') で表すと，次のとおりである．

$$x''' = -y'' \sin\chi = r \sin\psi \sin\chi, \quad r''' = r\sqrt{\cos^2\psi + \cos^2\chi \sin^2\psi}$$

そして，

$$\cos\psi''' = \frac{r}{r'''}\cos\psi, \quad \sin\psi''' = \frac{r}{r'''}\sin\psi\cos\chi \tag{4.40}$$

である．

ここで，循環（式 (3.33)）として

$$\Gamma = 4\pi r'''^2 \Omega a'$$

を代入すると，同じ点における誘導速度は次のようになる．

$$v''' = \Omega r''' a' \left(1 + \frac{x'''}{\sqrt{x'''^2 + r'''^2}}\right) \tag{4.41}$$

よって，式 (4.39) の速度をアクチュエータディスク面内にある回転軸上に変換すると，

$$\vec{V} = \begin{bmatrix} 1 & 0 & 0 \\ 0 & \cos\psi & \sin\psi \\ 0 & -\sin\psi & \cos\psi \end{bmatrix}\begin{bmatrix} \cos\chi & \sin\chi & 0 \\ -\sin\chi & \cos\chi & 0 \\ 0 & 0 & 1 \end{bmatrix}\begin{bmatrix} 1 & 0 & 0 \\ 0 & \cos\psi''' & -\sin\psi''' \\ 0 & \sin\psi''' & \cos\psi''' \end{bmatrix}\begin{bmatrix} 0 \\ v''' \\ 0 \end{bmatrix} \tag{4.42}$$

となる．さらに，上式に式 (4.40) および式 (4.41) を代入すると，次のとおりとなる．

$$\vec{V}'' = \begin{bmatrix} \cos\psi\sin\chi \\ \cos\psi \\ 0 \end{bmatrix} \Omega r a'(1+\sin\psi\sin\chi) \tag{4.43}$$

したがって，ウェイクの回転により，ロータ回転面内とロータ面に垂直方向の速度成分が発生するが，半径方向の成分は発生しない．

4.2.7 定常なヨー状態における風車ロータの翼素理論

ヨー状態の風車は翼素まわりの局所的な流れが非定常であるため，翼素理論を適用することには疑問がある．また，翼素理論は渦を表現するものであるため，式中の，運動量理論を置き換える部分が不完全である．とはいえ，非定常な力がどれほど大きく，またどれほど重要かは明確ではない．たとえば，定常なヨー状態において無限数の翼を仮定すると，アクチュエータディスク上のある固定点における地球座標系での流れの速度は時間とともに変化しないので，考慮すべき影響はない．しかし，ブレード上の点における迎角の時間変化は，翼型が正弦波状にピッチング変化する直線ウェイクに対してテオドールセン（Theodorsen）が求めたものと同様の，非定常な揚力関数により修正する必要がある．

放出渦度の効果を無視した場合の，翼素の面内における正味の速度を図 4.18 に示す．同図には半径方向の速度成分は示されていないが，その成分は迎角ならびに揚力に対して影響を与えないと考えられるため，ここでは無視している．

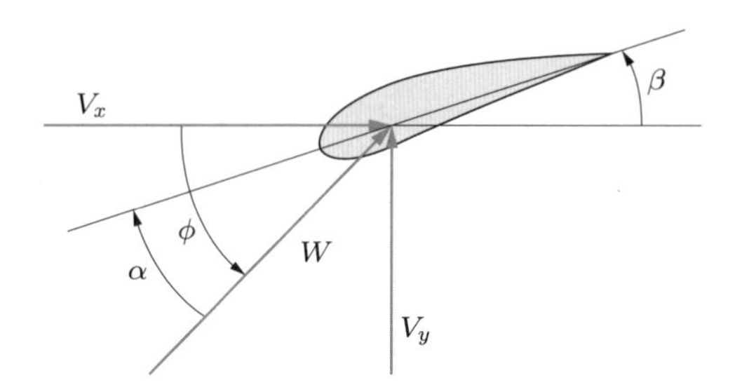

図 4.18 翼断面の平面内の速度成分

流入角 ϕ は，図 4.18 に示される速度成分により，次式のように求められる．

$$\begin{aligned} \tan\phi &= \frac{V_x}{V_y} \\ V_x &= U_\infty[\cos\gamma - a(1+FK\sin\psi)] + \Omega r a'\cos\psi\sin\chi(1+\sin\psi\sin\chi) \\ V_y &= \Omega r[1+a'\cos\chi(1+\sin\psi\sin\chi)] \\ &\quad + U_\infty\cos\psi\left[a\tan\frac{\chi}{2}(1+FK\sin\psi) - \sin\gamma\right] \end{aligned} \tag{4.44}$$

ここで，$\mu = r/R$ は，ロータ半径に対する，ロータ回転軸から半径方向の位置の比を示す．

次式から迎角 α が求められる．

$$\alpha = \phi - \beta \tag{4.45}$$

風に正対している場合と同様に，各翼素における迎角と，二次元の実験データから得られる揚力係数と抗力係数から，μ と ψ に対する各翼素における揚力係数と抗力係数が求められる．

4.2.8　定常なヨー状態のロータに対する翼素運動量理論

式 (4.44) および式 (4.45) を用い，与えられた誘導係数に対して，翼素に作用する力を決定することができる．

半径 r，半径方向の幅 δr の環状部に作用するスラストは，3.5.2 項の式 (3.46) を用いて，次のように計算できる．

$$\delta L \cos\phi + \delta D \sin\phi = \frac{1}{2}\rho W^2 Bc(C_l \cos\phi + C_d \sin\phi)\delta r$$

ロータの環状部の微小な角度 $\delta\psi$ の要素に作用する力 δF_b は，次のとおりである．

$$\delta F_b = \frac{1}{2}\rho W^2 Bc(C_l \cos\phi + C_d \sin\phi)\delta r \frac{\delta\psi}{2\pi}$$

これに，$C_x = C_l \cos\phi + C_d \sin\phi$ と $\sigma_r = Bc/(2\pi r)$ を代入すると，

$$\delta F_b = \frac{1}{2}\rho W^2 \sigma_r C_x r \delta r \delta\psi \tag{4.46}$$

となる．

ブレードの循環は，循環変動の換算周波数に応じてアジマス角とともに常に変化するので，C_l および C_d の平均値については，準定常な挙動を仮定し，非定常性は無視する．

換算周波数（reduced frequency）$k = \pi fc/W$ が 0.05 程度よりも大きくなると，非定常効果が顕著になる．ここで，f は非定常流れの周波数で，この場合は回転周波数であり，W はブレード断面における時間平均相対速度である．k の値は，ウィンドシアーをブレードが通過する場合に 0.05 を容易に超える．

運動量の変化率 δF_m の計算には，グラウアート理論の式 (4.18) か，渦管理論の式 (4.24) のいずれかを使用する．両式において，プラントルの翼端損失を考慮するために，誘導係数 a を af に置き換える必要がある．よって，グラウアートの理論においては，

$$\delta F_m = \frac{1}{2}\rho U_\infty^2 4af\sqrt{1 - af(2\cos\gamma - af)}r\delta\psi\delta r \tag{4.47}$$

となり，また，渦理論においては，

$$\delta F_m = \frac{1}{2}\rho U_\infty^2 4af\left(\cos\gamma + \tan\frac{\chi}{2}\sin\gamma - af\sec^2\frac{\chi}{2}\right)r\delta\psi\delta r \tag{4.48}$$

となる．

ウェイクの回転速度を代数的に推定することは，循環渦の変動を無視しても非常に複雑である．しかし，ウェイクの回転による圧力の低下は，周速比が小さい場合を除き，風に正対しているとき

には小さいことが示されるので，ヨー状態の場合も無視して問題ないものと仮定する．

翼素のウェイク軸まわりのモーメント δM_b は，次のとおりである．

$$\delta M_b = \frac{1}{2}\rho W^2 Bc(C_y \cos\chi - C_x \cos\psi \sin\chi)r\delta r\frac{\delta\psi}{2\pi} \tag{4.49}$$

ここで，

$$C_y = C_l \sin\phi - C_d \cos\phi$$

である．したがって，

$$\delta M_b = \frac{1}{2}\rho W^2 \sigma_r (C_y \cos\chi - C_x \cos\psi \sin\chi) r^2 \delta r \delta\psi \tag{4.50}$$

となる．

角運動量の変化率 δM_m は，アクチュエータディスク要素の面積を通過する質量流量率に接線方向速度と半径を乗じたもので，次式のようになる．

$$\delta M_m = \rho U_\infty(\cos\gamma - af)r\delta\psi\delta r 2a' f\Omega r'''^2 \tag{4.51}$$

ここで，

$$r'''^2 = r^2(\cos^2\psi + \cos^2\chi \sin^2\psi)$$

である．したがって，

$$\delta M_m = \frac{1}{2}\rho U_\infty^2 \lambda\mu 4a' f(\cos\gamma - af)(\cos^2\psi + \cos^2\chi\sin^2\psi)r^2\delta r\delta\psi \tag{4.52}$$

となる．

誘導係数 a はアクチュエータディスク全体での平均値であり，運動量理論はアクチュエータディスク全体にのみ適用できるものである．しかし，循環が半径方向に変化することにより，誘導係数が半径位置とともに変化する場合にも，風に正対したケースと同様に，環状部に運動量方程式を適用して誘導係数を求めてもよいという主張も考えられる．角運動量の場合，接線方向の誘導係数 a' は翼根渦によって生成されるため，アジマス位置によって若干変化する．ただし，これは，軸方向誘導係数 a がアジマス角によって変化するが，環状平均を使用することと整合する．

環状平均を求めるため，要素に作用する力を環状部において積分する．

軸方向運動量の場合には，一例として，渦法を採用し，

$$\int_0^{2\pi} \frac{1}{2}\rho U_\infty^2 4af\left(\cos\gamma + \tan\frac{\chi}{2}\sin\gamma - af\sec^2\frac{\chi}{2}\right)\delta\psi r\delta r = \sigma_r \int_0^{2\pi}\frac{1}{2}\rho W^2 C_x \delta\psi r\delta r \tag{4.53}$$

となる．したがって，

$$8\pi af\left(\cos\gamma + \tan\frac{\chi}{2}\sin\gamma - af\sec^2\frac{\chi}{2}\right) = \sigma_r\int_0^{2\pi}\frac{W^2}{U_\infty^2}C_x d\psi \tag{4.54}$$

となる．

合成速度 W と垂直方向力係数 C_x は ψ の関数である（反復法の結果，a の根が複雑になるため，式 (4.54) の解法には注意が必要である）．

そして，角運動量については，次式のように計算する．

$$\begin{aligned}&\int_0^{2\pi} \frac{1}{2}\rho U_\infty^2 \lambda\mu 4a' f(\cos\gamma - af)(\cos^2\psi + \cos^2\chi\sin^2\psi)r^2 d\psi\delta r\\&= \int_0^{2\pi} \frac{1}{2}\rho W^2 (C_y\cos\chi - C_x\sin\chi\cos\psi)r^2 d\psi\delta r\end{aligned} \tag{4.55}$$

展開すると，

$$4a' f(\cos\gamma - af)\lambda\mu\pi(1+\cos^2\chi) = \sigma_r\int_0^{2\pi}\frac{W^2}{U_\infty^2}(C_y\cos\chi - C_x\sin\chi\cos\psi)d\psi \tag{4.56}$$

となる．

翼素の無次元合成速度は，次式で与えられる．

$$\begin{aligned}\frac{W^2}{U_\infty^2} &= [\cos\gamma - a + \lambda\mu a'\sin\chi\cos\psi(1+\sin\chi\sin\psi)]^2\\&\quad + \left[\lambda\mu\{1 + a'\cos\chi(1+\sin\chi\sin\psi)\} + \cos\psi\left(a\tan\frac{\chi}{2} - \sin\gamma\right)\right]^2\end{aligned} \tag{4.57}$$

このウェイクモデルにおいては流れが拡大せず，これに関連する運動量変化もないため，図 4.18 内の FK を含んだ流れの拡大項が式 (4.57) における速度成分から除外されていることに注意を要する．流れの拡大速度によりブレードに生じる力は，ウェイク内において，流管（流管は拡大しているため，流れ方向成分をもつ）の側面に作用する圧力とつりあう．

式 (4.54) および式 (4.56) は，反復法によって積分値を数値的に求めることができる．通常，a と a' の初期値はゼロとする．あるブレード形状に対して，各翼素の位置 μ および各ブレードアジマス角 ψ において，流入角 ϕ は式 (4.44) から計算できるが，この値は，式 (4.57) に従い，流れ拡大速度を除外するように適切に修正する．それによって，翼素の取付角（捩れ角）β がわかれば，局所的な迎角を求めることができる．迎角に対する揚力係数および抗力係数は，翼型のデータ（風洞実験結果など）から得られる．環状部（μ 一定）に対してこのような解析を行うことにより，全体の積分値が計算できる．軸方向誘導係数 a の新しい値は式 (4.54) から求め，接線方向の誘導係数 a' は式 (4.56) から求める．そして，十分収束するまで，同じ環状部において反復計算を行う．上記のとおり，式 (4.54) の左辺は a の 2 次式である．その解は複雑なものとなり，非現実的な根になる．より安定な解を求めるには，a の 2 次の項を取り除き（両辺を a で割るか，a の項を右辺に移動させるために両辺から減じる），結果として得られた線形方程式の反復解を求める．前述のような代数的な推定のほとんどは，行列表記を用いてよりコンパクトに実施できる．

この理論は，軸方向誘導速度のアジマス平均値を決定する場合にのみ使用することができる．接線方向の誘導係数の平均を計算すると，要素に対する運動量方程式（式 (4.48)）と要素に作用する力（式 (4.46)）を用いて，アジマス角とともに変化する値を求めることができる．

ブレードに作用する力に関しては，流れの拡大速度を考慮する必要がある．翼素の垂直方向と接線方向の速度成分は図 4.18 に示されているが，それらの合成速度は，次のとおりである．

$$\frac{W^2}{U_\infty^2} = [\cos\gamma - a(1 + FK\sin\psi) + \lambda\mu a'\sin\chi\cos\psi(1 + \sin\chi\sin\psi)]^2 + \left[\lambda\mu\{1 + a'\cos\chi(1 + \sin\chi\sin\psi)\} + \cos\psi\left\{a\tan\frac{\chi}{2}(1 + FK\sin\psi) - \sin\gamma\right\}\right]^2 \tag{4.58}$$

第4章 風車の空気力学に関するその他のトピック

4.2.9 誘導速度の計算値

デルフト工科大学において，ヨー状態にある実際の風車ロータにおける誘導速度の計測が行われた（Snel and Schepers 1995）．試験は小型風洞を用いて実施され，定常風中でヨー角を固定し，タワーシャドウとウィンドシアーの影響はないものとした．風車模型は直径 1.2 m の 2 枚翼ロータであり，ブレードは，断面形状が NACA0012，翼弦長が 80 mm で，ブレードの取付角は，半径位置 180 mm から 540 mm までは 9° から 4° に線形に変化し，540 mm から先端までは 4° で一定である．試験は，風速 6.0 m/s，ロータ回転速度 720 rpm，ヨー角 10°, 20°, 30° で実施された．

この模型風車の誘導速度を渦度の運動量方程式により計算した結果を，図 4.19 に示す．これらは，式 (4.54) および式 (4.56) を用いて得られた各環状部の平均値である．

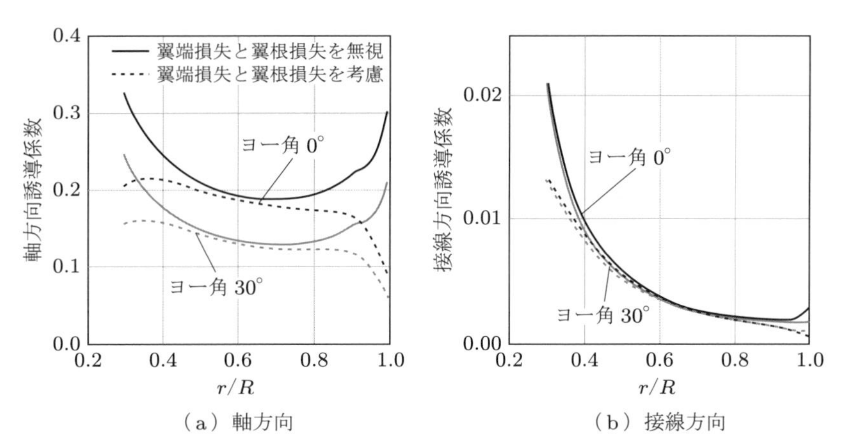

（a）軸方向　（b）接線方向

図 4.19 デルフト工科大学における模型風車のアジマス平均誘導係数

図 4.18 で定義された各翼素における速度成分を図 4.20 に示す．翼の回転による接線方向の誘導係数は，軸方向よりもはるかに大きいが，図 4.21 に示すとおり，もっとも重要な外翼部において，迎角にもっとも影響を与えるのは軸方向の速度である．

翼根部の迎角に対しては，接線方向速度の変化が主として影響する．これは，誘導速度の効果よりも，アジマス角とともに幾何形状が変化することによる効果が大きい．

4.2.10 定常なヨー状態の風車のブレードに作用する力

流れの誘導係数が求められれば，ブレードに作用する力（ブレード力）を計算することができる．ブレード力が運動量を変化させないことから，誘導係数の決定においては流れの拡大速度を無視し

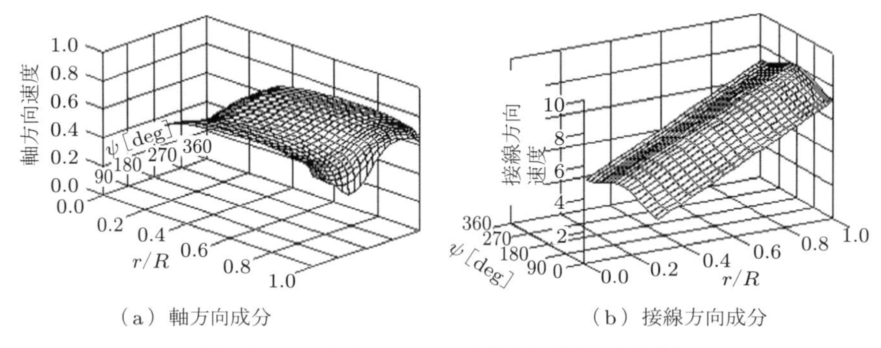

(a) 軸方向成分　　(b) 接線方向成分

図 4.20　ヨー角 30° における誘導速度（風速で正規化）

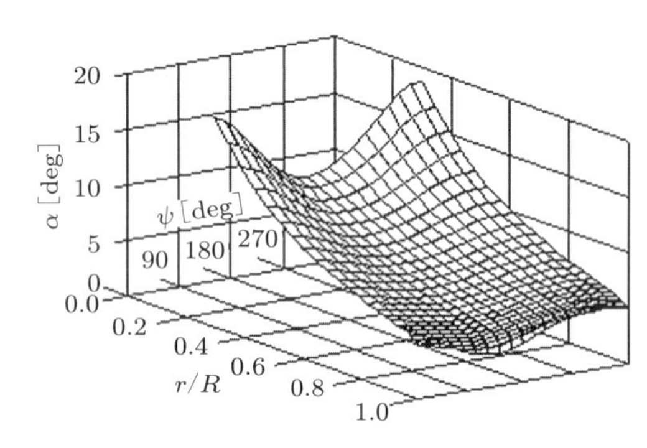

図 4.21　ヨー角 30° における迎角の変化

たが，ブレード力を計算する際には考慮する必要がある．流れの拡大速度は，軸方向流れ誘導係数の全体平均値に依存するが，式 (4.54) と式 (4.56) によって求められる環状部の平均値を使用するほうがより便利である．

流れの拡大速度を考慮する必要があり，流入角と迎角は，各翼素の位置 μ および各翼のアジマス位置 ψ において新たに決定する必要があるため，ここでは，式 (4.44) を未修正の形で用いる．また，誘導速度の計算において抗力を考慮しない場合も，力の決定においては抗力を考慮する必要がある．

単位幅あたりの面外方向のブレード力は，次のとおりである．

$$\frac{dF_x}{dr} = \frac{1}{2}\rho W^2 c C_x \tag{4.59}$$

上式のブレード力は，ブレードのアジマス位置によって変化する．ロータ面に垂直な方向（軸方向）の力の総和は，アジマス角による変化を考慮するために，ブレードごとに式 (4.59) を半径方向に積分し，その結果の総和を計算することによって求められる．したがって，全体の軸方向の力も，ロータのアジマス角によって変化する．

同様に，単位幅のブレードに作用する接線方向の力は，次のとおりである．

$$\frac{dF_y}{dr} = \frac{1}{2}\rho W^2 c C_y \tag{4.60}$$

そして，ブレードによる回転軸のまわりのトルクは次のとおりである．

$$\frac{dQ}{dr} = \frac{1}{2}\rho W^2 cr C_y \tag{4.61}$$

これを軸力の場合と同様に各翼に沿って積分し，すべてのブレードの総和をとることにより，ロータトルクを求めることができる．また，ロータに作用するトルクはアジマス位置によって変化するので，平均トルクを求めるためには，さらにアジマス角に関して積分する必要がある．

4.2.11 定常なヨー状態におけるヨーイングモーメントとティルティングモーメント

ヨー状態のロータを通過する流れの非対称性は，流れの拡大によって引き起こされ，図 4.17 に示したとおり，風上側を通過する翼は風下側を通過するときよりも高い迎角をもつ．したがって，風上側の翼の揚力は風下側の翼の揚力よりも大きくなり，同様の差がロータ面に垂直な方向の力にも作用する．これにより，ロータ軸を風向方向に回復させるような方向に，ヨー（鉛直軸）まわりのモーメントが発生する．ヨーイングモーメント（yawing moment）M_z は，式 (4.59) の垂直力から次式のように求められる．

$$\frac{dM_z}{dr} = \frac{1}{2}\rho W^2 cr C_x \sin\psi \tag{4.62}$$

上式のヨーイングモーメントは，翼のアジマス位置に応じて変化する．各アジマス位置における各ブレードのヨーイングモーメントは，式 (4.62) を半径方向に積分することによって得られる．これに対して全ブレードの総和をとることにより，ロータ全体に作用するヨーイングモーメント M_{yaw} が得られる．

ロータの水平軸 (y 軸) まわりのモーメント，すなわちティルティングモーメント (tilting moment，または，ピッチングモーメント (pitching moment)，ノッディングモーメント (nodding moment)) に対しても，同様の計算が可能である．

$$\frac{dM_y}{dr} = \frac{1}{2}\rho W^2 cr C_x \cos\psi \tag{4.63}$$

翼素理論によって予測されたヨーイングモーメントとティルティングモーメントは，アクチュエータディスク上において一様な圧力分布を想定する運動量理論およびボルテックスシリンダ後流理論とは矛盾する．原則として，運動量理論と渦理論は，アジマス方向の圧力分布が一様な場合にのみ，速度を予測することができる．

デルフト工科大学の風車模型におけるヨーイングモーメントの計測結果を図 4.22 に示す．また，これに対応するヨーイングモーメントの計算結果を図 4.23 に示す．

ヨーイングモーメントは，翼根近傍の 129 mm 半径位置に取り付けたひずみゲージにより計測された．フラップ曲げ（flapwise bending，またはフラット曲げ）は，ロータ面に垂直な方向の変位しかもたらさない．なお，このヨーイングモーメントは計測点におけるものであり，実際のヨー軸まわりの値とは若干異なる．

ヨーイングモーメントの計測値と計算値とを比較すると，理論上の制限を勘案してもかなりよく一致している．ヨー角 30° においては計算値が計測値を大幅に過小評価しているが，より小さなヨー角においては，よりよく一致している．

なお，平均ヨーイングモーメントは負の非ゼロ値であり，それはロータ軸を風向方向に回復させ

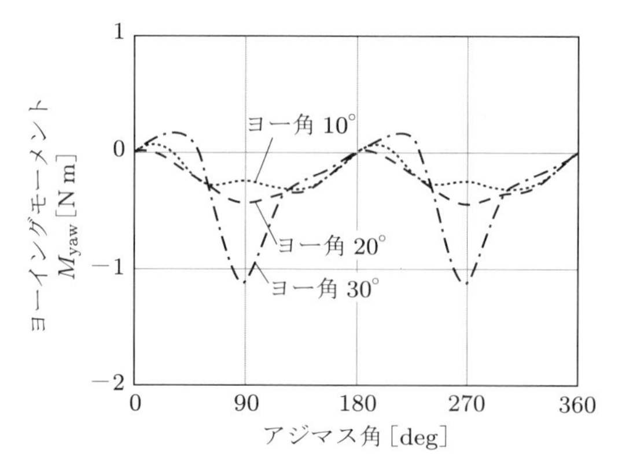

図 4.22　デルフト工科大学の風車模型に作用するヨーイングモーメント（計測値）

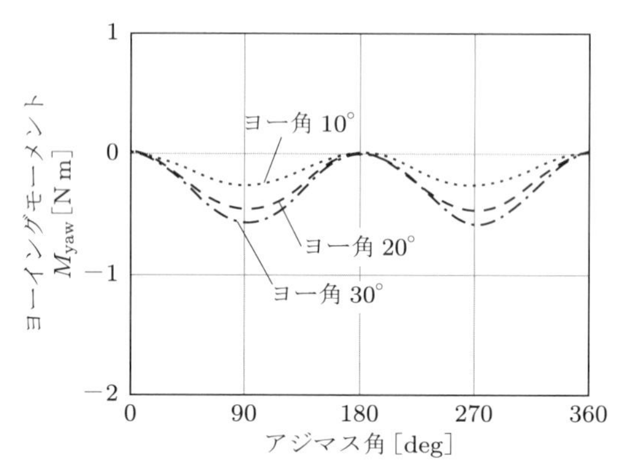

図 4.23　デルフト工科大学の風車模型に作用するヨーイングモーメント（計算値）

るように作用していることに注意を要する．

ヨーイングモーメントの比較は，この節で導出してきた理論の有用性を試したものである．結果として，この理論の有用性は，一般の工学的目的としては十分なレベルであるといえる．

また，ティルティングモーメントの計算値（図 4.25）はヨー角とともに増加するのに対し，計測値（図 4.24）は，三つのヨー角において振幅がほぼ同じに見える．

ヨー角 30° の場合，ティルティングモーメントの計測値と計算値とは，ほぼ同等である．ティルティングモーメントの計測値の平均は，明らかに正の値を示すが，計算値の平均は，正ではあるがかなり小さい．ティルティングの方向は，アクチュエータディスクの上半部が風下方向に変位する方向を正とする．理論上，小さな平均ティルティングモーメントは，ウェイク回転速度により発生する．

計算流体力学（CFD）により，ヨー状態における風車の空気力学について，より正確な予測結果が得られる．しかし，CFD は解を得るのに多くの計算機資源が必要であるため，CFD を常時使用することは難しい．そのため，本書内で概説した簡単な理論が一般に使用されている．

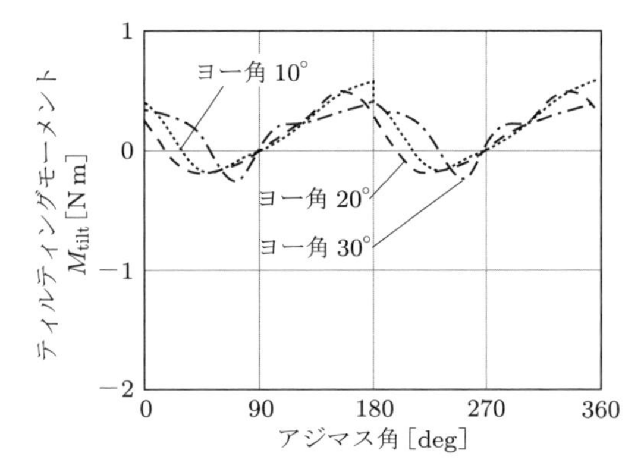

図 4.24　デルフト工科大学の風車模型に作用するティルティングモーメント（計測値）

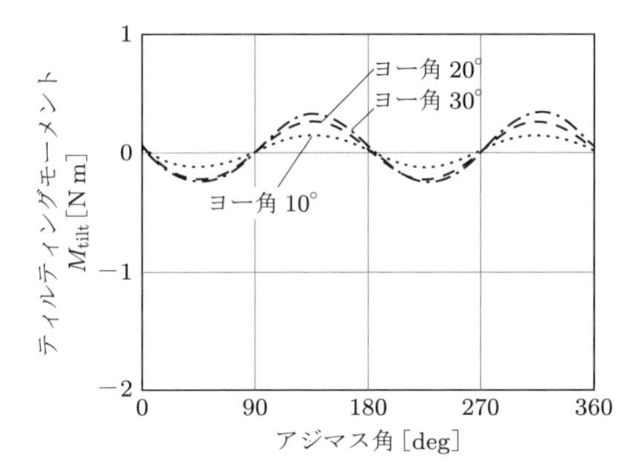

図 4.25　デルフト工科大学の風車模型に作用するティルティングモーメント（計算値）

4.3　ヨー状態のロータの円形翼理論

4.3.1　はじめに

ヘリコプタロータの前進飛行性能に適用される空力モデルは，ロータを低迎角の円形翼として扱うものであるが，この空力モデルは軽負荷の風車にも適用可能である．この解析方法は，楕円座標系（このような幾何形状で一般的な座標系）におけるポテンシャル流れのラプラス方程式の解によって，流れ場を表すものである．この方法はポテンシャル理論（高レイノルズ数流れ）を応用したものであり，入射流れの変動が小さければ，その解は数学的に正しく，グラウアートの半経験的手法よりも流れ場や荷重分布をより詳細に計算することができる．この方法は加速度ポテンシャルと等価な変動圧力を求めるものであり，これにより，運動量理論における一様な圧力分布よりも，より一般的な圧力分布を得ることができる．このモデルは，プラントルの影響を受け，アクチュエータディスクを円形翼として扱うことによって近傍の圧力場を表現するモデルを開発したキナー（Kinner）によって提唱された（Kinner 1937）．アクチュエータディスクが風に正対している場合，円形翼モデルでは，ソリディティが小さい非常に細長い無数のブレードを仮定する．

キナーの理論は，オイラー方程式から導出された非粘性流れに対するものである．ロータによる変動速度 u, v, w（それぞれ x, y, z 方向）は自由流の速度 U_∞ よりもかなり小さいと仮定し，これらをオイラー方程式に代入して線形化することにより，次式の x, y, z 方向の運動量方程式を得る．

$$\rho U_\infty \frac{\partial u}{\partial x} = -\frac{\partial p}{\partial x} \tag{4.64a}$$

$$\rho U_\infty \frac{\partial v}{\partial x} = -\frac{\partial p}{\partial y} \tag{4.64b}$$

$$\rho U_\infty \frac{\partial w}{\partial x} = -\frac{\partial p}{\partial z} \tag{4.64c}$$

これらを非圧縮性の連続の式と組み合わせることで，次式のラプラス方程式（Laplace's equation）が導出される．

$$\frac{\partial^2 p}{\partial x^2} + \frac{\partial^2 p}{\partial y^2} + \frac{\partial^2 p}{\partial z^2} = 0 \tag{4.65}$$

アクチュエータディスクにおいて境界条件を与えると，上式により，圧力場，とくに，アクチュエータディスク上の圧力分布を求めることができる．風車の場合，アクチュエータディスク面を通過する際に不連続（圧力降下）があること以外は，圧力は連続的である．

コールマンの解析では，アクチュエータディスクを通過する際の圧力降下分布が一様である（非一様な圧力分布が得られるのは，翼素理論と組み合わせた理論によってのみ）が，アクチュエータディスクの端部で急激にゼロになる．一方，キナーは，アクチュエータディスクの端部で圧力降下は起こらず，内翼に向かって連続的に変化すると仮定した．

線形化されたオイラー方程式 (4.64a)〜(4.64c) から，加速度ポテンシャル場とみなされる変動圧力が得られ，加速度ポテンシャルを積分することで速度場が得られる．速度成分は，既知の自由流条件を適用する風上を始点として，アクチュエータディスクに向かう前進積分によって求めることができる．

アクチュエータディスク通過時の圧力の不連続性を図 3.2 に示した．アクチュエータディスクが風に正対している場合と同様に，アクチュエータディスクにおける圧力差の 1/2 はアクチュエータディスクのすぐ上流側における圧力上昇，残りの 1/2 はすぐ下流側における同じ量の圧力上昇であり，遠方後流では周囲の圧力レベルに回復する．しかし，アクチュエータディスクに垂直な方向の圧力勾配は，連続的である．

4.3.2　キナーの一般化圧力分布理論

キナーの解（Kinner 1937）は，ロータ面を中心とした直交座標系 (x'', y', z)（図 4.11 参照）から楕円座標系 (ν, η, ψ) に座標変換されたルジャンドル多項式（Legendre polynomials）P_n^m, Q_n^m から導出されるが，数学的に複雑である．ここで，ψ はアジマス角である．直交座標系 (x'', y', z) と楕円座標系 (ν, η, ψ) の関係は次式のようになる．

$$\begin{aligned} \frac{x''}{R} &= \nu\eta, \quad \frac{y'}{R} = \sqrt{1-\nu^2}\sqrt{1+\eta^2}\sin\psi \\ \frac{z}{R} &= \sqrt{1-\nu^2}\sqrt{1+\eta^2}\cos\psi \end{aligned} \tag{4.66}$$

なお，ロータ面上 $\eta = 0$ では，$r/R = \mu = \sqrt{1-\nu^2}$ あるいは $\nu = \sqrt{1-\mu^2}$ である．

ロータディスクまわりの圧力場 $p(\nu,\ \eta,\ \psi)$ の完全な解は二重級数の形をとり，第 1 種および第 2 種ルジャンドル多項式 $P_n^m(\nu)$, $Q_n^m(i\eta)$ に $\cos(m\psi)$ と $\sin(m\psi)$ の項を各々かけたベクトル $\sum\sum P_n^m(v)\,Q_n^m(i\eta)\,\{\sin(m\psi), \cos(m\psi)\}$ となる．この解は η に対して非対称であり，ロータディスクの前後でそれぞれ $\eta = +0/-0$ となる．これによる不連続性はロータディスクにおいて圧力降下を引き起こし，次のような形で記述できる．

$$\Delta p(v,\psi) = \sum_{m=0}^{M}\sum_{n=m}^{N} P_n^m(v)Q_n^m(0)\{C_n^m\cos(m\psi) + D_n^m\sin(m\psi)\} \tag{4.67}$$

ここで，無限級数は十分大きな正の整数値 M と N で打ち切る．$m+n$ が奇数の場合のみ，ロータディスク前後での圧力が不連続となり，それによって荷重が作用する．また，C_n^m と D_n^m は任意の定数であり，ロータディスク上の力と関連付けられる．

4.3.3 軸対称の荷重分布

風車のロータディスクにおいてもっとも簡単な状態は，軸対称の圧力分布を示す $m=0$ におけるものである．ここで，n は奇数である．圧力降下（荷重）分布は，ロータ軸（ブレードの翼根と仮定）と翼端において荷重がゼロとなる条件を満足するこれらの解の低次側の二つの解を組み合わせることにより得られる．これを，次式と図 4.26 に示す．

$$\Delta p_{1-2}(\mu) = \frac{15}{4}C_T\mu^2\sqrt{1-\mu^2} \tag{4.68}$$

式 (4.68) で与えられる Δp_{1-2} 分布は，ロータ軸における必要条件 $\Delta p(\mu=0)=0$ を満足するために，低次の二つの解の差 $\Delta p_1 - \Delta p_2$（すなわち Δp_{1-2}）から得られる．Δp_1, Δp_2, Δp_{1-2} の分布を図 4.26 に示す．ここで，これらの荷重分布は，自由流の動圧 $(1/2)\rho U_\infty^2$ で無次元化されている．

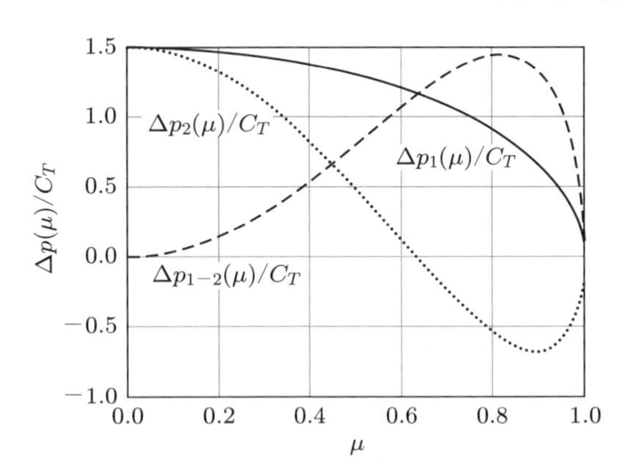

図 4.26 低次の 2 解による，半径方向荷重分布と，ロータ軸において要件を満たすよう両者を組み合わせた解

最新の風車は，効率の最大化のために，均一な圧力分布が得られるように設計されているため，解を修正する必要がある．級数解で足し合わせる項の数を増やすことにより，均一なロータディスク面での荷重分布が得られる．なお，ロータディスクの縁において圧力を不連続にゼロにする必要があるが，実際に無限の傾き（不連続）を表すためには，非常に多くの解が必要となる．翼端ロスの影響を表すには，ブレード翼端と翼根の両方における荷重を緩やかにゼロに近づける必要がある．

この翼端部以外のブレードのほとんどの位置では，圧力が均一である必要がある．ここで，ロータディスク荷重が均一になる場合，ブレード荷重は，半径に対して線形に増加する．

軸対称の荷重分布により発生する誘導速度場を求めるには，自由流条件が成り立つ上流側無限遠方から式 (4.64a)～(4.64c) を積分して計算する必要がある．上流側の条件は，ロータディスクのヨー角度の影響も受ける．積分は，誘導速度が決定できるロータディスク上の点に達するまで行う．

翼素の迎角を決定するうえで，ロータディスクに垂直な方向の誘導速度，つまり，軸方向誘導速度が重要である．Mangler と Squire（1950）は，速度をアジマス角のフーリエ級数として表すことにより，軸方向誘導係数をヨー角の関数として次式のように算出した．

$$\frac{u}{U_\infty} = C_T \left(\frac{A_0(\mu, \gamma)}{2} + \sum_{k=1}^{\infty} A_k(\mu, \gamma) \sin k\psi \right) \tag{4.69}$$

荷重分布を示す上式のフーリエ係数のうち，低次のものは，

$$A_0(\mu, \gamma) = -\frac{15}{8}\mu^2\sqrt{1-\mu^2} \tag{4.70}$$

$$A_1(\mu, \gamma) = -\frac{15\pi}{256}\mu(9\pi^2 - 4)\tan\frac{\gamma}{2} \tag{4.71}$$

$$A_3(\mu, \gamma) = -\frac{45\pi}{256}\mu^3\tan^3\frac{\gamma}{2} \tag{4.72}$$

となる．高次の奇数項はゼロであるが，偶数項の係数は次のような一般形をもつ．

$$A_k = -(-1)^{(k-2)/2}\frac{3}{4}\left[\frac{k+\nu}{k^2-1}\left(\frac{9\nu^2+k^2-6}{k^2-9}\right) + \frac{3\nu}{k^2-9}\right]\left(\frac{1-\nu}{1+\nu}\right)^{k/2}\tan^{k/2}\frac{\gamma}{2} \tag{4.73}$$

ここで，$\nu^2 = 1 - \mu^2$ で，k は正の偶数である．

軸方向誘導係数の平均値はヨー角とは無関係で，次式で与えられる．

$$a_0 = \frac{u_0}{U_\infty} = \frac{1}{4}C_T \tag{4.74}$$

ここで，u_0 は軸方向誘導速度の平均値である．

したがって，軸方向誘導係数の平均値とスラスト係数の関係は，運動量理論における $C_T = 4a_0(1-a_0)$，あるいは，ヨー角をもつ条件において求められた式 (4.2)，(4.18)，(4.24) と比較することにより，次式で示される．

$$C_T = 4a_0 \tag{4.75}$$

この円形翼理論は誘導速度について線形化されており，a_0 と C_T が小さく，a_0^2 の項とより高次の項を無視したものであるため，誘導速度が流速と比較して十分小さい場合には，式 (4.75) は有効となる．

ヨー状態において，ロータ1回転に対して，式 (4.69) の項が1回作用して迎角が変化する．これにより，揚力が変化し，ロータディスクにヨーイングモーメントを発生させる．しかし，式 (4.68) のような軸対称の圧力分布では，ヨーイングモーメントは発生しない．これは，Coleman ら（1945）

の渦理論と同様である．

Pitt と Peters（1981）は，次式で示す軸方向誘導係数の変化に関して，グラウアートの仮定（式(4.21)）を使用している．

$$a = a_0 + a_s \mu \sin\psi \tag{4.76}$$

a_s の値は，式 (4.76) によるヨー軸まわりの 1 次モーメントと，式 (4.70)〜(4.73) に示されるマングラー（Mangler）とスクワイア（Squire）の速度分布を用いて式 (4.69) により得られる 1 次モーメントとが等しいとすることで得られる．すなわち，次式を a_s について解けばよい．

$$\begin{aligned}&\int_0^{2\pi}\int_0^1 \mu\sin\psi(a_0 + a_s\mu\sin\psi)\mu d\mu d\psi\\&= -\int_0^{2\pi}\int_0^1 C_T\mu\sin\psi\left(\frac{A_0(\mu,\gamma)}{2} + \sum_{k=1}^{\infty}A_k(\mu,\gamma)\sin k\psi\right)\mu d\mu d\psi\end{aligned} \tag{4.77}$$

A_1 を含む項を除いたすべての項は積分により消去され，

$$a_s = \frac{15\pi}{128}C_T\tan\frac{\gamma}{2} \tag{4.78}$$

となる．したがって，式 (4.75) を用いると，軸方向誘導速度は，

$$a = a_0\left(1 + \frac{15\pi}{32}\mu\tan\frac{\gamma}{2}\sin\psi\right) \tag{4.79}$$

となる．ここで，ウェイクのスキュー角の代わりにヨー角を使用しているが，この式は，式 (4.21) および式 (4.31) と同じ形をしており，ヨー角をもつ流れのさまざまな解法と整合している．

4.3.4　非対称の荷重分布

4.2.11 項で示したように，ヨー角をもつ風車のロータディスクにはヨーイングモーメントが発生する．しかし，軸対称の圧力分布ではそのようなヨーイングモーメントは計算できないので，式 (4.67) の級数解の項を追加する必要がある．

式 (4.67) において，ヨーイングモーメントを発生させる項は，$m = 1$ で $D_n^1 \neq 0$ の項のみである．また，$m = 1$ で $C_n^1 \neq 0$ の項により，ティルティングモーメントが発生する．$m + n$ が奇数となることを考えると，ロータ面における圧力の不連続を表現するためには，$m = 1$ と組み合わせた n の値は偶数になる．

ルジャンドル多項式の性質から，式 (4.67) の数列の中で，正味のスラストを発生させるのは一つの項のみで，1 次モーメントであるヨーイングモーメントを発生させるのも，ほかの一つの項のみである．同様に，2 次のモーメントを発生させるのも，ほかの一つの項のみである．

式 (4.67) において，ヨーイングモーメントを発生させる項は，$m = 1, n = 2, C_n^1 \neq 0$ の項である．このとき，

$$P_2^1(\nu) = 3\nu\sqrt{1-\nu^2} = 3\mu\sqrt{1-\mu^2} \tag{4.80}$$

$$Q_2^1(\eta) = 3i\eta\sqrt{1+\eta^2}\tan^{-1}\frac{1}{\eta} - 3i\sqrt{1+\eta^2} + \frac{i}{\sqrt{1+\eta^2}} \tag{4.81}$$

となる．そのため，

$$Q_2^1(0) = -2i \tag{4.82}$$

である．この場合，圧力分布はヨー軸に関して非対称であるため，ロータ軸で圧力勾配をゼロとするのは適切ではない．したがって，

$$\Delta p(\mu, \psi) = P_2^1(\mu)Q_2^1(0)D_2^1\sin\psi = -6iD_2^1\mu\sqrt{1-\mu^2}\sin\psi \tag{4.83}$$

となる．この荷重分布を図 4.27 に示す．

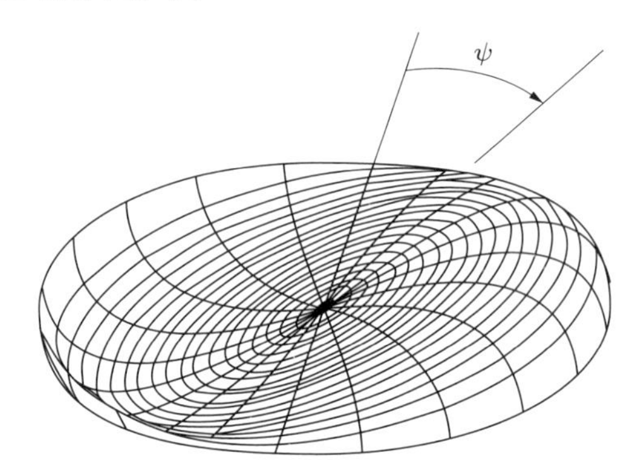

図 4.27　ヨーイングモーメントを発生させる荷重分布の形

ヨーイングモーメント係数は次式で定義される．

$$C_{mz} = \frac{M_z}{(1/2)\rho U_\infty^2 \pi R^3} \tag{4.84}$$

前述と同様に，式 (4.83) が自由流の動圧 $(1/2)\rho U_\infty^2$ で無次元化したものである場合，

$$\begin{aligned} C_{mz} &= \frac{1}{\pi}\int_0^{2\pi}\int_0^1 \mu\sin\psi\Delta p(\mu,\psi)\mu d\mu d\psi \\ &= -\frac{1}{\pi}6iD_2^1\int_0^1 \mu^3\sqrt{1-\mu^2}d\mu\int_0^{2\pi}\sin^2\psi d\psi \end{aligned} \tag{4.85}$$

となる．これにより，

$$iD_2^1 = -\frac{5}{4}C_{mz} \tag{4.86}$$

となる．ヨーイングモーメント係数と，式 (4.83) の荷重分布に対応する圧力分布により求められる軸方向誘導係数との間の関係を求めるために，式 (4.64a)～(4.64c) を積分して速度分布を求める必要がある．非対称流れにおいては，マングラーとスクワイアが一様な対称流れに対して求めたような解析解は得られない．誘導速度の数値解は，式 (4.80) と式 (4.82) で定義される圧力分布を用いて，式 (4.64a)～(4.64c) によって計算する必要がある．

ピット（Pitt）とピータース（Peters）は，ヨー角 0° から 90° における軸方向誘導係数の分布を求めた（Pitt and Peters 1981）．その際，積分を開始する上流側無限遠方の条件でヨー角を定義した．速度分布は，軸対称の場合の速度分布を示す式 (4.69) に対応している．彼らは，式 (4.77) で用いたのと同じ手法により，ふたたび式 (4.76) の形の式を作り，軸方向誘導速度の平均値 a_0 と a_s の値を求めた．なお，いずれの場合にも，数値的な積分が必要である．

非対称の荷重分布から予想されるように，a_0 の値はゼロではない．a_0 は，軸対称な荷重分布をもつことがわかっている式 (4.78) の a_s に対する結果と同じ係数をもつが，そこにヨーモーメント係数が乗じられている．また，ヨー角 γ における二つの係数 a_0，a_s の変化は数値的に求められるが，マングラーとスクワイアの解析解を参考に，解析的に推定することもできる．ピットとピータースは，線形化した軸方向誘導速度が次式のようになることを見出した．

$$a_0 = -\frac{15}{128}\pi \tan\frac{\gamma}{2}C_{mz} \tag{4.87}$$

$$a_s = -\left(1 - \tan^2\frac{\gamma}{2}\right)C_{mz} \tag{4.88}$$

また，ピットとピータースは，線形化した軸方向誘導係数の式 (4.76) に，$C_2^1 \neq 0$ の場合にのみ現れる，誘導係数 a_c を伴う余弦項を追加した．すなわち，

$$a = a_0 + a_s\mu\sin\psi + a_c\mu\cos\psi \tag{4.89}$$

とした．それにより追加される圧力降下の影響は，次式で得られる．

$$\Delta p(\mu,\psi) = P_2^1(\mu)Q_2^1(0)C_2^1\cos\psi = -6iC_2^1\mu\sqrt{1-\mu^2}\cos\psi \tag{4.90}$$

また，ティルティングモーメント係数 C_{my} は次式で与えられる．

$$\begin{aligned} C_{my} &= \frac{1}{\pi}\int_0^{2\pi}\int_0^1 \mu\cos\psi\Delta p(\mu,\psi)\mu d\mu d\psi \\ &= -\frac{1}{\pi}6iC_2^1\int_0^1 \mu^3\sqrt{1-\mu^2}d\mu\int_0^{2\pi}\cos^2\psi d\psi \end{aligned} \tag{4.91}$$

したがって，

$$iC_2^1 = \frac{5}{4}C_{my} \tag{4.92}$$

となる．

式 (4.90) の荷重分布に対応する圧力場から得られる軸方向誘導速度分布を，式 (4.64a)～(4.64c) の数値積分によって計算し，式 (4.77) と同様の手法を用いて，式 (4.89) の線形の速度分布に一致させると，次式が得られる．

$$\begin{aligned} &\int_0^{2\pi}\int_0^1 \mu\cos\psi(a_0 + a_c\mu\cos\psi)2\pi\mu d\mu d\psi \\ &= \int_0^{2\pi}\int_0^1 \mu\cos\psi C_T\left(\frac{1}{2}A_0(\mu,\gamma) + \sum_{k=1}^{\infty}A_k(\mu,\gamma)\cos k\psi\right)\mu d\mu d\psi \end{aligned} \tag{4.93}$$

関数 $A_n(\mu, \gamma)$ は数値計算により求める．また，マングラーとスクワイアの結果を参考にして，次の a_c が得られる．

$$a_c = -\sec^2\frac{\gamma}{2}C_{my} \tag{4.94}$$

4.3.5　ピットとピータースのモデル

ピットとピータースは，式 (4.75), (4.78), (4.87), (4.88), (4.89), (4.94) の各式から得られるスラスト係数およびモーメント係数を軸方向誘導速度と関係付ける線形理論を開発した（Pitt and Peters 1981）．これらを行列としてまとめると，次式のようになる．

$$\begin{bmatrix} a_0 \\ a_c \\ a_s \end{bmatrix} = \begin{bmatrix} \dfrac{1}{4} & 0 & -\dfrac{15}{128}\pi\tan\dfrac{\chi}{2} \\ 0 & -\sec^2\dfrac{\chi}{2} & 0 \\ \dfrac{15}{128}\pi\tan\dfrac{\chi}{2} & 0 & -\left(1-\tan^2\dfrac{\chi}{2}\right) \end{bmatrix} \begin{bmatrix} C_T \\ C_{my} \\ C_{mz} \end{bmatrix} \tag{4.95}$$

これをベクトルと行列で表現すると，次式のようになる．

$$\boldsymbol{a} = \mathbf{L}\boldsymbol{C} \tag{4.96}$$

この解法では，$\boldsymbol{C}$ の値から得られる $\boldsymbol{a}$ を翼素運動量理論により解析する．また，$\boldsymbol{a}$ の値は，式 (4.94) を反復計算することで求められる．

この手順では，風車において a_0 の値が 1 に比べて十分小さくない場合には，運動量理論と比較して著しく小さい a_0 の値に収束してしまう．より現実的な解を得るため，グラウアートの運動量理論により，C_T を次のように表す．

$$C_T = 4a\sqrt{1-a(2\cos\gamma - a)} = 4aA_G(a) \tag{4.97}$$

または，コールマンの理論により，次式のようにする．

$$C_T = 4a\left(\cos\gamma + \tan\frac{\chi}{2}\sin\gamma - a\sec^2\frac{\chi}{2}\right) = 4aA_C(a) \tag{4.98}$$

行列 $\mathbf{L}$ は，次のようになる．

$$\mathbf{L} = \begin{bmatrix} \dfrac{1}{4A(a_0)} & 0 & -\dfrac{15}{128}\pi\tan\dfrac{\chi}{2} \\ 0 & -\sec^2\dfrac{\chi}{2} & 0 \\ \dfrac{15}{128A(a_0)}\pi\tan\dfrac{\chi}{2} & 0 & -\left(1-\tan^2\dfrac{\chi}{2}\right) \end{bmatrix} \tag{4.99}$$

ここで，$A(a_0)$ は使用する運動量理論に応じて選択する．前述のとおり，行列 $\mathbf{L}$ においてヨー角の代わりにウェイクのスキュー角を用いることが一般的である．揚力係数が正弦波状に変化する軸方向誘導係数に非線形的に依存するため，上式は，3 枚翼ロータに作用する正弦波状のヨーイングモーメントを与える．

ピットとピータースの方法では，ロータディスク面における誘導速度が決定されないため，ウェイクの回転を考慮することができない．式 (4.46a)〜(4.64c) から，接線方向（アジマス方向）速度は $\partial p/\partial\psi$ に比例してキナーの解の形をもち，$0 < \psi < 2\pi$ の範囲の平均値がゼロとならないような寄与はもたらさない．3.3 節に示した運動量理論はそのような場合も扱えるが，翼根から回転軸に沿って放出される有限の強さの渦を含んだほかのモデル同様，ウェイクに回転があるため，ロータ軸において圧力が無限大になることが予想される．実際には，束縛渦（束縛循環）は，有限の変化率で翼端と翼根（ロータ軸）においてゼロに低下する．

ウェイクの回転の有無にかかわらず，流入角 ϕ はトルクの計算法から決定することができる．なお，ロータディスクの要素上に作用する揚力による面外力は $\delta L \cos\phi$，接線力は $\delta L \sin\phi$ となる．

4.3.6 一般的な加速度ポテンシャル法

ピータースのグループが開発した理論については，Pitt and Peters (1981)，Goanker and Peters (1988)，HaQuang and Peters (1988) に詳しい．

また，van Bussel (1995) により，風車に関する加速度ポテンシャル法（acceleration potential method）が開発され，包括的な理論が得られるようになった．

キナー圧力分布内の項の係数は，ロータディスク上の十分な数の点における入射垂直速度場を用いて，翼素理論による荷重と一致させることにより，求めることができる．

4.3.7 解析手法の比較

Snel と Schepers (1995) により，ヨー挙動を予測する既存の方法に関する比較結果と，風車のその他の空力的な挙動について報告されている．デンマークの Tjæreborg 風車の，ヨー角 32°，風速 8.5 m/s における，さまざまな手法による解析結果を図 4.28 に示す．なお，この風車は，3 枚翼ロータをもつ，定格出力 2MW の風車である．

図 4.28 におけるほとんどの理論的予測方法は，ヨーイングモーメントの位相と平均値についてはほぼ正確に予測できている．しかし，周期的に変化するヨーイングモーメントの振幅については，方法によってかなり大きなばらつきがあり，一般に過小評価傾向である．この比較では，2 番目の方法が，測定値にもっとも近い結果を示している．

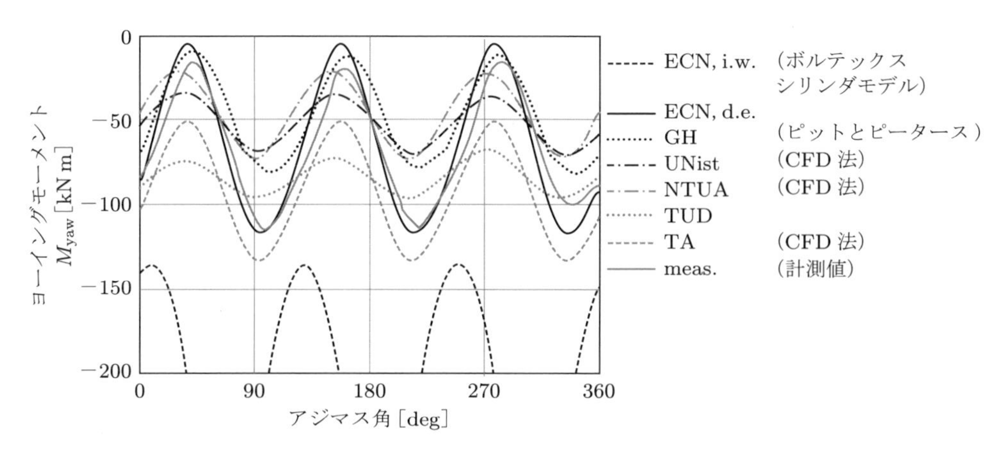

図 4.28 Tjæreborg 風車の，ヨー角 32°，風速 8.5 m/s におけるヨーイングモーメント

4.4　非定常流

4.4.1　はじめに

アクチュエータディスクや翼素運動量など，運動量理論は，ロータに作用する力の計算において遠方ウェイク条件を考慮する必要があるため，基本的には定常流れの理論である．このアプローチは，ある任意の時間にロータで発生した，入射風速やブレードのピッチ角などの変化のあと，ウェイクが定常状態まで発達するのに要する時間を無視している．しかし，自然の風は，強さも向きも定常であることはほとんどないため，運動量理論で想定する条件となることはほとんどない．風が上流側無限遠方からロータを通過し，下流側無限遠方まで流れていくのには時間を要し，その時間中に風の条件が変化すると，新たな平衡状態に達するのにさらに時間を要する．

入射風速の変化に加え，ほかの多くの現象により，ロータの状態が時間変化する．たとえば，ウィンドシアーやヨーミスアライメントにより，タワー周辺の流れの中でブレードが回転することで，入射風速が周期的に変化する．また，ブレードのピッチ角やロータ回転速度の制御，システムの構造的な運動によるブレードの振動などによっても，ロータの状態は変化する．

ロータディスクにおける動的な条件を与える近似解がいくつかある．まず，特定の短い時間で，誘導速度が平均風速において決定した値から変化しないことを仮定できる．このモデルでは，風の非定常成分がロータを通過する間も，ウェイクは変化しない．その非定常な荷重（ロータ面において平均がゼロであるとする）は，翼素理論によって計算することができる．代わりに，ロータディスクを通過する誘導速度は，流れ場が定常でウェイクは瞬時に変化し，平衡状態が常に維持されると仮定して，瞬時風速から計算することもできる．ロータにおけるウェイク影響の遅れは，ダイナミックインフロー（dynamic inflow）として知られており，実際には，ウェイクが平衡状態になるまでには有限時間（典型的には，ロータが数回転する程度）を要する．ブレードピッチ角の変化が急で，入射速度の変化がより小さい場合には，この仮定により，ブレード荷重はかなり過大／過小評価される．

加速度ポテンシャル法は，ウェイクに関する仮定を明示的に適用することを避けて非定常流れを解析する方法の一つである．この方法では，ロータディスクにおける流れ状態は上流側の流れ場から決定することができ，ウェイクから決定する方法よりもかなり簡単になる．

定常流においては，上流側の固定点における流速は一定であるが，ロータ付近では流速が変化する（$\sim u\,\partial u/\partial x$）．空間中のある任意の固定点における速度の時間変化率はゼロ（$\partial u/\partial t = 0$）である．非定常流では，ある固定点においても x 方向の流速が変化するため，x 方向の加速度は，$\partial u/\partial t + u\,\partial u/\partial x = 0$ となる．この加速度による項を追加することにより慣性力が作用し，それにより発生する反力により，ロータディスクに生じる荷重が変化する．定常流内で加速する物体に，見かけの流体質量 m_a が付着したような付加的な力が加わるが，この付加的な力は，付加質量力（added mass force）とよばれる．

4.4.2　非定常流を解析するための加速度ポテンシャル法

ロータの作用により誘起される速度は入射風速と比較して小さいと仮定することで，流れ場を記述する非粘性のオイラー方程式を線形化でき，連続の式として知られる次式が得られる．

$$\frac{\partial u}{\partial x}+\frac{\partial v}{\partial y}+\frac{\partial w}{\partial z}=0 \tag{4.100}$$

ロータによる変動圧力場は，次式のラプラス方程式を満足する．

$$\frac{\partial^2 p}{\partial x^2}+\frac{\partial^2 p}{\partial y^2}+\frac{\partial^2 p}{\partial z^2}=0 \tag{4.101}$$

なお，変動圧力 p は次式を満足するため，加速度ポテンシャルとよばれる．

$$\frac{\nabla p}{\rho}=-\frac{\partial u}{\partial t}-U_\infty \nabla u \tag{4.102}$$

アクチュエータディスクを通過する非定常流の問題を楕円座標系 (ν, η, ψ) に変換すると，4.3.2 項においてルジャンドル多項式による級数解を導出したように，非定常なウェイクの影響と付加質量としての慣性力を考慮したキナー圧力分布から解析結果が得られる．解析から，アクチュエータディスクに付加される質量は，次のとおりとなる．

$$m_a=\frac{128}{75}\rho R^3 \tag{4.103}$$

これは，Tuckerman（1925）による剛体ディスクの付加質量 $m_a=(8/3)\rho R^3$ と比較される．Pitt and Peters（1981）では係数として 128/75 が用いられたが，ピータース自身とその継承者によるそれ以降の論文では 8/3 が推奨されており，この値が一般に受け入れられるようになった．付加質量 $(8/3)\rho R^3$ に関連するダイナミックインフローの減衰率の時定数は，約 $0.086R/(\sigma U_\infty)$（σ はロータのソリディティ）であり，一般にロータ約 1.5 回転分に相当し，ほぼ正しい．

4.4.3 非定常なヨーイングモーメントとティルティングモーメント

ヨー角をもつ非定常流れにおいて，ディスク上の非定常加速度ポテンシャル分布は式 (4.95) で与えられ，速度などの線形変化と同じ形になることが要求される．流れ係数に関しては，

$$\frac{\partial a}{\partial \tau}=\frac{\partial a_0}{\partial \tau}+\frac{\partial a_s}{\partial \tau}\mu\sin\psi+\frac{\partial a_c}{\partial \tau}\mu\cos\psi \tag{4.104}$$

となる．ここで，ロータの無次元時間 τ は，$\tau=U_\infty t/R$ で与えられる．

4.3.4 項に示した非対称の圧力分布からヨーイングモーメントを発生させる条件は，式 (4.80)〜(4.83) から求めることができる．荷重分布に対応するロータディスク周囲の圧力は，

$$p(\nu,\eta,\psi)=-\frac{3}{2}D_2^1\nu\sqrt{1-\nu^2}\left(3i\eta\sqrt{1+\eta^2}\tan^{-1}\frac{1}{\eta}-3i\sqrt{1+\eta^2}+\frac{i}{\sqrt{1+\eta^2}}\right)\sin\psi \tag{4.105}$$

となる．これは，ディスク面上で，図 4.27 のような圧力を与える．係数 D_2^1 は，式 (4.85) におけるヨーイングモーメント係数 C_{mz} と次式のように関連付けられる（式 (4.86) 参照）．

$$iD_2^1=-\frac{5}{4}C_{mz}$$

したがって，

$$p(\nu,\eta,\psi)=\frac{15}{8}\pi C_{mz}\nu\sqrt{1-\nu^2}\left(3\eta\sqrt{1+\eta^2}\tan^{-1}\frac{1}{\eta}-3\sqrt{1+\eta^2}+\frac{1}{\sqrt{1+\eta^2}}\right)\sin\psi \tag{4.106}$$

となる．ここで，これまでと同様に，式 (4.106) で表される圧力は，自由流における動圧 $(1/2)\rho U_\infty^2$ で無次元化されている．

変動圧力と速度との間の線形化された関係を用いるとともに，式 (4.106) を x'' に関して微分して x'' を ν と η に関係付けることで，ロータディスク（$\eta=0$）において次式を得る．

$$\frac{\partial u_s}{\partial t}=\frac{45}{32}\pi\frac{U_\infty^2}{R}C_{mzD}\mu\sin\psi \tag{4.107}$$

この式で時間と速度を無次元化することにより，

$$\frac{\partial a_s}{\partial\tau}=\frac{45}{32}\pi C_{mzD}\mu\sin\psi \tag{4.108}$$

となる．同様に，ティルティングモーメントが発生する場合，対応する加速度は，

$$\frac{\partial a_c}{\partial\tau}=\frac{45}{32}\pi C_{myD}\mu\cos\psi \tag{4.109}$$

となる．式 (4.107)〜(4.109) 内の下付き添字 D は，流れの加速による慣性力 $\partial U_\infty/\partial t$ の寄与を示す．この慣性力は，スラスト係数 C_T の場合は付加質量力となる．

ここで，半径方向の変化は線形であるため，速度分布の場合に行ったような線形化は不要である．また，加速度ポテンシャルはヨー角とは無関係である．さらに，加速度の平均値はゼロであるので，変数間のカップリングはない．

したがって，加速度と荷重係数との関係は，次のように示される．

$$\begin{bmatrix}\frac{16}{3\pi} & 0 & 0\\ 0 & \frac{32}{45\pi} & 0\\ 0 & 0 & \frac{32}{45\pi}\end{bmatrix}\begin{bmatrix}\frac{\partial a_0}{\partial\tau}\\ \frac{\partial a_c}{\partial\tau}\\ \frac{\partial a_s}{\partial\tau}\end{bmatrix}=\begin{bmatrix}C_T\\ C_{my}\\ C_{mz}\end{bmatrix}_D \tag{4.110}$$

または，

$$\mathbf{M}\frac{\partial\boldsymbol{a}}{\partial\tau}=\boldsymbol{C}_D \tag{4.111}$$

とも表される．

式 (4.111) と，定常なヨー角における式 (4.95), (4.96) を組み合わせて，完全な運動方程式が得られる．対応する荷重係数を足し合わせることにより，次式を得る．

$$\mathbf{M}\frac{\partial \boldsymbol{a}}{\partial \tau} + \mathbf{L}^{-1}\boldsymbol{a} = \boldsymbol{C}_D + \boldsymbol{C}_S \tag{4.112}$$

式 (4.112) の右辺は翼素理論からも決定することができ，時間変化するインフロー係数の関数となる．また，ブレードに生じる荷重は，風速の変動とブレードの弾性変形により変化する．式 (4.112) をロータディスク全体に適用し，翼素に発生する力をブレード半径方向に積分する必要がある．

式 (4.112) の数値解を求めるには 1 階微分方程式の解法が必要であるが，これには，精度のよい 4 次のルンゲ–クッタ法が適している．ここで，定常状態における解を初期値として，ロータを通過する非定常流の誘導速度の時間変化を計算することができる．風速に対する無次元化が可能であるが，流れ係数よりも誘導速度を直接扱うほうが一般的である．

式 (4.89) と式 (4.104) の定義で許容されているように，ロータ全体において誘導速度と加速度ポテンシャルが空間的にのみ変動するものとして，式 (4.112) を適用する．しかし，さまざまな研究者により，半径方向の変化を考慮するための代替手法が検討されている．たとえば，4.2.7 項で説明したように，Scheper と Snel（1995）は，誘導速度が個別の環状部ごとに決定されることとした．ここで，環状部の付加質量項は，加速度ポテンシャル分布に応じた付加質量に対する比率で得られる．

図 4.29 に，Tjæreborg 風車においてピッチ角を 0.070° から 3.716° まで 30 秒間で変化させた場合の，翼根フラップ曲げ（面外曲げ）モーメントの変化を示す．ここで，風速は 8.7 m/s，ヨー角はほぼゼロで，解析値は平衡ウェイクモデルに式 (4.112) と同様の微分方程式を用いて計算されている．

計測結果で見られる曲げモーメントの最初のオーバーシュートは，動的解析では予測されているのに対して，平衡ウェイク法では予測されていない．また，いずれの理論によっても，ピッチ角が変化している間の曲げモーメントの予測精度はよくない．図 4.29 は，オランダの ECN で開発された空力弾性コード PHATAS III に関する Lindenburg（1996）における記述である．なお，デンマークの Esbjerg 近くに設置された Tjæreborg 風車の詳細な情報は，Snel and Schepers（1995）に報告されている．

式 (4.112) の右辺を解析するには，時間変化する翼素の荷重を計算する必要があるが，非定常流における翼素の揚力と抗力の計算は簡単ではない．翼素の揚力は，その要素の周囲の循環に依存しており，その循環は変化している．循環の変化により，ブレードの後流にはスパン方向（半径方向）

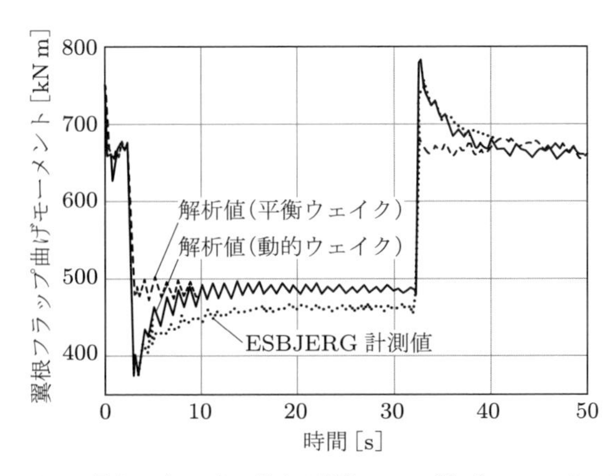

図 4.29 Tjæreborg 風車のピッチ角に対する翼根フラップ曲げモーメントの計測値と解析値（Lindenburg 1996）

渦が放出される．これにより流れ場は迎角を変化させ，循環が決定される．したがって，連続的に変化する状況では，揚力と入射流れによる本来の迎角とでは位相は一致せず，静的な条件における二次元翼の迎角に対する揚力データから揚力を決定することはできない．

4.5　翼型の非定常な空力特性

4.5.1　はじめに

この節では，高周波数の場合にもっとも重要となる翼断面非定常効果に着目する．そのようなケースでは，スパン方向の渦放出が顕著で，流れを局所的に二次元として扱うことができる．流れ方向渦（たとえば，らせん状の後流渦）の変化を含む三次元効果は小さく，通常は考慮しない．

前述のとおり，ロータ面で流れ状態が変化すると，流れ場の加速に伴う慣性効果が生じる．また，ブレードにおける循環の変化により，ウェイクに放出される渦度が変化し，慣性効果が生じる．放出渦は翼断面に垂直で，スパン方向に沿って発生する．ロータ全体の解を求めるには，後述のとおり，かなりの規模の三次元計算が必要となる．しかし，環状部での流れの定常成分における運動量のつりあいで組み込まれている翼素解析の概念は，おそらく非定常流れにおいても適切であり，翼断面レベルでは，局所的な非定常翼素解析が適用される．

翼型に流入する流れが非定常の場合，迎角ならびに揚力は常に変化する．このような変化を，瞬間的な迎角における揚力が定常的な迎角における揚力と同じと仮定して，準定常的に取り扱うことで，迎角は，流入風速とブレードの運動速度により決定される．薄翼理論（thin airfoil theory）（Anderson 1991 など）は，ブレードに対して垂直な相対速度による翼の循環を，実質的な迎角を用いて単一の点で代表させる場合，前縁から翼弦長の 3/4 の位置にある点が最適であることを示した．

ブレード翼素における実質的な準定常迎角を決定する速度ベクトルを図 4.30 に示す．ここで，ドット（˙）は時間 t による微分を表す．

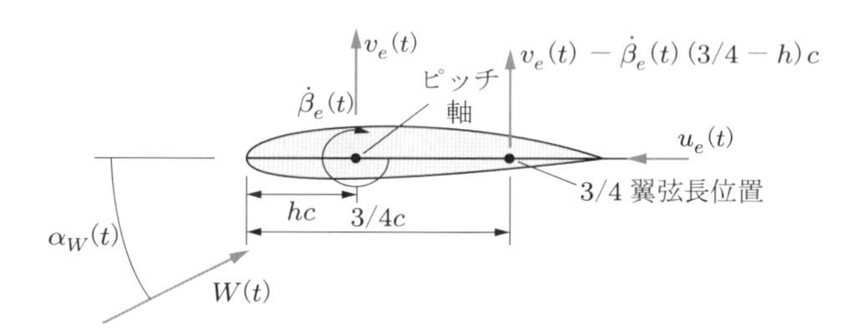

図 4.30　非定常流れと翼素の構造的変形速度

ブレード要素の回転速度を考慮した流速度は，速さ $W(t)$ と向き $\alpha_w(t)$ が変化する．なお，$W(t)$ には，式 (4.112) などにより決定されるロータディスクの誘導速度を含む．また，ブレード振動による弾性変形速度（添字 e）も，準定常的な迎角に次式のように影響を与える．

$$\alpha(t) = \alpha_w(t) - \left[v_e(t) - \frac{\partial \beta_e}{\partial t}\left(\frac{3}{4} - h\right)c\right]\frac{1}{W(t)} \tag{4.113}$$

ブレードの翼弦方向（エッジ方向）のたわみによる速度（構造変形速度）も迎角に影響を与えるが，その影響は小さい．なお，無次元パラメータ h は，ブレード要素のピッチ軸（曲げ軸，せん断中心位置）の位置を示す．

構造的変形速度が小さいことを仮定すると，揚力は，

$$L_c(t) = L_{c0} + \frac{1}{2}\rho W(t)^2 c \frac{dC_l}{d\alpha} \sin\alpha(t) \tag{4.114}$$

となる．ここで，揚力傾斜 $dC_l/d\alpha$ は，定常時と同じと仮定する．

このような準定常的な解析法は，変化の特性時間スケール $\tau \gg c/W_{\rm rel}$ において十分な精度がある．ここで，$W_{\rm rel}$ は，翼断面における局所的な入射流れの相対速度である．

4.5.2 翼型の加速度による空気力

翼型が速度を変えて運動する場合，循環による力に加えて，翼型の加速により周囲の流れが加速されることで慣性力が発生し，その慣性力によって翼型には付加質量力が作用する．ブレードの単位幅あたりの付加質量は，翼型の翼弦長と等しい直径をもつ空気の円柱の質量 $m_a = \rho\pi c^2/4$ と等価となる．Fung（1969）に見られるように，付加質量力には次の二つの成分がある．

1) 付加質量と翼弦中点の加速度の積により求められる揚力（圧力中心は翼弦の中心）

$$L_{m1}(t) = -\frac{1}{4}\pi c^2 \rho \left[\frac{\partial v_e}{\partial t} - c\left(\frac{1}{2} - h\right)\frac{\partial^2 \beta_e}{\partial t^2}\right] \tag{4.115}$$

2) 回転慣性力の性質をもつ，付加質量と $W(t)(\partial\beta_e/\partial t)$ の積により求められる揚力（圧力中心は 3/4 翼弦長）

$$L_{m2}(t) = -\frac{1}{4}\pi c^2 \rho W(t) \frac{\partial \beta_e}{\partial t} \tag{4.116}$$

また，慣性モーメント $I_a = (\pi/128)c^4\rho$ とピッチング加速度 $\partial^2\beta_e/\partial t^2$ の積による，ピッチングモーメント M_m も発生する（次式参照）．なお，I_a は直径 $c/\sqrt{2}$ の円柱の慣性モーメントと等しく，付加質量による単位長さあたりの慣性モーメントは，直径 c の円柱の慣性モーメントの 1/4 である．

$$M_m = \frac{\pi}{128} c^4 \rho \frac{\partial^2 \beta_e}{\partial t^2} \tag{4.117}$$

慣性力は，風の乱流ガストのように，時間変化する入射流れの中にある物体に作用する．この場合，物体の体積に作用する入射流れの加速が流体中に圧力勾配を生じさせ，この圧力勾配により付加力（アルキメデス型の浮力）が発生する．慣性力と付加質量力は，流体が顕著な密度を有する（たとえば水）場合に重要であるが，空気のような密度の小さい流体や翼型のような細い断面においては，通常は無視される．

図 4.30 の速度に加えて，慣性力，ならびに，スパン方向の循環の変化により後流に放出される渦により，かなりの速度が誘導される．

4.5.3 非定常流中の翼型に対する放出渦ウェイクの影響

翼型の有効迎角が変化する場合，循環の強さも変化するが，その迎角変化は，定常流理論によっ

て予測されるものよりもゆっくりとしたものである．まず，ウェイクの効果を考慮して，迎角が急激に変化したあとの揚力の時間変化を計算する．たとえば，迎角 α の急激な変化が翼型まわりの循環を発達させる場合，流れ全体の循環の保存に関するケルビン（Kelvin）の理論により，循環の変化は，強さは同じで反対向きの後流に放出される渦度と一致する必要がある．

翼型上の束縛渦の循環は，翼型表面まわりに（あるいは，薄翼近似における翼弦に沿って）分布する渦シートの循環の和である．一般には，簡略化のため，空力中心（1/4 翼弦長）における循環 Γ の集中渦によって表現される．定常流において，翼型表面で流れが通過しないという境界条件は，4.5.1 項で議論したように，単純化した単一点条件によりおおよそ置き換えることができる．渦 Γ により誘起される，3/4 翼弦長における翼弦線に対して垂直方向の速度は，翼弦線に垂直な流速の成分と厳密に等しく，向きが逆になる．この近似は，単純なキャンバ翼のフラッピング，またはピッチング運動に対して，正確な結果を与える．したがって，この単純化された流れモデルのコントロールポイントとして，3/4 翼弦点が一般に使用され，翼型は翼弦線に適用した条件によって表せると仮定する．これは，薄翼表現として知られている．

非定常流れの状態において，後流放出渦の存在は，3/4 翼弦点における誘導速度（ダウンウォッシュ（downwash）ともよばれる）が束縛渦と後流渦により引き起こされることを意味している（図 4.31 参照）．しかし，流れが翼型表面を通過しないという境界条件を満足し続けるため，束縛循環渦 Γ は，束縛渦と後流渦により引き起こされるダウンウォッシュが，翼弦に垂直な入射流速の吹き上げ（アップウォッシュ（upwash））成分と逆向きで絶対値が等しくなる必要がある．

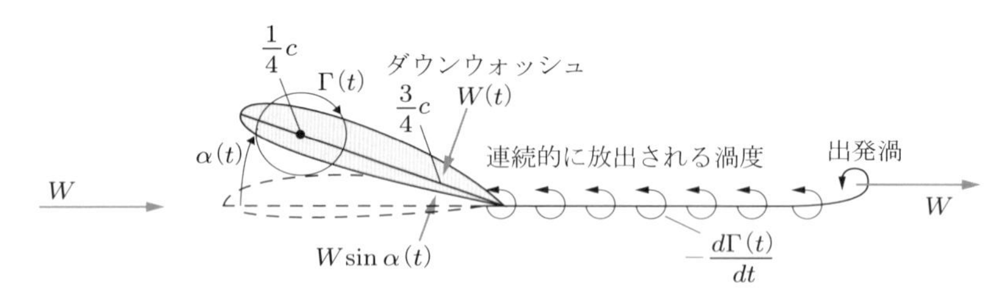

図 4.31　迎角の急減な変化後の後流の変化

迎角が急激に変化する場合，翼型がダウンウォッシュを誘導することに対応して，アップウォッシュ成分（$W\sin\alpha$）が急激に変化し，翼型まわりの流れの変化により，循環による揚力の成長と付加質量力の作用が生じる．急速に増加する循環は，後流に放出される渦と向きが反対で同じ強さである必要があり，出発渦として巻き上がり，下流に移流する．なお，線形化された解析では，後流渦は自由流方向に沿った平面シートの長さの成長によって近似される．ダウンウォッシュに対する出発渦の影響は徐々に弱くなり，ダウンウォッシュがアップウォッシュに対応し続けるように，時間とともに束縛渦が強くなる．束縛渦の強度が増すということは，流れの全角運動量を保存するために（ケルビンの理論の別の表現），逆の意味での連続的な渦度が後流に流れ込み，ダウンウォッシュに影響することを意味する．

このプロセスが継続し，束縛渦とそれによる後流への渦度の放出の増加率がしだいに減少し，新しい迎角における定常状態に漸近する．実際には，図 4.31（または Graham（1983）参照）に示すとおり，放出された後流渦シート（出発渦においてがもっとも強い）は，平面形状から若干外れた位置で巻き上がる傾向にある．

薄い翼型で迎角が小さい場合には，以下のような薄翼近似からこの問題の解析解を得ることができる．束縛渦が翼弦線上に分布していると仮定し，平面状の後流が自由流の速度で下流側に移流しながら発達すると仮定する．この問題の解析解は，まず，ワグナー（Wagner）により得られている（Wagner 1925）．その解はベッセル関数で表された複雑なものであるが，ワグナーの決定関数（indicial function）に対しては，いくつかの近似解がある．その中で，もっとも使用されているのは，Jones（1945）によって得られた次式である．

$$\frac{L_c(\tau)}{(1/2)\rho W^2 c(dC_l/d\alpha)\sin\alpha} = \Phi(\tau) = 1 - 0.165e^{-0.0455\tau} - 0.335e^{-0.30\tau} \qquad (4.118)$$

ここで，$\tau = 2Wt/c$ は，1/2 翼弦長 $c/2$ で無次元化された時間であり（4.4.3 項におけるロータ全体における無次元時間とは異なる），迎角の急激な変化から時間 t 経過後に出発渦が通過する距離を，1/2 翼弦長の個数で表したものである．また，$dC_l/d\alpha$ は，迎角に対する揚力の静的な関係から得られる揚力傾斜である．式 (4.118) は，図 4.32 に示す決定方程式を表している．

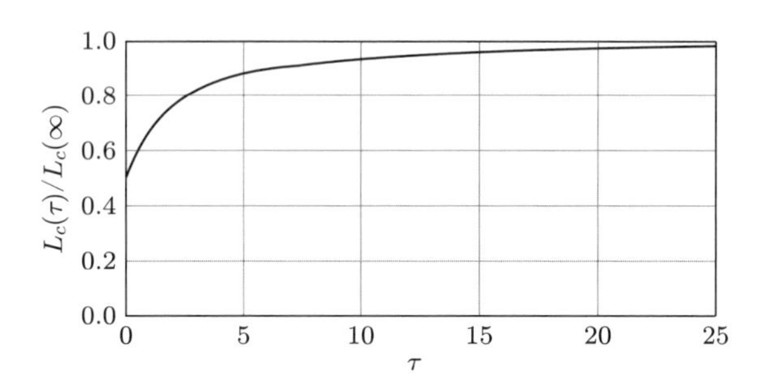

図 4.32 迎角の急激な変化による揚力の変化

図 4.32 は，迎角が急激に変化した際の，循環による揚力と循環によらない揚力の和が最終的な値の 1/2 に達してからの揚力の時間変化を示している．循環による揚力は，最終的な定常状態に漸近的に達する．

振動する風車ブレードのように，迎角が連続的に変化する状況においては，循環が平衡状態に達することはなく，付加質量による揚力がゼロになることはない．線形理論である薄翼理論では，ワグナー関数に従い，揚力の小さな増分を発生させるインパルス状の変化の連続から，迎角の連続的な変化が形成される．

同様に，ブレードの断面が非一様な風のプロファイルを通過することで，ブレードが流入風のインパルス変化にさらされると，ワグナー応答と同様の，迎角のインパルス状の変化に対する揚力応答が発生する．この問題は，クスナー（Kussner）により初めて解が求められた（Kussner 1936）．流入風速の連続的な変化に対する応答は，クスナー関数を用いて，連続的なインパルス状の増分から同様に計算される．

物体運動，または流入風速の連続変化のインパルス応答法に代わって，これらを正弦波状の時間変化（フーリエ分解）の和として計算する方法がある．これは，Theodorsen（1935）と Sears（1941）によって開発された理論に従い，正弦波状の入力に対する物体の連続応答を考慮する第一原理から解析できる．実際にスペクトル統計的な応答を評価することが求められる場合には，正弦波状の入力に対する応答に基づいたこの解析のほうが適している．一方で，ガストや制御動作のような任意の決定論的な入力を評価するような場合には，インパルス応答を用いるほうがよい．

インパルス応答手法は，次のような畳み込み積分によって表現することができる．

流れが長い時間 t_0 をかけて発達することを仮定すると，t_0 より前の時刻 t における揚力は次式で与えられる．

$$L_c(\tau) = L_c(0) + \frac{1}{2}\rho \frac{dC_l}{d\alpha} c \int_0^{\tau} W(\tau')\Phi(\tau - \tau') \frac{dw(\tau')}{d\tau'} d\tau' \tag{4.119}$$

ここで，$\delta w = (dw(\tau')/d\tau')\delta\tau'$ は，時間間隔 $\delta\tau'$ における $W(\tau')$ の変化によって生じる，翼弦に垂直な方向の速度の変化とブレードの運動の変化である．

なお，速度変化により式 (4.119) 内の無次元時間に問題が生じるため，実際の数値的な積分においては，実時間を使用するほうが便利である．

テオドールセン（Theodorsen）は，定常風 U に対して一定の角振動数 ω でピッチ（回転方向）とヒーブ（上下方向）が正弦波状に振動する翼型のケースに対して，式 (4.119) の解を初めて求めた（Theodorsen 1935）．小さい振幅は線形であるため，翼型に作用する非定常な揚力も正弦波状に変化するが，迎角変化とは同位相ではない．迎角の振幅に対する揚力の振幅は，換算周波数パラメータ（reduced frequency parameter）$k = \omega c/(2U)$（ここで，$\omega t = k\tau$）のサイズに依存しており，静的な翼型特性とはかなり異なる．

テオドールセンの解は，翼型に生じる循環揚力が，式 (4.116) で示される準定常な揚力に，実部と虚部（揚力と有効迎角との間の位相関係を決定する）をもつテオドールセン関数（Theodorsen's function）$C(k)$ を乗じたものと等しいことを示している．また，循環揚力は，式 (4.115) と式 (4.116) により与えられた揚力への付加質量の寄与を含んでおり，$C(k)$ は次式で与えられる．

$$\begin{aligned} C(k) &= \frac{1}{1 + A(k)} = \frac{1}{1 + (Y_0(k) + iJ_0(k))/(J_1(k) - iY_1(k))} \\ &= \frac{H_1^{(2)}(k)}{H_1^{(2)}(k) + iH_0^{(2)}(k)} \end{aligned} \tag{4.120}$$

ここで，$J_n(k)$ と $Y_n(k)$ は，それぞれ n 次オーダーの第 1 種ならびに第 2 種ベッセル関数である．$H_n^{(2)}(k)$ はハンケル関数 $J_n(k) - iY_n(k)$ である．

ベッセル関数は，ベッセル方程式とよばれる，次式で表される 2 階常微分方程式の解である．

$$k^2 \frac{d^2 y}{dk^2} + k\frac{dy}{dk} + (k^2 - n^2) = 0 \tag{4.121}$$

ルジャンドル多項式とは異なり，ベッセル関数は閉じた形で表現することはできず，無限級数としてのみ表現されるが，MATLAB などの計算コードを使用することで容易に計算することができる．

テオドールセン関数は，多くの場合，実部と虚部の二つの関数に分けられる．

$$C(k) = F(k) + iG(k) \tag{4.122}$$

ワグナー関数に関するジョーンズ（Jones）の近似により，テオドールセン関数の近似である次式が得られる．

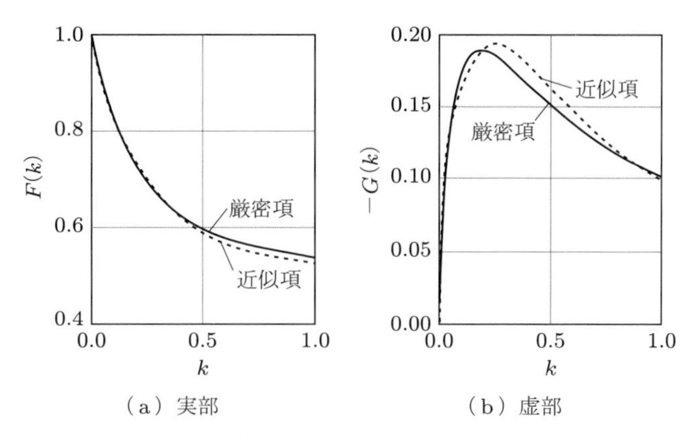

（a）実部　　（b）虚部

図 4.33　テオドールセン関数の（a）実部と（b）虚部

$$C(k) = 1 - \frac{0.165}{1 - i0.0455/k} - \frac{0.355}{1 - i0.30/k} = F(k) + iG(k) \tag{4.123}$$

$C(k)$ の厳密項と近似項を，図 4.33 (a), (b) に示す．

$C(k)$ の実部は，迎角と同位相の揚力を示す．また，虚部は迎角（または運動速度）に対して 90° 位相がずれ，自身の時間微分（または運動の加速度）と同位相の揚力を示す．

翼型運動に代わり，速度が正弦波状に変化する（流入乱流の周波数成分など）中を翼断面が通過する場合については，Sears（1941）により対応する関数が与えられた．シアーズ（Sears）関数は，時間変化と同様にブレードを通過する空間的な移流について考慮している．しかし，翼弦長に対する大気境界層ガストのスケールから，実際には風車ロータについて評価する場合にはあまり使われておらず，テオドールセン関数でも十分正確であるとみなされている．

テオドールセン関数とシアーズ関数をロータブレードに適用する際の制限として，いずれも放出渦ウェイクがブレードから直線状に流れることを基本としているが，実際のウェイクはらせん状で，ほかのブレードの影響も受ける．ローウィー（Loewy）は，プラントル（3.9.3 項）と同様の方法で，繰り返しウェイクを考慮する改良版のロータブレード理論を開発したが，依然，ウェイクが平面であるという仮定による限界があった（Loewy 1957）．ローウィーはさらに，テオドールセンと同様，二次元の薄翼型理論を使用して，テオドールセン関数を修正した．この修正では，式 (4.120) において，第 1 種のベッセル関数 $J_n(k)$ に $(1 + W(k))$ を乗じる．$W(k)$ はローウィーのウェイク間隔関数とよばれる．

$$W(k) = \frac{1}{\exp\left[2(d/c)k + i2\pi\right] - 1} \tag{4.124}$$

ここで，d は式 (3.81) で定義されたウェイク間隔，c は翼弦長である．

ミラー（Miller）は，離散渦ウェイクモデルを用いて，ローウィーとほぼ同様の結論を得ている（Miller 1964）．ローウィーとミラーの理論はヨー角ゼロの条件においてのみ適用できるが，Peters ら（1989）は，加速度ポテンシャル法を使用して，これらよりもかなり拡張した理論を開発した．個別のブレードに急激な圧力変化があるようなヘリコプタロータの半径方向とアジマス方向の両方向の圧力分布をモデル化するには，十分な数のキナー圧力分布が必要である．この理論では，翼素理論は不要となり，自動的に非定常効果と翼端ロスの効果が考慮される．しかし，この方法によるブレード形状のモデル化には，いくつかの問題がある．Suzuki と Hansen（1999）は，Peters ら（1989）の理論を風車ロータに適用し，翼素運動量理論と比較した．また，van Bussel（1995）の理論は，Peters らの理論にきわめて似たものであるが，風車への応用に特化したものである．

4.6　動的失速

4.6.1　はじめに

高風速において，周囲の流れの非定常性や，ヨー角をもつ場合の迎角の変化により，ブレードまわりの流れは失速領域に出入りする．そのような状況では，失速過程は動的であり，いわゆる静的失速の特性からは大きく異なる．実際，失速現象は常に動的である．

静的な前縁失速の場合には，失速迎角を超えて迎角が増加すると，前縁の上面側のすぐ背後において，大きな負の圧力勾配が現れ，はく離が始まる．このはく離は，上面側全域にわたるはく離には即座には発展せず，後縁に向かって移動する渦を形成する．その渦が翼型上を移動している間は，渦の上流側ははく離しているが，下流側は付着したままである．この間，渦の周辺の低圧部により翼型は揚力を維持するが，粘性，不安定性，乱流の影響により，渦は急速に拡散する．そして，渦が後縁に達して翼型から離れると，完全に失速して循環が低下する．この過程は過渡的である．圧力中心が後方に移動し，翼面上の圧力分布は急激に変化するため，頭下げのピッチングモーメントと圧力抵抗が増加する．

迎角が連続的に変化し，静的な失速迎角に達した場合，はく離渦が後縁に発達するまでの間，迎角は増加し続けて，揚力ならびに渦の強度も増加し続け，静的揚力よりも高い揚力が得られる．しかし，その渦が後縁を過ぎると，迎角が増加しても揚力が急激に低下する．流れが完全にはく離し，迎角が低下すると，流れが再付着するまでは揚力は低いままである．ここで，迎角が静的な失速迎角よりも大幅に低くなるまで，流れは再付着しない．以上のような全体のサイクル（図 4.34）は，動的失速（dynamic stall）として知られている．

動的失速は，風車においては，ロータが低周速比（高風速）でヨー角をもつ場合，ロータがガストを受けた場合，あるいは，タワーシャドウの影響を受ける場合などに発生する．動的失速の間に発生する荷重は非常に大きく，疲労荷重に対する影響は顕著である．

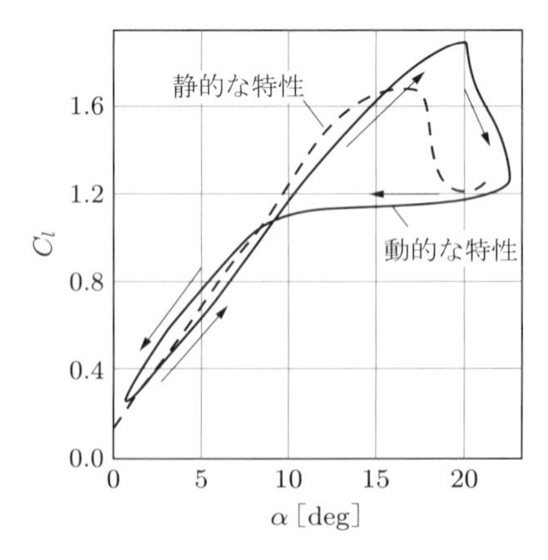

図 4.34　一般的な動的失速特性

4.6.2 動的失速モデル

動的失速に関しては，これまでさまざまなモデルが開発され，使用されてきた．Boeing モデル（もっとも単純で，時間遅れのみ考慮する．Tarzanin（1972）参照），Johnson（1969），Gormont（1973），Beddoes（1975），Gangwani（1982）および Petot（1989）の ONERA モデルなどがもっともよく知られている．のちに，Leishman と Beddoes（1989）は，Beddoes の理論を改善し，回転翼機に特化したモデルを開発した．このモデルは，今日では，風車やヘリコプタのロータ向けによく使用されている．米国の National Renewable Energy Laboratory（NREL）の風車翼型の動的失速モデルは，Gupta と Leishman（2006）により開発された．また，デンマークの Risø 国立研究所の Hansen ら（2004）は，風車への応用について論じている．

■ライシュマン–ベッドース（Leishman–Beddoes）モデル

ここでは，Leishman と Beddoes（1989）のモデルを詳細に紹介する．そのモデルは，多くの要素（解析的，非定常付着流理論，はく離流理論）から成り立っている．ヒーブ運動またはガストとの相互作用により，迎角が時間変化するブレードの翼型を考慮する（$\alpha(t) = \alpha_0 e^{i\omega t}$）．作用する力の係数 C_N（翼弦垂直方向），C_{cT}（翼弦方向），C_M（モーメント）は，α と $d\alpha/dt$ のみの関数と考える．これらの係数は，循環によらない（インパルス状の）成分（上付き添字 I で表す），はく離にさらされる循環による成分（添字 S），渦力の増分（添字 V）により構成される．

$$
\begin{aligned}
C_N &= C_N^I + C_N^S + C_N^V \\
C_M &= C_M^I + C_M^S + C_M^V \\
C_{cT} &= C_{cT}^S
\end{aligned}
\tag{4.125}
$$

力のインパルス状の成分は，ワグナーまたはクスナーの付着流理論（4.5.3 項参照）から，時間ステップを短くとることにより，直接求められる．定常的なはく離流れの場合，循環による力の係数は，古典的なキルヒホッフの式に依存する（Thwaites 1987）．はく離点の発達において発生する時間遅れと，付着流れの非定常効果による揚力傾斜の低下を考慮するために，これらの係数を修正する必要がある．

キルヒホッフの式は，負圧面側のはく離点における空力係数 C^S の値を与える．ベッドースは，このために次のような式を提案した．

$$
\begin{aligned}
f(\alpha, \alpha_1) &= \frac{x_s}{c} = 1.0 - 0.3 \exp\left(\frac{\alpha - \alpha_1}{0.05}\right) \qquad (0 \le \alpha \le \alpha_1 \text{のとき}) \\
f(\alpha, \alpha_1) &= 0.04 + 0.66 \exp\left(\frac{\alpha_1 - \alpha}{0.05}\right) \qquad (\alpha > \alpha_1 \text{のとき})
\end{aligned}
\tag{4.126}
$$

ここで，α_1 は静的な失速迎角である．

$$
C_N^S = 0.5\pi\alpha\Phi(\tau)(1 + \sqrt{f_1})^2 \tag{4.127}
$$

$$
C_M^S = 0.5\pi\alpha\Phi(\tau)[-0.135(1 - f_0) + 0.04 \sin(\pi f_0^2)](1 + \sqrt{f_0})^2 \tag{4.128}
$$

$$
C_{cT}^S = 0.5\eta \frac{\sqrt{f_1}(C_N^S)^2}{\pi} \tag{4.129}
$$

ここで，η は縮小率で，$\eta \approx 0.95$ である．

$\Phi(\tau)$ は非定常な薄翼理論（ワグナーの理論など，4.5 節参照）における揚力関数である．τ は無次元時間 $2Wt/c$ であり，ブレード断面における時間平均入射速度 W と 1/2 翼弦長 $c/2$ によって無次元化されている．これと同様に，以降の解析において，すべての時定数は無次元である．f ははく離点比 x_s/c で，f_0, f_1, f_2 はこれ以降で記述する時間の無次元関数であり，付着流の力をはく離効果により修正するものである．

入射角の急速な増加中，はく離点移動に遅れが発生し，はく離点位置は前縁圧力ピークの成長に大きく影響を受ける．これは垂直力係数 C_N^* によって特徴付けられ，次の時間遅れ式を満足する．

$$\frac{dC_N^*}{d\tau} = \frac{C_N^S - C_N^*}{T_P} \tag{4.130}$$

ここで，時定数は $T_P = 1.78$ で，はく離点を計算するための等価入射角は，$C_N^*/(dC_N^S/d\alpha) \approx 0.5C_N^*/\pi$ として記述される．

はく離位置 f_1 は，時定数 T_f をもつ次の時間遅れ式を満足する．

$$\frac{df_1}{d\tau} = \frac{f\left(0.5C_N^*/\pi, \alpha_1\right) - f_1}{T_f} \tag{4.131}$$

しかし，ピッチングモーメントは異なる動的はく離点を必要とすることが知られている．動的はく離点は $f_0 = \max\left(f_1, f_2\right)$ で与えられ，ここで，f_2 は時定数 T_{f0} をもつ，次式で示すもう一つの時間遅れ式を満足する．

$$\frac{df_2}{d\tau} = \frac{f(\alpha, \alpha_1) - f_2}{0.5T_{f0}} \tag{4.132}$$

ライシュマンとベッドースは，前縁はく離の開始を高精度で予測することが非常に重要であると述べている．前縁はく離は，前縁において圧力が負のピークに達し，逆圧力勾配に至った際に発生すると仮定される．これらは垂直力に関係し，$C_N \geq C_{N1}$（高レイノルズ数における NACA0012 翼型の場合，$C_{N1} \approx 1.55$）のときにはく離が発生する．C_N が臨界値 C_{N1} に達したとき，$\tau = \tau_1$ において渦放出が発生する．渦力の増分は，渦が放出される時間 τ_1 から渦が後縁に達する時間 $\tau_1 + T_{v1}$ まで，生じた放出渦の成長と移流（図 4.35 参照）を考慮することによって評価する．τ_v は渦時間変数（vortex time variable）とよばれ，$\tau_v = \tau - \tau_1$ である．

C_N に対して，次式で示す時定数 T_v（ここで，T_v と T_{v1} は後述する）の時間遅れ式が用いられる．

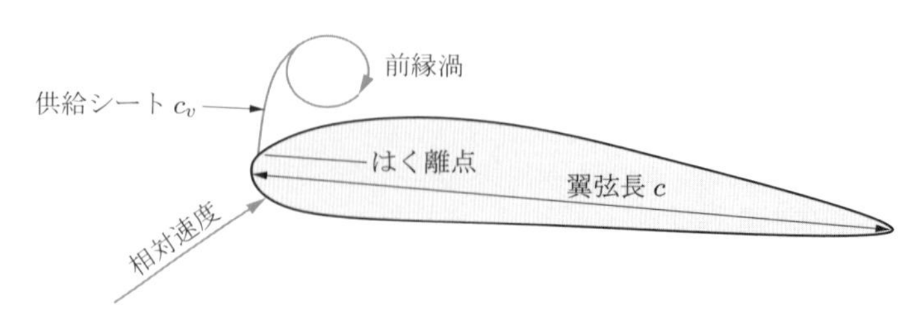

図 4.35　前縁渦の成長と理想的な渦供給シート

$$\frac{dC_N^v}{d\tau} = \frac{dc_v}{d\tau} - \frac{C_N^v}{T_v} \qquad (dc_v/d\tau > 0 \text{ かつ } 0 < \tau < 2T_{v1} \text{ のとき})$$
$$\frac{dC_N^v}{d\tau} = -\frac{C_N^v}{T_v} \qquad (\text{それ以外}) \tag{4.133}$$

$$C_M^v = -0.25\left(1 - \cos\frac{\pi\tau}{T_{v1}}\right)C_N^v \qquad (t \leq 2T_{v1} \text{ のとき})$$
$$C_M^v = 0 \qquad (t > 2T_{v1} \text{ のとき}) \tag{4.134}$$

図 4.35 に示すとおり，c_v は，前縁における渦の放出点に向けて成長する渦（インナースパイラルとして考慮）に供給される，渦シートの渦力の寄与を表す．c_v は次式で与えられる．

$$c_v = 2\pi\alpha\Phi(\tau) - C_N^S = 2\pi\alpha\Phi(\tau)[1 - 0.25(1 + \sqrt{f_1})^2] \tag{4.135}$$

その導関数は次式のとおりである．

$$\frac{dc_v}{d\tau} = \frac{\pi}{2}\left[-\Phi(\tau)\frac{df_1}{d\tau}\left(1 + \frac{1}{\sqrt{f_1}}\right) + \frac{d(\alpha\Phi(\tau))}{d\tau}\{4 - (1 + \sqrt{f_1})^2\}\right] \tag{4.136}$$

入射角 α が増加あるいは減少する途中におけるはく離点移動の遅れをモデル化すると，次式のようになる（以下の値は NACA0012 翼型におけるものである）．

$$\alpha \text{ 増加時：} \alpha = \alpha_{10} = 0.27$$
$$\alpha \text{ 減少時：} \alpha = \alpha_{10} - 0.037(1 - f_1)^{1/4}$$

時間スケール T_f と T_v は，経験的な無次元時間 T_{f0}, T_{v0}, T_{v1} に対して，表 4.1 のような関係によって与えられる．ここで，S114 翼型向けに提案された値は，それぞれ $T_{f0} = 3.0$, $T_{v0} = 4.0$, $T_{v1} = 6.0$ である（Sheng et al. 2010）．付着後の流れでは，$C_N < C_{N1}$, $T_v = T_{v0}$ である．

表 4.1 ライシュマン－ベッドースモデルの時定数

α 増加時	$T_f = T_{f0}$	$T_v = T_{v0}$	$0 \leq \tau \leq T_{v1}$
	$T_f = 1/3T_{f0}$	$T_v = 0.25T_{v0}$	$T_{v1} < \tau \leq 2T_{v1}$
	$T_f = 4T_{f0}$	$T_v = 0.90T_{v0}$	$2T_{v1} < \tau \leq 4T_{v1}$
α 減少時	$T_f = 1/2T_{f0}$	$T_v = 0.50T_{v0}$	$0 \leq \tau \leq T_{v1}$
	$T_f = 1/2T_{f0}$	$T_v = 0.50T_{v0}$	$T_{v1} < \tau \leq 2T_{v1}$
	$T_f = 4T_{f0}$	$T_v = 0.90T_{v0}$	$2T_{v1} < \tau \leq 4T_{v1}$

迎角 α 減少時の供給渦シートの効果を考慮する方法もあるが，風車の動的失速に関するモデルを開発した Bjorck ら（1999）は，迎角 α と渦が増加する際にのみこの方法を適用すべきであると述べている．

全空力係数 C_N, C_M, C_{cT} を求めるため，動的失速力の 3 成分を式 (4.125) に代入する．はく離点位置の計算（式 (4.126) と式 (4.131)）は繰り返し計算となり，前縁におけるはく離の開始時（τ_1）には C_N 成分の計算を必要とする．失速は順次進行するため，追加の繰り返し計算なしで中間時間ステップにおける C_N の値を計算することで，その計算を時間ステップ解法に組み込むことができる．

翼型のヒーブ運動による垂直力を計算する方法は，次のようにまとめられる．τ_0 から τ_N までの運動を解析するには，無次元時間ステップ $\tau_0, \tau_1 = \tau_0 + \Delta_\tau, \ldots$ を定義して，$\tau = \tau_1, \tau_2, \ldots$ において以下の手順で計算する．

1) 仮定した翼型のヒーブ運動 $w(\tau)$ から有効迎角 $\alpha(\tau) = w(\tau)/U_\infty$ を計算し，保存する．
2) τ_0 から現在時間 τ までの各時間ステップにおいて，垂直力 $L(\tau)$ を，式 (4.11) 内におけるワグナー関数 $\Phi(\tau)$ と $dw/d\tau$ の畳み込み積の数値積分によって計算する．この例では，$W = U_\infty$ を一定と仮定する（迎角が小さい場合，揚力と垂直力は等しいと仮定する）．
3) 衝撃力（負荷質量）係数 $C_N^I(\tau) = (\pi dw/d\tau)/U_\infty$ を計算する．
4) 入射角 α の増減に対する表 4.1 内の τ の範囲に応じて，無次元時定数 T_{f0}, T_{v0}, T_{f1} を与え，T_f と T_v を表にする．
5) α と α_1 の値を与えて，時定数 T_{f0}, T_f, T_v における $f(\tau)$ を計算する．C_N^*, C_N^S, f_1, f_2 の式 (4.130)〜(4.132) を，予測子修正子法（predictor-corrector method）などの多段法を使用して数値的に積分する．なお，各時間ステップにおける積分では，前記の変数の中間値を使用する．
6) $C_N(\tau) = C_N^I(\tau) + C_N^S(\tau)$ を計算し，C_N が成長渦の放出が前縁で始まる臨界値 C_{N1} に達したときを $\tau_1 = \tau$ とし，その後の時間は $\tau_v = \tau - \tau_1$ と定義する．
7) 多段法と，保存された τ_v の値に応じた表内の時定数 T_v をふたたび使用して，式 (4.136) を用いた式 (4.133) の時間刻み積分によって，$C_N^V(\tau)$ を計算する．

上記 1)〜7) は，ヒーブ運動中に入射角が変化する翼型のための計算手順である．翼の運動にピッチングが含まれる場合，いくつか追加の $d\alpha/dt$ 項が存在するが，計算方法はまったく同じである．ブレードとガスト，またはブレードと移流する流れの変動との干渉によって動的失速が引き起こされる場合には，ワグナー関数 $\Phi(\tau)$ はクスナー関数 $\Psi(\tau)$ で置き換えられるが，ほかは同じである．決定関数を用いる時間刻みの方法は，付着流に対してテオドールセン関数またはシアーズ関数を用いて正弦波運動を仮定する．これは，とくに準線形性の過程を必要とする別の手段よりも，一般的な取り扱い方法である．この方法における経験係数は翼型に依存し，本来はマッハ数の関数として導かれる．ここでは，NACA002 翼型について，非圧縮性（低マッハ数）の流れに対して与えられる．この方法のほかに，多くのバリエーションがある．

図 4.36 に，このモデルによって計算された結果を，実験データおよび CFD 結果と比較したものを示す．CFD では，次式のように振動的に迎角が変化する翼型が，穏やかに動的失速する状態を計算している．

$$\alpha = \alpha_0 + \alpha' \sin(0.1\tau) \tag{4.137}$$

式 (4.127)〜(4.129) では，理想化した定常流れの揚力（低迎角における垂直力）を仮定し，揚力係数 $2\pi\alpha$ を適用する．揚力係数に対するレイノルズ数と厚みの影響を考慮するため，通常，2π は α_0 で置き換えられる．実際には，揚力傾斜は実験的または数値的に決定される．

■ONERA モデル

ONERA モデル（Petot 1989）においては，動的失速中に発生する揚力とモーメントを，非定常

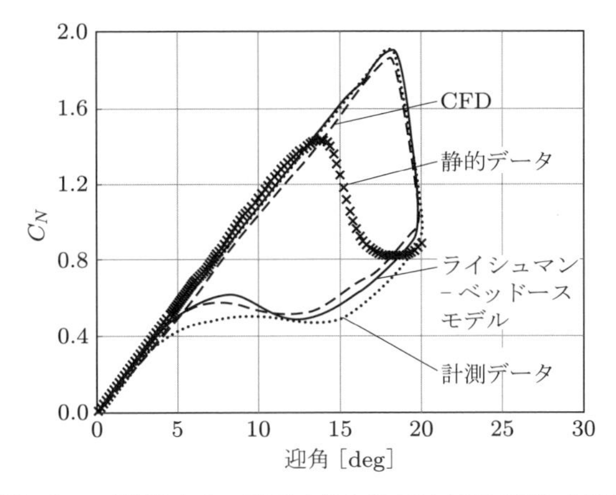

図 4.36 失速域において周期的なピッチ運動を行う NACA0012 翼型に作用する垂直力係数

な線形付着流の結果と失速によって生じる無次元の増分との組み合わせとして計算する．このモデルはかなり多くの経験係数に基づいており，これらの経験係数は，振動する翼型の実験計測結果から同定されるパラメータによって得られる．

■**ガンワニ（Gangwani）モデル**

ガンワニモデル（Gangwani 1982）は，ワグナー関数に対する近似を用いた線形非定常付着流れの時間領域における記述に基づいている．非線形はく離流れの部分は，見かけの迎角における時間遅れを組み込んだ経験式に基づいている．これらの式は多くの係数を必要とし，それらの係数は，通常，振動する翼型の実験計測結果から得られる．

ここで論じた三つの動的失速モデルはいくつかの類似点をもつが，その中でもライシュマン－ベッドースモデル（1989）がより広く使用されているようである．

4.7 数値流体力学（CFD）

4.7.1 はじめに

これまで第 3 章と第 4 章で示した，風車まわりの流れのさまざまな条件における解析法は，すべて計算上簡略化されたものである．流れの条件を正確に解析するには，これらよりもかなり複雑な手法が必要となる．CFD は高度に発達した手法であり，非常に多くの参考文献がある．ここでは，低レイノルズ数における CFD の応用に関する概要を記載する．

精度は若干落ちるが，粘性による抗力が重要ではない条件では，オイラー方程式（Euler equations）として知られる，18 世紀に開発された非粘性流れに対する方程式を用いて，失速していない風車に接近する流れを解析することができる．速度ベクトル $\boldsymbol{U}$ に対するオイラー方程式は，次式のとおりである．

$$\frac{\partial \boldsymbol{U}}{\partial t} + \boldsymbol{U} \cdot \nabla \boldsymbol{U} = -\frac{1}{\rho} \nabla p \tag{4.138}$$

オイラー方程式は連続の式とともに，流れの状態に関する解を得るための数値手法の基礎方程式である．しかし，この式はブレード表面の境界層やウェイクにおけるはく離流を扱えないため，ロータを通過する流れに対する解析精度は低い．19 世紀に粘性効果を考慮したナビエ－ストークス方程式（Navier–Stokes equations）が導出され，今日，層流と乱流の両方を予測する方法として使用されている．ナビエ－ストークス方程式における付加項は次式のとおりであり，粘性流れに対するニュートン理論から導出される一定値の動粘性係数 ν を導入している†．

$$\frac{\partial \boldsymbol{U}}{\partial t} + \boldsymbol{U} \cdot \nabla \boldsymbol{U} = -\frac{1}{\rho}\nabla p + \nu \nabla^2 \boldsymbol{U} \tag{4.139}$$

この式は，ナビエ－ストークス方程式の速度－圧力形式，または基本変数形式として知られる．

CFD は基本的に，これらの方程式の数値解法である．風車ロータの解析では，風車ロータに影響される流れ領域を三次元（または，ブレード断面などの解析の場合には二次元）の計算格子で分割する．ロータ面では，付着流の境界層をモデル化するため，非常に細かい計算格子が必要であるが，ウェイクにおいては，粗い計算格子で十分である．ただし，ウェイクの境界やせん断渦の近傍など，せん断の大きい領域では，特別な配慮が必要である．通常の三次元の問題においては，未知数（自由度）の数は膨大で，繰り返し計算が必要であるため，解析には長い時間が必要である．風車ロータの解析では，風車のロータがその他の部品や入射流れ場に対して相対的な回転状態にあるため，計算はより複雑である．解析を実行するうえで，移動境界の取り扱いに加え，計算格子の生成に多大なスキルと労力が必要となる．風車ブレードに対する CFD のおもな利点は，翼表面を取り囲む流れを算出するので，翼型の実験データを必要としないことである．

CFD は計算コストが莫大であるため，おもに研究目的で使用されており，風力発電においては，翼素運動量理論のような，より簡単で高速な手法の検証用に使用されている．

4.7.2　粘性計算手法

風車の空気力学においてもっとも重要なロータブレードまわりの流れの解析では，非粘性の方程式（つまり，オイラー方程式）の解によって，流れ場をある程度適切に扱うことができる．とくに，ブレードまわりの流れにおいてはく離がない，またはわずかである場合には，ある程度適切である．ここで，予測する必要があるのは圧力が卓越した力であり，粘性による抗力値は不要，あるいは経験的手法により求める．オイラー方程式の利点は，ナビエ－ストークス方程式よりもかなり高速に解けることである．計算の効率がとくに重要となる例としては，構造的な振動，フラッター，ガストと乱流の流入効果とそれに関連する非定常流れ，ウェイク干渉，ヨー変化，ウィンドシアー，ブレードピッチの急激な変化による非定常効果の予測などが挙げられる．そのような流れの多くでは，スペクトルのような統計量を求めるために，長時間の計算が必要であるため，高速解法が必要である．

オイラー方程式は，とくに衝撃波を伴う流れの情報を得ることができるため，一般的な二次元または三次元の圧縮性流れ（マッハ数は小さくない）を解くのに広く用いられる．しかし，マッハ数が 0.3 をほとんど超えない風車まわりの流れを圧縮性流れとして扱うことは適切ではない．風車のように，速度が音速よりもかなり低く，重要な周波数がそれほど高くなく，密度 ρ が一定である場合には，流れを非圧縮性として扱う．ロータまわりの非粘性流れを計算するため，流れ場を計算格

† 一定値の動粘性係数の仮定は，風車を通過する流れに代表されるような，低速の空気の流れにおいて適切である．

子上で離散化するフィールド法（このあとで考察する物体表面パネル法とは区別する）が使用される．ナビエ－ストークス方程式を計算する商用コードにおいて，流れを非粘性としてオイラー方程式ソルバーとして計算する方法もある．アクチュエータディスクのような軸対称流れ，または二次元の平面（断面）流れにおいては，これらの方法の代わりに，オイラー方程式と非圧縮性流れの連続の式を，流れ関数 ψ－渦度 ω 形式に変換し，流れ場の計算格子上で解く方法もある（Soerensen et al. (1998)など）．オイラー方程式を計算格子に基づき計算する方法は，以降で記載するナビエ－ストークス方程式の数値解法と類似しており，粘性と乱流応力に関連する境界層での大きな勾配がないため，かなり粗い計算格子でも比較的高い精度を得ることができる．したがって，オイラー方程式の解法では，比較的高い精度を得たい場合でも，計算時間はかなり短くなる．

物体まわりの全体流れ場を計算格子で分割する解法に加え，速度場を支配する方程式を線形化し，次元を一つ減らすことができる場合，境界積分法（boundary-integral method）またはパネル法（panel method）として知られる計算方法を使用できる．したがって，二次元流れ場の解を断面周囲の線積分（一次元）に減らすことと同様に，三次元流れ場の問題を二次元表面で計算することができる．具体的には，物体表面において薄いウェイクをメッシュ状に分割（離散的なパネルに分割）し，基本解の合計を求める．流れ場の特性を解が無限大となる特異点に局所化するため，これらは特異性解として知られる．このような問題の低次元化は，計算を高速にすることができるが，速度を線形の形式で扱う非粘性方程式に依存する．その場合，基本パネルに基づく特異性解の組み合わせが全体流れを構成し，係数が境界条件によって定義される．

すべての渦度（ベクトル記号 $\boldsymbol{\omega}$ で表し，速度場ベクトル $\boldsymbol{U}$ とベクトル微分演算子（ナブラ）∇ とのベクトル積 $\nabla \times \boldsymbol{U}$ で表される）が主として物体表面で生成される場合，流れを非粘性として扱うことができる．渦度は，物体表面付近とウェイク中の薄いシート内に閉じ込められる．この渦度シートの外側は渦度がゼロで，渦なし流れとよばれる．

この条件は次のように表される．

$$\boldsymbol{\omega} = \nabla \times \boldsymbol{U} = \boldsymbol{0} \tag{4.140}$$

速度は，次式のようにスカラー速度ポテンシャル（velocity potential）ϕ の勾配として表される．

$$\boldsymbol{U} = \nabla\phi \tag{4.141}$$

これを次式で表される質量保存の式と組み合わせることで，ポテンシャル ϕ の2階偏微分方程式を導くことができる．

$$\nabla \cdot (\rho \boldsymbol{U}) = 0 \tag{4.142}$$

この場合，ポテンシャル ϕ の方程式は，次のようにラプラス方程式になる．

$$\nabla^2\phi = 0 \tag{4.143}$$

この方程式は線形であるため，方程式の基本解の総和から解を構成するパネル法が使用されるが，物体表面を通過する流れがゼロであるという境界条件を満足させるため，未知の係数の線形和を必要とする．多くのパネル法が開発されているが，もっとも初期に開発され，ウェイク効果があまり重要ではない閉じた物体の場合にもっとも広く使用されるものの一つが，吹き出しパネル法（source panel method）である．

風車にもっとも応用されるパネル法の一つが渦法である．この渦法では，物体表面上（または，薄翼断面近似のような，さらに近似した単一のキャンバ表面）に配置されるパネルを，パネルの縁に沿って配置される渦線の網または格子により構成する．薄い後流が存在するところでは，渦パネルが平均ウェイク表面で広げられ，それとともに自由に移流する．後流によって誘起される速度場は後流の移動にも影響するため，この移流過程は非線形である．しかし，乱されていない空気の流れとともに後流が下流に流れるという仮定により，後流により誘起される移流については，線形化して単純化されることも多い．渦格子法（Vortex Lattice Method: VLM，図 4.37 参照）として知られるこの渦パネル法は，定数双極子パネル法（constant dipole panel method）と同じものであり，パネルシートの両面にわたって一様に引き延ばされたた一様なソース密度と，それとは反対で同じ強さをもつ一様なシンク密度で構成される．また，非定常流れに拡張した非定常渦格子法（Unsteady Vortex Lattice Method: UVLM）もある．この方法では，境界条件は物体表面で（薄翼近似の場合，平均面またはキャンバ面において）満足させる必要がある．もっともよく使用される境界条件は，物体の表面において垂直な方向の速度をゼロとすることである．しかし，閉じた表面をもつ厚い物体の場合には，その代わりに，物体内部の表面で接線方向速度をゼロとする境界条件が使用され，このほうがより高精度となる．

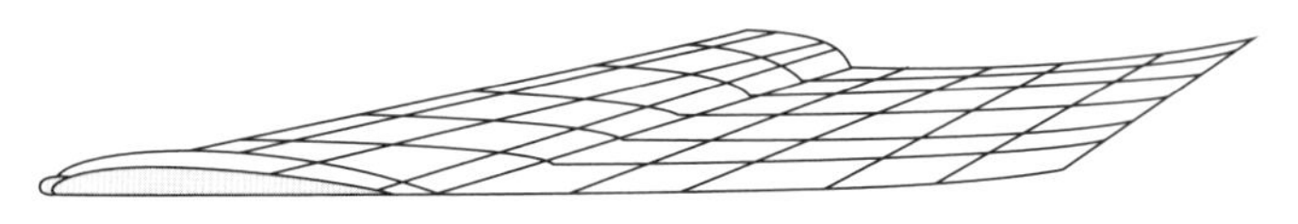

図 4.37　ブレード表面とウェイク上の渦格子パネル

UVLM は，翼型，風車ブレード，完全なロータまわりの定常または非定常流れの予測において，満足できる精度で効率的に使用することができるが，そのような流れにおいては，大きなスケールのはく離（失速）が存在せず，渦度を含んだ厚い領域が形成され，表面摩擦抗力については別個に扱われる．UVLM については，Katz と Plotkin（1991）による教科書（*Low Speed Aerodynamics*）において，詳細に議論されている．

もっとも簡単化した物体形状の表現方法としては，翼型，またはブレードを覆うパネルを，コード方向には単一パネルで，スパン方向には適切な数で分割したパネルで構成することである．この場合，コード方向の各パネルの強さは，その断面におけるブレードまわりの循環と等しく，パネル前面の渦線は翼型の 1/4 翼弦に沿い，境界条件は 3/4 翼弦において評価する（4.5.1 項参照）．このとき，ブレード後縁の下流側の渦線によってパネルができる．この配置は，クッタ－ジュコーフスキーの後縁条件を満たし，各時間ステップにおいてブレード後縁から後流に向けて放出された渦を供給する．その後，渦度の輸送に従い，その場で評価された局所的な流れ速度で渦が下流側に移流される．このような説明は，アクチュエータライン（actuator line）理論（Mikkelsen 2003）を基礎としている．

パネル法は，低次精度で粘性効果を無視しているため，一般には CFD としては分類されない．ブレードに作用する抗力などの粘性効果の情報が必要な場合，非粘性圧力分布によって駆動されるブレード表面の境界層を計算することで，非粘性パネル圧力ソースを供給する．これは，正式には粘性－非粘性解を与える内部－外部近似法である．粘性－非粘性解は，表面摩擦と抗力の 1 次精度計算を可能とするだけでなく，境界層排除厚さ（発達する境界層中の減速により物体表面に生じる外向きの排除）を通して圧力分布や粘性効果による揚力を修正することができる．この手法は，厳密には，粘性底層が薄く，境界層が付着したまま，または穏やかにはく離した状態の場合に適用可能である．後者の場合，逆計算が含まれる．よく使用されるパネル法は，この手法を用いている（X-FOIL（Drela 1989）など）．

4.7.3 レイノルズ平均ナビエ－ストークスシミュレーション（RANS），および，非定常レイノルズ平均ナビエ－ストークスシミュレーション（URANS）

粘性流れに対する完全な方程式であるナビエ－ストークス方程式を解く数値解法は，直接数値シミュレーション（Direct Numerical Simulation: DNS）とよばれ，乱流に対するモデリングを含まない．このDNSは，実スケールよりもかなり小さい流れに対しても莫大な計算リソースを必要とする．今日，DNSによって解が得られるのは，レイノルズ数が10^4オーダーまでの，単純な幾何形状の非定常三次元流れに限られる．

実スケールの現象は通常，乱流状態である．局所的な流れの長さスケールに対してもっとも小さい乱流渦のスケールは$Re^{-3/4}$オーダーで，$Re^{9/4}$オーダーの計算格子数を必要とする．原理的には，各格子点，各時間ステップにおいて少なくとも四つの未知数について解く必要があり，現状では実行不可能な問題となっている．

したがって，実際の流れに対しては，通常，ナビエ－ストークス方程式に乱流モデルを導入する．加えて，乱流をモデル化した場合，層流（スムーズで乱流を含まない流れ）から乱流への遷移を考慮する必要があり，遷移が発生する場所を予測する方法が必要となる．もっとも単純なレベルの乱流モデルは，時間平均ナビエ－ストークス方程式を解くものである．速度場は次のとおりである．

$$\boldsymbol{U}(t) = \overline{\boldsymbol{U}} + \boldsymbol{u}'$$

ここで，$\overline{\boldsymbol{U}}$は時間平均速度，$\boldsymbol{u}'$は乱流変動であり，$\overline{\boldsymbol{u}'} = 0$で，オーバーバー（$\overline{}$）は平均値を表す．これをナビエ－ストークス方程式（式(4.139)）に代入し，時間平均すると，次のとおりである．

$$(\overline{\boldsymbol{U}} \cdot \nabla)\overline{\boldsymbol{U}} + \overline{(\boldsymbol{u}' \cdot \nabla)\boldsymbol{u}'} = -\nabla\frac{\overline{p}}{\rho} + \nu\nabla^2\overline{\boldsymbol{U}} \tag{4.144}$$

これがレイノルズ平均ナビエ－ストークス（RANS）方程式である．$\overline{\boldsymbol{u}'\nabla\boldsymbol{u}'}$はレイノルズ応力項であり，平均流れ場に作用する乱流による応力を表している．レイノルズ応力項は，通常，粘性応力項$\nu\nabla^2\overline{\boldsymbol{U}}$よりもかなり大きな値となる．そのため，RANS方程式内にレイノルズ応力がある場合，乱流境界層の粘性底層のような特定の領域を除き，粘性応力項は無視して扱われる．

最初期に行われたもっとも単純な方法として，分子粘性との類推から，レイノルズ応力を乱流渦粘性ν_eによってモデル化するものがある（たとえば，Anderson（1991）参照）．この種の多くの乱流モデルは，プラントルの混合長モデルであり，計算量は最小限である．

より進化した方法が1960年代までに開発され，その方法では，ナビエ－ストークス方程式から導出される乱流エネルギー$k = (1/2)\overline{u_j' u_j'}$またはレイノルズ応力$\overline{u_j' u_k'}$の輸送に関する追加の方程式（輸送方程式）が解かれる．ここで，下付き添字jとkは3方向に対応した1～3の値をとり，同じ項の中で同じ添字が2度現れる場合には，添字1～3についてすべての総和をとることを意味する†．

† 訳注：アインシュタインの縮約記法．

輸送方程式内のいくつかの項（乱流の拡散項と散逸項など）については直接評価することができるが，その他の項については経験式または関係式（代数応力モデルとよばれる．Speziale（1991）参照）を用いてモデル化する必要がある．物体表面付近において非常に細かい計算格子を使用することを避けるため，乱流境界層の内部領域を，解析的に導出される対数則または壁関数によって置き換えることも一般的である．この方法は，付着した乱流境界層に対してはかなり正確であるが，はく離領域付近のような場合には精度が低下する．

もっともよく知られる乱流モデルは k–ε モデルである．ここで，ε は乱流散逸率（turbulence dissipation rate）である．ほかの広く使用されるモデルとしては，k–ω モデル（$\omega = \varepsilon/k$）や，せん断応力の輸送（Shear Stress Transport: SST）を含む k–ω SST モデルが挙げられる．これらの乱流モデルの詳細については，多くの論文や教科書（Menter et al.（2003）など）に解説されている．よく使用される RANS コード，とくに商用コードでは，複数のモデルの中から適した乱流モデルを選択できるようになっている．これは，流れや流れ領域に応じて適切なモデルが異なるだけでなく，モデルによって計算コストが異なるからである．各種乱流モデルの経験係数やその依存性については，乱流境界層，ジェット，ウェイクなどの薄いせん断層乱流に対する実験データから求められており，大スケールのはく離領域をモデル化することは得策ではないことがわかっている．

RANS モデルでは，モデル化された乱流が自己維持性をもつ領域を予測することはできるが，時間平均の概念を導入しているため，前述した不安定性の始まりを予測することができない．そのため，乱流遷移の始まりについては，別手段によって予測する必要がある．乱流遷移と発達を予測する方法としては，次の二つの方法がよく使用される．一つ目の方法は，流れの中の微細な擾乱から遷移の指数関数的な成長を予測する e^n 法（n は 9 まで．White（1991）など参照）である．二つ目の方法は，入口境界において小さめの乱流を与える方法である．後者は簡単に実施可能であり，乱流生成（乱流エネルギーまたは乱流応力と平均流の勾配との積）が散逸量を超えて乱流が成長する．この方法は，一定程度の強さと適したスケールをもつ外部流の乱流が境界層内における乱流遷移を誘起させる，バイパス遷移のモデルとして扱うことができる．バイパス遷移はターボ機械では一般的であるが，風車のロータブレードの場合，流入する大気境界層内の乱流の長さスケールがかなり大きいため，あまり一般的ではない．

失速に近い高迎角において，乱流遷移を引き起こすはく離泡（separation bubble）が発生する．これは翼型のどこでどのようにはく離が発生するかや，ブレードに発生する失速の形式を特定するのに重要なものである．はく離泡のサイズは非常に小さいため，はく離したせん断層内の遷移過程に対して信頼できる解像度を確保することは非常に難しい．よって，Gault（1957）によって提案された経験的修正法が有益な情報を与える．

最近では，RANS 法は拡張され，非定常流れに応用されている．これは，主流の特性時間スケールが乱流の時間スケールよりもかなり長い場合に正当化できるものである．小さな時間スケールの乱流はレイノルズ平均（$\tilde{}$）され，時間に依存する主流の流れ場 $\tilde{\boldsymbol{U}}$ に対する非定常レイノルズ平均ナビエ–ストークス（URANS）方程式が，次式のように得られる．

$$\frac{\partial \tilde{\boldsymbol{U}}}{\partial t} + (\tilde{\boldsymbol{U}} \cdot \nabla)\tilde{\boldsymbol{U}} + \widetilde{(\boldsymbol{u}' \cdot \nabla)\boldsymbol{u}'} = -\nabla\widetilde{\left(\frac{p}{\rho}\right)} + \nu\nabla^2\tilde{\boldsymbol{U}} \tag{4.145}$$

URANS 法は，周期的変化や構造的な動的応答による非定常な運動を伴う翼型や，風車ブレード表面上の乱流境界層のモデル化には適しているが，動的失速中に発生するような，時間依存の大スケールはく離のモデル化に対してはあまり適していない．URANS 法は，定常 RNAS 法よりも，大スケールのはく離領域の再現においてある程度改良された結果を与えるが，一般に，まだ多くのケースにおいて十分な精度ではない．

4.7.4 LES 法および DES 法

計算能力の急速な発達に加え，RANS 法と URANS 法における，とくにはく離流れに対する予測精度が不十分であったことが，ラージエディシミュレーション（LES）法の発達につながった．LES 法では，URANS 法に類似した乱流平均化の考え方に従い，空間的，時間的に大きなスケールの流れの変動成分は計算格子上で解像され，より小さな乱流渦スケールを含んだ成分はモデル化される．厳密には，モデル化するスケールは，乱流スペクトルの高周波数端における等方性乱流渦スケールに限定される．等方性乱流渦よりも大きなスケールの全乱流渦を解像する必要があることは，計算格子サイズに対して大きな制限となるが，実際には，この制限はしばしばある程度緩和されている．もっとも小さい乱流渦は，サブグリッド乱流渦粘性によってモデル化される．サブグリッドスケール乱流渦粘性の計算方法については，理論的な研究が行われ，高精度に対応可能な流れ領域を拡張する改良（Germano et al.（1991））がなされている．

LES 法のおもな制限は，非常に小さい計算格子を必要とすることによる莫大な計算コストである．より経済的な計算方法として，DES（Detached Eddy Simulation）とよばれる計算方法が開発された．この方法では，流れがはく離する領域のみ LES 法を適用する．つまり，全体流れ場の中での LES 法の適用を，付着境界層よりも乱流のスケールが大きなはく離流れやウェイク領域のみに限定する．その他の流れ領域（付着乱流境界層のように，LES 法では非常に小さい計算格子を必要とするが，URANS 法でも高精度に解析可能な流れ領域）では，URANS 法が用いられる．この LES 法と URANS 法とを組み合わせた DES 法は，風車やウィンドファームを含めた流れ場の解析を高精度に行うことができる有力な計算方法として，急速に認知されてきている．しかし，DES 法でも，工学的な解析に使用するには，依然として計算負荷が莫大すぎるため，産業界で使用される，より近似的な解析方法を検証するツールとして扱われている．また，DES は，物理実験から得ることが難しい流れ場の物理メカニズムをよりよく理解するためのツールとしても使用される．風洞実験の場合は，レイノルズ数を合わせられない問題や，風洞壁による閉塞効果の問題があり，一方，実スケール実験の場合は計測や制御の問題があるため，実験での流れ場の物理メカニズムの解明には限界がある．

4.7.5 CFD 数値解析技術

4.7.2 項において非粘性流れに対するパネル法を扱ったが，本項では，計算格子またはセル上で離散化された方程式を解く方法に焦点を当てる．計算格子は，周囲条件からの擾乱を無視または単純化できる境界を設けて，対象の流れ場領域全体を覆う．

■非粘性流れ

密度一様の低速流れの運動量保存に対する，三次元の時間発展ナビエ－ストークス方程式と連続の式を解くには，四つの変数，三つの速度，圧力に関して，離散的な時間ステップごとの解を求める必要がある．圧力を消去するため，方程式に対してベクトル微分演算子（ナブラ）とのベクトル積（$\nabla\times$）をとることによって，以下の渦度輸送方程式（vorticity transport equation）を得る．

$$\frac{\partial \boldsymbol{\omega}}{\partial t} + (\boldsymbol{U}\cdot\nabla)\boldsymbol{\omega} = (\boldsymbol{\omega}\cdot\nabla)\boldsymbol{U} + \nu\nabla^2\boldsymbol{\omega} \tag{4.146}$$

ここで，$\boldsymbol{\omega} = \nabla\times\boldsymbol{U}$ は渦度（vorticity）である．

この方程式は，ロータブレードを通過する流れは，ブレードの後縁からはく離するまで付着したままであり，拡散が小さいままであることを示している（高レイノルズ数において妥当）．ブレード表面における滑りなしの条件によって生成される渦度は，ブレード上では薄い層，ウェイクにおいては薄いシートのままである．1 次精度の圧力は渦度の薄いシートを横切って連続であるため，この結果は，圧力場とロータに作用する優位な力を，オイラー方程式によってある程度高精度に推定可能であるということに基づいている．さらに下流側では，渦シートは急速に不安定となり崩壊し，大きな乱流ウェイクになるが，それらは風車下流におけるその他の領域に影響を及ぼす一方で，ウェイクを生成するロータに対してはほとんど寄与しない．

二次元流れの場合，渦度は 1 方向にゼロではない成分をもち，その方向は流れ面に対して垂直であるため，スカラー量である．速度の 2 成分は，スカラー量である流れ関数 ψ の導関数で次のように表せる．

$$\frac{\partial\psi}{\partial y} = -U, \quad \frac{\partial\psi}{\partial x} = V \tag{4.147}$$

ψ は密度が一定で，質量保存の式 (4.142) を満足する．この ψ の定義を渦度の定義に代入すると，次式のように，ψ がポアソン方程式を満足することが示される．

$$\frac{\partial^2\psi}{\partial x^2} + \frac{\partial^2\psi}{\partial y^2} = -\omega \tag{4.148}$$

同様に，ψ の定義を渦度輸送式に代入すると，導出変数方程式（derived variables formulation）として知られる ψ–ω 方程式が導出される．二次元または軸対称流れの場合，この方程式には二つのスカラー変数 ψ，ω しか含まれていないため，三つのスカラー変数が含まれる速度–圧力形式に対して，計算量の面で大きな利点がある．ψ–ω 形式は，本質的に質量保存を満足するため，非圧縮流れにおける圧力項は直接的に質量保存則から直接計算することができないという難しさを回避することができる．

三次元流れの場合，ψ–ω 形式は，ψ（三次元の場合はベクトル量）の 3 成分と渦度の 3 成分，合わせて六つの変数の解を必要とするため，前記のような，二次元の場合において変数が少なくなる利点が失われる．この場合，もとの速度–圧力形式（式 (4.139)）に対して変数が二つ増えている．流れ関数 ψ は次のように定義される．

$$\boldsymbol{U} = \nabla\times\boldsymbol{\psi} \quad \text{かつ} \quad \nabla\boldsymbol{\psi} = 0 \tag{4.149}$$

関数 $\boldsymbol{\psi}$ はもはや流れ関数の特性を有しておらず，ベクトルポテンシャルとよばれる．加えて，物体表面での境界条件を課すことが困難になる．これらのような理由で，三次元の場合，ψ–ω 形式が使用されることは稀であり，ほぼすべての CFD 手法は速度–圧力形式に基づいている．これとは別の方法として，境界条件を満足させるように，速度場を関数 $\boldsymbol{\psi}$ の回転，ポテンシャル ϕ の勾配として表すものがある．別の関連する手法は速度－渦度形式であり，ψ を使用せず各速度成分に対するポアソン方程式を解くものである．これらの手法は，粘性拡散項 $\nu\nabla^2\boldsymbol{\omega}$ と滑りなし境界条件を無視した非粘性流れ，またはそれらを無視しない粘性流れの両方に使用される．粘性流れよりも非粘性流れに対してより多く使用されるが，その詳細については，Aziz and Hellums（1967），Morino（1993），Gatski et al.（1982）を参照のこと．

■粘性流れ（速度－圧力形式）

三次元流れに対するナビエ－ストークス方程式を実際に数値的に解く方法としては，速度－圧力形式のほうがはるかに一般的である．おもに圧力項に関連した難しさの扱い方の違いにより，多くの計算方法がある．圧縮性流れに対するナビエ－ストークス方程式においては，情報と誤差が，境界条件から流れ領域内の計算格子点に数値的に伝播する．圧力は音速で上流側と下流側に伝播し，渦による擾乱は流れの速さで伝播する．よって，流れが低マッハ数で非圧縮性に近い場合，流れの速さに対して音速が無限大となり，渦による擾乱よりもはるかに速いものとなる．したがって，流れ場を通過する圧力変化の速さと渦変化の速さとでは数オーダー異なり，方程式は扱いにくくなり，その解は不安定で誤差が生じやすくなる．さらに複雑なことに，圧力はその勾配によって流れ場を駆動するものとして方程式内に現れるため，計算格子点に全変数を同位置配置すると，チェッカーボード不安定性（計算の解が市松模様のように振動すること）が生じてしまう．定常流れ問題の場合，収束解を得るための高速解法があるため，非定常流れに対する長時間の解析よりも，定常流れの反復解法のほうが効率的に解を導くことができる．しかし，CFD 法を必要とするような風力関連の問題の多くは基本的に非定常な流れであり，収束問題は，各時間ステップ内において，圧力を扱うためのサブステップの反復に関係しているのみである．このあとの説明はこれらの問題の扱い方に関する簡単な概要でしかなく，詳細な情報は，CFD に関する教科書（Ferziger and Peric（1997）など）や，CFD コードのマニュアルから得ることができる．乱流をどのようにモデル化し解析するかの問題以外にも，扱う問題によってより効率的な計算方法もあるため，多くの CFD コードには，計算方法の選択肢が多数存在する．

1. 圧縮性流れとしての取り扱い

圧縮性流れの場合，局所的な圧力は，密度とリンクさせて圧縮性流れに対する質量保存則を解くことによって特定できるため，圧力と質量保存を扱うのに特別な手法を必要としない．しかし，風車ロータまわりの流れの場合，技術的には圧縮性流れであるが，マッハ数は非常に小さい．よって，圧縮性流れに対する数値解法を用いて解くことが可能であるが，流れはほぼ非圧縮性であるため，前述のとおり，圧力と渦分布との伝播速度の比が非常に大きくなる．よって，安定解を得るためには非常に小さな時間ステップが必要であり，非効率である．各実時間ステップの間に人工時間（artificial time）を設けることで，計算効率はある程度改善される．これは解行列に対する前処理であり，定常流れ，非定常流れのどちらでも使用することができる．

2. 人工圧縮性法／擬似圧縮性法（method of artificial compressibility）

この方法は，もともとは Chorin（1967）によるもので，前述の方法の変種として，密度一定を保持しつつ，圧力と質量流量の発散との人工的な関係性を考慮する．一般には，

$$\frac{1}{\beta}\frac{\partial p}{\partial \tau} + \nabla \cdot \boldsymbol{U} = 0 \tag{4.150}$$

となる．ここで，方程式系の硬直性を緩和するため，係数 β は ρU^2 のオーダーとなるように選択する．τ は人工時間である．

定常流れ問題の場合，式 (4.150) 内における圧力の人工時間微分項がゼロになるまで方程式系の時間ステップを人工時間 τ で進行させ，定常解を得る．この解は非圧縮性の質量保存則を満足する．非定常流れ問題の場合，方程式系の時間ステップを，次の時間ステップに進む前に，収束に至るまで各実時間ステップ間の人工時間で進行させる．人工時間 τ を使用することで，擬似圧縮性方程式をより高速に解いて非圧縮性流れの解を得ることができ，方程式系の硬直性問題を回避できる．非定常流れに応用するこの方法は，ジェーミソン（Jameson）が開発した（Farmer et al.（1993）参照）．

前述の二つの方法はカップリング法（coupled method）ともよばれるが，次に紹介する圧力補正法（pressure correction method）と比較すると，風車ロータのダイナミクスにはあまり使用されていない．圧力補正法は，非圧縮性における質量保存の式を厳密に保持し，補正後に評価された圧力場を使用して時間ステップを分割する．

3. 反復圧力補正法（iterative pressure correction method）

この方法は，非圧縮性における質量保存の式を厳密に保持し，ナビエ－ストークス方程式内の圧力勾配項を各時間ステップ内で連続的に補正する反復解法である．この方法は，SIMPLE（Semi-Implicit Method for Pressure Linked Equations）法の一種である．SIMPLE 法は，非常に広く使用され，多くの商用コードやその他の CFD コードでも基本形式となっている．

圧力場 p は，時間ステップを進行させて質量保存則を満足する新しい値とした速度場 $\boldsymbol{U}$ と整合する必要があり，次のような形で表される．

$$p = p^* + \alpha p' \tag{4.151}$$

ここで，速度場は同様に，

$$\boldsymbol{U} = \boldsymbol{U}^* + \boldsymbol{u}' \tag{4.152}$$

と表される．ここで，p^* と $\boldsymbol{U}^*$ は現時間ステップにおける圧力場と速度場の初期値，p' と $\boldsymbol{u}'$ は質量保存を満足するための補正量である．α は緩和パラメータであり，安定した反復解を得るために $0 < \alpha < 1$ とする．

評価された速度場 $\boldsymbol{U}^*$ は，前の時間ステップにおける値をもとに，圧力 p^* を使用した運動量方程式から計算される．その計算においては，前述のチェッカーボード不安定性を回避するために，スタッガード格子が使用される．

2 次項を無視して単純化近似した運動量方程式から，速度補正 $\boldsymbol{u}'$ と圧力補正 p' との関係が次式のように与えられる．

$$\frac{\partial \boldsymbol{u}'}{\partial t} = -\frac{\alpha}{\rho}\nabla p' \tag{4.153}$$

速度補正 $\boldsymbol{u}'$ を適用したあとのある時間ステップにおける最終的な速度場 $\boldsymbol{U}$ は，質量保存の式（4.142）を満足する必要があるので，式 (4.152) と式 (4.153) を式 (4.142) に代入すると，圧力補正に関するポアソン式が次のように導かれる．

$$\nabla^2 p' = \frac{\rho}{\alpha \Delta \tau} \nabla \cdot \boldsymbol{U}^* \tag{4.154}$$

この式において，$\Delta\tau$ は，実時間ステップ Δt 内で実施する反復計算のためのサブ時間ステップである．

圧力補正 p' を，p^* を更新するために式 (4.151) に代入し，また，$\boldsymbol{U}^*$ を更新するために式 (4.153) に代入して，それを各時間ステップ内で収束するまで反復する．

より高速かつ高精度な SIMPLE 法も開発されている．それらの関連情報については，CFD に関する教科書（Ferziger and Peric（1997）など）を参照のこと．

4. **分離法（splitting method）**

この方法はプロジェクション法（projection method）としても知られる．この方法では，中間速度場を計算するための予測子ステップに類似した方法に基づき，時間ステップを分離する．この中間速度場では，非圧縮性における質量保存則を満足することが課されない予測子ステップのあと，ポアソン式から圧力場が計算される修正子ステップが続く．ポアソン式のソース項は予測子ステップにおける質量保存則の誤差によって生じ，修正子ステップにおいて計算された圧力場は，速度場を補正するために使用される．この方法では，少なくとも 2 次精度が維持されるように，これら二つのサブステップが設定される．

したがって，ナビエ－ストークス方程式は次のように表される．

$$\frac{\partial \boldsymbol{U}}{\partial t} = f(\boldsymbol{U}) - \frac{1}{\rho}\nabla p,\ \text{ここで，}\ f(\boldsymbol{U}) = \nu \nabla^2 \boldsymbol{U} - \boldsymbol{U} \cdot \nabla \boldsymbol{U} \tag{4.155}$$

予測子ステップは次式のようになる．

$$\boldsymbol{U}^* - \boldsymbol{U}^{(n)} = \frac{\Delta t}{2}\left(f(\boldsymbol{U}^*) + f(\boldsymbol{U}^{(n)})\right) - \frac{\Delta t}{2\rho}\nabla p^{(n)} \tag{4.156}$$

修正子ステップは次式のようになる．

$$\boldsymbol{U}^{(n+1)} - \boldsymbol{U}^* = -\frac{\Delta t}{2\rho}\nabla p^{(n+1)} \tag{4.157}$$

ここで，上付き添字 n と $n+1$ は時間ステップを示している．

速度場 $\boldsymbol{U}^{(n+1)}$ が非圧縮の質量保存則を満足することから，$p^{(n+1)}$ に対するポアソンの式が次のように導かれる．

$$\nabla^2 p^{(n+1)} = \frac{2\rho}{\Delta t}\nabla \cdot \boldsymbol{U}^* \tag{4.158}$$

$p^{(n+1)}$ の式 (4.158) を解いたのち，式 (4.157) を用いて，次の時間ステップにおける速度場 $\boldsymbol{U}^{(n+1)}$ を求める．

この二つのサブステップによる方法は，多くの計算コードで用いられている．また，工業設計のための CFD コードよりも，研究用の CFD コードにおいてより広く使用されている．

4.7.6　ナビエ－ストークス方程式の離散化手法

ナビエ－ストークス方程式を離散形式に変換するおもな方法が三つある．これらはいずれも，流れ領域中に配置された流れ変数に対する線形方程式系を解くものである．

■有限差分法（Finite Differential Method: FDM）

この方法は，通常は直交座標系または円筒座標系の規則的な計算格子を用いて，速度と圧力の微分を，選択した精度の有限差分として近似する．計算格子幅には不等間隔のものが用いられる場合があるが，それでも，翼型，風車ブレード，風車全体などの実際の物体の複雑な表面形状にフィットさせることはできない．

この問題を扱うため，おもに二つの方法が利用可能である．

1) レギュラー格子内で物体表面を補間する，埋め込み境界法（immersed boundary method）．
2) 計算格子が物体表面にフィットするように，ナビエ－ストークス方程式に座標変換を施す方法．この方法は，一般にかなり複雑であるが，物体表面近くの精度を保持しやすい．

■有限体積法（Finite Volume Method: FVM）

この方法は，流れの方程式系を，計算格子の各セルの境界を通過する体積流量と運動量フラックスの保存形式に変換する．もっとも一般的なセルは不規則な 6 面体である．このセルは，物体表面にフィットするように生成することができ，流れの勾配の条件に応じてサイズを変化させることもできる．精度を確保するためには，セルサイズの変化は穏やかで，セル形状は境界が流れに対してほぼ垂直になるように生成する必要がある．この方法は，解析のための前処理が比較的容易であり，保存則を厳密に満足させることができるため，もっとも好まれる方法である．

■有限要素法（Finite Element Method: FEM）

この方法は，計算格子を構成する要素に配置された変数に適切な内挿を適用して，評価される方程式の積分形式を適用する．FVM ほど流体工学において広くは使われていない方法だが，不規則でゆがんだセル形状に対してより寛容であり，誤差ノルムを評価できることも利点として挙げられる．FVM と同様に，セルは物体表面にフィットするように生成される．

もっともよく使用される CFD コードは，OpenFoam（オープンソースコード），Nektar（オープンソースコード），SIMPLE（商用コード），CFX（商用コード），Star-CCM（商用コード）であり，スペクトル要素（高精度 FEM）コードである Nektar を除いて，その他はすべて FVM を用いている．

4.7.7　計算格子生成

風車ロータや風車全体といった複雑な物体まわりの流れに対して CFD 解析を実施するうえで，実際にもっとも労力が必要なのは，適切な計算格子を作成することである．十分に確立された多くの計算格子生成プログラムが利用可能であるが，特定の計算格子生成コード（Gambit）と関連しているCFDコードも多い．物体形状が複雑な場合，分割したブロックごとに計算格子を生成する場合もあり，それらの境界では，流れのパラメータは適切なレベルの内挿により繋ぎ合わされる．また，風車全体まわりの流れにおける風車ロータとタワーの関係のように，ある部分に対して相対的に回転する部分がある場合，ブロック間でスライドする境界が使用される．必要な解析精度を確保するためには，ブロック境界付近における変数の内挿の精度に対して注意が必要である．

計算格子においてもっとも重要なのは，流れの勾配がもっとも大きくなる物体表面付近である．計算効率を考慮して，通常，物体表面からの距離に応じてセルの大きさを徐々に大きくするが，適切な平滑性を維持する必要がある．有限体積法および有限差分法の場合，直交性が低くひずみが大きな計算格子は可能なかぎり避ける必要があるが，有限要素法の場合には，この制限はより小さい．埋め込み境界法は，計算格子生成が非常に容易になるため，近年，よく使用されるようになってきている．とくに，物体境界が移動するような流れの場合には，埋め込み境界法以外の方法では連続的な計算格子の再生成（remeshing）が必要となるため，埋め込み境界法が使用される．埋め込み境界法では，計算格子は物体表面境界に沿う必要がなく，物体表面境界と交差する計算格子を切断して区分的に物体表面形状を表現する．この方法の欠点は，切断セルにおいて変数の保存則を満足させる必要があること，流れ勾配が大きな全領域において効率的に適切な解像度を確保しなければならないことである．

物体表面の計算格子には，その生成の際に，解析的（代数的）方法とパラメータ化された座標を用いてある規則性をもたせたり，またはランダムな構造をもたせたりする場合もある．後者の場合，三つの主要な生成方法がある．一つ目は，たとえば，二次元の場合は三角形，三次元の場合は四面体のメッシュにおいて，それらの内角が小さくなり非常に薄いメッシュ要素となることを防ぐ条件（たとえば，ドロネー指標（Delaunay criterion））を満足するように各接点（ノード）を配置するポイント方式である．二つ目は先端前進法（advancing front techniques）であり，この方法でも，配置を制御する指標が導入される．三つ目は，初期の大きなブロックから再帰的に分解する方法であり，複数部品で構成される複雑な物体に対して有用である．また，相対的な移動（風車の場合は回転移動）を伴う物体の場合，その物体を含むメッシュブロックが相対的に移動し，スライディング境界で繋ぎ合わされる．そのため，その境界での精度を維持するために注意して内挿する必要がある．計算格子の生成において労力がかかる処理は初期段階で生じるため，いったん計算格子を生成すると，その後の幾何形状や流れ条件の小さな変更は容易である．

相対移動を扱うためのオーバーレイ格子ブロックを使用した風車ロータまわりの流れ場のCFD（EllipSys3Dによる）シミュレーション結果の一例を，図4.38に示す．

4.7.8 大気境界層（ABL）と風車を含む全流れ場のシミュレーション

■接近流場

ほとんどのCFDシミュレーションでは，入口での流れを風洞試験と同様の一様流とするが，風車まわりの流れの解析では，ロータの荷重に対する自然風の乱流や鉛直シアー，つまり大気境界層（ABL）の効果を調査するケースが増えている．鉛直シアーの影響は，入口境界において適切な風速プロファイルを与え，計算領域のその他すべての境界では解放面または閉鎖面の境界条件を課すことで解析できる．大気境界層を表現するための標準的な速度プロファイルは次のとおりである．

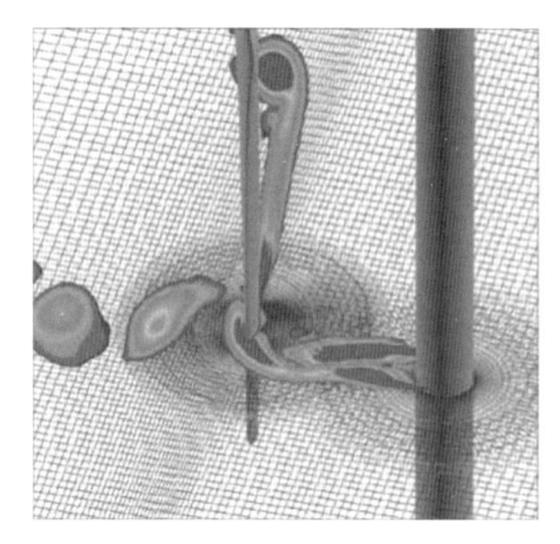

図 4.38　ロータ下流側の渦度とタワーとの干渉

1. 指数則プロファイル

$$\frac{U}{U_{\mathrm{ref}}} = \left(\frac{z}{z_{\mathrm{ref}}}\right)^{a} \tag{4.159}$$

ここで，α はウィンドシアーの指数係数であり，地表面の条件を表現するように設定する（一般には 1/7 または 0.14）．z は局所基準面からの高さであり，z_{ref} は参照風速 U_{ref} を与える z の基準値である．

2. 対数速プロファイル

$$\frac{U}{u_*} = \frac{1}{K}\log\left(\frac{z}{z_0}\right) + B \tag{4.160}$$

ここで，z_0 は粗度長，$u_* = U_{\mathrm{ref}}\sqrt{C_f/2}$，$C_f$ は地表面摩擦係数，K はカルマン定数で $K = 0.41$ である．B は大気安定度で，z_0 および z（影響度合いは小さい）の関数である．B は地表面高さ 200 m 以上において高精度にプロファイルを表すためのパラメータで，$B \fallingdotseq 8.5$ が一般的である．これらの速度プロファイルは，Deaves と Harris（1978）によって，実際の大気境界層における計測結果と比較されている．2.6.2 項の議論も参照のこと．

このような速度プロファイルは，鉛直シアーによる風車の周期的な応答の解析には適切である．しかし，入口境界面において設定した速度プロファイルは，入口から下流側に離れるに従い，応力と平均速度プロファイルが適切に均衡するまで徐々に発達し，変化するため，注意が必要である．そのような問題を避けるため，入口境界面は，解析対象である風車ロータから上流側に離れすぎず，かつ，上流側における境界面の影響がないように，適切な距離を確保する必要がある．

たとえば，バフェット応答のような現象を解析するために入口に乱流を与える場合には，大気境界層中の乱流を統計的（スペクトルなど）に再現し，その乱流は一様な速度かつ凍結状態で風車ロータを通過するように移流することで，状況を適切に再現することができる．そのような，入口境界で時間的な変動を伴う乱流を与える方法としては，適切にフィルター処理したランダムノイズを使用する方法がヴィアーズ（Veers）によって開発され，広く使われている（Veers 1998）．ヴィアーズの三次元風モデルにより，時間次元だけでなく，正しいクロススペクトル特性をもつ二つの空間次元と時間次元で変化する乱流を再現することができる．ロータ直径が大きく（150 m 以上）なり，大気境界層乱流の鉛直方向における長さスケールに近いサイズになるとともに，三次元シミュレーションが非常に重要になってきている．また，風車ロータ面における相関の低下も重要になる．このような乱流シミュレーションの方法は，ブレードに作用する非定常バフェット力を予測することを目的とした，ロータまわりの局所的な流れ場の解析に適している．

長い流れ場の乱流シミュレーションについては，平均速度勾配とせん断応力による乱流生成とのフィードバックループが閉じてバランスしている平衡境界層を生成・発達させる，よりよい方法がある．そのような大気境界層の流れ場を解析するには，計算領域の出口境界における流れを上流側の入口境界に戻して，平均流と乱流が平衡状態に達して統計的な収束に達するまで，計算を繰り返し継続することが必要である．そのように解析された大気境界層が，風車ロータに流入する大気境界層流れ場として使用されることがある．このような時間依存乱流を完全に解析するには，LES を使用する必要があり，計算コストが非常に高くなる．統計的な収束に達するまで大気境界層を繰り返し計算する方法としては，RANS 法を使用して平衡境界層を解析する方法もあるが，この場合の平衡とは統計的な意味にすぎず，時間依存のバフェット解析には，時間変動に関する経験的手法に頼る必要がある．

設定した流入場に風車ロータを置くことは，流れ場をゆがめる効果もあるため，シミュレーションでは，流れ場全体を複合的なプロセスとして取り扱うべきであることに注意が必要である．

■大規模ウィンドファームのシミュレーション

2020 年に実施された風力エネルギー分野での CFD シミュレーションのおもなものとして，乱流大気境界層中に風車が配列されたウィンドファームの大規模シミュレーションがある．ウィンドファーム内における多数の風車の詳細な配置は，発電電力量とウェイク干渉による負の影響レベルに大きな影響を及ぼす．そのような数値シミュレーションは計算負荷が莫大であるため，風車を単純なアクチュエータディスクまたはアクチュエータラインによって表現し，ウィンドファーム流れ場の大規模乱流の計算には LES を使用することが一般的である（Martinez-Tossas et al. 2018）．

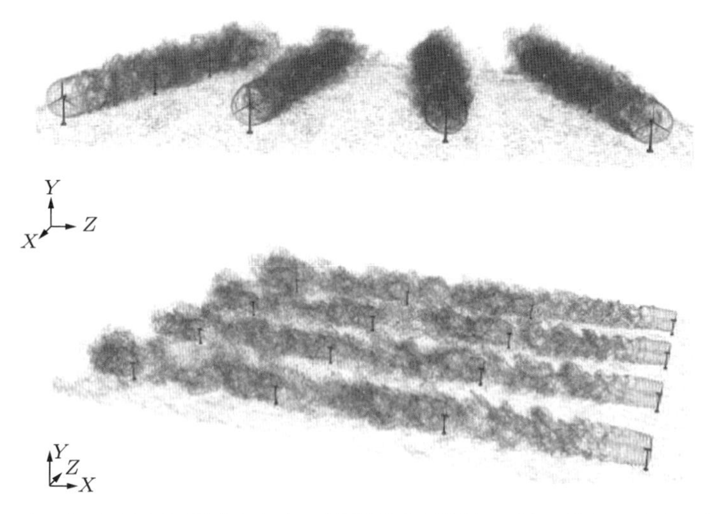

図 4.39 シミュレーションにより再現された 4 × 4 配列風車の乱流ウェイクのボリュームレンダリング．上図は上流側から下流側への視点で，下図では，流れ方向は右から左である．

図 4.39（Deskos et al. 2019）は，そのような方法で 4 × 4 の風車配列を計算した例を示している．

参考文献

Anderson, J. D. (1991). *Fundamentals of Aerodynamics*. New York: McGraw-Hill.

Aziz, K. and Hellums, J. D. (1967). Numerical solutions of the three-dimensional equations of motion for laminar natural convection. *Phys. Fluids* 10: 314.

Beddoes, T. S. (1975). A synthesis of unsteady aerodynamic effects including stall hysteresis. *Proceedings of 1st European Rotorcraft Forum*, Southampton.

Bjorck, A., Mert, M. and Madsen, H. A. (1999). Optimal parameters for the FFA-Beddoes dynamic stall model. *Proceedings of the EWEC*, Nice, France, p. 125.

Chorin, A. J. (1967). A numerical method for solving incompressible fow problems. *J. Comput. Phys.* 2: 12–26.

Coleman, R. P., Feingold, A. M., and Stempin, C. W.(1945). Evaluation of the induced velocity feld of an idealised helicopter rotor. *NACA ARR* No. L5E10.

Deaves, D. M. and Harris, R. I. (1978). A mathematical model of the structure of strong winds. *Construction Industry Research and Information Association report* No. 76.

Deskos, G., Laizet, S., and Piggott, M. (2019). Turbulence resolving simulations of wind turbine wakes. *Renewable Energy* 134: 989–1002.

Drela, M. (1989). XFOIL: An analysis and design system for low Reynolds number airfoils. In: *Low Reynolds Number Aerodynamics*, 1–12. Springer.

Farmer, J. J., Martinelli, L. and Jameson, A. (1993). A fast multi-grid method for solving incompressible hydrodynamic problems with free surfaces. AIAA 93-0767, 31st AIAA Aerospace Sciences Meeting, Reno, Nevada, USA.

Ferziger, J. H. and Peric, M. (1997). *Computational Methods for Fluid Dynamics*. Springer.

Fung, Y. C. (1969). *An Introduction to the Theory of Aeroelasticity*. New York: Dover.

Gangwani, S. T. (1982). Prediction of dynamic stall and unsteady airloads for rotor blades. *J. Am. Helicopter Soc.* 27: 57–64.

Gatski, T., Grosch, C., and Rose, M. (1982). A numerical study of the two-dimensional Navier–Stokes equations in vorticity-velocity variables. *J. Comput. Phys.* 48: 1–22.

Gault, D. E. (1957). A correlation of low speed airfoil section stalling characteristics with Reynolds number and airfoil geometry. *NACA. Tech. Note 3963.*

Germano, M., Piomelli, U., Moin, P., and Cabot, W. H. (1991). A dynamic sub-grid scale eddy viscosity model. *Phys. Fluids A* 3: 1760–1765.

Glauert, H. (1926). A general theory of the autogyro. *ARCR R&M* No. 1111.

Goankar, G. H. and Peters, D. A. (1988). Review of dynamic infow modelling for rotorcraft fight dynamics. *Vertica* 2 (3): 213–242.

Gormont, R. E. (1973). A mathematical model of unsteady aerodynamics and radial fow for application to helicopter rotors. *USAAMRDL technical report.*

Graham, J. M. R. (1983). The lift on an aerofoil in starting fow. *J. Fluid Mech.* 133: 413–425.

Gupta, S. and Leishman, J. G. (2006). Dynamic stall modelling of the S809 aerofoil and comparison with experiments. *Wind Energy* 9: 521–547.

Hansen, M. H., Gaunaa, M. and Madsen, H. A. (2004). A Beddoes-Leishman type dynamic stall model in state-space and indicial formulation. *Risø-R-1354(EN).*

HaQuang, N., Peters, D. A. (1988). Dynamic infow for practical applications. Technical note. *J. Am. Helicopter Soc.*

Johnson, W. (1969). The effect of dynamic stall on the response and airloading of helicopter rotor blades. *J. Am. Helicopter Soc.* 14: 68.

Jones, W. P. (1945).Aerodynamic forces on wings in non-uniform motion. *ARC R&M 2117.*

Katz, J. and Plotkin, A. (1991). *Low Speed Aerodynamics: From Wing Theory to Panel Methods*. New York: McGraw-Hill.

Kinner, W. (1937). The principle of the potential theory applied to the circular wing (trans. M. Flint, R. T. P.). Translation No 2345. *Ing. Arch.* VIII: 47–80.

Kussner, H. G. (1936). Zusammenfassender Bericht uber den instationaren Auftrieb von Flugeln. *Luftfahrtforschung* 13: 410–424.

Leishman, J. G. (2002). Challenges in modelling the unsteady aerodynamics of wind turbines. AIAA-2002-0037, 21st ASME Wind Energy Symposium, Reno, Nevada, USA.

Leishman, J. G. and Beddoes, T. S. (1989). A semi–empirical model for dynamic stall. *J. Am. Helicopter Soc.* 34 (3): 3–17.

Lindenburg, C. (1996). Results of the PHATAS-III development. IEA 28th Meeting of Experts, Lyngby, Denmark.

Loewy, R. G. (1957). A two-dimensional approach to the unsteady aerodynamics of rotary wings. *J. Aeronaut. Sci.* 24 (2): 81.

McNae, D. M. (2014). Unsteady hydrodynamics of tidal stream turbines. PhD thesis, Imperial College London.

Mangler, K. W., Squire, H. B. (1950). The induced velocity feld of a rotor. *ARCR R&M* No. 2642.

Martinez-Tossas, L. A., Churchfeld, M. J., Yilmaz, A. E. et al. (2018). Comparison of four large eddy simulation research codes and effect of model coeffcient and infow turbulence in actuator-line based wind turbine modelling. *J. Renewable Sustainable Energy* 10: 033301.

Meijer Drees, J. (1949). A theory of airfow through rotors and its application to some helicopter problems. *J. Helicopter Assoc. Great Britain* 3 (2): 79–104.

Menter, F. R., Kuntz, M., and Langtry, R. (2003). Ten years of industrial experience with the SST turbulence model. *Turbulence Heat Mass Trans.* 4: 625–632.

Mikkelsen, R. F. (2003). Actuator disc methods applied to wind turbines. PhD thesis, Tech. Uni. Dk., Lyngby.

Miller, R. H. (1964). Rotor blade harmonic air loading. *AIAA J.* 2 (7): 1254.

Morino, L. (1993). Boundary integral equations in aerodynamics. *Appl. Mech. Rev.* 46: 445–486.

Øye, S. (1992). Induced velocities for rotors in yaw. *Proceedings of the Sixth IEA Symposium on the Aerodynamics of Wind Turbines*, ECN, Petten.

Peters, D. A., Boyd, D. D., and He, C. J. (1989). Finite state induced fow model for rotors in hover and forward fight. *J. Am. Helicopter Soc.* 34 (4): 5–17.

Petot, D. (1989). Modelisation de decrochage dynamique. *La Recherche aérospatiale* 5: 60.

Pitt, D. M. and Peters, D. A. (1981). Theoretical prediction of dynamic infow derivatives. *Vertica* 5: 21–34.

Prandtl, L. and Tietjens, O. G. (1957). *Applied Hydro- and Aeromechanics*. New York: Dover.

Sears, W. R. (1941). Some aspects of non-stationary airfoil theory and its practical applications. *J. Aerosp. Sci.* 8: 104–108.

Sheng, W., Galbraith, R. A. M., and Coton, F. N. (2010). Applications of low speed dynamic stall model to the NREL airfoils. *J. Sol. Energy Eng.* 132 (1): 1–8.

Snel, H. and Schepers, J. G. (1995). Joint investigation of dynamic infow effects and implementation of an engineering method. *ECN Report*: ECN-C-94-107.

Soerensen, J. N., Shen, W. Z., and Munduate, X. (1998). Analysis of wake states by a full feld actuator disc model. *Wind Energy* 88: 73–88.

Speziale, C. G. (1991). Analytical models for the development of Reynolds stress closures in turbulence. *Ann. Rev. Fluid Mech.* 23: 107.

Suzuki, A and Hansen, A. C. (1999).Generalized dynamic wake model for Yawdyn. AIAA-99-0041, AIAA Wind Symposium, Reno, Nevada, USA.

Tarzanin, F. J. (1972). Prediction of control loads due to blade stall. *J. Am. Helicopter Soc.* 1: 33.

Theodorsen, T. (1935). General theory of aerodynamic instability and the mechanism of futter. *NACA Report* 496.

Thwaites, B. (1987). *Incompressible Aerodynamics*. New York, NY: Dover.

Tuckerman, L. B. (1925). Inertia factors of ellipsoids for use in airship design. *NACA Report* Number 210.

Van Bussel, G. J. W. (1995). The aerodynamics of horizontal axis wind turbine rotors explored with asymptotic expansion methods. Doctoral thesis, Delft University of Technology.

Veers, P. S. (1988). Three-dimensional wind simulation. *Sandia Report* SAND88-0152.UC-261.

Wagner, H. (1925). Über die Entstehung des dynamischen Auftriebes von Tragfügel. *Z. Angew. Math. Mech.* 5 (1): 17.

White, F. M. (1991). *Viscous Fluid Flow*. New York: McGraw-Hill.

Zahle, F., Soerensen, N. N., Johansen, J. and Graham, J. M. R. (2007). Wind turbine rotor-tower interaction using an incompressible overset grid method. AIAA-2007-0425, 42nd AIAA Aerospace Sciences Meeting, Reston, Virginia, USA.

さらに学ぶための図書

Bertagnolio, F., Sørensen, N. N. and Johansen, J. (2006). Profle catalogue for airfoil sections based on 3D computations. *Risø-R-1581(EN)*.

Himmelskamp, H. (1945). Profle investigations on a rotating airscrew. Doctoral thesis, Gottingen. Johnson, W. (1980). *Helicopter Theory*. New York: Dover.

Leishman, G. J. (2000). *Principles of Helicopter Aerodynamics*, 390–392. Cambridge: Cambridge University Press.

Sørensen, N. N. (2002). 3D background aerodynamics using CFD. *Risø-R-1376(EN)*.

Stepniewski, W. Z. and Keys, C. N. (1984). *Rotary-Wing Aerodynamics*. New York: Dover.

第5章

水平軸風車の設計荷重

5.1　国内および国際基準

5.1.1　経緯

風車の設計に関する各国内および国際的な基準の制定は，1980年代に始まった．初めての出版物は，1986年にGermanischer Lloyd（GL）社が発刊した，認証のための一連の基準であった．これらの初期の基準はそれ以後，技術の進歩に伴い大幅に見直され，1993年にGL社から，*Regulation for the Certification of Wind Energy Conversion Systems*（のちに，*Guideline for the Certification of Wind Turbines*に名称変更）が出版された．さらに，1999年，2003年，2010年に改訂版が発表された．その間に，1988年にオランダ（NEN 6096）で，1992年にデンマーク（DS 472）で，それぞれの国内基準が刊行された．

International Electrotechnical Commission（IEC）は1988年に国際基準の制定を開始し，1994年にIEC 1400-1, *Wind Turbine Generator Systems—Part 1: Safety Requirements*を出版した．第2版，第3版，第4版ではそれぞれいくつかの重要な変更があり，文書番号もIEC 61400-1に改められ，それぞれ1999年，2005年，2019年に刊行された．今日，IEC 61400-1は，上記の各国内基準にとって代わっている．

2013年にDNV社とGL社がDNVGL社として合併したあと，設計荷重および個々の風車要素の設計について，個別の規格が発刊された（DNVGL-ST-0437 2016およびDNVGL-ST-0376 2015, *Rotor Blades for Wind Turbines*など）．なお，設計荷重の基準は，陸上および洋上風車の両方を対象としている．

次項にて，IEC 61400-1の設計要件の適用範囲の概要について説明する．

5.1.2　IEC 61400-1

IEC 61400-1, *Wind Turbines—Part 1: Design Requirements*では，設置地点ごとに異なる風条件に適用するために，三つの風車クラス（wind turbine class）を定義している．各風車クラスの風速パラメータを表5.1に示す．各クラスの番号が大きいほど，対応する平均風速および極値風速は低くなる．なお，基準風速は，ハブ高さにおける10分間平均風速の50年再現期待値として定義されている．また，熱帯低気圧の影響を受ける地域用に，より高い基準風速 $U_{\mathrm{ref}T} = 57\,\mathrm{m/s}$ が定められている．

指定した風車クラスが風車設置地点の風条件に適合するか否かが厳格な手順に従い検討されるが，これらのクラスのいずれにも適合しない地点を考慮するために，第4のクラス（クラスS）が定められている．クラスSでは，風速の基本パラメータはメーカーによって指定される．

同基準には，風車の設計において最低限考慮する必要がある，23種類（終局条件18種類，疲労条

表 5.1 各風車クラスの風速パラメータ

	クラス I	クラス II	クラス III
基準風速 U_{ref} [m/s]	50	42.5	37.5
台風襲来地域用の基準風速 $U_{\mathrm{ref}T}$ [m/s]	57	57	57
年平均風速 U_{ave} [m/s]	10	8.5	7.5
瞬間風速の 50 年再現期待値 $1.4U_{\mathrm{ref}}$ [m/s]	70	59.5	52.5
瞬間風速の 1 年再現期待値 $1.12U_{\mathrm{ref}}$ [m/s]	56	47.6	42.0

件5種類）の設計荷重条件（設計荷重ケース，Design Load Case: DLC）が規定されている．これらの各設計荷重条件は，異なる風の条件と風車の状態の組み合わせにより定義される．発電時の極値ウィンドシアーはその一例である．なお，同基準では荷重計算方法は指定していない．

同基準のほかの節では，制御・保護システム，各種機械・電気システム，据付，試運転，運転・保守に関して，必要な要求事項が記載されている．また，最後の節では，−20℃未満，または着氷の可能性がある温度で運転する風車に関する要件についても，詳細が記載されている．

5.2 設計荷重の基本

5.2.1 荷重の種類

風車の設計においては，以下の荷重を考慮する必要がある．

・空気力による荷重
・重力による荷重
・慣性力による荷重（遠心力とジャイロモーメントなど）
・制御システムの動作による荷重（ブレーキ，ヨー，ブレードピッチの制御および発電機の解列など）

5.2.2 終局荷重

終局荷重（ultimate load）に関する荷重条件は，さまざまな風の条件と風車の状態の実際の組み合わせを網羅しなければならない．風の条件として，通常風と極値風を，また，風車の状態として，正常状態と故障状態を区別することが一般的である．設計荷重条件は以下の条件で設定する．

・通常風における正常状態の風車
・極値風における正常状態の風車
・故障状態の風車と適切な風条件の組み合わせ

極値風は，一般に再現期間 50 年で生じる最悪の風条件により定義される．稀に発生する風車の故障は，それが極値風とは無相関に発生することを仮定すると，再現期間 50 年の条件では考慮する必要のない，非常に長い再現期間の事象と考えられる．しかしながら，IEC 61400-1 では，極値外部条件と故障状態の間に相関がある場合は，その組み合わせは設計荷重として考慮すべきと明記している．

5.2.3　疲労荷重

一般的な風車は厳しい疲労荷重（fatigue load）を受ける．2 MW 風車のロータは，20 年の運転期間に約 10^8 回回転する．その間，主軸と各ブレードは回転ごとに反転する重力荷重を受け，また，各ブレードは 1 回転の間に，ウィンドシアー，ヨー偏差，主軸の傾斜（ティルト，tilt），タワーシャドウ，乱流の組み合わせによる，面外方向の変動荷重を受ける．そのため，大半の風車部品の設計では，終局荷重条件よりも疲労荷重条件が支配的であることは当然である．

設計疲労荷重スペクトルは，発電するすべての風速範囲における各風速の出現時間を考慮した荷重サイクルを表す．なお，すべての荷重サイクルを考慮するために，起動時と停止時，ならびに，必要に応じて停止中の荷重も考慮する必要がある．

一般に，終局荷重条件が発生するのはきわめて稀であり，疲労寿命には大きな影響を与えないと想定されている．

5.2.4　部分安全係数

■荷重に対する部分安全係数（Partial Safety Factor for Load: PSFL）

限界状態設計法（limit state design）では，設計荷重を計算する際に，荷重の特性値に適切な部分安全係数を乗じる必要がある．従来の静的解析では，異なる種類の荷重に異なる部分安全係数が用いられてきたが，IEC 61400-1 第 3 版では，各荷重条件において，空気力，運転，重力，慣性力による荷重に共通の部分安全係数を用いることとしている．これにより，荷重の種類に応じて異なる荷重係数を用いる場合に生じる，動的解析に用いる運動方程式の各項が変形されてしまうという問題が回避される．

終局荷重条件は，表 5.2 に示すように，通常，異常，輸送・建設などの三つのケースに分類され，それぞれの部分安全係数が異なる．ほとんどの荷重条件では通常ケースの部分安全係数を用いるが，稀に発生する故障条件のために異常ケースが定められている．なお，疲労荷重の部分安全係数は 1.0 である．

表 5.2　荷重の部分安全係数（IEC 61400-1 第 3 版）

好ましくない荷重			好ましい荷重
設計荷重条件の分類			
通常	異常	輸送・建設など	
1.35†	1.1	1.5	0.9

† 例外的に，荷重が統計的外挿により決定される DLC 1.1（5.4.1 項参照）の部分安全係数は 1.25 とする．

■故障の結果に対する部分安全係数（partial safety factor for the consequence of failure）

限界状態設計法に固有の荷重および材料に関する部分安全係数に加えて，IEC 61400-1 では，さらに，故障の結果に対応する部分安全係数を定めている．また，その値は部品の特性によって変化する．各部品は以下の三つのクラスに分類される．

- 部品クラス 1：故障しても風車の主要構造の損傷に繋がらない，フェールセーフ（fail-safe）の構造部品．

・部品クラス2：故障した場合，風車の主要構造の損傷に繋がる可能性がある，非フェールセーフ（non fail-safe）の構造部品．

・部品クラス3：非冗長のアクチュエータおよびブレーキを風車の主構造部品に連結する，非フェールセーフの機械部品．

表5.3に，故障の結果に対する部分安全係数の推奨値（最小値）を示す．

表5.3　損傷結果に対する部分安全係数（IEC 61400-1 第4版）

強度評価のタイプ	終局強度	疲労強度
部品クラス1	0.9	0.9
部品クラス2	1.0	1.0
部品クラス3	1.2	1.2

5.2.5　制御・安全システムの機能

制御システム（control system）のおもな機能は，風車の運転パラメータを正常な範囲内に維持することである．安全システム（safety system，IEC 61400-1 第1版から第3版では保護システム（protection system）とよばれていた）の目的は，風車または制御システムの故障や損傷により重要な運転パラメータが正常な範囲を越えた場合に，風車を安全な状態に維持することである．

一般的な，重要な運転パラメータは以下のとおりである．

・風車の回転速度
・風車の出力
・振動レベル
・ケーブルの捩れ

各パラメータについて，安全装置を起動する条件を設定する必要がある．ここで，制御システムによるオーバーシュートを念頭におき，通常の稼働限界に対して適切な余裕をとりながら安全システムの目的を果たせるように，安全装置の起動条件は許容値を十分に下回るように設定する必要がある．とくに，安全システムが起動するロータ速度は，過回転を考慮する設計荷重条件における重要な情報である．

IEC 61400-1 第4版では，制御システムの動作が確実に安全であることを実証できる場合，独立した安全システム（2次保護（secondary layer protection）とよばれる）の省略を認めている．

5.3　乱流とウェイク

短期間平均からの風速の変動，すなわち乱流は，ガストによる極値荷重やブレードの疲労荷重の大きな要因である．そのため，乱流は設計荷重に大きな影響を与える．翼の疲労荷重は，ガストスライシング効果（gust slicing effect），すなわち，回転するブレードが局所的なガストを繰り返し通過することにより，さらに悪化する．

流入風の乱流強度の性質と，統計用語としての数学的な記述は，2.6節で説明したとおりである．IEC 61400-1 第4版から，地形の変化によるサイトごとの乱流強度の違いに対応するために，平均

風速 $\overline{U} = 15\,\mathrm{m/s}$ のハブ高さにおける乱流強度の期待値 I_{ref} に関して，A+, A, B, C の四つの乱流カテゴリが定義された．各々の I_{ref} は 0.18, 0.16, 0.14, 0.12 である．

Larsen et al.（Risø paper R-1111, 1999）などの観測値からもわかるように，乱流強度は地点ごとに，また，平均風速ごとですら大きな差がある．それに対して，IEC 61400-1 第 4 版では，乱流強度の設計値は 90%分位値（すなわち，10%超過確率値）として，以下のように定められている．

$$I_u = \frac{\sigma_u}{\overline{U}} = I_{\mathrm{ref}}\left(0.75 + \frac{5.6}{\overline{U}}\right) \tag{5.1}$$

σ_u と $\overline{U}$ はハブ高さにおける変動風速の標準偏差と平均風速 [m/s]，また，I_{ref} は上記の乱流カテゴリごとに定義されている値である．この関係式は通常乱流モデル（Normal Turbulence Model: NTM）とよばれる．このモデルでは，図 5.1 に示すように，風速が高くなるに従い，乱流強度は低下する．また，σ_u は高さによって変化しないため，I_u はウィンドシアーにより，高い位置ほど低くなる．

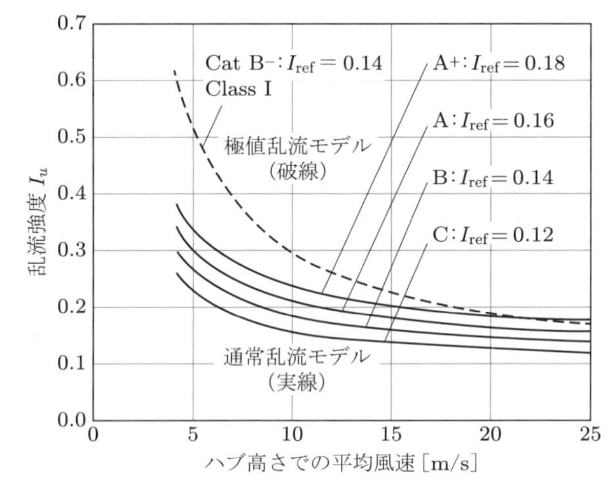

図 5.1 通常乱流モデル（NTM）と極値乱流モデル（ETM）における，風速による乱流強度の変化

5.4.1 項に示す設計荷重条件 DLC 1.3 では，最大の乱流を考慮する必要がある．このような乱流は，極値乱流モデル（Extreme Turbulence Model: ETM）と定義され，乱流強度は次式により与えられる．

$$I_u = \frac{\sigma_u}{\overline{U}} = I_{\mathrm{ref}}\left[0.036\,(U_{\mathrm{ave}} + 6)\left(1 - \frac{8}{\overline{U}}\right) + \frac{20}{\overline{U}}\right] \tag{5.2}$$

これを図 5.1 に破線で示す．

特定のウィンドファームの候補地における乱流レベルは，現地の風観測により決定すべきであり，個々の風車位置におけるウェイクの影響は，IEC 61400-1 第 4 版の Annex E などの方法により適切に考慮する必要がある．ウェイクの影響を考慮して推定した乱流強度の 90%の分位値が，年平均風速の 1〜2 倍（U_{ave}〜$2U_{\mathrm{ave}}$）の間のすべての風速に対して，式 (5.1) で与えられた 90%の分位値より小さいことを示し，これにより，適切な設計乱流強度カテゴリ（A+, A, B, C）を決定する．

数値シミュレーションにより乱流場を作成する場合には，乱流モデルを構成する三つの直交する変動風速成分のパワースペクトルと，その空間相関を定義する必要がある．IEC 61400-1 第2版では，標準的な二つのスペクトル（von Karman（1948）と Kaimal（1972））と，それらのコヒーレンスモデル（2.6.4 項と 2.6.7 項）について詳細に記述している．しかし，フォン・カルマンのスペクトルは第3版と第4版からは削除され，Mann（1994）の一様乱流モデル（2.6.8 項参照）に差し替えられている．

風車を通過する乱流に関する最近のシミュレーションでは，全体の流れ場をモデル化する代わりに，ラージエディシミュレーション（LES）が使用されている．この方法は計算コストが非常に高いが，高精度であるため，近年検討されるようになった（4.7.8 項参照）．

5.4　極値荷重

5.4.1　発電時の荷重条件

ガスト，風向変化，ウィンドシアーなどにおける風車の故障有無の条件において，運転時のさまざまな極値荷重条件を評価する必要がある．IEC 61400-1 の設計荷重条件は，風速場が決定論的（deterministic）か確率論的（stochastic）かによって，二つのタイプに分けられる．決定論的荷重条件では，風速，風向，ウィンドシアーの変化が簡単な数式により定義されている．確率論的荷重条件では，風の統計的性質が定義され，ロータに流入する 6 ケース以上の 10 分間の風速場による時間領域でのシミュレーションにより解析を行う．

決定論的荷重条件は，簡便であるというメリットがあるが，実際の風の変動を正確に再現できないリスクもある．そのために，IEC 61400-1 第3版と第4版では，第2版から，決定論的な風速や風向の急変に関するいくつかの荷重ケースを削減し，乱流場を用いる荷重ケースを増加させている．長期的には，可能なかぎり決定論的荷重条件を削減し，特定のガストの分布を組み込んだ制約付き乱流シミュレーション（5.4.4 項参照）により，確率論的荷重条件を増加させることになると思われる．

IEC 61400-1 の第3版では，次に挙げるすべての発電時の荷重ケースを考慮している．

- ・ウィンドシアー（通常風速プロファイル（Normal Wind Profile: NWP）モデル）
- ・タワーシャドウ（5.7.2 項参照）
- ・平均吹上角（水平面に対して 8° まで）
- ・ロータの空力的な不均衡（ブレードのピッチ角と捩れの偏差など），および，質量の不均衡
- ・ヨー偏差

なお，空気密度は $1.225\,\mathrm{kg/m^3}$ である．

IEC 61400-1 の第3版と第4版で定義されている個々の終局荷重条件について，以下に説明する．特定の風速が明記されていない場合には，各荷重条件に対して，カットイン風速からカットアウト風速の間のすべての平均風速について調べる．また，風モデルの頭文字の略記は，異なる風条件を識別するために使用されるものである．

■風車正常状態での発電時の荷重条件

DLC 1.1：通常乱流モデル（NTM）で定義される乱流場における発電状態（5.3 節参照）．カットイン U_i からカットアウト U_o の間の風速に対して解析する．この DLC のほか，特定の風速範

囲で荷重を評価する DLC では，定格風速近傍を除いて，風速間隔は 2 m/s で十分である．なお，定格風速（rated wind speed）は，一様定常風の条件で風車が定格出力に達する最低の風速を指す．部分安全係数としては通常状態の荷重に対するものを適用するが，本 DLC のみ例外的に 1.25 を適用する．

各要素の荷重の特性値は，定格風速 U_r より 2 m/s 低い風速からカットアウト風速までの各風速に対して，15 ケース以上の 10 分間のシミュレーションを行い，再現期間 50 年における荷重の極値統計外挿により決定する（5.14 節参照）．また，簡易的に，各風速における 10 分間の極値の 99%分位値の 1.2 倍，または 93.3%分位値の 1.35 倍を特性値とすることも認められている．

（DLC 1.2：疲労荷重条件）

DLC 1.3：極値乱流モデル（ETM）で定義される乱流場における発電状態．カットイン U_i からカットアウト U_o の間の風速において評価し，通常状態の荷重に対する部分荷重係数を適用する．この DLC は，予想される最大乱流強度における極値荷重を求めることを目的としているため，データの外挿は不要である．

DLC 1.4：風向変化を伴う極値コヒーレントガスト（Extreme Coherent gust with Direction change: ECD）における発電状態．定格風速 $U_r \pm 2$ m/s の風速に 15 m/s の風速上昇を加え，同時に $\pm(720/U_r)°$ の風向変化を与える（例：風速 12 m/s の風向変化は $\pm 60°$）．ガスト上昇の時間と風向変化の時間は 10 s である．通常状態の荷重に対する部分荷重係数を適用する．

DLC 1.5：極値ウィンドシアー（Extreme Wind Shear: EWS）における発電状態．通常ウィンドプロファイルモデルに，鉛直方向または水平方向のウィンドシアーの変化を加える．EWS として付加するウィンドシアーを以下に示す．

鉛直方向のシアー：

$$\frac{z - z_{\rm hub}}{D}\left[2.5 + 0.2\beta\sigma_u\left(\frac{D}{\Lambda_1}\right)^{0.25}\right]\left[1 - \cos\left(\frac{2\pi t}{T}\right)\right] \ {\rm m/s} \quad (0 < t < T) \tag{5.3a}$$

水平方向のシアー：

$$\frac{y}{D}\left[2.5 + 0.2\beta\sigma_u\left(\frac{D}{\Lambda_1}\right)^{0.25}\right]\left[1 - \cos\left(\frac{2\pi t}{T}\right)\right] \ {\rm m/s} \quad (0 < t < T) \tag{5.3b}$$

ここで，

z：地上からの高さ

y：ハブを基準とする横座標

D：ロータ直径
$\beta = 6.4$
σ_u：式 (5.1)
Λ_1：風方向の乱流の尺度パラメータ（$0.7z_{\mathrm{hub}}$ と 42 m のうち，小さいほうの値）
T：ウィンドシアーの変化時間（12 s）
である．

二つのウィンドシアーは同時にではなく，個別のケースとして適用される．ハブ高さ 60 m，ロータ直径 80 m の風車が風速 25 m/s で発電する際には，乱流カテゴリ A の場合，ブレードの先端に最大で 8.36 m/s の風速が付加される．なお，通常状態の荷重に対する部分荷重係数を適用する．

■発電中の風車異常に関する荷重条件

この設計状態の荷重条件は，系統遮断を含む風車の内部または外部の異常状態を考慮している．発電中に系統遮断が発生した場合には，空力トルクにつりあう発電機からの反トルクがなくなり，いわゆる負荷喪失の状態となり，ロータはブレーキシステムが作動する速度まで加速する．ブレーキ応答の速度によっては，系統遮断により，クリティカルなロータ荷重が発生する可能性がある．発電中の風車異常に関する荷重条件を以下に示す．

DLC 2.1：通常乱流モデル（NTM）における発電中に，通常の制御システムの故障または電力系統の遮断が発生する条件．通常の制御システムの故障とは，再現期間 50 年以下の故障である．この場合は，通常の荷重に対する部分安全係数を適用する．ただし，再現期間 10〜50 年の通常の制御システムの故障については，荷重に対する部分安全係数は 1.1 まで小さくする．

極値荷重の特性値は，12 ケースの 10 分間のシミュレーションの中から，最大荷重が大きい 6 ケースの極値の平均値で定義される．

DLC 2.2：通常乱流モデル（NTM）における発電中に，異常な制御システムまたは保護システムの故障が発生する条件．この場合，過回転，発電機の過負荷，ブレードピッチの暴走，ヨー制御不能，過度な振動を考慮する必要がある．これらの故障の発生はきわめて稀であるため，異常状態の荷重に対する部分安全係数を適用する．また，荷重の特性値は DLC 2.1 と同様に計算する．

DLC 2.3：極値ガスト（Extreme Operating Gust: EOG）における発電状態．ハブ高さでの風速は $U_r \pm 2\,\mathrm{m/s}$ またはカットアウト風速で，系統遮断を含む内部または外部の電気システムの故障と組み合わせて適用する．なお，EOG における風速の変動は次式で定義される．

$$U(z,t) = \overline{U}(z) - \frac{1.221\sigma_u}{1+0.1(D/\Lambda_1)} \sin\left(\frac{3\pi t}{T}\right)\left[1-\cos\left(\frac{2\pi t}{T}\right)\right] \qquad (5.4)$$

ここで，t はガストの開始からの経過時間，T はガストの継続時間（10.5 s）である．EOG と称してはいるが，ガストの大きさは，IEC 61400-1 第 2 版に定義された再現期間 1 年の極値ガストの約 70%であり，その再現期間は数日間程度である．ハブ高さの風速 25 m/s，乱流カ

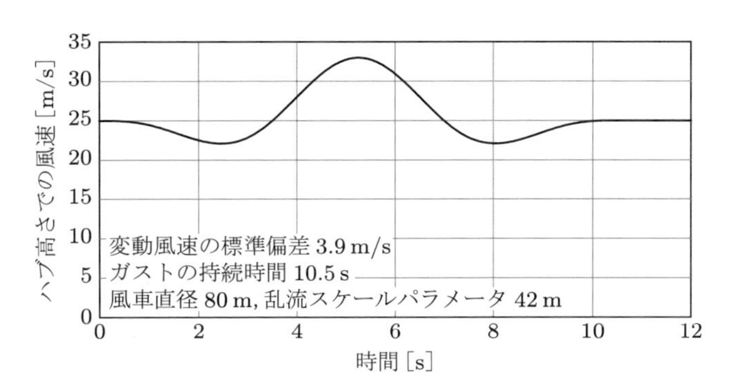

図 5.2 IEC 61400-1 の再現期間 50 年の EOG（風速 25 m/s，乱流カテゴリ A）

テゴリ A，ロータ直径 80 m，乱流長さスケール 42 m の場合の EOG を図 5.2 に示す．大きなガストの前後では風速が若干低下する．なお，ガストと電気システム故障との組み合わせは稀な条件であるため，異常状態の荷重に対する部分安全係数を適用する．

（DLC 2.4：疲労荷重条件）

DLC 2.5：NWP モデルにより定義された定常風における低電圧ライドスルー（Low Voltage Ride Through: LVRT，事故電流注入，11.5.4 項参照）の条件．通常，電圧低下とその持続時間は系統運用者により指定される．LVRT は通常状態とみなされるが，荷重に対する部分安全係数は，例外的に 1.2 が適用される．

■**起動（Start-up）時の荷重条件**

（DLC 3.1：疲労荷重条件）

DLC 3.2：極値ガスト（EOG）における起動時の条件．ハブ高さの風速は U_i, $U_r \pm 2\,\mathrm{m/s}$ または U_o で，再現期間 50 年のガストを想定する．また，通常状態の部分安全係数を用いる．

DLC 3.3：極値風向変化（Extreme Direction Change: EDC）中の起動．ハブ高さの風速は U_i, $U_r \pm 2\,\mathrm{m/s}$ または U_o とし，風向変化 θ_e は次式で定義される．

$$\theta_e = \pm 4 \arctan \left[\frac{\sigma_u}{U_{\mathrm{hub}} \{1 + 0.1 (D/\Lambda_1)\}} \right] \tag{5.5a}$$

風向の時間変化は次式で与える．

$$\theta(t) = 0.5\theta_e \left[1 - \cos\left(\frac{\pi t}{T} \right) \right] \qquad (0 < t < T) \tag{5.5b}$$

風向変化に要する時間 T は 6 s で，通常状態の荷重に対する部分安全係数を適用する．

ハブ高さの風速 12 m/s，乱流カテゴリ A，ロータ直径 80 m，乱流の長さスケール 42 m の場合の風向変化は 37° である．カットアウト風速では，乱流強度が低くなるため，より低い値となる．

■停止（shut-down）時の荷重条件

（DLC 4.1：疲労荷重条件）

DLC 4.2：極値ガスト（EOG）中の通常停止時の条件．ハブ高さの風速は $U_r \pm 2\,\mathrm{m/s}$ または U_o とし，通常状態の荷重に対する部分安全係数を適用する．

DLC 5.1：通常乱流モデル（NTM）中の緊急停止時の条件．ハブ高さの風速は $U_r \pm 2\,\mathrm{m/s}$ または U_o とし，通常状態の荷重に対する部分安全係数を適用する．荷重の特性値は，DLC 2.1 と同様に計算する．

5.4.2　非発電時の荷重条件

■風車正常時

非発電時の風車は，静止（parked）または待機（idling）のいずれかの状態にある．これらの状態では，全風速範囲を対象とし，該当する風車クラスで定義されている極値風速において安全である必要がある．IEC 61400-1 では，風条件として，再現期間 50 年の 3 s ガストに対応する定常風，または，再現期間 50 年の 10 分平均風速（基準風速）に対応する変動風のいずれかを用いる．乱流強度は 0.11 とし，再現期間 50 年のガストは，再現期間 50 年の 10 分平均風速の 1.4 倍で定義される．3 s ガストおよび 10 分平均風速は，ともにハブ高さで定義され，ウィンドシアー指数係数 0.11 の鉛直風速分布が適用される．

再現期間 50 年のガストの値は，その評価時間，言い換えれば，荷重を受ける面積の大きさにより上下する．たとえば，イギリスの CP3 の第 5 章第 2 部，*Code of Basic Data for the Design of Buildings: Wind Loading* では，幅 20 m までの面に対しては 3 s ガストが，幅 50 m までの大きい面に対しては 5 s ガストが適切であると述べている．ただし，IEC 61400-1 と GL 基準（Germanischer Lloyd 2010）では，風車の大きさに関係なく評価時間 3 s のガストを用いると定められている．

乱流による変動風速は風車のブレードとタワーの固有周波数の振動を励起するため，IEC 61400-1 では，決定論的または乱流の極値風モデルを用いて，風車の動的応答を求めることを要求している．

10 分平均風速の極値により求めた荷重には，ガストと，共振による振動に起因する荷重の増大の両方が含まれているが，Eurocode 1 の第 1 部～第 4 部（EN 1991-1-4:2005）では，極値荷重は 3 s ガストではなく，10 分平均風速の極値から求めた動圧に基づいている．この点は注目すべきである．

IEC 61400-1 では，風車の故障または系統遮断がない場合に，ヨー偏差を小さくすることが認められている．待機中の荷重条件を以下に示す．

DLC 6.1：再現期間 50 年の極値風速（Extreme Wind speed with 50 years return period: EWM_{50}）における待機状態．ヨーの保持力が十分高いことが保証される場合には，定常風モデルでは ±15° まで，乱流モデルでは平均 ±8° までのヨー偏差を考慮する．通常状態の荷重に対する部分安全係数を用いる．

DLC 6.3：再現期間 1 年の極値風速（Extreme Wind speed with 1 year return period: EWM_1）における待機状態．定常風モデルでは ±30° まで，乱流モデルでは平均 ±20° までのヨー偏差

を考慮する．再現期間 1 年の極値風速は再現期間 50 年の 80%であり，通常状態の荷重に対する部分安全係数を用いる．

なお，ヨー制御用に非常用電源が用意されていないかぎり，電源喪失が起こるとヨーシステムが風向の変化に追従できなくなるため，IEC 61400-1 では，電源喪失を別の荷重条件として定めている．極値風と電源喪失との組み合わせは稀であるため，異常時の荷重に対する部分安全係数を用いる．

DLC 6.2：EWM_{50} における電源喪失．ヨー制御用にバックアップ電源が用意されていないかぎり，±180° のヨー偏差を想定し，異常時の荷重に対する部分安全係数を用いる．

なお，ヨーに滑りが発生する可能性がある場合には，荷重条件においてその影響を考慮する必要がある．

（DLC 6.4：疲労荷重条件）

■風車故障停止時

このカテゴリでは，ヨーシステムまたはピッチシステムが故障した場合を対象とする．このような故障と極値風は無相関と仮定し，この荷重ケースの風条件には通常，1 年再現期間の極値風条件を用いる．このカテゴリの荷重条件を以下に示す．

DLC 7.1：風車が故障した状態で EWM_1 を受ける荷重ケースである．ヨーシステム故障の場合は，±180° までのヨー偏差を想定し，異常時の荷重に対する部分安全係数を用いる．

5.4.3 ブレードとタワーの間のクリアランス

設計においては，上記の荷重条件において生じる応力に耐えられることに加えて，適切な荷重に対する部分安全係数にブレード材料の弾性に関する部分安全係数を乗じたうえで，ブレードとタワーの間に衝突が生じないことを確認する必要がある．なお，DLC 1.1 における翼端たわみの特性値は，荷重の特性値と同じ方法で，外挿によって決定する．

5.4.4 ガストの条件付き確率論的シミュレーション

変動風速場を用いた時間領域のシミュレーションは風の動きを正確にモデル化できるが，設計に必要な極値イベントの発生を待つ必要があるため，非常に長時間のシミュレーションが必要となる．非常に長時間の風速の時系列データから期待される極値を選択することよりも，時系列データの統計的性質に悪影響を与えない方法で，条件付きの時系列データにより期待されるイベントを出現させるほうが明らかに望ましい．

風のシミュレーションの中に条件付きガストを取り入れる方法は，Bierbooms（2005）によって提案されている．このようなモデルは，解析した風の時系列の極大値に風速の自己相関関数の形状をしたガストプロファイルを重ねて作成するのが，もっとも簡単な方法である（図 5.3）．この例では，ガストの大きさが 19.5 m/s であり，クラス 1A の地点の再現期間 50 年の値を近似すると，24〜26 m/s の風速を年間約 4 時間受ける．ここで，付録 A5 の式 (A5.42) で $\nu = 0.25\,\mathrm{Hz}$ としてピークファクタを算出した．風速の自己相関関数はパワースペクトルから導出し，必要なピーク風速の

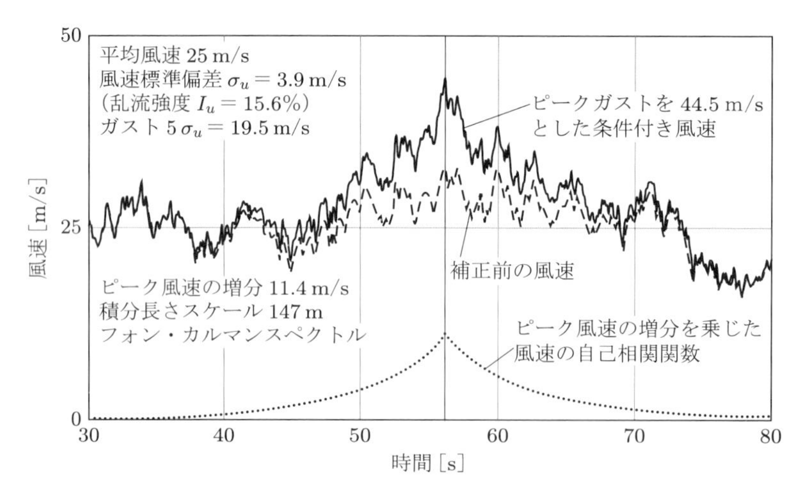

図 5.3　44.5 m/s のピーク風速を与える条件付き風速の時系列

増分を乗じる．選択された最大値を中心に，風速の自己相関関数の最大値が初期の模擬風速の時系列に追加される．

なお，条件付きガストの最大値のタイミングは，初期の時系列の最大値と一致させる必要はない．一般に，条件付きガスト $u_c(t)$ の時系列は，初期の時系列 $u(t)$ から次式のように求めることができる．

$$u_c(t) = u(t) + \kappa(t - t_0)(A - u(t_0)) - \frac{\dot{\kappa}(t - t_0)}{\ddot{\kappa}(0)}\dot{u}(t_0) \tag{5.6}$$

ここで，$\kappa(t - t_0)$ は風速の自己相関関数，A は $t = t_0$ において必要な風速の最大値である．

この方法は，所定の時間内にガストを上昇させ，条件付きガストに拡張することが可能である (Bierbooms 2005)．このようなガストは，ピッチ制御機の設計において重要である．

条件付き確率論的シミュレーションは，極限事象のモデル化の有望な方法として認識されているが，設計基準としてはまだ認められていない．

5.5　疲労荷重

5.5.1　疲労荷重スペクトルの合成

特定の風車部品の完全な疲労荷重スペクトルは，風車の発電状態，起動時，通常停止時，待機中の各風速の繰り返し荷重から構築する必要がある．まず，特定の風速範囲において，1 時間あたりの各応力幅の繰り返し回数を計算し，それを風車寿命の間に予想される運転時間数における繰り返し回数に換算する．この換算は，風車クラスに応じた年平均風速のワイブル分布（2.4 節参照）に基づき計算する（5.1.2 項参照）．風速範囲ごとの設計寿命間の繰り返し回数を積算し，最後に，設計寿命間ならびに待機条件の期間の起動，通常停止，待機の繰り返し回数を加算する．

5.6　ブレードの平均荷重

5.6.1　揚力係数，抗力係数

ブレードの最大荷重は，最大の抗力を与えるブレードにおいては，ブレードに対する風の角度がほぼ垂直（±90°）の場合に，最大の揚力を与えるブレードにおいては風の角度が 12〜16° の場合に，面外方向に発生する．

ブレードに垂直な気流の抗力係数に関するデータがない場合，従来の設計では，無限に長い平板の抗力係数 2.0 を用い，ブレードのアスペクト比（翼弦長に対する長さの比）に基づいて下方修正していた．なお，平均翼弦長がロータ半径の 1/15 の一般的なブレードでは，翼根部で自由流にはならないため，アスペクト比は 30 としている．EN 1991-1-4 : 2005 Eurocode 1, *Actions on Structures – Part 1-4: General Actions –Wind Actions* では抗力係数を 1.64 としているが，そのような値は過剰に安全側であることが示されており，野外測定による抗力係数は，LM 17.2 m ブレードでは 1.24（Rasmussen 1984），Howden HWP-300 ブレードでは 1.25（Jamieson and Hunter 1985）である．デンマーク基準 DS 472, *Loads and Safety of Wind Turbine Construction* の 1992 年版では，抗力係数の最小値は 1.3 と規定されている．

低迎角の翼型データはロータ性能の評価の際に必要であるため，一般に利用可能なデータが多く，揚力係数の値の選択は抗力係数の場合よりも簡単である．最大揚力係数は，1.6 を超えることは稀であり，翼根付近の厚翼部では 1.1 程度の低い値になる．したがって，ブレードの面外荷重の計算のために DS 472 の 1992 年版で規定された揚力係数の最小値 1.5 は，過剰に安全側の値と考えられる．

5.6.2　制御方式とブレードの最大荷重時の姿勢の関係

前項では，風車ブレードの最大揚力係数が最大抗力係数を超える可能性があることを示したが，その結果，静止しているブレードに作用する最大荷重は，気流がロータ軸に垂直な平面内にあり，最大の揚力を生じる迎角で発生する．ストール制御機の場合，これはブレードが上方（アジマス角 0°）にあり，風向がナセルの軸に対して 75〜80° の場合に相当するが，ピッチ制御機の場合，停止時にブレードの翼弦がロータ面に垂直となる方向（フルフェザー）で，風向がナセル軸に対して 10〜20° の場合に相当する．

5.6.3　動的応答

■翼端変位

ブレードのフラップ方向 1 次モード固有振動数に近い周波数の風の変動はブレードと共振し，慣性力の影響で，剛体ブレードによる準静的荷重を上回る荷重を生じる．振動は平均値まわりの風速変動から生じるので，共振時の翼端変位の標準偏差は，風の乱流強度と共振周波数における正規化されたパワースペクトル密度 $R_u(n_1) = nS_u(n_1)/\sigma_u^2$ により，次式で計算することができる．

$$\frac{\sigma_{x1}}{\bar{x}_1} = 2\frac{\sigma_u}{\overline{U}}\frac{\pi}{\sqrt{2\delta}}\sqrt{R_u(n_1)}\sqrt{K_{Sx}(n_1)} \tag{5.7}$$

ここで，$\bar{x}_1$ は翼端変位の 1 次モード成分の平均値，$\overline{U}$ は平均風速（通常は 10 分平均風速），δ は対数減衰率，$K_{Sx}(n_1)$ は，1 次モード固有振動数に対応する周波数における，ブレードのスパン方向の風の相関低下に起因する低減係数である．動圧 $(1/2)\rho U^2 = (1/2)\rho\left(\overline{U}+u\right)^2 = (1/2)\rho\left(\overline{U}^2 + 2\overline{U}u + u^2\right)$ は，簡略化のために $(1/2)\rho\overline{U}\left(\overline{U}+2u\right)$ と線形化する．式 (5.7) および $K_{Sx}(n_1)$ の導出については，付録 A5.2 節から A5.4 節に述べられている．

■減衰

式 (5.7) から，共振時の翼端変位の応答を決定する主要因は減衰の大きさである．一般に，減衰は空力減衰と構造減衰からなる．振動する平板翼の場合，単位幅あたりの空気力は $(1/2)\rho\left(\overline{U}-\dot{x}\right)^2 C_D c(r)$ で与えられる．ここで，$\dot{x}$ はブレードのフラップ方向の速度，C_D は抗力係数，$c(r)$ はブレードの翼弦長である．したがって，単位幅あたりの空力減衰は $\hat{c}_{a1}(r) = \rho\overline{U}C_D c(r)$ であり，1 次モードの空力減衰比

$$\xi_{a1} = \frac{c_{a1}}{2m_1\omega_1} = \int_0^R \frac{\hat{c}_a(r)\mu_1^2(r)dr}{2m_1\omega_1}$$

は，次式のようになる．

$$\xi_{a1} = \rho\overline{U}C_D \int_0^R \frac{\mu_1^2(r)c(r)dr}{2m_1\omega_1}$$

ここで，$\mu_1(r)$ は 1 次モードのモード形状で，m_1 は次式で与えられる 1 次モードの一般化質量である．

$$m_1 = \int_0^R m(r)\mu_1^2(r)dr$$

また，ω_1 は 1 次モード固有角振動数 [rad/s] である．なお，対数減衰率は，減衰比を 2π 倍することによって得られる．

最大揚力を発生させるような角度から風が流入すると，ブレードは失速に近づき，空力減衰はほぼゼロとなる．この状況では，翼端のたわみはブレードの構造減衰のみによって制限される．一般的なブレード材料の構造減衰については，5.8.4 項で述べる．

■翼根曲げモーメント

翼端変位の標準偏差とブレードのモード形状から慣性力分布が得られ，そこからブレードに沿った任意の位置での曲げモーメントの標準偏差を計算することができる．とくに，翼根曲げモーメントの標準偏差は，翼根曲げモーメントの平均値から以下のように表すことができる．

$$\frac{\sigma_{M1}}{\overline{M}} = 2\frac{\sigma_u}{\overline{U}}\frac{\pi}{\sqrt{2\delta}}\sqrt{R_u(n_1)}\sqrt{K_{Sx}(n_1)}\lambda_{M1} = \frac{\sigma_{x1}}{\bar{x}_1}\lambda_{M1} \tag{5.8a}$$

ここで，

$$\lambda_{M1} = \frac{\int_0^R m(r)\mu_1(r) r\, dr}{m_1 \int_0^R c(r) r\, dr} \int_0^R c(r)\mu_1(r)\, dr \tag{5.8b}$$

である．なお，λ_{M1} の導出については，付録 A 5.5 節に述べられている．

準静的な翼根曲げモーメントの標準偏差（またはバックグラウンド応答成分）は，翼根曲げモーメントの平均値により，次式のように表される．

$$\frac{\sigma_{MB}}{\overline{M}} = 2\frac{\sigma_u}{\overline{U}}\sqrt{K_{SMB}} \tag{5.9}$$

ここで，K_{SMB} はブレードスパン方向の変動風の相関の低下を考慮する低減係数である．付録 A5.6 節に示すように，ブレード長は，風直交方向で測定される風方向の乱れの積分長さスケールと比べて小さいので，K_{SMB} は通常，1 より若干小さい値となる．

翼根曲げモーメント変動の総和は，共振成分の分散とバックグラウンド成分の分散の合計と等しい．すなわち，

$$\sigma_M^2 = \sigma_{M1}^2 + \sigma_{MB}^2$$

である．

したがって，

$$\frac{\sigma_M}{\overline{M}} = 2\frac{\sigma_u}{\overline{U}}\sqrt{K_{SMB} + \frac{\pi^2}{2\delta} R_u(n_1) K_{Sx}(n_1)\lambda_{M1}^2} \tag{5.10}$$

となる．

翼根曲げモーメントの設計極値荷重は，通常，10 分平均風速の 50 年再現期待値による平均荷重に，10 分間に発生し得るピークの下限値に相当する変動荷重の標準偏差の何倍かを足し合わせた値として計算される．したがって，

$$M_{\max} = \overline{M} + g\sigma_M \tag{5.11}$$

である．g はピークファクタとして知られ，次式のように，10 分間の翼根曲げモーメント変動の回数によって決まる．

$$g = \sqrt{2\ln(600\nu)} + \frac{0.577}{\sqrt{2\ln(600\nu)}} \tag{5.12}$$

ここで，ν は翼根曲げモーメントの平均ゼロアップクロス回数で，準静的風荷重の平均ゼロアップクロス回数とブレードの固有振動数 n_1 の中間の値をとる（付録 A5.7 節参照）．なお，g は周波数に対して大きくは変化しないので，g の上限を 3.9 とする（約 1.9 Hz に相当）ことで合理的な近似値が与えられる．

式 (5.11) に式 (5.10) を代入すると，次式となる．

$$
\begin{aligned}
M_{\max} &= \overline{M}\left[1 + g\frac{\sigma_M}{\overline{M}}\right] \\
&= \overline{M}\left[1 + g\left(2\frac{\sigma_u}{\overline{U}}\right)\sqrt{K_{SMB} + \frac{\pi^2}{2\delta}R_u(n_1)\,K_{Sx}(n_1)\,\lambda_{M1}^2}\right]
\end{aligned}
\tag{5.13}
$$

式中の [ ] の部分は，次式で与えられる EN 1991-1-4:2005 の構造係数 $c_s c_d$ と類似している．

$$
c_s c_d = \frac{1 + 2k_p I_v(z_s)\sqrt{B^2 + R^2}}{1 + 7I_v(z_s)} \tag{5.14}
$$

ここで，k_p はピークファクタ，$I_v(z_s)$ は高さ z_s における乱流強度，また，$R^2 = \left(\pi^2/2\delta\right)R_u(n_1)$ $K_{Sx}(n_1)$ である．

最大モーメントを，再現期間 50 年の最大瞬間風速 U_{e50} における準静的モーメントによって表すことが必要な場合がよくある．そのため，後者と式 (5.13) の準静的成分を等置することにより，次式を得る．

$$
C_f \times \frac{1}{2}\rho U_{e50}^2 \int_0^R c(r)\,r dr = \overline{M}\left(1 + g_0 \times 2\frac{\sigma_u}{\overline{U}}\sqrt{K_{SMB}}\right) \tag{5.15}
$$

ここで，ピークファクタ g は，より低い値である g_0（準静的翼根曲げモーメント変動のより低い周波数に対応）とする．そして，式 (5.15) と式 (5.13) を組み合わせることにより，次式を得る．

$$
M_{\max} = C_f \times \frac{1}{2}\rho U_{e50}^2 \int_0^R c(r)\,r dr Q_D \tag{5.16}
$$

ここで，Q_D は次式で与えられる動的倍率である．

$$
Q_D = \frac{1 + g\left(2\sigma_u/\overline{U}\right)\sqrt{K_{SMB} + [\pi^2/(2\delta)]R_u(n_1)K_{Sx}(n_1)\lambda_{M1}^2}}{1 + g_0\left(2\sigma_u/\overline{U}\right)\sqrt{K_{SMB}}} \tag{5.17}
$$

g_0 を 3.5，λ_{M1} を 1 とすると，動的倍率 Q_D は EN 1991-1-4 の動的倍率 c_d と一致する．式 (5.14) で与えられた EN 1991-1-4 の構造係数 $c_s c_d$ は，動的倍率 c_d と規模係数 $c_s = (1 + 7I_v(z_s)\sqrt{B^2})/(1 + 7I_v(z_s))$ の積である．

翼根曲げモーメントの極値を，最大瞬間風速の極値から，$C_f(1/2)\rho U_{e50}^2 \int_0^R c(r)\,r dr$ と Q_D の積として計算すると，動圧の式の線形化に起因する誤差の影響をほとんど受けないので，大きなメリットがある．たとえば，IEC 61400-1 で仮定されているように，最大瞬間風速の極値が 10 分平均風速の極値の 1.4 倍である場合（これは積 $g_0\left(\sigma_u/\overline{U}\right)$ が 0.4 であることを意味する），最大瞬間風速による動圧は，10 分平均風速による動圧の $1 + g_0\left[2\left(\sigma_u/\overline{U}\right)\right]$ から得られる 1.8 倍ではなく，$1.4^2 = 1.96$ 倍となる．

例 5.1　極値荷重下で静止している長さ 40 m ブレードの翼根曲げモーメントの動的倍率 Q_D

図 5.4(a) に示す翼弦長と翼厚の分布をもつ NACA 632XX 翼断面を使用して，長さ 40 m のグラスファイバー製のブレード（SC40 ブレードとよぶ）を設計する．翼厚の分布は，外翼部 1/2 に

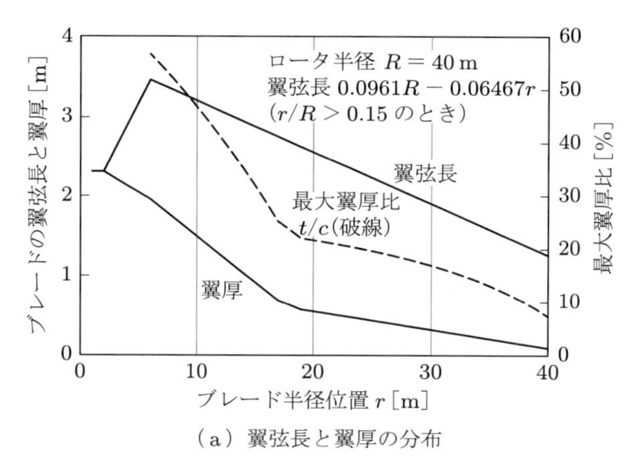

(a) 翼弦長と翼厚の分布

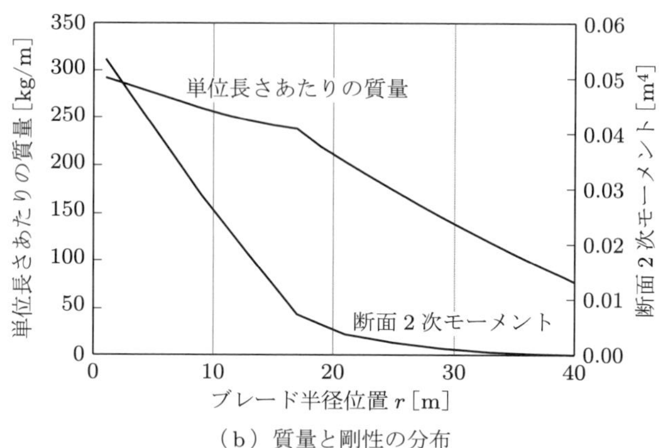

(b) 質量と剛性の分布

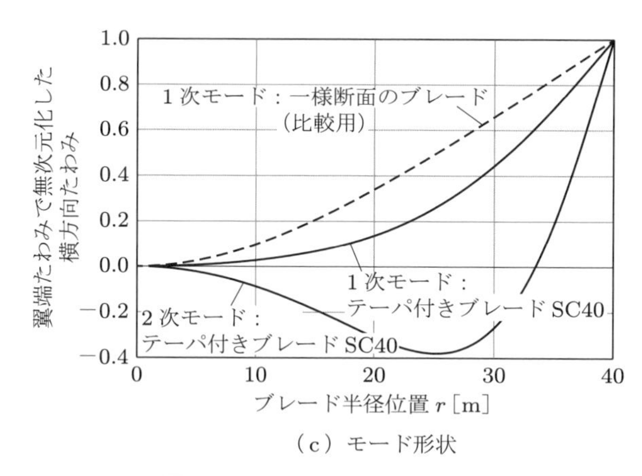

(c) モード形状

図 5.4 SC40 ブレードのスパン方向の分布

おける最大翼厚比を最小限にするために，中翼部に顕著な折れ曲がりがある．

図 7.6 に示すように，ブレードの構造は，スパーキャップとそれらを繋ぐシェアウェブによって強化された空力シェル構造である．スパーキャップの厚さは断面が急激に変化する半径 17 m で最大とし，この断面と翼根の間でゼロまで減少させるが，外翼部では翼弦長に応じて変化させる．空力シェルを形成するサンドイッチパネルのグラスファイバースキンの厚さとその間隔は，翼根の領域

を除いて，翼弦長によって変化する．ここで想定するSC40ブレードの構造は，本書の初版と第2版で例として使用していたT40ブレードの構造よりも現実的（かつ，構造的により効率的）なものである．T40ブレードでは，スパーキャップはなく，グラスファイバースキンの厚さはブレードに沿って均一であった．なお，SC40ブレードの質量は7.7tであるが，T40ブレードの質量は16.3tであった．

その結果，質量と剛性の分布は図5.4(b)に示すようになる．5.8.2項で説明するモード解析を行うと，図5.4(c)に示す1次モードと2次モードのモード形状が得られる．比較のために一様な断面のブレード（片持ち梁）の1次モード形状も示すが，テーパ付きブレードの内翼部は剛性が高いため，翼端のたわみで無次元化したたわみは，内翼部で著しく小さくなっている．グラスファイバーブレードの場合，一般的なヤング率と材料密度はそれぞれ43 GPaと1.9 t/m^{3}であるため，1次モードと2次モードの固有振動数はそれぞれ0.88 Hzと2.73 Hzとなる．ここで，仮定したその他のパラメータは表5.4のとおりである．対応する流れ方向の乱れの積分長さスケールは，EN 1991-1-4:2005に従うと189 mである．また，翼端の共振応答を決める式(5.7)のパラメータの値は，以下のように定めた．

1. 空力減衰はゼロと仮定する．したがって，対数減衰率は，グラスファイバーの構造減衰に相当する0.05とする．
2. 流れ方向の風の乱れの無次元パワースペクトル密度$R_u(n) = nS_u(n_1)/\sigma_u^2$は，EN 1991-1-4で定義されているカイマルのパワースペクトル（付録の式(A5.8)）に従い，ブレードの1次モード固有振動数0.881 Hzでは0.0606とする．
3. 式(A5.25)の低減係数$K_{Sx}(n_1)$で用いられる正規化コスペクトル（normalized co-spectrum）のための，指数式の無次元ディケイ定数Cは10とする．

表5.4　仮定したその他のパラメータの値

ブレード高さz	70 m
ブレード高さでの再現期間50年の最大平均風速$\overline{U}$	50 m/s
Eurocode 1の地表面粗度区分	I（粗度長$z_o = 0.01$ m）
乱流強度$I(z) = 1/\ln(z/z_0)$	0.113

翼根曲げモーメントの極値および動的倍率Q_Dの導出過程は，表5.5のようになる．なお，[ ]内の値は，比較のためにEN 1991-1-4:2005の付録Cを使用して求めた値である．

翼根曲げモーメントの極値は，明らかにEN 1991-1-4による値のほうが大きい．しかし，EN 1991-1-4の極値曲げモーメントの平均値に対する比は，ブレードスパン上のすべての点で適用することを意図しているため，以降でブレードスパン方向のモーメントの分布で示すように，翼根での値が安全側になることは避けられない．

■スパン方向の曲げモーメントの分布

ブレードスパン方向の中間位置における曲げモーメントの共振成分および準静的成分は，翼根における値と容易に関連付けることができる．

準静的曲げモーメント変動のスパン方向の分布は，低減係数の影響が若干あるものの，平均荷重による曲げモーメントの分布によく類似している．しかし，共振振動の曲げモーメントは，翼端部

表 5.5 曲げモーメントの極値および動的倍率 Q_D の導出過程

パラメータ	計算値	式番号	EN 1991-1-4 付録 C
共振応答に関する低減係数 $K_{Sx}(n_1)$	0.372	式 (A5.25)	[0.308]
翼端変位の 1 次モード成分の定常値に対する共振時の標準偏差の比 $\dfrac{\sigma_{y1}}{\bar{y}_1} = 2\dfrac{\sigma_u}{\overline{U}}\dfrac{\pi}{\sqrt{2\delta}}\sqrt{R_u(n_1)}\sqrt{K_{Sx}(n_1)} = 2 \times 0.113 \times 9.935 \times \sqrt{0.0606} \times \sqrt{0.372}$	0.337	式 (5.7)	[N/A]
翼根モーメント係数 λ_{M1}	0.683	式 (5.8b)	[N/A]
共振時の翼根曲げモーメントの平均値に対する標準偏差の比 $\dfrac{\sigma_{M1}}{\overline{M}} = \dfrac{\sigma_{x1}}{\bar{x}_1}\lambda_{M1}$	0.230	式 (5.8a)	[0.306]
準静的応答成分（バックグラウンド応答成分）に関する低減係数 K_{SMB}	0.829	式 (A5.40)	[0.871]
準静的翼根曲げモーメント応答の平均値に対する標準偏差の比 $\dfrac{\sigma_{MB}}{\overline{M}} = 2\dfrac{\sigma_u}{\overline{U}}\sqrt{K_{SMB}} = 2 \times 0.113 \times 0.910$	0.206	式 (5.9)	[0.197]
翼根曲げモーメント応答の平均値に対する標準偏差の比 $\dfrac{\sigma_M}{\overline{M}} = \sqrt{\left(\dfrac{\sigma_{MB}}{\overline{M}}\right)^2 + \left(\dfrac{\sigma_{M1}}{\overline{M}}\right)^2} = \sqrt{0.206^2 + 0.230^2}$	0.308		[0.364]
準静的応答のゼロアップクロス周波数 n_0	0.342 Hz	式 (A5.57)	[N/A]
翼根曲げモーメントのゼロアップクロス周波数 ν	0.695 Hz	式 (A5.54)	[N/A]
ν に基づくピークファクタ g	3.64	式 (5.12)	[3.66]
極値モーメントの平均値に対する比 $\dfrac{M_{\max}}{\overline{M}} = 1 + g\dfrac{\sigma_M}{\overline{M}} = 1 + 3.64 \times 0.308$	2.12	式 (5.13)	[2.33]
n_0 に基づくピークファクタ g_0	3.44		[3.5]
極値モーメントの準静的成分の平均値に対する比 $1 + g_0\dfrac{\sigma_{MB}}{\overline{M}} = 1 + 3.44 \times 0.206$	1.708	式 (5.15)	[1.79]
動的倍率 $Q_D = \dfrac{2.12}{1.708}$	1.243	式 (5.17)	[1.30]

の慣性力が支配的であるため，その分布形状は大きく異なる．図 5.5(a) に，ブレードスパン方向の共振曲げモーメント分布（付録 A5.8 節）と，比較用の準静的曲げモーメント分布を示す．曲げモーメントの準静的成分が放物線で近似できるのとは対照的に，共振成分は直線に近いことがわかる．

翼端に向かって曲げモーメントの共振成分の減衰が低下する結果，局所平均モーメントに対する共振曲げモーメントの標準偏差の比はスパン方向に増加する．この結果，上記の例では，翼根部における動的倍率 Q_D は 1.24 から 1.85 に増加する（図 5.5(b) 参照）．

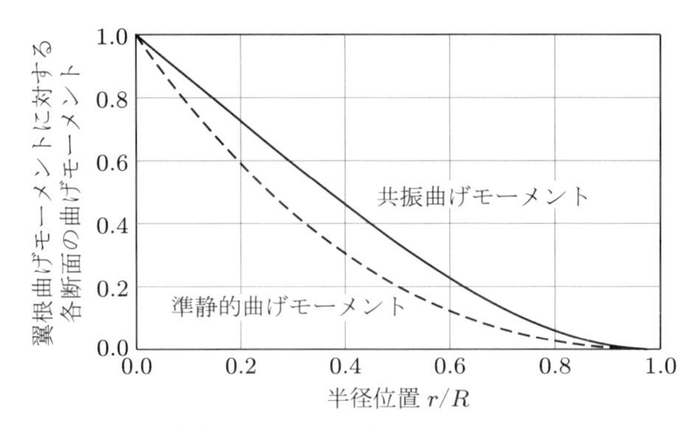

（a）共振曲げモーメントと準静的曲げモーメント

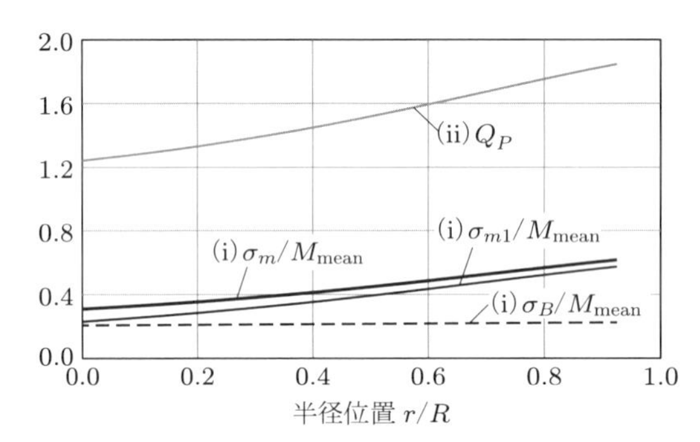

（b）(i) 局所平均曲げモーメントに対する，変動曲げモーメントの標準偏差の比

σ_m：曲げモーメントの定常値の標準偏差

σ_{m1}：共振曲げモーメントの標準偏差

σ_B：準静的曲げモーメントの標準偏差

(ii) 動的倍率 Q_P

図 5.5　SC40 ブレードのスパン方向の曲げモーメント分布

5.7　発電中のブレードの荷重

5.7.1　決定論的荷重成分と確率論的荷重成分

通常，回転するブレードの平均風速による荷重と変動風速による荷重は，分離して別々に求める．ロータ掃引領域における風速の平均的な空間変化による，ブレードの周期的な変動荷重は，ハブ高さの風速，回転速度，ウィンドシアーなどの限られた数のパラメータによって一意的に決定されるため，決定論的荷重（deterministic load）成分とよばれる．一方，変動風速（すなわち，乱れ）によるブレード上のランダムな荷重は，確率論的に記述する必要があるため，確率論的荷重（stochastic load）成分とよばれる．

回転するブレードには，風荷重に加えて，重力および慣性力も作用する．重力はブレードのアジマス角と質量分布にのみ依存し，決定論的であるが，慣性力は乱流の影響も受ける．ティータ運動するロータやたわみの大きいブレードは，決定論的成分と統計論的成分の両方を含む．

5.7.2 決定論的空気力

■ロータ面に正対する定常・一様流

3.5.3 項で述べた翼素運動量理論を適用することにより，ブレード上の翼素の空気力を計算することができる．式 (3.54a) と式 (3.55) により，流入角 ϕ，迎角 α，ひいては揚力係数と抗力係数，ならびに，各半径位置における流れの誘導係数 a と a' を反復的に求めることができる．

外翼部の荷重は翼端損失により低下するため，式 (3.54a) と式 (3.55) は，3.9.6 項の式 (3.54c) と式 (3.55a) に置き換えられる．これらの式は，以下の式のように，回転面に垂直方向，ならびに，回転方向の単位幅あたりの力として表現することができる．これらはそれぞれ，面外荷重および面内荷重として知られている．

$$\text{単位幅あたりの面外荷重：}\quad F_X = C_x \frac{1}{2}\rho W^2 c = \frac{4\pi r\rho}{B} U_\infty^2 (1-af)\,af \tag{5.18}$$

$$\text{単位幅あたりの面内荷重：}\quad F_Y = C_y \frac{1}{2}\rho W^2 c = \frac{4\pi r^2\rho}{B} \Omega U_\infty (1-af)\,a'f \tag{5.19}$$

なお，式中のパラメータは第 3 章で定義されており，f は翼端損失係数，B はブレード枚数である．

平均風速 8 m/s と 10 m/s の一様流における発電時の，一般的な風車のスパン方向の面内荷重と面外荷重の分布を図 5.6 に示す．この例で検討しているロータ直径 80 m のストール制御風車は，例 5.1 の SC40 ブレードによる 3 枚翼ロータをもち，15 rpm で回転している．ブレードの捩れ角分布（図 5.6）は，式 (3.74) に則して，半径位置の逆数に対して線形であり，年平均風速 7.5 m/s に対して最大のエネルギーが得られるように決定されている．単位幅あたりの面外荷重は，約 80%半径よりも外翼側では翼端損失の影響が見られるが，それよりも内翼側では，翼端に向かって，翼弦長が短くなるにもかかわらず，ほぼ直線的に増加している．また，風速 8 m/s と比較して，風速 10 m/s では渦シートの間隔が広くなるため，翼端損失効果が比較的大きくなる（3.9.3 項）．なお，これらの分布は，周速比が同じであれば，ロータ速度，風速，ロータ半径の任意の組み合わせについて同じである．これは，流入角 ϕ および誘導係数 a, a' の半径方向分布を決定するのは周速比であるためである．

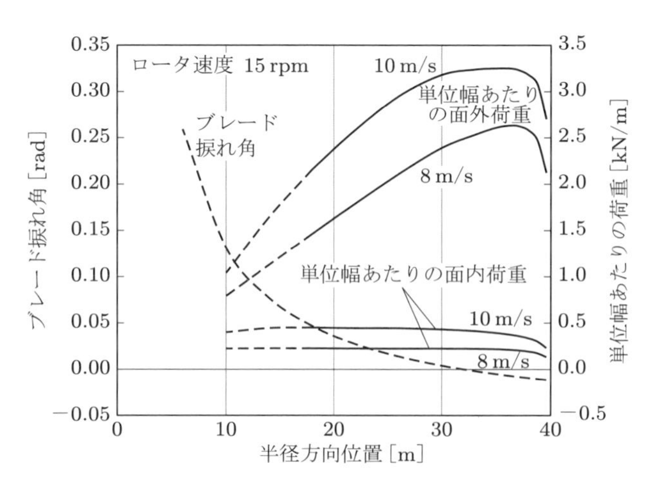

図 5.6 平均風速 8 m/s と 10 m/s の一様流中で発電中のロータ直径 80 m の風車における，ブレードの面内荷重と面外荷重の分布

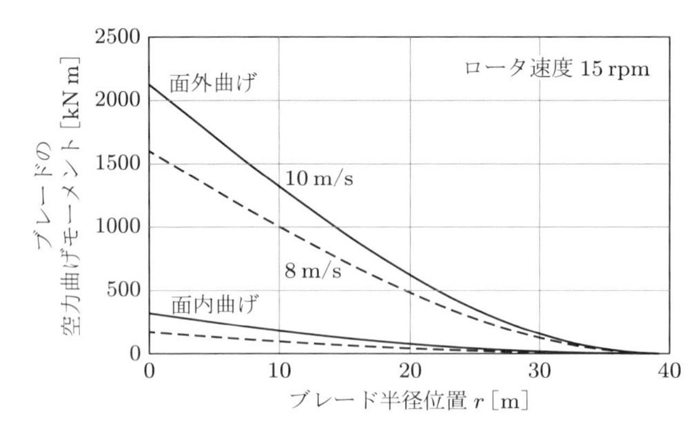

図 5.7　平均風速 8 m/s と 10 m/s の一様流中で発電中のロータ直径 80 m の風車における，ブレード面内/面外空力曲げモーメントの分布

これらの単位幅あたりの力をブレードに沿って積分すると，ブレードの面内と面外の空力曲げモーメントが計算される．図 5.7 に，これらのモーメントのスパン方向の分布を示す．荷重が外翼側に集中しているため，ブレードの内側 1/3 のブレードの曲げモーメントは，半径の増加に伴って直線的に低下している．

図 5.8 に，上述のロータ直径 80 m の風車の，風速に対する翼根面外曲げモーメントを示す．3.10 節で説明したように，高風速時には，ブレードの内翼部分における揚力係数は，失速遅れの影響で，図 3.43 に示したような静止翼よりも大幅に高い値になる．したがって，本節で参照している図 5.8 などの図は，回転する LM19.0 ブレードによる，より現実的なデータ（Petersen et al. 1998）を用いて作成している．これらのデータは，定常あるいは二次元のデータを経験的に補正したものである．図 5.9 に修正したデータを示すが，大きな迎角においては，翼厚比の小さい外翼部よりも，翼厚比の大きい内翼部のほうが，失速遅れにより明らかに高い揚力係数を示している．

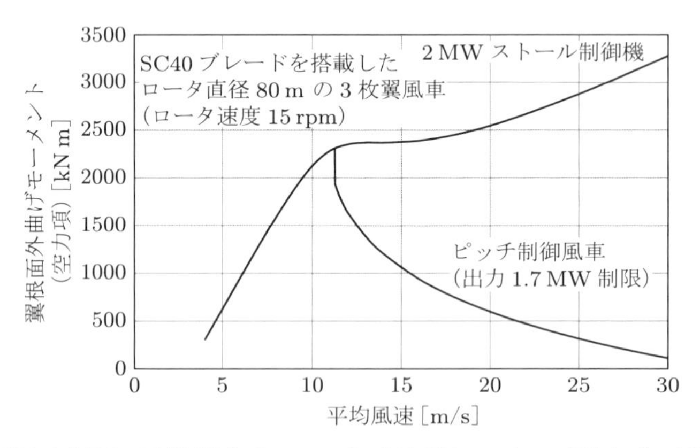

図 5.8　一様な定常風中の翼根面外曲げモーメント（同じ風車のストール制御とピッチ制御の場合）

図 5.8 から，ブレードの面外曲げモーメントは，低風速域で風速に対してほぼ直線的に増加したあとにしだいに頭打ちになり，風速が 12～16 m/s で，ブレードの失速によりほぼ一定になることがわかる．その後，モーメントはふたたび増加するが，風速に対する変化率は低風速域よりも緩やかである．

同じ風車でピッチ制御により出力を 1.7 MW に制限した場合の結果も，図 5.8 に示す．この場合，

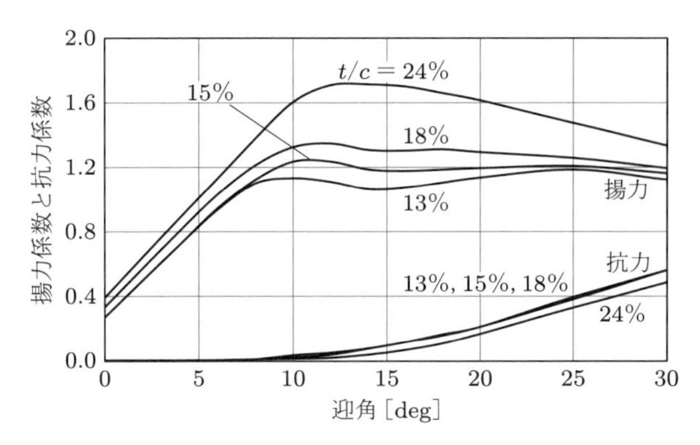

図 5.9 LM19.0 ブレード断面の最大翼厚比ごとの空力データ（Petersen et al. 1998）

定格風速以上の風速では，翼根の面外曲げモーメントは急激に減少する．

■ヨー角の影響

一定のヨー角の流れに対する翼素運動量理論の適用は，4.2.8 項に述べられている．図 5.10(a) は，この方法を用いて作成したものである．この図は，ヨー角 +20° 一定で発電している上述のロータ直径 80 m のストール制御機の，アジマス角に対する面外および面内モーメントの変化を示している．ブレードのアジマス角は，ロータ頂部が 0° で，回転方向に正の値をとる．また，ヨー角は，ロータディスクに対する気流の流れ直交方向成分が，アジマス角 0° でブレードの回転と同じ方向となるときに正の値をとると定義する．なお，これ以降の図では，翼根曲げモーメントは，本来のブレードとハブの接合部での値ではなく，主軸上の値である．

図 5.10(a) に示されるように，風速 10 m/s の挙動と 15～20 m/s の挙動は明確に異なる．後者の場合，曲げモーメントはアジマス角 180° で最大値となる正弦波である．この変化は，ブレードに対する気流速度の変動の影響が支配的であることを示している．しかし，10 m/s では，面外曲げモーメントの最大値はアジマス角 225° で生じ，誘導速度の非一様成分 u_1（式 (4.20)）の影響が無視できないことが示唆される．当然，高風速域では，誘導係数 a は小さくなり，u_1 の影響は低下する．

比較のために，2 MW，直径 80 m の可変速ピッチ制御風車がヨー角 20° で一定速度で発電している際の翼根曲げモーメントの変化を，図 5.10(b) に示す．この風車は，風速 11 m/s まで速度比 8（一定）で運転し，それを超えると，翼端速度 88 m/s（ロータ速度 21 rpm）に制限される．ブレードの平面形と翼厚の分布は SC40 ブレードと同じであるが，ブレードの捩れ角は，周速比が 8 のときに出力が最大になるように最適化されている（半径の逆数に対して線形）．翼根面外曲げモーメントの最大値，および，方位角によるその変動幅は，いずれも高風速域でストール制御機よりも若干小さくなる．ただし，風速 10 m/s では，ロータ速度（19 rpm）が増加するため，これらの量は大幅に増加する．

■主軸の傾斜（ティルト）

ロータがタワーの風上側にあるアップウィンド風車は，通常，ロータとタワーの間のクリアランスを増加させるために主軸を数度上方に傾斜させる．したがって，ヨー偏差がない場合，流れはロータ軸に対して横方向ではなく下方向に傾斜することになる．このロータティルトの影響は，ヨー偏差をもつ場合と同じように扱えばよい．

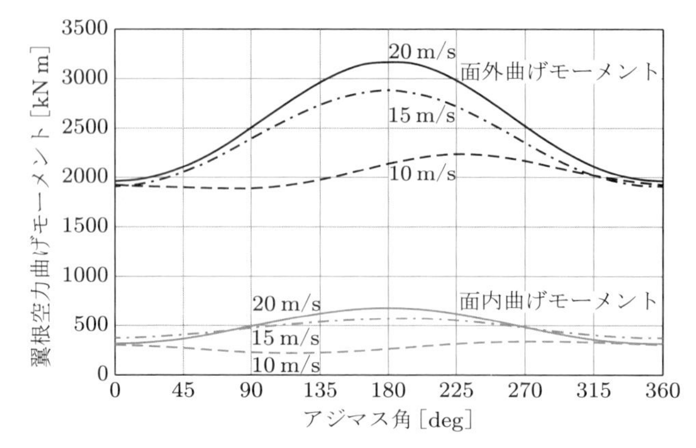

（a）ストール制御機, ロータ速度 15 rpm, ヨー角 20°, ウィンドシアーなし

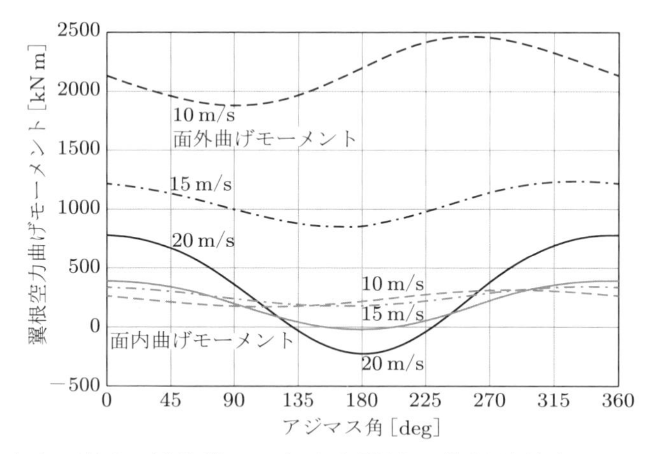

（b）可変ピッチ制御機, 11 m/s 以下, 周速比 8, 最大回転速度 21 rpm,
ヨー角 20°, ウィンドシアーなし

図 5.10　直径 80 m の風車における，翼根曲げモーメントのアジマス角に対する変化

■ウィンドシアー

風速の高さ方向の変化はウィンドシアーとよばれる．通常，理論的な対数プロファイル $U(z) \propto \ln(z/z_0)$ は，風車の設計においては，べき乗則 $U(z) \propto \ln(z/z_{\mathrm{ref}})^{\alpha}$ で近似する．指数 α の適切な値は地表面粗度 z_0 とともに増加し，典型的な農地では 0.14 が用いられるが，丘の上の地表面付近では増速するので，山頂ではより小さな値になる．すでに述べたように，IEC 61400-1 では，安全側の値である 0.20 を規定している．

この場合に運動量理論を適用することにより，回転面に垂直な速度成分は $U_{\infty}(1 + r\cos\psi/z_{\mathrm{hub}})^{\alpha}(1 - a)$ となり，各方位角と半径における誘導係数が求められる．図 5.11(a) に，ウィンドシアーべき指数 0.2，ハブ高さ風速 10, 15, 20 m/s における，ロータ直径 80 m，ハブ高さ 60 m のストール制御機の，アジマス角に対するブレード翼根曲げモーメントを示す．ハブ高さ風速が 10 m/s の場合，ウィンドシアーによる面外曲げモーメントの変動は顕著であるが，15 m/s の場合には，ブレードが失速しているため，変動はわずかである．

図 5.11(b) は，同サイズの 2 MW の可変速ピッチ制御機における，ウィンドシアーによるブレー

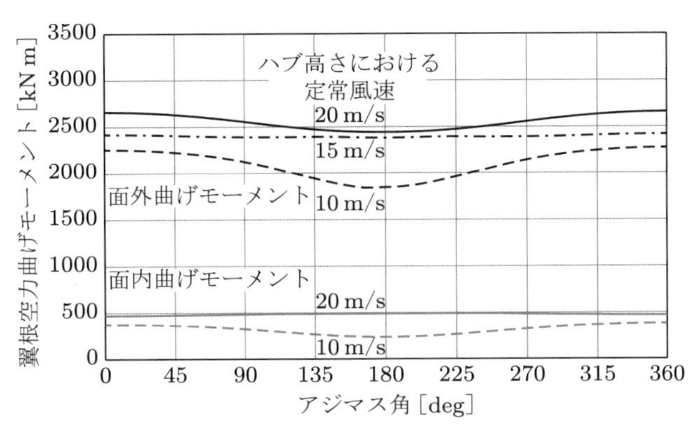

（a）ストール制御機，ロータ速度 15 rpm

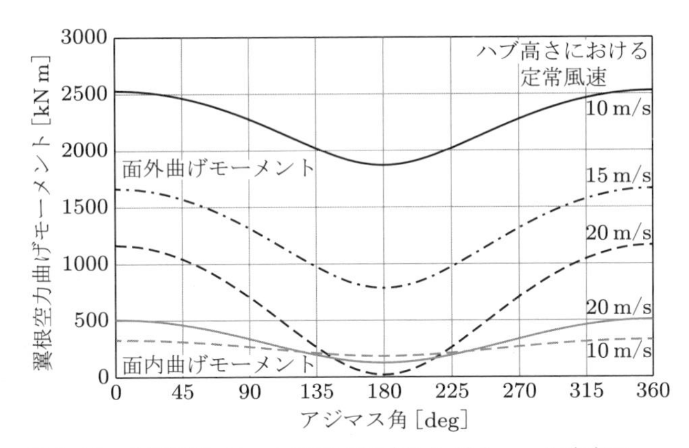

（b）ピッチ制御機，11 m/s 以下で周速比 8，最大ロータ速度 21 rpm

図 5.11 直径 80 m，ハブ高さ 60 m の風車のアジマス角に対する翼根曲げモーメント（ウィンドシアーべき指数 0.2）

ド翼根曲げモーメントのアジマス角に対する変化の例を示す．高風速域では，ブレード回転中の風速の変動幅が増加するため，面外モーメントの変動幅が増加する．

■タワーシャドウ（tower shadow）

タワーにより気流が遮断されるため，タワーの風上および風下側の風速は減少する．この風速の低下は，ラティスタワーよりも円筒タワーのほうがより顕著であり，円筒タワーの場合には，流れのはく離のために風下側でより顕著である．そのため，ダウンウィンド風車の設計では，通常，干渉の影響を最小限に抑えるために，ロータ面をタワーから十分に離して配置する．

円筒タワーの風上側の速度欠損は，ポテンシャル流理論を用いてモデル化することができる．円筒形のタワーのまわりの流れは，ダブレット（doublet，互いに近接した湧き出しと吸い込み）を，流れを与える均一な流れ U_∞ に重ね合わせることによって，次式のような流れ関数により記述される．

$$\psi = U_\infty y \left[1 - \frac{(D/2)^2}{x^2 + y^2} \right] \tag{5.20}$$

ここで，D はタワーの直径，x と y は水平面内のタワー中心に対する風方向および風直交方向の座

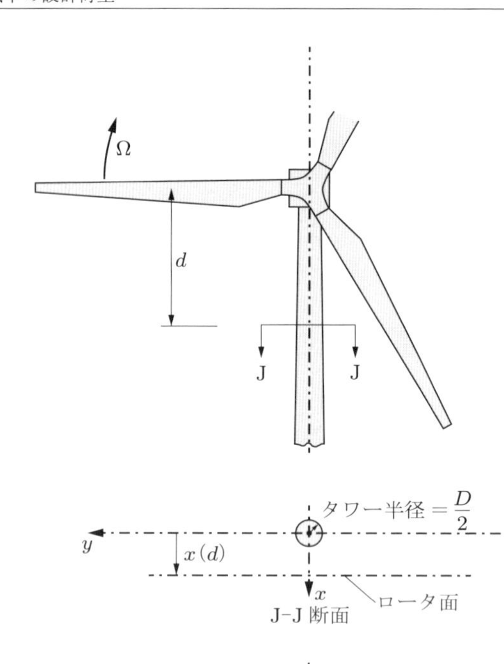

図 5.12　タワーシャドウのパラメータ

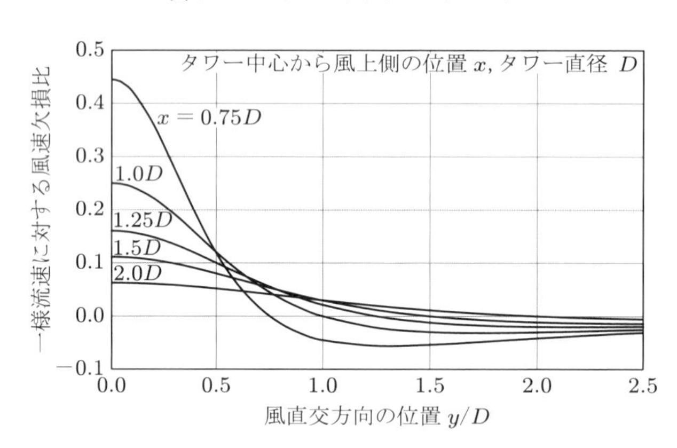

図 5.13　タワー中心からの水平方向の位置 y/D に対する速度欠損

標である（図 5.12）．ψ を y で微分すると，x 方向の流速は次式のように得られる．

$$U = U_\infty \left[1 - \frac{(D/2)^2 \left(x^2 - y^2\right)}{\left(x^2 + y^2\right)^2} \right] \tag{5.21}$$

[ ] 内の第 2 項は，タワーの影響を受けない場合の風速に対する，速度欠損の比率である．図 5.13 に，風上側の代表的な位置における，タワー直径に対する風直交方向（y/D）の風速欠損分布を示す．流れの対称軸上の速度欠損は $U_\infty (D/2x)^2$ であり，欠損領域の幅はタワー中心から風上側の距離の 2 倍である．その結果，回転するブレードが受ける速度勾配は，距離 x が増加するにつれて急

速に低下する．

タワーシャドウのブレード荷重への影響は，回転面に垂直な局所速度成分を $U_\infty(1-a)$ の代わりに $U(1-a)$ とし，通常の翼素理論を適用することで評価することができる．図 5.14 に，タワーの直径を 4 m，ロータ直径 80 m のストール制御機の動的効果を無視した場合の，翼根曲げモーメントの計算結果を示す．この図は，風速 10 m/s および 20 m/s で発電中の風車における，ブレードの面内および面外翼根曲げモーメントのアジマス角に対する変化を示している．ブレードとタワーの間のクリアランスは，タワー半径と等しいとしている $(x/D=1)$．面外曲げモーメントは，より低い風速でより大きく低下している．また，同図には 10 m/s で $x/D=1.5$ の場合も示すが，この場合にはアジマス角の影響はかなり小さくなることがわかる．

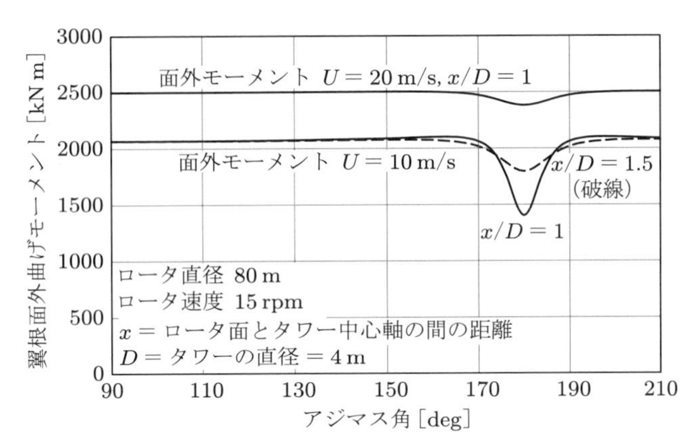

図 5.14 ロータ直径 80 m のアップウィンド・ストール制御機における，ブレード翼根面外曲げモーメントのアジマス角に対する変化

ダウンウィンド風車の場合，流れのはく離とそれにより発生する渦は解析結果にはほとんど影響しないので，経験的方法により平均速度欠損を推定する．一般に，速度欠損の分布は余弦関数形と仮定されるため，

$$U=U_\infty\left[1-k\cos^2\left(\frac{\pi y}{\delta}\right)\right] \tag{5.22}$$

とする．ここで，δ は欠損領域の幅である．欠損領域における若干の加速は，通常は無視される（6.13.2 項参照）．

タワーシャドウによって引き起こされるブレード荷重の急激な低下は，ウィンドシアーやロータティルト，あるいは，ヨー偏差に起因する荷重の変動よりも，ブレード振動を励起しやすい．この点は，ブレードの動的応答の節で考察する．

■ウェイクの影響

ウィンドファーム内では，ある風車の全体または一部分が別の風車のウェイク中にあるのが一般的である．後者の場合のほうが状況はより厳しく，風下側の風車はより強い水平シアーを受け，ブレード荷重の変動はそれに従って解析される．ウェイクの影響については，第 9 章で詳しく説明する．

5.7.3　重　力

ブレードの重力荷重は，エッジ方向に正弦波状に変化する曲げモーメントを発生させる．これは，ブレードが水平のときに最大値となり，ロータの左右で符号が反転するため，疲労荷重のおもな原因になる．SC40 ブレード（例 5.1 参照）では，最大重力モーメント $\int_0^R m(r)\,rdr$ は 1260 kN m であるので，重力によるエッジ曲げモーメントの幅は 2520 kN m となる．これはヨーまたはウィンドシアーによるエッジ曲げモーメントを大きく超える値である．ヨーまたはウィンドシアーによるエッジ曲げモーメントは，定格風速以下でこの値の 1/10 以下，定格風速以上では 1/6 以下である．図 5.15 に，SC40 ブレードの重力曲げモーメントのスパン方向の分布を示す．

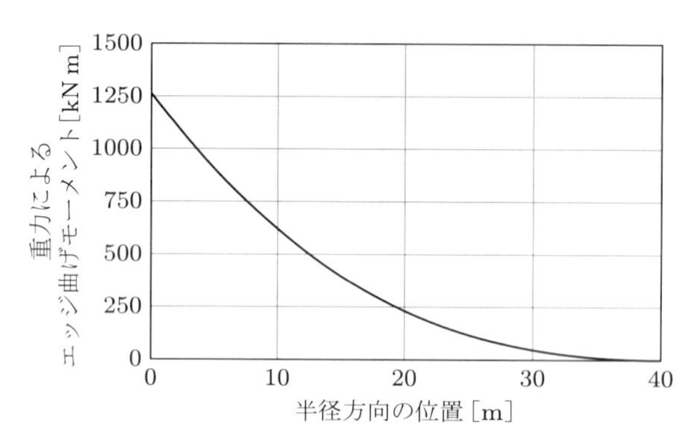

図 5.15　SC40 ブレードの重力による曲げモーメント分布

5.7.4　決定論的慣性力

■遠心力

コーニング角をもたない剛体ブレードの場合，遠心力は，半径位置 $r*$ において，$\Omega^2\int_{r*}^R m(r)\,rdr$ で与えられる単純な引張力を発生させる．その結果，発電中の風車におけるブレード内の変動応力は，引張方向に偏差する．SC40 ブレードが 15 rpm で回転する場合，翼根には，自重の約 4 倍の 320 kN の遠心力が作用する．

スラストは柔軟なブレードを風下側にたわませるが，遠心力は，スラスト力によるものとは反対側に面外曲げモーメントを発生させる．この遠心力による曲げモーメントの減少は，遠心力軽減（centrifugal relief）として知られている．この現象は非線形であるため，解を得るためには反復計算が必要である．ロータをコーニングさせることにより，より大きな遠心力軽減効果を得ることができる．また，低風速域における遠心力による前方への最大面外モーメントと，定格風速域における遠心力とスラスト力を合算した風下側への最大面外曲げモーメントがほぼ等しくなるようにすることができる．

■ジャイロモーメント

回転中の風車がヨー変角すると，ブレードには回転面に垂直な方向にジャイロモーメントが発生する．図 5.16 に示すように，時計回りに角速度 Ω で回転するロータ上の点 A を考える．ロータの回転による点 A の瞬時水平速度成分は Ωz である．ここで，z はハブから点 A までの高さである．風車が角速度 Λ で平面内を時計回りにヨーイングする場合，ロータが剛であると仮定すると，点 A は風に向かって $2\Omega\Lambda z$ で加速する．結果として得られる慣性力をブレード全体にわたって積分する

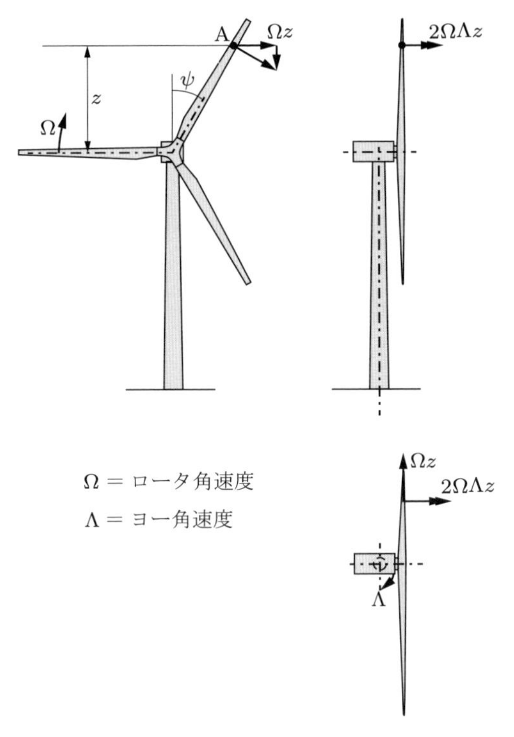

図 5.16 ヨー変角中の，ブレード上の点のジャイロ加速度

ことにより，主軸に対する翼根面外曲げモーメントは次式で与えられる．

$$M_Y = \int_0^R 2\Omega\Lambda zrm\,(r)\,dr = 2\Omega\Lambda\cos\psi\int_0^R r^2 m\,(r)\,dr = 2\Omega\Lambda I_B\cos\psi \tag{5.23}$$

ここで，I_B は主軸に対するブレードの慣性モーメントである．

一例として，SC40 ブレードをもつロータ直径 80 m の風車が，15 rpm で回転中に 1°/s でヨーイングする場合を検討する．ロータ軸に対するブレードの慣性モーメントは 3000 t m^2 であるため，M_Y の最大値は $2 \times (\pi/2) \times 0.0175 \times 3000 = 164$ kN m となる．これは，空気力による最大面外曲げモーメントの 1/20 にすぎない．

■ブレーキ力

機械ブレーキによるロータの減速により，下降するブレードの重力によるエッジ方向の曲げモーメントが増加する．

■ティータ力

各ブレードを前後方向に自由に回転できるようにヒンジに取り付けることで，翼根の面外曲げモーメントを完全になくすことができる．通常の回転時には，各ブレードのコーニング角を調整するように遠心力が作用するが，起動および停止中には，なんらかの拘束が必要となる．このことが，このようなヒンジがほとんど使用されない理由である．しかし，2 枚翼の風車の場合には，ロータ全体を前後に回転（ティータリング）する単一のヒンジに取り付けることにより，簡単に実現できる．

この方法は，翼根面外曲げモーメント変動を軽減し，主軸へのブレード面外曲げモーメントの伝達を防止する．ティータ運動は本質的には動的な現象である．このことについては，5.8節で詳細に考察する．

5.7.5　変動空気力：周波数領域での解析

短時間の風速変動によるブレードのランダムな変動荷重は，変動空気力として知られている．空間内の固定点における風速の変動は，ほとんどの場合，正規分布とみなすことができる確率分布と，変動エネルギーの周波数領域における分布を示すパワースペクトルによって特徴付けられる（2.6.3項および2.6.4項参照）．

変動荷重は周波数領域で解析するのが便利である．そのために，通常は，ブレードに入射する風速変動 u とその結果生じる荷重を，線形関係と仮定する．これは，後述のように，周速比が高い非失速状態のブレードには合理的な仮定である．単位幅あたりの変動揚力は，$L=(1/2)\rho W^2 C_L c$ である．ここで，W はブレードに対する相対流速，C_L は揚力係数で，抗力項は無視している（図3.14参照）．周速比 λ が大きい場合には，流入角 ϕ は小さく，相対速度 W は風速に伴って C_L よりもかなりゆっくり変化すると仮定できるので，dW/du の影響は無視できる．そのため，次式を得る．

$$\frac{dL}{du}=\frac{1}{2}\rho W^2 c\frac{dC_L}{d\alpha}\frac{d\alpha}{du} \tag{5.24}$$

ここで，α は迎角（$=\phi-\beta$）である．

ブレード各断面の捩れ角 β が一定の場合，$d\alpha/du=d\phi/du$ となる．線形性を保つために，揚力傾斜，すなわち，迎角に対する揚力係数の変化率 $dC_L/d\alpha$ は一定であると仮定する必要がある．この仮定は，ブレードが失速していない場合には有効である．簡略化のため，ウェイクが変化しない，すなわち，風速の変動 u に関係なく誘導速度 $\overline{U}a$ は変化しないと仮定すると，

$$\tan\phi\cong\frac{\overline{U}\,(1-a)+u}{\Omega r}$$

となる．ここで，ϕ が小さい場合には，

$$\frac{d\phi}{du}\cong\frac{1}{\Omega r}$$
$$W\cong\Omega r$$

である．これより，

$$\Delta L=L-\overline{L}=u\frac{dL}{du}=\frac{1}{2}\rho\left(\Omega r\right)^2 c\frac{dC_L}{d\alpha}\frac{u}{\Omega r}=\frac{1}{2}\rho\Omega rc\frac{dC_L}{d\alpha}u \tag{5.25}$$

となる．したがって，

$$\sigma_L=\left(\frac{1}{2}\rho\Omega\frac{dC_L}{d\alpha}\right)rc\sigma_u$$

である．理論上，揚力傾斜 $dC_L/d\alpha$ は 2π/rad であるが，実際には約6.0/radである（付録A3.7

節参照).

乱れの積分長さスケールがブレード半径に比べて大きい場合，翼根の面外曲げモーメントの標準偏差は次式で近似される（剛体ブレードを想定している).

$$\sigma_M = \int_0^R \sigma_L r dr = \frac{1}{2}\rho\Omega\frac{dC_L}{d\alpha}\sigma_u \int_0^R c(r)\, r^2 dr \tag{5.26}$$

ここで，σ_u はロータディスクに入射する風速の標準偏差であり，フローズンウェイク（frozen wake, 4.4.1 項参照）を仮定しているために，乱されない気流の風速の標準偏差に等しい．上式には流入角 ϕ の余弦を含める必要があるが，ϕ は小さいため，ほぼ 1 と近似されている．

実際の風のように，流れ方向の風の変動がブレードのスパン方向に完全には相関していない場合，

$$\sigma_M^2 = \left(\frac{1}{2}\rho\Omega\frac{dC_L}{d\alpha}\right)^2 \int_0^R \int_0^R \kappa_u(r_1, r_2, 0)\, c(r_1) c(r_2)\, r_1^2 r_2^2 dr_1 dr_2 \tag{5.27}$$

となる．ここで，$\kappa_u(r_1, r_2, 0)$ は，半径位置 r_1 と r_2 における風の変動の時間遅れをゼロとした相互相関関数 $\kappa_u(r_1, r_2, \tau)$ であり，次式で表される．

$$\kappa_u(r_1, r_2, 0) = \frac{1}{T}\int_0^T u(r_1, t)\, u(r_2, t)\, dt \tag{5.28}$$

実際には，ブレードは完全な剛体ではないので，ランダムな風荷重はブレードの固有振動モードを励起する．これらの励起を定量化するためには，まず，ブレードの固有振動数（回転サンプリングしたスペクトルによる情報）と，回転中のブレードの各点における入射風の変動のエネルギー量を知る必要がある．このスペクトルは固定点スペクトルとは大きく異なる．なぜなら，風車の 1 回転中の空気の移動距離と比較してガストのサイズのほうが大きいことはよくあり，この場合，回転するブレードが個々のガスト（平均速度で移動する空気の塊）を複数回スライスするためである．この現象はガストスライシングとして知られている．ガストスライシングにより，回転周波数の周波数成分は大幅に高くなり，高調波成分も若干大きくなる．回転スペクトルの導出方法については後述する．また，ランダム風荷重に対する柔軟なブレードの動的応答については，5.8 節で説明する．

■回転サンプリングされたスペクトル

回転するブレード上の点での風のパワースペクトルは，次式で示すフーリエ変換により導出する．

$$S_u(n) = 4\int_0^\infty \kappa_u(\tau) \cos 2\pi n\tau\, d\tau \tag{5.29}$$

$$\kappa_u(\tau) = \int_0^\infty S_u(n) \cos 2\pi n\tau\, dn \tag{5.30}$$

ここで，$S_u(n)$ は固定点における風速変動の片側スペクトルである．

まず，後者の式により，パワースペクトルから，空間内に固定された 1 点における流れ方向の乱流変動の自己相関関数 $\kappa_u(\tau)$ を計算する．次に，$\kappa_u(\tau)$ を用いて，回転するブレード上の半径 r の点における自己相関関数 $\kappa_u^o(r, \tau)$ を求める．最後に，式 (5.29) を用いて，この関数を回転サンプリングされたスペクトルに変換する．この三つの手順の詳細については以下のとおりである．乱れ

は等方均質で，流れ場は非圧縮性であることが，簡易化のための重要な前提条件である．

ステップ1　固定点での自己相関関数の導出：入力スペクトルとしては，カルマンスペクトル（Karman spectrum）を用いる．カルマンスペクトルは，等方均質の場合に相関関係に関する解析式が定義されている．空間内の固定点での流れ方向の風速変動のパワースペクトルは，式 (2.25) によって与えられる．すなわち，次式のようになる．

$$\frac{S_u(n)}{\sigma_u^2} = \frac{4L/\overline{U}}{\left[1 + 70.8\left(nL/\overline{U}\right)^2\right]^{5/6}} \tag{5.31}$$

ここで，L は乱流の縦方向成分の積分長さスケールである（2.6.4 項の L_{2u} または ${}^{x}L_u$）．式 (5.30) からは，対応する次式の自己相関関数が得られる．

$$\kappa_u(\tau) = \frac{2\sigma_u^2}{\Gamma(1/3)}\left(\frac{\tau/2}{T'}\right)^{1/3} K_{1/3}\left(\frac{\tau}{T'}\right) \tag{5.32}$$

ここで，T' は次式によって積分長さスケール L と関連付けられる．

$$T' = \frac{\Gamma(1/3)}{\Gamma(5/6)\sqrt{\pi}}\frac{L}{\overline{U}} \cong 1.34\frac{L}{\overline{U}} \tag{5.33}$$

Γ はガンマ関数で，$K_{1/3}(x)$ は，$\nu = 1/3$ 次の第2種変形ベッセル関数である（Harris and Deaves（1980）の式 (13.5) と式 (13.6) 参照．ここで，相互相関関数において空間2点間の距離 λ をゼロとすることにより，自己相関関数が得られる）．$K_\nu(x)$ の一般的な定義は次式のとおりである．

$$K_\nu(x) = \frac{\pi}{2\sin\pi\nu}\sum_{m=0}^{\infty}\frac{(x/2)^{2m}}{m!}\left[\frac{(x/2)^{-\nu}}{\Gamma(m-\nu+1)} - \frac{(x/2)^{\nu}}{\Gamma(m+\nu+1)}\right] \tag{5.34}$$

ステップ2　回転するブレード上の点での自己相関関数の導出：テイラーの凍結乱流（frozen turbulence）の仮説に基づき，点Cにおける時刻 $t = \tau$ での瞬間風速は，点Cから上流側に $\overline{U}\tau$ 離れた点Bにおける時刻 $t = 0$ での瞬間風速に等しいと仮定する．ここで，$\overline{U}$ は平均風速である．図 5.17(a) を参照すると，回転するブレード上の半径 r の点Qから見た流れ方向の風速変動の自己相関関数 $\kappa_u^o(r,t)$ は，点Aと点Bでの流れ方向の風速変動の同時相互相関関数 $\kappa_u(\vec{s},0)$ に等しい．ここで，AとCは，それぞれ点Qの時間間隔 τ の最初と最後の位置で，BはCから $\overline{U}\tau$ 上流で，$\vec{s}$ はベクトルBAである（上付き添字 o は，固定点ではなく，回転するブレード上の点における自己相関関数であることを示す．パワースペクトルについても同様）．

Batchelor（1953）は，乱れを等方均質であると仮定した場合，相互相関関数 $\kappa_u(\vec{s},0)$ は次式で与えられることを示した．

$$\kappa_u(\vec{s},0) = \left(\kappa_L(s) - \kappa_T(s)\right)\left(\frac{s_1}{s}\right)^2 + \kappa_T(s) \tag{5.35}$$

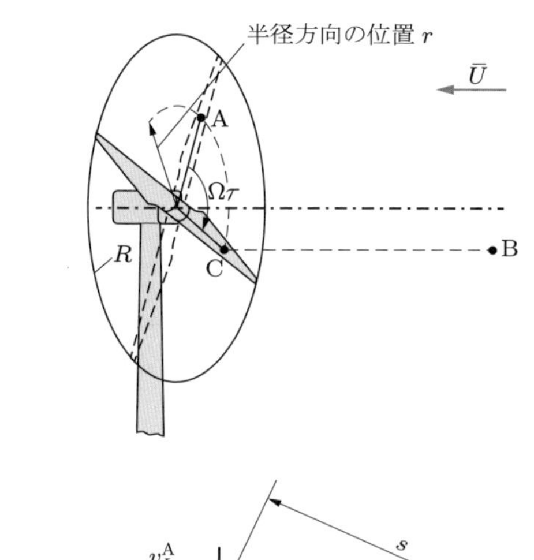

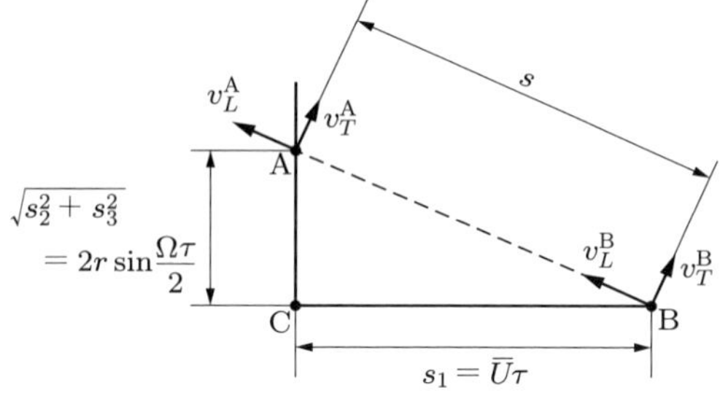

（a）回転するブレード上の点における自己相関関数を導出するための位置関係

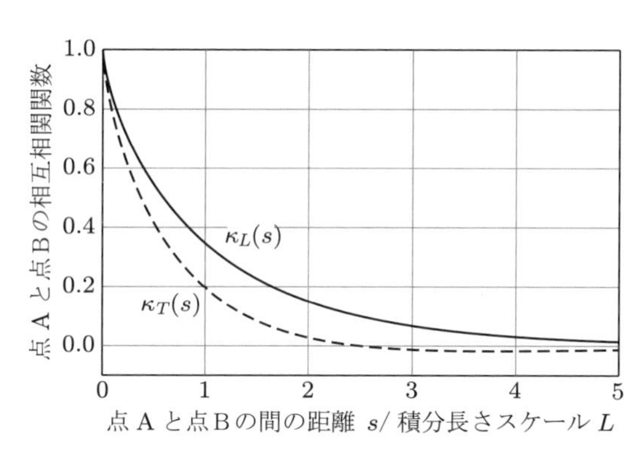

（b）点Aと点Bの，ABに平行および垂直方向の変動速度の相互相関関数

図 5.17　点Aと点Bの変動風速の相互相関関数

ここで，$\kappa_L(s)$ は，離隔距離 s の点Aと点Bの，ABに平行な速度成分（図 5.17(a) の v_L^A と v_L^B）の相互相関関数，$\kappa_T(s)$ は，ABに垂直な方向の速度成分（v_T^A と v_T^B）の相互相関関数である．s_1 は点Aと点Bの流れ方向の距離，すなわち $\overline{U}\tau$ である．相互相関関数 $\kappa_L(s)$ および $\kappa_T(s)$ の距離 s に対する変化を，図 5.17(b) に示す．2点間の距離は，縦方向における乱流の縦成分の積分長さスケール L（$= {}^xL_u$）で正規化される．横方向における乱流の縦方向成分の積分長さスケールは $0.5L$ である．

ロータディスク上の点Aと点Cの間の距離は $2r\sin(\Omega\tau/2)$ であることを勘案すると，次式が得られる．

$$s^2 = \overline{U}^2 \tau^2 + 4r^2 \sin^2 \left(\frac{\Omega \tau}{2} \right) \tag{5.36}$$

したがって，

$$\begin{aligned} \kappa_u (\vec{s}, 0) &= \kappa_L (s) \left(\frac{\overline{U} \tau}{s} \right)^2 + \kappa_T (s) \left[1 - \left(\frac{\overline{U} \tau}{s} \right)^2 \right] \\ &= \kappa_L (s) \left(\frac{\overline{U} \tau}{s} \right)^2 + \kappa_T (s) \left[\frac{2r \sin (\Omega \tau / 2)}{s} \right]^2 \end{aligned} \tag{5.37}$$

である．非圧縮性流れでは，次式も成り立つ（Batchelor 1953）．

$$\kappa_T (s) = \kappa_L (s) + \frac{s}{2} \frac{d\kappa_L (s)}{ds} \tag{5.38}$$

上式を式 (5.37) に代入すると，次式が得られる．

$$\kappa_u (\vec{s}, 0) = \kappa_L (s) + \frac{s}{2} \frac{d\kappa_L (s)}{ds} \left[\frac{2r \sin (\Omega \tau / 2)}{s} \right]^2 \tag{5.39}$$

流れ方向のベクトルを $\vec{s}$ とすると，$\kappa_L (s)$ は $\kappa_u (s_1)$ に変換される．これは，テイラーの凍結乱流の仮定により，$\tau = s_1 / \overline{U}$ とすると固定点での自己相関関数 $\kappa_u (\tau)$ に等しいため，次式が得られる．

$$\kappa_L (s_1) = \frac{2\sigma_u^2}{\Gamma (1/3)} \left(\frac{s_1 / 2}{T' \overline{U}} \right)^{1/3} K_{1/3} \left(\frac{s_1}{T' \overline{U}} \right) \tag{5.40}$$

乱れは等方的であると仮定しているため，$\kappa_L (s)$ はベクトル $\vec{s}$ の方向には関係なく，式 (5.33) を用いると次式のように記述することができる．

$$\begin{aligned} \kappa_L (s) &= \frac{2\sigma_u^2}{\Gamma (1/3)} \left(\frac{s / 2}{T' \overline{U}} \right)^{1/3} K_{1/3} \left(\frac{s}{T' \overline{U}} \right) \\ &= \frac{2\sigma_u^2}{\Gamma(1/3)} \left(\frac{s/2}{1.34L} \right)^{1/3} K_{1/3} \left(\frac{s}{1.34L} \right) \end{aligned} \tag{5.41}$$

$(d/dx) (x^\nu K_\nu (x)) = -x^\nu K_{(1-\nu)} (x)$ であることを考慮すると，式 (5.41) を式 (5.39) に代入することによって，回転するブレード上の半径 r の点での流れ方向の風速変動の自己相関関数が次式のように得られる．

$$\begin{aligned} \kappa_u^o (r, \tau) &= \kappa_u (\vec{s}, 0) \\ &= \frac{2\sigma_u^2}{\Gamma(1/3)} \left(\frac{s/2}{1.34L} \right)^{1/3} \end{aligned}$$

$$\times\left[K_{1/3}\left(\frac{s}{1.34L}\right)-\frac{s}{2\,(1.34L)}K_{2/3}\left(\frac{s}{1.34L}\right)\times\left\{\frac{2r\sin\left(\Omega\tau/2\right)}{s}\right\}^{2}\right] \tag{5.42}$$

ここで，s は式 (5.36) により τ で表される．

ステップ 3　回転するブレード上の点から見たパワースペクトルの導出：回転サンプリングしたスペクトルは，式 (5.42) の $\kappa_u^o(r,\tau)$（$=\kappa_u^o(r,-\tau)$）のフーリエ変換により，次式で求められる．

$$\begin{aligned}S_u^o(n)&=4\int_0^{\infty}\kappa_u^o(r,\tau)\cos 2\pi n\tau\,d\tau\\&=2\int_{-\infty}^{\infty}\kappa_u^o(r,\tau)\cos 2\pi n\tau\,d\tau\end{aligned} \tag{5.43}$$

この式は解析的に積分ができないため，解は離散フーリエ変換（Discrete Fourier Transform: DFT）を使用して求めなければならない．まず，τ が大きい場合は $\kappa_u^o(r,\tau)$ はゼロに近いので，積分範囲は $-T/2$，$+T/2$ に限定される．次に，積分範囲を $[0,\,T]$ に変更し，$\kappa_u^o(r,\tau)$ は周期 T で周期的であると仮定すると，$\tau>T/2$ で $\kappa_u^o(r,\tau)$ は $\kappa_u^o(r,T-\tau)$ と等しくなるため，次式が得られる．

$$S_u^o(n)=2\int_0^{T}\kappa_u^{*o}(r,\tau)\cos 2\pi n\tau\,d\tau \tag{5.44}$$

ここで，$*$ は，$\kappa_u^o(r,\tau)$ を $T>T/2$ で反転させることを示す．離散フーリエ変換では，上式は次のように書ける．

$$S_u^o(n_k)=2T\left[\frac{1}{N}\sum_{p=0}^{N-1}\kappa_u^{*o}\left(r,\frac{pT}{N}\right)\cos\left(\frac{2\pi kp}{N}\right)\right] \tag{5.45}$$

N は $\kappa_u^{*o}(r,pT/N)$ の時系列の点数で，パワースペクトル密度は $k=0,1,2,\ldots,N-1$ に対して周波数 $n_k=k/T$ で計算される．[ ] 内の式は，N を 2 のべき乗とすると，通常の高速フーリエ変換（Fast Fourier Transform: FFT）により計算することができるが，広い周波数範囲にわたって高い解像度で計算するためには，N を可能なかぎり大きくする必要がある．また，$\kappa_u^{*o}(r,\tau)$ が $T/2$ に関して対称であるため，FFT から得られた $S_u^o(n_k)$ の値は中央の周波数に関して対称で，この周波数を超えた値には実際は意味がない．さらに，DFT によって計算された $N/(2T)$ に近い周波数でのパワースペクトル密度の値は，$\kappa_u^{*o}(r,pT)$ 数列に寄与する $N/(2T)$ より上の周波数成分によって誤ってゆがめられるので，エイリアシング（aliasing）による誤差が生じる．計算されたスペクトル密度が $N/(4T)$ の周波数まで有効であると仮定し，$T=200\,\mathrm{s}$ で $N=4096$ とすると，FFT により，周波数約 5 Hz まで，周波数間隔 0.005 Hz で有用な結果が得られる．

例 5.2　半径 40 m の SC40 ブレードが，平均風速 8 m/s において 15 rpm で回転する場合

IEC 61400-1 第 2 版（1999）で推奨されているカルマン型等方性乱流に従うと，等方的積分長さスケール L は，IEC 61400-1 の乱流スケールパラメータ Λ_1 の 3.5 倍となる．ただし，第 3 版（2005）と第 4 版（2019）で推奨されているように，ハブ高さが 60 m を超える場合として，$\Lambda_1 = 42\,\mathrm{m}$ とすると，$L = 147\,\mathrm{m}$ となる（第 2 版では，これらの値は $\Lambda_1 = 21\,\mathrm{m}$, $L = 73.5\,\mathrm{m}$ である）．図 5.18 に，流れ方向の風速変動に対する正規化された自己相関関数 $\rho_u^o(r, \tau)\,(= \kappa_u^o(r, \tau)/\sigma_u^o)$ の，半径位置 40 m, 20 m, 0 m でのロータ速度に対する変化を示す．$r = 20\,\mathrm{m}$，ならびに，$r = 40\,\mathrm{m}$ の場合，これらの曲線は各 1 回転後に明瞭なピークを示し，その際，ブレードは最初のガストまたはそれが弱まったものの中をふたたび通過すると考えられる．

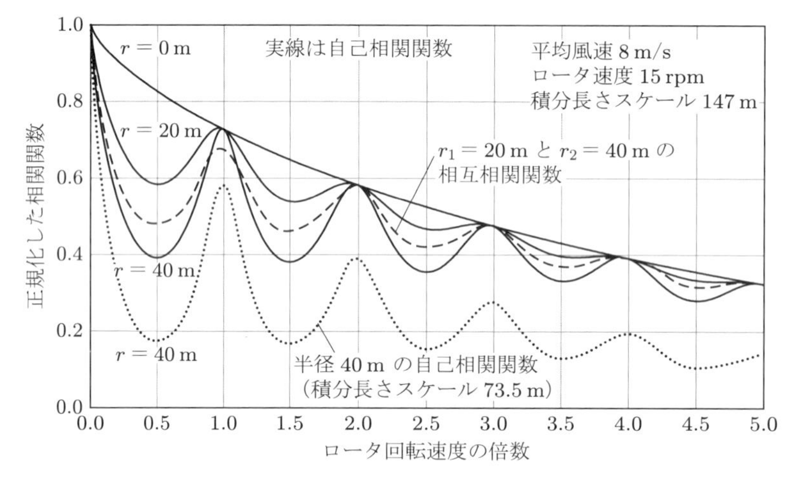

図 5.18　回転するブレード上の点から見た，流れ方向の風速変動の自己相関関数と相互相関関数

図 5.19(a) に，対応する回転サンプリングしたパワースペクトル密度関数 $R_u^o(r, n)\,(= nS_u^o(r, n)/\sigma_u^o)$ を示す．この図では，周波数 n に対して対数表示している．スペクトルの周波数成分は，実質的に回転周波数寄りにシフトし，高調波成分ではより小さく，外翼ほどより大きくシフトしている．図 (b) は図 (a) と同じものであるが，両対数表示したものである．

エネルギーの回転周波数のシフトに対する，さまざまな入力パラメータの影響の検討は有益である．$\kappa_u^o(r, \tau) = \kappa_u(\vec{s}, 0)$ は s の増加とともに単調に減少するので，式 (5.36) は，この関数における谷間の深さ（つまり，回転周波数へのエネルギーの移動）が周速比 $\Omega r/\overline{U}$ におおむね比例して増加するため，低風速時の定速 2 枚翼風車（一般に 3 枚翼よりも高速で回転する）の場合にもっとも影響が大きくなることを示している．

■長さスケールの影響

ロータ半径 40 m で，等方性積分長さスケール $L = 147\,\mathrm{m}$ と $73.5\,\mathrm{m}$ の場合の，自己相関関数と回転サンプリングしたパワースペクトルを，それぞれ図 5.18 と図 5.20 に示す．

長さスケールが小さくなることにより自己相関関数はより急激に減衰するものの，その影響は，回転周波数におけるスペクトルピークでは無視できることがわかる．

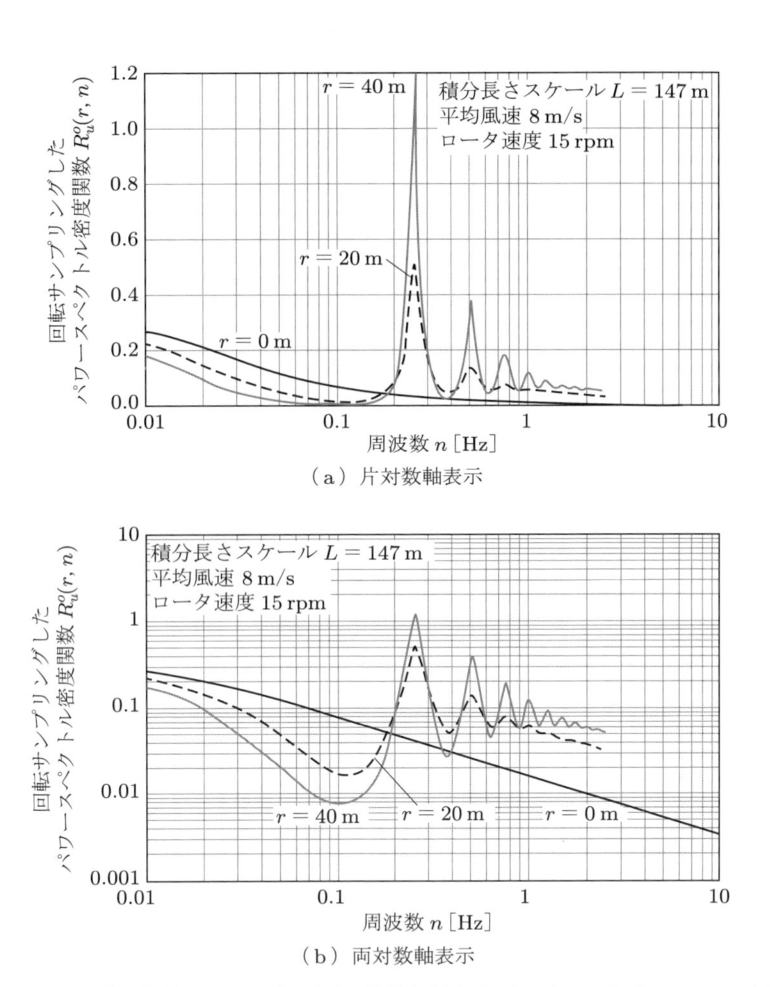

（a） 片対数軸表示

（b） 両対数軸表示

図 5.19 異なる半径位置における，流れ方向の風速変動と回転サンプリングしたパワースペクトル

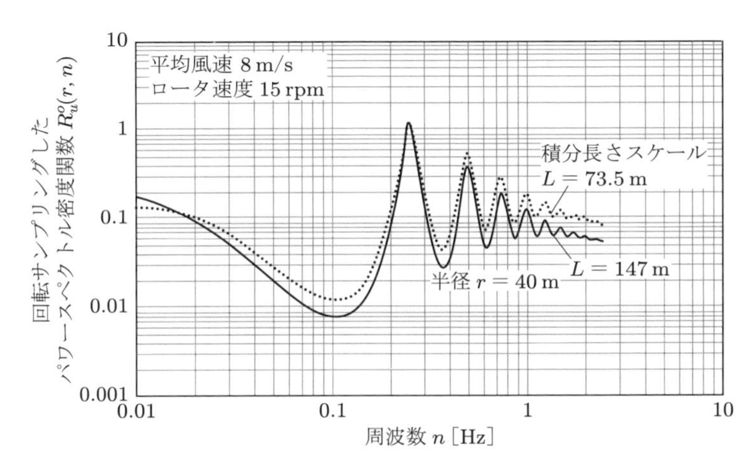

図 5.20 回転サンプリングしたパワースペクトルに対する積分長さスケールの影響

■回転サンプリングしたクロススペクトル

ブレードの曲げモーメントとせん断力のスペクトルの式は，通常，ブレードに沿う一対の点で回転サンプリングしたクロススペクトル関数であり，上述の単一点で回転サンプリングした通常のスペクトルと類似している．したがって，回転ブレード上の半径位置 r_1, r_2 における一対の点のクロススペクトルは，次式のフーリエ変換対によって，対応する相互相関関数と関連付けられる．

$$S_u^o(r_1, r_2, n) = 4\int_0^\infty \kappa_u^o(r_1, r_2, \tau)\cos 2\pi n\tau\, d\tau \tag{5.46a}$$

$$\kappa_u^o(r_1, r_2, \tau) = \int_0^\infty S_u^o(r_1, r_2, n)\cos 2\pi n\tau\, dn \tag{5.46b}$$

式 (5.46b) で $\tau = 0$ とすると，

$$\kappa_u^o(r_1, r_2, 0) = \int_0^\infty S_u^o(r_1, r_2, n)\, dn \tag{5.47}$$

となる．これを式 (5.27) の翼根曲げモーメントの標準偏差の式に代入すると，次式となる．

$$\sigma_M^2 = \left(\frac{1}{2}\rho\Omega\frac{dC_L}{d\alpha}\right)^2 \int_0^R \int_0^R \left(\int_0^\infty S_u^o(r_1, r_2, n)\, dn\right) c(r_1)\, c(r_2)\, r_1^2 r_2^2 dr_1 dr_2 \tag{5.48}$$

これより，翼根曲げモーメントのパワースペクトルは次式のようになる．

$$S_M(n) = \left(\frac{1}{2}\rho\Omega\frac{dC_L}{d\alpha}\right)^2 \int_0^R \int_0^R S_u^o(r_1, r_2, n)\, c(r_1)\, c(r_2)\, r_1^2 r_2^2 dr_1 dr_2 \tag{5.49}$$

回転サンプリングしたクロススペクトル $S_u^o(r_1, r_2, n)$ の導出は，上述の回転サンプリングした単一点スペクトルの導出とほぼ同様で，ステップ 2 の自己相関関数を，回転ブレード上の半径位置 r_1 および r_2 の点の流れ方向の風速変動間の相互相関関数 $\kappa_u^o(r_1, r_2, \tau)$ に置き換える．ここで，式 (5.36) で与えられた離間距離 s の式は次式で置き換えられる．

$$s^2 = \overline{U}^2\tau^2 + r_1^2 + r_2^2 - 2r_1 r_2 \cos\Omega\tau \tag{5.50}$$

したがって，相互相関関数は次式のようになる．

$$\kappa_u^o(r_1, r_2, \tau) = \frac{2\sigma_u^2}{\Gamma(1/3)}\left(\frac{s/2}{1.34L}\right)^{1/3} \times \left[K_{1/3}\left(\frac{s}{1.34L}\right) - \frac{s}{2\times 1.34L}K_{2/3}\left(\frac{s}{1.34L}\right)\frac{r_1^2 + r_2^2 - 2r_1 r_2 \cos\Omega\tau}{s^2}\right] \tag{5.51}$$

ここで，s は式 (5.50) により得られる．

図 5.18 に，例 5.2 で考えたケースの，$r_1 = 20\,\mathrm{m}$, $r_2 = 40\,\mathrm{m}$ における正規化した相互相関関数 $\rho_u^o(r_1, r_2, \tau) = \kappa_u^o(r_1, r_2, \tau)/\sigma_u^o$ を示した．図 5.21 は，この場合の，回転サンプリングしたクロススペクトルと，これらの半径位置において回転サンプリングした単一点のスペクトル（自己スペ

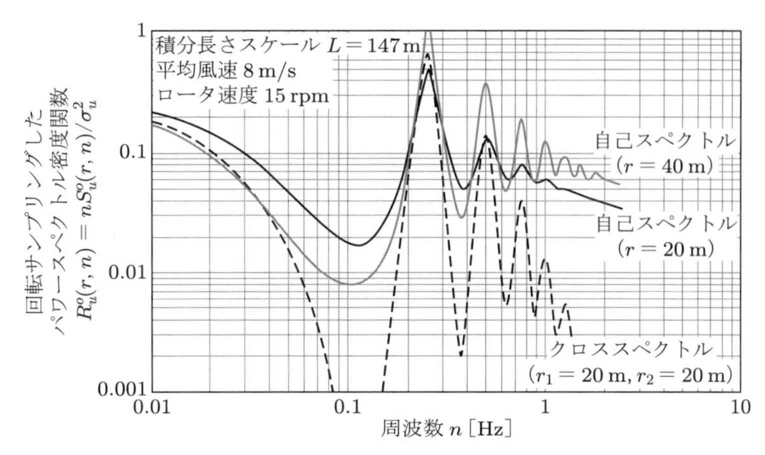

図 5.21 回転サンプリングした，半径位置 20 m および 40 m における流れ方向風速変動の自己スペクトルとクロススペクトル

クトル）の比較を示す．クロススペクトル曲線の形は自己スペクトルと同様で，二つの自己スペクトルのピークのほぼ中間の回転周波数で顕著なピークを有することがわかる．しかし，より高い周波数では，クロススペクトルはかなり急激に低下する．

ブレードの曲げモーメントのパワースペクトルは，実際には，式 (5.49) の積分の近似として，次式のように総和により評価する．

$$S_M(n) = \left(\frac{1}{2}\rho\Omega\frac{dC_L}{d\alpha}\right)^2 \sum_j \sum_k S_u^o(r_j, r_k, n)\, c(r_j)\, c(r_k)\, r_j^2 r_k^2 (\Delta r)^2 \tag{5.52}$$

■ 周波数領域での解析の限界

本項の冒頭で述べたように，周波数領域における変動空気力の解析は，入射風速とブレード荷重の間の線形関係を前提としている．この仮定は，ピッチ制御風車では，失速が起こるカットアウト風速近くの風速になるとしだいに不正確になり，ストール制御機では，失速（ストール）が発生する風速になると完全に成り立たなくなる．これらの制約を避けるためには，時間領域の解析を行う必要がある．

5.7.6 変動空気力：時間領域での解析

■ 風のシミュレーション

時間領域における変動空気力の解析には，入力条件として，ロータディスクの領域にわたって時間の経過とともに発達する流れ場が必要になる．これは一般に，ロータディスク上の点における風速の時系列によって得られる．これらの時系列は，個々および相互の点の間で適切な統計的性質を有するものであるため，各点の風速の時系列のパワースペクトルは，標準的なパワースペクトルのいずれか（フォン・カルマンまたはカイマルなど）に一致しなければならない．また，コヒーレンス（coherence）として知られる，二つの異なる点における時系列のクロススペクトルは，選択したパワースペクトルおよび点の間の距離に対するコヒーレンス関数に適合しなければならない．たとえば，流れ方向に垂直な距離 Δs_{jk} だけ離れた点 j と点 k のカイマルパワースペクトルに対応する，乱れの流れ方向成分のコヒーレンスは，次式のようになる．

$$C_{jk}(n) = C(\Delta s_{jk}, n) = \frac{S_{jk}(n)}{S_u(n)} = \exp\left[-H\Delta s_{jk}\sqrt{\left(\frac{n}{\overline{U}}\right)^2 + \left(\frac{0.12}{L}\right)^2}\right] \tag{5.53}$$

定数 H はIEC 61400-1 第2版では8.8と指定されていたが，第3版と第4版では12となった．また，0.1 Hz 以上の周波数では，$0.12/L$ の項は無視できる．なお，コヒーレンスはコヒーレンシ（coherency）ともよばれ，正規化クロススペクトルの2乗として定義される．フォン・カルマンスペクトルに対応するコヒーレンスの詳細については，2.6.7 項に述べられている．

シミュレーション用の風の時系列を生成するために，以下の三つの方法が開発されている．

1. 変換法：ガウス白色雑音信号をフィルタリングする．
2. 相関法：時間ステップの最後の小さな空気塊の速度を，時間ステップの開始時の速度と相関する速度と，ランダムで無相関な増分との和として計算する．
3. 調和級数法：パワースペクトルに従って重み付けした振幅を有する，異なる周波数の一連の余弦波の和をとる．

この3番目の方法が，おそらくもっとも広く使用されている方法である．この方法について，Veers（1988）に基づき，以下で詳しく説明する．

■調和級数法（harmonic series method）による風のシミュレーション

N 点における風速変動のスペクトル特性は，対角項に各点における両側単一点パワースペクトル密度 $S_{kk}(n)$ を，非対角項に両側クロススペクトル密度 $S_{jk}(n)$ をもつスペクトル行列 $\mathbf{S}$ で記述することができる．この行列は，以下のように，三角変換行列 $\mathbf{H}$ とその転置 $\mathbf{H}^{\mathrm{T}}$ の積と等しくなる．

$$\begin{bmatrix} S_{11} & S_{21} & S_{31} & \cdots \\ S_{21} & S_{22} & S_{32} & \cdots \\ S_{31} & S_{32} & S_{33} & \cdots \\ \cdots & \cdots & \cdots & S_{NN} \end{bmatrix} = \begin{bmatrix} H_{11} & & & \\ H_{21} & H_{22} & & \\ H_{31} & H_{32} & H_{33} & \\ \cdots & \cdots & \cdots & H_{NN} \end{bmatrix} \begin{bmatrix} H_{11} & H_{21} & H_{31} & \cdots \\ & H_{22} & H_{32} & \cdots \\ & & H_{33} & \cdots \\ & & & H_{NN} \end{bmatrix}$$

その結果，行列 $\mathbf{S}$ の要素と行列 $\mathbf{H}$ の要素を以下のように結び付ける $N(N+1)/2$ 本の式が得られる．

$$\begin{gathered} S_{11} = H_{11}^2, \quad S_{21} = H_{21}H_{11}, \quad S_{22} = H_{21}^2 + H_{22}^2, \quad S_{31} = H_{31}H_{11} \\ S_{32} = H_{31}H_{21} + H_{32}H_{22}, \quad S_{33} = H_{31}^2 + H_{32}^2 + H_{33}^2 \\ S_{jk} = \sum_{l=1}^{k} H_{jl}H_{kl}, \quad S_{kk} = \sum_{l=1}^{k} H_{kl}^2 \end{gathered} \tag{5.54}$$

行列 $\mathbf{S}$ の要素と同様，行列 $\mathbf{H}$ の要素はすべて周波数 n の両側関数である．

パワースペクトル密度 S_{kk} の式が，k 個の独立変数のグループの和の分散の場合と類似していることに留意すると，行列 $\mathbf{H}$ の要素は明らかに，補正したスペクトル行列と相関付けた N 個の出力を得るための，N 個の独立した単位大きさの白色雑音入力の線形結合における重み付け係数とみなせる．つまり，$\mathbf{H}$ の j 番目の行の要素は，点 j での出力に寄与する入力の重み係数である．線形結合の式は以下のようになる．

$$u_j(n) = \sum_{k=1}^{j} H_{jk}(n)\,\Delta n \exp(-i\theta_k(n)) \tag{5.55}$$

ここで，$u_j(n)$ は点 j で解析された風速の n [Hz] における離散周波数成分の複素係数で，Δn は周波数幅である．$\theta_k(n)$ は点 k での n [Hz] 周波数成分に関連する位相角であり，区間 0〜2π にわたって一様に分布するランダム変数である．

$N(N+1)/2$ 個ある重み係数 H_{jk} の値は，式 (5.54) から以下のように導かれる．

$$H_{11} = \sqrt{S_{11}}, \quad H_{21} = \frac{S_{21}}{H_{11}}, \quad H_{22} = \sqrt{S_{22} - H_{21}^2}, \quad H_{31} = \frac{S_{31}}{H_{11}} \text{ など} \tag{5.56}$$

したがって，$u_j(n)$ は以下のようになる．

$$u_1(n) = \sqrt{S_{11}(n)}\Delta n \exp(-i\theta_1(n))$$
$$u_2(n) = \sqrt{S_{22}(n)}\Delta n \left[C_{21}(n) \exp(-i\theta_1(n)) + \sqrt{1 - C_{21}^2(n)} \exp(-i\theta_2(n))\right] \text{ など} \tag{5.57}$$

ここで，$C_{21}(n)$ は，$C_{21}(n) = S_{21}(n)/\sqrt{S_{11}(n)S_{22}(n)}$ で定義されたコヒーレンスである．

風速変動の時系列は，各点 j での係数 $u_j(n)$ の逆離散フーリエ変換により得られる．また，必要に応じて，同じ方法を用いて水平方向および鉛直方向の風速変動を解析することもできる．例として，図 5.22 に，フォン・カルマンスペクトルに基づいて，10 m 離れた 2 点に対してこの方法で得られた時系列を示す．この例における平均風速 $\overline{U}$ および積分長さスケール ^xL_u はそれぞれ 10 m/s および 73.5 m で，積分時間スケール $^xL_u/\overline{U}$ は 7.35 s となる．

Veers（1988）は，ブレードが通過しているとき，すなわち，B をブレードの枚数として，周波数が $\Omega B/2\pi$ のときの風速が各点で計算されるようにすれば，計算時間を短縮できることを指摘した．これは，$\psi_j n(2\pi/\Omega)$ の各点で各周波数成分に位相シフトを適用することによって得られる．こ

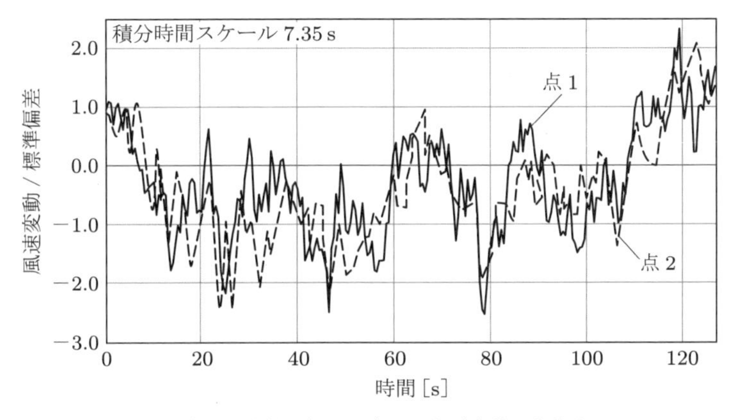

図 5.22　10 m 離れた 2 点の，平均風速 10 m/s での風速変動の時系列シミュレーション結果

こで，ψ_j は点 j のアジマス角である．

■ブレード荷重の時系列

風速時系列がグリッドにわたって生成されると，異なる半径位置におけるブレード荷重の時系列を計算することができる．凍結ウェイク（frozen wake）を仮定すると，軸方向誘起速度 $a\overline{U}$ および接線方向誘起速度 $a'\Omega r$ は，各半径位置において一定風速 $\overline{U}$ に対して計算した値で，時間の経過とともに一定であるとみなされる．また，流入角 ϕ の瞬時値，つまり，揚力係数と抗力係数の値は，速度線図を用いて風速変動の瞬時値（水平方向および鉛直方向の成分を含む）から直接計算することができる．

同様に，平衡ウェイク（equilibrium wake）を仮定することもできる．この場合，誘導速度は連続的に変化し，各ブレード翼素で常に運動量方程式が満たされるようにする．これらの方程式を各時間ステップで新たに解く必要があり，計算は，かなり難しくなる．

いずれのウェイクモデルもウェイクの挙動を正確に表すものではなく，非定常流れ理論によってよりよいモデルが提供される．これは，誘導速度が入射する流れ場の変化に反応するまでに，ある程度の時間遅れがあると仮定するものである（4.4 節参照）．

必要に応じて，解析された流れ場に，決定論的荷重を生じる空間的な風の変動を含めることができる．これにより，ブレードに作用する決定論的荷重と確率論的荷重を同時に計算することができる．

5.7.7　極値荷重

極値荷重の導出には，次節の主題である動的な影響を適切に考慮する必要がある．しかし，本項では，動的効果がない場合の極値荷重を考えることに限定する．

5.4.1 項で説明したように，風車の設計基準では，決定論的ガストにより発電時の極値荷重条件を指定するのが通例であった．ブレードの極値荷重は，5.7.2 項で説明したように，翼素運動量理論を用いて，ガストの持続時間にわたって評価する．

決定論的ガストは，定義が明快という利点はあるが，本質的に恣意的なものであるため，IEC 61400-1 第 3 版と第 4 版では，より現実的な，風自体の確率論的な表現が広く採用されている．風の確率論的な表現は周波数領域での解析に役立つが，線形性の仮定（式 (5.24) 参照）のため，解は必然的に近似されている．したがって，設計基準では時間領域での解析を規定している．しかし，失速がない場合には，周波数領域での解析により有用な考察ができる．以下でさらに検討する．

通常，ブレードの曲げモーメントなどの荷重には，周期成分とランダム成分の両方が含まれている．個々の成分の極値を独立して予測するのは簡単であるが，合算した極値の予測はかなり面倒である．Madsen ら（1984）は，以下の単純な近似的方法を提案し，この方法が合理的で正確であることを実証している．

周期成分 $z(t)$ はもとの波形の最大値，平均値 μ_z，最小値で表される等価な 3 レベル矩形波とみなされる．ここで，波の周期に対する，それぞれの値をとる時間の割合を $\varepsilon_1, \varepsilon_2, \varepsilon_3$ とすると，ε_1 と ε_3 は次式で表される．

$$\varepsilon_1 = \frac{\sigma_z^2}{(z_{\max} - \mu_z)(z_{\max} - z_{\min})}, \quad \varepsilon_3 = \frac{\sigma_z^2}{(\mu_z - z_{\min})(z_{\max} - z_{\min})} \tag{5.58}$$

合算した信号の極値は，周期成分の矩形波が最大値 $z_{\max}$ となる ε_1 のときにのみ生じると仮定する．

Davenport（1964）は，ランダム変数の評価時間 T の極値を次式で与えた．

$$\frac{x_{\max}}{\sigma_x} = \sqrt{2\ln(\nu T)} + \frac{\gamma}{\sqrt{2\ln(\nu T)}} \tag{5.59}$$

ここで，ν は式 (A5.46) で与えられるゼロアップクロス周波数（すなわち，1 s あたりに変数が負から正に変化する回数），$\gamma = 0.5772$（オイラー定数）である．したがって，周期成分とランダム成分の組み合わせの極値は，次式のようになる．

$$z_{\max} + x_{\max} = z_{\max} + \sigma_x \left[\sqrt{2\ln(\nu\varepsilon_1 T)} + \frac{\gamma}{\sqrt{2\ln(\nu\varepsilon_1 T)}}\right] = z_{\max} + g_1\sigma_x \tag{5.60}$$

ここで，g_1 はピークファクタとよばれる．

表 5.6 に，ゼロアップクロス周波数が 1 Hz の場合の，評価時間 T に対する $x_{\max}/\sigma_x$ を示す．周期成分は単純な正弦波であると仮定すると，$\varepsilon_1 = 0.25$ である．

表 5.6 評価時間に対するランダム成分の極値

T	1 分	10 分	1 時間	10 時間	100 時間	1000 時間	1 年
T [s]	60	600	3600	36,000	360,000	3,600,000	31,536,000
$\varepsilon_1 T$ [s]	15	150	900	9,000	90,000	900,000	7,884,000
$x_{\max}/\sigma_x$	2.57	3.35	3.84	4.40	4.90	5.35	5.74

変動風速が定格風速を超える場合には，上記の極値荷重の決定方法には注意が必要である．ストール制御機の場合，線形性の仮定は完全に成り立たず，この方法は使えなくなる．しかし，ピッチ制御機では，ブレードのピッチ角は，ロータの回転周波数の 1/2 以下の周波数で風の変動に応答して出力を抑制し，同時にブレードの荷重も低減する．これにより，ブレード荷重のスペクトルが大幅に変化し，ピッチ制御系のカットオフ周波数以下の周波数成分が効果的に除去されるため，式 (5.60) に代入する σ_x が小さくなる．

この方法を説明するために，定格風速で発電中のピッチ制御機の，ブレード翼根フラップ曲げモーメントの極値を計算する手順を以下に述べる．

1) まず，ブレード翼根曲げモーメントのランダム成分の標準偏差に関する式 (5.48) を修正する．ブレードのピッチ制御系の応答を考慮するため，回転速度の半分以下の周波数の寄与を排除し，離散化すると，

$$\sigma_M^2 = \left(\frac{1}{2}\rho\Omega\frac{dC_L}{d\alpha}\right)^2 \sum_{j=1}^{m}\sum_{k=1}^{m}\left(\int_{\Omega/2}^{\infty} S_u^o(r_j, r_k, n)\,dn\right) c(r_j)c(r_k)\,r_j^2 r_k^2\,(\Delta r)^2 \tag{5.61}$$

となる．ここで，ブレードは，$\Delta r = R/m$ の等間隔で m 個の要素に分割されていると仮定する．

2) $m(m+1)/2$ 個の縮小回転スペクトルの積分を評価したあと，式 (5.61) から，翼根曲げモーメントの標準偏差を求める．

3) 定格風速付近の風速帯に風車がある時間 T をワイブル曲線で推定し，次に，翼根曲げモーメ

ントの周期成分の波形に適した係数 ε_1 と，ランダム変動のゼロアップクロス周波数を乗じて，有効ピーク数 $\nu\varepsilon_1 T$ を求める．

4) 翼根曲げモーメントの標準偏差 σ_M $(=\sigma_x)$，有効ピーク数 $\nu\varepsilon_1 T$，周期モーメントの極値を式 (5.60) に代入することにより，全要素を考慮したモーメントの極値を算出する．

年平均風速 7 m/s のサイトで運転する定格風速 13 m/s の風車の場合，定格風速を中心とした 2 m/s の帯域内で運転する時間の割合の期待値は 5.6%である．風車の寿命を 20 年，ゼロアップクロス周波数を回転速度に等しい 15 rpm（0.25 Hz）とし，さらに $\varepsilon_1 = 0.25$ とすると，ピークファクタ g_1 は 5.5 となる．5.7.2 項で検討した直径 80 m の風車では，乱流強度 20%，乱流等方長スケール 147 m であるので，式 (5.60) で与えられる翼根曲げモーメントのランダム成分の標準偏差は 315 kN m，ピーク値は約 1730 kN m となる．これは，ウィンドシアーを含む周期成分の極値約 1830 kN m に匹敵する大きさである．ここで，参照されたランダム成分のピーク値は理論的なものであること，すなわち，このモーメントを生じるのに必要な大きな風速変動に対しても線形性が仮定されていることは重要である．実際，定格風速の定常風で運転している風車は，通常，失速条件から遠くないので，変動が大きい場合には失速を引き起こす可能性がある．この例では，すべての縮小回転スペクトルの積分の加重平均の平方根は約 $0.5\sigma_u$ なので，翼根曲げモーメントに相当する理想化された一様な風速変動は，$0.20 \times 13 \times 0.5 \times 5.5 =$ 約 7.2 m/s である．

以上に述べた方法は，より高い風速で，ブレードのピッチ角が大きくなり，失速から遠い条件で運転しているときに，より有効である．しかし，式 (5.26) を導出する際に用いるもう一つの線形性の仮定，すなわち，ϕ が小さいという仮定を用いている場合には，誤差がいっそう大きくなることに注意を要する．

極値に近づくにつれて非線形性が生じる可能性があるため，確率論的な極値荷重の計算は困難になる．風速が増加するにつれて，失速により揚力の上昇が止まる，あるいは，揚力が低下するかぎりにおいて，発電時の面外荷重の上限値は，局部翼断面と流入速度 W に対して最大揚力係数に基づいて簡単に計算できる．ここで，誘導係数は小さいので，その影響は無視することができる．

しかし，もっとも洗練された方法は，風の場によって生成される荷重をシミュレーションにより解析することである．計算コストの観点から，通常，シミュレーションの時間は数百秒以下に制限されるため，計算した荷重の極値から，風車設計寿命の間に予測される極値を統計的手法により外挿して求めなければならない．

Thomsen と Madsen（1997）が論じている方法は，風車の設計寿命にわたる適切な評価期間と等しく設定した T を，シミュレーション時間履歴から抽出した $z_{\max}$ および σ_x（周期成分と確率成分を分離するため，アジマス角に対するビン処理により抽出する）とともに，式 (5.60) に対して用いることである．短期間のシミュレーションによるこの方法は，アジマス角ビン処理において，低周波数ガストのスライスによる荷重変動の一部を変動成分ではなく周期的成分として扱う．そのため，変動成分の標準偏差 σ_x を過小評価する危険性がある．

外挿法については 5.14 節で述べる．

5.8 ブレードの動的応答

5.8.1 モード解析

一般に，ブレードの動的荷重はタワーの動特性も励起するが，ここでは，ブレードの動的挙動自体に焦点を当てるために，まず，タワー頂部の運動は無視する．また，以降の検討は，失速していないブレードの応答に限定する．これは，失速したブレードの挙動を予測することが本質的に困難だからである．

面外方向に単位幅あたり $q(r,t)$ の変動荷重を受ける，半径 r におけるブレード要素の運動方程式は，次式のようになる．

$$m(r)\ddot{x} + \hat{c}(r)\dot{x} + \frac{\partial^2}{\partial r^2}\left(EI(r)\frac{\partial^2 x}{\partial r^2}\right) = q(r,t) \tag{5.62}$$

ここで，左辺の各項は，慣性，減衰，曲げ剛性による荷重である．また，$I(r)$ はブレード断面の弱軸（weak principal axis，フラップ方向，ロータ面内にあると仮定）についての断面 2 次モーメント，x は面外変位，$m(r)$ および $\hat{c}(r)$ は単位幅あたりの質量および減衰係数をそれぞれ示す．

変動空気力に対する片持ち梁の動的応答は，さまざまな異なる固有モードの振動の励起を別々に計算し，次式のように重ね合わせることにより検討するのが便利である．

$$x(t,r) = \sum_{j=1}^{\infty} f_j(t)\mu_j(r) \tag{5.63}$$

ここで，$\mu_j(r)$ は先端の値で正規化した j 次モードのモード形状，$f_j(t)$ は j 次モードの先端変位の時間変化である．これらにより，式 (5.62) は次式のようになる．

$$\sum_{j=1}^{\infty}\left[m(r)\mu_j(r)\ddot{f}_j(t) + \hat{c}(r)\mu_j(r)\dot{f}_j(t) + \frac{d^2}{dr^2}\left(EI(r)\frac{d^2\mu_j(r)}{dr^2}\right)f_j(t)\right] = q(r,t) \tag{5.64}$$

なお，減衰が小さい梁の場合は次式のようになる．

$$m(r)\omega_j^2\mu_j(r) = \frac{d^2}{dr^2}\left(EI(r)\frac{d^2\mu_j(r)}{dr^2}\right) \tag{5.65}$$

したがって，式 (5.64) は次式のようになる．

$$\sum_{j=1}^{\infty}\left(m(r)\mu_j(r)\ddot{f}_j(t) + \hat{c}(r)\mu_j(r)\dot{f}_j(t) + m(r)\omega_j^2\mu_j(r)f_j(t)\right) = q(r,t) \tag{5.66}$$

両側に $\mu_i(r)$ を乗じ，ブレードの長さ R にわたって積分すると，次式のようになる．

$$\sum_{j=1}^{\infty}\left(\int_0^R m(r)\mu_i(r)\mu_j(r)\ddot{f}_j(t)\,dr + \int_0^R \hat{c}(r)\mu_i(r)\mu_j(r)\dot{f}_j(t)\,dr\right.$$

$$+\int_0^R m(r)\,\omega_j^2\mu_i(r)\,\mu_j(r)\,f_j(t)\,dr\Bigg)$$
$$=\int_0^R \mu_i(r)q(r,t)\,dr \tag{5.67}$$

非減衰モード形状は，ベッティ（Bettis）の相反定理（Clough and Penzien 1993）により直交し，次式の直交条件を満たす．

$$\int_0^R m(r)\mu_i(r)\,\mu_j(r)\,dr=0 \qquad (i\neq j) \tag{5.68}$$

ブレードスパン方向の単位幅あたりの減衰の変化 $\hat{c}(r)$ は単位幅あたりの質量 $m(r)$ に比例すると仮定すると，$\hat{c}(r)=am(r)$ となり，次式が成り立つ．

$$\int_0^R \hat{c}(r)\mu_i(r)\,\mu_j(r)\,dr=0 \qquad (i\neq j) \tag{5.69}$$

その結果，式 (5.67) 左辺のすべての交差項は消え，次式のようになる．

$$m_i\ddot{f}_i(t)+c_i\dot{f}_i(t)+m_i\omega_i^2 f_i(t)=\int_0^R \mu_i(r)q(r,t)\,dr \tag{5.70}$$

ここで，$m_i=\int_0^R m(r)\,\mu_i^2(r)dr$ は i 次モードの一般化質量（generalised mass），$c_i=\int_0^R \hat{c}(r)\,\mu_i^2(r)\,dr$ と $\int_0^R \mu_i(r)q(r,t)\,dr=Q_i(t)$ は i 次モードの一般化変動荷重（generalised fluctuated load）とよばれる．式 (5.70) は，変動荷重に対するモード応答に関する基礎方程式である．

ブレードの曲げ振動は，フラップ方向およびエッジ方向（すなわち，それぞれ，弱軸および強軸（strong principal axis）のまわり）で生じる．一般的なブレードは約 15° 捩れているため，一般に，弱軸は上記で仮定した回転面上にはない．その結果，いずれかの主軸のまわりのブレードのたわみは，必然的にもう一方の主軸に対して垂直な方向のブレード運動を生じさせる（図 5.23 参照）．ここでは，わかりやすくするために，翼根付近の最大のブレード捩れを誇張している．点 P はブレード先端のたわむ前の位置，点 Q は弱軸のまわりにたわんだあとの位置を表し，それらの間の線は，ブレードに沿った各要素のたわみによる先端たわみへの寄与 $M(R-r)\Delta r/(EI)$ を示す．

二つの主軸まわりのたわみの相互作用は，単純化した仮定により検討することができる．M が 1 次モードについて $R-r$ で変化し，I が $(R-r)^2$ で変化するとき，上述した先端たわみに対する各々の寄与は等しいので，線形捩れ分布の場合，点 P と点 Q を結ぶ線は円弧になる．捩れが先端部の 0 から翼根の β の間で変化する場合，最大捩れのブレード断面における弱軸の方向の先端たわみ δ_{12} は，この軸に垂直な方向の先端たわみ δ_{11} の $\beta/2$ 倍となる．したがって，$\beta=15°$ の場合，δ_{12}/δ_{11} は約 0.13 であり，その結果，ブレードの 1 次モードのフラップ方向の振動は，エッジ方向にも比較的小さい慣性力を生じる．一般に，エッジ方向の 1 次モードの固有振動数はフラップ方向の約 2 倍であるため，これらはエッジ方向の有意な振動を励起しない．

以上からわかるように，フラップ方向振動とエッジ方向振動の間の相互作用効果は一般に小さい

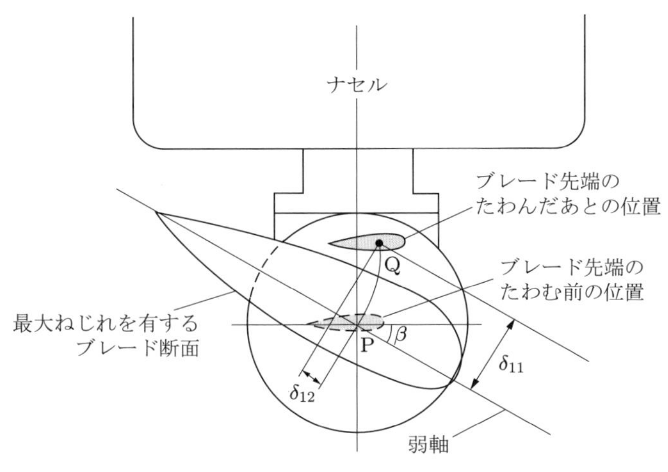

図 5.23 フラップ方向の曲げモーメントによる，捩れたブレードの先端のたわみ（ブレード軸に沿って見た場合）

ので，以下の検討では考慮しない．

ブレードは捩れ振動も受ける．これまでは，励起力が小さく，かつ，一般的な中空ブレードでは捩れ剛性が高く，捩れ方向の固有周波数が励起周波数よりかなり高かったため，一般には捩れ振動を無視できた．しかし，より大きく柔軟なブレードが開発され，このような仮定が必ずしも成立しなくなってきた．たとえば，せん断中心からの断面重心のオフセットに起因するフラップ方向の曲げに伴うブレード捩れは，翼端部の迎角を大きく変化させる可能性がある．

最後に，翼根にヒンジが設けられたブレードの場合，ブレード全体がヒンジを中心として剛体振動する．この現象は，ティータ運動の項で後述する．

5.8.2 モード形状と振動数

1 次モードのモード形状と固有振動数は，反復法によって求めることができる．この方法は，その考案者の名前からストドラ（Stodola）法とよばれる．これは，簡単にいえば，もっともらしいモード形状を仮定し，1 rad/s などの任意の振動数に対して慣性力を計算し，次にこれらの慣性力から生じる梁のたわみ分布（通常，先端のたわみで正規化）を計算し，次の反復計算の入力モード形状とするというものである．この手順を，モード形状が収束するまで繰り返す．次に，1 rad/s などの設定した振動数と，入力した翼端たわみにより計算した慣性力が，実際の振動数により計算されたものと同じでなければならないことから，1 次モードの固有振動数を次式から求める．

$$\omega_1 = 1\,[\mathrm{rad/s}] \times \sqrt{\frac{\text{最後の反復計算への先端たわみの入力}}{\text{最後の反復計算からの先端たわみの出力}}}$$

モード形状が直交している場合，これを昇順で実行することにより，高次モードのモード形状および振動数の導出を単純化することができる．試行モード形状は上述のように仮定するが，それを使って慣性力を計算する前に，低次モードの影響を含まないように純化（purification）する．たとえば，2 次モードの試行モード形状 $\mu_{2T}(r)$ の 1 次モードに対する純化は次式のようになる．

$$\mu_{2C}(r) = \mu_1(r) \frac{\int_0^R \mu_1(r)\mu_{2T}(r)\,m(r)\,dr}{\int_0^R \mu_1^2(r)\,m(r)\,dr} = \mu_1(r) \frac{\int_0^R \mu_1(r)\mu_{2T}(r)\,m(r)\,dr}{m_1} \tag{5.71}$$

修正した 2 次モードの試行モード形状 $\mu_{2M}(r) = \mu_{2T}(r) - \mu_{2C}(r)$ は，次式の直交条件を満たす．

$$\int_0^R \mu_1(r)\mu_{2M}(r)\,m(r)dr = 0$$

モード形状の純化後は，従来どおりストドラ法を適用することができる．最初の純化に使用したより低次のモード形状が十分に正確であるならば，その後の反復の前にさらなる純化は必要ない．この方法の厳密な計算法については，Clough and Penzien（1993）を参照されたい．

遠心力を無視した場合の SC40 ブレードの面外方向と面内方向の 1 次モードの固有振動数は，各々 0.881 Hz と 1.183 Hz である．これらの固有振動数の差は，それぞれの剛性に対するスパーキャップの寄与の差によるものである．なお，スパーキャップがないブレードでは，フラップ方向よりもエッジ方向のほうが剛性ははるかに高く，固有振動数はおおむね 2 倍になる．

5.8.3　遠心力による剛性向上

回転するブレードがその回転面内または面外方向にたわむと，各ブレード要素の遠心力による復元力がブレードの剛性を向上させ，固有振動数を静止時よりも増加させる．遠心力は，回転軸に対して外翼側に垂直に作用するので，ブレードが面外方向にたわむ場合には，面内方向のたわみの場合よりも，翼根から大きなレバーアームで作用する（図 5.24 参照）．

遠心力の影響を考慮するために，面外方向に載荷したブレード要素の運動方程式には項が追加され，次式のようになる．

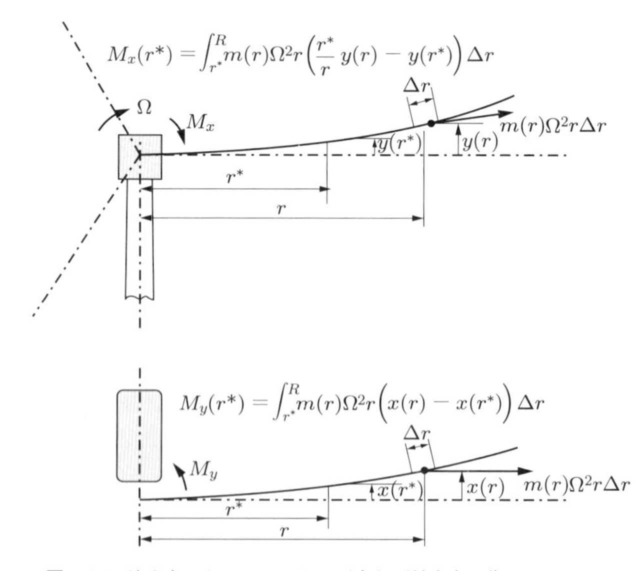

図 5.24　遠心力によるブレードの面内と面外方向の復元モーメント

$$m(r)\ddot{x} + \hat{c}(r)\dot{x} - \frac{\partial}{\partial r}\left(N(r)\frac{\partial x}{\partial r}\right) + \frac{\partial^2}{\partial r^2}\left(EI\frac{\partial^2 x}{\partial r^2}\right) = q(r,t) \tag{5.72}$$

ここで，$N(r)$ は半径 r での遠心力で，半径 r より外側の各ブレード要素に作用する力の合計，すなわち，$N(r) = \sum_{r=r}^{r=R} m(r)\Omega^2 r\Delta r$ である．

前項で説明した，ブレードのモード形状と固有振動数を導出するストドラ法は，遠心力の影響を考慮するように修正することができる．面外モードの場合，その手順は以下のとおりである．

1) もっともらしい面外試行モード形状 $\mu(r)$ を仮定する．
2) 任意の低次モードに対して試行モード形状を純化する．
3) 振動数 ω_j^2 に対して試行値を仮定する．
4) 次式により，水平慣性力による曲げモーメントの分布を計算する．

$$M_{Y,Lat}(r^*) = \int_{r^*}^{R} m(r)\omega_j^2\mu(r)(r - r^*)\,dr \tag{5.73}$$

5) 次式により，遠心力による曲げモーメントの分布を計算する．

$$M_{Y,CF}(r^*) = -\int_{r^*}^{R} m(r)\Omega^2 r(\mu(r) - \mu(r^*))dr \tag{5.74}$$

6) 足し合わせた曲げモーメントの分布を計算する．
7) この曲げモーメント分布により生じる，新しいたわみ分布を計算する．
8) 固有振動数の修正した推定値を次式から計算する．

$$\omega_j' = \omega_j\sqrt{\frac{\text{試行先端たわみ}}{\text{新しいたわみ分布から求めた先端たわみ}}}$$

9) 修正したモード形状と修正した振動数を用いて，計算したモード形状が収束するまでステップ 2〜8 を繰り返す．

遠心力を受けた梁の横方向の荷重とたわみはベッティの法則に従わないので，結果としてモード形状は直交しないことには注意を要する．反復計算の各サイクルで純化を行うのはこのためである．計算したモード形状が収束したとき，各反復計算への純化モード形状の入力とは著しく異なることがわかる．それは，まだ真の解が得られていないためである．よって，次に，試行錯誤的に，出力モード形状と入力純化モード形状が一致するまで，純化補正の大きさに修正を適用する必要がある．固有振動数が収束するまで，さらに何回かの反復計算が必要になる．

回転するブレードの 1 次モード固有角振動数は，一様な回転梁についてのサウスウェル（Southwell）式（次式）を用いて，短時間で計算することができる（Putter and Manor 1978）．

$$\omega_1 = \sqrt{\omega_{1,0}^2 + \phi_1\Omega^2} \tag{5.75}$$

ここで，$\omega_{1,0}$ は非回転ブレードの固有角振動数であり，ϕ_1 はブレードの質量分布と剛性分布による定数で，風車ブレードの面外振動の場合は 1.73 である（Madsen et al. 1984）．SC40 ブレードが

15 rpm で回転する場合，遠心力による 1 次モード振動数の増加率は，実際には 6.2%のところ，この式では 6.7%となる．一般に，遠心力による剛性向上により，面外振動の 1 次モード振動数が 5～10%増加する．なお，遠心力の大きさは横方向の慣性力に比例しないため，遠心力による剛性向上による固有振動数の増加率は，高次モードではしだいに小さくなる．

面内振動の場合のブレードの 1 次モード形状および固有振動数を計算する手順は，上述の面外振動と同様である．ただし，遠心力による曲げモーメント分布の公式は，次式のように修正する．

$$M_{X,CF}\left(r^*\right) = \int_{r^*}^{R} m\left(r\right)\Omega^2 r\left(\frac{r^*}{r}\mu\left(r\right) - \mu\left(r^*\right)\right)dr \tag{5.76}$$

ここで，$\mu\left(r\right)$ は面内モード形状の試行値である．

面内振動の場合に遠心力が作用するレバーアームが小さいことは，面内固有振動数への影響が面外振動の場合よりもはるかに小さいことを意味する（図 5.24）．SC40 ブレードの場合，遠心力による面内振動の 1 次モードの周波数の増加は，わずか 0.8%である．

5.8.4　空力減衰と構造減衰

一般に，ブレードの運動には空力と構造の二つの粘性減衰による抵抗が作用する．以下では，それらについて説明する．

フラップ方向の単位幅あたりの空力減衰の近似式は，5.7.5 項で次式のように与えられた単位幅あたりのブレードの変動荷重 q と，入射風速 u の間の線形関係から導かれる．

$$q = \frac{1}{2}\rho\Omega r c\left(r\right)\frac{dC_L}{d\alpha}u \qquad \text{（式 (5.25) を参照）}$$

風速変動 u をブレードのフラップ方向速度 $-\dot{x}$ で単純に置き換えると，単位幅あたりの空力減衰は次式のようになる．

$$\hat{c}_a\left(r\right) = \frac{q}{-\dot{x}} = \frac{1}{2}\rho\Omega r c\left(r\right)\frac{dC_L}{d\alpha} \tag{5.77}$$

迎角に対する揚力の変化率（揚力傾斜）$dC_L/d\alpha$ は，ブレードが失速する前は正の一定値（2π/rad）であるが，失速後は負になるため，振動が不安定になる可能性がある（7.1.15 項参照）．

単位幅あたりの空力減衰 $\hat{c}_a\left(r\right)$ は翼素の回転半径と翼弦長の積であり，スパン方向に変化するため，直交性条件を満たすために必要な，単位幅あたりの質量に比例するという条件は満たさない．これにより，通常のモーダル解析では考慮されていない，振動モードの空力的連成が生じる．

i 次モードの空力減衰比は次式で定義される．

$$\xi_{ai} = \frac{c_{ai}}{2m_i\omega_i} = \frac{\displaystyle\int_0^R \hat{c}_a\left(r\right)\mu_i^2\left(r\right)dr}{2m_i\omega_i} \tag{5.78}$$

ここで，式 (5.77) で与えられた $\hat{c}_a\left(r\right)$ の式を代入すると，次式のようになる．

$$\xi_{ai} = \frac{\frac{1}{2}\rho\Omega\frac{dC_L}{d\alpha}\int_0^R rc(r)\,\mu_i^2(r)\,dr}{2\omega_i\int_0^R m(r)\,\mu_i^2(r)\,dr} \tag{5.79}$$

例 5.1 に記載されているグラスファイバー製の SC40 ブレードの場合，1 次および 2 次モードの空力減衰比は，それぞれ 0.26 および 0.065 である．1 次モードで高い値を示すのは，そのモード形状により，積分において支配的になる外翼部において，ブレードの質量が小さいためである．なお，対応する 1 次モードの対数減衰率（$=2\pi\xi_a$）は 1.6 である．

式 (5.79) から，固有振動数が一定の場合，減衰比はブレードの質量に反比例する．より正確なブレードの設計技術を採用することにより，安全係数を下げることができるため（表 7.10 参照），ブレードが軽量化し，空力減衰比が向上する．

構造減衰は，材料内の摩擦抵抗により，振動運動中の機械的エネルギーが熱エネルギーに変換されることで生じる．振動の n 回目のピーク変位時のひずみエネルギーを S_n，1 サイクルあたりの損失を ΔS_n とすると，これらの比は次式のようになる．

$$\frac{\Delta S_n}{S_n} = \frac{2\Delta\sigma_n}{\sigma_n} \tag{5.80}$$

ここで，σ_n は n 回目のピーク応力，$\Delta\sigma_n = \sigma_n - \sigma_{n+1}$，また，$S_n = \oint\left(\sigma_n^2/2E\right)$ で，積分はブレード全体にわたって行う．したがって，弾性挙動の連続するピーク変位の比の自然対数，すなわち $\ln\left(\sigma_n/\sigma_{n+1}\right)$ で定義される対数減衰率は，$\Delta\sigma_n/\sigma_n = 0.5\left(\Delta S_n/S_n\right)$ で近似される．

グラスファイバーブレードの試験結果（Gibson 1982 など）によると，1 サイクルあたりのエネルギー損失は振動数の影響を受けない．なお，1 サイクルあたりのエネルギー損失率は，応力幅が大きくなると急激に増加する（Creed 1993）が，解析においては応力幅とは無関係として扱うのが一般的である．

基本固有振動数（すなわち，1 次モード）におけるいくつかの材料の構造対数減衰率（$\delta_s = 2\pi\xi_s$）は，1992 年のデンマーク標準 DS 472, *Loads and Safety of Wind Turbine Construction* で与えられている．これらの値を，EN 1991-1-4:2005 の値，ならびに，構造減衰比の等価値と併せて，表 5.7 に示す．グラスファイバー（GFRP）ブレードの 1 次モードの構造減衰比は，上記の SC40 ブレードのものよりもはるかに小さい．

表 5.8 には，SC40 ブレードのフラップ方向の 1 次および 2 次モードの減衰比を示す．2 次モードの減衰比の合計は，1 次モードの減衰比の合計の約 1/3 である．

表 5.7 材料ごとの 1 次モードの構造対数減衰率

基準	DS 472（1992）	EN 1991-1-4:2005	DS 472	EN 1991-1-4
材料	対数減衰率 δ_s	対数減衰率 δ_s	構造減衰比 ξ_s	構造減衰比 ξ_s
コンクリート	0.05	0.03（タワーおよび煙突）	0.008	0.005
溶接鋼材	0.02	0.012（煙突）	0.003	0.002
ボルト接合鋼材	0.05	0.03（高強度ボルト）	0.008	0.005
		0.05（普通ボルト）		0.008
GFRP	0.05	0.04～0.08（橋梁）	0.008	0.006～0.012
木材	0.05	0.06～0.12（橋梁）	0.008	0.01～0.02

第5章 水平軸風車の設計荷重

表 5.8　SC40 ブレードのフラップ方向振動モードの減衰比

		1次モード	2次モード
遠心力の影響を考慮した固有振動数 [Hz]		0.94	2.83
構造減衰比		0.008	0.008
SC40 ブレード（質量 7.7 t）	空力減衰比	0.26	0.065
	減衰比の合計	0.27	0.073

5.8.5　決定論的荷重に対する応答：逐次動的解析

5.8.1 項で述べたように，変動荷重に対するブレードの動的応答は，振動モードごとの励振により解析されることが多い．非失速流れと質量に比例する空力減衰を仮定すると，支配方程式は次式のようになる．

$$m_i \ddot{f}_i(t) + c_i \dot{f}_i(t) + m_i \omega_i^2 f_i(t) = \int_0^R \mu_i(r) q(r,t)\, dr = Q_i(t)$$

（式 (5.70) 参照）

ここで，$f_i(t)$ および $\mu_i(r)$ はそれぞれ，翼端変位と i 次モードのモード形状である．この式で，各時間ステップの翼端の変位，速度，加速度を，初期値をゼロとして数値積分を行うことにより計算できる．この手順を，周期的荷重に対するブレードの周期的な応答が，ある回転から次の回転まで変化しなくなるまで，数回転繰り返す．

■線形加速度法

各時間ステップ終了時の翼端の変位，速度，加速度の値を，各時間ステップの開始時の値と繋げる正確な方程式は，時間ステップにわたる加速度の変化の仮定に依存する．ニューマーク（Newmark）は，最終的な変位を導出する際の加速度の初期値と最終値の相対的な重み付けをパラメータ β で表し，このパラメータを用いて，種々の仮定を分類している．もっとも簡単な仮定は，加速度を初期値と最終値の平均値（$\beta = 1/4$）に等しい一定値とすることである．しかし，Clough と Penzien（1993）は，実際の変化に近い近似として，加速度が初期値と最終値の間で線形的に変化するという仮定を推奨している．この仮定を用いた積分の繰り返しは，線形加速法またはニューマーク $\beta = 1/6$ 法（Newmark $\beta = 1/6$ method）として知られている．

最初のステップの終了時における翼端の変位 f_{i1}，速度 $\dot{f}_{i1}$，加速度 $\ddot{f}_{i1}$ は，それぞれ初期値 f_{i0}，$\dot{f}_{i0}$，$\ddot{f}_{i0}$ から以下のように求められる．全継続時間を時間ステップ h とすると，時間 t での加速度は，次式のようになる．

$$\ddot{f}_i(t) = \ddot{f}_{i0} + \frac{\ddot{f}_{i1} - \ddot{f}_{i0}}{h} t \tag{5.81}$$

これを積分することにより，時間ステップ終了時の速度は次式のようになる．

$$\dot{f}_{i1} = \dot{f}_{i0} + \ddot{f}_{i0} h + \left(\ddot{f}_{i1} - \ddot{f}_{i0}\right) \frac{h}{2} \tag{5.82}$$

式 (5.81) を 2 回積分すると，時間ステップ終了時の変位の式を得ることができる．その式において移項することにより，加速度は次式のようになる．

$$\ddot{f}_{i1} = \frac{6}{h^2}(f_{i1} - f_{i0}) - \frac{6}{h}\dot{f}_{i0} - 2\ddot{f}_{i0} \tag{5.83}$$

この式を式 (5.82) に代入すると，次式となる．

$$\dot{f}_{i1} = \frac{3}{h}(f_{i1} - f_{i0}) - 2\dot{f}_{i0} - \ddot{f}_{i0}\frac{h}{2} \tag{5.84}$$

また，式 (5.70) は次式のように記述することができる．

$$m_i\ddot{f}_{in} + c_i\dot{f}_{in} + m_i\omega_i^2 f_{in} = \int_0^R \mu_i(r)q_n(r)\,dr = Q_{in} \tag{5.85}$$

ここで，添字 n は n 番目の時間ステップ終了時の状態を指す．式 (5.83) と式 (5.84) を，上式に $n = 1$ として代入して整理すると，最初の時間ステップ終了時の変位は次式のようになる．

$$f_{i1} = \frac{Q_{i1} + m_i\left[(6/h^2)f_{i0} + (6/h)\dot{f}_{i0} + 2\ddot{f}_{i0}\right] + c_i\left[(3/h)f_{i0} + 2\dot{f}_{i0} + (h/2)\ddot{f}_{i0}\right]}{m_i\omega_i^2 + 3c_i/h + 6m_i/h^2} \tag{5.86}$$

最初の時間ステップ終了時の速度と加速度は，f_{i1} を式 (5.84) と式 (5.85) にそれぞれ代入して求める．

ニューマークの $\beta = 1/6$ 法を用いて周期荷重に対するブレードの動的応答を求める手順をまとめると，以下のようになる．

1) ブレードのモード形状 $\mu_i(r)$ を計算する．
2) 1 回転あたりの時間ステップ数 N を選択する．それにより，時間ステップは $h = 2\pi/(N\Omega)$ となる．
3) 各時間ステップに対応するブレードアジマス角（すなわち $2\pi/N$ 間隔）で，運動量理論を用いてブレード要素荷重 $q(r, \psi_n) = q_n(r)$ を計算する．ここで，添字 n は時間ステップの番号を示す．
4) 各時間ステップで，各モードの一般化力 $Q_{in} = \int_0^R \mu_i(r)q_n(r)\,dr$ を計算する．
5) 翼端の変位，速度，加速度の初期値を仮定する．
6) 式 (5.86)，式 (5.84)，式 (5.83)（$i = 1$）を用いて，最初の時間ステップ終了時の，1 次モードの翼端の変位，速度，加速度を計算する．
7) 収束するまでの数回転，手順 6) を繰り返す．
8) モーダル解析から導き出された適切な係数を周期的な翼端変位に乗じることによって，対象とする半径位置における周期的な曲げモーメントを計算する．
9) 手順 6)〜8) を高次モードに対して繰り返す．
10) 各モードの応答を合算して全応答を求める．

図 5.25 に，上記の手順をストール制御機の半径 40 m ブレードのタワーシャドウにおける翼根面外曲げモーメント応答に適用した結果を示す．このブレードは SC40 ブレードに類似したものであ

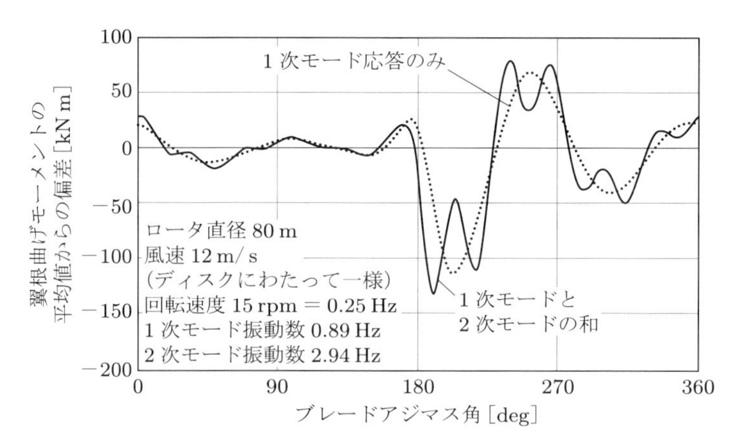

図 5.25　タワーシャドウに対する翼根面外曲げモーメントの動的応答

るが，1 次モードの減衰比は 0.17 に低下している．平均風速 12 m/s（一様），x/D 比は 1（x はブレードとタワー中心線との間の距離，D はタワー直径）の場合，剛体ブレードでは，翼根曲げモーメントは最大 600 kN m 減少している（図 5.26 参照）．ここで，モード形状と固有振動数の導出には，遠心力による剛性の増加を考慮している．図 5.25 から明らかなように，タワーシャドウはブレードに対して，タワーから離れる方向に鋭い衝撃荷重を与える．ただし，剛体ブレードにおいて生じる翼根曲げモーメントの低下をブレードが感知するための持続時間は，ブレードの 1 次モードの半サイクルの時間に対して著しく短く，空力減衰が高いため，1 回転後にはブレードの振動はほとんどなくなる．

図 5.26 に，ハブ高さの風速が 12 m/s で，ウィンドシアーを考慮した場合の，タワーシャドウに対する T40 ブレードの翼根面外曲げモーメントの応答を示す．参考として，対応する剛体ブレードの曲げモーメントも併記する．

ウィンドシアーによる荷重の変化はほぼ正弦波であり（図 5.11 を参照），結果的に応答も正弦波である．しかし，ウィンドシアーに対して支配的な 1 次モード応答の振幅は，相反する二つの作用の結果であることには注意する必要がある．なお，動的倍率 9%による増加は，遠心力の影響でほとんど相殺されている．

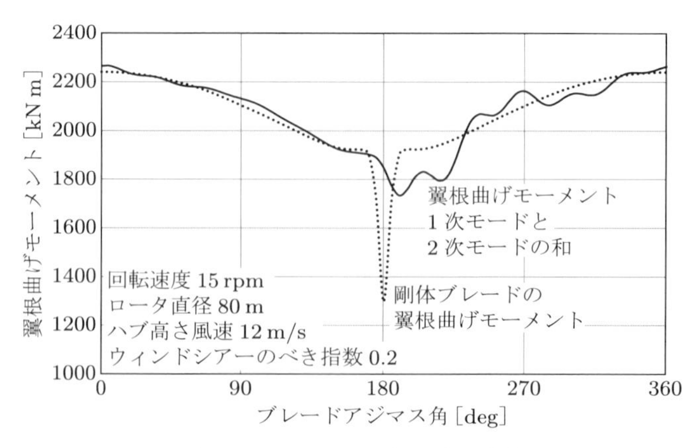

図 5.26　タワーシャドウとウィンドシアーに対する翼根面外曲げモーメントの動的応答

■共振の回避：キャンベル線図（Campbell diagram）

ブレード設計においては，ブレード固有振動数が回転周波数または大きな強制荷重を伴う高調波と等しくなる共振状態となるのを避けることが重要である．これには，ブレード固有振動数を，回転周波数の整数倍を表す原点からの直線を回転周波数に対してプロットした，キャンベル線図が使用されることが多い．風車の回転速度の動作範囲で，ブレードの固有振動数とこれらの直線の交点では共振が発生する可能性がある．図 5.27 にキャンベル線図の例を示す．

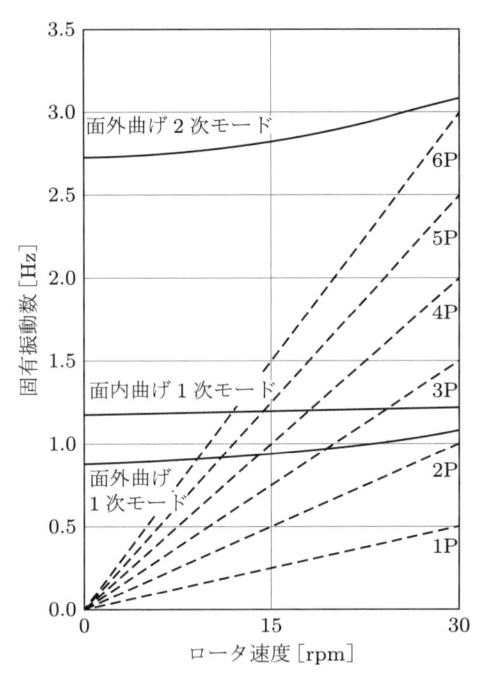

図 5.27　SC40 ブレードのキャンベル線図

ブレードの周期的荷重は，ウィンドシアー，ヨー偏差，ロータティルト（5.7.2 項），重力（5.7.3 項），ガストスライシング（5.7.5 項）による回転周波数成分が支配的である．また，タワーシャドウに起因する短時間の荷重変動により，高調波成分が発生する．

5.8.6　統計論的荷重に対する応答

周波数領域における統計論的荷重の解析は，剛体ブレードに関しては 5.7.5 項ですでに説明したとおりであるが，これを，弾性ブレードの各振動モードの動的応答を計算できるように，式 (5.70) の支配方程式を用いて拡張する．ここでも，比較的高い周速比で回転する，失速していないブレードを想定する．

■ブレード一般化力のパワースペクトル

i 次モードの一般化変動荷重（generalized fluctuated load）は $Q_i = \int_0^R \mu_i(r) q(r)\,dr$ である．ここで，

$$q(r) = \frac{1}{2}\rho\Omega\frac{dC_L}{d\alpha}u(r,t)c(r)r \qquad \text{（式 (5.25) 参照）}$$

である．したがって，

$$Q_i = \frac{1}{2}\rho\Omega\frac{dC_L}{d\alpha}\int_0^R \mu_i(r)u(r,t)c(r)r\,dr \tag{5.87}$$

となる．

Q_i の標準偏差 σ_{Q_i} は，付録 A5.4 節で非回転ブレードに対して与えられているのと同様の方法で，次式のようになる．

$$\sigma_{Q_i}^2 = \left(\frac{1}{2}\rho\Omega\frac{dC_L}{d\alpha}\right)^2 \times \int_0^R\int_0^R\left(\int_0^\infty S_u^o(r_1,r_2,n)\,dn\right)\mu_i(r_1)\,\mu_i(r_2)\,c(r_1)\,c(r_2)\,r_1r_2dr_1dr_2 \tag{5.88}$$

ここで，$S_u^o(r_1,r_2,n)$ は，回転サンプリングした，回転するブレード上の半径位置 r_1 と r_2 のクロススペクトルである．式 (5.88) は，付録 A5 の式 (A5.16) における r と r' を r_1 と r_2 とし，$\left(\rho\overline{U}C_F\right)^2$ を $[(1/2)\rho\Omega\,(dC_L/d\alpha)]^2$ に置き換えたものである．これらにより，i 次モードの一般化力のパワースペクトルは，次式で推算することができる．

$$S_{Q_i}(n) = \left(\frac{1}{2}\rho\Omega\frac{dC_L}{d\alpha}\right)^2\int_0^R\int_0^R S_u^o(r_1,r_2,n)\mu_i(r_1)\,\mu_i(r_2)\,c(r_1)\,c(r_2)\,r_1r_2dr_1dr_2 \tag{5.89}$$

実際には，この積分は区分求積法により計算する．

■先端たわみのパワースペクトル

調和的に変化する一般化力により励起される i 次モードの翼端応答の振幅は，付録 A5 の式 (A5.4) によって与えられる．したがって，翼端変位のパワースペクトルは，一般化力のパワースペクトルと次式の関係がある．

$$S_{xi}(n) = \frac{S_{Q_i}(n)}{k_i^2}\frac{1}{\left(1-n^2/n_i^2\right)^2+4\xi_i^2n^2/n_i^2} \tag{5.90}$$

これは $S_{xi}(n) = \left(S_{Qi}(n)/k_i^2\right)(DMR)^2$ と書くこともできる．ここで，DMR は動的増幅率 (Dynamic Magnification Ratio)，n_i は i 次モードの固有振動数である．

図 5.28 に，平均風速 8 m/s，ロータ速度 15 rpm で運転中の SC40 ブレードの，1 次モードの翼端たわみのパワースペクトル $S_{x1}(n)$ を示す．乱流強度は，$\sigma_u = 1$ m/s となるように 12.5%とした．動的増幅を無視した 1 次モードの先端たわみスペクトル $S_{Q1}(n)/k_i^2$ も示すが，これに動的増幅率の 2 乗を乗じることにより，$S_{x1}(n)$ の曲線が得られる．なお，1 次モードの先端たわみの標準偏差 $\sigma_{x1} = \int_0^\infty S_{x1}(n)dn$ は 122 mm となる．この値は，動的増加率がない場合の値よりわずか 5%大きいだけであり，減衰比が大きいこと，および，回転周波数と 1 次モードの面外振動の周波数が大きく離れていることを反映している．

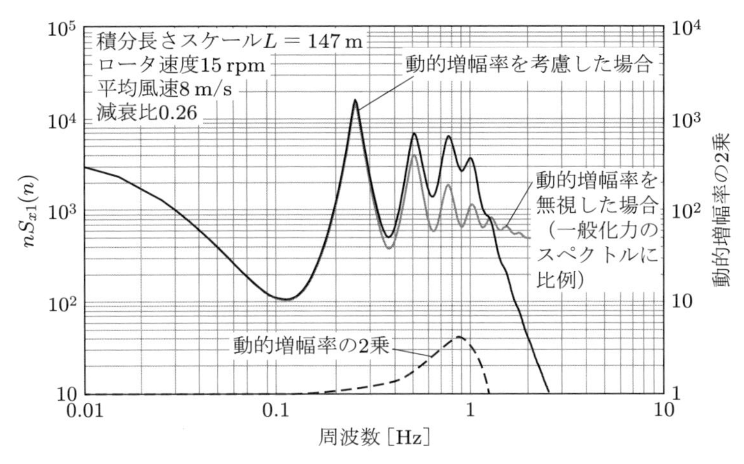

図 5.28 SC40 ブレードの，1 次モードの面外方向の翼端たわみのパワースペクトル

■翼根曲げモーメントのパワースペクトル

ブレード固有振動数の励振による先端たわみの振幅を $x_R(n_1)$ とすると，対応する翼根曲げモーメント $M_Y(n_1)$ は次式で与えられる．

$$M_Y(n_1) = \omega_1^2 x_R(n_1) \int_0^R m(r)\mu_1(r) r\, dr \tag{5.91a}$$

これは，$\omega_1^2 = k_1/m_1$ により次式のようになる．

$$\frac{M_Y(n_1)}{x_R(n_1)} = k_1 R \frac{\displaystyle\int_0^R m(r)\mu_1(r)\frac{r}{R}\, dr}{m_1} = k_1 R \chi_{M1} \tag{5.91b}$$

この関係は，右辺が本質的にモード形状の関数であるため，すべての励起周波数で適用される．したがって，1 次モードの励起による翼根曲げモーメントのパワースペクトルは，次式のようになる．

$$S_{My1}(n) = (k_1 R \chi_{M1})^2 S_{x1}(n) = (R\chi_{M1})^2 S_{Q1}(n) \frac{1}{(1 - n^2/n_1^2)^2 + 4\xi_1^2 n^2/n_1^2} \tag{5.91c}$$

なお，SC40 ブレードでは，χ_{M1} は 1.41 である．

5.8.7 シミュレーションした荷重に対する応答

シミュレーション（5.7.6 項）から得られた変動風に対するブレードの動的応答は，5.8.5 項において，決定論的荷重への応答の解析で説明したような，逐次動的解析によって計算することができる．手順は基本的には同じであるが，翼端の変位，速度，加速度に対して現実的な初期値を選択しない場合には，最初の数回転の結果を無視することが重要である．

5.8.8 ティータ運動

ロータが主軸に剛に取り付けられる場合，重力による曲げモーメントに加えて，ブレードに作用する面外空気力が変動曲げモーメントとして主軸に作用する．しかし，2 枚翼風車の場合，主軸とピッチ軸の両方に垂直な方向に軸を有するヒンジにロータを取り付けることにより，ブレードの面外空力モーメントの主軸への伝達をなくし，翼根の面外曲げモーメントを低減することができる．これにより，両ブレードの空気力の差に応じて，ロータを前後に回転させることができる．

ティータ（teeter）角をもって回転するロータには，各ブレード要素に作用する遠心力の水平方向成分によって，復元モーメントが発生する（図 5.29 参照）．復元モーメントは，ティータ角が小さい（5° 以下）場合には，次式のように近似することができる．

$$M_R = \int_0^R rm\,(r)\,\Omega^2 r\zeta dr = I\Omega^2\zeta \tag{5.92}$$

ここで，ζ はティータ角，Ω はロータの回転角速度，I はロータ中心に対する慣性モーメントである．したがって，ティータ角が小さい場合のティータ自由振動の運動方程式（空力減衰項を除く）は $I\ddot{\zeta} + I\Omega^2\zeta = 0$ となり，主軸に垂直な方向にティータヒンジを有するロータのティータ運動の固有振動数は，回転周波数に等しくなる．励振モーメントの決定論的成分と統計論的成分は，いずれもこの周波数でもっとも大きいので，この系は共振し，空力減衰のみがティータ角の大きさを制御することは明らかである．統計論的風荷重がない場合，ティータ運動の振動数は回転周波数に等しいので，ティータ運動するロータ（ティータードロータ）は，主軸に垂直な平面に対して角度 ζ_o（最大ティータ角）で回転すると考えることができる．

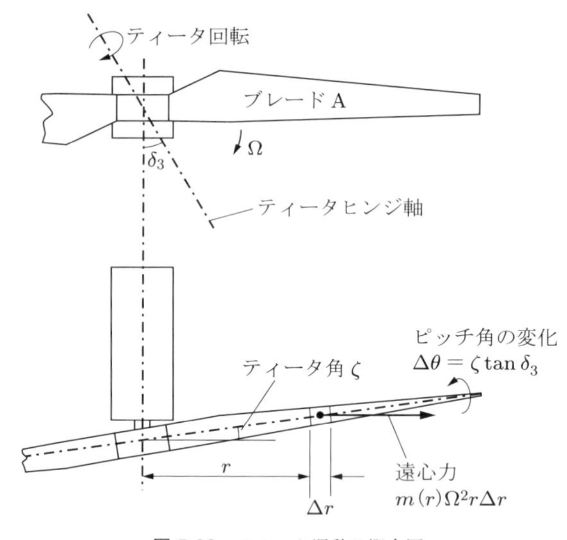

図 5.29　ティータ運動の概念図

ティータ運動の固有振動数が回転周波数から離れると，ティータ角の振幅は明らかに小さくなる．これは，図 5.29 に示すように，回転面内でピッチ軸に対してティータヒンジ軸に角度をもたせることにより，ティータ運動によってブレードピッチ角が片方のブレードでは正，もう片方では負に変化する，いわゆる δ_3 カップリング（δ_3 coupling）が生じることによる．ブレード A がガストをスライスする場合を考えると，ブレードに作用する増加したスラスト力により，ブレードがティータヒンジのまわりを回転することによって，ブレードを風下方向に回転させる．ティータ角を ζ とすると，ブレード A のピッチ角の増加は $\zeta \tan\,\delta_3$ となる．ここで，δ_3 は図 5.29 に定義されている．

ブレードAのピッチ角が増加することにより，迎角 α は減少し，ブレードAに作用するスラスト力は減少する．これと同時に，ブレードBのスラスト力が増加すると，復元モーメントが増加し，ティータ運動がさらに小さくなる．

さまざまな荷重に対するティータ応答を検討するには，まず，完全な運動方程式を導出する．ブレードは非失速状態で，比較的高い周速比で回転していると仮定して，5.7.5項の式(5.25)の導出に採用された線形関係を維持できるようにすると，定常状態におけるブレード要素の空気力の変化に対するさまざまな寄与をまとめると，次式のようになる．

$$\frac{1}{2}\rho\Omega rc\frac{dC_L}{d\alpha}\left(u-\dot{\zeta}r\right)-\frac{1}{2}\rho\left(\Omega r\right)^2 c\frac{dC_L}{d\alpha}\Delta\theta \tag{5.93}$$

ここで，三つの項はそれぞれ，入射風，ティータ運動，δ_3 カップリングの影響によるものである．これらの項に半径を乗じて，ブレードの全スパンにわたって積分し，遠心力項とハブの慣性モーメント項を加算することにより，ティータ応答について以下の運動方程式が得られる．

$$\begin{aligned}&I\ddot{\zeta}+\frac{1}{2}\rho\Omega\frac{dC_L}{d\alpha}\left(2\int_0^R r^3c\left(r\right)dr\right)\dot{\zeta}+\frac{1}{2}\rho\Omega\frac{dC_L}{d\alpha}\left(2\int_0^R r^3c\left(r\right)dr\right)\Omega\tan\delta_3\zeta+I\Omega^2\zeta\\&\quad=\frac{1}{2}\rho\Omega\frac{dC_L}{d\alpha}\int_{-R}^R u\left(r,t\right)c\left(r\right)r\left|r\right|dr\end{aligned} \tag{5.94}$$

ここで，凍結ウェイクを仮定している．さらに，慣性モーメントで除し，

$$\eta=\frac{1}{2}\frac{\rho}{I}\frac{dC_L}{d\alpha}\int_{-R}^R r^3c\left(r\right)dr \tag{5.95}$$

と書くことで，次式のように単純化することができる．

$$\ddot{\zeta}+\eta\Omega\dot{\zeta}+\left(1+\eta\tan\delta_3\right)\Omega^2\zeta=\frac{1}{2}\rho\frac{\Omega}{I}\frac{dC_L}{d\alpha}\int_{-R}^R u\left(r,t\right)c\left(r\right)r\left|r\right|dr \tag{5.96}$$

η はブレードに作用する空気力と慣性力との比の尺度であり，ロック数（Lock Number）の1/8である．

したがって，δ_3 カップリングにより，ティータ運動の固有角振動数 ω_n が Ω から $\Omega\sqrt{1+\eta\tan\delta_3}$ に増加する．SC40ブレードをもつ直径80mの2枚翼ロータの場合，ハブ中心まわりのロータ慣性モーメントは約 $5980\,\mathrm{t\,m^2}$ で，$\eta=1.46$ となる．$\delta_3=30^\circ$ に設定されたティーターロータの場合，$\tan\delta_3=0.577$ となり，角度 δ_3 により固有振動数は36%増加する．その場合，$\xi=\eta/\left(2\sqrt{1+\eta\tan\delta_3}\right)$ で与えられる減衰比は，0.54と非常に高い．

■決定論的荷重に対するティータ応答

決定論的荷重に対するティータ応答は，5.8.5項で説明した逐次積分法と同じ手順を用いて求めることができる．ウィンドシアーとヨー偏差に起因する荷重はいずれもほぼ正弦波であるため，強制振動の標準解を使用することによって，これらによる最大ティータ角を推算することができる．ウィンドシアーに対して調和的に変化するティータリングモーメント（teetering moment）$M_T=M_{T0}\cos\Omega t$

の場合，ティータ角は次式のようになる．

$$\zeta = \frac{M_{T0}}{I\omega_n^2} \frac{\cos\,(\Omega t - \theta)}{\sqrt{\left[1-(\Omega/\omega_n)^2\right]^2 + (2\xi\Omega/\omega_n)^2}} \tag{5.97a}$$

ここで，$\theta = \tan^{-1}\left[(2\xi\Omega/\omega_n)\,/\left\{1-(\Omega/\omega_n)^2\right\}\right] = 90° - \delta_3$ は励起からの位相遅れである．これにより次式が得られる．

$$\zeta = \frac{M_{T0}}{\Omega^2 \rho \dfrac{dC_L}{d\alpha} \displaystyle\int_0^R r^3 c(r) dr} \frac{\cos\,(\Omega t - \theta)}{\sqrt{1+\tan^2\delta_3}} \tag{5.97b}$$

この式は，ティータ角はロータの慣性モーメントには依存しないことを示している．

上述した 2 枚翼の風車が，ハブ高さの定常風速 10 m/s，ウィンドシアー指数 0.2 の風を受けて 15 rpm で回転する場合，ティータリングモーメントの振幅 M_{T0} は約 430 kN m である（図 5.11 参照．この図では，運動量理論による，リジッドハブ風車におけるアジマス角に対する翼根曲げモーメントが与えられている）．上記で検討した 2 枚の SC40 ブレードをもつティーターードロータの場合に，$\omega_n = 1.36\pi/2$ rad/s とすると，最大ティータ角は $\delta_3 = 30°$ の場合 0.99° となり，$\delta_3 = 0°$ にすると 1.15° に増加する．

鉛直ブレードに対するウィンドシアーによる風速変化を，高さに対して線形，すなわち $u = \overline{U}\,(kr/R)$ と仮定し，平衡ウェイクの代わりに凍結ウェイクを仮定した式 (5.94) の右辺からティータリングモーメントを計算する．このとき，δ_3 がゼロの場合，ティータ角は次式のように非常に簡単な式となる．

$$M_T = M_{T0}\cos\Omega t = \frac{1}{2}\rho\Omega\frac{dC_L}{d\alpha}\frac{\overline{U}k}{R}\int_{-R}^{R} c\,(r) r^3 dr\,\cos\Omega t \tag{5.98}$$

$\delta_3 = 0$ の場合に，$\omega_n = \Omega$ として式 (5.98) を式 (5.97a) に代入すると，ティータ角は次式のようになる．

$$\zeta = \frac{\overline{U}k}{\Omega R}\cos\left(\Omega t - \frac{\pi}{2}\right) \tag{5.99}$$

したがって，ティータ変位の大きさは，速度勾配を回転速度で除したものと等しい．ハブ高さが 70 m の場合，ロータディスク上の等価な速度勾配は $0.152\overline{U}/R = 0.0381$ m/s となり，ティータ角は 0.024 rad（1.39°）となる．これは，前掲の凍結ウェイクを仮定した場合の値 1.15° とは異なる．

■統計論的荷重に対するティータ応答

通常のロータと同様，ティーターードロータについても，統計論的荷重の応答は周波数領域で解析するのが便利である．ティータリングモーメントの励起力は，式 (5.94) の右辺によって与えられる．5.8.6 項の一般化力に対する方法と同様にして，ティータリングモーメントのパワースペクトルは次式で計算することができる．

$$S_{MT}(n) = \left(\frac{1}{2}\rho\Omega\frac{dC_L}{d\alpha}\right)^2 \int_{-R}^{R}\int_{-R}^{R} S_u^o(r_1, r_2, n)\, c(r_1)c(r_2)\, r_1 r_2\, |r_1|\, |r_2|\, dr_1 dr_2 \quad (5.100)$$

ここで，$S_u^o(r_1, r_2, n)$ は，回転サンプリングしたクロススペクトルである．実際には，$S_u^o(r_1, r_2, n)$ の積分は，離散的な半径位置に対する区分求積法で計算される．

ティータ角の応答のパワースペクトルは，式 (5.90) と類似した次式で，ティータリングモーメントのパワースペクトルと関連付けられる．

$$S_\zeta(n) = \frac{S_{MT}(n)}{(I\omega_n^2)^2} \frac{1}{\left[1-(2\pi n/\omega_n)^2\right]^2 + (2\xi 2\pi n/\omega_n)^2} \quad (5.101)$$

これは，$S_\zeta(n) = [S_{MT}(n)/(I\omega_n^2)^2](DMR)^2$ と書くことができる．ここで，DMR は動的増幅率である．

図 5.30 に，SC40 ブレードをもつ 2 枚翼のロータが平均風速 8 m/s で 15 rpm で運転し，角度 δ_3 がゼロである場合の，ティータ角のパワースペクトル $S_\zeta(n)$ を示す．乱流クラス B のサイトでは，乱流強度は 20.3%であり，式 (5.95) により，減衰比 $\xi = \eta/2$ は 0.731 である．また，同図には，動的増幅率を無視したティータ角のパワースペクトル $S_{MT}(n) / \left(I\omega_n^2\right)^2$ も併記する．これに動的増幅率の 2 乗を乗じると，$S_\zeta(n)$ の曲線になる．ここで，動的増加率比が全周波数範囲にわたり 1 未満である場合，減衰比が高いことを意味する．パワースペクトルの下の面積の平方根により計算されるティータ角の標準偏差は，0.77° である．

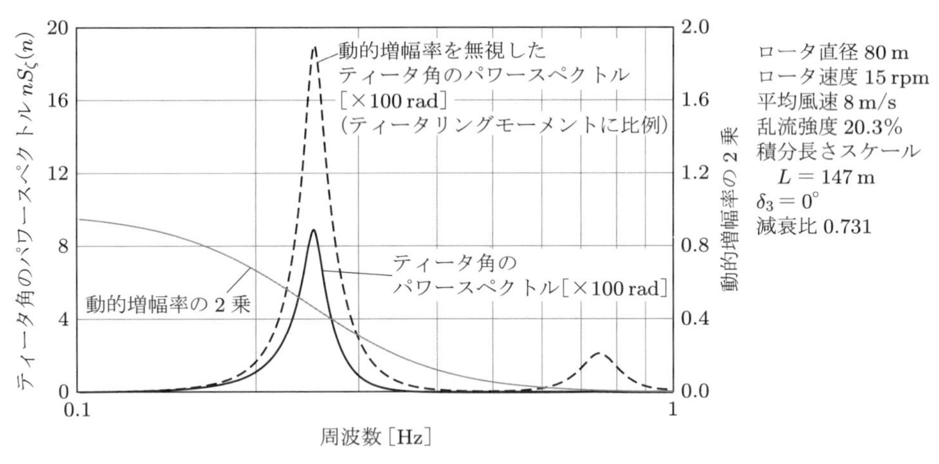

図 5.30 SC40 ブレードをもつ 2 枚翼ロータのティータ角のパワースペクトル

ティータ角の標準偏差を計算すると，任意の評価時間における極値を式 (5.59) から推算することができる．図 5.30 からわかるように，ティータ角のパワースペクトルはすべて回転角周波数 Ω の周辺で高いので，ゼロアップクロス周波数 ν を Ω と等しく設定することができる．したがって，15 rpm で運転する風車では，評価時間 1 時間では $\nu T = 900$ で，$\zeta_{\max}/\sigma_\zeta = 3.84$ となる．したがって，上記の場合の 1 時間の統計論的荷重による最大ティータ角は，$3.84 \times 0.77° = 3.0°$ と予測される．ここで，δ_3 を 30° とした場合は，2.6° に減少する．

すでに述べたように，ティータ運動は，翼根曲げモーメントと主軸のモーメントを低減する．翼根曲げモーメントの統計論的成分の低下は，2 枚翼風車の翼根曲げモーメントとリジッドハブのティータリングモーメントの標準偏差として求めることができる．後者については，式 (5.100) を積分することにより，次式のようになる．

$$\sigma_{MT}^2 = \left(\frac{1}{2}\rho\Omega\frac{dC_L}{d\alpha}\right)^2 \int_{-R}^{R}\int_{-R}^{R} \kappa_u^o\left(r_1, r_2, 0\right) c\left(r_1\right) c\left(r_2\right) r_1 r_2 \left|r_1\right| \left|r_2\right| dr_1 dr_2 \qquad (5.102\text{a})$$

ここで，r_1 と r_2 は，2 番目のブレードでは負の値をとると便利である．$\kappa_u^o\left(r_1, r_2, 0\right)$ は，回転するロータ上の半径 r_1 と r_2 の点の間の流れ方向の相互相関関数で，r_1 と r_2 が同じブレード上の点を定義する場合は $\Omega\tau$ をゼロとして，また，r_1 と r_2 が異なるブレード上の点を定義する場合は $\Omega\tau$ を π として，式 (5.51) の右辺で与えられる．$\rho_u^o\left(r_1, r_2, 0\right)$ を基準化相互相関関数 $\kappa_u^o\left(r_1, r_2, 0\right)/\sigma_u^2$ と定義すると，式 (5.102a) は次式のように書き換えられる．

$$\sigma_{MT}^2 = \sigma_u^2\left(\frac{1}{2}\rho\Omega\frac{dC_L}{d\alpha}\right)^2 \int_{-R}^{R}\int_{-R}^{R} \rho_u^o\left(r_1, r_2, 0\right) c\left(r_1\right) c\left(r_2\right) r_1 r_2 \left|r_1\right| \left|r_2\right| dr_1 dr_2 \qquad (5.102\text{b})$$

対応する 2 枚のブレードの翼根曲げモーメントの標準偏差の式は，次式のようになる．

$$\sigma_{\overline{M}}^2 = \frac{1}{4}\sigma_u^2\left(\frac{1}{2}\rho\Omega\frac{dC_L}{d\alpha}\right)^2 \int_{-R}^{R}\int_{-R}^{R} \rho_u^o\left(r_1, r_2, 0\right) c\left(r_1\right) c\left(r_2\right) r_1^2 r_2^2 dr_1 dr_2 \qquad (5.103)$$

この積分を注意深く見ると，次式が示されることがわかる．

$$\begin{aligned}\frac{1}{4}\sigma_{MT}^2 + \sigma_{\overline{M}}^2 &= \sigma_u^2\left(\frac{1}{2}\rho\Omega\frac{dC_L}{d\alpha}\right)^2 \int_0^R\int_0^R \rho_u^o\left(r_1, r_2, 0\right) c\left(r_1\right) c\left(r_2\right) r_1^2 r_2^2 dr_1 dr_2 \\ &= \sigma_M^2 \end{aligned} \qquad (5.104)$$

ここで，σ_M はリジッドハブに取り付けられているブレードの翼根曲げモーメントの標準偏差である．したがって，ロータがティータ運動することにより，翼根曲げモーメントの標準偏差は σ_M から $\sigma_{\overline{M}}$ に低下する．σ_M は上記の式で与えられる．低減の程度は，おもに，乱流の積分長さスケールに対するロータ直径の比率で決まる．SC40 ブレードをもつ 2 枚翼ロータで，積分長さスケールが 147 m の場合，翼根曲げモーメントは 11%低下する．

5.8.9 タワーとの連成

前項のブレードの動的特性の考察は，ナセルが空間に固定されている，すなわち，タワーは剛体であるという仮定に基づいている．しかし，現実にはタワーは完全に剛ではないので，ロータの荷重が変動するとタワーに前後方向のたわみが生じ，ブレードの動的挙動に影響を与える．本項では，ブレードとタワーの運動の連成がブレードの応答に及ぼす影響について説明する．

タワーとロータで構成される，単一物体として扱われる系の動的挙動に対して，標準的なモーダル解析技術を適用すると，幾何学形状が常に変化するので，解析は複雑になる．そのため，構造全体のモード形状および固有振動数は，ロータのアジマス角ごとに評価しなければならない．また，モード形状と固有振動数を構造の要素ごとに個別に検討し，各モードによる変位を重ね合わせて解析を行う方法もある．この場合，タワーモードは剛体ロータに対して計算され，ブレードモードは，前項と同じように，主軸に剛に取り付けられた片持ち梁のように計算される．ここで，ブレードモードはタワーモードとは直交しないので，異なるモードの運動方程式は互いに独立ではなく，連成項を含むことになる．また，タワーモードにより励起されるブレードのたわみは，ブレードのアジマス角によって変化するので，逐次的に解く必要がある．以下の処理はブレードとタワーの 1 次モードに限定されるが，より高次のモードを包含するように拡張することもできる．

ブレードの運動方程式は式 (5.62) によって与えられる．ブレード J のたわみは次式のように記述することができる．

$$x(r,t) = \mu(r) f_J(t) + \mu_{TJ}(r) f_T(t) \tag{5.105}$$

ここで，$\mu(r)$ は剛体タワーに対するブレードの 1 次モード形状，$\mu_{TJ}(r)$ はタワーの 1 次モードに励起されるブレード J の基準化した剛体たわみである．これは，ハブのたわみに対して基準化すると，次式のようになる．

$$\mu_{TJ}(r) = 1 + \frac{r}{L}\cos\psi_J \tag{5.106}$$

ここで，L は，図 5.31 に示すように，たわんだタワーの頂点での接線とたわんでいないタワー軸との交点から，ハブまでの垂直距離である．

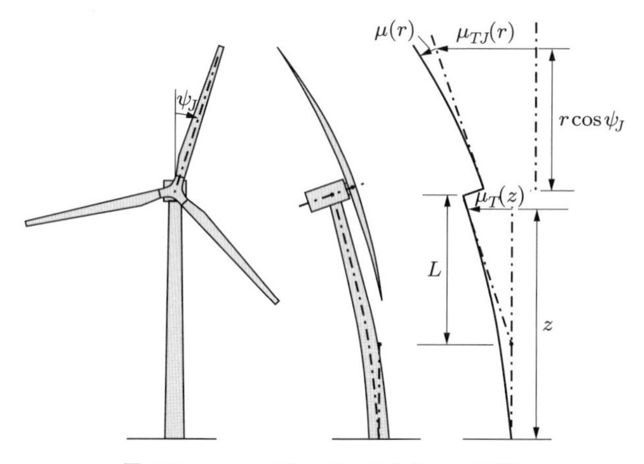

図 5.31 ブレードとタワーの 1 次モード形状

式 (5.105) を式 (5.62) に代入し，式 (5.65) を用いると，次式のようになる．

$$\begin{aligned} &m(r)\mu(r)\ddot{f}_J(t) + \hat{c}(r)\mu(r)\dot{f}_J(t) + m(r)\omega^2\mu(r)f_J(t) \\ &= q(r,t) - m(r)\mu_{TJ}(r)\ddot{f}_T(t) - \hat{c}(r)\mu_{TJ}(r)\dot{f}_T(t) \end{aligned} \tag{5.107}$$

なお，連成項は右辺に移項されている．ここで，$\mu(r)$ を乗じてブレードの全スパンで積分すると，次式のようになる．

$$m_1\ddot{f}_J(t) + c_1\dot{f}_J(t) + m_1\omega^2 f_J(t) = \int_0^R \mu(r)\,q(r,t)\,dr - \left(\int_0^R m(r)\,\mu(r)\,\mu_{TJ}(r)\,dr\right)\ddot{f}_T(t)$$

$$-\left(\int_0^R \hat{c}\,(r)\,\mu\,(r)\,\mu_{TJ}\,(r)\,dr\right)\dot{f}_T\,(t) \tag{5.108}$$

式 (5.70) と同様に，タワーの運動方程式は次式のようになる．

$$m_{T1}\ddot{f}_T\,(t)+c_{T1}\dot{f}_T\,(t)+m_{T1}\omega_T^2 f_T\,(t)=\int_0^H \mu_T\,(z)q\,(z,t)\,dz \tag{5.109}$$

ここで，μ_T はタワーの 1 次モード形状である．m_{T1} はタワー，ナセル，ロータのタワー 1 次モードの一般化質量（ロータ慣性の寄与を含む）で，次式のようになる．

$$m_{T1}=\int_0^H m_T\,(z)\,\mu_T^2\,(z)\,dz+m_N+m_R+\frac{I_R}{L^2} \tag{5.110}$$

ここで，$m_T\,(z)$ はタワーの単位高さあたりの質量，m_N と m_R はナセルとロータの質量，I_R は水平軸まわりのロータの慣性モーメントである．ロータの慣性モーメントは，3 枚翼のロータでは時間に関して一定である．一方，2 枚翼では，リジッドロータの場合はロータのアジマス角で変化し，ティーターードロータでは完全に省略される．

タワーに作用する荷重の主たる成分 $q\,(z,t)$ は，ハブ高さ H に作用する荷重である．タワーの 1 次モードによる剛体運動によってブレードに作用する慣性力は，ロータ質量と慣性を m_{T1} に含めることで考慮し，対応する減衰力は減衰係数 c_{T1} によって考慮する．しかし，ブレードに作用する空気力，ならびに，ブレードのたわみに伴う慣性力と減衰力は，タワー頂部に伝達されるものであるため，次式のように，式 (5.109) の右辺に含めなければならない．

$$\mu_T\,(H)\,F+\left(\frac{d\mu_T}{dz}\right)_H M=F+\frac{M}{L} \tag{5.111}$$

ここで，F は次式で与えられる．

$$F=\sum_B\left(\int_0^R q_J\,(r,t)\,dr\right)-\sum_B\left(\int_0^R m_1\,(r)\,\mu\,(r)\,dr\right)\ddot{f}_J\,(t)$$
$$-\sum_B\left(\int_0^R \hat{c}\,(r)\,\mu\,(r)\,dr\right)\dot{f}_J\,(t) \tag{5.112}$$

また，M は次式で与えられる．

$$M=\sum_B\left(\int_0^R r\,\cos\,\psi_J\,(r,t)\,dr\right)-\sum_B\left(\int_0^R r\,\cos\,\psi_J m_1\,(r)\,\mu\,(r)\,dr\right)\ddot{f}_J\,(t)$$
$$-\sum_B\left(\int_0^R r\,\cos\,\psi_J\hat{c}\,(r)\,\mu\,(r)\,dr\right)\dot{f}_J\,(t) \tag{5.113}$$

添字 J は J 番目のブレードを指し，総和の B はブレード枚数である．

したがって，

$$F+\frac{M}{L}=\sum_{B}\left(\int_{0}^{R}\mu_{TJ}q_{J}\left(r,t\right)dr\right)-\sum_{B}\left(\int_{0}^{R}m_{1}\left(r\right)\mu\left(r\right)\mu_{TJ}\left(r\right)dr\right)\ddot{f}_{J}\left(t\right)$$
$$-\sum_{B}\left(\int_{0}^{R}\hat{c}\left(r\right)\mu\left(r\right)\mu_{TJ}\left(r\right)dr\right)\dot{f}_{J}\left(t\right)$$

であり，式 (5.109) は次式のようになる．

$$\begin{aligned}&m_{T1}\ddot{f}_{T}\left(t\right)+c_{T1}\dot{f}_{T}\left(t\right)+m_{T1}\omega_{T}^{2}f_{T}\left(t\right)\\&=\sum_{B}\left(\int_{0}^{R}\mu_{TJ}q_{J}\left(r,t\right)dr\right)-\sum_{B}\left(\int_{0}^{R}m_{1}\left(r\right)\mu\left(r\right)\mu_{TJ}\left(r\right)dr\right)\ddot{f}_{J}\left(t\right)\\&-\sum_{B}\left(\int_{0}^{R}\hat{c}\left(r\right)\mu\left(r\right)\mu_{TJ}\left(r\right)dr\right)\dot{f}_{J}\left(t\right)\end{aligned}\tag{5.114}$$

ここで，タワー自体に作用する荷重は省略している．

式 (5.108) と式 (5.114) は，仮定された $(B+1)$ 自由度に対応する，周期的に変化する係数 μ_{TJ} を有する $(B+1)$ 元連立方程式になる．これらの方程式に基づく動的解析の手順は，以下のように要約することができる．

1) 最初の時間ステップにおいて，変位，速度および空気力の初期値を式 (5.108) および式 (5.114) に代入し，初期加速度を求める．
2) 式 (5.108) と式 (5.114) に基づき，その右辺の連成項，すなわち擬似力を保持して，時間ステップにおける増分運動方程式を定式化する．
3) 連成項は同一の時間ステップ内で一定と仮定して，それらを増分運動方程式から消去して，増分運動方程式を非連成にする．
4) 非連成の増分運動方程式を解き，時間ステップの間の変位と速度の増分を得る．線形加速度法（5.8.5 項）を用いると，J 番目のブレードの先端での変位増分および速度増分は次式のようになる．

$$\Delta f_{J}=\frac{\Delta Q_{J}+m_{1}\left[(6/h)\dot{f}_{J0}+3\ddot{f}_{J0}\right]+c_{1}\left[3\dot{f}_{J0}+(h/2)\ddot{f}_{J0}\right]}{m_{1}\omega^{2}+3c_{1}/h+6m_{1}/h^{2}}\tag{5.115}$$

$$\Delta\dot{f}_{J}=\frac{3}{h}\Delta f_{J}-3\dot{f}_{J0}-\frac{h}{2}\ddot{f}_{J0}\tag{5.116}$$

これらの式の導出は，5.8.5 項で与えられている，時間ステップ終了時の変位と速度の絶対値の導出と同じである．タワーのたわみに起因する，ハブにおける変位と速度の増分についても，同様の式が得られる．

5) 時間ステップ終了時に，式 (5.108) と式 (5.114) を解いて加速度を求める．
6) 続いて，時間ステップ間の右辺の連成項の変化を考慮して，ふたたび増分運動方程式を解き，時間ステップ間の変位と速度の増分を修正する．
7) 変位と速度の増分が収束するまで，手順 5) と 6) を繰り返す．
8) 以降の時間ステップにおいても，手順 1)〜7) を繰り返す．

決定論的荷重に対する応答解析を実行する場合，各ブレードの挙動が，適切な位相差を有するほかのブレードの挙動を反映するのがメリットである．これは，運動方程式の数を二つに減らせることを意味し，定常状態の応答が得られるまで，解析は複数回反復される．たとえば，A, B, C の 3 枚のブレードを有する風車の場合，式 (5.114) の右辺に必要なブレード B およびブレード C の翼端の速度と加速度の値は，ブレード A で $T/3$ および $2T/3$（T はブレードの回転周期）早く発生する，対応する値と等しくなる．

図 5.32 には，上記の手順で，ブレードとタワーの 1 次モードのみを考慮して，タワーシャドウ荷重に対する翼端とハブの変位を解析した結果を示す．風車は 3 枚翼であり，ロータに関しては，5.8.5 項の剛体タワーの例（図 5.25 参照）とほぼ同じである．タワーの固有振動数は 0.58 Hz で，減衰比（ブレードの空力減衰が支配的）は 0.022 である．

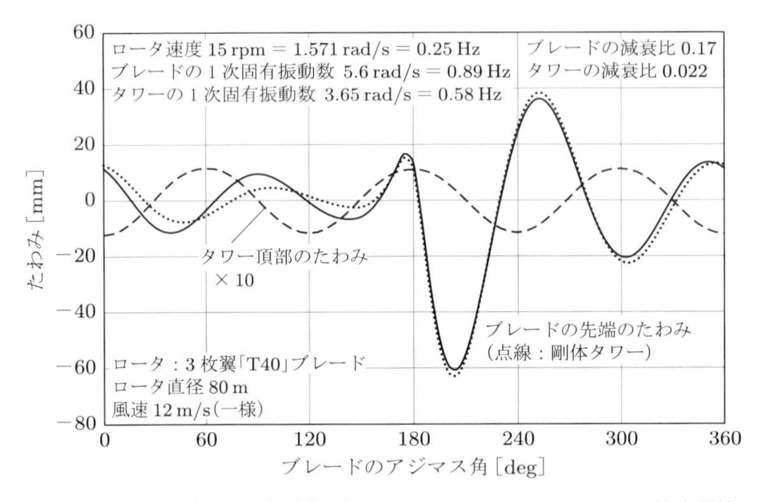

図 5.32　1 次モード応答の変形のみを考慮した，タワーシャドウによるタワーの頂部と翼端のたわみ

タワーの応答は，加振周波数であるブレード通過周波数と同じ周波数をもった正弦波状になることがわかる．ブレードモードに比べてタワーモードのほうが一般化質量が大きいため，その振幅は，翼端の最大変位（約 60 mm）の約 1/50 にすぎない．タワーシャドウ効果により，ブレードがタワー背後を通過する際に急速に加速し，アジマス角約 205° で最大のたわみが発生する．また，ナセルが固定されている場合のたわみを図 5.32 に示す．タワーの柔軟性の影響の一つが，ピークたわみを若干減少させることである．しかし，タワーの運動のより顕著な効果は，次にタワー背後を通過するまで，ブレード振動の振幅を高いレベルに維持することである．

上記で概説したモーダル解析手法は，Garrad Hassan の Bladed（DNV GL – Energy 2016, DNV GL 2020）など，多くの風車の動的解析コードの基礎となっている．これらのコードは，一般に，いくつかのブレードモード（フラップ方向，エッジ方向，捩れ），および，いくつかのタワーモード（前後，左右，捩れ）を，ドライブトレインのダイナミクスと一緒に表現することができる（5.13 節参照）．

ロータ／タワー連成系の動的挙動は，モーダル解析ではなく，有限要素を用いて解析することもできる．しかし，標準的な有限要素法パッケージは，固定形状をもつ構造の変位のモデル化を想定しているので，この目的には不適切である．Lobitz（1984）は，2 枚翼風車の動的解析に有限要素法を適用し，Garrad（1987）はそれを 3 枚翼風車に拡張した．いずれにおいても，運動方程式は，ブレードおよびタワー変位ベクトルについてブレードアジマス角に対応する行列形式で展開され，タワー／ロータ界面における互換性およびつり合い要件を満たす連結行列を用いて統合される．方程式の解は逐次的な手順によって求められる．有限要素法にはより高い計算機能力が要求されるので，一般にモーダル法のほうが好ましい．

5.8.10 空力安定性

ブレードの変位による空気力の変化が，変位を減少させるのではなく増加させる場合に，空力不安定になる可能性がある．その一例が，失速した条件で運転するティータードロータで，その条件では，迎角に対する揚力係数の変化率が負であるため，空力減衰も負になる．このような状況では，負減衰域あるいはティータ運動の限界に達するまで，ティータ角が拡大することが予想される．翼根フラップ曲げモーメントが運転範囲全風速にわたって風速とともに単調に増加するように設計されている場合には，この現象は避けることができる（Armstrong and Hancock 1991）．

空力不安定の実際の例として，大型の 3 枚翼風車の失速状態におけるブレードのエッジ方向の振動が挙げられる．これも，迎角に伴う揚力係数の負の変化率が主要な原因であると考えられている（7.1.15 項参照）．

ほかに空力不安定が発生し得る例として，ヘリコプタのロータの設計において見られる，古典的なフラッタがある．これは，ブレード構造の風下方向への面外方向のたわみにより，ブレードが迎角を増加させる方向に捩れる場合に発生する．初期の大型風車の開発中においては，空力不安定の危険性が懸念され，個々の設計がフラッタの影響を受けないことを示すために，多くの解析が行われた．しかし，ほとんどの風車ブレードに採用された区画された中空構造は，捩れ剛性が高いため，実際には空力弾性不安定性は重要でないことがわかった．

ただし，最近の大型風車用の非常に柔軟なブレードの開発では，設計プロセスにおいて安定性解析がふたたび重要になってきている．このようなフラッタは，カットアウト風速より若干低い風速での運転や，暴風待機中のヨー角 30～40° の条件などで発生する可能性が高い．

5.9 ブレードの疲労応力

5.9.1 ブレードの疲労設計法

ブレードの疲労に対する安全性の検証には，各半径位置における風車の寿命の間に予測される疲労荷重の情報，結果として得られる繰り返し応力の導出，所定の材料の疲労特性に関連した疲労損傷の計算が必要である．この手順は，ブレードの荷重が 1 方向か 2 方向かによって，複雑さが変化する．揚力のみを考慮して弱主軸まわり（フラップ方向）の曲げを考える場合，その手順は以下のようになる．

1) 平均風速と半径位置ごとに疲労荷重スペクトルを求める．これは簡単な作業ではない．なぜなら，風のシミュレーションを用いない場合には，荷重の周期的成分および統計論的成分に関する情報は，それぞれ，時間履歴およびパワースペクトルという，異なる形態で与えられるからである．5.9.2 項と 5.9.3 項では，この困難な点に対処する方法について述べる．
2) 起動と停止を含む各平均風速の荷重スペクトルから，各半径位置で完全な疲労荷重スペクトルを作成する（5.5.1 項参照）．

3) 対応する断面係数で除することにより，繰り返し疲労荷重（曲げモーメント）を疲労応力に変換する．
4) 疲労荷重スペクトルの各応力幅のビンについて，材料の適当な S–N 曲線とマイナー則に従って，疲労損傷 n_i/N_i を合計する．各種のブレード材料に対する S–N 曲線と，平均応力に対する必要な補正は，7.1.8 項および 7.1.9 項で述べる．

5.9.2 項と 5.9.3 項は，上記の流れの最初のステップに関するものである．想定した平均風速において，ブレード荷重の周期成分は時間に対して不変であり，統計論的成分は変化しない．5.7.5 項で述べたように，統計論的成分は，周波数領域（流入風速とブレード荷重の間に線形関係が仮定できる場合）または時間領域（すなわち，風のシミュレーションを用いて）で解析することができる．5.9.2 項では，統計論的成分を周波数領域で求める場合の，決定論的成分と統計論的成分の加算法について述べる．一方，5.9.3 項では，周波数領域で疲労損傷を評価する方法について述べる．

面内荷重と面外荷重の両方からの疲労損傷を計算する場合，評価している各点および各平均風速における応力変動の周期的成分および統計論的成分を導出するには，上記の手順の順序を修正する必要がある．各点における解析手順は以下のとおりである．

A1) 想定した平均風速に対して，荷重の周期的成分から生じる主軸まわりの曲げモーメントの時間履歴を，ブレード 1 回転にわたって計算する．図 5.33 に，ブレード翼素の荷重から空力モーメントを計算する方法を示す．
A2) これらの曲げモーメントの時間履歴を適当な断面係数で除することによって，応力の時間履歴に変換する．
B) 同じ平均風速で，曲げモーメントの統計論的成分のパワースペクトル（線形性の仮定のために変動揚力のみから生じる）を，選択した点における応力のパワースペクトルに変換する．
C) 応力の周期的成分と統計論的成分の和から，5.9.2 項と 5.9.3 項を用いて疲労損傷を計算する．
D) ほかの平均風速についても，上記の手順を繰り返す．
E) 各平均風速から生じた疲労損傷を合算して，正常運転時の全疲労損傷を求める．

5.9.2　決定論的成分と統計論的成分の合算

前節では，ブレードの曲げモーメントの決定論的（すなわち周期的）成分および統計論的成分を，それぞれ時間履歴およびパワースペクトルで特徴付けした．統計論的荷重のスペクトル表現は周期的荷重の時間履歴との合算に適した形態ではないが，この問題は，以下の二つの方法のいずれかによって解決することができる．

1) 統計論的成分のパワースペクトルは，逆フーリエ変換により時間履歴に変換することで，周期成分の時間履歴と直接合算することができる．この方法は，Garrad と Hassan（1986），および Warren ら（1988）が示している．しかし，以下で説明する風のシミュレーションでは，この方法は一般には使用されていない．それは，風荷重の時間履歴ではなく風速の時間履歴を生成するために逆フーリエ変換を使用すると，荷重の統計論的成分のパワースペクトルを求める際に，風速と風荷重が線形関係にあることを仮定する必要がなくなるためである．
2) 繰り返し荷重幅の確率密度関数（Probability Density Function: PDF）は，合算した荷重の統計論的成分および周期的成分のパワースペクトルの特性に基づいて，経験的に導出する

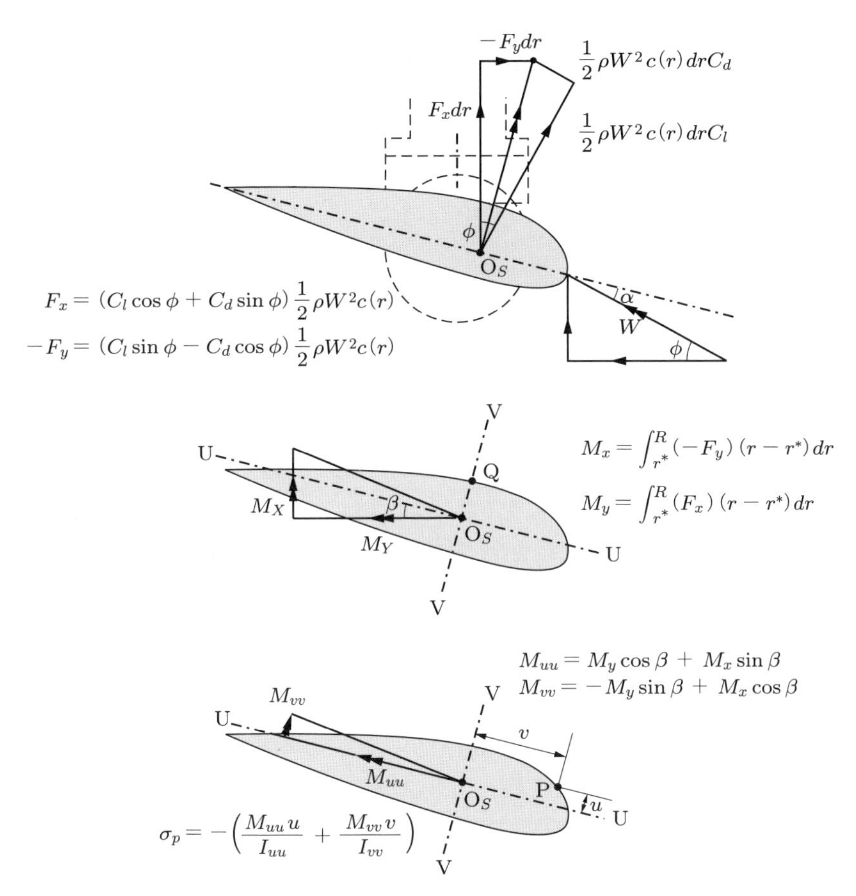

図 5.33 半径位置 r^* での空気力によるブレードの曲げ応力の求め方

ことができる.

次項では，2 番目の方法について説明する.

5.9.3 周波数領域での疲労予測

狭帯域ガウス過程のピークの確率密度関数（PDF）は，レイリー分布によって与えられる．各ピークは同じような大きさの谷に関係しているので，繰り返し荷重幅の確率密度関数も同様にレイリー分布になる.

風車ブレードの荷重は，ガストスライシング（5.7.5 項）により回転周波数にエネルギーが集中するにもかかわらず，狭帯域とみなすことはできず，また，周期成分があるため，ガウス分布ともみなすことができない．ディルリク（Dirlik）は，パワースペクトルから求められる基本的なスペクトル特性から，広帯域ガウス過程と狭帯域ガウス過程の両方に適用可能な，繰り返し荷重幅の経験的な確率密度関数を作成した（Dirlik 1985)．これは，さまざまな形状の 70 個のパワースペクトルを検討し，それらのレインフロー幅分布（5.9.5 項参照）を計算し，スペクトルの 1 次，2 次，4 次モーメントに関して，繰り返し幅の確率密度関数の一般式を当てはめるものである．ディルリクの繰り返し幅の確率密度関数は，次式のように表される.

$$p(S) = \frac{(D_1/Q)e^{-Z/Q} + (D_2 Z/R^2)e^{-Z^2/2R^2} + D_3 Z e^{-Z^2/2}}{2\sqrt{m_o}} \tag{5.117}$$

ここで，

$$Z = \frac{S}{2\sqrt{m_o}}, \quad D_1 = \frac{2\left(x_m - \gamma^2\right)}{1+\gamma^2}, \quad D_2 = \frac{1-\gamma-D_1+D_1^2}{1-R}, \quad D_3 = 1 - D_1 - D_2$$

$$Q = \frac{1.25\,(\gamma - D_3 - D_2 R)}{D_1}, \quad R = \frac{\gamma - x_m - D_1^2}{1-\gamma-D_1+D_1^2}$$

$$x_m = \frac{m_1}{m_o}\sqrt{\frac{m_2}{m_4}}, \quad \gamma = \frac{m_2}{\sqrt{m_o m_4}}, \quad m_i = \int_0^\infty n^i S_\sigma(n)\,dn$$

である．$S_\sigma(n)$ は応力のパワースペクトル，S は繰り返し応力幅である．

ディルリクの繰り返し応力幅の確率密度関数については，周期成分を含む信号に適用することは意図していないが，風車の疲労損傷計算への有効性を求めるために，オークニー（Orkney）の MS1 風車のフラップ曲げの計測データを用いて，いくつかの調査が実施された（Hoskin et al. 1989; Morgan and Tindal 1990; Bishop et al. 1991）．ディルリクの式を用いて，計測されたひずみのパワースペクトルから繰り返し幅の確率密度関数を計算し，得られた疲労損傷率を，レインフローサイクルカウントによって直接得られた疲労損傷率と比較した．レインフロー法によって計算した損傷に対する，ディルリク法によって計算した損傷の比率は，三つの調査において，0.84～1.46, 1.01～2.48, 0.73～2.34 の範囲であった．ここで，ブレード構造は鋼製であるため，各場合で S–N 曲線の指数は 5 とした．計算で求めた損傷率が応力幅の 5 乗で変化することを考慮すると，これらは，周期成分があるにもかかわらず，ディルリク法によりかなり正確な結果が得られることを示している．

周期成分を含むパワースペクトルにディルリクの式を適用することには，おもに二つの欠点がある．一つは，周期成分に起因するスペクトルに大きなスパイクがある場合は，ディルリクが想定した滑らかな分布とは大きく異なること，もう一つは，周波数領域に変換される周期成分の，相対位相に関する情報が失われることである．Morgan と Tindal (1990) は，図 5.34 に示す $\cos\omega t + 0.5\cos 3\omega t$ と $\cos\omega t - 0.5\cos 3\omega t$ の比較で，位相角の違いの影響を報告している．それによると，S–N 曲線の指数が 5 の材料の場合，前者の履歴による応力は，後者の履歴による応力の 5.25 倍の疲労損傷をもたらす．

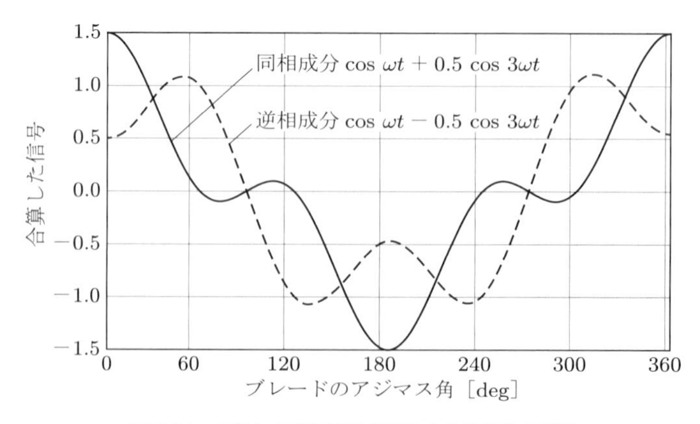

図 5.34　合算した調和波信号に対する位相角の影響

Bishop ら（1995）は，ニューラルネットワークを使ってシミュレーションから数式中のパラメータを決定する，一つの周期成分を考慮する修正ディルリク式を考案した．

マッドセン（Madsen）らは，統計論的成分と周期的成分を合算した荷重から疲労損傷を決定する問題に対して，実際の荷重と同じ疲労損傷になるような一つの等価正弦荷重の導出を含む方法を考案した（Madsen et al. 1984）．この方法は，狭帯域プロセスとは対照的に，広帯域に内在する低減サイクル幅を考慮するために，帯域幅に依存する低減係数 g を用いる．また，狭帯域の確率論的過程と合算した単一正弦波のピーク値に対して，正弦波の振幅を高調波を含む周期的信号の最大幅の 1/2 で置き換えることによって，ライス（Rice）の確率密度関数を用いている．この方法に関するより完全な要約は，Hoskin et al.（1989）に与えられている．彼らは，Morgan と Tindal（1990）と同様に，マッドセンの方法では，上記のフラップ方向曲げの MS1 の計測データに対して，ディルリク法よりもわずかに精度の低い疲労損傷値が得られたと結論付けた．

Ragan と Manuel（2007）は，コロラド州に設置された 1.5 MW 風車のブレード面内および面外曲げモーメントの約 2500 のデータセットを使用して，ディルリク法によって周波数領域で計算された疲労損傷等価荷重と，時間領域で計算された値を比較した．その結果，ディルリク法は面外モーメントはある程度良好に推算できるが，大きな周期成分を有するブレード面内曲げモーメントに対しては不十分であると結論付けた．

5.9.4 風のシミュレーション

5.7.6 項で紹介した風のシミュレーションには，疲労損傷評価のための上記の方法に対して，二つの大きな利点がある．一つは，変動荷重の計算において風速変動とブレード荷重との間の非線形関係を扱えること，もう一つは，荷重の周期的成分と統計論的成分の合算により生じる疲労応力幅の導出における困難を避けられることである．これらの点で，このシミュレーションは現在，詳細な疲労設計に適した方法と考えられている．この手順は基本的に以下のとおりである．

1) ウィンドシアーとタワーシャドウを考慮して，選択した平均風速の三次元の流れ場を生成する．
2) この流れ場で運転する風車の逐次動的解析を実行して，各半径位置における面内および面外曲げモーメントの時間履歴を求める．
3) これらの曲げモーメントの時間履歴を，主軸の曲げモーメントの時間履歴に変換する．
4) 各断面上の選択された点における応力の時間履歴を計算する．
5) レインフローカウント（5.9.5 項参照）により，各応力幅ビンでの繰り返し回数を求める．
6) 選択した平均風速で予想される運転時間を勘案して，繰り返し回数を計算する．
7) 該当する S–N 曲線に基づいて，対応する疲労損傷度を計算する．
8) 上記のステップを異なる平均風速に対して繰り返し，各点での疲労損傷を合算する．

計算上のより簡単な方法として，一次元の流れ場（乱れの流れ方向成分のみをモデル化したもの）を生成し，異なる固定されたヨー角で多数のシミュレーションを実行することがある．

風のシミュレーションの評価時間は，利用可能な計算機環境によって制限されるが，600 s とするのが一般的である．その結果，一つのシミュレーションでは，ブレードに使用される m 値の高い材料の疲労損傷に不均衡な影響を及ぼすことがあるため，稀に発生する高応力幅の疲労サイクルに対しては正確な値が得られない．ただし，この不確かさは，風速ごとに異なる乱数のシードを用いて複数のシミュレーションを実行することによって低減（および定量化）できる（Thomsen 1998）．

5.9.5　疲労繰り返し回数の計算

5.9.4 項で述べたように，風車の動的解析からは荷重や応力の時間履歴が計算されるが，次に，それらの情報から疲労繰り返しの詳細を抽出する必要がある．疲労繰り返し回数の計算には，リザーバ法（reservoir method）とレインフロー法（rain flow method）の二つの方法が確立されており，いずれも同じ結果をもたらす．

リザーバ法では，荷重または応力の時間履歴は，低い点から連続的に排出される水槽の断面のイメージで説明される．各排出操作が荷重または応力の繰り返しに相当する．詳しい説明はBS 5400（British Standards Institution 1980）に述べられている．

レインフロー法は，Matsuishi と Endo（1968）が最初に提案したものであり，時間軸が垂直になるように時刻歴を 90° 回転させたときに形成される「軒」を実際の軒から類推し，軒を雨水が流れ落ちることから着想した概念である．しかし，そのような雨水の流れの類推を伴わない以下の説明のほうが理解しやすいと思われる．

最初のステップでは，時間履歴から一連の峰と谷を抽出し，極値とよぶ．次に，四つの連続した極値のグループの各々について，二つの中間極値が最初と最後の極値の間にある場合は，それらの極値は応力繰り返しを定義するものとして扱い，繰り返し回数としてカウントし，この二つの中間極値を時間履歴から削除する．そして，時間履歴を形成するすべての極値がこのように処理されるまで，この手順を繰り返す．その後，分離とまとめを行い，最終的な応力幅のグループを抽出する．この方法の完全な説明，および，手順の自動化に使用できるアルゴリズムの詳細については，風車の試験と評価に関する IEA 指針（*IEA series of Recommended Practices for Wind Turbine Testing and Evaluation*）の疲労特性（Fatigue Characteristics）の項に述べられている（International Energy Agency Wind Technology Collaboration Programme 1990）.

理論的には，600 s などの時間履歴データから得られた疲労繰り返し応力を個別に列挙することもできるが，個々の繰り返し応力を 0〜2, 2〜4, 4〜6 $\mathrm{N/mm^2}$ などの「ビン」とよばれる一連の等間隔の荷重幅または応力幅で表現することによって，データの量を減らすのが一般的である．これにより，疲労スペクトルは，各ビンに入る繰り返し回数で表示される．

5.10　ハブと主軸の荷重

5.10.1　はじめに

ハブへの荷重は，ブレードの空気力，重力，慣性力，主軸からの反力で構成される（ハブ自重は無視）．リジッドハブの場合，主軸の荷重にはブレードの空気力による大きなモーメントが作用するが，2 枚翼ティーターードロータの場合，このモーメントは実質的に作用しない．しかし，いずれの場合も，片持ち支持された主軸は，自重をもつブレードが回転することにより大きな変動モーメントを受ける．図 5.35 に，組み立て前の工場における主軸およびハブ側ベアリングを示す．

ブレード面外荷重による主軸のモーメントは，ブレードに垂直な軸と平行な軸のまわりのモーメントとして表すことができる．3 枚翼ロータの場合，これらのモーメントはそれぞれ以下のとおりである．

$$M_{YS} = \Delta M_{Y1} - \frac{1}{2}(\Delta M_{Y2} + \Delta M_{Y3}), \quad M_{ZS} = \frac{\sqrt{3}}{2}(\Delta M_{Y3} - \Delta M_{Y2}) \tag{5.118}$$

図 5.35　組み立て前の主軸およびハブ側ベアリング．右端のハブ取り付けフランジは，ベアリングを主軸へ固定するために，仮設の支持部にボルトで固定されている（旧 NEG Micon 社より）．

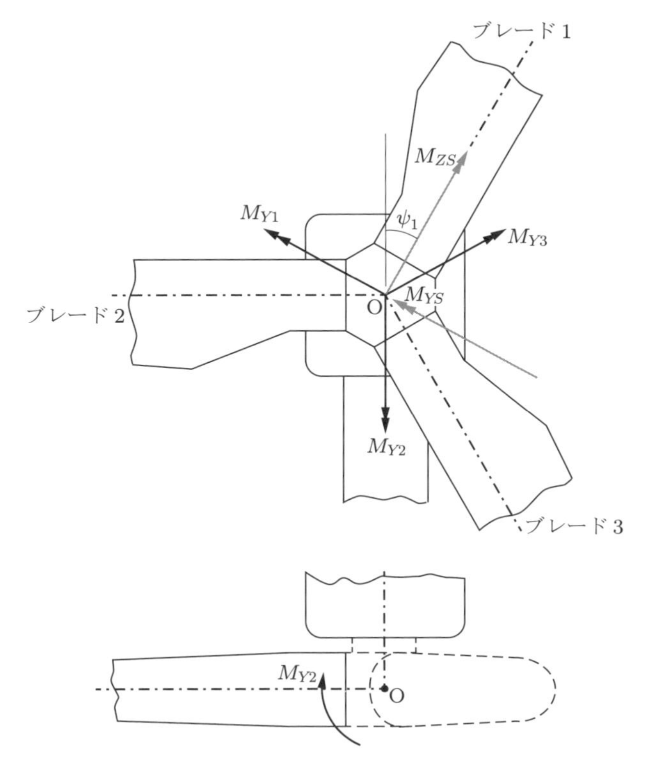

図 5.36　ブレード 1 の回転軸系による主軸の曲げモーメント

ここで，ΔM_{Y1}, ΔM_{Y2}, ΔM_{Y3} は，ハブ中心まわりのブレードの面外モーメント（M_{Y1}, M_{Y2}, M_{Y3}）の平均値に対する偏差である（図 5.36 参照）．

5.10.2 決定論的空気力

ロータに作用する決定論的空気力は，各ブレードで等しい平均成分と，各ブレードで大きさが等しいが異なる位相角を有する周期成分に分離できる．前者による翼根面外曲げモーメントはつりあい状態にあり，ハブにはディッシングモーメント（dishing moment）が作用し，前方では引張応力，後方では圧縮応力が発生する．これらの応力は，2 枚翼ロータでは 1 軸，3 枚翼ロータでは 2 軸方向に生じる．

ウィンドシアー，ロータティルト，ヨー偏差により発生する翼根面外曲げモーメントの変動は，回転周波数に等しい周波数をもつ正弦波として近似できる場合が多い．式 (5.118) を用いると，ΔM の正弦波状に変化する翼根曲げモーメントの場合，それにより生じる主軸の曲げモーメントの幅は，3 枚翼風車の場合には $1.5\Delta M$，リジッドハブの 2 枚翼風車の場合には $2\Delta M$ であることが容易にわかる．

べき乗則に従ったウィンドシアーの場合，水平位置のブレードに作用する荷重は，上方と下方のブレードの荷重の平均値よりも常に大きいため，荷重は正弦波から大きく離れることになる．図 5.37 に，ハブ高さ風速 10 m/s，ウィンドシアー指数 0.2 において 15 rpm で運転する，2 枚翼リジッドハブ風車および 3 枚翼風車の主軸曲げモーメントを示す．モーメント幅の比は，ほぼ 2.0 : 1.5 である．

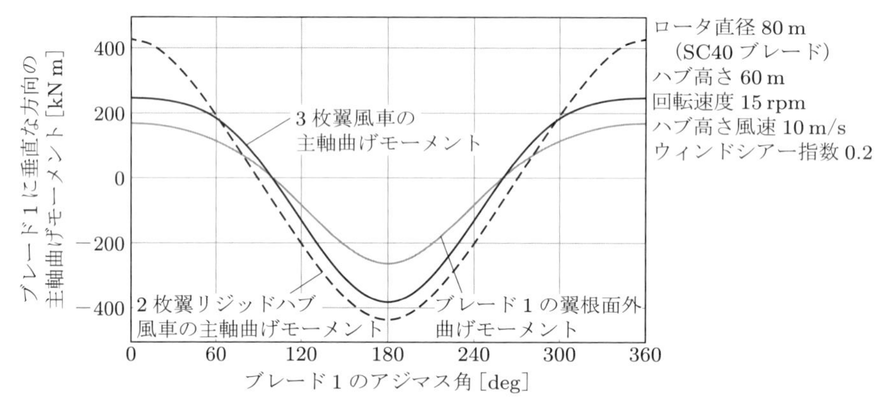

図 5.37　ウィンドシアーによる主軸曲げモーメント変動

5.10.3　統計論的空気力

翼根面外曲げモーメントの統計論的荷重により，ハブのディッシングモーメント（上記参照）と主軸曲げモーメントの統計論的荷重がもたらされる．2 枚翼リジッドハブロータの場合，主軸曲げモーメントは，二つの翼根面外曲げモーメントの差（ティータリングモーメント）に等しく，その標準偏差は式 (5.102a) で与えられる．同様に，これら二つのモーメントの平均の標準偏差（ディッシングモーメント）は，式 (5.103) で与えられる．

3 枚翼風車の主軸曲げモーメントの標準偏差の導出は，2 枚ではなく 3 枚のブレードに対する積分が必要であるため，複雑である．しかし，一つのブレードに平行な軸 M_{ZS}（図 5.36）まわりに主軸曲げモーメントを定義すると，そのブレードに作用する荷重の寄与はなくなり，主軸曲げモーメントの標準偏差は次式のようになる．

$$\sigma_{M_{ZS}}^2 = \left(\frac{1}{2}\rho\Omega\frac{dC_L}{d\alpha}\right)^2 \int_{-R}^{R}\int_{-R}^{R} \kappa_u^o\,(r_1, r_2, 0)\, c\,(r_1) c\,(r_2)\, \frac{\sqrt{3}}{2} r_1 \frac{\sqrt{3}}{2} r_2\, |r_1|\, |r_2|\, dr_1 dr_2 \tag{5.119a}$$

ここで，上記のブレードを除く 2 枚のブレードに対して積分を行う．$\kappa_u^o\,(r_1, r_2, 0)$ は式 (5.51) で与えられる．$\Omega\tau$ は，r_1 と r_2 が同じブレード上の場合にはゼロとし，異なるブレード上の場合には $2\pi/3$ に置き換える．r_1 と r_2 が異なるブレード上の場合，相互相関関数 $\kappa_u^o\,(r_1, r_2, 0)$ は 2 枚翼風車の場合よりも大きくなる．これは，ブレード間の角度が 120° のため，2 枚のブレード要素間の間隔が狭くなるからである．また，式 (5.119a) は，次式のように，正規化された相互相関関数 $\rho_u^o(r_1, r_2, 0) = \kappa_u^o(r_1, r_2, 0)/\sigma_u^2$ を用いて書き直すことができる．

$$\sigma_{M_{ZS}}^2 = \sigma_u^2 \left(\frac{1}{2}\rho\Omega\frac{dC_L}{d\alpha}\right)^2 \int_{-R}^{R}\int_{-R}^{R} \rho_u^o(r_1, r_2, 0)\, c(r_1) c(r_2) \frac{\sqrt{3}}{2} r_1 \frac{\sqrt{3}}{2} r_2 |r_1| |r_2|\, dr_1 dr_2 \tag{5.119b}$$

乱れの長さスケールが 147 m の風の中で運転する，SC40 ブレードをもつ直径 80 m の 3 枚翼風車の場合，統計論的荷重による主軸曲げモーメントの標準偏差は，同じ速度で回転する 2 枚翼リジッドハブ風車の 82%である．なお，120° のブレード間隔の相互相関関数への影響を無視すると，この比は $\sqrt{3}/2$ に上昇する．

3 枚翼風車の場合，変動荷重による主軸曲げモーメント M_{YS} の標準偏差が M_{ZS} の標準偏差と同じであることは注目に値する（図 5.36 参照）．

上記の主軸曲げモーメントと同様，統計論的荷重による 3 枚翼風車のハブのディッシングモーメントの標準偏差は，次式のようになる．

$$\sigma_{M_h}^2 = \frac{1}{4}\sigma_u^2 \left(\frac{1}{2}\rho\Omega\frac{dC_L}{d\alpha}\right)^2 \int_{-R}^{R}\int_{-R}^{R} \rho_u^o(r_1, r_2, 0)\, c(r_1) c(r_2) \frac{\sqrt{3}}{2} r_1^2 \frac{\sqrt{3}}{2} r_2^2\, dr_1 dr_2 \tag{5.120}$$

ここで，積分は 2 枚のブレードのみに対して行われ，相互相関関数は，ブレード間の 120° の角度を考慮するために前に示したように修正され，次式のようになる．

$$\frac{1}{4}\sigma_{M_{ZS}}^2 + \sigma_{M_h}^2 = \frac{3}{4}\sigma_{M_{Y1}}^2 \tag{5.121}$$

5.10.4 重 力

主軸荷重の重要な成分は，ロータ自重による片持ち梁の周期的な曲げモーメントであり，これは通常，主軸の疲労設計において支配的である．3 枚の SC40 ブレード（7.7 t）と，主軸の主軸受から 1.7 m の位置で片持ち支持されたハブ（25 t）で構成するロータは，自重により，最大約 1600 kN m の主軸曲げモーメントを発生させる．これは，ハブ高さ風速 10 m/s の場合のウィンドシアー（べき指数 0.2）による主軸曲げモーメントの幅（630 kN m）や，平均風速が同じで，乱流強度が 21%の場合の主軸曲げモーメントの標準偏差（350 kN m）と同程度である．なお，アップウィンド風車の場合，ウィンドシアーによる主軸曲げモーメントは，自重による主軸モーメントを軽減する．

5.11 ナセル荷重

5.11.1 ロータからの荷重

前節では，主軸とともに回転する軸系において，ハブから主軸に加えられる曲げモーメントを検討した．主軸は，これらのモーメントに加えて，ロータのスラスト力と，各ブレードのエッジ方向の力や遠心力による，半径方向の力を受ける．

ナセル構造の要素に作用する荷重を計算するためには，まず，回転軸系で表されたロータ荷重（またはブレード荷重成分）を，固定軸系で表されたナセル荷重に変換する必要がある．ここで，x 軸が風下側，y 軸が水平右側，z 軸が垂直上向きを正とする，通常の座標系を採用する．したがって，ティルト角 η を有する 3 枚翼風車の場合，ブレードの面外曲げモーメントにより，ナセルの y 軸および z 軸まわりに作用するモーメントは以下のとおりである．

$$M_{YN} = M_{Y1}\cos\psi + M_{Y2}\cos(\psi - 120°) + M_{Y3}\cos(\psi - 240°) \tag{5.122}$$

$$M_{ZN} = [M_{Y1}\sin\psi + M_{Y2}\sin(\psi - 120°) + M_{Y3}\sin(\psi - 240°)]\cos\eta \tag{5.123}$$

ここで，ψ はブレード 1 のアジマス角である（図 5.38 参照）．

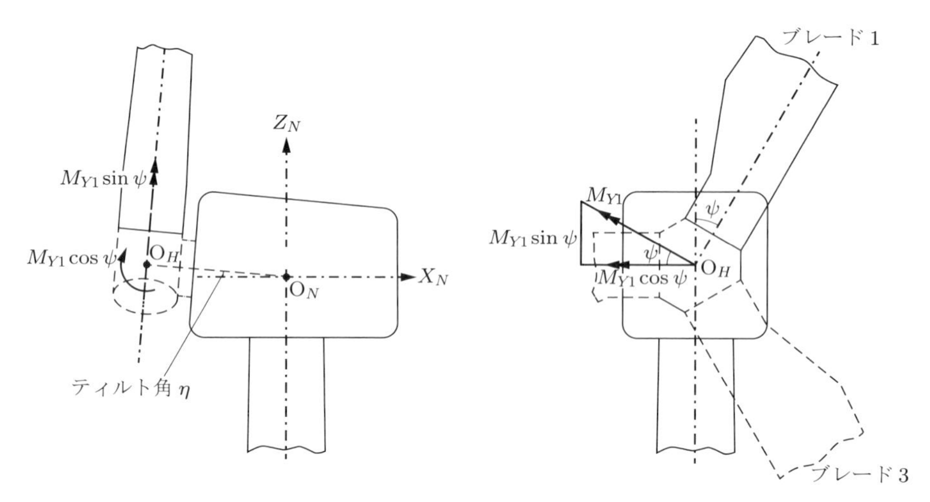

図 5.38　固定軸系でのブレード 1 の翼根面外曲げモーメントの成分

3 枚翼と 2 枚翼のロータについて，決定論的荷重によるナセルに作用するモーメントを比較する．ウィンドシアーおよびヨー偏差による，非失速ブレードの翼根面外曲げモーメントの変動は，アジマス角の余弦にほぼ比例する．$M_{Y1} = M_0\cos\psi$, $M_{Y2} = M_0\cos(\psi - 2\pi/B)$ などを式 (5.122) および式 (5.123) に代入すると，3 枚翼ロータで $M_{YN} = 1.5M_0$ および $M_{ZN} = 0$ が得られるが，リジッドハブの 2 枚翼ロータでは，$M_{YN} = M_0(1 + \cos 2\psi)$, $M_{ZN} = M_0 \sin 2\psi\cos\eta$ である．したがって，ナセルに作用するモーメントは，3 枚翼風車では一定であるが，リジッドハブの 2 枚翼ロータでは振幅 M_0 で連続的に変動する．$M_{Y1} = M_0\sin\psi$ で近似されるロータティルトに起因する翼根面外曲げモーメントについても，同様の結果が得られる．表 5.9 に比較を示す．

決定論的荷重によりナセルに作用するモーメントは，リジッドハブの 2 枚翼ロータよりも，3 枚翼ロータのほうがはるかに好ましいことは明らかである．

3 枚翼風車の場合，ロータの統計論的荷重による主軸の曲げモーメントの標準偏差は，選択した回転軸（5.10.3 項）に依存しないため，結果として生じるナセルのモーメントの標準偏差は，ナセルの y 軸および z 軸の両方について同じ値になる．

5.11.2　ナセルに作用する風荷重

横からの風荷重が作用する場合以外は，外装材の荷重は通常，とくに問題にはならず，標準的な風荷重コードにより計算することができる．横から風荷重が作用する場合，抗力係数を 1.2 とすれば，一般に安全側と考えられている．

表 5.9 2 枚翼と 3 枚翼ロータの決定論的荷重によるナセルモーメントの比較

	$M_{Y1}=M_0\cos\psi$, $M_{Y2}=M_0\cos(\psi-2\pi/B)$ などによって近似される，ウィンドシアーとヨー偏差による翼根面外曲げモーメントがもたらすナセルモーメント		$M_{Y1}=M_0\sin\psi$, $M_{Y2}=M_0\sin(\psi-2\pi/B)$ などによって近似される，ティルト角による翼根面外曲げモーメントがもたらすナセルモーメント	
	ナセルのノッディングモーメント M_{YN}	ナセルのヨーイングモーメント M_{ZN}	ナセルのノッディングモーメント M_{YN}	ナセルのヨーイングモーメント M_{ZN}
3 枚翼ロータ	$1.5M_0$	0	0	$1.5M_0\cos\eta$
リジッドハブの 2 枚翼ロータ	$M_0\,(1+\cos 2\psi)$	$M_0\sin 2\psi\cos\eta$	$M_0\sin 2\psi$	$M_0\,(1-\cos 2\psi)\cos\eta$

5.12 タワー荷重

5.12.1 極値荷重

通常，待機中の風車の極値荷重は，再現期間 50 年の 3 s ガストに基づいて計算する．一般に，タワーの基部と頂部でもっとも重要になる条件が異なるなど，複数の荷重条件を考慮する必要がある．また，発電時の翼端速度が設計極値風速に対して高い場合，これにより設計が決まる場合があるため，発電時の極値荷重条件も検討する必要がある．

待機中のストール制御機の場合，タワー基部で重要になる条件は，正面からの風によりブレードの抗力が最大になる場合である．一方，タワー頂部の曲げモーメントは，上方に位置するブレードに最大揚力が生じるような斜めからの風を受ける場合や，1 枚のブレードがタワーに隠れるような状態のロータに後風を受ける場合に最大になる．

3 枚翼風車のピッチ制御の利点の一つは，ブレードフェザリングにより，待機中のロータ荷重を大幅に低減できることである．タワー基部の曲げモーメントに関しては，横向きの風荷重を受け，2 枚のブレードが垂直に対して 30° 傾いている場合がもっとも重要な条件である．これらのブレード荷重の水平成分は，鉛直上方（0°）の位置のブレード荷重の $\cos^3 30°$ 倍であるため，ロータの全荷重は，ストール制御風車の最大値の 43.3%（$=100\times\sqrt{3}/4\%$）にすぎない．

上記の風車が横風を受ける荷重条件は，系統遮断などによりヨー駆動ができず，その間に風向が 90° 変化する場合にのみ発生する．したがって，IEC 61400-1 第 3 版では，この条件を異常荷重条件（DLC 6.2）として，荷重係数を 1.1 に低減（通常荷重条件では 1.35）して扱っている．この結果，ピッチ制御風車では，タワー基部の極値転倒モーメントを生じる荷重条件が必ずしも明確ではない．また，1 枚のブレードが垂直上方に向いている状態でロータが停止し，かつ，ヨー角が小さい場合（IEC 61400-1 第 3 版の DLC 6.1），上方のブレードに最大揚力に近い荷重が発生する可能性がある．ほかのブレードに作用する荷重は小さく，その水平成分は上方のブレードとは反対方向に作用する．上方のブレードの最大荷重は，ウィンドシアーを無視すると $\left(0.5\rho V^2\right)1.5A_B$ となる．ここで，A_B はブレードの面積である．一方，DLC 6.2 における抗力は，ウィンドシアーを無視すると $2\cos^3 30°\times\left(0.5\rho V^2\right)\times 1.3A_B=\left(0.5\rho V^2\right)\times 1.69A_B$ となり，荷重に対する部分安全係数を考慮すると $\left(0.5\rho V^2\right)\times 1.86A_B$ になる．これは，上方のブレードが最大揚力時に発生する荷重 $2.025\times\left(0.5\rho V^2\right)\times A_B$（荷重に対する部分安全係数を含む）よりも若干小さい．ただし，

DLC 6.2 のブレードに作用する抗力はタワーの抗力と同じ方向に作用するが，DLC 6.1 の垂直ブレードに作用する揚力はタワーの抗力に対して直交方向に作用する．

円筒およびラティスタワー（トラスタワー）の抗力係数に関する情報は，EN 1991-1-4:2005, *Eurocode 1: Actions on Structures—Part 1-4: General Actions—Wind Actions,* ならびに，BS 8100（1986）や DS 410（1983）などの各国の基準に記載されている．円筒タワーの抗力係数は，一般に 0.6~0.7 である．ロータ荷重は，一般に，ストール制御風車のタワー基部のモーメントにおいて支配的であるが，ピッチ制御風車の場合，タワー荷重とロータ荷重の寄与は同程度であることが多い．

5.12.2　極値荷重に対する動的応答

5.6.3 項で考察した，静止した片持ち支持されたブレードの場合と同様に，極値風速におけるタワーの準静的曲げモーメントは，乱れによるタワーの共振振動の励起が引き起こす慣性力モーメントによって大きくなる．これまでのように，この増加は，動的増幅率 Q_D（10 分間のタワーの共振励起を含むピークモーメントに対するピーク準静的モーメントの比として定義される）を用いて，次式のように表すと都合がよい．

$$M_{\max} = \frac{1}{2}\rho U_{e50}^2 H \left[\oint C_f \left(\frac{z}{H}\right)^{1+2\alpha} dA \right] Q_D \tag{5.124}$$

ここで，

U_{e50}：ハブ高さの極値風速（再現期間 50 年の瞬間風速）
z：地表面からの高さ
H：ハブの高さ
C_f：対象の部材の風力（揚力または抗力）係数
α：ウィンドシアーべき指数（IEC 61400-1 より，$\alpha = 0.11$）

であり，Q_D は次式で与えられる．

$$Q_D = \frac{1 + g\left(2\sigma_u/\overline{U}\right)\sqrt{K_{SMB} + [\pi^2/(2\delta)] R_u(n_1) K_{Sx}(n_1) \lambda_{M1}^2}}{1 + g_0\left(2\sigma_u/\overline{U}\right)\sqrt{K_{SMB}}} \quad \text{（式 (5.17) 参照）}$$

また，積分記号 $\oint$ は，全ブレード，ナセル，タワー全体にわたって積分することを意味する．式 (5.17) の導出は，5.6.3 項，および，片持ちブレードとの関連で付録 A5 において説明する．

タワーの動的増幅率の計算手順は以下のとおりで，ブレーキで静止しているロータやナセルと本質的に同じである．

1) タワーの固有振動数において，共振規模低減係数（size reduction factor）$K_{Sx}(n_1)$ を計算する．共振規模低減関数は，ブレードとタワーの長手方向の変動風の相関の低下の影響を反映する．正規化したコスペクトルに対して指数関数式を採用すると，式 (A5.25) は次式のようになる．

$$K_{Sx}(n_1) = \frac{\oint\oint \exp\left(-Csn_1/\overline{U}\right) C_f^2 c(r)\, c(r')\, \mu_1(r)\, \mu_1(r')\, dr dr'}{\left(\oint C_f c(r)\, \mu_1(r)\, dr\right)^2} \tag{5.125}$$

ここで，

$\oint$：ブレードおよびタワーにわたる積分

r，r'：ブレードの場合は半径位置，タワーの場合はハブから下方の距離

s：要素 dr と dr' 間の距離

C_f：関連する風力係数

$c(r)$：ブレードの場合は翼弦長，タワーの場合は直径

$\mu_1(r)$：1 次モードのモード形状

である．

この式は，ロータの $\mu_1(r)$ を 1 とし，タワー荷重の寄与を完全に無視することで大幅に簡略化できる．タワー頂部付近の荷重のみが重要であり，これは荷重を受ける空間的範囲の影響をほとんど受けないため，この仮定は合理的である．

2) タワーの 1 次モードの対数減衰率 δ を計算する．なお，空気減衰の成分は次式で与えられる．

$$\delta_a = 2\pi\xi_a = 2\pi\frac{c_{a1}}{2m_{T1}\omega_1} = \frac{\oint \hat{c}_a(r)\, \mu_1^2(r)\, dr}{2m_{T1}n_1} \tag{5.126}$$

ここで，m_{T1} は，式 (5.110) で与えられる 1 次モードに関するタワー，ナセル，ロータの一般化質量（ロータの慣性の影響を含む）であり，n_1 はタワー固有周波数である．風に正対するストール制御風車では，空力減衰へのロータの寄与は単純に $\rho\overline{U}C_D A_R/(2m_T n_1)$ である．ここで，A_R はロータ面積である．

3) 次式に従ってナセルの共振変位の標準偏差を計算する．

$$\frac{\sigma_{x1}}{\bar{x}_1} = 2\frac{\sigma_u}{\overline{U}}\frac{\pi}{\sqrt{2\delta}}\sqrt{R_u(n_1)}\sqrt{K_{Sx}(n_1)} \qquad \text{(式 (5.7) 参照)}$$

4) λ_{M1} を計算する．これは，タワー基部の共振モーメントの標準偏差と平均値との比，および，ナセル変位の対応する比と，以下のように関係付けられる．

$$\frac{\sigma_{M1}}{\overline{M}} = \lambda_{M1}\frac{\sigma_{x1}}{\bar{x}_1} \qquad \text{(式 (5.8a) 参照)}$$

ロータについて $\mu_1(r) = 1$ とすると，λ_{M1} は次式で与えられる．

$$\lambda_{M1} = \frac{\left(\int_0^H m(z)\mu_1(z) z\, dz\right)\left[C_D A_R + \int_0^H C_f\left(\frac{U(z)}{\overline{U}}\right)^2 d(z)\mu_1(z)\, dz\right]}{m_{T1}H\left[C_D A_R + \int_0^H C_f\left(\frac{U(z)}{\overline{U}}\right)^2 d(z)\frac{z}{H}\, dz\right]} \tag{5.127a}$$

ここで，z は基部からのタワー断面の高さ，$d(z)$ は高さ z におけるタワーの直径，H はハブ高さである．タワーの荷重が比較的小さい場合，これは次式のように近似される．

$$\lambda_{M1} = \frac{\int_0^H m(z)\mu_1(z)z\,dz}{m_{T1}H} \tag{5.127b}$$

積分の中でタワー頂部の質量が支配的であるので，λ_{M1} は 1 に近い値をとる．

5) 基部の曲げモーメントの準静的応答，またはバックグラウンド応答の規模低減係数 K_{SMB} を計算する．このパラメータは，ブレードとタワーに沿った風の変動の相関の低下を考慮するものである．K_{SMB} は，式 (5.125) に与えられている共振規模低減係数の指数関数部分を $\exp[-s/(0.3L_u^x)]$ に修正して導き出すことができる．
6) 共振成分と準静的成分を合算した応答，および，準静的応答のピークファクタを，それぞれのゼロアップクロス周波数に関して計算する．準静的応答のゼロアップクロス周波数を推定するには，式 (A5.57) のブレード面積をロータ面積で置き換える必要がある．
7) 手順 1)〜6) で得られたパラメータの値を式 (5.17) に代入して，動的増幅率 Q_D を求める．

待機時にロータを遊転させる場合，ロータの回転や，風のガストに対する前後方向の応答により，風車の形状が絶えず変化するため，タワーの共振応答の計算は複雑になる．

5.12.3　定常風における発電時の荷重（決定論的成分）

タワーの前後方向の曲げモーメントは，ロータのスラストとピッチングモーメントにより生じる．ナセルに作用する決定論的ロータモーメントは，5.11.1 項で説明したとおりである．個々のブレードのスラストは，ヨー偏差，ロータティルト，ウィンドシアーの影響で，アジマス角に応じて大きく変化するが，ブレードに作用する変動荷重はある程度相互にバランスしているため，ロータスラストのアジマス角による変化は小さい．たとえば，2 枚翼風車では，ウィンドシアーのべき指数 0.2 の場合，ロータスラスト変動は約 ±1%である．また，タワーシャドウにより，ブレード通過周波数において，タワー頂部は正弦波状に変位する（図 5.32 参照）．

図 5.39 に，ストール制御とピッチ制御の直径 80 m の 3 枚翼風車の，風速によるロータスラストを示す．

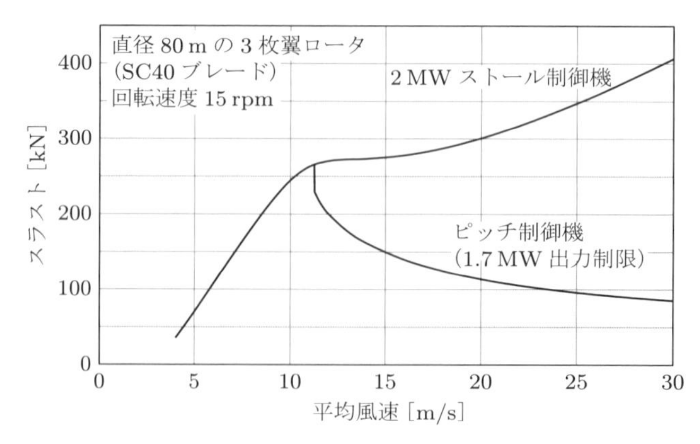

図 5.39　定常一様流中で発電中のロータスラスト（同サイズのストール制御機とピッチ制御機）

5.12.4 変動風における発電時の荷重（統計論的成分）

■周波数領域での解析

タワー前後方向の統計論的な曲げモーメントは，タワー頂部付近以外では，ロータスラストが支配的である．ロータスラストの標準偏差は，5.7.5 項で述べた翼根曲げモーメントの標準偏差の計算法に従って，乱流強度，および，異なる点における変動風の相互相関関数で表すことができる．上述のように，変動風速と変動荷重との間の線形関係を仮定すると，半径位置 r におけるブレードの単位幅あたりの荷重の摂動 q は，

$$q = \frac{1}{2}\rho\Omega rc\left(r\right)\frac{dC_L}{d\alpha}u \qquad \text{（式 (5.25) 参照）}$$

となる．また，ロータスラストの摂動は次式のようになる．

$$\Delta T = \left(\frac{1}{2}\rho\Omega\frac{dC_L}{d\alpha}\right)\oint uc(r)r\,dr \tag{5.128}$$

ここで，記号 $\oint$ はロータ全体の積分を示す．これにより，ロータスラストの変化を表す次式が得られる．

$$\sigma_T^2 = \left(\frac{1}{2}\rho\Omega\frac{dC_L}{d\alpha}\right)^2\sigma_u^2\oint\oint\rho_u^o(r_1, r_2, 0)c(r_1)c(r_2)r_1 r_2\,dr_1 dr_2 \tag{5.129}$$

ここで，$\rho_u^o\left(r_1, r_2, 0\right)$ は，同一またはほかのブレード上の半径位置 r_1 および r_2 の点の正規化相互相関関数 $\kappa_u^o\left(r_1, r_2, 0\right)/\sigma_u^2$ である．$\kappa_u^o\left(r_1, r_2, 0\right)$ は式 (5.51) で与えられるが，$\Omega\tau$ は，r_1 と r_2 のある二つのブレード間の位相角で置き換える．3 枚翼，直径 80 m のロータで，積分長さスケールが 147 m の場合，ロータスラストの標準偏差は，ロータ全体の変動風速の相関が低下するため，約 20%低下する．また，風速 8 m/s，乱流強度が 20%の気流中で 15 rpm で回転する風車の場合，ロータスラストの標準偏差は，定常値の 22%の約 38 kN になる．

ロータスラストのパワースペクトルの式は，翼根曲げモーメントのパワースペクトル（5.7.5 項）と同様，次式のようになる．

$$S_T\left(n\right) = \left(\frac{1}{2}\rho\Omega\frac{dC_L}{d\alpha}\right)^2\oint\oint S_{uJ,K}^o(r_1, r_2, n)c(r_1)c(r_2)r_1 r_2\,dr_1 dr_2 \tag{5.130}$$

ここで，$S_{uJ,K}^o\left(r_1, r_2, n\right)$ は，J 番目と K 番目のブレードの上の半径位置 r_1 と r_2 に対して回転サンプリングしたクロススペクトルである．3 枚のブレード A, B, C をもつ風車では，J と K が異なるとき $S_{uJ,K}^o\left(r_1, r_2, n\right)$ は複素数であるが，$S_{uA,B}^o\left(r_1, r_2, n\right)$ と $S_{uA,C}^o\left(r_1, r_2, n\right)$ は複素共役であるため，式 (5.130) の二重積分は実数である．図 5.40 に，直径 80 m の 3 枚翼風車のロータスラストのパワースペクトルの例を示す．ガストスライシングにより，0.75 Hz のブレード通過周波数にある程度エネルギーが集中しているが，その効果は大きくない．それに対し，2 枚翼風車では，この効果は大幅に大きくなる（図 5.41 参照）．ここで，2 枚翼風車は，3 枚翼風車と同じブレードをもつと想定しているため，同等の性能を得るために 22.5%高速で回転させている．

流れ方向の乱れは，スラスト変動のほかに，異なるブレードに作用する荷重の差によるロータの

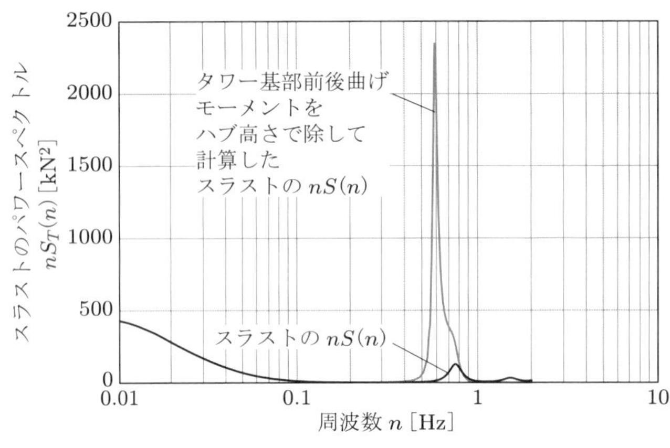

図 5.40　直径 80 m の 3 枚翼風車のロータスラストとタワー基部前後曲げモーメントのパワースペクトル

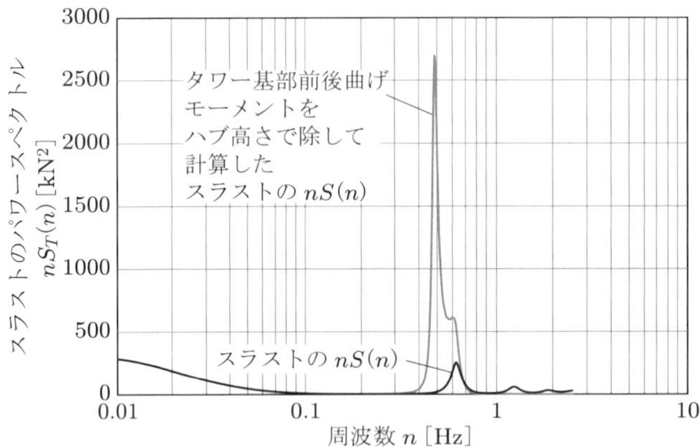

図 5.41　直径 80 m の 2 枚翼風車のロータスラストとタワー基部前後曲げモーメントのパワースペクトル

トルク変動や面内荷重を発生させ，さらに，それらによりタワーの横方向の曲げモーメントを発生させる．単位幅あたりの揚力の面内成分 $-F_Y(r) = (1/2)\rho W^2 C_L c(r) \sin\phi$ を，以下のように風速に対して微分する．

$$-\frac{dF_Y}{du} = \frac{1}{2}\rho c(r)\frac{d}{du}\left(W^2 C_L \sin\phi\right) = \frac{1}{2}\rho c(r)\frac{d}{du}\left[W\left\{U_\infty(1-a)+u\right\}C_L\right]$$
$$\cong \frac{1}{2}\rho c(r) W\left(C_L + \frac{dC_L}{d\alpha}\sin\phi\right)$$

これは，次式のように近似される．

$$-\frac{dF_Y}{du} = \left(\frac{1}{2}\rho\Omega\frac{dC_L}{d\alpha}\right)c(r)\,r\left(\frac{C_L}{dC_L/d\alpha} + \sin\phi\right) \tag{5.131a}$$

したがって，ブレードの荷重と風速変動との間に線形関係があり，乱れの長さスケールがロータの直径と比較して大きいかぎり，ロータトルクの標準偏差は次式のように近似される（これは式 (5.26) と同様である）．

$$\sigma_Q = \left(\frac{1}{2}\rho\Omega\frac{dC_L}{d\alpha}\right)\sigma_u\left[\oint r^2 c(r)\left(\frac{C_L}{dC_L/d\alpha} + \sin\phi\right)dr\right] \tag{5.131b}$$

式 (5.131b) を用いて，上述のロータスラストと同じ方法でロータトルクの分散の式を導き出すことができる．タワー頂部では，ロータのトルク変動に起因する横方向の統計論的モーメント M_X の大きさは，通常，ロータ面外荷重の差による前後方向の統計論的モーメント M_Y と同じオーダーである．そのため，タワー基部ではロータスラスト荷重による影響が支配的である．これは，タワーの共振を考慮しなければ，左右方向の統計論的曲げモーメントは，通常，前後方向よりも著しく小さいことを意味する．

■時間領域での解析

5.7.5 項で示したとおり，失速した条件での運転のように，周波数領域の解析に必要なブレードの荷重と風速の変動の間に線形関係を適用できない場合がある．このような場合には，変動風における動的シミュレーションの技術（5.7.6 項参照）を用いて，時間領域の解析を行う必要がある．

5.12.5　発電時の荷重の動的応答

通常，ロータスラストのパワースペクトルは，タワーの固有振動数にある程度のエネルギーをもち，これにより，たわみを増幅させ，さらには，タワーの曲げモーメントを発生させる．タワーの 1 次の前後曲げモードの励起による，ハブにおけるたわみのパワースペクトル $S_{x1}(n)$ は，次式で与えられるロータスラストのパワースペクトルの影響を受ける．

$$S_{x1}(n) = \frac{S_T(n)}{k_1^2}\frac{1}{\left(1-n^2/n_1^2\right)^2 + 4\xi_1^2 n^2/n_1^2} \tag{5.132}$$

この関係は式 (5.90) と同様に求められる．

1 次モードの共振時のタワー基部前後曲げモーメントの振幅 M_{Y1} は，ハブでのたわみの振幅 x_{H1} から次式のように計算することができる．

$$M_{Y1} = \omega_1^2 x_{H1}\int_0^H m(z)\mu(z)z\,dz = \omega_1^2 x_{H1} m_{T1} H \frac{\displaystyle\int_0^H m(z)\mu(z)z\,dz}{\displaystyle H\int_0^H m(z)\mu^2(z)\,dz} \tag{5.133}$$

右辺において，タワー頂部の質量が支配的であるため，分数部分は 1 に近似でき，さらに，$\omega_1^2 m_{T1}$ を k_1 で置き換えると，この式は $M_{Y1} = x_{H1}k_1 H$ となる．これは任意の励振周波数で適用される．したがって，ロータのスラスト荷重によるタワー基部前後曲げモーメントのパワースペクトルは，次式のようになる．

$$S_{M_{Y1}}(n) = S_T(n)\,H^2\frac{1}{\left(1-n^2/n_1^2\right)^2 + 4\xi_1^2 n^2/n_1^2} \tag{5.134}$$

空力減衰のほとんどはロータによって与えられるため，タワー 1 次モードの減衰比は次式のようになる．

$$\xi_{a1} = B\frac{(1/2)\rho\Omega\displaystyle\int_0^R \frac{dC_L}{d\alpha} rc(r)\,dr}{2m_{T1}\omega_1} \tag{5.135}$$

ここで，B はブレードの枚数である（5.8.4 項参照）．タワーの減衰比は，これにタワーの構造減衰比を加えることで得られる（表 5.7 参照）が，タワー頂部の質量が大きいため，ブレードの 1 次モードの減衰に比べて一般に低くなる．図 5.40 に示したタワー前後曲げモーメントのパワースペクトルにおいて，非常に高いピークが，ブレード通過周波数である 0.75 Hz とは若干離れているタワーの固有振動数 0.58 Hz に現れていることから，減衰比が低いことがわかる．ここで，タワー頂部の質量を 120 t とした場合，空力減衰比 0.035 と，溶接された円筒タワーの構造減衰比 0.002 により，減衰比は 0.037 となる．

図 5.40 の例では，タワーの動的応答によって，タワー基部前後曲げモーメントの標準偏差は 9%増加している．しかし，2 枚翼風車の場合には，ブレード通過周波数に対するタワーの固有振動数の比を同一とするためにタワーの固有振動数を低下させたにもかかわらず，タワーの動的応答の効果は 15%増加している（図 5.41）．定常時のブレード通過周波数での変動スラストの大きさは，6.14.1 項で検討する．

タワー横方向の振動に対して，ロータによる空力減衰はわずかなので，実質的には構造減衰のみが作用する．これは，前後方向の荷重に対して左右方向の荷重が小さくても，左右方向のタワーモーメントの変動が前後方向の荷重と近い値を示す場合もあることを示している．

5.12.6　疲労荷重と応力

高さ z のタワー断面における曲げモーメントは，次式のようにハブ高さの荷重で表記できる．ここで，タワーの慣性力は無視している．

$$\begin{aligned} M_X(z,t) &= -F_Y(H,t)(H-z) + M_X(H,t) \\ M_Y(z,t) &= F_X(H,t)(H-z) + M_Y(H,t) \\ M_Z(z,t) &= M_Z(H,t) \end{aligned} \tag{5.136}$$

3 枚翼風車では，各平均風速において決定論的荷重成分が一定，または無視できるため，ハブ高さにおける五つの疲労荷重はほぼ完全に確率論的であり，これらの荷重の相互の関連を検討することは有益である．ロータの中心から外れているランダムなアジマス位置をガストが通過する場合，ロータの面外荷重，すなわち水平軸まわりのモーメント $M_Y(H,t)$，垂直軸まわりのモーメント $M_Z(H,t)$，ならびに，ロータのスラスト $F_X(H,t)$ は，すべて互いに統計的に独立している．これは，ロータの面内荷重，ロータトルク $M_X(H,t)$，横荷重 $F_Y(H,t)$ に関しても同様である．しかし，ブレード翼素に作用する面外荷重および面内荷重は，いずれも局所風速変動 u に比例すると仮定されているため，ロータトルク変動はロータスラスト変動と，また，ロータの横方向荷重変動は水平軸のまわりのハブモーメント $M_Y(H,t)$ の変動と，それぞれ同位相となる．

上記の関係は，疲労荷重の組み合わせに影響を与える．高さ z の断面におけるタワー前後曲げモーメントのパワースペクトル $S_{My}(z,n)$ は，水平軸のまわりのハブモーメントのパワースペクトルをロータスラストのパワースペクトルの $(H-z)^2$ 倍に単純に加えることによって計算できる．同様に，高さ z の断面におけるタワー横方向曲げモーメントのパワースペクトル $S_{Mx}(z,n)$ は，ロータトルクのパワースペクトルをロータ横方向荷重のパワースペクトルの $(H-z)^2$ 倍に加えることによって得られる.

高さ z の断面におけるモーメント M_X, M_Y, M_Z のパワースペクトルが得られれば，ディルリク法（5.9.3 項）により，対応する疲労荷重スペクトルを十分な精度で計算することができる．なお，タワー応力幅はタワー共振によって増加するので，入力パワースペクトルには動的倍率を組み込む必要がある（5.12.5 項参照）．Ragan と Manuel（2007）は，周波数領域と時間領域で計算した疲労荷重の比較により（5.9.3 項参照），検討したケースのタワー疲労曲げモーメントの推定において，ディルリク法は非常に優れた結果を示すことを報告した.

二つの軸まわりの曲げによる疲労応力幅は $M_X(z)$ と $M_Y(z)$ の疲労スペクトルから個別に計算できるが，位相に関する情報が欠落しているため，二つの疲労スペクトルを合算した応力幅は正確には計算できない．しかし，上記のように，$M_X(z)$ の $M_X(H)$ 成分は $M_Y(z)$ 変動の $F_X(H)$ 成分と，また，$M_X(z)$ の $F_Y(H)$ 成分は $M_Y(z)$ の変動の $M_Y(H)$ 成分とそれぞれ同位相であるため，$M_X(z)$ と $M_Y(z)$ の疲労スペクトルの合算による応力幅は同位相と想定することで，安全側の計算を行うことができる．これは理論的には，$M_X(z)$ と $M_Y(z)$ の最大荷重の繰り返しをペアにし，2 番目に大きいものをペアにし，3 番目に大きいものをペアにしてというように，疲労スペクトルを通してペアリングし，各ペアリングから生じる応力幅を計算することに相当する．実際には，$M_X(z)$ と $M_Y(z)$ の荷重サイクルは，同じサイズの二つのビンからなるセットの中で分布しているため，以下の表 5.10 および表 5.11 に示す単純化した例のように，荷重幅の降順の二次元マトリックス内のビンに再度割り当てる必要がある.

表 5.10 M_X と M_Y の疲労スペクトルの例

ΔM_Y [kN m]	ΔM_Y のサイクル数	ΔM_X [kN m]	ΔM_X のサイクル数
200〜300	5	100〜150	10
100〜200	15	50〜100	40
0〜100	80	0〜50	50

表 5.11 M_X と M_Y の荷重幅のサイクル回数の分布

ΔM_X [kNm]	ΔM_Y [kNm]			M_X のサイクル数の合計
	200〜300	100〜200	0〜100	
100〜150	5	5		10
50〜100		10	30	40
0〜50			50	50
M_Y のサイクル数の合計	5	15	80	

円筒タワーの場合，応力幅は，疲労損傷が最大となるナセル軸における位置を特定するために，円周上の数点で計算しなければならない.

二つの疲労スペクトルの合算に対して，より簡単で重要となる可能性がある方法は，疲労ダメージ等価荷重（Damage Equivalent Load: DEL）法である．この方法には，たとえば 10^7 回などのサイクル数で生じる一定振幅の疲労荷重 $M_{X,\mathrm{DEL}}$ と $M_{Y,\mathrm{DEL}}$ の計算が含まれる．これらは，想定している疲労荷重に対して適切な S–N 曲線を使用すると，M_X, M_Y とそれぞれ同じ疲労ダメージを与える．なお，M_X と M_Y の変動を同位相とみなす場合，疲労ダメージが等価なモーメントは

$\sqrt{M^2_{\mathrm{X,DEL}} + M^2_{\mathrm{Y,DEL}}}$ となる.

5.13 風車の動的解析コード

最近の大型風車は構造が複雑であり，その詳細な性能と荷重を予測するには，以下の点を考慮した，かなり洗練された解析法が必要になる.

- 誘導流（風車自身によって引き起こされる流れ場の変化），流れの三次元性，動的失速効果を考慮したロータの空気力
- ブレード，ドライブトレイン，タワーの振動の動的特性モデル
- 空気力学的フィードバック（構造物の振動による空気力の補正）
- 発電機，ヨーシステム，ブレードピッチ制御システムなどのサブシステムの動的応答
- 風車の発電，起動／停止の制御アルゴリズム
- 乱流の三次元構造を含む，流れ場の時間的および空間的変動

また，洋上風車の場合，さらに以下の点を考慮する必要がある.

- 水中構造物に作用する流体力
- 流体力学的フィードバック（構造物の振動による流体力の補正）

風の乱流スペクトルのほか，ブレードによる乱流の回転サンプリング，構造の応答，制御システムを考慮して，上記の点の多くを説明できる周波数領域の解析技術を開発することが可能である．これらの手法は，5.7.5 項，5.8.6 項，5.12.4 項などで説明されている．しかし，周波数領域での解析は簡潔で計算効率がよいが，線形時間不変システムにしか適用できないため，以下のような風車の重要な挙動を扱うことができない.

- 失速とヒステリシス
- ベアリングの摩擦やピッチ角速度リミットなどのサブシステムにおける非線形性
- 制御アルゴリズムの非線形性
- 可変速運転
- 起動と停止

そのため，今日の風車設計の計算には，ほぼ例外なく，時間領域の解析法が使用されている．今日，高性能の計算機が利用できるため，計算効率がよいという周波数領域法のメリットはもはや重要ではなくなっている.

時間領域シミュレーションを用いて風車の性能と荷重を計算するためのコードが，いくつか市販されている．これらのシミュレーションでは，5.8.5 項で説明したように，数値的手法により短いタイムステップで運動方程式を積分する．これにより，上記のようなシステムの非線形性および非定常性の影響は，十分な精度で計算することができる．このようなコードの比較として，Molenaar と Dijkstra（1999）の調査が有用である.

5.8.5 項で説明したように，運動方程式の積分には，さまざまなアルゴリズムやソルバーがある．固定時間ステップ h（重要な振動モードを説明するのに十分な短さ）を使用するものもあれば，可

変時間ステップを用いて極力長い時間ステップをとり，計算速度を最大化しつつも，すべての積分状態を一定の誤差許容範囲内に保つものもある．

可変時間ステップ法を用いると，不連続点の近傍では，システムの特性が変化する正確な瞬間を見つけるために，時間ステップが調整される．よって，不連続点近傍でも正確な解析が可能となる．このような不連続性は，固着–滑り摩擦（ピッチベアリング，ヨーベアリング，軸ブレーキ，滑りクラッチなど），電力系統遮断，故障，制御・安全システムの動作など，さまざまな要因で発生する可能性がある．また，運動方程式および構造の固有振動数は，ブレーキなどの摩擦要素が滑りから固着に変化する瞬間に変化する．

これらのコードは，解析モデルを仮想的な風車として，実際の風車コントローラを繋げて試験することができる．この場合，通常の通信状態で，各時間ステップの計算がその実際の時間間隔内で完了することを確認する必要がある．そのため，コントローラとの通信がリアルタイムで実行されるように，固定時間ステップとするのがより適切である．これにより，より高い周波数モードや不連続性の影響を予測する際の精度が低下するのはやむを得ない．後述の Bladed コードでは，通常は可変時間ステップを使用するが，コントローラテストなどのリアルタイムアプリケーション用に，固定ステップオプションも提供されている．

時間領域シミュレーションパッケージでは，構造動特性のモデリングに対する二つの主要なアプローチがある．一つは，完全な有限要素表現を用いて構造を小さな要素に分解し，要素間の境界面で境界条件が一致するように，各要素の運動方程式が解かれるものである．そのようなコードの例として，空力モジュールインターフェースを有する汎用有限要素コード（Adams）からなる Adams-WT（Hansen 1998）がある．

もう一つのおもなアプローチは，5.8.1 項で説明したモーダル解析である．ここでは，単純な有限要素法を用いて，ロータブレードやタワーなどの主要部品について，いくつかの低次モードの応答を予測する．これらは一般に梁要素でモデル化されるが，要素質量に作用する遠心力により，回転速度に伴って見かけの剛性が増加するため，この効果を考慮する必要がある．必要に応じて，ドライブトレインの回転および捩れ，ピッチおよびヨー運動などの自由度が追加される．運動方程式は，連成系全体について導出される．その際，すべての自由度を含む系のラグランジアンを構築することによって定式化するのが一般的である．可撓性タワー上にヨーベアリングの回転と主軸まわりの可撓性ロータの回転を想定すると，それに必要な座標変換から，方程式が非常に大きくなるため，通常，それらの導出を自動化するための記号処理（symbolic processing）が必要になる．また，最近では，マルチボディダイナミクス（multi-body dynamics）に基づく方法（Shabana（1998）など）が用いられる．これは，剛性リンク，回転ヒンジ，滑り継手などの連結要素によって，剛体または可撓性の要素の別々の運動方程式を結合させる方法であり，任意の複雑な構造に容易に拡張できる．Craig と Bampton（1968）が最初に提案した手法を用いると，各モード成分のモード形状は，それが取り付けられているほかの部品とは独立した方法で定義できる．

コンポーネントモード（component mode）による市販コードとして，Garrad Hassan により開発された Bladed（DNV GL 2020）がある．このコードはもともとラグランジュ法により構築されていたが，のちにマルチボディダイナミクスを使用するように変更された．このコードでは，ブレードおよびタワーの梁要素モデルを，ドライブトレイン，ヨーおよびピッチアクチュエータなどの要素と組み合わせている．また，性能および荷重に大きな影響を及ぼす制御系は，完全にモデル化することができる．このコードは，発電機と電力変換器をモデル化することもでき，電力系統障害，発電機の短絡故障などに対する風車の応答を，完全かつ詳細に計算できる．また，増速機などのより詳細な要素のモデルをリンクするためのインターフェースも用意されている．ほとんどの計算ではこのレベルの詳細なモデル化は必要ないが，特定の荷重ケースが特定の部品にとって重要な場合は，より詳細なモデルを実行することが有効な場合がある．

モーダル法では，使用するモード数を制限することにより計算を高速化できる．そのため，数百ケースの10分間のシミュレーションで構成された，設計または認証のための荷重ケースを，標準的なデスクトップコンピュータにより数時間で計算することができる．通常，荷重の予測には高次モードはほとんど影響しないため，モード数を制限するほうがよい．しかし，たわみは用いるモード形状の線形結合であり，たわみを正確に予測するには，より多くのモードを用いる必要がある．なお，より多くのモード形状を用いる代わりに，静的な手法を使用することもできる（Barltrop and Adams 1991）．この方法では，効果的に計算された荷重を静的荷重のように用いて，剛性マトリックスと組み合わせてたわみを再計算する．

一般に，モーダル法では，すべての可撓体のたわみが十分小さいと仮定している．非常に柔軟なブレードで見られるような，より大きなたわみの解析精度を高めるために，より複雑な非線形梁要素モデルが開発されている．非線形性は，両端を結合した複数の短い梁要素によりモデル化することができる．

第3章で説明したように，通常，これらのコードは，空力モデルとして翼素運動量（BEM）理論を使用している．BEMは，現在のところ，必要とされる標準的な計算に対して十分高速なシミュレーションができる唯一の方法である．ただし，大きなヨー角における流れ，翼端，ディフューザ付きロータ，あるいは，ブレードとナセルの空力的相互作用など，BEMが十分に正確でない特定のケースを検討するために，渦法やパネル法などの，より高度な空気力学的解析法が使用され始めている．最終的には，ナビエ－ストークス方程式の直接解法に基づく計算流体力学（Computational Fluid Dynamics: CFD）を使用することができる．一般的な市販のCFDコードが利用可能であるが，非常に時間と労力を要するため，かなり特別な場合に詳しく検討する目的以外には使用されない．

荷重を決定するには，ロータ全体の風速変動が非常に重要であるため，三次元乱流場を再現することが重要である．5.7.6項で説明したヴィアーズ法（Veers 1988）は，これを行うための便利な方法である．これは，乱流のスペクトルと空間的コヒーレンスの式を用いて乱数列をフィルタリングして，選択されたスペクトルモデルと一致する三次元の流れ場を生成するもので，上記のコードでも使用されている．Bladedは，Mann（1998）による，三次元波数スペクトルの三次元逆高速フーリエ変換によって乱流場を生成する手法も取り入れている（第2章参照）．Bladedは同様の方法で，洋上風車の水没部分に対する流体力，ならびに，確率論的な波の時間履歴を計算することもできる．また，空気力と同様，構造部材の振動速度と反対方向に発生する，流体力による減衰力も考慮することができる．発電中の風車では，流体力よりもロータの空力減衰が支配的であり，風車の前後方向の振動を低減するが，流体力減衰は，ロータの回転周波数の高調波により励起されるジャケットブレースの部材など，その他の部材の振動の減衰に効果がある．Jamiesonら（2000）は，風と波の荷重を別々に扱うと，過度に安全側の設計になる可能性があることを示している．

風車の認証，とくに，より大型の風車の認証には，上記のような洗練された計算方法を使用する必要がある．Bladedによる代表的な計算例を以下で述べる．

図5.42に，ウィンドシアーのある定常風中で発電中の風車における，一つのブレードの翼根面内

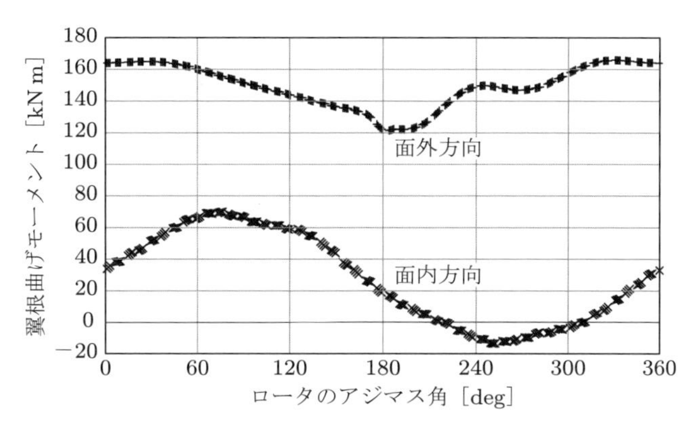

図 5.42 定常風中の翼根曲げモーメント

および面外曲げモーメントの，Bladed によるシミュレーション結果を示す．面内曲げモーメントはブレード自重による重力荷重が支配的であり，ほぼアジマス角に対する正弦関数で，1 回転につき 1 回，方向が変化する．平均値がゼロからオフセットしているのは，ブレードによって発生している正方向の平均空力トルクによるものである．なお，ウィンドシアーによる空力トルクの変化，タワーシャドウの影響，ならびに構造の振動の影響により，正弦関数からわずかなひずみがある．

一方，面外曲げモーメントは常に正であり，その平均値においてはブレードに作用するスラストが支配的である．ウィンドシアーによりアジマス角に対する規則的な変化があり，アジマス角 180°（下死点）での荷重は 0° におけるものよりも小さくなる．また，180° には急激な低下も見られるが，これはタワーシャドウ（タワー付近での風速の低下）の影響によるものである．なお，ブレードの面外振動の動特性は，より高い周波数変動に影響する．

図 5.43 に示すように，乱流中では，荷重はよりランダムな様相を呈する．とくに，面外荷重は風速によって変化し，この風車はピッチ制御機であるため，ピッチ角によっても変化する．一方，面内荷重は，常に重力荷重が支配的であるため，より規則的である．

これらの変化は，スペクトル解析を用いると，より理解しやすくなる．図 5.44 に，ブレード翼根の面外曲げモーメントとハブスラストのパワースペクトルを示す．面外曲げモーメントは，回転周波数 0.8 Hz の整数倍におけるピークが支配的である．これらはおもに，ブレードが乱流を通過する

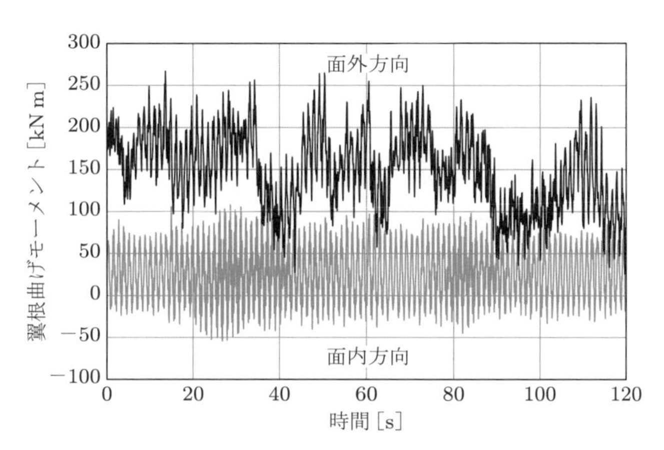

図 5.43 乱流中における定速機の翼根曲げモーメント

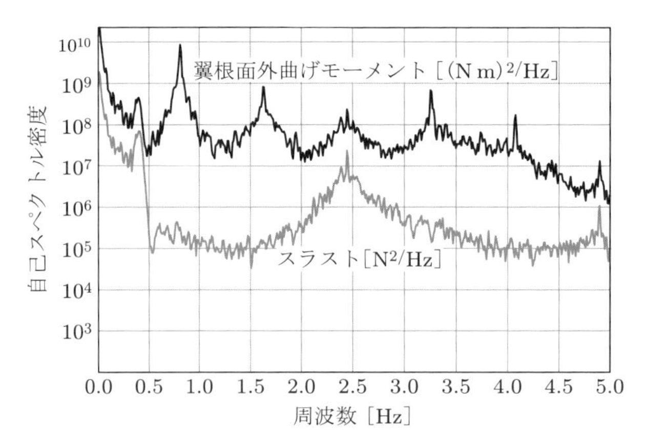

図 5.44　乱流中における面外荷重のスペクトル

際に，回転サンプリングによって乱された渦を繰り返し通過することによって生じる．また，ウィンドシアーとタワーシャドウもこのピークに影響する．約 3.7 Hz の面外曲げ 1 次モードの振動による小さなピークがあり，約 0.4 Hz でのタワー前後方向の 1 次モードの影響も重要である．このタワー振動の影響は，スラストのスペクトルでも見られる．この力は，3 枚のブレードの翼根におけるせん断力の合計であるが，これらは，互いに 120° の位相差がある．これにより，回転周波数（1P）でのピークが除かれるほか，2P，4P などのこの周波数の倍数でのピークも同様に除かれる．一方，3 枚のブレードに作用する荷重はすべて 3P サイクルに対して同じ位相であるため，3P の倍数のピークのみが残る．

この効果は，面内荷重のスペクトルにおいてさらに重要である（図 5.45）．1P の倍数におけるブレード荷重ピークのうち，3P および 6P などの比較的小さなピークのみがハブトルクに伝達する．重力が支配的なブレード面内荷重の 1P ピークはとくに大きいが，これは，ハブトルクからは完全に除かれる．また，いずれも 0.4 Hz のタワーの固有振動数によるピークが見られる．さらに，面内荷重には，4.4 Hz にブレード面内 1 次モードに対応する大きな荷重ピークも見られる．これはハブトルクには見られないモードであるが，より高い周波数のブレード振動モード（図示していない）には，ハブの回転と連成するものもある．

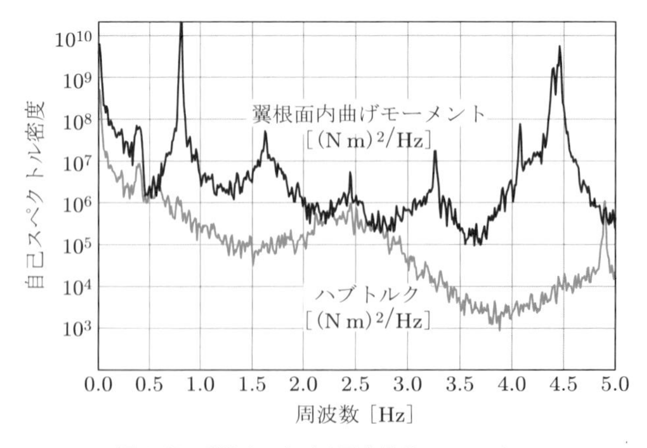

図 5.45　乱流中における面内荷重のスペクトル

5.14 外挿による極値荷重の計算

DLC 1.1（乱流中での通常運転）の場合，IEC 61400-1 第 3 版と第 4 版では，翼根の面外および面内曲げモーメントと翼端たわみの特性値を，時系列のシミュレーションに対する極値統計的外挿（statistical extrapolation of the extreme values）によって求めることを要求している．10 分間のシミュレーションによる特性値は，超過確率 3.8×10^{-7}，すなわち，再現期間 50 年の値として定義される．本節では，荷重の超過確率分布をシミュレーションから導出し，3.8×10^{-7} の値に外挿する方法について述べる．荷重などに対する累積分布関数ともよばれる非超過確率分布が便利なので，以下の説明では，これらの用語を $P(X \le x) = F(x)$ と表記して説明する．

異なる風速ビンからのシミュレーションデータから単一の荷重の確率分布を定義する方法には，以下の二つの手順がある．

・集計前のフィッティング：各風速ビンで荷重の非超過確率分布を導出し，次に，各ビンの発生時間に比例するようにこれらの分布を合算する．

・フィッティング前の集計：シミュレーションによる各ビンの回数を，各風速ビンの発生時間に比例するように集計し，次に，それに対して単一の荷重の非超過確率分布を求める．

また，各シミュレーションからいくつの極値を利用するかを決める必要もある．グローバル極値法（global extremes method）では，荷重の超過確率分布の構築には，各 10 分間のシミュレーションにおける最大の極値，すなわち，グローバルな極値のみを使用するが，ローカル極値法（local extremes method）では，独立していると考えられるすべての極値を利用する．ローカル極値法は，利用可能なデータをできるかぎり使用するため，より魅力的であるが，独立性の基準を考える必要がある．

まず，グローバル極値法を用いた，集計前のフィッティングの手順の各段階について述べる．

5.14.1 グローバル極値の経験的累積分布関数の導出

各 10 分間の時系列データから，考えている荷重の最大値がそれぞれ得られる．特定の風速における n 個の 10 分間のシミュレーションにより，このようなグローバルな極値は n 個あることになり，最小のものから最大のものまで $1, 2, \ldots, i, \ldots, n_k$ と順位付けすることができる．風速 U_k における 10 分間の極値荷重 x_k に対する経験上の非超過確率分布は，以下のように計算することができる．

$$F(x_{ki}|U_k) = \frac{i}{n_k + 1} \qquad (i = 1, 2, \ldots, n_k) \tag{5.137}$$

ハリス（Harris）は，n 個の 10 分間シミュレーションを 1 セットとして，$F(x)$ が x の既知の関数である場合に，このセット L 個に対して，x_i のシミュレーション結果から求めた i 番目の極値の非超過確率 $F(x_i)$ の L 個の平均を求めた．そして，L が大きくなると，この平均が $i/(n+1)$ に近づくことを示した（Harris 1996）．

5.14.2 極値分布の経験分布へのフィッティング

シミュレーションから得られた経験的確率分布には，いくつかの極値分布がある．これには，2.8 節で極値風速に関連して導入したガンベル（Gumbel）分布（フィッシャー－ティペット I（Fisher–

Tippett I）分布としても知られている），対数正規分布，3パラメータワイブル分布，一般化極値分布がある．各々について以下で説明する．

a）ガンベル分布（Gumbel distribution）

変数 X が値 x を超えない確率，すなわち，非超過確率は，次式で与えられる．

$$P(X \leq x) = F(x) = \exp\left[-\exp\left(-\frac{x - x_o}{c}\right)\right] \tag{5.138}$$

ここで，x_o はもっとも可能性の高い極値または分布のモード，c は分散，$y = (x - x_o)/c$ は規準化変数とよばれる．

この関係は，$y = -\ln[-\ln(F(x))]$ として x に対してプロットすると直線になる．そのため，ガンベル分布では，最小二乗法によってパラメータ x_o および c が求められる．しかし，ハリスは，古典的な最小二乗法の二つの欠点を指摘している（Harris 1996）．

第1に，$-\ln[-\ln(F(x_i))]$ をプロットした関数の平均は，式 (5.137) で与えられる $F(x_i)$ の平均自体の二重自然対数と同じではない．ハリスは，データがガンベル分布に従うべきときに，$-\ln[-\ln(F(x_i))]$ の平均，つまり $\bar{y}_i$ を評価する式を，次式のように示した．

$$\bar{y}_\nu = \frac{N!}{(\nu - 1)!(N - \nu)!}\int_0^1 -\ln[-\ln(z)]z^{N-\nu}(1 - z)^{\nu-1}\,dz \tag{5.139}$$

この式において，N はデータ点数（$= n_k$），ν はデータ点の降順のランク $\nu = (N + 1) - i$，また，$z = F(x_y)$ である．

第2に，古典的な最小二乗法は，各プロットされた縦座標の変動性は同様の大きさであると仮定しているが，極値データの場合，規準化変数 y の変動性は，最大値については，ほかのデータから得られるものよりはるかに大きい．したがって，ハリスは，最小二乗法を実行する前に，y 値の分散に反比例してデータ点に重み付けすることを提案している．

表5.12に，$N = 15$ の場合の $\overline{y}_\nu$ とその標準偏差の値を示す．これは，定格以上の風速では少なくとも15個の10分間のシミュレーションが必要であるという，IEC 61400-1 第3版の要件に合わせている．比較のために標準ガンベル法によって計算した y の値も示すが，最大の極値ではその差が大きいことがわかる．ハリスの重み係数は，表5.12の最後の列に示す．一般に，ハリス法は，最大の極値の影響を受けない傾きが急な直線を生じさせることがわかる．

$-\ln[-\ln(F(x))]$ プロットに直線を当てはめる別の方法として，統計的モーメント法（Moriarty et al. 2004）がある．これは，平均と分散としてそれぞれ定義されるデータの最初の二つの統計的モーメントが，これらのモーメントの数式での表現と同等になるようにするものである．したがって，標準的なガンベル分布 $F(y) = \exp[-\exp(-y)]$ の場合，確率密度関数は $f(y) = dF(y)/dy = \exp[-y - \exp(-y)]$ で，平均値は次式のようになる．

$$\mu_y = \int_{-\infty}^{\infty} y f(y)\,dy = \int_{-\infty}^{\infty} y \exp[-y - \exp(-y)]\,dy = \gamma = 0.5772 \tag{5.140}$$

また，分散は次式のようになる．

表 5.12 規準化変数 $y_\nu = -\ln[-\ln(F(x))]$ の平均値，標準偏差，ハリスの重み係数 w_ν

ランク ν（最大が最初）	ランク i（最小が最初）	y_ν $= -\ln[-\ln\{(N+1\nu)/(N+1)\}]$ $= -\ln[-\ln\{i/(N+1)\}]$（ガンベル法）	式 (5.139) の $\overline{y}_\nu$（ハリス法）	$\overline{y}_\nu$ の標準偏差 σ_y	ハリスの重み係数 w_ν
1	15	2.7405	3.2853	1.2825	0.0064
2	14	2.0134	2.2504	0.8031	0.0164
3	13	1.5720	1.7133	0.6291	0.0266
4	12	1.2459	1.3404	0.5341	0.0370
5	11	0.9816	1.0478	0.4726	0.0472
6	10	0.7550	0.8019	0.4291	0.0573
7	9	0.5528	0.5852	0.3965	0.0671
8	8	0.3665	0.3873	0.3714	0.0765
9	7	0.1903	0.2010	0.3518	0.0852
10	6	0.0194	0.0206	0.3366	0.0931
11	5	−0.1511	−0.1595	0.3254	0.0996
12	4	−0.3266	−0.3458	0.3184	0.1040
13	3	−0.5152	−0.5485	0.3170	0.1049
14	2	−0.7321	−0.7884	0.3257	0.0994
15	1	−1.0198	−1.1326	0.3648	0.0793

$$\sigma_y^2 = \int_{-\infty}^{\infty} (y-\mu_y)^2 f(y)\,dy = \int_{-\infty}^{\infty} (y-\mu_y)^2 \exp[-y-\exp(-y)]\,dy = \frac{\pi^2}{6} \tag{5.141}$$

極値のデータセットの平均値と標準偏差をそれぞれ μ_x と σ_x とし，$y=(x-x_o)/c$ であることに留意すると，$\mu_y=(\mu_x-x_o)/c=0.5772$ と $\sigma_y=\sigma_x/c=1.2825$ が得られる．したがって，

$$c = \frac{\sigma_x}{1.2825}$$

$$x_o = \mu_x - c\mu_y = \mu_x - 0.5772 \times \frac{\sigma_x}{1.2825} = \mu_x - 0.450\sigma_x$$

となる．

図 5.46 に，ガンベルプロット上の経験的データに直線を当てはめる三つの方法の比較を示す．データセットは，風速 12 m/s で発電中の風車についての 15 個の 10 分間シミュレーションから得られた，翼根面外曲げモーメントの 15 個のグローバル極値からなるものである．ハリス法とモーメント法を用いて得られた直線は，最小二乗法に基づくものよりも最大の極値の影響を受けにくいように見える．

b) 対数正規分布（log-normal distribution）

対数正規分布では，変数の対数は正規分布であるため，変数 x の確率分布関数は次式のようになる．

$$f(x) = \frac{1}{\sqrt{2\pi}\sigma_z x} \exp\left[-\frac{1}{2}\left\{\frac{\ln(x)-\mu_z}{\sigma_z}\right\}^2\right] \tag{5.142}$$

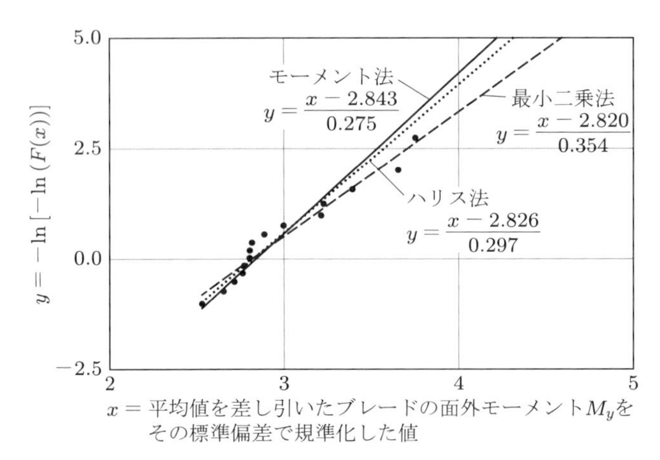

図 5.46　ガンベルプロット上の経験的データに対する直線近似法の比較

ここで，μ_z と σ_z は，$z = \ln(x)$ の平均値と標準偏差である．変数 x の平均値 μ_x と標準偏差 σ_x は，μ_z と σ_z で次式のように与えられる．

$$\mu_x = \exp\left(\mu_z + \frac{\sigma_z^2}{2}\right)$$
$$\sigma_x = \exp\left(\mu_z + \frac{\sigma_z^2}{2}\right)\sqrt{\exp\left(\sigma_z^2\right) - 1} = \mu_x\sqrt{\exp\left(\sigma_z^2\right) - 1} \tag{5.143}$$

対数正規分布パラメータ μ_z と σ_z は，式 (5.143) から求められる次式を用いて，統計的モーメント法によって極値データにあてはめることができる．

$$\sigma_z = \sqrt{\ln\left[1 + \left(\frac{\sigma_x}{\mu_x}\right)^2\right]}$$
$$\mu_z = \ln(\mu_x) - \frac{\sigma_z^2}{2} \tag{5.144}$$

c) 3パラメータワイブル分布（three-parameter Weibull distribution）

3パラメータワイブル分布は，$y = (x - x_o)/c$ の場合，$P(Y \leq y) = F(y) = 1 - \exp(-y^\alpha)$ と定義され，確率密度関数は，$f(y) = \alpha y^{\alpha-1}\exp(-y^\alpha)$ で与えられる．x_o, c, α の三つのパラメータは，上記の統計的モーメント法によってデータに適合させることができるが，この場合，最初の二つではなく三つのモーメントを用いる．

Γ をガンマ関数として $G_m(\alpha) = (m/\alpha)\Gamma(m/\alpha)$ とすると，最初の三つの統計的モーメントは次式のようになる．

$$\mu_y = G_1(\alpha)$$
$$\sigma_y^2 = G_2(\alpha) - G_1^2(\alpha) \tag{5.145}$$
$$\eta_y\sigma_y^3 = \int_{-\infty}^{\infty}(y - \mu_y)^3 f(y)\,dy = G_3(\alpha) - 3G_2(\alpha)G_1(\alpha) + 2G_1^3(\alpha)$$

歪度パラメータ η_y は，標準偏差の 3 乗で正規化した第 3 の統計的モーメントである．

d) 一般化極値（Generalised Extreme Value: GEV）分布

1955 年に Jenkinson によって導出された一般化極値分布は，極値分布の歪度をそれらの広がりとともにモデル化することができるため，ガンベル分布よりも多くの目的に利用できる．この分布は，$P(Y \leq y) = F(y) = \exp\left[-(1-ky)^{1/k}\right]$ のように定義される．ここで，$y = (x - x_o)/c$ である．k は形状パラメータで，$-\ln\left[-\ln(F(x))\right]$ を x に対してプロットしたときの分布の曲率を決める．k が正の場合，曲線は上に凹であり，上限は $x_o + c/k$ である．k が負の場合，曲線は下に凹であり，$x_o + c/k$ は下限となる．

Hosking ら（1985）は，一般化極値分布を経験的データに当てはめるために，確率重み付きモーメント法を提案している．逆分布関数 $x(F)$ を有する確率分布 $F = F(x)$ の場合，確率重み付きモーメント $\beta_0, \beta_1, \beta_2$ は $\beta_r = \int_0^1 x(F)\,F^r dF$ で定義される．また，一般化極値分布のパラメータ x_o, c, k は，経験的データの確率重み付きモーメントを一般化極値分布の確率重み付きモーメントと等しくすることによって決定される．

一般化極値分布の確率重み付きモーメントは，次式で与えられる．

$$\beta_r = \frac{1}{r+1}\left[x_0 + \frac{c}{k}\left\{1 - \frac{\Gamma(1+k)}{(r+1)^k}\right\}\right]$$

ここで，$k > -1$ で，Γ はガンマ関数である．この場合，次式のようになる．

$$\begin{aligned}
\beta_0 &= x_0 + \frac{c}{k}\left[1 - \Gamma(1+k)\right] \\
2\beta_0 - \beta_1 &= \frac{c}{k}\Gamma(1+k)\left(1 - 2^{-k}\right) \\
\frac{3\beta_2 - \beta_0}{2\beta_1 - \beta_0} &= \frac{1 - 3^{-k}}{1 - 2^{-k}}
\end{aligned} \tag{5.146}$$

最後の式の解を求めるには反復法を必要とするが，Hosking ら（1985）は，$k = 7.8590C + 2.9554C^2$ でこの解がよく近似されることを示した．ここで，$C = (2\beta_0 - \beta_1)/(3\beta_2 - \beta_0) - \log 2/\log 3$ である．次に，この k の値を式 (5.146) の最初の二つの式に代入すると，x_0 と c を得ることができる．

経験的データの確率重み付きモーメントは，次式で計算することができる．

$$\beta_r\left[p_{i,n}\right] = \frac{1}{n}\sum_{i=1}^{n} p_{i,n}^r x_i \tag{5.147}$$

ここで，$p_{i,n}$ は，最小から最大へ順位付けした i 番目のグローバル極値に割り当てられた確率である．Hosking らは，$p_{i,n}$ を推定する際に使用する二つの代替式を，次のように提案した．

$$\begin{aligned}
p_{i,n} &= \frac{i-a}{n} \qquad (0 < a < 0.5) \\
p_{i,n} &= \frac{i-a}{n+1-2a} \qquad (-0.5 < a < 0.5)
\end{aligned}$$

もう一つの方法は，次式で与えられる不偏推定量 b_r から直接，確率重み付きモーメントを推定することである．

$$b_r = \frac{1}{n}\sum_{i=1}^{n}\frac{(i-1)(i-2)\cdots(i-r)}{(n-1)(n-2)\cdots(n-r)}x_i \tag{5.148}$$

図 5.47 に，上述の 15 個のグローバル極値のデータセットに適合する二つの一般化極値分布を，再現期間 50 年まで外挿したものを示す．フィッティングに確率重み付きモーメントの不偏推定量を用いたものと，式 $p_{i,n} = (i-a)/n$ を確率として採用したものも併記する．ここで，Hosking らによるシミュレーションでは，$a = 0.35$ とした場合に，全体としてもっともよい結果が得られた．さらに，比較のために，統計的モーメント法によりデータセットに適合させたガンベル分布も示す．

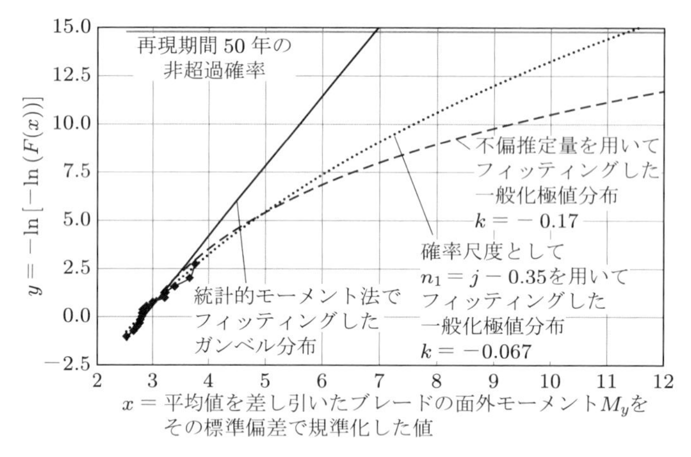

図 5.47　経験的データにフィッティングした一般化極値分布のガンベルプロット

二つの一般化極値分布は一致していない．これは，データセットのサイズが小さいことが原因である可能性が高いが，その場合，確率重み付きモーメントは，概略の見積もりになる．同じ荷重条件に対して別のデータセットを使用すると，形状パラメータにかなりのばらつきがあり，意味のある結果を得るためには，15 個の極値のデータセットは十分な個数ではないことを示唆している．

5.14.3　極値分布の比較

図 5.48 に，ガンベル分布，3 パラメータワイブル分布，対数正規分布を，翼根面外曲げモーメントの 15 個のグローバル極値のデータセットに対して，統計的モーメント法を用いてフィッティングしたものを，規準化したモーメント偏差 x に対する $-\ln[-\ln F(x)]$ のガンベルプロットとして示す．

図 5.48 は，再現期間 50 年の超過確率 3.8×10^{-7}（このとき，$-\ln[-\ln F(x)] = 14.78$）に外挿した三つの極値分布であり，再現期間 50 年の荷重の予測値には大きな差があることがわかる．

風車部品の荷重は一般に狭帯域ではない．しかし，上記の三つの極値分布と一般化極値分布が狭帯域過程から生じるグローバル極値分布にどの程度適合するかを調べることは有益である．15 rpm で回転し，10 分間に 150 回の繰り返し荷重を受けるブレードを考える．隣接する三つのサイクルブロックの極値荷重が互いに独立していると仮定すると，10 分ごとに 50 個の独立した最大値があ

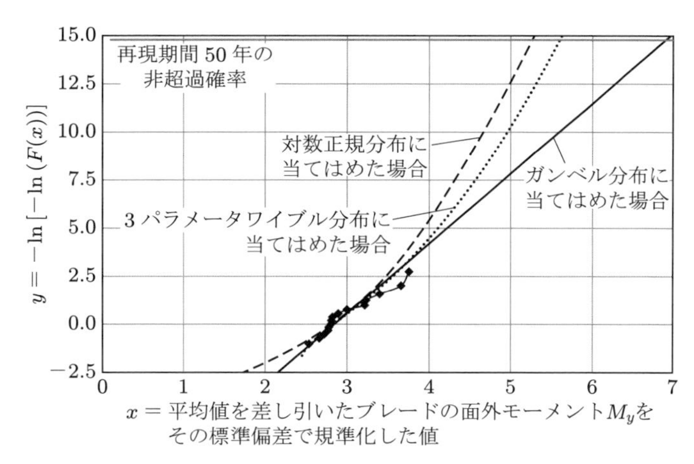

図 5.48 経験的データにフィッティングした三つの極値分布のガンベルプロットの比較

り，グローバル最大値の累積確率分布は次式のようになる．

$$F(x) = \left[1 - \exp\left(-\frac{x^2}{2}\right)\right]^{50} \tag{5.149}$$

図 5.49 に，ガンベル分布，3 パラメータワイブル分布，対数正規分布，一般化極値分布を統計的モーメント法を用いて近似した分布のガンベルプロットを，その定義パラメータとともに示す．対数正規分布と 3 パラメータワイブル分布は，ほかの二つよりも，狭帯域過程のグローバルな最大値の分布に適合することがわかる．

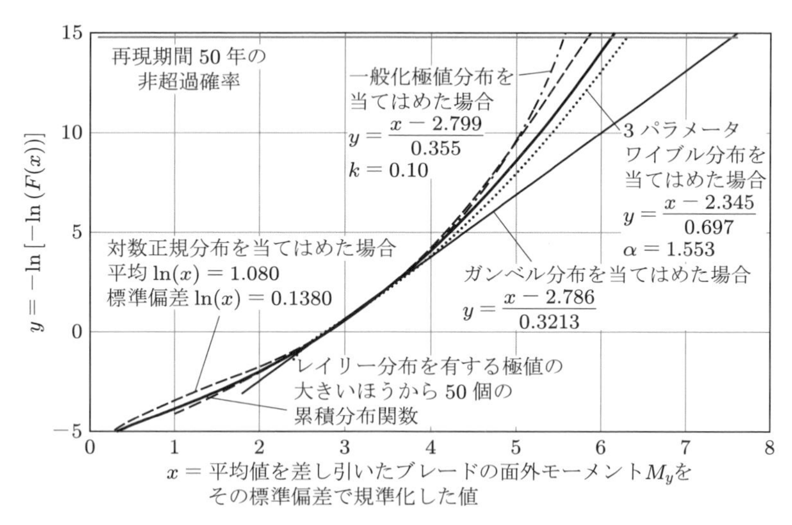

図 5.49 レイリー分布を有する極値の大きいほうから 50 個に当てはめた，極値分布のガンベルプロット

Freudenreich と Argyriadis (2008) は，5 MW のピッチ制御風車の五つの 1 年間のシミュレーションに対して，上記の四つの極値分布を用いて外挿を比較した．風速ビンあたり 30 分の時間履歴における翼根フラップ曲げモーメントの極値を入力として，3 パラメータワイブル分布と対数正規分布で作成された外挿がもっとも正確で，ガンベル分布による外挿はかなり安全側であると結論付

けた.

5.14.4　確率分布の組み合わせ

上述の手順により，各風速ビンにおけるシミュレーション期間中の極値荷重に関して，風速に対する荷重の非超過確率分布 $F\left(x|U_k\right)$ が得られる．これらを組み合わせて，風速ビンに各ケースの運転時間数に応じて重み付けし，結果を合算することによって，すべての運転風速について単一の分布が求められる．数学的には，この総和は次式のように表される．

$$F_{\text{Long-term}}\left(x\right) \approx \sum_{k=1}^{M} F\left(x|U_k\right)p_k \tag{5.150}$$

ここで，p_k は平均風速 U_k の風速ビンの運転時間の割合であり，風速の運転範囲は M 個のビンに分割される．

5.14.5　外　挿

再現期間 50 年の荷重は，$F_{\text{Long-term}}\left(x\right)$ を必要な非超過確率，すなわち，10 分間のシミュレーションでは $(1-3.8\times10^{-7})$ に外挿することによって求められる．$F_{\text{Long-term}}\left(x\right)$ は数学的に定義されたいくつかの分布の総和なので，計算は簡単である．図 5.48 に，三つの極値分布について，単一の風速ビンが極値荷重に大きく影響する場合の外挿結果を示した．

5.14.6　集計後の確率分布のフィッティング

この手順における最初のステップは，すべての風速ビンからシミュレーションにより得たデータポイントを集計することである．各風速ビンのシミュレーションの数がそのビンにおける運転時間に比例し，10 分間のシミュレーションが全部で m 個ある場合，m 個のグローバル極値は最小から最大まで $1, 2, \ldots, i, \ldots, m$ の順にランク付けすることができ，10 分間の極値荷重 x に対する長期の経験的荷重の非超過確率分布は，次式に従って計算される．

$$F_{\text{Long-term}}\left(x_i\right) = \frac{1}{m+1} \qquad (i = 1, 2, \ldots, m)$$

各風速ビン内のシミュレーションの数がそのビンの実際の出現数に比例しない場合，その他のビンのグローバル極値に別の重みを割り当てる必要がある．その場合，確率分布は次式のようになる．

$$F_{\text{Long-term}}\left(x\right) = \sum_{k=1}^{b}\left(\sum_{i=1}^{n_k}\frac{I\left[x_{i,k} \le x\right]}{m+1}\right)w_k = \sum_{k=1}^{b}\left(\sum_{i=1}^{n_k}\frac{I\left[x_{i,k} \le x\right]}{m+1}\right)\frac{m\,p_k}{n_k} \tag{5.151}$$

ここで，

$x_{i,k}$：k 番目の風速ビンの i 番目の極値

$I[x_{i,k} \le x]$：$x_{i,k} \le x$ の場合は 1 で，それ以外の場合は 0

n_k：k 番目の風速ビン内のシミュレーションの数

b：風速ビンの数

w_k：k 番目の風速ビンの重み係数

p_k：k 番目の風速ビンの運転時間の割合

である．

次のステップは，長期の経験的荷重分布に極値分布を当てはめ，再現期間 50 年の荷重に外挿することである．フィッティング前の集計法は，必要なフィッティング操作が 1 回だけであるという点で集計前のフィッティング法よりも簡単であるが，経験的な長期分布が本質的に複雑であるため，フィッティングはより難しい．

5.14.7 ローカル極値法

ローカル極値法は，各 10 分間のシミュレーションから一つの最大値，すなわち，グローバル極値を用いる代わりに，複数の独立な極値を利用して経験的な荷重の非超過確率分布を構築する．このほかは，グローバル極値法と同じである．

各 10 分間のシミュレーションで n 個の独立した極値が存在する場合，風速 U_k での 10 分間の極値荷重 x_k の経験的な非超過確率分布は，ローカル極値の非超過確率分布から，次式を用いて計算できる．

$$F\left(x|U_k\right) = \left[F_{\text{local}}\left(x|U_k\right)\right]^n$$

IEC 61400-1 の第 4 版の附属書 G は，ローカル極値の独立性を確保するために，個々の極値は少なくとも 3 回の応答サイクルで分離すべきであることを示唆している．これよりも厳密ではないが計算上簡単な方法は，10 分間のシミュレーション時間を等しい時間の n 個のセグメントまたはブロックに分割し，それぞれからの最大値を使用することである．図 5.50 に，15 rpm で回転する風車について，回転の 3 サイクルに対応する 12 s のブロックサイズでローカル極値を抽出した例を示す．

Fogle ら（2008）は，NREL の 5 MW 風車モデルの 200 回のシミュレーションの荷重時間履歴からブロック分割で得られた極値に対し，独立性に関する統計的検定を行い，独立性を確保するためには 30 s のブロック時間が必要であると結論付けた．しかし，5 s という短時間のブロック時間でも，経験的確率分布の裾部における差は無視できることも見出した．

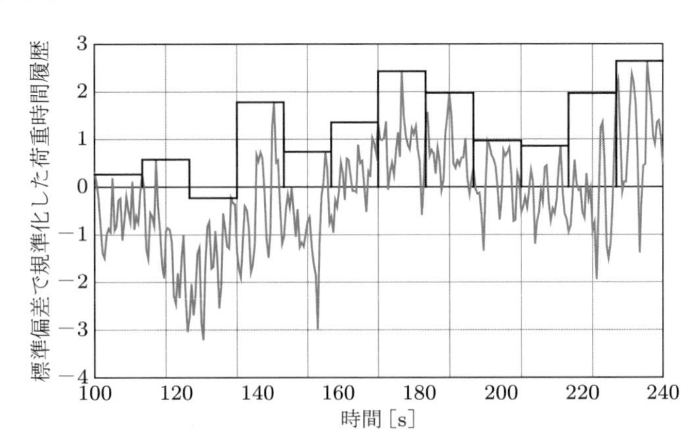

図 5.50　12 s のブロックから求めたローカル極値

5.14.8　収束要件

IEC 61400-1 の第 4 版は，外挿した荷重の不確かさに制限を課している．これは，84%分位荷重（つまり，10 分間シミュレーションのうちの 16%の時間が超える極値荷重）の 90%信頼区間がその荷重の 15%未満となるように，十分な数のシミュレーションを実行することを要求するものである．この要件は次式のように表される．

$$\frac{\hat{S}_{0.84,0.05} - \hat{S}_{0.84,0.95}}{\hat{S}_{0.84}} < 0.15 \tag{5.152}$$

ここで，信頼限界 $\hat{S}_{0.84,0.05}$ および $\hat{S}_{0.84,0.95}$ は，非超過確率がそれぞれ 5%および 95%の場合における，84%分位荷重の経験的推定値である．

信頼限界を推定する一つの方法は，二項展開を利用して，m 回のシミュレーションにおける 84%分位荷重に対して非超過回数が j 以下である確率 $C(j; m, 0.84)$ を得ることである．これは次式で与えられる．

$$C(j; m, 0.84) = \sum_{i=0}^{j} \frac{m!}{i!\,(m-i)!} \times 0.84^{i} \times 0.16^{m-i} \tag{5.153}$$

一例として，図 5.51 に，$m = 15$ のシミュレーションについて，この確率を j に対してプロットしている．84%分位荷重を超えない試行回数の 5%および 95%信頼限界は，それぞれ 9.5 および 14.3 であることがわかる．式 (5.152) の不等式に必要な 84%分位荷重の信頼限界 $\hat{S}_{0.84,0.05}$ および $\hat{S}_{0.84,0.95}$ は，それぞれ 9 番目と 10 番目，および，14 番目と 15 番目の極値を補間することによって導き出すことができる．ランク付けは通常どおり，最小から最大までである．

IEC 61400-1 の第 4 版の附属書 G には，シミュレーション総数 m が 15〜35 回の場合における，84%分位荷重を超えないシミュレーションの回数について，5%と 95%の信頼限界の表が示されている．代表的な値を表 5.13 に示す．

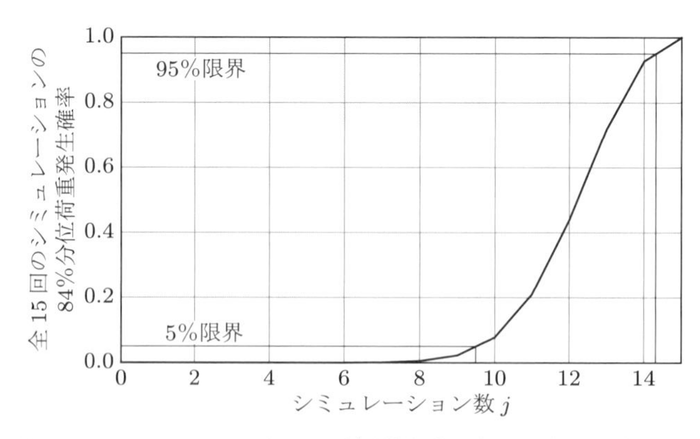

図 5.51　15 回のシミュレーションにおける，84%分位荷重に対して非超過回数が j 以下である確率

表 5.13 84%分位荷重を超えないシミュレーション数の信頼区間

シミュレーション総数 m	非超過確率が 5%の場合における 84%分位荷重を超えない回数	非超過確率が 95%の場合における 84%分位荷重を超えない回数
15	9.5	14.32
20	13.35	18.83
25	17.23	23.39
30	21.18	27.83
35	25.13	32.32

参考文献

Abramowitz, M. and Stegun, I. A. (1965). *Handbook of Mathematical Functions.* NewYork: Dover.

Armstrong, J. R. C. and Hancock, M. (1991). Feasibility study of teetered, stall-regulated rotors. *ETSU Report* No. WN 6022.

Barltrop, N. D. P. and Adams, A. J. (1991). *Dynamics of Fixed Marine Structures*, 3e. Butterworth-Heinemann. Oxford.

Batchelor, G. K. (1953). The Theory of Homogeneous Turbulence. Cambridge University Press.

Bierbooms, W. A. A. M. (2005) Constrained stochastic simulation – generation of time series around some specific event in a normal process. *Extremes* 8 (3).

Bishop, N. W. M., Zhihua, H. and Sheratt, F. (1991). The Analysis of Non-Gaussian Loadings from Wind Turbine Blades Using Frequency Domain Techniques. *Proceedings of the 1991 BWEA Conference*, pp. 317–323.

Bishop, N. W. M., Wang, R. and Lack, L. (1995). A Frequency Domain Fatigue Predictor for Wind Turbine Blades Including Deterministic Components. *Proceedings of the 1995 BWEA Conference*, pp. 53–58.

British Standard Institution (1980). *BS 5400: Part 10: 1980 Steel, concrete and composite bridges – Code of practice for fatigue.*

British Standard Institution (1986). *BS 8100: Part 1: 1986 Lattice towers and masts – Code of practice for loading.*

Clough, R. W. and Penzien, J. (1993). *Dynamics of Structures.* Mc Graw Hill, New York.

Craig, Jr., R. R. and Bampton, M. C. C. (1968). Coupling of substructures for dynamic analysis, *AIAA Journal*, 6 (7): 1313–1319.

Creed, R. F. (1993). High cycle tensile fatigue of unidirectional fiberglass composite tested at high frequency. PhD thesis, Montana State University.

Davenport, A. G. (1964). Note on the distribution of the largest value of a random function with application to gust loading. *Proc. Inst. of Civil Eng,* 28: 187–196.

Dirlik, T. (1985). *Application of computers in fatigue analysis.* University of Warwick thesis.

DNVGL (2020). Bladed. https://www.dnv.com/services/wind-turbine-design-software-bladed-3775.

DNVGL–Energy (2016). Bladed theory manual version 4. 8.

DNVGL-ST-0376 (2015). Rotor blades for wind turbines. Akershus, Norway: DNVGL

DNVGL-ST-0437 (2016). Loads and site conditions for wind turbines. Akershus, Norway: DNVGL.

DS 410 (1983). Loads for the design of structures. Copenhagen: Danish Standards Foundation.

DS 472 (1992). Loads and safety of wind turbine construction. Copenhagen: Danish Standards Foundation.

EN 1991–1–4:2005 (2005). *Eurocode 1. Actions on structures – Part 1. 4: Actions on structures – Wind actions.* Brussels: European Committee for Standardization.

Fogle, J. et al. (2008). Towards an improved understanding of statistical extrapolation for wind turbine extreme loads. *Wind Energy*, 11: 613–635. (Expanded version published by American Institute of Aeronautics and Astromatics).

Freudenreich, K. and Argyriadis, K. (2008). Wind turbine load level based on extrapolation and simplified methods. *Wind Energy*, 11: 589–600.

Garrad, A. D. and Hassan, U. (1986). *The Dynamic Response of Wind Turbines for Fatigue Life and Extreme Load Prediction. Proceedings of the EWEA 1986 Conference*, pp. 401–406.

Garrad, A. D. (1987). *The Use of Finite Element Methods for Wind Turbine Dynamics. Proceedings of the EWEA 1987 Conference*, pp. 79–83.

Germanischer Lloyd (2010). *Rules and Guidelines: IV – Industrial Services: Part 1 – Guideline for the Certification of Wind Turbines.* Germanischer Lloyd, Hamburg.

Gibson, R. F. et al. (1982) Vibration characteristics of automotive composite materials. In: *Short Fiber Reinforced Composite Materials* (ed. B. A. Sanders), pp. 133–150, STP 772. ASTM, West Conshohocken, PA.

Hansen, A. C. (1998) *User's guide to the Wind Turbine Dynamics Computer Programs YawDyn and AeroDyn for Adams, Version 11.0.* University of Utah, Utah.

Harris, R. I. (1996) Gumbel re-visited – a new look at extreme value statistics applied to wind speeds. *Journal of Wind Engineering and Industrial Aerodynamics*, 59, 1–22.

Harris, R. I., Deaves, D. M. (1980) The structure of strong winds. *Proceedings of the CIRIA conference 'Wind Engineering in the Eighties'*, London (12–13 November 1980).

Hoskin, R. E., Warren, J. G. and Draper, J. (1989). Prediction of fatigue damage in wind turbine rotors. *Proceedings of the EWEC*, pp. 389–394.

Hosking, J. R. M., Wallis, J. R. and Wood, E. F. (1985). Estimation of the generalized extreme value distribution by the method of probability-weighted moments. *Technometrics*, 27 (3): 251–261.

IEC 1400-1 (1994). *Wind turbine generator systems – Part 1: Safety requirements.* Geneva, Switzerland: International Electrotechnical Commission.

IEC 61400-1 (1999). *Wind turbine generator systems – Part 1: Safety requirements* (2nd edition). Geneva, Switzerland: International Electrotechnical Commission.

IEC 61400-1 (2005). *Wind turbines – Part 1: Design Requirements* (3rd edition). Geneva, Switzerland: International Electrotechnical Commission.

IEC 61400-1 (2019). *Wind turbine generator systems– Part 1: Design Requirements* (3rd edition). Geneva, Switzerland: International Electrotechnical Commission.

International Energy Agency Wind Technology Collaboration Programme (1990). Recommended practice 3: Fatigue loads, 2nd edition (Task11). https://community.ieawind.org/publications/rp.

Jamieson, P. and Hunter, C. (1985). Analysis of data from Howden 300 kW wind turbine on Burgar Hill Orkney. *Proceedings of the BWEA 1985 Conference*, pp. 253–258.

Jamieson, P. et al. (2000). Wind turbine design for offshore. In: Jamieson, P., Camp, T. R. and Quarton, D. C. *Proceedings of the Offshore Wind Energy in Mediterranean and European Seas CEC/EWEA/IEA*, Sicily, pp. 405–414.

Jenkinson, A. F. (1955). The frequency distribution of the annual maximum (or minimum) of meteorological elements. *Quarterly Journal of the Royal Meteorological Society*. 81: 158–171.

Kaimal, J. C. et al. (1972). Spectral characteristics of surface-layer turbulence. *Quarterly Journal of The Meteorological Society*, 98: 563–598.

von Karman, T. (1948). Progress in the statistical theory of turbulence. In *Proceddings of The National Academy of Sciences*. vol. 34: pp. 530–539.

Larsen, G. C., Ronold, K., Jorgensen, H. E., Argyriadis, K. and de Boer, J. (1999). Ultimate Loading of Wind Turbines. *Riso National Laboratory*, No R-1111.

Lobitz, D. W. A. (1984). NASTRAN based computer program for structural dynamic analysis of HAWT's. *Proceedings of the EWEA Conference*.

Madsen, P. H., Frandsen, S., Holley, W. E. and Hansen, J. C. (1984). Dynamics and fatigue damage of wind turbine rotors during steady operation. *Risø National Laboratory No. R-512.*

Matsuishi, M. and Endo, T. (1968). Fatigue of metals subject to varying stress. Japan Society of Mechanical Engineers.

Molenaar, D. P. and Dijkstra, S. (1999). State-of-the-art of wind turbine design codes: main features overview for cost-effective generation. *Wind Eng.* 23 (5): 295–311.

Morgan, C. A. and Tindal, A. J. (1990). Further analysis of the Orkney MS-1 data. *Proceedings of the BWEA 1990 Conference*, pp. 325–330.

Moriaty, P. J., Holley, W. E. and Butterfield, S. P. (2004). Extrapolation of extreme and fatigue loads using probabilistic methods. *NREL Report TP-500–34421.*

Petersen, J. T., Madsen, H. A., Bjorck, A., Enevoldsen, P., Øye, S., Ganander, H. and Winkelaar, D. (1998). Prediction of dynamic loads and induced vibrations in stall. *Risø National Laboratory*, No. R-1045.

Putter, S. and Manor, H. (1978). Natural frequencies of radial rotating beams. *J. Sound Vib.* 56 (2): 175–185.

Ragan, P. and Manuel, L. (2007). Comparing estimates of wind turbine fatigue loads using time-domain and spectral methods. *Wind Eng.* 31 (2): 83–99.

Rasmussen, F. (1984). Aerodynamic performance of a new LM17. 2 m rotor. *Risø National Laboratory*, No. 2432.

Shabana, A. A. (1998). *Dynamics of Multibody Systems*, 2e. Cambridge University Press.

Thomsen, K. and Madsen, P. H. (1997). Application of statistical methods to extreme loads for wind turbines. *Proceedings of the EWEC Conference*, pp. 595–598.

Thomsen, K. (1998). The statistical variation of wind turbine fatigue loads, *Risø National Laboratory*, No. R-1063.

Veers, P. S. (1988). Three-dimensional wind simulation, *Sandia Eeport SAND88–0152.*

Warren, J. G., Quarton, D. C., Lack, L., Draper, J. (1988). Prediction of Fatigue Damage in Wind Turbine Rotors. *Proceedings of the BWEA Conference.*

付録 A5

乱流風中の静止ブレードの動的応答

A5.1　はじめに

第 2 章で説明したとおり，変動風は，パワースペクトルで記述されているように，広範囲の周波数にわたる風速変動を含んでいる．乱流エネルギーの大部分は，通常，1 Hz 以上のブレード面外方向の 1 次モード固有振動数よりもはるかに低い周波数であるが，1 次モード振動数に近い要素は，ブレードの振動を励起する．この付録では，共振応答を求める方法について説明する．周波数領域での解析では，翼端変位応答と翼根曲げモーメント応答の標準偏差の式を導出し，その後，所定の評価時間におけるピーク値の導出方法について説明する．最初は，風はブレードに沿った方向に完全に相関していると仮定するが，その後，空間的変化の影響を含むように拡張する．

A5.2　周波数応答関数

A5.2.1　運動方程式

変動空気力に対する片持ち梁の動的応答は，異なる振動モードの励起を個別に計算し，それらの結果を重ね合わせるモード解析で検討するのがもっとも好都合である．したがって，半径位置 r におけるたわみ $x(r,t)$ は，次式のようになる．

$$x(r,t) = \sum_{i=1}^{\infty} f_i(t)\mu_i(t)$$

静止ブレードの場合，通常，1 次モードが支配的であり，高次モードを考慮する必要はない．5.8.1 項で得られた i 次モードの運動方程式は，次式のとおりである．

$$m_i\ddot{f}_i(t) + c_i\dot{f}_i(t) + m_i\omega_i^2 f_i(t) = \int_0^R \mu_i(r)q(r,t)\,dr \tag{A5.1}$$

ここで，$q(r,t)$ は作用荷重，$f_i(t)$ は変位，$\mu_i(r)$ は i 次モードの無次元モード形状（先端変位を 1 として規準化したもの），ω_i は固有角振動数，m_i は一般化質量 $\int_0^R m(r)\mu_i^2(r)\,dr$，$c_i$ は一般化減衰 $\int_0^R \hat{c}(r)\,\mu_i^2(r)\,dr$ である．

A5.2.2　周波数応答関数

$q(r,t)$ が角振動数 ω，振幅 $q_0(r)$ で調和的に変動する場合，次式が得られる．

$$f_i(t) = \frac{1}{m_i} \frac{\displaystyle\int_0^R \mu_i(r) q_0(r)\, dr}{\sqrt{\left(\omega_i^2 - \omega^2\right)^2 + \left(c_i/m_i\right)^2 \omega^2}} \cos\left(\omega t + \phi_i\right)$$

$$= \frac{1}{m_i \omega_i^2} \frac{\displaystyle\int_0^R \mu_i(r) q_0(r)\, dr}{\sqrt{\left(1 - \omega^2/\omega_i^2\right)^2 + \left(c_i/m_i \omega_i^2\right)^2 \omega^2}} \cos\left(\omega t + \phi_i\right) \tag{A5.2}$$

$k_i = m_i \omega_i^2$ と定義し，減衰比を $\xi_i = c_i/2m_i\omega_i$ とすると，これは次式のようになる．

$$f_i(t) = \frac{1}{k_i} \frac{\displaystyle\int_0^R \mu_i(r) q_0(r)\, dr}{\sqrt{\left(1 - \omega^2/\omega_i^2\right)^2 + 4\xi_i^2 \omega^2/\omega_i^2}} \cos\left(\omega t + \phi_i\right) = A_i \cos\left(\omega t + \phi_i\right) \tag{A5.3}$$

分子の $\int_0^R \mu_i(r)\, q_0(r)\, dr$ は，片持ち梁の先端における等価調和荷重の振幅であり，荷重 $q(r,t)$ と同じ先端変位を与え，i 次モードの一般化外力 Q_i とよばれる．したがって，先端変位の振幅と一般化外力の振幅との比は次式のようになる．

$$\frac{A_i}{\displaystyle\int_0^R \mu_i(r) q_0(r)\, dr} = \frac{1}{k_i\sqrt{\left(1 - \omega^2/\omega_i^2\right)^2 + 4\xi_i^2 \omega^2/\omega_i^2}}$$

$$= \frac{1}{k_i\sqrt{\left(1 - n^2/n_i^2\right)^2 + 4\xi_i^2 n^2/n_i^2}} = \left|H_i(n)\right| \tag{A5.4}$$

$|H_i(n)|$ は複素周波数応答関数 $H_i(n)$ の絶対値であり，その 2 乗により，ブレードに入射する風のパワースペクトルを i 次モードの翼端変位のパワースペクトルに変換することができる．1 次モードの場合，周波数 n の一般化調和外力 $Q_1(t)$ に対する翼端変位は，次式のようになる．

$$x_1(r,t) = f_1(t) = Q_1(t)\left|H_1(n)\right|$$

また，1 次モードの先端たわみのパワースペクトルは $S_{1x}(n) = S_{Q1}(n)\left|H_1(n)\right|^2$ となる．

以下では，まず，風がブレードに沿った方向に完全に相関していることを仮定する．

A5.3　一様な変動風に対する変位応答の共振成分

A5.3.1　風荷重の線形化

変動風速 $U(t) = \overline{U} + u(t)$ に対するブレードの単位幅あたりの風荷重は，$(1/2)\rho U^2(t)\, c(r)\, C_f = (1/2)C_f\rho\left[\overline{U}^2 + 2\overline{U}u(t) + u^2(t)\right] c(r)$ である．ここで，C_f は揚力係数または抗力係数で，$c(r)$ はブレードの翼弦長である．線形処理を可能にするために，通常は [ ] 内の最初の 2 項に対して 3 項目は無視されるので，変動荷重は $q(r,t) = C_f\rho\overline{U}u(t)\, c(r)$ となる．

A5.3.2　1 次モードの変位応答

$q(r,t) = C_f \rho \overline{U} u(t) c(r)$ とすると，周波数 n（$= \omega/2\pi$）と振幅 $u_0(n)$ の風の正弦波変動に対する，式 (A5.3) で与えられる 1 次モードの翼端変位応答は，次式のようになる．

$$\begin{aligned} f_1(t) &= \left(\int_0^R \mu_1(r) C_f \rho \overline{U} c(r)\, dr \right) u_0(n) \left| H_1(n) \right| \cos\left(2\pi n t + \phi_1\right) \\ &= C_f \rho \overline{U} \left(\int_0^R \mu_1(r) c(r)\, dr \right) u_0(n) \left| H_1(n) \right| \cos\left(2\pi n t + \phi_1\right) \end{aligned} \tag{A5.5}$$

よって，1 次モードの翼端変位のパワースペクトルは次式のようになる．

$$S_{1x}(n) = \left(C_f \rho \overline{U} \int_0^R \mu_1(r) c(r)\, dr \right)^2 S_u(n) \left| H_1(n) \right|^2 \tag{A5.6}$$

ここで，$S_u(n)$ は風方向の乱れのパワースペクトルである．したがって，1 次モードの翼端変位の標準偏差は次式で与えられる．

$$\sigma_{1x}^2 = \left(C_f \rho \overline{U} \int_0^R \mu_1(r) c(r) dr \right)^2 \int_0^\infty S_u(n) \left| H_1(n) \right|^2 dn \tag{A5.7}$$

A5.3.3　応答のバックグラウンド成分と共振成分

図 A5.1 に示すように，通常，風の中の乱流エネルギーの大部分は，ブレード面外 1 次モードの振動数より十分低い周波数にある．同図では，風の乱れの代表的なパワースペクトルと，1 Hz の共振周波数の周波数応答関数の 2 乗 $|H_1(n)|^2$ を比較する．

カイマルによるパワースペクトル（Eurocode 1 2005）は次式のようになる．

$$n S_u(n) = \sigma_u^2 \frac{6.8 L_u^x / \overline{U}}{\left(1 + 10.2 n L_u^x / \overline{U}\right)^{5/3}} \tag{A5.8}$$

これも無次元化した形（$R_u(n) = n S_u(n)/\sigma_u^2$）で図 A5.1 にプロットしている．時間スケール $L_u^x/\overline{U}$

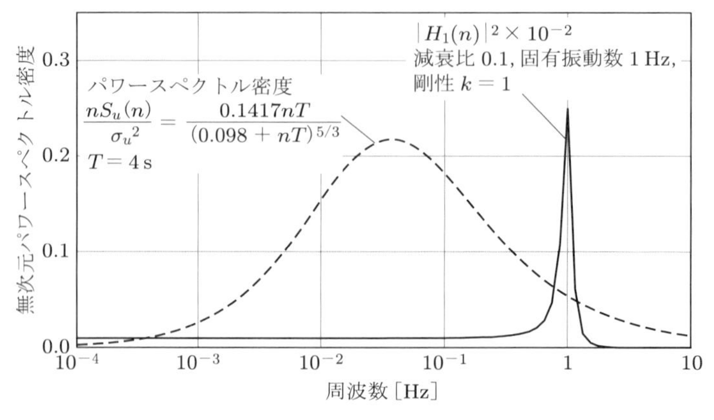

図 A5.1　風の乱れのパワースペクトルと $|H_1(n)|^2$

は，平均風速 $\overline{U} = 50\,\mathrm{m/s}$，積分長さスケール $L_u^x = 200\,\mathrm{m}$ に基づいて $4\,\mathrm{s}$ とした．

通常，応答の共振成分はパワースペクトルの裾部の狭い周波数帯域において発生するため，より低い周波数での応答の準静的成分とは別に扱い，共振周波数 n_1 の上下いずれかの側の $nS_u(n)$ の変化を無視するのが一般的である（Wyatt（1980）など）．次に，翼端変位の分散は次式のようになる．

$$\sigma_x^2 = \sigma_B^2 + \sigma_{x1}^2$$

したがって，1 次モードの共振応答の分散 σ_{x1}^2 は次式のようになる．

$$\sigma_{1x}^2 = \left(C_f \rho \overline{U} \int_0^R \mu_1(r) c(r)\, dr \right)^2 S_u(n_1) \int_0^\infty |H_1(n)|^2\, dn \tag{A5.9}$$

ここで，高次モード応答の共振成分 σ_{2x}^2，σ_{3x}^2 などは無視する．応答の非共振成分 σ_B はバックグラウンド応答（background response）とよばれ，簡単な静的梁理論から求めることができる．

Newland（1984）は，$\int_0^\infty |H_1(n)|^2\, dn = (\pi^2/2\delta)(n_1/k_1^2)$ となることを示した．ここで，δ は対数減衰率で，$\xi_1 = c_1/2m_1\omega_1$ で定義される減衰比 ξ_1 の 2π 倍である．したがって，式 (A5.9) は次式のようになる．

$$\sigma_{1x}^2 = \left(C_f \rho \overline{U} \int_0^R \mu_1(r) c(r)\, dr \right)^2 S_u(n_1) \frac{\pi^2}{2\delta} \frac{n_1}{k_1^2} \tag{A5.10}$$

ちなみに，平均応答の 1 次モード成分 $\bar{x}_1$ は，式 (A5.3) で $\omega = 0$ および $q_0(r) = (1/2)\rho\overline{U}^2 c(r) C_f$ とすることによって求められ，次式のようになる．

$$\bar{x}_1 = \frac{1}{2}\rho\overline{U}^2 C_f \frac{1}{k_1} \int_0^R \mu_1(r) c(r)\, dr \tag{A5.11}$$

したがって，1 次モードの平均値に対する標準偏差は次式のようになる．

$$\frac{\sigma_{x1}}{\bar{x}_1} = 2\frac{\sigma_u}{\overline{U}} \frac{\pi}{\sqrt{2\delta}} \sqrt{\frac{n_1 S_u(n_1)}{\sigma_u^2}} = 2\frac{\sigma_u}{\overline{U}} \frac{\pi}{\sqrt{2\delta}} \sqrt{R_u(n_1)} \tag{A5.12}$$

なお，風方向の乱れのパワースペクトルの上側の裾部に向かって，n_1 が存在する可能性が高くなり，$\sqrt{R_u(n_1)}$ は $\sqrt{0.1417/\left(nL_u^x/\overline{U}\right)^{2/3}}$ に近づく．

A5.4　風直交方向の乱れの分布が変位応答の共振成分に及ぼす影響

上述の手順では，風はブレードのスパン方向に完全に相関していると仮定した．以下では，この簡略化を取り除くことの意義を検討する．

ブレードに作用する単位幅あたりの変動荷重は $q(r,t) = C_f \rho \overline{U} u(r,t)\, c(r)$ となり，1 次モードの一般化変動荷重は次式のようになる．

$$Q_1(t) = \int_0^R \mu_1(r) q(r,t)\,dr = C_f \rho \overline{U} \int_0^R u(r,t) c(r) \mu_1(r)\,dr \tag{A5.13}$$

$Q_1(t)$ の標準偏差 σ_{Q1} は次式で与えられる．

$$\begin{aligned}
\sigma_{Q1}^2 &= \frac{1}{T}\int_0^T Q_1^2(t)\,dt \\
&= \left(\rho\overline{U}C_f\right)^2 \frac{1}{T}\int_0^T \left[\int_0^R u(r,t)c(r)\mu_1(r)\,dr\right] \times \left[\int_0^R u(r',t)c(r')\mu_1(r')\,dr'\right] dt \\
&= \left(\rho\overline{U}C_f\right)^2 \int_0^R \int_0^R \left[\frac{1}{T}\int_0^T u(r,t)u(r',t)\,dt\right] c(r)\,c(r')\,\mu_1(r)\mu_1(r')\,drdr' \qquad \text{(A5.14)}
\end{aligned}$$

ここで，[ ] 内の式は，相互相関関数 $\kappa_u(r,r',\tau) = E\left[u(r,t)\,u(r',t+\tau)\right]$ において τ をゼロにしたものである．また，相互相関関数とクロススペクトル $S_{uu}(r,r',n)$ には，以下のような関係がある．

$$\begin{aligned}
\kappa_u(r,r',\tau) &= \frac{1}{2}\int_{-\infty}^{\infty} S_{uu}(r,r',n)\,\exp\,(2\pi n\tau i)\,dn \\
\kappa_u(r,r',0) &= \frac{1}{T}\int_0^T u(r,t)u(r',t)dt = \int_0^{\infty} S_{uu}(r,r',n)\,dn \qquad (\tau = 0) \qquad \text{(A5.15)}
\end{aligned}$$

したがって，

$$\sigma_{Q1}^2 = \left(\rho\overline{U}C_f\right)^2 \int_0^R \int_0^R \left[\int_0^{\infty} S_{uu}(r,r',n)\,dt\right] c(r)\,c(r')\,\mu_1(r)\mu_1(r')\,drdr' \tag{A5.16}$$

となる．

規準化クロススペクトルは $S_{uu}^N(r,r',n) = S_{uu}(r,r',n)/S_u(n)$ で定義され，$S_{uu}(r,r',n)$ と同様に，一般に複素数である．これは，異なる位置における風速変動に位相差があるためである．同位相の風速変動のみが応答に影響を及ぼすため，規準化コスペクトル $\psi_{uu}^N(r,r',n)$ として知られる，規準化クロススペクトルの実部のみを考える．これを式 (A5.16) に代入すると，次式のようになる．

$$\sigma_{Q1}^2 = \left(\rho\overline{U}C_f\right)^2 \int_0^R \int_0^R \left[\int_0^{\infty} S_u \psi_{uu}^N(r,r',n)\,dt\right] c(r)\,c(r')\,\mu_1(r)\mu_1(r')\,drdr' \tag{A5.17}$$

これより，1 次モードの一般化外力のパワースペクトルは次式のようになる．

$$S_{Q1}(n) = \left(\rho\overline{U}C_f\right)^2 \int_0^R \int_0^R S_u(n)\psi_{uu}^N(r,r',n)\,c(r)\,c(r')\,\mu_1(r)\mu_1(r')\,drdr' \tag{A5.18}$$

風方向の乱れのパワースペクトルは高さ z 方向に若干変化するので，厳密には $S_u(n)$ ではなく $S_u(n,z)$ と書くべきである．しかし，ブレードのスパン方向の変化は小さいので，ここでは無視する．

ブレードスパン方向に断面の風荷重が完全に相関していると仮定した最初のケースに関して，1

次モードの翼端変位のパワースペクトルは，（1次モードに対する）一般化外力のパワースペクトルと周波数応答関数の積に等しい．したがって，次式のようになる．

$$S_{1x}(n) = S_{Q1}(n)\left|H_1(n)\right|^2 \tag{A5.19}$$

上述のように，$S_{Q1}(n)$ は共振周波数近傍の狭い周波数帯域にわたって一定であると仮定すると，翼端変位の共振成分の標準偏差は次式のようになる．

$$\sigma_{x1}^2 = S_{Q1}(n)\int_0^{\infty}\left|H_1(n)\right|^2 dn = S_{Q1}(n_1)\,\frac{\pi^2}{2\delta}\frac{n_1}{k_1^2} \tag{A5.20}$$

A5.4.1 規準化コスペクトルの定式化

以上の検討において，まだ $S_{Q1}(n_1) = \left(\rho\overline{U}C_f\right)^2 S_u(n_1)\int_0^R\int_0^R \psi_{uu}^N(r,r',n)\,c(r)\,c(r')\,\mu_1(r)\,\mu_1(r')\,drdr'$ の評価が残っている．規準化コスペクトル $\psi_{uu}^N(r,r',n)$ は，検討している2点間の距離 $|r-r'|$ が増加すると減少し，直感的には，風の変動のより高い周波数成分でより大きく減少することが予想される．Davenport（1962）は，規準化されたコスペクトルの指数表現を，経験的に次式のように提案している．

$$\psi_{uu}^N(r,r',n) = \exp\left(-\frac{C\left|r-r'\right|n}{\overline{U}}\right) \tag{A5.21}$$

ここで，C は無次元ディケイ定数（decay constant）である．ダベンポート（Davenport）はCramer（1958）による測定値により，C は7（不安定状態）から50（安定状態）の範囲とした．安定状態のほうが発生割合は高いものの，強風時での安全側の評価に配慮して，小さめの値を用いることを推奨した．Dyrbye と Hansen（1997）は，Risø による測定値 $C = 9.4$（Mann 1994）を参照しており，設計には $C = 10$ を推奨している．また，Eurocode 1 では，$C = 11.5$ が暗黙に仮定されている．

規準化されたコスペクトルの指数関数式には明白な矛盾がある．具体的には，風向きに正対する平面上での積分値はゼロになるべきであるが，正の値となる．これを受けて，Harris（1971）と Krenk（1995）は，より複雑な式を考案した．しかし，ここでは，次式で与えられるダベンポートの定式化を用いる．

$$\begin{aligned}\sigma_{x1}^2 &= S_{Q1}(n_1)\frac{\pi^2}{2\delta}\frac{n_1}{k_1^2} \\ &= \left(\rho\overline{U}C_f\right)^2 S_u(n_1) \\ &\quad\times\int_0^R\int_0^R \exp\left(-\frac{C\left|r-r'\right|n_1}{\overline{U}}\right)c(r)c(r')\mu_1(r)\mu_1(r')\,drdr'\left(\frac{\pi^2}{2\delta}\frac{n_1}{k_1^2}\right)\end{aligned} \tag{A5.22}$$

応答の共振成分は，式 (A5.11) による平均応答 $(1/2)\rho\overline{U}^2C_f\,(1/k_1)\int_0^R\mu_1(r)c(r)\,dr$ の1次モード成分 $\bar{x}_1$ によって，次式のように表される．

第5章 水平軸風車の設計荷重

$$\frac{\sigma_{x1}^2}{\bar{x}_1^2} = 4\frac{\sigma_u^2}{\overline{U}^2}\frac{\pi^2}{2\delta}R_u(n_1)\frac{\displaystyle\int_0^R\int_0^R \exp\left(-\frac{C\,|r-r'|\,n_1}{\overline{U}}\right)c(r)c(r')\mu_1(r)\mu_1(r')\,drdr'}{\left(\displaystyle\int_0^R c(r)\mu_1(r)\,dr\right)^2} \tag{A5.23}$$

したがって，

$$\frac{\sigma_{x1}}{\bar{x}_1} = 2\frac{\sigma_u}{\overline{U}}\frac{\pi}{\sqrt{2\delta}}\sqrt{R_u(n_1)}\sqrt{K_{Sx}(n_1)} \tag{A5.24}$$

となる．ここで，

$$K_{Sx}\,(n_1) = \frac{\displaystyle\int_0^R\int_0^R \exp\left(-\frac{C\,|r-r'|\,n_1}{\overline{U}}\right)c(r)c(r')\mu_1(r)\mu_1(r')\,drdr'}{\left(\displaystyle\int_0^R c(r)\mu_1(r)\,dr\right)^2} \tag{A5.25}$$

である．これは，ブレードスパン方向に対する風の相関を考慮していないことから生じる規模低減係数（size reduction factor）とよばれる．一例として，図 A5.2 に，翼弦長 $c\,(r) = 0.0961R - 0.06467r$ の 40 m ブレード（SC40）に関して，ディケイ定数 C を 10，平均風速 $\overline{U}$ を 50 m/s とした場合の，周波数に対する規模低減係数 $K_{Sx}\,(n_1)$ を示す．ここで，モード形状は，5.6.3 項の例と同じである（図 5.4 参照）．また，比較のために，一様断面の片持ち梁の対応するパラメータも併記する．

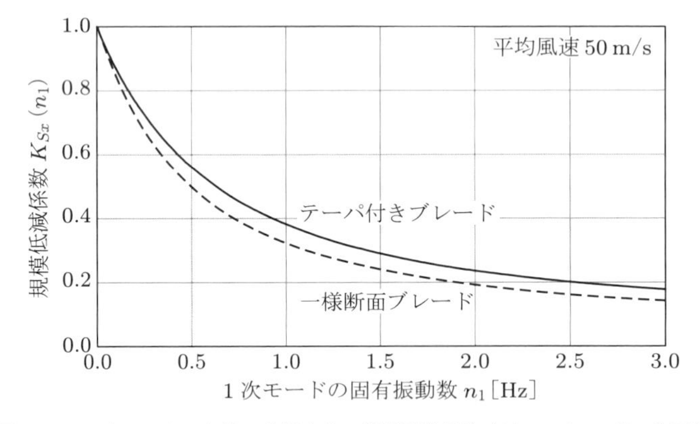

図 A5.2　1 次モードの応答の共振成分の規模低減係数（40 m ブレード，SC40）

A5.5　翼根曲げモーメントの共振成分

設計においては，動的効果によるブレード曲げモーメントの増大は重要な問題である．翼根曲げモーメントの平均値に対する 1 次モードの共振成分の標準偏差の比を，以下で計算する．なお，ここで，ブレードスパン方向の風の変動の相関の影響は考慮していない．

風による 1 次モードの励起による翼根曲げモーメントの変動成分 $M_1(t)$ は，次式で与えられる．

$$M_1(t) = \int_0^R m(r)\ddot{x}_1(t,r)\,rdr = \int_0^R m(r)\omega_1^2 x_1(t,r)rdr = \omega_1^2 f_1(t)\int_0^R m(r)\mu_1(r)rdr \tag{A5.26}$$

したがって，$M_1\,(t)$ の標準偏差は次式のようになる．

$$\sigma_{M1} = \omega_1^2\sigma_{x1}\int_0^R m(r)\mu_1(r)rdr \tag{A5.27}$$

また，翼根曲げモーメントの平均値は次式で与えられる．

$$\overline{M} = \int_0^R \frac{1}{2}\rho\overline{U}^2 c\,(r)\,C_f rdr = \frac{1}{2}\rho\overline{U}^2 C_f\int_0^R c(r)rdr \tag{A5.28}$$

したがって，それらの比は，

$$\frac{\sigma_{M1}}{\overline{M}} = \frac{\omega_1^2\sigma_{x1}\displaystyle\int_0^R m(r)\mu_1(r)rdr}{\dfrac{1}{2}\rho\overline{U}^2 C_f\displaystyle\int_0^R c\,(r)\,rdr} \tag{A5.29}$$

となる．また，式 (A5.22) から σ_{M1} の式を代入すると，次式のようになる．

$$\frac{\sigma_{M1}}{\overline{M}} = \frac{\omega_1^2\rho\overline{U}C_f(\pi/\sqrt{2\delta})(\sqrt{n_1 S_u(n_1)}/k_1)\displaystyle\int_0^R m(r)\mu_1(r)rdr}{\dfrac{1}{2}\rho\overline{U}^2 C_f\displaystyle\int_0^R c(r)rdr} \times\sqrt{\int_0^R\int_0^R \exp\left(-\frac{C\,|r-r'|\,n_1}{\overline{U}}\right)c(r)c(r')\mu_1(r)\mu_1(r')\,drdr'} \tag{A5.30}$$

ここで，$R_u\,(n) = nS_u\,(n)/\sigma_u^2$ および $k_1 = m_1\omega_1^2$ であるため，この式は次式のように簡単になる．

$$\frac{\sigma_{M1}}{\overline{M}} = 2\frac{\sigma_u}{\overline{U}}\frac{\pi}{\sqrt{2\delta}}\sqrt{R_u\,(n)}\frac{\displaystyle\int_0^R m(r)\mu_1(r)rdr}{m_1\displaystyle\int_0^R c(r)rdr} \times\sqrt{\int_0^R\int_0^R \exp\left(-\frac{C\,|r-r'|\,n_1}{\overline{U}}\right)c(r)c(r')\mu_1(r)\mu_1(r')\,drdr'} \tag{A5.31}$$

なお，$m_1 = \int_0^R m(r)\mu_1^2(r)\,dr$ は 1 次モードの一般化質量で，二重積分内の指数式はブレードスパン方向に対する，風の変動の相関の低下を表す．さらに，式 (A5.25) を用いて二重積分の平方根を $(\int_0^R c\,(r)\,\mu_1\,(r)\,rdr)\sqrt{K_{Sx}\,(n_1)}$ で置き換えると，次式となる．

$$\frac{\sigma_{M1}}{\overline{M}} = 2\frac{\sigma_u}{\overline{U}}\frac{\pi}{\sqrt{2\delta}}\sqrt{R_u(n)}\frac{\displaystyle\int_0^R m(r)\mu_1(r)rdr}{\displaystyle m_1\int_0^R c(r)rdr}\left(\int_0^R c(r)\mu_1(r)rdr\right)\sqrt{K_{Sx}(n_1)} \quad \text{(A5.32)}$$

ここで，積分の比を次式のように定義する．

$$\lambda_{M1} = \frac{\displaystyle\int_0^R m(r)\mu_1(r)rdr}{\displaystyle m_1\int_0^R c(r)rdr}\left(\int_0^R c(r)\mu_1(r)rdr\right) = \frac{\sigma_{M1}/M}{\sigma_{x1}/\overline{x}_1} \quad \text{(A5.33)}$$

したがって，最終的に次式を得る．

$$\frac{\sigma_{M1}}{\overline{M}} = 2\frac{\sigma_u}{\overline{U}}\frac{\pi}{\sqrt{2\delta}}\sqrt{R_u(n_1)}\sqrt{K_{Sx}(n_1)}\lambda_{M1} \quad \text{(A5.34)}$$

A5.6　翼根曲げモーメント応答のバックグラウンド成分

翼根曲げモーメント応答のバックグラウンド成分は，共振効果を除いた翼根曲げモーメントの標準偏差で表すことができる．これは，風がブレードスパン方向に完全に相関している場合，次式のようになる．

$$\sigma_{MB} = C_f\rho\overline{U}\sigma_u\int_0^R c(r)rdr \quad \text{(A5.35)}$$

しかし，相関の低下を考慮する場合は，次式のようになる．

$$\sigma_{MB} = C_f\rho\overline{U}\sigma_u\sqrt{\int_0^R\int_0^R \rho_u(r-r')c(r)c(r')rr'drdr'} \quad \text{(A5.36)}$$

ここで，$\rho_u\left(r-r'\right)$ はブレードの二つの異なる半径位置での風速変動の規準化相互相関関数で，次式のように定義する．

$$\rho_u(r-r') = \frac{1}{\sigma_u^2}E\left[u(r,t)u(r',t+\tau)\right] \quad \text{(A5.37)}$$

ただし，τ はゼロとする．

観測により，規準化相互相関関数は指数関数的に減衰するのがわかっているので，次式のように表す．

$$\rho_u(r-r') = \exp\left(-\frac{|r-r'|}{L_u^r}\right) \quad \text{(A5.38)}$$

ここで，L_u^r は，$L_u^r = \int_0^\infty \rho_u(r-r')\,d(r-r')$ で定義される，風方向の乱れの積分長さスケール

である．風直交方向に対して鉛直方向に測った風方向の乱れの積分長さスケール L_u^z は，水平方向に測った積分長さスケール L_u^y よりも小さいので，水平方向に測ったものと等しいとみなすほうが安全側になる．よって，L_u^r も同様に L_u^y と等しいとみなすことができる．一般に，L_u^y は風方向に沿った風方向の乱れの長さスケール L_u^x の約 30%である．翼根曲げモーメントの平均値は

$$\overline{M} = \frac{1}{2}\rho\overline{U}^2 C_f \int_0^R c(r) r dr$$

であるので，次式のように書くことができる．

$$\frac{\sigma_{MB}}{\overline{M}} = 2\frac{\sigma_u}{\overline{U}}\sqrt{K_{SMB}} \tag{A5.39}$$

ここで，K_{SMB} は翼根曲げモーメント応答のバックグラウンド成分の規模低減係数で，次式のように定義する．

$$K_{SMB} = \frac{\displaystyle\int_0^R \int_0^R \exp\left(-\frac{C\,|r-r'|}{0.3L_u^x}\right) c(r)c(r') r r' dr dr'}{\left(\displaystyle\int_0^R c(r) r dr\right)^2} \tag{A5.40}$$

翼弦長が一様なブレードでは積分は簡単であり，上式は次式のようになる．

$$K_{SMB} = 4\left[\frac{2}{3\phi} - \frac{1}{\phi^2} + \frac{2}{\phi^4} - \exp(-\phi)\left(\frac{2}{\phi^3} + \frac{2}{\phi^4}\right)\right] \qquad \left(\phi = \frac{R}{0.3L_u^x}\right) \tag{A5.41}$$

たとえば，$R = 40\,\mathrm{m}$, $L_u^x = 189\,\mathrm{m}$ の場合，$K_{SMB} = 0.837$ となり，風の変動の相関の低下により翼根曲げモーメントはかなり小さくなる．

通常のテーパ付きのブレードでは，K_{SMB} は数値的に求める．翼端の翼弦長が最大翼弦長の 33%のブレードの場合，上記と同じ ϕ の値に対して $K_{SMB} = 0.829$ となる．これより，翼端部の結果には，テーパは無視できる程度の影響しかないことがわかる．

A5.7　応答のピーク値

ブレードの設計で要求される重要なパラメータの一つは，面外曲げモーメントの極値である．再現期間 50 年のモーメントは，平均風速が 50 年再現値のときの評価時間内に発生する最大モーメントの期待値として定義される．Davenport（1964）は，モーメントをガウス過程として扱い，平均からの最大逸脱の期待値は，標準偏差に次式のピークファクタ g を乗じたものであることを示している．

$$g = \sqrt{2\ln(\nu T)} + \frac{0.5772}{\sqrt{2\ln(\nu T)}} \tag{A5.42}$$

ここで，ν は翼根曲げモーメントの平均ゼロアップクロス周波数，T は平均風速の評価時間である．

翼根曲げモーメントの分散は，翼端変位の分散と同様に，翼根曲げモーメント応答のバックグラウンド成分の分散と共振成分の分散の和に等しく，次式のようになる．

$$\sigma_M^2 = \sigma_{MB}^2 + \sigma_{M1}^2 \tag{A5.43}$$

これは，式 (A5.39) と式 (A5.34) から，次式のようになる．

$$\sigma_M^2 = \sigma_{MB}^2 + \sigma_{M1}^2 = 4\overline{M}^2 \frac{\sigma_u^2}{\overline{U}^2} \left(K_{SMB} + \frac{\pi^2}{2\delta} R_u(n_1)\, K_{Sx}(n_1)\, \lambda_{M1}^2 \right) \tag{A5.44}$$

したがって，

$$M_{\max} = \overline{M} + g\sigma_M = \overline{M} \left(1 + 2g \frac{\sigma_u}{\overline{U}} \sqrt{K_{SMB} + \frac{\pi^2}{2\delta} R_u(n_1)\, K_{Sx}(n_1)\, \lambda_{M1}^2} \right) \tag{A5.45}$$

である．

翼根曲げモーメント変動の平均ゼロアップクロス周波数 ν は，次式のように定義される．

$$\nu = \sqrt{\frac{\displaystyle\int_0^\infty n^2 S_M(n)\, dn}{\displaystyle\int_0^\infty S_M(n)\, dn}} \tag{A5.46}$$

ここで，$S_M(n)$ は翼根曲げモーメントのパワースペクトルである．パワースペクトルをバックグラウンド成分と周波数 n_1 の 1 次モードの共振成分とに分けると，上式は次式のように書ける．

$$\nu = \sqrt{\frac{\displaystyle\int_0^\infty n^2 S_{MB}(n)\, dn + n_1^2 \sigma_{M1}^2}{\sigma_{MB}^2 + \sigma_{M1}^2}} \tag{A5.47}$$

ここで，

$$S_{MB}(n) = \left(C_f \rho \overline{U} \right)^2 S_u(n) \int_0^R \int_0^R \psi_{uu}^N(r, r', n) c(r)\, c(r')\, rr' dr dr' \tag{A5.48}$$

および，

$$\overline{M} = C_f \frac{1}{2} \rho \overline{U}^2 \int_0^R c(r) r dr \tag{A5.49}$$

として，さらに

$$C_f \rho \overline{U} = 2 \frac{\overline{M}}{\overline{U}} \frac{1}{\displaystyle\int_0^R c(r) r dr}$$

とすると，次式が得られる．

$$S_{MB}(n) = 4\frac{\overline{M}^2}{\overline{U}^2}\frac{S_u(n)\displaystyle\int_0^R\int_0^R \psi_{uu}^N(r,r',n)c(r)c(r')rr'drdr'}{\left(\displaystyle\int_0^R c(r)rdr\right)^2} \tag{A5.50}$$

K_{SMB} を次式のように定義する．

$$K_{SMB}(n) = \frac{\displaystyle\int_0^R\int_0^R \psi_{uu}^N(r,r',n)c(r)c(r')rr'drdr'}{\left(\displaystyle\int_0^R c(r)rdr\right)^2} \tag{A5.51}$$

これにより，次式を得る．

$$S_{MB}(n) = 4\frac{\overline{M}^2}{\overline{U}^2}S_u(n)K_{SMB}(n) \tag{A5.52}$$

これを式 (A5.47) に代入すると，次式を得る．

$$\nu = \sqrt{\frac{4\dfrac{\overline{M}^2}{\overline{U}^2}\displaystyle\int_0^\infty n^2 S_u(n)K_{SMB}(n)\,dn + n_1^2\sigma_{M1}^2}{\sigma_{MB}^2+\sigma_{M1}^2}} \tag{A5.53}$$

式 (A5.52) から $\sigma_{MB}^2 = 4(\overline{M}^2/\overline{U}^2)\int_0^\infty S_u(n)\,K_{SMB}(n)\,dn$ であるため，ν に関する式は次式のようになる．

$$\nu = \sqrt{\frac{n_0^2\sigma_{MB}^2+n_1^2\sigma_{M1}^2}{\sigma_{MB}^2+\sigma_{M1}^2}} \tag{A5.54}$$

ここで，

$$n_0 = \frac{\displaystyle\int_0^\infty n^2 S_u(n)\,K_{SMB}(n)\,dn}{\displaystyle\int_0^\infty S_u(n)\,K_{SMB}(n)\,dn} \tag{A5.55}$$

である．

$\psi_{uu}^N(r,r',n) = \exp\left(-C\,|r-r'|\,n/\overline{U}\right)$ を式 (A5.55) の分子の $K_{SMB}(n)$ に代入することにより，次式を得る．

$$\int_0^\infty n^2 S_u(n)\,K_{SMB}(n)\,dn$$

第5章 水平軸風車の設計荷重

$$= \int_0^\infty n^2 S_u(n) \frac{S_u(n) \int_0^R \int_0^R \exp\left(-\frac{C\,|r-r'|\,n}{\overline{U}}\right) c(r)c(r')rr'drdr'}{\left(\int_0^R c(r)rdr\right)^2} dn \qquad \text{(A5.56)}$$

上式の二重積分は，高周波数域の極限では周波数に反比例する．被積分関数 $n^2 S_u(n)\, K_{SMB}(n)$ は $n^2 n^{-5/3} n^{-1} = n^{-2/3}$ に比例するため，この積分は収束しない．したがって，翼弦方向の高周波数における風の変動の相関の低下を考慮する必要があり，これが考慮されれば，積分は $n^{-5/3}$ に比例し，有限値をとることになる．しかし，翼弦方向の相関の低下を考慮して積分 $\int_0^\infty n^2 S_u(n)\, K_{SMB}(n)\, dn$ を評価することは困難なので，周波数 n_0 に対する近似式を用いることが望ましい．おもな理由は，n_0 がピークファクタ g に及ぼす影響は軽微であるからである．Dyrbye と Hansen（1997）は，一様断面の片持ち梁の近似式を次式のように示している．

$$n_0 = 0.3 \frac{\overline{U}}{\sqrt{L_u^x \sqrt{Rc}}} \qquad \text{(A5.57)}$$

ここで，R はブレード半径，c はブレード翼弦長で一定値と仮定する．なお，テーパ付きのブレードの場合は，平均翼弦長 $\bar{c}$ で置き換える．

A5.8　ブレードの中間部分の曲げモーメント

A5.8.1　応答のバックグラウンド成分

変動曲げモーメントの半径位置 r^* における準静的成分あるいはバックグラウンド成分の標準偏差を $\sigma_{MB}(r^*)$ と定義すると，次式が得られる．

$$\frac{\sigma_{MB}(r^*)}{\sigma_{MB}(0)} = \sqrt{\frac{K_{SMB}(r^*)}{K_{SMB}(0)}} \frac{\int_{r^*}^R c(r)\,(r-r^*)\,dr}{\int_0^R c(r)rdr} \qquad \text{(A5.58)}$$

$\int_{r^*}^R c(r)\,(r-r^*)\,dr \Big/ \int_0^R c(r)rdr$ は半径位置 r^* における平均モーメントに対する翼根における値の比であるので，半径位置 r^* における準静的変動の平均値に対する標準偏差の比は，次式のようになる．

$$\frac{\sigma_{MB}(r^*)}{\overline{M}(r^*)} = \frac{\sigma_{MB}(r^*)}{\sigma_{MB}(0)} \frac{\sigma_{MB}(0)}{\overline{M}(0)} \frac{\overline{M}(0)}{\overline{M}(r^*)} = \frac{\sigma_{MB}(0)}{\overline{M}(0)} \sqrt{\frac{K_{SMB}(r^*)}{K_{SMB}(0)}} \qquad \text{(A5.59)}$$

一般に，平方根の項は 1 に近いので，$\sigma_{MB}(r^*)/\overline{M}(r^*)$ はほぼ一定値になる．

A5.8.2　応答の共振成分

A5.5 節では，翼根曲げモーメントの 1 次モードの共振成分の標準偏差は $\omega_1^2 \sigma_{x1} \int_0^R m(r)\mu_1(r)rdr$ であることを述べた．その他の半径位置における値も同様に，次式のように得られる．

$$\sigma_{M1}(r^*) = \omega_1^2 \sigma_{x1} \int_{r^*}^{R} m(r)\mu_1(r)\,(r - r^*)\,dr \tag{A5.60}$$

したがって，半径位置 r^* における 1 次モードの翼根曲げモーメントの平均値に対する標準偏差の比は，次式のようになる．

$$\begin{aligned} \frac{\sigma_{M1}(r^*)}{\overline{M}(r^*)} &= \frac{\sigma_{M1}(r^*)}{\sigma_{M1}(0)} \frac{\sigma_{M1}(0)}{\overline{M}(0)} \frac{\overline{M}(0)}{\overline{M}(r^*)} \\ &= \frac{\displaystyle\int_{r^*}^{R} m(r)\mu_1(r)\,(r - r^*)\,dr}{\displaystyle\int_{0}^{R} m(r)\mu_1(r) r dr} \frac{\displaystyle\int_{0}^{R} c(r) r dr}{\displaystyle\int_{r^*}^{R} c(r)\,(r - r^*)\,dr} \frac{\sigma_{M1}(0)}{\overline{M}(0)} \end{aligned} \tag{A5.61}$$

参考文献

Cramer, H. E. (1958). Use of power spectra and scales of turbulence in estimating wind loads, Second National Conference on Applied Meteororlogy, *Ann Arbor*, Michigan, USA.

Davenport, A. G. (1962). The response of slender, line-like structures to a gusty wind. *Proc. Inst. Civ. Eng.*, 23: 389–408.

Davenport, A. G. (1964) Note on the distribution of the largest value of a random function with application to gust loading. *Proc. Inst. Civ. Eng.*, 28: 187–196.

Dyrbye, C., and Hansen, S. O. (1997). *Wind loads on structures.* John Wiley and Sons.

Eurocode 1 (2005) *Actions on structures – Part 1-4: General actions – Wind actions* (EN 1991-1-4: 2005)

Harris, R. I. (1971). The nature of the wind. *Proceedings of the CIRIA Conference*, pp 29–55.

Krenk, S. (1995). Wind field coherence and dynamic wind forces. Symposium on the advances in Non-linear Stochastic Mechanics. Kluwer, Dordrecht, Germany.

Mann, J. (1994). The spatial structure of neutral atmospheric surface-layer turbulence. *J. Ind. Aerodyn.*, 1: 167–175.

Newland, D. E. (1984). Random vibrations and spectral analysis. Longman, UK.

Wyatt, T. A. (1980). The dynamic behaviour of structures subject to gust loading. *Proceedings of the CIRIA Conference, 'Wind engineering in the eighties'* pp. 6-1–6-22.

第6章

水平軸風車の概念設計

6.1　はじめに

系統連系用の水平軸風車には，機械構成，出力制御方法，ならびに，ブレーキシステムなど，多種多様な分類がある．この章では，設計上の選択に関連するさまざまな領域に焦点を当て，それぞれ，従来の選択肢の長所と短所を考察する．また，ある領域で決定したことが，別の領域に与える影響についても着目する．

これらの個別の設計上の選択とともに，ロータ直径，定格出力，回転速度など，設計プロセスを始める際に決定すべきいくつかの基本的な設計パラメータが存在する．本章の最初の節において述べるように，これらの連続変数は数学的な最適化に適している．

また，特定のメーカーに採用されている電力制御方法やドライブトレインの構成などを含む風車設計の進歩の概要については，European Wind Energy Association (2009), '*Wind Energy—The Facts*' に詳しい．

6.2　ロータ直径

発電コストを最小にする最適な風車のサイズに関しては，長い間かなり議論されている．大型風車の優位性として，規模の経済と，高度に対して風速が高くなる（ウィンドシアー）ことが挙げられている．一方，大型機の経済性については，発電電力量はロータ直径の 2 乗に比例して増加するが，ロータの質量（すなわちコスト）は 3 乗に比例して増加するという，2 乗 3 乗則の問題がある．

実際には，いずれの主張も正しく，規模の経済と，ウィンドシアーを考慮して若干修正した 2 乗 3 乗則との間に，トレードオフが存在する．このトレードオフは，以下で示すような単純なコストモデルで検討することができる．しかし，少なくともブレードに関しては，ロータ直径が大きくなるにつれて材料が改善され，構造効率が向上したことによって，2 乗 3 乗則は，本書の執筆時点でもかなり回避されてきている．

6.2.1　コストモデル

風車設計を支配するパラメータの値の変化に対する発電コストの感度は，風車要素のコストに与える影響のモデルを用いて調査することができる．通常の手順では，ベースライン設計から始め，そこでは，さまざまな要素の既知のコストを用いる．厳密な解析では，選択したパラメータに対して異なる値を与え，それぞれの値に対して個別に設計を行うことで，要素の質量を計算して，コストを推算する．

一般に，各要素のコストは，その質量に単純には比例せず，より緩やかに変化する要素を含んでいる．たとえば，タワー表面の保護コーティングとタワーの縦方向の溶接（必要な数は一定と仮定）が挙げられる．タワー高さ以外のすべての寸法がタワー高さに比例すると仮定すると，これらのコストは，タワー高さの約2乗に比例する．なお，通常，設計パラメータの変化が約 ±50%の範囲内では，ある設計パラメータに対する要素のコストと質量の関係は，以下のような線形関係で十分表現できる．

$$C(x) = C_B\left[\mu\frac{m(x)}{m_B} + (1-\mu)\right] \tag{6.1}$$

ここで，$C(x)$ と $m(x)$ は設計パラメータ x の要素のコストと質量，C_B と m_B はベースライン設計における値である．μ は質量に対して変化するコストの比率であり，ベースライン風車のサイズと要素ごとに異なる．

μ の値の選択には，スケールに伴う製造コストの変化に関して，かなりの専門的な知識が必要とされるが，開発の初期段階における製品の場合には，そのような専門知識は十分には得られていない．また，設計パラメータの値を変えた新たな設計のコストモデルが妥当でない場合があるため，相似則に基づいて，スケーリングの比率を調整することが多い．以降で述べる最適な風車サイズの検討には，このような手法を用いる．

6.2.2 風車サイズの最適化のための簡易コストモデル概要

直径60 m，定格出力1.5 MWの風車に対してベースライン設計を行う．各要素のコストはFuglsang and Thomsen (1998)，'*Cost optimisation of wind turbines for large-scale offshore wind-farms*' の値を参照した．全体に対する各要素のコストの比率を表6.1に示す．

直径の異なる風車の設計は，増速機，発電機，系統連系および制御装置を除いたすべての要素について，それぞれの寸法を同じ割合でロータ直径に応じてスケーリングする．ロータの回転速度は，

表 6.1　定格出力 1.5 MW，直径 60 m の定速ストール制御の陸上風車（Risø-R-1000, Fuglsang and Thomsen 1998）の，風車全体に対する各要素のコスト比率

要素	コスト比率 [%]
ブレード	18.3
ハブ	2.5
主軸	4.2
増速機	12.5
発電機	7.5
ナセル	10.8
ヨーシステム	4.2
制御システム	4.2
タワー	17.5
ブレーキシステム	1.7
基礎	4.2
組み立て	2.1
輸送	2.0
系統連系	8.3
合計	100.0

ある風速における翼端周速を一定にするため，直径に対して反比例するように設定する．そのため，ロータに作用する空力による最大スラストはロータ直径の 2 乗に比例して増加し，各構造要素に作用する空力による曲げモーメントの最大値（設計上支配的なパラメータと仮定）は，ロータ直径の 3 乗に比例して増加する．

すべての断面の寸法がロータ直径に比例すると仮定すると，断面係数はロータ直径の 3 乗に比例するが，各限界応力はロータ直径に対して変化しない．

周速を一定に維持し，同じ風速で定格出力に達する場合，定格出力は直径の 2 乗に比例する．また，ロータ質量はロータ直径の 3 乗に比例して増加する．これは，増速機の質量が増速比とは無関係にロータ直径の 3 乗に比例して増加すると仮定するための根拠となっている．以下の例では，簡略化のため，すべての要素で $\mu = 0.9$ とした．したがって，ロータ直径 D の風車において，発電機，制御装置および系統連系以外のすべての要素のコスト $C_1(D)$ は，次式で与えられる．

$$C_1(D) = 0.8C_T(60)\left[0.9\left(\frac{D}{60}\right)^3 + 0.1\right] \tag{6.2}$$

ここで，$C_T(60)$ は，ロータ直径 60 m のベースライン風車の総コストである．

発電機および系統連系の定格容量は，ロータ直径の 2 乗に比例する．式 (6.1) は，これらの要素のコストに適用できると仮定するが，質量は定格出力で置き換える．したがって，発電機と系統連系のコスト $C_2(D)$ は次式で与えられる．

$$C_2(D) = 0.158C_T(60)\left[0.9\left(\frac{D}{60}\right)^2 + 0.1\right] \tag{6.3}$$

ここで，風車のサイズによらず，制御装置のコストは一定であると仮定した．したがって，ロータ直径に対する風車コストは，以下のとおりである．

$$\begin{aligned} C_T(D) &= C_T(60)\left[0.8\left\{0.9\left(\frac{D}{60}\right)^3 + 0.1\right\} + 0.158\left\{0.9\left(\frac{D}{60}\right)^2 + 0.1\right\} + 0.042\right] \\ &= C_T(60)\left[0.72\left(\frac{D}{60}\right)^3 + 0.1422\left(\frac{D}{60}\right)^2 + 0.1378\right] \end{aligned} \tag{6.4}$$

ほかのすべての寸法と同様，タワー高さはロータ直径に比例すると仮定しているため，ハブ高さにおける年平均風速は，ウィンドシアーにより，ロータ直径の増加とともに増加する．単位受風面積あたりの発電電力量は，この例においては，年平均風速の中央値の 8 m/s に対する変化率の 1.9 乗で増加することがわかっている．よって，タワー高さは発電電力量に大きな効果をもたらす．

発電コスト（運転・保守コストを除く）を，風車コストを年間発電電力量で除することによって計算すると，ロータ直径に対する発電コストの変化は図 6.1 のようになる．この図では，ハブ高さの風速は，地表面の粗度長 z_0 が 0.001 m と 0.05 m の 2 種類のウィンドシアーを考慮して，$\overline{U}(z) \propto \ln\,(z/z_0)$（2.6.2 項を参照）で計算されている．また，ウィンドシアーなしのケースも示されている．

風車の最適サイズの検討においてウィンドシアーの影響が顕著であることは明らかである．最適

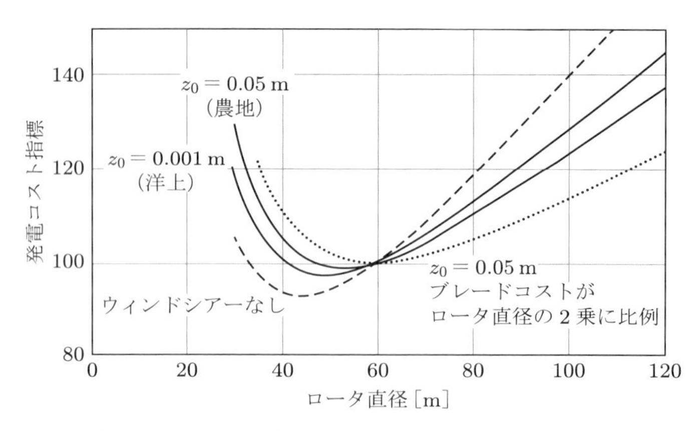

図 6.1　簡易コストモデルに基づくウィンドシアーと風車の最適サイズの変化
（ハブ高さはロータ直径と等しいと仮定）

な風車サイズは，粗度長がゼロの場合は 44 m であるのに対して，粗度長が 0.05 m（まばらに建物がある農地に相当）の場合は 52 m まで変化する．厳密には，ハブ高さの増加による年平均風速の増加に伴い，ロータやほかの要素に対する影響も考慮すべきであるため，最適な風車サイズはこれよりも若干小さくなる．

前述の方法による最適サイズは，μ の値に強く依存する．たとえば，μ を 0.9 から 0.8 に変更した場合，最低発電コストは 0.9%しか変化しないが，地表面の粗度長が 0.05 m のウィンドシアーにおける最適サイズは 64 m に変化する．Fuglsang と Thomsen（1998）が実施したように，要素によって異なる μ の値を設定するのが正しい方法である．また，同じ設計でサイズが異なる要素のコストデータに基づき，μ の値を設定するのが理想的である．

上述のコストモデルは，選択した風車の経済性に対するスケール効果を調べるのに有用である．しかし，実際，材料や風車の構成が異なる場合は，直径–コスト曲線が変化し，異なるサイズの風車がより経済的になることがある．

スケーリング則に影響を与える技術開発の例は，ブレード比質量（specific blade mass，ロータ直径の 3 乗に対するブレード質量）にも見られる．図 6.2(a) は，2004 年に利用可能であった LM Glasfiber 社製のブレードの，ブレード比質量を示す．ブレード比質量は，ロータ直径にほぼ反比例する．つまり，ブレードの質量は直径の 3 乗ではなく，2 乗で増加することがわかる．ロータ直径の増加によるブレード比質量の低下は，現実的なスキン厚さの限界のために，小型のブレードではスキンが必要以上に重くなっていたことと，ガラス繊維強化プラスチック（GFRP）ブレードの製造技術の向上により繊維体積含有率が大きくなり，より高い強度が得られたためと考えられる．

コストモデルに採用されたブレードのコストスケーリング則から，最適なロータ直径が明らかになる．図 6.1 の点線で示されるように，ブレードのコストを直径の 2 乗でスケーリングすると，最適な風車直径は 52 m から 59 m に増加する．ここで，ロータの軽量化によるほかの要素のコスト低下は考慮していない．

近年，生産中のブレードの質量に関するデータはますます少なくなっているが，入手可能な数少ないデータからは，ロータ直径が大きくなると図 6.2(a) のトレンド曲線が続く可能性が示唆されている．図 6.2(b) には，米国の National Renewable Energy Laboratory（NREL）の 5 MW 風車と DTU 10 MW 風車の参照ブレード設計（Jonkman et al. 2009; Bak et al. 2013）のブレー

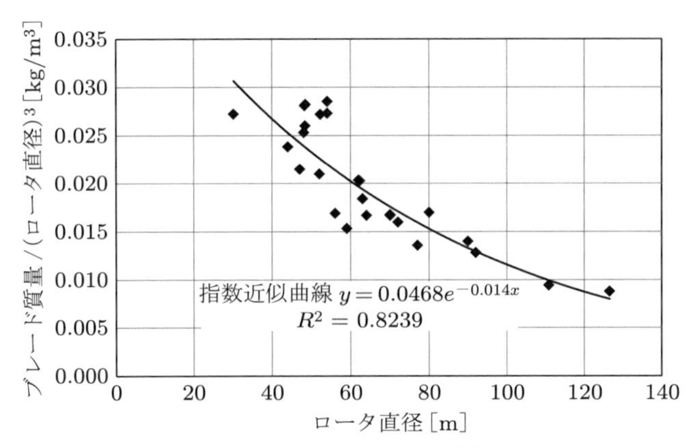

（a）2004 年の LM Glasfiber 社製ブレード

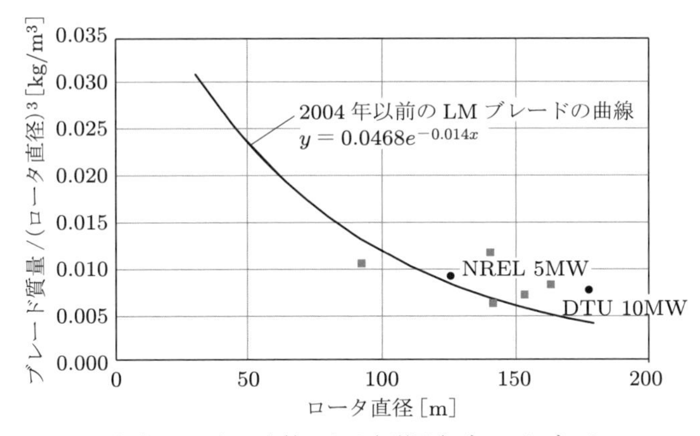

（b）2019 年の文献による大型風車ブレードデータ

図 6.2 ブレードの比質量

ド質量も記載されている．

6.2.3 NREL のコストモデル

NREL の '*Wind Turbine Design Cost and Scaling Model*' における研究（Fingersh et al. 2006）は，代表的な風車の形状に対して質量とコストのスケーリング則の組み合わせを示しており，個々の要素設計における技術革新を評価するベンチマークとしている．なお，この研究では，追加のデータが利用可能になった場合には，スケーリング則を随時更新することが想定されている．

ここで，ベースライン風車として，直径 70 m，定格出力 1.5 MW，可変速ピッチ制御および 3 段の遊星増速機を想定している．スケーリング則の多くは，前項において設定されたものと同様であるが，おもな違いは以下のとおりである．

- ブレードのコストは材料費と人件費とに分ける．材料費はロータ直径の 3 乗（D^3），人件費は $D^{2.5}$ に比例する．
- 増速機のコストは，D^3 ではなく $D^{2.5}$ に比例する．
- ナセルコストは，D^3 ではなく $D^{1.95}$ に比例する．
- 基礎コストは，D^3 ではなく $D^{1.2}$ に比例する．

・輸送コストは，D^4 に比例する．

コスト計算式の中には定数項が含まれているものがあり，その値は負になることもある．

ここで，ピッチ機構とベアリングのコストは $D^{2.66}$ に比例すると仮定し，可変速用の電気機器のコストは風車の定格出力に比例すると仮定している．

表 6.2 は，ベースライン風車の要素のコストについて，2005 年時点の価格（米ドル）と，全体コストに対する各要素のコストの比率を示している．同表には，前節において扱った，直径 60 m，定格出力 1.5 MW の風車の要素コストの比率も示している．比較の際には，要素の定義が異なる場合があることに注意が必要である．

表 6.2　NREL ベースライン風車（定格出力 1.5 MW，ロータ直径 70 m）の要素コストとその比率

要素	NREL ベースライン風車の要素コスト [k$]	NREL ベースライン風車の要素コスト比率 [%]	Risø-R-1000 風車（1.5 MW，直径 60 m）の要素コスト比率 [%]
ブレード	151	11.4	18.3
ハブ	47	3.6	2.9
ピッチ機構	56	4.3	N/A
主軸，主軸ベアリング	33	2.5	4.2
増速機	152	11.6	12.9
発電機	98	7.4	7.5
コンバータ	119	9.0	N/A
ナセル	119	8.9	10.8
ヨー機構	20	1.5	4.2
制御システム	35	2.7	4.2
タワー	158	12.0	17.5
ブレーキ，高速軸カップリング	3	0.2	1.7
基礎	47	3.6	4.2
組み立て，設置	42	3.2	2.1
輸送	51	3.9	2.0
系統連系ほかの電気接続	187	14.2	8.3
合計	1317	100.0	100.0

図 6.3 は，上記の風車に適用された NREL のコストモデルに基づく，ロータ直径に対する発電コストの資本費成分の変化を示している．ハブ高さ 50 m における年平均風速を 7.25 m/s とし，風速はハブ高さとともにべき乗則 $\overline{U}(z) = \overline{U}(50)(z/50)^{0.14}$ に従って変化すると仮定する．また，前の事例と同様に，ハブ高さはロータ直径と等しいとし，全ケースにおける定格風速は 11.55 m/s とする．風車の運用年数は 20 年，割引率は 10%とした．

このコストモデルでは，最適なロータ直径が 70 m 強と，前項におけるコストモデルよりも大きくなっている．これは，いくつかの要素のスケーリング則において，ロータ直径に対する指数が減少しているためと考えられる．

6.2.4　INNWIND.EU のコストモデル

INNWIND プロジェクト—Innovative Wind Conversion Systems (10–20 MW) for Offshore Applications—（INNWIND 2016）において，スプレッドシート形式の包括的なコストモデルが

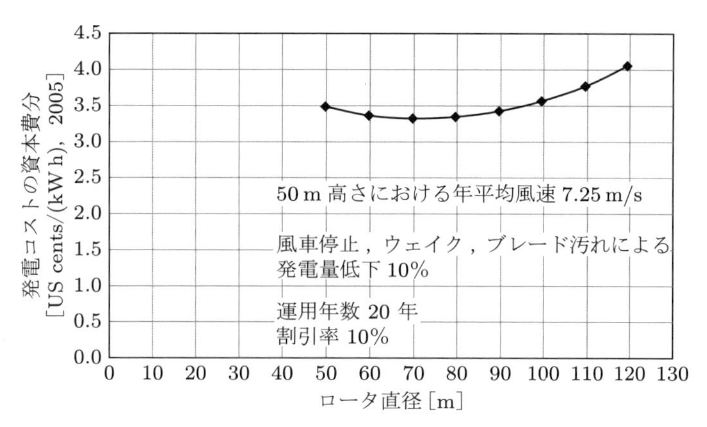

図 6.3 NREL ベースライン風車のロータ直径に対する発電コスト（資本費分のみ）

開発された．これは，ブレード，ドライブトレイン，タワーおよび洋上風車基礎のコスト計算のために，NREL コストモデルを更新・拡張したものである．

6.2.5 風車サイズの大型化

1980～90 年代には，大型の商用風車のサイズは約 7 年ごとに 2 倍に大型化していた．さらに最近では，洋上ウィンドファーム開発への展開によりロータがさらに大型化している．洋上風車では，支持構造物と海底ケーブル設置コストが大きな固定費要素となるため，陸上と比較してより大型の風車が有利になっている．しかし，‘*Wind Energy—The Facts*’ (EWEA 2009) は，もっとも大型の商用風車のロータ直径は 2004 年から 2008 年の間に変化しなかったことを指摘している．これは，それまでの風車サイズの急速な成長がいったん落ち着いたことを意味している．しかし，その後ふたたび風車が大型化し，2019 年には，ロータ直径が 130 m を超える風車が約 40 種類（定格出力のみが異なるものも含む）販売されるに至った．洋上用としては，Siemens 社が 2015 年からロータ直径 154 m の風車を，Vestas 社が 2017 年からロータ直径 164 m の風車を販売・設置している．さらに，General Electric 社は，2019 年にロータ直径 220 m の 12 MW のプロトタイプ Haliade-X を製造した．

陸上用としてロータ直径 100 m を超える風車の需要が増え，最適サイズよりも明らかに大型の風車が選択されているが，これは，コストモデルの不完全性に由来する可能性がある．しかし，より大型の風車の選択を促す重要な要因が，限定された領域内でより多くの発電電力量を得られることであるのは疑いようがない．通常，風車メーカーによって風車間の最小離隔距離が指定されるが，たとえば，狭い尾根の領域に設置可能な風車の総定格容量は，ロータ直径に対しておよそ線形に増加する．また，許認可や系統連系などのサイト開発コストは，ウィンドファームの定格容量によってほとんど変化しないため，ウィンドファームの総設備容量は最大化するほうが有利である．

6.2.6 重力による制限

前述の簡易コストモデルは，ブレード設計が空力荷重のみで決定されるという仮定に基づいていた．しかし，ロータ直径が増加するにつれて，ブレードに対しては，自重によるエッジ曲げモーメントの影響が大きくなる．ベースライン設計（すべての寸法がロータ直径と同じ比率でスケーリングされる）から導かれるブレードの設計においては，断面係数はロータ直径の 3 乗に比例して増加するのに対して，ブレード翼根の重力によるモーメントはロータ直径の 4 乗に比例して増加する．前縁と後縁付近の材料の再配置により，重力によるモーメントの増加を抑制する余地はあるが，いずれにしても，ブレード材料に応じてロータ直径が制限されることになる．

6.2.7　可変直径ロータ

風速の増加に合わせてロータ直径を小さくすることで，強風時の荷重を増加させることなく，低風速時の発電量を増加させられる可能性がある．ロータ直径を小さくすることは，ブレードを翼根でヒンジ結合することでコーニング角を小さくするか，ブレード先端部を引き込む機構により実現できる．ここで，後者には，リジッドハブと断面が均一なブレードが必要となる．Jamieson（2018）に，これらのコンセプトの詳細と評価が記載されている．

6.3　風車の定格

本節では，風車が定格出力に達する風速（定格風速）を決定する．あるロータ直径に対して定格風速が極端に高い場合，定格出力に達することがほとんどなく，ドライブトレインと発電機のコストが発電電力量に対して過大になる．逆に，定格風速が最適値よりも極端に低い場合は，ロータと支持構造物のコストが発電電力量に対して過大なものとなる．

ロータ直径に対する最適な定格出力は，前節で説明したコストモデルを用いて検討することができる．

6.3.1　ロータ直径に対する定格風速の最適化のための簡易コストモデル

風車要素の多くは，設計において定格風速の影響を受け，ロータ速度にも強く依存する．しかし，一般に，騒音を抑えるために（6.4 節を参照），陸上風車の最大ロータ速度は制限される．このことを考慮して，定格風速にかかわらず，ブレードの最大周速を 80 m/s と仮定する．

ここでは，簡易コストモデルを，可変速ピッチ制御風車に適用する．周速比 8 で最適な性能が得られ，風速 10 m/s までこの周速比で運転すると仮定する（風速 10 m/s で周速 80 m/s）．

ブレードの平面形と捩れ角の分布は固定されるものと仮定すると，想定した年平均風速とワイブル形状パラメータから，定格風速ごとの年間発電電力量を計算することができる．ここで，最適化の目的である発電コストの最小化には，定格風速の各要素への影響についての情報が必要となる．この情報を得るためには，厳密には，風車の詳細設計を行う必要があるが，実際には，各要素の設計パラメータを特定し，それらのパラメータの定格風速に対する変化を調べることによって，コストトレンドを得ることができる．ベースライン風車において各要素のコストがわかれば，これらのコストトレンドを各要素のコストに適用することにより，最適な定格風速を決定することができる．そのような方法で得られた，直径 70 m，1.5 MW の NREL ベースライン風車のコストの割合を表 6.2 に示す．

主要な要素に対する定格風速の影響は，以下のとおりである．

1. ブレード質量は以下のように仮定する．
   - ・ブレードの平面形状は変化しない．
   - ・ブレード設計は，疲労の面外曲げモーメントが支配的である．

・面外曲げモーメントの変動（5.7.5 項の式 (5.25) を参照）は，風速変動と回転速度との積に比例する．
・回転速度は風速に応じて変化するが，定格風速が 10 m/s 以上であれば，定格風速には依存しない．
・ブレードスキンの厚さは，定格風速には依存しない．したがって，ブレードスキンの厚さ，すなわち，ブレード質量は，定格風速の影響を受けない．

2. ハブとピッチシステムの質量：ハブとピッチシステムは，翼根面外曲げモーメントの疲労荷重に比例すると仮定する．すなわち，定格風速には依存しない．
3. 低速軸の質量：片持ちで支持されたロータとハブの自重（定格風速の変化に影響されない）による軸の曲げモーメントが支配的と仮定する．
4. 増速機とブレーキ：増速機とブレーキの設計は，定格トルク P/Ω が支配的だが，最大回転速度は一定なので，定格トルクは定格出力に比例して変化するものとする．したがって，増速機とブレーキの質量は，定格出力に比例する．
5. 発電機と可変速運転用の電気機器：発電機と可変速運転用の電気機器の設計は，定格出力が支配的で，それらの質量は定格出力に比例すると仮定する．
6. ナセル構造，ヨーシステム，タワーおよび基礎：これらの設計は，定格風速には依存せず，ロータに作用する極値および変動荷重が支配的と仮定する．したがって，これらの質量は，定格風速の影響を受けないものとする．
7. 系統連系：ケーブル，開閉装置および変圧器の質量は定格出力に比例すると仮定する．
8. コントローラ，組み立ておよび輸送：これらの項目のコストは，定格風速に依存しないとする．

表 6.3 において，上記の各要素を，その質量が定格風速により変化するものとしないもので分類している．また，同表では，各要素のコストは，ベースライン風車における全体コストに対する比で表されている．二つの分類の合計により，定格出力とベースライン風車の定格出力との比 P_R/P_{RB} の関数として，次式の風車コストが得られる．

表 6.3 NREL ベースライン風車（ロータ直径 70 m，1.5 MW）の全体コストに対する，各要素のコストの比率

質量・コストが定格風速に依存しない要素		質量が定格風速に依存する要素	
要素	コスト比率 [%]	要素	コスト比率 [%]
ブレード	11.4	増速機	11.6
ハブ，スピナ	3.6	発電機	7.4
ピッチ機構	4.3	コンバータ	9.0
主軸，ベアリング	2.5	ブレーキ	0.2
ナセル	8.9	配線，系統連系	14.2
ヨー機構	1.5		
制御システム	2.7		
タワー	12.0		
基礎	3.6		
組み立て	3.2		
輸送	3.9		
合計	57.6	合計	42.4

$$C_T = C_{TB}\left(0.576 + 0.424\frac{P_R}{P_{RB}}\right) \tag{6.5}$$

発電コストにおける資本費成分は，式 (6.5) で与えられる風車のコストと，風車のライフサイクル発電電力量により求められる．各定格風速における年間発電電力量は，風速のワイブル分布と対応するパワーカーブにより計算されるものから諸般の影響を割り引いて計算する．この例では，ベースラインとしてNRELの直径70 m，定格出力1.5 MWの可変速ピッチ制御風車を用いて，年平均風速7.5 m/s，定格風速11.55 m/sとして計算した．その結果を図6.4に示すが，最適な風車の定格出力は，1.5 MWのベースライン風車にかなり近いものとなっている．定格出力に対する発電コストの変化は，最適値の上下いずれにおいても非常に小さく，定格出力が1100〜2000 kWの範囲で発電コストの最大増加量はわずか3%である．

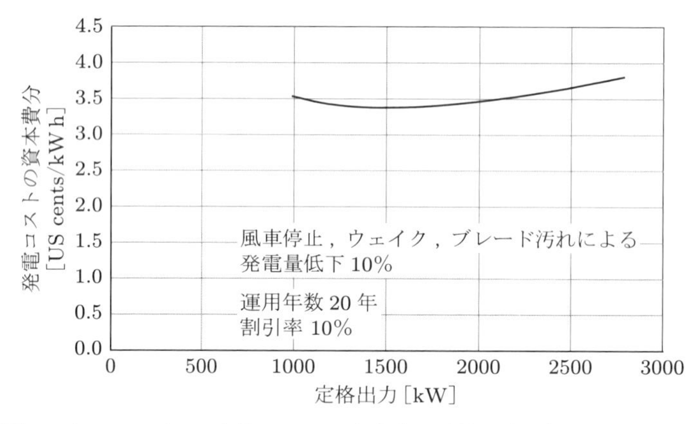

図 6.4　簡易コストモデルによる，直径 70 m の可変速ピッチ制御風車の定格出力に対する発電コスト（資本費成分のみ）

6.3.2　最適な定格風速と年平均風速との関係

最適な定格出力は，年平均風速 U_{ave} に大きく依存する．直径70 m以上のピッチ制御風車の年平均風速に対する最適な定格風速 U_{Ro} を表6.4に示す．U_{Ro}/U_{ave} は1.4〜1.6であり，風速の増加とともに低下する．

ストール制御風車の最適な定格出力の決定にも同様な解析が可能であり，同様な結果が得られる．しかし，ストール制御風車は，定格出力が同じピッチ制御風車と比較して定格風速が高くなるため，U_{Ro}/U_{ave} は約2.0となる．

表 6.4　ピッチ制御風車における年平均風速に対する最適定格風速

年平均風速 U_{ave} [m/s]	最適定格風速 U_{Ro} [m/s]	最適定格風力 [kW]	ロータ面積に対する定格出力 [kW/m^2]	発電コスト比 [%]†
7.0	11.1	1340	349	113
7.5	11.5	1495	388	100
8.0	11.9	1535	425	90
8.5	12.3	1770	460	81
9.0	12.65	1905	495	75

†　年平均風速 7.5 m/s 時の値を 100 とする．

6.3.3　商用機の比出力

商用風車における定格出力とロータ面積との関係を調べるのは有益である．2008 年に生産された 79 機種の風車について，これらの関係を図 6.5 に示す．各風車は，それぞれ異なる年平均風速を想定して設計されているが，データのばらつきは大きくなく，回帰直線は原点のすぐ近くを通る明確な傾向を示している．ロータ面積に対する定格出力で計算される比出力の 79 機種の平均値は 380 W/m^2 であり，表 6.4 中の年平均風速 7.5 m/s における最適値に近い．

しかし，2019 年生産の風車に関しては，状況はかなり異なる（図 6.6 参照）．これは，最大手の風車メーカー 6 社が生産する 100 基の風車を対象としており，発表済みだがまだ製造されていない大型風車もいくつか含まれている．ロータ面積に対する比出力の平均値が 2008 年の 380 W/m^2 から 297 W/m^2 へと大幅に低下しており，より多くの風車が低風域に適合するように設計されたことがわかる．その結果，ロータ直径が同じ風車でも定格出力の幅が広くなり，幅広い風速に対応する風車が利用できるようになっている．しかし，洋上の風速の高い場所に設置される最大級の風車の比出力は著しく高く，Vestas V164 10 MW 風車では 473 W/m^2 である．

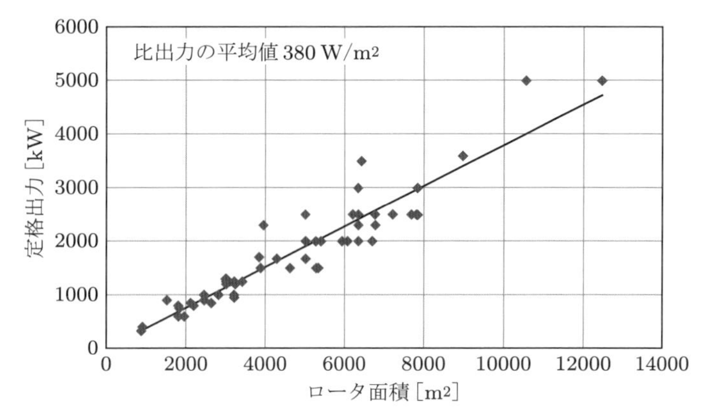

図 6.5　2008 年に生産された風車のロータ面積に対する定格出力

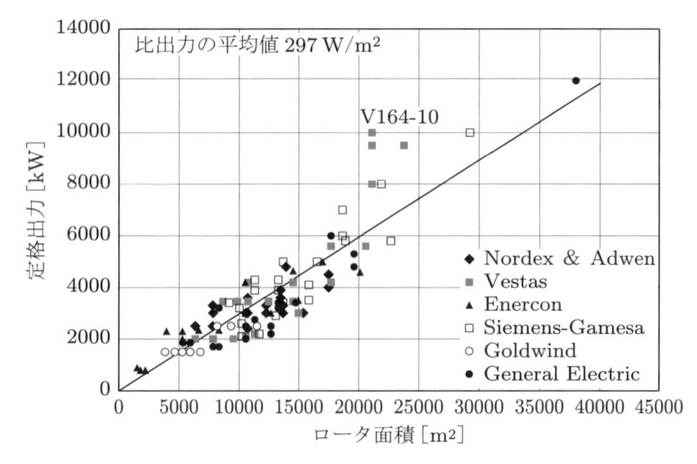

図 6.6　2019 年に生産された風車のロータ面積に対する定格出力

6.4　ロータ速度

風車の設計の目的は，環境影響の制約の中で，最低限のコストで発電電力量を得ることにある．しかし，同じ定格出力で最適化されたブレードは，設計ロータ速度が異なっていても発電電力量は実質的に変化しないため，設計回転速度は，発電電力量よりも，風車のコストを重視して選択するものである．

主要なコスト要因の一つは，定格出力におけるロータトルクであり，これがドライブトレインのコストの主要な決定要因となる．ロータ半径と定格出力を固定した場合，ロータトルクはロータ速度に対して反比例するが，これが高速回転の採用についての論点となる．しかし，ロータ速度の増加には，以降の項で検討されるような悪影響がある．

6.4.1　ロータ速度とソリディティの理論的な関係

3.8.2 項の式 (3.72) は，抗力と翼端損失を無視して，揚力係数に関して特定の周速比で最大出力を与えるように最適化されたブレードの翼弦長分布を与える．次式は式 (3.72) の再掲である．

$$\sigma_r \lambda \mu C_l = \frac{8/9}{\sqrt{(1-1/3)^2 + \lambda^2\mu^2[1+2/(9\lambda^2\mu^2)]^2}}$$

ここで，σ_r は局所ソリディティ，λ は設計周速比，$\mu = r/R$ である．出力の大部分を発生させるブレードの外翼部において，局所周速比 $\lambda\mu$ は 1 に対して十分に大きいため，分母を $\lambda\mu$ に近似することができる．すなわち，

$$\sigma_r \lambda \mu C_l = \frac{Bc(\mu)}{2\pi R}\lambda C_l = \frac{8}{9\lambda\mu} \tag{6.6}$$

となる．ここで，B はブレード枚数である．

上式を変形すると，以下のとおりとなる．

$$c(\mu)\left(\frac{\Omega R}{U_\infty}\right)^2 = \frac{16\pi R}{9C_l B}\frac{1}{\mu} \tag{6.7}$$

したがって，B と R を固定し，揚力係数（迎角）が半径方向に一定と仮定し，同じ風速で異なるロータ速度でブレードを最適化すると，各半径位置における翼弦長はロータ速度の 2 乗に反比例する．

なお，定速ピッチ制御風車において，全風速域において発電電力量を最適化する場合は，式 (6.7) は適用されない．この場合，翼弦長は，ロータ速度の 2 乗ではなくおおむね 1 乗に反比例することが報告されている（Jamieson and Brown 1992）．

6.4.2　ブレード質量に対するロータ速度の影響

上述のブレード設計に関連して，ブレード質量に対するロータ速度の影響を検討することができる．6.3.1 項と同様に，ブレードの設計では面外曲げモーメントの疲労荷重が支配的で，モーメント変動は，風速の変動とロータ速度，および，翼弦長のスケーリング係数の積に比例すると仮定する．

すなわち，面外曲げモーメントの標準偏差は次式で表されるとする（次式は式 5.26 の再掲）．

$$\sigma_M = \int_0^R \sigma_L r dr = \frac{1}{2}\rho\Omega\frac{dC_L}{d\alpha}\sigma_u \int_0^R c(r)r^2 dr$$

式 (6.7) によって，翼弦長はロータ速度の 2 乗に反比例するので，モーメントの変動は，ロータ速度に反比例して変化する．

各半径位置における翼厚比は翼弦長にかかわらず一定と仮定すると，面外曲げのブレード断面係数 $Z(r)$ は，ブレードスキン厚さ $w(r)$ と局所翼弦長の 2 乗の積に比例する．したがって，

$$Z(r) \propto w(r)c(r)^2 \propto \frac{w(r)}{\Omega^4} \tag{6.8}$$

となる．

上述のとおり，疲労応力を同程度に維持するために，ブレードの断面係数 $Z(r)$ は，モーメント変動と同様，ロータ速度に反比例して変化する．したがって，次式となる．

$$Z(r) \propto \frac{1}{\Omega} \quad \text{すなわち，} \quad \frac{w(r)}{\Omega^4} \propto \frac{1}{\Omega} \quad \text{および} \quad w(r) \propto \Omega^3 \tag{6.9}$$

ブレードの質量は，スキン厚さに翼弦長を乗じた量に比例するので，次式のようにロータ速度に比例して変化する．

$$m(r) \propto w(r)c(r) \propto \frac{\Omega^3}{\Omega^2} \propto \Omega$$

6.4.3 高速回転ロータ

6.4.2 項の仮定（常には成立しない）に基づくと，ブレードの質量はロータ速度に比例して増加する．しかし，ナセル構造とタワー設計において支配的なブレード面外疲労荷重は，ロータ速度に反比例する．したがって，ロータ速度が増加すると，ドライブトレイン，ナセル構造，タワーのコストは低下するが，ロータコストは増加するため，このトレードオフから最適値を決定する．

6.4.5 項で述べるように，陸上風車の翼端速度を上げる余地はきわめて限られている．しかし，洋上では，ドライブトレインのコスト低減の可能性から，高速設計には大きな関心がもたれている．Jamieson (2009) は，翼端速度を 120 m/s まで大幅に増加させたロータを検討し，柔軟でソリディティの小さいブレードのタワーとの接触リスクを回避するために，ダウンウィンドロータを提案した．

最近では，NREL が，可変速のロータ直径 126 m の 5 MW 参照風車の最大先端速度を 80 m/s から 100 m/s に増速させたアップウィンドロータとダウンウィンドロータについて検討した．その結果，アップウィンドロータの翼端速度 100 m/s の設計で翼端たわみの制限を満たすには，ブレード質量を 9%増加させる必要があることがわかった (Dykes et al. 2014)．この研究では，ブレードのコスト増は，ドライブトレインのコスト削減をほぼ帳消しにするため，発電コストの削減は 1.5%と比較的小さかった．しかし，ダウンウィンドロータの場合は，翼端たわみの制約がないため，ブレード質量は 9%減少し，発電コストが 5.5%削減されることが示された．

INNWIND プロジェクトのタスク 2.1 において，高速・低ソリディティ洋上風車用ロータの空力コンセプトが検討された．これには，翼弦長が減少しても構造強度を維持するために必要な厚い

翼型の性能に関する調査研究（INNWIND 2015a）と，より高い周速での空気圧縮性の影響の検討（INNWIND 2013）も含まれている．

6.4.4 低誘導係数ロータ

上記の高速ロータの一環で，軸方向誘導係数が小さくなるように設計された低誘導係数ロータが検討された．一般に，パワー係数が最大になるようにロータを設計すると，誘導係数 $a = 1/3$ において，もっとも経済的な設計になると考えられる．しかし，翼端速度を増加させることができる場合には，ロータ直径を大きくし，誘導係数を低くすることで，同じ風速で翼根の面外曲げモーメントを変えずに，出力を増加させることができる．これによる発電電力量は，ブレードコストの増加率は下回るものの，風車全体のコストの増加率を上回ることがわかった．

誘導係数 1/3 で運転する半径 R_0 のベースライン風車と，誘導係数 a で運転する半径 R の低誘導係数風車を考える．抵抗と翼端損失を無視すれば，パワー係数は $C_P = 4a(1-a)^2$（式 (3.12)）で与えられ，翼根の面外曲げモーメントは，

$$M_0 = \frac{1}{2}\rho V^2 \pi R^3 \frac{8}{9} a(1-a) \tag{6.10}$$

となる．これは，$M_0 = (1/2)\rho V^2 \pi R^3 C_{M0}$ と書き換えることもできる．これらの量の誘導係数 a に対する変化を図 6.7 に示す．誘導係数が 1/3 以下になると C_{M0} が C_P よりも急速に低下し，図中に R/R_0 で示すように，ロータ直径を大きくしても翼根曲げモーメントを増加させずに出力を増加させられることがわかる．また，図 6.7 には，翼根曲げモーメントを維持する場合，誘導係数 0.2 で出力が最大となることが示されている．

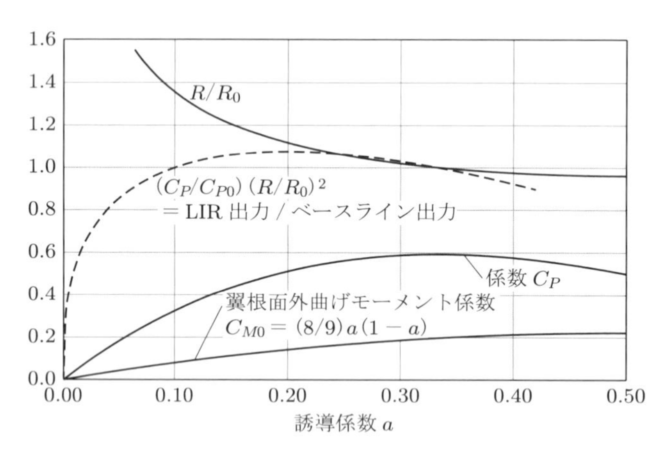

図 6.7　軸方向誘導係数に対する，パワー係数，翼根面外曲げモーメント係数，翼根面外曲げモーメント一定の場合の風車半径，低誘導ロータ出力比

抗力と翼端損失を考慮すると，誘導係数 0.187 で，半径が 13.6%増加し，出力は 8.7%増加する（INNWIND 2013）．ベースライン機は揚抗比 100 で，パワー係数が最大となる周速比は 8.85 であるが，低誘導係数の場合は 10 となる．また，拡張したブレードにおいて，定常状態の面外曲げモーメントの無次元半径位置 μ（$= r/R$）に対する分布はベースラインブレードと同じであることから，もとの翼弦長と μ に対する断面係数の分布を維持することにより，適切なブレード強度が保

たれると考えられる．この場合，ブレードのコストは長さに比例するものとして扱うことができる．

INNWIND コストモデル（6.2.4 項参照）によると，ブレードコストは 10 MW 洋上風車の総設備コストの約 6%に相当するため，ブレードコストが 13.6%増加すると，総設備コストは 0.8%増加することになる．風車の定格出力を 10 MW のままとすると，出力が 8.7%増加することで設備利用率は 4%増加するため，発電コストは 3.2%低下する．

なお，これに必要な誘導係数の低減を実現するためには，ブレードの捩れを大きくして揚力係数 C_l を大幅に低減する必要がある．

6.4.5　騒音制約によるロータ速度

風車によって発生する空力騒音は周速の 5 乗にほぼ比例するため，とくに風速が低く，暗騒音レベルが低い場合，風車のロータ速度を抑える必要がある．そのため，一般的な陸上用の定速風車では，周速を約 65 m/s に制限している．

通常の可変速風車の場合，最大周速はこれよりも高い 70～85 m/s が一般的であるが，これらの高い周速は，暗騒音レベルも高い高風速において発生する．

洋上では，騒音による最大翼端速度に関する制約を受けないため，おもに洋上設置用に設計された風車の翼端速度は，これよりも高くなる．

6.4.6　景観への配慮

一般に，風車が高速で回転すると，観察者は心理的により不安になるといわれている．

6.5　ブレード枚数

6.5.1　概要

欧州の伝統的な風車は，4 枚のセイル（帆）を有している．これは，軸にセイルストック（帆木）を固定する産業革命以前の技術が，十字形（互いに反対側に位置する帆の台木に，連続した木製の梁を使用する）に適していたためである．また，かつては 1 枚ブレードに特化したメーカーもあったが，現代の水平軸風車のメーカーの大半は，2 枚翼または 3 枚翼ロータを採用している．1 枚翼ロータについては，現在では理論的または歴史的な興味があるのみであるため，6.5.8 項で限定的に扱うことにして，本節の大部分は 2 枚翼と 3 枚翼を扱うこととする．

ブレード枚数に対する相対的な優劣の比較において，次の要因を考慮する必要がある．

- 性能
- 荷重
- ロータコスト
- ドライブトレインコスト
- 騒音
- 外観

これらの要因のいくつかは，ロータ速度とロータソリディティの影響を受ける．理想的条件におけるこれらのパラメータとブレード枚数との間の関係は，次項で検討する．翼端損失と抗力はともに性能を低下させるため，6.5.3 項では，これらの影響を異なる翼枚数で比較した．6.5.4 項では，現実的な 3 枚翼の可変速ベースライン設計の派生型である 2 枚翼風車を検討し，発電電力量と想定コストを比較した．6.5.5 項では，2 枚翼および 3 枚翼ロータによって支持構造物にはたらく荷重の差を検討し，6.5.6 項では，騒音によるロータ速度の制約について検討する．外観については，6.5.7 項で簡単に検討する．

6.5.2　ブレード枚数，ロータ速度およびソリディティの間の理論的な関係

抗力と翼端損失を考慮しない場合，特定の風速に最適化された翼弦長分布，ロータ速度，ブレード数の関係は，式 (6.6) を以下のように変形して推定することができる．

$$Bc(\mu)\left(\frac{\Omega R}{U_\infty}\right)^2 = \frac{16\pi R}{9C_l}\frac{1}{\mu}$$

したがって，ブレード枚数を 3 枚から 2 枚に削減した場合，翼弦長を 50%増やすか，ロータ速度を 22.5%高くすることにより，想定した風速で最適な特性を維持することができる．ここで，揚力係数ならびに迎角を一定に保つために，ブレードの捩れ角を調整する必要がある．なお，いずれの場合も，翼端損失や抗力を考慮していないため，パワー係数はベッツ限界を超えることはない．

6.5.3　翼端損失および抗力を考慮した場合の，最適パワー係数に対する翼枚数の影響

翼端損失による性能低下は翼枚数が少ないほど大きくなり，ロータ速度を高くしても，抗力が増大するため完全に相殺することはできない．翼端速度が非常に低い場合を除いて，パワー係数は次式でほぼ正確に与えられる．

$$C_P = \int_0^1 \frac{8a(1-a)}{1+a'/f}\left[1-\frac{a}{f}-\frac{\lambda\mu(1+a'/f)}{k}\right]\mu d\mu \tag{6.11}$$

この式は，式 (3.49) の翼素のトルクの式に，式 (3.54c) で与えられるソリディティ σ_r から得る翼弦長 $c(r)$ を代入し，$r/R=\mu$ とすることで得られる．

k は動作点での揚抗比であるが，ここでは簡略化のため，半径方向に一定とする．最適化された誘導係数 a は 1/3 で，翼端損失係数 f は，3.9.3 項で述べたように，内翼部では 1 で，半径方向に沿って翼端まで変化する．また，回転誘導係数 a' は式 (3.89) により与える．なお，a, a' ともに，ロータ面内のアジマス角で平均した値である．

ある範囲の周速比に対する C_P を式 (6.11) により計算することで，C_P の最大値と，それが発生する周速比を決定することができる．図 6.8 に，異なるブレード枚数について，揚抗比 k に対するこれらのパラメータを示す．ここで，揚抗比を大きくすることと，ブレード数を増加させることによるメリットが示されている．図 6.8 の点線は，3 枚翼ロータの場合の揚抗比ごとの最大 C_P と，それに対応する周速比を示す（3.9.5 項参照）．この図では，誘導係数ではなく，直線／回転運動量の変化率による翼端損失係数を仮定している．この結果，C_P は次式のようになる．

$$C_P = \int_0^1 \frac{8a(1-a/f)}{1+a'/f}\left(1-\frac{a}{f}-\frac{\lambda\mu(1+a'/f)}{k}\right)\mu d\mu \tag{6.12}$$

この翼端損失係数の適用により，最適 C_P の予測値が約 2%低くなることがわかる．

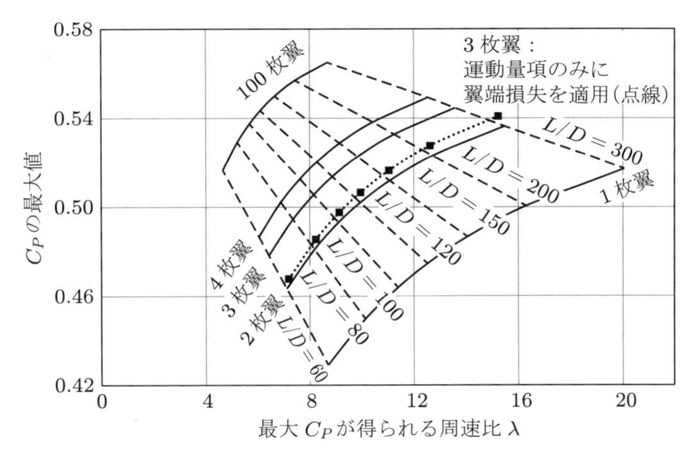

図 6.8 翼枚数および揚抗比 $k = L/D$ ごとの最大 C_P と，それに対応する周速比

6.5.4 性能およびコストの比較

2 枚翼と 3 枚翼の風車に対して等価な設計はできないため，それらを厳密に比較することは難しい．2 枚翼の設計では，すべての半径位置において翼弦長を 50 %増加させ，その他についてはそのままとする（回転速度を含めて変化なし）のが，概念的にもっとも単純な選択肢である．翼端損失を考慮しない場合，2 枚翼の場合でも誘導係数と年間発電電力量は保たれるが，翼端損失を考慮すると，ストール制御の風車の場合，年間発電電力量は約 2.5 %低下する．しかし，ロータのソリディティを同じにすることは，ブレード枚数の削減によるおもなメリットであるロータコスト低減には効果がないため，この選択肢はこれ以上追求しない．その代わりに，3 枚翼風車の現実的なブレード設計をベースとして，同じブレードを利用して，より高速で回転する 2 枚翼風車について，性能とコストへの影響を検討することが提案されている．

風車の性能は，受風面積（6.3 節）に対応した定格出力と，使用した翼型データの両方の影響を受ける．ここでは，直径 70 m，定格出力 1.5 MW で，10 m/s 以下の風速において，周速比 8 の一定周速比で可変速運転する 3 枚翼ピッチ制御風車をベースライン風車とする．したがって，最大ロータ速度は，$80/35 = 2.29$ rad/s（21.8 rpm）となる．ブレードの平面形状と翼厚分布は，図 5.4(a) で与えられた SC40 ブレードのものをスケールダウンする．最大揚力係数が翼端から翼根に向けて増加する LM 19.0 ブレードの 3D ブレードデータ（図 5.9 参照）を使用し，より正確なパワーカーブを得る．このデータは，Risøが出版した，Petersen ら（1998）による‘*Prediction of dynamic loads and induced vibrations in stall*’に掲載されている．ブレードの捩れ角分布は，年平均風速が 7.5 m/s における発電電力量が最大（稼働率 100%で 4937 MW h）となるように設定する．ベースライン風車の性能曲線を図 6.9 に示す．

図 6.9 では，年平均風速が同じサイトにおいて，ロータ直径 70 m の可変速ピッチ制御の 2 枚翼風車について，四つの選択肢を検討し，理論上の発電コストを 3 枚翼ベースライン風車と比較した．3 枚翼ベースライン風車と比較して，各オプション（後述）の 2 枚翼風車のコストを，表 6.2 で与えられた NREL ベースライン風車におけるコスト内訳を用いて，各要素の質量の変化に対して考慮した．

ブレード設計では，モーメントの変動が回転速度に比例して増加し（5.7.5 項の式 (5.25) を参照），面外曲げモーメントの疲労荷重が支配的と仮定する．したがって，ブレード質量はロータ速度とと

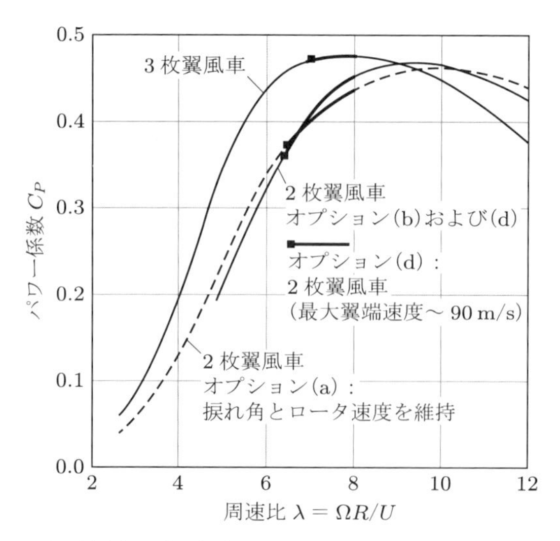

図 6.9　3 枚翼ベースライン風車と 2 枚翼風車のオプション (a), (b), (d) における C_P–λ 曲線の比較

もに線形に増加すると仮定すると，ベースライン風車のロータ速度における 2 枚翼風車のブレード総質量は 1/3 減少する．ハブ，ピッチシステム，主軸およびヨーシステムの質量もロータ速度とともに増加すると仮定するが，これらの要素に対して，リジッドハブの 2 枚翼風車による荷重の増加は考慮しない．

なお，ナセル構造の設計では，ナセルへの変動モーメントによる疲労が支配的と仮定する．この変動モーメントは，ロータ速度とともに増加するブレード間の翼根面外曲げモーメントの差により生じる．まず，タワーの設計も疲労が支配的と仮定すると，タワー質量もロータ速度に比例すると考えられる．乱流によるロータへの周期的なスラスト変化による荷重は，ロータ速度が同じ 2 枚翼風車と 3 枚翼風車とではほぼ同等とし，ブレードの平面形が同じ場合，ベースラインロータ速度におけるタワーコスト要素は変化しないとする．

発電機，可変速制御用電気機器，ケーブル類および系統連系のための装置類の質量は，定格出力 P_R に比例するが，増速機とブレーキのコストは定格トルク P_R/Ω に比例する．

表 6.5 に示すように，各要素は，それらのコストがロータ速度と定格出力のどちらに依存するかによって分類される．2 枚翼風車は，ベースライン 3 枚翼風車に比べて，ブレードの枚数を減らした分，コストが 3.8%低減する．

次式は，風車コストをロータ速度と定格出力との関数として表したものである．

$$C_T = C_{TB}\left(0.134 + 0.4047\frac{\Omega}{\Omega_B} + 0.118\frac{\Omega_B}{\Omega}\frac{P_R}{P_{RB}} + 0.305\frac{P_R}{P_{RB}}\right) \tag{6.13}$$

ただし，P_{RB} と Ω_B は，ベースライン風車の定格出力と定格時の目標ロータ角速度であり，それぞれ 1500 kW と 2.28 rad/s（21.8 rpm）である．ここで，以下の四つの設計上の選択肢がある．

(a) 平面形状，捩れ角およびロータ速度がベースライン風車と同一

ブレード枚数の減少に伴い，定格出力を維持するためには，定格風速を 11.4 m/s から 12.4 m/s に増加させる必要がある．風速 10 m/s 以下の周速比 8 の条件では，パワー係数は 8.4%減少するが，出力全体の減少は 6.3%未満である．対応する C_P–λ 曲線は，図 6.9 にお

表 6.5　2 枚翼風車のコストの内訳（3 枚翼ベースライン風車のコストに対する比率）と各要素の分類

要素質量・コストが定格出力とロータ速度の影響を受けない要素		ロータ角速度 Ω に依存する要素		定格トルク P_R/Ω に依存する要素		定格出力 P_R に依存する要素	
要素	コスト [%]	要素	コスト [%]	要素	コスト [%]	要素	コスト [%]
基礎	3.6	ブレード	7.7	増速機	11.6	発電機	7.4
制御システム	2.7	ハブ	3.6	ブレーキシステム	0.2	コンバータ	9.0
組み立て	3.2	ピッチシステム	4.3			系統連系	14.1
輸送	3.9	主軸，ベアリング	2.5				
		ナセル	8.9				
		ヨーシステム	1.5				
		タワー	12.0				
合計	13.4	合計	40.5	合計	11.8	合計	30.5

いて全範囲の周速比について破線で，限定した運転範囲については太線で示されている．最適周速比は，3 枚翼ベースライン風車の約 7.7 から約 10 に明らかに増加している．そのため，周速の上限値を 80 m/s とすることは，性能に対してかなりの制約条件となる．

発電電力量の低下とブレード 1 枚削減による風車の初期コスト削減（3.8%）を組み合わせると，発電コストは 2.6%増加する．

(b)　(a) に対してブレード振れ角分布を再最適化

ブレード振れ角分布を再最適化すると，3 枚翼ベースライン風車と比較して発電電力量の低下が 6.3%から 4.6%まで改善し，発電コストの増加は 0.8%に抑えられる．図 6.9 に，対応する C_P–λ 曲線を示す．なお，定格風速は若干増加して 12.5 m/s となる．

(c)　風車コスト関数（式 (6.13)）に基づき，発電コストを最小化するために，ブレード振れ角分布の最適化に合わせて周速比をスケーリング（最大速度に応じてナセルとタワーのコストが増加）

ブレード振れ角分布の再最適化に合わせて，最大の発電電力量が得られるように，各風速における周速を同じ比率でスケールアップする．これにより，3 枚翼ベースライン風車と比較した発電電力量の低下は，周速スケーリング係数 1.21 において，わずか 1.3%まで小さくなる．しかし，式 (6.13) を適用することにより，ベースライン風車と比較して初期コストは 2.5%増加し，発電コストもベースライン風車と比較して 3.8%増加する．

一方で，発電コストを最小化すると，周速スケーリング係数は 1.035 となる．ベースライン風車と比較した発電電力量の減少と初期コストの低下は，それぞれ 3.3%と 2.8%となり，発電コストは 0.5%増加する．

(d)　タワーとナセルのコストを固定するように式 (6.13) を修正した風車コスト関数に基づき，発電コストを最小化するために，ブレード振れ角分布の最適化に合わせて周速比をスケーリング

ナセルとタワーの質量がロータ速度に比例して増加すると仮定すると，上記で検討された 2 枚翼風車のオプション (c) では，3 枚翼ベースライン風車と比較した発電コストの増加が小さく抑えられる．しかし，ナセル構造物の質量が，疲労荷重ではなく，増速機，発電機およびその他の装置類のサイズに依存するものとすると，定格出力を固定した場合，ナセル構造物の質量は一定である．また，タワーの設計において，疲労荷重ではなく極値荷重が支配的と仮定すると，ロータ速度と定格出力を関数とした風車コストは以下の式で表される．

$$C_T = C_{TB}\left(0.343 + 0.1957\frac{\Omega}{\Omega_B} + 0.118\frac{\Omega_B}{\Omega}\frac{P_R}{P_{RB}} + 0.305\frac{P_R}{P_{RB}}\right) \tag{6.14}$$

発電コストを最小化する周速スケーリング係数は 1.12 に上昇し，発電コストはベースライン風車よりも 1.1%減少する．図 6.9 に示したように，対応する C_P–λ 曲線は全域にわたってオプション (b) の場合とほぼ同じであるが，運転する周速比範囲が異なる．以上の結果を表 6.6 にまとめる．

表 6.6　2 枚翼風車において，ロータ直径 70 m，定格出力 1.5 MW の 3 枚翼可変速ピッチ制御風車と同じ平面形状と翼厚比分布をもつブレードを用いた場合の，各設計オプションの比較

2 枚翼風車 (直径 70 m, 1.5 MW) の設計オプション	最大ロータ 速度と 最大翼端速度	年間総発電 電力量 [MW h]	ベースライン 風車に対する 低減量 [%]	風車コストの 低減率 [%]	発電コストの 変化 [%]
(a) ブレードならびに風速に対する翼端速度が同一	21.8 rpm 80 m/s	4625	6.3	3.8	+2.6
(b) 同上，ブレード捩れ角分布を最適化	21.8 rpm 80 m/s	4709	4.6	3.8	+0.8
(c) 式 (6.13) により，翼端速度と捩れ角を発電コスト最低になるように最適化	22.6 rpm 83 m/s	4775	3.3	2.8	+0.5
(d) 同上，式 (6.14) に基づき，ナセルとタワーのコストを固定	24.5 rpm 90 m/s	4857	1.6	2.7	−1.1

表 6.6 に示した結果は，ナセルとタワーがロータ速度の増加に影響を受けなければ，リジッドハブの 2 枚翼風車が 3 枚翼風車と比較して若干のコスト削減となる可能性を示している．しかし，ここで，リジッドハブの 2 枚翼ロータによるハブ，低速軸，ヨー駆動装置およびナセルへの荷重の増加による各要素コストの増加は考慮していないため，この結果の取り扱いには注意が必要である．なお，リジッドハブ 2 枚翼風車と 3 枚翼風車に作用する荷重の比較の詳細は，次項で示す．

2 枚翼風車のナセルへの荷重は，ロータと低速軸との間にティータヒンジを導入することにより大幅に低減することができ，これによりコスト削減の可能性がある．ティータヒンジを用いると，ロータの面外空力モーメントが低速軸に伝達しないため，主軸，ナセルおよびヨー駆動装置に作用する運転荷重が大幅に低減する．また，これらの荷重のロータ速度への依存性も大幅に減少し，そ

の結果，発電コストを表す式において2枚翼風車の最適ロータ速度は大きくなり，最大の発電電力量を与える値に近づけることができる．

ティータリングにより，主軸，ナセルおよびヨー駆動装置（ベースライン風車において，これらの要素はコストの約20%を占める）の大幅なコスト削減の可能性があるが，これは，ティータヒンジとティータ抑制システムに関する追加のコストで，ある程度相殺される．

6.5.5 荷重に対するブレード枚数の効果

5.10節と5.11節において，3枚翼風車とリジッドハブの2枚翼風車の，低速軸とナセルに作用するモーメントが検討された．ロータ直径とロータ速度が同じ風車について，それらのモーメントの比較を表6.7に示す．確率論的荷重の比較は，ロータ直径に対する乱流長さスケールの比が1.84として計算している．

表6.7 3枚翼風車とリジッドハブ2枚翼風車の，主軸とナセルの荷重の比較（M_0：翼根面外曲げモーメントの振幅，ψ：ブレードアジマス角）

荷重の作用点	ウィンドシアー，ならびに，ヨー偏差による決定論的荷重		確率論的荷重（3枚翼風車に対するリジッドハブの2枚翼風車の増分）
	3枚翼風車	リジッドハブの2枚翼風車	
主軸曲げモーメント振幅	1.5 M_0	2 M_0	22%
ナセルノッディングモーメント	1.5 M_0	$M_0(1+\cos 2\psi)$	22%
ナセルヨーイングモーメント	0	$M_0 \sin 2\psi$	22%

リジッドハブ2枚翼ロータによる荷重は，3枚翼ロータによる荷重よりもかなり大きいことがわかる．しかし，ほとんどの2枚翼風車の設計においては，表6.7で示された主軸とナセル構造物への空力モーメントを低減し，ブレード翼根における面外曲げモーメントを低減するため，リジッドハブではなくティータードハブが適用される．ティータードロータの得失は，6.6節において検討する．

タワーの疲労の主要因となる，ブレード回転周波数における確率論的なロータスラストの変動は，回転速度が同じ2枚翼風車と3枚翼風車とでは，ほぼ同じである．しかし，2枚翼風車は通常，同じロータ直径の3枚翼風車よりも高速で回転するため，ロータスラストの周期的な変動はより大きくなる．

6.5.6 騒音によるロータ速度の制限

6.5.4項で述べたように，高速で回転する2枚翼風車の設計は，ブレード枚数の減少に加えて，トルクが低下することによりドライブトレイン全体のコストが低減するので，コスト低減に有利である．しかし，6.4.5項で述べたように，空力騒音の発生を抑えるため，翼端速度を，定速風車では65 m/sに，可変速風車では85 m/sに抑えるのが一般的である．6.5.4項で論じたベースライン風車のブレード周速80 m/sはこの制限内であるが，オプション(d)のブレード周速90 m/sは，民家から遠い場所や洋上以外では許容されない可能性が高い．この問題については，6.9節においてさらに検討する．

6.5.7 視覚効果

視覚効果の評価は本質的には主観的ではあるが，3 枚翼風車は 2 枚翼風車よりも見た目により安心感があるというのが一般的な認識である．この理由の一つとしては，3 枚翼風車の見かけの大部分が時間とともにわずかにしか変化しないのに対して，2 枚翼風車の場合は，1 回転あたり 2 回，ロータブレードが鉛直となったときに，一次元の線要素に見えることが挙げられる．二つ目の要因としては，2 枚翼風車が一般に高速で回転するため，観察者をより不安にさせることが挙げられる．

6.5.8 1 枚翼風車

ロータ自体のコスト削減は別として，1 枚翼風車のコンセプトは，ロータ速度の増加（6.5.2 項）によるドライブトレインのコスト削減が期待されるため，魅力的である．高速回転に伴う騒音の増加は明らかな欠点であるが，これは洋上においては問題とならない．ほかに，配慮すべき点として，ブレード先端損失の増加により発電電力量が減少することが挙げられる．たとえば，6.5.4 項において検討したロータ直径 70 m，定格出力 1.5 MW の可変速ピッチ制御の 3 枚翼ベースライン風車設計の 1 枚翼版（式 (6.7) に従って，各風速における回転速度を $\sqrt{3}$ 倍スケールアップし，発電電力量が最大となるようにブレード捩れ角分布を再最適化したもの）の発電電力量は，ベースライン風車と比較して 5.5%低下する．

また，1 枚翼ロータは，トルク変動，ならびに，遠心力に起因するワーリング（whirling，タワー振り方向の運動）の周期変動を抑制するために，カウンターウェイトを付ける必要がある．さらに，リジッドハブを適用した場合，2 枚翼ロータや 3 枚翼ロータと比較して非常に大きな面外方向（ノッディングとヨーイング）モーメントをナセルに伝達し，アンバランスな空力面外モーメントと遠心力のカップリングによる変動荷重を受ける．そのため，これらのモーメントを減少させるために，通常はティータードハブが適用される．しかし，ブレードのティータ運動は，2 枚翼風車の場合よりも著しく大きくなるため，通常，1 枚翼ロータはダウンウィンドロータとする必要がある．Morgan (1994) は，1 枚翼のティータードロータは，系統遮断や緊急停止のあとのティータ挙動の予測が難しく，ティータ運動の停止時に発生する衝撃荷重が大きなリスクであることを報告した．

6.6 ティータリング

6.6.1 荷重軽減の効果

2 枚翼ロータは，運転中に発生する差動的な翼根面外曲げモーメントを抑制するために，ティータードロータとすることが多い．ここで，ティータヒンジの軸は主軸には垂直であるが，ブレードの長手軸方向に垂直である必要はない．ティータードロータとする場合，5.8.8 項において述べられたとおり，2 枚翼に作用する差動的な空力荷重が，ロータのティータ軸まわりの角加速度を発生させるが，ティータの可動域は遠心力による復元モーメントによって抑制される．しかし，風車が緊急停止する際には，遠心力による復元モーメントが得られないため，翼根の差動モーメントによりティータードロータはティータストッパに当たる．その際に生じる衝撃的な荷重は，適切な方法で低減しなければならない．結論として，ティータードロータでは，緊急停止の際に生じる翼根面外モーメントの低減は難しい．

ティータヒンジは，以下に示すように，地面までの荷重経路にある主構造物要素の荷重低減に有効である．

1) **ブレード**：ヨー（図 5.10），主軸のティルト，ウィンドシアー（図 5.11），タワーシャドウ（図 5.14）により生じる面外曲げモーメントの周期的変動荷重の削減がおもなメリットである．一方，確率論的荷重による翼根面外曲げモーメントの減少はわずかである（5.8.8 項の例では -11%）．エッジ方向の重力モーメントによる交替荷重の影響で若干緩和してしまうものの，ティータリングは，面外疲労荷重を全体的に大幅に減少させる効果がある．

2) **低速軸**：低速軸の設計では疲労荷重が支配的であり，通常，その疲労荷重には，片持ちのロータの重力による周期的に変動するモーメントが大きな影響を及ぼす．リジッドハブの風車においては，主軸曲げモーメントの疲労ダメージ等価荷重（Damage Equivalent Load: DEL, 5.12.6 項で定義）に対する，ロータの決定論的および確率論的な面外荷重の影響は同程度である．そのため，ティータヒンジを追加することにより，主軸曲げモーメントの DEL を大幅に軽減することができる．しかし，アップウィンドロータの場合，ウィンドシアーによる周期的な主軸曲げモーメントは，重力による周期的な主軸曲げモーメントを軽減する方向に作用するので，この荷重成分に関しては，ティータリングは有益ではない．

   ヨーエラーおよびタワーシャドウの影響を無視したリジッドハブ風車における主軸曲げモーメントの DEL は，確率論的荷重による主軸曲げモーメント DEL，および，重力，ウィンドシアー，主軸ティルトによって生じる周期的荷重による主軸曲げモーメント DEL の，2 乗和の平方根によって概算される．

3) **ナセル構造**：ティータヒンジを採用することにより，運転中のナセルに作用するノッディングモーメントとヨーイングモーメントが完全に取り除かれ，ロータトルク，スラスト，面内荷重のみが作用することになる．これにより，ナセル構造の疲労設計はかなり有利になるが，すでに説明したとおり，極限状態の設計にはあまり効果がない．

4) **ヨーベアリングとヨー駆動装置**：リジッドハブ風車は，決定論的荷重および確率論的荷重の両方により大きなヨーイングモーメントを受けるが，これらの影響は初期の多くの風車の設計において過小評価されていた．ティータヒンジの導入により，ハブへのロータ面外モーメントを取り除き，運転中のヨーイングモーメントを劇的に減少させるが，ロータ面内荷重によるヨーイングモーメントは残る．

   リジッドハブ風車において，面外荷重に対する面内荷重によるヨーイングモーメントの相対量は，ブレード翼素に作用する面内および面外荷重への風速変動 u の効果を比較することによって評価できる．ブレードは失速しておらず，流入角 ϕ は小さいと仮定すると，ブレード単位長さあたりの面内荷重は，式 (5.131a) から，以下のように近似される．

$$-F_Y = \left(\frac{1}{2}\rho\Omega\frac{dC_l}{d\alpha}\right)c(r)ru\left(\frac{C_l}{dC_l/d\alpha}+\sin\phi\right) \tag{6.15}$$

また，式 (5.25) から，ブレード単位長さあたりの面外荷重は，以下のように近似できる．

$$F_X = \left(\frac{1}{2}\rho\Omega\frac{dC_l}{d\alpha}\right)c(r)ru \tag{6.16}$$

ハブ中心とタワー中心との間の距離を e とすると，ロータ面内荷重によるヨーイングモーメントは，$(e/r)[C_l/(dC_l/d\alpha)+\sin\phi]$ に面外荷重による最大ヨーイングモーメントを乗じたものとなる．e はブレード半径の 1/10 程度が一般的であるので，面内荷重によるヨーイングモーメントは，面外荷重によるヨーイングモーメントよりも 1 桁以上小さい値となる．そのため，ティータヒンジを適用することにより，ヨーイングモーメントを大幅に低減することができる．

5) **タワー**：ロータにティータヒンジを適用した場合，曲げモーメント M_Y とトルク M_Z は，タワー頂部において大幅に減少するが，モーメントに対するスラスト荷重の影響が大きくなるタワー基部に向かって，その影響は無視できるほど小さくなる．

6.6.2 ティータ角の制限

ブレードとタワーの接触を避けるためには，ティータ角をある程度制限する必要がある．ティータヒンジがブレードの軸に近接し，低速軸がシェル状のハブの開口部の中を通っている場合，最大のティータ移動量は，開口部の大きさで決まる（図 6.10 参照）．

決定論的荷重と確率論的荷重に対するティータ応答は，5.8.8 項で述べているように，ティータ角の許容範囲（$-5°$～$+5°$）ではほとんどの条件に対応することができるが，発生し得る最大のティータ応答には，この範囲では対応できない．したがって，金属と金属との衝撃により発生する力を最

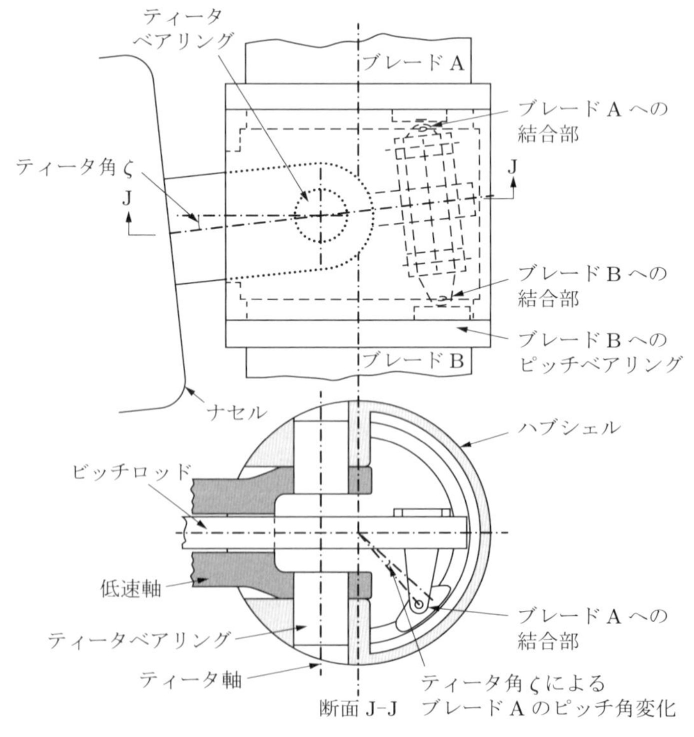

図 6.10　ピッチ－ティータカップリング

小化するために，ティータストッパに，ばねまたはダンパを組み込んだ緩衝装置を備える必要がある．緩衝装置は，遠心力によるティータの復元モーメントが減少する風車の起動／停止中に，大きなティータ角が発生することを制限する役割も担う．

6.6.3 ピッチ－ティータカップリング

5.8.8 項で述べたように，ティータ角に比例して空力復元モーメントを発生させるように，ティータ角にブレードのピッチ角変化をカップリングさせることによって，ティータ角の大きさを低減することができる．これは，ロータ軸に垂直な方向に対して，一般に δ_3 角とよばれる角度をもってティータヒンジを取り付けることによって，容易に実現できる．そのほか，ピッチ制御風車の場合，中空の低速軸の中を通したロッドの前後運動によってブレードのピッチを駆動する，ピッチ－ティータカップリング機構を適用することもできる（図 6.10 参照）．

6.6.4 ストール制御風車のティータ安定性

ストール制御風車の場合，失速後の C_l–α 曲線における負の勾配による負の減衰のため，ティータ運動が不安定になることが懸念される．二次元の空気力学理論では，失速後の挙動の予測は難しいが，Gamma 60（Falchetta et al. 1996）や Nordic 1000（Engstrom et al. 1997）において，安定したティータ風車の設計は実現可能であることが証明されている．また，そのコンセプトについては，Armstrong と Hancock（1991），および，Rawlinson-Smith（1994）において，詳細に検討されている．

6.7 出力制御

6.7.1 パッシブストール制御

出力制御のもっとも単純な形式は，パッシブストール制御（passive stall control）である．これは，ブレードの幾何形状の変更を必要とせず，風速が上昇した場合に，失速による揚力の低下と抗力の増加を利用して出力を制限する方法である．ここで，特定の風速において最大出力または定格出力に風車が達するように，ブレードピッチ角を固定する．

ストール制御風車には，失速後の空力挙動の不確かさにより，定格風速以上の風速域において出力レベルとブレード荷重が正確に予測できないという欠点がある．これらの特性については，3.13.3 項と 3.15 節でより詳細に検討している．また，8.2.2 項も参照のこと．

6.7.2 アクティブピッチ制御

アクティブピッチ制御（active pitch control）は，各ブレードを各々のピッチ軸まわりに回転させることによってブレードに流入する気流の迎角を低下させ（フェザリング），それによってブレードの揚力係数を低下させ，定格風速以上における出力を制限する方法である．アクティブピッチ制御のおもな利点は，発電電力量が増加すること，空力ブレーキとなること，ならびに，緊急停止時における風車の極値荷重を低減できることである．関連して，3.14 節と 8.2.1 項も参照のこと．

ロータ面全体に流入するガストによる，許容値を超える出力変動を抑制するために，ピッチ駆動システムは迅速に（ピッチ角速度 5°/s 以上で）動作する必要がある．しかし，通常は，局所的なガスト（5.7.5 項）をブレードが連続的に横切る際に発生する，ブレードの通過周波数での出力の周期的変動については円滑化できない．その結果，とくに定速風車の場合，約100%もの大きな出力変動が発生する可能性がある．

ピッチ制御によって得られる発電量の増加は大きくない．ストール制御風車と同じ定格出力のピッチ制御風車（ブレード，ならびに，回転速度が同一）は，風速が定格風速に近づくとともに，迎角を減少させて出力を増加させるため，ストール制御風車よりも大きなピッチ角で運転する．たとえば，6.5.4項において記述された定格出力1500 kW，直径70 mの可変速風車は，17.1 rpm（周速62.8 m/s）の一定速度で運転するが，年平均風速7.5 m/sにおいて，ピッチ制御風車の発電電力量は，ストール制御風車よりも約2.7%増加すると見込まれる（ブレードの捩れ角分布は，それぞれ最適化したものと仮定）．二つの定速風車のパワーカーブの比較を図6.11に示す．同図には，6.5.4項で記述した可変速ピッチ制御風車のパワーカーブも示す．この可変速ピッチ制御風車は，定速ピッチ制御風車よりも発電電力量が5%大きくなる．ピッチ制御風車の場合，高い周波数成分の風速変動を含む乱流にピッチ制御が追随しきれないため，定格風速時のパワーカーブの角部（定格風速以下における曲線と定格風速以上における直線との交点）は，実際には，もう少し丸みを帯びた形状となる．

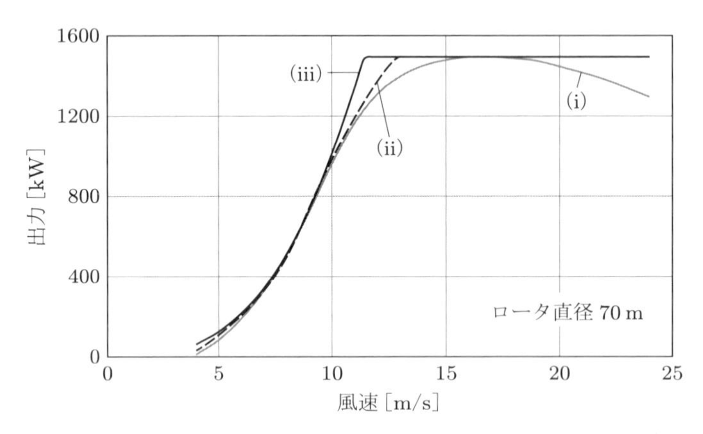

図6.11　パワーカーブの比較．(i) 定速ストール制御機（翼端速度62.8 m/s），(ii) 定速ピッチ制御機（翼端速度62.8 m/s），(iii) 可変速ピッチ制御機（周速比8，最大翼端速度80 m/s）

図6.12は，17.1 rpmで回転する定格出力1500 kW，ロータ直径70 mのピッチ制御風車の，正のピッチ角におけるパワーカーブを示す．これらの曲線と縦軸の1500 kW一定の直線との交点が，定常風速における出力制御に必要なピッチ角を示している（図6.13）．各パワーカーブと縦軸の1500 kW一定の直線との交点において，パワーカーブが大きな勾配をもつことから，平均風速が高い場合には，風速の急速な変化により，大きな出力変動が発生することがわかる．

出力制御のために必要なブレードピッチ角の範囲は，一般には，ブレード先端の翼弦線がロータ面と平行，または，それにもっとも近い状態である0°（ファインピッチ）から約35°までである．しかし，空力ブレーキを効果的にするために，ブレードのピッチ角は，前縁が風に正対しブレード先端の翼弦線がロータ軸にほぼ平行となる90°（フルフェザー）にする．

実際の風車ではさまざまな形式のピッチ駆動システムが採用されている（8.5節参照）が，それらは，各ブレードが個別のアクチュエータをもつ方式と，一つのアクチュエータがすべてのブレードのピッチを駆動する方式に分類できる．前者は，二つ（2枚翼風車の場合）または三つ（3枚翼風車の場合）の独立した空力ブレーキシステムをもつという長所がある一方，通常運転時に各ブレー

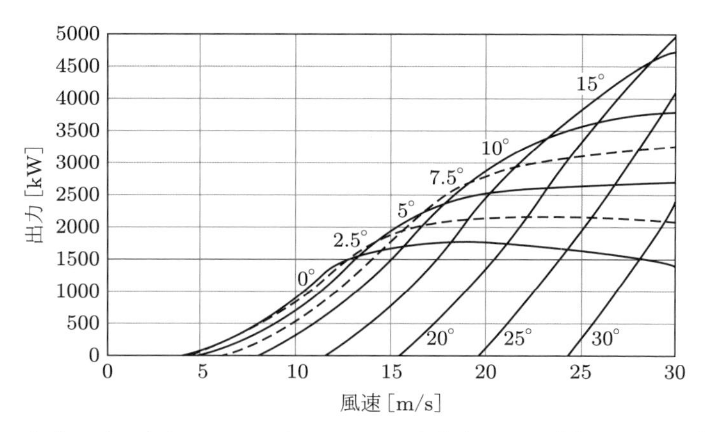

図 6.12 各ピッチ角によるパワーカーブ：17.1 rpm で回転するロータ直径 70 m の 3 枚翼風車（翼端速度 62.8 m/s）

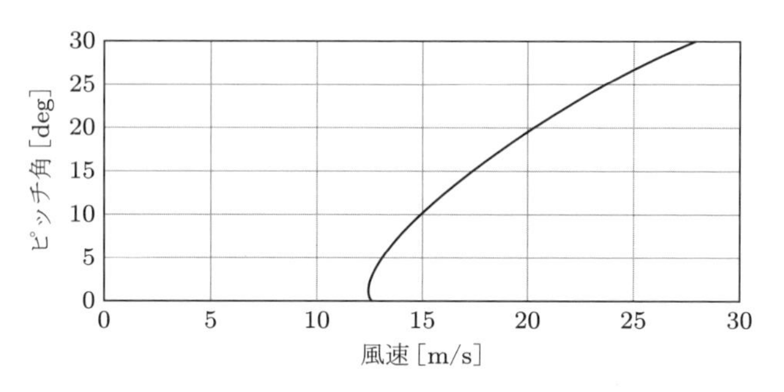

図 6.13 出力を 1.5 MW に制限するために必要な，風速に対するピッチ角（図 6.12 と同一の風車）

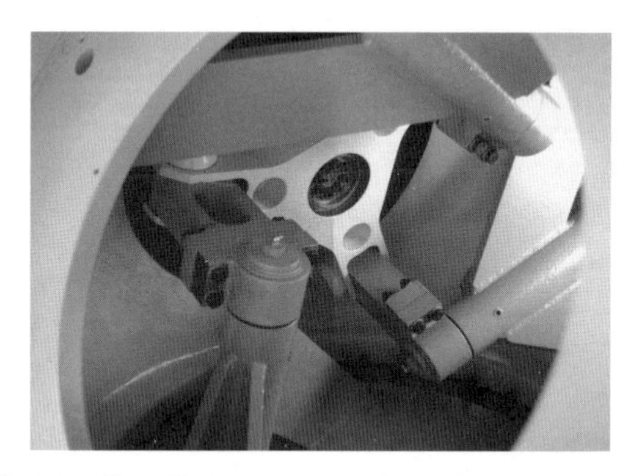

図 6.14 ナセル内に設置された，単一の油圧アクチュエータと組み合わせて使用されるピッチリンクシステム．中央の三叉形構造部材は，中空の低速軸を通るロッドによってアクチュエータに接続され，三叉形構造物からのリンクは，各ブレードからハブ内に片持ちのブレースアームを介してブレードのピッチを駆動する．各アームは，ブレード軸に平行であるが偏心している．

ドのピッチ角の差が許容値内を超過しないように，各ブレードのピッチを非常に高精度に制御する必要がある．また，後者の方式の長所は，油圧シリンダなどのピッチ駆動装置をナセル内に設置させることにより，ハブ内のピッチリンクを，中空の低速軸の中心を通るロッドによって前後に運動させることができる点である（図 6.14 を参照）．そのほか，ロッドの軸方向位置は，ボールねじとサーボモータにより駆動されるボールナット機構によっても制御することができる．この場合，通常，ボールナットはロータと同じ速度で回転させ，ピッチの変化が必要なときに，ボールナットの回転速度を一時的に変更する．このピッチ駆動システムはフェールセーフになっており，サーボモータとその制御システムが故障した場合に，サーボモータに自動的にブレーキがかかり，ボールナットがブレードのピッチをフェザー状態に変角させることができる．

個別のブレードのピッチ制御に油圧シリンダを使用する場合，油圧シリンダはハブ内に設置され，各ピストンロッドは，通常，ブレードの軸受け上のアタッチメントに直接連結される（図 6.15 参照）．ブレードのピッチ角が動くと，アタッチメントポイントが円周状の経路をたどり，シリンダが中心まわりに旋回する．そのほか，ブレードの軸受内部の歯に噛み合うピニオンをモータで駆動する方法は，結果的に簡素なシステムとなる（図 6.16 を参照）．いずれのシステムも，ピッチ角検出用の信号ケーブルが必要であり，また，ピッチ駆動用の油圧ホースまたは電源ケーブルを通すために，主軸を中空にする必要がある．さらに，適切なスリップリングを主軸の後端に設置する必要がある．

系統が遮断された場合にブレードを確実にフェザーさせるための，バックアップ電源を供給する方法は，8.5 節で検討する．

圧倒的多数の風車メーカーがブレードフルスパンのピッチ制御を採用しているが，ブレード外翼側のわずか 15%のピッチ変化でも，十分に効果的である．このパーシャルスパンピッチ制御のおも

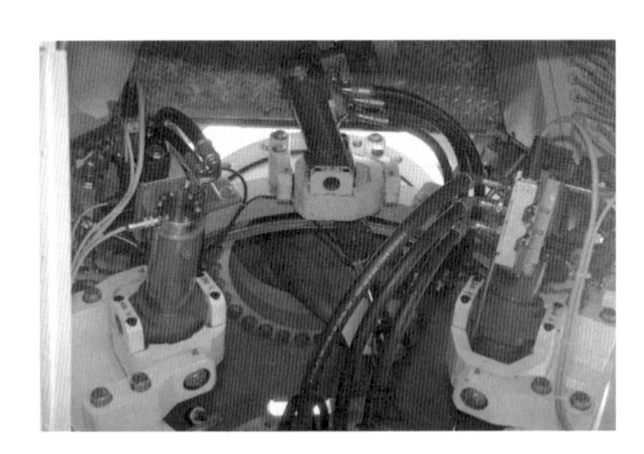

図 6.15　各ブレードに個別の油圧アクチュエータを使用したブレードピッチングシステム．各アクチュエータシリンダは，ハブにボルト止めされたジンバル型マウントに固定され，アクチュエータのピストンが，ブレード軸に対して偏心した片持ちコニカルチューブを介して，ブレードにピッチングトルクを与える．ブレードはピッチベアリングの外輪に取り付けられている．

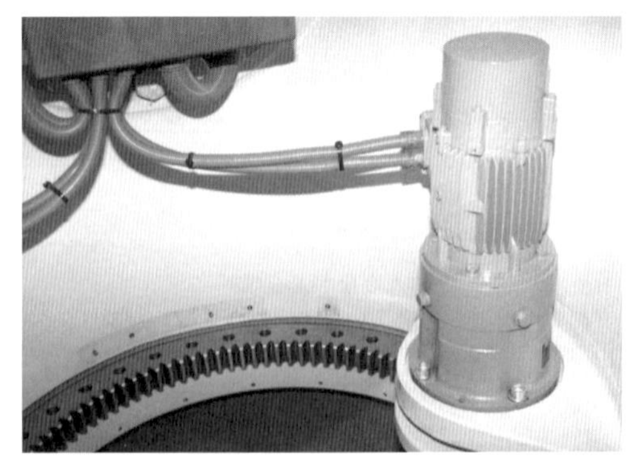

図 6.16　各ブレードに個別のモータを使用したブレードピッチシステム．モータで遊星ギアを介して駆動するピニオンが，ブレードがボルトで固定されたピッチベアリング内輪の内側のギアに噛み合う．この写真では，ブレードがベアリングに取り付けられていないため，固定用ボルト穴が見える．

なメリットは，ピッチアクチュエータの負荷が大幅に低減され，ブレードの内翼部の大部分が失速したままとなり，ブレードの変動荷重を大幅に低減することである．一方，次のようないくつかの欠点も有する．

- 先端付近の質量増加
- ブレードの内部にアクチュエータを収納することの物理的な難しさ
- 翼端ブレード軸にはたらく大きな曲げモーメント
- 大きな遠心力がはたらく状態の装置設計
- メンテナンスにおけるアクセスの難しさ

上述のピッチ駆動システムに関する簡単な調査から，ピッチ制御システムに関するハードウェアの設計は重要であるのが明らかである．さらに，ピッチ制御用のコントローラには，ストール制御風車の監視機能には必要とされない高速応答の閉ループ制御が必要となる．したがって，ピッチ制御の利点は，メンテナンス費用を含め，関連するすべての追加費用を考慮して慎重に検討しなければならない．

考慮が必要なもう一つの要因は疲労荷重である．フルスパンピッチ制御風車においては，ブレードの迎角に対する揚力係数の変化率は約 2π /rad のままであり，定格出力時の急速な風速変動により大きな変動スラスト荷重が生じるため，疲労荷重がかなり大きくなる．

ピッチコントローラの設計は，第 8 章で詳細に検討する．

6.7.3 パッシブピッチ制御

出力制限のための方法として，ブレードピッチのアクティブ制御に代わって，高い風速において目的のピッチ角にするために，ブレードに作用する荷重を利用してブレードをひねるようなブレード・ハブ構造が考えられる．これは原理的には容易であるが，一般に風速の変化とブレード荷重の変化は一致しないため，風速に応じてブレードを必要なだけひねるのは難しい．しかし，パッシブピッチ制御（passive pitch control）は荷重低減のために有用である．荷重低減のために限定的なパッシブピッチを実現する方法として，7.1.20 項で述べるように，ブレードの複合材シェルの繊維の方向をブレード軸に対して斜めに配置し，曲げ–捩れカップリング（ベンドツイストカップリング，bend-twist coupling）を生じさせることが考えられる．

Corbet と Morgan（1991）は，この技術に対するブレード荷重の利用方法に関して調べている．遠心力の利用は，可変速風車では明らかに有望である．このことは，オランダの FLEXHAT によって，らせんシリンダと予荷重ばねを用いたパッシブ制御ブレードを用いて実証されている．ブレード先端の遠心力が予荷重を超えると，先端ブレードはばねとピッチに対して外向きに駆動される（概念説明は図 6.17 参照）．

Joose と Kraan（1997）は，この機構を，引張荷重のもとで捩るメンテナンスフリーのテンターチューブ（tentortube）に置き換えることを提案している．このチューブは，遠心荷重により捩れが生じるように，捩れ軸に対してある角度で配置した炭素繊維複合材を使用したもので，先端ブレードの空力荷重を伝達する中空鋼材軸の内部に設置される．

6.7.4 アクティブストール制御

アクティブストール制御（active stall control）は，アクティブピッチ制御の場合と逆方向に，

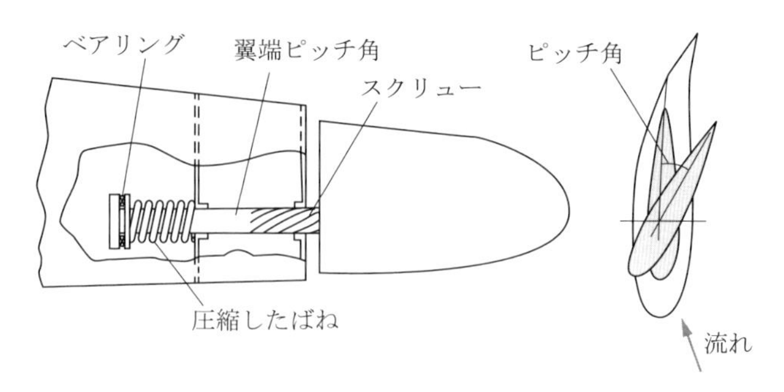

図 6.17　ねじとばねを利用した翼端ブレードのパッシブ制御機構

ブレードを失速させるようにピッチ操舵することにより，定格風速より高い風速域における発電出力を制限する方法で，負のピッチ（角）制御として知られている．ただし，より高い風速において定格の発電出力を維持するためには，通常，若干フェザー方向にピッチ変角する必要がある．

アクティブストール制御のおもな利点は，ブレードは基本的に定格風速を超えると失速状態なので，ガストスライシング（5.7.5 項を参照）により生じるブレード荷重と発電出力の周期的変動がかなり小さくなることである．これは，定格の発電電力量を維持するために必要なピッチ変角量がわずかであることからもわかる．また，ピッチ角速度は，正のピッチ制御ほど大きくする必要はない．さらに，ブレード全体による空力ブレーキに必要なピッチ角は約 $-20°$ であるが，ピッチ装置の駆動量は正のピッチ制御と比較してかなり小さい．

図 6.18 は，アクティブストール制御の風速に対するピッチ角を示している．これは，図 6.19 の縦軸の 1500 kW と，上で考慮したロータ直径 70 m の風車の負のピッチ角に対するパワーカーブの交点から導かれたものである．定格風速よりも低い風速において，失速に対して十分余裕をもつように，回転速度を 10%増加させている．そうでなければ，使用する負のピッチ角を非常に低く設定する必要がある．

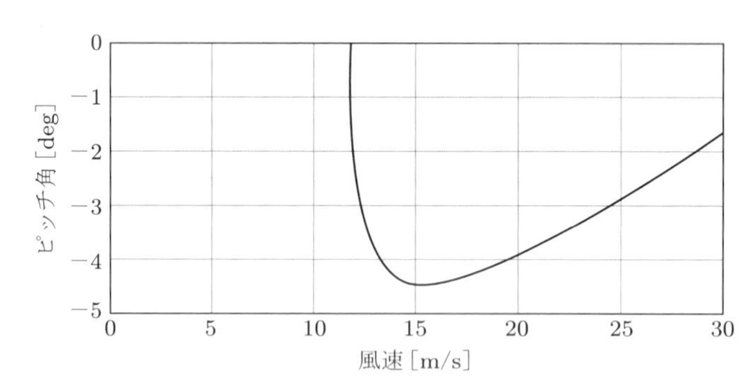

図 6.18　直径 70 m の 1.5 MW 風車のアクティブストール制御のピッチ角

アクティブストール制御のおもな欠点は，失速時の空力的な挙動を正確に予測するのが困難なことである．アクティブストール制御については，第 8 章の 8.2.1 項でさらに述べる．

6.7.5　ヨー制御

ほとんどの水平軸風車は，風車ロータを風に正対させるためにヨー駆動機構をもっているので，ヨー制御による出力制限は魅力的である．しかし，発電出力を制限するような高速のシステム応答

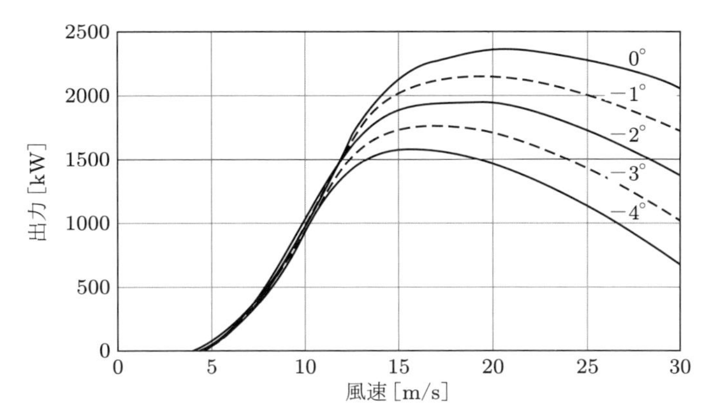

図 6.19 負のピッチ角によるパワーカーブ：18.9 rpm で回転するロータ直径 70 m の 3 枚翼風車（翼端速度 69.1 m/s）

が不利にはたらく二つの要因がある．一つは，ヨー軸まわりのナセルおよびロータの慣性モーメントが大きいこと，もう一つは，ロータ面に垂直な風速とヨー角の間の余弦関係である．後者は，ヨー角の変角が小さい（たとえば 10° など）場合には，出力が数パーセントしか減少しないということである．一方，ピッチ角を 10° 変角すれば，発電出力を容易に半減させることができる．したがって，アクティブヨー制御は，ヨー駆動に必要なヨー制御が行われるまで，ガストによる余分なエネルギーをロータの運動エネルギーとして蓄えることができる可変速機においてのみ適用可能である．この設計コンセプトは，イタリアのロータ直径 60 m の Gamma 60 試作機において実証されている．なお，この風車は 8°/s のヨー角速度があった（Coiante et al. 1989）．

6.8 ブレーキシステム

6.8.1 独立したブレーキシステム：規格の要求事項

GL ガイドラインでは，風車は，二つの独立したブレーキシステムをもつことが要求されている．また，IEC 61400-1 では，二つの独立したブレーキシステムは要求していないが，非セーフライフ設計要素の故障後でも有効な保護システムを強く要求している．また，IEC 61400-1 および GL ガイドラインは，ブレーキシステムの少なくとも一つは，ロータまたは低速軸に作用するように要求している．通常，空力および機械式ブレーキの両方をもたせるが，独立した空力ブレーキシステムが各ブレードに設けられ，それぞれが系統遮断時にロータを減速させることができる場合，機械式ブレーキは独立したブレーキシステムの一つとしてではなく，単にロータ静止状態に保つように，すなわち，風車を停止状態とするように設計される．これは空力ブレーキでは実施できない．

6.8.2 空力ブレーキの選択肢

■アクティブなピッチコントロール

ブレードピッチ制御によるフェザリング（翼弦を風と平行にする）は，空力ブレーキとしてかなり有効な手段である．一般に，ブレードピッチ角速度は 10°/s が適切であることがわかっているが，これは発電出力制御に必要なピッチ角速度と同程度である．風車の起動および発電出力制御のためにブレードピッチシステムを利用すると，日常的に動作確認をしていることになるため，休眠障害

(dormant fault) の発生は著しく低くなる．

ブレードのピッチ制御のみを緊急ブレーキとする風車は，各ブレードを独立に動作させるために，電気または油圧を，ナセルから中空の低速軸を通してフェールセーフで供給する必要がある．この目的のために，油圧アクチュエータでは，ハブ内のアキュムレータに油圧が蓄えられる．

■翼端ピッチング

ブレード先端がフェザーする機構は，ストール制御風車の空力ブレーキとして一般的である．典型的なものでは，図 6.17 に示したように，ブレード先端は，通常運転時には，遠心力で動かないように，軸に取り付けられた油圧シリンダにより保持され，制御システムまたは直接加速度センサーによる油圧解放時には，軸に切られたねじにより，ブレードのピッチングモーメントと遠心力の作用で外側に飛び出る．なお，先端部の長さは，一般に，ロータ半径の約 15% である．

翼端ピッチを作動させる制御システムの機能は，きわめて重要である．初期の風車設計の多くでは，翼端部は遠心力のみで作動させていたため，それが作動しなかった場合には，長期間，過回転が継続していたものと思われる．現在では，先端をアクティブに制御するシステムが一般的となり，システムは自動的かつ定期的にテストすることができる．なお，油圧シリンダを収容するために，低速軸を中空とする必要があるのが，このシステムの欠点である．

■スポイラ

スポイラはヒンジ機構のついたフラップであり，ブレード外形の一部が外に張り出して，目的の角度になるようにした機構である．このような装置は過去に使用されているものの，ロータを十分減速するためには，かなりの長さを必要とした (Jamieson and Agius 1990)．また，必要な場合に機構が動作しないことがないように，定期的に動作試験ができるような設計にする必要がある．

■その他のデバイス

ほかに，以下のようなさまざまなデバイスが提案されている．

- エルロン
- SLEDGE (Sliding Leading EDGE device)：翼端付近のある程度の長さをもつ前縁が半径方向外側にスライドする装置
- FLEDGE (Flying Leading EDGE device)：キャンバ面に隣接した部分とブレード前縁部全体がフェザー方向にピッチする装置

Jamieson と Agius (1990)，および，Armstrong と Hancock (1991) は，上記の装置やほかの空力ブレーキの有効性を調べており，ブレード面積のわずか 2〜3% しか利用しない SLEDGE が空力的に非常に有効であることに注目している．Derrick (1992) は，ブレーキと発電出力の両方に対して，SLEDGE および FLEDGE の可能性について，より詳細に調べている．彼らが確証を示したにもかかわらず，これらの装置は商用目的ではまだ利用されていない．

6.8.3　機械式ブレーキの選択肢

6.8.1 項で述べたように，機械式ブレーキの役割は，空力ブレーキが単独ではたらく風車を停止させることのみである．しかし，すべてのブレードのピッチ角が一つのアクチュエータで制御されるピッチ制御機では，完全に独立したブレーキが必要である．独立した翼端ブレーキを備えたストール制御機のメーカーは，機械式ブレーキによりロータを自力で停止できることを保証している．このことは注目に値する．これは，国によっては異なる二つの独立したブレーキシステムを備えなければならないという事情のためである可能性がある．

風車のブレーキは，通常，ブレーキキャリパによって作動する鋼製ブレーキディスクである．ディスクはロータ軸（低速軸）または，増速機および発電機軸（高速軸）に取り付けることができる．制動トルクは軸速度に反比例して小さくなるので，高速軸に設置するのが一般的であるが，制動トルクが歯車に伝達されることは大きな欠点である．これにより，ブレーキ操作の頻度によっては，増速機トルク容量を 50%程度増加させてしまう場合もある（第 7 章の 7.4.5 項参照）．ほかに，高速軸ブレーキディスクには大きな遠心力が発生するため，材料の品質がより重要である．

ブレーキキャリパは，ほとんどの場合，フェールセーフ機構として，常時，バネで動作し，油圧で引き込まれるように配置される．

空力ブレーキは，ブレード構造やドライブトレインの荷重に関しては，機械式ブレーキよりもかなり優れているため，通常停止用に使用される．

6.8.4 静止と待機（アイドリング）

メンテナンスにおいて，ロータを静止させるために機械式ブレーキは不可欠であるが，低風速ではアイドリングを行うのが一般的である．中には，高風速においてもアイドリングするメーカーもある．アイドリングは，増速機の歯車にはたらくブレーキ荷重の頻度を低減することと，発電しない場合でも風車が動作していると人々に印象付けられる点で有利である．また，その場合，増速機と軸受の潤滑を維持する必要がある．

6.9 定速，2 段変速，可変スリップ，および可変速運転

風車のロータのパワー係数 C_P は，ある特定の周速比においてのみ最大値となるが（図 3.15 参照），定速誘導発電機を用いた風車はほぼ一定の速度で回転するため，定格風速以下では，この周速比に対応する風速以外では，定速機は最大効率に満たない条件で運転することになる．したがって，定格風速以下の範囲で最適な周速比で回転するように回転速度を連続的に変化させることで，発電電力量を向上させることができる．

さらに，2 段階の回転速度で運転することで，1 段階の回転速度で運転するよりも周速比を最適に近づけることができるため，性能は若干改善する．風車のブレードから発生する空力騒音は翼端速度の 5〜6 乗に比例するが，可変速機と 2 段変速機は，いずれも低風速域でロータ速度を低下させるため，暗騒音が小さい場合に，空力騒音を低減することができる．

また，可変速機では，ガストやタワーシャドウなどによる周期的なトルク変動に応じてロータ速度を小さく変化させる制御が可能なため，風車の機械的荷重を軽減することができる．大規模ウィンドファームは，電力系統に確実に連系するように，必要な電気的要件を規定したグリッドコード（grid code，11.5 節参照）内に準拠するよう，送電系統運用者により要求されている．なお，定速または 2 段変速の誘導発電機では，これらの要件を満たすことは困難である．これらの理由から，現代の大型風車はすべて可変速機で，電力変換装置を使用して，発電機の変動する周波数出力を電力系統の一定周波数に接続している（Hau 2013; EWEA 2009; Blaabjerg and Ma 2013）．過去

の定格出力 1.5 MW までの商業機では，定速および 2 段変速風車が一般的であったが，これらの形式の発電機は，今日，小型の風車に限定されている．

6.9.1　定速運転

1990 年代半ばまで一般的であった風車の設計は，ストール制御，3 枚翼ロータ，3 段増速機をもち，単純なかご形誘導発電機を，50 Hz 電力系統では 750, 1000, 1500 rpm で運転するもの（デンマーク型風車とよばれる）であった．発電機は全出力時に最大 2〜3%の滑りがあり，これがドライブトレインに減衰を与えていた．また，系統連系が喪失した場合のブレーキには，高速軸と低速軸の両方の機械式ブレーキ，あるいは，いずれかのブレーキと翼端ブレーキの組み合わせが用いられていた．

6.9.2　2 段変速運転

二つの定速誘導発電機を使用して，2 段変速運転を実現することができる．低風速域では小さいほうの発電機（低出力，低速度）を使用し，風速が上昇し，この発電機の出力の上限に達すると，小さいほうの発電機を切り離し，定格出力に相当する大きいほうの高速の発電機に接続する．逆に，風速が低下すると，大きいほうの発電機を切り離し，小さいほうの発電機を使用する．なお，この切り替え動作の回数を制限するために，電力の測定値によるヒステリシス制御が使用される（図 6.20）．

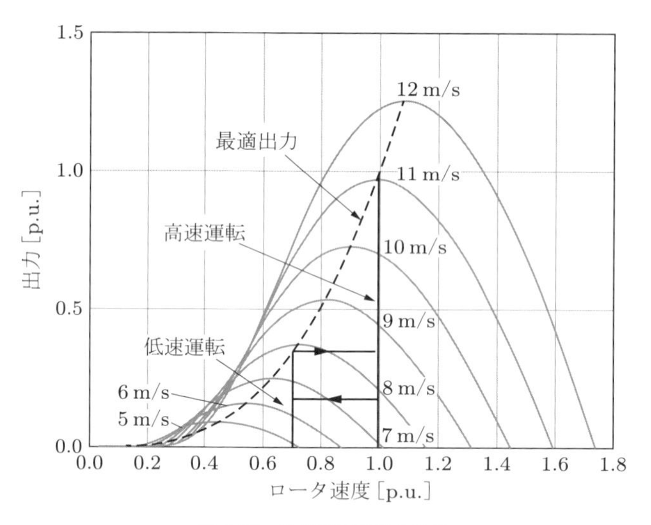

図 6.20　2 段変速風車の動作

この方式では，同じ速度で回転する増速機の出力軸に極数の異なる複数の発電機を接続するか，同じ回転速度の複数の発電機を異なる速度で回転する出力軸に接続する．なお，低速運転用の小さいほうの発電機の定格出力は，通常，風車定格の約 1/3 である．また，一つの発電機に 2 組の固定子巻線をもつ誘導発電機が開発され，1 台の発電機で，巻線の接続構成を変えることで極数を変化させることができるようになった．この形式の発電機は，4 極と 6 極を切り替えて運転することができ，速度比は 1.5（1500 rpm と 1000 rpm）となる．適当な増速機を選択することで，この 2 段変速により，変速のない一定速度で運転する風車と比較して，発電電力量は約 2.3%増加する．また，低風速時の空力騒音を低減するうえでも，2 段変速は有効である．

2 段変速の欠点は以下のとおりである．

- 発電コストの増加
- 動作周波数に厳しい要件があるため，使用頻度の高い開閉装置が必要
- 風車の回転速度を変更するたびに切り替え制御が必要
- 各変速時に切断されている間の発電電力量のロス

6.9.3 可変スリップ（滑り）運転（8.3.8 項参照）

可変スリップ（滑り）は固定速運転と可変速運転の折衷案であり，巻線型誘導発電機を用いて，ロータ回路に直列接続された可変抵抗器を高周波半導体スイッチで制御するものである．定格出力または定格トルク以下では，外部抵抗は短絡され，発電機は通常の定速誘導機として作動する．また，定格出力以上では，抵抗の制御により発電機のトルクを変化させ，発電機の回転速度を上昇させることができるため，風車の挙動は可変速システムに類似したものとなる．なお，最大回転速度は定格回転速度より 10%程度高くするのが一般的である．

この方式は完全な可変速システムよりもシンプルで安価であり，とくにドライブトレインのトルク制御や定格出力以上での空力トルク変動の平滑化など，いくつかの利点がある．しかし，定格風速以下では，パワーエレクトロニクスのスイッチング損失の懸念はないものの，空力的な効率は向上しない．また，電力出力の力率を制御することもできない．なお，出力電力が平滑化されるため，定格風速以上では電力系統内の電気的フリッカーは減少する．

この制御に必要な抵抗器とパワーエレクトロニクスのスイッチを含む電気回路は，発電機軸に取り付けるか，スリップリングを介して接続する．抵抗器を発電機軸に取り付ければ，回転子電流を流すスリップリングを使用する必要はなくなる．パワーエレクトロニクスのスイッチを制御する信号は，非接触型光デバイスを使用して回転軸に伝達される．しかし，定格風速以上で発生する熱を放散する面では，抵抗器を発電機の外側に取り付け，スリップリングで接続するほうが有利である．抵抗器を回転子に取り付けた大型発電機では，この熱が設計上の制約となる可能性がある．

6.9.4 可変速運転

風車の出力電力をすべて直流に変換する周波数変換器を発電機と電力系統の間に介在させることで，風車ロータを可変速運転することができる．ここで，すべての電力が直流に変換されるため，発電機の回転速度と電力系統の周波数の間に固定的な関係はなくなる．発電機は同期式と誘導式のいずれも適用可能である．この方式では，風車のロータ速度を変化させて発電電力量を最大化するだけでなく，発電機のエアギャップトルクを制御して過渡的な機械的荷重を軽減することができる．風車ロータ速度を変化させるもう一つの方法は，可変スリップと同様に巻線型誘導発電機を使用することである．しかし，発電機のロータ回路の外部抵抗をパワーエレクトロニクス周波数コンバータに置き換えることで，発電機のロータ速度を変化させることができる．風車の出力電力のうち，発電機のロータ回路を通過するのはごくわずかである．

可変速運転には，次のように多くの利点がある．

- 定格風速以下では，ロータのトルクおよび回転速度を変化させて，ロータ効率 C_P を最大にすることができる．
- 低風速域でのロータ速度を低下させることにより，空力騒音を大幅に低減することができる．

周囲の風騒音が風車の騒音をかき消す効果があまりない低風速域では，騒音の低減がとくに重要である．

- ロータはフライホイールとして機能し，空力トルク変動をドライブトレインに伝達する前に平滑化することができる．これは，ブレード通過周波数成分についてとくに重要である．
- 発電機のエアギャップトルクを直接制御することにより，平均定格レベルを上回る増速機トルク変動を抑えることができる．
- 電力系統に送る有効電力と無効電力の両方を制御できるため，特定の力率の維持や，端子電圧の制御ができる．大規模なウィンドファームでは，定速誘導発電機よりも可変速機のほうが，グリッドコードの要件を満たすことがかなり容易である．
- 可変速風車は出力変動が小さいため，電力（系統電圧）品質も向上する．コンバータにより，起動時に発電機を徐々に電力系統に接続することで，接続時の電気的過渡現象を最小限に抑えることができる．

実際には，周波数変換器の損失は定格出力の数パーセントに達することもあり，定格風速以下でのロータ効率の上昇を相殺してしまうが，荷重軽減の可能性とグリッドコードの要件から，現在ではすべてのMWクラスの風車が可変速運転を採用している．なお，ブレード通過周波数における空力トルクの変動は，風車ロータが乱流の横方向および縦方向の長さスケールと比較して大きいため，大型風車ではとくに顕著である．風車制御システムは，この空力トルクの変動を，ロータ速度のわずかな変化，すなわち，ロータに蓄えられる運動エネルギーの変動として吸収できるように調整されている．

可変速運転に必要な装置には大きなコストを要するため，得られるメリットとコストを比較検討する必要がある．また，インバータが複雑化し，電気的なノイズや高調波が発生するという欠点もある．最近のパルス幅変調（Pulse Width Modulated: PWM）インバータは，シリコン絶縁ゲートバイポーラトランジスタ（Insulated Gate Bipolar Transistor: IGBT）を用いて，高いスイッチング周波数（最大10 kHz）で作動する．スイッチング周波数が高いため，サイリスタを使用した初期の自然整流式コンバータと比較して，低次高調波（5, 7, 11, 13次など）は低減する．しかし，シリコンパワーエレクトロニクススイッチを用いると，高調波の低減と電気損失の増加の間でトレードオフの関係がある．また，炭化ケイ素や窒化ガリウムなどの新しい半導体材料は，損失を抑えながら100 kHzまでのスイッチング周波数を可能にする．これらのスイッチは現在高価であるものの，将来的に使用頻度が高まる可能性がある．また，スイッチング周波数が高い場合，計装・制御ケーブルの接地・遮蔽が不十分であると，風車内の制御信号に電気ノイズが乗る可能性がある．監視や通信には光ファイバーが使用されることが多くなっているが，隣接するケーブルの電流はこれらの回路に影響を与えない．

可変速運転を実現するには，おもに二つの方法がある．可変速範囲の広いフルパワーコンバータ（Full Power Converter: FPC）による可変速運転では，発電機の固定子が全定格AC–DC–AC（交流－直流－交流）周波数変換器を経由して電力系統に接続される．また，可変速範囲の狭い可変速運転では，発電機の固定子と回転子の両方が電力系統に接続された二重給電誘導発電機（Doubly Fed Induction Generator: DFIG）を使用する．ここで，固定子は直接，また，回転子はスリップリングを介して電力系統に接続されるため，周波数コンバータはより小型のものになる（Anaya-Lara et al. 2009）．

可変速範囲の広い可変速機では，発電機とロータの回転速度をほぼゼロから定格回転速度まで変化させることができるが，出力される電力はすべて周波数変換器を経由する．ここで，発電機には同期型と誘導型のいずれかを使用することができる．また，可変速範囲の狭い可変速機では，より小型で安価な周波数コンバータを使用することができる．このコンバータを通過する電力は全体の一部で，回転速度は同期速度の ±30～40%程度しか変化しないが，可変速運転のメリットを得るにはこの程度でも十分である．欠点は，エアギャップが小さい巻線型誘導機を使用する必要があることと，スリップリングのメンテナンスが必要になることである．

いずれの可変速風車も，周波数変換はDC リンクで接続されたバック・トゥ・バック（Back-To-Back: BTB）コンバータによって行われる．これらのコンバータは，電力をDC リンクに整流し，系統周波数に反転するか，発電機に供給する．この直流への整流と反転により，電力系統周波数は，全電力変換の可変速風車の場合は発電機速度から，DFIG 風車の場合はロータ周波数から分離される．どちらのシステムでも，発電機の回転速度を測定し，広範囲の風速でロータを最適な周速比に保つために必要な反トルクを作用させることで，回転速度を制御する．

図 6.21 に可変速風車の制御を示す．ロータ速度を計測し，カットイン速度に達すると，可変速コンバータによって発電機に制御トルクが加えられる．ロータ速度は発電機のトルクによって，最適曲線（O–A）に近づくように制御される．定格回転速度では，この回転速度を維持するために，ブレードのピッチ制御により入力トルクを制御する（B–C）まで，コンバータによって発電機に加える抑制トルクを増加させる（A–B）．

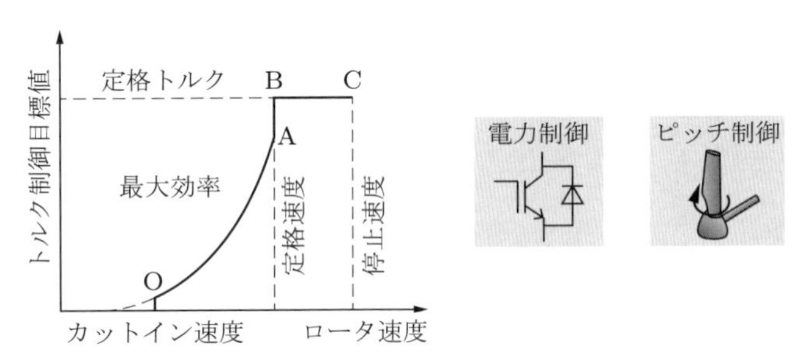

図 6.21 可変速風車の制御目標（第 8 章の図 8.3 参照）

6.9.5 発電システム構成

図 6.22(a)～(e) に，一般的な風車の発電システムを示す．

- 図 6.22(a) に，出力力率を改善するシャントコンデンサを備えた定速誘導発電機（Fixed Speed Induced Generator: FSIG）を示す．これらのコンデンサは，発電電力量が増加するに従い，より大きな無効電力を供給するように切り替えることができる．
- 図 6.22(b) のシステムでは，回転子回路に制御可能な抵抗器を設けて可変速運転を行う．力率改善コンデンサを巻線型誘導機の固定子に接続する．
- 図 6.22(c) のシステムでは，制御可能な発電機回転子の抵抗を，IGBT を使用したバック・トゥ・バックコンバータに置き換え，回転子を電力系統に接続する．これにより，回転子回路における電力の流れの方向に応じて，ある程度の速度範囲での可変速度運転が可能になる．コンバータにはスイッチング損失があるが，回転子の外部抵抗による電力消費は回避できる．

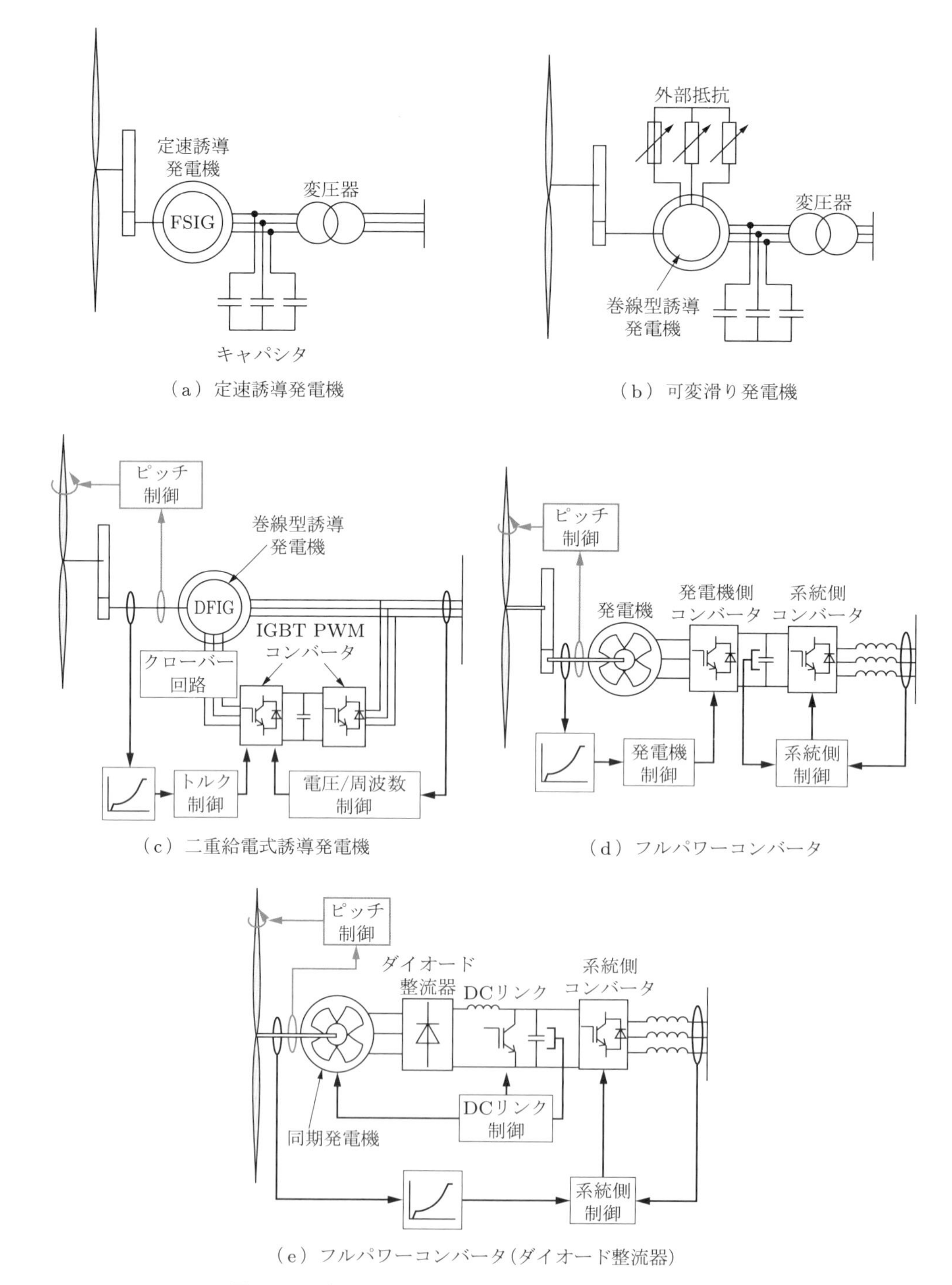

図 6.22　風車発電システムの構成（Anaya-Lara et al. 2009）

回転子側のコンバータによって発電機速度と力率の制御を行い，系統側コンバータによりDCリンクの電圧を維持する．また，クローバー回路は，AC 系統に障害が発生したときに発電機側コンバータを保護し，これらの障害中に風車の連続運転を確保する．

・図 6.22(d) のシステムでは，発電機（同期型または誘導型）からのすべての電力をDCに整流する．この場合も，風車側コンバータにより，発電機トルク（したがって回転速度）および励磁の制御を行い，系統側コンバータはDCリンク電圧を維持する．系統側コンバータを使用して，電力系統の電圧または無効電力の流れを制御することができる．

・図 6.22(e) の構成では，系統側コンバータは発電機の出力電力（したがって回転速度）を制御する．風車側コンバータは，単純なダイオード整流器またはAC–DC–AC 変換器である．この構成では，発電機は回転子が巻線または永久磁石の同期型でなければならないが，ダイオード整流器は制御可能なIGBTコンバータよりも損失が小さい．

これらの構成の採用状況については，Serrano-González and Lacal-Arántegui (2016) にまとめられている．

6.9.6 低速ダイレクトドライブ発電機

過去 15 年間に，増速機を使用せずに風車ロータで直接駆動（ダイレクトドライブ）するように設計された低速発電機の開発がかなり進み，多くのメーカーがダイレクトドライブ発電機を搭載した風車を提供している．このような発電機のメリットは，エネルギー損失，質量，騒音が大きく，メンテナンスの必要性がある増速機が不要なことである．

円筒形の発電機の出力は，一般に次のように計算することができる (Mueller and Polinder 2013).

$$P = \omega 2\pi R^2 L F_d$$

ここで，

ω：回転子の角速度

R：エアギャップ半径

L：軸方向の長さ

F_d：エアギャップのせん断強度

である．F_d は電磁設計により決定され，通常 30〜60 $\mathrm{kN\,m/m^2}$ が最大となる．

回転速度を下げると，それに比例して発電機を長くするか，回転子径を大きくする必要があるが，回転子径を大きくするほうが，出力が 2 乗で大きくなるため，安価で軽量になる．したがって，風車用のダイレクトドライブ発電機は，長くはないが，回転子径が大きく，質量も大きくなる．

誘導発電機では，回転子と固定子の半径方向の距離（エアギャップ）を小さくする必要がある．これは，すべての励磁が固定子から行われるため，十分な磁束を回転子に供給する必要があるからである．エアギャップの小さい大口径の誘導発電機は，機械的・熱的な理由で製造が困難であるのに対して，同期発電機は，回転子に励磁装置を備えているため，エアギャップをより大きくすることが可能である．そのため，ダイレクトドライブ風車はすべて同期発電機（永久磁石または巻線回転子）を使用している．同期発電機は，二つのフルパワーコンバータを介して，発電機速度を系統周波数から切り離すことができる．

同期発電機の固定子には，積層鉄心のスロットに巻線を配置させる．これにより，三相電源から回転磁界が発生し，その上に回転子磁界が固定される．電気的に励磁された同期機は，回転子に固定されて回転子とともに回転する磁場を作り出すために，回転子に直流回路を使用する．直流電流は，スリップリングとブラシ，または，ブラシレス励磁システムの小型回転変圧器と整流器によって供給されるが，後者の方式は風車では一般的ではない．界磁回路で消費される電力は電気的損失となるが，回転速度の変化に応じて界磁電流を変化させることができるため，発電機の出力電圧と力率を制御できるというメリットがある．巻線型同期発電機は，風車のダイレクトドライブ用として確立されている．

電気的な励磁の代わりに，ネオジウム（ネオジム）・鉄・ボロン（NdFeB）磁石に代表される希土類永久磁石を使用して回転子磁界を形成する方法がある．これにより，界磁回路の電気的損失とそれに伴う熱の発生をなくすことができる．いくつかのメーカーは，このような永久磁石発電機を使った風車を提供している．永久磁石を使用する場合，同期機の励磁を制御することができず，発電機の出力電圧は回転速度によって変動する．よって，周波数変換器の DC リンクの電圧を制御するために，パワーエレクトロニクス変換器の追加が必要となる場合がある（図 6.22(e) 参照）．また，組み立て時に磁石が発生する力が非常に大きいため，非常に大型の永久磁石発電機の製造は困難な場合がある．

永久磁石発電機の基本的な構造には，ラジアル磁束型とアキシャル磁束型がある．図 6.34 は，回転子が固定子内に配置されたラジアル磁束型発電機を示している．このレイアウトは，永久磁石発電機と電気励磁式発電機のいずれにも使用できる．永久磁石の回転子を固定子の外側に配置すると，磁石自体をかなり薄くできるため，発電機全体の径を小さくすることができる．

3 MW 風車用のラジアル磁束型永久磁石発電機の能動素子の設計例は，Polinder et al.（2006）に示されており，表 6.8 に詳述されている．

表 6.8　3 MW，15 rpm のラジアル磁束型永久磁石発電機の主要パラメータ

固定子半径	2.5 m
固定子長さ	1.2 m
エアギャップ	5 mm
極数	82
材料の質量（銅，鉄，永久磁石）	24 t
最大出力時の電力損失	130 kW

あまり一般的ではないが，回転子の軸と平行にエアギャップの磁束を配置する方法もある．エアギャップが一つとすると軸方向の力が非常に大きくなるため，この力をバランスさせるために二つのエアギャップを使用するのが一般的である．これら二つの基本的なアプローチに加え，風車用の永久磁石発電機の革新的な設計が数多く提案されているが，商業的なブレークスルーには至っていない．

6.9.7　ハイブリッド増速機・中速発電機

いくつかのメーカーが，2 段増速機と回転速度約 500 rpm の中速発電機を使用したハイブリッドドライブトレイン（hybrid drive train）を開発した．これにより，発電機と増速機は同程度の大きさになるため，よりバランスのとれたコンパクトなナセルとなる．中速発電機は永久磁石型同期発電機で，全量周波数コンバータを使用する．

また，複数の出力軸をもつ増速機で電力を均等に分割し，同じサイズの小型の発電機と電力変換器を複数使用するマルチパスのコンセプトもある．この場合，個々の発電機や電力変換器が小さくなるため，取り扱いが容易になり，価格も安くなる．

6.9.8 発電システムの進歩

図 6.23 に，風車の発電システムの変遷を示す．初期の風車では，定速誘導発電機（FSIG）が使用されていた．これらは，ストール制御またはピッチ制御により，ほぼ一定速度（スリップ 2〜3%未満）で動作する．この方式は 1.5 MW までの風車で適用されたが，これ以上のサイズでは，ドライブトレインの振動を制御し，荷重を抑制することが困難になってきた．さらに，FSIG の風車は，大規模なウィンドファームに適用されるグリッドコードの要件を満たすことが困難である．

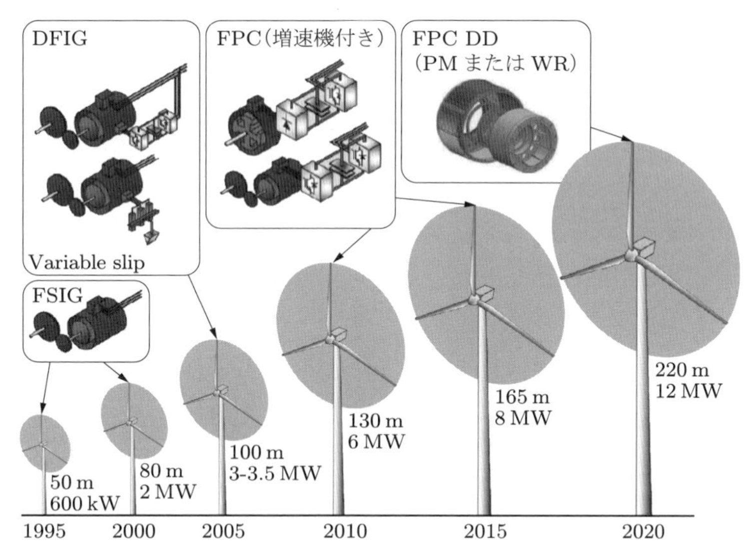

図 6.23 風力発電システムの進歩．FSIG：定速誘導発電機，DFIG：二重給電誘導発電機，FPC：フルパワーコンバータ，DD：ダイレクトドライブ，PM：永久磁石型，WR：巻線型．

限定的な可変速でもメリットが大きく，発電電力量の一部のみを制御することによりコストが抑えられるため，2000 年ごろから，大型風車では DFIG が一般的になった．しかし，発電機回転子にはスリップリングが必要であり，発電機のエアギャップは小さく保つ必要がある．

DFIG が広く導入されたのと同時期に，増速機の有無にかかわらず FPC が使用されるようになった．ダイレクトドライブには，巻線型と永久磁石型の大径の低速同期発電機が使用されている．これまでのところ，将来の超大型風車用の発電機システムの構成に関して，一致した見解は得られていない．

6.10 その他のドライブトレインと発電機

前節では，商業的に広く使用されている，または使用されてきた発電システムについて述べた．それら以外にも，これまで，数多くのドライブトレインや電力変換に関するコンセプトや方法が研究され，プロトタイプが開発されてきたが，商業機では採用されていない．

6.10.1 ダイレクトドライブの定速発電機

大規模な水力発電所，火力発電所，または原子力発電所では，電力系統に直接接続された同期発電機を使用しており，すべての大規模電力系統の設計と運転は，同期発電機の性能に基づいている．大規模発電において，誘導発電機は同期発電機と比較してはるかに使い勝手が悪く，10 MW を超える規模ではほとんど使われない．そのため，風車の開発当初は，使い慣れた同期発電機を風車で使用することが検討された．

ダイレクトドライブの誘導発電機の欠点は以下のとおりである．

- ロータの減衰作用により，同期発電機に比べてエネルギー損失が大きいため，回転子で発生する熱を除去する必要がある．
- 磁気回路への通電に必要な無効電力は，すべて電力系統（またはローカルコンデンサ）から供給しなければならない．なお，ローカルコンデンサを使用する場合，自励振動のリスクがある．
- 端子電圧や無効電力を直接制御できない．
- 電力系統上の三相故障に対して持続的な故障電流を発生させない．
- 電圧不安定性の問題がある．これは小型風力発電の場合には重要な問題ではないが，脆弱な電力系統に大規模なウィンドファームを設置する場合に，接続可能なウィンドファームの規模が制限される可能性がある．

同期発電機と誘導発電機の固定子は同様の巻線であり，三相主電源に接続されると一定速度の回転磁界を発生させるが，これらの回転子はまったく異なるものである（Hindmarsh 1984; McPherson 1990）．同期発電機は，回転子に永久磁石または電磁石が取り付けられており，回転子の磁界は固定子が作り出す一定速の回転磁界と同じ速度で回転する．駆動系はトルクに応じた角度で固定子磁界よりも先行するが，周波数は電力系統の一定周波数に固定される．これは，単純な誘導発電機の回転子がかご型誘導発電機であり，固定子磁界よりも若干速く回転するときに電流が誘導されるのとは対照的である．誘導発電機は固定子磁界より若干高い回転速度でのみトルクを発生させることができ，ドライブトレインと電力系統の周波数とは，より緩やかに結合している．

系統周波数で回転する基準フレームにおいて，電力系統に直接接続された同期発電機の挙動は，捩れバネで近似することができる．トルクは，回転子と固定子の磁場の間の角度に比例する．この角度は負荷角または出力角とよばれる．これに対して誘導発電機は，回転子と固定子の界磁の速度差（滑り速度）にトルクが比例する捩れダンパと考えることができる．これを簡単な模式図にしたものが図 6.24 である．

同期発電機による定速風車の単純なモデルは，風車のロータからの周期的なトルクで励振されるとすると，ドライブトレインの捩れ振動を抑制するための減衰がない二つのバネと二つの慣性体の単純な振動系となる．風車ロータのおもな周期的トルクはブレード通過周波数で発生するが，これは電力系統に接続された同期発電機の固有振動数と一致し，非常に好ましくない場合が多い．初期の風車で，同期発電機を直接系統に接続しようと試みられたが，ドライブトレインに許容できないレベルの振動が発生し，失敗した．同期発電機にはケージダンパ巻線を追加することができるが，空間的な制限があるため，風車ロータの大きな周期的トルク振動に必要な減衰を与えることは現実的ではない．

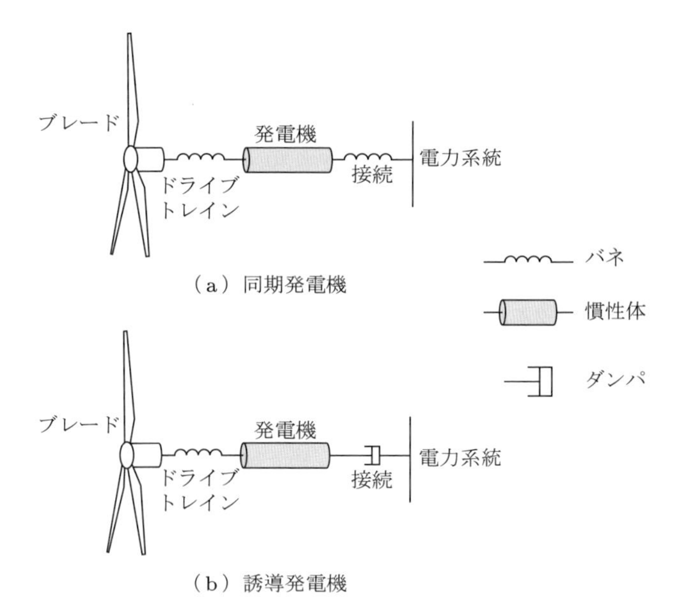

図 6.24　系統に直接接続された発電機の模式図

電力系統に接続された誘導発電機は，捩れダンパで表すことができる．このモデルは，ストール制御ロータ，増速機，および，系統に直接接続された誘導発電機で構成され，長年使用されたシンプルな風車（デンマーク型風車）の基本設計で利用された．FSIG は，1990 年代の最大 1.5 MW までの風車で広く使用されていた（Anderson 2020）．発電機の滑りは通常 1〜2%で，例外的に最大 3%であった．定格出力が大きくなると，二次的な電磁気効果によって抽出できる減衰エネルギーが減少し，風車の構造効率が悪くなる（Saad-Saoud and Jenkins 1999）．

また，可変ピッチの風車ロータを使って FSIG を直接駆動する試みもなされている．しかし，ドライブトレインのトルクを効果的に制御することは難しく，定格の最大 2 倍の過渡的な電力量が発生することが明らかになった．これは，ドライブトレインの共振，ブレードピッチ制御の応答速度，ならびに，ストール制御に見られたドライブトレイン減衰が得られないことなどが原因であった．

1990 年代半ばから，電力系統に直接接続された発電機は，発電機とパワーエレクトロニクスを使用した可変速システムに徐々に置き換わった．可変速システムでは，発電機は電力系統に直接接続されず，周波数コンバータによって切り離されている．発電機側インバータは電気機器に能動的に制御された電圧を与え，図 6.24 のような単純なモデルは適用されない．

6.10.2　系統に直接接続された発電機を使用するための革新的技術

同期発電機または低スリップ誘導発電機をもつ風車を電力系統に直接接続するために，ドライブトレインの機械的な革新技術により，トルク制限，捩れ減衰，捩れコンプライアンス，および，広範囲の可変速運転を追加する試みが数多くなされた．これらのアプローチは，現在ではパワーエレクトロニクスによる周波数変換により置き換えられたが，時折，同様の方法が提案されている．

流体カップリングは，一定体積の流体中にインペラとランナをもつものである．インペラは，両者の速度差（滑り）により風車を駆動する．この滑り（すなわち，熱として失われるエネルギー）は，フル出力時に通常 2〜6%である．流体カップリングは捩れ減衰をもたらし，高滑りの誘導発電機と同様の性能を発揮する．歴史的には，Smith–Putnam 風車と Mod-0A 風車において，同期発電機を駆動するために流体カップリングが使用されており，Westinghouse 社と Howden 社の初期の商用中型風車でも流体カップリングが使用されていた（Spera 1994; Hau 2013）．

Mod-2 風車の定速同期発電機の駆動用として，低速軸にフレキシブル（クイル）シャフトが使用されている．このようなシャフトでは捩れに対するコンプライアンスが得られるが，減衰は，シャフト自体の材料特性によるもののみである．興味深いことに，このシリーズで次に開発された風車（Mod-5）では，パワーエレクトロニクスを使用した可変速が採用されている（Spera 1994）．

初期の試作機には，バネとダンパを使って増速機をナセルフレームに固定したものもあった．このような構成では，増速機の回転角度の制御が可能になり，捩れのコンプライアンスとダンピングが得られる．この技術により，250 kW の MS-1（Law et al. 1984）と 4 MW の WTS-4 プロトタイプ（Hau 2013）で同期発電機を使用することができた．

LS-1 試作機は，3 MW のダイレクトドライブ同期発電機と，±5%の速度変動を与える可変速差動式の増速機を備えていた．この試作機では，遊星増速機の外側遊星歯車（サンホイール）を四象限の 300 kW パワーエレクトロニクス電気ドライブにより制御し，風車ロータの回転速度を変化させ，トルク変化を制限した（Law et al. 1984）．数年後，このコンセプトは，電気的な可変速駆動を，増速機のサンホイールを制御する油圧システムに置き換えることでさらに発展した．油圧システムの制御によっては，パワーエレクトロニクスなしで，可変速運転だけでなく，捩れの減衰やコンプライアンスも与えることができる．このような，制御型差動増速機と同期発電機を用いた風車は，複数のメーカーから市販されている（Pengfei and Wang 2011）．遊星歯車の四象限制御を行う差動増速機は，パワーエレクトロニクス DFIG を機械的に実現したものとみなすことができる．

高油圧システムは，体積と質量のいずれに対しても非常に高いエネルギー密度をもち，エネルギーの貯蔵が容易である．また，ドライブトレインのコンプライアンスや減衰，そして，長期的なエネルギー貯蔵にも利用可能である．このコンセプトに関しては，Watson ら（2019）による，風力発電分野における将来の新技術に関する包括的なレビューがある．初期の Schacle–Bendix 試作機は，同期発電機を駆動するために油圧トランスミッションを使用しており，風車の高圧油圧トランスミッションの使用に関する研究もある．当時，このアプローチは，必要な容量の部品の入手が限られている，効率が比較的悪い，信頼性が低い，寿命が限られているなどと結論付けられている（Jamieson 2018）．

6.10.3　発電機とドライブトレインの技術革新

ほかの多くの革新技術は，さまざまなレベルで調査または実証されてきたが，まだ商業的なブレークスルーを達成していない．その例として，以下に示す技術がある．

■超電導発電機（superconducting generator）

大型洋上風車の多くは，ダイレクトドライブの永久磁石型同期発電機を採用し，増速機をなくすことで，過酷な洋上環境に適したシンプルで堅牢な構造の風車を実現した．しかし，永久磁石型同期発電機のエアギャップに発生させられる磁束密度には限界があるため，必要なトルクを発生させるためには，直径が大きくて重い，高価な発電機が必要である．また，風車の設備容量 1 MW あたり 800～1000 kg の永久磁石が必要とされ，レアアース永久磁石の入手性や価格が懸念される．それに対して，超電導発電機は，よりコンパクトで軽量・高トルクのドライブトレインを実現する可能性があるが，そのコストと信頼性に疑問があり，商用風車用として普及しなかった（Moore 2018）.

超電導体は，電気的損失の少ない細い線材やテープで非常に高い磁場を作ることができる．通常，発電機の直流ロータ回路に使用することで，エアギャップ内の磁束密度を高め，ピークトルクを永久磁石発電機よりも2〜3倍高くすることができる．図6.25は，超電導ロータを用いた発電機の断面図である．このような機器の設計研究では，超電導体は4Tの印加磁束密度で300 A/mm^{2}の電流密度をもち，2.5Tのエアギャップ磁束密度を発生させることができるとされている（Abrahamsen et al. 2012）．この構成では，回転子が超電導，固定子が従来のものであるが，固定子と回転子の両方を超電導巻線とする設計もある.

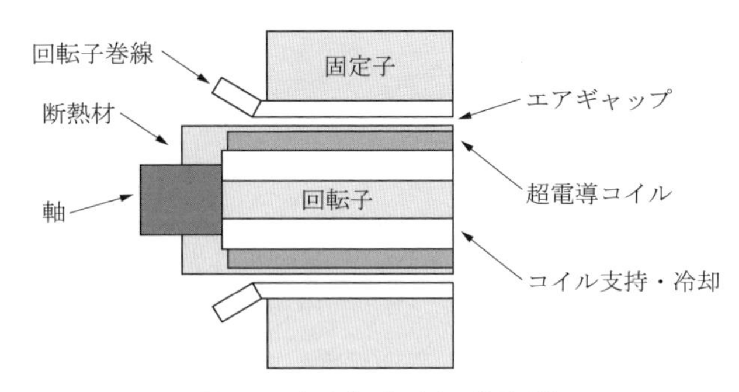

図6.25 超電導回転子式同期発電機

表6.9に，風車に使用するのに適していると思われる2種類の超電導体を示す．どちらも超電導特性を維持したまま，印加磁束密度3T，最大電流密度100 A/mm^{2}程度を維持することができる．これらの材料は，多くの研究の対象となっている（INNWIND 2018; Jensen et al. 2012）．中温のMgB_2は，一般に高温超電導体よりも安価とされているが，製造や発電機への利用は困難である.

表6.9 風車に適した超電導材料

超電導の種類	材料	臨界温度[K]	実用温度[K]	材料価格比較
中温	MgB_2, 二ホウ化マグネシウム	39	20	1〜4
高温	RBCO, 希土類バリウム銅酸化物テープ	90〜110	20〜50	20〜30

EcoSwingプロジェクト（Winkler 2019）は，回転子直径4mのダイレクトドライブ超電導発電機を，ロータ直径128m，15rpmの風車に搭載して実証した．改造した風車と発電機は630時間正常に稼働し，最大出力は3MWに達した．回転子の磁石は，スチールリボン上にガドリニウム・バリウム・銅酸化物（GdBaCuO）のセラミック超電導層を形成した複合テープから作られたものである．ここで，超電導体を33Kまで冷却するために，極低温クーラーが使用された.

■磁気増速機（magnetic gearbox）

高強度のNdFeB永久磁石が利用できるようになったことで，磁気増速機の開発が可能になった（Attallah and Howe 2001; Wang and Gerber 2014; Jamieson 2018）．これは，大型風車のロータの低速・高トルク回転を，従来の増速機のような物理的な接触なしに，発電に適した高速・低トルク回転に変換するものである．トルクの伝達は，永久磁石の磁界を中間強磁性体によって変化さ

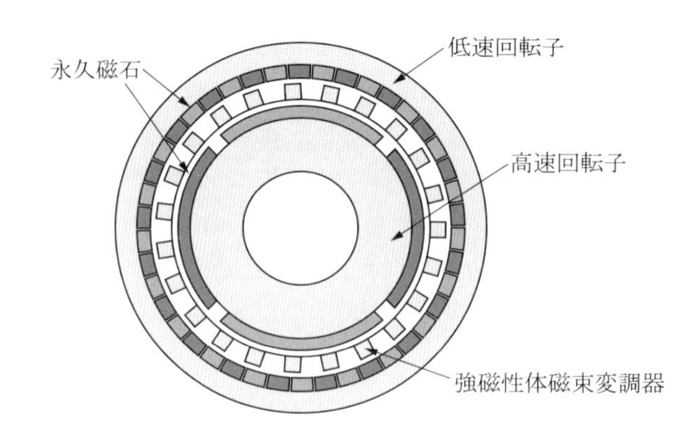

図 6.26　ラジアルフラックス増速機

せることで行う（図 6.26）．超電導発電機に対して競争力のある技術としては，ラジアルフラックス設計が有望視されている（INNWIND 2018）．

極数の異なる同心円状の 2 組の永久磁石を軟磁性体の極片の中間回転子で分離すると，永久磁石の極数と軟磁性体の極片の数が次の関係であれば，トルクを伝達することが可能である．

$$p_i + p_o = n_m$$

ここで，
p_i：内軸の永久磁石の磁極数
p_o：外軸の永久磁石の磁極数
n_m：強磁性体の磁極片の数
で，回転子の回転速度は次式で与えられる．

$$\omega_i p_i + \omega_o p_o = \omega_m n_m$$

ここで，
ω_i：内軸の回転角速度
ω_o：外軸の回転角速度
ω_m：磁性体回転子の回転速度
である．

中間強磁性体回転子を固定した場合，増速比（高速/低速）は，

$$G = -\frac{p_o}{p_i}$$

であり，外側の永久磁石を固定すると，増速比は次式となる．

$$G = \frac{n_m}{p_i} = 1 + \frac{p_o}{p_i}$$

この概念を発展させ，磁石式変速機と永久磁石式発電機を一体化した「擬似ダイレクトドライブ」永久磁石式発電機が開発された．これは永久磁石材料の使用量削減につながる（Attallah et al. 2008）．

■ブラシレス二重給電誘導発電機

DFIG は，電圧源コンバータ（Voltage Source Converter: VSC）からの電力を回転子に伝達するために，スリップリングをもつ巻線型回転子をもつ巻線型誘導機を使用する．なお，2 台の巻線型誘導機をカスケード接続すれば，スリップリングは不要になる．この場合，発電機は同じ軸に取り付けられているので，軸と一緒に回転する直結式にすることで，回転子間の電力伝達が可能である．定格値の低い制御機器の固定子にはバック・トゥ・バックコンバータを介して電力が供給され，電気機器の固定子は電力系統に接続されている．この原理は図 6.27 に示すとおりで，今日のブラシレス二重給電誘導発電機の開発の基礎となったものである．

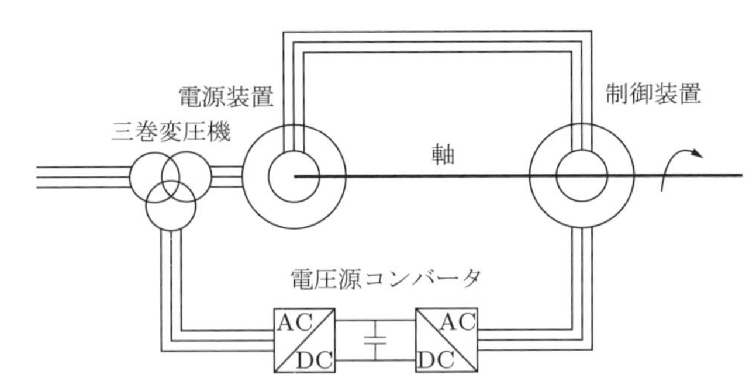

図 6.27　カスケード型ブラシレス二重給電誘導発電機の原理

今日のブラシレス二重給電誘導発電機は，二つの別々の発電機ではなく，同じコアに二つの別々の固定子巻線と，入れ子式の回転子を備えている．この磁気結合コンセプトは学術的にも注目されているが，構造が複雑なスリップリングを使用した DFIG よりも発電機が大きく高価になり，制御も困難になることが予想されている．この技術については，スリップリングの廃止やフォルトライドスルー（Fault Ride Through: FRT）の改善など，DFIG と比較して多くのメリットが主張されているが，商業風車では使用されていない（EWEA 2009; Strous et al. 2017）．

■直流集電

可変速風車の基本設計（図 6.22(c)〜(e)）として確立されたものは，すべてバック・トゥ・バックコンバータを使用し，各風車は 50 または 60 Hz の一定周波数の交流を発生させる．この一定の出力周波数により，ウィンドファームの集電回路には変圧器や開閉器など従来の電気設備を使用することができるが，多数のパワーエレクトロニクス変換器が必要となる．

ウィンドファームの集電に直流を使用し，少数で大型の直流/交流インバータを使用することは，1980 年代にオランダで実証された．ABB 社はこの概念をさらに推し進め，Windformer という技術の設計を行った（Dahlgren et al. 2000）．そこでは，ラジアル磁束永久磁石回転子と，固定子上に新しい高電圧ケーブル巻線を備えたダイレクトドライブ同期発電機を用いることが提案された．各発電機の可変周波数交流出力（電圧 20 kV 以上）は，風車内の単純なダイオード整流器によって直流に整流される．複数の風車の直流出力は並列に接続され，その出力はセントラルインバータで交流に変換される（図 6.28 を参照）．この革新的な設計は 3 MW の試作機で実証される予定であったが，風車が建設される前にプロジェクトが打ち切られた．Gjerde ら（2014）は，シミュレーションと実験室規模の試作機を使用して，変圧器なしで風力発電所の集電回路に接続できるように，モジュール式ダイレクトドライブ発電機と直列接続電力変換器の構成を検討した．

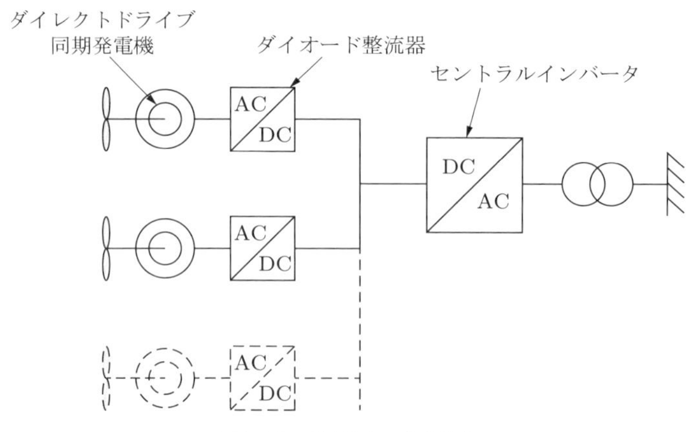

図 6.28　直流風車の並列接続

また，風車の直流出力の直列接続については，多くの研究が行われている．直列接続は必要なアレイケーブルの長さを短縮できる可能性があるが，ロータトルクを制御するために，各風車に DC–DC コンバータを追加する必要がある（Veilleux and Lehn 2014）．このコンバータは直列接続した風車の電圧に耐えなければならない．これまでのところ，ウィンドファームで直流集電回路が使用された例はない．

6.11　ドライブトレインの取り付け・配置方法

6.11.1　低速軸の取り付け

低速軸の機能は，ロータハブから増速機への駆動トルクの伝達と，ロータからのほかのすべての荷重のナセル構造への伝達である．これまでの設計では，低速軸を前後のベアリングに取り付けることにより，これらの二つの機能を別々に達成することができていた．増速機は，ナセル側のベアリングから突き出た軸の後端に取り付けられ，駆動トルクはトルクアームにより支持される．ロータ側のベアリングは，主軸の疲労に大きな影響を与える片持ちのロータの重力によるモーメントを最小にするために，極力，軸とハブフランジ接続部の近くに配置される．二つのベアリング間の間隔は，通常，軸のモーメントによるベアリング荷重を小さくするために，ロータ側ベアリングとロータハブ間の間隔よりも大きくする．一般的な構成の例については，図 6.29 を参照のこと．

これとは別に，増速機を低速軸とタワー頂部の間の荷重経路の一体部，すなわち「一体化した増速機」とする方法がある．前後の低速軸ベアリングは増速機内に組み込まれ，増速機はロータ片持ちの距離を最小限に抑えるためにナセルの前面に移動し，増速機のケーシングはナセルのベッドプレートに荷重を伝達する（図 6.35）．この方式には，かなり頑丈な増速機ケーシングが必要となる．増速機ケーシングは，ロータの荷重に耐えられるだけでなく，その機能を損なうことなく回転する必要がある．さらに，軸モーメントによる軸受荷重を緩和するために，前後方向に長くしなければならない．この方式は，ベッドプレートの長さが抑えられることと，個別に潤滑が必要となるベアリングを削減できることがメリットであるが，増速機を交換する際にはロータを取り外す必要があるのが大きな欠点である．

また，ナセル側の低速軸ベアリングを増速機内に配置する構成が普及しつつある．増速機は通常，ナセル側ベアリングの荷重を軽減するためにロータ側ベアリングから離して配置し，ナセルの両側

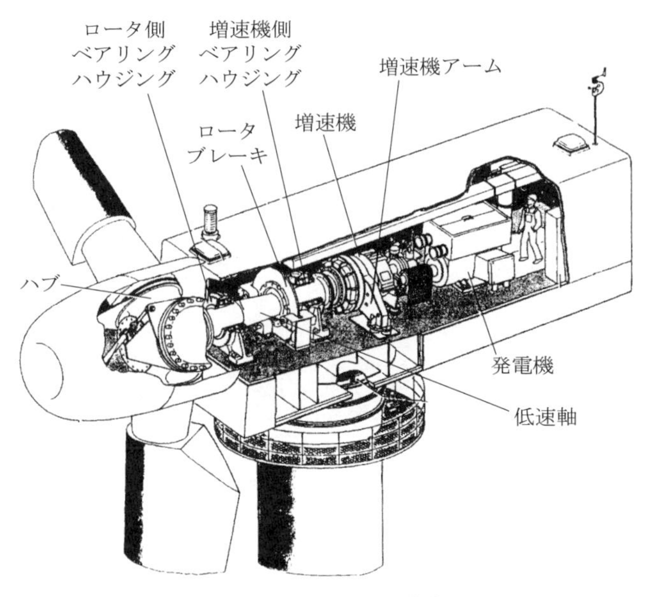

図 6.29　ドライブトレイン構成の例

に位置する支持台に固定される．図 6.30 に Nordex N-60 風車のナセルの断面図を，図 6.31 に典型的なドライブトレイン配置を示す．低速軸は，曲げモーメントの変化を反映して，増速機側に向かって直径が小さくなっている．この構成のメリットは，増速機のケーシングが，片持ちのロータ質量やロータの面外荷重によるいかなるモーメントも支持する必要がないことである．図 6.32 および 6.33 に，同様のドライブトレイン構成をもつ NEG Micon 1.5 MW 風車における，低速軸設置後のナセルの航空写真を示す．

一方，ダイレクトドライブ風車の場合，低速軸の配置はかなり異なっている．ハブを発電機ロータに接続する低速軸は中空であるため，ナセル架構から片持ちで同心円の固定軸に取り付けることができる（図 6.34 参照）．

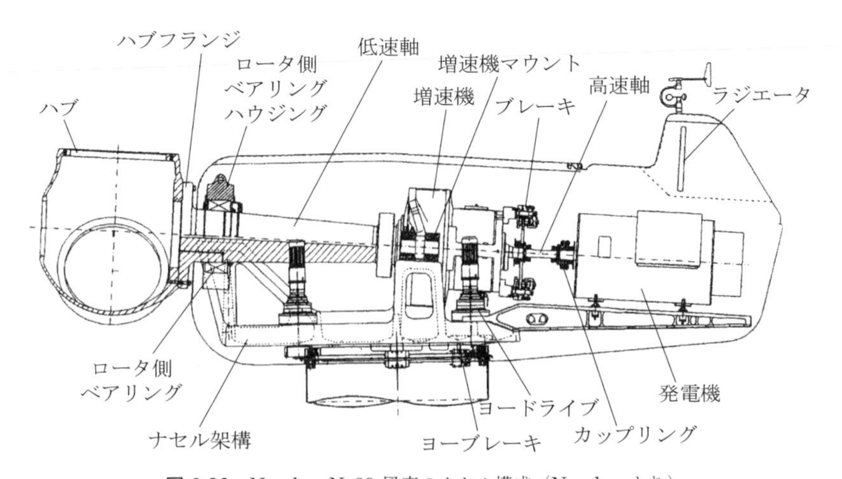

図 6.30　Nordex N-60 風車のナセル構成（Nordex より）

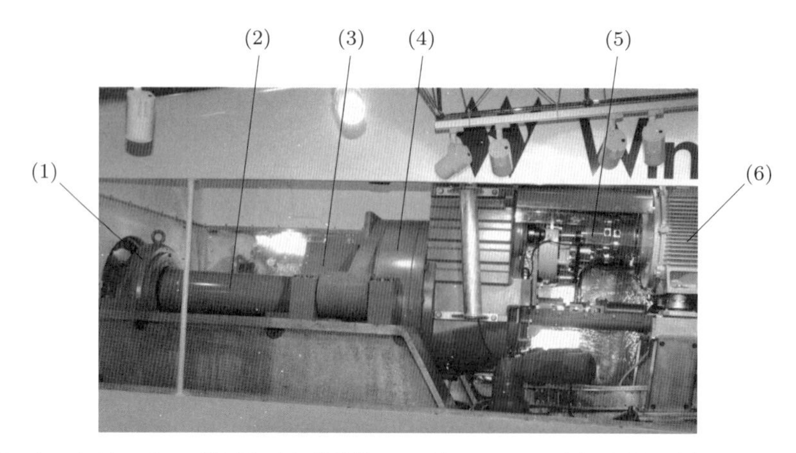

図 6.31　ドライブトレインの側面図：(1) 低速軸ロータ側ベアリング，(2) 低速軸，(3) 増速機マウント，(4) 増速機，(5) 高速軸（ブレーキ付き），(6) 発電機

図 6.32　NEG Micon 1.5 MW 風車の低速軸（手前側）と，増速機を取り付けたあとのナセルの写真．ハブ取り付け用の，低速軸のボルト穴のリングが見える（旧 NEG Micon 社より）．

6.11.2　高速軸と発電機の取り付け

発電機は，通常，増速機後部のナセルのベッドプレートの延長部に設置される．高速軸には，発電機と増速機の間のわずかな位置のずれに対応するために，フレキシブルカップリングが取り付けられる．

発電機の軸は，通常，低速軸からオフセットされている．これは，ロータ軸に機械ブレーキを装着する場合を除いて，ブレードのピッチ制御や翼端ブレーキの作動のために，油圧パイプ，電気ケーブルまたはアクチュエータロッドをロータ軸に貫通させるためである．通常，発電機はナセルの片側にオフセットされているため，ナセルのベッドプレートに非対称に配置するか，上方にオフセットして配置する．ただし，後者には，ベッドプレートに垂直な段を設ける必要がある．

また，アダプターチューブを介して発電機を増速機の後部にボルトで固定することにより，はるかにコンパクトな構成となる（図 6.35 参照）．はめ合い界面の表面は，軸の位置決めを確実に行うために注意深く機械加工する必要があり，発電機と増速機の出力軸との間の連結部に，アクセス用の空間を設ける必要がある．このレイアウトは優れているが，1, 2 社によって採用されたのみである．

発電機をナセル内に配置する場合，発電機からのケーブルがタワー内を通るため，ナセルのヨー

図 6.33 NEG Micon 1.5 MW 風車に取り付けられた，低速軸およびロータ側のベアリング（旧 NEG Micon 社より）．

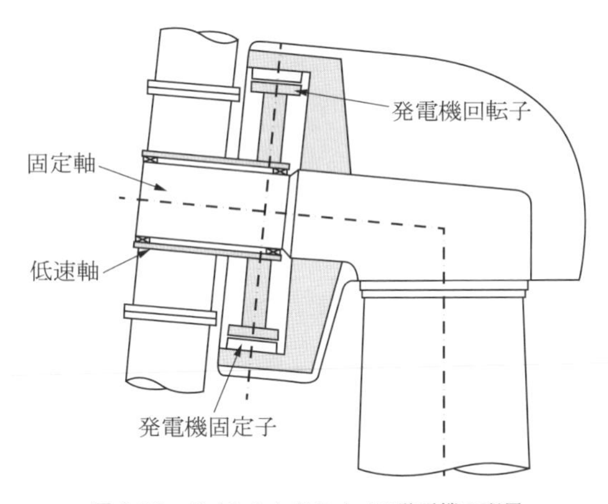

図 6.34 ダイレクトドライブの発電機の配置

に伴い捩れが生じる．大型風車の中には，発電機をタワーの上部に垂直に取り付け，ベベルギアを介して高速軸を駆動することによって，重いケーブルの捩れに関する問題を回避しているものもある．また，ナセル内の発電機の出力電圧をより高い電圧に変換することも，重いケーブルの捩れ問題の解決策となる．

図 6.35　Zond Z-750 風車の増速機．増速機は円形のナセルベッドプレートに取り付けられ，左側にハブ，右側に発電機，発電機の下にヨー駆動装置がある．

6.12　ドライブトレインのコンプライアンス

ドライブトレインの回転運動は，荷重に大きな影響を与える可能性がある．この影響は定速風車と可変速風車では大きく異なるが，いずれも，設計段階で駆動系の運動を無視すると，非常に深刻な事態になる可能性がある．

可変速風車の場合，運動は非常に単純で，ドライブトレインは，捩ればねによって分離されたロータと発電機の慣性体としてモデル化される．一般に，この系の固有周波数は 3～4 Hz 程度と非常に高いが，とくに風車トルクを一定に保つ定格運転時には，このモードの減衰は非常に小さい．定格以下では，回転速度に応じてトルクが変化するので，ある程度の減衰が得られるが，ロータからの空力減衰はごくわずかである．なお，この振動モードは非常に大きな増速機トルク振動を発生させる可能性がある．第 8 章では，発電機のトルクを適切に制御してこのモードの減衰を強化する方法について説明する．固有振動数が 6P（ロータ速度の 6 倍）などの重要な加振周波数と一致しないようにすることが重要であり，共振が発生した場合には，制御システムのみで十分な減衰を得ることは難しい．

定速風車の場合，系統に直接結合された誘導発電機では，発電機速度によって急激にギャップトルクが変化するので，大きな減衰が発生する．また，滑りが小さいほど，この減衰は大きくなる．この特性は有益に思えるが，実際にはその逆である可能性が高い．ドライブトレインは，ロータ慣性，軸捩れバネ，発電機慣性，滑り曲線を表す減衰という四つの要素を直列に接続した，2 自由度のシステムと考える（系統周波数固定）．減衰が非常に大きい場合，発電機はほぼ一定速度で回転するものと考えられるが，この回転運動では，ロータの慣性および捩ればねが支配的となり，可変速風車の場合と同様に，減衰はきわめて小さくなる．発電機の滑りが大きいほど，発電機を模擬した慣性体がより大きく運動できるようになり，二つの自由度の間でより大きな連成振動が生じる．これは，ロータと発電機の慣性体をばねとダンパで結合した，捩れモードの振動系で表現できる．実際には，発電機の減衰は両方のモードに大きく影響するようになる．減衰が非常に小さいばねモードと非常に大きい減衰モードが，中間の減衰をもつ二つのモードに代わるため，振動の動的倍率のピーク値は大幅に小さくなる．具体的には，発電機滑りが 0.5%の場合，共振周波数におけるピーク動的倍率は 2〜5 であるが，滑りが 2%の場合は，1.0〜1.5 を超えない場合もある．また，ブレード通過周波数に対するピークの周波数は重要である．ブレード通過周波数がピーク周波数に近い場合，この周波数で増速機トルクと電力に大きな振動が発生し，この振動をピッチ制御により大幅に低減することはきわめて困難である．ブレード通過周波数は，共振周波数よりも十分に高くして，動的倍率を 1 未満にするのが理想的であるが，実際には難しく，ブレード通過周波数における出力とトルクの振動は，高風速で定格の ±50%〜100%になる．

滑りの大きい発電機を使用することにより状況が大きく改善されることもあるが，これには，おもに二つの欠点がある．まず，1%のスリップは，損失が 1%増加することに相当する．また，この損失の増加は発電機からの放熱となり，発電機を冷却するのがより困難となる．

滑りの大きい発電機の代わりに，増速機と発電機との間に流体継手を入れる方法がとられたこともある．これは滑り速度に比例したトルクを発生する装置でもあり，滑りの大きい発電機と同じ欠点がある．

それ以外に，クイルシャフト，フレキシブル低速継手，増速機あるいはベッドプレート全体のフレキシブルマウントなどにより，ドライブトレインに捩れの柔軟性を付加することによって共振周波数を低減する方法がとられたこともあった．しかし，周波数を低下させた場合には，さらに減衰を強化するために，機械的減衰を追加する必要があるが，これは必ずしも容易ではない．また，高速軸の捩れの柔軟性に関しては，低速軸の 1°〜2° 程度の回転に対して高速軸では半回転が必要になるなど，必要な柔軟性を達成するためには大きな角度の変動が必要となるため，通常は実用的ではない．その他の興味深い別の方法として，発電機を柔軟なマウントに取り付けることがある（Leithead and Rogers 1995）．この方法では，発電機ケーシングの取り付け部に振動モードを付加して，ブレード通過周波数でエネルギーを吸収することができる．このモードは，発電機の滑り速度（回転子とケーシングの速度の差）にも影響し，滑り曲線によっても減衰する．しかし，発電機ケーシングには 10°〜15° の大きな変位が必要であり，これも設計上，容易ではない．

6.13 タワーに対するロータ位置

6.13.1 アップウィンドロータ

アップウィンドロータ（upwind rotor）はもっとも一般に選択されているロータ形式である．そのおもなメリットは，ブレードとタワーの離隔が同じ場合，ダウンウィンドロータ（downwind rotor）と比較してタワーとの空力干渉の影響がはるかに小さく，ブレードの動的荷重と周期的な騒音の両方を低減できることにある．一方で，アップウィンド風車では，ブレードタワー接触の危険性を避けるため，乱流風におけるブレードのたわみの正確な予測に細心の注意を払う必要がある．

たわみがないときのブレードとタワーとの間の離隔は，低速軸を上方に傾けるか，ロータのオーバーハングを大きくすることによって拡大することができる．低速軸とナセルベッドプレートの曲げモーメントの最小化には，ロータのオーバーハングを小さく保つことが望ましいため，低速軸は通常 5°〜6° 上向きに傾斜させている．なお，これによる出力低下はわずかである．

風車ロータ面に傾斜があると，出力が若干低下する．ヨー角をもつ場合の風車の運動量理論（4.2.1

項）によれば，パワー係数は係数 $\cos^3\gamma$ に比例して低下することになり，気流が水平の場合，ロータ軸が5° 傾くと，出力が1.1%低下する．しかし，ボルテックスシリンダ理論（4.2.3項）では，同じ条件における出力低下は0.6%にとどまることが予測される．

6.13.2　ダウンウィンドロータ

風車のタワー背後の風速欠損はタワーの前方よりもはるかに大きく，Powles（1983）は，八角形のタワーの場合，直径の4倍下流まで，逆流のない乱流領域があることを報告している．しかし，これよりも遠方では，回復は比較的速く，直径の7倍下流では，速度欠損は約25%に減少する．タワー後流の平均風速の欠損に加えて，渦放出により，大気乱流の変動を上回る大きな風速変動が発生する．これらの二つの影響により，タワーのすぐ背後を通過するブレードには厳しい環境となる．すなわち，ブレードは，タワー背後を通過するたびに大きな負の衝撃荷重を受け，それがブレードの疲労損傷に大きく影響する．また，この状況は，タワーからのポンポンという不快な音（thump）を発生させやすい．通常の設計では，ロータ～タワー間に大きな離隔を確保することにより，両者の影響を緩和するが，ナセルのコストは必然的に増加することになる．

ダウンウィンドロータの重要なメリットは，通常運転時にタワーとの接触のリスクがないため，非常に柔軟なブレードを使用できることである．このようなブレードは，風荷重によってタワーから遠ざかる方向にたわむため，タワーシャドウによる衝撃的な荷重の影響が小さくなる．しかし，ブレードを緊急フェザーする際には，ブレードが逆方向にたわむため，その際のタワーとの接触リスクには注意を払う必要がある．

6.14　タワー剛性

風車設計において，ロータ回転速度またはブレード通過周波数で生じる，ロータスラスト変動によって励起されるタワー共振を回避することは，重要な検討事項である．タワーの減衰比は，前後方向の振動では2～3%で，横方向の振動ではさらに1桁小さいので，ブレードの通過周波数または回転周波数がタワー固有振動数と一致する場合には，許容範囲を超える大きな応力やたわみが発生する可能性がある．

6.14.1　ブレード通過周波数での確率論的スラスト荷重

3枚翼風車のブレードに作用する荷重をすべてのブレードで合算すると，ウィンドシアーやヨーなどによるブレード荷重の統計的な変動はほとんどなくなるのに対し，乱流による荷重はブレード通過周波数に大きな影響を与える．この影響は，式 (5.25) に従って，流入風速の変動と荷重変動との間の線形関係を仮定することにより，かなり簡単に推定することができる．

5.12.4項で考察した例の3枚翼風車では，ロータスラストの分散は，ロータの風速変動が完全に相関している場合よりも約20%小さくなる．したがって，式 (5.129) から，次式が誘導される．

$$\sigma_T = \left(\frac{1}{2}\rho\Omega\frac{dC_l}{d\alpha}\right)\sigma_u \oint crdr \times 0.8 \tag{6.17}$$

ここで，積分記号 $\oint$ は，ロータ全体にわたる積分を意味する．次に，式 (5.130) のロータスラストのパワースペクトルの式を用いると，ブレード通過周波数の ±10%以内のスラスト変動の分散は，スラスト変動全体の約 1.4%であることがわかる．これはわずかな割合ではあるが，図 5.40 からもわかるように，この周波数範囲のスラスト変動の標準偏差 σ_T は，$\sqrt{0.014} \cong 12\%$ と，かなり高い割合となる．ブレード通過周波数 ±10%以内のスラスト変動の標準偏差 $\sigma_{T.3p}$ は，次式のとおりとなる．

$$\sigma_{T.3p} \cong 0.1 \left(\frac{1}{2} \rho \Omega \frac{dC_l}{d\alpha} \right) \sigma_u \oint crdr \tag{6.18}$$

定格風速で動作するピッチ風車を考慮すると，ロータスラストはおおむね次式のとおりとなる．

$$T = \frac{1}{2} \rho \Omega^2 \oint C_l(r) cr^2 dr$$

最大値は $C_l(r) = 1.5$ のときに得られ，以下のようになる．

$$T_{\max} = \frac{1}{2} \rho \Omega^2 1.5 \oint cr^2 dr \tag{6.19}$$

したがって，ブレードの通過周波数 ±10%以内のスラスト変動の，定常スラストの最大値に対する比は，次式のようになる．

$$\frac{\sigma_{T.3p}}{T_{\max}} \cong \frac{0.1 \left(\frac{1}{2} \rho \Omega \frac{dC_l}{d\alpha} \right) \sigma_u \oint crdr}{\frac{1}{2} \rho \Omega^2 1.5 \oint cr^2 dr} = \frac{0.1 \frac{dC_l}{d\alpha} \sigma_u}{1.5 \Omega} \frac{\oint crdr}{\oint cr^2 dr} \tag{6.20}$$

ここで，$dC_l/d\alpha$ を 2π とし，$\oint cr^2 dr / \oint crdr$ は $0.6R$ にほぼ等しいので，上式は，

$$\frac{\sigma_{T.3p}}{T_{\max}} \cong \frac{0.1(2\pi)\sigma_u}{1.5\Omega(0.6R)} \cong 0.7 \frac{\sigma_u}{\Omega R} \tag{6.21}$$

となる．乱流の標準偏差 σ_u が 1.8 m/s で，翼端速度が 65 m/s の場合，モーメント比は 0.02 と近似される．

S–N 曲線の傾きが $m = 4$ の材料の DEL による応力幅は，狭帯バンド処理（第 12 章，式 (12.71) 参照）の応力の標準偏差の 3.36 倍である．このことに留意すると，ブレード通過周波数に近いスラスト変動荷重の DEL の幅は，最大スラストの約 6.5%であることがわかる．

6.14.2 ブレードピッチ誤差によるタワー頂部モーメント変動

いずれかのブレードのピッチ角がほかのブレードと差がある場合，翼根曲げモーメント M_{Y1}, M_{Y2}, M_{Y3}（3 枚翼ロータの場合，図 5.36 参照）が増加する．これにより，ナセルに加えられるモーメントが増加し，回転周波数でタワー頂部に正弦波のピッチングモーメント M_Y が加えられる．

3 枚のブレードのピッチ角誤差がそれぞれ $\Delta\theta$, $-\Delta\theta$, 0 の風車を考える．ブレード 1 では迎角が $\Delta\theta$ だけ減少し，翼根曲げモーメントが次式のように変化する．

$$\Delta M_{Y1} = \frac{1}{2}\rho\Omega^2 \frac{dC_l}{d\alpha}(-\Delta\theta)\int_0^R cr^3 dr \tag{6.22}$$

ブレード1および2のアジマス角が上方から30°の場合に，タワー頂部の変動モーメントは，それぞれ最大値と最小値となり，その振幅は次式のようになる．

$$\Delta M_Y = \frac{1}{2}\rho\Omega^2 \times 2\pi(\Delta\theta)\int_0^R cr^3 dr\,(2\cos 30^\circ) \tag{6.23}$$

このモーメントを，最大定常スラストによるタワーモーメントの平均値と比較する．ハブの下方 R の位置におけるモーメント比は，

$$\frac{\Delta M_Y}{T_{\max}R} = \frac{\frac{1}{2}\rho\Omega^2 \times 2\pi(\Delta\theta)\int_0^R cr^3 dr \times \sqrt{3}}{\frac{1}{2}\rho\Omega^2 1.5 \oint cr^2 dr R} \cong \frac{2\pi(\Delta\theta)0.7 \times \sqrt{3}}{1.5 \times 3} \cong 1.7(\Delta\theta) \tag{6.24}$$

となる．ここで，$\int_0^R cr^3 dr/(\oint cr^2 dr) \fallingdotseq 0.7R/3$ と仮定している．

GL（2003），*Guideline for the Certification of Wind Turbines* で規定されているブレードピッチ誤差0.3°を想定すると，モーメント比は0.9%になる．したがって，このブレードピッチ誤差による，回転周波数のハブの下方 R の位置におけるモーメントの幅は，定格スラストの約1.8%である．これは，ブレード通過周波数における，確率論的スラストによるこの位置での損傷等価モーメント幅（定格スラストの約6.5%）よりも大幅に小さい．

6.14.3　ロータ質量の不均衡によるタワー頂部モーメント変動

三つのブレードの質量に差がある場合には，低速軸まわりに正弦波状の重力モーメントが作用し，タワーに伝達される．IEC 61400-1 Edition 3，および，GL (2003)，*Guideline for the Certification of Wind Turbines* では，設計上考慮されているロータ質量の不均衡はメーカーの仕様に従うこととしているが，後者の1999年版では，バランスをとったロータの場合には $0.005R$ の偏心としている．ここでは，この条件で検討する．

直径80 mの風車の場合，一般的なブレードの質量は約7.5 tであり，ハブの質量を三つのブレードの質量と等しいと仮定すると，ロータの総質量は45 tになる．これに対して，0.2 m（$= 0.005 \times 40$ m）の偏心により，タワー頂部の左右方向のモーメントの幅は約180 kN m になる．

これまでのように，このモーメントを最大定常スラストによるタワーの曲げモーメントの平均値と比較する．最大定常スラストを250 kN（図5.39）とすると，ハブの下方 R におけるタワーの曲げモーメントは10000 kN m となる．したがって，ロータ質量の不均衡による，回転周波数でのハブの下方 R の位置におけるタワーモーメントの幅は，定格スラストによるものの約1.8%となる．

上記によると，質量不均衡の影響は，ブレードピッチ誤差の影響とほとんど同等であるが，動的増幅を考慮すると，タワーの左右方向の振動の減衰比は前後方向の振動よりも小さいため，質量の不均衡の影響は，より大きな疲労損傷を与える可能性がある．なお，これは，ロータによる空力減衰は前後方向の減衰には寄与するが，左右方向の減衰には寄与しないためである．

6.14.4 タワー固有振動数カテゴリ

風車のタワーは，慣例的に，タワーの固有振動数と励振周波数との関係によって分類される．固有振動数がブレード通過周波数よりも高いタワーはスティフ（剛），固有振動数が回転周波数とブレード通過周波数の間にあるタワーはソフト（柔），固有周波数が回転周波数よりも低いタワーはソフトソフトとよばれる．

タワーが強度要件を満たすように設計されている場合，以上の振動数カテゴリは，おもに，ロータ直径に対するタワー高さの比によって決定され，この比が高いほど柔軟なタワーとなる．スティフタワーのメリットはあまり大きくなく，ロータが共振点を通過することなく速度を上げられることと，騒音が低くなる傾向があることのみである．一方で，スティフタワーは，通常，強度上必要とされない余分な材料を必要とするので，一般にはソフトタワーが好ましい．

6.15 マルチロータシステム

6.2.2 項で述べたように，ブレードの製造と設計における技術的な改善により，ロータ直径が大きくなるに従い，2 乗 3 乗則（発電電力量はロータ直径の 2 乗，質量は同 3 乗に比例して増加）の影響をほとんど回避することができるようになった．ロータ直径の大きい風車により，地上の限られた用地を効果的に利用できることから（6.2.5 項），ロータ直径の大きい風車の代わりに，ロータ直径の小さい風車を受風面積を同じにして構造体上に密集して配置することにより，エネルギー変換効率を落とすことなく大幅なコスト削減が可能になるはずである．本節では，このコンセプトについて考察する．マルチロータコンセプトの鍵は，多数のロータを支持する効率的な構造の設計にある．ここでは，風に向かってヨーイングする平面構造が，従来のタワーの頂部にあるヨーベアリングに取り付けられていると仮定する．

直径 28.9 m，定格出力 263 kW のロータ 19 基を 30 m 間隔で六角形に配列した場合を検討する．このロータは，NREL の 5 MW 参照風車（Jonkman et al. 2009）と同じ受風面積をもつので，同じヨーベアリングとタワーで六角形アレイを支持することができる．19 基のロータを組み合わせた最大定常スラストは，NREL 参照風車と同じ約 800 kN と仮定する．ただし，ロータ間隔が狭いため，実際のスラストは発電電力量と同様，これよりも高くなるはずである（6.15.6 項参照）．

6.15.1 スペースフレーム支持構造

格子状のスペースフレームは多数の風車を支持するための構造の候補であり，これを円筒タワーの最上部にあるヨーベアリングに取り付けることが可能である．約 26 m 離れた二つの垂直平面平行格子をウェブ部材で接続し，前面格子の 19 個のノードでロータを支持し，水平に対して 0° と ±60° のコード部材で整列させる形態が考えられる（図 6.36 を参照）．

しかし，ノード間隔を 30 m にすると，座屈に対する許容応力が著しく制限されるため，コード部材の間隔と二つの平面格子間の離隔距離は，いずれも小さくすることが望ましい．格子間隔とウェブ部材長をともに 10 m にすると，ほぼすべての部材を直径 168 mm × 厚さ 5 mm（20.14 kg/m）の中空円筒にできるが，それでも，座屈に十分耐えるためには，最大スラスト荷重で応力を 45 MPa 程度に抑える必要がある．これにより，NREL の 5 MW 風車の基部にかかる最大定常スラスト荷重によるタワー基部応力（約 74 MPa）と比較して，より軽量な部材を使用することができる．し

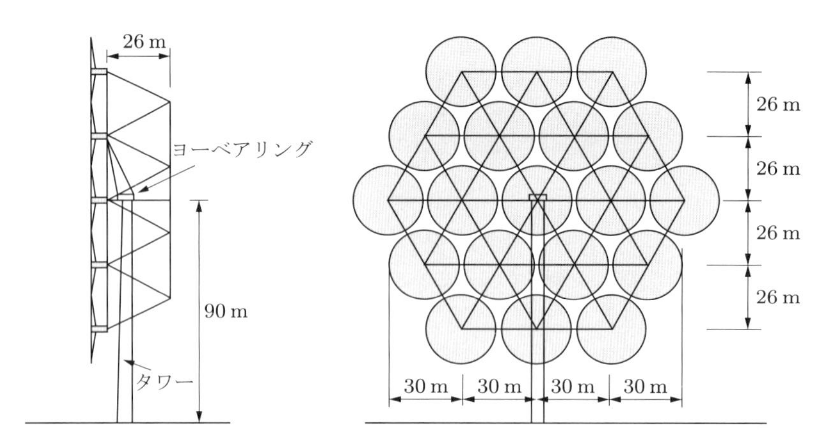

図 6.36　スペースフレーム構造に 30 m 間隔で取り付けられた 19 基の風車ロータ

かし，直径 168 mm の円形中空部の最小肉厚は 5 mm であるため，より荷重の小さい周辺部材に軽量な部材を使用することはできない．

ロータ直径 120 m × 厚さ 8.66 m のスペースフレーム構造の場合は，直径 168 mm × 厚さ 5 mm の円形中空部を各方向に 10 m ピッチで配置するので，その質量は約 $3600\times(\pi/10)\times(3\times4)\times20.14$ kg，すなわち，273 t となる．これは，これを支えるタワー質量，すなわち，ロータ直径 126 m の NREL 5 MW 風車（Jonkman et al. 2009）に要するタワー質量 347 t 以下なので，過剰ではないように思われる．

しかし，このコンセプトには，以下に挙げるようないくつかの重大な欠点がある．

- 構造が複雑なため，単位質量あたりの製造コストが大幅に高くなる．
- スペースフレームは，現場に一体で輸送するには大きすぎるため，現場で大規模な溶接が必要となる．
- スペースフレームの設置が難しい．
- スペースフレームから各風車へのアクセスの際には，作業員は天候の影響を受ける．

6.15.2　円管型片持ちアーム支持構造

先に挙げたスペースフレームの欠点を考慮すると，構造効率を低下させても，よりシンプルな風車支持構造を検討する価値がある．候補の一つは，中央の管状ステムに取り付けられた多数の水平管状アームである．その下半分は必然的に固定タワーの上部を囲み，ヨーベアリングでそれらを連結する．片持ち梁は，屈曲させて重力と空気力学的なスラスト荷重に抵抗し，自由端に向かって直径と厚さが小さくなるようにする．

最大定常スラスト荷重による応力が 74 MPa を超えない（NREL 5 MW 風車基部の値に相当．図 6.37 参照）という条件で，ロータ直径 28.9 m の 19 基のロータを支持する構造の概略設計が行われた．この条件によって，疲労応力は十分に確保されると仮定する．NREL のコストモデルの質量式に基づくと，直径 28.9 m の風車の重力荷重はスラスト荷重の最大値と同程度だが，スラスト荷重の疲労要素が設計上支配的になる．また，座屈による大幅な強度低下を避けるために，管状体の板厚に対する直径の比（D/t 比）を 100 とすると，最長のアームはその内径を 1.95 m とする必要があり，10 本のアームと一体型ステムの質量の合計は 292 t となることがわかった．

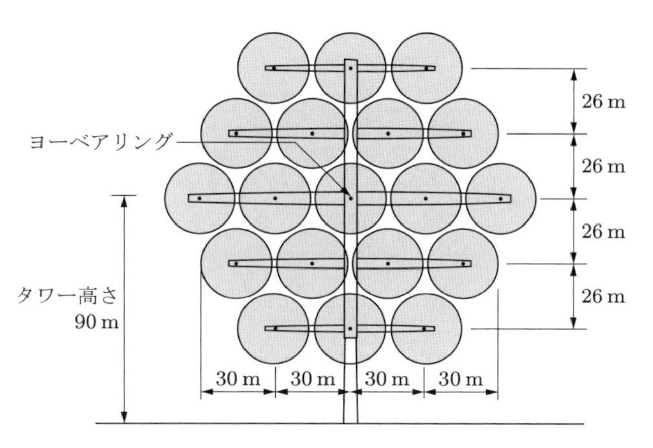

図 6.37 管状の樹形構造体に 30 m 間隔で取り付けられた 19 基のロータ

6.15.3 Vestas 社の 4 ロータマルチロータシステム

Vestas 社は，1997 年以前に製造されたロータ直径 29 m の 225 kW 機を再調整して，マルチロータコンセプトの実証機を開発した．これらのロータは，中央のタワーの両側から延びるアームに 2 段に取り付けられている．アームは約 17° 上方に傾いた傾斜支柱で，中央のヨーイングする台に取り付けられている．これは，前項で検討した屈曲した片持ち梁よりも効率的な構造である．

2016 年に完成した 4 ロータマルチロータの実証機は，ロータの一つがトリップアウトした場合を含む，構造の運動・荷重を調査できるように，多くの計装が施されている．

6.15.4 基本的なスケーリングに基づくコスト比較

ロータ直径 126 m の風車と，19 基のロータで同じ受風面積をもつマルチロータシステムのコストは，さまざまなコストモデルにより比較することができる．まず，発電機，可変速コンバータ，系統連系装置，および制御システムを除くすべての要素の質量は，ロータ直径の 3 乗に比例し，各要素のコストは質量に比例すると仮定する．また，上記の制御システムのコストはロータ直径に依存しないものとし，ほかの三つの要素のコストは，風車定格出力，すなわち，ロータ直径の 2 乗でスケーリングする．基本コストは，表 6.2 に示した NREL のロータ直径 70 m の風車のもので，その結果のコストは，表 6.10 のようになる．なお，19 基のロータ設置のためのヨー機構とタワーのコストはロータ直径 126 m の風車と同じとし，基礎，組み立て・据付，輸送，系統連系は検討対象から除外している．その結果，29%のコスト削減が可能であることがわかる．

6.15.5 NREL のスケーリング指標によるコスト比較

NREL コストモデル（6.2.3 項）によれば，ブレード製造に関する人件費や，主軸受および増速機のコストなどのおもなコスト要素は，ロータ直径の 3 乗よりもむしろ 2.5 乗に比例し，ナセル，ブレーキ，油圧などのコストは 2 乗に比例する．表 6.2 に示した NREL のロータ直径 70 m の風車の基本コストを，NREL コストモデルのべき乗則でスケーリングした結果を表 6.11 に示す（固定費要素の影響は，ロータ直径が 28.9 m と小さく，誤解を招く可能性があるため省略する）．

より低いスケーリング指標のべき剰則を使用することで，マルチロータシステムで予測されるコスト削減がわずか 4%に減少することがわかる．

表 6.10　ロータ直径 126 m の風車と，同じ受風面積をもつ 19 基のマルチロータシステムのコスト比較（基本的な質量スケーリング則を用い，部品コストは質量に比例すると仮定）

ロータ直径 D [m]	70	126	28.906	28.906	コスト低減率 [%]
ロータ数	1	1	1	19	
D の 3 乗で変化する要素のコスト [k$]	561	3269	39.5	750	
D の 2 乗で変化する要素のコスト [k$]	276	894	47.1	894	
制御システムコスト [k$]	35	35	35	665	
ヨー機構コスト [k$]	20	116		116	
タワーコスト [k$]	113	656		656	
支持構造コスト [k$]	0	0		439	
合計 [k$]	1004	4971		3521	29.2

表 6.11　NREL コストモデルのコストスケーリングによる，ロータ直径 126 m の風車と，同じ受風面積をもつ 19 基のマルチロータシステムのコスト比較

ロータ直径 D[m]	70			126	28.9	28.9
ロータ数	1			1	1	19
	コスト [k$]	[%]	べき乗則のスケーリング指標	コスト [k$]		
ブレード（材料費）	68	6.8	3	396	5	91
ブレード（人件費）	84	8.3	2.5	363	9	174
ハブおよびノーズコーン	47	4.7	2.92	262	4	68
ピッチ機構	38	3.8	2.66	184	4	70
低速軸	21	2.1	2.89	116	2	31
主軸受	12	1.2	2.5	52	1	25
増速機	153	15.2	2.5	663	17	318
発電機	98	9.7	2	316	17	316
可変速エレクトロニクス	119	11.8	2	384	20	384
ナセルフレーム・カバー	117	11.6	1.95	367	21	396
系統連系装置	60	6	2	194	10	194
油圧機器	18	1.8	2	58	3	58
制御システム	35	3.5	0	35	35	665
ブレーキと高速軸カップリング	3	0.3	2	10	1	10
タワー	113	11.2	3	656	0	656
ヨー駆動	20	2	2.96	114	0	114
アレイ支持構造						438
合計	1004	100		4171	0	4007

6.15.6　考察

上記の二つの資本費の比較結果から，マルチロータシステムのメリットが不明確であることは明らかである．より確実性を高めるには，ブレード製造とドライブトレインのあらゆる技術的進歩を活用した小径ロータの風車が必要となる．なぜなら，このサイズの風車は大量に設置されているからである．

また，メンテナンス費も考慮する必要がある．必要に応じて風車全体を交換できるのは，マルチロータシステムの潜在的なメリットであるが，1 基の大型風車とは対照的に，多くの風車の定期メンテナンスに必要な時間が増加する可能性が高い．また，すべてのナセルへの安全なアクセスルートの確保にも余分なコストを要する．

マルチロータコンセプトの実現可能性は，INNWIND プロジェクト（INNWIND 2015b）において，より詳細に検討された．これは，支持構造だけでなく，荷重，発電電力量，ヨーベアリングの構成，および運転保守を含む．ここで，密接に配置されたロータ（$1.025D$ または $1.05D$）はスラストが 8%増加し，出力も 8%増加するとの結果が得られたことは重要な発見である．また，個々の小型ロータは，乱流による風速変化に追従しやすく，エネルギー変換効率がさらに数%向上すると結論付けられている．

マルチロータのコンセプトとその利点について，Jamieson (2018) が有益な概観を与えてくれる．

6.16　増速流

風車をダクトまたはディフューザ内に設置し，その中の流速を増加させることによって，風車の性能を向上させることができる．ロータの性能係数は増速比の 3 乗で増加すると主張されることがあるが，最適な C_P で運転する場合，ロータ全体の圧力損失は変化しないため，C_P の増加は増速比（の 1 乗）に比例することになる．

Jamieson (2018) は，増速流とディフューザ荷重の理論を導出し，開発されたいくつかの設計について説明している．たとえば，5 kW のディフューザ付き風車 (Ohya and Karasudani 2010) は 100 kW にスケールアップされている．将来的に，このコンセプトの成否は，ディフューザとその支持構造のコストの影響を，発電電力量の増加による効果以下に抑えられるか否かにかかっている．

参考文献

Abrahamsen, A. B., Magnusson, N., Jensen, B. B., and Rund, M. (2012). Large superconducting wind turbine generators. *Energy Procedia*. 24: 60–67.

Anaya-Lara, O., Jenkins, N., Ekanayake, J. et al. (2009). *Wind Energy Generation, Modelling and Control*. Chichester: Wiley.

Anderson, C. (2020). *Wind Turbines: Theory and Practice*. Cambridge University Press.

Armstrong, J. R. C. and Hancock, M. (1991). Feasibility study of teetered, stall-regulated rotors. *ETSU Report* No. WN 6022.

Attallah, K. and Howe, D. (2001). A novel high performance magnetic gear. *IEEE Trans. Magn.* 37 (4): 2844–2847.

Attallah, K., Rens, J., Mezani, S., and Howe, D. (2008). A novel pseudo direct-drive brushless permanent magnet machine. *IEEE Trans. Magn.* 44 (11): 2195–2198.

Bak, C., Zahle, F., Bitsche, R. et al. (2013). Description of the DTU 10 MW reference wind turbine. *DTU Wind Energy Report* I-0092.

Blaabjerg, F. and Ma, K. (2013). Future of power electronics for wind turbine systems. *IEEE J. Em. Sel. Top. P.* 1 (3): 139–152.

Coiante, D. et al. (1989). Gamma 60 1.5 MW wind turbine generator. In: *Proceedings of the European Wind Energy Conference, Glasgow*, 1027–1032.

Corbet, D. C. and Morgan, C. A. (1991). Passive control of horizontal axis wind turbines. In: *Proc. 13th BWEA Annual Conference*, 131–136. Swansea: Mechanical Engineering Publications.

Dahlgren, M., Frank, H., Leujon, M. et al. (2000). Windformer: Wind power goes large scale. *ABB Review* 3: 31–37.

Derrick, A. (1992). Aerodynamic characteristics of novel tip brakes and control devices for HAWTs. In: *Proc. 14th BWEA Annual Conference*, 73–78. Nottingham: Mechanical Engineering Publications.

Dykes, K. et al. (2014). Effect of tip-speed constraints on the optimized design of a wind turbine. *NREL Technical Report* NREL/TP-5000-61726.

EN 50308:2004 (2004). *Wind turbines – Protective measures – Requirements for design, operation, and maintenance.* Brussels: CENELEC.

Engstrom et al. (1997). Evaluation of the Nordic 1000 prototype. *Proceedings of the European Wind Energy Conference*, Dublin, pp. 213–216.

European Wind Energy Association (2009). *Wind Energy – The Facts.* London: Earthscan.

Falchetta et al. (1996). Structural behaviour of the Gamma 60 prototype. *Proceedings of the European Union Wind Energy Conference*, Göteborg, pp. 269–271.

Fingersh, L., Hand, M., and Laxson, A. (2006). Wind turbine design cost and scaling model. *NREL Technical Report* NREL/TP-500-40566.

Fuglsang, P. and Thomsen, K. (1998). Cost optimisation of wind turbines for large-scale offshore wind farms. *Risø National Laboratory Report* No. R-1000.

Germanischer Lloyd. (2003). *Rules and guidelines: IV – Industrial services: Part 1 – Guideline for the certification of wind turbines.*

Gjerde, S., Ljøkelsøy, K., Nilsen, R., and Undeland, T. (2014). A modular series connected converter structure suitable for a high-voltage direct current transformerless offshore wind turbine. *Wind Eng.* 17: 1855–1874.

Hau, E. (2013). *Wind Turbines: Fundamentals, Technologies, Application, Economics*, 3e. Heidelberg: Springer.

Hindmarsh, J. (1984). *Electrical Machines and Their Applications.* London: Butterworth Heinemann.

IEC EN 61400-27-1 (2015). *Wind turbines: Part 27-1: Electrical simulation models.* Geneva, Switzerland: International Electrotechnical Commission.

INNWIND (2013). New aerodynamics rotor concepts specifically for very large offshore wind turbines. *Deliverable 2.11* by Chaviaropoulos, T. et al. http://www.innwind.eu.

INNWIND (2015a). New airfoils for high rotational speed wind turbines. *Deliverable 2.12* by Boorsma, K. et al.

INNWIND (2015b). Innovative turbine concepts –Multi-rotor system. *Deliverable 2.33* by Jamieson, P. et al. http://www.innwind.eu.

INNWIND (2016). Costs-models-v1-02-1 Mar 2016-10MW-RWT.xls. http://www.innwind.eu.

INNWIND (2018). Innwind EU Project. *Deliverable 3.44.* http://www.innwind.eu/publications (accessed 26 March 2020).

Jamieson, P. (2009). Light-weight, high-speed rotors for offshore. *Proceedings of the European Offshore Wind Conference*, Stockholm, pp. 1026–1036.

Jamieson, P. (2018). *Innovation in Wind Turbine Design 2nd Edition.* Chichester: Wiley.

Jamieson, P. and Agius (1990). A comparison of aerodynamic devices for control and overspeed protection of HAWTs. In: *Proc. 12th BWEA Annual Conference*, 205–213. Norwich: Mechanical Engineering Publications.

Jamieson, P. and Brown, C. J. (1992). The optimisation of stall regulated rotor design. In: *Proc. 14th BWEA Annual Conference*, 79–84. Nottingham: Mechanical Engineering Publications.

Jensen, B. B., Mijatovic, N., and Abrahamsen, A. B. (2012). Development of superconducting wind turbine generators. *Proceedings of the EWEA2012.*

Jonkman, J., Butterfield, S., Musial, W., and Scott, G. (2009). Definition of a 5-MW reference wind turbine for offshore system development. *NREL Technical Report* NREL/TP-500-38060.

Joose, P. A. and Kraan, I. (1997). Development of a tentortube for blade tip mechanisms. European

Wind Energy Conference, Dublin, pp. 638–641.

Law, H., Doubt, H. A., and Cooper, B. J. (1984). Power control systems for the Orkney wind turbine generators. *GEC Engineering*, No 2.

Leithead, W. E. and Rogers, M. C. (1995). Improving damping by a simple modification to the drive train. In: *Proc. 17th BWEA Annual Conference*. Warwick: Mechanical Engineering Publications.

McPherson, G. (1990). *An Introduction to Electrical Machines and Transformers*, 2e. New York: Wiley.

Moore, S. K. (2018). The troubled quest for the superconducting wind turbine. *IEEE Spectrum*, 26 July 2018. https://spectrum.ieee.org/green-tech/wind/the-troubled-quest-for-thesuperconducting wind-turbine (accessed 27 March 2020).

Morgan, C. (1994), The prospects for single-bladed horizontal axis wind turbines. *ETSU Report* No. W/45/00232/REP.

Mueller, M. and Polinder, H. (eds.) (2013). *Electrical Drives for Direct Drive Renewable Energy Generators*. Cambridge: Wooodhead Publishing Ltd.

Ohya, Y. and Karasudani, T. (2010). A shrouded wind turbine generating high output power with wind-lens technology. *Energies 2010* (3): 634–649. https://doi.org/10.3390/en3040634.

Pengfei, L. and Wang, W. (2011). Principle, structure and application of advanced hydrodynamic converted variable speed planetary gear (Vorecon and Windrive) for industrial drive and wind power transmission. *Proceedings of 2011 International Conference on Fluid Power and Mechatronics Beijing*, pp. 839–843.

Petersen, J. T., Madsen, H. A., Bkörk, A., Enevoldsen, P., Øye, S., Ganander, H., and Winkelaar, D. (1998). Prediction of dynamic loads and induced vibrations in stall. *Risø National Laboratory Report* No. R-1045.

Polinder, H., van der Piji, F. F. A., de Vilder, G. J., and Tavner, P. (2006). Comparison of direct drive and geared generator concepts for wind turbines. *IEEE Trans. Energy Convers.* 21: 725–733.

Powles, S. J. R. (1983). The effects of tower shadowon the dynamics of horizontal axiswind turbines. *Wind Eng.* 7 (1): 26–42.

Rawlinson-Smith, R. I. (1994). Investigation of the teeter stability of stalled rotors. *ETSU Report* No. W.43/00256/REP.

Saad-Saoud, Z. and Jenkins, N. (1999). Models for predicting flicker induced by large wind turbines. *IEEE Trans. Energy Convers.* 14 (3): 743–748.

Serrano-González, J. and Lacal-Arántegui, R. (2016). Technological evolution of onshore wind turbines - a market-based analysis. *Wind Eng.* 19: 2171–2187.

Spera, D. A. (1994). *Wind Turbine Technology*. New York: ASME Press.

Strous, T. D., Polinder, H., and Ferreira, J. A. (2017). Brushless doubly-fed induction machines for wind turbines: Developments and research challenges. *IET Electr. Power Appl.* 11 (6): 991–1000.

TUV NEL Ltd (East Kilbride) and Risktec (2007). Safe wind turbine access: A decision making framework. *Report* No. 2007/219.

Veilleux, E. and Lehn, P. W. (2014). Interconnection of direct-drive wind turbines using a series-connected DC grid. *IEEE Trans. Sustain. Energy* (5, 1): 139–147.

Wang, R. and Gerber, S. (2014). Magnetically geared wind generator technologies: opportunities and challenges. *Appl. Eng.* 136: 817–826.

Watson, S., Moro, A., Reis, V. et al. (2019). Future emerging technologies in the wind power sector: a European perspective. *Renew. Sust. Eng. Rev.* 113: 109270.

Winkler, T. (2019). The EcoSwing Project. https://iopscience.iop.org/article/10.1088/1757-899X/502/1/012004 (accessed 26 March 2020).

第7章

要素設計

7.1 ブレード

7.1.1 はじめに

優れたブレードを設計するには，以下に示すようなさまざまな設計目標を満たす必要があるが，それらの中には相反するものもある．

1. 想定した風速分布における年間発電量の最大化
2. 最大出力の制限（ストール制御機の場合）
3. 終局荷重，ならびに，疲労荷重に対する耐力
4. ブレードとタワーの接触を避けるためのブレードたわみの制限
5. 共振の回避
6. 質量とコストの最小化

ブレードの設計は，空力設計（上記の設計目標 1 と 2）と構造設計に分けることができる．空力設計では翼型（断面形状），翼弦長（chord length），捩れ角（twist angle），翼厚などのブレードの最適な外形形状（一般にブレード形状とよばれる）を決定する．また，構造設計では，外形形状の制約において，上記の設計目標 4～6 を満たす材料と断面構造を決定する．なお，フラップ曲げに耐える構造効率のよいスパー（spar，桁）を入れるには，十分な翼厚が必要になるなど，これらの設計目標は互いに影響し合う．

7.1 節では，ブレードの構造設計を扱う．7.1.2 項で空力設計の概要に触れたあと，7.1.3 項で最適設計における現実的な制約，7.1.4 項で重要な構造設計基準，7.1.5 項で翼構造のさまざまな方式，7.1.6 項で今後使用される可能性のあるブレード材料の特性を扱う．また，7.1.7 項と 7.1.8 項では，今日の大多数のブレードで使用されているガラス繊維強化プラスチック（Glass Fibre Reinforced Plastic: GFRP）の特性を，7.1.9 項と 7.1.10 項では，炭素繊維と積層木材の特性をそれぞれ述べる．さらに，7.1.11 項で，ブレード設計に用いるさまざまなカテゴリの材料安全係数を紹介する．シェル（shell，翼の外殻）の組み立てには複雑な手順を要する．その製造方法については 7.1.12 項で説明する．さらに，7.1.13 項でストール制御機とピッチ制御機の各々について支配的な荷重条件を紹介し，7.1.14 項では大型翼の疲労設計手順について，参考例を紹介する．7.1.15 項では失速時の振動に関して説明する．

ロータのスラスト荷重により，スパーの負圧側が圧縮されることで座屈（buckling）が発生する可能性がある．そこで，7.1.16 項では座屈設計を紹介する．

7.1.17 項から 7.1.19 項では，ブレードの固定方法，ブレードの試験，前縁エロージョンについてそれぞれ説明し，最後の 7.1.20 項では，ブレード荷重を軽減するための曲げ–捩れカップリングの

将来性について紹介する．

7.1.2　空力設計

ブレードの空力設計には，翼型の選定，ならびに，翼弦長と捩れ角の分布の最適化が含まれる．ここで，半径方向の翼厚比の分布は，抗力による性能損失の最小化，ならびに，構造設計における要件を考慮して決定する必要がある．

図 7.1 は，ブレード半径方向の各翼断面形状の例である．この図から，ブレードが複雑な形状をもつことがわかる．捩れ角は翼弦長が最大になる位置で最大となり，先端に近づくに従ってゼロに近づいている．

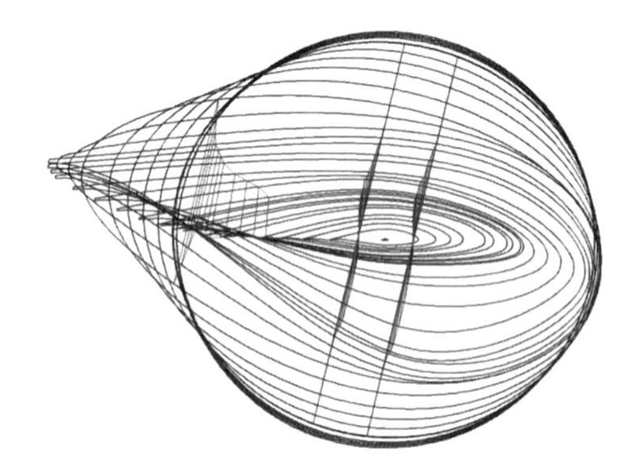

図 7.1　100 m ブレードの半径方向の翼断面と 2 本の主桁，ならびに，後縁の追加桁の分布：The SNL 100-01 Blade: Carbon Design Studies for the Sandia 100-Metre Blade（Griffith 2013）より．

風車ブレード用の翼型の系列に関する研究成果は 3.17 節に，また，周速比一定の風車ブレードの最適設計法は 3.8.2 項に記載されており，ブレード形状パラメータは次式で与えられる．

$$\sigma_r \lambda\mu C_l = \frac{Bc(\mu)}{2\pi R}\lambda C_l$$

流入角 ϕ は，局所周速比 $\lambda\mu = \lambda r/R$ の関数（式 (3.73) および式 (3.74)）として与えられる．$\lambda\mu \gg 1$ の場合，これらの式は次のように近似することができる．

$$\begin{aligned}\sigma_r \lambda\mu C_l &= \frac{Bc(\mu)}{2\pi R}\lambda C_l = \frac{8}{9\lambda\mu} \\ \phi &= \frac{2}{3\lambda\mu}\end{aligned} \tag{7.1}$$

ブレードの半径方向に，迎角 α，すなわち，揚力係数 C_l が一様になるようにした場合，翼弦長と捩れ角 β は，次式のように，ロータ中心からの距離に反比例するように分布する．

$$\begin{aligned}c(\mu) &= \frac{16\pi R}{9C_l B\lambda^2}\frac{1}{\mu} \\ \beta &= \frac{2}{3\lambda\mu} - \alpha\end{aligned} \tag{7.2}$$

一定速度で運転する場合，周速比は風速に応じて変化するため，このようなブレード形状の解析解は存在せず，3.9.6 項の式 (3.54c) や式 (3.55a) などを用いて，翼素運動量理論により解を数値的に求める必要がある．

定速のピッチ制御機では，各翼素が形成するロータ面のリング状の領域で，設定した風速の分布に対して，エネルギー取得量を最大にする翼素の翼弦長と捩れ角を設定する．

定速のストール制御機でも同様であるが，エネルギー取得量の最大化に加えて，最大出力を定格値に制限する必要がある．このような設計法に関する研究は，Fuglsang and Madsen (1995)，'*A design study of a 1 MW stall regulated rotor*' で報告されている．

7.1.3 最適空力設計の実用上の修正

前項で述べた最適化では，第 3 章の図 3.19 で示したように，翼弦とブレードの捩れ角が，ロータ軸から翼素の距離にほぼ反比例した形状となる．内翼部は出力にほとんど寄与しない（図 3.30）．実際，半径位置 15%付近よりも内翼側の領域では，ブレード断面は翼型をしておらず，その翼弦長は理論上の最適値の 1/2 程度である．一方，外翼側 50%の領域においては，最適な分布におおむね一致するように翼端の翼弦長を設定する．なお，トルクの大半を生み出す部分では，テーパ（taper）を一定にしたほうが都合のよい場合が多い（図 3.20）．

ピッチ制御機のブレードはピッチベアリングに，また，ストール制御のブレードはピッチ角を調整できるようにフランジにそれぞれ取り付けるため，ブレードの翼根部は円形をしている．また，構造上の要求で滑らかな形状にする必要があるため，半径位置 15%の内翼側では，最大翼厚比は 50%にもなる．

この慣例に反して，Enercon 社は，内翼部からスピナカバーまで翼型断面形状を維持することに効果があることを発見し，同社の一部の風車の設計に取り入れている．

7.1.4 構造設計基準

ブレード構造は以下の条件を満たす必要がある．

- ・終局荷重，すなわち終局限界状態（Ultimate Limit State: ULS）に耐えること
- ・疲労荷重すなわち疲労限界状態（Fatigue Limit State: FLS）に耐えること
- ・適切な翼端とタワーとのクリアランスを保つこと
- ・ブレード通過周波数，ならびに，その高調波成分で励振しにくい固有振動数であること
- ・空力弾性的な不安定（フラッタ，flutter）を避けること

一般的なブレード構造は薄肉シェルであるため，圧縮下で座屈が発生する可能性がある．よって，ULS の調査においては座屈についても確認する必要がある．

翼端とタワーとのクリアランス要件を満たすために，材料を追加して剛性を高める必要がある．しかし，これはロータにコーニング角をもたせるか，ブレードにプリベンド（pre-bend）を適用することによっても回避できる．

7.1.5 ブレード構造形式

翼型外形に合わせた中空シェルは，曲げや捩り荷重に耐える単純で効率的な構造であるため，この構造形式を採用しているブレードメーカーが多かった（図 7.2 参照）．しかし，面外曲げモーメントが支配的な中小型機の場合には，翼厚比が最大となる前縁側にスキン材を集中させるのが効率的

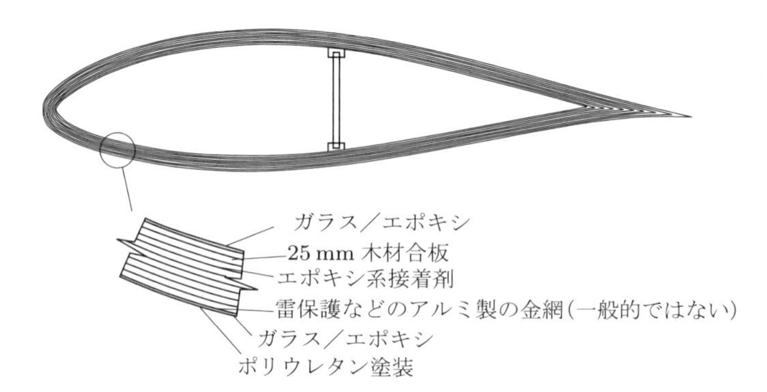

図 7.2　シェル構造の木材／エポキシブレード：Corbet (1991), RTI Renewable Energy R&D Programme より．

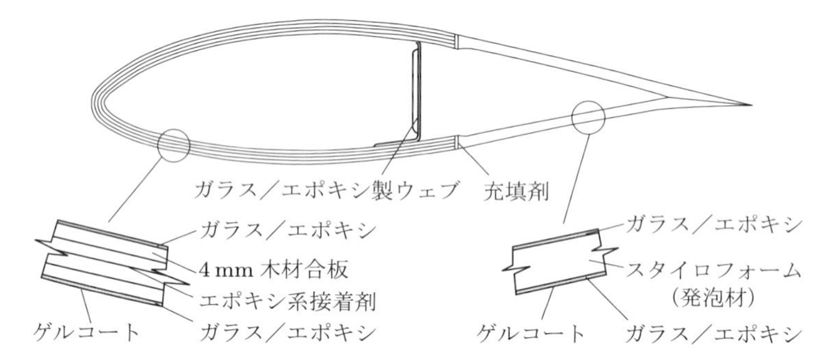

図 7.3　前縁側をシェル構造とした木材／エポキシブレード：Corbet (1991), RTI Renewable Energy R&D Programme より．

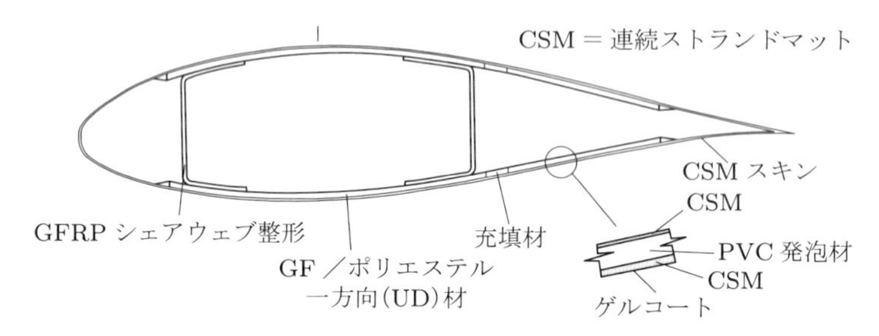

図 7.4　前縁側でスキン構造とシェアウェブを繋げた GFRP ブレード：Corbet (1991), RTI Renewable Energy R&D Programme より．

である（図 7.3, 図 7.4 参照）．この場合，後縁付近のシェルの弱い部分は，PVC 発泡材を挟んだサンドイッチ構造として剛性を向上させる．

なお，翼型の中空シェル構造は面外せん断力に適していないため，翼弦に垂直な方向にシェアウェブを配置して補強する．

スパーキャップ（spar cap）とよばれる長手方向のフランジ要素をシェアウェブと組み合わせて使用し，一つまたは二つの I ビームを形成するブレード構造が一般的になってきている．図 7.5 に，二つの I ビームを使用した一般的な構造を示す．スパーキャップの形状を局所的な空力形状に一致させ，周囲の翼断面形状は，発泡材またはバルサのサンドイッチパネルで構成している．

各シェアウェブに取り付けたスパーキャップを単一のスパーキャップにすることで，フラップ曲げ

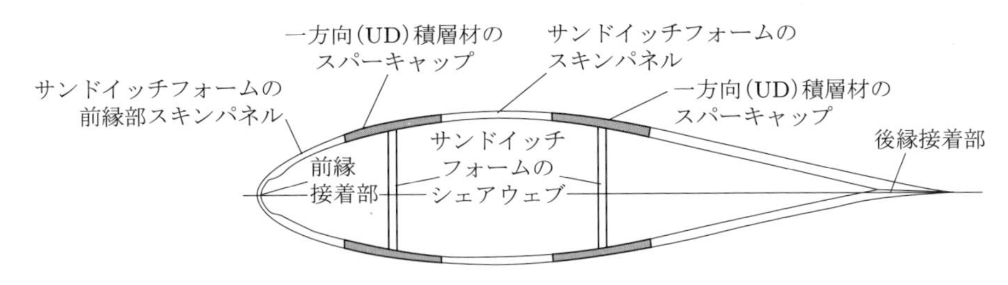

図 7.5 二つの I ビームによる GFRP ブレード

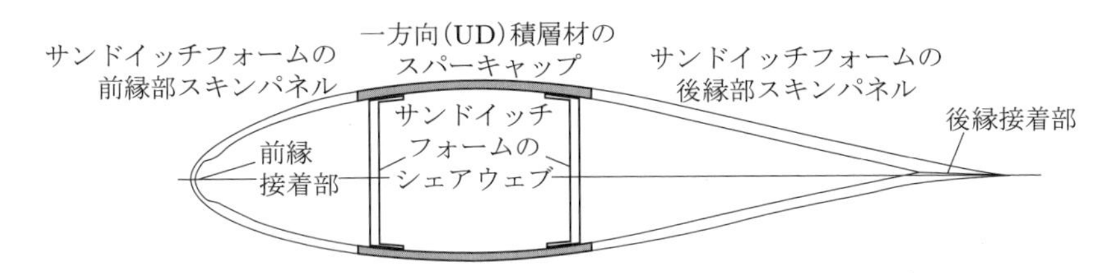

図 7.6 箱型断面スパーによる GFRP ブレード：一体型フランジのため，シェアウェブとスパーキャップの接着部の幅を大幅に増やすことができる．

モーメントに対するモーメントアームが増加し，断面効率を改善することができる（図 7.6 参照）．ただし，この方法は，スパーキャップの総断面積を一定とした場合，エッジ曲げ（edgewise bending）モーメントに対する性能を低下させる．スパーキャップは，通常，一方向（UniDirectional: UD）積層材で構成し，幅が一様で，翼端に近づくに従い薄くする．

シェアウェブは通常，二方向積層材（biaxial plies）によるサンドイッチ構造であり，繊維はブレード半径方向に対して ±45° で配置してスキン（外皮）を形成する．

スパーキャップと前縁および後縁の間のサンドイッチパネルは，フラップ方向とエッジ方向の両方の曲げ，およびエッジ方向のせん断の伝達に寄与するため，それらのスキンは UD 積層材と二方向積層材で構成する．これらのパネルの厚さは，座屈耐力により決定する．翼断面のエッジ曲げモーメントに耐えるために，後縁に材料を追加する場合がある．

最大翼弦長位置より外翼側では，曲げモーメントの減少におおむね対応して徐々に翼弦長と翼厚を減少させる．しかし，最大翼弦長位置からハブ間の翼弦長の減少は，エッジ曲げモーメントの急激な増加に対応できないため，翼根（root）に向かって前縁（leading edge）と後縁（trailing edge）において材料を急激に増加させる必要がある．したがって，スパーキャップは，最大翼弦長位置より外翼側でフラップ曲げモーメントに耐えるうえで重要な役割を果たすものの，翼根部では，面外／面内曲げに耐えるための最良の構造断面は円筒シェル型構造になるため，スパーキャップは必要がなくなる．そのため，ブレードの内翼部は，翼根の均一な円筒シェルから，最大翼弦長位置のスパーキャップ，サンドイッチパネル，およびシェアウェブからなる複雑な断面へ，段階的に変化する構造になる．

7.1.6 ブレード材料特性

ブレードの構造材料は，比強度（密度に対する強度），疲労強度，剛性などの構造特性と，コストや翼型形状への加工性などを考慮して決定される．

表 7.1 に，一般に使用されている，あるいは，今後使用される可能性のあるブレード材料の構造

特性を示す．複合材料の場合，繊維体積含有率（fibre Volume Fraction: VF）と使用する繊維およびマトリックス（matrix, 樹脂）によって特性に大きなばらつきがあるため，掲載されている値は一例である．比較のために以下の値も示す．

・比圧縮強度（比重に対する圧縮強度の比）
・圧縮強度に対する疲労強度の比
・比重に対するヤング率（Young's modulus，縦断性係数）の比

ガラス繊維強化プラスチック（GFRP）と炭素繊維強化プラスチック（Carbon Fibre Reinforced Plastic: CFRP）は，木材や金属材と比較して比重に対する圧縮強度がかなり高いが，これは，以下の二つの理由から，材料選定において決定的な特徴ではない．まず一つは，シェルを構成する積層には，せん断力に対する耐力を確保するため，軸から向きをずらした（通常は $\pm 45°$）層を入れるためである．もう一つは，これらの材料は比較的ヤング率が低いため，設計においては，単純な圧縮強度よりも，翼端部のたわみや薄いスキン材の座屈耐力が支配的になるためである．座屈設計については，7.1.10 項で説明する．

炭素繊維強化プラスチック（CFRP）は，工業用途の炭素繊維のヤング率が E ガラスの約 3 倍であるため，翼端のたわみの低減に大きなメリットがある．

木材積層材はほかの材料と比較して強度が低いため，発電中のフラップ曲げによる圧縮応力が非常に高くなるような，翼弦長が短く回転速度が高いブレードには適さない．Jamieson と Brown（1992）は，翼弦長に対するスキン厚さを一定にした場合，ストール制御機のブレードに発生する応力は回転速度の 4 乗に比例して高くなることを示した．なお，スキンの厚さを増加させることにより応力を低下させることはできるが，翼弦長の 3～4%を超える厚さに材料を追加してもほとんど効果がないことが報告されている．これは，とくに翼厚比の小さいブレードの外翼部において顕著である．

疲労性能は，便宜上，終局圧縮強度（Ultimate Compression Stress: UCS）に対する 10^7 サイクルにおける平均疲労強度の比で表される．これは，ガラス繊維，炭素繊維，カヤ／エポキシでは，もっとも状態のよい場合に約 30%に達する．複合材の疲労特性がよく理解されていなかった初期のマルチメガワット級の実験機においては，比強度の低い鋼と溶接鋼（10%）の組み合わせが採用された例があるが，これらの材料は，疲労に対する重力荷重の影響が顕著になる大型の風車には適していない．

比剛性（比重に対する剛性の比）は，ブレードの固有振動数に大きな影響を与える．CFRP の比剛性はほかの材料の 3～4 倍（18～27 GPa）で，ばらつきも比較的小さい．

以上の簡単な検討からも，総合的な構造特性がもっとも優れた材料は CFRP であることは明らかであるが，CFRP はほかの材料よりも高価であるため，ガラス／ポリエステルとガラス／エポキシがもっともよく用いられている．木材／エポキシも満足のいく水準ではあるが，安定した品質の木材が不足しているため，限定的な使用にとどまっている．

鋼材は，加工前の材料コストがもっとも低く，前縁付近の曲率が大きい部分以外では，翼形状に沿ったテーパや湾曲パネルに整形することができるが，このようなパネルに捩りをつけるのは難しいことと，疲労特性に劣ることから，ブレードにはほとんど使用されない．それとは対照的に，GFRP や CFRP などは，半割の整形型によるウェットレイアップにより，適切な翼型，平面形，ならびに，捩りを与えることが可能である．また，木製合板複合材ブレードも同様の方法で積層されるが，

表 7.1 風車ブレード材料の特性

材料（UD: 一方向材）	終局引張強度 UTS [MPa]	終局圧縮強度 UCS [MPa]	比重 s.g.	比圧縮強度（比重に対する圧縮強度の比）UCS/s.g. [MPa]	10^7 サイクルにおける平均疲労強度（振幅）[MPa]	平均疲労強度 %UCS [%]	ヤング率 E [GPa]	比重に対するヤング率の比 E/s.g. [GPa]
	（複合材では平均値，金属材では最低値）							
1. ガラス／ポリエステル UD 積層材（VF = 50%）	860～900 [1][2]	360～720 [2][1]	1.85 [2]	195～390	140 [3]	19～39	38 [2]	20.5
2. ガラス／エポキシ積層材（UD 繊維92%, VF = 59%の PPG-Devold L1200/G50-E07 繊維，バキュームインフュージョンで製造 [14]）	1025（標準偏差 ～90 MPa）	575（標準偏差 ～15 MPa）	2.00（一般的な繊維の比重 2.55 と樹脂の比重 1.2 に基づく）	290	180	31	44	22
3. 炭素繊維／エポキシ（Hexply 8552）積層材（VF = 60%の Hexcel AX4炭素繊維，UDとして積層[15][4]）	2205	1530	1.55	985	480 [5]	32 [5]	141	91
4. 炭素繊維／ガラス／エポキシハイブリッド P2B 積層材（VF = 55%の [±45/0$_4$] 積層，体積率85%の炭素繊維（New-port NCT-307-D1-34-600 プリプレグ）を 0° 方向，体積率 15%のガラス繊維を ±45° 方向に使用[4][14]）	1550	1050	1.57	670	560 [16]	54	100	64

表 7.1 風車ブレード材料の特性（続き）

材料（UD: 一方向材）	終局引張強度 UTS [MPa]	終局圧縮強度 UCS [MPa]	比重 s.g.	比圧縮強度（比重に対する圧縮強度の比）UCS/s.g. [MPa]	10^7 サイクルにおける平均疲労強度（振幅）[MPa]	平均疲労強度 %UCS [%]	ヤング率 E [GPa]	比重に対するヤング率の比 E/s.g. [GPa]
	（複合材では平均値，金属材では最低値）							
5. カヤ／エポキシ積層材	82 [6]	50[6]	0.55	90	15 [7]	30	10 [8]	18
6. カバノキ／エポキシ積層材	117[9]	81[10]	0.67	121	16.5 [7]	20	15 [10]	22.5
7. 高降伏点鋼（グレード S355，従来の Fe510）	510	510	7.85	65	50 [11]	10	210	27
8. 溶接可能なアルミ合金 AA6082（従来の H30）	295 [12]	295 [12]	2.71	109	17 [13]	6	69 [12]	25.5

出典：[1] Mayer（1996）Table 2.4.
[2] Barbero（2018）Table 1.2.
[3] Mayer（1996）Figure 14.4—DNVR curve.
[4] Carbon fibres exhibit a wide range of properties; figures given here are for particular example materials only.
[5] Based on S–N curve index of $m = 14$ and an $N = 1$ amplitude equal to the UCS.
[6] Bonfield and Ansell（1991）. Moisture content = 10%.
[7] Based on S–N curve index of $m = 13.4$ for scarf-jointed wood laminates, taken from Hancock and Bond（1995）.
[8] Bonfield et al.（1992）.
[9] Mayer（1996）Table 7.3.
[10] Hancock（personal communication）. Moisture content = 10%.
[11] Mean value for butt-welded joints with weld profile ground smooth（Class C）, taken from BS 5400, Steel Concrete and Composite Bridges—Part 10: Code of Practice for Fatigue（1980）.
[12] CP 118:1969, The Structural Use of Aluminium.
[13] Mean value estimated from mean minus two standard deviations value for ground butt-welded joint with shallow thickness transition, Detail Cat 221, in IIW, Fatigue Design of Welded Joints and Components（Woodhead, 1996）.
[14] Montana State University, SNL/MSU/DOE Composite Materials Fatigue Database: Mechanical Properties of Composite Materials for Wind Turbine Blades, Version 25.0（2016）.
[15] HexTow AS4 product datasheet, downloaded from https://www.hexcel.com 11 October 2018.
[16] Based on $R = -1$ S–N curve reported in Montana State University paper 'Comparison of Tensile Fatigue Resistance and Constant Life Diagrams for Several Potential Wind Turbine Blade Laminates'（Samborsky et al. 2007）.

レイアップ時に必要な曲率で曲げるためには，合板の厚さを制限する必要がある．

以下では，一般に使用されるブレードの材料特性について，より詳細に考察する．

7.1.7 ガラス／ポリエステルとガラス／エポキシ複合材の静的特性

繊維体積含有率が同じ場合，ガラス／ポリエステルとガラス／エポキシの積層板の引張特性は非常に近く，マトリックス（樹脂）の影響はわずかである．ただし，繊維の座屈はせん断を受ける樹脂により抵抗を受けるため，樹脂の特性は圧縮時により重要になる．

GFRP ブレード構造を構成する平板要素は，通常，設計荷重に耐えるように適切に配向させた繊維の積層体である．1 層（通常は厚さ 0.5〜1.0 mm）内で，繊維はさまざまな方向に配置できる．もっとも単純なものは，UD（UniDirectional）ともよばれる一方向積層材である．これは，ストランド（strand, 糸）形の繊維，または，ロービング（roving）とよばれるストランドの集合体が，すべて同じ方向に配置されたものである．あるいは，繊維を 2〜4 方向に配置し，さまざまなパターンで織る場合や，織らずに配置し，2〜4 方向の積層材にする場合もある．通常，二方向積層材の二つの角度は直角にする．

■ガラス繊維の特性

化学組成の異なるガラス繊維がさまざまな目的で開発されており，その特殊な特性を表した文字で呼称されている．ブレード構造でもっとも一般的に使用されるガラスは E ガラス（E は低電気抵抗；low electrical resistance の意味）であり，コストに対して優れた構造特性を備えている．E ガラスは，電気抵抗が低いという別の特性のために使用される場合もある．R ガラス（R は補強；reinforcement の意味）と H ガラス（H は中空繊維；hollow fibre の意味）は，いずれもコストは高いものの，強度と弾性係数に優れており，使用が増えている．多くのメーカーからの情報に基づく，これらのガラスの一般的な化学組成と機械的特性を，表 7.2 に示す．表に示すように，特定のガラスの機械的特性は，化学組成と製造プロセスの違いにより変化する可能性がある．樹脂を含浸させたストランドの強度は，未含浸の繊維強度よりも最大 50%低くなることに留意する必要がある．

特定の E ガラスの個々の繊維の強度は平均値の付近に分散しており，正規分布よりも，形状係数が 3（広い分散）から 7（狭い分散）のワイブル分布がよくあてはまる．

■マトリックス（樹脂）の特性

代表的なマトリックス特性を表 7.3 に示す．かつてはコストの低いポリエステルが選択されていたが，今日では，機械的特性が若干高く，硬化中の収縮が大幅に小さいエポキシ樹脂が一般に好まれている．

■一方向（UD）積層材

一般に，個々の積層材の機械的特性を決定するには，複数のサンプルを試験する必要がある．しかし設計段階では，必ずしも正確ではないが単純な法則を用いて，繊維および樹脂の特性から積層材の特性を推定できるとよい．たとえば，UD 材の積層の縦弾性係数 E_1 は，以下の複合則により精度よく求めることができる．

$$E_1 = E_f V_f + E_m(1 - V_f) \tag{7.3}$$

表 7.2　E ガラス，R ガラス，H ガラスの組成と特性

ガラスの種類		E ガラス	R ガラス	H ガラス
組成	単位			
ケイ酸塩　SiO_2	%	53〜57	55〜60	E ガラスと同等
アルミン酸塩　Al_2O_3	%	12〜16	23〜28	
ホウ酸塩　B_2O_3	%	5〜10	< 0.5	
酸化カルシウム　CaO	%	16〜25	8〜15	
酸化マグネシウム　MgO	%	0〜5	4〜7	
特性	単位			
比重	—	2.54〜2.60	2.54	2.61
ヤング率（23 ℃）	GPa	72〜80	86	87.5
繊維破壊時の伸び	%	4.5〜5	4.8	4.9
平均引張強さ（23 ℃，未使用繊維の場合）	MPa	3100〜3850	4125〜4450	4130
未使用繊維の強度に対する含浸繊維の引張強さ（23 ℃）	%	50〜70	70〜80	60〜70

表 7.3　代表的なマトリックス（樹脂）の特性

樹脂	ポリエステル・ビニルエステル	エポキシ
比重	1.1	1.15〜1.30
引張弾性係数 [GPa]	3.4	3〜5
ポアソン比	0.38	0.34〜0.38
引張強さ [MPa]	50〜80	60〜100

出典：Barbero（2018）

ここで，E_f と E_m は繊維とマトリックスの縦弾性係数，V_f は繊維体積含有率である．一方，この式の逆数の形の式，つまり，

$$\frac{1}{E_2} = \frac{1 - V_f}{E_m} + \frac{V_f}{E_f} \tag{7.4}$$

では，横弾性係数 E_2，および，面内せん断弾性係数 G_{12} は明らかに過小評価される．そのため，より詳細なモデルに基づいた，より正確な式が Barbero（1998）により与えられている．とくに，ハルピン－ツァイ（Halpin–Tsai）の半実験式：

$$E_2 = E_m \frac{1 + 2\eta V_f}{1 - \eta V_f},\ ここで,\ \eta = \frac{(E_f/E_m) - 1}{(E_f/E_m) + 2} \tag{7.5}$$

ならびに，円筒集合モデルの式：

$$G_{12} = G_m \frac{(1 + V_f) + (1 - V_f)G_m/G_f}{(1 - V_f) + (1 + V_f)G_m/G_f} \tag{7.6}$$

によりそれぞれ，横弾性係数と面内せん断弾性係数をより正確に推定することができる．

UD 積層材の繊維方向の引張強度 σ_{1t} は，繊維の終局引張強度（Ultimate Tensile Strength:

UTS）σ_{fu} から，次式のように推定することができる．

$$\sigma_{1t} = \sigma_{fu}\left[V_f + \frac{E_m}{E_f}(1 - V_f)\right] \tag{7.7a}$$

ただし，前述のように，複合材料からもとのガラス繊維の引張強度は得られないため，σ_{fu} は，同様の方法で製造された複合材料のサンプルの試験結果から，式 (7.7a) により逆算する．これにより，繊維強度は最大 50%低下することが示唆される．そのため，式 (7.7a) の σ_{fu} の暫定値として 1750 MPa を使用してもよい．

式 (7.7a) から明らかなように，UD 積層材の繊維方向の強度は，繊維体積含有率に対して線形に増加する．ただし，破壊ひずみに対する繊維体積含有率の影響はこれよりはるかに小さいことから，積層材強度を次式のように破壊ひずみ ε_{1t} に置き換えるのが便利である．

$$\sigma_{1t} = \varepsilon_{1t}[E_f V_f + E_m(1 - V_f)] \tag{7.7b}$$

デンマーク工科大学（DTU）は，10 MW 風車用ブレードの設計において，UD 積層材の特性破壊ひずみ値として 2.1%を採用した（Bak et al. 2013）．また，Sandia 国立研究所は，100 m 翼の設計（Griffith and Ashwill 2011）に 2.44%を採用した．両者の値は，米国エネルギー省（DOE）とモンタナ州立大学（MSU）による疲労データベース（2010 年に MSU より公開）の，四つの UD 複合材の一連の静強度試験結果による平均破壊ひずみ 2.7〜3.0%とほぼ一致している．

前述のように，ガラス繊維の強度はばらつきが大きいため，試験片の引張荷重が増加するにつれて，より多くの繊維が破損する．最終的に，ひずみの増加による荷重の増加と，繊維の破損による荷重の低下がつりあい，試験片の最大強度に到達する．この模様を図 7.7 に示す．ここでは，繊維強度が次式で示すワイブル分布の形をとると仮定し，個々の繊維の強度分布と平均繊維応力を，ひずみに対して図示している．

$$F(\sigma) = 1 - \exp\left[-\left(\frac{\sigma}{\beta}\right)^m\right] \tag{7.8}$$

ここで，β は尺度係数であり，m は形状係数で 3 が使用される．

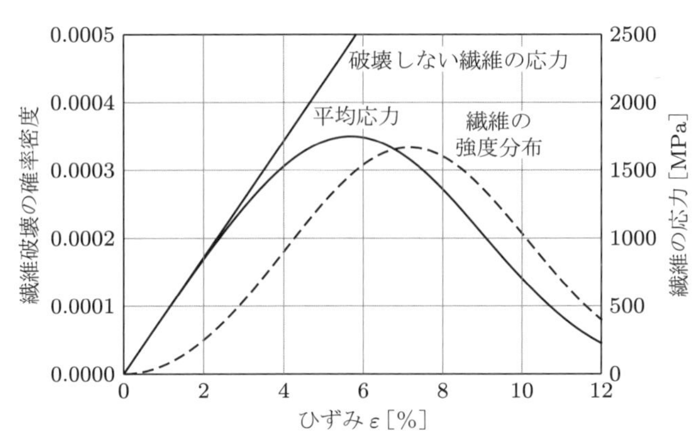

図 7.7　繊維のひずみに対する破壊確率と平均応力の分布

破損せずに応力に達している繊維の割合は $\exp\left[-(\sigma/\beta)^m\right]$ であるため，すべての繊維の平均応力は次式で与えられる．

$$\sigma_{\mathrm{eff}} = \sigma \exp\left[-\left(\frac{\sigma}{\beta}\right)^m\right] \tag{7.9}$$

この式により，$\sigma = \beta/m^{1/m}$ の際に最大値 $\sigma_{\mathrm{eff.max}} = \beta/(em)^{1/m}$ が得られる．これは，$m = 3$ の場合，$\sigma_{\mathrm{eff.max}} = 0.4968\beta$ となる．また，図 7.7 では，$\sigma_{\mathrm{eff.max}} = 1750\,\mathrm{MPa}$，$\beta = 3522\,\mathrm{MPa}$，UTS は 1000 MPa となる（繊維弾性係数 75 MPa，繊維体積含有率 0.55 を想定）．試験片の破損時に破損していない繊維の応力 $\sigma = \beta/m^{1/m}$ は 2442 MPa である．ここで，繊維の平均強度 $\beta\Gamma(1+1/m)$ は 3145 MPa であり，複合材料の破損時の繊維の平均応力をはるかに上回っている．

通常，UD 積層材の複合材の圧縮強度は，引張強度よりも著しく低くなる．これは，マトリックスのせん断強度と繊維の非直線性による繊維の微小座屈のためである（Barbero 1998）．通常，繊維方向の圧縮強度は引張強度の 50〜70%である．DTU は，10 MW の風車ブレード設計において 1.5%の特性圧縮破壊ひずみを想定した（Bak et al. 2013）．

■二方向積層材

通常，二方向積層材は，直交する 2 方向の繊維の織物に樹脂を含浸させて形成する．風車ブレードでは，せん断荷重に耐えるために，ブレード軸に対して ±45° に繊維を配置した二方向積層材を用いる．一方の繊維群の圧縮応力はもう一方の繊維群の引張応力に等しいため，せん断強度は繊維の圧縮強度によって決まる．

+45° 方向の積層圧縮強度は，+45° 方向の繊維と樹脂の繊維方向の強度 $\sigma_{\mathrm{fcu}}[V_f + (1 - V_f)E_m/E_f]/2$，および，−45° 方向の繊維の繊維直角方向の強度 $\sigma_{\mathrm{fcu}}(E_2/E_{\mathrm{f}})/2$ で構成される．これらが同じひずみ $\sigma_{\mathrm{fcu}}/E_f$ を受けると仮定すると，+45° 方向の積層圧縮強度は合計で $\sigma_{\mathrm{fcu}}[V_f + (1 - V_f)E_m/E_f + E_2/E_f]/2$ となる．よって，−45° 方向の繊維には大きさが等しく反対方向の応力が作用すると仮定すると，積層のせん断耐力は以下で表すことができる．

$$\tau_u = \sigma_{\mathrm{fcu}}\left[V_f + (1 - V_f)\frac{E_m}{E_f} + \frac{E_2}{E_f}\right] \tag{7.10}$$

■三方向積層材

ブレードシェルを形成するサンドイッチパネルの内側と外側の積層は，多くの場合，ブレードのたわみによる面内せん断と軸方向荷重の両方に耐えるように設計された，±45° 二方向積層と一方向（0°）積層を組み合わせた三方向積層材である．

明らかに，二方向積層材は軸方向の強度に貢献しているが，これは，二方向積層材の軸方向弾性係数 E_{45} に UD 積層材の軸ひずみを乗じることで推定できる．この弾性係数を導出するためには，図 7.8 に示す二方向積層材について，二つの応力場を考える．なお，これは合成すると軸応力 σ に相当する．

まず，すべての方向に均一な張力が作用し，全方向に均一なひずみが生じる応力分布を考える．この荷重下での積層材の剛性は，以下のように導くことができる．まず，縦方向の応力 σ_1 および横方向の応力 σ_2 を受ける UD 積層材を考える．このときのひずみは $\varepsilon_1 = \sigma_1/E_1 - \nu_{21}\sigma_2/E_2$ と

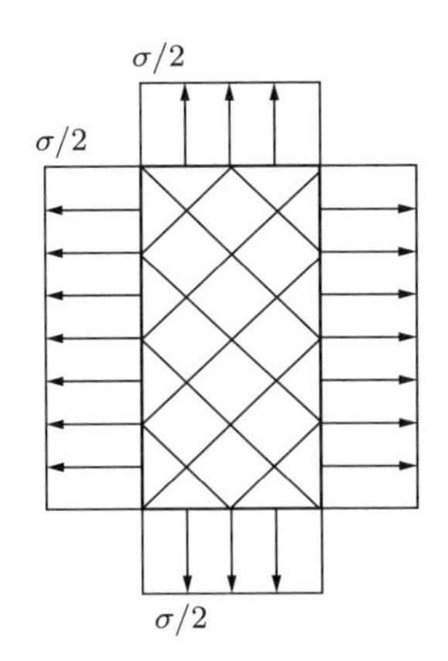

（a）全方向に一様な引張応力を与えた場合

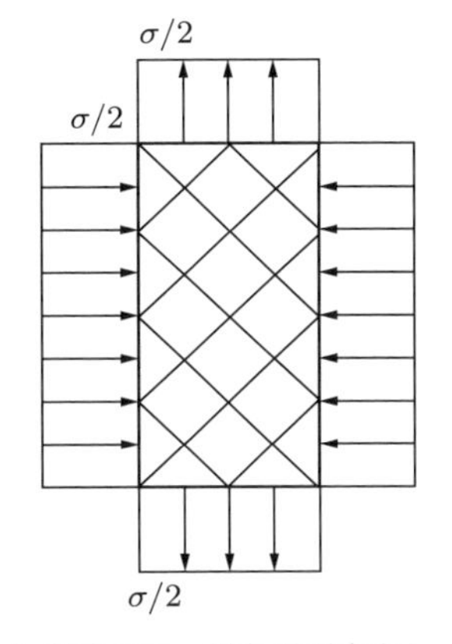

（b）軸方向に一様な引張応力と，それと同じ大きさで一様な横方向の圧縮応力を与えた場合

図 7.8 ±45° 積層材に作用する二つの応力分布：これらの合成は軸方向引張応力 σ となる．

第7章 要素設計

$\varepsilon_2 = -\nu_{21}\sigma_1/E_1 + \sigma_2/E_2$ で与えられ，次のように，ひずみに対する応力の式に変形できる．

$$\sigma_1 = \frac{E_1}{\Delta}(\varepsilon_1 + \nu_{21}\varepsilon_2), \quad \sigma_2 = \frac{E_2}{\Delta}(\varepsilon_2 + \nu_{12}\varepsilon_1)$$

ここで，　(7.11)

$$\Delta = 1 - \nu_{12}\nu_{21}$$

相反定理により $E_1\nu_{21} = E_2\nu_{12}$ であることから，次式を得る．

$$\sigma_1 = \frac{1}{\Delta}(\varepsilon_1 E_1 + \nu_{12}\varepsilon_2 E_2) \tag{7.12}$$

そして，両方向に均一なひずみ ε を受ける 0°/90° 二方向積層材において，0° と 90° 方向の応力は，上記の式 σ_1 と σ_2 の平均であるため，ε_1 と ε_2 を ε で置き換えることにより，

$$\sigma = \varepsilon\left(\frac{E_1 + E_2}{2\Delta} + \frac{\nu_{12}E_2}{\Delta}\right) \tag{7.13}$$

となる．したがって，両方向に均一な荷重がかかった場合の積層材の縦弾性係数は以下となる．

$$\overline{E} = \left(\frac{E_1 + E_2}{2\Delta} + \frac{\nu_{12}E_2}{\Delta}\right) \tag{7.14}$$

次に，±45° 積層材において，軸方向に均一な張力 $\sigma/2$ と横方向に同じ大きさの均一な圧縮応力を受ける場合を考える．これは繊維方向に対して $\tau = \sigma/2$ の純せん断と等価な状態である．G_{12} を ±45° 積層材のせん断弾性係数とした場合，せん断ひずみは $\sigma/(2G_{12})$ となり，軸方向ひずみは $\sigma/(4G_{12})$ となる．

図 7.8 に示す応力分布を組み合わせることで，軸方向の総ひずみは次式のとおりとなる．

$$\frac{\sigma}{2\overline{E}} + \frac{\sigma}{4G_{12}} = \frac{\sigma}{2}\left(\frac{E_1 + E_2}{2\Delta} + \frac{\nu_{12}E_2}{\Delta}\right)^{-1} + \frac{\sigma}{4G_{12}}$$
$$= \sigma\left(\frac{\Delta}{E_1 + E_2 + 2\nu_{12}E_2} + \frac{1}{4G_{12}}\right) \tag{7.15}$$

したがって，±45° 積層材の軸方向剛性は $E_{45} = [\Delta/(E_1 + E_2 + 2\nu_{12}E_2) + 1/(4G_{12})]^{-1}$ となり，おもに積層のせん断弾性係数 G_{12} によって決まる．以下に ±45° 積層材の軸方向剛性の計算を紹介するが，その結果は UD 積層材の縦方向の剛性の約 1/3 になるため，三方向積層材の軸方向剛性に二方向積層材が寄与していることがわかる．

例 7.1　±45° 積層材の軸方向剛性を計算する．なお，$E_f = 75$ GPa, $E_m = 4$ GPa, $\nu_f = 0.38$, $\nu_m = 0.22$ とし，繊維体積含有率を 0.55 とする．

まず，UD 積層材の剛性を次のように計算する．

式 (7.3) から $E_1 = 43.05\,\text{GPa}$，式 (7.5) から $E_2 = 14.66\,\text{GPa}$，複合則から $\nu_{12} = 0.292$，式 (7.6) から $G_{12} = 4.353\,\text{GPa}$，式 (7.11) から $\Delta = 0.97096$ を得る．

両方向に均一な荷重が作用する二方向積層材の縦弾性係数は，式 (7.14) より，$\overline{E} = [(43.05 + 14.66)/2 + 0.292 \times 14.66]/0.97096 = 34.13\,\text{GPa}$ である．

±45° 積層材の軸方向剛性 E_{45} は，$1/E_{45} = 1/(2\overline{E}) + 1/(4G_{12}) = 1/(2 \times 34.13) + 1/(4 \times 4.353) = 0.01465 + 0.05743 = 0.07208\,\text{GPa}^{-1}$ より，$E_{45} = 13.87\,\text{GPa}$ となる．

7.1.8　ガラス／ポリエステルおよびガラス／エポキシ複合材料の疲労特性

複合材料は，さまざまなロービング（roving，粗糸）とファブリック（fabric，織物）から，多様なマトリックス（matrix，樹脂）と製造プロセスを用いて製造される．原材料，積層法，樹脂の塗布，および，硬化に関する固有の変動性のため，複合材料の疲労特性の特性評価は困難な作業であり，広範な試験が必要である．本項ではこの複雑な問題について概説する．より深い内容は Nijssen (2007) を参照のこと．

■ S–N 曲線（S–N curve）

S–N 曲線とは，疲労試験による応力振幅と疲労寿命の関係を示す線図である．複合材積層板の疲労特性は，繊維体積含有率と長手方向の繊維の層の数に応じて，大きく変化する．応力振幅を初期ひずみ幅に変換すると，応力振幅が一定の場合の疲労試験データよりもはるかにわかりやすくなり，積層構成の異なる材料を比較することができる．ここで，複合材のヤング率は疲労試験中に低下するため，ひずみ幅は試験開始時（初期ひずみ幅）の測定値で定義する必要がある．

複合材の疲労特性は，最大応力 $\sigma_{\max}$ と応力比 R で表される応力の幅と平均値の両方に依存する．疲労特性は，まず，平均応力がゼロ（両振り），すなわち，$R = -1$ となる反転荷重下で検討するのが便利である．

複合材料の S–N 曲線の縦軸に応力とひずみのいずれを用いるかについてはとくに決まりはない．また，それらの振幅で表すことも最大値で表すことも一般的である．

GFRP の一定振幅における疲労特性は，サイクル数と応力またはひずみの振幅の指数の関係として，次式で表せる．

$$\varepsilon = \varepsilon_0 N^{-1/m} \text{ または } N = K\varepsilon^{-m},$$
$$\text{ここで, } K = (\varepsilon_0)^m \text{ すなわち } \log N = \log K - m \log \varepsilon \tag{7.16}$$

あるいは，サイクル数の対数と応力振幅の対数の関係を以下の線形式で示すことができる．

$$\log N = a - b \log \varepsilon \tag{7.17}$$

以上のうち，最初の式がもっとも一般的である．

Echtermeyer ら（1996）は，DNV で試験した 10 種類の積層材に対する 111 ケースの一定振幅の反転荷重疲労試験結果に関して，回帰分析を実施した．ここで，すべて同じ ε–N 直線を仮定し，ε_0, $\log K$, m は各々 2.84%, 3.552, 7.838 で，$\log N$ の標準偏差が 0.437 との結果を得た．DNV の回帰直線と，ECN で実施した 0°/+45°/−45° 積層材に関する 19 の試験（$\varepsilon_0 = 2.34\%$, $\log K = 3.775$, $m = 10.204$）の比較を図 7.9 に示す．この研究では，回帰直線の切片を $\log N = 0$ における終局引張状態（UTS）ならびに終局圧縮状態（UCS）のひずみ（各々，約 2.4%，約 2.0%）に合わせていないため，DNV の回帰直線は m の値が大きく，傾きが小さくなっている．ほかの疲労試験の回帰直線との比較により，DNV の回帰直線は，初期設計用としては適切なデータであると結論付けられている．

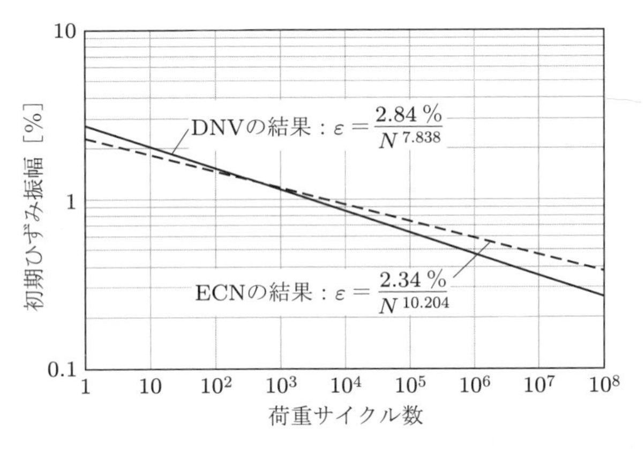

図 7.9 GFRP 複合材料の，一定振幅の反転疲労試験の結果によるひずみ寿命回帰直線

S–N または ε–N 回帰直線が $N = 1$ で静的試験値を通過する必要があるかどうかについて，明確な合意はない．静的試験は 1 回の疲労サイクルとみなせるが，静的試験のひずみは，通常，疲労試験とは異なり，最大引張荷重の影響を強く受ける．また，$N = 1$ を通過させることで，疲労試験データとの一致が若干悪化し，通常は試験を行わない 10^6 サイクル以上の S–N 曲線の外挿の精度に悪影響を与える可能性がある．

しかし，試験なしで採用できる反転荷重の S–N 曲線の傾きに関しては，ある程度の合意がある．風車の認証に関する Germanischer Lloyd（GL）ガイドラインの 2010 年版では，繊維体積含有率が 30〜55%のポリエステルまたはエポキシを樹脂に用いた複合材料の指数 m を 9 または 10 とし，それぞれの $N = 1$ のひずみ ε_0 は，極限引張ひずみを部分材料安全係数で除した値とみなせるとしている．ほかの指数 m に関する同様の提案として，風車のブレードの設計に関する IEC CD 61400-5（2016）規格のドラフトでは，DNV GL 規格の *Rotor Blades for Wind Turbines*（2015）を参照して，$m = 9$〜10 としている．

なお，GFRP の場合，疲労限度が存在するという根拠は報告されていない（Nijssen 2007）．

■繊維含有量，マトリックス，およびファブリックの影響

ブレード材料の疲労特性は，ミシガン州立大学（Michigan State University: MSU）の Composite Material Technologies Research Group が詳細に研究しており，試験結果と定期的な研究報告の包括的なデータベースを公開している．そして，いくつかの興味深い発見がされている．

製造技術の改善により繊維体積含有率の増加が可能になったが，これは，高サイクル疲労性能に関しては必ずしも有益ではない．100 万回の引張荷重サイクルに耐えられた応力幅に対応する最大初期ひずみは，10^6 サイクルの疲労ひずみと称され，疲労性能の重要な指標となっている．表 7.4 は，Samborsky ら（2010）による 3 種の樹脂の低／高それぞれの繊維体積含有率における 10^6 サイクルの疲労ひずみの値を比較している．三つの 10^6 サイクルの疲労ひずみは，繊維体積含有率が低い場合には 1.1〜1.2%の範囲にあるが，繊維体積含有率が大きい場合には大幅に低下することが示されている．それらの低下率は，ポリエステル樹脂でもっとも大きく（−62%），エポキシ樹脂でもっとも小さい（−36%）．

表 7.4　さまざまなマトリックスの積層材の，繊維体積含有率が低い場合と高い場合の，10^6 サイクルの引張疲労荷重における最大初期ひずみの比較（$R = 0.1$）

繊維体積含有率 [%]	10^6 サイクルの引張疲労荷重における最大初期ひずみ [%]		
	エポキシ樹脂	ビニルエステル樹脂	ポリエステル樹脂
35〜37	1.20	1.11	1.16
50〜60	0.77	0.52	0.44

上記のポリエステルおよびエポキシ樹脂の S–N 曲線の指数はそれぞれ 9 と 10 である．このことは，ポリエステル積層材の 10^6 サイクルの疲労荷重性能が，反転荷重下のエポキシ樹脂の性能よりも約 15%劣ることを意味する．しかし，表 7.4 で示されたばらつきは，引張荷重下ではあるが，単一の S–N 線図の指数が，ほかの繊維体積含有率では必ずしも適切ではないことを示唆している．

Samborsky ら（2012）は，繊維体積含有率が高く（43〜55%），ファブリック構造が異なるポリエステルおよびエポキシ樹脂積層材の疲労性能を比較した（表 7.5）．10^6 サイクルの疲労ひずみは，ポリエステル樹脂の UD 積層材ではエポキシ樹脂の UD 積層材の半分程度で，多方向（Multi Directional: MD）積層材ではその差は若干小さくなる．

表 7.5　エポキシおよびポリエステル樹脂の積層材の 10^6 サイクルの最大引張ひずみの比較（$R = 0.1$）

積層種別	10^6 サイクルの引張疲労荷重における最大初期ひずみ [%]	
	エポキシ樹脂	ポリエステル樹脂
一方向（UD）積層材	0.81	0.41
UD を含む多方向（MD）積層材	0.85	0.48
2 方向材（±45° 繊維とマットおよび／またはストランドバッキング）	0.56	0.43

UD 積層材のガラス繊維強化材は，多くの場合は，横方向の繊維またはランダムマットの裏地に縫い付けられた 0° 方向繊維の織物で構成され，0° 繊維の割合は通常 90%を超える．横方向の糸とその縫い込みは，整列させた糸の積層材と比較すると疲労性能に悪影響を及ぼし，10^6 サイクルの引張ひずみは，樹脂がポリエステルかビニルエステルの場合は 60%，エポキシの場合は 27%に低下する（Samborsky et al. 2012）．10^6 サイクルの疲労ひずみの比較を表 7.6 に示す．繊維体積含有率は，整列ストランドの積層材で 64〜68%，スティッチ織布の積層材で 54〜58%である．

表 7.6 各種樹脂と，整列ストランドとスティッチ織布からなる積層材の 10^6 サイクルの最大引張ひずみの比較（$R = 0.1$）

積層種別	10^6 サイクルの引張疲労荷重における最大初期ひずみ [%]		
	エポキシ樹脂	ビニルエステル樹脂	ポリエステル樹脂
整列ストランド	1.20	1.23	0.93
スティッチ織布（0°, 90° 方向の繊維とマットの比率 92%/4%/4%）	0.88	0.53	0.39
10^6 サイクルの引張疲労荷重における最大初期ひずみの低下率 [%]	−27	−57	−58

■等寿命線図

一定振幅で応力比 R が -1 以外，すなわち，平均応力が引張か圧縮のいずれかの場合の疲労寿命は，一般に，$R = -1$ の場合よりも低下する．この特性は，通常，等寿命線図（Constant Life Diagram: CLD）で表される．この図は，複数の疲労寿命の試験結果に対して損傷時の応力幅と平均応力の関係を示したものである．異なる応力比 R による一連の応力またはひずみサイクル数（σ–N または ε–N）に関して，等寿命線図にも使用される式 (7.16) により回帰分析を行い，結果を各応力比 R の放射状の直線で表す．

図 7.10 は，DD16 という MD 積層材の，MSU における疲労データに適合した S–N 曲線群から作成した等寿命線図の例を示している（Samborsky et al. 2007）．積層材は，ポリエステル樹脂と E ガラス不織布を使用して，真空樹脂含浸法（Vacuum Assisted Resin Transfer Moulding: VARTM）（7.1.12 項参照）により製造されている．レイアップは $[90/0/\pm45]_S$ で，繊維の 53%が軸方向（0°）に配向され，繊維体積含有率は 36%と比較的低い．応力比 R が -0.5 と -2 のとき，

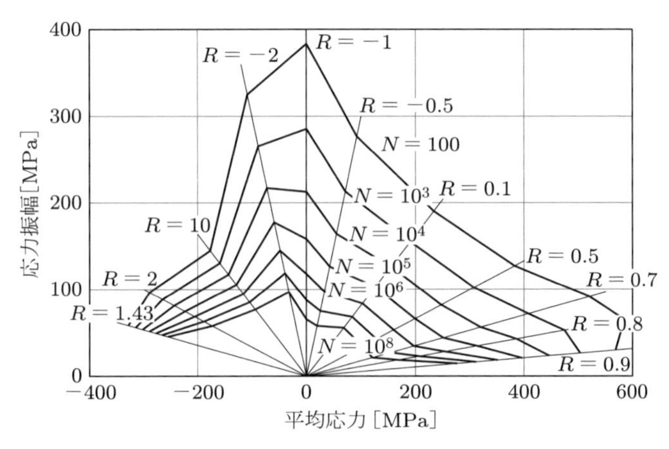

図 7.10 MSU での試験に基づく，繊維体積含有率 36%の MD 積層材 DD16 の等寿命線図

平均応力が引張の場合の疲労性能は，圧縮の場合よりも低下することがわかる．

各応力比 R での S–N 曲線を決めるには，かなりの数の疲労試験を実施しなければならないため，必要以上の応力比 R での疲労特性を調べるべきではない．Sutherland と Mandell（2004）は，図 7.10 に再現された等寿命線図を使用して，DD16 積層材に対して三つの異なる代表的なブレード疲労荷重スペクトルから生じる損傷度を計算し，応力比 R に対する損傷度変化を調査し，等寿命線図に使用する応力比 R を削減した．

使用した疲労荷重スペクトルの一つは，3 枚翼のアップウィンド風車のものであり，エッジ曲げによる損傷度の 70%以上が $R = -0.5$ で発生していた．これは明らかに遠心力による平均引張応力の影響によるものである．フラップ曲げの場合，損傷する荷重パターンはわずかに分散し，ブレード曲げの引張側では，損傷の 70%以上が $R = 0.1$〜0.5 で，圧縮側では損傷の約 90%が $R = -1$〜-0.5 で生じた．損傷度が集中しているため，わずか五つの応力比 R（$-2, -1, -0.5, 0.1, 0.7$）での試験から構築した等寿命線図を用いた寿命予測でも，最大誤差はわずか 8%と，許容範囲であった．IEC CD 61400-5（2016）規格のドラフトでは，「完全な疲労特性（full fatigue characterisation）」の要件を満たすために，三つの代表的な応力比 R での試験が必要としている．

DD16 積層材は初期のガラス／ポリエステル積層材であり，今日の風車ブレードの積層材に比べて，繊維体積含有率がきわめて低い．MSU での最近の研究（Samborsky et al. 2007）では，繊維体積含有率が 53%のガラス／エポキシ三方向積層材 QQ1 のひずみ表示での等寿命線図が作成された（図 7.11）．この図は，応力を積層材長手方向の弾性係数 33 GPa で除して，べき乗則で近似した S–N 曲線から導出された．レイアップは $[\pm 45/02]_S$ で，繊維の 64%が軸方向（0°）のものである．

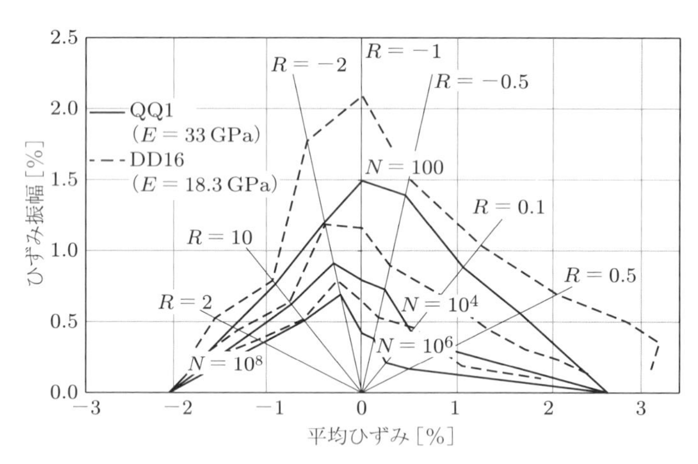

図 7.11　QQ1（繊維体積含有率 53%の三方向積層材）のひずみの等寿命線図
（破線は比較用の DD16 積層材で，縦弾性係数 18.3 GPa を使用して図 7.10 から導出したもの）

QQ1 積層材の性能は，高サイクルの引張側において，DD16 積層材と比較しても QQ1 自体の圧縮側と比べても大幅に悪化している．これは，初期に製造された繊維体積含有率が高い積層材に共通する特徴である．

類似の三方向軸ガラス／エポキシ積層材 MD2 の疲労性能は，OPTIMAT プロジェクト（EU の一部助成による，比較的大規模なブレード材料研究プロジェクト．2006 年完了）において調査された．MD2 の繊維体積含有率は QQ1 と同等の 54%であり，レイアップは $([\pm 45/0]_4; \pm 45)$ で，繊維の 55%が軸方向（0°）であった．図 7.12 は，MD2 積層材の等寿命線図を示しており，Krause

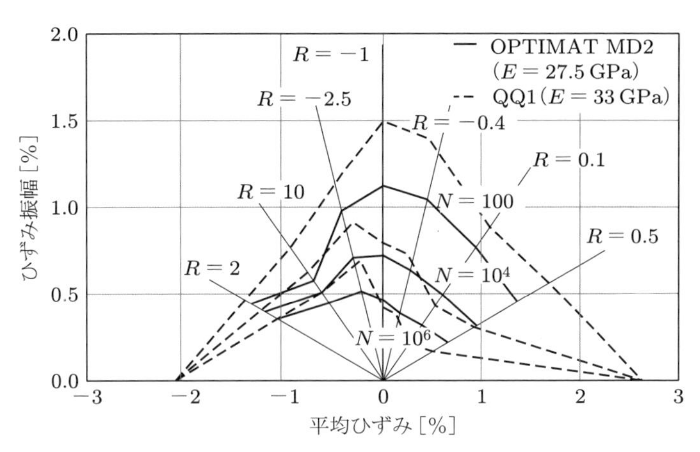

図 7.12 OPTIMAT MD2（繊維体積含有率 54%の三方向積層材）のひずみ表示の等寿命線図（破線は QQ1 積層材）

と Kensche（2006）による最適べき乗則による S–N 曲線の応力を，代表的な長手方向弾性係数 27.5 GPa で除して，ひずみとして表している．比較用に，QQ1 積層材も破線で示している．MD2 積層材の引張疲労性能と圧縮疲労性能の差は残っているものの，QQ1 積層材ほど顕著ではない．

■線形グッドマン線図

設計の初期段階では，非常に単純な線形の等寿命線図である線形グッドマン線図（Goodman diagram）を用いるのが便利である．これは，疲労寿命を単純な反転荷重（$R = -1$）を基準に，平均ひずみの増加に伴って直線的に減少させ，引張または圧縮の限界の平均ひずみでゼロに達すると想定するものである．線形等寿命線図の例として，応力比 $R = -1$ の S–N 曲線の指数 10 に基づく特性ひずみをもとに作成したものを，図 7.13 に示す．$N = 1$ サイクルの特性ひずみ振幅 1.92%は，対応する ECN の回帰直線の平均ひずみ振幅 2.34%（図 7.9）から，変動係数（COV）を 9%と仮定し，標準偏差の 2 倍を低減することで推定した．

なお，線形等寿命線図は，両対数軸では，応力比 $R = -1$ 以外の値に対しては直線状にならない．

設計に用いる線形等寿命線図では，図 7.13 の特性ひずみ ε_{0k}, ε_{tk}, ε_{ck} は設計値に置き換えて使

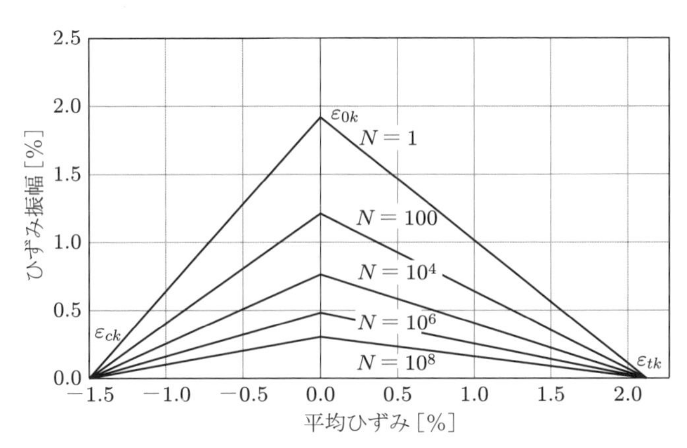

図 7.13 特性ひずみの線形等寿命線図

用する．平均応力が圧縮の場合の設計ひずみ振幅は，次式のようになる．

$$\varepsilon_d(\overline{\sigma}, N) = \varepsilon_{0d} N^{-1/m} \left(1 - \frac{\overline{\sigma}}{\sigma_{cd}}\right) \tag{7.18}$$

ここで，$\varepsilon_{0d} = \varepsilon_{0k}/\gamma_{mf}$, $\sigma_{cd} = \sigma_{ck}/\gamma_{mu}$ で，ε_0 は ε–N 曲線の $\log N = 0$ における値，$\overline{\sigma}$ は荷重サイクルの平均応力，σ_{cd} は設計圧縮応力である．また，γ_{mf} と γ_{mu} は疲労強度と終局強度に対する部分安全係数であり，添字の d と k はそれぞれ設計値と特性値を意味する．

DNV GL 規格 DNVGL-ST-0376（2015），*Rotor Blades for Wind Turbines* では，平均応力を考慮する簡易的な手法として，図 7.13 の等寿命線図に対して，ε_0 を終局引張ひずみと終局圧縮ひずみの中間値とし，ε_0 に対して左右対称にしたものを示している．図 7.14 に $m = 10$ における等寿命線図の例を示すが，材料安全係数は省略している．

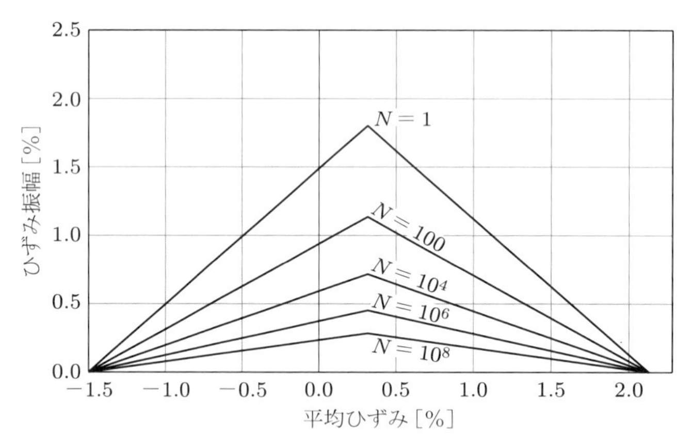

図 7.14　DNV GL の簡易手法による特性ひずみの線形等寿命線図

この場合，$0.45\%/\gamma_{mf}$ のひずみ幅と $0.3\%/\gamma_{mu}$ の平均ひずみに対する許容サイクル数は 10^6 になる．

■マイナー則

式 (7.18) と平均引張荷重により，照査するブレード断面内の点における疲労荷重スペクトルに関する，応力またはひずみの幅に対するサイクル数の許容値 N_i を求めることができる．通常，各ひずみ幅における N_i に対するサイクル数 n_i の比の線形和，すなわち，マイナー則（Miner's damage sum）による累積損傷和 $\sum_i n_i/N_i$ が 1 よりも小さくなるように設計する．

■荷重シーケンスの影響

振幅が変化する荷重による疲労損傷の予想は，一定振幅の試験データとマイナー則に基づく場合，疲労荷重の順序を考慮することができないため，ある程度の不確かさは避けられない．この影響を調査するために，WISPER（WInd SPEctrum Reference）と WISPERX の可変振幅による疲労荷重スペクトルを用いた疲労試験プロジェクトが行われた．この疲労荷重スペクトルは，風車ブレードにはたらく荷重を代表するように設定された．なお，WISPERX は WISPER を修正したものであり，試験期間短縮のため，全体の約 90%を占める多数の小さな荷重サイクルは省略されている．各試験片に対して，所定の最大応力レベルを与えるよう，WISPER（または WISPERX）の荷重シーケンスをスケーリングしたものが，試料が破壊するまで繰り返し与えられた．

van Delft ら（1996）は，ECN とデルフト工科大学で行われた 0° と ±45° の積層材の試験結果を解析した．その結果，最大応力約 150 MPa では，WISPER や WISPERX の荷重シーケンスの両振り荷重試験により得られた試験片の疲労寿命は，一定振幅の両振り荷重試験データとマイナー則により，前述の線形則を用いて平均応力を考慮して予測したものの約 1/100 であることがわかった．$R=-1$ の試験データにより，$N=(\sigma/\sigma_{tu})^{-10}$ で表される S–N 曲線を得る．ここで，σ は応力サイクルの振幅，σ_{tu} は終局引張強度を示す．そして，マイナー則による累積損傷和の計算により，ほかの応力比 R における一定振幅荷重に対する破壊サイクル数は，平均応力が引張の場合 $N=[\sigma/\{\sigma_{tu}(1-\overline{\sigma}/\sigma_{tu})\}]^{-10}$，圧縮の場合 $N=[\sigma/\{\sigma_{tu}(1-\overline{\sigma}/\sigma_{cu})\}]^{-10}$ により計算される．上述の最大応力における疲労寿命において，実際の最大応力レベルと WISPER 荷重シーケンスによる最大応力レベルの比は，1 : 15 と解釈することができる．これは，明らかに，設計において大きな安全係数を考慮していることに起因する．しかし，ほかの積層材に関する研究において，WISPER 荷重における計測値と予想値はよく一致することが報告されている（Mayer 1996 の '*Influence of Spectral Loading*' の節参照）．

OPTIMAT プロジェクトでは，さまざまな最大応力で WISPER および WISPERX 荷重シーケンスを繰り返した材料試験が実施され，線形則および複数の R 値の等寿命線図を用いてマイナー累積損傷和の予測が行われた（Nijssen 2005）．線形等寿命線図に基づく寿命予測は，実測寿命の 10 倍から 100 倍となり，DNV GL の簡易手法はわずかに危険側となった．しかし，六つの異なる R 値で S–N 曲線からプロットされた等寿命線図を用いた予測は，はるかに正確であった．

OPTIMAT プロジェクトでは，ピッチ制御のメガワット〜マルチメガワット風車のブレードが経験するフラップ方向の曲げ荷重サイクルをより正確に再現するようにした，試験用の新たな疲労荷重スペクトルが開発された（Bulder 2005）．

■強度劣化モデル

強度劣化モデルでは，複合材の残存静的強度は疲労荷重が与えられるたびに単調に減少するようにし，疲労荷重サイクルの最大応力がそれを超えると破損が発生するとしている．

単純なモデルの一つは，次式のように，一定の振幅負荷のもとでの静的強度の低下は，荷重サイクル数の指数則に比例するというものである．

$$S_r = S_0 - (S_0 - S_{\max})\left(\frac{n}{N}\right)^C \tag{7.19}$$

ここで，S_r は残存静的強度，S_0 は初期強度，$S_{\max}$ は最大疲労応力，C は強度劣化パラメータである．C を 3 通りに変更した場合の，一定振幅の疲労荷重中の残存強度の低下傾向を図 7.15 に示す．

強度劣化特性を把握するために，OPTIMAT プロジェクト（Nijssen 2007）において，さまざまな割合の想定疲労荷重を与えた試験片の静的試験が実施された．その結果，引張荷重成分が存在する場合，引張強度の低下はほぼ線形であり，C は 1 に近かった．しかし，圧縮荷重の場合，破壊前の強度低下はほとんど観察されず，C の値が高いことが示された．

OPTIMAT プロジェクトは，大振幅の疲労荷重ブロックのあとに小振幅の疲労荷重ブロック（大–小試験），またはその逆（小–大試験）の一連の試験によって，荷重シーケンスの影響を調査した．

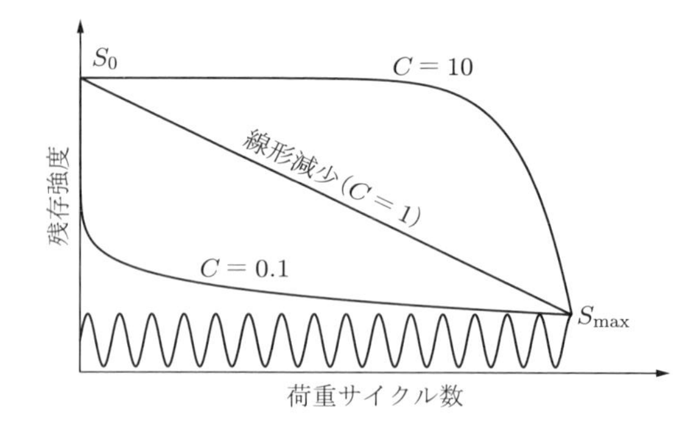

図 7.15　異なる強度劣化パラメータでの，一定振幅の荷重サイクル数による残存強度の低下

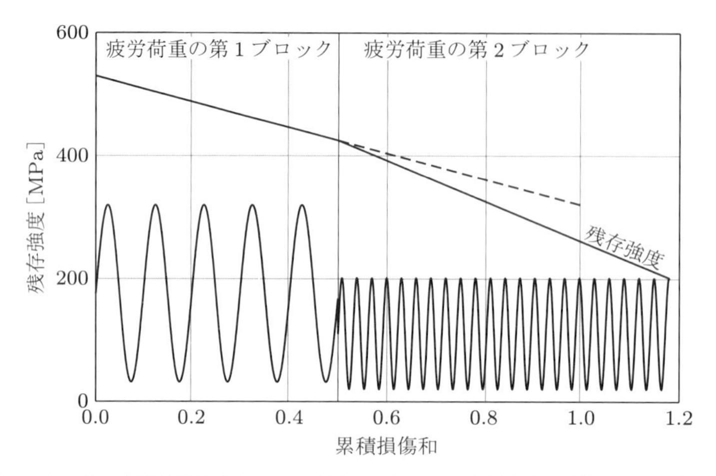

図 7.16　2 ブロックの大－小疲労荷重（$R = 0.1$，最初のブロックで疲労寿命の予測サイクル数の 1/2 を載荷）．第 1 ブロックは 5000 サイクル，$R = 0.1$，最大応力 320 MPa の荷重，第 2 ブロックは $R = 0.1$，最大応力 201 MPa，第 1 ブロックを考慮しない場合の予測寿命が 10^6 サイクルの荷重．

いずれの場合も，最初の荷重ブロックで公称疲労寿命の半分を費やした．図 7.16 と図 7.17 は，10^4 サイクルと 10^6 サイクル後に損傷が予測される荷重レベルについて，それぞれ大－小荷重サイクルと小－大荷重サイクルを与えた場合の理論的な残存強度傾向を比較している．線形に強度劣化を起こすと仮定すると，損傷時のマイナー則による累積損傷和は，大－小荷重のほうが逆の場合よりもかなり大きいことが示されている．OPTIMAT では，$R = 0.1$ および $R = -1$ の荷重において，同様の 2 ブロック試験が実施された．

OPTIMAT プロジェクトでは，強度劣化モデルを使用して WISPER 疲労荷重シーケンスを繰り返した場合の寿命予測と，完全な等寿命線図を使用したマイナー則による累積損傷和を比較したが，両者にほとんど差異がなかった（Nijssen 2005）．このため，非常に計算量の多い強度劣化低下モデルを使用してもメリットがないと結論付けられた．

■構造細部の疲労

以上の均一厚さの積層材のほかに，風車ブレードには，積層材の厚みの段差（プライドロップ，ply drop）や，さまざまな接着部（たとえば，スパーとウェブ，スパーとサンドイッチパネル，サンドイッチパネルと後縁のサンドイッチパネルなど）が存在し，個別の疲労試験が必要である．

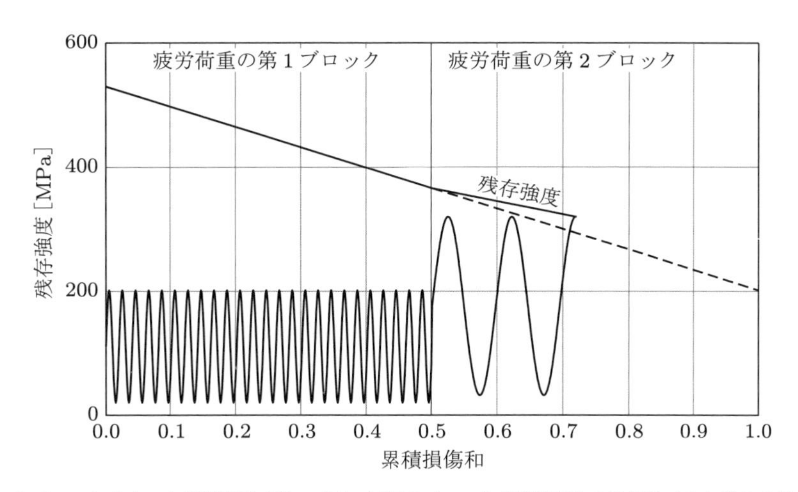

図 7.17　2 ブロックの小−大疲労荷重（$R = 0.1$，最初のブロックで疲労寿命の予測サイクル数の 1/2 を載荷）．第 1 ブロックは 5×10^6 サイクル，$R = 0.1$，最大応力 201 MPa の荷重，第 2 ブロックは $R = 0.1$，最大応力 320 MPa，第 1 ブロックを考慮しない場合の予測寿命 $= 10^4$ サイクルの荷重とする．

7.1.9　炭素繊維強化プラスチック

■炭素繊維の特性

炭素繊維は，その製造に用いる原材料に応じて，PAN（PolyAcryloNitrile，ポリアクリロニトリル）とピッチ（石油ピッチ，petroleum pitch）の 2 種類に分類できる．各々の特性は製造プロセスによって大幅に異なるが，一般には，強度が高く弾性係数が低い PAN 繊維のほうが，風車ブレードには適するとされている．

PAN 炭素繊維の弾性係数は 200〜500 GPa の範囲であるが，コストは弾性係数とともに急激に増加するため，風車ブレードでは通常，この弾性係数範囲の下限の繊維を使用する．このような繊維 2 例について，それぞれの特性を表 7.7 に示す．

表 7.7　風車ブレードの複合材料に用いられる 2 種類の PAN 炭素繊維の特性

炭素繊維の製造メーカーと型番	Zoltek PX35	Hexcel AS4/12k
引張弾性係数 [GPa]	242	231
引張強さ [GPa]	4.137	4.413
伸び [%]	1.7	1.7
密度 [g/cm^3]	1.81	1.79
繊維直径 [μm]	7.2	7.1
系を構成する繊維数	50000	12000
炭素の割合 [%]	95	94

■炭素繊維強化プラスチックの特性

CFRP の静的特性の例は表 7.1 に示した．

CFRP は，ガラス繊維強化プラスチックと比較すると，荷重サイクル数の増加に伴う疲労強度の低下は大幅に小さくなる．IEC CD 61400-5（2016）のドラフトでは，疲労試験を実施しない場合は，CFRP の S–N 曲線のべき数に，ガラス／エポキシ複合材の場合の 10 に替えて 14 を使用することを推奨している．実際には，試験結果からは 1/14 よりはるかに小さい S–N 曲線の傾きが得られており，表7.1のP2Bハイブリッド積層材の各種値での試験では最大1/25の傾きが報告されている．これらの小さいS–N曲線の傾きは，P2Bハイブリッド積層材の等寿命線図に反映されている（図7.18参照）．

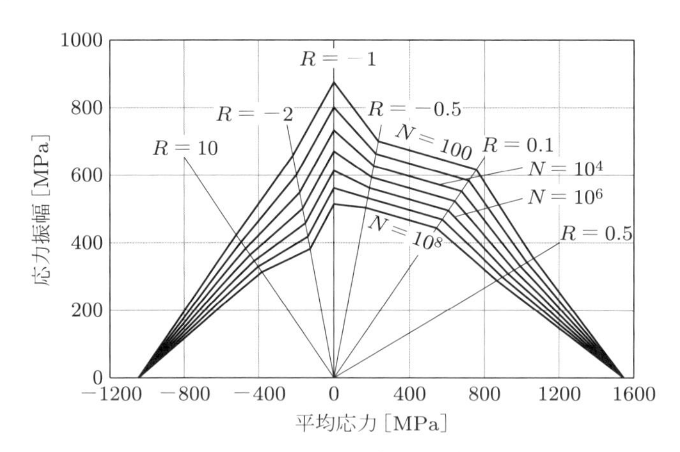

図7.18　P2Bハイブリッド積層材（繊維体積含有率55%，$[\pm45/0_4]$）の等寿命線図：繊維方向はMSU試験に基づき，0°方向は炭素繊維（Newport NCT-307-D1-34-600プリプレグ，体積比85%）で，±45°はガラス繊維（体積比15%）（Samborsky et al. 2007）．

■引抜成形（pultrusion）

引抜成形プレートは，製品の均質性，繊維の真直度，およびボイド含有量低減において大きな利点があるため，スパーキャップの製造においては，プリプレグに代わって使用される機会が増加している．引抜成形では，炭素繊維の束が，樹脂浴を通過したあと加熱された型を通して引っ張られ，そこで樹脂が重合する．引抜成形されたプレートは，通常，数ミリの厚さであり，型内で同時に積み重ねてスパーキャップを形成する．引抜成形の重要な利点は，このプロセスによる繊維の真直度であり，これにより圧縮強度が向上する．

■費用対効果

GFRPとCFRPのUD積層材の機械的特性の概要の比較を表7.8に示す．これは，PPG-Devoldガラス／エポキシ積層材（表7.1の材料2）とハイブリッドP2B炭素繊維積層材（表7.1の材料4）の特性を，繊維体積含有率比（59/55）とUD配向比（92/85）でスケーリングしたものである．この表から，炭素繊維による静強度増加のメリットは剛性増加のメリットよりも小さいが，疲労強度の増加は大幅に大きいことがわかる．

炭素繊維で達成可能なブレード軽量化の指標は，SNL100-01ブレードを用いたSandia国立研究所の報告書（Griffith 2013）に記載されている．そこでは，SNL100-00全ガラス繊維の100 mブレード（Griffith and Ashwill 2011）のガラス繊維スパーキャップを，同等のフラップ曲げ剛性を維持する幅の狭い炭素繊維スパーキャップに置き換えることにより，スパーキャップの断面積を63%，質量を36%削減できる（115.7 tから74 t）と結論付けられた．

SNL 100 mブレードの材料と製造コストは，Sandia Blade Manufacturing Cost Tool（Johanns and Griffith 2013）を使用して調査された（Griffith and Johanns 2013）．コストツールによるガ

表 7.8 GFRP の UD 積層材と，CFRP の UD 積層材（繊維体積含有率と UD 配向率が同一）の機械的特性

材料	繊維体積含有率 V_f [%]	UD 積層材の割合 [%]	密度 [g/cm^3]	弾性係数 E [GPa]	終局引張強度 [MPa]	終局圧縮強度 [MPa]	10^7 サイクルの疲労強度（振幅）[MPa]
PPG-Devold ガラス／エポキシ積層材（表 7.1 の材料 2）	59	92	2	44	1025	575	180
炭素繊維／ガラス繊維／エポキシのハイブリッド P2B 積層材（表 7.1 の材料 4）	55	85	1.57	100	1550	1050	560
スケール倍した P2B 特性（(59/55)(92/85) を乗じた）	—	—	—	116	1800	1220	650
スケール倍した P2B の CFRP 特性の GFRP 特性に対する比率	—	—	—	2.64	1.76	2.12	3.61

ラス繊維のコスト（2.97 $/kg）とエポキシ樹脂のコスト（4.65 $/kg）に基づき，それぞれ 2.55 g/cc と 1.15 g/cc の密度を想定すると，繊維体積含有率 55%の GFRP UD 積層材の単位体積あたりの材料コストは 6570 $/m^3 になる．同様に，炭素繊維のコスト（26.4 $/kg）と密度（1.8 g/cc）により，同じ繊維体積含有率の CFRP UD 積層材の単位体積あたりの材料コストは 28500 $/m^3 になり，GFRP の約 4.3 倍となる．そのため，ブレードの設計が翼端のたわみで決定されている場合に，CFRP スパーキャップの断面積を GFRP スパーキャップの 1/3 にしたとしても，スパーキャップのコストは 40%以上増加することになる．ただし，これは，ロータ荷重の重力項の低減によるハブやピッチ機構，主軸，およびナセル架構の材料削減によって許容される可能性もある．SNL 100 m ブレードの場合，スパーキャップを GFRP から CFRP に交換することで，ブレードの総材料費は 459 k$から 530 k$に 15%増加したが，風車全体の設置資本コストは 0.8%低下する結果となった (Griffith and Johanns 2013)．

今日，世界の風車ブレードの約 25%が CFRP スパーキャップを採用していると推定されている (Legault 2018)．

7.1.10 木材積層板の特性

木材／エポキシ積層材も複合材に分類されるが，その形状は GFRP とは大きく異なる．各層には，繊維の代わりに大きな木材合板（写真 2）を使用し，エポキシはマトリックス（基材）というよりは，多層の合板を縦横の接合点で接着するための接着剤として作用する．そのため，繊維含有率は 100%に近く，木材積層体の異方性は，主として，木材自体のもつ異方性によるものとなる．

■静的特性

木材の強度は木目に平行な方向にはかなり高いので，ブレード曲げ荷重に対する耐力を効果的に確保するために，すべての合板の木目をブレード軸と平行になるように配置する．しかし，長さが2.5 m を超える合板を製造することはできないため，長手方向に接合部をもつことになる．これにより，GFRP ブレードには見られない，線状の弱い部分が生じる．しかし，この影響は，接合部を突き合わせ継手から千鳥状にずらすか，スカーフジョイントとすることで低減できる．

エポキシ系の接着剤は，合板を湿気から保護する機能ももっている．また，内側と外側の両面にガラス／エポキシの層を設けることで，防湿保護を強化している．合板の強度は含水率が1%増加するごとに約6%低下するので，含水率を低いレベルに維持することが重要である．

風車ブレードに適用する場合の木材積層板の特性を表7.9に示す．英国と米国のブレードメーカーでは，アフリカマホガニー（African mahogany または Khaya ivorensis）やダグラスファー（Douglas fir）が使用されてきたが，環境保全の観点からアフリカマホガニーは使用されなくなり，代わって，ポプラやシラカバなどの欧州の木材を使う傾向になっている．

表7.9　接合なしの木材／エポキシ積層材の特性

試験片	比重	木目方向の引張強度の平均値 [MPa]	木目方向の圧縮強度の平均値 [MPa]	木目方向のヤング率 [GPa]	せん断強度 [MPa]
アフリカマホガニー	0.55	82	50	10	9.5
ポプラ	0.45	63	52	10	9
バルチック松	0.55	105	40	16	—
カバノキ	0.67	117	81	15	16
ブナ	0.72	103	69	10	16
ダグラスファー	0.58	100	61	15	12

表7.9に，継ぎ目のない試験片の引張強度を示す．Bonfield ら（1992）は接合した試験片に関する試験を行い，端部接合のアフリカマホガニーの試験片では引張強度が 50 MPa まで低下することを報告している．また，厚さと長さの比が 1：6 でスカーフ接合されたアフリカマホガニー試験片の引張強度は 75 MPa であり，この値は端部の結合方法により改善することが示されている．そのため，薄板の積層体においては，千鳥状にずらした接合法が適用されている．

設計においては強度特性のばらつきを考慮することが重要であるが，木材はとくにばらつきの大きい材料である．密度が高くなると強度が高くなる傾向があるが，密度は木の成長条件や採取された木の部分によりばらつきがある．このような特性のばらつきは，積層前の材料を慎重に分類し，損傷した合板を除去することによって低減することができる．Bonfield と Ansell（1991）は，32個の厳選されたアフリカマホガニーの試験片について，圧縮強度が 50 MPa で，ばらつき（標準偏差）がわずか 3 MPa の試験結果を報告している．なお，赤道付近で生育した木材には年輪がないため，材料のばらつきが小さくなる．

一般に，木目方向と比較して，木目に直交する方向の強度は著しく低い．たとえば，アフリカマホガニーの木目に直交する方向の圧縮強度は，わずか 12.6 MPa である．

■疲労特性

木材積層板の疲労特性はバース（Bath）大学で継続的に研究されており，対象は当初のアフリカマホガニーからほかの種類の木材に拡張されている（Bonfield et al. 1992）．この研究の概要はBond and Ansell（1998）にまとめられている．木材はS–N曲線の傾きが小さいため，疲労特性に優れており，高サイクルでの疲労強度は木の種類で大きく変わらないというのが大筋の結論である．一定振幅の反転荷重（$R=-1$）のS–N曲線を終局圧縮強度σ_{cu}で正規化，すなわち，$\sigma=\sigma_{cu}N^{-1/m}$で表記する場合，継ぎ目のないアフリカマホガニーの試験結果はおおむね$m=20$となった．アフリカマホガニー，ポプラ，ならびに，ブナのスカーフジョイント試験片のmは約16であるが，突き合わせ接合試験片では約13にまで低下する．HancockとBond（1995）は，スカーフジョイントの木材積層板のmの設計値として13.4を提案している．

7.1.11 材料安全係数

限界状態の設計においては，材料の特性強度を材料強度に対する部分安全係数（partial safety factor for material strength）で除する必要がある．GFRPの場合，この係数は，材料固有のばらつきだけでなく，経年劣化も考慮する必要がある．

DNV GL規格DNVGL-ST-0376（2015），*Rotor Blades for Wind Turbines*とIECドラフトCD 61400-5（2016）はともに，材料強度に対する部分安全係数を，さまざまな領域の不確実性を考慮した項の積として，以下のように表している．

$$\gamma_m=\gamma_{m0}\gamma_{mc}\gamma_{m1}\gamma_{m2}\gamma_{m3}\gamma_{m4}\gamma_{m5} \tag{7.20}$$

γ_{m0}は基本材料係数（base material factor）で，1.2である．γ_{mc}は損傷モードの重要度の要因（factor for the criticality of the failure mode）である．これはDNV GL基準でのみ用いられており，その値は1.08である．表7.10に，終局強度と疲労限度の状態について，二つの規格の材料強度の部分安全係数の構成値を示す．最後の成分γ_{m5}は，材料強度の不確実性ではなく，荷重の潜在的な不正確さに関するものである．この規格では，繊維間の損傷，サンドイッチコアの損傷，サンドイッチスキンの座屈，全体的なパネルの座屈，および，接着部の損傷の評価に用いるγ_{m1}～γ_{m5}の値も示されている．

7.1.12 複合材ブレードの製造

大部分のブレードは，二つの半分の型で成形したあとに，互いに接着して製造する．しかし，一部のメーカーは，翼長の増大に伴い，一つまたは複数の横方向継手を含むセグメント構造を検討している．あるいは，マンドレルにフィラメントを巻き付けてブレードスパーを製造し，その後，残りの翼型部分を製造する方法もある．以下にさまざまなブレード製造法に関して説明する．

■モールドレイアップ

この手法では通常，ブレードの正圧面と負圧面を形成する各シェルを別々に製造し，シェアウェブを間に配置して接着する．圧力面と負圧面の形状をもつ別々の型を構築し，サンドイッチパネルコア用のフォームまたはバルサのシートと組み合わせて，ファブリックまたはロービングの繊維補強材をそれぞれの型に配置する．ここで，コアシートに縦方向の切り込みを入れて，翼形部の曲率に合わせて変形できるようにする．形状が複雑で，型内でのガラス繊維布の配置は自動化には適さないため，ハンドレイアップ（hand lay-up）が一般的である．

表 7.10　複合材ブレードの材料部分安全係数

		構造の評価指標	積層材の終局強度		積層材の疲労強度	
		規格	IEC 61400-5（ドラフト）	DNVGL-ST-0376	IEC 61400-5（ドラフト）	DNVGL-ST-0376
記号	対象とする影響因子	設計指針				
γ_{m0}	基本の材料係数	常時適用する	1.2	1.2	1.2	1.2
γ_{mc}	損傷モードの危険度合規格	DNVGL-ST-0376 のみ常時適用する	N/A	1.08	N/A	1.08
γ_{m1}	経年劣化（不可逆的）	特性値が室温で乾燥状態の値の場合	1.2	1.2/1.3 エポキシ／ポリエステル	1.1	1.1/1.2 エポキシ／ポリエステル
		特性値が経年劣化を考慮している場合	1.0	—	1.0	—
γ_{m2}	温度の影響（不可逆的）	特性値が室温での値の場合	1.1	1.1	1.0	1.0
		特性値が運転範囲の温度域で試験を行った値の場合	1.0	—	1.0	—
γ_{m3}	製造の影響	通常の設計特性の場合	1.3	1.3	1.3	1.3
		特性値が製造による公差を考慮している場合	1.1	1.1	1.1	1.1
		特性値が製造による公差を考慮し，検証している場合	1.0	1.0	1.0	1.0
γ_{m4}（A）	計算精度と検証	ひずみ計算を検証していない場合	1.2	1.0	1.2	1.0
		ひずみ計算をフルブレード試験で検証している場合	1.0	—	1.0	—
γ_{m4}（B）	計算精度と検証：疲労評価モデル	静強度，線形グッドマン線図，仮定したヴェーラー（Wöhler）勾配の組み合わせに基づく	N/A	N/A	1.2	1.25
γ_{m4}（B）	計算精度と検証：疲労評価モデル	静強度，線形グッドマン線図，計測したヴェーラー勾配の組み合わせに基づく	N/A	N/A	1.1	—
		完全な疲労特性に基づく	N/A	N/A	1.0	1.0

表 7.10　複合材ブレードの材料部分安全係数（続き）

		構造の評価指標	積層材の終局強度		積層材の疲労強度	
		規格	IEC 61400-5（ドラフト）	DNVGL-ST-0376	IEC 61400-5（ドラフト）	DNVGL-ST-0376
記号	対象とする影響因子	設計指針				
γ_{m5}（A）	荷重方向の解像度	二つの直交した向きの荷重	1.2	1.2	1.2	1.2
		30° ピッチの荷重	1.0	1.0	1.05	1.0
		正確なひずみ履歴（時系列に基づく）によって評価されたひずみスペクトル	N/A	N/A	1.0	—
γ_{m5}（B）	疲労荷重スペクトルの解像度	等価モーメントを使用	N/A	N/A	1.1	1.3
		完全な疲労荷重様式（マルコフ行列（Markov matrix）や時系列）を使用	N/A	N/A	1.0	1.0
材料強度に対する部分安全係数の積の最小値			1.2	1.711	1.2	1.426
材料強度に対する部分安全係数の積の最大値			2.965	2.891	3.262	3.94
材料強度に対する部分安全係数の積の最大値（正確な荷重と S–N 線図を使用した場合，DNVGL-ST-0376 のエポキシ樹脂を想定）			$1.2 \times 1.2 \times 1.1 \times 1.3 \times 1.2 = 2.471$	$1.2 \times 1.08 \times 1.2 \times 1.1 \times 1.3 = 2.224$	$1.2 \times 1.1 \times 1.3 \times 1.2 = 2.059$	$1.2 \times 1.08 \times 1.1 \times 1.3 = 1.853$

ブレード表面のコーティング（ブレード構造のマトリックスと同材料を使用するのが一般的）は，繊維強化材をレイアップする前に，型の内側に塗布されることが多く，異なるコーティング材料を，塗料またはスプレーとして完成したブレードに塗布することもある．これらは，使用される材料や塗布方法によらず，ゲルコート（gel-coat）とよばれることが多い．

■樹脂の含浸

ファブリックのレイアップに続いて，樹脂の含浸と硬化が行われる．樹脂をブラシまたはローラを使用して手作業で塗布した場合，繊維体積含有率は通常 30〜40%である．しかし，閉じ込められた空気や残留溶媒などの過剰な揮発性化合物を抽出する真空バギング（vacuum bagging）を使用して硬化させた複合材は，50%以上の繊維体積含有率を達成できる．

■真空樹脂含浸法（VARTM）

真空樹脂含浸法（Vacuum Assisted Resin Transfer Moulding: VARTM）は，大気圧を使用して樹脂を繊維強化材内に送り込む手法である．より高い繊維体積含有率（55〜60%）を達成でき，剛性と強度が向上するため，使用される機会が増えている．そのほかに，樹脂揮発分の暴露が減少するため，むだな樹脂の使用量が減少し，作業環境が改善されることも大きなメリットである．

ほかの方法と同様，樹脂の硬化の開始前に，樹脂がブレードのすべての部分の強化剤に浸み込んでいる必要がある．そのため，供給点からの樹脂の流れを容易にするために，ガラス層の間に適切な流動媒体の層を挿入する．これには，ランダムに配向され絡み合ったナイロンフィラメントのマットや，樹脂が積層材に沿って流れるように溝とミシン目を組み込んだ多目的サンドイッチコアフォーム材など，いくつかの異なる流動媒体が利用できる．

真空樹脂含浸の準備手順を以下に示す．

1. 型内に繊維強化布およびロービング，サンドイッチパネル用のフォームまたはバルサシート，および流動媒体を積層する．
2. 型内に樹脂搬送用の透過性のチューブを配置する．
3. プラスチック製の真空バッグ内に，型と上記一式を配置する．
4. 真空ポンプをバッグに接続し，真空引きを行う．わずかな漏れでも結果に大きな影響を与えるため，注意を要する．
5. 樹脂の触媒を作用させる．

■プリプレグ（pre-preg）

プリプレグは，熱硬化性樹脂または熱可塑性樹脂のいずれかを事前に含浸させたUD繊維強化材または織物のことである．これらを使用することで樹脂含有量を正確に制御することができ，単位質量あたりの機械的特性が向上する．

熱硬化性樹脂は塗布時に部分的に硬化し，プリプレグを可能にするが，製品は使用するまで冷蔵状態で保管する必要がある．型にレイアップしたあと，加熱，含浸，および冷却中の温度を厳密に制御して，70～120℃の温度で硬化を完了させる．また，閉じ込められた空気を除去するために，真空バッグまたはオートクレーブで圧力をかける必要がある．

熱可塑性樹脂を使用する場合，プリプレグは冷蔵庫に保管する必要はないが，室温で剛性があるため，レイアップの際に加熱する必要がある．熱可塑性プリプレグは，型を使用する時間の短縮とリサイクル性の点でメリットがあるが，処理温度が160～250℃と高いために，多くの研究開発が行われているにもかかわらず，採用しているメーカーはまだない．

■正／負圧面シェルの組み立て

正／負圧面の二つのシェルを硬化させたあと，一方を上下逆にして，もう一方に重ね合わせる必要がある．ここで，二つの型を単一の枠に並べ，二つの型の中間軸に沿ってヒンジで固定すると便利である．

正／負圧面シェルを組み立てる前に，シェアウェブをシェルの片側のある位置に接着する必要がある．ブレードのサイズによっては，組み立て後の検査においてシェアウェブとあとで接着するシェル間の接着接合部へのアクセスが困難な場合がある．そこで，露出したシェアウェブ上端（またはフランジ）に接着剤を厚く塗布し，シェアウェブの接着部のギャップのばらつきを吸収し，健全な接合を確保する．正／負圧面シェルの前縁部の接合には，重ね継手が用いられることが多い．

■セグメント構造

道路に沿って長いブレードを輸送するときの制約から，陸上の最大の風車サイズは，最近まで2～

3 MW とされていた．しかし，今日，一部のメーカーでは，ブレードを二つ以上のセクションに分割し，現場でそれを組み立てることで，この問題を回避している．たとえば，Gamesa 社の G128 4.5 MW 風車のブレードは，30.5 m の翼根側セクションと 32 m の翼端側セクションで構成されており，標準の 90 フィート（27.4 m）のフラットベッドトレーラーでサイトに輸送が可能である（Gardiner 2013）．各ブレードセクションはブレード軸に平行で，翼表面のすぐ内側に配置したボルト群によって，継手の中心で金属製のアダプタに接続されている．金属製インサートが，ダブルラップせん断継手を介してボルト荷重をブレード積層材に伝達する．

また，Enercon 社は，より大きなブレードに，横方向のボルト接合部をもつセグメント化ブレード構造を採用している（Windblatt 2013）．

金属製のブレード継手は必然的に局所的な質量を増加させ，ブレードの固有振動数を低減させる．Gamesa G128 の場合は，10%と推定されるコストの増加は，輸送費の節約によって相殺される以上のものであると報告されている．しかし，Blade Dynamics 社は，セグメント化されたブレードの接合部に接着継手を採用することで，ボルト継手の必要性を回避できることを示した．

■フィラメントワインディング（filament winding）

荷重伝達構造が，二つのシェアウェブとその間のスキンセクションで構成されるコンパクトで閉じた中空の桁構造の場合，ブレードの製造方法としてフィラメントワインディングを選択できる．これは，回転するマンドレルに補強材が連続的に巻き付けられる半自動化方法であり，補強材はまず樹脂浴を介して供給され，次にマンドレルに沿って前後に移動する送達アイを介して供給され，送達アイおよびマンドレルの回転の相対速度が最終的な繊維配向を制御する．なお，曲げ応力が作用する軸方向にフィラメントを配置できないことが，この手法の欠点である．

Enercon 社は，直径 115 m, 126 m, 141 m の風車のブレードの翼根側セクションの製造にフィラメントワインディングを採用している（Windblatt 2013, 2016）．翼根側セクションは，翼根の円筒形から外側端部の楕円形に移行する．直径 115 m の風車では，翼根側のセクションの長さは約 12 m で，この部分はより大きな風車でも共通化されている．

7.1.13 ブレード荷重の概要

この項では，ブレードの翼根付近のフラップ曲げモーメントを中心に，風速ならびにヨー角に対する極値荷重および疲労荷重の変化について説明する．想定したのは，SC40 ブレードを搭載した直径 80 m の風車である（図 5.4(a) 参照）．

■発電中の極値荷重：ストール制御機

定格風速 16 m/s，定格出力 2 MW で，ロータ速度 15 rpm の定速ストール制御機を想定する．

ブレード外翼部の荷重は，Petersen ら（1998）の経験的な三次元空力データを使用して計算する．なお，データのない 30° 以上の迎角域の揚力と抗力は，外挿により求めた．一般に，三次元データは二次元データよりも緩やかな失速を示すので，翼が失速状態になったときのブレードの面外曲げモーメントの低下は緩やかである．ブレード内翼部の荷重は，DTU 10 MW 参照風車（Bak et al. 2013）用に開発された修正済み三次元空力データベースより，24.1%, 30.1%, 36%, 48%, 60%の最大翼厚比のものを使用して計算した．これらの大迎角域における揚力係数と抗力係数には，平板の値を利用している．約 20 m/s を超えると，抗力がふたたび大きくなり，面外曲げモーメントが

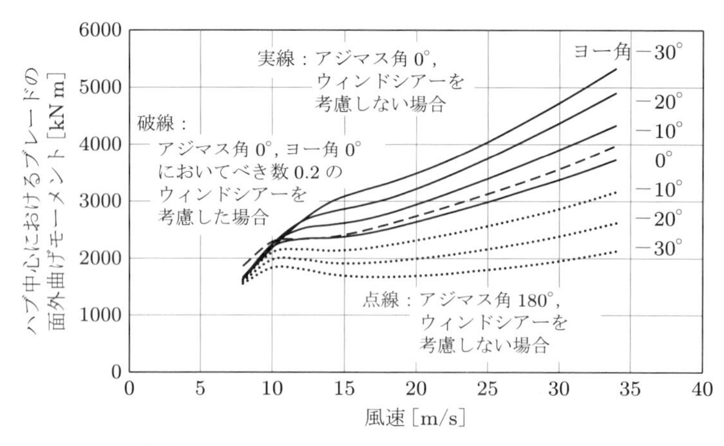

図7.19　ストール制御機の翼根面外曲げモーメント（ロータ直径80 m，定格出力2000 kW，ロータ回転速度15 rpm）

徐々に増加し始める．半径0 mの位置（すなわちハブ中心）における，風速に対するブレード面外曲げモーメントの予測値を図7.19に示す．ここで，ウィンドシアー指数0，ティルト角0°の条件で，ヨー角ごとにプロットしている．なお，ヨー角は，ロータ面に対して流入風の横方向成分がブレード方位角（アジマス角）0°（時計の12時の位置）での回転方向と同じ向きの場合に，正と定義している．このような荷重は，失速後の条件では，迎角の低下よりも相対風速の増加の影響が大きいため，アジマス角0°の曲げモーメントは負のヨー角で増加する．また，モーメントの最大値は，正のヨー角のアジマス角180°ではなく，負のヨー角のアジマス角0°で発生する．これは，前者に比べて後者のほうが，ウィンドシアーにより風速が高いためである．また，同図には，ヨー角0°，アジマス角0°におけるウィンドシアーに対する曲げモーメントの影響を破線で示す．

なお，図7.19に示すブレードの面外曲げモーメントの極値は，以下の影響を考慮していないため，過大評価になっている．

・ブレード全体にわたる風の相関の低下
・カットアウトによる発電最大風速の制限
・ヨー制御による最大ヨー角の制限

カットアウト風速とヨー制御による極値風速の低減量は，制御システムが風速と風向に作用した時間の平均値によって増減する．

■発電中の極値荷重：ピッチ制御機

発電時のピッチ制御機の極値荷重の評価は，不確かさの大きい失速を避けているため精度は高い．ただし，発電時の極値荷重の特性は，ストール制御機よりも複雑である．ここでは，翼根における曲げモーメントについて考察する．なお，ピッチ変角するブレード荷重を評価するため，面外曲げではなく，フラップ方向の曲げモーメントで評価する．

図7.20に，ヨー角と平均風速に対する，翼根（ここではハブ中心）におけるブレードフラップ曲げモーメントを示す．ここで，風車は直径80 m，定格出力1700 kWのピッチ制御機で，ロータ速度は15 rpmである．また，定格風速は11.2 m/sで，ウィンドシアー指数は0など，その他のパラメータは上記のストール制御機と同一である．ブレード荷重はストール制御機での空力データと同

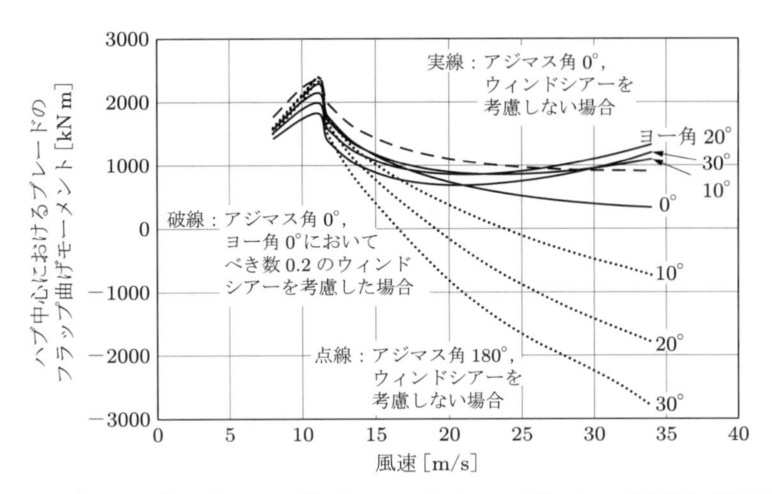

図 7.20 ピッチ制御機の翼根フラップ曲げモーメント（ロータ直径 80 m，定格出力 1700 kW，ロータ回転速度 15 rpm）

じものを使用し，負の迎角域における揚力係数と抗力係数は，Petersen ら（1998）の結果の外挿により設定している．なお，ここでは，ピッチ制御システムが追従できないほど変動の速い風速の影響は無視し，変動の遅い風速によるモーメントのみを検討している．したがって，モーメントの合計値を得るためには，これを考慮して補正する必要がある．

その結果は，ストール制御機によるものと大きく異なっている．ハブ中心におけるブレードのフラップ曲げモーメントは，すべてのヨー角において，定格風速でピークに達したのちに急激に低下する．そして，高風速域では，正のヨー角ではアジマス角 180° で，また，負のヨー角ではアジマス角 0° で，負の大きな曲げモーメントを生じる．負のヨー角の場合のアジマス角 0° における曲げモーメントは，ストール制御機では増加するのに反して，ピッチ制御機では減少する．これは，ピッチ制御においては，風速ならびにヨー角が大きい条件で荷重を低減するように迎角を変化させるためである．このような条件では，迎角は相対速度よりも重要なパラメータになる．

ピッチ制御システムが風速の変化に追従できる範囲では，IEC 61400-1 の決定論的荷重条件において生じる曲げモーメントの極値の概略値として，図 7.20 の曲線を使用することができる．この図から，極値モーメントはストール制御機の最大値から半減することがわかる．

主流方向の風速のスペクトルは，ピッチ制御システムが応答できない高い周波数域に大きなエネルギーをもっている．この影響は，通常乱流モデル（Normal Turbulence Model: NTM）における荷重計算において考慮しなければならない．図 7.21 に，上記の風車のハブ中心におけるアジマス角 0° と 180° におけるブレードフラップ曲げモーメントを示す．この図から，ヨー角 +20° の 14 m/s と 20 m/s の定常風において，鋭い荷重の上下に伴う高周波の風速変動によって荷重の増減が生じていることがわかる．

風車の全運用期間における，定格以上の条件でピッチ制御が応答できない風速の最大値は，次式により推定できる．

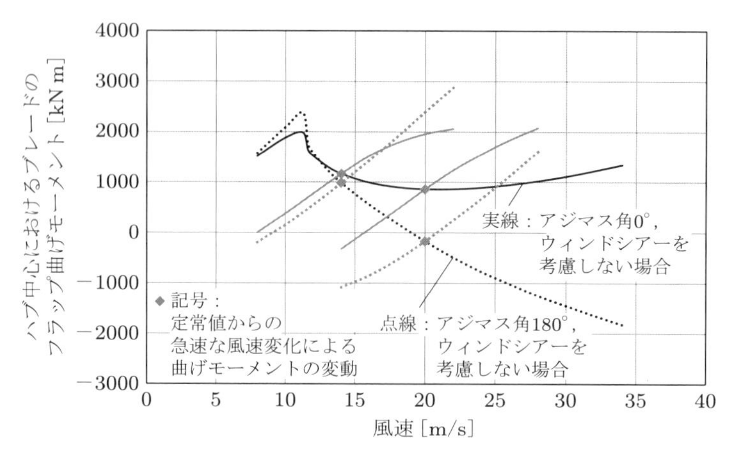

図 7.21　ピッチ制御機のハブ中心における，フラップ曲げモーメントに対する急速な風速変化の影響（ロータ直径 80 m，定格出力 1700 kW，ロータ回転速度 15 rpm）

$$u_{\max} = \sigma_u \sqrt{\frac{\displaystyle\int_{\Omega/2}^{\infty} S_u(n)dn}{\displaystyle\int_{0}^{\infty} S_u(n)dn}} \left[\sqrt{2\ln(\Omega T)} + \frac{\gamma}{\sqrt{2\ln(\Omega T)}}\right]$$

$$= (\sigma_u)_{n>\Omega/2} \left[\sqrt{2\ln(\Omega T)} + \frac{0.5772}{\sqrt{2\ln(\Omega T)}}\right] \tag{7.21}$$

ここで，$(\sigma_u)_{n>\Omega/2}$ は，ピッチ応答におけるカットオフ周波数（回転角速度の 1/2 と仮定する）以上の風速変動の標準偏差であり，T は，考慮するヨー角における定格風速を中心とする風速区間での全運転時間である．IEC 61400-1 の第 4 版では，通常乱流モデルの乱流強度は次式で与えられている．

$$\sigma_u = I_{\mathrm{ref}}(0.75\overline{U} + 5.6) \tag{7.22}$$

積分長さスケールが 147 m の場合，回転する 40 m ブレードの 28 m 位置（70%半径）から見た，回転周波数の半分を超える風速変動の標準偏差は，すべての風速変動の標準偏差の 61%となる．したがって，定格風速 11 m/s の風車で，クラス A サイト（$I_{\mathrm{ref}} = 0.16$）の場合，$\sigma_u = 2.22$ m/s，$(\sigma_u)_{n>\Omega/2} = 2.2 \times 0.61 = 1.35$ m/s となる．風速の幅を 2 m/s とすると，式 (7.21) の [ ] 内（ピークファクター）は 5.9 になり，寿命期間内においてピッチが応答できない風速上昇の最大値は約 8 m/s になる．ブレード上の風速変動が完全に相関している場合，14 m/s の定常風での曲げモーメント（図 7.21）に曲げ増分が適用できるとすると，ハブ中心におけるフラップ曲げモーメントの最大増分は 1900 kN m となる．これに最大の定常風フラップ曲げモーメント約 2400 kN m を加えると，ウィンドシアーを無視した場合の極値フラップ曲げの翼根曲げモーメントは約 4300 kN m となる．このように，発電中のフラップ曲げモーメントの極値はカットアウト風速付近ではなく定格風速付近で発生しているが，これはピッチ制御機では一般的な特徴である．なお，ピッチ制御機のフラップ曲げモーメントの極値は，上述の同じロータ直径のストール制御機の定格付近の値よりは若干小さい．

■疲労荷重

極値荷重に対する疲労荷重の重要性は，材料特性に強く関係する．ほとんどのブレードは疲労特性が類似した複合材料を使用しているため，ここでも，その前提に基づいて説明する．

7.1.8 項および 7.1.10 項で述べたように，複合材料の S–N 曲線は非常に傾斜が小さいのが特徴であり，$\overline{\sigma} \propto \overline{N}^{-1/m}$ の関係で，一定の両振幅荷重（$R = -1$）に対する m は一般に 10 以上である．そのため，疲労損傷は，出現頻度は低くても変動幅の大きい応力サイクルの影響を強く受ける．

平均応力レベルにより疲労損傷が増加するのも，複合材の重要な特性である．通常，この影響は，$R = -1$ の S–N 曲線における応力振幅を $1/(1 - \overline{\sigma}/\sigma_d)$ でスケーリングすることにより考慮できる．ここで，σ_d は圧縮，もしくは，引張に対する平均設計強度である．これを考慮することにより，平均値の高い応力サイクルが相対的に重要になる．

■ストール制御機の疲労

ストール制御機のブレード面外曲げモーメントの幅と平均値は，通常，風速が高く，ヨー角が大きい条件において最大となる．これは，図 7.19 からもわかる．この図は，前述の三次元空力データを用いた直径 80 m の風車の，風速とヨー角に対するハブ中心におけるブレードの曲げモーメントを示している．たとえば，平均風速が 20 m/s で横方向速度成分が 4 m/s の場合（ヨー角 11.3° 相当），ブレードがアジマス角 0° から 180° に回転する間に，面外曲げモーメントは 700 kN m 変動する．これに対して，主流風速が ±4 m/s 変動した場合の変化は 500 kN m である（風速変動から若干遅れて発生する）．

鉛直方向の風速変動に対しても同様であるが，鉛直方向の場合は風車にティルト角があるため，ロータ軸と水平風の間の角度差により，アップウィンド風車の場合，ロータ上方への流れが生じる．したがって，定格風速以上の条件における三次元風のシミュレーションによる曲げモーメントは，風とロータ軸との間の角度が増減するのに合わせて上下するため，ロータ回転周波数での変動が支配的になる．これに，主流方向の風速変化による低周波数の変動が重なる．

失速しない風速域におけるサイクル数も重要ではあるが，風速とヨー角がともに大きい場合のサイクル数が疲労損傷の主因になることは明らかである．これは，その条件におけるモーメントの変化が大きいことと，サイクル数がかなり高くなることによる．

Thomsen（1998）は，乱流強度が 15%一定で S–N 曲線の傾きが 12 の場合について，ロータ直径 64 m で 3 枚翼の 1.5 MW 風車にはたらくブレード面外曲げモーメントについて研究を行った．平均応力への許容値を図 7.22 に破線で示す．疲労損傷は 20 m/s 以上の風速に集中していることがわかる．図 7.22 には，大きな傾き（$m = 10$）の S–N 曲線の場合について，IEC カテゴリ A の平均風速に対する乱流強度の影響も示している．いずれも，高風速における疲労損傷への寄与が低下するが，IEC の乱流分布を使うことにより，その傾向はいっそう顕著になる．

■ピッチ制御機の疲労

ピッチ制御機の場合，ブレードの面外曲げモーメントの幅は高風速でヨー偏差をもつ場合に最大となるが，平均値は定格風速付近で最大となる．さらに，ブレードのピッチ制御により，短時間平均風速が定格付近の場合に荷重が大幅に低下する．これは，図 7.21 に示した，直径 80 m の風車の平均風速，ならびに，ハブ中心におけるヨー角に対するフラップ曲げモーメントからわかる．定格

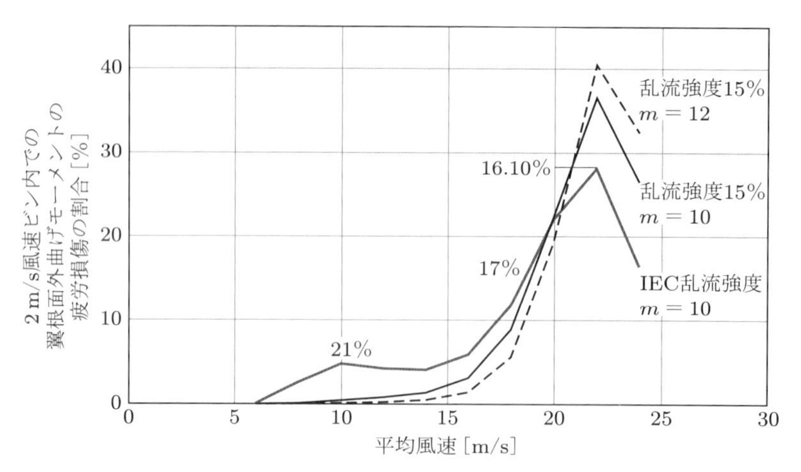

図7.22　ストール制御機の翼根面外曲げモーメントの疲労損傷の風速に対する分布：Thomsen（1998）に対して，平均荷重の影響を考慮した（翼枚数3，定格出力1.5 MW，ロータ直径64 m，ロータ速度17 rpm）

風速付近で平均風速に対する曲げモーメントが急激に変化する条件は，平均荷重ならびに出現頻度が高いため，疲労損傷への影響が大きい．また，高風速域では，ヨー角の偏差による曲げモーメントの変動が大きくなるが，平均荷重とサイクル数が小さいため，疲労損傷に対する影響は小さい．

定格風速における曲げモーメントの変動の特性を図7.23に示す．これは，平均風速14 m/s，ロータ速度21 rpmの2000 kWのピッチ制御機における，三次元風でのシミュレーションによる時刻歴の結果である．回転速度の増加により，図7.21の結果よりも，短期平均風速特性による急激な曲げモーメント変化が現れている．ハブ高さ60 mでウィンドシアーの影響は含まれているが，ヨー角とティルト角の影響は小さいため省略している．図7.23は，ウィンドシアーと緩やかな風速変化（ブレードのピッチングが応答する）に起因する曲げモーメントと，ガストスライス変動分に起因する曲げモーメントの変動の内訳も示している．前述の高風速で動作するストール制御機の場合と同

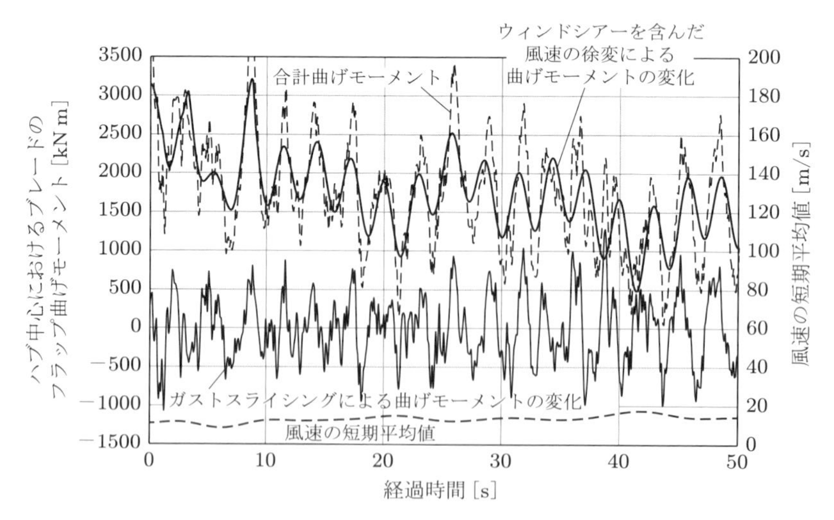

図7.23　ハブ中心におけるブレードのフラップ曲げモーメントの時間履歴：ロータ直径80 m，2000 kWピッチ制御機の，ロータ速度21 rpmにおける三次元風でのシミュレーション結果．平均風速14 m/sにおける緩やかな風速変化（ブレードのピッチ制御が応答可能）による曲げモーメントと，ガストスライス変動分による曲げモーメント変動の内訳も併記．

様，回転速度による曲げモーメント変動もかなりあるが，今回の例では，おもにロータ面全体の主流方向の風速の空間的変動（ヨーやティルト角のずれではなく，ガストスライス変動分）とウィンドシアーが支配的である．加えて，短期間の平均風速の変化によって，大きな低周波数の曲げモーメントの変動が確認でき，曲げモーメントと短期間の平均風速の間には反比例の関係があることがわかる．

■疲労に影響する要因

疲労荷重と極値荷重の相対的な重要度は，荷重のほかに，材料特性と，適用する安全係数により決まる．疲労荷重は1サイクル等価荷重 $\sigma_{\mathrm{eq}(n=1)}$ で表すと比較しやすい．これは，平均応力の影響を考慮した1サイクルの応力幅として定義される．この応力幅は，設計S–N曲線をもとにした実際の疲労荷重によるものと同じ疲労損傷を発生させる．このため，次式の関係が成り立つ場合に，疲労の重要性が相対的に高いということになる．

$$\frac{\sigma_{\mathrm{eq}\,(n=1)}}{2\sigma_{0d}} > \gamma_L \frac{\sigma_{\mathrm{ext}}}{\sigma_{cd}} \tag{7.23}$$

σ_{0d} は設計疲労曲線による $N=1$ の応力振幅，σ_{ext} は終局条件における応力，γ_L は荷重に対する部分安全係数，σ_{cd} は設計圧縮応力である．ただし，ここで，座屈は考慮していない．条件式は，応力の特性値を用いて次式のように表すことができる．

$$\frac{\sigma_{\mathrm{eq}\,(n=1)}}{\sigma_{\mathrm{ext}}} > 2\gamma_L \frac{\gamma_{mu}}{\gamma_{mf}} \frac{\sigma_{0k}}{\sigma_{ck}} \tag{7.24}$$

7.1.8項のGFRPの特性から明らかなように，σ_{0k}/σ_{ck} の値はおおむね1.0〜1.4となる．また，7.1.10項で述べたように，疲労強度に対する材料の部分安全係数は，疲労計算モデルと疲労荷重それぞれの精度に依存する．したがって，極限荷重の材料部分安全係数と疲労荷重の材料部分安全係数の比率は，0.91（IEC 61400-5）または0.74（DNVGL-ST-0376）から1.2まで変化し，大きな値が各応力比 R での材料のS–N曲線に適用され，マルコフ行列（Markov matrix）の荷重と組み合わせて使用される．したがって，疲労重要度を支配するパラメータの $2\gamma_L(\gamma_{mu}/\gamma_{mf})(\sigma_{0k}/\sigma_{ck})$ は，2.0〜4.5の間の幅広い値をとる．

疲労荷重の重要度を支配するほかの重要な材料特性に，S–N曲線の傾き m がある．m は1サイクル等価荷重 $\sigma_{\mathrm{eq}\,(n=1)}$ の値に影響し，木材積層に用いるような高い値を適用すると，疲労荷重は大幅に低下する．

■ほかの変動要因

疲労損傷の計算においては，材料特性自体の不確かさ以外に，多数の変動要因がある．代表的なものを以下に示す．

1. 一般に，確率論的乱流モデルとしてフォン・カルマン（von Karman）モデル，カイマル（Kaimal）モデル，およびマン（Mann）モデルのいずれかが用いられている．フォン・カルマンモデルは等方的であるが，カイマルモデルは横方向および鉛直方向の標準偏差は主流方向成分に対してそれぞれ80%および50%と，より現実に近いモデルである．また，マンモデルもカイマルモデルに近く，横方向と鉛直方向の標準偏差はそれぞれ 70%と 50%である．ストール制御機の場合，高風速域でヨー偏差をもった状態が疲労損傷の主要因となることが多いので，乱流モデルの選択はきわめて重要である．

2. 限られた時間（通常 300～600 s）のシミュレーションに基づいて疲労評価を行う場合，少数の極端に大きな荷重により大きな損傷を受ける場合が多いため，シミュレーションごとに大きな差が生じる．したがって，正確な結果を得るためには，同一の平均風速に対して数種類のシミュレーションが必要である．これについては，Thomsen（1998），'*The statistical variation of wind turbine fatigue loads*' に述べられている．
3. 平均応力による疲労強度の低減を考慮して，レインフローサイクルカウント，または，シミュレーション全時間にわたって得られた各応力幅に対して，平均応力を計算してもよい（式 (7.18) など）．

■重力荷重による疲労

ブレード面内方向の疲労荷重は重力荷重と空力荷重の変動に起因するが，系統連系するような大型の風車においては重力荷重が支配的であるため，疲労荷重の計算は比較的容易である．

ブレードのほとんどの断面では，翼弦長は翼厚よりもかなり大きいので，一般に，エッジ方向の断面係数はフラップ方向の断面係数よりも大きい．しかし，一般的なブレードでは，円形に配置したボルトでブレード翼根部をハブまたはピッチベアリングに取り付けるため，ブレード翼根部は円筒シェル構造になっている．ここで，板厚が一様であれば 2 軸の断面係数は同一であるため，面内疲労荷重の評価は，まずブレード翼根部に関して行うべきである．

■翼端たわみ

極限条件下では，翼端たわみはブレード半径の約 20%に達する場合があるため，とくにアップウィンド機の場合には，ブレードとタワーの接触のリスクを回避する必要がある．DNVGL-ST-0376（2015）では，安全係数を乗じていない発電中の極値荷重での翼端たわみが，ブレードたわみがない場合のクリアランスの 70%を下回ってはならないと規定されている．これは，安全係数 1.43 に相当する．また，IEC 61400-5 では，各荷重条件に対して，荷重とブレード弾性係数に対する部分安全係数（$1.35 \times 1.1 = 1.485$）を加味した場合にも，ブレードとタワーが接触しないことが要求されている．なお，これらの要件は，試験結果などを併用することにより緩和できる．

類似のブレードで異なる材料を使用した場合の翼端たわみの比較は，有用な情報を与える．各材料の設計圧縮強度が終局荷重条件を満たすようにブレード外皮の厚さ分布を設定した場合，翼端たわみは，ブレードのヤング率に対する設計圧縮強度の比 σ_{cd}/E に比例する．表 7.11 に，さまざまな材料のこの値を示す．

表から明らかなように，GFRP ブレードは，設計上，座屈が支配的にならないように十分な余裕をもちつつ，ほかの材料のブレードよりも柔軟性を有している．しかし，図 7.4 に示したような薄肉断面の場合には，ブレードの柔軟性が低下するため，座屈を防ぐために GFRP の圧縮応力を大幅に低減する必要がある．

7.1.14　簡易的な疲労設計の例

風車ブレードの疲労損傷を厳密に計算するには，各風速において多数の時刻歴シミュレーション

表 7.11 さまざまな風車ブレード材料の設計強度と剛性の比率

材料	終局圧縮強度 σ_{cu} [MPa]	材料部分安全係数 γ_{mu}	設計圧縮強度 σ_{cd} [MPa]	ヤング率 E [Gpa]	強度/ヤング率 $(\sigma_{cd}/E)\times 10^3$
ガラス／エポキシ積層材：92%一方向（UD）繊維 PPG-Devold L1200/G50 E07, VF＝59%, バキュームインフュージョンで製造	575	2.47	233（座屈を除く）	44	5.3
炭素繊維／エポキシ積層材：炭素繊維 Hexcel AS4, VF＝60%, 一方向（UD）にレイアップ	1530	2.47	619	141	4.4
アフリカマホガニー／エポキシ積層材	50	1.5	33	10	3.3
カバノキ／エポキシ積層材	81	1.5	54	15	3.6
	降伏点 σ_y	γ_{my}			
高降伏点鋼（Fe510 グレード）	355	1.1	323	210	1.54
溶接可能なアルミニウム合金 AA6082	240	1.1	218	69	3.2

を行い，これらの結果を後処理して，ブレード各翼断面の各場所における疲労応力スペクトルを決定する必要がある．このような大規模な数値計算では，疲労を引き起こすおもな要因の理解が必ずしも容易ではないため，本項では，直径 80 m のピッチ制御の可変速機でのブレード（FC40）を例に，簡易的な疲労設計により説明する．

まず，ブレードの形状と構造を説明したあと，確率的および決定論的なブレードの曲げモーメントを導出し，翼断面でのクリティカルな部分の応力の組み合わせについて概説する．

■ブレードの形状

FC40 ブレードの平面形状を図 7.24 に，捩れと翼厚比の分布を図 7.25 に示す．

■ブレードの構造

二つのシェアウェブで接合された二つのスパーキャップで構成されるボックススパーが，このブレードの荷重伝達の主構造となっている．スパーキャップは，翼根から半径 25 m までは 0.50 m の一定幅であり，座屈に対して適切な耐力を確保するために，翼端で幅 0.275 m までのテーパが付けられている．スパーは，周囲の残りの部分を形成するフォームサンドイッチパネルのスキンである $0°/\pm 45°$ の三方向積層材の $0°$ 積層により補強されている．一般的な配置として，32.5%半径の断面を図 7.26 に示す．

最大翼弦長部（半径 9 m 位置）より外翼側のフォームサンドイッチとその内外面のスキンの厚さは，翼弦長 c に比例して減少する．ここでは，サンドイッチの厚さはスパーの後縁側で $c/60$，スキンの厚さは $c/1560$ に設定している．半径 9 m より外翼側のスパーキャップの厚さ分布は，各翼断面上のクリティカルな位置における累積疲労損傷度が 1 未満になるように設定した．

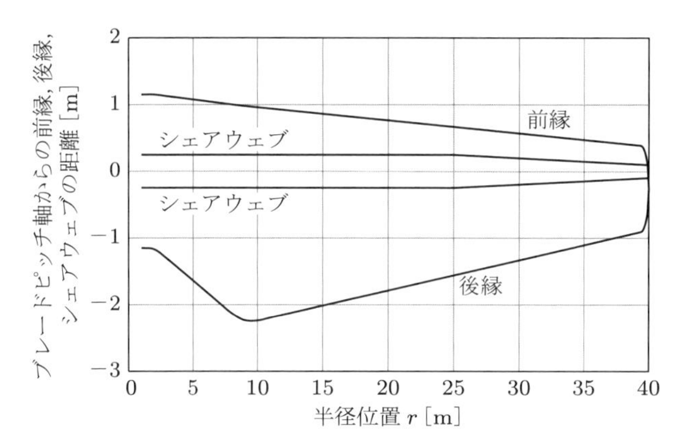

図 7.24　FC40 ブレードの平面図：9 m 半径位置より外側の翼弦長分布は $c = 3.844 - 0.06467r$，9 m 半径位置より外側では前縁位置は $0.3c$

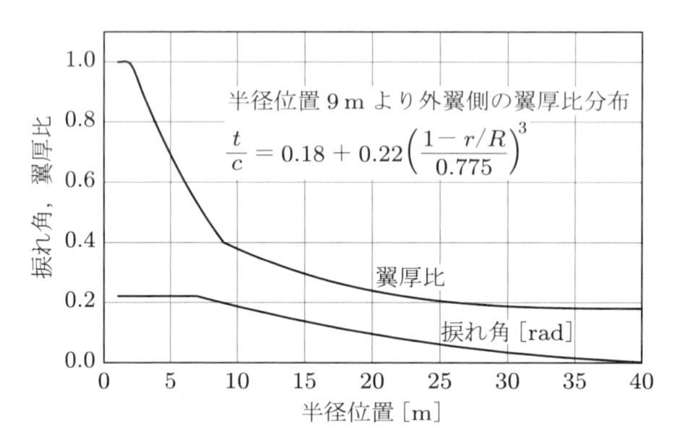

図 7.25　FC40 ブレードの捩れと翼厚比の分布

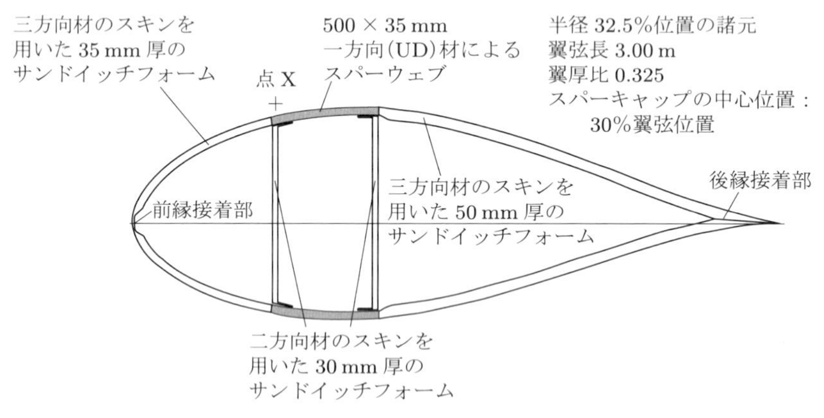

図 7.26　半径 32.5%位置のブレード断面

半径 9 m より内翼側において，翼断面は翼根に向かって円形の断面に徐々に移行する．スパーキャップの厚さは翼根でゼロまで直線的に減少すると仮定し，疲労強度を満足させるために，内外面のスキンの厚さは徐々に増加させた．

■運転条件

風車のロータ速度に対するトルク特性は，ロータ速度 21 rpm（2.2 rad/s）まで周速比 8 で運転し，11 m/s 以上の風速では一定速度になるように設定する．11.32 m/s で定格出力 2000 kW に達し，その後は，ピッチ制御によりロータ速度を 21 rpm に制御する．

■決定論的荷重（deterministic load）

ウィンドシアー，タワーシャドウ，ヨー角，ティルト角はすべて，主としてフラップ方向の周期的な疲労荷重として作用する．ウィンドシアーとタワーシャドウによる曲げモーメント変動は加算的であるが，ヨー角による荷重は向きに応じて同相または逆相になる可能性があるので，全体としては正味の損傷度への寄与はごくわずかであると仮定する．そのため，ヨー角による応力幅は，単純化のためにここでの疲労評価では省略する．また，ティルト角による繰り返し荷重は，ウィンドシアーやタワーシャドウによる荷重と 90° 位相がずれており，大きさがかなり小さいため，その影響は無視できるとし，これも省略する．

ウィンドシアーとタワーシャドウによる面外および面内曲げモーメントの変動幅は，ブレードの軸基準で算出される．これを対応する断面係数で除することで，2 箇所のクリティカルな部分における応力幅を得る．スパーキャップが湾曲していることによる位置の不確実性を考慮するために，応力幅の取得位置は図 7.26 に示す点 X として安全側に設定する．この位置は，翼の基準軸からの距離が，負圧面側スパーキャップの最外面の繊維位置までの距離と同じであるとしている．後縁側の応力幅も同様に計算する．

各クリティカルな部位の重力項の応力幅は同じ方法で計算されるが，ウィンドシアーとタワーシャドウによる応力幅と 90° 位相がずれているため，応力幅の合計は二乗和平方根により計算する．

■確率論的荷重（stochastic load）

5.7.5 項で述べたように，ガストスライスの影響は，ロータ上のある点に入射する風速変動のパワースペクトルが，固定座標系の一点での風速変動のパワースペクトルと大きく異なるという形で表れる．ガストスライスの影響がある場合，回転周波数帯においてエネルギーが集中し，風速変動は高調波成分をほとんどもたないが，低周波帯のパワースペクトルへの影響はわずかである（図 5.19 参照）．

回転系のパワースペクトルには極低周波数と回転周波数の領域間に谷が存在するため，二つの周波数に集中する確率論的荷重を個々に疲労評価することが可能である．回転周波数以上での半径 r_l でのブレード曲げモーメント変動の標準偏差 σ_{ML} は，次式で与えられる．

$$\sigma_{ML}^2 = \left(\frac{1}{2}\rho\Omega\frac{dC_L}{d\alpha}\right)^2 \sum_{j=l}^{m}\sum_{k=l}^{m}\left(\int_{\Omega/2}^{\infty} S_u^o(r_j, r_k, n)dn\right) c(r_j)c(r_k)r_j r_k(r_j - r_l)(r_k - r_l)(\Delta r)^2 \tag{7.25}$$

回転周波数における確率論的曲げモーメントと決定論的曲げモーメントの組み合わせについては，この次に検討する．確率論的荷重の曲げ応力に対する影響はわずかであると予想されるので，単純化のために，荷重は捩れのない翼弦に直交方向に作用するとみなす．後述のように，極低周波数での荷重幅は，回転周波数での確率論的および決定論的荷重幅に加算される．

■決定論的応力と確率論的応力の組み合わせ

定常状態においては，決定論的応力のピークは各ブレードにおいて同じアジマス角で発生するが，確率論的応力のピークは任意のアジマス角で同じ確率で発生するため，決定論的応力幅と確率論的応力幅の組み合わせによる損傷度は，相対的な位相角 0〜360° の全範囲にわたり計算し，合計する必要がある．確率論的応力幅は回転周波数に集中し，高調波のピークが少ないことから，簡略化のために，回転周波数での狭帯域として，対応する応力幅 $\Delta\sigma_S$ の分布はレイリー分布とみなす．

$$P(\Delta\sigma_S) = 1 - \exp\left[-\frac{1}{8}\left(\frac{\Delta\sigma_S}{\sigma_{\sigma_S}}\right)^2\right] \tag{7.26}$$

ここで，σ_{σ_S} は確率論的応力の標準偏差である．個々の確率論的応力幅は，余弦定理を使用して，次式のように決定論的応力幅と組み合わせる．

$$\Delta\sigma(\varphi_j) = \sqrt{\Delta\sigma_S^2 + \Delta\sigma_D^2 + 2\Delta\sigma_S\Delta\sigma_D\cos\varphi_j} \tag{7.27}$$

ここで，φ_j は，ブレードの決定論的および確率論的ピーク荷重の間の位相角である．

応力幅 $\Delta\sigma$ の許容サイクル数が $N = (2\sigma_{0d}/\sigma)^m$ であると仮定し，回転サイクルは確率論的応力サイクルと決定論的応力サイクル間の位相角が φ_j であるとし，位相角のビン幅を $\Delta\varphi$ とすると，ある期間 T で発生する損傷度は以下となる．

$$\begin{aligned}\frac{n}{N} &= \frac{\Delta\varphi}{2\pi}\sum_{\Delta\sigma_S}\frac{\Omega T\Delta P(\Delta\sigma_S)}{(2\sigma_{0d}/\Delta\sigma)^m}\\ &= \frac{\Delta\varphi}{2\pi}\frac{\Omega T}{(2\sigma_{0d})^m}\sum_{\Delta\sigma_S}\Delta P(\Delta\sigma_S)(\Delta\sigma_S^2 + \Delta\sigma_D^2 + 2\Delta\sigma_S\Delta\sigma_D\cos\varphi_j)^{m/2}\end{aligned} \tag{7.28}$$

上式の結果を全位相角にわたり合計することによって，累積損傷和が得られる．すべてのサイクルが次式で示す等しい応力幅をもつ場合，すべてのサイクルに対して同じ損傷度が得られる．

$$\Delta\sigma_{\mathrm{eff}} = \left[\sum_j\left\{\frac{\Delta\varphi}{2\pi}\sum_{\Delta\sigma_S}\Delta P(\Delta\sigma_S)(\Delta\sigma_S^2 + \Delta\sigma_D^2 + 2\Delta\sigma_S\Delta\sigma_D\cos\varphi_j)^{m/2}\right\}\right]^{1/m} \tag{7.29}$$

■極低周波サイクル

極低周波のブレード曲げモーメント変動の平均周波数は，乱流の流れ方向成分のパワースペクトルの関数であり，平均風速 13 m/s で約 0.015 Hz，すなわち，通常の時刻歴解析の解析時間長である 10 分間に，約 9 回の荷重サイクルを発生させる．これらの極低周波サイクルは，回転周波数での各応力幅に加算されるため，比較的大きな疲労応力サイクルを引き起こす．

回転翼上のある点に入射する極低周波の風速変動の標準偏差は，固定座標系の標準偏差よりも小さくなる．直径 80 m の風車の 70%半径位置（28 m）において，前者は後者の 80%である．ここで，横方向と鉛直方向に対する主流方向の乱流長さスケールは，ともに 147 m と仮定する．

定格速度以上の風速において，ブレードは低周波の風速変動に応じてピッチ操作を行うため，ブレードの曲げモーメントは急激に低下する．簡略化のため，風速変動の標準偏差に当該半径のモーメント/風速特性の係数を乗じ，定格風速での曲げモーメント上限を考慮し，また，ピーク値のレイリー分布に基づくピーク係数を適用して，曲げモーメント変動の幅を推定する．j 番目に大きいサイクルのモーメント幅は，次式で表すことができる．

$$\Delta M = 0.8\sigma_u \frac{dM}{dU} 2k_j \tag{7.30}$$

ここで，k_j は，$(j-0.5)/9$ の確率で超過するピークの振幅である．

■スパーキャップ厚さの分布

疲労荷重に耐えるよう設計されたスパーキャップ厚さの分布を図 7.27 に示す．これは，正確な疲労モデルと正確な荷重を用いる場合に適用される，IEC 61400-5 における材料部分安全係数 2.06 に基づいている．強度率は，翼根から半径 21 m 位置にかけて 0.97〜1.00 の間となっている．設計は，後縁部ではなく図 7.26 の点 X での疲労応力により決定されており，スパーキャップの比率を増やすことで，ある程度の材料削減の余地があることを示している．

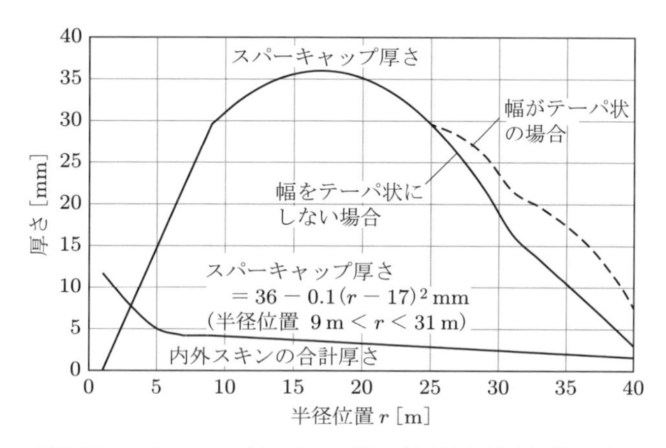

図 7.27 スパーキャップとスキンの厚さ（内側と外側の合計）の分布

図 7.27 に破線で示すように，座屈に耐えるために，半径 25 m より外翼側ではスパーキャップの幅は徐々に減少し，厚みを増している．また，空力断面形状を形成するフォームサンドイッチパネルの内側と外側のスキンの合計厚さの分布も示す．

■風速による疲労応力と損傷度の変化

図 7.28 は，2 m/s 間隔の風速に対して，半径 17 m 位置における疲労応力幅の変化を示している．ブレードのピッチ制御により，フラップ方向の重力モーメント成分が増加するため，重力項の応力幅は定格風速よりも高風速の条件で増加する．回転周波数以上での確率論的荷重による DEL 応力幅は，回転速度と乱流風速変動の標準偏差の積に比例するため，定格速度までは急激に増加するが，速度が上限に達するとその後は急激に低下する．低周波数の確率論的荷重サイクルの影響を加味すると（それぞれ回転周波数の DEL 応力幅を追加すると），確率論的 DEL 応力幅は大幅に増加する．これは，$m = 10$ の S–N 曲線の勾配が小さいために，サイクル数の少ない大きな荷重の影響が大きくなるからである．

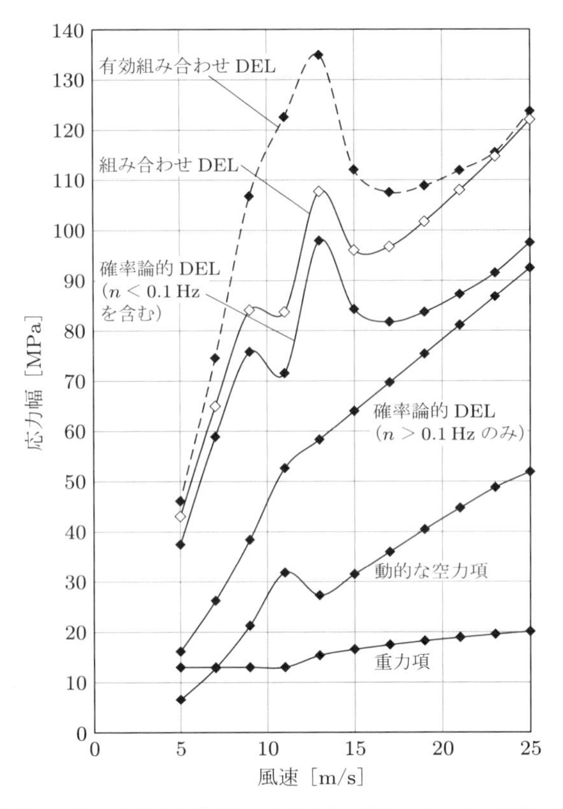

図 7.28　半径 17 m 位置の点 X における風速ごとの疲労応力の変化：ここで，DEL 応力幅は，一定数の荷重サイクルで同じ損傷を与える，一定の応力幅を意味する．

図より，風速 11 m/s における応力幅は 9 m/s や 13 m/s よりも小さいことがわかる．これは，低周期の風速変動による曲げモーメントが定格風速 11.32 m/s において上限に達し，曲げモーメント変動が抑えられるためである．高風速域では，ブレードの曲げモーメントは，低周期の風速変化の影響をあまり受けないため，確率論的 DEL 応力幅への影響は少ない．

確率論的応力幅と決定論的応力幅を組み合わせた場合，後者の影響は低風速域では比較的小さいが，高風速域では大きな影響を与える．破線で示される有効組み合わせ DEL 応力（effective combined DEL stress）は，組み合わせ DEL 応力を μ で除することで導出する．μ は線形グッドマン線図に基づいた有限の平均応力による許容応力幅の減少率であり，次式で示される．

$$\mu = 1 - \frac{\overline{\sigma}}{\sigma_{cd}} \tag{7.31}$$

μ は平均応力が最大になる定格速度において最小値に達する．そのため，図 7.28 では，有効組み合わせ DEL 応力幅は，風速 11 m/s での組み合わせ DEL 応力幅と比べてはるかに大きな増加率を示す．

図 7.29 に，半径 17 m 位置における風速による疲労損傷度の変化を，風速 2 m/s 間隔で示す．また，有効組み合わせ応力幅と，風速ごとの風車動作時間の割合も示す．損傷度のほとんどすべてが 11 m/s および 13 m/s の風速ビン，すなわち，定格風速付近で蓄積されていることがわかる．

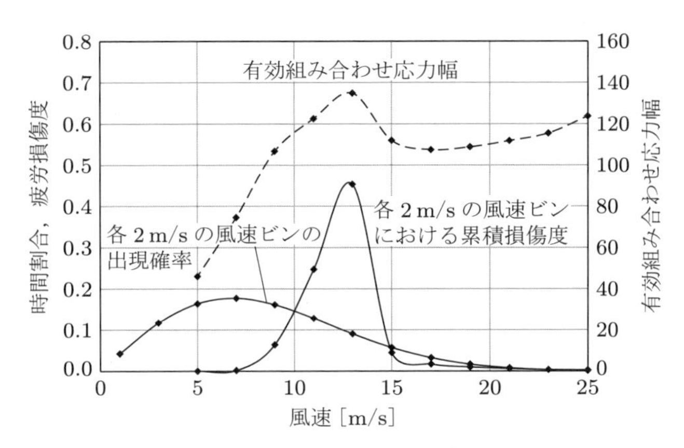

図 7.29 半径 17 m 位置の点 X における各風速の疲労損傷度

■翼根部の疲労

翼根の疲労荷重は，その他の部位と同様に面外荷重が支配的であり，クリティカルな曲げの方向はロータ回転面から約 5° 偏差している．重力項による極値繊維応力幅がわずか 44 MPa であるのに対して，翼根のクリティカルな曲げ方向の有効組み合わせ DEL 応力は 118 MPa である．

荷重に対する部分安全係数を乗じた極値曲げモーメントによる極値繊維応力は 222 MPa である．そのため，$\sigma_{\mathrm{eq}\,(n=1)}/\sigma_{\mathrm{ext}} = 118 \times (1.8 \times 10^8)^{0.1}/222 = 118 \times 6.69/222 = 790/222 = 3.56$ となる．前項で述べたように，$\sigma_{\mathrm{eq}\,(n=1)}/\sigma_{\mathrm{ext}} > 2\gamma_L(\gamma_{mu}/\gamma_{mf})(\sigma_{0k}/\sigma_{ck})$ の場合，疲労がクリティカルになる．疲労および極値限界状態における材料に対する部分安全係数が，精度の高い荷重および疲労モデルに基づいている場合，γ_{mu}/γ_{mf} は 1.2 になる．よって，σ_{0k}/σ_{ck} が範囲の上限値（1.4）の場合，しきい値は $2\gamma_L(\gamma_{mu}/\gamma_{mf})(\sigma_{0k}/\sigma_{ck}) = 2 \times 1.35 \times 1.2 \times 1.4 = 4.54$ となり，不等式の条件は成立せず，翼根部では疲労は支配的でないということになる．

■翼端クリアランス

多くの場合に支配的な荷重ケースとなる極値乱流荷重条件（IEC 61400-1, DLC 1.3）におけるアジマス角 175°～185° での翼端のたわみは，荷重に対する部分安全係数 1.35 を加味すると，約 6.5 m になる．ティルト角を 5°，ハブのオーバーハングを 3.2 m，タワーの直径を 3.4 m とすると，公称クリアランスは $40 \sin 5° + 3.2 - 1.7 = 3.5 + 1.5 = 5.0$ m となり，明らかに不十分である．翼端とタワーの衝突リスクは，スパーキャップの厚さを増して剛性を高めることで回避できる．これは，翼の設計において疲労ではなく剛性が支配的であることを意味する．ただし，ロータの配置構成を変更して公称クリアランスを大きくするほうがより経済的であり，すべてのブレードを同じ角度だけ前方に傾斜させるコーニング，またはブレード初期形状を風上側に湾曲させるプリベンド，またはそれらの組み合わせで対処することができる．

■直径 160 m のブレードの疲労設計へのスケーリング

FC40 ブレードを，より大きな直径をもつブレードへと設計し直すことは比較的容易である．翼弦長と翼厚分布を直径比でスケールアップし，ロータ速度を直径比で除した場合，ウィンドシアーの変化を無視すると，空力荷重は直径の 2 乗に，それによるモーメントは直径の 3 乗にそれぞれ比例して増加する．スパーキャップの幅と厚さ，およびスキンの内側と外側の厚さがすべて直径に比例して増加する場合，曲げ応力の計算に使用される断面係数も直径の3乗に比例して増加し，空力荷重によるモーメントと比が等しくなるため，応力は変化しない．

一方，荷重の重力項は直径の3乗で増加するため，重力によるモーメントは4乗で増加する．重力と空力の組み合わせ荷重による疲労応力幅に対する直径の増加の影響は，直径とほかのすべての寸法を初期形状と同じ比に保つことによってモデル化できるが，重力項による応力算出のために，密度には直径比を乗じて補正する必要がある．本手法を，FC40ブレードの直径160mへの拡大に適用すると，スパーキャップではなく後縁の疲労がクリティカルになるため，内外スキンの厚さを増やす必要が生じる．スキンの厚さが30%増加すると，22.5%半径位置の最大翼弦長の近傍では，1%の応力超過が確認され，それ以外では，後縁の疲労損傷度が許容値まで減少する．スキンの寸法を単純に2倍にすると，スキンの質量は8倍以上に，ブレードの質量は7.5%増加する．

7.1.15　ブレードの共振

共振は疲労損傷を増加させる可能性がある．そのため，共振の回避は，ブレードにおけるもっとも重要な設計目標の一つである．ブレードの振動は，減衰を大きくし，ブレードのフラップ方向およびエッジ方向の固有振動数を加振周波数から十分に離すことにより，低減することができる．具体的には，回転周波数とその高調波成分，とくにブレード通過周波数を固有振動数から離すことにより，共振を避けることができる．

■失速による振動

ブレードが失速域に入ると，揚力傾斜 $dC_l/d\alpha$ が負になるため，揚力の向きに負の空力減衰力が作用する．特定のモードにおいて，ブレード全体で構造減衰を超える負の空力減衰が発生すると，固有振動数と加振周波数の関係にかかわらず，いかなる初期擾乱からでも振動が発達する．なお，振動数が大きいほど構造減衰は大きく，空力減衰は小さくなるため，各方向の1次モードにおいて，このような発散振動が発生しやすい．1次モードの振動が発生しやすい条件を避けるためには，エッジ方向およびフラップ方向の振動の空力減衰の要因を理解する必要がある．

主流に対して垂直な面で定常運転している風車ロータを考える．ブレード上の半径位置 r において面外および面内方向の風速変動を受ける場合，相対速度の速度三角形は図7.30(a)のようになる．ここで，風下側を x 軸，ブレードの回転方向（時計方向）と逆向きを y 軸とする．翼素上の単位幅あたりの揚力と抗力を面外および面内方向の力 F_X と F_Y に分解すると，次式となる（図7.30(b)）．

$$F_Y = \frac{1}{2}\rho W^2(-C_l \sin\varphi + C_d \cos\varphi)c$$
$$F_X = \frac{1}{2}\rho W^2(C_l \cos\varphi + C_d \sin\varphi)c$$

さらに，回転による誘導係数は小さいため無視すると，次式で表すことができる．

$$F_Y = W[-C_l\{U_\infty(1-a) - \dot{x}\} + C_d(\Omega r - \dot{y})]\frac{1}{2}\rho c \tag{7.32}$$
$$F_X = W[C_l(\Omega r - \dot{y}) + C_d\{U_\infty(1-a) - \dot{x}\}]\frac{1}{2}\rho c \tag{7.33}$$

ここで，U_∞ は自由流風速，$U_\infty(1-a)$ はロータ面における風速である．ブレード単位幅あたりの

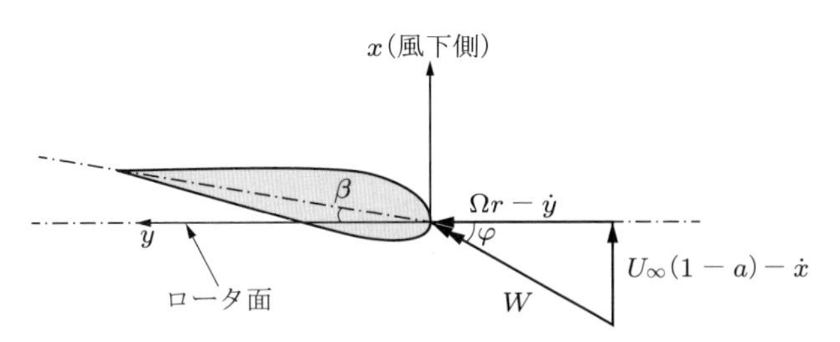

（a）振動するブレードの速度線図
（翼端からハブ方向を見る）

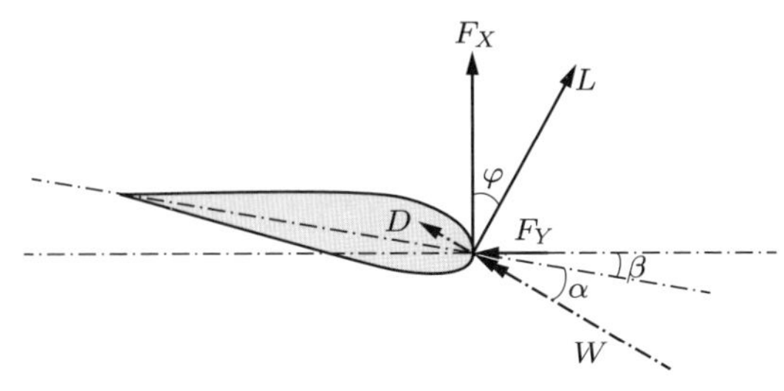

（b）揚力と抗力の面外／面内成分

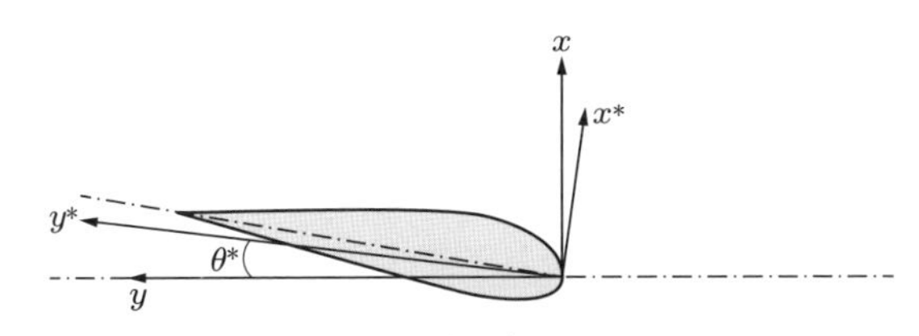

（c）振動の方向 x^* と y^*

図 7.30 振動するブレードの速度，揚力と抗力，振動方向

面内および面外方向の振動の減衰係数は，次式によって与えられる．

$$\widehat{c}_Y(r) = -\frac{\partial F_Y}{\partial \dot{y}} \tag{7.34a}$$

$$\widehat{c}_X(r) = -\frac{\partial F_X}{\partial \dot{x}} \tag{7.34b}$$

同様に，面外速度に対する面内力，ならびに，面内速度に対する面外力を示す交差係数は，次式のように定義される．

$$\widehat{c}_{YX}(r) = -\frac{\partial F_Y}{\partial \dot{x}} \tag{7.35a}$$

$$\widehat{c}_{XY}(r) = -\frac{\partial F_X}{\partial \dot{y}} \tag{7.35b}$$

$U_\infty(1-a)$ に V を代入して簡略化すると，面内方向の減衰係数は次式となる．

$$\widehat{c}_Y(r) = -\frac{\partial F_Y}{\partial \dot{y}}$$

$$= -\frac{1}{2}\rho c\left[\frac{\partial W}{\partial \dot{y}}(-C_l V + C_d \Omega r) + W\left(-\frac{\partial C_l}{\partial \dot{y}}V + \frac{\partial C_d}{\partial \dot{y}}\Omega r - C_d\right)\right] \tag{7.36}$$

ここで，$\partial W/\partial \dot{y} = -\Omega r/W$，ならびに，$\partial C_l/\partial \dot{y} = (\partial C_l/\partial \alpha)(\partial \alpha/\partial \dot{y}) = (\partial C_l/\partial \alpha)(\partial \varphi/\partial \dot{y}) = (\partial C_l/\partial \alpha)(V/W^2)$ より，この式は次式のようになる．

$$\widehat{c}_Y(r) = \frac{1}{2}\rho c\frac{\Omega r}{W}\left(-VC_l + \frac{V^2}{\Omega r}\frac{\partial C_l}{\partial \alpha} + \frac{2\Omega^2 r^2 + V^2}{\Omega r}C_d - V\frac{\partial C_d}{\partial \alpha}\right) \tag{7.37}$$

交差係数と面外方向の減衰係数も，同様の手順によって導出される．

$$\widehat{c}_{YX}(r) = \frac{1}{2}\rho c\frac{\Omega r}{W}\left(-\frac{\Omega^2 r^2 + 2V^2}{\Omega r}C_l - V\frac{\partial C_l}{\partial \alpha} + VC_d + \Omega r\frac{\partial C_d}{\partial \alpha}\right) \tag{7.38}$$

$$\widehat{c}_{XY}(r) = \frac{1}{2}\rho c\frac{\Omega r}{W}\left(+\frac{2\Omega^2 r^2 + V^2}{\Omega r}C_l - V\frac{\partial C_l}{\partial \alpha} + VC_d - \frac{V^2}{\Omega r}\frac{\partial C_d}{\partial \alpha}\right) \tag{7.39}$$

$$\widehat{c}_X(r) = \frac{1}{2}\rho c\frac{\Omega r}{W}\left(+VC_l + \Omega r\frac{\partial C_l}{\partial \alpha} + \frac{\Omega^2 r^2 + 2V^2}{\Omega r}C_d + V\frac{\partial C_d}{\partial \alpha}\right) \tag{7.40}$$

二つの減衰係数 $\widehat{c}_Y$ および $\widehat{c}_X$ の式から明らかなように，失速特性がより緩やかな翼型，つまり，失速後の負の揚力傾斜がより小さい翼型では，いずれの方向においても減衰係数は大きくなる．とくに，1 次モードのモード減衰係数は外翼部が支配的であるため，外翼部では失速特性の緩やかな翼型を選択することが重要である．

また，翼型は性能にも影響するので，減衰係数と発電出力との間のトレードオフを検討するうえで，減衰係数と発電電力量の関係を明らかにすることは有用である．単位幅あたりの減衰係数および断面係数は，単位幅あたりのパワー $P'(r,V) = \Omega r(-F_Y)$，および，単位幅あたりのブレードスラスト F_X を用いて，次式のように表すことができる．

$$\widehat{c}_Y = -\frac{2}{\Omega^2 r^2}P' + \frac{V}{\Omega^2 r^2}\frac{\partial P'}{\partial V} = \frac{1}{\Omega^2 r^2}\left(-2P' + V\frac{\partial P'}{\partial V}\right) \tag{7.41}$$

$$\widehat{c}_{YX} = -\frac{\partial F_Y}{\partial \dot{x}} = \frac{\partial F_Y}{\partial V} = \frac{1}{\Omega r}\frac{\partial}{\partial V}(\Omega r F_Y) = -\frac{1}{\Omega r}\frac{\partial P'}{\partial V} \tag{7.42}$$

$$\widehat{c}_{XY} = \frac{1}{\Omega r}\left(2F_X - V\frac{\partial F_X}{\partial V}\right) \tag{7.43}$$

$$\widehat{c}_X = -\frac{\partial F_X}{\partial \dot{x}} = \frac{\partial F_X}{\partial V} \tag{7.44}$$

式 (7.41) および式 (7.43) は，式 (7.37)〜(7.40) により得られる $\Omega r\widehat{c}_Y + V\widehat{c}_{YX} = 2F_Y = -2P'/\Omega r$，ならびに，$\Omega r\widehat{c}_{XY} + V\widehat{c}_X = 2F_X$ から導くことができる．

式 (7.41) から，面内方向の減衰係数 $\widehat{c}_Y$ は，$\partial P'/\partial V$ が $2P'/V$ を超えないかぎり常に負になる．また，負の減衰を小さいまま維持したい場合には，出力曲線の傾きが負になることを避けるべきである．

■ブレード捩れの影響

以上の議論では，面外および面内方向の減衰のみを考慮していた．しかし，実際には，フラップ

／エッジ方向の振動によりブレードに捩れが生じ，また逆に，量としては小さいが，ブレードの捩れにより，面外および面内方向の振動が生じる（5.8.1 項参照）．図 7.30(c) に示したように，x^* 軸および y^* 軸をフラップ方向とエッジ方向の変位の向き，これらと x 軸と y 軸のなす角を θ^* と定義すると，単位幅あたりのエッジ方向の減衰係数は次式で与えられる．

$$\widehat{c}_{Y^*} = \widehat{c}_Y \cos^2\theta^* - (\widehat{c}_{YX} + \widehat{c}_{XY}) \sin\theta^* \cos\theta^* + \widehat{c}_X \sin^2\theta^* \tag{7.45}$$

また，式 (7.45) に式 (7.41)～(7.44) を代入すると，次のようになる．

$$\widehat{c}_{Y^*} = \cos^2\theta^* \left[\frac{1}{\Omega^2 r^2}\left(-2P' + V\frac{\partial P'}{\partial V}\right)\right] + \cos\theta^* \sin\theta^* \left[\frac{1}{\Omega r}\left(-\frac{\partial P'}{\partial V} + 2F_X - V\frac{\partial F_X}{\partial V}\right)\right]$$
$$+ \sin^2\theta^* \left(\frac{\partial F_X}{\partial V}\right) \tag{7.46}$$

ここで，θ^* を $\theta^* + 90°$ に置き換えると，この式は，単位幅あたりのフラップ方向の減衰係数を与える．

29 rpm で回転する半径 20.5 m のブレードの 14 m 半径位置の断面における，3 種類の風速に対する振動を，図 7.31 に示す．ここで，振動の向きが θ^* で，単位幅あたりの減衰係数は $\widehat{c}_{Y^*}$ である．このデータは Petersen ら（1998）によるものであるが，軸方向誘導係数による低下は考慮されていない．これにより，負減衰は 20 m/s でもっとも大きく，負のフラップ方向の減衰を増加させて θ^* を増加させることにより，エッジ方向の負減衰は改善されることがわかる．

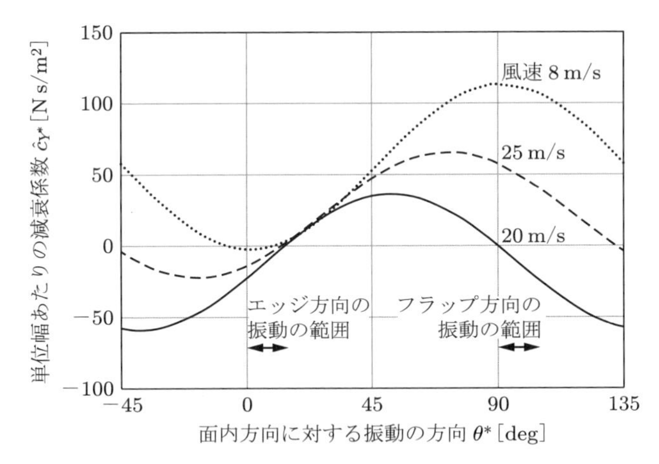

図 7.31 翼型の振動の向きに対する減衰係数の例（半径 20.5 m のブレードの 14 m 半径位置，翼弦長 1.06 m，ロータ速度 29 rpm）

70%半径位置付近における局所減衰係数は傾向を見るのには有用だが，発散振動を確認するには，注目する振動モードの減衰係数を調べるのがもっともよい．これは，式 (7.46) の右辺に当該断面のモード振幅の 2 乗を乗じ，ブレードの長さ方向に積分することで得られる．

エッジ方向とフラップ方向の 1 次モード減衰係数の比較により，振動の方向を変えることが有効であると判明した場合，ブレード断面の材料を再配置することで振動方向を微修正することができる．あるいは，ブレードのキャンバを変化させる場合には，任意の流入角に対する空力特性が変わらないようにピッチ角を調整しても，同様の効果が得られる．

失速によるエッジ振動は，Petersen ら（1998）により詳細に検討されており，本書の基礎的な情報もこの研究によるものである．この研究では，直径 40 m のストール制御機で見られたブレードのエッジ振動の根本的な原因は，負の空力減衰であると結論付けられたが，そこでは，動的失速モデルを用いることにより，測定結果とよりよく一致することも明らかになっている．

■ブレードエッジモードとロータ旋回モードの連成

失速により励振される風車に関してさらに詳細に検討した結果，ブレードのエッジ方向の1次曲げモードとロータの2次旋回モードに連成があることが知られるようになった．ロータ旋回（ワール，whirl）モードは，ロータ軸で同時に発生するノッディング振動とヨーイング振動によるジャイロ効果が，発電時の回転速度と同じ周波数で発生するものである．その結果，ハブの運動は円形または楕円形の軌跡を描く．この軌跡には，ロータの回転方向と逆回転方向に対応した二つのモードが存在する．

この連成振動は次のように説明できる．一対のブレードが逆位相でエッジ方向に振動するとき，エッジ方向の曲げモーメントが打ち消しあっても，ロータハブに正弦波的に変化する面内力が誘起される．この振動力の方向は，ロータとともに回転するので，水平成分 $\sin(\omega_1 t + \eta)\sin\Omega t$，ならびに，垂直成分 $\sin(\omega_1 t + \eta)\cos\Omega t$ をもつ．ここで，ω_1 はブレードのエッジ方向1次モードの角振動数で，Ω はロータ角速度である．静止軸において，ハブの面内の荷重は，$\omega_1 \pm \Omega$ の二つの周波数で作用する．Petersen ら（1998）が検討した風車の場合，これらのうちの高いほうの周波数 $2.9 + 0.5 = 3.4$ Hz は，2次の逆向きの旋回モードと一致し，このモードとブレードの1次のエッジ曲げモードが干渉する．

さまざまな風速において，風車の空力弾性モデルによるシミュレーションと測定結果は良好な一致を示している．とくに，風速 23.2 m/s におけるシミュレーションでは，実機で観察されたように，1次モードの振動数で翼根部に大きなエッジ曲げが発生することが予測された．また，逆向きの2次のロータ旋回モード周波数が 3.6 Hz まで上がるようにロータ軸の剛性を十分高くしたシミュレーションにより，翼根エッジ曲げモーメントは無視できる程度に低下することがわかった．

■機械的減衰

エッジ振動の対策として，ブレード先端付近の内部に同調マスダンパを組み込むことがある．半径 22 m のブレードにおけるこのようなダンパの性能は Andersona ら（1998）によって報告されており，ブレード質量のわずか 0.4%の同調ダンパにより，高風速域の発電時に観測されたエッジ振動が抑制できることが明らかにされている．

7.1.16　座屈設計

運転中の風車ロータへのスラスト荷重により，ブレードの負圧面側のブレードシェルとスパーキャップには，軸方向の変動圧縮荷重が生じる．また，風車静止時にも，風荷重によって，いずれかの面に軸方向の圧縮荷重が生じる．図 7.32 および図 7.33 に，DTU 10 MW 参照風車の設計における，負圧面後縁側パネルおよび負圧側スパーキャップの座屈モード形状を示す．

本項では，ブレードシェルを形成するスパーキャップとサンドイッチパネルに関する，座屈設計法に関して説明する．

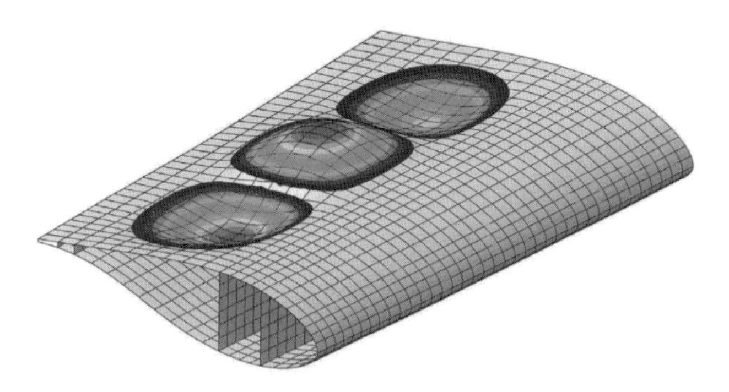

図 7.32 DTU 10 MW 参照風車における負圧面後縁側サンドイッチパネルの一般的な座屈モード形状：*Description of the DTU 10 MW Reference Wind Turbine* (Bak et al. 2013)，デンマーク工科大学より．

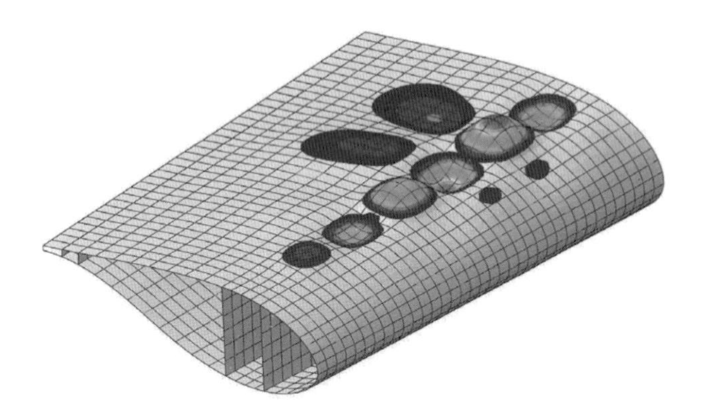

図 7.33 DTU 10 MW 参照風車における負圧面側スパーキャップの一般的な座屈モード形状：*Description of the DTU 10 MW Reference Wind Turbine* (Bak et al. 2013)，デンマーク工科大学より．

■限界座屈応力

不整（imperfection）のない（形状が完全である）細い板要素において圧縮下で座屈が発生する応力は，限界座屈応力（critical buckling stress）として知られている．等方性のパネル材の場合は，補強材で囲まれた薄肉材の湾曲パネルがブレードの荷重支持構造を構成するが，この湾曲パネルに対する限界座屈応力は，Timoshenko と Gere（1961）の座屈理論により比較的簡単に求められる．ブレードに使用される GFRP や木材積層板など，異方性の複合材料には適用できないが，等方性の材料の場合には，以下に説明するエネルギー法を用いて解を求めることができる．

二つの支持部が角度 ψ をもつ，長さ L，半径 r，厚さ h の長い円筒パネルの軸方向に圧縮荷重が作用する場合を想定する（図 7.34）．支持部と長手方向の m 個の半波の間に，円周方向に n 個の半波のたわみを生じる場合，面外方向のたわみは次式で与えられる．

$$w = C \sin \frac{n\pi\theta}{\psi} \sin \frac{m\pi x}{L} \tag{7.47}$$

ここで，θ および x は，それぞれ，たわみ部の角度と長手方向の位置である．板内部の面内方向のひずみがない場合，この面外にたわんだ形状により，周方向のたわみが次式のように生じる．

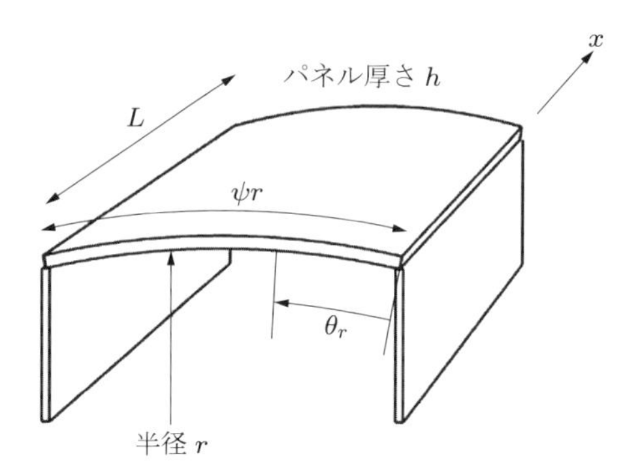

図 7.34　スパーウェブ間にまたがる湾曲したパネル

$$v_0 = \frac{C\psi}{n\pi}\cos\frac{n\pi\theta}{\psi}\sin\frac{m\pi x}{L} \tag{7.48}$$

これらのたわみにより面内のせん断力が発生し，その大きさは各矩形板の角において最大となるが，実際には，これらのせん断応力を緩和するように，以下のような面内たわみが発生する．

$$\begin{aligned} u &= A\sin\frac{n\pi\theta}{\psi}\cos\frac{m\pi x}{L} \qquad \text{（軸方向）} \\ v &= B\cos\frac{n\pi\theta}{\psi}\sin\frac{m\pi x}{L} \qquad \text{（周方向）} \end{aligned} \tag{7.49}$$

面内ひずみエネルギーは次のように計算される．

$$U_2 = \frac{1}{2}h\iint(\sigma_1\varepsilon_1 + \sigma_2\varepsilon_2 + \tau\gamma)rd\theta dx \tag{7.50}$$

ここで，添字 1 および 2 はそれぞれ軸方向および円周方向を示し，

$$\varepsilon_1 = \frac{\partial u}{\partial x}, \quad \varepsilon_2 = \frac{\partial v}{r\partial\theta}, \quad \gamma = \frac{\partial u}{r\partial\theta} + \frac{\partial(v_0 + v)}{\partial x} \tag{7.51}$$

である．$\sigma_1 = E_x(\varepsilon_1 + \upsilon_y\varepsilon_2)/(1-\upsilon_x\upsilon_y)$, $\sigma_2 = E_y(\varepsilon_2 + \upsilon_x\varepsilon_1)/(1-\upsilon_x\upsilon_y)$，ならびに，$\tau = G_{xy}\gamma$ を代入すると，面内ひずみエネルギーは次式のようになる．

$$U_2 = \frac{h}{2(1-\upsilon_x\upsilon_y)}\iint\left[E_x\varepsilon_1^2 + E_y\varepsilon_2^2 + 2E_x\upsilon_y\varepsilon_1\varepsilon_2 + (1-\upsilon_x\upsilon_y)\gamma^2 G_{xy}\right]rd\theta dx \tag{7.52}$$

ここで，E_x, E_y, G_{xy} は，対応する個々の層の弾性係数を平均化して得られる積層体の縦方向，横方向の弾性係数，およびせん断弾性係数であり，υ_x および υ_y は実効ポアソン比である．

式 (7.51) の ε_1, ε_2, γ を代入し，パネルの幅 ψr と半波の長さ L/m にわたって積分すると，次のようになる．

$$U_2 = \frac{E_x h}{1-\upsilon_x\upsilon_y}\psi r\frac{L}{m}\left(\frac{m\pi}{L}\right)^2\frac{C^2}{8}\left[\alpha^2 + \beta^2\frac{E_y}{E_x}\left(\frac{n}{\lambda}\right)^2 + 2\upsilon_y\alpha\beta\left(\frac{n}{\lambda}\right)\right.$$

$$+(1-\upsilon_x\upsilon_y)\frac{G_{xy}}{E_x}\left\{\alpha\left(\frac{n}{\lambda}\right)+\beta+\frac{\psi}{n\pi}\right\}^2\Bigg] \tag{7.53}$$

ここで，$\lambda = m\psi r/L$, $\alpha = A/C$, $\beta = B/C$ はまだ決定されていない．

湾曲によるひずみエネルギーは以下のように計算される．

極座標系の θ を直交座標系の $y\,(=r\theta)$ に変換することにより，微小面積 $dxdy$ で吸収される曲げエネルギーは次式となる．

$$dU_b = -\frac{1}{2}\left(M_x\frac{\partial^2 w}{\partial x^2}M_y\frac{\partial^2 w}{\partial y^2}\right)dxdy$$

ここで，異方性積層材の場合，$M_x = -D_x(\partial^2 w/\partial x^2) - D_{xy}(\partial^2 w/\partial y^2)$, $M_y = -D_y(\partial^2 w/\partial y^2) - D_{xy}(\partial^2 w/\partial x^2)$ である．異方性積層材とは，各層が 0° と 90° の一方向材，または $\pm\theta$ 方向に繊維を同量含む二方向材で構成されているものである．また，D_x および D_y は，それぞれ積層平板の y 軸および x 軸まわりの曲げ剛性であり，D_{xy} は交差曲げ剛性（cross-flexural rigidity），すなわち，一方の軸の単位幅あたりのモーメントで生じるほかの軸の単位変形量である．したがって，

$$dU_b = \frac{1}{2}\left[D_x\left(\frac{\partial^2 w}{\partial x^2}\right)^2 + 2D_{xy}\frac{\partial^2 w}{\partial x^2}\frac{\partial^2 w}{\partial y^2} + D_y\left(\frac{\partial^2 w}{\partial y^2}\right)^2\right]dxdy \tag{7.54}$$

となる．

微小面積 $dxdy$ に吸収された捩りエネルギーは，次式となる．

$$dU_t = \frac{1}{2}(M_{xy}+M_{yx})\frac{\partial^2 w}{\partial x\partial y}dxdy$$

ここで，$M_{xy} = 2\left(\int_{-h/2}^{h/2}G_{xy}(z)z^2dz\right)(\partial^2 w/\partial x\partial y)$，また，$z$ は，積層体の中間面からの距離，$G_{xy}(z)$ はその距離における面内せん断弾性係数，h は積層厚さである．振り剛性を $D_T = \int_{-h/2}^{h/2}G_{xy}(z)z^2dz$ とすると，次式が得られる．

$$dU_t = \frac{1}{2}4D_T\left(\frac{\partial^2 w}{\partial x\partial y}\right)^2dxdy \tag{7.55}$$

パネルの幅分の領域と，長手方向のたわみの半波長分の領域との，ひずみエネルギーの合計値は，式 (7.54) と式 (7.55) に式 (7.47) で与えられる面外たわみを代入し，その面積にわたり積分することで，次式のように得られる．

$$\begin{aligned} U_1 &= U_b + U_t \\ &= \frac{C^2}{8}\frac{\psi rL}{m}D_x\left(\frac{m\pi}{L}\right)^4\left[1+\left(\frac{n}{\lambda}\right)^4\frac{D_y}{D_x}+\left(\frac{n}{\lambda}\right)^2\left(2\frac{D_{xy}}{D_x}+4\frac{D_T}{D_x}\right)\right] \end{aligned} \tag{7.56}$$

なお，面内ひずみと湾曲により生じるパネルの座屈によって吸収されるエネルギーは，パネルの軸方向荷重によって行われた仕事に等しいため，湾曲の半波長分のパネル長さの縮みは，次式で与

えられる．

$$\int_0^{L/m} \frac{1}{2}\left(\frac{\partial w}{\partial x}\right)^2 dx = \frac{\pi^2}{4} C^2 \frac{m}{L} \sin^2 \frac{n\pi\theta}{\psi} \tag{7.57}$$

したがって，単位幅あたり N_x の軸力によるパネル幅全体の仕事は，次式のようになる．

$$T_1 = \frac{\pi^2}{8} C^2 \frac{m}{L} \psi r N_x \tag{7.58}$$

$T_1 = U_1 + U_2$ により，次式の軸力の限界値を得る．

$$\begin{aligned}(N_x)_{cr} &= D_x \left(\frac{m\pi}{L}\right)^2 \left[1 + \left(\frac{n}{\lambda}\right)^4 \frac{D_y}{D_x} + \left(\frac{n}{\lambda}\right)^2 \left(2\frac{D_{xy}}{D_x} + 4\frac{D_T}{D_x}\right)\right] \\ &\quad + \frac{E_x h}{1 - \upsilon_x \upsilon_y}\left[\alpha^2 + \beta^2 \frac{E_y}{E_x}\left(\frac{n}{\lambda}\right)^2 + 2\alpha\beta\upsilon_y \frac{n}{\lambda} + (1 - \upsilon_x \upsilon_y)\frac{G_{xy}}{E_x}\left(\alpha\frac{n}{\lambda} + \beta + \frac{\psi}{n\pi}\right)^2\right]\end{aligned} \tag{7.59}$$

$m\pi/L = [m\psi r/(nL)][n\pi/(\psi r)] = (\lambda/n)[n\pi/(\psi r)]$ により，この式は次式となる．

$$\begin{aligned}(\sigma_x)_{cr} &= \frac{D_x}{h}\left(\frac{\lambda}{n}\frac{n\pi}{\psi r}\right)^2 \left[1 + \left(\frac{n}{\lambda}\right)^4 \frac{D_y}{D_x} + \left(\frac{n}{\lambda}\right)^2 \left(2\frac{D_{xy}}{D_x} + 4\frac{D_T}{D_x}\right)\right] \\ &\quad + \frac{E_x}{1 - \upsilon_x \upsilon_y}\left[\alpha^2 + \beta^2 \frac{E_y}{E_x}\left(\frac{n}{\lambda}\right)^2 + 2\alpha\beta\upsilon_y \frac{n}{\lambda} + (1 - \upsilon_x \upsilon_y)\frac{G_{xy}}{E_x}\left(\alpha\frac{n}{\lambda} + \beta + \frac{\psi}{n\pi}\right)^2\right]\end{aligned} \tag{7.60}$$

上式の右辺には，横方向の半波長の数 n，横方向と縦方向の波長の比 n/λ，および，係数 α と β の四つの未知数がある．通常見られるような，横方向に1個の半波がある場合を仮定すると，この式では，まず n/λ に対して α および β を最小化し，次いで n/λ に関して最小化することにより，限界応力を得る．

湾曲したUD積層パネルの幅を変化させた場合の計算結果を図7.35に示す．半径40mのブレードの半径中央付近の位置における代表的な値として，曲率半径 $r = 2000$ mm，厚さ $h = 30$ mm とした．積層体はすべて軸方向のUD積層材であり，繊維の弾性係数は75GPa，繊維体積含有率は0.55であり，これによる縦／横弾性係数は43.0GPaと14.7GPaである．限界応力の評価に必要な積層材のその他の特性については，図のキャプションに詳細が示されている．

図7.35中の黒い実線は，座屈形状が横方向に半波長1個の場合の，パネルの幅（弧の角度）に対する限界応力を，また，グレーの実線と破線は，面内と湾曲各々の寄与を示す．パネルの円弧の角度が25°で最小の応力（141MPa）が生じる．しかし，この角度よりも大きくなった場合でも，限界応力の増加はわずかである．この角度が約37°を超える場合には，横方向に半波長2個のモードがもっともクリティカルなモードに替わる（図中の黒い破線を参照）．

縦方向の半波長と横方向の半波長の比率は一定で，D_x/D_y の4乗根に等しく，パネルの弧の角度が32°（0.56rad）未満の場合は1.309である．$\psi < 0.56$ rad の場合，$\alpha/(\psi/\pi) = -0.085$，$\beta/(\psi/\pi) = -0.111$ となり，最大の追加面内たわみの割合は，面外曲げによる最大周方向たわみ

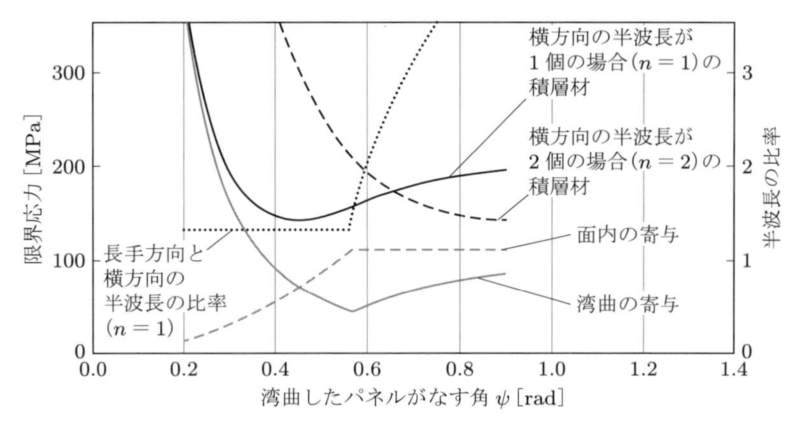

図 7.35　UD 積層材でできた湾曲した異方性パネルの，パネル幅に対する軸方向の限界座屈応力の変化（パネル半径 $r = 2000\,\mathrm{mm}$，パネル幅 ψr，パネル厚さ $h = 30\,\mathrm{mm}$，UD 積層材の特性：$E_1 = 43.0\,\mathrm{GPa}$, $E_2 = 147\,\mathrm{GPa}$, $\nu_{12} = 0.3$, $\nu_{21} = 0.102$, $G_{12} = 4.3\,\mathrm{GPa}$, $D_y/D_x = 0.34$, $D_{xy}/D_x = 0.102$, $D_t/D_x = 0.098$）

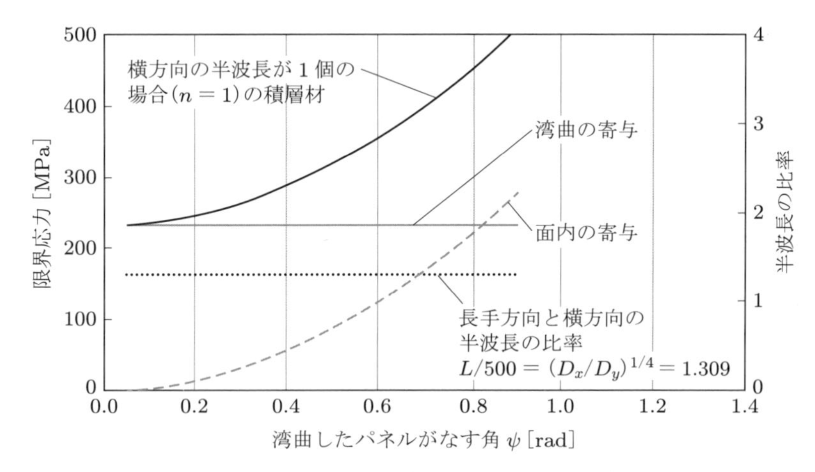

図 7.36　湾曲した異方性パネルの，曲率に対する軸方向限界座屈応力の変化（パネル幅 $\psi r = 500\,\mathrm{mm}$，パネル厚さ $h = 30\,\mathrm{mm}$，積層材の特性：$E_1 = 43.0\,\mathrm{GPa}$, $E_2 = 147\,\mathrm{GPa}$, $\nu_{12} = 0.3$, $\nu_{21} = 0.102$, $G_{12} = 4.3\,\mathrm{GPa}$, $D_y/D_x = 0.34$, $D_{xy}/D_x = 0.102$, $D_t/D_x = 0.098$）

$C\psi/\pi$ に比べて小さい．

図 7.36 は，幅を固定したパネルにおける，曲率の変化に対する限界座屈応力の増加を示している．前述のように，曲率半径 2000 mm は，半径 40 m のブレードの翼長の中央付近の負圧面における代表的な値である．したがって，0.25 rad（約 14°）の角度をなす 500 mm 幅の湾曲したスパーキャップでは，曲率の影響によって，この例の場合は限界座屈応力が 232 MPa から 253 MPa に増加し，これは平板に比べて 9%増加している．

■不整の許容値

実際には，製造誤差により，理論形状からわずかな面外偏差が発生し，それにより，圧縮荷重による追加の曲げ応力が発生する．最悪の場合は偏差の形状が座屈モード形状に対応し，圧縮荷重は $1/(1 - P/P_{\mathrm{crit}})$ 倍に増加する．ここで，P はパネルに加えられる荷重，P_{crit} は限界座屈荷重である．Germanischer Lloyd (2010), '*Guideline for the Certification of Wind Turbines*' は，座屈波長の 1/400 の最大面外偏差，つまり，座屈モード形状の隣接節間の距離は，計測による評価なしに許容できるとしている．総圧縮応力（軸方向と曲げ）が許容値よりも小さい場合，設計上問題ないものとみなされる．あるいは，不整の影響を，適切な追加の部分安全係数を用いて許容できる場合がある．

7.1.17　翼根の固定方法

ブレードのハブへの固定はブレード設計においてもっとも重要な項目の一つであるが，ハブ（鋼材）とブレード材料（通常 GFRP や木材）の剛性の差が大きいため，円滑な荷重伝達が難しい．通常，締結部は，鋼製ボルトを軸方向か半径方向に，ブレード材料に対して貫通させて放射状に設置するが，いずれの場合においても応力集中は避けられない．

図 7.37 に，4 種類の翼根固定方法を示す．通常，ブレード翼根部の構造は円形シェルで，そこに，スタッドまたはボルト締結材が円環状に配置される．

図 7.37(a) に，積層木材ブレードの標準的な固定法であるキャロットコネクタを示す．このコネクタは，ブレードの端部にドリルで穿孔したステップ状の穴にカーボンエポキシグラウトを注入したものと，ハブまたはピッチベアリングへの取り付け用のネジ付き溶接スタッドで構成する．コネクタは，高強度鋼の機械加工品か，球状黒鉛鋳鉄（Spheroidal Graphite Iron: SGI）の鋳造品で，通常，疲労荷重を低減するために予張力がかけられている．同様のコネクタに，埋め込み部をテーパではなく円筒形にしたものがあり，GFRP ブレードに一般に使用されている．円筒部の表面には，周囲の GFRP への食いつきをよくするためのリブを設ける場合がある．

図 7.37(b)～(d) に，GFRP ブレードに用いられる 3 種類の固定方法を示す．図 (b) に示す T ボルトコネクタは，ブレードシェルを貫通させた穴に鋼製のスタッドボルトを挿入し，横方向から円

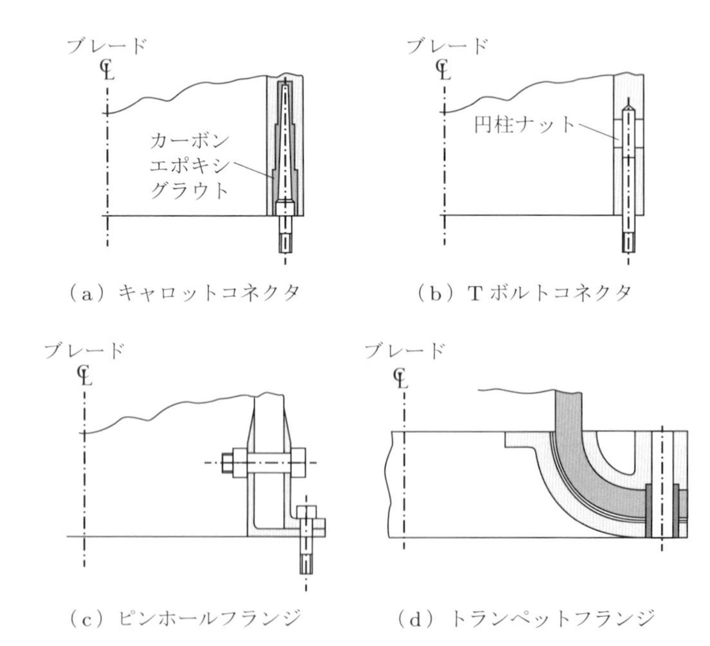

図 7.37　代表的な翼根固定方法

筒ナットで固定するものである．なお，疲労荷重を低減するために，スタッドボルトには予張力がかけられている．

図 (c) に示すピンホールフランジは，GFRP と鋼材の間の荷重伝達の方法として，T ボルトコネクタと同様に横向きのボルトを使用しているが，T ボルトコネクタのようにこの接合部に予張力をかけることはできない．また，ハブにフランジを取り付けるボルトがブレード表皮側へ偏心しているので，フランジは合成曲げモーメントにも耐える必要がある．

図 (d) に示されるトランペットフランジでは，翼根部がトランペットの口のように外側に広がり，ハブにフランジを取り付けるボルトのリングによって内部および外部フランジの間を締める．また，これらのボルトはブレードを固定するように GFRP スキンを貫通しており，フランジはボルトの偏心により生じる曲げモーメントに耐える必要がある．ピンホールフランジとトランペットフランジは，大型のブレードではほとんど使用されない．

翼根固定部の応力分布の計算には，かなりの不確かさがある．そのため通常は，設計の妥当性を検証するために，静的試験と疲労試験を実施する．キャロットコネクタの静的引き抜き破壊は，グラウトまわりの木材のせん断により発生するが，疲労破壊は，コネクタ自体，または，グラウトで発生する可能性がある．なお，SGI スタッドの，$R = 0.1$ における，終局引張強度（UTS）の 60%の疲労荷重での試験で，約 10^6 サイクルまで耐えた例が報告されている．

なお，Mayer（1996）は，図 7.37 で紹介したほかの翼根固定法に関する疲労試験の結果を記録しているが，GFRP の翼根固定部が疲労で破損した例はない．T ボルト固定の場合には，GRP ではなくスタッドボルトで，ピンホールフランジでは，固定部から離れた位置の GFRP で破損した．また，トランペットフランジでは，フランジ自体に疲労亀裂が発生した．

7.1.18 ブレード試験

ブレードの設計・開発には高度な解析ツールが利用可能ではあるが，特定のブレードを正確にモデル化することは，以下の要素が含まれるため難しい．

- ウェブとスパーキャップの間の接着部（一部は目視できない状態で組み立てられる）
- 前縁と後縁の接着部（こちらも目視できない状態で組み立てられる）
- プライドロップ（ply drop）
- 製造上の欠陥
- 製造のばらつき

そのため通常は，ブレードの強度をより正確に把握するために，接着部などの個々の構造の部分試験に加えて，実物大のブレード試験を行う．これにより，材料強度の部分安全係数を低減できるため，より経済的な設計ができるようになる（表 7.10 の γ_{m4}（A））．ブレード試験に関する技術要件は，IEC 61400-23:2014 および DNVGL-ST-0376（2015）に規定されている．

実物大のブレード試験には，振動試験（モーダル試験），静的試験，疲労試験の 3 種類の試験がある．いずれの場合も，ブレードは翼根で剛体構造に取り付け，横方向に荷重をかける場合は軸を水平にし，垂直方向に下向きに荷重をかける場合は軸を上向きに傾ける．振動試験では，フラップ方向の 1 次と 2 次，エッジ方向の 1 次と 2 次，ならびに，捩れに関して，個別に励起させて周波数を測定し，予測値と比較する．

■静的試験

静的試験では，通常，フラップ方向とエッジ方向の各2方向（正負）の4種類の静的な荷重を個別に加える．それぞれの条件では座屈挙動が異なるため，一般に，フラップ方向とエッジ方向で各1方向の荷重条件は十分であるとはみなされない．荷重は，設計荷重分布にほぼ一致させるために複数の半径位置で載荷され，設計荷重よりも10%高い荷重に達するまで段階的に増加させる．このとき，最大たわみは非常に大きくなり，GFRPブレードの場合は翼長の最大約30%に達する．ブレードの半径に沿って，負圧面側と正圧面側，前縁と後縁のひずみを一定間隔で測定し，たわみ測定とともに，各荷重段階でのひずみの計測・記録を行う．荷重試験の完了後，ブレードの損傷の兆候を徹底的に検査する．

■疲労試験

疲労試験は，ブレードの疲労がクリティカルな部分に対し，少なくとも目標疲労損傷（使用期間の疲労荷重に特定の係数をかけた，計算上の寿命疲労損傷）を引き起こす荷重サイクルが与えられるように計画する必要がある．フラップ方向とエッジ方向の疲労荷重を個別に順次試験するほうが簡単ではあるが，両方の曲げの中心軸から離れた点に対して，中心軸に近い領域に過剰な荷重をかけずに目標の疲労損傷を与えることは困難である．この課題は，単一の試験（二軸または多軸試験）で両方の軸に同時に荷重サイクルを適用することで改善できる（IEC 61400-23付録Dを参照）．

疲労荷重は通常，床面に設置した油圧アクチュエータまたはブレードに取り付けた振動質量装置を用いて，ブレードをその共振周波数で励起することによって与える．油圧ポンプが十分な速さで流体を供給できるよう，固有振動数を低下させるために，ブレードにウェイトを追加する場合もある．大型ブレードのように固有振動数が低い場合（80 mブレードの場合，フラップ方向は約0.6 Hz），必要なサイクル数を減らして試験期間を短縮するために，より大きな荷重を作用させるのが一般的である．一般には，10^6サイクルが目標として採用される．疲労荷重は一定振幅または可変振幅のいずれかであるが，後者の場合は，高荷重時の非線形挙動のため，大きなサイクルの荷重をスケールアップすることは実用的でない場合がある．平均荷重は，最大の疲労損傷をもたらす運転条件下で発生する荷重に近づける必要がある．

DNVGL-ST-0376（2015）は，必要な試験サイクル数の寿命設計等価荷重に，γ_{nf}，γ_{sf}，γ_{ef}の三つの係数を乗じて，目標疲労荷重とすることを規定している．ここで，$\gamma_{nf} = 1.15$とし，γ_{sf}はブレード間のばらつきを考慮して1.1とする．γ_{ef}は，サイクル数を削減する際に発生する誤差の可能性を考慮し，試験サイクル数が約10^6回の場合は1.05に設定する．よって，係数全体は約1.33となる．個々の係数はIEC 61400-23でも同じ値が指定されており，γ_{nf}は，損傷の重大さに関する部分係数とよばれている．

二軸試験には，2種類の方法がある．一つは，油圧アクチュエータにより，ブレードをフラップ方向とエッジ方向に同じ周波数で強制振動させる方法である．油圧アクチュエータによる各振動間の相対位相角は90°に設定され，運転中のフラップ曲げとエッジ曲げの決定論的荷重の位相差を模擬する．もう一つの方法は，ブレードをフラップ方向とエッジ方向それぞれの共振周波数で励振させる方法で，この場合，フラップ方向とエッジ方向の負荷ピーク間の位相角が絶えず変化する．この試験方法では，フラップ方向とエッジ方向の振動の間にある程度の相互作用があるため，目的の負荷振幅を継続的に維持するためには複雑な制御システムが必要となる（Snowberg et al. 2014）．

疲労試験中および終了後には，ブレードの損傷の兆候を頻繁に検査する必要がある．初期の積層材の損傷発見のために，試験中にアコースティックエミッションが実施される場合がある．

7.1.19 前縁エロージョン

前縁エロージョン（leading edge erosion）のおもな原因は，雨滴，雹（ひょう），砂などの浮遊固形物による影響であり，設置地点の気候の差のため，この問題の被害度は地域によって大きく異なる．前縁エロージョン発生率の概要は，Keegan（2013）などによって報告されている．また，エロージョンの速度は，周速に大きく依存する．

前縁エロージョンによって滑らかな翼表面が粗面化すると，揚力が減少し，抗力が増加するため，発電量の減少につながる．極端な場合は，エロージョンにより構造強度が失われる場合もある．そのため，エネルギー損失と現地でのブレード修理作業を減らすための最適な前縁保護に，多くの努力が払われてきた．

■エネルギー損失

ブレード表面の粗面化によるパワーカーブの劣化に関する測定データはほとんどない．エアマン（Ehrmann）らは，ピッチ制御のメガワット風車の4年間の運転データの分析を行った（Ehrmann et al. 2017）．この調査では，粗さの原因が，雨によってブレード面が洗浄されることのない乾燥した月のブレードの一般的な汚れであったため，データは雨季と乾季で別々に平均され，平均降雨量はそれぞれ1.7 inと0.1 inであった．この例では，乾季における定格の50〜90%の風速における出力は，平均で4%減少することがわかった．

また，Ehrmannらは，風洞を用いて，翼特性に対する人工的な表面粗さの影響を調査した．ビニール製のシールを前縁に貼り，直径約3 mmの多数の隆起した円盤をランダムに配置することにより粗さを模擬した．高さ0.14 mmの円盤について，面密度0%, 3%, 6%, 9%, 12%, 15%で実施された6回の実験では，円盤の面密度の増加に伴い，揚力曲線の傾きと最大揚力が減少する明確な傾向が確認され，15%面密度で7.3%の減少が生じた．抗力も増加し，揚抗比は最大40%低下した．平均風速8.5 m/sでのNREL 5 MW風車の年間発電量の損失は，円盤面密度が高い場合は2.3%と予測された．NREL 5 MW風車はピッチ制御機のため，翼表面粗さによる損失は，定格風速11.4 m/s未満においてのみ生じる．

適度に浸食されたブレードの修理による風車の年間発電量の増加は，英国のOffshore Renewable Energy（ORE）Catapultの支援のもと，洋上サイトで測定された．ロータ受風面への流入風速をライダー（Light Detection And Ranging: LiDAR）で計測して改善量を予測し，修理を行うことで，1.5〜2.0%の発電量の増加が可能であると結論付けられた（ORE Catapult 2016）．

■雨滴の影響

最初の雨滴の衝撃により剛体板に加わる最大圧力の概略の推定値は，水撃方程式 $p = \rho W V_s$ によって与えられる．ここで，W はブレードに対する雨滴の速度，V_s は水中の音速（約1500 m/s）である．雨滴の最終速度は，大きな粒の場合は9 m/sに達する可能性があり，翼端速度が90 m/sの場合，相対速度は270° のアジマス角で約100 m/sに達し，およそ150 MPaの圧力がブレード前縁にかかる．風車ブレード材の樹脂の弾性を考慮すると，これは約1/3に減少する．Keeganら（2012）は，風車ブレードをエポキシ樹脂プレートとして，直径3 mmの雨滴の衝撃の数値モデリングを実施し，衝撃速度が 100 m/s の場合，最大ミーゼス応力は約 90 MPa と算出した．これは，多くのエポキシ樹脂の引張強度を超えている．

衝撃応力は，高度なコンピュータソフトを用いて推定できるが，損傷の進展を予測することは非常に困難であるため，各種表面仕上げにおける評価には実験的な試験が必要になる．試験片は通常，水滴が約 30 mm/hr の速度で落下するチャンバ内で，約 150 m/s の速度で回転するアームの端に取り付けられる．試験は通常，ASTM G73-10（2017）に準拠して実施され，試験期間中，試験片の外側の先端から始まるエロージョンが翼根に向かって進行する様子を追跡することができる．

Eisenberg ら（2016）は，Springer（1976）の研究に基づいて，降雨による前縁エロージョンのモデルを開発した．これにより，目視でわからない疲労損傷が発生する潜伏期間が特定された．この潜伏期間のあと，エロージョンが進行するにつれて質量が減少する．潜伏期間の長さは，降雨の強さと，浸食を開始するために必要な単位面積あたりの雨滴の衝突数によって決定される．後者は，雨滴の衝突速度の 5.7 乗に反比例する．同じ材料の旋回アームの雨によるエロージョン試験に基づいて，このモデルは現場でのブレードエロージョンの潜伏期間を妥当な精度で予測できることがわかった．その後のエロージョン速度は，雨滴の衝撃速度の 6.7 乗に反比例すると予測された．

■エロージョンに対する保護

前縁保護には通常，ポリウレタン粘着テープまたはポリウレタン塗料を用いる．前者は通常，透明で耐摩耗性，耐紫外線性のあるポリウレタン弾性体でできており，ブレードの先端速度 70 m/s では 20 年間持続する（Offshore Wind Industry 2015）が，標準的な洋上風車の翼端周速 90 m/s の場合には，翼端では 2 年間しか持続しない可能性がある．ポリウレタン塗料は，テープの 3 倍の寿命があり，洋上風車のブレードの先端ではブレードの 5 年間の保証期間よりも長くもつ可能性があるが，それ以上長くはもたない．

ほかの，開発が完了しているまたは開発中の前縁保護方法として，以下のものがある．

- 前縁形状にあらかじめ成型された，丈夫で半柔軟性の熱可塑性シールド（https://www.armouredge.com）
- 化学浴で型棒に電着させることにより前縁形状にあらかじめ成型された，ニッケルコバルト合金の金属シールド（Windtech International 2019）

7.1.20　曲げ－捩れカップリング

ブレードのピッチ制御の目的は，主として出力を定格に制限することであるが，低周波の乱流変動によるブレードのフラップ方向の曲げモーメントの変動を低減することも重要である．原理的には，独立ピッチ制御により，急激な風速変化による曲げモーメントの変動を低減することができるが，これは実際のピッチ角速度の限界によって制限される．

■軸外繊維

回転周波数帯での荷重を低減する別の方法に，パッシブピッチングが考えられる．これは，風下方向にブレード荷重が増加すると，ブレードがフェザー方向に捩れ，迎角が小さくなるというものであり，スパーキャップ内の繊維をブレードの軸に対してある角度で配向することで実現できる．このブレードの曲げによってブレードの捩れが同時に引き起こされることを，曲げ－捩れカップリ

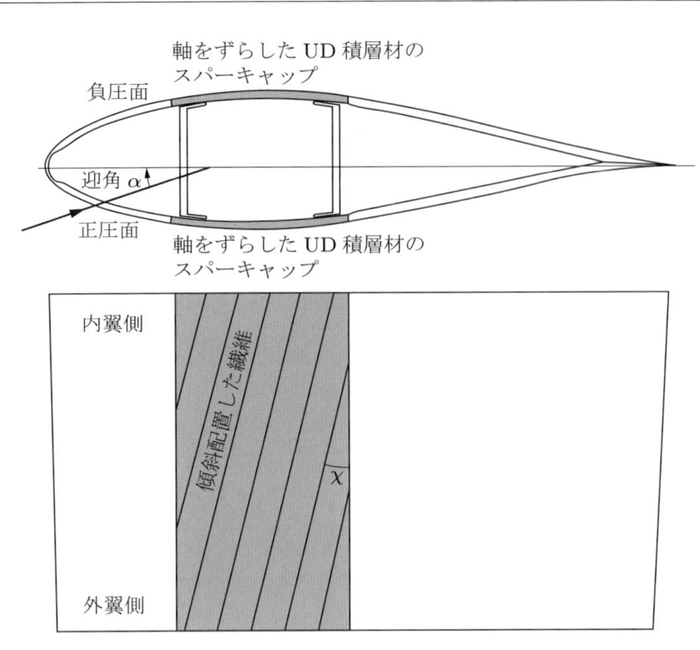

図 7.38 ブレード断面（ハブ方向矢視）とブレードの負圧面の平面図：フラップ方向のブレード荷重が増加した際に迎角を低減するように設計されたUDスパーキャップ繊維の傾斜を示す．

ング（bend-twist coupling）とよぶ．各スパーキャップの繊維は互いに平行に配置され，前縁の外側から後縁の内側に向かって伸びており，スラスト荷重が増加した際に迎角が小さくなるようにしている（図 7.38）．ストール制御機の場合は，反対方向に繊維を配向することに注意が必要である．Lobitz ら（1996）は，定格出力に対して中程度の風速域における，曲げ–捩れカップリングの出力に対する効果を調査している．

単位長さあたりの曲げ回転 $\dot{\theta}$ と捩れ回転 $\dot{\varphi}$ は，次式で表される．

$$\dot{\theta} = \frac{M}{\langle E_x I \rangle} + \lambda T, \quad \dot{\varphi} = \frac{T}{\langle GJ \rangle} + \lambda M \tag{7.61}$$

ここで，$\langle\ \rangle$ は，ブレードが自由状態から曲げと捩れが生じた際に，$\langle\ \rangle$ 内の曲げと捩れの剛性が用いられることを示している．モーメント M はブレードが風下に偏向する方向を正，トルク T は反時計回りに作用する方向を正として定義する．λ は曲げと捩れの結合の尺度であり，単位モーメントによる単位長さあたりの捩れと，単位トルクによる単位長さあたりの曲げ回転に相当する．

■モーメント載荷時の捩れと曲げの比率

いくつかの仮定により単純化すると，結合の程度は比較的容易に推定できる．図 7.38 のように，二つのシェアウェブによって互いにリンクした二つのスパーキャップで構成されるブレード桁構造は，矩形管として扱うことができる．ブレードにスラスト荷重がかかった際の，負圧面側スパーキャップの長さの面内短縮と，それに伴うせん断ひずみを，図 7.39 に示す．

縦応力 σ_x による縦ひずみ ε_x は次式で与えられる（Barbero 2018）．

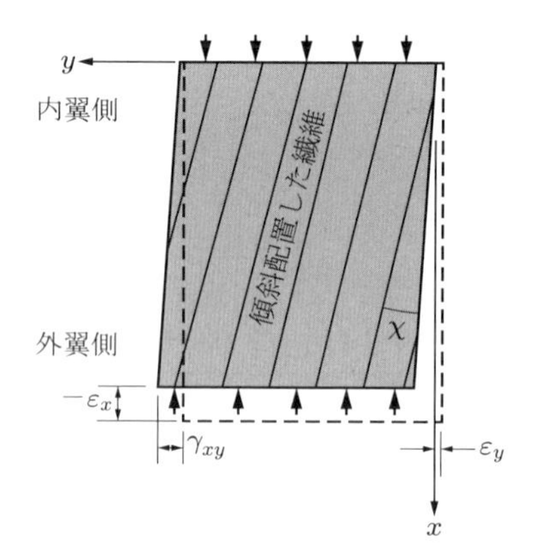

図 7.39　長手方向に圧縮応力を与えた際の，負圧面側スパーキャップの面内収縮とせん断変形

$$\varepsilon_x = \overline{S}_{11}\sigma_x = \left[\frac{\cos^4\chi}{E_1} + \left(\frac{1}{G_{12}} - 2\frac{\nu_{12}}{E_1}\right)\cos^2\chi\sin^2\chi + \frac{\sin^4\chi}{E_2}\right]\sigma_x \tag{7.62}$$

また，せん断ひずみ γ_{xy} は次式で与えられる．

$$\begin{aligned}\gamma_{xy} = \overline{S}_{16}\sigma_x = &\left[\left\{\frac{2}{E_1}(1+\nu_{12}) - \frac{1}{G_{12}}\right\}\cos^3\chi\sin\chi\right.\\ &\left.-\left\{\frac{2}{E_2}\left(1+\nu_{12}\frac{E_2}{E_1}\right) - \frac{1}{G_{12}}\right\}\sin^3\chi\cos\chi\right]\sigma_x\end{aligned} \tag{7.63}$$

ここで，χ は繊維のブレード軸に対する傾斜，E_1 と E_2 は繊維に平行および垂直なラミネートの弾性係数，G_{12} はせん断弾性係数，$-\nu_{12}$ は繊維方向に載荷された際の長手方向のひずみに対する横方向のひずみの比率を示す．

各スパーキャップに発生するせん断ひずみは，断面の反りを伴う矩形管の捩れに対応しているため，せん断応力は発生しないと仮定できる．この場合，管の単位長さあたりの捩れは次式で与えられる．

$$\dot{\varphi} = \frac{\gamma_{xy}}{d} = \frac{\overline{S}_{16}\sigma_x}{d} = -\frac{\overline{S}_{16}M}{2I} = \lambda M \tag{7.64}$$

ここで，正の捩れはハブに向かって反時計回りの方向とし，d と I は，それぞれ矩形管の厚さと断面 2 次モーメントである．$\overline{S}_{16}$ と σ_x はどちらも負であるため，単位長さあたりの捩れは正であり，迎角が小さくなる．また，単位モーメントによる単位長さあたりの捩れ回転 λ は $-\overline{S}_{16}/2I$ であることがわかる．さらに，単位長さあたりの曲げ回転は次式で与えられる．

$$\dot{\theta} = \frac{1}{R} = \frac{M}{E_x^* I} = -\frac{\sigma_x}{E_x^* d/2} = -\frac{\sigma_x\overline{S}_{11}}{d/2} = -\frac{\varepsilon_x}{d/2} \tag{7.65}$$

ここで，E_x^* の $*$ は，管が捩れに対して拘束されていない状態，つまり，$E_x^* = 1/\overline{S}_{11}$ を意味する．したがって，矩形管に曲げ荷重がかかる場合，単位長さあたりの捩れ回転と曲げ回転の比率は $\dot{\varphi}/\dot{\theta} = -(1/2)\overline{S}_{16}/\overline{S}_{11}$ である．

ブレード構造がボックススパーと翼型シェル構造で構成される場合，捩れは翼型シェルの捩り剛

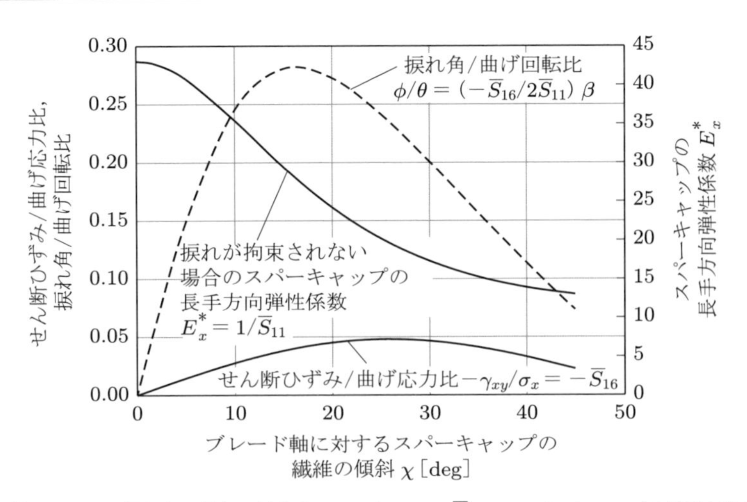

図 7.40 繊維のブレード軸からの傾きに対する $-\gamma_{xy}/\sigma_x = -\overline{S}_{16}$，スパーキャップの長手方向の弾性係数，$\beta = 0.5$ での曲げ回転に対する捩れの比率の変化

第7章 要素設計

性によって緩和されるため，次のようになる．

$$\frac{\dot{\varphi}}{\dot{\theta}} = -\frac{1}{2}\frac{\overline{S}_{16}}{\overline{S}_{11}}\frac{G_B^* J_B}{G_B^* J_B + G_S^* J_S} = -\frac{1}{2}\frac{\overline{S}_{16}}{\overline{S}_{11}}\beta \tag{7.66}$$

ここで，$G_B^* J_B$ と $G_S J_S$ は，それぞれボックススパーと翼型シェルの捩り剛性である．$G_B^* J_B$ の $*$ は，管が曲げに対して拘束されていない場合の剛性であることを示す．図 7.40 に，繊維と樹脂の弾性係数が各々 75 GPa および 4 GPa である 55%繊維体積含有率の積層材を対象とした，繊維傾斜に対する負のせん断ひずみと曲げ応力の比率 $-\gamma_{xy}/\sigma_x = -\overline{S}_{16}$ を示す．図には，スパーキャップの縦弾性係数 $E_x^* = 1/\overline{S}_{11}$，および，スパーの捩り剛性が総捩り剛性の 50%である場合，つまり $\beta = 0.5$ の場合の，曲げ回転に対する捩れ角の比率も示しており，これは 7.1.14 項で説明された FC40 ブレードの約 60%半径位置に適用されている．せん断ひずみと曲げ応力の比率は，繊維の傾斜が約 25° で最大になるが，捩れ角と曲げ回転の比率は，繊維の傾斜がより小さい約 15° で最大になる．繊維の傾きが大きくなるにつれて，スパーキャップの縦方向の弾性係数が著しく低下する．

■曲げ－捩れ連成カップリング係数

Lobitz ら（2001）は，曲げ－捩れ連成の程度の尺度として，$\alpha = K/\sqrt{[E_x I][GJ]}$ で定義されるカップリング係数を導入した．ここで，K は，曲げ変形がない場合の単位長さあたりの捩れで除した曲げモーメント（または，捩れがない場合の単位長さあたりの曲げ回転で除したトルク）であり，$[E_x I]$ と $[GJ]$ は，各々，ブレードの長さが捩れとたわみに対して拘束されている場合に適用される．前述のように，$\langle E_x I\rangle$ と $\langle GJ\rangle$ が，ブレードの長さが各々捩れとたわみに対して拘束されていない場合の剛性を示す場合，K は以下のように示される．

$$K = \frac{\lambda\langle GJ\rangle\langle E_x I\rangle}{1-\lambda^2\langle GJ\rangle\langle E_x I\rangle}$$
$$[E_x I] = \frac{\langle E_x I\rangle}{1-\lambda^2\langle GJ\rangle\langle E_x I\rangle}, \quad [GJ] = \frac{\langle GJ\rangle}{1-\lambda^2\langle GJ\rangle\langle E_x I\rangle} \tag{7.67}$$

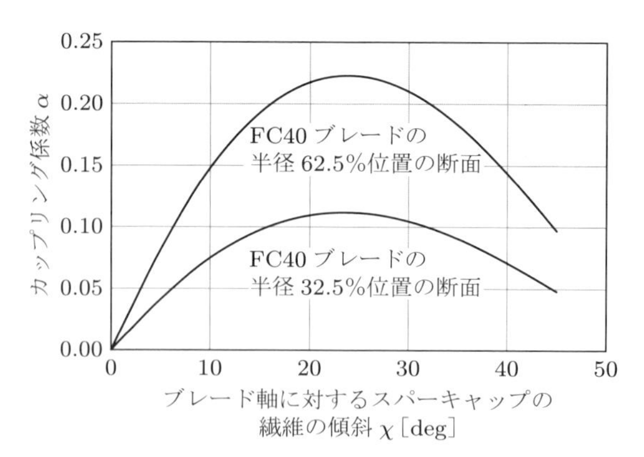

図 7.41　FC40 ブレード（7.1.14 項参照）の半径 62.5%および 32.5%位置における，スパーキャップの繊維の傾きに対するカップリング係数の変化

これより，$\alpha = \lambda\sqrt{[GJ]\,[E_xI]}$ となる．図 7.41 に，半径 62.5%と 32.5%位置の断面における，FC40 ブレード設計でのスパーキャップの繊維の傾きに対するカップリング係数 α を図示する．いずれの場合も，カップリング係数は繊維の傾きが約 25° のときに最大値に達するが，半径 32.5%位置での大きさ（0.11）は，半径 62.5%位置での大きさ（0.22）の約 1/2 である．これはおもに，半径 62.5%位置より内翼側で一定幅のスパーキャップを採用しているために，32.5%位置では全体に占める桁の捩り剛性が低下しているためである．

Fedorov (2012) は，FE 解析を用いて，代表的な GFRP 商業風車ブレード設計でのスパーキャップの繊維の傾斜による曲げ–捩れカップリングを調査し，25° の繊維傾斜で約 0.2 の最大カップリング係数を得た．しかし，スパーキャップのガラス繊維を炭素繊維にすることにより，最大カップリング係数は 0.4 に上昇した．

■曲げモーメントの低減

曲げ–捩れカップリングによるモーメントの変化量は，以下の手順で推算することができる．

1. 繊維の傾き χ を設定する．
2. 曲げモーメント低減係数 η の初期値を設定する．
3. 減少したモーメント分布による，各ブレード半径位置での単位長さあたりの曲げ回転を計算する．
4. 各ブレード半径位置で，単位長さあたりの捩れ回転と曲げ回転の比率 $\dot{\varphi}/\dot{\theta}$ を計算する．
5. 単位長さあたりの曲げ回転に $\dot{\varphi}/\dot{\theta}$ を乗じ，各ブレード半径位置での単位長さあたりの捩れを計算する．
6. 5. の結果をブレードの長さ全体にわたって積分し，各半径位置での追加捩れ角 $\Delta\psi$ を得る．
7. 次式に従い，各ブレードセグメントにおける荷重の減少量を計算する．

$$\Delta L = \frac{1}{2}\rho W^2 \Delta C_L c\Delta r = \frac{1}{2}\rho(\Omega r)^2 2\pi(-\Delta\varphi)c\Delta r$$

8. せん断力と曲げモーメントの減少量の分布を算出する．
9. 各ブレード半径位置でもとの曲げモーメントから曲げモーメント減少量を差し引き，推定値を改定する．

10. 曲げモーメントの改定した推定値により，ステップ3〜9を繰り返す．ηの初期推定が不十分な場合は，さらに反復が必要になる場合がある．

上記の方法を用いて，FC40ブレードにおいてスパーキャップの繊維傾斜を5°, 10°, 15°にした場合の曲げモーメント係数を推定すると，各々，0°の値の0.87, 0.81, 0.78倍となった．これは，繊維の傾きが大きくなるにつれて荷重低減効果が大きくなることを示している．

■ブレードピッチ角の補正

スパーキャップの繊維傾斜5°における曲げ–捩れカップリングが，定格風速において約1〜2°の定常的なブレードの捩れを発生させることを考えると，定格風速またはそれに近い風速で最適な捩れ角分布が得られるように，初期のブレード捩れ角分布を補正することが望ましい．また，定格出力以下の運転で発電量を最大化するために，低い風速域においてピッチ角の微調整が必要になる．

■タワーとの離隔

ブレードの設計は，タワーとの離隔条件で決定されることが多いため，スパーキャップの繊維傾斜によるブレード剛性の低下の影響を，荷重低減効果と併せて考慮する必要がある．アジマス角180°の位置では，ウィンドシアーによる曲げモーメント変動がガストによる曲げモーメントの変動から差し引かれるため，アジマス角180°における極値曲げモーメントは，1回転中の平均モーメントより約50%大きくなる可能性がある．この仮定に基づくと，上記の低減効果は三つの繊維傾斜の全体の曲げモーメントに対して，それぞれ0.957, 0.937, 0.927倍になる．図7.42は，ブレード通過周波数における曲げモーメントの変動，アジマス角180°における極値曲げモーメント，スパーキャップの剛性，および，アジマス角180°における翼端のたわみが，スパーキャップの繊維の傾きによりどのように変化するのかを，繊維の傾斜がゼロの値で無次元化して示している．繊維の傾斜が5°を超えると，先端のたわみの増加による不利益が顕著になることがわかる．

EU INNWINDプロジェクト（INNWIND 2015）の一環として，曲げ–捩れカップリングの効

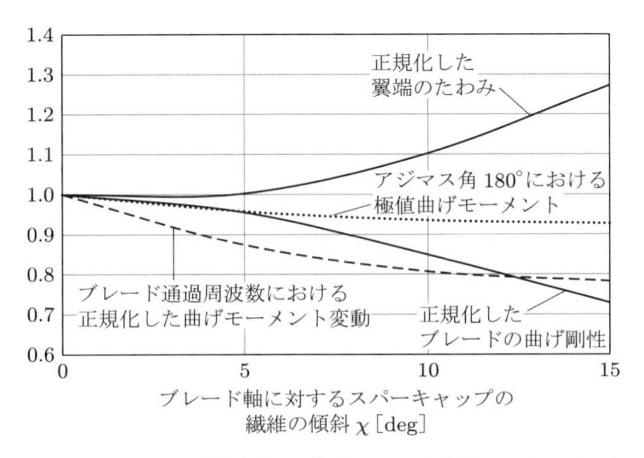

図7.42 繊維傾斜に対する，ブレード通過周波数での曲げモーメント変動，アジマス角180°における極値曲げモーメント，アジマス角180°におけるブレード曲げ剛性と翼端のたわみ（いずれの値も繊維傾斜ゼロの値で正規化）の変化

果に関するいくつかの調査が実施された．たとえば，Polimi（Polytechnico Milano，ミラノ工科大学）の研究者は，DTU 10 MW 風車のスパーキャップへの軸外繊維の適用を調査し，繊維傾斜が3°, 4°, 5° の場合は発電コストの削減率は1%近くになるが，繊維傾斜が6° および7° の場合は，削減率はそれぞれ0.9%および0.75%に減少すると結論付けた．また，翼根におけるフラップ方向の疲労損傷等価荷重は，5° の繊維傾斜で約3.5%減少することがわかった．DTU の研究者は，スパーキャップの繊維傾斜を8° にした同様の調査を行い，フラップ方向の翼根における疲労損傷等価荷重は7.5%減少すると結論付けた．

■後退翼

曲げ–捩れカップリングを導入する別の方法として，ブレードの形状を変更し，翼端に近づくに従ってブレードの中心線がブレードの回転方向に対して後方に湾曲する後退翼（swept-back blade）がある．これにより，ブレードの外翼部の揚力が，内翼部に対してオフセットすることで，ブレードをフェザー方向に捩るトルクが発生する．後退翼には，タワーとの離隔を保つためのブレードの曲げ剛性が維持されるという利点がある一方で，ブレードの捩れ荷重が増加するという難点がある．

Scott ら（2017）は，素材による曲げ–捩れカップリング（繊維傾斜を利用）と，幾何学的曲げ–捩れカップリングの組み合わせの適用について調査した．翼根のトルクが増加する可能性があるものの，フラップ方向の疲労と運転時の極値ガスト荷重の低減，ピッチ制御速度の低減，および，発電量の増加を達成するために，この繊維傾斜と幾何形状の両方がブレードに沿って変化する，空力弾性的に調整されたブレード設計が提案された．ただし，トルクの増加は，翼スパンの中央付近でピッチ軸より前進し，次に先端でピッチ軸より後退する2次スイープ曲線の翼軸を適用することで部分的に相殺している（図7.43を参照）．

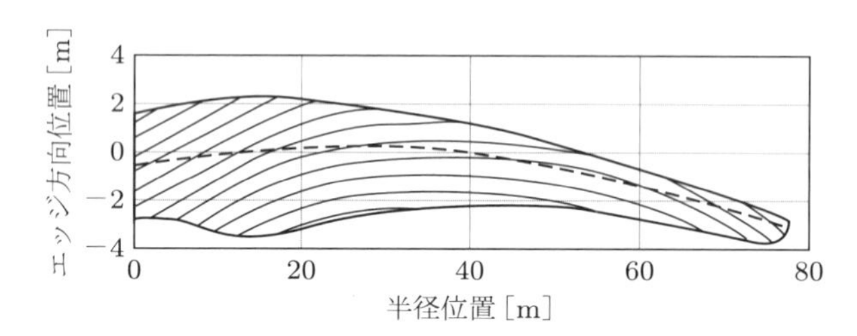

図7.43 曲げ–捩れカップリングを導入するため繊維傾斜と後退ブレードを組み合わせたブレードの例：Scott et al.（2017），'Effects of Aeroelastic Tailoring on Performance Characteristics of Wind Turbine Systems', *Renewable Energy*, 114（B），887–903 より．

INNWIND プロジェクトの一環として，DTU 10MW ブレードの80%半径位置から先端にかけてブレードの中心線を2 m 後退させる効果を調査した結果，翼根におけるフラップ方向の疲労損傷等価荷重が3%減少することがわかった．

■商業風車への実装

Siemens 社の53 m ブレードには，曲げ–捩れカップリング技術が適用されている．

7.2 ピッチベアリング

ピッチ制御機には，ブレードを回転，すなわち，ピッチ軸まわりにピッチ変角させることができるように，クレーンの旋回リングと同様のベアリングが用いられている．一般的な構造は，図 7.44 に示すように，ベアリングの内輪および外輪がそれぞれブレードおよびハブにボルト結合されている．

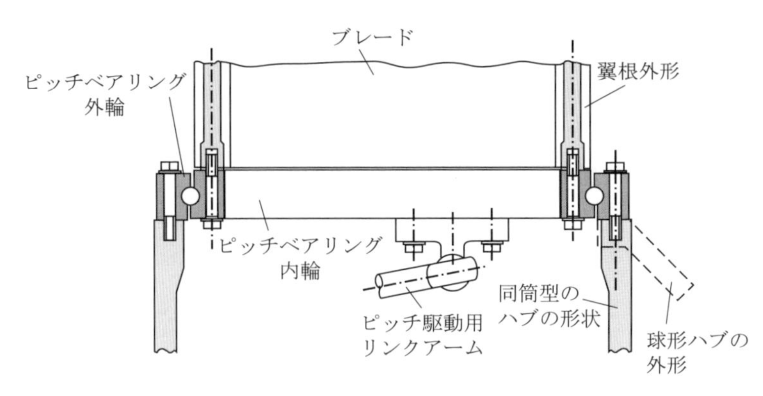

図 7.44 一般的なピッチベアリングの配置

ベアリングは，使用する転動要素と配置に応じて，以下のように分類することができる．

1. 単列クロスローラ軸受（ベアリングの平面に対して ±45° 傾斜させたローラ）
2. 単列玉軸受
3. 複列玉軸受
4. 3 列ころ軸受

これらの断面図を図 7.45 に示す．単列玉軸受の旋回リングは，通常，両方向の軸力を伝達するように設計されているため，4 点接触軸受として知られている．また，溝の両側の半径をボールより

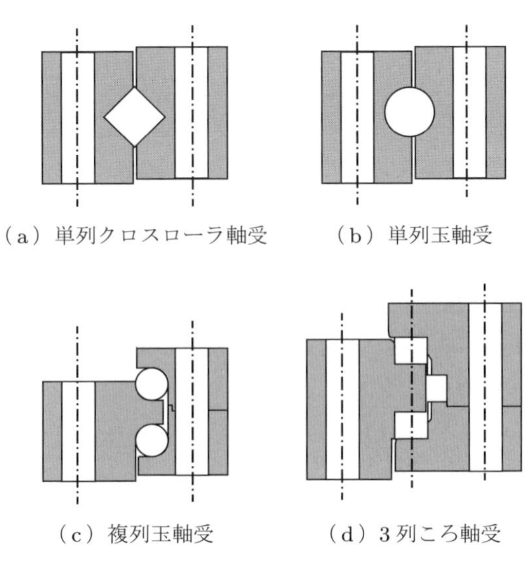

（a）単列クロスローラ軸受　（b）単列玉軸受

（c）複列玉軸受　（d）3 列ころ軸受

図 7.45 代表的なベアリングの断面図

もわずかに大きくすることにより，接触応力を低減している．

低風速域においては，重力により周期的に発生する翼根面内曲げモーメントがスラストによる面外曲げモーメントと同程度の大きさになるため，ベアリングに作用する荷重の円周上の場所と向きが交互に入れ替わる．この交替荷重のリスクを避けるため，ベアリングに予荷重を与えることが望ましい．これは，軸に垂直な平面で分割された (c) および (d) のベアリングでは比較的容易であるが，両方のリングが分割されていない場合は難しく，製造時に転動要素をレースに一つずつ押し込む必要がある．

ピッチベアリングには，翼根の極値曲げモーメントと疲労の両方に関して，十分なモーメント耐力をもつものを選定する必要がある．通常，メーカーのカタログでは，極値曲げモーメント耐力と，30000 回転の寿命を与える定常曲げモーメントが規定されている．そのため，風車設計においては，予想されるピッチベアリングの荷重を，適当な回転回数における等価な荷重に変換する．玉軸受の場合，ベアリング寿命はベアリング荷重の 3 乗に反比例するので，ピッチ軸受の N 回転での等価荷重は，次式で計算することができる．

$$M_{eqt} = \left(\frac{\sum_t n_i M_i^3}{N} \right)^{1/3} \tag{7.68}$$

ここで，n_i は，設計寿命の間に曲げモーメント M_i を受ける回数である．また，ころ軸受の場合には，3 の代わりに 10/3 が使用されるため，それに合わせて上式も変更する必要がある．なお，翼根面外曲げモーメントは定格風速を超えると減少するため，疲労損傷は定格風速付近に集中する．

各風速におけるピッチベアリングの曲げモーメントは，乱流強度およびピッチ制御に強く依存するため，シミュレーションにより予想する必要がある．ピッチ制御システムがロータ速度よりも低周波の成分にのみ応答することを仮定すると，定格運転条件におけるピッチ変角速度は $1°/\mathrm{s}$ のオーダーであることが知られている．ただし，独立ピッチ制御を備えた風車では，ロータ回転に伴い追加のピッチ動作をするため，ブレードの面外曲げモーメントの周期的変動が減少し（8.3.9 項），風車寿命期間中のピッチ角の変化量が 3 倍に増加する可能性がある．このため，一部のメーカーでは，増加した移動量に対応するために，4 点接触軸受から 3 列ころ軸受に切り替えるようになった．

ピッチベアリングの寿命については，翼根の端部に定常的に横方向の荷重を与えるなどした試験により，予測精度を上げることができる．通常のピッチ動作は，約 5° の幅で周期的にピッチ角を変え，また，その平均値を通常のピッチ操作で用いる全角度範囲にわたってゆっくりと変化させることで模擬される．20 年間の風車運転を模擬する試験には，6 か月程度要する場合がある．

ピッチ軸受に用いられる旋回ベアリングの性能は，荷重を受けた際のひずみに強く依存するため，通常，ベアリングメーカーは，ボルト締結接触面の軸方向の平面度と傾斜の制限値を指定している．たとえば，Rothe-Erde 社のトラック径 1000 mm の単列玉軸受の旋回リングに対する制限値は，それぞれ 0.6 mm と 0.17° である．このとき，ベアリングの軌道面とブレードとハブの接合面を同一面にすることにより，ベアリングの局所的な傾きを最小化することができるが，これにはフランジが必要になるので，図 7.44 に示したような，ブレードとハブにボルトで締結する単純な構成が好まれる．また，設計においては，偏心荷重によるベアリングのたわみが許容値に対して十分小さくなるように，ブレードとハブの締結部の剛性を十分高くする必要がある．

ボルトの疲労荷重を最小化するために，ベアリング締結ボルトに予張力を与えるのが一般的である．また，予張力を最大化するため，一般に，強度区分 10.9 のボルトが使用される．

7.3 ハ ブ

ハブ（hub）は比較的複雑な形状をしているため，一般に，球状黒鉛鋳鉄（SGI）の鋳造品が使用される．

3 枚翼風車のハブの形状としては，3 円筒形と球形が代表的である．前者は，ブレードとハブがブレード軸でフレア状に接合する 3 円筒形のシェルで，また，後者はブレードの取り付け位置で切り落とした，単純な球形のシェルで構成する．両形状のハブを図 7.46 に，また，実際の球形ハブの写真を図 7.47 に示す．3 本のブレードからの荷重に対するハブの構造上の機能を以下で説明する．

1. **対称的なロータスラスト荷重**：これにより，ハブの風上側のロータ軸付近に二軸引張応力，同風下側に二軸圧縮力が発生する．また，スラスト自身は，ハブの低速軸フランジ締結部付近

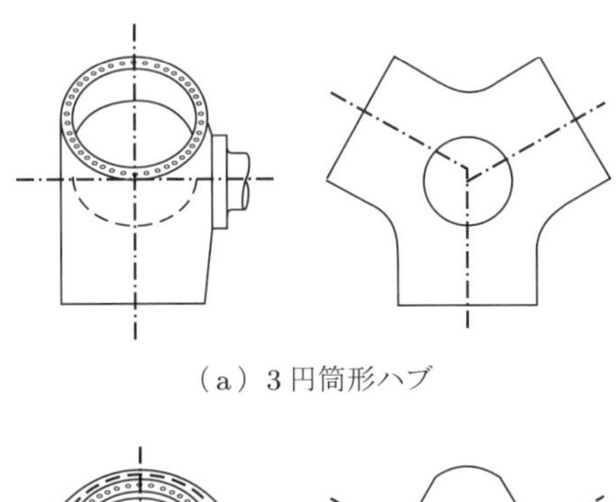

（a）3 円筒形ハブ

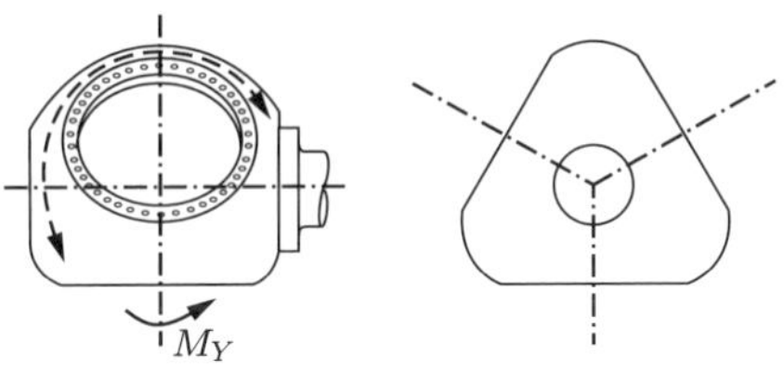

（b）球形ハブ

図 7.46 代表的なハブ形状

図 7.47 組み立て準備中の 1.5 MW NEG Micon 風車の球形ハブ：旧 NEG Micon 社より．ハブとスピナはロータ軸が鉛直上向きになっている．同機はストール制御機で，サイトに適合するようにブレードピッチの微修正を行うため，ブレード固定用の長穴が設けられている．

に面外方向の曲げ応力を発生させる．この場合の荷重の伝達経路は単純である．

2. **単一ブレードのスラスト荷重**：これにより，ハブシェルの風下側に面外曲げによる圧縮応力が発生し，ピッチベアリングの風上側と低速軸フランジの間のブレードから離れた位置の曲線状の経路に引張応力が作用する（図 7.46(b) における破線を参照）．その結果生じる横方向の荷重により，面外曲げが発生する．
3. **ブレード重力による曲げモーメント**：円筒形のハブでは，ブレード重力曲げモーメントは，互いに相殺するように，円筒形のシェルの前後のロータ軸付近の部分を介して伝達される．球形のハブでは，面外曲げがはたらくことが予想される場合には，対応する荷重経路を説明するのは容易ではない．

上記の 2 と 3 では，応力状態が複雑になるため，ハブに関する有限要素解析が不可欠である．解析が必要なのは，ハブとブレード接合部の 1 箇所における，三つのモーメントと三つの力に対応する六つの荷重についてである．ほかのブレードの荷重による応力の分布を重ねることで，ハブの応力分布を求めることができる．これにより，変動風におけるシミュレーションで得られたブレード荷重の時刻歴から，ハブの応力の時刻歴変化が得られる．

ハブ設計において重要なのは，シェルの曲げによるシェルの内外面の表面の応力である．これらは，面内で互いに直交する 2 方向の応力と面内せん断応力により定義される．一般に，これらの応力は，位相と主応力の方向が時間によって変化するため，疲労評価が難しい．

多軸の応力変動による疲労損傷の計算法は確立されていない．不完全ではあるが，一般には以下の方法が使用されている．いずれも，乱流中の変動荷重によるランダムな変動応力ではなく，少数の繰り返し応力を解析上の基本としている．

1. **最大せん断法**：この方法では，$(\sigma_1 - \sigma_2)/2$, $\sigma_1/2$, $\sigma_2/2$ のいずれかの時刻歴データから得られるせん断応力の最大幅に基づき，疲労損傷が計算される．平均応力の影響に関する補正には，次式で表されるグッドマン線図が使用される．

$$\frac{\tau_a}{S_{SN}} + \frac{\tau_m}{S_{Su}} = \frac{1}{\gamma} \tag{7.69}$$

ここで，
τ_a：せん断応力振幅
τ_m：平均せん断応力
S_{SN}：材料の S–N 曲線の荷重サイクル N に対するせん断応力振幅
S_{Su}：終局せん断強度
γ：安全係数
である．

S_{SN} を決定するために式 (7.69) を使用したが，この荷重幅に対する許容サイクル数は，S–N 曲線から求めることができる．

2. **ASME（The American Society of Mechanical Engineering), Boiler and pressure vessel code**：最大せん断法と同様であるが，せん断応力幅は σ_x, σ_y, σ_z, τ_{xy}, τ_{yz}, τ_{zx} の値の変化から計算される主応力に基づくもので，応力サイクルの極値の一つのデータから得られる．ただし，平均応力の影響は考慮されない．

3. **ひずみエネルギー法**：疲労評価を，有効応力あるいはフォン・ミーゼス（von Mises）応力の変動に基づき計算する．ハブシェルの場合には，ハブ面に垂直な応力（第3の主応力）がゼロであるため，有効応力は次式で与えられる．

$$\sigma' = \sqrt{\frac{(\sigma_1 - \sigma_2)^2 + \sigma_1^2 + \sigma_2^2}{2}} \tag{7.70}$$

なお，有効応力はひずみエネルギーに基づくスカラー量であるため，支配的な主応力に対応する符号を割り当てる必要がある．平均応力の影響は，式(7.69)の応力がせん断応力ではなく直接応力であること以外，最大せん断法と同じ方法で求められる．

なお，球状黒鉛鋳鉄のS–N曲線は，Huck（1983）により与えられる．

7.4 増速機

7.4.1 はじめに

増速機（gearbox）の役割は，ロータ速度を発電機速度（定速の誘導発電機の場合は1500 rpmなど）まで増速することである．定格出力300 kW〜5 MWの標準的な風車の定格時のロータ速度は48〜12 rpmであり，これには，1:31〜1:125の増速比が必要となる．可変速機においても同程度の増速比が用いられる．このような大きな増速比では，1段あたり1:3〜1:5の歯車を3段にする必要がある．

産業用の増速機の設計は，本書の範囲を超えた大きなテーマである．しかし，風車の増速機は，環境条件や荷重特性が異なるため，通常の用途のものとは異なる特殊な利用形態であることを理解しておくことは重要である．以下では，この点を中心に説明する．7.4.2〜7.4.6項では，ドライブトレインの動特性と緊急停止時の荷重を含む変動荷重について，また，それらの歯車の疲労設計について考察する．7.4.7項で平行軸と遊星軸の得失を，以降の項で，騒音低減対策，潤滑および冷却について説明する．

有用な文献として，1996年にAmerican Wind Energy AssociationとAmerican Gear Manufacturers Association（AGMA）が共同で発行した情報シートの‘*Recommended practices for design and specification of gearboxes for wind turbine generator system*’がある．これは，風車の増速機の特別要件をカバーしており，現在，ANSI/AGMA/AWEA 6006-A03設計標準‘*Design and specification of gearboxes for wind turbines*’に拡張されている．最近，IECは独自の規格IEC 61400-4:2012, *Wind Turbines—Part 4: Design Requirements for Wind Turbine Gearboxes*を公開した．これは，ISO 6336, *Calculation of Load Capacity of Spur and Helical Gears*を参照している．ISO 6336は六つのパートからなり，2019年に再発行されている．

7.4.2 運転中の変動荷重

定速ピッチ制御機はピッチ制御の応答が低いため，定格運転条件において，増速機のトルクレベルは風速に応じてゼロと定格値の間で変化する．短周期のトルク変動は，ドライブトレインの共振を励起する（7.4.3項参照）．また，高速軸ブレーキを作動させることにより，頻度は低いが短い時間でかなり大きなトルクを発生させる．図7.48に，500 kWの2枚翼ストール制御機とピッチ制御

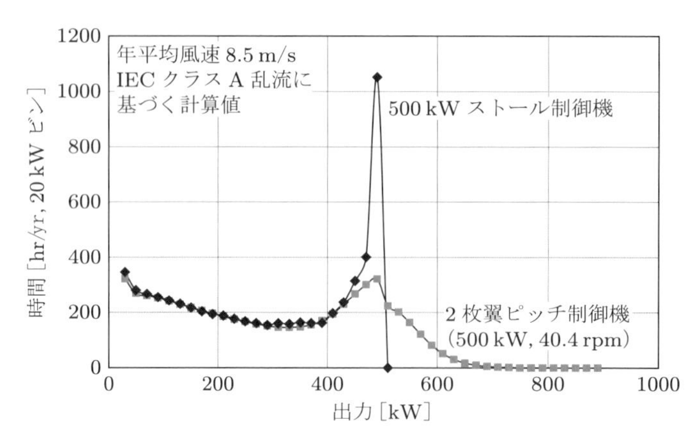

図 7.48　500 kW 風車（2 枚翼ピッチ制御機および定速ストール制御機）の荷重の頻度分布

機の出力の時間分布の例を示す（動的な効果とブレーキを除く）．ストール制御機の曲線は，各平均風速における風速変動をワイブル分布で重みづけしたものと，出力曲線を組み合わせることによって計算できる．ただし，定格を超える出力は含まない．

ピッチ制御機の場合，通常，ピッチ制御システムは，駆動装置における過剰な荷重が発生するのを避けるために，ブレード通過周波数やそれ以上の周波数の風速変動に追従しないように設計される．したがって，図 7.49 に示すように，ブレード通過周波数で発生するような大きな出力変動は，乱流によっては発生していない．なお，同図は，500 kW の 2 枚翼風車の，風速 20 m/s，乱流強度 16.5%における解析例を示している．

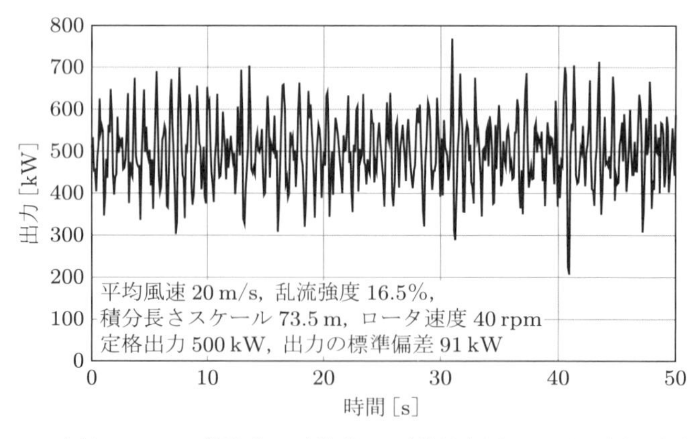

図 7.49　直径 40 m の 2 枚翼ピッチ制御機の，定格風速運転における出力の解析結果

定速ピッチ制御機の荷重の時間分布は，定格風速以下の瞬間風速の分布と，ピッチシステムが応答できる短期の平均風速分布から概算することができる．前者に関しては，定格未満の条件では，定格以下の瞬時風速と出力曲線を組み合わせて計算する．一方，定格条件では，短期の平均風速に依存する標準偏差をもつガウス分布を仮定して計算することができる．また，ピッチ制御時の出力の標準偏差は，ピッチ制御システムのカットオフ周波数よりも高い風速の周波数成分から，以下のように関連付けられる．

$$\sigma_P^2 = \frac{1}{B^2}\sum_j\sum_k\left(\int_\Omega^\infty S_u^o(r_j, r_k, n)dn\right)\left(\frac{dP}{du}\right)_j\left(\frac{dP}{du}\right)_k \tag{7.71}$$

ここで，$S_u^o(r_i, r_k, n)$ は，ロータ上の点 j および k における風速変動の回転サンプリングクロススペクトルである（5.7.5 項参照）．また，$(dP/du)_j$ は，ピッチ角を固定した条件で N 枚のブレードの翼素 r_j により生み出されるパワーの，風速に対する変化率を示す．平均風速 20 m/s，乱流強度 16.5%において 40.4 rpm で運転する 2 枚翼風車の例で，全ロータにわたって積分すると，$\sigma_P = 0.213(dP/du)\sigma_u = 91\,\mathrm{kW}$ となる．ここで，dP/du は，ピッチ固定時の風速に対するパワーの変化率である．同サイズの 3 枚翼風車の出力変動の標準偏差は，これよりも約 1/3 小さい．

7.4.3 ドライブトレインの動特性

すべての風車は，ブレード通過周波数で空力トルクが変動する．これは，ガストスライシング（gust slicing）によるものだが，この変動荷重は，ドライブトレイン（drive train）の動特性と相互作用し，伝達トルクを変化させる．誘導発電機をもつ定速風車の場合，ドライブトレインのトルク変動は，以下の要素からなるドライブトレインモデルの動的解析によって評価することができる．

- 回転慣性体と回転減衰（ロータのモデル）
- 捩ればね（主軸と増速機のモデル）
- 回転慣性体（発電機ロータのモデル）
- 捩れ減衰（誘導発電機の滑りによる抵抗のモデル）
- 定速で回転する無限大の慣性体（電力系統に等価な機械要素モデル）

なお，これらの要素は，すべて同じ軸（低速軸または高速軸）を基準とする必要がある．

7.4.4 ブレーキ荷重

ほとんどの風車は高速軸に機械ブレーキをもつため，ブレーキ荷重は増速機にも伝達される．設計上要求されている二つの独立したブレーキシステムの一つが機械ブレーキの場合，系統遮断後などに，ロータを過回転から静止状態まで減速するのに十分な容量が必要である．これには，一般に，定格の約 3 倍のトルクを必要とする．

機械ブレーキが単独で動作することが要求されるのは，ごく稀にしか発生しない緊急停止の場合のみである．通常停止の場合は，空力ブレーキにより長時間かけて減速させるが，機械ブレーキの場合はかなり短時間のうちに減速させることができる．いずれにしても，複数のトルクレベルをもつものでない場合，ブレーキトルクは一定である．

発電機を解列して即座に機械ブレーキを作動させた場合の，通常停止中の低速軸トルクの代表的な時刻歴データを図 7.50 に示す．ブレーキトルクは一定値にはほど遠く，数秒後に最初の極大値に達し，それから，若干低下したあと，高速軸が完全に停止する直前に，より高い極大値を記録している．これに続いて，ドライブトレインの捩れ戻しによる大きなトルク振動が発生する．これによるトルク反転により，歯車に衝撃的な荷重が作用し，長時間をかけて減衰する．

ブレーキ荷重は大きいため，頻度が低く，作動時間も短いにもかかわらず，疲労損傷にきわめて大きな影響を及ぼす．AGMA/AWEA 文書は，制動やほかの過渡事象の時間履歴をドライブトレインの動的モデルにより解析した結果を，歯車の終局荷重計算と疲労荷重スペクトルの入力値とす

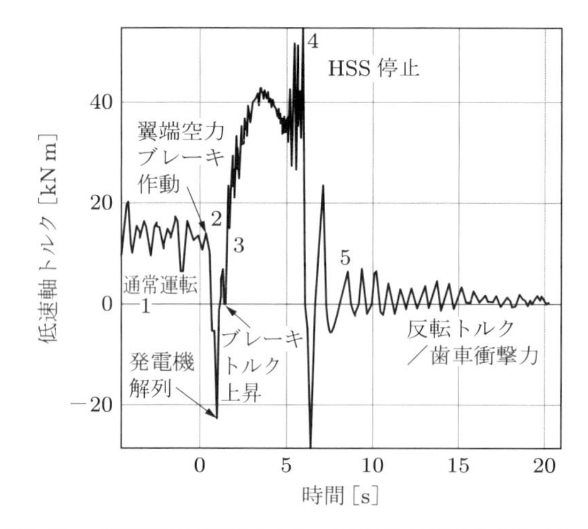

図 7.50　通常停止におけるブレーキ制動時の低速軸トルク：AGMA/AWEA 921-A97, *Recommended practices for design and specification of gearboxes for wind-turbine generator systems* より.

ることを推奨している.

7.4.5　歯車の疲労設計における変動荷重の影響

歯車の歯の疲労設計においては，接触応力と歯元曲げによる応力を評価する必要がある．通常，風車以外のギアボックスは運用期間を通して定格条件で運用されるため，歯車の強度は，伝統的に，歯車の荷重サイクルの予測回数と S–N 曲線から計算される寿命係数により評価されてきた．許容歯車接触応力を決定するための英国規則 BS436 : Part 3 : 1986（その後，BS ISO 6336, *Calculation of Load Capacity of Spur and Helical Gears* に更新）は，接触応力と曲げ応力の耐久限界を与えている．ここで，寿命係数は，接触応力で 10^9 サイクル，曲げ応力で 3×10^6 サイクル以上については 1 で，より少ないサイクル数では 1 よりも大きい値となる．

ピッチ点（歯車の中心が接触する線上の点）で接触する平歯車の歯に生じるヘルツ（Hertz）の接触応力 σ_C は，次式で与えられる．

$$\sigma_C = \sqrt{\frac{F_t}{bd_1}\frac{E}{\pi(1-v^2)}\frac{u+1}{u}\frac{1}{\sin\alpha\cos\alpha}} \tag{7.72}$$

ここで，

F_t：歯車中心を結ぶ線に垂直な歯車間の力

b：歯幅

d_1：ピニオンのピッチ円直径

u：増速比（> 1）

α：歯車間の力が作用する圧力角（通常 $20° \sim 25°$）

である．

なお，力に比例して接触面積が増加するため，接触応力は歯の間の力の 1/2 乗でしか増加しないことに注意する必要がある．

歯元における最大曲げ応力 σ_B は次式で与えられる．

$$\sigma_B = \frac{F_t h}{(1/6)bt^2} K_S \tag{7.73}$$

ここで，

h：クリティカルな歯元断面からの単一歯接触の最大高さ

t：クリティカルな歯元断面における歯厚

K_S：歯元部の応力集中係数

である．

定格トルクのみで作動している歯車の設計においては，以下のように，適当な安全係数を乗じた曲げ応力が，寿命係数 Y_N ならびに数々の応力修正係数を乗じた耐久限界未満であることを示す必要がある．

$$\sigma_B \gamma \leq \sigma_{B\,\lim} Y_N Y_R Y_X \ldots\ldots \tag{7.74}$$

接触応力に関しても，同様の計算が必要である．

動的効果（7.4.3 項参照）を考慮した風車荷重スペクトルの予想値（7.4.2 項）により，耐久限界において必要な設計トルクを決定する必要がある．通常，これは，あらかじめ定められた S–N 曲線と設計トルクスペクトルに対して，マイナー則を適用することにより求められる．寿命係数は必要な無限寿命トルクを導出する際に考慮されるので，式 (7.74) における Y_N は 1 とすることができる．

図 7.51 に，BS 436（British Standards Institution 1986）によるトルク – 耐久限界曲線の例を示す．これは，硬化させた歯の曲げと，ピッティング（pitting，孔食）のない場合の接触応力を，耐久限界におけるトルクに対してプロットしたものである．したがって，いずれの場合にも，設計無限寿命トルク T_∞ は，次式により計算される．

$$T_\infty = \left[\sum_i \left(\frac{N_i}{N_\infty} T_i^m \right) \right]^{1/m} \tag{7.75}$$

ここで，N_i はトルクレベル T_i でのサイクル数であるが，T_∞ より小さいトルクは除外されてい

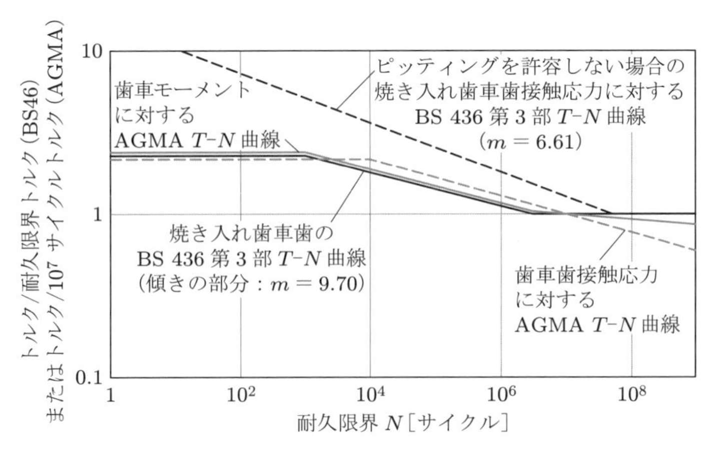

図 7.51　歯車設計用の試験トルク – 耐久限界曲線

る．トルク－耐久限界曲線の下側の突出部のサイクル数 N_∞ は，歯の曲げに対しては常に 3×10^6 サイクルであるが，接触応力については，材料によって上下するものの，一般的には高めの値になる．接触応力はトルクの 1/2 乗でしか増加しない（式 (7.72)）ため，トルク－耐久限界曲線の勾配指数 m は，接触応力－耐久限界曲線の 1/2 になる．

ブレーキ荷重を無視すると，定格条件で出力の変動がない場合は，歯車の歯の荷重サイクル数は N_∞ を超えるため，設計無限寿命トルクは定格トルクと等しくなる．たとえば，図 7.48 の 500 kW ストール制御機の低速軸が 30 rpm で駆動される場合，1 段目の増速比を 3 と仮定すると，クリティカルなピニオンの歯には，定格トルクにて 20 年間で $3 \times 30 \times 60 \times 1050 \times 20 = 1.13 \times 10^8$ サイクルの変動荷重が作用する．

一方，500 kW の 2 枚翼ピッチ制御機に関しては，定格条件の荷重の時間分布の出力変動は，図 7.48 に詳細に示されている．1 段目の歯車の歯の曲げ応力は定格トルクの 1.36 倍になるが，ほとんどの疲労損傷は，この値から若干高いトルクによって発生する．ここで，上述のとおり，1 段目の増速比は 3，ロータ速度は 40.4 rpm と仮定した．接触応力に対する設計無限寿命トルクは，定格トルクの 1.17 倍である．図 7.51 における BS 436 第 3 部のトルク－耐久限界曲線の比較からも予想されるように，これは，曲げモーメントに関するものよりもかなり低い．

また，図 7.51 には，ANSI/AGMA 規格 2001-C95 '*Fundamental rating factors and calculation methods for involute spur and helical gear teeth*' の S–N 曲線から導かれ，10^7 サイクルにおけるトルクでプロットしたトルク－耐久限界曲線の例も示されている．歯元曲げ応力に対するトルク－耐久限界曲線は，ブリネル硬度 250 HB の範囲の中心値に基づいており，3×10^6 サイクル以上では，一定の極限値ではなく，非常に小さい傾斜の曲線が続いていることを除いて，BS436 第 3 部の曲線とほぼ平行になっている．図 7.48 で紹介した 500 kW 風車の歯の曲げモーメントの 10^7 サイクルでの設計トルクは，BS 436 第 3 部のトルクを使用して得られた設計無限寿命トルクに近い値を示している．

ANSI/AGMA 2001-C95（1995）の歯の接触応力に対するトルク－耐久限界曲線は，選択した BS 436 第 3 部の曲線よりもかなり保守的である．これは，データを無視する屈曲部が低いという意味で，とくに風車の設計において推奨されている ANSI/AGMA 曲線において顕著である．ストール制御機の場合，低い屈曲部がないことにより，10^7 サイクルの設計トルクは定格トルクの 1.4 倍にまで増加するが，ピッチ制御機における増加はわずか 10%である．

以上の考察から，定格時の変動荷重と歯元曲げの疲労が増速機の容量を決定するという，一般的な結論が得られる．

BS 436 第 3 部による設計無限寿命トルクにおけるブレーキ荷重の効果は，7.4.2 項で説明した風車の例で示すことができる．機械ブレーキでロータを過回転から減速することができなければならないが，このような条件での停止はめったに起こらない．そのため，疲労設計において考慮される典型的な緊急停止は，通常の回転速度から機械ブレーキと空力ブレーキを併用して減速して，3 秒間で停止するものである．これが年 20 回の頻度で発生することを仮定する．通常停止においては，機械ブレーキは回転速度が低下してから作動させるため，停止時間は 1.5 秒で，1 日平均 2 回の頻度で発生することを想定する．簡略化のため，各条件において，制動トルクは定格トルクの 3 倍で一定と仮定する．これらの仮定において，荷重スペクトルがブレーキ荷重を含むことによる，歯車の歯元曲げに対する設計無限寿命トルクの増加を，緊急停止のみの場合と，通常停止と緊急停止の

表 7.12 BS 436 および AGMA 規則に掲載されている，疲労荷重スペクトルのブレーキ荷重による，歯車の歯曲げに対する設計トルクの増加

	500 kW ストール制御機		500 kW 2 枚翼ピッチ制御機	
	歯曲げに対する BS 436 の無限設計寿命トルクの増加割合 [%]	10^7 サイクルにおける歯曲げに対する ANSI/AGMA 250 HB 設計トルクの増加割合 [%]	歯曲げに対する BS 436 の無限設計寿命トルクの増加割合 [%]	10^7 サイクルにおける歯曲げに対する ANSI/AGMA 250 HB 設計トルクの増加割合 [%]
定格の 3 倍のトルクでの緊急停止	30	16	4	3
定格の 3 倍のトルクでの緊急停止と通常停止	65	47	25	21

場合について，表 7.12 に示す．

表 7.12 には，ブレーキ荷重を考慮することによる，10^7 サイクルでの，AGMA による歯元曲げの設計無限寿命トルクの増加率も示されている．ピッチ制御機においては，緊急停止時の荷重だけを考慮した場合は，設計トルクはほとんど変化しないが，ストール制御機の場合は，その差は顕著である．また，通常停止時のブレーキ荷重を追加したケースでは，頻度が高いため大幅に荷重が増加する．よって，このような場合に，低いトルクでブレーキをかけることは有用と思われる．BS 436 第 3 部でも，設計トルクに対するブレーキトルクの増加量が大きいのは，耐久限界があるという仮定の結果であることに注意する必要がある．

7.4.6 ベアリングならびに軸の疲労設計に対する変動荷重の影響

ベアリングの寿命は，荷重の約 3 乗に反比例する．マイナー則を適用すると，増速機の設計寿命の間のベアリングの等価定常荷重は，次式により荷重スペクトルから計算することができる．

$$F_{eqt} = \left(\frac{\sum_i N_i F_i^3}{\sum_i N_i} \right)^{1/3} \tag{7.76}$$

ここで，N_i は，荷重レベル F_i におけるベアリングの回転回数である．主軸ベアリングの荷重においては重力が支配的な場合が多いが，ほかの軸のベアリング荷重は駆動トルクのみによるので，ベアリングの荷重スペクトルは，トルクの荷重スペクトルから直接スケーリングすることができる．稀に発生するブレーキによる大きな荷重の影響を低減するため，ベアリングの S–N 曲線は，歯車の歯の S–N 曲線よりも傾きがかなり大きい．

中間軸の疲労荷重では，トルクの絶対値ではなく変動トルクが支配的であるため，その特性は，歯車の歯のものとは本質的に異なる．したがって，軸の設計における疲労荷重スペクトルは，歯車の歯の設計における荷重頻度曲線ではなく，シミュレーションを用いて，トルクの時系列データによるレインフローカウントから計算する必要がある．

7.4.7　歯車の構成

各増速段における平行軸歯車には，2種類の配置がある．もっとも単純な構成は，相互に噛み合う2個の外歯歯車で構成するもので，通常，平行軸（parallel shaft）配置とよばれる．そのほかに遊星（epicyclic）配置がある．遊星配置は，遊星キャリアに取り付けられた遊星歯車（planet gear），内側の太陽歯車（sun gear），ならびに，外側のアニュラス歯車（annulus gear）で構成する．通常，アニュラス歯車か遊星キャリアのいずれかを固定するが，アニュラス歯車を固定したほうが増速比を高くすることができる．

遊星配置では，荷重を複数の遊星歯車で分担するので，各歯車の界面での荷重を軽減することができる．そのため，構成は複雑にはなるが，歯車ならびに増速機を小型・軽量にすることができる．材料の低減の余地は歯車列の入力段でもっとも大きいので，最初の2段で遊星配置，出力段で平行軸配置とするのが一般的である．その他の遊星歯車の増速機の利点は，アニュラス歯車と遊星歯車の間の滑りが低下するため，効率が高くなることである．

平行軸の最適な増速比は，以下で述べるように，非常に簡単な方法で求めることができる．歯の曲げ応力に対する式 (7.73) は，次のように変形することができる．

$$\sigma_B = \frac{F_t h}{(1/6)bt^2}K_S = F_t\frac{6(h/m)}{bm(t/m)^2}K_S = F_t\frac{6z_1(h/m)}{bd_1(t/m)^2}K_S \tag{7.73a}$$

ここで，m はモジュールであり，平歯車に対しては d_1/z_1 で定義される．z_1 はピニオン歯数である．h/m と t/m が定数として扱われる場合には，曲げ応力は想定したサイズの歯車の歯数に比例する．原理的には，曲げ応力はピニオン歯数を減らすことにより低減できるため，歯車の設計においては，接触応力が支配的となる．したがって，式 (7.72) により，許容接線力 F_t は $bd_1u/(u+1)$ に比例するため，低速軸トルクの許容値 $T_{LSS} = F_t d_2/2$ は次式で与えられる．

$$T_{LSS} \propto \frac{d_2 b d_1 u}{u+1} = \frac{bd_2^2}{u+1} \tag{7.77}$$

よって，低速軸の歯車とピニオンの体積は，それぞれ $V_2 = kT_{LSS}(u+1)$（k は定数）ならびに $V_1 = V_2/u^2$ と表すことができる．これらの関係式は，同じ比の段が無数にあるドライブトレインの歯車の体積の式を導出する際に用いることができる．歯車の総体積は，増速比が 2.9 の場合に最小となるが，増速比が 2.1，または 4.3 に変化しても，体積は 10 %しか増加しない．

平行段歯車の歯には一方向の荷重しか作用しないため，疲労に関する応力振幅の許容値 σ_{alt} を得るには，グッドマンの関係式で次式のように平均値の影響を修正する必要がある．

$$\frac{\sigma_{\mathrm{alt}}}{\sigma_{\mathrm{lim}}} = 1 - \frac{\overline{\sigma}}{\sigma_{\mathrm{ult}}} \tag{7.78}$$

ここで，σ_{lim} は平均値がゼロの場合の曲げ応力振幅の許容値，$\overline{\sigma}$ は平均曲げ応力，σ_{ult} は終局引張強度である．$\overline{\sigma} = \sigma_{\mathrm{alt}}$ とすると次式が得られる．

$$\sigma_{\mathrm{alt}} = \frac{\sigma_{\mathrm{lim}}\sigma_{\mathrm{ult}}}{\sigma_{\mathrm{ult}} + \sigma_{\mathrm{lim}}} \tag{7.79}$$

$\sigma_{\mathrm{lim}}/\sigma_{\mathrm{ult}} = 0.2$ の場合，$\sigma_{\mathrm{alt}} = 0.833\sigma_{\mathrm{lim}}$ で，耐久限界における許容ピーク曲げ応力は $1.667\sigma_{\mathrm{lim}}$

である．対照的に，遊星歯車式増速機では，遊星歯車の歯には両方向に荷重が作用するため，耐久限界における許容ピーク曲げ応力は σ_{lim} となる．最小の歯車の歯数には限界があるため，遊星歯車式増速機では，歯の曲げが支配的になる場合が多い．

環状部を固定した無限段数の遊星歯車において，段増速比が 2 の場合に歯車の総体積が最小になる．この場合，太陽歯車の半径はアニュラス歯車の半径と同一で，遊星歯車の数が無限大になる．しかし，これは非現実的であるため，一般には，アニュラス歯車の半径は遊星歯車半径の 2 倍で，増速比は 3 となる．曲げ応力が支配的であると仮定して，この増速比をもつ 1 段の遊星および平行歯車の体積を比較することは参考になる．

平行段のピニオンの体積は，式 (7.73a) により，

$$\frac{\pi}{4}bd_1^2 = k_B\frac{F_t d_1 z_1}{\sigma_B} = k_B\frac{F_t d_2 z_1}{2\sigma_{\mathrm{alt}}u} = k_B\frac{2T_{LSS}z_1}{1.667\sigma_{\mathrm{lim}}u} \tag{7.80}$$

である．ここで，k_B は定数である．これにより，歯車とピニオンの体積は，$u = 3$ に対して $1.2k_BT_{LSS}z_1(1+1/u^2)u/\sigma_{\mathrm{lim}} = 4k_BT_{LSS}z_1/\sigma_{\mathrm{lim}}$ となる．

遊星段の体積は，歯数が平行段のピニオンの最小値と同じと仮定すると，

$$\frac{\pi}{4}bd_{PL}^2 = k_B\frac{F_t d_{PL} z_1}{\sigma_{\mathrm{lim}}} \tag{7.81}$$

である．

低速軸が遊星キャリアを駆動し，N 個の遊星歯車が直径の 1.15 倍の間隔で配置されている場合，低速軸のトルクは以下のようになる．

$$T_{LSS} = F_t N(r_A + r_S)$$

ここで，$N = \pi\,(r_A + r_S)/[1.15\,(r_A - r_S)]$ で，r_A と r_S はアニュラス歯車と太陽歯車の半径である．

したがって，$a = r_A/r_S$ とすると，遊星歯車の体積は $k_BT_{LSS}[1.15\,(a-1)/\{\pi\,(a+1)^2\,r_S\}]\times(d_{PL}z_1/\sigma_{\mathrm{lim}})$ となり，太陽歯車の体積はその $4/(a-1)^2$ 倍になる．したがって，遊星と太陽の両歯車を合計した体積は以下のようになる．

$$V = k_BT_{LSS}\frac{1}{a+1}\frac{d_{PL}z_1}{r_S\sigma_{\mathrm{lim}}}\left[1+\frac{4}{(a-1)^2N}\right] \tag{7.82}$$

$a = 2$ を代入することにより，$N = 3\pi/1.15 = 8.195$（小数点以下を切り捨てると 8）となり，V は次式のようになる．

$$V = k_BT_{LSS}\frac{z_1}{3\sigma_{\mathrm{lim}}}\left(1+\frac{4}{8}\right) = 0.5k_BT_{LSS}\frac{z_1}{\sigma_{\mathrm{lim}}}$$

したがって，増速機の設計において歯車の曲げ応力が支配的であると仮定すると，遊星段の太陽歯車と遊星歯車の体積は，等価な平行段歯車のわずか 1/8 となる．また，接触応力が支配的と仮定すると，遊星段の体積はさらに小さくなる．

遊星歯車式増速機では，遊星間の荷重を均等に分配することにより，材料を大幅に削減することができる．これは，理論的には製造精度を高くすることにより達成可能であるが，現実的には，すべての遊星歯車の位置誤差を吸収するために，遊星キャリアから片持ちにした細いピンの上に遊星歯車を支持するなど，遊星歯車の配置にある程度の柔軟性をもたせることが望ましい．なお，そのようなピンの疲労設計では，中間軸の設計と同様，トルクの絶対値ではなく，トルクの変動が支配的になる．

7.4.8　増速機の騒音

増速機の騒音は，個々の歯の噛み合いにより発生する．荷重を受けた歯車は若干変形するため，歯形の補正を行わない場合には，荷重を受けていない歯車が接触を始める際に，噛み合い周波数で衝撃的な力を受ける．そのため，一般には，両歯車の先端領域を削る歯先修整（tip relief）により歯形を調整することで，無荷重の歯を定格荷重時の位置に戻すことができる．風車の場合には，歯車の荷重は変化するので，歯先修整を行う荷重レベルを選択する必要がある．歯先修整の荷重レベルが高すぎる場合は，低出力時に歯の接触による損失が大きくなり，低すぎる場合は，定格出力での騒音レベルが非常に大きくなる．しかし，増速機の騒音が空力音により消されにくい低風速における騒音を低減する場合には，低い荷重レベルで修整を行うべきである．

通常，はすば歯車の騒音は，平歯車の騒音よりも小さい．これは，歯車軸に平行な歯をもつ平歯車では，歯の幅全域で同時に噛み合うためである．さらに，はすば歯車では，少なくとも二つの歯が接触するので，歯の最大変位も小さくなる．また，歯幅方向に曲げモーメントが変化するため，最大荷重の場合でも，荷重のより低い部分が歯の変形を抑制する．その結果，特定の荷重レベルにおいて，歯先修整による歯の位置ずれが低減される．

遊星歯車は，歯車サイズが小さいためピッチライン速度が低く，一般に，平行軸歯車より騒音が小さい．しかし，遊星歯車のアライメントの問題を回避するためにはすば歯車でなく平歯車を使用する場合は，この利点が失われる．はすば遊星歯車の配置を維持する方法の一つは，太陽歯車とアニュラス歯車にスラストカラーを設けることである．

遊星歯車段のアニュラス歯車は固定することが多いので，増速機のケーシングと一体化するのが便利である．しかし，この機構はアニュラス歯車の噛み合い騒音をケーシングから直接放射させるので，アニュラス歯車は弾性体で支持した別の要素とすることが好ましい．同様に，ナセル構造およびタワーへの増速機騒音の伝播を減衰させるために，増速機を弾性体で支持すべきである．

歯車の歯の噛み合いによって発生する騒音は，以下のようなさまざまな経路で風車の外部に伝播する．

- 軸からブレードへ直接伝播（ほとんど減衰せずに放射する可能性がある）
- 増速機の弾性マウントから，支持構造，さらにはタワーに伝播（状況によって，ほとんど減衰せずに放射する）
- 増速機の弾性マウントから，支持構造，さらには，ナセルカバーに伝播して放射
- 増速機のケーシングの表面から，ナセル内の空気を通して，吸排気ダクトに伝播
- 増速機のケーシングの表面から，ナセル内の空気を通して，ナセル構造に伝播

これらの経路のモードは密集しているため，特定の振動数を指定して設計することは事実上不可能である．騒音が問題になる場合には，上述の歯先修整などにより，音源の音圧レベルを低減する

か，主要な伝播経路を修正するなどの方法がある．主要な経路の特定は容易ではないが，一つの方法として，広範な屋外測定と理論モデルを組み合わせた統計的エネルギー解析（Statistical Energy Analysis: SEA）がある．システムが非線形のため，低風速域と高風速域では主要な経路が異なるなど，主要な経路は単純でない．また，放射経路に関しては，せん断層の減衰やタワー壁に砂または瀝青（れきせい）などの層を追加することにより対処できる．そのような対処で複数の効果が得られる場合もある．たとえば，ブレードが主要な放射源の場合，ブレード内部に減衰材を取り付けることにより，減衰のみでなく，補剛の効果も期待できる．また，特定の周波数を減衰させる吸振材が有効な場合もある．そのようなチューニング吸振材は，問題のある振動が構造の特定の点を通過しないように，特定の周波数のインピーダンスを上げるよう使用することもできる．

7.4.9 一体型増速機

第6章の6.11.1項で述べたように，一体型増速機のケーシングは，歯車の適切な機能を損なうような変形を発生させずにロータ荷重をナセル構造に伝達させる必要があるため，非常に高い剛性が求められる．複雑な形状のケーシングの荷重に対する応力分布の解析には，通常，有限要素（Finite Element: FE）解析が必要である．これらの応力は，各荷重成分の単位荷重に対する応力分布を，極値荷重の荷重成分で重み付けして重ね合わせることで求められる．なお，疲労の解析には，風速ごとのシミュレーションから得られる同時刻のロータスラスト，ヨーイングモーメント，ティルティングモーメントを重ね合わせる．

7.4.10 潤滑と冷却

潤滑システムの役割は，歯の表面ならびにベアリングの転動体の表面の油膜を保ち，ピッティング（pitting）や摩滅（摩耗（abrasion），付着（adhesion），スカッフィング（scuffing））を最小化することである．油膜による弾性流体潤滑のレベルは，油膜厚さにより特定することができる．これには，金属表面が比較的厚い油膜によって分離される完全な流体潤滑から，金属表面の凹凸が分子数個分の厚さの潤滑剤で分離される境界潤滑まである．境界潤滑条件下で，局所的な付着や，重度の付着摩滅であるスカッフィング（歯車からほかの歯車への粒子移送など）が発生する場合がある．これは，大きな荷重，低いピッチ線速度，油の粘度などにより進行しやすくなる．

潤滑法には，はねかけ潤滑（splash lubrication）と圧送（pressured fed）の二つの方式がある．前者は，低速歯車を油浴に浸漬し，油をケーシングの内側で巻き上げ，ベアリングまで導くものである．後者は，油を軸駆動ポンプで循環させ，濾過したのち，歯車，軸受などに圧送するものである．はねかけ潤滑方式には単純で信頼性が高いなどの利点があるが，通常，以下の理由で圧送潤滑が好まれる．

・ジェットにより必要な位置に向けて油を吹き付けることが可能
・摩耗粒子を濾過により除去することが可能
・効率低下の要因となる油槽中の油の撹拌が不要
・油循環システムでナセル外部に設置した冷却器を使用することにより，増速機を効果的に冷却することが可能
・予備電動ポンプが組み込まれているシステムでは，風車が停止している間も断続的な潤滑が可能

通常，圧送潤滑システムでは，高温または低圧時に風車を停止させるために，フィルタの下流側に温度スイッチと圧力スイッチを設置する．

設置地点の周囲温度を考慮した潤滑法の選定に関しては，AGMA/AWEA の文書に指針が与えられている．また，風車が低温で起動する際に油を循環させるためには，オイルヒータが必要である．

7.4.11　増速機効率

増速機の効率は，遊星段と平行軸段の数および潤滑法の種類にもよるが，おおむね 95〜98%である．

7.5　発電機

7.5.1　定速誘導発電機

定速機に使用される誘導発電機（induction generator）は，通常の産業用誘導モータとほぼ同じである．誘導発電機と誘導モータの原理的な違いは，接続線における電力潮流の向きと，同期速度に対する軸速度の大小のみである．誘導モータの市場規模は非常に大きいので，誘導発電機では，その量産効果を活かすために，極力誘導モータと同じ固定子と回転子を使用することが多い．部分負荷における高効率化など，風力発電機特有の運転方法を反映するために，回転子の棒材の変更など，風車メーカーが詳細な設計変更を行う場合があるが，運転原理は通常の誘導機と同じである．同期速度は極数と風車の設計，そして系統周波数によって決定され，50 Hz の系統においては，4 極で 1500 rpm，6 極で 1000 rpm，8 極で 750 rpm である．発電機の巻線の保護は湿気の侵入の防止が目的であり，完全な密閉設計で，空冷による騒音の低減のために水冷としている風車もある．ロータによる空力トルクの周期的な変動が発生させるドライブトレインの振動を抑制するため，また，風車のドライブトレインの設計において捩れのコンプライアンスと減衰を増加させるために，定格出力時に 2〜3%などの大きな滑りが要求される場合もある．しかし，これにより，回転子の電気的損失，さらには，それにより発生する熱が増加する．発電機の 2%の滑りは，定格出力時に電気的な 2%の損失を生じる．

図 7.52 に，定常状態の解析に使用できる一般的な誘導発電機の等価回路を示す（Anaya-Lara 2009; Hindmarsh 1984; McPherson 1990）．回転子の損失項は，滑りの関数である動力の項とは別に示されている．なお，滑り s は，固定子の電磁場と回転子の角速度の差であり，次式で与えられる．

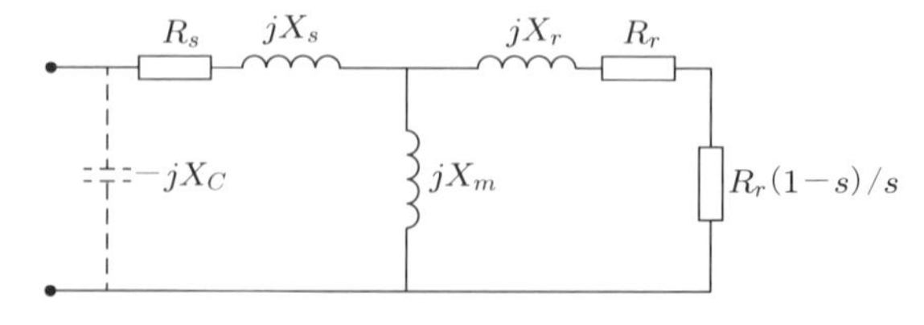

図 7.52　力率改善コンデンサをもつ誘導機の定常状態の等価回路（R_s：固定子抵抗，X_s：回転子リアクタンス，R_r：回転子抵抗，X_r：回転子リアクタンス，X_m：励磁リアクタンス，X_C：力率改善リアクタンス，j：虚数単位）

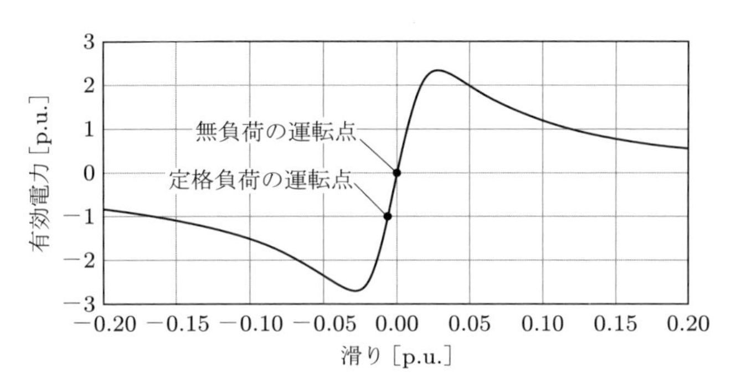

図 7.53 誘導機の滑りに対する有効電力

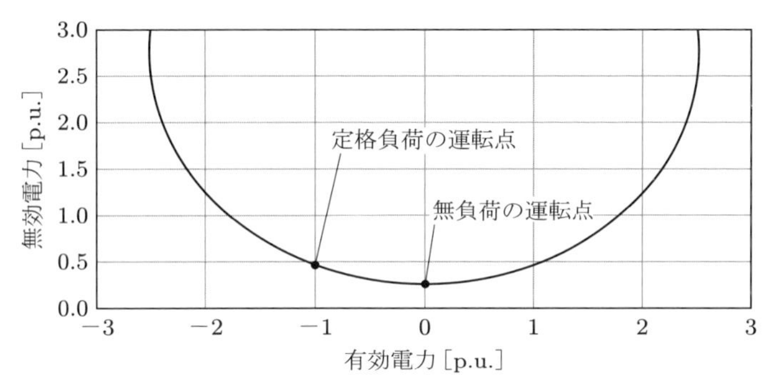

図 7.54 誘導機の円線図

$$s = \frac{\omega_s - \omega_r}{\omega_s}$$

モータとして使用する場合は，回転子は固定子の磁界よりも若干遅く回転するため，滑りは正となる．また，発電機として使用する場合は，回転子は固定子の磁界よりも若干速く回転するため，滑りは負となる．

図 7.53 に，1 MW 誘導機の滑りに対する有効電力を示す．慣例では，誘導機へ電流が流入する場合を正とするため，発電機の通常運転領域は 0〜−1 MW とする（図では −1 p.u. と示す）．この例では，回転子は固定子の磁界の同期速度よりも速く回転し，1 MW 発電時の滑りは −1%（定格比 −0.01）である．また，曲線のピークに達する前の最大出力は 2.6 MW であることがわかる．発電機が短絡レベルの低い（すなわち，高い電源インピーダンスの）配電系統に接続されている場合，曲線のピークに到達する前に送電することができる最大電力は低下する．

図 7.54 に，発電機の通常の運転範囲における滑りに対する無効電力を，誘導機で一般に用いられる円線図で示す．出力 1 MW において，発電機の無効電力は 500 kvar である．出力電力ならびに滑りが定格を超える場合，必要な無効電力は急激に増加する．

力率一定の補正コンデンサ（X_C）は必要な無効電力を低減するために使用され，それによって，円形図は y 軸に沿って原点の方向に移動する．なお，これなしでは，自己励起の危険性がある．誘導発電機の定常状態の性能を記述する式は，大学生向けの標準的な教科書（Hindmarsh 1984; McPherson 1990 など）に与えられている．動的解析は，より複雑であるが，Krause（1986）が扱っている．

最初に系統接続する際，誘導発電機は磁気回路を生成し，また，滑りが大きくなり，図 7.52 に示した回路上の $R_r(1-s)/s$ 項が小さくなるために，大きな突入電流を生じる．そのため，突入電流を

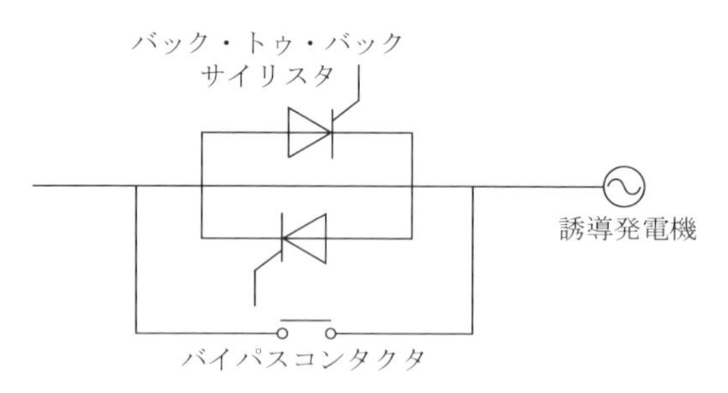

図 7.55　誘導発電機のソフトスタートユニット（1 相分のみ表示）

制限するために，図 7.55 のサイリスタソフトスタートが使用される．サイリスタの電圧サイクルでの点弧角は最初は遅く，数秒かけて速めていって最後は全電圧波形を発電機に与える（Anaya-Lara et al. 2009）．したがって，系統電圧は徐々に発電機に印加される．通常，ソフトスタートユニットは数秒間のみ使用し，その後，バイパスコンタクタを閉じて，誘導発電機を系統に直接接続する．

7.5.2　可変滑り誘導発電機

図 7.56 に示すように，回転子回路に外部抵抗を導入することにより，可変滑り運転を行うことができる．ここで，図 7.52 中の抵抗 R_r と $R_r(1-s)/s$ は，まとめて R_r/s としている．

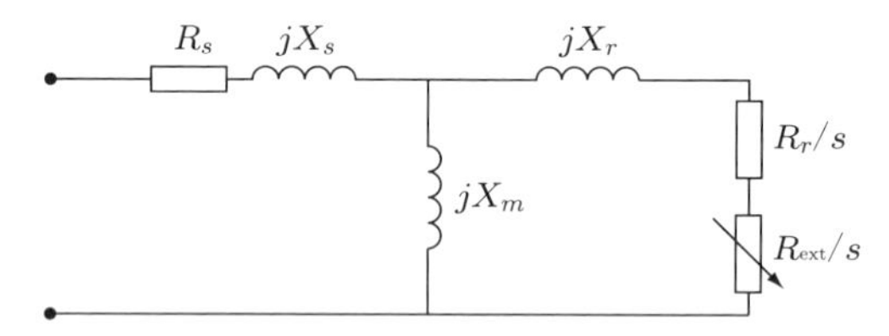

図 7.56　外部抵抗 R_{ext} を追加した可変滑り誘導発電機の定常等価回路

ここで，外部抵抗 R_{ext} はパワー半導体スイッチで制御する．外部抵抗短絡スイッチは，定格トルク以下の条件では発電機には影響を与えないが，定格トルクを超えると，パルス幅変調（Pulse Width Modulation: PWM）により徐々にロータ回路へ外部抵抗を導入する．図 7.57 に，この場合のトルク–滑り曲線を示す．複数の外部抵抗を追加すると，曲線の傾きは，たとえば，OB へ低下する．定格以下では OA に沿った運転となり，固定速度発電機とほぼ同様であるが，定格条件では，上記の外部抵抗を連続的に変化させて一定の反トルクを維持することにより，AB に沿った可

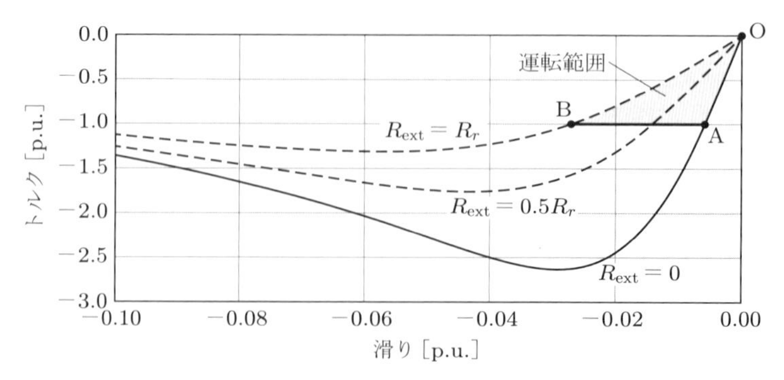

図 7.57　誘導発電機のトルク–滑り曲線に対する外部抵抗の影響

変速運転をする．点 B の滑り −2.8%（4 極の 50 Hz 発電機で 1542 rpm）の運転条件においては，1 MW の発電機では約 28 kW の損失を発生する．回転子抵抗 R_r を増加させると，外部抵抗によりプルアウトピークトルクが減少するため，安定性が失われる．

定速機の場合と同様，系統接続時の無効電力の要件を低減するために，力率補正キャパシタが使用される．

7.5.3 可変速運転

電気的な可変速運転には，広い可変速運転範囲を与えるバック・トゥ・バック周波数コンバータを通過させる方法（フルパワーコンバータ，Full Power Converter: FPC）と，可変速度範囲は制限されるが，二重給電誘導発電機（Doubly Fed Induction Generator: DFIG）の回転子の出力電力分のみを変換する方法の二つがある．

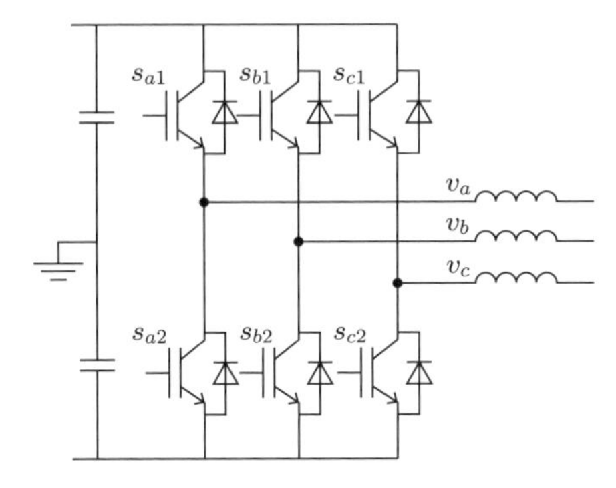

図 7.58 電圧源コンバータ

いずれにおいても，図 7.58 に示すグレーツ（Graetz）ブリッジ電圧源コンバータが，直流から任意の周波数と振幅の電圧を生成するのに用いられる．絶縁ゲートバイポーラトランジスタ（IGBT）はスイッチング素子として使用し，パルス幅変調（PWM）により正弦波電圧に近い電力を生成するために，2〜8 kHz で急速な切り替えを行う．正弦波電圧を合成する一般的な技術として，キャリア変調（正弦三角）PWM，ヒステリシス制御，空間ベクトル変調がある．いずれの変調技術を使用しても同様の結果となるが，空間ベクトル制御はデジタル制御システムで実行するのが容易である．なお，高速スイッチングにより，電圧波形は正弦波に近づくが，スイッチング損失は増加する．発電機側コンバータは，すべての電力を直流に変換し，系統側コンバータで交流に逆変換する．このような形式の電圧源コンバータによる変換は，Mohan et al.（1995）ならびに Anaya-Lara et al.（2009）に記載されている．

図 7.59 に，IGBT による近似的な正弦波の生成方法を示す．三角搬送波と変調信号を比較し，変調信号に等しい基本成分をもつ可変幅のパルスを，直流電源より生成する．図 7.59(a) は，主電源に合わせた 50 Hz の変調信号を用いた系統側コンバータの制御を示している．発電機側コンバータは，発電機速度を制御するために可変周波数で生成する．系統側コンバータの出力パルス（フィルタ前後）を図 7.59(b) に示す．電圧源コンバータは，入力を，動作限界内での任意の周波数，位相，または大きさをもつ電圧に変換することができるため，可変速発電機を 50 Hz または 60 Hz の電力系統に連系する際のインタフェースに使用することができる．また，電圧源コンバータは，二重給電誘導発電機（DFIG）では，回転子巻線に滑り周波数の電圧を印加するためにも用いられる．基

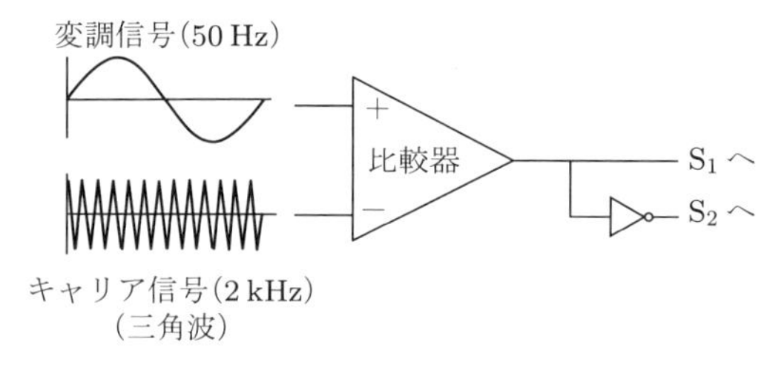

(a) 正弦三角変調回路

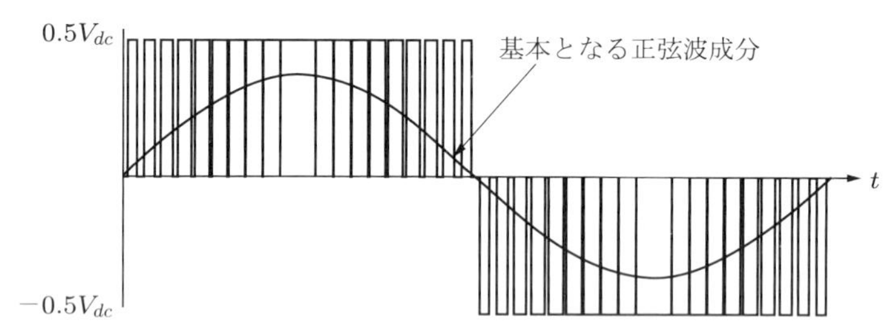

(b) パルス幅変調(PWM)正弦三角変調出力

図 7.59　IGBT による近似的な正弦波の生成方法

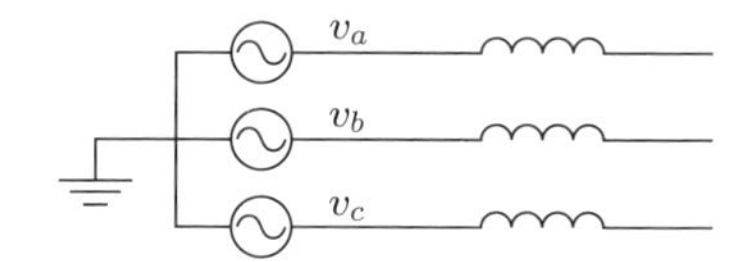

図 7.60　電圧源コンバータから得られる仮想的な電圧源

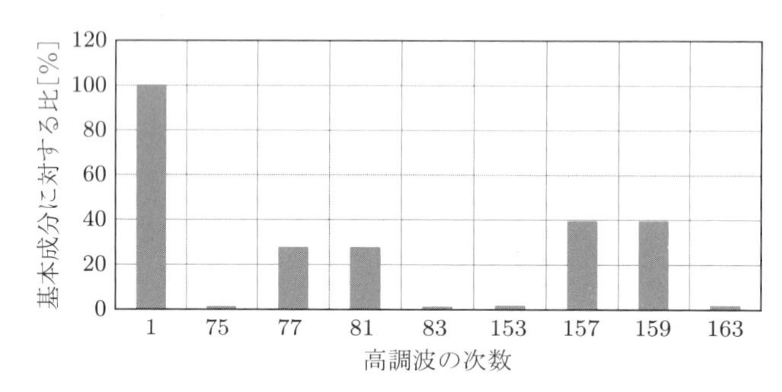

図 7.61　PWM コンバータの 3 相電圧の一般的な高調波スペクトル：キャリア周波数 3950 Hz （79 次高調波），振幅変調 0.8（Mohan et al. 1995）．

本周波数での電圧源コンバータの動作を図 7.60 に示す．

図 7.60 の表現は，基本電圧（50 Hz または 60 Hz）に対しては正しいが，図 7.59(b) に示す PWM スイッチングパターンで動作する電圧源コンバータは高調波（harmonics）を生成する．図 7.61 に PWM コンバータの高調波電圧を示す．PWM のスイッチングの高速化により，低次の高調波は大幅に減少するが，電圧には，スイッチング周波数とスイッチング周波数の倍数の付近にかなりの高調波成分が含まれる．

7.5.4 二重給電誘導発電機（DFIG）による可変速運転

可変滑り発電機では，巻線型誘導発電機の外部抵抗を回転子回路に追加することによって速度を増加させることができる．外部抵抗で消費された電力は滑り速度に比例するため，速度を 10%増加させる場合は，発電機の固定子の発電電力量の約 10%が外部抵抗で損失することになる．

この損失は定格条件でのみで発生し，余剰の風力エネルギーを捨てていることになるので，エネルギー取得量を低下させるわけではないが，損失が大きくなると排熱に高冷却装置が必要となるため，大型風車では望ましくない．したがって，可変滑りシステムにおける外部制御抵抗から，一対のバック・トゥ・バック電圧源コンバータが使用されるようになった（図 6.22(c)）．これらは，回転子の滑り周波数で可変電圧（したがって注入電流）を印加するので，固定子磁場の同期速度を上下させることができる．固定子の同期速度は，系統周波数と固定子巻線の極数により決定され（たとえば，50 Hz 系統に対して 4 極巻線では 1500 rpm），同期速度を ±30%変化させるには，風車の定格出力の約 30%の容量の回転子回路コンバータが必要となる．

DFIG の定常状態の等価回路を図 7.62 に示す．可変滑り発電機の外部抵抗は，電圧源によって置き換えられ，滑り周波数における巻線型回転子のスリップリングに電圧を印加する．等価回路は，固定子に対する回転子の回路であり，注入された回転子電圧は等価回路における滑りによって分配される．

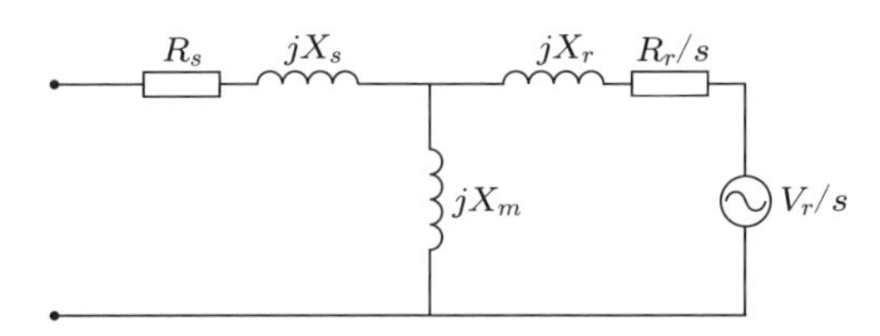

図 7.62 DFIG の定常状態の等価回路：V_r は注入した回転子電圧．

回転子に電圧を注入する効果を図 7.63 に示す．等価回路に示されるように，回転子電圧が滑りによって分配されるため，印加電圧は非常に小さい．可能な速度範囲は，誘導機の等価回路パラメータとコンバータの定格容量に依存する．

したがって，定格印加トルク（定格の −1 倍）において，回転子回路に注入する電圧を点 A と点 B の間に調整することにより，同期速度を変化させることができる．点 B では，発電機固定子から電力潮流が流れ出る超同期運転に，点 A では，発電機固定子へ電力潮流を流し込む準同期運転にな

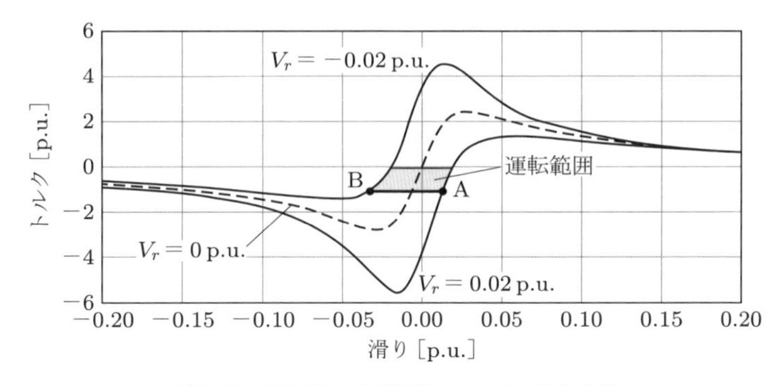

図 7.63 DFIG の定常状態のトルク－滑り曲線

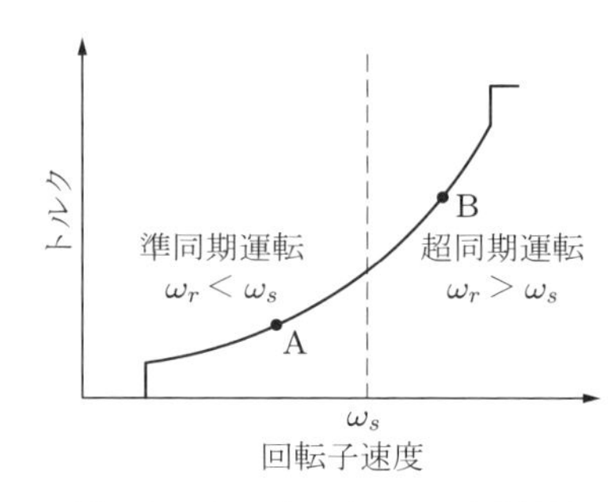

図 7.64　DFIG のトルク－速度線図

る．発電機の運転特性を図 7.64 に示す．

実際の DFIG の回転子への電力潮流の方向は，発電機の速度とトルクを用いた単純化した分析で理解できる．固定子と回転子の損失を無視した場合，発電機のエアギャップを横切って伝達される電力 P_{airgap} は，固定子の電力 P_{stator} と同じになる．これは，入力動力 P_{mech} と回転子回路の電力 P_{rotor} の差である．すなわち，次式のようになる．

$$
\begin{aligned}
P_{\mathrm{airgap}} &= P_{\mathrm{stator}} = P_{\mathrm{mech}} - P_{\mathrm{rotor}} \\
T\omega_s &= T\omega_r - P_{\mathrm{rotor}} \\
P_{\mathrm{rotor}} &= -T(\omega_s - \omega_r) \\
&= -Ts\omega_s = -sP_{\mathrm{airgap}} \\
&= -sP_{\mathrm{stator}}
\end{aligned}
$$

ここで，T は発電機の軸トルク，ω_s は同期角速度，ω_r は回転子角速度，s は滑りである．

したがって，滑りの符号により電力潮流の向きが変わり，正の滑り（準同期運転）に対しては，電力が発電機回転子に流れ込み，負の滑り（超同期運転）では，発電機回転子から電力が流れ出す．

図 7.65 に，DFIG の回転子回路の電力潮流を示す．この「二重給電」という概念は，1980 年代初めにドイツで設置された Growian（3 MW），ならびに，同時期に開発された米国の Boeing MOD 5B などの，初期の大型の実験機で使用された．その後，回転子回路の周波数を変更するために同期コンバータが使用されたが，現在では，二つのバック・トゥ・バック電圧源コンバータが使用されている．

DFIG の制御技術はいくつかあり，一つの方法はベクトル制御を使用することである（Pena et al. 1996; Muller et al. 2002）．この手法では，3 相電圧と電流が，d（direct）成分と q（quadrature）成分の二つの直交ベクトルに変換される．各コンバータの PWM は，二つのコントローラの d および q 要素によって駆動される．機械側コンバータは，発電機のトルクと力率／電圧を独立して制御する．系統側のコンバータは，DC リンクの電圧を維持する．DFIG 風車に使用される制御方式の簡略図を図 7.66 に示す（Ekanayake et al. 2003）．

7.5.5　フルパワーコンバータ（Full Power Converter: FPC）による可変速運転

フルパワー（全電力）コンバータ，可変速発電システムにおける電力潮流を図 7.67 に示す．このシステムでは，発電機からのすべての電力は直流に変換され，系統電圧に逆変換される．この構成

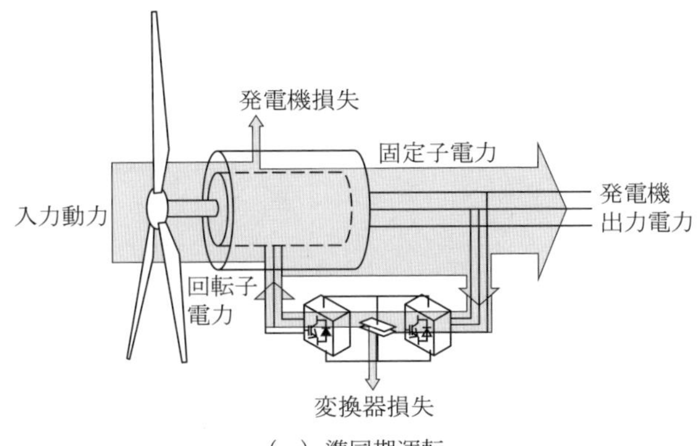

（a） 準同期運転

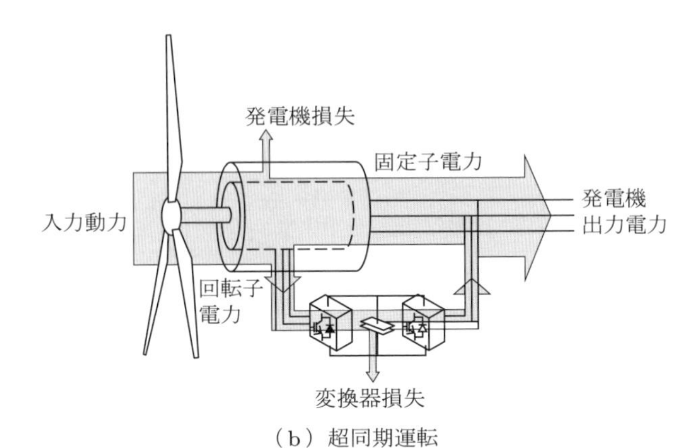

（b） 超同期運転

図 7.65 DFIG の電力潮流

は，さまざまな発電機で使用することができる．増速機と誘導機の組み合わせは，大きな荷重で使用される可変速運転の機器（ポンプやファンなど）とは逆の構成で用いられる．他励式，または永久磁石の同期発電機は，高速または中速発電機では増速機を介して，一方で，低速の多極式ダイレクトドライブ発電機では増速機を用いずに，風車ロータと連結する．

初期の可変速風車では，発電機側コンバータでダイオード整流ブリッジを，系統側コンバータで自然整流サイリスタ，電流源，コンバータを使用していた（Freris 1990）．しかし，自然整流サイリスタコンバータは常に無効電力を消費し，かなりのレベルの低次高調波電流を発生させるが，弱い配電システムでは，この装置のために適切なフィルタや力率補正を行うことは困難である．

したがって，今日では，風車の定格出力に相当する容量が必要になるものの，DFIG の回転子側の回路と同様に，二つの電圧源コンバータを使用している（Heier 2006）．これにより，発電機側コンバータですべての電力を直流に変換し，系統側コンバータで逆変換する．

さまざまな制御方法の中に，発電機のトルクと励起を制御するために，発電機コンバータ出力の二つの自由度（出力電圧と位相，または，直軸（d 軸）および横軸（q 軸）電圧）を使用するものがある．最適な風車速度特性（図 6.21）に合うように，ベクトル制御（図 7.66）によりトルク制御を行い，無効電力は発電機の励磁のために使用する．系統側コンバータは，DC リンク電圧を維持し，電力系統と無効電力を授受する（図 6.22(d)）．

その他に，系統側コンバータにより DC リンク電圧を一定に維持し，システムからの有効電力，

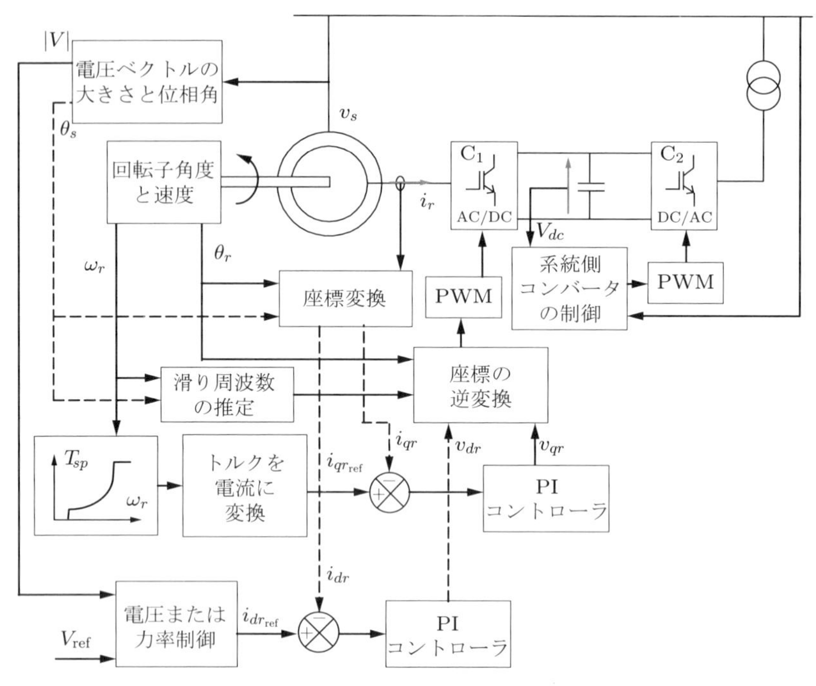

図 7.66　DFIG 風車の一般的な制御システム概略図

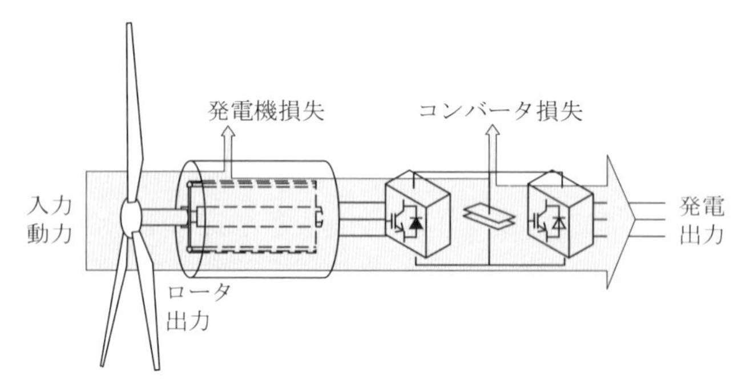

図 7.67　フルパワーコンバータの電力潮流

すなわち，発電機のトルクを制御する方法がある（Anaya-Lara et al. 2009）．また，系統側コンバータは，機器の定格内で任意の力率で動作させることができる．

DFIG システムと FPC システムに用いる電圧源コンバータは，通常はフェーズロックループ（Phase Lock Loop: PLL）を使用して，系統電圧の位相角 θ_s を取得する必要がある（図 7.66 を参照）．ひずんだ系統電圧が PLL に入る前に，各種フィルタ技術でひずみを除去することができる．実装は非常に簡単ではあるが，単純な PLL は，急速に変化する高調波や系統上の不平衡電圧条件によって性能が低下する可能性がある．多くの系統事業者は，PLL を用いた制御システムを備えた可変速風力風車の過渡安定性について懸念を表明している．

7.6 機械ブレーキ

7.6.1 ブレーキの役割

第 6 章の 6.8.3 項で述べたように，機械ブレーキは，適用する風車においてさまざまな役割を担う必要がある．最低限，風車の保守の際に使用するパーキングブレーキとしての機能は必要である．機械ブレーキは強風時にロータを停止状態にするために用いられ，低風速における停止時に用いられる場合もある．また，ロータを減速させるために用いられる場合は，まず空力ブレーキが使用されるので，機械ブレーキのトルクは非常に小さくてもよい．しかし，IEC 61400-1（2019）において，機械ブレーキは，風速 5 m/s または風車製造メーカーが定める点検や整備時の許容風速の状態で，ロータを完全に停止させることが要求されている．

空力ブレーキシステムが完全に故障した際に，ロータを停止させるための機械ブレーキを作動させるには，以下の二つの方法がある．一つは，空力ブレーキの故障による過回転を検出して作用させることで，もう一つは，標準の緊急停止において空力ブレーキと同時に作動させることである．前者の利点は，機械ブレーキの使用頻度を下げ，パッドやディスクの損傷を低減できることである．これにより，ブレーキが高速軸に取り付けられている場合には，歯車の疲労荷重も低減される．一方，機械ブレーキが過速度になる前に作動させるように設計する場合は，空力ブレーキが故障したときの空力トルクを低減することができる．

緊急ブレーキにとってもっとも厳しい条件は，定格発電時に系統遮断した場合である．ピッチ制御機の場合，高風速域では，回転速度の増加に対して空力トルクの低下が顕著になるため，最大速度は定格風速における系統遮断時に発生する．これとは逆に，ピッチ機構が故障した場合のブレーキの役割は，カットアウトあるいはそれ以上の風速においてより重要になる．これは，一般に，ロータ速度が低下した際に，迎角が大きくなり高い空力トルクが生じるためである．ストール制御機では，一般にクリティカルな風速は定格とカットアウト風速の間に存在する．

7.6.2 ブレーキ設計の要素

キャリパによるディスクブレーキ（図 7.68）のブレーキトルクは，キャリパ力の 2 倍，摩擦係数（通常 0.4），キャリパの数，および，パッドの有効半径の積で得られる．なお，一般に入手可能なキャリパの最大クランプ力は 500 kN である．

しかし，ブレーキの設計では，以下のような制約事項がある．

図 7.68 高速軸ブレーキディスクおよびキャリパ：旧 NEG Micon 社 より．

第7章 要素設計

・ディスクの遠心力
・パッドの摩擦速度
・パッド単位面積あたりのパワー消費率
・ディスク温度上昇

これらの制約事項について，以下に説明する．

ブレーキディスクの内径の接線方向に生じる遠心力による限界応力は，おもに，以下の式で表されるディスクリム速度（disc rim speed）により決定される．

$$\sigma_\theta(a) = \frac{3+\nu}{4}\rho\omega^2 b^2\left(1+\frac{1-\nu}{3+\nu}\frac{a^2}{b^2}\right) \tag{7.83}$$

ここで，a と b はそれぞれディスクの内縁と外縁の半径で，ω はディスクの回転角速度である．ブレーキメーカーの Twiflex 社では，同社の球状黒鉛鋳鉄製のディスクの周速の安全限界を約 90 m/s としている．

一般に，ブレーキパッドの材料には，焼結金属か，より安価な樹脂系材料が使用される．摩擦速度の許容値は，前者では最大 100 m/s であるのに対して，後者では，わずか約 30 m/s までしか許容していないメーカーもある．しかし，Wilson（1990）は，樹脂系パッドでも，単位面積あたりのパワー消費率 Q を低く抑えれば，最大 105 m/s までの摩擦速度でも十分な性能が得られると報告している．Ferodo 社の基準では，$Q = \mu PV \leq 11.6\,\mathrm{MW/m^2}$ である．ここで，μ は摩擦係数，P はブレーキパッド圧力，V は摩擦速度である．たとえば，摩擦係数 $\mu = 0.4$ を仮定すると，パッド圧力は $275\,\mathrm{kN/m^2}$ まで低下させる必要がある．

ブレーキをかけている間，ロータとドライブトレインの運動エネルギーと，空力トルクによる運動エネルギーが，ブレーキディスクとパッドの熱として放出され，ブレーキディスクの表面の温度を急速に上昇させる．ブレーキトルクとディスク回転角速度の積で与えられるエネルギー散逸率は，ブレーキのパワーを消費したあとは，高い表面温度を維持することができないため，ふたたび低下し始める．

樹脂系材料のパッドの摩擦係数は，250℃までの温度では約 0.4 でほぼ一定であるが，400℃では 0.25 まで低下する．理論的には，400℃に達することを想定して設計することもできるが，400℃付近ではブレーキトルクが変化し，計算が複雑で，暴走によるブレーキトルクの低下に対するマージンが小さくなる．このため，樹脂系パッドでは，通常 300℃を上限としている．

焼結金属パッドは，少なくとも 400℃までは摩擦係数が約 0.4 で一定となるが，メーカーによると，通常の運用で 600℃まで，断続的であれば 850℃まで十分使用可能とのことである．なお，Wislon（1990）は，摩擦係数は 750℃で 0.33 まで低下すると報告している．実際には，ディスク自体の温度は，球状黒鉛鋳鉄では 600℃に，鋼材の場合にはそれよりかなり低い値に制限されているため，このような温度になることはない．

しかし，より高価な焼結ブレーキパッドを用いることにより，ブレーキディスクがはるかに多くのエネルギーを吸収できるのは明らかである．焼結金属は樹脂系材料よりもかなり熱伝導性がよいので，油圧シリンダの油の過熱を避けるために，キャリパに断熱材を組み込むことが必要になる場合がある．

ブレーキディスクの温度上昇の計算方法は，次項で述べる．

7.6.3 ブレーキディスクの温度上昇計算

いくつかの仮定を用いることにより，停止の際のブレーキディスクの幅方向の熱伝播を容易に計算することができる．まず，発生した熱は，ディスク上のブレーキパッドが接触する部分全体にわたって均一に供給されているものと仮定する．回転がほぼ停止するまでの間，複数のキャリパを使用したブレーキにおいて，この仮定は合理的であるが，この段階までのエネルギー入力はかなり小さい．なお，ディスク内部では熱流がディスク面に対して垂直であると仮定し，半径方向の熱流は無視する．

ブレーキディスク表面から距離 x の位置に，厚さ Δx，断面積 A の層を想定する．θ を温度，k を熱伝導率とすると，ブレーキ面から対象面に入る熱流量は $\dot{Q}=-kAd\theta/dx$ であり，反対側から流出する熱流量は $\dot{Q}+d\dot{Q}\Delta x$ になる．時間間隔 Δt において，厚さ Δx の要素の温度上昇は次式で与えられる．

$$\Delta\theta A\Delta x\rho C_p=\Delta Q=-\frac{d\dot{Q}}{dx}\Delta x\Delta t=kA\frac{d^2\theta}{dx^2}\Delta x\Delta t$$

ここで，ρ は密度，C_p は次式で示される比熱である．

$$\frac{d\theta}{dt}=\frac{k}{\rho C_p}\frac{d^2\theta}{dx^2} \tag{7.84}$$

有限要素法を適用すると，式 (7.84) は次式のように書くことができる．

$$\theta(x,t+\Delta t)=\theta(x,t)+\frac{k}{\rho C_p}\frac{\Delta t}{(\Delta x)^2}(\theta(x+\Delta x,t)+\theta(x-\Delta x,t)-2\theta(x,t)) \tag{7.85}$$

ここで，450 等級の球状黒鉛鋳鉄を想定して $k=36\,\mathrm{W/m\,K}$，$C_p=502\,\mathrm{J/kg\,K}$，密度 $\rho=7085\,\mathrm{kg/m^3}$ を代入すると，熱拡散率 $\alpha=k/(\rho C_p)=1.01\times10^{-5}\,\mathrm{m^2/s}$ を得る．時間刻み Δt を 0.025 s，要素の厚さを 1.005 mm とした場合，式 (7.85) は次のようになる．

$$\theta(x,t+\Delta t)=\theta(x,t)+0.25(\theta(x+\Delta x,t)+\theta(x-\Delta x,t)-2\theta(x,t)) \tag{7.86}$$

この式により，まず一様分布を初期条件として，ブレーキ表面で適切な増分を加えていくことにより，ブレーキディスクの温度分布を計算することができる．仮想的なディスクを実際のディスクに隣接させ，境界をディスクの中間面のように対称面として扱うと，境界の扱いを簡略化できる．式 (7.86) の計算値に対する，各時間ステップにおける境界温度の増分は次式のようになる．

$$\Delta\theta_0=\frac{2T\omega(t)\Delta t}{\rho C_p S\Delta x} \tag{7.87}$$

ここで，T はブレーキトルク（一定と仮定），$\omega(t)$ は時刻 t におけるディスクの角速度，S はディスク片側のディスクパッドの接触面積で，ディスク直径 D，パッド幅 w に対して，$S=\pi(D-w)w$ である．実際のディスクと同様，仮想ディスクにも熱が流入すると仮定されるため，係数 2 を乗じる必要がある．それにより，表 7.13 に示すように，任意に設定できる初期の $\Delta\theta_0$ を 40℃とすると，

表 7.13　有限要素モデルを用いたブレーキディスク温度上昇の計算例

時間ステップ	時間 [s]	要素の番号	0	1	2	3	4	5
		ブレーキ表面からの距離 [mm]	0.0	1.0	2.0	3.0	4.0	5.0
1	0.025	初期温度 [℃]	0.0	0.0	0.0	0.0	0.0	0.0
		境界温度上昇 [℃]	40.0	—	—	—	—	—
		時間ステップ終了時温度 [℃]	20.0	10.0	0.0	0.0	0.0	0.0
2	0.05	境界温度上昇 [℃]	40.0	—	—	—	—	—
		合計 [℃]	60.0	10.0	0.0	0.0	0.0	0.0
		時間ステップ終了時温度 [℃]	35.0	20.0	2.5	0.0	0.0	0.0
3	0.075	境界温度上昇 [℃]	40.0	—	—	—	—	—
		合計 [℃]	75.0	20.0	2.5	0.0	0.0	0.0
		時間ステップ終了時温度 [℃]	47.5	29.4	6.3	0.6	0.0	0.0
4	0.1	境界温度上昇 [℃]	40.0	—	—	—	—	—
		合計 [℃]	87.5	29.4	6.3	0.6	0.0	0.0
		時間ステップ終了時温度 [℃]	58.5	38.2	10.6	1.9	0.1	0.0

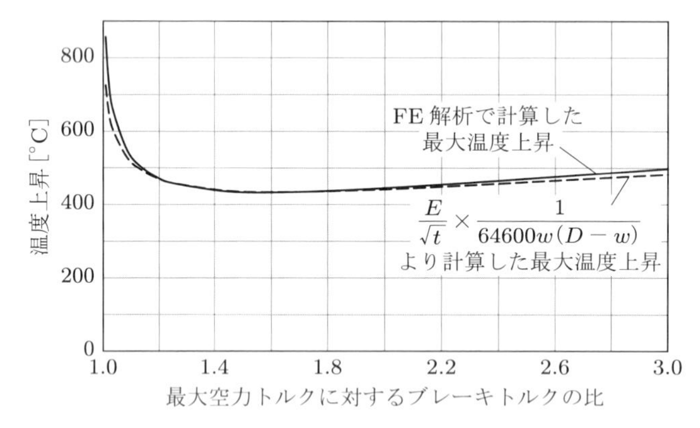

図 7.69　直径 60 m の 1.3 MW ストール制御機において，風速 20 m/s での 10%過速度の状態から HSS ブレーキで単独緊急停止した際のブレーキディスク表面温度上昇（ロータ速度 19 rpm，ブレーキまでの遅れ時間 0.35 s，最大空力トルク 966 kN m，ディスク直径 1.0 m，パッド厚さ 0.22 m）

初期の温度上昇を算出することができる．なお，減速により $\Delta\theta_0$ が緩やかに減少するが，ここでは簡略化のため無視する．

ブレーキディスク表面の温度上昇は，最大空力トルクに対するブレーキトルクの比が約 1.6 のとき最小であることが知られている．これよりも低い比率の場合には，停止に要する時間が長くなるため，風からより多くのエネルギーを取得することとなり，温度が急激に高くなる．また，この比が 1.6 を超えても，最大ブレーキ温度はほとんど変化しない．ストール制御機の過速度時の緊急ブレーキにおける，ブレーキトルクに対するブレーキディスク表面温度を図 7.69 に示す．ここで，上記の有限要素法により計算した表面温度を実線で示す．最大温度上昇は，以下の経験式でかなり正確に推定できる．

$$\theta_{\max} - \theta_0 = \frac{E}{\sqrt{t}} \frac{1}{64600w(D-w)} = \frac{E}{\sqrt{t}} \frac{\pi}{64600S} \tag{7.88}$$

ここで，E は合計消散エネルギー [J]，t は停止時間 [s]，S はブレーキパッドの接触軌跡の面積 [m^2]

である．この式を用いて計算した温度を，図 7.69 に破線で示す．

7.6.4 高速軸ブレーキの設計

ブレーキ設計における重要なパラメータは，設計ブレーキトルクである．摩擦係数はブレーキパッドのなじみや汚染などの要因によって，設計値に対して上下に大きく変動する可能性があるため，公称摩擦値に基づいて計算する設計ブレーキトルクは，適切な材料係数で増加させる必要がある．GL ガイドラインの 1993 年版（Germanischer Lloyd 1993）では，摩擦係数に 1.2 の材料係数を指定したうえで，キャリパのばね力が失われる可能性があるために別の係数 1.1 を追加した．これらの係数を採用した場合，空力荷重の安全係数 1.35 を含めると，最小設計ブレーキモーメントは最大空力トルクの 1.78 倍になる．1.78 の安全係数が完全に損なわれた場合でも，ロータを著しい温度上昇なしに静止させるために，たとえば 5%程度の若干の余裕をもたせておく必要がある．

高速軸ブレーキの設計手順を，以下に概説する．

例 7.2 風速 20 m/s において，系統遮断後の 10%過速度から空力ブレーキの有無で風車を停止する，ロータ直径 60 m の 1.3 MW ストール制御機の高速軸ブレーキの設計を行う．

低速軸（Low Speed Shaft: LSS）と高速軸（High Speed Shaft: HSS）の定格速度は，発電機の滑りを無視すると，それぞれ 19 rpm と 1500 rpm である．ブレーキが作用するまでの遅れを 0.35 s とし，風車ロータ，ドライブトレイン，ブレーキ，発電機回転子の慣性モーメントの合計は，低速軸基準で 2873 t m^2 と仮定する．このとき，高速軸ブレーキの設計手順は以下のようになる．

a) **ブレーキ設計トルクの算出**：ブレーキを作動させる直前に回転速度が最大になる際に，空力トルクが最大になる．第 1 段階として，定常風速 20 m/s に対する回転速度と空力トルクの関係を求める．これにより，ブレーキが作動するまでの 0.35 s 間の，ロータ加速とロータトルクの変化が計算できる．この場合，速度の増加は 1 rpm で，$19\,\text{rpm} \times 1.1 + 1 = 21.9\,\text{rpm}$ より，ピーク空力トルクは 966 kN m である．したがって，ブレーキの設計トルクは低速軸基準で $966 \times 1.78 \times 1.05 = 1800\,\text{kN m}$，HSS ブレーキでは $1800 \times 19/1500 = 22.8\,\text{kN m}$ となる．

b) **ブレーキディスクの直径の決定**：ロータの最大速度は，高速軸の回転速度 $21.9 \times (1500/19) = 1729\,\text{rpm} = 181\,\text{rad/s}$ に対応する．遠心応力に対するブレーキディスク半径の許容最大値は約 $90/181 = 0.497\,\text{m}$ である．温度上昇を最小限に抑えるためには，許容範囲内で最大の直径とするのが望ましく，この場合は直径 1.0 m である．焼結パッドが使用される場合，このパッドの摩擦速度は十分許容範囲である．

c) **ブレーキパッドの数と大きさの選択**：ブレーキパッドの総面積は，単位面積あたりの最大消費パワー 11.6 MW/m^2 に必要な面積から決まる．消費パワーはブレーキトルクと回転角速度の積に等しいので，ブレーキ作動開始時に最大値 $22.8 \times 181 = 4128\,\text{kW}$ となり，これに必要なブレーキパッドの総面積は $4128/11600 = 0.356\,\text{m}^2$ となる．この面積は，$0.22\,\text{m} \times 0.22\,\text{m}$ のパッド面積をもつ四つのキャリパ（0.387 m^2）により得られる．

d) **ブレーキディスクの最高温度の確認**：差動中のディスク表面温度の変化は，前項で説明した有限要素法を用いて計算することができる．解析結果を図 7.70 に示す．表面温度は，ブレーキを動作させて停止するまでの中間点の直後に最高の 440℃に達し，4.7 s まで高温を維持す

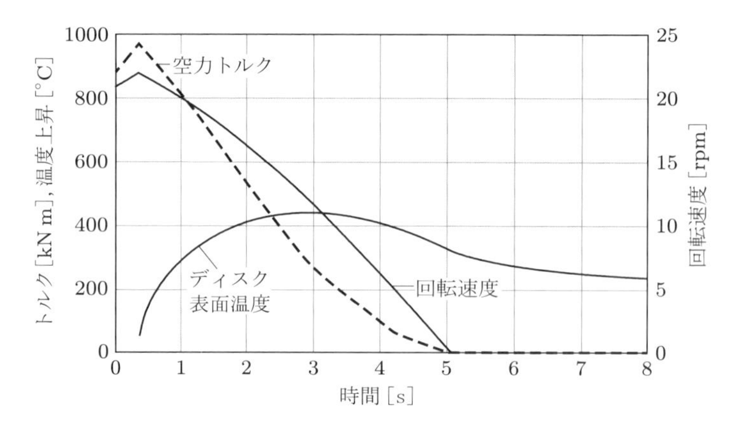

図 7.70　直径 60 m の 1.3 MW ストール制御機で，風速 20 m/s での 10%過回転の状態から HSS ブレーキで緊急停止させた場合の，ブレーキのトルクと温度（ロータ速度 19 rpm，ブレーキまでの遅れ時間 0.35 s，低速軸基準のブレーキトルク 1800 kN m，最大空力トルク 966 kN m，ディスク直径 1.0 m，キャリパ数 4，パッド寸法 0.22 m × 0.22 m）

る．この温度は焼結パッドの限界温度よりは低い．

e）**キャリパ力**：必要なブレーキ摩擦力は，トルクを有効パッド半径 0.39 m で除することにより 58.5 kN となる．したがって，必要なキャリパ力は $58.5/(8 \times 0.4) = 18.3$ kN であり，0.22 m × 0.22 m のブレーキパッドのキャリパサイズとしては比較的小さい．

以上の設計手順では，単位面積あたりの消費パワーによる制限を受けるため，容量の小さいキャリパを多数使用することとなる．ただし，緊急ブレーキの頻度が低い場合は，この制限は緩和されるため，より経済的な設計が可能となる．

7.6.5　2 段ブレーキ

緊急停止とは対照的に，通常停止の場合には，ロータは，ブレーキが作動する前に，空力ブレーキによりかなり低速になるまで減速されるので，必要なブレーキトルクは大幅に低くなる．これにより，ブレーキシステムの荷重の低減，ならびに，増速機の荷重低減のために，通常停止のブレーキトルクを低く設定するメーカーもある．ばねを利用した油圧解除方式のブレーキキャリパにより，ブレーキを作動させたときに圧力逃がし弁を経由して油圧シリンダから油を排出させることで，圧力を低下させることができる．ロータが待機状態になったあとは，残りの油圧を解放して，ブレーキトルクを最大レベルまで増加させる．

7.6.6　低速軸ブレーキの設計

低速軸のディスクブレーキの設計はトルクのみで決まり，ディスクの周速，パッドの摩擦速度，単位面積あたりの消費パワー，および，温度上昇の限界が設計に影響しないため，高速軸ブレーキの設計よりもかなり簡単である．しかし，低速軸ブレーキには大きなブレーキトルクが要求されるため，要求値が同じ高速軸ブレーキと比較して，はるかに大きなシステムになる．上記の例を低速軸ブレーキに適用すると，設計トルクが 1800 kN m の場合，七つのキャリパを装着した直径 1.8 m のディスクが必要となる．

Corbet ら（1993）は，さまざまな直径の風車を調査した結果，低速軸ブレーキのコストは，高速軸ブレーキの 2〜3 倍になると結論付けている．しかし，高速軸ブレーキにより増速機コストが増加することを考慮すると，高速軸ブレーキのコスト優位性はなくなる．なお，ダイレクトドライブ方式の風車の場合，高速軸が存在しないので，低速軸に機械ブレーキを付ける必要がある．

7.7 ナセル架構

ナセル架構の役割は，ロータの荷重をヨー軸受に伝達し，増速機および発電機を支持することである．一体型の増速機を搭載した風車では，原理的には歯車ケーシングとナセル架構を一体化できるが，通常は別の要素とする．架構の製造法には，長手方向と横方向の梁要素の溶接と，形状を荷重経路により正確に適合させることができる鋳造とがある．逆円錐台形に鋳造した架構の上で，前方に主軸ベアリングを，左右に増速機マウントを，後方に突出させた台の上に発電機を，それぞれ架構にボルト締結するのが一般的な配置である．

ナセル架構の設計において，複雑な形状では，終局荷重に対しては従来の解析方法を使用することができるが，疲労設計に必要な応力集中の影響を計算するためには，有限要素法による解析が必要である．ロータ荷重の 6 成分を考慮する必要があるため，疲労解析は複雑であるが，有限要素解析により得られた各荷重成分における応力分布を，各々の荷重をスケーリングして重ね合わせることにより，任意の点における時刻歴の応力が得られる．

7.8 ヨー駆動装置

ヨー駆動装置は，タワー上の旋回ベアリング上に設置したナセルを，風車が風に正対するように回転させる機構である．また，電力ケーブルが大きく捩れた際の捩れ戻しにも使用される．通常，ヨー駆動装置は，ナセルに設置した電動または油圧モータで，減速機を介して垂直に取り付けられたピニオン歯車を駆動する．図 7.71 に示すように，ピニオン歯車は，タワーにボルトで固定された旋回リングの歯車に噛み合う．これらの歯車の歯はタワーの内外のいずれにも配置可能であるが，小型の風車では，限られた空間で作業員のアクセス性を確保し，歯車が安全性に影響を与えないようにするために，一般にタワーの外側に取り付けられる．

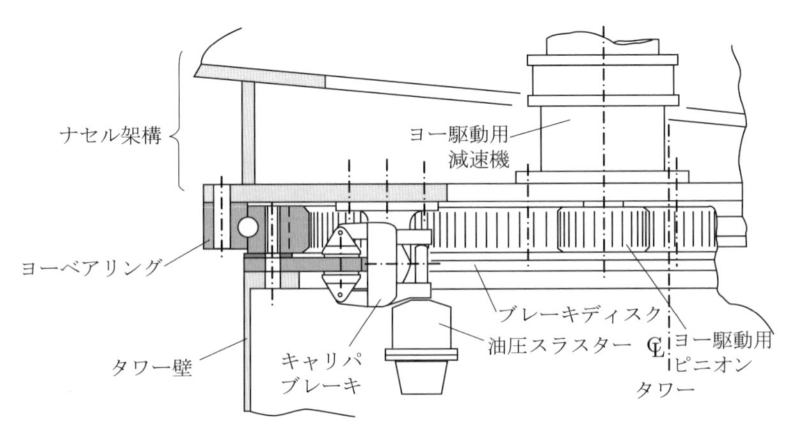

図 7.71 ヨー駆動装置およびヨーブレーキの一般的な配置

大型風車では，少数の大型モータではなく，多数の小型ヨーモータを取り付けるのが好都合な場合がある．Siemens-Gamesa SWT-7.0-154 風車の場合，ヨーモータは 16 個ある．これらはそれぞれ定格 40 N m で，960 : 1 の減速機（IECRE 2019）を介して，合計 615 kN m の公称駆動トルクを生成する．

リジッドハブの風車のヨーベアリングに作用するモーメントは，ブレードにはたらく差動荷重から発生し，その荷重は，決定論的および確率論的な成分に分解される．3 枚翼風車のヨー荷重は，3P の周期的な荷重が支配的であるが，以下に述べるように，ブレードの 2P 荷重によっても発生する．回転角速度 Ω の高調波を含む翼根の面外曲げモーメントは，次式のようになる．

$$M_{Yj} = \sum_n a_n \sin\left[n\left\{\omega t + \frac{2\pi(j-1)}{3}\right\} + \phi_n\right] \tag{7.89}$$

したがって，3 枚のすべてのブレードによるヨーのモーメントは次式で与えられる．

$$\begin{aligned} M_{ZT} = {} & \sin\omega t \sum_n a_n \sin(n\omega t + \phi_n) + \sin\left(\omega t + \frac{2\pi}{3}\right)\sum_n a_n \sin\left[n\left(\omega t + \frac{2\pi}{3}\right) + \phi_n\right] \\ & + \sin\left(\omega t - \frac{2\pi}{3}\right)\sum_n a_n \sin\left[n\left(\omega t - \frac{2\pi}{3}\right) + \phi_n\right] \end{aligned} \tag{7.90}$$

すなわち，

$$M_{ZT} = \sum_n a_n \left[\sin\omega t \sin(n\omega t + \phi_n)\left(1 - \cos\frac{2\pi n}{3}\right) + \sqrt{3}\cos\omega t \cos(n\omega t + \phi_n)\sin\frac{2\pi n}{3}\right] \tag{7.91}$$

である．

4 次までの高調波については，次式のようになる．

$$M_{ZT} = 1.5[a_1\cos\phi_1 - a_2\cos(3\omega t + \phi_2) + a_4\cos(3\omega t + \phi_4)] \tag{7.92}$$

したがって，面外曲げモーメントの 2P と 4P 高調波により，ヨーイングモーメントの 3P 成分が発生する．また，1P 成分は静的なヨーイングモーメントを生成し，3P 成分は発生させない．

風車のサイズが大きくなるに従い，風車直径は突風のスケールに対して相対的に大きくなり，乱流の増加によるブレードの差分荷重が重要となる．3 枚翼風車にはたらく確率論的ヨーイングモーメントの標準偏差は，式 (5.119a) に示した軸モーメントの標準偏差と同様の方法で計算することができる．

Anderson ら（1993）は，Howden の二つのサイズ（直径 33 m，330 kW，および，直径 55 m，1 MW）の 3 枚翼風車に関するヨーイングモーメントを調べ，周期的なヨー荷重のおもな原因は 3P 成分であると結論付けた．一方で，ヨー偏差により大きな影響が出ることは明らかにされなかった．ヨー偏差により，回転周波数におけるブレードの面外の変動荷重が発生することを考えると，この結果は，式 (7.92) に対応している．

リジッドハブの風車で乱流により生じる大きな周期的なヨーイングモーメントに対処するために，次のように，いくつかの方法が開発されてきた．

1. **固定ヨー**：キャリパにより環状のブレーキディスクにブレーキを作用させ，すべての状況下で望ましくないヨー運動を防止するように設計したもの．図 7.71 の直径 60 m の風車の例では，六つのキャリパを必要とした．また，ヨー駆動中の動きを滑らかにするため，部分的に解放したブレーキキャリパを引きずりながらヨーシステムを駆動する．
2. **摩擦ヨーダンパ**：摩擦によるヨー運動の減衰には，三つの方法がある．一つ目は，ナセルをタワーの上部の水平な環状面上の摩擦パッド上に支持するものである．ヨー駆動装置には摩擦パッドに反するだけの駆動力が必要になるが，極値ヨー荷重下ではヨーが滑るようにする．このシステムは，Vestas 社の V39 500 kW 機，ならびに，WEG 社の LS1 3 MW 機に採用された．二つ目は，ナセルを一般的な転動体旋回ベアリングに搭載し，固定ヨーと同じ配置で，ブレーキによって摩擦を与えるものである．強風時に風車を停止させるが，必要に応じて，ブレーキパッドの圧力を増加させることもできる．三つ目は，ナセルを 3 列ころ軸受（図 7.45(d) 参照）に支持させ，摩擦を生成するエラストマー材のパッドによってローラを置き換えるものである．
3. **ソフトヨー**：固定ヨーのうち，油圧による減衰を利用するものである．油圧ヨーモータの両方向の油圧経路を，チョーク弁を介してアキュムレータに接続し，急激なヨー運動を緩和するように減衰力を作用させる．ティータードロータでは，ティータ運動により衝撃荷重が発生した際に，大きなヨーイングモーメントが発生することが知られており，ティータードロータをもつ WEG 社の MS3 300 kW 風車にこのシステムが用いられた．
4. **減衰付きフリーヨー**：ソフトヨーの場合と同様，油圧ヨーモータが使用されるが，各モータへの油圧経路は逆止弁を介して互いに閉回路で接続され，油圧ユニットには接続されていない．この構成では，突風による急激なヨー運動を防止することができるが，これには全風速域でヨーの安定性が必要である．残念ながら，高風速域においてヨーの安定性を確保することは難しい．
5. **制御付きフリーヨー**：これは，必要なときにヨー制御を行うことを除けば，減衰付きフリーヨーと同じである．この方法は，リジッドハブの 2 枚翼ロータをもつ Windmaster 社の 750 kW 風車など，いくつかの風車に採択され，良好に機能した．

減衰には，摩擦を利用するのが，もっとも一般的である．

7.9 タワー

7.9.1 はじめに

風車のタワーは通常，管状（tubular）またはラティス（lattice）鋼構造であるが，高いタワーでは，下部にプレキャストコンクリートを用いる場合がある．コンクリートタワーの現地建設事例は，試作機としてはあるものの，現場作業に関するコストが高いため，一般的ではない．

7.9.3 項と 7.9.4 項は，それぞれ管状タワーとラティスタワーの設計について，7.9.5 項は，Enercon 社のハイブリッドタワーについて説明する．タワーの固有振動数による風車共振の最小化は重要な設計要件であるため，本節ではこれについて最初に説明する．

7.9.2　1次モードの固有振動数に対する制約

第6章の6.14節で示したように，ブレード通過振動数，あるいはロータ回転振動数でのロータのスラストの変動によるタワーの共振を避けることが重要である．動的増幅は疲労荷重に直接影響を及ぼすので，タワーの固有振動数の値は共振振動数から離れているほどよい．

風車を二つの固定速度のうちの一つで運転する場合，タワーの固有振動数を選べる範囲はより限られる．図7.72に，上限速度と下限速度との比率が3:2の3枚翼風車のブレード通過の上限振動数と下限振動数におけるタワーの固有振動数に対する動的増幅率の変化を示す．曲線は減衰がゼロの場合の結果であるが，現実的な減衰比である約5%の場合でもほとんど変わらない．図の動的増幅率を四つの起振源のすべてに対して4に限定することにより，タワーの固有振動数をとり得る帯域が示される．タワーの固有振動数が回転上限振動数とブレード通過下限振動数の間にある場合に，動的増幅率の最小値は1.65であり，タワーの固有振動数がブレード通過下限振動数の0.79倍であることがわかる．

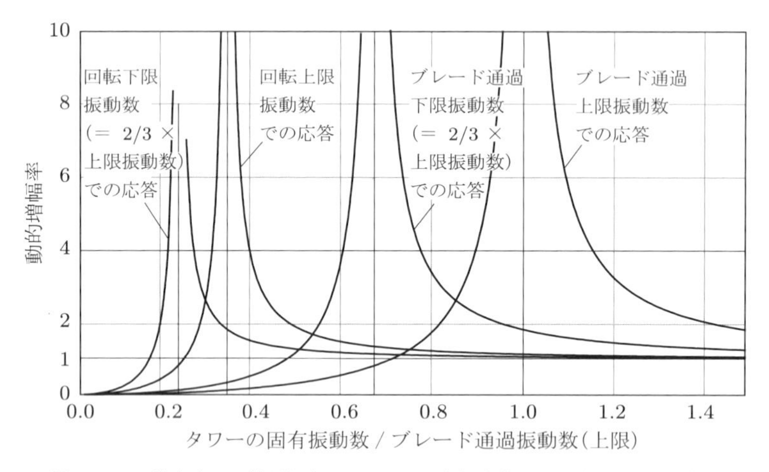

図7.72　2段変速の3枚翼風車のタワーの固有振動数による動的増幅率の変化

同じ最小動的増幅率は，回転速度上下限の比率が3:2の可変速機にも適用されるが，多くの可変速機ではこの比は2:1を超えており，最小動的増幅率がはるかに高くなる．このような場合は，風車コントローラは，クリティカルな回転速度域での運転を避けるために運転除外速度域を設ける場合がある．詳細は8.3.4項参照のこと．

与えられた発電機に対してタワーの設計が強度と固有振動数の条件を満たす場合，タワーのすべての寸法が相似で，ハブ高さでの風速が変わらないとし，翼端速度が一定であると仮定すれば，風車のロータをより大きくすることは簡単である．このような場合，タワーの固有振動数は，ロータの回転速度がそうであるように，ロータ径に反比例して変化する．したがって，動的増幅率は変わらない．極値風荷重によるタワーの応力も同様である．

ある風車に対してタワーの高さが変わると，簡単にはいかなくなる．上記のように，ハブ高さにおける極値風速は同じで，タワーに作用する風荷重はロータに作用する風荷重に比べて無視できると仮定すると，タワー基部での転倒モーメントは単にハブ高さHに比例する．すべての断面寸法をハブ高さの3乗根に比例して大きくすると，タワーの基部では応力は一定のままとなる．タワー全体に対して同じスケーリングを適用し，タワーの質量を無視し，I_Bをタワー基部断面の断面2次モーメントとすると，タワーの固有振動数は $\sqrt{I_B/H^3} = \sqrt{H^{4/3}/H^3} = 1/H^{5/6}$ で変化する．したがって，タワーの高さを 2 倍にすると，固有振動数は 44%低くなる．あるいは，ウィンドシアーのハブ高さ風速に対する影響とタワーに作用する風荷重を考慮し，タワー基部の転倒モーメントが $H^{1.5}$ で変化すると仮定すると，断面寸法が $\sqrt{H}$ でスケールアップすることで，タワー基部の応力は一定のまま維持される．このことから，タワーの固有振動数は $1/\sqrt{H}$ で変化する．

タワー固有振動数調整の実際の結果については，円筒タワーに関して次項で述べる．

7.9.3 円筒タワー

座屈が生じない場合，翼端とのクリアランスに対してクリティカルな位置よりも下側を半頂角 45° の円錐シェルとするのが，あらゆる方向のロータの水平スラスト力を地面に伝達するのにもっとも効率的な構造である．しかし，輸送と建設，および，薄肉シェルの圧縮力に対する不安定性を考えると，そのような設計はありえず，通常用いられる円筒タワーは非常に緩いテーパが付いた形となる．ちなみに，緩くテーパが付いたタワーの製造は，かなり高度な圧延技術を要する．初期の円筒タワーは，直径を徐々に減らした円筒鋼管の間にアダプタとよばれる短いセクションを溶接することにより造られていた．

テーパ付きタワーは，一般に，二つの半円錐台状に丸められたピースを垂直方向に溶接したものをいくつか用いて製作されている．そのようにして造られた個々の円錐台の高さは，圧延設備の限界から 2〜3 m 以下に限られる．水平方向の溶接では，圧縮力によりタワーが弱くならないように，局部的なゆがみをできるだけ小さくするように注意を払わなければならない．

一様なテーパを有するタワーの設計の場合，設計上主要なパラメータは，タワー基部での直径と肉厚である．一方，タワー頂部の直径はヨーベアリングの大きさにより決まる．

基部におけるタワーの大きさを決めるおもな要因は，圧縮力によるシェルの座屈，疲労荷重に対する強度，固有振動数を調整するための剛性に対する要件である．これらについては，以下で順を追って述べることにする．

風車が大型化するに伴い，考慮すべきもう一つの点は，陸上でタワーを輸送する場合に高速道路で運べるようなタワー基部の最大径についてである．これは，北部ドイツおよびデンマークの平坦地では一般に 4.0〜4.2 m であるが，その他の場所ではこの値以下であることが多い．

■座屈に対する設計

不整がない場合（形状が完全である場合），軸方向圧縮に対する鋼製円筒の強度は，降伏強度と次式で与えられる弾性限界座屈応力のうち，小さいほうとなる．

$$\sigma_{cr} = 0.605E\frac{t}{r} \tag{7.93}$$

ここで，r は円筒の半径，t は肉厚である．径厚比 r/t が $0.605E/f_y$（f_y は鋼材の降伏点）より小さい場合，鋼製円筒の強度は降伏強度によって決まる．$f_y = 245$ MPa の軟鋼では，$0.605E/f_y = 506$ となる．しかし，不整（とくに溶接によってもたらされるもの）がある場合，タワー壁の圧縮耐力は，通常用いられるような比較的小さな径厚比の場合でもかなり低下する．各国の基準は国ごとにかなりの相違があり，圧縮耐力と不整の許容値との関係を明記しているものから，そうでないものまである．

ここでは，EN 1993-1-6:2007，*Eurocode 3: Design of steel structures—Part 1.6: Strength and stability of shell structures* について述べる．

まず，製造設備において実現できる不整許容値に基づき，製造精度の品質等級を決める．

円筒の面外偏差の限界値 w あるいは凹みが，以下の 1)〜3) によって計測した必要なゲージ長に対する比率で示され，表 7.14 に示すように，各製造精度の品質等級に対して与えられる．同表は，対応する製造品質パラメータ Q も与えている．

1) 溶接部から離れて鉛直に置いた長さ $L = 4\sqrt{rt}$ のロッド
2) 溶接部から離れて水平に置いた長さ $L = 4\sqrt{rt}$ の円盤状テンプレート
3) 溶接の水平部にわたって鉛直に置いた長さ $L = 25t$ のロッド

表 7.14　各製造精度の品質等級と，それに対応する凹み許容値と製造品質パラメータの値

製造精度の品質等級	品質	推奨限界値 [%]	製造品質パラメータ Q
クラス A	非常に高い	0.6	40
クラス B	高い	1.0	25
クラス C	通常	1.6	16

適切な製造品質パラメータが求められると，経線方向の弾性不整低減係数 α_x および塑性限界の相対細長比 λ_p が以下のように求められる．

$$\alpha_x = \frac{0.62}{1 + 1.91\left[(1/Q)\sqrt{r/t}\right]^{1.44}} \tag{7.94}$$

$$\lambda_p = \sqrt{\frac{\alpha_x}{0.4}} \tag{7.95}$$

座屈強度低減係数 χ は次式で与えられる．

$$\chi = 1 - 0.6\frac{\lambda - \lambda_0}{\lambda_p - \lambda_0} \tag{7.96}$$

ここで，λ はシェルの相対細長比 $\sqrt{f_y/\sigma_{cr}}$，σ_{cr} は弾性限界の経線方向座屈応力，λ_0 は崩壊限界の相対細長比である．σ_{cr} と λ_0 は比率 ε に依存し，以下のように表される．

$$\sigma_{cr} = 0.605E\frac{t}{r}(1 - 0.4\varepsilon) \tag{7.97}$$

$$\lambda_0 = 0.3 - 0.1\varepsilon \tag{7.98}$$

風車タワーの応力が曲げ応力によって決まる場合，ε は小さく，初期設計では無視できる．図 7.73 には，軸応力は無視するという仮定のもとで，座屈強度低減係数と径厚比（肉厚に対するシェル半径の比）の関係を，製造精度の品質等級に対して示す．このプロットは，座屈強度低減係数を部分安全係数 1.1 で除したものであることに注意されたい．この部分安全係数は，EN 1993-1-6:2007 に従い評価された曲面シェルの全体座屈に対して，IEC 61400-1（2019）で規定された値である（以前の版における 1.2 を減じて 1.1 とされている）．また同図には，GL 指針（2005）による 1%の凹

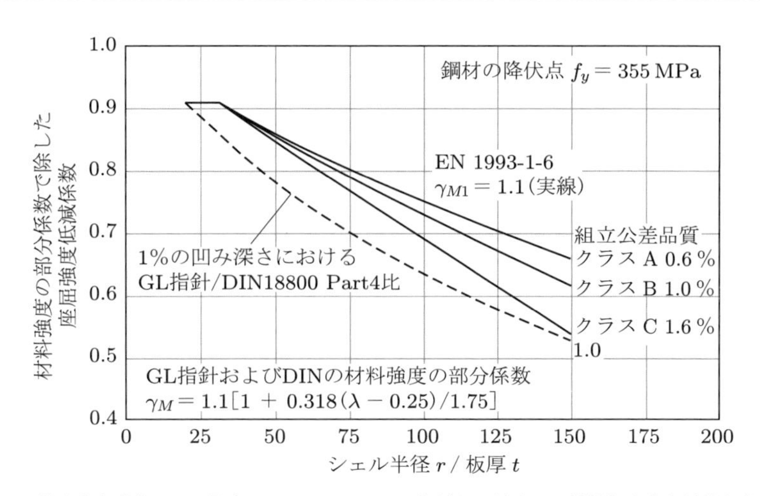

図 7.73 軸応力を考慮しない場合の，タワーのシェル径厚比に対する，材料部分安全係数を考慮した座屈強度低減係数

み限界の曲線（破線）も示す．この場合，座屈強度低減係数は GL/DIN による材料強度に対する部分安全係数（シェルの相対細長比 λ で変化する）で除しており，二つの方法により求められる設計強度の比較ができるようにしている．

タワー基部の直径の選択がタワーの全質量に及ぼす影響は，具体的な例を考えるとよくわかる．直径 60 m の 3 枚翼ストール制御風車を支持する，軟鋼製のハブ高さ 50 m のタワーを極値風速 60 m/s の条件で設計することを考える．この風速により生じる転倒モーメントに耐えるためのタワー基部の板厚を，タワー基部の直径を変えて式 (7.96) により計算し，図 7.74 に示す．同図には，タワー頂部の直径を 2.25 m，板厚を 11 mm とし，タワー頂部とタワー基部の間で板厚は線形に変化するとした場合の質量も合わせて示す．タワーの質量は直径が 4.5 m で最小になり，これより直径を大きくすると，断面係数を一定としたことによる断面積の減少は，座屈強度の低下と，タワー自身にかかる風荷重の増加によって相殺されることがわかる．この例では，輸送の制約でタワーの基部の直径を 4.0 m に制限したとしても，質量はそれほど増加しない．

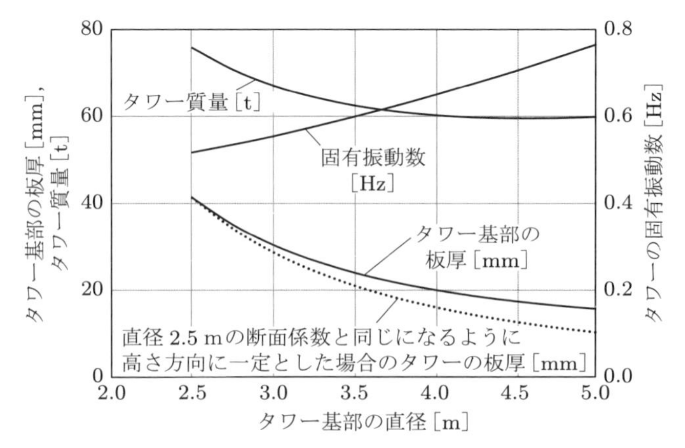

図 7.74 ハブ高さ 50 m でロータ直径 60 m のストール制御風車を極値風速 60 m/s に対して支持するのに必要な，直径とタワー基部の板厚の関係（翼枚数 3，タワー頂部質量 75 t，タワー頂部直径 2.25 m，タワー頂部板厚 11 mm，べき指数 0.11，動的増幅率 1.12）

■疲労設計

溶接した鋼構造の疲労設計は EN 1993-1-9:2005, *Eurocode 3: Design of steel structures—Part 1.9: Fatigue* に示されており，さまざまな溶接ディテール（weld detail）に対して一連の S–N 曲線が定義されている．これらの曲線は両対数軸で表すと，繰り返し回数 5×10^6 を境に，それより上では傾きが 1/5 で，それより下では傾きが 1/3 の 2 本の直線になる．また，$N = 10^8$ 回を打ち切り限界としており，10^8 回で定義される応力幅より小さい応力繰り返しは疲労損傷をまったく起こさないとみなされる．

後述のタワーの開口部以外では，円筒タワーにおける重要な溶接ディテールは，中間プラットフォームとケーブル支持部材のために溶接された付加物，および，タワー基部フランジと中間ボルトフランジの水平溶接部である．完全溶け込み突き合わせ溶接（図 7.76 上部）で，フランジの厚さを 50〜80 mm と仮定すると，水平溶接のためのディテールカテゴリーは 71（71 は 2×10^6 回での応力幅 [MPa] を表す）である．付加物の長さが増加すると，縦方向の溶接付加物におけるディテールカテゴリー番号が下がる．付加物の長さを 80 mm に限定すると，ディテールカテゴリーはやはり 71 が適用される．図 7.75 に，このディテールカテゴリーの S–N 曲線を示す．

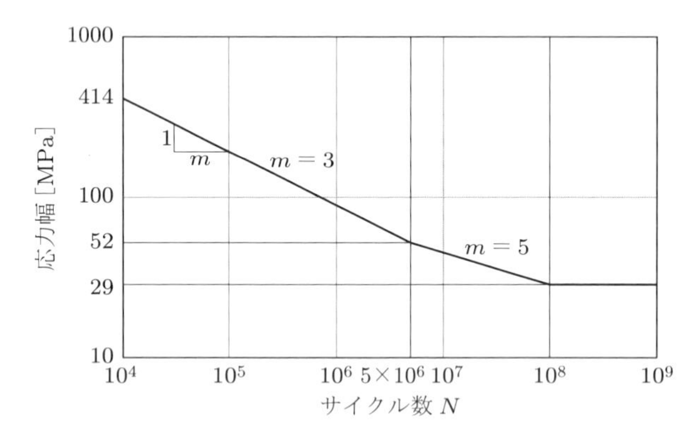

図 7.75　Eurocode 3 のディテールカテゴリー 71 の疲労強度曲線（突き合わせ T 継手）

タワーの設計が疲労で決まる場合，タワーの質量は，より高い溶接ディテールカテゴリーを選ぶことにより低減させることができる．これはフランジに突き合わせ溶接部を導入することにつながり，突き合わせ部はタワーの短いセクションにより構成し（図 7.76 の下部），溶接は T 形突き合わせ溶接（ディテールカテゴリー 71）ではなく，標準的な横突き合わせ溶接（ディテールカテゴリー 90）を用いる．同様に，ディテールカテゴリーを 80 まで上げると，溶接付加物は 50 mm に短くできる．

Eurocode 3 では，疲労強度について，破壊の影響と評価方法に応じて異なる部分安全係数 γ_{Mf} を推奨している．疲労損傷の際に荷重の再分配が生じる場合には，部分安全係数は損傷許容設計法（damage tolerant method）によって評価することができ，破壊の影響が低い場合は γ_{Mf} を 1.0，高い場合は 1.15 とする．一方，構造部材の局部的な亀裂の生成が急速に破壊をもたらす場合には，γ_{Mf} を 1.15 および 1.35 に増し，安全寿命設計法（safe-life design method）によって評価しなければならない．溶接鋼管構造では，限界長さに達する疲労亀裂を阻止するものは何もなく，設計者は初期亀裂がクリティカルになる前に検知する検査方法が確立できるかを考えておく必要がある．それができなければ，タワーは安全寿命設計法で評価する必要がある．

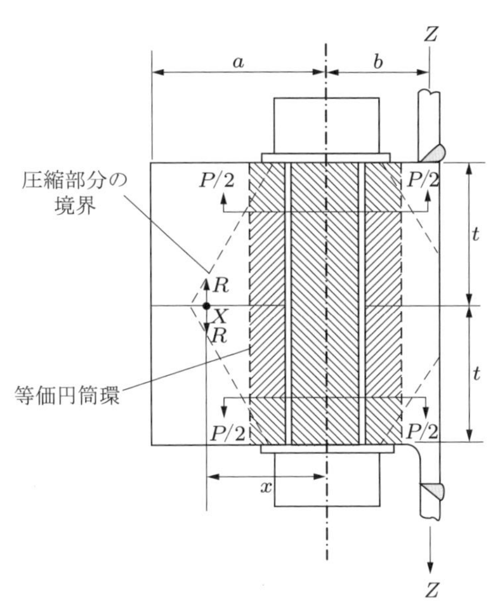

図 7.76 ボルト結合したフランジ接合部

IEC 61400-1 でも同様な方法を採用しているが，疲労強度に関するいくつかの部分安全係数は Eurocode 3 ほど保守的ではない．疲労荷重スペクトルの導出，および，M_X と M_Y の荷重スペクトルによる応力変動幅の組み合わせについては，第 5 章の 5.12.6 項を参照されたい．

■極値荷重と疲労荷重

極値荷重がもたらす座屈破壊と疲労荷重の相対的な重要性は，さまざまな要因により変化する．しかし，ストール制御機よりもピッチ制御機のほうが，疲労がより重要になる可能性が高い．これは，ピッチ制御機では，定格風速より高い風速ではロータのスラスト変動が増加し，待機時の極値荷重は小さくなるためである．さらに，極値荷重の低減割合は疲労荷重の低減割合よりも大きいので，風速の低いサイトのほうが，疲労がより重要になる可能性が高い．

■タワー固有振動数の調整

極値荷重と疲労荷重に対する必要強度を保ちつつ，基部の直径を変えてタワーの固有振動数を適切な値に調整するということは，少なくとも理論的には一般的である．図 7.74 に，ロータ直径 60 m，ハブ高さ 50 m のストール制御機で，タワー基部の直径を 2 倍に変えることが固有振動数に及ぼす影響を示す．基部の直径を 2.5 m から 5.0 m にすると，固有振動数は 0.517 Hz から 0.765 Hz に増加する．直径 60 m の風車の翼端速度を 60 m/s とすると，ロータ速度は 19 rpm である．風車は 2 段定格で，低いほうの回転速度が $19 \times 2/3 = 12.67$ rpm であるとすると，ブレード通過下側振動数は 0.633 Hz で，タワー固有振動数可能範囲のちょうど中央になる．振動数範囲に ±15%のマージンを見ると，タワー固有振動数は 0.538 Hz より小さくするか，0.728 Hz より大きくする必要がある．しかし，固有振動数 0.728 Hz を得るには直径約 4.7 m が必要で（必要強度以上にタワーの板厚を厚くすることはしない場合），輸送困難である．したがって，必要以上に強度を上げない設計をする場合に残された選択肢は，直径を 2.75 m にすることであるが，質量が最適設計値 60 t に比べて約 10 t 大きくなり，固有振動数は約 0.535 Hz となる．あるいは，基部の直径を 4 m とし，板厚を37%増加して27.5 mmとすれば，固有振動数は0.728 Hzになるが，質量は15 t増加する．

上述のケーススタディからは，固有振動数に対する必要条件を満たすことは，風車とハブ高さの組み合わせによっては必ずしも経済的になるわけではないことがわかる．このような場合，ハブ高さを変更するとよい．たとえば上述のケースでは，ハブ高さを55 mとし，基部の直径を3.5 mとすると，固有振動数は0.535 Hzでタワー質量は74 tになり，改善される．

■タワーセクションの接合部

タワーは，通常は輸送上の理由でいくつかのセクションに分けて製造するので，輸送後に接合する必要がある．現場溶接は費用がかかるので，ほとんどの場合ボルト接合が用いられるが，スリーブ接合も用いられるようになってきている．この場合，テーパがついたタワーセクションをその下のセクションの上に載せ，ジャッキによって押し込んで所定の位置まではめ込む．

■ボルトフランジ結合

図7.76に，もっとも広く用いられている内フランジ接合でのボルト配置を示す．フランジ外側の端部を，タワー外壁と合うようにタワーセクションの端部に突き合わせ溶接する．あるいは，フランジはタワー外壁にあらかじめ取り付けてある場合もある．このような突き合わせフランジとよばれるフランジは外壁からフランジへ滑らかに変化するので（図7.76の下部に見られるように），突き合わせ溶接のディテールカテゴリーは高くなる．

組み立てたあと，すべてのボルトを締めるか引張ることにより，フランジ間に初期荷重を導入し，供用時のボルト疲労応力が最小になるようにする．タワー壁の極値引張応力によってフランジの内端近傍を支点としててこ反力が生じるので，ボルトは，最初はこのてこ反力に抵抗するような大きさにし，その後，疲労に関しても確認する．

フランジ継手のボルトの疲労計算には，ボルト荷重とタワー壁応力の間の関係を用いる．これは，フランジ幅全体にわたって接触が保たれている場合は線形である．Verein Deutscher Ingenieure（VDI）のガイドラインである，VDI 2230（1986），'*The Systematic Calculation of High Duty Bolted Joints*'では，この条件のもとでのタワー壁の寄与幅（tributary width）の中で，荷重増分のある割合としてボルト荷重増分を計算する方法を示している．フランジ継手に作用する軸力とその偏心によるモーメントの影響は別々に考える．軸力は，荷重経路の剛性に応じて，ボルトと初期圧縮力をかけたフランジで分担すると仮定する．フランジの場合，初期圧縮力によって圧縮される領域に関係する断面積を次式のように低減する．

$$A_{ers} = \frac{\pi}{4}(d_w^2 - d_h^2) + \frac{\pi}{8}d_w(D_A - d_w)[(k+1)^2 - 1], \quad \text{ここで，} k = \sqrt[3]{\frac{l_k d_w}{D_A^2}} \tag{7.99}$$

また，

d_w：ボルト頭部とナットが乗っているワッシャー面の直径

d_h：ボルト孔の直径

l_k：ボルト頭部とナットの間のクランプ長さ

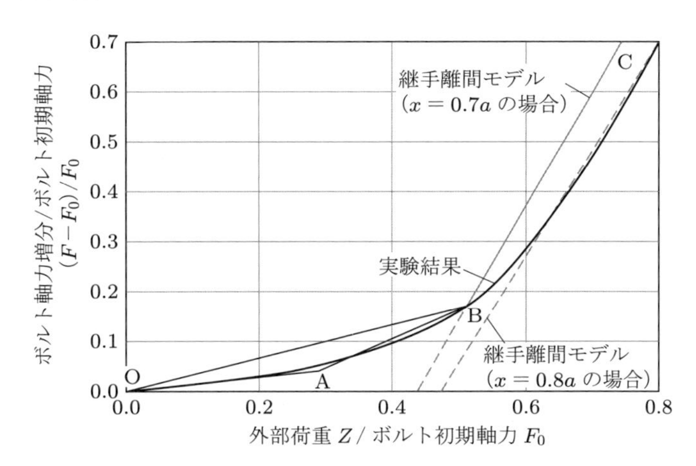

図 7.77 フランジ結合ボルト軸力変化と外力と初期軸力 F_0 との関係における，実験値と工学モデルの比較（継手形状：$a = 50\,\mathrm{mm}$, $b = 45\,\mathrm{mm}$, $t = 50\,\mathrm{mm}$，ボルト直径 30 mm，ボルト間隔 90 mm，直線 OA：VDI 2230 モデル（フランジ離間前に適用可能），直線 OB：VDI 2230 剛性によりボルト荷重を分担した支点モデル，直線 BC：$x = 0.7\,a$ とした継手離間モデル，折れ線 OABC：モデル C（Schmidt and Neuper 1997）

D_A：ボルト中心線から最寄りのフランジ端までの距離の 2 倍あるいはボルト間距離のいずれか小さいほう

である．

ガイドラインでは，外力の有効導入面は必ずしもボルト頭部あるいはナット直下ではなく，フランジの中央面に近いところにある可能性があるとし，図 7.76 により，異なる斜線のハッチで区別した荷重経路を示している．タワー壁の荷重とフランジ接触面の偏心による応力は，接触面全体に適用する通常の曲げ理論で扱う．

上述の VDI 2230 の方法は，フランジの外端が離間した場合には適用できない．そのため，大きな変動を伴う外力 Z に対しては，支点モデルを用いる．ただし，このモデルは荷重が小さい場には過剰に安全側になる．ボルト – フランジ結合体に作用する軸力 P は，ボルトから距離 x 離れたところに支点 X が存在するということに基づき，$P = Z(1 + b/x)$ により求める．また，ボルトとフランジの圧縮部分の荷重分担は，すでに述べた相対剛性によって求める．

図 7.77 に，ボルト荷重増分と外力の間の二つの線形関係と，一つのフランジボルトを用いた試験体の実験結果との比較を示す．ボルトの初期軸力は F_0 である．ボルト – フランジ結合体への荷重導入面は，各ケースでボルト頭部とナット直下と仮定する．直線 OA は VDI 2230 モデルを示し，点 A はその適用限界である．直線 OB は支点モデルを示し，点 B はボルト位置でのフランジ間の初期荷重が消失した点を表す．その後，ボルトの荷重は $Z(1 + b/x)$ のように変化する．つまり，$x/a = 0.7$ とし，線 BC に沿って変化する．図 7.77 からは，荷重が大きい場合，x/a の値を 0.8 としたほうが実験結果とよく一致することがわかるが，この部分は疲労設計の範囲外である．

Schmidt と Neuper（1997）は，これまでに述べた二つのモデルの性質を併せもち，3 本の直線 OA, AB, BC によってボルト荷重を与える，より洗練されたモデルを考案した（図 7.77 のモデル C 参照）．明らかに，このモデルは実験結果にもっともよく一致しているが，疲労荷重計算の複雑さが増す．

タワーのまわりのボルト荷重の均一性は，明らかにフランジ表面の精度に依存する．Schmidt ら

(1999) は，有限要素法によりさまざまな不整の影響について検討し，許容誤差の暫定レベルを示した.

■重ね継手でのボルト接続

構造的にもっとも効果的な接合部は，スプライスプレートで隣接するタワーセクションの壁を挟み，ボルトで締め上げて摩擦接合にしたものである．摩擦保持力が十分であれば，極値荷重でも継手は滑りを生じず，ボルトにも疲労荷重は生じない．スプライスプレートが外観に与える影響は別として，この形式の場合，タワーの外側になんらかの形で作業員がアクセスする必要があり，おもな課題は接合作業の現地での難しさである.

ハブ高さが高くなるにつれ，メーカーは，タワーの下部をより短いセグメントに分割できるように，垂直継手を導入して輸送要件によるタワーの直径の制約を回避しようとしている．水平方向の応力が低いことを考慮すると，これは通常，単純な重ね継手で実現可能である.

Lagerwey 社は，モジュラータワーを用いるメーカーの一つである．4.0～4.5 MW L136 風車用の高さ 166 m のタワーは，4 箇所の端部に沿ってボルト穴が事前に開けられた，長さ 12 m の事前成型した鋼板を利用している．現場では，張力制御された高強度摩擦グリップボルト（TCB 2020）を使用し，鋼板は完全な円形に組み立てられる．その後，各アセンブリは所定の位置にクレーンで支持され，6 列のボルトを有する水平ボルト継手によって，下のアセンブリに固定される.

■タワーの固定

タワーは通常ベースフランジに固定され，ベースフランジはコンクリートに埋め込まれているアンカーボルトまたはアンカーリングに固定されている.

アンカーボルトを使用する場合，通常，それらは基部の鋼製環状板材によって固定され，転倒モーメントには風上側のアンカーボルトの半円分の引き抜きにより抵抗する．この耐力はコンクリートのせん断強度により支配されるため，アンカーボルトはコンクリートにかなり深く埋める必要があり，その深さは，一般におおむねタワー基部の半径と同じ程度である.

タワーのベースフランジとコンクリート基礎の間の隙間がグラウト接合され，次にアンカーボルトに張力が与えられて，ベースフランジとコンクリート間に予荷重が発生する．これにより，風車荷重によるアンカーボルト自体の応力幅が大幅に減少し，許容できない疲労損傷の発生を防ぐことができる．アンカーボルトにより分担するタワー外壁の引張荷重は，荷重が作用しているコンクリートのボリュームとアンカーボルトの相対剛性によって推定できる．その際，半径方向の広がり角度として約 30° を仮定する．アンカーボルトは，予張力が全長にわたって作用するように被覆する必要がある.

■タワー開口部

開口部はタワー基部，あるいはその付近に出入りするために必要であるが，タワー基部にある変圧器またはブレード先端部の機械類のメンテナンス用に，追加の開口部が必要になることもある．開口部の両側には鉛直板があり，その上下部分は半円形になっていることが多い．両側には鉛直補強板を取り付けて外壁の欠損を補い，圧縮による座屈に抵抗するようにしなければならないが，補強板端部には開口により応力が集中するので，溶接ディテールには注意を要する.

開口部の内部の縁を連続したフランジで補強することにより，補強板端部の溶接ディテールカテゴリーを下げることができる．水平荷重を受けるタワーの外壁に対するフランジの突き合わせ溶接ディテールカテゴリーは 71 であるが，これは応力集中係数を考慮していない．開口形状を楕円形にすることで，応力集中係数を低減することができる．

7.9.4 鋼製ラティスタワー

鋼製ラティスタワー（トラスタワーともよばれる）は，通常，アングル材で組み立てられており，ブレース材は脚部にボルト締めして取り付け，脚部を継ぎ合わせている．典型的なタワーは平面形が正方形の 4 脚で構成され，ブレース材を取り付けて補強している．

ラティスタワーの長所の一つは，安定性を損なわず，また，輸送上の問題を引き起こさず，基部の脚を広く離すことにより材料を節約できることである．ただし，このようにして高くできる範囲はブレード先端とタワーのクリアランスによって制約されるので，タワーの形はくびれていることが多い．タワーの脚部を若干凹に曲げると，よりエレガントな設計になる．

細長比（回転半径に対する有効長さ）が増加するにつれ，圧縮部材の耐荷重は減少する．有効長さは，交差点でほかの部材のモーメント拘束により減少させないかぎり，交差点の間隔に等しいため，脚部の交差点の間隔を制限することが望ましい．このため，ラティスタワーでは，脚の間隔が広いタワーベースの近くに過度なウェブ部材が必要になる可能性がある．

脚部にかかる荷重はタワーの曲げモーメントによるものであるが，ブレース材（あるいはウェブ）にかかる荷重は，タワーのせん断力と捩れの合成力である．それぞれの部材に対して，極値荷重による部材の座屈と継手での疲労荷重を検討する必要がある．部材の安定性を改善するために，以下の二つの工夫が用いられる．一つ目として，ウェブ部材は一つの三角形平面ではなく一対のブレースを交差させて配置し，各対角方向の圧縮に対してブレースの引張で抵抗するようにする．二つ目として，各脚部材の両側面でのウェブと脚部の交点は鉛直方向に千鳥に配置し，脚部支持間隔を小さくして，弱軸についての変形を抑えるようにする．くびれがある場合はその部分では細部に注意が必要で，方向が変化するところでの脚部に対して，適切な水平拘束を確保できるようにする．

ラティスタワーの基部付近でのウェブ部材の非効率的な使用を避けるために，電気パイロンで使用されるものと同様のブレースシステムを採用する設計者もいる．非常に高いラティスタワーの場合，もっとも荷重の大きい部材である脚に利用する山形鋼の寸法によって，開発がある程度制限される．同じ箇所に複数の小さな山形鋼で脚部材を構築することは可能であるが，複雑さが増すため好まれない．ArcelorMittal（2014）によると，利用可能な最大山形鋼の断面形状は，2006 年の $250 \times 250 \times 28$ から 2014 年の $300 \times 300 \times 35$ へと拡大した．ArcelorMittal 社は，2006 年に建設された高さ 160 m の風車タワーの各脚を構成するために必要な 3 本の $250 \times 250 \times 28$ の山形鋼を比較し，2 本の $300 \times 300 \times 35$ の山形鋼に置き換えることを見出した．そのようなタワーはドイツのブランデンブルク州ラアソウ（Laasow）にあり，2.5 MW の Fuhrländer 製風車を搭載している．

ボルトにかかる疲労荷重は，摩擦接合用ボルトを用いることにより避けられる．通常は，塗装ではなく亜鉛めっきで腐食に対して保護し，適切な摩擦係数を実現する．

ラティスタワーのおもな利点は，大きな基部面積と規格品の圧延型鋼の使用により，材料費が安価であることである．一方，現場での組み立てにはかなりの追加コストが発生する．ArcelorMittal（2014）は，ドイツの PE Concepts によるコスト比較を参照して，サイトの組み立てと建設のコスト，および，基礎と据付のコストをすべて考慮した場合，ハブ高さが 100 m を超えるモノポールタワーよりもラティスタワーのほうが安価であることを示している．ハブ高さが 120 m の場合，高さ 1 m あたりのコストは，モノポールタワーが 8000 ユーロに対して，ラティスタワーは 6000 ユーロと推算された．

ラティスタワーの大きな欠点は，ナセルへの通常のアクセスルートが完全に覆いのないはしごによるものであり，作業員にはそれに対する適性が必要になることである．しかし，GE は 2014 年に，布で周囲から保護した昇降機を備えた 5 本脚の 139 m ラティスタワーを販売した（Green Tech Media 2014）．

7.9.5　ハイブリッドタワー

ハブ高さが高い場合，下部がプレキャストコンクリートで上部が鋼製のハイブリッドタワーがよく使用される．Enercon 社は，最大 159 m のハブ高さまで拡張可能なタワーを提供している．このタワーでは，標準的な円錐形と円筒形のプレキャストコンクリートセクションがさまざまな組み合わせで利用されており，下部セクションは輸送を容易にするために垂直方向に 2 分割されている．個々のコンクリートセグメントが設置されると，プレストレステンドンを用いてそれらに張力が負荷される．プレキャストコンクリートは，工場において高水準の製造を行うことができ，現場での作業を最小限に抑えることができる．

7.10　基　礎

風車基礎の設計のほとんどは，極値風条件におけるタワー基部の転倒モーメントによって決まる．円筒タワーには，直接基礎，杭基礎，モノパイルのようなさまざまな形式が採用されている．以下ではこれらについて述べる．

7.10.1　直接基礎

直接基礎は，地表面の下数メートルにしっかりした地盤が存在する場合に用いることができる．転倒モーメントに対しては，風車，タワー，基礎，土被りによる質量の偏心した反力で抵抗する（地下水面が直接基礎の底面より上にある場合は浮力も考慮する）．反力の偏心，そして復元モーメントの大きさは最大で地盤の支持力までである．これにより，質量による荷重を支持するのに必要な直接基礎の底面の幅が決まる．Brinch Hansen（1970）は，載荷面に均等に載荷されているという単純化した仮定を設け，直接基礎の支持耐力を求める簡単な方法を考案した．

極値転倒モーメント作用下では，基礎の支持力が減少し，基礎の風上側に小さな隙間が空く．そのため，水が存在する場合，その水を吸い込むことになる．このプロセスを何度も繰り返すと，基礎の下の土が浸食される危険性があるため，通常，想定隙間の量に制限を設ける．たとえば，DNVGL-ST-0126（2016）では，風車寿命の 99％の期間は，基礎の全幅にわたって正の支持応力を維持することを要求している．これは，正方形スラブの $WB/6$ の転倒モーメントに相当する．ここで，W は重力荷重，B はスラブの幅である．

地下水面に基礎が水没する場合，かなり大きな基礎が必要になるため，地下水位の決定には注意を払う必要がある．緩やかに傾斜した地面では，地下水位が上昇しないように，基礎の基部の周囲にフレンチドレンを設置すると有利なことがよくある．

図 7.78 に四つの直接基礎を示す．図 7.78(a) は均等な厚さの直接基礎である．その上面は地表面

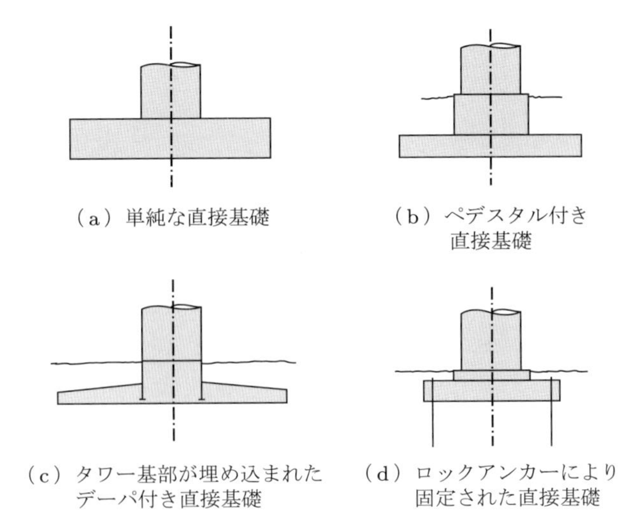

図 7.78 代表的な直接基礎

から少し出る程度であり，工学基盤が地表面に近い場合に採用される．スラブの曲げに抵抗するようにスラブの上面と下面に配筋し，スラブの厚さはせん断補強が必要ない程度に厚くする．図 (b) はペデスタル付きスラブである．工学基盤が，曲げモーメントとせん断力に抵抗するために必要なスラブの厚さよりも深い位置にある場合に用いられる．地盤に作用する質量は土被りによって増加するため，スラブの全体的な平面的寸法はやや小さくなる．

図 (c) に示す直接基礎は図 (b) と似ているが，異なる点が二つある．ペデスタルを用いる代わりにタワー基部がスラブ中に埋め込まれていることと，スラブの厚さにテーパを付けていることである．これらはそれぞれ独立に適用することができる．タワーの基部はスラブの上部近くに設置されているため，上面の半径方向補強鉄筋はこれを貫通することができる．また，埋め込まれたタワー基部フランジからのパンチングシアに対する補強が必要になる．スラブの厚さにテーパを付けると材料が節約できるが，施工はやや面倒になる．

細部の状態が不十分であると，基礎に埋め込まれたタワースタブと周囲のコンクリートの間に亀裂が生じる．Elforsk (2012) は，*Cracks in Onshore Wind Power Foundations—Causes and Consequences* で，これらおよびその他の建設上の欠陥の調査結果を提供している．

重力式基礎ではつりあいをとるために質量を大きくする必要があるが，図 (d) に示すロックアンカーではそれを低減でき，その結果，支持力が十分な場合には，基礎の大きさをかなり小さくできる．ロックアンカーの施工には専門業者が必要なので，この形式は必要なときのみ用いられる．

重力式基礎の理想的な形状は円であるが，円形にすることは面倒であることから，八角形がよく用いられる．型枠工事や配筋を容易にするために，スラブを正方形にする場合もある．

7.10.2 群杭基礎

軟弱な地盤では，杭基礎のほうが直接基礎よりも地盤の特性をうまく利用できる．図 7.79(a) に，円形上に配置される 8 本の円筒杭と，その上にある杭頭固定部から構成される基礎を示す．転倒モーメントに対しては，杭の鉛直荷重と水平荷重の両方によって抵抗する．モーメントにより生じる水平荷重は各杭頭に分配される．したがって，各杭と杭頭部が全体としてモーメントに抵抗するよう

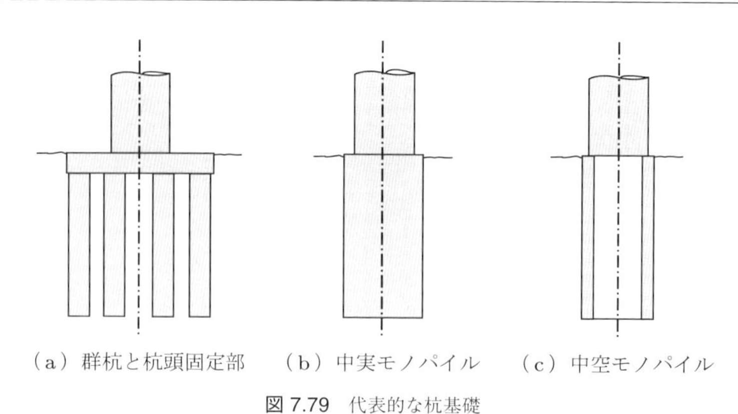

（a）群杭と杭頭固定部　（b）中実モノパイル　（c）中空モノパイル

図 7.79　代表的な杭基礎

に，配筋が必要になる．これらの杭は，オーガードリルで穴を開け，鉄筋籠を所定の位置に挿入したあとに，その場所で打設される．

7.10.3　コンクリートモノパイル基礎

コンクリートモノパイル基礎は，図 7.79(b) に示すように，1 本の大口径のコンクリート円柱から構成され，転倒モーメントに対しては水平地盤反力のみで抵抗する．これらの水平力については，地盤と壁の摩擦を無視して擁壁に作用する受働土圧を扱った簡単なランキン（Rankine）理論か，地盤と壁の摩擦を考慮したクーロン（Coulomb）理論によって，砂地盤に対して安全側の値を求めることができる．しかし，モノパイルの場合，杭が傾いたときに，概念的に排除される地盤楔の側面に作用する摩擦により，支持力が増す．これについては，Brinch Hansen（1961）による解に考慮されている．

このタイプの基礎は，地下水面が低く，深く掘っても側面が崩壊しないような地盤特性を有する場合に向いている．しかし，基礎構造が簡単ではあるものの，材料の観点から相対的に高価である．

図 7.79(c) に示す中空円筒にした基礎は，構造的には役に立たない円筒内のコンクリートを中詰め材に替えることで，材料をはるかに節約できる．耐久性は，タワーを固定する鋼棒を共有し，鉛直方向に予張力を与えることで改善できる．

7.10.4　鋼製ラティスタワーの基礎

鋼製ラティスタワーの脚部は比較的離れており，それぞれに基礎が必要になる．図 7.80 に示すように，通常は，削孔式場所打ち杭が用いられる．転倒モーメントに対しては杭の単純な引き抜きと押し込みで抵抗するが，杭は水平せん断力によって生じる曲げモーメントに対しても設計しなければならない．杭の引き抜きには杭の表面摩擦で抵抗し，これは地盤と杭の摩擦角と水平土圧に依存する．これらの量はかなり不確かであり，Eurocode 7 では，杭の支持力は杭の試験によって確認することを推奨している．

タワー脚部の基部を構成するアングル材は，杭のためのコンクリートを打設するときに所定の位置に配置する．コンクリート打設の前に脚部の基部が所定の間隔と傾きでセットできるように，脚部の基部と結合した架構をあらかじめ組み立てておく．

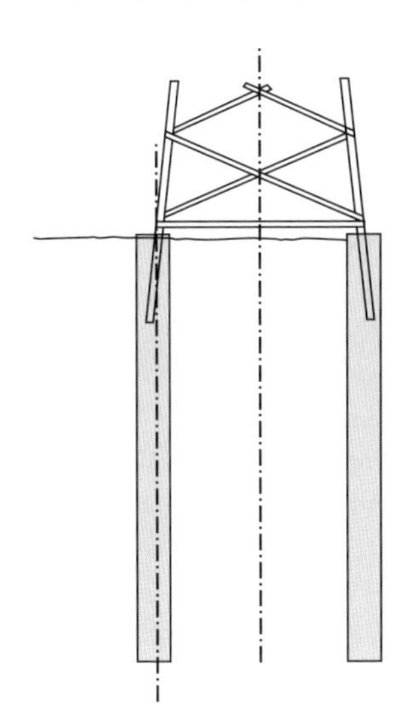

図 7.80 鋼製ラティスタワーの杭基礎

7.10.5 基礎の回転剛性

基礎の回転剛性は，タワーの固有振動数，つまり疲労荷重に影響を及ぼすので，それを評価することは設計の中で重要である．図 7.81 に，ハブ高さ 70 m で 45 t の風車を支持するタワーの，基礎の回転剛性を変えた場合の影響について示す．メーカーでは通常，タワーの設計で疲労荷重を適正にするため，タワーの固有振動数を十分高くするように，基礎の最小回転剛性を規定している．そして，設計においては，基礎の接地面積（またはモノパイル基礎の場合の深さ）がこの回転剛性を確保するのに十分であることを確認する必要がある．

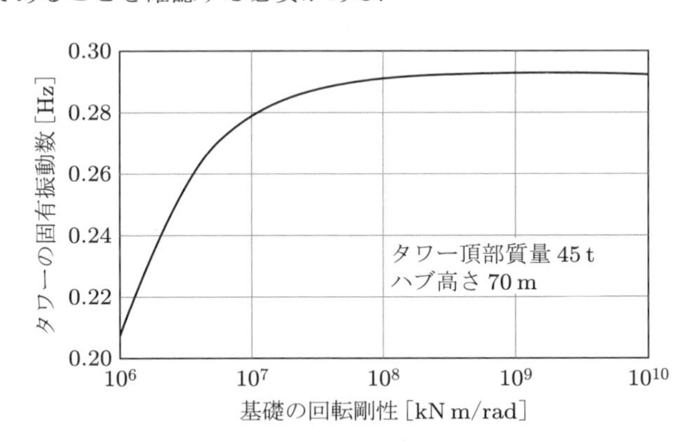

図 7.81 タワー固有振動数の基礎の回転剛性による変化の例

半無限弾性地盤上の剛な円盤では，次式のような，回転剛性 K_θ の閉じた形の解がある．

$$K_\theta = \frac{8GR^3}{3(1-\nu)} \tag{7.100}$$

ここに，G は地盤のせん断弾性係数，R は円盤の半径，ν はポアソン比である．Det Norske Veritas/Risø (2002), *Guidelines for design of wind turbines* ではこの式の修正版を示しており，基礎の埋め込み深さとせん断弾性係数が異なる地盤層を考慮できる．

タワー基部の回転は基礎自体の柔軟性によっても増加するので，これも考慮する必要がある．

参考文献

AGMA/AWEA 921-A97 (1996). *Recommended practices for design and specification of gearboxes for wind turbine generator systems.* American Gear Manufacturers Association/American Wind Energy Association.

Anaya-Lara, O. et al. (2009). *Wind Energy Generation, Modelling and Control.* Chichester, UK: Wiley.

Anderson C. G. et al (1993). Yaw system loads of HAWTS. *ETSU Report* No W/42/00195/REP.

Anderson, C.G., Heerkes, H., and Yemm, R. (1998). Prevention of edgewise vibration on large stall regulated blades. *Proc. BWEA Conf.* 1998: 95–102.

ANSI/AGMA 2001-C95 (1995). *Fundamental rating factors and calculation methods for involute spur and helical gear teeth.* American National Standards Institute/American Gear Manufacturers Association.

ANSI/AGMA/AWEA 6006-A03 (2003). *Design and specification of gearboxes for wind turbines.* American National Standards Institute/American Gear Manufacturers Association/American Wind Energy Association.

ArcelorMittal (2014). Lattice towers for wind energy and power line pylons. http://www.iposteelnetwork.org/images/meetings/GeneralManager/2014-zuerich/GA-lgc-lattice-tower-for-windmills-pylons.pdf (accessed 6 February 2020).

Bak, C., Zahle, F. and Bitsche, R. et al. (2013). Description of the DTU 10 MW reference wind turbine. *DTU Wind Energy Report* I-0092.

Barbero, E. J. (1998). Prediction of compression strength of unidirectional polymer matrix composites. *J. Compos. Mater.* 32 (5) : 483–502.

Barbero, E. J. (2018). *Introduction to Composite Materials Design*, 3e. CRC Press.

Bonfield, P. W. and Ansell, M. P. (1991). Fatigue properties of wood in tension, compression and shear. *J. Mat. Sci.* 26: 4765–4773.

Bond, I. P. and Ansell, M. P. (1998). Fatigue properties of jointed wood composites, Part I: Statistical analysis, fatigue master curves and constant life diagrams, Part II: Life prediction analysis for variable amplitude loading. *J. Mater. Sci.* 33: 2751, 4121–2762, 4129.

Bonfield, P. W., Bond, I. P., Hacker, C. L. and Ansell, M. P. (1992). Fatigue testing of wood composites for aerogenerator blades. Part VII. Alternative wood species and joints. *Proceedings of the BWEA Conference*, 243–249.

Brinch Hansen, J. (1961). The ultimate resistance of rigid piles against transverse forces. *Danish Geotechnical Institute Report* No. 12.

Brinch Hansen, J. (1970). A revised and extended formula for bearing capacity. *Danish Geotechnical Institute Bulletin* No 28.

British Standards Institution (1986). *BS 436: Spur and helical gears – Part 3: Method for calculation of contact and root bending stress limitations for metallic involute gears.*

British Standards Institution (2006). *BS ISO 6336: Calculation of load capacity of spar and helical gears.*

Bulder, B. (2005). NEW WISPER – creating a new standard load sequence from modern wind turbine data. *Optimat Blades* OB_TG1_R020.

Corbet, D. C. (1991). Investigation of materials and manufacturing methods for wind turbine blades. *ETSU W/44/00261.* Harwell, UK: Energy Technology Support Unit.

Corbet, D. C., Brown, C. and Jamieson, P. (1993). The selection and cost of brakes for horizontal axis stall regulated wind turbines. *ETSU WN 6065.*

Det Norske Veritas/Risø National Laboratory (2002). *Guidelines for Design of Wind Turbines.* DNV/Risø.

DNVGL-ST-0126 (2016). *Standard for support structures for wind turbines.*

DNVGL-ST-0376 (2015). *Rotor blades for wind turbines.*

DOE/MSU (2010). *DOE/MSU composite materials fatigue database.* Montana State University.

Echtermeyer, A. T., Hayman, E. and Ronold, K. O. (1996). Comparison of fatigue curves for glass composite laminates. In: *Design of Composite Structures Against Fatigue* (ed. Mayer, R. M.). Mechanical Engineering Publications.

Ehrmann, R. S., Wilcox, B. and White, E. B. (2017). Effect of surface roughness on wind turbine performance. *Sandia Report* SAND2017–10669.

Eisenberg, D., Laustsen, S. and Stege, J. (2016). Leading edge protection lifetime prediction model creation and validation. https://windeurope.org/summit2016/conference/allposters/PO078g.pdf (accessed 31 January 2019).

Ekanayake, J. B., Holdsworth, L. and Jenkins, N. (2003). Control of DFIG wind turbines. *Power Eng. J.* 17 (1) : 28–32.

Elforsk (2012). Cracks in onshore wind power foundations – causes and consequences. *Elforsk rapport* 11: 56.

EN 1993-1-9:2005 (2005). *Eurocode 3: Design of steel structures – Part 1.9: Fatigue.* Brussels: European Committee for Standardization.

EN 1993-1-6:2007 (2007). *Eurocode 3: Design of steel structures – Part 1.6: Strength and stability of shell structures.* Brussels: European Committee for Standardization.

Fedorov, V. (2012). Bend-twist coupling effects in wind turbine blades. PhD thesis. DTU Wind Energy.

Freris, L. (ed.) (1990). *Wind Energy Conversion Systems.* Prentice Hall.

Fuglsang, P. L. and Madsen, H. A. (1995). *A design study of a 1 MW stall regulated rotor. Risø* R-799.

Gardiner (2013). Modular design eases big wind blade build. Composites World, July 2013. https://www.compositesworld.com/articles.

Germanischer Lloyd (1993). *Rules and regulations IV – Non-marine technology: Part 1 – Wind energy: Regulation for the certification of wind energy conversion systems.*

Germanischer Lloyd (2010). *Rules and guidelines IV – Industrial services: Part 1 – Guideline for the certification of wind turbines.*

Green Tech Media (2014). Is GE's space frame tower the future of wind power? https://www.greentechmedia.com/articles/read.

Griffith, D. T. (2013). The SNL 100–01 blade: carbon design studies for the Sandia 100-metre blade. *Sandia Report* SAND2013–1178.

Griffith, D. T. and Ashwill, T. D. (2011). The Sandia 100-metre all-glass baseline wind turbine blade: SNL 100–00. *Sandia Report* SAND2011–3779.

Griffith, D. T. and Johanns, W. (2013). Large blade manufacturing costs studies using the Sandia blade manufacturing cost tool and Sandia 100 m blades. *Sandia Report* SAND2013–2734.

Hancock, M. and Bond I. P. (1995). The new generation of wood composite wind turbine rotor blades – design and verification. *Proceedings of the BWEA Conference*, pp. 47–52.

Heier, S. (2014). *Grid Integration of Wind Energy Conversion Systems*, 3e. Chichester, UK: Wiley.

Hindmarsh, J. (1984). *Electrical Machines and Their Applications.* UK: Butterworth Heinemann.

Hück (1983). Calculation of S/N curves for steel, cast steel and cast iron – synthetic S/N curves. *Verein Deutsher Eisenhüttenleute Report* No. ABF 11.

IEC 61400-1 (2019). *Wind energy generation systems – Part 1: Design requirements (edition 4).* Geneva, Switzerland: International Electrotechnical Commission.

IEC 61400-4 (2012). *Wind turbines – Part 4: Design requirements for wind turbine gearboxes.* Geneva, Switzerland: International Electrotechnical Commission.

IEC 61400-23 (2014). *Wind turbines – Part 23: Full-scale structural testing of rotor blades.* Geneva, Switzerland: International Electrotechnical Commission.

IEC CD 61400-5 (2016). *Wind energy generation systems – Part 5: Wind turbine rotor blades, draft.*

Geneva, Switzerland: International Electrotechnical Commission.

IECRE (2019). Wind turbine type certificate, IECRE.WE.TC.19.0025-R0. https://www.iecre.org/ certificates/windnergy.

INNWIND (2015). New lightweight structural blade designs and blade designs with build-in struc- tural couplings. *Deliverable* 1.22.

ISO 6336 (2019). *Calculation of load capacity of spur and helical gears: Parts 1–6.*

Jamieson, P. and Brown, C. J. (1992). The optimisation of stall regulated rotor design. *Proceedings of the BWEA Conference*, pp. 79–84.

Johanns, W. and Griffith, D. T. (2013). User manual for Sandia blade manufacturing cost tool: Version 1.0. *Sandia Report* SAND2013–2733.

Keegan, M. H., Nash, D. H. and Stack, M. M. (2012). Modelling rain drop impact of offshore wind turbine blades. *Proceedings of the ASME TURBO EXPO*, Copenhagen.

Keegan, M. H., Nash, D. H. and Stack, M. M. (2013). *On Erosion Issues Associated with the Leading Edge of Wind Turbine Blades. Glasgow*, UK: University of Strathclyde.

Krause, O. and Kensche, C. (2006). Summary fatigue test report. *Optimat Blades* OB_TG_R026.

Krause, P. C. (1986). *Analysis of Electric Machinery.* New York, USA: McGraw Hill.

Legault, M. (2018). Wind blade spar caps: pultruded to perfection? *Composites World*, 27 March 2018.

Lobitz, D. W., Veers, P. S., Eisler, G. R. et al. (2001). The use of twist-coupled blades to enhance the performance of horizontal axis wind turbines. *Sandia Report* SAND2001-1303.

Lobitz, D. W., Veers, P. S. and Migliore, P. G. (1996). Enhanced performance of HAWTs using adaptive blades. *Wind Energy* 96: 41–45.

Mayer, R. M. (1996). *Design of Composite Structures Against Fatigue.* Mechanical Engineering Publications.

McPherson, G. (1990). *An Introduction to Electrical Machines and Transformers*, 2e. New York, USA: Wiley.

Mohan, N., Undeland, T. M. and Robbins, W. P. (1995). *Power Electronics: Converters, Applications, and Design*, 3e. New York, USA: Wiley.

Muller, S., Deicke, M. and De Doncker, R. (2002). Doubly fed induction generator systems for wind turbines. *IEEE Ind. Appl. Mag.* 8 (3) : 26–33.

Nijssen, R. P. L. (2005). (NEW) WISPER (X) load spectra test results and analysis. *Optimat Blades* OB_TG_R024.

Nijssen, R. P. L. (2007). Fatigue life prediction and strength degradation of wind turbine rotor blade composites. *Sandia Report* SAND2006-7810P.

Offshore Wind Industry (2015). Protection for the leading edge. http://www.offshorewindindustry.com/news/protection-leading-edge (accessed 31 January 2019).

ORE Catapult (2016). Catapult delivers first blade leading edge erosion measurement campaign. https://ore.catapult.org.uk/press-releases/catapult-delivers-first-blade-leading-edge-erosion-measurement-campaign (accessed 31 January 2019).

Pena, R., Clare, J. C. and Asher, G. M. (1996). Doubly fed induction generator using back–back PWM converters and its application to variable speed wind energy generators. *IEE Proc. Elec. Power Appli.* 143: 231–241.

Petersen, J. T., Madsen, H. A., Björck, A., Enevoldsen, P., Øye, S., Ganander, H. and Winkelaar, D. (1998), Prediction of dynamic loads and induced vibrations in stall. *Risø* R-1045.

Samborsky, D. D., Agastra, P. and Mandell, J. F. (2010). Fatigue trends for wind blade infusion resins and fabrics. *AIAA*-2010-2820.

Samborsky, D. D., Mandell, J. F. and Miller, D. (2012). The SNL/MSU/DOE fatigue of composite materials database: recent trends. *AIAA*-2012-1573.

Samborsky, D. D., Wilson, T. J. and Mandell, J. F. (2007). Comparison of tensile fatigue resistance and constant life diagrams for several potential wind turbine blade laminates. *AIAA*: 2007–67056.

Schmidt, H. and Neuper, M. (1997). 'Zum elastostatischen Tragverhalten exzentrisch gezogener L-Stöße mit vorgespannten Scrauben' ('on the elastostatic behaviour of an eccentrically ten- sioned L-joint with prestressed bolts'). Stahlbau 66: 163–168.

Schmidt, H., Winterstetter, T. A. and Kramer, M. (1999). Non-linear elastic behaviour of imperfect, eccentrically tensioned L-flange ring joints with prestressed bolts as basis for fatigue design. *Proceedings of the European Conference on Computational Mechanics.*

Scott et al. (2017). Effects of aeroelastic tailoring on performance characteristics of wind turbine systems. *Renew. Energy* 114 (B) : 887–903.

Snowberg, S., Dana, S. and Hughes, S. et al (2014). Implementation of a biaxial resonant fatigue test method on a large wind turbine blade. NREL/TP-5000-61127, National Renewable Energy Laboratory.

Springer, G. S. (1976). Erosion by Liquid Impact. Washington D.C: Scripta Publishing Co.

Sutherland, H. and J. Mandell (2004). Updated Goodman diagrams for fiberglass composite materials using the DOE/MSU fatigue database. *Proceedings of AWEA Global Windpower.*

TCB (2020). Lagerwey modular steel tower. https://www.tcbolts.com/en/projects/wind-energy/108-lagerwey-modular-steel-tower.

Thomsen, K. (1998). The statistical variation of wind turbine fatigue loads. *Risø* R-1063.

Timoshenko, S. P. and Gere, J. M. (1961). *Theory of Elastic Stability*, 2e. Mc Graw-Hill.

van Delft, D. R. V., de Winkel, G. D. and Joose, P. A. (1996). Fatigue behaviour of fibreglass wind turbine blade material under variable amplitude loading. *Proceedings of the EUWEC*, Göteborg.

Verein Deutscher Ingenieure (1986/1988). *VDI 2230 Part 1: Systematic Calculation of High Duty Bolted Joints – Joints with One Cylindrical Bolt.*

Wilson, R. A. (1990). Implementation and optimisation of mechanical brakes and safety systems. *Proceedings of a DEn/BWEA Workshop on 'Mechanical Systems for Wind Turbines'.*

Windblatt (2013). Wrapped instead of glued. March 2013.

Windblatt (2016). Series production of EP4 components launched. April 2016.

Windtech International (2019). Research project brings aerospace blade protection to wind tur- bine industry. https://www.windtech-international.com/product-news/research-project-brings-aerospace-blade-protection-to-wind-turbine-industry (accessed 31 January 2019).

第8章

コントローラ

風車の制御システムは，多くのセンサ，アクチュエータ，ハードウェア，および，センサからの入力信号を処理してアクチュエータに出力信号を送るソフトウェアで構成される．

センサには，以下のようなものがある．

- 風速計
- 風向計
- ロータ速度センサ
- 電力計
- 加速度計
- 荷重センサ
- ピッチ角度センサ
- 各種リミットスイッチ
- 振動センサ
- 油温計
- 油面計
- 油圧計
- オペレータスイッチ，押しボタン　など

また，アクチュエータには，以下のものがある．

- ピッチアクチュエータ（油圧または電動）
- 発電機（トルクアクチュエータとみなすことができる）
- 発電機コンタクタ（接触器）
- 軸ブレーキ（機械ブレーキ）
- ヨーモータ　など

この入力を処理して出力するシステムは，通常，コンピュータやマイクロプロセッサを搭載したコントローラで構成される．このシステムは，信頼性の高いハードワイヤの安全システムで補いながら，通常の風車制御動作を実行する．なお，安全システムは，深刻な問題が発生した場合にも風車を安全な状態に保つために，制御システムに優先して動作するものでなければならない．

8.1　風車コントローラの機能

8.1.1　監視制御

監視制御（supervisory control）は，風車を運転状態からほかの状態に遷移させる手段と考えることができる．運転状態には，以下のものがある．

- 待機（外部条件がよければ発電可能な状態，standby）
- 起動（start-up）
- 発電（power production）
- 停止（shut-down）
- 故障停止（stopped by fault）

これら以外の状態を想定することも可能で，これらの状態をさらに細分化したほうが便利な場合もある．監視コントローラは，ある状態から別の状態への遷移を決定するだけでなく，必要なシーケンス制御も実行する．たとえば，ピッチ制御風車の起動は，以下のようなシーケンスで行う．

① ピッチアクチュエータとそのサブシステムの電源を投入する．
② 軸ブレーキを解放する．
③ ピッチ角度指令値を起動ピッチ角まで一定の速度で変化させる．
④ ロータ速度がしきい値を超えるまで待機する．
⑤ 回転速度に対して閉ループピッチ制御を実行する．
⑥ 発電最低速度まで速度指令値を上昇させる．
⑦ 回転速度が目標速度に近づくまで，所定の時間待機する．
⑧ 発電機コンタクタを閉じる．
⑨ パワー制御もしくはトルク制御を実行する．
⑩ 定格レベルまで設定値（パワー，トルク，速度）を上昇させる．

監視コントローラは，次の段階に遷移する前に，各段階が正常に完了したことを確認し，いずれかの段階で一定の時間内に動作が完了しない場合や，なんらかの障害が検出された場合には，停止に移行させる必要がある．

8.1.2　閉ループ制御

閉ループコントローラは，あらかじめ設定された動作曲線や特性を維持するように風車の動作状態を自動的に制御する，ソフトウェアベースのシステムである．このような制御ループの例として，以下のものがある．

- ピッチ制御：風車の出力や回転速度を，固定点や緩やかに変化する設定点（例：高風速時の定格値，起動／停止における回転速度の上昇／低下など）に合わせて制御する．
- 発電機トルク制御：可変速風車の回転速度に対する出力を制御する．
- ヨー制御：ヨー偏差を最小化するように制御する．

これらの制御ループの中には，所定の動作曲線からの偏差を抑えるために，非常に高速な応答を必要とするものがある．このようなコントローラは，風車のほかの特性に対して有害な影響を与えることなく，良好な性能を発揮するように設計する必要がある．その他の制御，たとえばヨー制御などは，一般に動作が非常に遅いため，設計の重要性は比較的低い．この章では，良好な特性をもつ閉ループコントローラの設計方法について解説する．

8.1.3 安全システム

風車の安全システム（safety system）を，通常の制御システムとは完全に独立したものと考えると便利である．安全システムの機能は，重大問題が発生した場合や，発生する可能性がある状況において，風車を安全な状態，すなわち，ブレードをフェザーにし，風車を停止または低速遊転させ，発電機をオフにした状態にすることである．

通常の風車の監視コントローラは，暴風，系統遮断，ならびに，制御システムにより検知されるほとんどの故障状態などの予見可能な状態において，風車を安全に起動・停止できなければならない．そして，安全システムは，主制御システムのバックアップとして機能し，主制御システムに不具合が発生した場合に優先的に動作する．また，緊急停止ボタンによっても動作する．

このように，安全システムは，可能なかぎり主制御システムからは独立させ，冗長性と高い信頼性が確保されるように設計しなければならない．そのため，コンピュータやマイクロプロセッサなどの論理回路ではなく，全システムが健全な場合には接点が閉じたままになるオープンリレー接点に接続されたフェールセーフ型の実回路で構成し，それらの接点が失われた場合に，安全システムが動作し，適切なフェールセーフ動作をするようにする．これには，すべての電気システムを電源から切り離して，ブレードをフェザーにすることも含まれる．

安全システムのトリップ条件の例を以下に示す．

・ロータ過速度：ロータ速度がハードウェアの制限速度を超える場合．通常，ハードウェアの制御速度は，監視制御によるソフトウェアの制限速度よりも高く設定する．一般的な低速軸速度センサの設置状況を図 8.1 に示す．

図 8.1 低速軸速度計測システム：（統合型）増速機の前方のブラケットに設置した三つの近接センサにより，主軸円周上の歯の通過を計測し，制御システムと安全システムに独立した速度信号を送る．歯のすぐ左側にハブを主軸に固定しているフランジがある．

・振動センサ：構造に大きな不具合が発生した場合．
・ウォッチドッグタイマの時間切れ：ウォッチドッグタイマは時間ステップをリセットするためのもので，それにより既定の時間内にリセットされない場合には，コントローラに障害があるものと検知する．
・非常停止ボタンがオペレータにより押された場合．
・その他，主コントローラが風車を制御できない可能性がある状況．

安全システムに複数の回路が関係する場合がある．たとえば，通常，いずれかの安全システムの動作によりブレードをフェザーにするが，電気システムに関係のない障害の場合に，発電機システムを遮断するリレーや特定のセンサを無視して別の回路を構成し，発電機によるブレーキ効果を維持して停止動作を支援するようにすることもできる．

8.2　閉ループ制御：課題と目的

8.2.1　ピッチ制御

風車ロータの空力パワーの制御方法として，ピッチ制御がもっとも一般的である（3.14節，6.7.2項参照）．また，ピッチ制御は，ロータにより発生する空力荷重にも強く影響する．

定格未満の風速域においては，風車は単純に出力の最大化を目指す．最適なピッチ角は風速によりほとんど変化しないため，ピッチ角を変化させる必要はない．また，後述のように，定格未満の風速域においても疲労荷重を低減することはできるが，一般に，定格運転時よりも荷重は小さいため，ピッチ制御による荷重低減は必要としない．しかし，可変速風車の回転速度一定の運転条件においては，最適なピッチ角は周速比，すなわち，風速の変化に応じて緩やかに変化する（数度未満）．スラスト荷重の最小化が重要な場合，定格風速付近においてピッチ角を若干増加させることにより，若干の発電電力量を犠牲にして，平均スラスト荷重の最大値を低減することができる．これは，スラストクリッピング（thrust clipping）とよばれる．

ピッチ制御は，定格以上の風速域においてロータのパワーと荷重が設計上の制限を超えないようにする効果的な手段である．ただし，この制御を効果的に行うには，風車の状態の変化に合わせてピッチ角を高速で変角する必要がある．しかし，このような高速の制御は風車の動特性の影響を強く受けるため，慎重な設計が必要である．

もっとも強い相互作用の一つに，タワー動特性との相互作用がある．ピッチ制御は空力トルクを制御するために行うが，同時に，タワーに作用するスラスト荷重も変化する．定格以上の条件で風速が上昇すると，トルクを一定にするためにピッチ角が大きくなり，ロータスラストは低下する．これにより，タワーの風下側へのたわみが減少し，タワー頂部が風上側に移動することにより，ロータの相対風速が増加する．よって，空力トルクはさらに増加し，より大きいピッチ変角が必要になる．ピッチ角制御ゲインが大きすぎる場合には，この正のフィードバックにより風車の挙動が不安定になる可能性がある．このように，ピッチ制御の設計において，タワーの動特性を考慮することは不可欠である．

定格未満の風速域においては，出力を最大化するようにピッチ角を固定し，風速が定格を超えると，ピッチ角をいずれかの方向に変角させることによりトルクを減少させる．ピッチ角をフェザー側に（ブレード前縁を風上側に）制御して，迎角と揚力を減少させてトルクを低減することは，フェザー側へのピッチ制御（pitch towards feather）として知られている．また，逆に，ピッチ角をファイン側に（ブレードの前縁を風下側に）変角することにより，ブレードが失速するように迎角を増加させて，揚力を低下，抗力を増加させてトルクを低減する方法は，ストール側へのピッチ制御（pitch towards stall）として知られている．

これらのうち，フェザー方向へのピッチ制御がより一般的であり，単に「ピッチ制御（pitch control)」とよばれるが，アクティブストール（active stall）制御あるいはアシステドストール（assisted stall）制御として知られる，ストール方向のピッチ制御を適用した風車もある（6.7.4 項参照）．通常のピッチ制御では大きな変角量が必要になるのに対して，アクティブストール制御では，ブレードの大部分が失速すれば，非常に小さな変角量でトルクを制御することができる．また，アクティブストール制御では，抗力の増加によりスラスト荷重が大きくなるが，いったんブレードが失速すると，スラストはほとんど変化しないため，スラスト変動による疲労荷重は小さくなる．

アクティブストール制御の問題点は，失速直後の揚力曲線の傾斜が負，すなわち，迎角の増加に伴い揚力係数が低下することである．これにより空力減衰が負になり，ブレードの面内／面外の振動が不安定になる．これは，ピッチ固定のストール制御風車でも問題になっている．

ほとんどのピッチ制御風車は，ハブ近くにピッチベアリングを設置したフルスパンピッチ制御を行っている．また，一般的ではないが，ブレード先端のみのピッチ変角，あるいは，エルロン，フラップ，空気噴流などによって，空力特性を変化させることもできる．これらの方法では，高風速域において，ブレードのほとんどの部分で失速することになる．また，ブレード先端のみのピッチ制御は，ブレードの外側部分にアクチュエータを装備することが困難であり，メンテナンスのためのアクセス性にも問題がある．

8.2.2 ストール制御

比較的小型の旧式の風車の多くは，ストール制御（stall control）を採用している．これは，高風速域においてピッチ制御なしでブレードが失速するように設計されたもので，ピッチアクチュエータは必要としないが，緊急時用の空力ブレーキが必要となる（6.8.2 項参照）．

ストール制御風車では，適当な風速で失速を開始させるために，ピッチ制御の風車よりも失速に近い条件で運転する必要がある．そのため，定格未満の条件でもロータ効率は低くなる．この影響は，可変速制御により，ピーク出力係数を維持するようにロータ速度を変化させることで低減できる．

風車を高風速域で加速させずに失速させるためには，ロータ速度を抑制する必要がある．定速風車では，ロータが発生するトルクが発電機によるトルク反力よりも小さいかぎり，系統周波数に合わせて回転する発電機により，回転速度が一定に保たれる．また，可変速風車においては，発電機トルクを空力トルクに一致するように変化させることにより，回転速度を一定に保つことができる．可変速風車においては，低風速域では，風車を失速から遠い条件で運転することにより，より高いロータ効率が得られる．また，高風速域では，失速させることによりロータ速度を抑制できるが，この場合，風車が突風を受けた場合にもロータを失速させるために，より高い負荷トルクが必要となる．しかし，これにより，可変速風車のメリットの一つである，定格条件におけるトルクとパワーの滑らかな制御はできなくなる．

なお，ピッチ制御は空力ブレーキとしても使用できるため，今日の大型の商業風車では，ストール制御はほとんど使われなくなっている．

8.2.3　発電機トルク制御

電力系統に直接接続された定速の誘導発電機のトルクは，滑り速度によって決定される（6.9 節，7.5 節参照）．空力トルクが変化すると，ロータ速度がわずかに変化し，それに発電機トルクが一致する．この場合，発電機トルクを能動的に制御することはできない．しかし，発電機と電力系統の間に周波数コンバータを介在させることにより，定格以上の風速において，発電機の速度が変化しても，トルクまたは出力を一定に保つように能動的に制御することができる．また，定格未満の風速では，トルクを必要な値に制御し，それによって発電機の速度をロータ効率が最大になるように制御することもできる．

可変速運転には二つの主要な方法がある．一つは，周波数コンバータを介して発電機の固定子を電力系統に接続する方法である．二つ目は二重給電誘導発電機で，巻線発電機の固定子を直接電力系統に接続するのに加え，回転子もスリップリングと周波数コンバータを介して電力系統に接続するものである．その場合の周波数コンバータは，回転子が分担する出力に相当する容量でよい．なお，容量を大きくすることにより，可変速範囲を大きくすることもできる．

特殊なものとして，可変滑り誘導発電機がある．これは，ロータの巻線に直列に接続した抵抗を制御することにより，トルクと回転速度の関係を変化させるものである．電流の測定値による閉ループ制御により，定格以上の条件で可変速運転しながら効果的に一定のトルクを保つことができる．また，定格未満の条件では，通常の誘導発電機と同様に動作する（Bossanyi and Gamble 1991; Pedersen 1995）．

8.2.4　ヨー制御

アップウィンド風車とダウンウィンド風車のいずれも，風車が自然に風上を向くように，すなわち，ヨーが安定になるように設計することができるが，風に完全には正対しないため，発電電力量の最大化のためにはアクティブヨー制御が必要である．また，起動時やケーブルの捩れ戻しなど，出力の最大化以外の目的でもアクティブヨー制御が必要となるため，ここで必要となるヨー駆動装置を風向追従に使用することもできる．フリーヨーは，ヨーベアリングにおいてヨーイングモーメントを発生させないメリットがあるが，一般にはヨーダンピングが必要で，それにより，ある程度のヨーイングモーメントが発生する．

実際には，ほとんどの風車は，アクティブヨー制御を採用している．アクティブヨー制御では，ナセルに設置した風向計からのヨー偏差信号により，ヨーアクチュエータの指令値を計算する．通常，この指令値は，いずれかの方向の低速で一定のヨー角速度である．とくに，ヨーセンサがロータの風下側にあるアップウィンド風車では，長時間で平均化した信号を使用する．ヨー制御系の応答は遅いため，平均ヨー偏差が一定値を超えたときにヨーモータのスイッチをオンにし，一定の時間あるいは所定のナセル変角量でスイッチをオフにする，単純な不感帯コントローラで十分な場合が多い．また，ヨー制御しない場合には，ヨーブレーキでナセルを保持する．なお，ヨーピニオンに反転力が作用しないようにするため，ヨー変角している間もヨーブレーキを作用させる場合もある．

より複雑な制御アルゴリズムを用いたヨー制御もあるが，低速の制御のため，特別な閉ループ解析は必要としない．なお，高速のヨー変角は，現実的に不要であるうえに，大きなジャイロモーメントを発生させる．また，ヨー制御は，待機モードでも風向に合わせて風車が向くように動作する（頻繁に風向が変化する低風速域を除く）ので，監視制御の一部に分類されることが多い．

可変速の実験風車 Gamma 60（6.7.5 項）のように，アクティブヨー制御を高風速域の出力制御に使用することができる．ただし，それには非常に高速なヨー制御が必要で，大きなヨー荷重とロータのジャイロモーメントが発生する．なお，この出力制御法は，定速風車用としては速度がきわめて低く，Gamma 60 においても，定格運転時の回転速度変動は非常に大きかった．なお，ヨーイングモーメントを発生させるために，ヨーアクチュエータの代わりに独立ピッチ制御を使用することもできる（8.3.14 項参照）．

一般的なヨー制御では，ローパスフィルタ処理されたナセル風向計からのヨー偏差信号が，所定のしきい値より大きくなった場合に，風車を一定速度（通常 1°/s 未満）でヨー変角し，平均ヨーエラーを 0° に戻す．フィルタの時定数やヨーエラーのしきい値などのパラメータは試行錯誤的に修正され，ヨー偏差は小さく保たれるため，数分以下の間隔で制御することはない．ヨー操作の頻度とヨーエラーによる発電電力量の損失との間のトレードオフによる最適な設定値は，風向の低周波数の変動性に依存するため，理論的に定義することは困難で，サイト条件に依存する．これには，サイトの風データに基づく長期シミュレーションを使用できる（Bossanyi et al. 2013）．ウィンドファームでは，隣接する風車間で風向に関する情報を共有することも有用である（Bossanyi 2019）．

8.2.5 荷重に対するコントローラの影響

制御システムは，高風速域での出力制御や低風速域での最適化のほかに，荷重に対しても大きな影響を与える．コントローラの設計では，少なくとも制御動作により過大な荷重が発生しないよう，配慮する必要がある．さらに，特定の荷重を低減するように設計することも可能である．

特定の荷重の低減は，高風速域における出力制御と両立することができる．たとえば，コントローラの設計において，出力電力の制限と，増速機のトルクの制限は明らかに同じ意味であるが，制御目標の間のトレードオフが存在する場合には問題が生じる可能性がある．たとえば，発電電力量とピッチアクチュエータ荷重の間には明確なトレードオフが存在する．より大きなアクチュエータ動作ができる場合には，より良好な出力制御が可能となる．当然，出力を低下させることにより荷重を低減することも可能である（究極的には，風車を停止させることにより荷重を最小化できる）が，経済性の最適化において，荷重低減により資本費が低減する場合でも，取得エネルギーの低下を伴うものが認められることはほとんどない．

タワー振動はタワー基部の荷重に大きな影響を及ぼすため，ピッチ制御とタワー振動の干渉（8.2.1 項参照）は重要な例である．ロータ速度変動が小さくなるようにピッチ制御すると，タワーの振動は増加する傾向がある．また，ブレード，ハブ，その他の荷重は，ピッチ制御の影響を受ける．さらに，後述のように，発電機のトルク制御は増速機の荷重に大きな影響を与える．

8.2.6 制御目的の定義

閉ループコントローラのおもな目的は，簡単に述べることができる．たとえば，ピッチコントローラに関しては，高風速域において出力あるいはロータ速度を制限することが目的である．しかし，低風速域における発電電力量の増加のためにも用いられるなど，「おもな」目的が複数になる場合もある．

コントローラは荷重や振動に大きな影響を与える場合があるため，制御アルゴリズムを設計する際に，コントローラの目的を考慮する必要がある．ピッチ制御のより厳密な目標として，以下のものが挙げられる．

・定格未満の風速域における出力の最大化
・定格域の空力トルクの制限
・増速機トルクのピーク値の制限
・過剰なピッチ動作の回避
・タワー振動抑制によるタワー基部荷重の低減
・ハブやブレードの荷重の低減

最後の項目は，とくに，独立ピッチ制御（8.3.12 項）の場合には，以下の，より積極的なものに置き換えられる．

・ロータ，その他のシステムの荷重の低減

これらの目的は相反する可能性があるため，制御設計において，ある程度のトレードオフや最適化を行う必要がある．その際，さまざまな荷重があらゆる要素のコストや信頼性以外にも影響を与える可能性があるので，異なる目的に対して同一の指標で定量化する必要がある．発電電力量とコストのみのトレードオフでさえも，風況，割引率，売電価格の見通しなどにより変化するため，簡単ではない．したがって，満足のいくコントローラの設計には，ある程度，設計者の判断が必要となる．

8.2.7　PI ならびに PID コントローラ

PI（比例・積分）ならびに PID（比例・積分・微分）コントローラについては，後続の節でも数多く述べているため，ここでは，一般的な内容を簡単に説明する．

PI 制御は，さまざまな装置やプロセスにおいて広く使われているアルゴリズムで，目標値に対する現在値の偏差とその積分値の二つの項の和で制御指令値を計算する．これらのうち，積分項は，制御処理が無限に増大し続けるのを避けるために，定常状態で制御誤差を確実にゼロにさせるためのもので，比例項は，制御量の急激な変化に対して応答するためのものである．

また，PI 制御に微分項を追加し，制御偏差の変化率に比例する動作をさせる場合がある．これは，PID 制御として知られている．計測値 x に対する指令値 y の PID コントローラは，微分オペレータであるラプラス演算子 s を用いて以下のように記述できる．

$$y = \left(K_p + \frac{K_i}{s} + \frac{K_d s}{1 + sT_d} \right) x \tag{8.1}$$

ここで，K_p, K_i, K_d は，それぞれ，比例ゲイン，積分ゲイン，微分ゲインである．また，微分項の分母はノイズに対する応答を低減するための時定数 T_d のローパスフィルタである．なお，この式は，$K_d = 0$ で PI コントローラの式と一致する．

稼働中に，制御動作が制限値に達する場合がある．たとえば，定格条件で使用するピッチ制御において，出力が定格未満に低下した場合，ピッチ角はファインピッチ角となり，それを下回る角度にはならない．この場合，PI や PID コントローラの積分項は，出力が定格未満である間，負側に増加し続ける．そして，風速がふたたび上昇し，出力が定格以上になった場合に，積分項はゼロに向かってふたたび変化を開始するが，それがゼロに近くなるまで，積分項の影響は比例項と微分項よりも大きい．そのため，定格未満にあった時間に応じて，積分項がゼロ付近に戻るまでかなりの時間，ピッチ角が固着（stuck）する場合がある．この積分器ワインドアップ（integrator wind-up）

とよばれる現象を防止する必要がある．これには，ピッチ角がリミット値にある間は積分器を無効にすることが効果的である．これは積分器不飽和化（integrator desaturation）として知られており，8.6 節で詳細を説明する．

また，ゲインの選択を含めて，PI ならびに PID コントローラの設計は，8.4 節に詳細に記載されている．

8.3　閉ループ制御：一般的な方法

本節では，風車の閉ループコントローラの原理の概要を説明する．なお，閉ループアルゴリズムを設計するための数学的な手法は 8.4 節で説明する．

8.3.1　定速・ピッチ制御風車の制御

定速・ピッチ制御風車は，通常，交流の電力系統に直接接続された誘導発電機を使用するため，ほぼ一定の速度で回転し，発電電力はおおむね風速の 3 乗で変化する．定格風速においては，発電電力が風車の定格値と等しくなり，このとき，ロータの空気力学的効率を低下させて出力を定格値に制限するように，出力偏差（定格出力に対する実際の出力の差）に対してピッチ制御を行う．この制御のおもな目的は，出力偏差を最小化する動的なピッチ制御を行うことであるが，上述のように，これが必ずしも唯一の目的ではない．制御ループの主要な要素を図 8.2 に示す．なお，コントローラには，PI または PID 制御を使うのが一般的である．

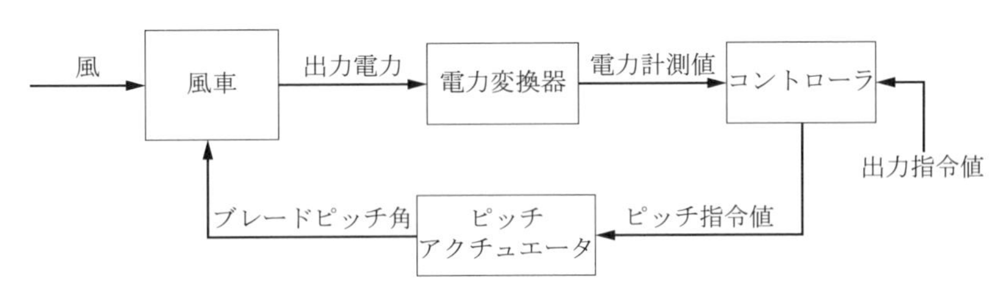

図 8.2　定速・ピッチ制御風車の制御ループ

出力が定格未満に低下すると，ロータの効率を最大化するため，ピッチ指令値がリミット値で固定される．最適なピッチ角は周速比により変化するため，ファインピッチ角のリミット値を風速に応じて変化させることにより，発電量を若干増加させることができる．また，ロータ全体の風速を計測するには，ロータ自体を風速計とみなして，出力電力の計測値を使用するのがもっともよい方法である．ここで，ファインピッチ角のリミット値は，制御ループの特性に対して比較的緩やかに変化させる必要がある．また，出力の計測値に対する移動平均を用いることにより，良好な性能が得られる．なお，各風速における出力に対する最適なピッチ角の組み合わせは，状態方程式により計算できる．基本となる風速（ロータ面積全体の平均値）の変化は比較的緩やかであるため，移動平均の時定数は非常に大きくなる可能性がある．当然，定格未満の条件における不必要なピッチ変角を避けるため，ブレード通過周波数や固有振動数の最低値（通常，タワー 1 次曲げモード）よりもピッチ角応答を十分に遅くする必要がある．

8.3.2　可変速・ピッチ制御風車の制御

可変速風車の発電機はパワーコンバータにより系統周波数と分離されるため，発電機の負荷トルクを直接制御することにより，ロータ速度をある程度変化させることができる．可変速制御の利点として，定格未満の風速域において周速比が一定になるように，ロータ速度を風速に比例して変化させられることが知られている．この周速比において，パワー係数 C_P は最大値となり，ロータが取得するパワーが最大となる．これにより，可変速風車では，ロータ直径が同じ定速風車より大きな発電電力量が得られる．しかし，この最適な C_P を完全には実現できないことや，パワーコンバータによる損失などのため，実際には，このような効果がそのまま得られるわけではない．

ロータ効率の最大値は，パワー係数 C_P が最大値となる周速比 $\lambda = \lambda_{\mathrm{opt}}$ で得られる．その場合，ロータ角速度 Ω は風速 U に比例し，パワーは U^3 ならびに Ω^3 に，また，トルクは U^2 ならびに Ω^2 に比例する．空力トルクは次式により得られる．

$$Q_a = \frac{1}{2}\rho U^2 ARC_q = \frac{1}{2}\rho\pi R^3 \frac{C_P}{\lambda} U^2 \tag{8.2}$$

$U = \Omega R/\lambda$ より，次式が得られる．

$$Q_a = \frac{1}{2}\rho\pi R^5 \frac{C_P}{\lambda^3}\Omega^2 \tag{8.3}$$

したがって，定常状態では，発電機トルク Q_g を次式のように空力トルクとつり合うように設定することにより，周速比を最適値に調整できる．

$$Q_g = \frac{1}{2}\frac{\pi\rho R^5 C_P}{\lambda^3 G^3}\omega_g^2 - Q_L \tag{8.4}$$

ここで，Q_L は高速軸基準のドライブトレインのトルク損失（これ自体が回転速度およびトルクの関数となる），$\omega_g = G\Omega$ は発電機角速度，G は増速比を示す．

このトルクと回転速度の関係は，図 8.3 に曲線 B1–C1 で示されている．式 (8.4) は最適な C_P が得られる定常解であるが，発電機速度の計測値に対する発電機トルク指令値を制御するために動的に使用される場合もある．この方法は，定格未満の風速域における発電機トルク制御としては十分良好な特性を示す．

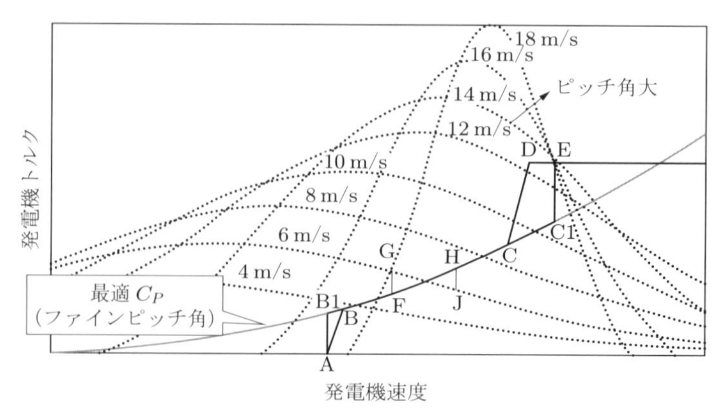

図 8.3　可変速・ピッチ制御風車のトルク – 速度曲線

可変速風車では，式 (8.4) の 2 次式により C_P のピーク値付近で滑らかで安定した制御ができるが，実際には，ロータの慣性モーメントが大きいため，変動風に対して十分な速さで追従することはできず，平均 C_P はピーク値よりも低下する．この影響は，慣性モーメントが大きい，あるいは，周速比に対するパワー係数の特性（C_P–λ）がピーキー（ピークが高く狭い）なほど大きくなる．このように，可変速制御風車用のブレード設計においては，C_P のピーク値を最大化するだけではなく，C_P–λ が比較的平坦な特性をもつようにする必要がある．

ロータ加速度を大きくすることにより，運転条件を C_P 曲線のピークに近づけることができる．その一つの方法が，次式のように，トルク指令値にロータ加速度に比例する項を追加することである（Bossanyi 1994）．

$$Q_g = \frac{1}{2}\frac{\pi\rho R^5 C_P}{\lambda^3 G^3}\omega_g^2 - Q_L - B\dot{\omega}_g \tag{8.5}$$

ここで，B は慣性モーメントの補償量を決めるゲインである．ドライブトレインに剛体を仮定し，周波数コンバータの動特性を無視した場合のトルクバランスは，

$$I\dot{\Omega} = Q_a - GQ_g \tag{8.6}$$

となる．ここで，I は全体（ロータ，ドライブトレイン，発電機ロータ）の慣性モーメント，Ω はロータ角速度である．したがって，

$$(I - G^2B)\dot{\Omega} = Q_a - \frac{1}{2}\frac{\pi\rho R^5 C_P}{\lambda^3 G^2}\omega_g^2 + GQ_L \tag{8.7}$$

となる．

このように，実質的な慣性モーメントが I から $I - G^2B$ に減少するため，ロータ速度は，風速変化に対してより高速で応答するようになる．ここで，ゲイン B は I/G^2 よりも大幅に小さくしないと，実質的な慣性モーメントがゼロに近づき，ロータ速度を風速の変化に厳密に追跡させるために大きなパワーが必要になってしまう．

これ以外にも，なんらかの方法により風速を推定し，最適 C_P が得られるロータ速度を計算し，極力速やかにこの速度になるように発電機トルクを制御する方法がある．一般に，空力トルクは以下のように表すことができる．

$$Q_a = \frac{1}{2}\rho U^2 ARC_Q = \frac{1}{2}\frac{\rho\pi R^5\Omega^2 C_Q}{\lambda^2} \tag{8.8}$$

ここで，R はロータ半径，Ω はロータ角速度，C_Q はトルク係数である．

ドライブトレイン捩れ変形を無視すると，空力トルクは以下の簡単な式で推定できる．

$$Q_a^* = GQ_g + I\dot{\Omega} = GQ_g + \frac{I\dot{\omega}_g}{G} \tag{8.9}$$

より洗練された推定法では，ドライブトレインの捩れなどを考慮することができる．これにより，関数 $F(\lambda) = C_Q(\lambda)/\lambda^2$ が次式のように推定できる．

$$F^*(\lambda) = \frac{Q_a^*}{(1/2)\rho\pi R^5(\omega_g/G)^2} \tag{8.10}$$

定常的な空力計算から $F(\lambda)$ がわかれば，現在の周速比 λ^* を推定でき（8.3.16 項参照），望ましい発電機速度は次式で得られる．

$$\omega_d = \omega_g \frac{\hat{\lambda}}{\lambda^*} \tag{8.11}$$

ここで，$\hat{\lambda}$ は追従すべき最適な周速比であり，発電機トルクが ω_d に追従するように，$\omega_g - \omega_d$ に対して単純な PI 制御を使用することができる．経験上，PI コントローラのゲインが高いほど，C_P ピークへの追従性がよくなるが，出力変動も大きくなる．ある風車のシミュレーションで，定格未満の出力が約 1%向上したが，出力変動は許容できないレベルに増加したことが報告されている．

同様に，Holley ら（1999）は，より洗練された方法で完璧な C_P ピークトラッカーを定義し，定格未満のエネルギー取得を 3%増加させられることを示した．しかし，これには定格出力の 3～4 倍の大きなパワーが必要で，まったく実用的なものではない．このように，わずかな発電電力量増加のために大きなトルク変動が必要とされることから，最適条件における発電機トルク制御には簡単な 2 次式を使用し，ロータ慣性が非常に大きい場合には，式 (8.5) のような方法で慣性モーメント分を補うのが一般的である．

いずれにしても，風車のロータ直径が大きくなると，乱流の縦・横の長さスケールに対して，ロータ面内の風速の非一様性によりピーク C_P を得るのが難しくなる．すなわち，ある瞬間にブレードの一部が最適な迎角にある場合でも，ほかの部分では最適ではなくなる．

ほとんどの場合，カットイン風速から定格風速までのすべての点において C_P ピークを維持するのは現実的ではない．可変速システムの中には，回転速度がゼロになるまで発電することができるものもあるが，広く使用されている二重給電誘導発電機では，可変速範囲は限定される．このシステムでは，風車出力に対して部分的な容量のコンバータを使用することにより，コストを低減できる．しかし，カットイン風速付近の低い風速域においては，一定の速度でロータを回転させる必要があり，周速比は最適値よりも高くなる．逆に高風速側では，通常，騒音に関する制限により，定格出力に達するまでロータ速度をある程度抑える．この場合，定格出力まで回転速度を一定にするようにトルク指令値を増加させることにコスト上のメリットがある．一般的な回転速度に対するトルクの関係を図 8.3 に示した．騒音の制限が厳しくないサイトを想定して設計された風車は，定格出力に達するまで，最適 C_P に沿って運転する．回転速度が高いほど，同じ定格出力におけるトルクとブレード面内荷重は小さくなるが，ブレード面外荷重は大きくなる．これは，洋上風車用として興味深い制御方法である．

8.3.3　可変速風車のピッチ制御

定格トルクに達したあとに負荷トルクを増加させないと，風車の回転速度は上昇する．そこで，負荷トルクを一定に保ちながら回転速度を維持するために，ピッチ制御が行われる．これには，PI や PID 制御で十分な特性が得られる．状況によっては，速度偏差にノッチフィルタを追加して，ブレード通過周波数やドライブトレインの捩れなどの重要な構造の共振周波数に対して，過度のピッチ動作を防いだほうがよい場合がある．

ピッチ制御により回転速度を制御する間，トルクではなく出力を一定に保つように，トルク指令値を回転速度に反比例するように変化させることもできる．ピッチコントローラが回転速度を目標値近くに維持できれば，出力一定制御とトルク一定制御に大きな差はない．回転速度の増加により負荷トルクを低下させる場合には，安定性が若干低下するが，それは一般には深刻な影響ではなく，増速機トルクとロータ速度には大きな影響を与えない．むしろ，電力品質の観点からは，出力一定制御が非常に魅力的である．

8.3.4 発電機トルク制御とピッチ制御の切り替え

実際には，騒音，荷重，その他の設計上の制約により，ロータ速度は定格風速よりも低い風速で定格値に達する．風速がさらに増加すると，風から取得するパワーが増加するために，ロータ速度を上昇させずにトルクと出力を増加させることが望ましい．もっとも簡単な方法は，図 8.3 における線 C–D に沿って制御することである．すなわち，定格出力または定格トルクに達したあとに，ロータ速度を一定の値に維持するためにピッチ制御を行う．また，トルク制御とピッチ制御の干渉を回避するため，ピッチ制御における回転速度目標値は，図 8.3 の点 E のように，目標速度よりも若干高めの点に設定される．仮に回転速度の目標値を D にすると，定格以上の風速においても，出力は頻繁に点 D より低い値になる．さらに，ピッチコントローラとトルクコントローラの両方により回転速度を制御するため，定格未満でピッチ制御させることもできる．

図 8.3 において，回転速度に対するトルクの関係を A–B–C–D–E から A–B1–C1–E へ変化させることにより，風車はより広い風速範囲で最適 C_P の近くで運転するようになるため，最大回転速度が同一の場合でも，発電電力量は若干増加する（Bossanyi 1994）．A–B1 と C1–E の垂直部分は，A または C1 における速度偏差に対するトルク指令値の PI 制御で実現することができる．また，一定速度と最適 C_P 運転の間の遷移は，最適 C_P 曲線を，A においては PI 制御におけるトルク指令値の最大値として，C1 においては最小値として制御することで，切り替えることができる．回転速度の計測値が A と C1 の中間点を通過する際に，目標速度を A と C1 で交代させることにより，目標値はステップ状に変化するが，コントローラが最適 C_P 曲線をリミット値とするため，変化そのものは滑らかである．

この方法は，「運転除外速度域（speed exclusive zone）」への適用も容易である．たとえば，ブレード通過周波数でタワーが共振するような場合に，目標速度を追加してそれらをスイッチングする方法で，図 8.3 の F–G と H–J において，トルク指令値が一定時間点 G を超えた場合に，目標速度を F から H に円滑に変化させ，トルク指令値が J を下回った場合に目標速度を滑らかに戻す．

トルクの PI 制御には，コンプライアンス（ばね定数の逆数）を制御できる利点もある．図 8.3 内の C–D のような非常に傾斜の大きい箇所では，急激にトルク指令値が変化するが，PI コントローラでは，「柔軟性」を必要なレベルに調整することができる．ゲインを高くすると，大きなトルク変化により目標速度に対する回転速度の変動が小さくなり，ゲインを低くすると，トルク変動は小さくなるが，回転速度変動は大きくなる．

トルクとピッチの両方の制御の回転速度目標値として点 C1 を使用するには，これらの二つの制御を分離する必要がある．これらの制御が同時に作用しないように切り替えるのが一つの方法である．この方法では，定格未満では，ピッチ指令値はファインピッチ角に固定してトルクコントローラが作動し，定格時には，トルク指令値は定格値に固定し，ピッチコントローラが作動するようにする．この場合，コントローラは，短時間好ましくない状態で運転する場合があるものの，かなり単純なロジックで制御を行うことができる．また，風速が定格の手前で急速に増速する場合などに，トルク指令値が定格に達する前にピッチ変角を開始するのが有効となる．トルクが定格に達するまでピッチ動作をさせないようにすると，回転速度は若干高くなる．

両方の制御ループを同時に実行する場合には，定格風速から離れている条件で，いずれかを飽和させて結合させることにより，よりよい特性が得られる．このように，両者が強い相互作用をするのを定格点付近に限定させて，ほとんどの時間はいずれか一方しか作用しないようにすることができる．PID 制御においては，速度偏差に加えて発電機トルク偏差を考慮するとよい．定格時は，トルク指令値は定格値となるため，発電機トルク偏差はゼロとなるが，定格未満では発電機トルク偏差は負の値となるため，積分項によりファインピッチ側にバイアスをかけ，低い風速においてピッチ動作を行わないようにする．一方，比例項により，風速が急速に上昇した場合に，ピッチ角が定格トルクの手前から作動し始める．

定格以上の風速で，発電機トルクの急激な低下を避けることも必要である．これには，ピッチ角がファインピッチでないときに発電機トルク指令値が低下しないようにするラチェット（ratchet）が有効である．これにより，ロータの運動エネルギーを利用して，定格風速付近で過渡的な出力低下を避けることもできる．

その他に，あらゆる条件で両方の制御を動作させ，各制御ループの設定点を変更するように，二つの制御ループの速度偏差に個別のバイアス項を導入する方法がある．発電機トルクが定格未満の場合，ピッチコントローラは，ファインピッチに向かって強制的に制御するように，より高い速度設定点を設定し，発電機トルクが定格値に近づくと，ピッチ制御が徐々に引き継ぐように，設定値を参照値に戻す．ピッチ角がファインピッチよりも大きくなると，発電機トルクコントローラの設定点を低下させて定格出力に設定し，ピッチ角がふたたび低下すると，発電機トルク制御設定値は参照値に戻り，ピッチ角がファインピッチ角になるまでに，発電機トルク制御が動作を始める．また，発電機トルクがさらに低下すると，ピッチコントローラの設定点がふたたび上昇し，ピッチ角をファインピッチに固定する．ここで，適当な時定数の一次遅れを適用することにより，設定点の移動を制御ループの動特性から切り離すことができる．設定点を低下させる場合よりも，上昇させる場合において時定数を小さくするのが望ましい．これにより，タワーの不必要な振動の要因となる，過回転速度や，風速が急速に低下した際のピッチ角の急速な低下を避けることができる．

この手法を発展させたものとして，風速推定器が挙げられる（8.3.16 項参照）．風速推定器は，定格風速の周囲に遷移ゾーンを定義し，この遷移ゾーンからの比で推定風速を定義する．発電機トルクのバイアスは，遷移ゾーン下端のゼロから上端の最大値まで，またはその逆に徐々に変化させる．この手法では，より明解な応答が得られる可能性が高く，調整が必要な時定数はない．

8.3.5　タワーの振動制御

8.2.1 項に述べたように，定速風車と可変速風車のいずれにおいても，ピッチ制御はタワーの振動と荷重に影響を与える．これが，制御アルゴリズムの設計における大きな制約の一つとなっている．タワー前後方向の 1 次曲げモードは減衰が非常に小さく，風による微小な励振によっても，非常に大きな応答が継続する．この応答に対して，構造減衰の影響は小さいが，一方でロータによる影響は大きいため，ピッチ制御により効果的な減衰を与えることができる．ピッチコントローラの設計においては，もともと弱い減衰を増加させるようにすることが重要である．

制御アルゴリズムの設計は，8.4 節に述べられている．8.4 節には，PID ゲインの選択や，タワーの減衰強化などの全体の動特性を修正するためのコントローラの項も含まれている．また，回転速度や出力の制御（面内荷重の制御）とタワー振動制御（面外荷重の制御）の妥協点の決定に適した，最適状態フィードバックなどの現代制御についても説明する．

回転速度や電力の信号はある程度得られるものの，そこから得られる情報は限られている．計測値に対する風速変化とタワーの振動の影響を分離するため，カルマンフィルタ（8.4.5 項）などの状態推定器を使用することができるが，タワー前後運動を直接計測するナセル加速度計を使用することもできる．このような信号を追加することで，回転速度や出力制御に悪影響を及ぼさずに，タワーの荷重を大幅に低減できる．

タワーの運動は，以下に示す減衰のある 2 次系でモデル化することができる．

$$M\ddot{x} + D\dot{x} + Kx = F + \Delta F \tag{8.12}$$

ここで，x はタワー頂部の変位，F はタワー頂部に作用する荷重でおもにロータスラスト，ΔF はピッチ動作により付加されるスラストである．また，M はモード質量，K はモード剛性で，タワー固有角振動数は $\sqrt{K/M}$ で計算される．風車のタワーにおいて減衰 D は小さいが，ΔF が $-\dot{x}$ に比例する場合，実質的な減衰は増加する．また，速度よりも加速度の測定が容易であるため，タワーの速度は加速度を積分して求める．

ΔF に対して，任意の付加減衰 D_p を与えるためのゲインは，ピッチ角に対するスラストの偏微分 $\partial F/\partial\beta$ から次式のように求めることができる．

$$\begin{aligned}\delta F &= \frac{\partial F}{\partial \beta}\delta\beta = -D_p\dot{x} \\ \delta\beta &= \frac{-D_p}{\partial F/\partial\beta}\dot{x}\end{aligned} \tag{8.13}$$

ここで，β はピッチ角を示す．

ブレード通過周波数など，その他の要因によるタワー加速度からの不要なフィードバックを防止するために，この項と直列にノッチフィルタが必要になる場合がある．また，進み・遅れフィルタやループ整形フィルタによって，式 (8.13) よりも複雑なシステムに対しても，減衰を最大化するように制御することができる．また，タワーの運動に影響するほかの振動モードに加えて，ピッチアクチュエータの動的応答も考慮する必要がある．回転速度に対する PID コントローラに対して，加速度フィードバック項の有無における，現実的な三次元乱流におけるシミュレーション結果を図 8.4 に示す．回転速度制御は加速度フィードバック項の影響をほとんど受けず，ピッチ角の変化はかなり大きくなっているが，必要なピッチ角速度は大きくない．これにより，明らかに，タワーの減衰が増加し，タワー基部の荷重は低減している．なお，ここで必要とする加速度計は，過度な振動が発生した際に風車を停止させるためにすでに装備されているものであり，比較的安価で壊れにくく，信頼性の高い計測装置である．このタワー減衰制御の有効性に関するフィールドテストの結果は，Rossetti ら（2004），ならびに，Bossanyi ら（2010）により報告されている．

ファインピッチ付近のピッチ角においては，ロータスラストが変化しやすいため，定格をわずかに上回った条件において短時間で風速が低下した場合に，タワーが前後方向に励振されやすい．その場合，ピッチ角はファインピッチ方向に急激に変化し，スラストを急増させ，タワーの振動を引き起こすが，これは，ファイン方向のピッチ角速度を制限することにより軽減できる．この場合，風

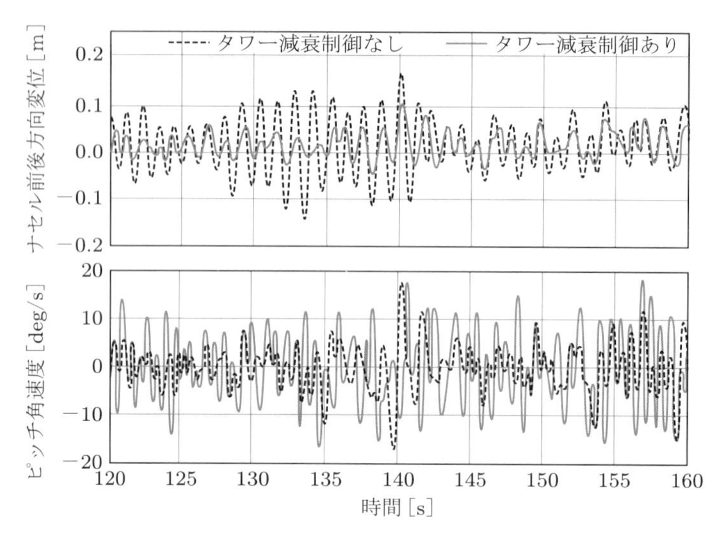

図 8.4　タワー加速度計によるタワー振動制御

速が再度急上昇しても，発電電力量の損失はほとんどない．ファイン方向のピッチ角速度の制限には，さまざまなアルゴリズムが使用できる．一つは，ファインピッチ角付近で，単に負のピッチ角速度を制限することである．通常，非対称の速度リミットを適用すると，制御の効果が弱まり，発電電力量が減少する．なお，フェザー側のピッチ角速度リミットを制限することは，定格前後の遷移状態で過回転が発生しやすくなるので推奨できない．ファインピッチ方向の高速の変角が一定の時間経過した場合にのみ制限条件を限定することにより，この影響をある程度緩和することができるが，ピッチ角がファインピッチ角よりも大きい場合には，ピッチリミットを増加させるようにファインピッチ角を動的に変化させるのが，とくに効果的である．一定のマージンを保ちながら常に実際のピッチ角よりもリミット値を低く設定することにより，高風速においても十分な効果が得られる．動的なファインピッチ角の変化は遅く，風速が一時的に低下した場合にも，ピッチ角はある程度の速度でファインピッチ角まで低下する．また，ピッチ角が動的ファインピッチリミットと一致する間に，発電機トルク制御が作用し，風速が急激に低下した場合でもロータ速度の急激な低下が避けられる．

一般に，タワーの荷重には，前後方向の振動が支配的であるが，洋上風車において風向と波向に偏差がある場合など，左右方向の振動の影響が大きくなる場合がある．タワーの左右方向の振動には，ロータによる空力減衰がほとんど作用しないため，前後方向の振動よりも減衰が小さい．そのため，おもな波方向が風車の横側からの場合に，前後方向よりも横方向の振動が大きくなる場合がある．なお，原理的には，発電機トルク制御に適切な横方向加速度の項を追加することにより，横方向の振動の減衰を増加させることができる（Markou et al. 2009; Fischer 2010）．

浮体式洋上風車では，ピッチ制御とタワー動揺の相互作用にとくに注意を払う必要がある．係留の種類によっては，構造全体で，前後方向の数十秒以上にわたる長周期の剛体振動モードが波により励振され，不安定になる可能性がある．ナセルが前方に移動すると，相対風速が増加し，ロータ速度が増加する．これを制御するために必要なブレードのピッチ変角により，ロータのスラストが大幅に低下し，運動を加速させ，最終的に壊滅的に振幅を増加させる可能性がある．

しかし，このような振動は，コントローラを適切に設計することで安定化させることができる．

これは多変数コントローラの設計によって対処できる．Vanni ら（2015）は，ナセル加速度の計測値に基づいて，ピッチ角または発電機トルクのいずれかの要求値に 1 入力・1 出力（Single Input, Single Output: SISO）フィードバックループを追加した，二つの異なる安定化方法を比較した．前者はロータ速度の偏差が若干大きくなり，後者は電力変動が大きくなる．両方のループを並行して実行するように調整することにより最適点が見つかる可能性がある．

8.3.6 ドライブトレイン捩れ振動の制御

一般的なドライブトレインは，慣性モーメントの大きいロータと相対的に小さい高速軸（おもに発電機回転子とブレーキディスク）で構成され，これらは，主軸やカップリングの捩れ，歯車の歯の曲げ，ならびに，ソフトマウンドの変位を表す捩ればねによって分離されている．したがって，ドライブトレインは三つの慣性体と二つの捩ればねで模擬でき，ロータ面内曲げと捩れモードの干渉を考慮する必要がある（Ramtharan et al. 2007）．また，タワー頂部の回転が大きい場合には，タワー横方向の 2 次曲げモードと連成する場合もある．

7.5 節の図 7.53 に示したように，定速風車では，誘導発電機の滑り曲線により，回転速度の上昇に応じて発電機トルクが急激に増加するため，強い減衰が作用する．この場合，ドライブトレインの捩れモードには強い減衰が作用するため，問題を発生させることはない．しかし，発電機トルク一定で運転する可変速風車においては，回転速度に対してトルクが変化しないため，このモードの減衰は非常に弱く，さらに，ブレードは面内方向に振動するため，ロータによる空力減衰も小さい．また，主軸，カップリング，増速機などにも若干の構造減衰があるが，一般に，減衰比は 1%程度と非常に小さい．そのため，増速機に大きなトルク変動が発生し，可変速運転の大きなメリットの一つであるトルクの制御性が損なわれる場合がある．

適切なラバーマウントやカップリングにより，機械的な減衰を付加することも可能であるが，それらのみで十分な減衰を得るのは難しく，コストにも影響するため，可変速風車では，発電機トルク制御により減衰を付加するのが一般的である．定格以上の条件でトルクまたはパワーが一定の発電機に，ドライブトレイン周波数に対応する微小な脈動を付加し，位相を調整することにより，減衰を付加して振動を軽減できる．このために，次式のような，発電機速度の計測値に対するバンドパスフィルタが使用される．

$$G\frac{2\zeta\omega s(1+s\tau)}{s^2+2\zeta\omega s+\omega^2} \tag{8.14}$$

ここで，G はゲインで，角振動数 ω は減衰させる振動数の近くに設定する．また，時定数 τ は位相を修正し，ハイパスフィルタの特性を与え，システムの遅れやその他の動特性を補償する．このフィルタのパラメータ調整において，根軌跡法（8.4 節）が便利である．

チューニングによりピークが広い（ζ が大きい）効果的なフィルタを作ることができるが，その場合，トルクならびに出力に低周波の振動が発生する場合がある．また，ピークの狭いノッチフィルタ（8.4 節）を直列に接続することで，ブレード通過周波数に対応する 3P（P はロータ速度）や 6P の成分（3 枚翼風車の場合）に対して十分な応答を与えることができる．ただし，共振周波数が 6P などの励振周波数に近い場合は，強い加振力が作用するため，共振を制御するのはきわめて難しい．

図 8.5 に，三次元乱流中で動作する可変速風車のシミュレーション結果を示す．ドライブトレインに強い振動が発生する場合があり，出力と発電機トルクは滑らかであっても，増速機は悪影響を

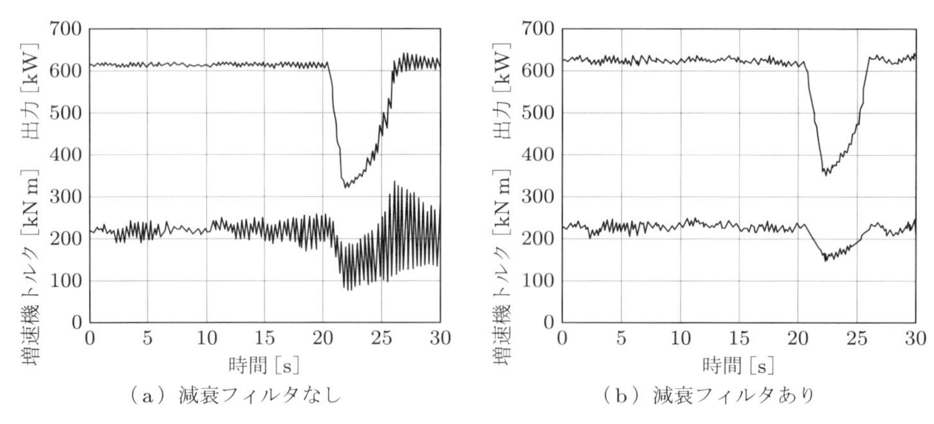

図 8.5　ドライブトレイン減衰フィルタの効果

受ける可能性がある．これに対して，上記の制振フィルタを導入すると，出力変動をほとんど増加させずに，振動が減衰している．これは，加振力が小さく，減衰させるのに必要なトルクの脈動も非常に小さいためである．

多くの場合，「捩れ速度」に関する入力信号を追加してドライブトレインダンパを使用することにより，発電機速度のみで制御する場合よりも良好な特性が得られる．なお，捩れ速度とは，増速比を乗じた発電機速度とロータ速度の差である．しかし，この信号の追加には，二つの速度を測定する必要があり，とくに低速軸のセンサから十分な解像度のデータが得られないことが多いため，工夫が必要である．また，これらの二つの信号の差がノイズの影響を受けにくくなるよう，注意が必要である．なお，これらの捩れ振動は，ダイレクトドライブのシステムでは一般には問題にならず，ダンピングフィルタが不要となる場合もある．

8.3.7　可変速ストール制御

同一のロータによる二つのパワーカーブを図 8.6 に示す．一つは 600 kW の定速・ピッチ制御風車で，もう一つは，同じ風車で定格出力を同一として定速・ストール制御用に調整したものである．なお，ストール制御風車は，定格出力を同一にするため回転速度を低くしている．そのため，ストール制御機の出力は，低風速域においては若干高くなっているが，8 m/s を超えてブレードが失速に近づくと，ピッチ制御機に比べて低くなっている．なお，実際には，失速制御用に設計した風車では，ブレードの設計，ソリディティ，ロータ速度などを最適化することにより，この差が小さくなる．

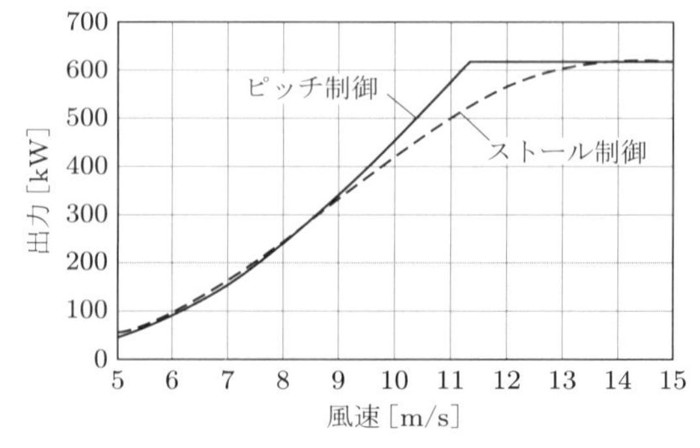

図 8.6　ピッチ制御とストール制御のパワーカーブの比較

可変速制御により，定格速度，あるいは，最大速度まで最適条件で運転することができる．商業風車に適用された例はほとんどないが，定格出力において失速域に入るように回転速度を低下させることもできる．これにより，出力偏差に対する発電機トルクを閉ループで制御し，ピッチ制御の風車と出力曲線がまったく同じになるように制御することができる．このようにして，可変速・ストール制御風車では，ピッチ制御なしに，可変速・ピッチ制御風車と同様の出力が得られるが，8.2.2項で説明したように，この制御法では瞬間的に大きなトルクと出力が発生し，可変速システムの大きな利点の一つである滑らかなトルクおよび出力は得られなくなる．

可変速・ストール制御の簡単で効果的な制御アルゴリズムの一例を図 8.7 に示す．これは二つの制御ループで構成され，外部出力ループは発電機速度の指令値を，内部速度ループは発電機トルクの指令値を与える．8.3.4 項と同様，内部ループには PI コントローラを使用することができる．これは図 8.3 における A–B1 ならびに C1–E と同一のコントローラで，内部ループが常時動作しているため，定格モードへの遷移が簡単である．

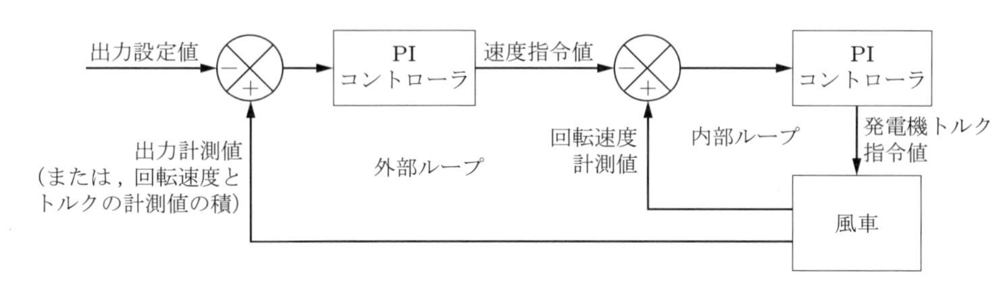

図 8.7　簡単な可変速・ストール制御の制御アルゴリズム

8.3.8　可変滑り制御

可変滑り発電機の制御範囲を図 8.8 に示す．滑り速度は，同期速度に対する発電機速度の差を示す（モータの場合は負の滑り）．定格未満の条件では，発電機は通常の誘導発電機と同様に動作させる．トルクは滑り曲線 A–B に対応して変化し，点 B に達すると，回転子回路に直列に接続した抵抗器が，半導体スイッチによる kHz オーダーのオン／オフ制御により，平均抵抗を変化させる．平均抵抗が増加すると，発電機の滑り曲線の傾きが小さくなる．図 8.8 に，一般的な例として，発電機回転子抵抗 R が 10 倍まで変化し，滑り曲線を A–B から A–D に変化させる場合を示す．このように抵抗を制御することにより，グレーの領域内の任意の条件で発電機を動作させることができる．

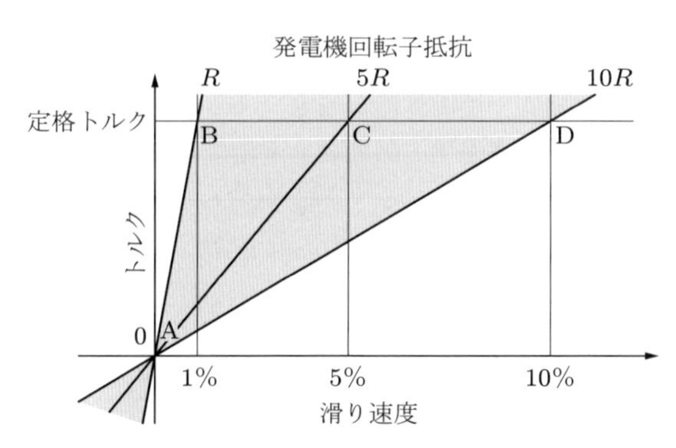

図 8.8　可変滑り発電機の運転条件

一般に，トルク誤差を入力とし，スイッチングのデューティー比を出力とするPI制御により，抵抗を変化させることができる．

実際には，トルク指令値を一定（定格値）にするのが一般的である．そして，定格点に達するまでは，通常の誘導発電機と同様，滑り曲線A–Bに沿って運転し，定格点で，可変速度風車と同様，一定トルクの線B–C–Dに沿って動き，回転速度Dを超える場合，トルクをふたたび増加させ，回転速度を点Cなどの設定点にするようにピッチ制御を行う．また，回転速度Cが高いほどパワーも大きくなる．このように，回転子回路の滑りに正確に対応して電力を消費するため，冷却の要求の観点からは，Cは極力低めに設定すべきである．これは，速度増加に伴い増加する荷重を低減する観点からも同様である．また，CがBに近すぎると，定格付近でA–Bの傾斜に沿ってトルクが急激に低下し，定格よりも十分高い風速においても出力が急激に低下する場合がある．BとCの間隔をどの程度小さくできるかは，ロータの慣性モーメント，ならびに，ピッチ制御アルゴリズムによって変化する．可変速システムと同様，この制御アルゴリズムはPIまたはPIDである．速度がBやDに近すぎる場合に，PIDの変化率リミットにより，ピッチをファイン方向に偏らせることができる．

ドライブトレインの捩れ振動の制御のために，8.3.6項で述べたように，可変速システムと同様，トルク指令値を変更したほうがよい場合がある．しかし，このためには，ドライブトレイン振動数（一般には3.5 Hz程度）の少なくとも5倍，できれば10倍以上の高い周波数で指令値を与える必要がある．

8.3.9　独立ピッチ制御

大型のピッチ制御風車は，ロータに独立した空力ブレーキをもたせるため，各ブレードに独立したピッチアクチュエータを備えている．いずれかのピッチアクチュエータが故障した場合には，残りのアクチュエータによりロータを停止させるため，小型のパーキングブレーキ以外に軸ブレーキは必要としない．また，独立したアクチュエータをもつため，ブレードごとに個別の指令値を送ることができ，疲労荷重に大きな影響を与えるロータの非対称な空力荷重を軽減することができる（Donham et al. 1979; Caselitz et al. 1997; Bossanyi 2004）．

もっとも単純な独立ピッチ制御は，ロータのアジマス角に対するサイクリックピッチ制御である．ウィンドシアーやタワーシャドウによる風速変化，ヨー偏差やロータ軸のティルト（傾き），ならびに吹上風など，各ブレードのアジマス角に対して規則的な変動荷重を発生させるさまざまな要因があるが，原理的には，これらの影響を補償するために，各ブレードのピッチ角をアジマス角に対して変化させることができる．

タワーシャドウはきわめて規則的で予測可能な現象である．独立ピッチ制御によりタワーシャドウの影響を軽減するには，タワーを通過する際にピッチ指令値に対して非常に短時間で急速な変化が必要であるが，これは，別の問題を引き起こす可能性がある．主軸のティルト（傾き）や吹上風の影響も状況によっては予測が容易であるが，これらは迎角にのみ影響し，局所的な風速変化の影響はない．ヨー偏差も迎角に対して影響を与えるが，偏差の大きさと向きは時々刻々変化するため，それを補償するには，迎角を計測するセンサが必要となる．ウィンドシアーは，ロータ面を横切る風速に対して顕著な影響を与えるため，回転速度に対応する周波数（1P）でブレードに大きな変動荷重を発生させる．しかし，ウィンドシアーは一定ではないため，それを検出するためのセンサが必要となる．ウィンドシアーは平均値としての効果とみなすことができるが，位置によっては，乱流のロータ全体の風速の瞬時変動とは大きく異なる．実際，最大の風速はロータ面内のどの位置においても発生する可能性があり，必ずしも頂部で発生するわけではない．

実際に，非対称荷重に対して支配的なのは，大きなロータ面を横切る風の乱れである．乱流渦のサイズは大型風車のサイズと同程度であるため，アジマス角によるサイクリックピッチ制御はあまり有効ではない．平均的なウィンドシアーを補償することにより，ある程度の荷重低減は可能であるが，乱流による影響に比べると効果が小さい．ただし，例外的に，乱流強度の低い層状の流れの中で動作する風車においては，大きな効果が得られる場合がある．

独立ピッチ制御により非対称荷重を低減するための実現性のある技術として，ブレードスパンに沿って設置したピトー管などによるブレードに流入する流れの計測値や，適当な位置に設置した圧力センサによる圧力の計測値などを利用した，ピッチ角の制御がある．また，このようなセンサは，「スマートブレード（smart blade）」の制御のためにも提案されている．スマートブレードとは，ブレードスパンに沿って，フラップ，エルロン，変形可能な後縁，あるいは，境界層流れを変化させるエアジェットなどの空力特性をアクチュエータにより局所的に変化させる技術である．しかし，このようなアイデアはまだ研究段階で，商業展開にはまだ時間を要する．

より現実的な技術として，ブレードの翼根部，または，翼に沿ったさまざまな点における曲げモーメントの計測がある．低減する各ブレードの翼根の荷重に対して，ピッチ角のフィードバック制御を行うのは合理的である．このような方法は，一般に「独立ピッチ制御（independent pitch control/individual pitch control: IPC）」とよばれている．

各ブレードの翼根の荷重計測により，次のブレードが同じ位置を通過する際の荷重を予測できる可能性がある．乱流渦は十分大きく，それが通過するまでに，各ブレードが同じ乱流構造を数回横切るため，各ブレードの制御による改善が期待される．各ブレードのピッチ角は，すべてのブレードの荷重の計測値から計算されるので，これは independent pitch control というよりは individual pitch control とよぶほうが適切と思われる．

独立ピッチ制御については，8.3.11 項でより詳細に述べる．

8.3.10 多変数制御 – 風車制御ループの非干渉化

今日の風車コントローラは，以下のように多くの入出力をもつ多変数コントローラである．

入力（計測値）：

- 発電機速度（速度制御，ならびに，ドライブトレイン減衰制御用）
- タワー加速度（2 方向，タワーのアクティブ制振用）
- 各ブレードの翼根荷重

出力（制御指令値）：

- 発電機トルク
- 各ブレードのピッチ角またはピッチ角速度

8.4.5 項に示されるように，このような MIMO（Multi Input, Multi Output, 多入力・多出力）システムのコントローラの設計には，現代制御が適している．しかし，MIMO システムは，対角化して独立した SISO（Single Input, Single Output, 1 入力・1 出力）システムに変換し，各 SISO システムをほかから分離して最適化することができる場合が多い．実際，風車コントローラでも，上述のすべての制御ループをSISOの古典的設計方法（8.4.1項）を用いてある程度設計することができる．実際には，SISOループを完全には独立させることはできないが，連成を十分小さくできる場合が多い．

上記のように，トルク制御とピッチ制御を分離するのは比較的容易である．また，独立ピッチ制御をコレクティブピッチ制御（corrective pitch control）から分離することも可能である．コレクティブピッチ制御は，速度制御とタワーのアクティブ制振のためのピッチ指令値を与え，独立ピッチ制御は，ロータの非対称荷重を低減するために，ブレードごとに個別のピッチ指令値を与える．通常，独立ピッチ指令値は，コレクティブピッチ制御に影響を与えないように，平均値がゼロになるように制御する．

風車の制御ループをまとめると以下のようになる．

① 発電機トルクによる速度制御ループ：発電機の速度偏差からトルク指令値を計算する．
② ドライブトレイン減衰制御ループ：発電機速度からトルク指令値を修正する．
③ 横方向のタワー制振ループ：横方向のタワー加速度により，トルク指令値を修正する．
④ 速度制御ループ：発電機速度偏差からコレクティブピッチ指令値を計算する．
⑤ タワー前後方向の減衰制御ループ：ナセル前後方向の加速度からコレクティブピッチ指令値を修正する．
⑥ 独立ピッチ制御ループ：ブレード翼根の荷重から独立ピッチ制御指令値を計算する．

ループ③は，一般には使用されないが，風向と波向の偏差により，波による励振の影響を受ける洋上風車においては興味深い技術である．これらのループの中には，ほかとの干渉が生じるものがある．たとえば，ループ①と④には，制御動作中の励振を避けるため，固有振動数付近にノッチフィルタが必要になる場合がある．また，あらゆるピッチ角の変化はトルクとスラストの両方に影響するため，ループ④と⑤は原理的に干渉する．しかし，ループ⑤はタワーの1次曲げ固有振動数付近の限定された周波数域でのみ作動するため，ピッチ角を独立に制御することが可能である．また，いずれかのループをまず開ループで調整して，ほかのループを調整しながら閉ループで定義するなど，1～2回繰り返し計算することにより，よりよい結果が得られる場合がある．

ループ⑥もブレードの数の入出力があるためMIMOループであるが，次項で説明するように，ブレード間の対称性を利用して非干渉化（デカップリング，decoupling）することができる．

8.3.11　独立ピッチ制御の2軸非干渉化

ロータ面全体の非対称風の場を線形化し，水平方向と垂直方向の風速勾配のような二つの直交成分によって記述することができる．ブレードの荷重は風速に強く依存するため，この情報は「ブレードの荷重場」（各ブレードの局所的な風速の影響も含む）として使用することができる．これは，ブレード枚数や回転速度とは無関係であり，ブレードの瞬間的な位置によりサンプリングした値と考えることができる．

さらに，この変動荷重を補償するためのピッチ動作も，ロータ面の「場」として表現することができ，各時刻のブレードの位置に応じて各ブレードのピッチ指令値が与えられる．

各荷重場は二つの直交成分によって記載されているので，荷重「場」からピッチ動作の「場」を決定するには，2入力・2出力コントローラが必要である．なお，繰り返しになるが，これはブレードの枚数とは無関係である．

したがって，3 枚翼ロータにおいて，3 枚のブレードの翼根の荷重は，瞬時ごとの「荷重場」を計算するために使用され，さらに，3 枚の翼の独立ピッチ指令値を計算するための，「ピッチ場」の二つの要素を計算するために使用される．3 枚の回転しているブレードから非回転座標系の二つの要素への変換は，三相電機機器におけるパーク（Park）変換と同じである（Park 1929）．

これは，各相の巻線の電流ないし電圧を二つの直交する直軸（d 軸）と横軸（q 軸）の両軸に変換するものであるため，d–q 変換（d–q axis transformation）として知られている．ヘリコプタにおいても同じ概念が見られ，コールマン（Coleman）変換として知られている．3 枚の回転翼の荷重 L_1, L_2, L_3 から回転していない d 軸および q 軸への変換は，以下のように記述することができる．

$$\begin{bmatrix} L_d \\ L_q \end{bmatrix} = \frac{2}{3} \begin{bmatrix} \cos\varphi & \cos\left(\varphi + \dfrac{2\pi}{3}\right) & \cos\left(\varphi + \dfrac{4\pi}{3}\right) \\ \sin\varphi & \sin\left(\varphi + \dfrac{2\pi}{3}\right) & \sin\left(\varphi + \dfrac{4\pi}{3}\right) \end{bmatrix} \begin{bmatrix} L_1 \\ L_2 \\ L_3 \end{bmatrix} \tag{8.15}$$

ここで，φ はロータアジマス角である．逆変換により，

$$\begin{bmatrix} \theta_1 \\ \theta_2 \\ \theta_3 \end{bmatrix} = \begin{bmatrix} \cos\varphi & \sin\varphi \\ \cos\left(\varphi + \dfrac{2\pi}{3}\right) & \sin\left(\varphi + \dfrac{2\pi}{3}\right) \\ \cos\left(\varphi + \dfrac{4\pi}{3}\right) & \sin\left(\varphi + \dfrac{4\pi}{3}\right) \end{bmatrix} \begin{bmatrix} \theta_d \\ \theta_q \end{bmatrix} \tag{8.16}$$

となる．ここで，θ はピッチ角を表す．これらは，任意のブレード枚数 B の場合，以下のようになる．

$$\begin{bmatrix} L_d \\ L_q \end{bmatrix} = \frac{2}{B} \begin{bmatrix} \cos\varphi & \cos\left(\varphi + \dfrac{2\pi}{B}\right) & \cos\left(\varphi + \dfrac{4\pi}{B}\right) & \cdots \\ \sin\varphi & \sin\left(\varphi + \dfrac{2\pi}{B}\right) & \sin\left(\varphi + \dfrac{4\pi}{B}\right) & \cdots \end{bmatrix} \begin{bmatrix} L_1 \\ L_2 \\ L_3 \\ \vdots \end{bmatrix} \tag{8.17}$$

$$\begin{bmatrix} \theta_1 \\ \theta_2 \\ \theta_3 \\ \vdots \end{bmatrix} = \begin{bmatrix} \cos\varphi & \sin\varphi \\ \cos\left(\varphi + \dfrac{2\pi}{B}\right) & \sin\left(\varphi + \dfrac{2\pi}{B}\right) \\ \cos\left(\varphi + \dfrac{4\pi}{B}\right) & \sin\left(\varphi + \dfrac{4\pi}{B}\right) \\ \vdots & \vdots \end{bmatrix} \begin{bmatrix} \theta_d \\ \theta_q \end{bmatrix} \tag{8.18}$$

したがって，2 枚翼風車の場合には，以下のようになる．

$$\begin{aligned} L_d &= (L_1 - L_2)\cos\varphi \\ L_q &= (L_1 - L_2)\sin\varphi \end{aligned} \tag{8.19}$$

$$\theta_1 = \theta_2 = \theta_d\cos\varphi + \theta_q\sin\varphi \tag{8.20}$$

実際の d–q 逆変換においては，ロータの空力特性の影響によるアジマス角の位相シフトを導入することが重要である．たとえば，ブレードがロータ上方にある場合に，ピッチ角を増加させることによりロータティルティングモーメントは低減するが，同時にヨーイングモーメントも発生する．また，アジマス位相シフトは，コントローラのタイムステップや制御ループにおけるその他の遅れを考慮することができる．言い換えると，ピッチ角の要求が完全に実現されるまでに到達するアジマス角の値に対して，ピッチ指令値を計算することができる．

あとは，d–q 軸荷重から d–q 軸ピッチ指令値を計算するために，次式の2入力・2出力コントローラ $\mathbf{C}$ を設計すればよい．

$$\begin{bmatrix} \theta_d \\ \theta_q \end{bmatrix} = \mathbf{C} \begin{bmatrix} L_d \\ L_q \end{bmatrix} \tag{8.21}$$

上述の位相シフトを考慮すると，定常状態において，荷重とそれを補償するために必要なピッチ角との間には，一対一の明確な対応関係がある．したがって，$\mathbf{C}$ が対角行列であることを仮定するのは理に適っており，ロータは回転対称であるため，二つの対角成分は同一となっているはずである．そのため，コントローラの設計は，単一のSISOコントローラを設計したうえで，d 軸と q 軸に独立に適用するようにする．非回転フレーム内の風の場の変化は比較的緩やかであるため，簡単で比較的低速のPI制御を使用することができる．動特性を考慮すると，ブレード通過周波数の回転サンプリングは若干変化し，それに応じて L_d や L_q も変化する．そのため，各PIコントローラに直列に，ブレード通過周波数におけるノッチフィルタを追加する．さらに，必要に応じて，ほかのPIループにおいても，ノッチフィルタやループ整形フィルタを追加する．

また，実際の運動では，タワーとの相互干渉によりロータは対称ではなくなるため，d 軸と q 軸の間に非対称性が生まれ，若干の動的干渉が発生する可能性がある．したがって，原理的には，2入力・2出力コントローラ設計によるメリットもある（Bossanyi 2003）が，実際には，これによるメリットは小さく，二つの独立した同一のSISOコントローラで十分機能することが知られている．さらに，このような簡単なコントローラはかなりロバストであることが知られており，風車の動特性，ならびに荷重センサの校正誤差やドリフトの影響を受けにくい．

d–q 逆変換は，比較的緩やかに変化する d–q ピッチ指令値を，各ブレードの正弦波状の独立ピッチ指令値に変換する．この正弦波状の変化は周波数が1P（1回転あたり1回）で，位相はブレード間の角度（3枚翼の場合120°）である．このような制御はサイクリックピッチ制御とよばれることもあるが，適切な呼称ではない．それは，このコントローラは変動荷重に応答するため，一般に，ピッチ動作は，振幅と位相が一定で変化する正弦波状にはならないからである．PIコントローラを用いると，正弦波の振幅の上限に対応するコントローラ出力の上限値を制限することが容易であり，周波数（1P）を指定すれば，最大のピッチ角速度が決定される．この上限値は，荷重が疲労損傷にほとんど影響しない低風速域においては，ピッチ動作を徐々に低減しゼロにする．また，この上限値は，低風速において，ピッチ指令値が機構上のピッチ限界を超過しないようにするためにも用いられる．ほかには，ロータ加速時など，コレクティブピッチ制御を利用するのが重要な場合に独立ピッチを停止する際にも用いられる（Savani et al. 2010）．

8.3.12　独立ピッチ制御による荷重低減

1P 周期の独立ピッチ制御は，ブレード面外曲げ，ならびに，ハブや主軸の曲げモーメントの 1P 成分の低減に効果がある．独立ピッチ制御あり／なしそれぞれの場合における，シミュレーションによるブレード面外曲げモーメントと主軸曲げモーメントのパワースペクトルを図 8.9 に示す．1P 周波数成分が低下することが，フィールドテストならびに実機においても確認されている（Bossanyi et al. 2012a）．疲労に対しては 1P 成分が支配的であるため，疲労荷重低減に対する効果は顕著である．一般には，ブレード面外曲げモーメントは 20%程度低減する．主軸曲げモーメントについては，低周波の変化はブレード間で相殺するため，1P 成分に対する効果はさらに顕著になる（同 30～40%）．

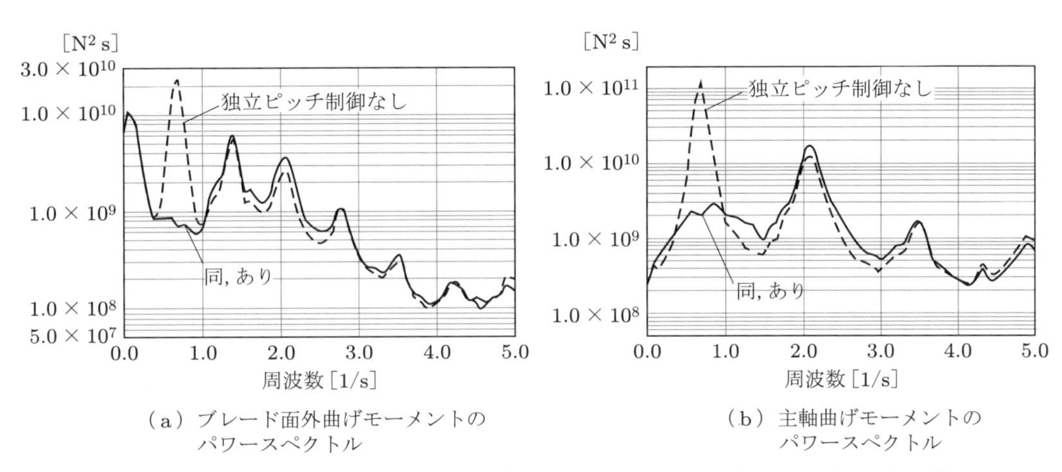

（a）ブレード面外曲げモーメントのパワースペクトル

（b）主軸曲げモーメントのパワースペクトル

図 8.9　回転座標系の面外荷重に対する独立ピッチ制御の効果解析結果（15 m/s，乱流強度 20%）

独立ピッチ制御により，ティータードハブを使用しない 2 枚翼風車が実現可能となる（Bossanyi and Wright 2009）．独立ピッチ制御では，ティータリングモーメントを完全には解消できないが，一方，ティータードハブではハード的なリミッタが必要で，それにより衝撃荷重が発生することを考慮する必要がある．

ロータ荷重の 1P 成分は非回転系に変換することができ，2 枚翼風車の場合，独立ピッチ制御により 0P と 2P の成分が低減される．したがって，ナセルノッディングモーメントとヨーイングモーメントの低周波成分は除去され，ピーク荷重を低減することができる．図 8.10 に，ヨーイングモーメントに対する独立ピッチ制御の効果を示す．図から，ヨーモータに要求される定格容量と耐久性に対して大きな効果があり，ノッディング荷重も低減できることがわかる．

3 枚翼風車では，非回転荷重に有意な 2P 成分は発生しないため，低周波成分の低減のみが重要となる．静止部の疲労荷重に対して支配的な 3P 成分は，独立ピッチ制御の影響を受けない．しかし，疲労荷重に対して 2P が支配的な 2 枚翼風車の場合，独立ピッチ制御により，非回転疲労荷重が大幅に減少する．繰り返すが，これについてはフィールドテストにおいて，数分ごとに独立ピッチ制御のオン／オフを切り替えることにより，荷重が改善することが確認されている（Bossanyi et al. 2012a）．

3 枚翼風車の 2 次の高調波に関しても，それに対する独立ピッチ制御により，非回転荷重の疲労荷重を低減することができる．1P を 1 次高調波とすると，2 次高調波の独立ピッチ制御もまったく

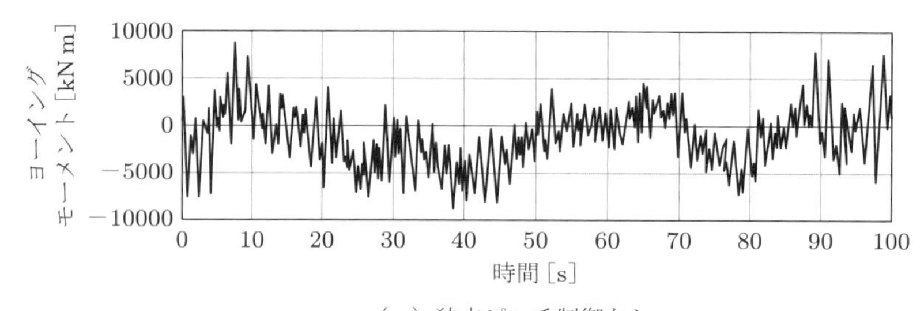

（a）独立ピッチ制御なし

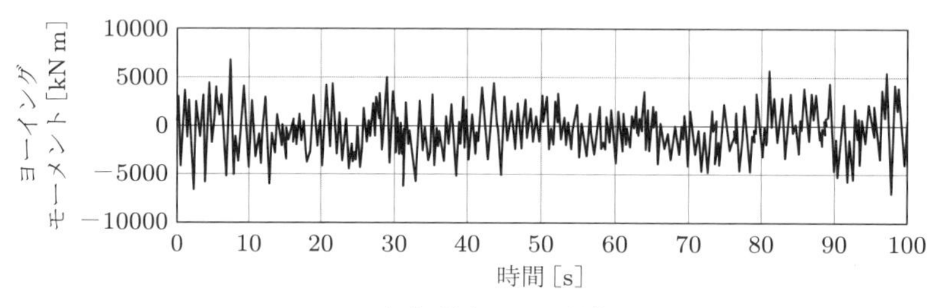

（b）独立ピッチ制御あり

図 8.10　ヨーイングモーメントに対する独立ピッチ制御の効果

同様に実現することができる．ただし，回転変換における正弦／余弦関数の引数は 2 倍され（n 次高調波では n 倍．実際には，2 次を超える次数の制御は意味がない），2 次の高調波は 2P のピッチ変角が必要になるため，回転系の 2P の成分が低減されるだけでなく，非回転要素の 1P 成分と 3P 成分も低減される（van Engelen et al. 2005; Bossanyi et al. 2009）．したがって，3 枚翼風車では，図 8.11 に示すように，支配的な 3P 非回転疲労荷重が低減される．また，図 8.12 に示すように，並列制御により，いかなる次数の高調波でも制御することができる．

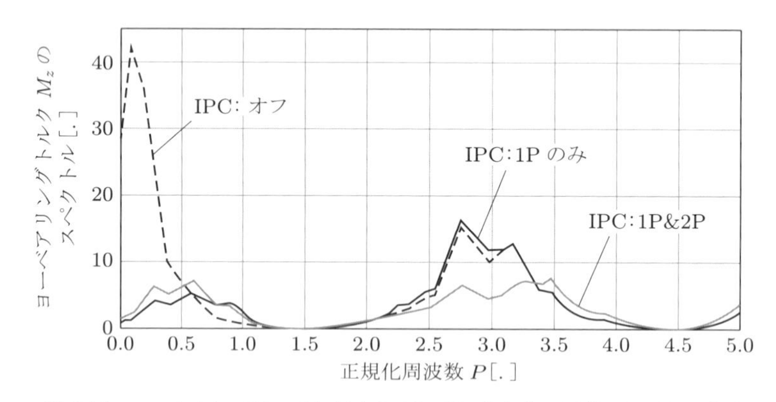

図 8.11　ヨーベアリングトルクに対する 1P，2P 独立ピッチ制御（IPC）の効果

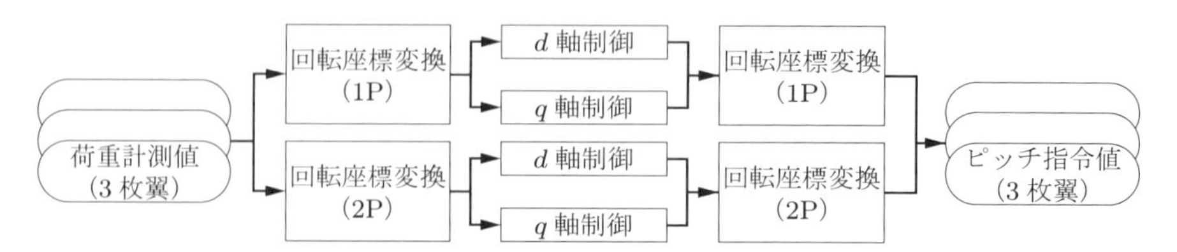

図 8.12　独立ピッチ制御ループへの高調波成分の付加

8.3.13 独立ピッチ制御の実行

独立ピッチ制御にはセンサを追加する必要があるが，風車全体の信頼性を確保するには，これらのセンサにも十分高い信頼性が必要である．従来のひずみセンサは信頼性が低いが，慎重に設置すれば，ある程度の耐久性が得られる．また，近年実用化が進んだ光ひずみセンサには，十分な信頼性が期待できる．この技術では，レーザーのパルス信号を光ファイバに沿って放射し，特定の位置で反射させ，この反射光の周波数が検出されれば，若干のコスト上昇で多数の位置でひずみを計測することができる．計測点の位置は，信号の送信から受信までの時間により検出することができる．これに必要な技術は，通信分野のものが利用できる．また，光ファイバセンサを風車ブレードの積層内に仕込むのも容易である．

独立ピッチ制御では，主軸，あるいは，ナセルまたはタワーの頂部に設置したセンサを利用できるが（Bossanyi 2003），適切な計測点を見つけるのは難しい．一方，ブレード翼根のセンサを使用すれば，ハブのトルクやロータのスラストを計算することができる．これまで適用例はないが，これらの情報を，タワー前後方向，あるいはドライブトレインの捩れ振動などの制御に利用することもできる．

独立ピッチ制御において，いずれかのひずみセンサに故障が発生した場合には，通常よりも大きな荷重が発生する可能性がある．故障の中には，計測システムにより検出できるものもあるが，故障の種類によっては，ブレードセンサの信号を相互比較しなければ検出困難なものもある．なお，独立ピッチ制御はほかの制御ループから完全に分離されているため，故障が検出された場合，あるいは，故障の可能性がある場合には，少なくとも故障が解除されるまでの期間，出力を抑制すれば，風車を停止させることなく運転を継続することができる．

定格未満の条件では，荷重が小さく，ピッチ制御は不要となるため，徐々に独立ピッチ制御の効果を低減するのが一般的である．独立ピッチ制御では，ピッチ角は最適点からずれるため，通常は若干効率が低下するが，定格条件では，ピッチ角はコレクティブピッチ制御により定格出力を維持するように制御しているため，出力は低下しない．

独立ピッチ制御により，ピッチ変角量は明らかに増加する．ピッチ動作は 1P 周波数付近に集中するが，ロータ直径拡大に伴いロータ速度が低下するため，独立ピッチ制御に必要なピッチ角速度は大型の風車ほど低くなる．2P などの高調波成分に対して独立ピッチ制御を使用する場合も，対応する周波数のピッチ動作が増加する．ピッチ動作は正弦波状であるため，d 軸および q 軸の要求値の限界が同一の場合，最大振幅制限値と周波数の積から必要な最大ピッチ角速度を推定することができる．両者の最大値が同時に発生する場合には，両者の積の $\sqrt{2}$ 倍となる．必要なアクチュエータトルクが通常より低い（翼根曲げモーメントの低下によりピッチベアリング摩擦も低下するので，さらに若干低減する）場合，ピッチ角速度が大きくなるため，アクチュエータの運動が増加し，アクチュエータの熱評価に影響を与える．

ピッチベアリングの設計においては，運用期間中のピッチ変角量の 3 乗に比例した影響を受けることを考慮する必要がある（Bossanyi 2003）．また，独立ピッチ制御により疲労荷重を大幅に低減することができるが，安全システムによる強制停止の際に，終局荷重が増加する可能性がある．ブレードごとのピッチ角が数度異なり，フェザリングの際にもこの差が変化しない場合，設計にも影響するような非常に大きい非対称荷重が発生する場合がある．停止中に，独立ピッチ制御の作用を徐々に減らすことも可能であるが，安全システムには，このような高度な制御の導入は認められない．独立ピッチ制御の振幅をロータ加速度の関数とすることは，この影響を軽減するのに効果があり，安全システムのトリップが発生する場合には，互いのピッチ角はかなり近い値になる（Savni and Bossanyi 2010）．なお，このような状況は発生頻度が低いので，疲労荷重にはほとんど影響しない．

8.3.14　独立ピッチ制御の拡張

理論的には，ヨー角偏差に応じた独立ピッチ制御を行うことにより，ヨーモータを使用することなくヨーイングモーメントを発生させることができる．ここで，PIコントローラで非ゼロ点を目標値に設定することにより，簡単にヨーイングモーメントを発生させることができる．しかし，ロータ速度が十分に高くない場合やケーブル捩れ戻しなどにおいて，ヨーモータを利用する必要があるため，独立ピッチ制御を適用してもヨーモータを完全に取り除くことは難しい．したがって，独立ピッチ制御は，ヨーモータに必要なヨーイングモーメントを低減するために補助的に使用するのが望ましい．

d–q 軸荷重でロータ平均ヨー偏差を計測することにより，ナセルヨーセンサで計測するよりも精度のよい制御ができる．

また，目標値を設定することにより，ヨーイングモーメントと同様，ノッディングモーメントを発生させることができる．これは，ナセル前後方向の高次の振動の減衰や，浮体式洋上風車の安定性向上に利用することができる（Namik and Stol 2010）．また，ナセル左右方向の振動に対してアジマス角に応じた独立ピッチ制御を行うことにより，タワー左右方向の減衰も強化することができる（Fischer et al. 2010）．当然，これらを適用することにより，ブレード疲労荷重の低減量は小さくなる．

8.3.15　商業風車への独立ピッチ制御の適用

独立ピッチ制御の利点は従来から知られていたが，ピッチベアリングに発生する小さいが反復的な動きは一般的なものではない．独立ピッチ制御は，ベアリングのブリネリング（brinelling，圧痕）などの摩耗を防ぐのに役立つが，ベアリングの寿命に対する長期的な影響が不明確であったことが，一部の風車メーカーによる独立ピッチ制御の採用が遅い要因であった．独立ピッチ制御を既存の風車に適用するのはあまり意味がないが，新しく設計する風車においては，以下の二つの意味で効果がある．

- 既存の風車に対して，定格出力の増加やロータ直径の拡張の際に独立ピッチ制御を付加することにより，荷重を既存の風車の設計荷重に抑えて再設計を最小化，すなわち，初期コストを抑えながら発電電力量を増加させた例がある．
- まったく新しい設計の機種においても，部品コストを低減するために，独立ピッチ制御を前提とした設計がされた例がある．この場合，独立ピッチ制御による荷重低減を考慮して全体設計を最適化することができる．

古いウィンドファームの設計寿命を延長する方法として，風車に独立ピッチ制御を後付けするケースも考えられる．また，独立ピッチ制御は，ウェイクステアリング（wake steering）によるウィンドファーム制御において，大きなヨー角で運転する風車の荷重を軽減することもできる（第9章参照）．

8.3.16 ロータ平均風速の推定

通常，風車では，ナセルに風速計を設置する．風速の情報は制御に有用と思われることもあるが，上述の制御においては，風速計は使用しない．それは，ナセル風速計で得られる風速は，ロータの平均値ではなく風速計の一点における値であり，また，この風速計は，ロータ背後の非常に乱れた気流の中に設置されるためである．ナセル風速計は，風車が停止中の監視制御動作に使用される．たとえば，風速が風車起動の範囲内にあるか，またはヨー制御が有効か否かを判断するために使用される（低風速時には風向が大きく変化しやすい）．風車が動作している際には，ロータ自体がよりよい風速計になる．上記のピッチ角と発電機トルクの制御方式では，入力としてロータ速度を使用する．たとえば，ピッチ角により強風を検知して風車を停止することができるため，このような状況での風速計の代わりに使用することができる．しかし，状況によっては，ロータの平均風速の直接推定が役立つ場合がある．そのような状況の一つは，8.3.4 項で説明されているバイアス項を用いる場合で，もう一つは，電力系統の要件に合わせて風車の発電電力量を低減するデルタ制御を行う場合である（9.4.1 項）．また，風速の推定値は，風車が正常に動作している場合に発生する電力を確認するうえでも有用である．

定格以下の条件における既知の関数 $F(\lambda) = C_Q(\lambda)/\lambda^2$ を使用して風速を推定する簡単な方法が，8.3.2 項で紹介されている．これは，$F(\lambda, \beta) = C_Q(\lambda, \beta)/\lambda^2$ の関係により，任意のピッチ角 β に拡張することができる．ただし，F の値は周速比 λ に対して複数の値をもつ可能性があるため，この方法の実装は簡単ではない．代わりに，次の形式のルーエンバーガー（Luenberger）オブザーバを使用して，時間ステップ k における有用な推定量を得ることができる．

$$U_k^* = U_{k-1}^* + K(\dot{\Omega}_k - \dot{\Omega}_k^*) \tag{8.22}$$

U は風速，$\dot{\Omega}$ はロータ角加速度（ノイズを防ぐためにフィルタリングをしたあとのロータ角速度の微分値），*は推定値を示す．8.3.2 項と同じ表記法で添字 k を省略して，式 (8.2) と (8.6) により，

$$\dot{\Omega} = \frac{(1/2)\,\rho\pi R^3 C_Q U^2 - GQ_g}{I} \tag{8.23}$$

を得る．この式を U に関して微分することにより，$\Delta\dot{\Omega} = C\Delta U$ が得られる．ここで，C は次式で与えられる．

$$C = \frac{\rho\pi R^3(2C_q U + U^2 dC_Q/dU)}{2I} \tag{8.24}$$

C は，各ステップにおける最新の推定値，すなわち，U^*, $\lambda^* = \Omega R/U^*$ および $C_Q(\lambda^*, \beta)$ から計算でき，導関数は数値的に近似できる．したがって，予測誤差 $e = U - U^*$ は次式に従う．

$$\Delta e_k = (1 - KC)\Delta e_{k-1} \tag{8.25}$$

時定数 τ（たとえば，1 秒）の応答を目指す場合，長さ T の一つの時間ステップで積分すると，$1 - KC = \exp(-T/\tau)$ が得られる．

これから，カルマンゲイン $K = [1 - \exp(-T/\tau)]/C$ が得られる．K は各タイムステップで評価され，$\dot{\Omega}^*$（最新の推定値と式 (8.23) による）とともに式 (8.22) に適用されることで U の推定値

を更新する．ただし，C は正または負になる可能性があり，ゼロに近づくと推定量が不安定になる．実用的な解決策として，$C < C_0$ の場合には K に $(C/C_0)^2$ のような関数を乗じて，ゼロとスムーズに交差するようにすることが挙げられる．ここで，C_0 は，$|C|$ が常に C_0 よりも大きくなるような小さな値とする．

8.3.17　ライダー支援制御

近年，レーザードップラー流速計用のライダー（Light Detection And Ranging: LiDAR）システムが開発され，計測装置から離れた位置での風速測定に効果的に使用できるようになった．ライダーでは，装置からレーザー光線が放射され，空気中に浮遊する小さな粒子やエアロゾル液滴からの反射が検出される．

発信ビームと反射信号の間の周波数のドップラーシフトにより，反射粒子の速度，すなわち，風速を非常に正確に計測することができる．走査型レーザービームを使用すると，かなりの空間をサンプリングでき，ビーム角度を変化させることにより，風速のビーム方向の成分だけでなく，風ベクトルの推定もできる．また，複数のビームを使用することもできる．

地上設置のライダーは，すでに，気象マストの代わりにサイトの風速評価用に使用されている．浮体式ライダーは，マストの設置に大きな費用を要する洋上において有用である．風上側に向けてナセル上に設置したライダー（ナセルライダー）には，固定マストと比較して，出力曲線の測定に多くの利点がある．

制御を改善するために，ナセルライダーを使用して風車前方の風の場をスキャンする技術について，実現性が長年にわたって提案されてきたが，現在では実現可能となっている．ナセルライダーのコストは依然としてかなり高いが，とくに全体のコストに対するライダーのコストの割合が小さくなる大型風車の場合に，十分なメリットが実証できれば，ライダー支援制御は有効となる．この項では，ライダー支援風車制御の可能性について考察する．

連続波ライダーでは，特定の距離離れたサンプリングボリュームに，レンズ領域によって決定されるサンプリングボリュームの長さでビームを集束させる．Simley et al.（2011）では，これを風車制御へ利用することを検討している．対照的に，パルス型ライダーでは，短いパルスを送信して反射信号が受信されるまでの時間を測定できるようにし，この時間から，反射粒子までの距離を計算する．さまざまな距離ゲート（range gate）のドップラーシフトを分析することにより，ビームに沿った複数の距離における風速で同時に測定できる．どちらの方式でも，ロータ全体に接近する風をサンプリングするには，スキャンまたは複数のビームが必要である．乱流と特定のライダー特性の詳細なモデルを含む風車シミュレーションを使用して，さまざまな制御に対する，さまざまなライダー形式の有効性を調査することができる（Bossanyi et al. 2012b）．これが一つの走査ビームによって達成されるか，複数の固定ビームによって達成されるかにかかわらず，ロータ面全体をカバーすることが重要である．角度の付いたビームに沿った複数のサンプリング距離も，より大きな面積をカバーするのに有効である．ただし，サンプリングするポイントの数と，それらすべてをサンプリングするのにかかる時間の間には，必然的にある程度のトレードオフがある．シャープに焦点を合わせた測定は，サンプルがより分散して精度が低くなるため，必ずしも有利ではない．また，タワーの振動の影響は，加速度計を使用して補正できる．ライダーの取り付け方法にはさまざまな形式があるが，一般に，いずれも同様の性能を発揮する．スピナに取り付けられたライダー（スピナライダー）には，回転するブレードによるビームの妨害を回避できるという利点があり，ロー

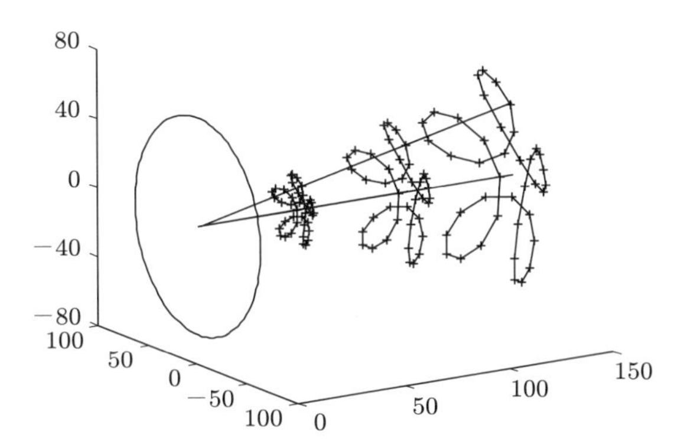

図 8.13 ライダースキャンパターンの例：観測距離 3，1 観測距離あたりのサンプリング数 40 点の，5 葉サイクロイドスキャン

タ軸の傾きとロータの方位角の測定値を補正することも難しくない．同じく，ロータの回転による低速の円形スキャンを行うようにブレードの約 2/3 スパンに固定されたビームも，ブレードのピッチ角が変化しても問題なく機能する．

図 8.13 は，ナセルライダーまたはスピナライダーで計測可能なスキャンパターンを示している．ロータに近い測定ポイントでは，ロータ領域の計測範囲が小さくなることに注意を要する．現在市販されている装置では，スキャンあたり 50 点の円形スキャン，または，四つの固定ビームとしているが，研究目的ではるかに複雑なスキャンパターンが使用されることもある．

ライダーにより，ロータが受ける風に関して，従来のナセル風速計・風向計よりもはるかに多くの情報を得ることができる．これは，ロータの掃引領域ではるかに多くの点で計測できることと，風車の影響を受けないクリーンな流入風速場を測定できることによる．対照的に，従来のナセル風速計・風向計では，ロータ背後の一点で測定するため，回転するブレードの通過とハブおよびナセルの影響により，非常に乱れた風を計測することになる．さらに，ライダー測定は，風車に到達する前の接近する風速が得られるため，コントローラは，ガストに風車が反応したあとに反応するのではなく，ガストを予測できるようになる可能性がある．しかし，計測位置が遠くなると，風車に到達するまでに風が変化する．風車に近い位置での測定では，ロータ領域をカバーするためにより大きなビーム角度が必要になり，風速の主流方向の成分の推定制度は低下するが，横方向の成分，すなわち，風向の推定精度はよくなる．

以下に，ライダーにより風車制御を改善し得る，四つのおもな方法について説明する．

コレクティブピッチ制御：接近する風速変化をライダーで計測することにより，通常のコレクティブピッチ制御におけるロータ速度の変化の計測による遅れと，ピッチシステムの応答時間による遅れの影響を回避し，応答を改善することができる．これにより，とくにスラストによる荷重を，非常に単純なフィードフォワード制御により低減できる可能性がある．この制御では，通常のピッチ角速度の指令値に，計算した値を単純に追加する．この値は，予測風速が風車に到達する前までに，ピッチ角を対応する定常状態の値に変角するように計算したものである（8.3.3 項）．これにより，ロータ速度の変動が半分以下に低下し，速度制御が大幅に改善される．速度制御の改善自体にも利点があるが，さらに重要なことは，速度制御の特性を変更せずにピッチ動作の量を低減するように，フィードバックコントローラのゲインを減らし，タワーの前後方向の振動も低減できることである．これにより，タワー基部の疲労荷重が約 20%，翼根面外曲げモーメントの疲労荷重が約 5%，各々減少する可能性がある．そのため，疲労が支配的な設計の場合，とくにタワーのコストを大幅に低減することができる．

独立ピッチ制御：ひずみゲージの代わりにライダーを利用することにより，ウィンドシアーの計測値を独立ピッチ制御のフィードフォワード入力として使用できる．ここで，ロータ掃引領域を適切にカバーすることが重要である．しかし，この場合，風上側の風速の計測に明確な利点はなく，制御動作のメリットは制御する荷重を直接測定できることくらいで，翼根ひずみを利用した従来のフィードバック制御と同程度である可能性がある．ライダーとひずみゲージを組み合わせて使用すると荷重をわずかに低減できるが，ライダー追加によるコストと複雑さを正当化するには効果が小さすぎる．

最適 C_P トラッキング：定格未満の条件で，ロータ速度の加減速に対するロータ慣性の影響を考慮して，エネルギー取得量を最大化するロータ速度曲線を用いたトルク制御を行うことにより，最適な周速比を維持することができる．よりタイトに制御した C_P トラッキング法と同様，発電電力量をわずかに増加させることができるが，ロータを加減速するための出力とドライブトレイントルクの変動を大幅に増加させることになる．

ヨー制御：上述のように，ライダーにより，風車の影響を受けていないナセルに対する風向に関して代表的なデータが得られるため，ナセル風向計におけるキャリブレーションエラー，ドリフト，および，平均化の必要性を回避できる．ただし，ヨーシステムにおける過度の荷重を避けるために，低速でヨー制御を行う必要があるので，風向計が適切に調整されている場合，ライダーを使用する利点はあまりなく，ロータに到達する数秒前のデータはほとんど価値がない．一方，ナセル風向計の校正値はロータ速度とピッチ角により変化する（Kragh et al. 2013）ため，風向計を必要な精度に校正することは容易ではない．したがって，とくにピッチ制御などのほかの理由ですでにナセルライダーが設置されている場合には，ヨー制御への利用は有効となる可能性がある．いずれにしても，スピナーに取り付けられたトリプルソニック風速計で構成されるスピナー風速計（Friis Pedersen and Arranz 2018）が，コストと有効性を両立する妥協案になる可能性がある．ライダーを一時的に風向計の初期の校正に使用することもできるが，適切な取り付けが必要である．また，風向計の校正には，校正後のドリフトや意図しない動きによる変化を考慮する必要がある．

サイトの状態によっては，ライダー信号が常に利用可能とは限らず，十分な信頼性があるとも限らない．具体的には，空気が非常に清浄で反射信号を出すのに十分な粒子がない場合や，濃い霧や激しい降水が信号を妨害する場合などが考えられる．この状況では，ライダーを使用せずに，標準モードまたはセーフモードに戻して制御を行う必要がある．疲労荷重の低減への影響評価は簡単で，風の状態ごとにライダー信号が利用可能な時間の割合によって簡単に推定できる．ヨー制御に使用する場合には，コントローラは風向計を用いた制御に戻す．

ライダー支援制御は，疲労荷重を低減できるため，設計において疲労荷重が支配的な部品のコストを低減できるが，極値ガストにおける荷重が支配的な部品のコスト低減には，ライダー支援制御が不可欠である．風車が受ける極値ガストの正確な特性を知ることはできないが，一部の極値コヒーレントガストは，IEC 規格において定義されている．しかし，これらは物理的に現実的なものではなく，ガストがライダーで計測されてからロータに到達するまでの間の変化を規定していない．また，フィードバックゲインを低下させたライダー支援制御により，極値上限の特性を悪化させる可能性もある．

終局荷重を統計的外挿によって計算する場合，終局荷重に対するライダーの予想される影響は，ライダー有無によるシミュレーション結果の外挿を比較することによって評価できる（Bossanyi et al. 2012b）．ここで，極値ガストの瞬間にライダー信号が利用できない可能性を考慮する必要がある．これがライダーの異常によるものである場合，より再現期間の短いガストを使用できるが，大気条件，濃霧，あるいは，反射信号がほとんどない清浄な空気のいずれかが原因である場合，コントローラを標準モード（またはセーフモード）に切り替える必要があり，その場合，荷重低減は期待できない．

8.3.18　ライダー信号処理

ライダービームは，ビーム方向に沿った風速の成分のみを測定する．走査ビームまたは複数の固定ビームを備えたライダーの場合，各測定点でのビーム角度は異なる．したがって，ロータ全体の流れ場が特定のパラメータのセット（たとえば，平均風速，風向，鉛直方向の風速分布）によって特徴付けられると仮定すると，十分な点の測定値を組み合わせることにより流れ場を推定できる．点数がパラメータの数と等しい場合は連立方程式を解いて，また，それよりも多くの測定点がある場合には，最小二乗近似によりパラメータを求めることができる．流れを特徴付けるために，速度（コレクティブピッチ制御の場合），方向（ヨー制御の場合），鉛直／水平の風速勾配（独立ピッチ制御の場合），ならびに吹上角の五つのパラメータを考慮することが多い．これらのパラメータがすべての測定ポイントで同一と仮定すると，各測定ポイントのビームに沿った風速の成分は，これらのパラメータの関数として計算できる．次に，計算された速度と測定された速度の間の実行値（二乗平均平方根（Root Mean Square: RMS））の差を最小化するパラメータ値を計算できる．

ただし，単一のライダーでは，風向と水平／鉛直方向のせん断流，ならびに，吹上風を直接区別することはできない（いわゆるサイクロプスのジレンマ（cyclops dilemma））．そのためには，水平シアーよりも風向がゆっくりと変化することや，吹上角は地形により決定されることなどの追加の条件を仮定する必要がある．ほかに，質量保存の法則または簡略化されたナビエ－ストークス方程式を仮定して，時間変動または複数の距離での測定を考慮する，より複雑な方法もある．

異なる位置から単一の測定点に収束するように放射する三つのライダービームを使用することにより，その点における風速の 3 成分を計測することができる．また，DTU の WindScanner（Vasiljević et al. 2017）のような制御法により，三つのビームを用いてこの測定点をスキャンすることもできる．

8.4　閉ループ制御：解析的設計方法

コントローラの性能に対してゲインが重要であることは明らかである．ゲインが小さすぎる場合には，風車は目標値の周辺で動揺し，大きすぎる場合には，システムが不安定になってしまう．また，ゲインの組み合わせが悪い場合には，構造を励振させる場合もある．この節では，PI や PID などの風車の閉ループ制御アルゴリズムの設計において有用な方法を説明する．ただし，ここではいくつかの有用なヒントや示唆を与えるにとどめ，詳細な情報については，D'Azzo and Houpis（1981），Anderson and Moore（1979），Astrom and Wittenmark（1990）などの，制御理論やコントローラの設計手法に関するテキストを推奨する．

8.4.1　古典的な設計手法

風車のコントローラの設計において，風車の動特性の線形モデルが重要である．これにより，制御アルゴリズムの性能と安定性に関するさまざまな評価手法を容易に使用することができる．ただし，得られた設計を実機に実装する前に，三次元の乱流を入力とする詳細な非線形シミュレーションにより確認する必要がある．

可変速風車の定格未満の条件においては，発電機トルクの PI 速度制御は非常に遅く穏やかな特性をもつため，線形モデルも非常に単純である．ここで，ドライブトレインの回転を考慮する必要があるが，ほかの要素の運動は重要ではない．しかし，ピッチ制御においては，ロータの空力特性，ならびに，構造の動特性が重要になるため，ピッチコントローラ設計のための線形モデルにおいては，少なくとも以下の項目の動特性を考慮する必要がある．

・ロータと発電機の回転速度
・タワーの前後振動
・電力計や回転速度計の特性
・ピッチアクチュエータの特性

発電機の特性は定速システムにおいても必要であるが，ドライブトレインの捩れは，可変速風車においてとくに重要である．いずれにしても，トルクやスラストのピッチ角，風速，ならびに，ロータ速度に対する偏微分などのロータの空力特性が必要である．また，スラストも，タワーの運動に強く影響し，ピッチ制御との連成が強いため，重要である．

一般的な線形モデルを図 8.14 に示す．このような線形モデルにより，ゲインやその他の制御パラメータを変更した場合の特性を速やかに評価することができる．図 8.14 中の X の位置などで，閉ループの一部を切り離した開ループテストで評価する場合もあるが，ほかのテストは閉ループシステムで実施する．これらのテストを説明する前に，開ループと閉ループの特性に関する基本的な理

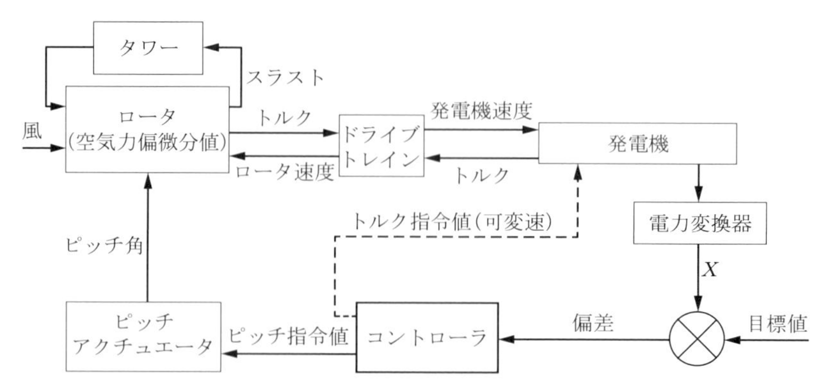

図 8.14　風車の一般的な線形モデル

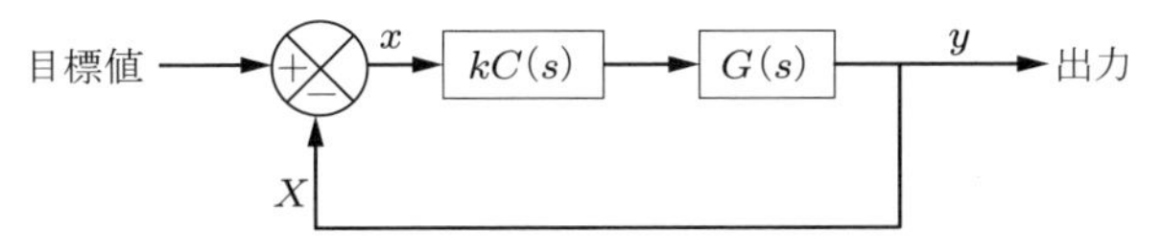

図 8.15　プラントとコントローラの簡略モデル

論を簡単に説明する．

図 8.15 に，簡略化した風車のモデル（図 8.14 におけるピッチアクチュエータから電力変換器まで）を伝達関数 $G(s)$ のプラントモデルで示す．また，制御は伝達関数 $kC(s)$ で示される．ここで，s はラプラス演算子，k はコントローラ全体のゲインを示す．

ここで，開ループシステムは伝達関数 $kC(s)G(s) = H(s)$ で示され，伝達関数への入力を x，出力を y とした場合，$Y(s) = H(s)X(s)$ である．ここで，$X(s)$ と $Y(s)$ は x と y のラプラス変換である．ループが X で閉じている場合の閉ループ特性は，以下のように示すことができる．

$$Y'(s) = H(s)(X(s) - Y(s)) \tag{8.26}$$

ここで，$Y'(s)$ は閉ループの出力 y' のラプラス変換である．これは，以下のように書き換えることができる．

$$Y'(s) = \frac{H(s)}{1 + H(s)} X(s) \tag{8.27}$$

開ループシステムが $H(s)$ の場合，閉ループシステムは $H'(s) = H(s)/(1 + H(s))$ となる．

線形伝達関数は，s の多項式の比として表すことができる．開ループシステムにおいて，$A(s)Y(s) = B(s)X(s)$ であるため，$H(s) = B(s)/A(s)$ となる．ここで，$A(s)$ と $B(s)$ は s の多項式である．多項式 $A(s)$ の根は，システムにおいて重要な応答特性を示す．たとえば，以下の 1 次のシステム

$$\tau \dot{y}_1 = x - y_1 \tag{8.28}$$

は，x に対する y_1 の 1 次遅れを示すが，このシステムは以下の伝達関数で示される．

$$H(s) = \frac{B(s)}{A(s)} \tag{8.29}$$

ここで，

$$B(s) = 1$$
$$A(s) = 1 + \tau s$$

である．

$A(s)$ の根は $\sigma = -1/\tau$ で与えられ，式 (8.28) の解は $y = a + b\exp(\sigma t)$ の形となる．τ が正の場合，すなわち，$A(s)$ の根が負の場合に，このシステムは安定となる．2 次システムでは，$y = a + b\exp(\sigma_1 t) + c\exp(\sigma_2 t)$ の形の解をもち，σ_1 と σ_2 が伝達関数の分母の根である．ここで，σ_1 と σ_2 は，実数か，$\sigma \pm j\omega$ の形の共役複素数をとる．σ_1 と σ_2 の両方が負，あるいは，σ が負の場合にシステムは安定となる．一般に，伝達関数の分母の多項式の根の実部がすべて負の場合

に，線形システムが安定となる．これらの根はシステムの極として知られており，伝達関数を無限大にするラプラス変数の値を表す．また，分子多項式の根は伝達関数をゼロとするため，ゼロ点として知られている．

ここで，式 (8.27) を多項式 A と B で次式のように書き換える．

$$Y'(s) = \frac{B(s)}{A(s)+B(s)}X(s) = \frac{kB'(s)}{A(s)+kB'(s)}X(s) \tag{8.30}$$

さらに，$B(s) = kB'(s)$ となるような制御ゲイン k を導入する．ゲイン k が小さい場合には，閉ループ伝達関数は kB'/A に近づくが，ゲインが大きい場合には，A は無視できるため，極は B' に近づく．言い換えると，ゲインがゼロから無限大になると，閉ループの極は，開ループの極から開ループのゼロ点に，複素平面内の複雑な軌道に沿って移動する．これらの軌跡は根軌跡として知られており，フィードバックゲイン k の選択において非常に便利である．ゲインは，システムが安定になるように，すべての閉ループ極が左半平面にあるように選択し，減衰が極力強くなるようにする．図 8.16 に示すように，極のペア $\sigma \pm j\omega = r\exp(j\theta)$ の減衰係数は $-\cos\theta = \sigma/r$ で与えられる．

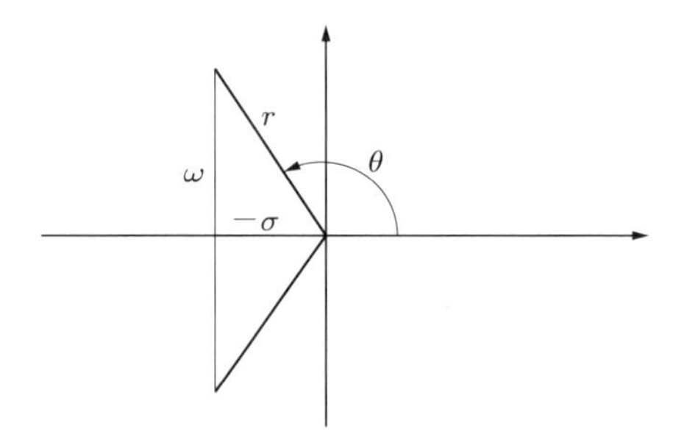

図 8.16　複素極ペアの減衰比

図 8.17 に可変速度・ピッチ制御の根軌跡の例を示す．ゲインを増加させることにより，閉ループ極（+）は，フィードバックゲインがゼロに対応する開ループ極（×）から開ループゼロ点（○）に移動する．実際には 1 個以上の極が存在するため，見えないゼロ点（missing zero）は，無限大の半径の円周上に等間隔に配置されたゼロ点とみなすことができる．この例では，減衰の弱いタワー

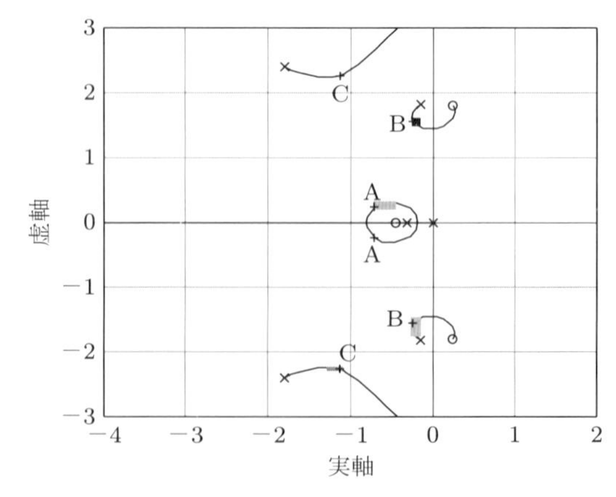

図 8.17　可変速ピッチコントローラの根軌跡の例

の極（B）の減衰を最大にするようにゲインが選択されている．ゲインをさらに増加させることにより，タワーの振動は悪化し，最終的に極が虚軸を横切り不安定になる．このゲインにより，コントローラの極（A）の減衰は強くなる．C における極はピッチアクチュエータの特性によるものである．それらの極は十分減衰が強いが，過度のゲインにより不安定になる場合がある．

根軌跡は，コントローラの全体ゲインの選択には便利であるが，使用できるのは，ほかの制御パラメータが固定された場合に限られる．PI コントローラ（式 (8.1) において $K_d = 0$）は，K_p と K_i の二つのパラメータで表現され，以下のように書き換えることができる．

$$y = K_p \left(1 + \frac{1}{sT_i}\right) x \tag{8.31}$$

ここで，$T_i = K_p/K_i$ は積分時定数（integral time constant）として知られている．あらかじめ指定した T_i に対して，K_p を選択するために根軌跡法を使用することができる．したがって，根軌跡の形は T_i ごとに異なる．根軌跡法を利用して，T_i の値を変更し，以下に示す評価指標により，全体的に良好な特性を得る K_p を選択することは比較的容易である．PID やその他のより複雑なコントローラの場合，最終的な全体ゲインの選定には根軌跡法が使用されるが，二つ以上のパラメータの選定には，より複雑な手法が必要となる．

通常，制御パラメータは，試行錯誤的に結果を評価しながら決定する必要がある．有用な性能評価指標を以下に示す．

- **ゲインマージン・位相マージン**：開ループ周波数応答から計算するゲインマージンと位相マージンは，システムの不安定に対する余裕の指標を与える．余裕が小さすぎる場合，システムは不安定になる傾向がある．開ループシステムにおいて，ゲイン 1 となる周波数における位相遅れが 180° になると，システムが不安定になるが，経験的に 45° 以上の位相余裕が推奨される．同様に，ゲイン余裕としては，開ループゲインの位相遅れが 180° となる周波数において，開ループゲインは 1 以下が安定であるが，数デシベル以上のゲイン余裕が推奨される．

- **ゲイン交差周波数**：ゲイン交差周波数は，開ループゲインが 1 を交差する周波数であり，コントローラの応答性に対して有用な指標である．また，システムの閉ループ極の位置が共振の減衰を示す．

- **閉ループシステムの極配置**：閉ループシステムの極の位置は，共振がどの程度減衰されるかを示す．

- **閉ループシステムのステップ応答**：風速のステップ変化に対する閉ループシステムの応答は，コントローラの有効性に関する有用な指標を与える．たとえば，ピッチコントローラの調整において，ロータ速度と電力の変動は速やかにゼロに戻し，タワー振動を速やかに減衰させる必要があり，ピッチ角はオーバーシュートが少なく，過剰な振動もなく滑らかに変化させる必要がある．

- **閉ループシステムの周波数応答**：たとえば，ピッチコントローラの場合，閉ループシステムの周波数応答は，以下のような非常に有用な指標を与える．

  1) 低周波の風速変動の影響を低減するため，低周波数領域における風速に対するロータ速度や出力の周波数応答を抑制する．

2) 風速に対するピッチ角度の周波数応答は，高周波数で抑制する必要があるため，ブレード通過周波数のような重要な擾乱周波数や可変速システムにおける固有振動数などでは，過大な応答を避ける．
3) 風速に対するタワーの速度の周波数応答を低減するため，タワーの固有振動数における過大な応答を避ける．

これらの指標を確認することにより，良好に動作するコントローラを短時間で設計することができる．

8.4.2　ピッチコントローラのゲインスケジューリング

ファインピッチ角は出力を最大にするように選択されるので，定格付近においては，ピッチ角に対する空力トルクの感度は小さい．したがって，ファインピッチ角付近では，小さなピッチ変化でトルクが大きく変化する高風速域と比較して，より大きな制御ゲインが必要となる．また，トルクの感度はピッチ角に対してほぼ線形に大きくなるため，コントローラの全体的なゲインをピッチ角に反比例して変化させることによって，この影響を補償することができる．このような動作点に対するゲインの修正は「ゲインスケジューリング（gain scheduling）」とよばれている．ピッチ角に対するスラストの感度はトルクとは異なり，タワーの振動がピッチ制御と強く連成するため，すべての風条件において良好な特性をもつよう，ゲインスケジューリングを調整する必要がある．なお，全体的なゲインの変化では十分な特性が得られない場合には，比例ゲインと積分ゲインを個別にスケジューリングする必要がある．

ここで，カットインからカットアウトまでの複数の運転条件における線形モデルを定義して，すべての風速域で十分な特性をもつようにゲインスケジューリングを選択することが重要である．

アクティブストールコントローラの場合，ピッチ角は動作点に対して大きく変化しないため，ゲインスケジューリングは必要でない．また，ゲインスケジューリングが必要な場合にも，ゲインは，ピッチ角ではなく風速に対する関数になる．これは，ナセル風速計の計測値を制御に使用する少ない事例の一つである．

8.4.3　コントローラへの項の追加

基本的な PI や PID のコントローラに，特定の周波数範囲の動作を修正するための項を追加することにより，性能を向上できることが多い．

たとえば，ピッチ制御の場合，高周波数域でピッチアクチュエータの変角量が多くなる場合があるが，それは風車の制御にほとんどメリットがなく，むしろ逆効果となる可能性がある．これは，とくに，風車の設計で使用された線形モデルにおいて考慮されていない動的モードにより生じる．たとえば，可変速風車におけるドライブトレインの捩れ振動により，発電機速度の計測値が変動し，ピッチ制御において高速で無益な制御を行うことになる．ほかの事例としては，ブレード通過周波数などの強制振動数に対するピッチ応答がある．コントローラに直列にローパスフィルタを追加することにより高周波数応答を低減できるが，低周波数域の位相が移動することにより，コントローラの全体的な性能を損なうおそれがある．特定の周波数における過剰な制御動作への対策として，ノッチフィルタ（notch filter）がある．角振動数を ω に合わせた 2 次のノッチフィルタの伝達関数は，

$$\frac{1+s^2/\omega^2}{1+2\zeta s/\omega+s^2/\omega^2} \tag{8.32}$$

である．ここで，減衰比 ζ はノッチフィルタの幅，すなわち，強さを表す．ノッチフィルタは，フィルタリング効果が低い周波数で制御性能をほとんど損なうことなく，目的の周波数で十分な強さになるようにする必要がある．

そのほか，便利なフィルタとして，位相進み／遅れフィルタ（リードラグフィルタ，lead-lag filter）がある．このフィルタは次式で与えられる．

$$\frac{1+s/\omega_1}{1+s/\omega_2} \tag{8.33}$$

これは，角周波数 ω_1 と ω_2 の組み合わせにより，開ループの位相の遅れ（$\omega_1 < \omega_2$）または進み（$\omega_1 > \omega_2$）を与える．とくに，位相進みフィルタは，安定マージンを改善するために有効な場合が多い．したがって，開ループゲインと位相は，ω_1 と ω_2 を選択するうえで便利である．PID コントローラは，位相進み（または位相遅れ）フィルタと，それに直列な PI コントローラの組み合わせによっても表現できる．

次式で表される一般的な 2 次フィルタは，特定の周波数域の特性を改善するのに便利である．

$$\frac{1+2\zeta_1 s/\omega_1+s^2/\omega_1^2}{1+2\zeta_2 s/\omega_2+s^2/\omega_2^2} \tag{8.34}$$

このフィルタは，$\omega_1=\omega_2$, $\zeta_1=0$ とすることにより，上述のノッチフィルタとなり，$\zeta_1>\zeta_2$ とすることにより，特定の周波数域において制御動作を強めるバンドパスフィルタ（bandpass filter）となり，ω_1 と ω_2 に異なる値を適用することにより，高周波ゲインが $(\omega_2/\omega_1)^2$ に近づくので，ハイパスあるいはローパス効果が得られる．

このようなフィルタの効果を検討するうえで，根軌跡法が便利である．経験的に，なんらかの方法でフィルタの極とゼロ点を配置することにより，その効果が予想できる．このような方法では，たとえば減衰が大きくなるように，構造の共振による減衰の弱い極を虚軸から遠く離しているなど，特性が視覚的にとらえやすい．

8.4.4　その他の古典制御の拡張

上記のほかに，非線形ゲイン，可変リミット，あるいは，非対称リミットなどの方法により，古典制御の性能向上を図ることができる．

非線形ゲインは，制御変数の大きなピークや動揺を避けるために使用される．たとえば，出力や速度誤差の増加に合わせてピッチコントローラの PI ゲインを増加させることができるが，ゲインを変化させる代わりに，誤差，変化率のいずれかまたは両方を考慮して，ピッチ角速度の指令値を増加させる項を追加することもできる．このような追加の項を PI の積分器の前に挿入するのが有効である（8.6.2 項参照）．この項は通常はゼロとし，動作状態の逸脱が大きくなった場合に増加させることが多い．このような技術は，線形システムにおいてゲインを過大にした場合のようにシステムを不安定にする可能性があるため，注意が必要である．また，この手法を使用する場合に，標準的な方法で非線形システムの閉ループ動作を分析するのは非常に困難であるため，試行錯誤が必要となる．出力または速度が目標値を超えた場合にかぎりピークを低減させるなど，追加の項の非対称性は平均出力や平均速度を低下させる可能性がある．

非対称なピッチ角速度リミットは，ピーク値の低減のために使用される場合がある．これは，ファイン方向よりもフェザー方向により高いピッチ角速度を許容することにより，出力や回転速度のピークを低減するものである．このような非対称リミットを導入することによっても，平均レベルは低下する．さらに，非対称リミットはシステムを不安定にさせにくいため，非線形ゲインよりは害の少ない方法である．

高風速域における目標値の低下は，若干の発電電力量を犠牲にして，大きな損傷を与える荷重を低減するため，有効となる場合が多い．これには，目標値を風速の関数として低減させるのが容易である．ここで，ゲインスケジューリングと同様，定格以上の風速では，ロータ面の平均的な風速の尺度としてピッチ角を使用するのが一般的である．しかし，もっともダメージの大きい荷重は強い乱流中に発生するため，風速だけでなく，乱流も高い場合に限って設定点を低減するのが望ましい．速度リミットに到達するのは乱流強度が高い場合のみなので，実際には，設定点を低減するよりも，非対称の速度リミットを設けるほうが簡単で効果的である．

この技術をさらに拡張したものに，動的な速度リミットがある．場合によっては，出力や速度の大きな変位など，特定の条件においてピッチ角を特定の方向に変角するため，速度リミットの符号を反転させる場合もある．この技術の応用例として，可変滑りシステムの制御がある．可変滑り制御では，滑りを最低滑り点（図 8.8 における点 B）よりも高い値に保つ必要がある．回転速度がこの点を下回った場合，回転速度は最小の滑り曲線によって制限されるようになり，PI 制御器内の比例項が効かなくなる．これを防止するうえで，図 8.18 のように，速度リミットを速度誤差の関数として変更するのが有効である．その他，強い突風時などに，一時的にピッチ動作を強制することもある．たとえば，発電機の加速が異常に大きな場合にピッチ角速度リミットをランプ状に変化させることにより，速度リミットの制限を受けても，PI コントローラの動作を継続することができる．それにより，ピッチ角速度リミットがもとに戻った場合にも，円滑に通常動作を再開できる．

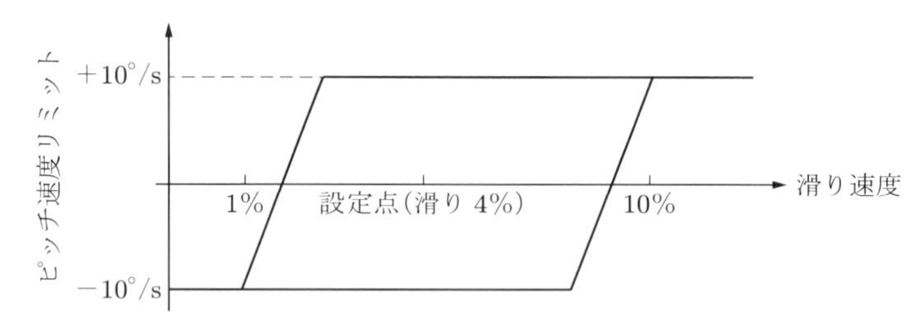

図 8.18　可変滑り風車のピッチ速度リミット

その他の強風時に設定点を変更するケースとして，高風速カットアウトにより生じる出力の急激な低下を避ける場合がある．風速の上昇により大規模なウィンドファームが数分で急激にシャットダウンした場合，電力系統は瞬動予備力（スピニングリザーブ，spinning reserve）により，これに対処する必要がある．25 m/s で瞬時にシャットダウンするのではなく，24〜35 m/s などの条件で徐々に出力を低減することにより，突発的な電力不足の確率が大幅に低くなり，ウィンドファームの出力の予測も容易になる（Bossanyi 1982）．このような出力の急激な低下は，発生時間が短いため，疲労や発電電力量に対してはほとんど影響しないが，終局荷重に対する影響は検討の余地がある．また，洋上風車において，波励起振動は風車が発電しているときのほうが小さいため，高風速における発電範囲を拡張することにより，タワーの荷重を低減することができる（Markou and Larsen 2009）．

8.4.5 最適フィードバック

以上のコントローラの設計方法は，古典的な設計技術に基づいており，単純な PI や PID 制御と，位相シフト，ノッチ，バンドパスなどの各種フィルタを直列または並列に組み合わせたものである．また，計測値を追加する場合もある．この方法により，かなり複雑で高次のコントローラが設計できるが，設計にはかなりの経験が求められる．

より高度なコントローラ設計手法に関して多くの理論があり，その中のいくつかは，風車においても検討されてきた．たとえば，以下のような理論が挙げられる．

- セルフチューニングコントローラ
- LQG／最適フィードバック，H_∞ などのモデルベースコントローラ
- ファジー制御
- ニューラルネットワーク

セルフチューニングコントローラ（Clarke and Gawthrop 1975）は，システムの経験的線形モデルに基づいた係数セットによって定義された，固定次数のコントローラである．センサ測定値の予測を行うためにモデルを使用し，モデルとフィードバックの係数の更新のために予測誤差が使用される．

システムの動特性がわかっている場合には，同様の数学的理論を別の形で適用することもできる．センサ出力の予測には，経験的なモデルをフィッティングする代わりに，線形化した物理モデルを使用する．また，システムの状態変数の推定値を更新するためには，予測誤差を使用する．システムの状態変数として，風速のほか，回転速度，トルク，変位などがあるが，さらに，それらの値により実際に計測されていない特定の変数を計算して，適切な制御動作を計算するために使用することができる．

オブザーバ（observer）：既知の動特性のサブセットにより，特定の変数を推定する．たとえば，測定された出力，回転速度，ならびにピッチ角を，風速を推定するために使用しているものがある．風速の推定値は，適切なピッチ角目標値を設定するためなどに使用される．

状態推定器（state estimator）：完全な動的モデルの代わりに，予測誤差からシステムのすべての状態変数を推定するためにカルマンフィルタを使用することができる（Bossanyi 1987）．これは，状態変数の推定法としてもっとも優れた数学的手法であり，測定された信号のばらつきのほか，計測におけるノイズの影響も考慮することができる．この手法では，確率的入力にガウス特性を仮定しているため，風速の確率論的な性質をガウス分布で表現して考慮することが可能である．また，ブレード通過の影響を考慮して拡張することも可能である．カルマンフィルタは，状態変数の「最適な」推定値を得るにあたり，複数のセンサ入力を使用することもできる．したがって，たとえば，通常の出力ならびに回転速度の計測値にタワー前後運動を考慮する場合などには理想的である．また，状態推定に利用可能なセンサを追加するのも容易である．

最適フィードバック（optimal feedback）：状態推定値がわかれば，システムの状態および制御動作からコスト関数を定義することができる．コントローラの目的を数式で定義し，目的関数を最小化するように制御する．コスト関数が状態変数と制御量の 2 次関数で表現される場合，最適なフィードバックコントローラを計算することは比較的簡単で，状態変数の線形結合によりコスト関数を最小化し，その線形結合で制御信号を生成するフィードバック則として定義される．これは，コストの 2 次関数とガウス外乱に加えて，線形モデルが要求されるため，LQG（Linear Quadratic Gaussian，線形 2 次ガウシアン）コントローラとして知られている．

このコスト関数の項に適切な重み付けを与えることによって，競合する目標値間のトレードオフができる．この方法は，出力や回転速度を制御する本来の機能に加えて，荷重の低減を行うコントローラの設計にも適している．現実的には，コスト関数の重みは厳密に計算することはできないが，直感的な方法で調整することができる．また，この方法は複数の入出力にも対応できるので，発電機回転速度とタワーの加速度を入力として使用したり，原理的には，コスト関数を最小にするピッチ角とトルク発電機の指令値を決定したりすることができる．

図 8.19 に，LQG コントローラ，状態推定器，ならびに最適状態フィードバックの構成を示す．実行にあたっては，制御装置全体を，出力 $\boldsymbol{y}$ から新たな制御信号 $\boldsymbol{u}$ に接続する差分方程式に簡略化することができる．これにより，設計後の実装が容易であり，大規模な処理能力を必要としない．

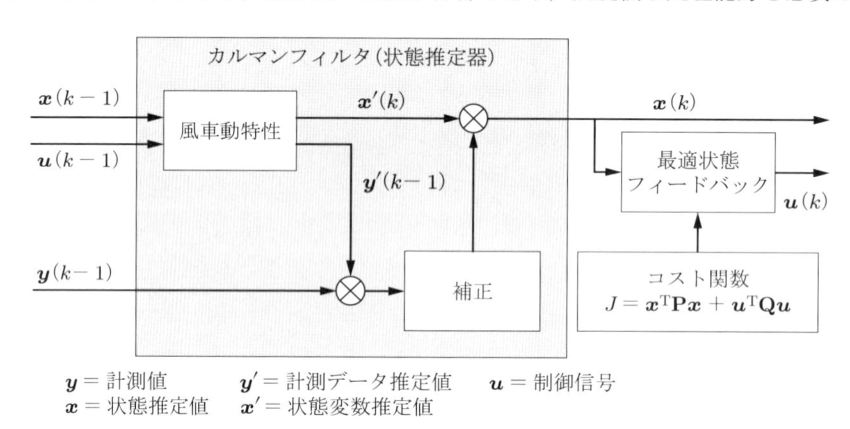

図 8.19　LQG コントローラの構成

線形化されたシステムの動特性は，次式のように離散状態空間形式で表現される．

$$\boldsymbol{x}'(k) = \mathbf{A}\boldsymbol{x}(k-1) + \mathbf{B}\boldsymbol{u}(k-1) \tag{8.35}$$

システムに影響を与える確率的外乱を考慮してカルマンゲイン $\mathbf{L}$ を計算し，次式を用いて状態推定量 $\boldsymbol{y}'$ を実際の出力 $\boldsymbol{y}$ と比較することにより，推定精度を向上させることができる．

$$\boldsymbol{x}(k) = \boldsymbol{x}'(k) + \mathbf{L}(\boldsymbol{y}(k-1) - \boldsymbol{y}'(k-1)) \tag{8.36}$$

ここで，

$$\boldsymbol{y}'(k-1) = \mathbf{C}\boldsymbol{x}(k-1) + \mathbf{D}\boldsymbol{u}(k-1) \tag{8.37}$$

である．

最適状態フィードバックゲイン $\mathbf{K}$ により，制御動作を次のように決定することができる．

$$\boldsymbol{u}(k) = -\mathbf{K}\boldsymbol{x}(k) \tag{8.38}$$

ここで，$\mathbf{K}$ は以下のコスト関数 J（実際には J の積分値，時間平均値，または予想値）を最小化するように設定される．

$$J = \boldsymbol{x}^{\mathrm{T}}\mathbf{P}\boldsymbol{x} + \boldsymbol{u}^{\mathrm{T}}\mathbf{Q}\boldsymbol{u} \tag{8.39}$$

$\mathbf{P}$ と $\mathbf{Q}$ は状態変数と制御の重み行列である．多くの場合，追加の出力と考えられている次式の値 $\boldsymbol{v}$ によりコスト関数を定義するのが，より効果的である．

$$\boldsymbol{v} = \mathbf{C}_v\boldsymbol{x} + \mathbf{D}_v\boldsymbol{u} \tag{8.40}$$

$\boldsymbol{v}$ を用いると，コスト関数は，

$$J = \boldsymbol{v}^{\mathrm{T}}\mathbf{R}\boldsymbol{v} + \boldsymbol{u}^{\mathrm{T}}\mathbf{S}\boldsymbol{u} = \boldsymbol{x}^{\mathrm{T}}\mathbf{C}_v^{\mathrm{T}}\mathbf{R}\mathbf{C}_v\boldsymbol{x} + \boldsymbol{u}^{\mathrm{T}}\mathbf{D}_v^{\mathrm{T}}\mathbf{R}\mathbf{D}_v u + \boldsymbol{u}^{\mathrm{T}}\mathbf{S}\boldsymbol{u} \tag{8.41}$$

となる．ここで，以下のようにする．

$$\mathbf{P} = \mathbf{C}_v^{\mathrm{T}}\mathbf{R}\mathbf{C}_v$$
$$\mathbf{Q} = \mathbf{D}_v^{\mathrm{T}}\mathbf{R}\mathbf{D}_v + \mathbf{S}$$

ほかに，センサ出力の関数として制御信号を直接生成する方法もある．これは，最適出力フィードバック（Steinbuch 1989）として知られている．ただし，この問題の数学的な解は，最適解としては不十分な条件で得られているため，生成された解は，実際には最適値からは大きく離れている場合が多く，この差は大きな問題である．

風車の大型化に伴い，コントローラに対する要求が高くなり，LQG などの高度な制御方法が必要となる場合が多くなっている．これらの技術の商業風車への適用例は限られているが，2 枚翼のティータードロータをもつ，300 kW 定速風車（1992 年イギリス製）のコントローラに使用された例がある．このとき，試作機の運転試験により，もとの PI コントローラと比較して，ピッチ駆動量ならびに出力変化が大幅に低減できることが示され，その後，70 基以上の商業機において使用された（Bossanyi 2000）．また，Stol ら（2004）は，研究用の 600 kW 風車で同様の制御方式を用いた試験結果を報告した．

LQG コントローラは風車モデルの誤差に敏感で，必ずしもロバストではない．H_∞ コントローラも同様な方法であるが，風車と風モデルにおける不確実性を明示的に考慮することができる．この技術は，400 kW の定速・ピッチ制御風車の運転試験により，従来の PI 制御に対して，ピッチ駆動量ならびに疲労荷重の低減に効果があることが報告された（Knudsen et al. 1997）．

8.4.6　モデルベース制御の得失

8.4.5 項に示した手法は，事前に定義したコスト関数を最小化する最適なコントローラを，数学的に厳密に求めるものである．古典制御では設計者の経験に依存する部分が大きいのに対して，この

手法では調整が自動的に行われる．そのため，この手法は，古典的な手法では繰り返しが必要となる MIMO コントローラの設計において理想的である．しかし，欠点もあるため，今日の商業風車では依然古典制御が優勢である．

実際，コスト関数の「調整」は，古典制御のコントローラの調整と同様に難しく，理論的には不要なはずの個別の風車ごとの調整が必要となる．また，コスト関数には，最小化すべき状態変数や出力を考慮する必要があるが，このような変数の選択は簡単ではない．たとえば，可変速制御においては，速度偏差を最小化する項を含むのが理に適っているが，実際には，速度偏差の積分値の最小化も必要であり，これら二つの項の相対的な重みを調整することは，古典制御における比例ゲインと積分ゲインの調整と変わらない．

また，コスト関数は状態変数およびほかの変数の 2 次関数として定義されるため，非線形性の強い疲労荷重の最小化には適していない．速度制御に限定しても，速度偏差の最小化（これ自体が荷重の最小化と相反する場合もある）が重要ではなく，過回転を防止するため，速度偏差の最大値を最小化するのが重要との意見もある．実際の「コスト」は過回転リミットを上昇させることにより急激に増加するため，2 次のコスト関数は理想的ではない．

古典制御のコントローラは実装が容易であり，ゲインスケジューリングなどの技術により，非線形性を容易に扱うことができ，固定または可変の速度リミットのほか，ノッチフィルタの追加などの調整が容易である．しかし，モデルベースコントローラで非線形性を扱うためには，拡張カルマンフィルタやファジー遷移などによる高度化が必要であり，コントローラのわずかな調整においても，全面的な再計算が必要になる．また，監視制御との統合もはるかに複雑である．たとえば，極値荷重を低減するために，シャットダウン時にタワー加速度フィードバックならびに独立ピッチ制御を変更したほうがよい場合があるが，変数のスケジュールやこれを実現するためのリミットを付加することは，古典制御のコントローラでは容易であるのに対して，モデルベースのコントローラではきわめて困難である．

8.3.10 項で説明したように，風車の制御問題のほとんどは，ほぼ独立の SISO ループに分解することができ，これにより，古典的な調整方法を使用することができる．速度制御とタワー減衰制御は唯一の顕著な連成であるが，これも，他方をプラントの一部として，各々のループの調整を 1〜2 回反復することで対処できる．

しかし，風車の大型化，軽量化，柔軟化に伴い，センサの追加によるモデルベースの多変数制御がいっそう重要になってきている．

8.4.7　その他の手法

システムの動特性がよくわからない場合や，非線形性が強い場合には，ルールベース制御，あるいは，ファジー理論が有効である．これらの制御動作は，測定された信号に対するルールを重み付けして重ね合わせることにより計算される．風車におけるファジー制御の研究にはいくつか例があるが，そのメリットが明確に示されたものはない．現実的には，システムの動特性に関する情報が得られ，動特性は各動作点で十分線形化できるため，そのような方法を利用する明確な必要性がない．

ニューラルネットワークを利用したコントローラに関しても同じことがいえる．これらは，学習アルゴリズムにより，特定の条件セットで適切な制御動作を行うために学習し，その結果により制御を行うものである．このようなコントローラは強力な手法となる可能性があるが，すべての状況において制御動作が許容範囲にあることを確認することは難しい．

しかし，ストールヒステリシスなどの風車の特性，風の擾乱，ならびに制御目標など，動特性に強い非線形性や非定常特性が関係する場合，具体的には，コントローラの目標値を定格風速付近で変化させる場合や，コスト関数に疲労ダメージのような非線形性の強い要素を含む場合などにおいて，これらの方法は有望である．

8.5　ピッチアクチュエータ

ピッチ駆動システムはピッチ制御風車における重要な要素である．アクチュエータとして，油圧および電動のものが使用されるが，設計段階で各々の得失を考慮すべきである．

小型の風車では，すべてのブレードのピッチ角を単一のピッチアクチュエータで同時に制御する（コレクティブピッチ制御）が，大型風車は，通常，各ブレードが個別のピッチアクチュエータをもつ．これには，大型で高価な軸ブレーキを省略できるメリットがある．また，設計要件により，なんらかの故障が発生した場合に風車を最大出力から安全な状態に移行させるために，少なくとも二つの独立したブレーキシステムが求められる．このとき，いずれかのピッチアクチュエータが発電中に故障した場合でも，空力制動トルクによりロータ速度を安全な状態まで低減できる場合，独立ピッチ制御における複数のアクチュエータは独立のブレーキシステムとみなされる．その場合でも保守用にパーキングブレーキは必要であるが，高風速では使用しないため，低速回転しているロータを停止させ，ロータロックを挿入するまでの間だけ保持できる小型のもので十分である．

一般に，コレクティブピッチアクチュエータシステムは，増速機と中空主軸の中心を通るプッシュロッドと，それを駆動する，ナセル内に設置した電動または油圧アクチュエータで構成する．プッシュロッドは，ハブ内のリンク機構によりピッチ変角可能な，ブレードの翼根部に取り付けられる．ナセル内のアクチュエータは単純な油圧シリンダとピストンを使用する場合が多いが，その場合，油圧アキュムレータにより，油圧ポンプの電源が切れた場合にブレードをフェザリングできる．ほかには，プッシュロッド上のボールねじに繋ぎ合わせたボールナットを電動サーボモータで駆動するものもある．プッシュロッドはロータとともに回転するので，モータへの電力が喪失した場合は，ボールスクリューによりフェールセーフのピッチ動作をする．なお，このサーボモータには，電力喪失時にボールナットの回転を停止させるためのフェールセーフブレーキが必要となる．

独立ピッチ制御では，各ブレードのハブ内に個別のアクチュエータを設置する必要がある．回転しているハブ内のアクチュエータを駆動するための動力を伝達する手段はいくつかある．油圧アクチュエータの場合には油圧ロータリージョイントが，あるいは，電動アクチュエータの場合にはスリップリングが使用できる．また，回転変圧器を使用することにより，メンテナンスを必要とする不便なスリップリングを使用しなくてもよくなる．

ハブ内にバックアップ電源を設置することにより，外部電力の供給が停止した場合にもブレードをフェザーにすることができる．電動アクチュエータでは，個別のブレードにバッテリパックが，また，油圧システムでは，個別のブレードにアキュムレータが必要である．このようなバッテリパックは，大きく，重く，高価であるため，ハブの回転により発電する発電機をハブに取り付けるなどの代替手段が提案されてきた．また，バッテリを使用する場合，アクチュエータは直流モータか，より一般的な交流モータのいずれかであるが，後者の場合には，周波数コンバータとバッテリをDC（直流）リンクする必要がある．ここで，DCリンクとピッチモータとの間のインバータは安全システムの一部を構成するので，信頼性が重要である．ハブに設置する発電機は直流発電機あるいは可変周波数の交流発電機のいずれかであるが，ここでも，ピッチモータとの接続部の信頼性が重要である．フェールセーフのためにはピッチアクチュエータを独立させる必要があるため，個々のブレードに対して，バッテリパック，発電機，ならびに，周波数コンバータなどが必要である．

ピッチベアリングの摩擦は，ピッチ駆動システムの設計において重要な要素となる場合が多い．ベアリング摩擦はベアリングに作用する荷重により変化し，大きな曲げモーメントにより非常に大きな摩擦力が発生する．ベアリング摩擦に打ち勝つために，アクチュエータトルクの大部分が必要となる場合も多い．

油圧アクチュエータの場合，通常，比例弁によりシリンダへの油の流れを制御し，バルブ開度，すなわち，作動油流量は，必要なピッチ角速度に比例して設定される．ピッチ角速度の指令値は，風車コントローラから直接届く場合と，ピッチ角度フィードバックループから届く場合がある．後者の場合，風車コントローラはピッチ角度指令値を与える．この値とピッチ角度の測定値から得られるピッチ位置誤差を，デジタル回路，あるいは単純なアナログ回路により，高速の PI または PID 制御ループを介してピッチ角速度の指令値とする．

電動アクチュエータの場合，モータコントローラは通常，トルク指令値を必要とし，トルク指令値は，速度誤差に対して高速で機能する PI または PID コントローラを使った速度コントローラを用いて計算される．また，速度指令値は，風車コントローラから直接，あるいは，ピッチ角度フィードバックループから得られる．

ピッチ角をフェザー側に操舵する通常のピッチ制御ではなく，アクティブストール制御のように，高速のピッチ応答が重要でない場合には，より単純なアクチュエータを使用することができる．この場合，アクチュエータは，いずれかの方向に一定の速度で変角する単純なもので十分である．

8.6　制御システムの実装

ここまでは，制御アルゴリズムの設計法を説明してきた．システムとコントローラの動特性は，ラプラス演算子 s を用いて，連続時間に関して記述してきた．アナログ回路などを用いることにより，連続時間での制御も可能であるが，今日では，ほとんどの場合，デジタル制御が使用されている．その要因としては，ソフトウェアを変更するだけで，まったく異なる制御ロジックを実現することができる柔軟性が挙げられる．

デジタル制御では，制御動作は連続時間ではなく離散時間ステップで計算・更新されるため，実装のためには，連続時間で設計された制御アルゴリズムを離散時間に変換する必要がある．なお，あらかじめ離散化された風車モデルを使用する場合には，離散時間でコントローラを設計することも可能である．

以下の項では，実際のデジタルコントローラに制御アルゴリズムを実装する際の問題について説明する．より詳細な内容については，一般的な制御理論の教科書を参照することを推奨する．

8.6.1　離散化

伝達関数（PID 制御における式 (8.1) など）により連続時間で設計された制御アルゴリズムは，デジタルコントローラに実装する前に離散化する必要がある．離散伝達関数は，通常，演算子 z で表現される．ここで，$z^{-k}x$ は k ステップ前の x の値を示す．簡単な例として，x から y への移動平均，または，1 次遅れフィルタは，以下のように表現される．

$$y_k = Fy_{k-1} + (1-F)x_k \tag{8.42}$$

これは離散コントローラに実装可能な差分方程式である．1 次遅れフィルタに関しては，以下のように記述される．

$$(1 - Fz^{-1})y = (1-F)x \tag{8.43}$$

または，z^{-1} の多項式の比で構成する伝達関数として，次式のように示される．

$$y = \frac{1-F}{1-Fz^{-1}}x \tag{8.44}$$

ラプラス演算子は微分演算子と考えることができるので，簡単な近似として，s を $(1-z^{-1})/T$ に置き換えることにより，連続的な伝達関数を離散化することができる．ここで，T はステップ時間である．

実際，簡単な多項式の代数的な操作により，上記の離散伝達関数は 1 次遅れフィルタと同等となる．すなわち，

$$y = \frac{1}{1+s\tau}x \tag{8.45}$$

となる．ここで，係数 F は $\tau/(T+\tau)$ により与えられる．

いかなる離散化方程式も連続時間における応答の近似であるが，上記のほかにも，より良好な動作を示す双一次（bilinear）近似（タスティン（Tustin）近似）などの離散化の方法がある．この場合，ラプラス演算子は，

$$\frac{2}{T}\frac{1-z^{-1}}{1+z^{-1}} \tag{8.46}$$

となる．

離散化した結果は，連続時間の過程に対して位相が移動し，周波数が高くなると，この位相シフトは大きくなる．特定の周波数においてアルゴリズムの特性が位相シフトにとくに敏感な場合には，離散化の際に，該当する周波数でプリワープ（pre-warp）することができる．プリワープとは，離散伝達関数が特定の周波数で正確な値をとるように位相シフトを修正することである．ただし，プリワープすると，それ以外の周波数では偏差が大きくなる．プリワープが重要となる一例に，可変速風車におけるドライブトレイン共振ダンパがある（8.3.6 項）．一般に，ここで対象とする周波数は約 3〜4 Hz などと非常に高く，コントローラのタイムステップが非常に短い場合以外は離散化による位相遅れが大きく，ダンピングアルゴリズムの性能に影響を及ぼす場合がある．

角周波数 ω に関するプリワープによる離散化の際，次式で表される s の離散化が用いられる．

$$\frac{\omega}{\tan(\omega T/2)}\frac{1-z^{-1}}{1+z^{-1}} \tag{8.47}$$

8.6.2 積分器の不飽和化

PI や PID のような積分項を含むコントローラでは，制御動作がリミット値で飽和する際に，積

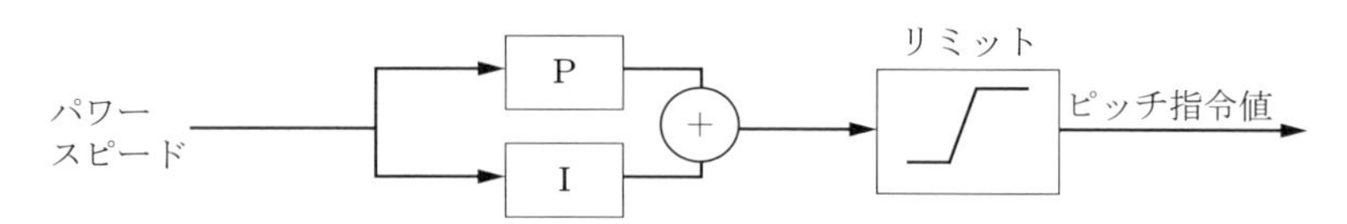

図 8.20　PI コントローラへのリミットの適用

分器ワインドアップとして知られる問題が発生する．この一般的な例として，定格未満でピッチ角がファインピッチ角度に制限される場合を示す．たとえば，可変速風車のピッチ PI コントローラは図 8.20 のように表すことができる．

定格運転時には，速度偏差の平均値は積分項の作用でゼロになる．しかし，定格未満では，ピッチ角はファインピッチ角で飽和し，速度偏差は負の値となる．

したがって，誤差の積分値は負の値で絶対値が増加するが，リミットを設けるだけで，指令値どおりの動作をしないようにすることができる．しかし，風速が再度上昇し，速度誤差が正の値になっても，出力誤差の積分値がふたたび正の値になるまでには，長い時間を要する．この積分器ワインドアップを防止するため，ピッチがリミット値にある場合には積分項を積分しないようにする必要がある．これは，コントローラのほかの部分 $R(z)$ から積分器 $I(z)$ を分離することにより，容易に実現することができる．$R(z)$ は，$I(z)$ とは別にピッチ指令値を変化させ，$I(z)$ はこの値を，積分を施したうえで前フレームのピッチ指令値に加算することにより積分する．

たとえば，双一次近似により離散化した PI コントローラ（式 (8.31)）は，次式で表される．

$$y = K_p\left[\left(\frac{T}{2T_i}+1\right)+\left(\frac{T}{2T_i}-1\right)z^{-1}\right]\frac{1}{1-z^{-1}}x = R(z)I(z)x \tag{8.48}$$

これに対して，積分器ワインドアップを回避するため，以下のように実装する．

$$\Delta y_k = K_p\left[\left(\frac{T}{2T_i}+1\right)x_k+\left(\frac{T}{2T_i}-1\right)x_{k-1}\right]$$ ：$R(z)$ の実行

$y_k^* = y_{k-1} + \Delta y_k$：前ステップのリミット後の出力 y_{k-1} による積分値 $I(z)$

$y_k = \lim y_k^*$：リミットの適用

参考文献

Anderson, B. D. O. and Moore, J. B. (1979). *Optimal Filtering.* Prentice-Hall.

Astrom, K. J. and Wittenmark, B. (1990). *Computer-Controlled Systems.* Prentice-Hall.

Bossanyi, E. A. (1982). Probabilities of sudden drop in power from a wind turbine cluster. *Proceedings of the 4th International Symposium on Wind Energy Systems*, Cranfield, England (21–24 September 1982).

Bossanyi, E. A. (1987). Adaptive pitch control for a 250 kW wind turbine. In: *Proc. 9th BWEA Conference, Edinburgh*, 85–92. Mechanical Engineering Publications.

Bossanyi, E. A. (1994). Electrical aspects of variable speed operation of horizontal axiswind turbine generators. *ETSU W/33/00221/REP*, Energy Technology Support Unit, Harwell, UK.

Bossanyi, E. A. (2000). Developments in closed loop controller design for wind turbines. *Proceedings of the 2000 ASME Wind Energy Symposium*, Reno, Nevada.

Bossanyi, E. A. (2003). Individual blade pitch control for load reduction. *Wind Energy* 6 (2): 119–128.

Bossanyi, E. A. (2004). Developments in individual blade pitch control. *Proceedings of the EWEA con-*

ference 'The Science of Making Torque from Wind', Delft University of Technology（19–21 April 2004）.

Bossanyi, E.（2019）. Optimising yaw control at wind farm level. *J. Phys.: Conf. Ser.* 1222: 1, 12023.

Bossanyi, E., Delouvrié, T. and Lindahl, S.（2013）. Long-term simulations for optimising yaw control and start-stop strategies. *Proceedings of the European Wind Energy Conference*, Vienna.

Bossanyi, E., Fleming, P. and Wright, A.（2012a）. Validation of individual pitch control by field tests on two- and three-bladed wind turbines. Special issue on control in wind energy. *IEEE Trans. Control Syst. Technol.* 21（4）: 1067–1078.

Bossanyi, E. A. and Gamble, C. R.（1991）. Investigation of torque control using a variable slip induction generator, *ETSU WN-6018*, Energy Technology Support Unit, Harwell, UK.

Bossanyi, E. A. and King, J.（2012）. Improving wind farm output predictability by means of a soft cut-out strategy. *Proceedings European Wind Energy Conference*, Copenhagen, EWEA 2012.

Bossanyi, E. A. Kumar, A. and Hugues-Salas, O.（2012b）. Wind turbine control applications of turbine-mounted LIDAR. *J. Phys.: Conf. Ser.* 555（1）: 12011.

Bossanyi, E. and Wright, A.（2009）. Field testing of individual pitch control. *Proceedings of the European Wind Energy Conference*, Marseille.

Bossanyi, E., Wright, A. and Fleming, P.（2010）. Progress with field testing of individual pitch control. *Proceedings of the EWEA conference 'The Science of Making Torque from Wind'*, Heraklion（28–30 June 2010）.

Caselitz, P., Kleinkauf, W., Krüger, T. et al.（1997）. Reduction of fatigue loads on wind energy converters by advanced control methods. In: *Proc. European Wind Energy Conference, Dublin*, October 1997, 555–558. European Wind Energy Association.

Clarke, D. and Gawthrop, P.（1975）. Self-tuning controller. In: *Proc. IEE 122*, No. 9, 929–934.

Coleman, R. P. and Feingold, A. M.（1957）. Theory of self-excited mechanical oscillations of helicopter rotors with hinged blades. *National Advisory Committee for Aeronautics Report* 1351.

D'Azzo, J. J. and Houpis, C. H.（1981）. *Linear Control System Analysis and Design*. McGraw-Hill.

Donham, R. E. and Heimbold, R. L.（1979）. Wind turbine. US Patent 4,297,076, filed 8 June 1979 and issued 1981.

Fischer, T., Rainey, P., Bossanyi, E. and Kühn, M.（2010）. Control strategies for an offshore wind turbine on a monopile under misaligned wind and wave loading. *Proceedings of the EWEA conference 'The Science of Making Torque from Wind'*, Heraklion（28–30 June 2010）.

Holley, W., Rock, S. and Chaney, K.（1999）. Control of variable speed wind turbines below-rated wind speed. *Proceedings of the 3rd ASME/JSME Conference*, California.

Knudsen, T., Andersen, P. and Töffner-Clausen, S.（1997）. Comparing PI and robust pitch controllers on a 400 kW wind turbine by full-scale tests. In: *Proc. European Wind Energy Conference, Dublin*, October 1997, 546–550. European Wind Energy Association.

Kragh, K. A., Fleming, P. A. and Scholbrock, A. K.（2013）. Increased power capture by rotor speed–dependent yaw control of wind turbines. *J. Sol. Energy Eng.* 135（3）: 031018. https://doi.org/10.1115/1.4023971.

Markou, H. and Larsen, T. J.（2009）. Control strategies for operation of pitch regulated turbines above cut-out wind speeds. *Proceedings of the European Wind Energy Conference*, Marseille.

Namik, H. and Stol, K.（2010）. Individual blade pitch control of floating offshore wind turbines. *Wind Energy* 13: 74–85.

Park, R. H.（1929）. Two-reaction theory of synchronous machines. *Trans. AIEE* 48.

Pedersen, T. K.（1995）. Semi-variable speed – a compromise? In: *Proc. Wind Energy Conversion 1995, 17th British Wind Energy Association Conference, Warwick*, 249–260. Mechanical Engineering Publications.

Pedersen, T. F. and Gómez Arranz, P.（2018）. Spinner anemometer – best practice. *DTU Wind Energy E*, No. 165.

Ramtharan, G., Jenkins, N., Anaya-Lara, O. and Bossanyi, E.（2007）. Influence of rotor structural dynamics representations on the electrical transient performance of FSIG and DFIG wind turbines. *Wind Energy* 10（4）: 293–301.

Rossetti, M. and Bossanyi, E.（2004）. Damping of tower motions via pitch control – theory and practice. *Proceedings of the European Wind Energy Conference.*

Savini, B. and Bossanyi, E. A.（2010）. Supervisory control logic design for individual pitch control. *Proceedings of the European Wind Energy Conference.*

Simley, E., Pao, L., Frehlich, R., Jonkman, B. and Kelley, N.（2011）. Analysis of wind speed measurements using continuous wave LIDAR for wind turbine control. *Proceedings of the 49th AIAA Aerospace Sciences Meeting*, https://arc.aiaa.org/doi/abs/10.2514/6.2011-263.

Steinbuch, M.,（1989）. Dynamic modelling and robust control of a wind energy conversion system. PhD Thesis, University of Delft.

Stol, K. and Fingersh, L.（2004）. Wind turbine field testing of state-space controller designs. *NREL/SR-500-35061*, National Renewable Energy Laboratory.

van Engelen, T. and van der Hooft, E.（2005）. Individual pitch control inventory. *ECN-C-03-138.*

Vanni, F., Rainey, P. J. and Bossanyi, E.（2015）. A comparison of control-based platform stabilization strategies for floating wind turbines. *Proceedings of the European Wind Energy Association Conference*, Paris.

Vasiljevi'c, N., Lea, G., Courtney, M. et al.（2017）. Long-range WindScanner system. Remote Sens. 8（11）: 896. https://doi.org/10.3390/rs8110896.

第9章

ウェイクの影響とウィンドファーム制御

9.1 はじめに

風車は風からエネルギーを取得する際に，風車の背後に風速の低下と乱れの増加を特徴とするウェイクを発生させる．したがって，ほかの風車からの多数のウェイクの影響を同時に受ける可能性があるウィンドファーム内部の風車は，ウェイクの影響を受けない風車よりも発電電力量が低下し，より大きな荷重を発生させる．大規模なウィンドファームでは，風車配置と風況によっては，ウェイクの影響により発電電力量が10〜20%低下し，疲労荷重が大幅に増加する可能性がある（第12章参照）．これらのウェイクの影響は，以下に示すほかの要因とともに，ウィンドファーム内の風車配置計画において考慮する必要がある．

・地形（陸上），ならびに，そのサイト全体の風速への影響
・基礎を設置する地盤または海底の状況
・道路（または洋上風車へのアクセス），系統連系，および，その他のインフラのコスト
・電気接続のコスト，および，ケーブルによるエネルギー損失など
・サイト境界，土地利用，人の活動，野生生物などによる制約

ウェイク損失は風車間距離に大きく依存し，風速（風車のスラストに影響する），風向（どの風車のウェイクがどの風車に影響を与えるかを決定する），大気安定度，ならびに，乱流強度（ウェイク欠損率に影響を与える）によって増減する．風車の間隔が狭い列に沿った風においては，風車列による発電電力量が大幅に低下する可能性があり，そのような風車の配置設計では，サイトの長期的な風速と方向の分布を考慮して，大きな損失がほとんど発生しないことを確認すべきである．

International Electrotechnical Commission（IEC）の IEC 61400-1（2019）には，ウィンドファーム内の乱れの増加を評価し，設計荷重制限を超過しないようにするためのガイドラインが示されている．これにより，より高強度で高コストの風車や支持構造が必要になる場合がある．また，ウィンドファーム内のより大きい乱れにより，維持費も増加する可能性がある．

ウェイクの影響は，発電電力量を低下させ，荷重の増加を引き起こす点で重要であるため，近年，アクティブウェイク制御，あるいは，ウィンドファーム流れ制御として知られるウィンドファーム制御により，ウェイクの影響を最小化する技術に大きな関心が寄せられている．これは，発電電力量と荷重の最適な組み合わせを実現するよう，個々の風車を設計どおりに運転するのではなく，ウィンドファーム全体の最適な性能を実現するために，ウィンドファームコントローラが個々の風車の運転に変更を加えるというコンセプトである．これは，特定の風況で，一部の風車が犠牲になって，ウィンドファーム全体の性能を向上させることを意味する．このようなウィンドファーム制御については，これまで25年以上にわたり議論されてきたが（Spruce 1993），近年，商業的関心が高ま

り，ウィンドファーム運用の最適化に向けて，より注目されるようになってきている．

この章では，ウェイクの特性とそのモデル化の方法について説明する．9.3 節では，現在商業用ウィンドファームで評価され始めているアクティブなウェイク制御へのさまざまな有望な取り組みについて説明する．最後に，9.4 節では，とくに電力系統に関連するウィンドファーム制御のいくつかの側面について簡単に説明する．

9.2　ウェイクの特性

発電中の風車は風の流れからエネルギーを取得するため，流れを遮蔽する効果もある．風は風車ロータにスラストを発生させるが，それは運動量フラックスの低下と等しい．風車のスラスト係数に応じて，ロータの背後の風速が自由流の速度から低下するが（たとえば，Vermeulen 1980），流れから取得される運動量は，風車のスラストと等しくなければならない．ウェイクが形成される物理的メカニズムは非常に複雑である．ブレード周囲で，ロータトルクの原因となる翼型の揚力は，流れの中に放出される渦を発生させる．翼端渦は回転する各ブレードの先端を離れ，形成された渦はらせん状に下流に移流する．これらの渦は互いに乱し合ってより小さな渦に分解され，流れの乱れを増加させる．ロータの下流側の，ロータ直径の約 2 倍の範囲をニアウェイク（near wake）領域とよぶが，ニアウェイク領域の下流側では独立したブレードの影響は明確に区別できなくなり，速度欠損はほぼ軸対称のガウス分布となり，中央で最大で翼端に向かって小さくなる．また，乱流強度は周囲よりも大幅に高くなる．

ここから，ウェイクは自己相似的にさらに下流に移動し，速度欠損プロファイルの幅は広く，最大欠損量は小さくなる．ここで，ウェイク両端の速度勾配により，周囲流れからの運動量が引き込まれ，結果として，全体の運動量欠損を維持しながらウェイクの幅が広がる．上記の運動量の引き込み量は乱流強度とともに増加するので，周囲の乱流強度が高い場合，ウェイクはより速く広がる．

ウェイクの速度欠損は，ウェイク中で運転する下流側の風車が，出力低下をもたらす低い風速，機械的負荷を増加させる高い乱流を受けることを意味する．また，ロータ中心から偏差した位置でウェイクを受ける場合は，下流側の風車ロータ面内の速度勾配が大きくなり，非対称荷重とブレードの変動荷重が増加する可能性がある．

なお，風車のウェイクは，単純に卓越風の下流方向に広がる静的な速度欠損場としては表せない．それは，第 1 に，ウェイクの中心線が，風車のヨー偏差により横方向に，また，ロータティルトとウィンドシアーにより垂直方向に，それぞれ移動する可能性があるためである．また，第 2 に，ウェイク蛇行（wake meandering）により，乱流の横方向および垂直方向成分が低周波で変動し，下流側の風車に対するウェイクの影響，さらには，発電電力量や荷重への影響も変化するためである．

9.2.1　ウェイクの影響のモデリング

ウィンドファームは非常に複雑な物理系である．そこで，複雑な大気とウェイクの流れを理解し，ウェイク損失の正確な推定，および，ウィンドファームのアクティブウェイクコントローラの現実的な設計を可能にし，十分な精度で風車の挙動を理解するためには，この物理系の詳細なモデリングが必要である．数値流体力学（CFD）に基づく忠実度の高い流れモデルでは，適切な乱流モデリングを使用したナビエ–ストークス方程式を解くことにより，関連する詳細のほとんどを再現できるが，これには大量の計算リソースが必要になる．対照的に，必要とする計算リソースが最小限の半経験的なエンジニアリングモデルは，ウィンドファームのコントローラを設計およびテストするために不可欠なツールであるが，さまざまな条件に合わせた調整を必要とするものもある．

9.2.2　IEC 規格のウェイクの乱れ

ウィンドファーム内部の風速の低下と乱流強度の増加は，風上側の多くの風車からのウェイクの重ね合わせにより生じる．

Frandsen と Thøgersen（1999）および Frandsen（2007）は，風車自体により引き起こされる追加の「表面粗さ」を考慮した地衡抗力法則（geostropic drag law）に基づくモデルを提案している．これは，次式により，ハブ高さの乱流強度を追加するものである．

$$I_{++} = \frac{0.36}{1 + 0.2\sqrt{s_1 s / C_T}} \tag{9.1}$$

ここで，s_1 と s は，それぞれ，ロータ直径で無次元化された列内および列間の風車間距離であり，C_T は風車のスラスト係数である．これはハブ高さよりも低い位置では適用されないため，平均乱流強度の増分 I_+ は次式で計算される．

$$I_{+} = \frac{1}{2}\left(I_0 + \sqrt{I_0^2 + I_{++}^2}\right) \tag{9.2}$$

このモデルは保守的な結果をもたらし，また，個々の風車に対する個々のウェイクの詳細な影響を考慮していない．そのため，設計基準としては適切であるが，ウィンドファーム制御を含む詳細なウェイクの影響を評価するに適していない．IEC 614000-1 の第 4 版から，より詳細なガウス分布のウェイク蛇行モデルが提供されている．このモデルのほか，同様のモデルの詳細を 9.2.4 項で述べる．

9.2.3　CFD モデル

ウィンドファームでは，複数の回転する風車が非常に複雑な大気境界層と相互作用する．このような複雑なシステムをモデル化する場合，ナビエ－ストークス方程式の直接数値解法はかなり非現実的であり，なんらかの単純化が必要である．風車ブレードの空力特性による大規模な大気の流れから，最終的な乱流渦の微視的スケールでの熱への崩壊まで，物理現象の全範囲をモデル化することは実用的ではない．この分野で現在使用されているもっとも洗練された CFD モデルは，ラージエディシミュレーション（Large Eddy Simulation: LES）である．これは，小さなスケールでの単純化された近似を使用しながら，大きな渦の流体力学を解くものである．これを適用した例として，SOWFA コード（Churchfield et al. 2012）がある．このコードは，風車モデルを LES 流体モデルに組み込み，ウィンドファーム全体の非常に詳細な時間領域シミュレーションを実行できるようにしている．ただし，かなりの規模のウィンドファームの場合，短時間のシミュレーションにも，非常に強力なスーパーコンピュータでも数週間の計算時間が必要となる．ここで，風車の翼のまわりの詳細な流れをモデル化するのではなく，より高速なアクチュエータライン（actuator line）モデルが用いられる．このモデルでは，回転時のブレード位置を表す線の近くで空気の流れと風車ブレードの間で相互に作用する力の計算に，翼断面の揚力と抗力が使用される．加えて，風車をアクチュエータディスク（actuator disc）モデルなどにさらに単純化すると，個々のブレードは計算されないため，計算負荷がより軽減され，多くの有用な影響を調べることができる．また，不均一な力の分布をもつアクチュエータディスクの適用も可能である．たとえば，ロータが斜め流入の場合や，ロータを通る流れが不均一である場合などでも，面内力と面外力の両方を考慮できるため，ロータトルクに対応する面内力が流れに旋回成分を与えるような状況も扱うことができる．

このようなアクチュエータディスクモデルは，レイノルズ平均ナビエ－ストークス（RANS）モデルにも使用できる．このモデルは，流れの中の個々の渦の進展を追跡せず，平均的な効果のみをモデル化するものである．このようなモデルは高速で，ウィンドファームの性能などの定常計算に広く使用できる．RANS モデルは LES よりもはるかに高速であるが，十分な精度の計算には大規模な PC クラスターが必要である．

CFD モデルの詳細な考察は本書の範囲を超えるが，CFD モデルの風車およびウィンドファーム流れへの適用に関する一般的な説明は，4.7 節に記載されている．以下では，多くの反復シミュレーションが必要なウィンドファームコントローラの調整と評価など，実用的な解析に不可欠な，いくつかの簡略化したモデル（エンジニアリングモデル）について説明する．

9.2.4　ウェイクのエンジニアリングモデル（簡略化モデル）

CFD モデリング，とくに忠実度の高い LES には膨大な計算リソースが必要となるために，「エンジニアリング」モデルとよばれる簡略化されたウェイクモデルが，依然，広く使用されている．これらのいくつかは 1980 年代以前に開発され，その後も継続的に改善されている．これには，純粋に経験的なモデルから，ナビエ－ストークス方程式のさまざまな簡略化などのより物理的なモデルまで，さまざまなモデルがある．

ウェイクエンジニアリングモデルは，一般に，単一のウェイクが，風速が低下し，乱流が増加する領域として周囲流れに埋め込まれ，それが風車の影響により変化しないと想定される．また，ウィンドファーム内の風車はほかの複数の風車からのウェイクの影響を受けるため，それらを組み合わせる方法も必要である．

ウェイクは通常，風車の背後の静的領域として定義され，必要に応じて動的効果が追加される．たとえば，風速場の低周波変動によりウェイクが押されるウェイクの蛇行や，ウェイク特性の変化の下流への移流も考慮することができる．

以降では，いくつかの一般的なエンジニアリングモデルにおける，これらの処理方法を説明する．

■ウェイク速度欠損

ウェイク速度欠損のもっとも単純なモデルは，PARK またはジェンセン（Jensen）モデルである（Katic et al. 1986）．このモデルでは，運動量の損失が風車スラストに等しくなるように，ロータと等しい直径で，ロータの背後に均一な速度欠損の領域が定義される．この欠損領域の半径は，経験的なウェイク拡張係数 k_w により決定される角度から得られ，下流側の距離に対して線形に広がる．下流距離 x でのウェイク直径は $D_w = D + 2k_w x$（ここで，D はロータ直径）であり，速度欠損比 δ は次式に従い，流れの運動量を保存するように減少する．

$$\delta = 1 - \frac{U_c}{U_0} = (1 - \sqrt{1 - C_T})\left(\frac{D}{D_w}\right)^2 \tag{9.3}$$

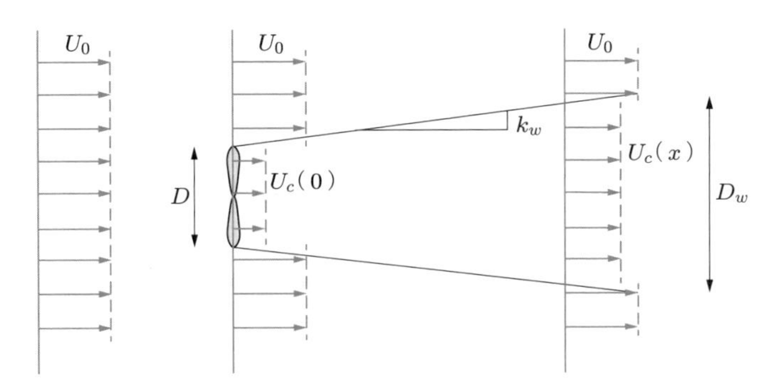

図 9.1 ジェンセン速度欠損モデルの模式図

ここで，C_T は風車スラスト係数，U_c はロータ背後の速度，U_0 は自由流の速度を示す（図 9.1 を参照）．

ジェンセンモデルは，ウェイクの詳細な性質が重要でない場合に，全体的なウェイク損失の計算に広く使用されており，適切なデータに合わせてウェイク拡張係数を選択すれば，非常に有効なモデルである．しかし，アクティブウェイク制御や，ウェイクの影響を受ける風車の荷重の理解などにおいては，ウェイクの形状に関しての，より現実的で詳細なモデルが必要である．ここで，翼端渦が相互作用で崩壊し，流れが発達中のニアウェイク領域と，ロータの詳細が区別できないファーウェイク（far wake）領域を区別することは重要である．これに関して，ジェンセンモデルのさまざまな修正が提案されている．たとえば，Gebraad（2014）は，それぞれが独自の均一な速度欠損をもつ三つの同心領域（消滅するまで直径が小さくなるニアウェイクコア領域，ゼロから直線的に成長するファーウェイク領域，および，これらの間の混合領域）をもつウェイクを使用し，これらの領域の直径は下流側の距離に応じて直線的に変化することとしている．拡張係数は経験的値を用い，全運動量を維持するように欠損が変化する．このモデルは，オープンソースの FLORIS コード（NREL 2019）に実装されている．なお，このコードには，より洗練されたモデル（Bastankah and Porté-Agel 2016）も含まれている．このモデルでは，従来のアインスリーモデル（Ainslie 1988）と同様に，ファーウェイクのウェイク欠損プロファイルが，自己相似でさらに下流に発達してガウス型のプロファイルに到達し，減衰するに従い，弱く広いプロファイルになる．図 9.2 は，アインスリーモデルを使用して計算された典型的な速度プロファイルを示す．

アインスリーモデルは，軸対称ウェイクを仮定して薄いせん断層近似を適用した，次式の RANS 方程式に基づく．

$$U\frac{\partial U}{\partial x}+V\frac{\partial U}{\partial r}=-\frac{1}{r}\frac{\partial(r\overline{uv})}{\partial r} \tag{9.4}$$

アインスリーは渦粘性モデルを使用し，せん断応力 uv を，次式のようにウェイク内の速度勾配に関連付けている．

$$\overline{uv}=-\varepsilon\frac{\partial U}{\partial r} \tag{9.5}$$

ここで，ε は渦粘性として知られている．上式を用いると，式 (9.4) は次式のようになる．

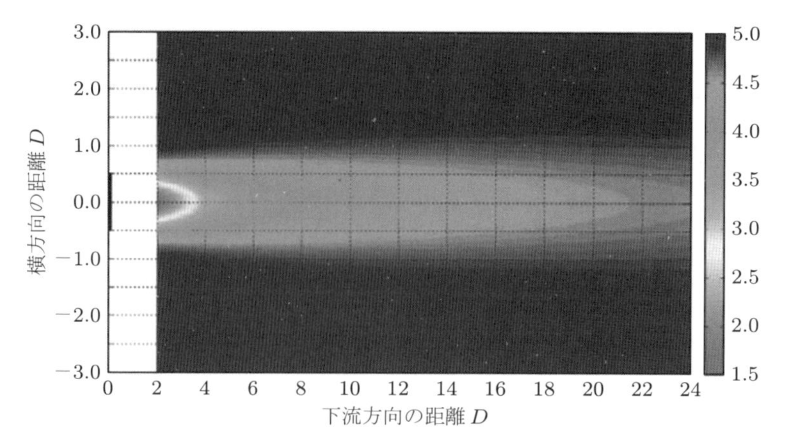

図 9.2　アインスリーモデルによる典型的なガウス型ウェイク速度分布（風速 5 m/s）

$$U\frac{\partial U}{\partial x}+V\frac{\partial U}{\partial r}=\frac{\varepsilon}{r}\left(\frac{\partial U}{\partial r}+r\frac{\partial^2 U}{\partial r^2}\right) \tag{9.6}$$

渦粘性は，代表長さスケールと速度スケールの積，ならびに，周囲の運動量拡散率の 2 項で構成されている．アインスリーは，長さスケールとしてウェイク幅 b を，また，速度スケールとして自由流れ風速とウェイク中心線風速の差を使用し，周囲への拡散項を K_M として，渦粘性を次式のように表している．

$$\varepsilon=F[k_1 b(U_0-U_c)+K_M] \tag{9.7}$$

ここで，k_1 は無次元定数で，最初にアインスリーが風洞試験データに基づき 0.015 を提案したが，ほかの値も提案されている．係数 F は，ファーウェイクでは 1 であるが，ウェイク乱流が発生する前のニアウェイクでは，より小さい値が仮定される．周囲への拡散項は，摩擦速度 u^* と地上高 z により，次式のように決定される．

$$K_M=\frac{\kappa u_* z}{\varphi} \tag{9.8}$$

ここで，κ はフォン・カルマン定数（0.4）であり，$\varphi=1$ は中立大気安定度を示す．これらの条件では，次式のように，対数シアープロファイル $U_0=(u^*/\kappa)\ln(H/z_0)$ が適用される．

$$\varepsilon=F\left[k_1 b(U_0-U_c)+\frac{\kappa^2 HU_0}{\ln(H/z_0)}\right] \tag{9.9}$$

ここで，H はハブ高さである．2.6.3 項の $\sigma_u\approx 2.5u_*$ より，$\kappa\approx 1/2.5$ であることに注意すると，乱流強度は $I_0=\sigma_u/U_0\approx 1/\ln(z/z_0)$ となる．よって，K_M は乱流強度に比例することになり，

$$\varepsilon=F[k_1 b\,(U_0-U_c)+\kappa^2 HU_0 I_0] \tag{9.10}$$

となる．渦粘性 ε は，ロータ直径 D と風速 U_0 で無次元化した以下の無次元形式がよく使用される．

$$\bar{\varepsilon} = F\left(k_1 \frac{b}{D}\delta + \kappa^2 \frac{H}{D} I_0\right) \tag{9.11}$$

ここで，δ は中心線速度欠損比である．

このような渦粘性の定義は，WindFarmer コード（DNVGL 2014）やアインスリーモデルなどで長年使用されてきた．さらに，$H \approx D$ に近似することもあるが，これにより不整合が生じる可能性がある（Gunn 2019）．

近年，大気安定度を考慮することの重要性がますます認識されている．Ruisi と Bossanyi (2019) は，実験データによく一致する大気安定度依存モデルを提案した．上記の式 (9.8) の φ は，中立大気安定度で 1 であり，Högström（1988）より，オブコフ長さ（Obukhov length）L に応じて次の式に置き換えられる．

$$\begin{cases} \varphi = 1 + \dfrac{5H}{L} & （安定，L > 0） \\ \varphi = 1 & （中立） \\ \varphi = \left(1 - 19.3\dfrac{H}{L}\right)^{-0.25} & （不安定，L < 0） \end{cases} \tag{9.12}$$

さらに，せん断プロファイルは $U_0 = (u_*/\kappa)\ln(H/z_0 + \psi)$ となる．ここで，追加の大気安定度補正項 ψ も L の関数である．Dyer（1974）および Högström（1988）によると，

$$\begin{cases} \psi = -\dfrac{5H}{L} & （安定，L > 0） \\ \psi = 0 & （中立） \\ \psi = \ln\left[\dfrac{(1+x^2)(1+x)^2}{8}\right] - 2\arctan x + \dfrac{\pi}{2} & （不安定，L < 0） \end{cases} \tag{9.13}$$

となる．ここで，$x = (1 - 19.3H/L)^{0.25}$ である．

ψ を用いた無次元渦粘性は，以下のように表される．ただし，ψ の影響は一般に小さい．

$$\bar{\varepsilon} = F\left[k_1 \frac{b}{D}\delta + \frac{\kappa^2 H U_0}{\varphi \ln(H/z_0 + \psi)}\right] \tag{9.14}$$

ファーウェイク領域では，ウェイクのコアと翼端渦が減衰すると，ウェイク中の速度プロファイルは次式のようにガウス分布の形状とみなせる．

$$U = U_0 - \Delta U = U_0\left[1 - \delta \exp\left\{-3.56\left(\frac{r}{b}\right)^2\right\}\right] \tag{9.15}$$

ここで，U_0 は周囲の風速であり，δ は中心線速度欠損比である．この方程式は，渦粘性を定義する際にウェイク幅 b の定義として使用される．速度プロファイルは自己相似的に減衰する．つまり，ガウス分布の形状は維持しながら，流れの運動量を保存するため，ウェイク幅 b の増加に従い中心線速度欠損比 δ が減少する．単位面積あたりの運動量フラックス変化 $\rho U \Delta U$ を，半径 $r = 0$ から無限大までと全方位（0° から 360° まで）の領域で積分すると，運動量の全体的な変化が得られる．ここで，ρ は空気密度である．これはロータスラスト $(1/2)\,\rho U_0^2 A C_T$ と等しいため，ガウス幅パラメータ b は δ の関数として次式のように計算できる．

$$b = D\sqrt{\frac{3.56C_T}{8\delta(1-0.5\delta)}} \tag{9.16}$$

ここで，D はロータ直径であり，C_T は，ウェイクが生成された際のロータスラスト係数を表すため，一定である．また，運動量は保存されるため，この方程式はさらに下流のすべての距離で成り立つ．残っているのは，下流方向の δ の変化を計算することだけである．

まず，Ainslie（1988）により提案されてその後広く使用されている経験的表現では，$2D$ 下流での中心線上の速度欠損を次式のように与える．

$$\delta_{(x=2D)} = C_T - 0.05 - \frac{(16C_T - 0.5)I_0}{10} \tag{9.17}$$

さらに下流のウェイク拡大は，上記で定義された渦粘性を使用して，式 (9.6) から求められる．Anderson（2009）は，これに対し有用な方法を導き出した．ここで必要なのは，式 (9.15), (9.16)，ならびに，中心線速度欠損の発達のみである．次の連続の方程式

$$\frac{\partial U}{\partial x} = -\frac{1}{r}\left(r\frac{\partial V}{\partial r} + V\right) = -\frac{\partial V}{\partial r} - \frac{V}{r} \tag{9.18}$$

は非圧縮性流れに対して有効であり，対称性により，中心線に近づくと $\partial V/\partial r \to 0$ で $V = -r\partial U/\partial x$ となる．これを式 (9.6) に代入し，次に，r と $\partial U/\partial r$ が両方ともゼロである中心線上で，中心線速度 U_c について次式を得る．

$$\frac{\partial U_c}{\partial x} = \frac{\varepsilon}{U_c}\left(\frac{1}{r}\frac{\partial U_c}{\partial r} + \frac{\partial^2 U_c}{\partial r^2}\right) \tag{9.19}$$

右辺の導関数は，式 (9.15) のガウス形状から得られる．U_0 と D で正規化した無次元形式で，これらを方程式に代入し，中心線のみを見ると，$r = 0$ で指数は 1 であり，正規化された中心線速度 $u_c = U_c/U_0 = 1 - \delta$ は次の微分方程式で定義される．

$$\frac{du_c}{dx'} = 16\bar{\varepsilon}\frac{u_c^3 - u_c^2 - u_c + 1}{u_c C_T} \tag{9.20}$$

u_c はこの式を数値的に解くことで得られ，任意の下流側の位置 $x = Dx'$ に対して δ が得られる．次に，式 (9.16) を使用して，その点におけるガウス幅パラメータ b を計算でき，これにより，ウェイク速度欠損が定義される．

ほかのガウス型のウェイクモデルも提案されている．式 (9.15), (9.16) は依然正しいが，中心線のウェイク速度欠損の風下の発達は，別の形で定義されている．たとえば，Bastankah と Porté-Agel（2016）のモデルでは，後述のように，ニアウェイクの位置 x_0 よりも下流側でウェイクの幅が直線的に増加する．Ishihara と Qian（2018）は，ウェイクの成長率をスラスト係数と乱流の関数とすることにより，これをさらに発展させている．これらのモデルは，測定データに合わせて調整できる経験的パラメータを備えているという点で柔軟性がある．より多くのパラメータを調整できるほど，モデルをデータに適合させることができるが，普遍的に適用可能なパラメータセットがあるかは明らかでない．

■ウェイクの乱れ

ウェイク中心線と周囲流との間の速度勾配により引き起こされる周囲乱流，および，せん断により生成される乱流に加えて，風車自体が，ブレードにより放出される翼端渦，および，ブレード，ナセル，タワーによって，乱流を発生させる．これらの風車本体により発生する乱流成分は比較的周波数が高く，より急速に減衰する．また，大きな渦は小さな渦を発生させ，乱流エネルギーは，最終的に熱として放散されるまで，高い周波数に移動する．Bossanyi（1983）のモデルは，低風速で大気乱流強度が高い場合は，崩壊の速度が速いことを予測している．

単一ウェイク中の速度欠損は上記のように十分合理的に予測できるが，ウェイクにおける乱流レベルの理論モデルは十分に開発されていない．ウェイク中の乱流は，ウェイクの影響を受ける風車の荷重と，その風車によるウェイクの両方に影響を与えるため，ウィンドファーム内の複数ウェイクの状況において重要になる．

Quarton と Ainslie（1989）は，小型風車モデルまたは金網でロータを模擬したモデルによる風洞試験と，自由流れ中の実機風車の両方で，さまざまなウェイクの乱流を測定し，風車から下流の距離 x に対する追加乱流強度 I_+ の実験式（次式）が，さまざまな測定値によく合うことを明らかにした．

$$I_+ = 0.048(C_T)^{0.7}(100I_0)^{0.68}\left(\frac{x}{x_n}\right)^{-0.57} \tag{9.21}$$

ここで，C_T は風車のスラスト係数，I_0 は大気乱流強度，x_n はニアウェイク領域の長さである．その後，Hassan（1992）により，次式の改良モデルが提案された．

$$I_+ = 0.057(C_T)^{0.7}(100I_0)^{0.68}\left(\frac{x}{x_n}\right)^{-0.96} \tag{9.22}$$

追加の乱流は，平均風速により正規化された追加の風速分散の平方根，すなわち，$I_+ = \sqrt{I_{\mathrm{wake}}^2 - I_0^2}$ として定義される．ここで，I_{wake} は，任意の下流距離におけるウェイク内の乱流強度である．

ニアウェイク領域の長さ x_n は，ロータ半径 R とスラスト係数 C_T により，次のように計算される（Vermeulen 1980）．

$$x_n = \frac{nR\sqrt{(m+1)/2}}{dr/dx} \tag{9.23}$$

ここで，

$$m = \frac{1}{\sqrt{1-C_T}} \tag{9.24}$$

である．なお，C_T は最大 0.96 である．また，

$$n = \frac{\sqrt{0.214+0.144m}(1-\sqrt{0.134+0.124m})}{(1-\sqrt{0.214+0.144m})\sqrt{0.134+0.124m}} \tag{9.25}$$

である．dr/dx はウェイクの成長率であり，次式のように三つの要素を含む．

$$\frac{dr}{dx} = \sqrt{\left(\frac{dr}{dx}\right)_\alpha^2 + \left(\frac{dr}{dx}\right)_m^2 + \left(\frac{dr}{dx}\right)_\lambda^2} \tag{9.26}$$

ここで，

$$\left(\frac{dr}{dx}\right)_\alpha = 2.5I_0 + 0.005 \qquad \text{：周囲の乱流による成長率の影響}$$

$$\left(\frac{dr}{dx}\right)_m = \frac{(1-m)\sqrt{1.49+m}}{9.76(1+m)} \qquad \text{：せん断により生成された乱流の影響}$$

$$\left(\frac{dr}{dx}\right)_\lambda = 0.012B\lambda \qquad \text{：風車による機械的乱流の影響}$$

（B はブレードの数，λ は翼端周速比）

である．

Crespo と Hernandez（1996）により，全般的に上記と同様の結果を与える代替モデルが，次のように提案されている．

$$\begin{aligned} I_+ &= 0.73a^{0.8325}(I_0)^{0.0325}\left(\frac{x}{D}\right)^{-0.32} \qquad (x/D \geq 3) \\ I_+ &= 0.724a \qquad (x/D < 3) \end{aligned} \tag{9.27}$$

ここで，a は誘導係数であり，スラスト係数とは以下の関係がある．

$$a = 0.5(1 - \sqrt{1 - C_T}) \tag{9.28}$$

追加乱流に関するこれらの経験的モデルは，ニアウェイク領域には適用できない．式(9.21), (9.22)は $x/x_n > 1.5$ へ，式(9.27)は $x/D \geq 3$ への適用が想定され，より近距離の領域では I_+ の値は一定と仮定される．

これらのモデルによりウェイク領域の乱流強度を定義できるが，これらは，実際には複雑で不均一な流れ現象をかなり単純化したものである．これらのモデルでは，追加の乱流は，周囲の乱流強度の増加分として単純にモデル化できると想定している．これは，周囲乱流の長さスケールが維持されることを暗黙的に想定しているが，実際には，追加乱流ははるかに短い長さスケールで生成される可能性がある．また，これらのモデルでは，追加乱流の空間分布については何も述べていない．追加乱流は明らかに人工的な仮定であるが，通常，シルクハット型の分布，すなわち，風車の背後の円筒形の領域でのみ見られると想定される．WindFarmer コードでは円柱の半径は b とみなされるが，バスタンカー（Bastankah）は実質的に $0.75b$ とみなした．部分的にウェイクの影響を受けている風車の場合，乱流分布は下流の風車のロータ領域全体で平均化される．物理的な信頼性を高めるため，石原（Ishihara）は，ウェイク断面に追加乱流分布として二重ガウス関数を用いることを提案している．これは，各ロータ先端の位置にピーク値があり，ガウス半値幅は速度欠損の場合と同じものである．

ウェイク乱流は，下流の風車の荷重に影響を与えるため重要である．通常，荷重は，周囲の乱流強度がその値まで増加した場合と同じ荷重の条件で，総乱流強度の関数として単純に特徴付けられるが，これはさまざまな影響を無視している．たとえば，長さスケールは周囲の乱流よりも短くなる可能性があり，その特性はロータ全体で変化する可能性がある．さらに，不均一な速度場をブレードが通過することも荷重に影響する．

ウェイク乱流は，また，ウェイクの成長と散逸に影響を与える可能性があるという意味でも重要である．アインスリーモデルでは，渦粘性は乱流の関数であり，WindFarmer コードへの実装などでは，ウェイクの乱れがこれらに影響し，ウェイク中で運転される風車のウェイクの発達を変化させると想定している．対照的に，Floris コードに実装されたバスタンカーモデルは，周囲の乱流のみに依存する線形成長率を想定しているため，ウェイクの影響を受けた風車のウェイクについても違いはない．

■ヨーによるウェイク偏向

風車が風に正対していない場合，そのウェイクは片側に偏向することが確認されている．偏向したウェイクは曲がった軌道をたどり，偏向角は下流に行くに従い小さくなる．この効果は，ウェイクステアリングに利用できる（9.3 節参照）．この現象は，スラストがロータに対してほぼ垂直であり，風向に対して垂直な成分をもつことと，ウェイクの運動が，運動量の保存により，流れに垂直な成分をもつことにより発生する．ヒメネス（Jimenez）は，適切なコントロールボリュームに質量と運動量の保存則を適用することにより，一様な（ジェンセン）風速欠損を仮定して，ウェイクの内部と外部の気流の向きの間の角 α の式を次のように求めた（Jimenez 2010）．

$$\alpha = -\frac{f_z}{\rho A_w U_0^2} \tag{9.29}$$

ここで，f_z はスラスト，A_w はウェイクの断面積，ρ は空気密度である．ヒメネスは α をスキュー角とよんでいるが，ここでは，ウェイクの中心線とロータ軸の間の角度であるスキュー角 χ（第 4 章）と区別するために，偏向角（deflection angle）とよぶ．式 (9.29) は，速度欠損が小さく，α も小さいと仮定しており，ウェイクが下流に広がるにつれて偏向角が減少することを示している．横力はスラスト係数 C_T とロータのヨーミスアライメント γ に依存するが，風車をヨーイングする場合は，C_T の定義を明確にすることが重要である．一般に，$F = (1/2)\,\rho V^2 A C_T$ であるが，ヨー角をもつロータの場合，F は実際のスラスト $F_\perp$ であり，常にロータに厳密に垂直であると想定されるか，あるいは，力の風向成分 $F_\perp \cos\gamma$ であると想定される．同様に，V は実際の風速 U_0，またはロータに垂直な成分 $U_0 \cos\gamma$ であると想定される．

以上のように，C_T には四つの定義があり，モデルの作成者によって，定義も異なる場合もある．ヒメネスは，F と V は両方ともロータに対して垂直とし，$C_T^{(\mathrm{J})} = 2F_\perp/\rho A(U_0\cos\gamma)^2$ であり，横力成分は次式のとおりとしている．

$$f_z = -\frac{1}{2}\rho A C_T^{(\mathrm{J})}\left(U_0\cos\gamma\right)^2\sin\gamma \tag{9.30}$$

よって，ウェイク変位角は次式で示される．

$$\alpha = \frac{C_T^{(\mathrm{J})} A}{2A_w}\cos^2\gamma\sin\gamma \tag{9.31}$$

ジェブラード（Gebraad）は，図 9.1 に示したウェイクの線形成長率 k_w を使用して，変位角の接線を積分することにより，横方向の変位を求めた．2次のテイラー近似により，ウェイク中心線の変位 y_γ は次式により与えられる．

$$\frac{y_\gamma}{D} = \frac{\alpha_0}{30\,k_w}\left[\frac{15\zeta^4 + \alpha_0^2}{\zeta^5} - (15 + \alpha_0^2)\right] \tag{9.32}$$

ここで，$\alpha_0 = (C_T^{(\mathrm{J})}/2)\cos^2\gamma\sin\gamma$, $\zeta = 1 + 2\,k_w x/D$ で，x はロータから下流方向の距離である．この表記は，ガウス分布などのほかのウェイク欠損モデルにも，k_w を単なる計測データに対するフィッティングパラメータとして使用される．

これを，ヨー角をもつ条件のウェイク欠損モデルに適用する場合には，とくに C_T の定義に関しては注意を要する．たとえば，アインスリーモデルを使用する場合は，ウェイク欠損は，気流方向の運動量のつりあいから計算される．ヨー角をもたない場合のスラスト $F = 1/2\,\rho V^2 A C_T$ において，F も流速 V も気流方向の値であるため，ヨー角をもつロータには，$C_T^{(\mathrm{A})} = 2F_\perp\cos\gamma/(\rho A U_0^2) = C_T^{(\mathrm{J})}\cos^3\gamma$ を使用するべきである．

バスタンカーにより採用されたスラスト係数の定義はこれとは異なり，実際のスラストと風速から $C_T^{(\mathrm{B})} = 2F_\perp/(\rho A U_0^2)$ のように定義される．彼らの論文では，ヨー角をもつロータのウェイクを，CFD 計算，または，風洞試験の結果に基づき，一対の逆回転の渦が発生することを仮定して，明確に扱っている．ガウス分布のウェイク欠損の鉛直方向の分布は，幅 b（式 (9.16)）により次式で与えられる．

$$b_v = D\sqrt{7.12}\sigma_v = D\sqrt{\frac{7.12\left(1 + \sqrt{1 - C_T^{(\mathrm{B})}\cos\gamma}\right)}{8\left(1 + \sqrt{1 - C_T^{(\mathrm{B})}}\right)}} \tag{9.33}$$

一方，水平方向の分布は，$b_h = b_v\cos\gamma$，または，$b_h = D\sqrt{7.12}\sigma_h$ で，$\sigma_h = \sigma_v\cos\gamma$ である．また，ウェイク変位角の初期値は次式で与えられる．

$$\alpha_0 = \frac{0.3\gamma}{\cos\gamma}\left(1 - \sqrt{1 - C_T^{(\mathrm{B})}\cos\gamma}\right) \tag{9.34}$$

この値はニアウェイク内（$< x_0$）では一定で，位置 x（$\le x_0$）における横方向のウェイク変位は $y_\gamma = \alpha_0 x$ である．ここで，

$$x_0 = \frac{D\cos\gamma\left(1 + \sqrt{1 - C_T^{(\mathrm{B})}}\right)}{\sqrt{2}\left[2.32I_0 + 0.154\left(1 - \sqrt{1 - C_T^{(\mathrm{B})}}\right)\right]} \tag{9.35}$$

である．さらに下流側（$x > x_0$）における横方向の変位は，次式のようになる．

$$y_\gamma = \alpha_0 x_0 + L_y \ln\left[\frac{\left(1.6+\sqrt{C_T^{(B)}}\right)\left(1.6S_y-\sqrt{C_T^{(B)}}\right)}{\left(1.6-\sqrt{C_T^{(B)}}\right)\left(1.6S_y+\sqrt{C_T^{(B)}}\right)}\right] \tag{9.36}$$

ここで，

$$S_y = \sqrt{\frac{8\sigma_h\sigma_v}{\cos\gamma}}$$

$$L_y = \alpha_0 D\sqrt{\frac{\cos\gamma}{C_T^{(B)}}}\frac{2.9+1.3\sqrt{1-C_T^{(B)}}-C_T^{(B)}}{14.7\,k_w}$$

で，k_w はウェイクの線形成長率である．

渦対のさらなる効果は，ハブ高さでのウェイク中心線の偏向をさらに増加させ，ウェイク欠損を楕円形ではなく腎臓形にすることである．これは，フレミング（Fleming）らにより，実機ナセルに後ろ向きに取り付けたライダーによって測定された（Fleming et al. 2018）．フレミングは，渦対が下流の風車に到達すると，その風車にヨーミスアライメントのない場合でも，そのウェイクを偏向させることを示している．「二次ウェイクステアリング」とよばれるこの効果は，ウェイクステアリング制御からの追加の利点をもたらす可能性がある．Altun（2019）および King ら（2020）は，この効果をモデル化するためのさまざまな方法を提案している．

■ウェイク重ね合わせ

ウィンドファーム内では，風車は同時に複数の上流風車のウェイクにさらされる可能性がある．ウェイクにエンジニアリングモデリングを使用する場合，下流の風車に対するいくつかのウェイクの複合効果を計算するために，ウェイク重ね合わせモデルが必要である．下記のようないくつかのモデルが文献で紹介されている．

優勢ウェイクモデル（dominant wake model）：下流の風車が複数のウェイクを受ける場合，もっとも下流の風車に最大の影響を与えるウェイク（通常は上流側のもっとも近い風車）のみが考慮され，ほかのウェイクは無視される．ここで，「最大の影響」はさまざまに解釈できる．通常，ロータ領域で積分された速度欠損比により支配的なウェイクを選択するが，ロータ領域の点ごとに適用することもでき，結果として生じる欠損はロータ領域で積分される．これら二つのアプローチの違いは小さいと思われる．また，ウェイクの乱れも同じように扱うことができ，もっとも大きいウェイクの乱れ（ロータ全体または各点）が使用される．欠損と追加の乱れの両方の点で同じウェイクが支配的になるのが一般的であるが，異なることもある．ウィンドファームの測定値により，直線的に整列された風車列に対して優勢ウェイクの重ね合わせがうまく機能することが示されているが，より一般的な適用性を実現するには，経験的な「大規模ウィンドファーム」の修正が必要になる場合がある．

速度欠損和（運動量保存則）モデル：初期のモデルでは，下流の風車位置におけるすべてのウェイクからの速度欠損比の単純な合計（ここでも，ロータ積分または各点のいずれかの手法が可能である）が1を超えるのを防ぐために，なんらかの調整を行う必要があった．バスタンカーは，絶対速度欠損，つまり，ウェイクなしの場合と比較した風速の低下を合計する手法を用いた．これは，運動量保存則とより一致している．これに関してもさまざまな方法がある．各ウェイクの絶対欠損は，自由流の風速，または，そのウェイクを生成する風車での流入風速（風車自体がウェイクを受ける可能性がある点で自由流とは異なる）との比較により決定することができる．後者の方法は，運動量保存則とより一致していると考えられること，ならびに，ウェイクを受けた風車はそれ自体の流入風速のみを受け，自由流の風速はわからないことから，より物理的であるとみなすことができる．

速度欠損積モデル：速度欠損の合計が1を超える問題を回避するために，欠損比をかけ合わせることを提案した研究者もいる．これは直感的に理解できるが，明確な物理的根拠はない．

平方根二乗和（エネルギー保存則）モデル：運動エネルギー保存則に基づいて，速度の2乗で表される運動エネルギーの欠損を合計することを提案する研究者もいる．カティック（Katic）らは，速度欠損の2乗の合計 $(U_0 - U)^2 = \sum(U_0 - U_i)^2$ を計算することを提案している．ガン（Gunn）は，運動エネルギーを保存するために，実際には $U_0^2 - U^2 = \sum(U_0^2 - U_i^2)$ を使用する必要があると指摘している．運動量保存則に関しては，U_0 に自由流風速ではなく風車流入風速を使用するほうが正しい．また，風車流入風速を用いるモデルでは発生する乱流運動エネルギーの変化を考慮していないため，運動エネルギーよりも運動量を保存するほうが正しいとの主張もある．

その他のモデル：Gunn ら（2016）は，CFD により，風車が直線的に並んでいる場合には，速度欠損の優勢ウェイクモデルがよく機能する一方で，線形結合法は欠損を大幅に過大評価しており，それに対して，ウェイクが中心から外れている場合には，線形結合モデルのほうがうまく機能すると結論付けた．続いて，Gunn（2019）は，風車が小さい間隔で配置されているときにウェイクを変更するストリームチューブ拡張モデルと組み合わせて，平方根二乗和モデル（線形結合モデルの場合もある）を使用することを提案している．これは，下流側の風車のまわりの流れにおける発散する流線も，同様の方法で衝突するウェイクを拡大させるという考えである．結合されたモデルには強力な物理的根拠があり，風車が風に正対しているか否かに関係なく良好な結果が得られ，大規模ウィンドファームに対して用いられていた経験則による修正を不要にできる可能性がある．直接調整された風車のウェイク拡張係数 e は，風下側の風車の誘導係数（式 (9.28)）と運動量保存則により，次のように計算できる．

$$e = D\sqrt{1-a}\left(\frac{1}{\sqrt{1-2a}} - 1\right) \tag{9.37}$$

影響を及ぼすウェイクの幅はこの量だけ増加し，それに応じて，式 (9.3) の運動量保存により，速度欠損は減少する．風車の位置がずれている場合，ガンは，ロータの中心からウェイクの中心線までの距離のガウス関数（経験的に適合したパラメータを使用）として，ウェイク拡

張係数 e が減少する近似を提案している．

乱れの重ね合わせ：追加の乱れの重ね合わせにも同様のモデルを想定でき，原理的に速度欠損の重ね合わせモデルとは独立して選択できるが，これについては，さらなるモデルの開発と実験による検証が必要である．

■ウェイクの蛇行と移流

上記のエンジニアリングウェイクモデルは，一つまたは複数の風車の背後に定常状態のウェイク風場を生成する．しかし，実際には，風の流れは絶えず変化しているため，ウェイクの風の場も時間とともに変化する．たとえば，風速の横方向および縦方向の低周波変動は，ウェイクを上下左右に蛇行させる．このプロセスは，ウェイク蛇行として知られている．Larsen ら（2008）は，主流方向の平均風速で下流に輸送され，ローパスフィルタ処理された乱流速度成分に従って横方向および縦方向に押される「瞬間的な」ウェイク欠損を繋げることにより，これをモデル化した．ここで，ロータ直径の 2 倍以下の長さの波長の乱流成分を，ローパスフィルタ処理により除去している．これは，Larsen ら（2013）のウィンドファームの測定値との比較により，現実的な計算法であることが示されている．このようなモデルは，IEC 61400-1 規格の最新版（IEC 61400-1 2019）でも提案されている．

Ainslie（1988）は，時間平均ウェイク幅が風向の標準偏差に応じた量だけ増加する蛇行補正を提案している．

逆に，LongSim モデル（Bossanyi 2018）では，蛇行の影響を含む 10 分間の測定データでウェイクパラメータを調整し，動的な時間領域シミュレーションに適した，より狭く，より深い瞬間的なウェイク欠損を発生させる．

これらのウェイクモデルを，風車のスラスト，ヨー角などが変化する時間領域のシミュレーションに使用する場合には，風車により生成されるウェイクの特性も時間とともに変化させる．ウェイク特性のいかなる変化も，下流側に移流する．風車の背後の風速はウェイク欠損により低下しているため，移流が平均風速で発生する可能性は低い．この効果の定量化に利用できる文献の情報はほとんどないが，de Mare（2015）はいくつかの結果をレビューし，移流速度は自由風速の約 80%だが，それは乱れと下流の距離にも依存することを示唆している．また，ウェイク蛇行からの類推により，その一部を主流方向の低周波の乱流変動が担うことが予想される．

9.2.5　ウィンドファームモデル

上記のように，CFD（LES と RANS の両方）モデルにより，大気とウェイクの流れを含むウィンドファーム全体の現象を解析できる．また，風車の空力弾性モデルに結合することにより，風車における風の流れと詳細な構造および制御の応答を同時にモデル化できるものもある．このような忠実度の高いモデルの実行には大きなコストがかかるため，上記のエンジニアリングウェイクモデルを組み込んだ，より高速なモデルが開発された．これは，ウィンドファームコントローラの設計とテストに使用するうえではるかに実用的である．これらのモデルでは，一般に，ウェイクは基礎となる周囲の流れ場に単純に埋め込まれ，下流側の風車の存在によっては変化しないと想定される．流れの表現は大幅に簡略化されているが，多くの場合には十分であり，また，風車を高レベルの忠実度でモデル化することもできる．明らかに，用途ごとに必要な精度により，適切なモデルを選択することが重要である．

ウィンドファームの初期のエンジニアリングモデルであるSimWindFarmコード（Grunnet et al. 2010）は，Aeolusプロジェクトにおいて開発された．各風車位置における風の場は，IEC規格のスペクトルと空間相関に従って生成された時系列のデータで，平均風速と風向は一定で，ジェンセンのウェイク効果（図9.1）が使用されている．風車は，空力特性をルックアップテーブルで定義する簡略化された空力弾性モデルと，疲労荷重をある程度表すことができるように，ドライブトレインとタワーに関するいくつかの構造自由度で表される．LongSimモデル（Bossanyi 2018）は，基本的な概念はSimWindFarmコードと似ているが，いくつかの拡張機能がある．平均風速と平均風向はサイト状態により異なる可能性があるが，このモデルは，現実的に変化する状態を追跡するコントローラの影響を考慮でき，上記のようなさまざまなウェイクモデルと機能を利用できる．監視制御を含む風車コントローラが詳細にモデル化され，系統シミュレータ（Bossanyi et al. 2020）にもリンクされているため，コントローラの機能の調整と，高速周波数調整などの電力系統のアンシラリーサービスの評価にも使用できる．また，風車荷重は，空力弾性コードBladedによる事前の計算結果のデータベースから推定される．

ほかのモデルは，ナビエ－ストークス方程式のさまざまなレベルの単純化により，流れ場における中間レベルの忠実度を目指している． たとえば，アインスリーウェイクモデルで使用される渦粘性方程式は，ウィンドファーム全体に拡張することができる．その他の中程度の忠実度モデルの例として，FarmFlow，Fast.Farm，WFSimがある．これらはすべて，上記のSimWindFarmやLongSimと同様に，Bossanyi et al.（2018）に記載されている．

このレポートには，前述の高忠実度モデルSOWFAも記載されている．これは，流れシミュレーションにLESを使用し，個々の風車の構造やコントローラの応答を解析して，風車荷重を計算できるようにしたものである．ほかの忠実度の高いモデルには，PALMやEllipsis3Dがある（Andersen 2015）．

9.3　アクティブウェイク制御法

アクティブウェイク制御とは，各風車の制御設定値を最適化して，ウィンドファームの全体の性能を最適化することである．9.3.2項で説明するように，最適化の対象は，発電電力量，荷重，その他である．

9.3.1　ウェイク制御の種類

アクティブウェイク制御のおもな方式について，以下で説明する．

■セクターマネジメント（Sector management）

ウェイクの影響が問題となることがあるウィンドファームで長年使用されてきた簡単な方法は，疲労荷重や振動など，ウェイクの影響が大きくなったときに一部の風車を停止させることである（間隔の狭い列において1基おきに停止させるなど）．この方法は発電電力量の大幅な損失をもたらすため，最適な解決策にはならない．

ウェイクの相互作用を理解することにより，特定の風の状態で停止させる風車の最適な組み合わせを事前に決定することもできる．しかし，一部の風車の出力を抑制するほうが，停止させるよりも優れた解決策になる可能性がある.

■誘導速度制御

上流側の風車の制御によりスラストを低減し，ウェイクの影響を低減することができる．これにより，下流側の風車の出力は増加するが，上流側の風車の出力は低下するので，両者のバランスをとる必要がある．総発電電力量の増減は，詳細な状況により変化する．なお，下流側の風車における乱れの低下により，ほとんどの疲労荷重は低減するが，風速の上昇により増加する可能性もある．このように，多くの風車が相互作用しているため，各風車の最適なスラストの決定は簡単ではない．

制御によるロータスラストの低減方法はいくつかある．もっとも簡単な方法は，ロータ速度を維持しながらピッチ角を大きくすることである．また，スラスト低減による発電電力量の損失を最小限に抑えるためには，ロータ速度をある程度変更することが望ましい場合がある（9.4.1 項参照）.

■ウェイクステアリング制御

風車ヨーミスアライメントにより，風車に横方向の力が発生する．さらに，運動量保存により，ウェイクが横方向に移動する（9.2.4 項参照）．これにより，ウェイクステアリング制御の概念が生まれた．図 9.3 に概略を示すように，風車のヨーミスアライメントを調整することにより，ウェイクが移動して下流側の風車から離れる．上流側の風車では，ロータを横切る非対称の流れにより出力が低下し，独立ピッチ制御（8.3.9 項参照）により軽減されない場合は，疲労荷重も増加する．また，スラストの低下により荷重が低下する場合や，下流側の風車で発電電力量が増加し，荷重が低下する場合もある．誘導速度制御と比較して，ウィンドファーム全体のヨーオフセットの最適化は簡単ではない．特定の風車のヨーイングとウェイクの影響は風向により変化するため，荷重に対する寿命の影響は，風の状態の長期的な頻度分布に依存する.

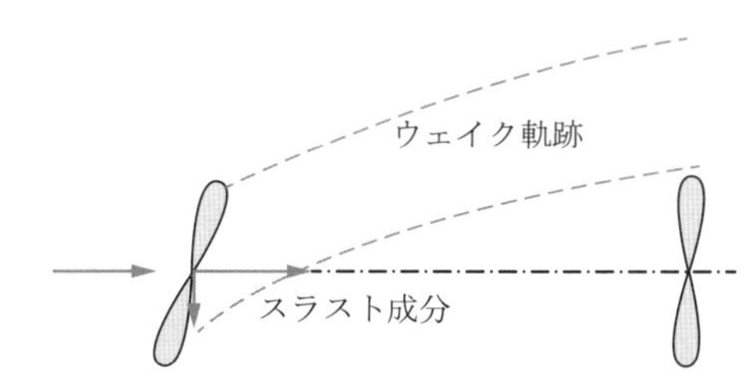

図 9.3　ヨーイングによるウェイクステアリング制御（概要）

■誘導速度制御とウェイクステアリング制御の組み合わせ

一般に，スラストとヨーの設定値を同時に最適化して全体的な最適化を行うためには，誘導速度制御とウェイクステアリング制御を組み合わせることが望ましい（Bossanyi 2018)．その最適化プロセスにより，各風車で変更する設定値が自動的に決定される.

■その他の有望な技術

誘導速度制御とウェイクステアリング制御以外に，いくつかの制御コンセプトが提案されているが，これらは現段階では非常に投機的である．興味深い技術として，風車スラストを動的に変化させて，ウェイク散逸を強化することがある．これにより疲労荷重は確実に増加するが，実際にスラストを変化させる頻度はかなり低いため（Munters and Meyers 2018），全体的なメリットが得られる可能性がある．

ほかの有望な候補としては，独立ピッチ制御によりウェイクを乱し，ウェイクの散逸を増加させることがある（Frederik et al. 2020）．これは，非対称荷重の変動を増加させるが，全体的なスラストは増加させない．

9.3.2　制御目的

ウィンドファームのウェイク制御の究極的な目的は，ウィンドファームの経済性を改善することである．これは通常，均等化発電コスト（Levelised Cost of Electricity: LCoE）で評価される．LCoE は，すべての資本，運用，および，耐用年数のあとのコスト（一定の時点まで割引）の合計をライフサイクルの発電電力量で除したものである（付録 A12 参照）．ウィンドファーム制御は，以下の面で LCoE に影響を与える可能性がある．

・発電電力量の増加
・疲労荷重の管理
・電力系統のアンシラリーサービス管理の改善

この項では，これら三つの目的について詳しく説明する．基本的に，適切な変数（出力，疲労荷重など）と適切な重み（各項の経済的重要性を反映するなど）を目的関数に含めることで目的を組み合わせることができ，この目的関数に対して制御系が設計される．制御設計方法は 9.3.3 項に概説する．

■発電電力量の向上

これは，通常のウィンドファーム制御のおもな目的とされる電力価格を考えると簡単に定量化でき，費用対効果に直接つながる．通常，発電電力量が 1%増加すると，LCoE が 1%低下する．ただし，いずれかの風車の制御によりその風車の出力が低下するため，一部の風車の出力損失をほかの風車の出力の増加が上回った場合にのみ，全体の出力を増加させることができる．これは，風車間の間隔と詳細なウェイク挙動に依存する微妙なトレードオフであり，気象条件によっても変化する可能性がある．さらに，風速と風向だけでなく，乱流，ウィンドシアー，気流のゆがみ，境界層高さに影響を与える大気安定度によっても変化する．したがって，予測される発電電力量の変化の信頼性は，使用されるモデルの精度に大きく依存する．

■疲労荷重の管理

ウェイクの乱れが大きいと，それに起因する風の勾配により，疲労荷重は大幅に増加する．負荷重の増加は，ブレード，ハブ，ベアリング，ドライブトレイン，ヨーシステム，タワーなど，多くの要素に影響を与える可能性がある．乱流の低下と風速の増加がウェイクの影響を受ける風車に相反する影響を与える可能性があるが，誘導速度制御により，すべての風車の荷重を低減できる可能性がある．ウェイクステアリング制御では，ウェイクの影響を受ける風車の荷重の低下は，ヨー偏差させた風車の非対称荷重の増加とのトレードオフになるが，これは，独立ピッチ制御により軽減できる可能性がある．ウィンドファーム内のウェイクの影響を受ける風車の荷重を完全に理解するには詳細なモデリングが必要であるが，このモデリングにより得られる全体的な荷重の削減は顕著である．

ただし，荷重削減の経済的価値の評価は，発電電力量の変化の影響の評価よりも困難である．いくつかのメリットは，プラントの設計変更により建設前の段階で実現される可能性があるが，ほかのメリットは建設後に実現される．

建設前のメリット：ウィンドファームの制御による荷重の削減に十分な信頼性の見通しが得られた場合には，設計段階でプラントを変更することにより，LCoE が低減される可能性がある．荷重が大幅に削減される場合は，少なくともウィンドファームの一部では，より低い乱流クラス用に設計された，より安価な風車，タワー，または基礎を選定できる可能性がある．あるいは，風車の間隔を狭めたり，特定のエリアでより多くの風車を設置したり，ケーブルや道路のコストを削減したりすることで，メリットを得ることができる．

建設後のメリット：追加の荷重を低減できれば，信頼性が向上し，ダウンタイムによる発電電力量損失や，運転・保守コストを削減できる可能性がある．また，疲労荷重の低減により寿命を延ばすことができるため，より長期間にわたって発電を行うことができる．

■電力系統アンシラリーサービスの管理の改善

特定の電力系統アンシラリーサービスの提供にウィンドファームからの有効電力の変更が含まれる場合，ウェイクの相互作用の制御により，これらのサービスの提供方法が改善される可能性がある．たとえば，総出力の抑制が必要な場合，すべての風車の出力レベルを必要な割合だけ下げるだけでは，ウェイク影響が減少し，風速が増加して，単に出力の削減量が要求値よりも小さくなるため，必要な効果は得られない．この場合，フィードバック制御により，総出力が達成されるまで風車の出力が減少し続ける．ただし，これは風車荷重の観点からは最適な方法ではなく．疲労荷重を最小限に抑えるように，もっとも荷重の高い風車で，ほかの風車よりも大幅に出力を抑制するほうがよい場合がある．

9.3.3 アクティブウェイク制御の設計法

ここでは，アクティブウェイク制御を設計するためのいくつかの方法を概説するが，これまでのところ，ウィンドファームに本格的に実装されているのは一つ目の方法だけである．9.3.4 項に示すように，これらはまだ実験段階である．なお，これらの方法は，誘導速度制御とウェイクステアリング制御にも同様に適用される．

■準静的フィードフォワード（開ループ）制御

この制御は比較的単純な概念であり，すべての風車（誘導速度制御，ウェイクステアリング制御，またはその両方）のさまざまな風の状態のマトリックスに対して事前に最適な設定値を計算し，データベースを作成するものである．そして，運転中に風の状態が与えられると，この設定値データベースから各風車の設定値を決定する．風の状態に関しては，少なくとも，風速，風向，乱流強度の組み合わせで定義する必要があるが，大気安定度も含めることができる．これらの風の状態は，サイトにマストがある場合は，マストの測定値から導き出すことができる．一般に，風の状態がウィンドファーム全体を代表するように，ローパスフィルタを適用する必要がある．あるいは，風車（少なくともウェイクの影響を受けていないもの）のSCADAデータを使用して，現在の風の状態を定義または推定するほうがよい場合がある．多くの風車コントローラでは，（ナセル風速計を使用せずに）ロータ平均風速が推定されており，風向はナセル方位計によって得られる．ヨー偏差に関しては，ナセルヨーベーン（風向計）の情報を適切にフィルタリングすることにより，ヨー制御を行う．次に，すべての風車からの測定値を組み合わせることにより，ファーム全体の風の状態を推定できる．

この種の制御法は，「高度なセクターマネジメント」ともよばれる．設定値をリアルタイムで最適化できる場合，つまり，風の状態が変化する時間（数分以内）よりも十分に短時間に実行できる場合は，幅広い条件に対応する最適な設定値を事前に計算する必要がなくなる．

この設定値は各定常風条件に対して計算されるため，この形式の制御は準静的とよばれるが，実装においては，変動風に従わなければならないので動的である．ウェイクステアリングの場合，風向が隣接する風車を結ぶ線の一方の側から反対側に変化する場合，最適なヨー設定値の向き（符号）が変化することを考慮するのも重要である．これには，反対側への移動を決定するために，なんらかのヒステリシスが必要になる．ヨーミスアライメントが一方向のみに制限される場合があり，この方向では，非対称荷重の一部が増加せず減少するが，これにより，発電電力量向上の効果の一部が犠牲になる．

風の状態は，正確に知ることはできず，ウィンドファーム全体で均一になることはないため，使用する設定値のスケジューリングには，風の状態の不確実性を考慮するのが有用である．想定される不確実性を，最適化プロセスに組み込むことができる．風速・風向などの風の状態について，適切な標準偏差をもつ多変量ガウス分布などの分布を中心点のまわりに仮定し，最適値が計算される．ただし，このような最適化プロセスには，かなりの時間がかかる．実用的な代替手段として，個々の風の状態に対して計算された設定値テーブルに，事後的にガウス分布を適用することにより補完したものが用いられる．これに関して，厳密な意味で理論的な正当性はないが，もとの手段と同様な結果が得られ，測定の不確かさに応じて動的に調整できる．Kernら（2019）は，実物大のウィンドファームでのフィールドテストに使用されるコントローラの設計において，両方のアプローチがどのように使用されたかを説明している．

このような準静的な制御法は，風の状態が時間とともに比較的ゆっくりと変化し，ウィンドファームエリア全体でかなり均一であるかぎり，適度にうまく機能すると予想される．実際，これはほとんどの条件に当てはまる．ただし，十分に機能するかどうかはウェイクモデルの精度に大きく依存しているため，より高度な動的フィードバック制御法に関する多くの研究が進められている．

■動的フィードバック（閉ループ）制御

この制御は，ウィンドファーム全体の詳細な測定値を使用して，ウェイクと風の流れをリアルタイムで追跡し，この情報を使用して個々の風車設定値を迅速に制御するものである．適切な測定値によるフィードバック制御ができる場合には，モデルの不正確性を補うことができ，条件の急激な変化に対する応答が改善する可能性がある．継続的に制御動作を再計算し，直後のメリット関数を最大化するモデルベースの予測制御が提案されている（Vali 2019など）．ただし，ここで，ある風車の制御動作と次の下流側の風車におけるその影響の検出との間のウェイク伝播遅延が問題になる．フィードバック制御のための測定には，風車の出力や荷重から，ウェイク位置を直接検出するための風の場のライダースキャンまで，あらゆるものが含まれる．高解像度の測定フィードバックは，基礎となるモデルの不正確さに対する感度を低下させ，はるかに高い動的応答を可能にする．

このような制御方式はまだ研究段階にあり，実利用において必要な状態推定にどのデータがどの程度有効であるかはまだ明らかではない．Doekemeijer ら（2018）は，風車で測定された出力を使用して，中程度の忠実度のウェイクモデルの状態を推定するシミュレーション結果を示している．Bertelè ら（2019）は，非対称ロータ荷重の測定値を使用して，風車に作用するウェイクを検知し，この情報を使用して，モデル化されたウェイク状態を更新するようにしている．Raach（2019）は，ライダーのデータを使用してウェイク軌道を測定するウェイクステアリング制御を解析した．

■機械学習

機械学習（machine learning）は非常に一般的な用語であるが，ウィンドファームの制御の一部として，さまざまな方法で使用できる可能性がある．極端な例として，純粋な「ブラックボックス」のアプローチでは，基礎となる複雑な物理モデルが不要になり，測定可能なメリットが得られる制御体系に収束するための設定値を実験して「学習」しようとする．もう一方の極端な例では，物理ベースのモデルにおいて，いくつかの不確実なパラメータを強化または調整するために使用できる．これはより現実的な目標で，使用前に必要なトレーニングデータを大幅に削減できる可能性がある．

9.3.4 アクティブウェイク制御のフィールドテスト

アクティブウェイク制御の設計とテストにおいて，使用するモデルの精度は非常に重要である．多くの場合，その結果はウェイク特性の詳細に非常に敏感であり，ウェイク特性自体がさまざまな大気条件により大幅に変化する．風洞試験と忠実度の高い LES モデルは，いくつかの点で信頼性を高めるのにある程度は役立つが，不確実性は残る．その解決には，本格的なウィンドファームでの大規模で慎重に計画されたフィールド試験が必要であるが，これまでに実施された実験はごくわずかである．Kern ら（2019）は，LES モデルに対するモデル検証，風洞試験，および，実物大のフィールド試験について述べている．

これらのテストは，とくに空間と時間の両方で大幅に変動する風況で，多くのノイズがある中で，わずかな発電電力量の増加が識別できるように注意深く設計する必要があるが，正確に測定することは非常に難しい．単一の風車の制御については，トグルテストが不可欠である．これは，制御動作のオン／オフを定期的に切り替えるものであるが，この周期は，ウェイクの変化がファーム全体に伝播するのに十分長く，かつ，切り替え前後の条件と同等とみなせる程度短くする．さらに，適切に広い範囲の風条件ビン（風速，方向，乱流，安定性など）で，統計的に意味のあるデータ数を取得するのに十分な時間，計測する必要がある．洋上または平坦地形にあるウィンドファームでは，直線的に並ぶ二つの隣接する風車列などのように，同様の状態とみなせる二つの非常に類似した風車のグループを特定できる場合がある．この場合は，一方のグループが「オン」のときに反対のグループは「オフ」とし，両者を定期的に切り替えることができる．統計的に意味のある結果を得るために十分なデータを取得するには，そのようなテストを数か月以上継続する必要がある．データは実サイトのさまざまな影響を避けられないため，これらの影響は，意図しないバイアスを防ぐために非常に注意深く処理する必要がある．

最近のいくつかの本格的なテストにより，アクティブなウェイク制御の実行可能性について，説得力のある証左が得られてきている．Fleming ら（2020）は，陸上のウィンドファームで，三つの風車を使用したウェイクステアリングにより，肯定的な結果を報告した．van der Hoek ら（2019）は，陸上ウィンドファームの 5〜6 基の 3 列の風車で，誘導速度制御の試験に成功したことを報告した．Kern ら（2019）は，1.5 MW 風車の陸上ウィンドファームでの実物大のフィールドテストにおいて，ウェイクステアリング制御を三つの風車のグループに実装し，その結果は Doekemeijer ら（2020）により報告された．また，九つの風車の千鳥列の誘導速度制御の結果は，Bossanyi と Ruisi（2020）により報告された．

9.4　ウィンドファーム制御と電力系統

単純な見方をすると，風車は常に風から利用できる量しか発電できないため，風力は制御不能な電源とみなされる可能性がある．しかし実際には，適切な制御によりウィンドファームの使用を最適化する余地は多くある．たとえば，適切な制御により，ウェイク損失を減らし，発電電力量を増加させることができる．また，ウェイクの影響により引き起こされる荷重増加を軽減することもできる．

現在，あるいは，将来的には，ウィンドファーム制御として，以下の機能の一部またはすべてを実行することが要求される．

1) 出力抑制：電力系統がすべての発電電力を受け入れることができない場合や，騒音などの環境制約を満たすために，個々の風車の出力を低減する．
2) デルタ制御：電力系統が突然必要になった場合に備えて，電力の予備マージンを提供するために，出力を所定の量だけ減らしておく．
3) 高速周波数応答（FFR）：系統周波数の変動に応じて出力を一時的に調整し，系統周波数を安定化させる．
4) 系統連系点での電圧と無効電力の調整
5) グリッドフォーミングおよびブラックスタート機能：風力発電の比率が高い電力系統が，システムの崩壊後に再起動できるようにする．
6) アクティブウェイク制御：個々の風車制御動作を変更して，ウェイクの相互作用を操作し，ウィンドファーム全体の性能を最適化する．

電圧および無効電力の調整には，風車電力変換器と STATCOM（静的変数補償装置）の制御が含まれ，通常はミリ秒のタイムスケールで行われる．これは，有効電力と無効電力の両方に依存するため，総電流の制限値に達しないかぎり，有効電力の流れのみに関係し，ほかの制御動作とはほとんど無関係である．FFR は約 0.1〜10 秒のタイムスケールで動作させる必要があるが，ほかのタスクは数秒から数分のタイムスケールで動作する．例外は，ブラックスタート／グリッドフォーミング機能である．この機能では，ウィンドファーム自体が，電力系統から解列して起動するときに周波数，電圧，および電力の流れを定義する必要がある．これは新しい制御モードであり，風力発電の併入率が高い場合の要件となる．

以下では，上記の有効電力制御機能 1)，2)，3) について簡単に説明する．また，アクティブウェイク制御 6) については，9.3 節ですでに説明している．

9.4.1　出力抑制とデルタ制御

ウィンドファームの出力は，以下に挙げるようなさまざまな理由で抑制される可能性がある．

- 電力系統は，特定の時間に特定のレベルを超える電力は受け入れられないため，超過分は廃棄する必要がある．
- 電力系統は，ウィンドファームからの特定のランプ率を超える電力は受け入れられないため，超過分は廃棄する必要がある．
- ウィンドファームは，電力系統が電力を必要とする場合に速やかに供給できる電力のマージンを維持する必要がある．デルタ制御は，現在の風の状態で発電可能な出力に対して，一定のマージンだけ下回る電力を維持するものである．
- 環境上の制約：特定の風の条件では，騒音に関する制約や，特定の場所においてはシャドウフリッカ（影のちらつき）の防止のために，風車の出力を抑制する必要がある．
- ウェイクの影響：一部の風向では，一部の風車が停止／出力抑制されないかぎり，ウェイクの乱れにより，一部の風速で高い疲労荷重が発生する可能性がある．
- その他の運用上の理由：不具合が発生し，メンテナンスを待っている状態で，過剰な荷重を発生させる可能性がある場合に，風車の出力を抑制する場合がある．

これらのほとんどの場合，風車出力を抑制するもっとも簡単な方法は，風車を停止することである．これはよく行われるが，目的の効果を達成するのに必要な分だけ出力を抑制するほうが，よりメリットが得られることが多い．これにより，再起動における遅延や，停止／開始により発生する疲労荷重が回避され，出力抑制が必要ない場合でも，ウィンドファームの出力を高く維持できる．

風車を停止せずに出力を抑制するには，ピッチ角を大きくする必要がある．定格を超える条件では，これは，最大電力の設定値を低下させることで簡単に実現できる．この場合，ピッチコントローラは速度設定値に調整を続け，必要に応じてピッチ角を自動的に増加させる．これは定格以下でも発生する可能性があるが，コントローラがトルク – 速度曲線に従う場合には，速度設定値が低下する可能性がある．

デルタ制御の場合には，コントローラは風速の推定値を必要とする．これにより，コントローラが出力を計算し，差分（デルタ）を差し引いて新しい電力設定値を計算する．単純に最大電力設定値を下げる代わりに，現在の電力需要を直接設定することも，コントローラが可変速度領域で従うトルク – 速度曲線を変更することもできる．同時に，希望のロータ速度を維持するためにファインピッチ角の制限が引き上げられる．これは，その風速で従うロータ速度と同じ場合も異なる場合もある．

ロータ速度の扱いについては，出力抑制の理由により異なる．ウェイク相互作用の誘導速度制御（9.3 節参照）の目的は，可能なかぎり出力を維持しながら，ロータスラストを低減することである．それは，ファインピッチ角を大きくし，トルク – 速度曲線を変更して，そのピッチ角に最適な出力係数を維持することで実行できる．具体的には，周速比とピッチ角に対するパワー係数 C_P とスラスト係数 C_T に基づき，次のように実行できる．第 8 章の式 (8.4) を使用して，ピッチ角ごとに，パワー係数を最大化する周速比を計算する．これにより，最適なトルク – 速度曲線と同時に，C_P と対応するスラスト係数 C_T を計算する．これらを使用して，目的の C_T または C_P の減少に対して，目的のファインピッチとトルク速度特性を設定することができる（デルタ制御の場合，これは電力の低減量と推定値から計算される）．出力抑制の目的が騒音の低減である場合も，翼端速度を低減する必要があるため，同様の方法が適切で，それによって荷重も低下する．

ただし，FFR をデルタ制御と組み合わせて使用する場合は，ロータの速度を上昇させて，利用可能なロータの運動エネルギーを最大化することが有益な場合がある（次項参照）.

ウィンドファームを電気またはガスなどのエネルギー貯蔵装置と組み合わせた，ハイブリッドプラントへの関心が高まっている．もちろん，この場合，風車からの利用可能な最大出力を維持しながら，電力の一部を貯蔵に転用することにより，出力を抑制することができる．

9.4.2　高速周波数応答

可変速風車を含む再生可能エネルギーの系統併入率が高くなると，従来の系統に直接接続された同期発電機とは対照的に，インバータを介して系統に給電する非同期発電の割合が増加するため，電力系統の運用者にとっては，システムの慣性の低下とその系統周波数の安定性に対する影響が懸念される．ただし，風車のコントローラはFFRを提供するように簡単に変更できるため，風車は，測定された系統周波数に応じて出力を一時的に増減させることができる．これにより，この問題が軽減され，電力系統への風力エネルギーの併入率が大幅に向上する可能性がある．

測定された系統周波数の変化率に比例した量だけ風車出力を変更すると，人工的な（あるいは，擬似的な）慣性が得られる．これは，周波数の測定（フィルタリングを含む）や電力変換器の出力を変更するために必要な時間（通常，ごく短時間）を含む制御ループの遅延を除いて，真の慣性と同じである．したがって，この種の応答は，主要な発電所または送電線のトリップにより引き起こされる周波数の突然の低下を軽減するのに役立つ．周波数の最低値には，通常，数秒で到達する．これは，人工的な慣性が効果を発揮するのには十分な長さである．さらに，コントローラは数秒間出力の増加（パワーブースト）を要求することもできる．これは，電力系統の周波数ディップを最小限に抑えるのにも役立つ．また，定格未満の条件で追加の電力を供給すると，ロータは減速する．そのため，風車の出力が低下する場合，ある時点でロータ速度を回復させる必要がある．コントローラがこの周波数の回復を遅らせることができると有用である（Bossanyi 2015）．それがないと，2回目の周波数ディップが発生する可能性がある．

人工的な慣性はまた，時間の経過に伴う通常の周波数変動を継続的に低下させる．応答はコントローラにより決定されるため，追加の電力が周波数偏移に比例するドループ応答など，ほかのオプションも可能である．人工的な慣性とドループを組み合わせると，PIコントローラのようになる．ただし，ドループに起因する積分項を無期限に持続させると，風車の速度が大幅に低下してしまう．

風車がデルタ制御で稼働している場合，風車には予備電力があるため，FFRからのより持続的な電力増加が可能である．

過熱が許されない場合，電力変換器の電流制限に応じて，出力が一時的に定格電力を超える可能性がある．

参考文献

Ainslie, J. F. (1988). Calculating the flowfield in the wake of wind turbines. *J. Wind Eng. Ind. Aerodyn.* 27: 213–224.

Altun, S. B. (2019). Improving wake steering engineering models with wake deflection coupling effects. Wind Energy Science Conference, Cork.

Andersen, S. J., Witha, B., Breton, S. P. et al. (2015). Quantifying variability of large eddy simulations of very large wind farms. *J. Phys.: Conf. Ser.* 625: 012027.

Anderson, M. (2009). Simplified solution to the eddy-viscosity wake model. *RES technical report* 01327 000202.

Bastankah, M. and Porté-Agel, F. (2016). Experimental and theoretical study of wind turbine wakes in yawed conditions. *J. Fluid Mech.* 806: 506–541.

Bertelè, M., Bottasso, C. L. and Cacciola, S. (2019). Brief communication: wind inflow observation from load harmonics – wind tunnel validation of the rotationally symmetric formulation. *Wind Energy Sci.* 4: 89–97. https://doi.org/10.5194/wes-4-89-2019.

Bossanyi, E. A. (1983). Windmill wake turbulence decay – a preliminary theoretical model. *SERI/TR-635-1280*, Solar Energy Research Institute, Golden, Colorado.

Bossanyi, E. A. (2015). Generic grid frequency response capability for wind power plant. *Proceedings of the European Wind Energy Association Conference*, Paris.

Bossanyi, E. (2018). Combining induction control and wake steering for wind farm energy and fatigue loads optimisation. *J. Phys.: Conf. Ser.* 1037: 032011.

Bossanyi, E. A. and Ruisi, R. (2020). Axial induction controller field test at Sedini wind farm. *Wind Energ. Sci. Discuss.* https://doi.org/10.5194/wes-2020-88.

Bossanyi, E., Potenza, G., Calabretta, F., Bot, E., Kanev, S., Elorza, I., Campagnolo, F., Fortes-Plaza, A., Schreiber, J., Doekemeijer, B., Eguinoa-Erdozain, I., Gomez-Iradi, S., Astrain-Juangarcia, D., Cantero-Nouqueret, E., Irigoyen-Martinez, U., Fernandes-Correia, P., Benito, P., Kern, S., Kim, Y., Raach, S., Knudsen, T. and Schito, P. (2018). Description of the reference and the control-oriented wind farm models. *CL-Windcon Deliverable* D1.2

Bossanyi, E., D'Arco, S., Lu, L., Madariaga, A., de Boer, W. and Schoot, W. (2020). Control algorithms for primary frequency and voltage support. *TotalControl Deliverable* no. D4.1, https://cordis.europa.eu/project/id/727680/results.

Churchfield, M. J., Lee, S. and Moriarty, P. J. et al. (2012). A large-eddy simulation of wind-plant aerodynamics. *Proceedings of the 50th AIAA Aerospace Sciences Meeting.*

Crespo, A. and Hernandez, J. (1996). Turbulence characteristics in wind-turbine wakes. *J. Wind Eng. Ind. Aerodyn.* 61 (1): 71–85.

DNVGL (2014). WindFarmer theory manual version 5.3.

Doekemeijer, B. M., Boersma, S., Pao, L. Y. et al. (2018). Online model calibration for a simplified LES model in pursuit of real-time closed-loop wind farm control. *Wind Energy Sci.* 3: 749–765. https://www.wind-energ-sci.net/3/749/2018.

Doekemeijer, B. M., Kern, S., Maturu, S. et al. (2020). Field experiment for open-loop yaw-based wake steering at a commercial onshore wind farm in Italy. *Wind Energ. Sci. Discuss.* https://doi.org/10.5194/wes-2020-80.

Dyer, A. J. (1974). A review of flux-profile relationships. *Boundary Layer Meteorol.* 7 (3): 363.

Fleming, P., Annoni, J., Martínez-Tossas, L. A. et al. (2018). Investigation into the shape of a wake of a yawed full-scale turbine. *J. Phys.: Conf. Ser.* 1037: 032010. http://stacks.iop.org/1742-6596/1037/i=3/a=032010.

Fleming, P., King, J., Simley, E. et al. (2020). Continued results from a field campaign of wake steering applied at a commercial wind farm: part 2. *Wind Energy Sci.* https://doi.org/10.5194/wes-2019-104.

Frandsen, S. (2007). Turbulence and turbulence-generated structural loading in wind turbine clusters. *Risø* R-1188.

Frandsen, S. and Thøgersen, M. (1999). Integrated fatigue loading for wind turbines in wind farms by combining ambient turbulence and wakes. *Wind Eng.* 23 (6): 327–339.

Frederik, J., Doekemeijer, B., Mulders, S. and van Wingerden, J. W. (2020). On wind farm wake mixing strategies using dynamic individual pitch control. *J. Phys.: Conf. Ser.* 1618: 022050. https://iopscience.iop.org/article/10.1088/1742-6596/1618/2/022050/pdf.

Gebraad, P. M. O. (2014). Data-driven wind plant control. PhD thesis, Delft University of Technology.

Grunnet, J., Soltani, M., Knudsen, T., Kragelund, M. and Bak, T. (2010). Aeolus toolbox for dynamic wind farm model, simulation and control. *Proceedings of the European Wind Energy Conference*,

Warsaw.

Gunn, K. (2019). Improvements to the eddy viscosity wind turbine wake model. *J. Phys.: Conf. Ser.* 1222: 012003.

Gunn, K., Stock-Williams, C., Burke, M. et al. (2016). Limitations to the validity of single wake superposition in wind farm yield assessment. *J. Phys.: Conf. Ser.* 749: 012003.

Hassan, U. (1992). A wind tunnel investigation of the wake structure within small wind turbine farms. *E/5A/CON/5113/1890*, UK Department of Energy, ETSU.

van der Hoek, D., Kanev, S., Allin, J. et al. (2019). Effects of axial induction control on wind farm energy production – a field test. *Renewable Energy* 140: 994–1003.

Högström, U. (1988). Non-dimensional wind and temperature profiles in the atmospheric surface layer: a re-evaluation. *Boundary Layer Meteorol.* 42 (1–2): 55–78.

IEC 61400-1 (2019). *Wind energy systems – Part 1: Design requirements.* Geneva, Switzerland: International Electrotechnical Commission.

Ishihara, T. and Qian, G. W. (2018). A new Gaussian-based analytical wake model for wind turbines considering ambient turbulence intensities and thrust coefficient effects. *J. Wind Eng. Ind. Aerodyn.* 177: 275–292.

Jimenez, A., Crespo, A. and Migoya, E. (2010). Application of a LES technique to characterize the wake deflection of a wind turbine in yaw. *Wind Energy* 13: 559–572.

Katic, I., Højstrup, J. and Jensen, N. O. (1986). A simple model for cluster efficiency. *Proceedings of the European Wind Energy Association Conference and Exhibition*, Rome, pp. 407–410.

Kern, S., Doekemeijer, B., van Wingerden, J.-W., Gomez-Iradi, S., Neumann, T., Wilts, F., Astrain, D., Aparicio, M., Fernandez, L., Campagnolo, F.,Wang, C., Schreiber, J., Andueza, I., Bot, E., Kanev, S., Bossanyi, E. and Ruisi, R. (2019). Final validation report. CL-Windcon Deliverable D3.7, https://ec.europa.eu/research/participants/documents/downloadPublic?documentIds=080166e5c8dba6cd&appId=PPGMS, 2019.

King, J., Fleming, P., King, R. et al. (2020). Controls-oriented model to capture secondary effects of wake steering. *Wind Energy Sci.* https://doi.org/10.5194/wes-2020-3.

Larsen, G. C., Madsen, H. A., Thomsen, K. and Larsen, T. J. (2008).Wakemeandering: a pragmatic approach. *Wind Energy* 11 (4): 377–395.

Larsen, T. J., Madsen, H. A., Larsen, G. C. and Hansen, K. S. (2013). Validation of the dynamic wake meander model for loads and power production in the Egmond aan Zee wind farm. *Wind Energy* 16 (4): 605–624. https://doi.org/10.1002/we.1563.

de Mare, M. (2015). Wake dynamics in offshore wind farms. PhD thesis, DTU Wind Energy PhD-0048 (EN).

Munters, M. and Meyers, J. (2018). Towards practical dynamic induction control of windfarms: analysis of optimally controlled wind farm boundary layers and sinusoidal induction control of first-row turbines. *Wind Energy Sci.* 3 (1): 409–425.

NREL (2019). FLORIS, v.1.1.4, https://github.com/NREL/floris.

Quarton, D. C. and Ainslie, J. F. (1989). Turbulence in wind turbine wakes. *Proceedings of the European Wind Energy Conference 1989*, BWEA/EWEA.

Raach, S. (2019). Lidar-assisted wake redirection control. PhD thesis, University of Stuttgart.

Ruisi, R. and Bossanyi, E. (2019). Engineering models for turbine wake velocity deficit and wake deflection: a new proposed approach for onshore and offshore applications. *J. Phys.: Conf. Ser.* 1222: 012004.

Spruce, C. J. (1993). Simulation and control of windfarms. PhD thesis, University of Oxford.

Vali, M. (2019). Model predictive control framework for power maximisation and active power control with load equalisation of wind farms. PhD thesis, Oldenburg University.

Vermeulen, P. E. J. (1980). An experimental analysis of wind turbine wakes. *Proceedings of the 3rd International Symposium on Wind Energy Systems*, Copenhagen.

第10章

陸上の風車の設置とウィンドファーム

ウィンドファームの実現のためには，基礎とアクセス道路の建設，系統連系，風車建設用のクレーンパッドと敷設エリアの準備，プロジェクトの開発と管理などの作業が必要である．これらの，ウィンドファームにおける風車以外の部分は，バランスオブプラント（Balance Of Plant: BOP），あるいは，バランスオブシステム（Balance Of System: BOS）とよばれることもある．典型的な陸上ウィンドファームのコスト内訳を表 10.1 に示す．ウィンドファームのコストはプロジェクトによって異なり，価格は市況によって上下する．地盤が岩盤や軟弱地盤の場合や，サイトへのアクセスが困難な場所では，土木工事のコストが増加する．風速が高い場所では発電電力量は大きくなるが，極値荷重に耐えるようにするため，基礎のコストは高くなる．また，系統連系のコストは，連系点までの距離と連系点での電圧によって決まる．風車の工場出荷時の価格は，注文時の風車の市況により変化する．Stehly と Beiter（2020）は，風力エネルギーのコストに関する包括的な研究により，陸上のウィンドファームの資本費（CAPital EXpenditure: CAPEX）の内訳を，風車 68.8%，バランスオブシステム 22.6%，融資 8.6%と推定している．バランスオブシステムのオープンソースのコストモデルツールとして，LandBOSSE（Eberle et al. 2019）がある．

表 10.1 典型的な陸上ウィンドファームのコストの内訳（IRENA 2012）

ウィンドファームの要素	コストの割合 [%]
風車	65～84
建設および土木工事	4～16
系統連系	9～14
事業開発と管理	4～10

ウィンドファームの開発業者は，系統連系，プロジェクト開発，管理などの固定費をより大きな投資に分散させるため，より大規模なプロジェクトを好む．大規模なプロジェクトは，プロジェクトへの融資を組むための固定費が十分にとれることがメリットである．一方，単機の風車や小規模なウィンドファームの事業を行う個人，コミュニティ，企業などで，地域の関与があり利益が得られる場合には，計画が受け入れられやすくなり，計画の許可がより容易に取得できるというメリットがある（Warren and MacFadyen 2010）．

10.1 事業開発

ウィンドファームの開発は，その他の発電所の開発とおおむね同様に進められるが，発電電力量を増加させるために風速が高い場所が選ばれ，規模が大きくなるため，環境影響評価，とくに景観に及ぼす影響について配慮することが求められる．ウィンドファームの開発と各種環境評価に関する包括的なガイダンスとして，EWEA（2009）や DCLG（2015）がある．

ウィンドファーム開発のおもな三つの要素は，1) 技術的・経済的成立性，2) 環境への配慮，3) 合意形成のための対話・相談である．ほとんどの技術者と専門家の予想に反して，ウィンドファームの開発においては，技術的・経済的成立性はむしろ簡単で，環境への配慮と，地域住民や地方自治体との合意形成のための対話・相談がもっとも難しい（Jones and Eiser 2010）．

ウィンドファームの開発は，以下の段階に分けられる．

- 適地選定
- 事業性評価
- 事業計画（許認可）申請書の準備と申請
- 建設工事
- 運転
- 解体と用地復旧

このほか，ウィンドファームの系統連系と電力の販売方法についても検討する必要がある．風力資源が豊富な地域の多くでは，人口密度が低く配電系統が弱いため，系統連系に必要な電力系統の強化に費用と時間を要する．また，ほかのウィンドファームがすでに連系されている場合には，この状況はさらに悪化する．

固定価格買取制度（Feed-In Tariff: FIT）や再生可能ポートフォリオ基準（Renewable Portfolio Standard: RPS）などの制度のある国では，電力の販売は簡単だが，グリーン電力証書（Green Certificate）について，電力の購入者と決定する必要がある．国の支援策によっては，差金決済取引（Contract for Difference: CfD）のオークションに入札して政府の支援を得る必要がある．

10.1.1　適地選定

まず，机上検討によってウィンドファームの適地を選定し，候補地を決定する．風車の稼働率（availability）を 100%と仮定した場合の発電電力量は次式で計算される（3.16 節参照）．

$$E = T \int P(U) f(U) dU \tag{10.1}$$

ここで，$P(U)$ は風車のパワーカーブ，$f(U)$ は風速の確率密度関数（Probability Distribution Function: PDF），T は評価時間である．

パワーカーブは風車メーカから入手し，風速の確率密度関数は風況マップ（Troen and Petersen 1989; Rodrigo et al. 2020 など）または MERRA-2（Bosilovich, Cullather, and National Centre for Atmospheric Research Staff 2019）などのデータベースから得る．

風速の確率密度関数は，候補地の気候，周囲の粗度，障害物，および地形の影響を考慮したワイブル分布で記述されることが多い．それを 12 方位（各 30°）に対して計算し，パワーカーブとの積を積分することにより，発電電力量を計算する．サイトの可能性を確認する段階では概算値でよい．この段階において，風況マップと初期のコンピューターモデリングによる計算は有用である．

サイトの風速の測定値が利用できる場合，図 10.1 の手順で，風車の発電電力量を推算することができる．具体的には，次式に示すように，各風速ビンの時間数（図 10.1(a)）にパワーカーブ（図

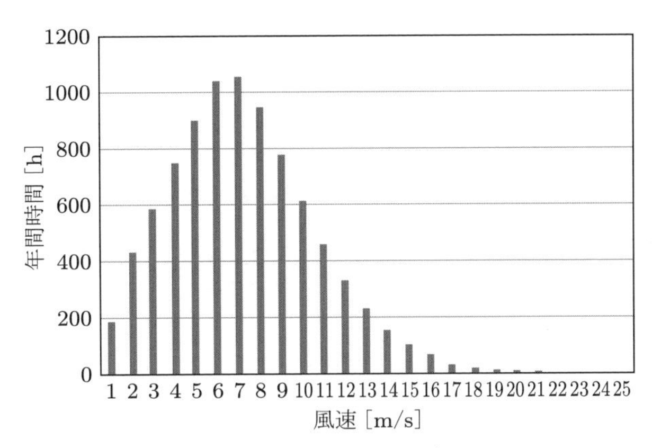

（a）各風速ビンの出現時間

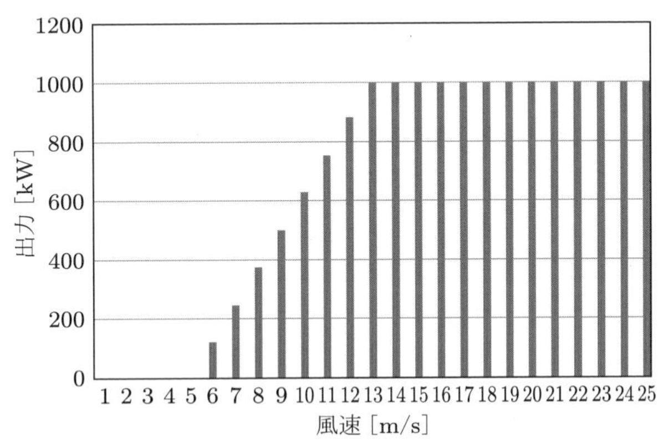

（b）各風速ビンの出力

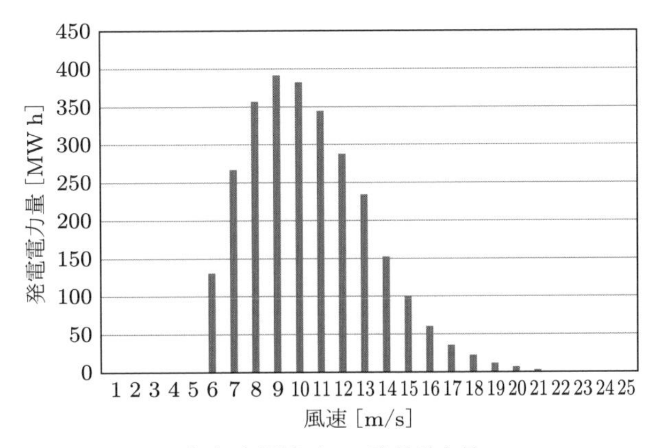

（c）各風速ビンの発電電力量

図 10.1 風車の年間発電電力量計算

(b)）を乗じたもの（図 (c)）を求めて，全風速ビンの和を計算する．

$$Energy = \sum_{i=1}^{n} H(U_i)W(U_i) \qquad (10.2)$$

ここで，$H(U_i)$ は風速ビン U_i の時間数，$W(U_i)$ は各風速における出力，n は風速ビンの数である．

風力資源の推定に加えて，風車やその他の機器を輸送するための道路アクセスが適切であるか，すなわち，妥当なコストで輸送できるかを確認する必要がある．大型の陸上風車のブレードの長さは 50 m を超える場合があるため，狭い道路での輸送は困難である．なお，サイト内に変電所がある大規模なウィンドファームの場合，主変圧器が単一の機器としてもっとも重量が大きなものとなることが多い．

地域の電力会社は，配電系統で受け入れられる発電量に関する情報を提供する必要があるが，初期の概算としては，表 11.5 に示すような経験則が有効である．このような経験則は，概略のガイダンスを示すのみで，その地域のほかのウィンドファームやほかの発電機の影響は考慮されていないが，系統連系に対する電力系統の大規模な拡張の要否や，それによるコスト，環境影響，および遅延を明らかにするうえでは有用である．

初期段階での技術的評価として，おもな環境影響に関して調査を行う．もっとも重要な制約には，特定の環境価値により指定された国立公園やその他のエリアの回避，ならびに，騒音，景観，シャドウフリッカ（shadow flicker）などの影響が住民に対して問題にならないだけの十分な離隔が確保されていることが含まれる．表 10.2 は，中型風車の一般的な離隔距離を示している．また，Electricity Network Association（2012）は，架空送電線への風車ウェイクの影響を回避するために，ロータ直径の 3 倍の離隔距離を設けることを推奨している．

表 10.2　中型風車の一般的な離隔距離

対象	代表的な離隔距離
居住地	350〜500 m
自動車道路，幹線道路，鉄道	翼先端高さ +10%
私有地内の公道（たとえば小道）	50 m，または，翼先端高さ（公道の使用状況による）
架空電線	翼先端高さ +10%，ロータ直径の 3 倍
隣接風車	ロータ直径の 5〜6 倍（主風向） ロータ直径の 3〜4 倍（主風向直交方向）

ウィンドファームの景観影響に関しては，重要な公共の地点からの可視性について，予備評価が必要である．また，希少または保護された動植物などの特定の生態学的価値のある領域や，特定の考古学的または歴史的関心のある場所は，ウィンドファームの建設を避ける必要がある．さらに，通信システム（ラジオ，テレビ，マイクロ波リンク，レーダーなど）に対する風車の影響も早期に検討する必要がある．

プロジェクト開発を進めることになった場合，技術的／環境的評価と並行して，さらに詳細に取り組むべき主要な問題を特定して合意形成を図るために，地元住民，ならびに，計画／許可当局との議論を開始する．これらの問題は，環境影響評価のスコーピング（scoping）レポートに記録される．なお，スコーピングレポートは，必要な調査の範囲を定義する重要な文書であり，早い段階で計画当局と合意する必要がある．

10.1.2 事業性評価

候補地が特定されたあとに，プロジェクトの実現可能性を確認するために，より詳細で費用のかかる調査が行われる．ウィンドファームの発電電力量，すなわち，経済的な実現可能性は，風車位置における風速に非常に敏感である．そのため，とくに複雑な（起伏のある）地形では，サイト選択の初期段階で推定された概略の風速では，実現可能性を決められない．長期間の風速は，サイトにおける長期観測データがない場合は，MCP（Measurement-Correlate-Predict）法により予測することができる．

10.1.3 MCP 法

ウィンドファーム候補地点での風速の長期記録が利用できることはほとんどない．MCP 法は，ウィンドファーム候補地点で風速と風向を測定し，それらを付近の気象観測所や空港の長期間のデータセットと相関させることによって，候補地点の長期の風況を予測するものである（Derrick 1993; EWEA 2009; Carta et al. 2013）．MCP 法のうち，もっとも単純なものでは，測定されたサイトデータと気象観測所データの平均化期間を同一にして，線形回帰（次式）により，測定されたサイトの風速と，参照とする気象観測所の長期の風速データとの関係を決定する．

$$U_{\mathrm{target}} = a + bU_{\mathrm{reference}} \tag{10.3}$$

上式の係数 a, b を，12 方位（各 30°）の各々について計算し，気象観測所の長期データに適用することにより，ウィンドファームの過去 20 年間の風速を推定する．これをプロジェクト期間中のサイトの風速と仮定するが，プロジェクト期間中の風力資源に対する気候変動の影響を考慮する場合もある．

MCP 法の典型的な散布図を図 10.2 に示す．従来，MCP 法では，ウィンドファーム内の風況マストに多数の風速計と風向計を設置し，そこでの計測値を使用していた．想定する風車のハブの高さに一つの風速計を，ほかの風速計をより低い位置に設置して，ウィンドシアーを測定できるようにするのが望ましい．近年，ライダー（8.3.17 項と 8.3.18 項参照）などのリモートセンシング技術が使われ始め，高いマストを設置せずに風況観測ができるようになってきている．なお，サイトの風速・風向の測定は，風速の高い冬期を含む 6 か月以上にわたって行われ，利用するデータが多い

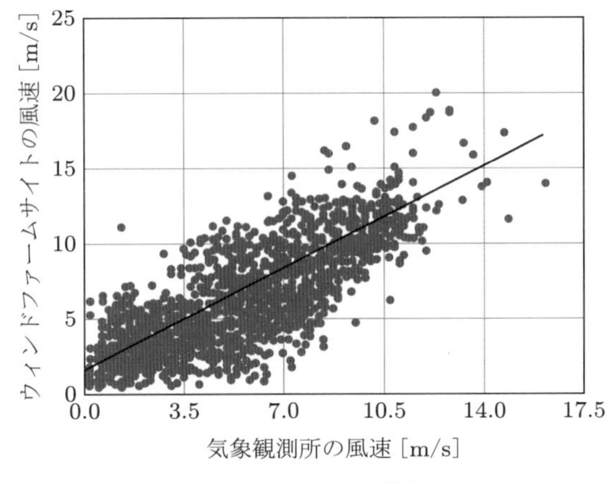

図 10.2 MCP 法の散布図

ほど，結果の信頼性は高くなる．

MCP 法の使用には，以下のようないくつかの課題がある（Landberg and Mortensen 1993）．

・気象マストにも建築許可が必要になる．
・最寄り（50～100 km 以内など）に適切な気象観測所がない場合や，地表面の状態や風況がサイトと大きく異なる場合がある．
・気象観測所で得られたデータは，欠測が含まれるなど，必ずしもよい状態であるとは限らない．
・本手法は，長期的なデータがウィンドファームの事業期間の風力資源に適切な推定値を提供するという仮定に基づいている．

MCP 法には，さまざまなバリエーションがある（EWEA 2009; Carta et al. 2013）．これらの手法の選択は，サイトと長期の風速の相関が十分高い場合には重要ではないが，サイトの気象マストの位置や気象観測所の長期データの品質に問題がある場合には，より重要になる．今日，MCP 法は十分に確立されており，特別に設計された気象マスト，サイトデータロガー，およびデータ処理と分析のためのソフトウェアが市販されている．

10.1.4　マイクロサイティング

サイトの長期風速の推定値を取得したあと，ウィンドファーム設計ソフトウェアを使用して，発電電力量の最大化を検討する（マイクロサイティング，micrositing）．WindFarm などのソフトウェアは，風速データを地形による風速の変化やほかの風車のウェイクの影響と組み合わせて，指定した配置の風車の発電電力量を計算する．

サイト周辺の地形と表面粗さの影響を計算するために，一般に，WAsP（Wind Atlas Analysis and Application Program 2020）または，MS3DJH/3R モデルの発展形である MS-Micro/3（Walmsley et al. 1982, 1986）の二つのモデルが使用されることが多い．また，計算機の性能の進歩により，数値流体力学（Computational Fluid Dynamics: CFD）を用いたサイト内の気流計算もよく行われるようになってきた．図 10.3 は，ウィンドファーム設計ソフトウェアで作成された候補地点のエネルギーマップを示している．この図は，各位置における，想定する風車単体の発電電力量を示している．想定する風車とウェイク損失により発電電力量は変化するが，尾根に沿った領域のエネルギー密度がもっとも高いことは明らかである．

ウィンドファームの設計ソフトウェアでは，風車の離隔距離，地形の傾斜，風車の騒音，レーダー，土地所有権の境界などの条件を考慮することができる．そして，最適化手法により，サイト全体の風車の配置を最適化し，発電電力量を最大化する．また，ウィンドファームの設計ソフトウェアには，景観影響を与える区域を計算する機能や，ワイヤーフレームやフォトモンタージュの機能があり，その一部は三次元バーチャルリアリティ技術を使用しているものもある．

10.1.5　サイトの調査

風況調査と並行して，サイトのより詳細な調査が行われる．このとき，ウィンドファームと従来の土地利用（農地など）との共存についての調査も行われる．標高の高い遠隔地の土地は，ほとんど利用されていないように思われるかもしれないが，大抵の場合，どの土地にも権益者がいる．

風車の基礎，アクセス道路，建設エリアのコストを確認するために，サイトの地盤条件を調査する必要がある．基礎設計のために，風車の位置の地盤調査を行う．基礎コストを削減するために，局

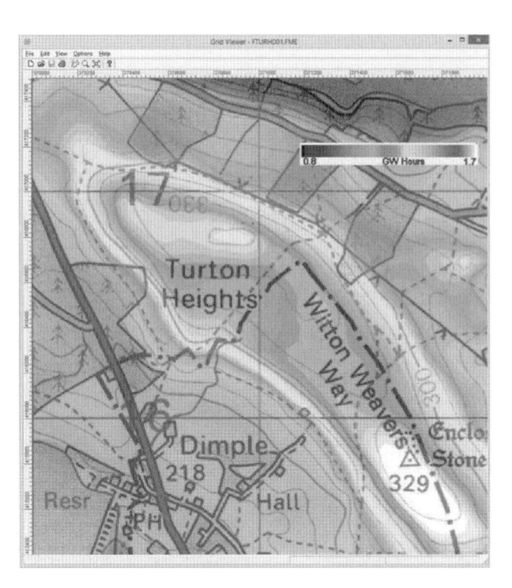

図 10.3 WindFarm によるウィンドファーム候補地点のエネルギーマップ [GWh/年] の例（写真 3 参照，ReSoft より．©Crown copyright（2019）OS 100061895）

所的な地盤条件により風車の位置を変更する場合がある．サイトへのアクセス道路のより詳細な調査としては，道路の曲率半径，幅，勾配，および質量制限の評価を行う．水理学的研究を実施して，ウィンドファームの候補地点からの水の発生についてや，想定する基礎やトレンチが地下水の流れに与える影響を判断することも重要である．また，系統連系に関して電力会社と話し合い，さらに，ウィンドファームからの電力の購入予定者とも話し合いを行う．

10.1.6 住民からの意見聴取

ウィンドファームの開発業者は，サイトに風況マストなどの，建設準備を示すような物品を設置する前に，地域活動組織，環境保護団体，野生生物保護団体などと，なんらかの形の非公式の協議の開始を希望することが多い．また，地元の議員との情報共有も重要である．観測マストを建てることが，直接，ウィンドファームの建設を意味するわけではないが，かなり目立つ構造物であるので，住民の不要な懸念を払拭するためにも，慎重に意見聴取を行う必要がある．

10.1.7 事業計画申請書の準備と申請

ウィンドファームは環境に重大な影響を与えると認識されているため，通常，環境影響評価（Environmental Impact Assessment: EIA）が要求される．環境影響評価は，計画／許可申請の主要部分を構成する環境声明書（Environmental Statement）の基礎となる．環境影響評価と環境声明書の作成は，費用と時間がかかる作業であり，通常，複数の専門家の支援が必要である．

ウィンドファームの環境影響評価書の目的は，以下のとおりである．

・風車の外観と土地利用の説明
・候補地点と周辺の環境特性の特定
・ウィンドファームの環境への影響の予測
・悪影響を緩和する対策の提案
・ウィンドファームの必要性と，地元自治体と住民が申請に対して決定を行うための詳細な手

順の説明

環境声明書で取り上げられる内容には，通常，以下のものが含まれる（Glasson et al. 2012; Morris and Therivel 2009）．

・**政策との関係**：申請事業が国あるいは地域の政策に沿ったものであること．
・**サイトの選択**：候補地点の選択の正当性．
・**指定地域**：ウィンドファームが指定地域（国立公園など）に及ぼす影響．
・**景観影響評価**：一般にもっとも重要な考慮事項で，主観的な判断による．視覚的影響評価に使用されるおもな手法には，ウィンドファームが見える位置を示す理論的可視領域（Zones of Theoretical Visibility: ZTV），風車の位置を示すワイヤーフレーム分析，ならびに，CG イメージによるフォトモンタージュが含まれる．
・**騒音評価**：景観と視覚的影響に次ぐ重要な課題である．提案されたプロジェクトによる音の予測が必要であり，各方向のもっとも近い住居に特別な注意が払われる．また，ウィンドファームの稼働後に現実的な評価を行うことができるように，一連の測定によって住居の暗騒音を確認しておく必要がある．
・**生態系評価**：ウィンドファームとその建設工事がその地域の動植物に与える影響を調査する．代表的な複数の季節に現地調査を行う．とくに，鳥とコウモリに対する影響の調査が必要である．
・**考古学的および歴史的評価**：サイトの選定の際に追加項目として実施する．
・**地下水の評価**：サイトによっては，水脈や湧水に与える影響を調査する．
・**通信システムの障害**：風車はテレビ放送の電波障害を発生させる場合があるが，通常，影響は局所的で，対策費も大きくない．しかし，マイクロ波システムなどの 2 点間通信の通信障害は，はるかに深刻な問題となる可能性がある．
・**航空安全性とレーダー障害**：飛行場あるいは軍事演習場の近くでは慎重に調査する必要がある．国によっては，ウィンドファームが民間および軍事レーダーに及ぼす影響は，最重要検討事項となるので，早い段階で調査する必要がある．
・**安全性**：風車の構造強度など，サイトにおける安全性について調査する必要がある．また，高速道路に対する安全性やシャドウフリッカなどの局所的な影響に関する調査が必要な場合もある．
・**輸送管理とアクセス道路建設**：環境声明書はプロジェクトのすべての段階に対応しているため，アクセス道路と，建設および運用中の公道での車両の増加の両方を検討する必要がある．
・**系統連系**：系統連系は，変電所や系統の新設などにおいて大きな環境的影響があると考えられる．計画当局が長い高電圧回路を地下に配置するように要求する場合には，さらなる費用がかかる．
・**地域経済への影響，世界規模の環境面での利益**：ウィンドファームが地域経済と温室効果ガス削減に対して効果があることは，強調すべき点である．
・**廃止措置**：環境声明書には，プロジェクトの終了時のウィンドファームの廃止と風車の撤去に関する提案も含める必要がある．これには，地上にあるすべての機器の撤去のほか，敷地全域の地表面の修復が含まれる場合がある．
・**緩和策**：ウィンドファームが地域の環境になんらかの影響を与えることは明らかであるため，

悪影響が発生した場合の緩和策について詳しく説明する．とくに，視覚的な影響の最小化と騒音の抑制に関して強調する．

・**要約**：最後に，地域住民に広く配布するために，専門的になりすぎない要約も必要である．

10.1.8 英国での計画要件

人口密度の高い国では，陸上ウィンドファームの数が増えるにつれて，計画許可が得られる可能性のある適地を見つけることがますます困難になっている．DCLG（2015）は，計画申請において考慮すべきおもな問題をリストアップし，以下の項目に関して，より詳細なガイダンスへの有用なリンクを提供している．

・騒音
・風車の転倒距離を含む安全性
・低空飛行の航空機との衝突，および，航空交通管制レーダーとの干渉
・電磁式伝達装置
・鳥やコウモリなどの生態系
・自然・文化遺産
・シャドウフリッカ
・複数のウィンドファームと合わせた景観と視覚的影響

10.1.9 ウィンドファーム全体の調達

ウィンドファームの調達は，単独のターンキー（turn key）プロジェクトか，多数の専門サプライヤとの個別の契約のいずれかによる．ウィンドファーム全体のエンジニアリング，調達，建設を網羅する単一の契約が一つの業者と行われるターンキー契約は，開発業者のリスクを元請業者が担う．このような契約形態は，EPC（Engineering, Procure, and Construct；エンジニアリング，調達，および建設）として知られている．元請業者は，詳細な設計を行い，契約を結び，必要な機器とプロジェクト全体の管理に責任を負い，試運転後，プラントが完全に機能する状態にして，開発業者（専門の運用者を任命する可能性がある）に引き渡す．なお，プロジェクト開発業者は，依然，風力資源が予想と異なるリスクと，プロジェクト期間にわたって電力の販売価格が変動するリスクを受け入れる必要がある．

あるいは，風車の供給と建設，ならびに，土木工事と電気工事のバランスオブプラント（BOP）について，別々の契約を結ぶこともできる．また，建設は，風車の供給と設置，土木工事，電気的な設備と契約など，数々のワークパッケージ（作業群）に分割される．これにより，プロジェクトのコストを低減することができるが，全体的な設計と調整の責任は，プロジェクト開発業者，あるいは，任命されたエンジニアが担う．

10.1.10 ウィンドファームの資金調達

プロジェクト開発業者が多額の財源をもっている場合でも，多くのウィンドファームは銀行などの金融機関の融資を利用して資金を調達している．ウィンドファームの債務は，おもに売電収入から，プロジェクトの全期間にわたって返済される．債務は合意した利率で返済されるため，貸し手は，発電電力量が予想よりも多い場合でも利益は増えないが，発電電力量が予想よりも少ない場合

はリスクにさらされる．この形態の資金調達は，プロジェクトファンディング（project funding），あるいは，ノンリコースファンディング（non-recourse funding）として知られている．

プロジェクト開発業者はプロジェクトにエクイティ（株主資本）をある程度投資するが，資金のほとんどは債務として借りる．債務は風力発電プロジェクトの資産に対してのみ確保されるため，銀行（または任命されたエンジニアと弁護士）は，実現可能性評価の段階で，プロジェクトをあらゆる側面から非常に注意深く検討する．デューデリジェンス（due diligence，投資先の価値やリスクの調査）のプロセスは，すべてのリスクが適切に特定され，管理されていることを確認することである．法的なデューデリジェンスでは，プロジェクトの各部分に常に 1 人の責任者がいることを確認し，技術的なデューデリジェンスでは，プロジェクトの物理的要件が満たされていることを確認する．資金が開放されて建設が開始される前に，デューデリジェンスで精査する必要のある合意や契約が数多く存在する．

ウィンドファームを建設するために，特別目的事業体（Special Purpose Vehicle: SPV）として知られる個別の会社を設立するのが一般的である．プロジェクトごとに SPV を設立する利点は，プロジェクトの業績が悪い場合でも親組織がその影響を受けないことと，プロジェクトが親会社やほかのプロジェクトの業績の影響を受けないことである．表 10.3 に，SPV とほかの当事者との間で通常行われる合意を示す．一部の貸し手は，開発者によって提供されたエクイティに対する負債の比率に基づいて，プロジェクトへの融資に同意する場合がある．この比率は，プロジェクトで認識されているリスクに応じて，85%/15%とするのが一般的である．ウィンドファームで予測される財務パフォーマンスをモデル化し，元利金返済カバー率（Debt Service Cover Ratio: DSCR）の計算を求める貸し手もある．元利金返済カバー率は，予想所得と債務返済の比率であり，通常は 1.4：1 である．ウィンドファームの財務実績は，風速，すなわち，発電電力量に非常に敏感である．発電電力量予測値は，P50（超過確率 50%）に基づいて計算する．

表 10.3　プロジェクトファイナンスを使用したウィンドファームの開発に関する合意

合意	合意先
建築許可	計画当局
土地の権利	地主
系統連系	配電会社
風車供給	メーカー
発電電力量評価	コンサルタント
土木工事	土木請負業者
電気工事	電気工請負業者
電力購入契約	電力供給業者
運転・保守	運転・維持管理請負業者
保険	保険会社
銀行の保証	銀行
コーポレートガバナンス	複数の機関
保証とステップイン（介入）の合意	複数の機関

10.2　景観と視覚的影響の評価

今日の陸上風車は，ブレード先端までの高さが 100 m を超える大きな構造物であり，これを効果的に動作させるには，高風速の開けた場所に設置する必要がある．ウィンドファーム内では，ロータ直径の約 6 倍の離隔を設けて風車が配置されるため，大規模なウィンドファームの敷地は広大である．多くの場合，発電電力量と風車の視覚的影響の間では妥協が必要であり，ウィンドファームの外観とそれに対する住民の反応は，住民当局による建設許可の決定において重要である．

景観および視覚的影響の評価は，環境影響評価における重要な項目であり，ウィンドファームの開発において不可欠である．環境影響評価は，自己完結した項目として，計画申請書とともに提出される環境声明書の重要な部分を占める．なお，景観と視覚的影響は別のものである（University of Newcastle 2002）．景観特性評価では，その特性，品質，状態，および，ウィンドファームの影響の可能性の観点から景観を評価する（Tudor 2014）．大きな風力資源がある多くの地域について戦略的な環境評価が完了しており，ウィンドファームの許可が景観を理由に拒否される可能性についての一般的なガイダンスが示されている国もある．プロジェクトの視覚的影響評価では，風車と建物，および，架空送電線の可視性と，それらが見える場所の重要性が評価される（Scottish National Heritage 2017）．

ウィンドファームの景観と視覚的影響の評価は，通常，専門のコンサルタントによって行われる．そこで，視覚的影響の定量化が図られるが，ある程度の主観的な解釈が必要であると認識されている（Swanick 2013）．この評価プロセスは反復的であり，ウィンドファームの設計と配置に影響を与える．

この評価プロセスは，以下に分割される．

- 景観特性の評価（景観計画と指定地域を含む）
- ウィンドファームの設計と，景観および視覚的影響を軽減するための対策
- 視覚的影響の評価（可視性と視点分析を含む）
- シャドウフリッカの評価

ウィンドファームが建設される地点の景観はさまざまであり，風車の配置は，景観の特徴と風力資源を考慮して決定される．図 10.4 では，風車は平坦な地形の敷地境界に沿って配置されている．複雑な地形の尾根上の線形配置を図 10.5 に，海岸に沿った配置を図 10.6 に示す．図 10.7 は，平坦な高台にある大規模なウィンドファームを示している．

開発に関して，より広範な状況を考慮することも不可欠である．ウィンドファームの開発に対する個々の認識は，風車のサイズ，数，色などの物理的なパラメータだけでなく，電力を供給する手段としての風力エネルギーについての個々の意見によっても変化する（Devine-Wright 2005）．

10.2.1　景観特性評価

ウィンドファームを計画する際の基本的なステップは，適地を特定し，開発の提案がその場所と調和していることを確認することである．多くの露出した高台は地域住民にとって価値があり，重要な景観地域や国立公園として指定されている．一般に，国立公園内，または国立公園内からよく見える地点におけるウィンドファーム開発の許可を得るのは非常に難しい．

Stanton（1994）は，ウィンドファームのイメージとして望ましい特徴を挙げ，開発は単純かつ合

図 10.4　平坦地形の 660 kW 風車 6 基のウィンドファーム（Cumbria Wind Farms Ltd. Paul Carter より）

図 10.5　スペインのタリファ（Tarifa）の 600 kW 風車のウィンドファーム（旧 NEG Micon 社より）

図 10.6　海岸沿いの 700 kW 風車のウィンドファーム（PowerGen Renewables/Wind Prospect Ltd より）

図 10.7 平坦な高台にある大規模なウィンドファーム（Tony Mills/Shutterstock.com）

理的で，視覚的にも整然としていなければならないと述べた．また，ある事業開発に対する景観タイプはほかの事業開発には合わず，景観の整合性は開発内容によって大きく変わるものとし，五つの景観に対して，各々にもっとも適した開発のあり方を検討した．平坦な農業用地は，少数の風車，あるいは，風車を等間隔に配意した大規模なウィンドファームに適している．沿岸地域は多数の風車を設置するのに適しているが，沿岸空間の線状性に関連付けて開発する必要がある．工業地域に設置する場合は，風車の数は少数とする．山や湿原などの美的価値の高い地域では，風車は稜線に沿って，また，平坦な土地内では格子状の配置とする．起伏の激しい地域では，風車の数は少なくするか単機とすることが望ましい．これらの眺望に関してはオープンに議論をすべきであるが，いずれにしても，ウィンドファームの開発を提案する前に，景観の特性を考慮することが大切である．

風力エネルギーが発電に大きく貢献するようになるにつれて，エリア内の複数のウィンドファームの累積効果はますます重要になっている．ある点から複数のウィンドファームが見える場合，これを考慮することが重要になる．また，建物や障害物など，視界を遮るものがある地域では，風車を追加で設置しても景観上の問題が発生しない場合もあるが，これを確認するには詳細な調査が必要である．

10.2.2 視覚的影響を最小にするための風車とウィンドファームの設計

大型風車の設計において，風車の外観がよいことが求められるようになり，新型機の開発の初期段階で検討されるようになっている．2 枚翼ロータは，回転速度が変化しているように見えることがあり，また，ブレードがタワーの前を通過するときに鞭を打ったように見えるのも目障りになる可能性があるため，美観的な理由から 3 枚翼風車のほうが好まれている（6.5.7 項参照）．また，さらに，ロータ面積が同一の場合，2 枚翼ロータは 3 枚翼ロータよりも高速で回転するが，回転速度が低いほうが見る人にとって快適といわれている（Gipe 1995）．なお，近年の大型風車はおおむね 30 rpm よりも低速で回転するので，この点で有利である．

近年，ラティス（トラス）タワーは，風車にほとんど使用されていない．ラティスタワーは基礎のコストを削減できるが（7.10.4 項参照），タワー上部にブレードとの十分な間隔を設けられるような，テーパを付ける必要がある．すると，光の条件によっては，遠くから風車を見た場合に，ラティスタワーが消えてロータだけが見えるようになる可能性があるが，この影響は望ましくなく，欧州では，一般に，管状のタワーのみが許容できると考えられている．タワーの高さは，風の状態と計画の制約に応じて大きく変化するが，ドイツの一部では，非常に高いタワーを使用して，ロータにおける風速を上げたり，森林の木よりも高い位置にロータを上げたりしている．逆に，平均風速が高い英国西部では，風車が見える地域を少なくするために，タワーの高さを低くしている．

風車の見え方は，その配色によっても若干影響を受ける．英国の丘陵地帯では，一般に，風車は空が背景として見えるので，オフホワイトかミッドグレーが好まれるが，それ以外の背景では，地表面と馴染む配色がよいと考えられる．ブレードの外側のゲルコートは，反射を最小限に抑えるために，マット仕上げまたはセミマット仕上げにする必要があるというのが共通認識である．また，初期の米国での一部のウィンドファームでは，翼枚数，回転方向，タワーの種類など，設計がまったく異なるさまざまな風車を使用していたが，それらが今日，受け入れられる可能性は低い．

計画の同意を得るうえで，ウィンドファームの配置と設計は重要である．予備検討のためのウィンドファームの配置は，局所的な風速，風車間の離隔距離，騒音，土地の状態などの工学的観点によって決定し，景観と視覚的影響を考慮して調整する．通常，開発業者は，すべての環境および系統連系の制約内でサイト内の風車の数の最大化，さらには，それによる収益の最大化を目指している．開かれた平坦な土地では，通常の風車配置により，単純で論理的な視覚的イメージと最大の出力が得られる．また，障害物や敷地境界があるサイトでは，風車はこれらの境界付近に配置される．風車から 1〜2 km までの位置から見える場合には，目障りとみなされるため，風車の位置を調整して，地域のスクリーニングや植樹により，この距離内から見える風車の数を最小限に抑えることが望ましい．ある風車が別の風車の背後に見える場合，スタッキング（重ね合わせ）効果により視覚的な混乱が増すため，望ましくない．地元の景観地点や市場などの重要なポイントからは，ウィンドファームが極力整然と見えるように風車を配置するほうがよい．

風車のほかに，ウィンドファームの気象マストや電気機器など，多くの必要な構造物がある．小型風車の場合，変圧器は，天候や破壊からの保護のために，タワーに隣接したグラスファイバー製の囲いの中に設置することが多いが，大型風車の場合には，タワーベース内に変圧器を収容することにより，見た目が明らかに改善する．また，ウィンドファームの主変電所，変圧器，および，制御棟が必要になる場合が多い．エンジニアリング上，変電所は風力発電所の中央または端に配置する必要があるが，視覚的な影響を減らす観点から，目立たない場所に配置する場合が多い．欧州のウィンドファーム内では，すべての集電回路が地下にあり，架空線ではなく地下ケーブルを使用して配電系統へ連系するのがよい場合がある．さらに，ウィンドファーム内には建設のための道路が必要であり，試運転後に道路の硬い表面を取り除くことが，計画同意の一般的な要件である．そのため，のちにメンテナンスや修理の用途で大型クレーンを使用するために道路を復元する場合，非常に大きな費用を要する可能性がある．

10.2.3　視覚的影響の評価

今日，ウィンドファームの視覚的影響評価は，専門家や Scottish National Heritage（2017）などの文献が存在する重要な専門分野である．ここではおもに，ZTV を使用した可視性分析と，ワイヤーフレームとフォトモンタージュを使用した視点分析の，二つの手法が使用される．

ZTV は，数値地形モデルに基づく計算手法により，半径 30 km の範囲で風車の一部が見える領域を表示し，周辺地形におけるウィンドファームの可視性を示す．通常の ZTV では，樹木や建物の遮蔽効果などの局所的な影響は無視している．また，気象条件も考慮されておらず，視界がクリアな条件が想定されている．さらに，ZTV により，風車のブレード先端やナセルの可視性を検討する場合もある．図 10.8 に，ウィンドファーム設計ソフトウェアによる，単一のウィンドファームの ZTV の例を示す．図中の Turton Heights の点がウィンドファームの位置であり，色の濃淡は各地点から見える風車の数を示している．

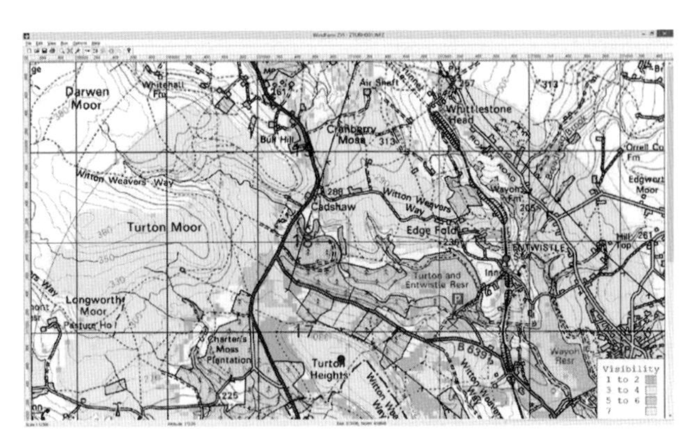

図 10.8 風力発電所の ZTV（視覚的影響）の例（写真 4 参照，ReSoft より．©Crown copyright（2019）OS100061895）

視点分析は，ウィンドファームが見えるいくつかの重要なポイント（視点）を選択し，そこからの景観が開発により変化する可能性について，専門家に判断してもらうことから始まる．視点は計画当局と協議して選択し，大規模なウィンドファームの場合には，20 点以上が選択される場合がある．

かつては，視覚的な影響の評価に定量的な基準を使用するのが一般的であった．アプローチはさまざまであるが，評価には，視点の感度，および，景観の変化の大きさの 2 点が考慮されていた．たとえば，住宅地やレクリエーション価値の高い視点（国立公園内の景観点など）は感度が高く，雇用のみに使用される場所（工業団地など）は感度が低いと判断されやすい．影響の大きさも，視覚に入る風車の数，ウィンドファームまでの距離，開発の目立ち具合に応じて，同様の方法で説明し，これらの要因を組み合わせて，影響の全体的な重要性を評価した．今日，この定量的アプローチは依然として有用であるが，大部分が新しい手法に代わっている（Landscape Institute and Institute of Environmental Management & Assessment 2013）．

視点評価用のツールに，ワイヤーフレームとフォトモンタージュがあり，いずれも，ウィンドファームの設計ソフトウェアにより作成できる．ワイヤーフレームは，デジタル地形データを使用して作成された地形の図に重ねて表示される，計画中のウィンドファームの線画である．これらは，ウィンドファームの設計の初期段階でよく使用され，風車の位置と規模の正確な印象を提供する．図 10.9 に，三つのウィンドファームが見える地点におけるワイヤーフレーム画像を示す．この図から，風力発電の導入が進むにつれて，計画当局が累積的な環境影響についてますます懸念する理由がわかる．

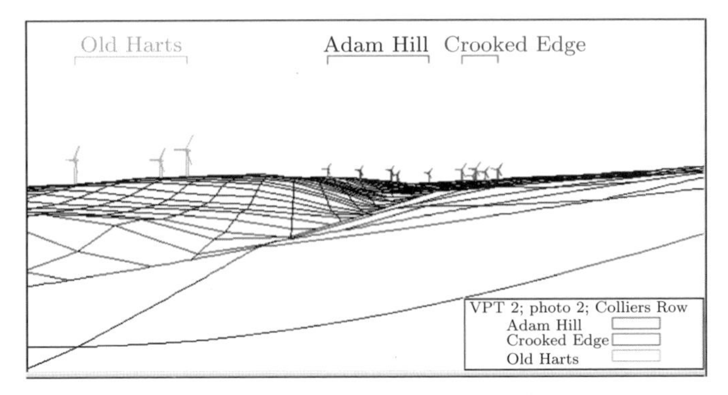

図 10.9 三つの風力発電所の可視性を示すワイヤーフレームの例（ReSoft より）

図 10.10　フォトモンタージュの例（ReSoft より）

（a）ウィンドファームの三次元画像

（b）ウィンドファーム内の三次元画像

図 10.11　同じウィンドファームの異なる視点からの三次元画像と操作用のコントローラ（ReSoft より）

フォトモンタージュは，風車の画像を一連の写真に重ね合わせる手法で，ウィンドファームの視覚的影響の全体的な印象を示すために使用される一般的なツールであるが，有用な表現を得るには，背景写真と風車画像の両方にかなりの注意が必要である．図 10.10 に，フォトモンタージュの例を示す．また，ブレードの動きの印象を与えるために，ビデオモンタージュが使用されることがある．図 10.11 は，三次元のバーチャルリアリティを用いて，ユーザーがウィンドファーム内を移動してさまざまな画像を表示している様子である．

10.2.4　シャドウフリッカ

シャドウフリッカ（shadow flicker）とは，風車のブレードの影が回転してストロボのような効果を与えることを指す．とくに，そのような影が狭い窓を通して部屋に入ってくる場合，室内の人間に不快感を与える（EWEA 2009）．なお，この周波数は 2.5～20 Hz である．人間の目と脳への影響は，電圧の変動により旧式の白熱電球の光の強度が変化した際の影響と同じである（11.7.1 項参照）．

とくに，2.5～3.0 Hz の光の変化が一部のてんかん患者に異常な EEG（脳波）反応を引き起こすことが懸念されている．英国では，人口の約 0.5%がてんかんをもつが，そのうち，光過敏性てんかんの患者はわずか 5%である．最新の大型の 3 枚翼風車の回転速度は 20 rpm 未満で，ブレード通過周波数は 1 Hz 未満であるが，これは上記の周波数帯よりも低い．英国の緯度では，風車の北から両側 130° の範囲でシャドウフリッカの影響を受ける．ただし，風車と住居の間にロータ直径の 10 倍以上の離隔があれば，問題がないことがわかっている（DECC 2011）．

ウィンドファームの SCADA システムにより，シャドウフリッカの問題を引き起こす可能性のある風車を一時的に停止させることができる．この制御は，タイマーや光強度の測定結果により行うことができ，これによる発電電力量の損失はわずかである．図 10.12 は，シャドウフリッカの問題が発生する可能性がある時期の例を示す．これにより，春と秋の午後遅く（15:00 ごろから 17:30 ごろ）に発生しやすいことがわかる．風車と住居の離隔距離を検討するときには，シャドウフリッカと騒音の制約，および，視覚的影響の軽減に配慮する必要がある．

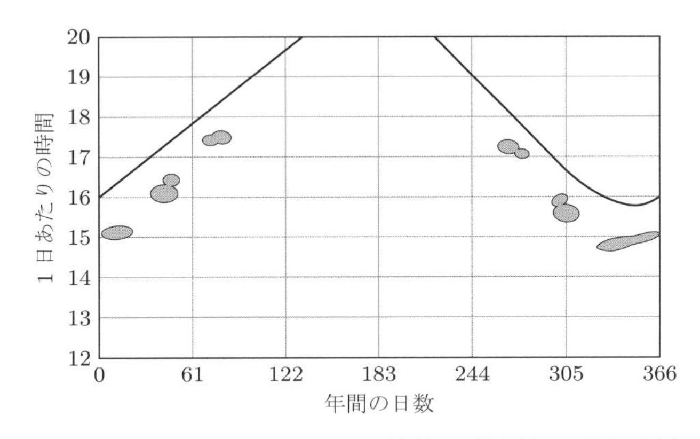

図 10.12 シャドウフリッカ予測の例（実線：日没時刻，ReSoft より）

10.3 騒 音

風車からの騒音は，重要な環境影響の一つである（Wagner et al. 1996）．1980 年代の初期の風力発電では騒音を発する風車もあり，近隣住民からの苦情は正当なものであった．当時，米国の国家プログラムの大型風車のいくつか（Mod–0 および Mod–1）の音響特性が集中的に研究された．これらのプロトタイプは，2 枚翼ダウンウィンドロータと鋼製ラティスタワーで構成したもので，かなりの衝撃的な空力騒音を発生させていた（Spera 1994; Hau 2013）．それ以降，風車の構造は，管状タワーと 3 枚翼アップウィンドロータに収束し，風車からの騒音の低減技術とウィンドファームが発生させる騒音の予測技術の両方で大きな進歩があった．

ウィンドファームの提案における環境声明書では，騒音レベルの予測を提供するのが一般的である．これには以下が含まれる．

・提案された個別の風車から放出される騒音の測定結果（騒音パワーレベルと周波数スペクトル）
・ウィンドファームに近い特定の場所（住居など）で予測される風速に対する音圧レベル
・これらの場所で測定された風速に対する暗騒音レベル

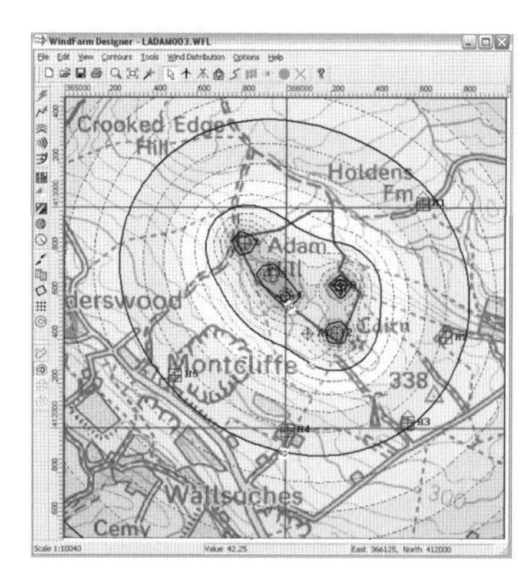

図 10.13　小規模ウィンドファーム周辺の騒音レベルの等高線（ReSoft より．©Crown copyright（2019）OS100061895）

・提案された風車と付近の既存の風車の騒音予想値

図 10.13 は，小規模なウィンドファームから予測される音圧レベルの例を示す．ここで，5 基の風車，4 棟の家，ならびに，40 dB(A) と 50 dB(A) の騒音レベルの等高線が示されている．

Bowdler と Leventhall は，屋外での音の伝播に影響を与えるおもな要因を，幾何学的減衰と大気減衰として抽出した（Bullmore and Peplow 2011）．これらの効果は，図 10.13 の計算において考慮されている．単純な騒音伝播モデルでは，地表面の詳細，風と温度の変化による大気の不均一性，風の乱流などの影響は含まれないことが多い．

10.3.1　用語と基本概念

風車騒音には，音源（つまり風車）の音響パワーレベル（sound power level）L_W と，ある場所の音圧レベル（sound pressure level）L_P という，二つの異なる測定値が使用される（Bowdler and Leventhall 2011; Rogers et al. 2002; Wagner et al. 1996）．また，人間の耳の反応を考慮して，可聴限界に対応する代表レベルに対する比の対数スケールが用いられ，ともにデシベル（dB）単位で示される．

ある場所の音圧レベル（受音側；immission）と，音源の音響パワーレベル（音源側；emission）は，次式で関連付けられる．

$$L_P = L_W + K - A$$

ここで，A は音源側と受音側の間の減衰であり，K は純音（衝撃音）の影響である．ここで，A には幾何学的発散と大気吸収による減衰が含まれ，それに加えて地面効果も含まれる場合がある（Nieuwenhuizen and Kohl 2015）．

騒音源の音響パワーレベル L_W は，次式のように表現される．

$$L_W = 10\log_{10}\left(\frac{W}{W_0}\right) \tag{10.4}$$

ここで，W は音源から放出される音響パワー（単位：W）であり，W_0 は基準値（10^{-12} W）である．

音圧レベル L_P は次式で定義される．

$$L_P = 10\log_{10}\left(\frac{P^2}{P_0^2}\right) \tag{10.5}$$

ここで，P は音圧の二乗平均平方根（Root Mean Square: RMS）値であり，P_0 は基準値（2×10^{-5} Pa）である．次式により，n 個の音圧レベル [dB] を加算することができる．

$$L_{Pn} = 10\log_{10}\sum_{j=1}^{n} 10^{L_P(j)/10} \tag{10.6}$$

したがって，同じ大きさの二つの音圧レベルを足すと 3 dB の増加になる．これは，音響パワーレベルの加算についても同様である．

表 10.4 に，代表的な範囲の音圧レベルを示す．人間の耳は 20 Hz〜20 kHz の音を検出することができ，分析は通常この周波数範囲で行われる．規定のバンド幅の狭帯域スペクトルは，その音に関するすべての情報を与え，特定の純音を検出するのに用いることができる．ウィンドファームの騒音分析には，1 オクターブか 1/3 オクターブのバンド幅を使用するのが一般的である．バンド幅の下端の周波数に対する上端の周波数の比は，1 オクターブバンドの場合は 2 倍であるが，1/3 オクターブバンドの場合は $2^{1/3}$ 倍である．

表 10.4　音圧レベルの例

例	音圧レベル [dB(A)]
可聴限界	0
田園の夜間の暗騒音	20〜40
騒々しいオフィス	60
工場内	80〜100
100 m 上空のジェット機	120
400 m 離れたウィンドファーム	35〜45

周波数ごとの人間の聴覚の特性を反映するように，いわゆる A 特性フィルタにより，測定値に重みを付けるのが一般的である．これにより補正した測定結果は，dBA または dB(A) と表記される．表 10.5 に，オクターブバンドの中心周波数と A 特性補正値を示す．これにより，250 Hz 未満と 16 kHz 以上の周波数では，A 特性補正値が大幅に低下することがわかる．また，時間とともに変化する音に対して，ある時間 T 内での音圧の二乗平均がその音に等しくなる定常音圧レベルを，等価音圧 $L_{eq,T}$ レベルとよび，次式のように表す．

$$L_{eq,T} = 10\log_{10}\left(\frac{1}{T}\int_0^T \frac{P^2}{P_0^2}dt\right) \tag{10.7}$$

A 特性で重み付けをすることにより，$L_{Aeq,T}$ が次式のように求められる．

表 10.5　オクターブバンドの中心周波数と A 特性周波数補正値

オクターブバンドの中心周波数 [Hz]	A 特性補正値 [dB]
16	−56.7
31.5	−39.4
63	−26.2
125	−16.1
250	−8.6
500	−3.2
1000	0.0
2000	1.2
4000	1.0
8000	−1.1
16000	−6.6

$$L_{Aeq,T} = 10\log 10\left(\frac{1}{T}\int_0^T \frac{P_A^2}{P_0^2}dt\right) \tag{10.8}$$

ここで，$L_{Aeq,T}$ は時間 T の等価 A 特性音圧レベルで，P_A は A 特性音圧の瞬間値である．

超過レベル L_{A90} は，90%の時間超過する A 特性音圧レベルと定義される．L_{Aeq} 測定値は航空機の通過や交通などの短時間の騒音に大きく影響される可能性があるため，とくに暗騒音の測定に L_{A90} 音圧レベルの使用を指定する市民計画当局もある．ウィンドファームは変化の小さい騒音源なので，10 分間の L_{A90} 音圧レベルは L_{Aeq} よりも 1.5〜2.5 dB(A) 程度小さい（ETSU–R–97 1997）．

音響強度 I は，単位面積 A を通して伝達するパワーであり，次式で与えられる．

$$I = \frac{W}{A} \tag{10.9}$$

一様なフラックスの音源から離れた位置においては，次式のようになる．

$$I = \frac{P^2}{Z_0} \tag{10.10}$$

ここで，P は音圧レベルの RMS，Z_0 は単位面積あたりの音響インピーダンス，すなわち，空気の密度と音速の積 $Z_0 = \rho_0 c_0$（単位：$\mathrm{kg/m^2\,s}$）であり，音響パワーの流れに対する抵抗と考えることができる．電気インピーダンスとの類似性から，音圧を電圧，音の強さを電力，音響インピーダンスを電気インピーダンスとして説明できる（いずれも，単位面積あたりの値）．

また，I_{ref} に適当な値（$10^{-12}\,\mathrm{W/m^2}$）を選ぶと，音圧レベルは音響強度によって次式で表される．

$$L_P = 10\log_{10}\left(\frac{I}{I_{\mathrm{ref}}}\right) \tag{10.11}$$

球状に伝播する音響の強度は次式となる．

$$I = \frac{W}{4\pi r^2} \tag{10.12}$$

ここで，r は音源からの距離である．

したがって，理想的な球形の広がりを仮定すると，ある位置での音圧レベルと点音源の音響パワーレベルには次式の関係がある．

$$L_P = 10\log_{10}\left(\frac{W}{4\pi r^2 10^{-12}}\right) = L_W - 10\log_{10}(4\pi r^2)$$

これは，次式のように記述できる．

$$L_P = L_W - 20\log_{10} r - 11 \tag{10.13}$$

同様に，半球状に伝播する場合には，次式のようになる．

$$L_P = 10\log_{10}\left(\frac{W}{2\pi r^2 10^{-12}}\right) = L_W - 10\log_{10}(2\pi r^2)$$

これは，次式のように記述できる．

$$L_P = L_W - 20\log_{10} r - 8 \tag{10.14}$$

球形と半球形の伝播のいずれの仮定においても，点音源からの音圧レベルは距離の 2 乗に反比例して減衰する．したがって，距離が 2 倍になるごとに，音圧レベルが 6 dB 低下する．

線音源（単位長さあたりの音響パワーレベル：L_{Wl}）の場合，音圧レベルは次式のようになる．

$$L_P = 10\log_{10}\left(\frac{L_{Wl}}{2\pi r 10^{-12}}\right) = L_{Wl} - 10\log_{10}(2\pi r) \tag{10.15}$$

減衰は距離にのみ比例し，線音源に垂直な方向の距離が 2 倍になるごとに音圧レベルが 3 dB 低下する．

10.3.2 風車の騒音

風車からの騒音は，機械騒音と空力騒音に分類できる．機械騒音は，おもにナセル内の回転機械，とくに増速機や発電機から発生するが，それ以外にも冷却ファン，ポンプ，コンプレッサなどの補助機器，ならびに，ヨーシステムからも発生する．機械騒音は，増速機の噛み合い周波数などの特定の周波数で発生する．このような純音を含む騒音は苦情につながりやすいため，風車の多くの騒音基準で 5 dB のペナルティが加算されている．機械騒音の伝達は，空気伝達（空冷式発電機の冷却ファンなど）か構造伝達（増速機のケーシング，ナセル架構，ブレード，タワーを通して伝達される増速機の噛み合いなど）のいずれかである．Pinder（1992）は，2 MW 実験風車の音響パワーレベルの値として，表 10.6 を示した．この初期のアップウィンド風車の例では，増速機が主要な騒音源であり，騒音はおもに構造物を介して伝達していることがわかる．

風車が発する機械騒音を低減する方法には，増速機の設計と製作の改善，防振マウントと防振継手による構造伝達音の抑制，ナセルの音響減衰の強化，ならびに，発電機の水冷化がある．増速機のわずかな改良（噛み合い率や歯の形）により，騒音が大幅に低減することもある（IEC 61400–14 2005）．

表10.6　2 MW 試験風車の機械騒音の騒音パワーレベルの例

部位	騒音パワーレベル [dB(A)]	空気伝達／構造伝達
増速機	97.2	構造伝達
増速機	84.2	空気伝達
発電機	84.2	空気伝達
ハブ	89.2	構造伝達
ブレード	91.2	構造伝達
タワー	71.2	構造伝達
補助機器	76.2	空気伝達

最新の風車の騒音源はおもに空力騒音（3.19節参照）である．空力騒音は，以下のような要因により発生する．

・ブレード後縁の騒音
・流入風の乱れの騒音
・翼端の騒音

ブレード後縁騒音は，400～1000 Hz の範囲の周波数をもつ広帯域のスウィッシュ音（swishing）として認識されており，空力騒音のおもな原因であると考えられている（Bowdler and Leventhall 2011）．この騒音には指向性があるため，騒音レベルは観察者の位置によって変化する．この騒音は，乱流境界層とブレードの後縁との相互作用により発生し，後縁厚が大きい場合には，渦放出と純音を増加させる可能性がある．後縁を鋭角にすることで後縁の騒音を低減できるが，これは風車の製造と設置に影響を及ぼす．

流入風が乱流の場合，ブレードが大気乱流の渦と相互作用する際に広帯域騒音を発生させる．この騒音の周波数は最大1000 Hz で，ブレード速度，翼型断面形状，乱流強度の影響を受ける．Wagner ら（1996）は，乱流強度の増加に伴って音圧レベルが低下した一つのフィールド実験の結果について，この現象を詳細に説明し，完全には理解されていないことを指摘した．三次元の翼端効果が風車の騒音の主要因であるか否かについては，明確ではない．ただし，ブレードの騒音の大部分と風車の出力はブレードの外翼側25%から発生するため，騒音を低減するための新しい翼端形状について，現在の商用風車では使用されていないものの，非常に多くの調査が行われている．なお，翼端ブレーキやその他の制御舵面によるブレード形状の欠陥によっても，騒音が増加する可能性がある．

ブレードの失速は翼のまわりに不安定な流れを引き起こし，広帯域の音を発生させる可能性があるが，建設中に生じた損傷や落雷による表面の欠陥も，純音の原因となる可能性がある．風車ブレードからの騒音は入射風速の5乗または6乗に比例するため，空力騒音を低減するためにはロータ回転速度の低減が有効であるが，これにより発電電力量が若干低下する可能性がある．翼端速度と騒音パワーレベルの関係は次式のとおりであり，低風速域における騒音を低減することができるのは，可変速風車の大きな利点である．

$$L_W \approx (50\sim60)\log V_{\mathrm{tip}} \tag{10.16}$$

その他の空力騒音の低減策として，ブレードの迎角を低下させることがあるが，これも発電電力量を低下させる可能性がある．夜間や暗騒音が低いときに騒音を低減することを制御システムに組み込んでいる風車メーカーもある．ウィンドファーム制御により，特定の風向で選択された風車にこのような騒音低減モードを適用して，影響の大きい場所における騒音を低減することができる．

10.3.3　風車の騒音の計測

風車の騒音パワーレベルは，フィールド実験による音圧レベルの測定結果から決定される．今日の風車は大型で，発電中の騒音性能を測定する必要があるため，屋外での実験が必要である．騒音パワーレベルは直接測ることはできないが，風車周辺における風速ごとの音圧レベルの測定値から，暗騒音を差し引くことにより求められる．この方法で，6～10 m/s の風速での単独の風車の A 特性騒音パワーレベル，1 オクターブおよび 1/3 オクターブスペクトル，および，純音が得られ，オプションとして騒音源の指向性も得られる場合がある．

測定は，タワーの基部から距離 R_0 の位置で行われる．R_0 は次式で与えられる．

$$R_0 = H + \frac{D}{2} \tag{10.17}$$

ここで，H はハブ高さ，D はロータ直径である．R_0 は，地表面，大気状態あるいは風による騒音の影響が最小になるように決定された，音源からの距離である．なお，地面に置いた板の上にマイクロフォンを置き，地面が音を遮る効果を評価する．また，A 特性騒音パワーレベルと同時に風速の測定も行う（1 分以上の測定を 30 回以上）．風速は基準高さ 10 m での値に換算し，風車が発電しているときの風速は，風車の出力とパワーカーブから計算する．音圧レベルの測定は，おもに風下の位置において行われ，指向性を計測するために，風車の周囲にほかのマイクロフォンを配置する．計測は風速 6～10 m/s にわたって，風車が発電している場合と停止している状態で行う．また，暗騒音の影響は次式で補正する．

$$L_P = 10\log_{10}\left(10^{L_{P+N}/10} - 10^{L_N/10}\right) \tag{10.18}$$

ここで，

L_P：風車の音圧レベル

L_{P+N}：風車と暗騒音の音圧レベル

L_N：暗騒音の音圧レベル

である．

各風速の風車の A 特性騒音パワーレベルは次式で計算される．

$$L_W = L_{PAeq} + 10\log_{10}(4\pi R_i^2) - 6 \tag{10.19}$$

ここで，R_i はマイクロフォンから風車ハブ中心までの直線距離である．

騒音パワーレベルの計算には，風車ハブ中心における点音源を仮定している．地面に置いた反射板の上に置いたマイクロフォンでは，近似的に音圧が 2 倍になるので，それを補正するために，計測値から 6 dB を差し引くことで自由音場の音圧レベルが求められる．IEC 61400–11（2006）は，風車からの騒音を決定するための試験方法を，また，IEC 61400–14（2005）は，これらの試験結果を同型機の代表値とするための方法を示している．

風車の騒音パワーレベルの例を表 10.7 に示す．風車のサプライヤは，ウィンドファームの騒音評価のために，このような計測結果を提供する．

表 10.7　大型風車の 1 オクターブバンド騒音パワーレベルの例（Bowdler and Leventhall 2011）

中心周波数 [Hz]	63	125	250	500	1000	2000	4000	8000	dB(A)
音響パワーレベル [dB]	118	113	109	106	103	99	92	82	108

10.3.4　ウィンドファームの騒音の予測と評価

住居やその他の注意が必要な場所における風車からの騒音は，さまざまな伝播モデルを使用して予測できる．平坦な地形では，単純なモデルでもよい結果が得られることがわかっている（Jakobsen 2012）．初期の IEA 文書（現在は修正されている）では，半球形の広がりを想定して，距離 R にある単一の風車または風車群の音圧レベルを，次式のように概略推定する方法が提供されている．

$$L_P(R) = L_W - 10\log_{10}(2\pi R^2) - \Delta L_a \tag{10.20}$$

ここで，ΔL_a は $\Delta L_a = R\alpha$ で計算される大気減衰の補正値で，α は各オクターブバンドの吸音係数，R は風車ハブまでの距離を示す．そのほかのより単純な計算法として，式 (10.20) で L_W は単一のブロードバンド騒音パワーレベルとし，α は 5 dB/m とする方法がある．Danish Statutory Order（2011）では，単純なモデルとして，次式が与えられている．

$$L_P = L_W - 10\log_{10}(l^2 + d^2) - 11 + \Delta L_g - \Delta L_a$$

ここで，

l：風車基部までの距離 [m]

d：風車のハブ高さ [m]

11 dB：球面拡散の補正定数

ΔL_g：地面効果の補正（陸上：1.5 dB，洋上：3 dB）

ΔL_a：空気減衰係数（表 10.8 参照）[dB]

である．

表 10.8　オクターブバンドの空気減衰係数（Danish Statutory Order 2011）

中心周波数 [Hz]	63	125	250	500	1000	2000	4000	8000
減衰係数 [dB/km]	0.1	0.4	1.0	2.0	3.6	8.8	29.0	104.5

音圧レベルに影響を与える風車が複数ある場合，個々の寄与を個別に計算し，次式で合算する．

$$L_{1+2+\cdots} = 10\log_{10}\left(10^{L_1/10} + 10^{L_2/10} + \cdots\right) \tag{10.21}$$

これらの計算方法は，ある地点における音圧レベルを，空気減衰を補正した逆 2 乗の法則に従って拡散することに基づいて計算している．条件によって，とくに風下側においてはこれは楽観的な仮定で，距離が 2 倍になると 3 dB 低下するとしたほうがより現実的である．また，通常の単純なモデルでは，気象勾配の影響を無視している（Wagner et al. 1996; Bowdler and Leventhall 2011）．通常の大気条件では，気温は高度とともに低下するため，高度が大きくなると音速が低下し，音の経路が上向きに曲がる．ただし，寒い冬の夜などによく見られる温度逆転の条件下では，気温は高度とともに上昇し，音が下向きに曲がる．風向も音の伝播に影響し，風下では音が下向きに曲がっているため，風上にシャドウゾーンが形成されている間，地面や植生による減衰が低下し，音のレベルが高くなる場合がある．そのため，風車から離れた位置（300 m 以上など）では，風下側の騒音は風上側よりも大きくなる．

屋外音の減衰の計算は，ISO 9613–2（1996）にわかりやすく示されている．この基準は，風車からの騒音に特化したものではなく，一般の屋外音の伝播に対して適用されているもので，観測点における音圧レベルを，幾何学的発散，大気による減衰，地面効果，地表面からの反射，障害物による遮音を考慮して計算する方法を提供している．Nord 2000（2006）のモデルは，鉄道および道路交通からの音のレベルを推定するために開発され，音の回折を考慮した，より高度な騒音伝播モデルを含んでいる．許容される騒音レベルは国によって，また，同じ国内でも地域の計画条件によって異なり，計算法も異なる（Nieuwenhuizen and Kohl 2015）が，多くの国では，制限値は，住居に近い屋外の音圧レベルの最大許容値で表されている（表 10.9）．

表 10.9　欧州諸国における音圧レベル L_{Aeq} の制限値（Hansen et al. 2017）

国	住宅地 [dB(A)]	地方 [dB(A)]
ドイツ		
日中	55	50
夜間	35	35
オランダ		
日中	47	47
夜間	41	41
デンマーク（風速 6〜8 m/s）		
屋外	37〜39	42〜44
屋内	20〜25	20〜25
フランス		
日中	35	35
夜間	35	35

場所の定義は国によって異なる．

固定制限値の利用とは対照的に，英国（ETSU–R–97 1997）では，ウィンドファームの許容騒音レベルを，$L_{A90,10\,\mathrm{min}}$ を用いて，暗騒音 +5 dB(A) で制限している．この +5 dB(A) の制限値は，風力エネルギーの開発を過度に制限することなく内部環境と外部環境を保護するための妥協点として選択されたものであるが，+5 dB(A) 未満の制限を監視することは困難であることも示唆されている．また，産業騒音の一般的な基準である BS 4142（British Standards Institution 2014）には，ウィンドファームには直接適用できない可能性があるものの，+10 dB 以上の差があると苦情を受ける可能性が高いが，約 +5 dB の差はわずかであることも示されている．なお，予測される音圧レベルが 35 dB(A) 未満の場合，暗騒音の測定は必要ない．

固定制限値の下限としては，昼間は 35〜40 dB(A)，夜間は 43 dB(A) を適用する．昼間の限界値として 35 dB(A) と 40 dB(A) のいずれを採用するかは，以下の点を考慮して決定する．

・ウィンドファーム近傍の住居の数
・騒音限界が発電電力量に及ぼす影響
・騒音にさらされる時間と程度

夜間の下限値 43 dB(A) は，睡眠阻害限界値の 35 dB(A) から，開放された窓を通しての 10 dB(A)

の減衰を考慮し，$L_{Aeq,10\,\mathrm{min}}$ ではなく $L_{A90,10\,\mathrm{min}}$ を用いるために 2 dB 差し引いて求めたものである．図 10.14 と図 10.15 に，騒音限界値の例を示す．可聴域の純音のペナルティとして，最大 5 dB 追加する．この初期の推奨事項は，英国のウィンドファームの騒音評価に引き続き使用されており，その使用に関しては実施規則によって補足されている（IOA 2013）．

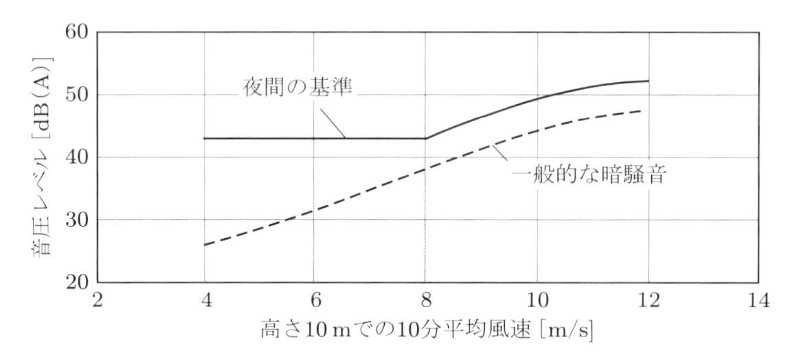

図 10.14　UK Working Group on Noise from Wind Turbines により提案された，風車からの騒音に関する騒音限界値の例（夜間の基準：ETSU 1997，DTI に代わって ETSU より）

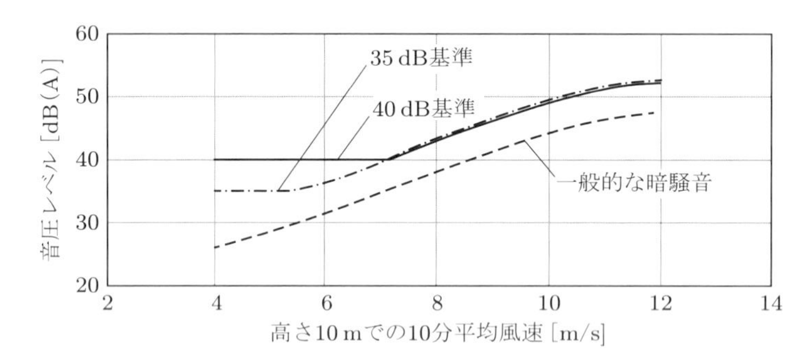

図 10.15　UK Working Group on Noise from Wind Turbines により提案された，風車からの騒音に関する騒音限界値の例（日中の基準：ETSU 1997，DTI に代わって ETSU より）

10.3.5　低周波音

ほとんどの国のウィンドファームの騒音制限は，全可聴域の A 特性音圧レベルに基づいているが，近年，オーストラリアやカナダなど，ウィンドファームの低周波騒音が懸念されている国もある．低周波音には，以下の三つの分類がある．

- 低周波音（low frequency noise）：20～160（または 200）Hz の可聴音
- 超低周波音（infrasound）：20 Hz 未満の聞こえない周波数域の圧力変動
- 空力変調（Aerodynamic Modulation: AM）：風車ブレードの回転による音

デンマークの基準が拡張され，建物内で許可される低周波音（20～160 Hz）の最大音圧レベルとして 20 dB(A) が定義された（Jakobsen 2012）．この値は，式 (10.18) と同様の方法により A 特性騒音パワーレベルで計算されるが，周波数範囲は制限されており，建物の構造を通過する音の減衰を表す項が含まれている．英国では，Institute of Acoustics（IOA 2016）が Working Group on Amplitude Modulation（振幅変調に関するワーキンググループ）を結成し，振幅変調を特徴付ける方法を提案したが，使用実績は報告されていない．

風車からの低周波音と超低周波音，および，それらが人間の健康に及ぼす影響については，依然として議論の余地がある（Colby et al. 2009; Hansen et al. 2017; Chapman and Crichton 2017）．通説はないものの，状況によっては低周波音が不快感を引き起こす可能性がある．この種の音は，大気による減衰が小さく，長距離にわたって伝播する可能性があるため，引き続き懸念される．風車からの超低周波音のレベルは非常に低いため，一般に聞こえないとみなされる．また，風車からの低周波騒音または超低周波音が人間の健康に直接影響を与えるという明確な証拠はない．

10.4　電波障害

風車は，さまざまな通信システムの基礎を形成する電磁信号に干渉する可能性があるため，その配置を決める際には，電磁干渉（ElectroMagnetic Interference: EMI）に関して注意深い評価が必要である．ウィンドファームは，高い丘の上やその他の開けたサイトで開発される場合が多いが，このような場所は高風速による高い発電電力量が魅力的である一方で，電磁信号の良好な伝播経路としても有用であるため，無線やその他の通信システムと競合することも多い．各種の無線システムは，効果的な動作のための要件がまったく異なり，風車になんらかの反応をするケースが増えている．

多くの国では，通信リンクがウィンドファームのサイトを通過する場合が多く，風車の位置を慎重に決定することが必要である．かつて，風車は，現在廃止されているアナログ TV 信号の受信を妨害していたが，最新のデジタル TV 伝送システムでは，信号の強度が低下する可能性はあるものの，風車の影響を受けにくくなっている．風車と防衛および民間レーダーとの相互作用に対する懸念により，多くのウィンドファームの立地の制限や，建設の遅れが発生している．

風車の発電機，制御装置，および電子機器は，無線周波数で電磁放射を発生させる可能性があるが，この放射は，適切なスクリーニングと抑制によって最小限に抑えることができる．ナセルは雷に対してファラデーケージを形成し，これにより，ナセル内部からの電磁波の放出が遮蔽される．高いスイッチング周波数で動作する可変速風車のコンバータには追加の予防措置が必要であるが，パワーエレクトロニクス機器からの伝導または放射 EMI への対処は標準的なものである．すなわち，風車からの電磁放射は一般にあまり問題とされない．

しかし，外部信号の散乱は，風車に関連する重要な EMI である．電磁波にさらされた物体は，入射エネルギーを全方向に分散させるが，この空間分布が散乱とよばれる．風車からの EMI には，図 10.16 に示す後方散乱と前方散乱の二つの基本的な干渉メカニズムがある．前方散乱は，風車が送信機と受信機の間にあるときに発生し，干渉メカニズムは，風車による信号の散乱または屈折のいずれかである．後方散乱は，風車が受信機の後方にあるときに発生し，風車が信号を反射させることによるものである．どちらのメカニズムでも，目的の信号と干渉の間に時間遅れが生じる．

風車と無線通信システムの相互作用の問題は，散乱メカニズムの特徴付けが難しく，信号がブレードの回転によって変調されるため，複雑である（Angulo et al. 2014）．風車のロータの電磁特性，したがって散乱は，以下のものの影響を受ける．

・ロータの直径と回転速度

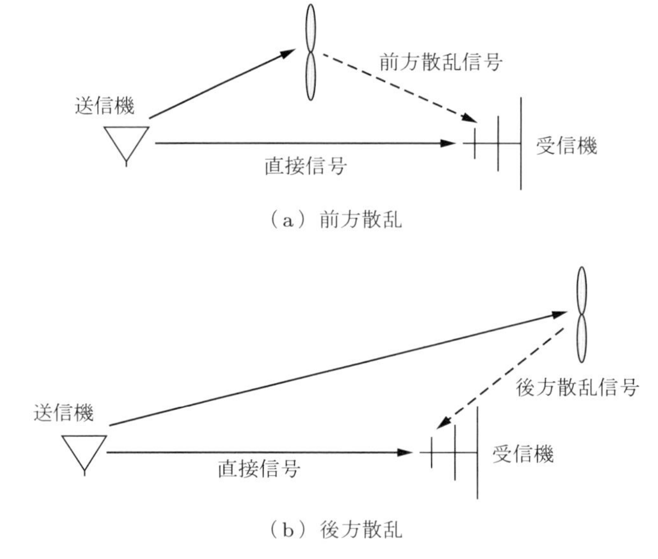

図 10.16　風車と無線システムの干渉メカニズム

・ロータの表面積，ブレードの平面形，ロータの向き，ヨー角
・ハブ高さ
・ブレードの材料と表面仕上げ
・ハブの構造
・表面の汚れ（雨や氷による）
・耐雷装置などの内部の金属部品

ウィンドファームが EMI を引き起こす可能性の判断は，関係当局ごとに異なる．ラジオおよびレーダー当局は，各ウィンドファームの提案においては，さまざまなシステムへの影響の可能性について個別に検討する必要があることを強調している．この観点からも，ウィンドファームのサイトを検討する際には，関係当局との連絡を早めに行う必要がある（Ofcom 2009）．

10.4.1　通信システムに対する風車の影響

Moglia ら（1996）は，van Kats と van Rees（1989）による研究に基づき，キャリア対干渉比（Carrier to Interference ratio: C/I）を使用して，風車によって引き起こされる電磁干渉を簡単に解析する一般的な方法を提案した．C/I 値は，無線リンクの品質を示す指標である．たとえば，固定マイクロ波リンクの C/I 値要件は 50〜70 dB であるが，モバイル無線サービスの要件はわずか 15〜30 dB である．

有用な受信信号 C [dB] は，次式で与えられる．

$$C = P_T - A_{TR} + G_{TR} \qquad (10.22)$$

ここで，

P_T：送信機パワー [dB]

A_{TR}：送信側と受信側の間の減衰 [dB]

G_{TR}：必要信号の方向の受信アンテナゲイン [dB]

である．

干渉信号 I [dB] は，次式で与えられる．

$$I = P_T - A_{TW} + 10\log_{10}\left(\frac{4\pi\sigma}{\lambda^2}\right) - A_{WR} + G_{WR} \tag{10.23}$$

ここで，A_{TW} は送信機と風車の間の減衰 [dB]，A_{WR} は風車と受信機の間の減衰 [dB]，G_{WR} は反射信号の方向の受信アンテナゲイン [dB]，$10\log_{10}(4\pi\sigma/\lambda^2)$ は散乱に対する風車の寄与で，λ は信号の波長である．σ はレーダー断面積であるが，より信頼性の高い情報がない場合は，回転軸に平行な方向のブレードセット全体の光学シルエットを使用することができる（Bacon 2002）．

干渉信号に対する有用信号の比 C/I 値は次式により計算できる．

$$C - I = A_{TW} - 10\log_{10}\left(\frac{4\pi\sigma}{\lambda^2}\right) + A_{WR} - A_{TR} + G_{TR} - G_{WR} \tag{10.24}$$

送信機と受信機の間の距離が風車から受信機までの距離よりもはるかに大きいと仮定すると，$A_{TW} = A_{TR}$ となる．自由空間での損失が $A_{WR} = 20\log_{10}(4\pi r/\lambda^2)$ と仮定し，アンテナ識別係数（antenna discrimination factor）を $\Delta G = G_{TR} - G_{WR}$ と仮定すると，C/I 値は次式から計算できる．

$$C - I = 10\log_{10} 4\pi + 20\log_{10} r - 10\log_{10}\sigma + \Delta G \tag{10.25}$$

上式は，以下により干渉に対する有用搬送波信号の比が改善される可能性があることを示している．

- 風車から受信側までの距離 r を長くする．
- レーダー断面積 σ を小さくする．
- アンテナ識別係数 ΔG を改善する．

式 (10.25) を変形して，適切な C/I 値を維持するために風車の配置が許可されない「禁止区域」を，次式のように定義することができる．

$$20\log_{10} r = C/I_{\mathrm{required}} + 10\log_{10}\sigma - \Delta G - 11 \tag{10.26}$$

「禁止区域」はレーダー断面積に強く依存している．この干渉領域，すなわち禁止区域を，図 10.17 に示す．特定の C/I 値に対する後方散乱 (back-scatter) 領域の半径は，前方散乱 (forward-scatter) 領域の半径よりも小さくなる．これは，後方散乱の風車のレーダー断面積が前方散乱のそれよりもはるかに小さく，受信アンテナの指向性 ΔG を利用できるためである．式 (10.26) は，二つの領域の半径のみを定義するが，二つの領域が広がる角度を決定することも必要である．

風車のレーダー断面積は，高度な計算（Jenn and Cuong 2012; Poupart 2003）やフィールド実験（Randhawa and Rudd 2009）から決定できるが，簡単ではない．風車が無線信号に与える影響を最初に見積もる場合，風車周辺の干渉領域は，定義されたサイズの鍵穴形状とみなされることが多い．通常，前方散乱領域の半径は最大 5 km，弧の中心角は最大 120° であり，後方散乱領域の半径は 500 m である（Ofcom 2009）．Randhawa と Rudd（2009）による，風車とウィンドファー

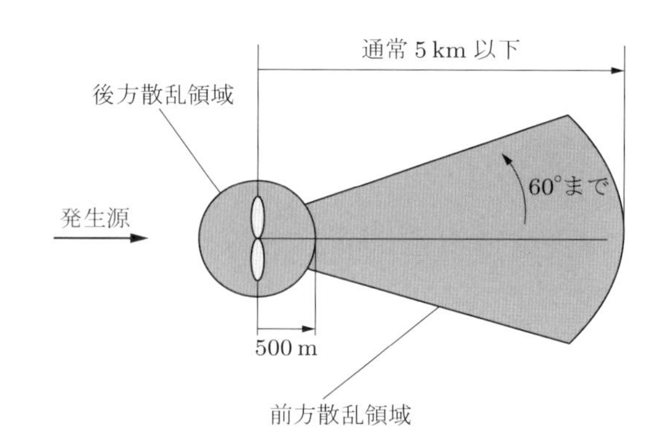

図 10.17　風車の干渉領域

表 10.10　風車とウィンドファームのレーダー断面積の例

	周波数 [MHz]	レーダー断面積 [dBm^2]	
		後方散乱	前方散乱
風車	436	47	53
	1477	32	50
ウィンドファーム	436	38	60
	1477	42	54
	3430	—	41

ムのレーダー断面積の測定結果を表 10.10 に示す．

van Kats と van Rees (1989) は，直径 45 m の風車の包括的な測定により，後方散乱領域でのレーダー断面積を 24 dBm^2，前方散乱領域での最悪の場合の値を 46.5 dBm^2 と推定した結果を報告した．この風車では，後方散乱領域の半径が 100 m（C/I 値 = 27 dB）および 200 m（C/I 値 = 33 dB）と決定された．前方散乱領域はこれよりもかなり大きく，それぞれ，1.3 km（C/I 値 = 27 dB）と 2.7 km（C/I 値 = 33 dB）である．彼らは，C/I 値が 33 dB の場合，アナログ TV で目に見える干渉が生じないことを示唆した．Moglia らは，彼らの方法を中型の風車（直径 33 m および 34 m）に適用して，C/I 値 = 46 dB により約 80 m の後方散乱半径と 450 m の前方散乱半径を与え，これらが実測値とよく一致していることを示した．これらの二つの例では，騒音や視覚的影響などのほかの制約によって住居が「禁止区域」の外にあることが保証されるため，後方散乱が重大な問題になる可能性は低かった．

固定リンクは，大量のデータを輸送し，経済的にも非常に重要であるため，風車がそれらに与える影響の理論的および実験的調査が行われている（Bacon 2002; Randhawa and Rudd 2009）．マイクロ波リンクの送信機と受信機の間には明確な見通し線があり，フレネルゾーン（Freznel zone）の一部に障害物がないことが重要である．フレネルゾーンは受信信号に大きく貢献する楕円領域で，その内部では信号の構成要素が同相になる（図 10.18）．自由空間の伝播条件を確保するには，第 1 フレネルゾーン内の少なくとも 60%には障害物を設置しないようにする必要がある．フレネルゾーンの半径 R_F は次式で与えられる．

$$R_F = \sqrt{\frac{n\lambda d_1 d_2}{d_1 + d_2}} \tag{10.27}$$

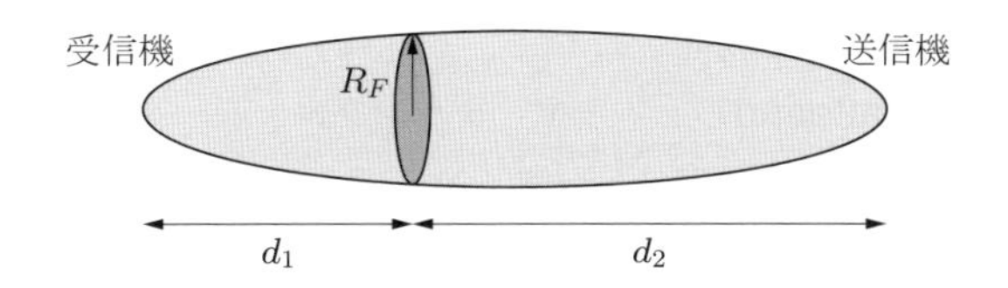

図 10.18 第 1 フレネルゾーン（フレネル楕円体）

ここで，

d_1, d_2：二つのマイクロ波端子から基準点までの距離

λ：波長

n：フレネルゾーン番号

である．

実際の風車の設置においては，不要な反射を避けるために，第 1 フレネルゾーンのすぐ外側に約 100〜200 m の除外区域を追加する必要があると考えられている．このようにして追加された反射の許容値はかなり保守的な経験則であり，詳細な調査により削減される可能性がある．つまり，風車が無線通信システムに干渉する可能性を正確に分析的に決定することは，依然として困難である．とくに，不規則な地形の影響や，ブレードの形状と材料の詳細を決定するための技術は，まだ開発・検証されておらず，レーダー断面積を確実に決定することはできない．一方，単純な仮定による計算でレーダー断面積を推定する方法は，単なる概算ではあるが，問題の定性的理解には有用である．実際には，風車またはウィンドファームの開発が EMI を引き起こす可能性を判断するには，地域の電気通信当局との対話が必要である．

10.4.2 航空レーダーに対する風車の影響

民間および軍用の航空レーダーに対して風車が影響する可能性は大きな懸念事項であり，それにより，提案された風力発電プロジェクトの多くが停滞している．一次レーダーはパッシブエコーを使用してターゲットの位置と動きを決定し，二次レーダーはターゲット内のアクティブデバイスを使用して応答信号を生成する．

レーダーシステムは，無線周波数で電磁気エネルギーのパルスを放射し，反射信号を受信し，増幅して処理する．目標物までの距離は，放射パルスと受信パルスとの時間差から計算される．風車の大きなレーダー反射断面積によって生じる大きな反射信号により，受信回路や信号処理回路内で信号の振幅が制限されたり，ひずみが生じたりする．さらに，一次レーダーはドップラー効果を使用して固定物体と移動物体を区別するが，ウィンドファーム内の移動する風車ブレードと移動する航空機を区別するのが難しい場合がある．

ウィンドファームがレーダーに及ぼすおもな影響には，以下のようなものがある（ETSU 2002）．

- **マスキング（masking）**：レーダーは高周波で動作するため，明確な見通し線（Line-of-Sight: LoS）が必要である．風車にはシャドウイング効果があり，目的物が検知されない領域を生じる可能性がある．軍事レーダーのマスキングは明らかな問題であるが，地上の非常に狭い角度を見ている気象レーダーにとっても懸念事項である．
- **レーダークラッター（radar clutter）**：不要なレーダーの戻りはクラッターとよばれる．風車が回転すると，多数の断続的な戻りが発生する可能性があり，これは，レーダーによって移動物体として認識される可能性がある．

- **スキャッタリング（scattering）**：スキャッタリングは，レーダー信号が回転中の風車ブレードによって反射・屈折し，放射中のレーダーシステムによって検知されるときに生じる．これにより，複数の擬レーダーエコーを表示したり，本物の航空機からのエコーを誤った位置に示したりする可能性がある．

NTIA（2008）は，風車が民間航空交通管制監視レーダーへ与える影響を評価する方法に関するガイダンスを提供している．この方法では，ウィンドファーム候補地点周辺の数値地形モデルを使用して，地球の曲率と局所的な地形を考慮して，風車がレーダーから見える場所を決定する．評価はレーダーの見通し線に基づいている．これは光学的な見通し線に類似しているが，レーダー信号の大気差に合わせて修正される．図 10.19 は，三つのレーダーそれぞれについて，マスキングが発生する可能性のある領域を計算した例である．

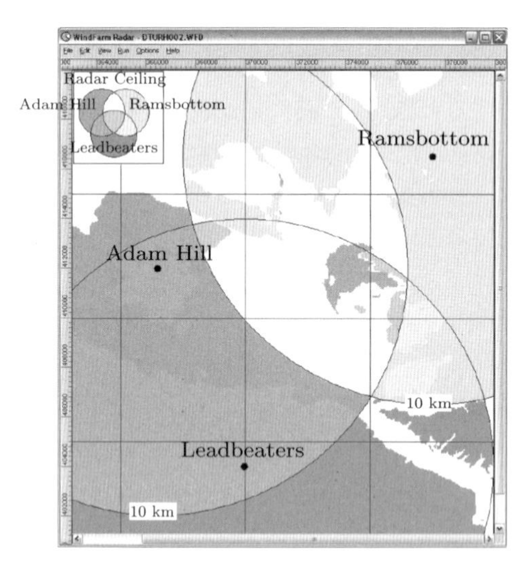

図 10.19 風車がレーダーをマスキングするエリアの例（ReSoft より）

図 10.20 は，風車がレーダーに与える可能性のある影響を評価するための簡単なプロセスをまとめたものである．EUROCONTROL（2014）は，風車がレーダーに与える影響を評価するための四つの領域を定義している．センサーにもっとも近い「保護」領域では，風車を設置できない場合がある．2 番目の領域では，影響評価分析によって影響が許容できることが実証されれば，風車を設置できる．3 番目の領域では，単純で一般的な影響評価の結果に基づいて風車を設置できる．表 10.11 は，一次監視レーダーにおけるこれらの領域をまとめたものである．

ウィンドファームが航空レーダーに与える影響を低減するための方法には，レーダーシステムの動作の変更，ウィンドファームの配置または場所の変更，風車（とくにブレード）のレーダー断面積の削減がある．航空機のステルス技術を使用した，風車ブレードのレーダー断面積の低減策を調査するため，ブレード形状の変更や，レーダー吸収材料の使用など，多くの研究プロジェクトが実施されている．しかし，そのようなアプローチは，コストが増加し，風車の性能が低下し，ブレード製造プロセスで必要とされる精度が高いために，今日まで商業用としては普及していない．

ウィンドファームの通信およびレーダーシステムに関する EMI の評価は，現在非常に専門的な

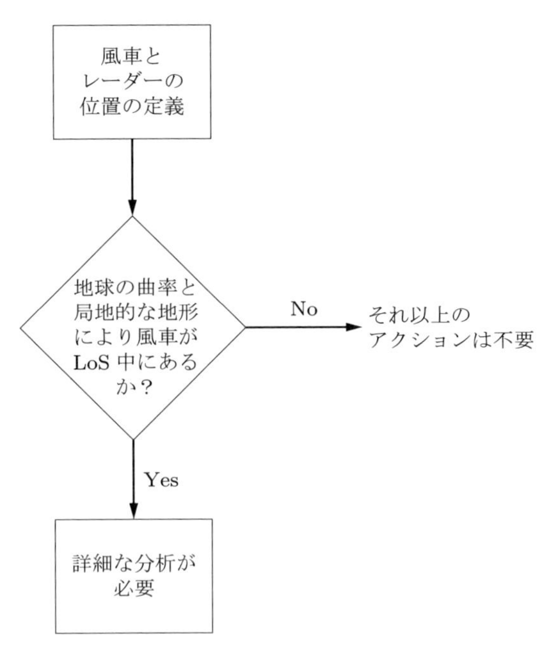

図 10.20　レーダーに対する風車の影響の評価

表 10.11　一次監視レーダーの評価範囲の推奨値

ゾーン	1	2	3	4
説明	0〜500 m	500 m〜15 km かつ， レーダーの LoS 内	15 km〜最大範囲 かつ， レーダーの LoS 内	範囲内のどこでも ただし， レーダーの LoS 外
評価要件	保護	詳細評価	単純評価	評価なし

分野である．そのため，あらゆる規模のウィンドファームの環境声明書において，コンサルタントがこの側面を扱う必要がある．

10.5　生態系調査

ウィンドファームは生態系が重要な地域に建設されることがよくあり，環境影響評価書には，その地域の生態系に関する包括的な調査，生態系の保存，ウィンドファーム（建設工事中と操業中）の影響，ならびに，対策が含まれる．とくに，サイトの水理学の研究も，生態学にとって重要であるため，これに含まれる．

再生可能エネルギー計画の生態学的影響を検討する場合，以下の影響が考慮される．

- 建設工事中の野生生物種生息区域への直接的な被害
- 運転中の各生物種への直接的影響
- 建設工事の結果もしくは土地利用管理方法の変更に伴う，野生生物種生息区域の長期的変化

また，生態学的評価の範囲には，以下が含まれる．

・サイト上の植物種の同定と分布に関する植物学的調査
・生息している鳥類および鳥類以外の動物の机上調査および現地調査
・サイトの水理条件の生態系への関係に関する調査
・サイトの生態系保存の重要性の評価
・ウィンドファームの影響の可能性の調査
・サイト内の避けるべき地点などの対策案の提案

Gipe（1995）は，動植物（鳥類は除く）に与える主たる影響は，道路の建設と生息域の撹乱に起因することを示している．ウィンドファームによる生息地の直接的な損失は少なく（約 3%），ウィンドファームが建設されたあとに道路や建設エリアを復元することで，これをさらに減らすことができる．ただし，建設中は，大型車両の頻繁な通行など，かなりの混乱が生じる可能性があり，繁殖期などの敏感な時期を回避するように主要な作業の日程表を作成する必要がある．多くの国で，20 年以上前に建設された比較的小型の風車による初期のウィンドファームが，より大型の風車でリプレースされているが，この場合にも，新しいウィンドファームと同じ方法で評価する必要がある．

Perrow（2017）は，ウィンドファームが野生生物に与える影響の概要をレビューとしてまとめている．確認されたほとんどの研究は，欧州と北米における鳥とコウモリの問題に関するものである．ウィンドファームの導入が急速に進んでいる中国とインドからの査読付き論文は報告されていなかった．

10.5.1　鳥類に対する影響

風力エネルギーの開発が鳥に与える影響は，1990 年代にとくに物議を醸した．これは，米国とスペイン南部のタリファ（Tarifa）で，飛翔する鳥や猛禽類が風車と衝突することへの懸念があったためである．とくに，猛禽類は希少で長命の鳥であるため，衝突がとりわけ懸念される．

欧州においての主たる関心は，鳥類の風車との衝突ではなく，撹乱や生息地の喪失に関する問題であった（Colson 1995; ETSU 1996）．それ以来，ウィンドファームが鳥類に与える影響に関して多くの調査がなされ，ウィンドファームの建設前と操業中の詳細な調査とモニタリングにより，鳥類に与える環境影響をうまく管理できる可能性があることがわかった．Pearce-Higgins ら（2012）は，いくつかの鳥種の個体群へのおもな影響は，ウィンドファームの建設中に発生していたことを確認した．風車が鳥に与える影響をどのように管理すべきかについての包括的なガイダンスと，計画中のウィンドファームが鳥に与える影響の調査・評価は，Scottish National Heritage（2019a）や Royal Society for the Protection of Birds（2019）に記載されている．

ウィンドファームは，以下の点で鳥類の命に影響すると考えられる．

・風車ブレードとの衝突または接触
・撹乱によるやむを得ない移動
・鳥が餌場やねぐらである地面への通常のルートを使用することをやめる，バリア効果
・生息地の変化と喪失（とくに建設中）

これらのリスクは，ウィンドファームの領域に生息するすべての種類の鳥について評価する必要がある．ウィンドファームが鳥に与える影響の初期の有用な調査結果と，環境評価基準および場所の選択の問題に関するガイダンスは，Langston and Pullan（2003）に記載されている．Drewitt

と Langston (2006) は広範な文献調査を行い，ウィンドファームが鳥類に与える影響について調査し，報告された年間衝突率が 0.01～23 羽/風車の間でばらついていることを発見した．高いほうの数値は腐肉食鳥類による死骸の除去に対して補正したもので，沿岸のサイトにおける，カモメ，アジサシ，カモに関するものである．彼らはまた，確認された移動阻害効果は，どれも鳥類の個体数に大きな影響を及ぼさないことを発見した．一方で，撹乱によるやむを得ない移動については，結論を導くには至らなかった．ウィンドファームによる生息地の喪失は，全開発面積の約 2～5%であった．Lloyd (ETSU 1996) は，生息地の喪失はウィンドファームの開発の中で比較的小さく，開発の主たる問題は，工事あるいは操業が鳥類の挙動へ与える影響と，鳥類の風車との衝突による死亡であるとした．

カリフォルニアでは，猛禽類と風車の衝突に関して多くの重要な報告がなされた (Committee on Environmental Impacts of Wind Energy Projects 2007)．1990 年代初頭のアルタモントパス (Altamont Pass) のウィンドファームは，欧米での最近の開発としては一般的なものとは異なり，200 km^2 のエリアに 7000 基と非常に多くの風車が設置されており，風車はおもに 100 kW と小型で，支持構造は鋼製ラティスタワーも多く，主風向に正対する列に沿った間隔も狭かった．Lloyd (ETSU 1996) は，猛禽類の高い衝突率にはいくつもの要因があるとしている．アルタモントパスの風車は，局所的に高い風速を利用するために，鳥の通り道でもある低い丘や尾根の上に設置されている．また，ほとんどの衝突が風車の最後部の列で生じており，そこでは，鳥は，密に凝集した風車群を回り込んで飛ぼうとしていると考えられる．アルタモントパスには樹木がほとんどなく，一部の種は，ラティスタワーを止まり木や営巣のために使用したことが示唆されている．また，Lowther (ETSU 1996) によると，初期の英国のウィンドファームのバードストライクの数として，表 10.12 が報告されている．

表 10.12 英国のウィンドファームにおけるバードストライク

ウィンドファーム	風車の数	バードストライク数/(風車・年)
Burgar Hill (オークニー (Orkney))	3	0.15
Haverigg (カンブリア (Cumbria))	5	0.00
Blyth Harbour (ノーサンバーランド (Northumberland))	9	1.34
Bryn Titli (ポーイス (Powys))	22	0.00
Cold Northcott (コーンウェル (Cornwall))	22	0.00
Mynydd y Cemmaes (ポーイス (Powys))	24	0.04

直径 60 m の 3 MW 実験機がある Burgar Hill は，国が重要と認めた多くの鳥類の生息地に隣接している．そこで生息するハイイロチュウヒは英国における繁殖個体数の 4%を占める．調査は 9 年間にわたって行われ，その間，4 羽の死亡 (ユリカモメ 3 羽，ハヤブサ 1 羽) が，風車への衝突が原因の可能性があると記録されている．

Blyth Harbour ウィンドファームは 9 台の 300kW 風車で構成されており，これらは，Site of Special Scientific Interest に指定された港の防波堤に沿って配置されている．ここは英国のウィンドファームの中でも鳥類の密度がもっとも高い場所であるので (110 種類が確認されており，1 日に 1100 羽以上の鳥が飛来する)，モニタリングプログラムの対象となった．この地域に生息するおもな種は，ウ，ケワタガモ，ムラサキハマシギ，ならびに，3 種類のカモメである．ムラサキハマシギに関してはとくに関心がもたれ，湾内で越冬するため，特別にシェルターを設けることにより，生息地の環境を改善している．ここでは，3 年間で 31 羽の衝突による犠牲が確認され，とくに，ケワタガモとカモメが多かったが，計算によると，地域の個体数への悪影響はない．ここでも，オランダとデンマークの沿岸地域のウィンドファームで行われた研究と同様に，ほとんどの種が風車に適応したようである．また，撹乱と生息地の喪失に関しては，長期にわたる大きな影響はないことがわかった．ムラサキハマシギの個体数はウィンドファームの悪影響を受けず，ウは建設中に一時的な移動が発生したが，建設が完了すると，生息地の個体数は以前の数に戻った．

Bryn Titli ウィンドファームも，コンドル，タカ，ハヤブサ，アカライチョウ，タシギ，ダイシャクシギ，ワタリガラスの繁殖が営まれている Site of Special Scientific Interest に近接している．このウィンドファームは鳥への影響の調査対象となっている．統計的には繁殖中の鳥には特別大きな影響はなく，1994 年と 1995 年に行われたバードストライク調査からは，その期間中には衝突による死亡はなかったと報告されている．

Clausager（ETSU 1996）は，風車が鳥に与える影響に関する欧米の初期の文献について，広範なレビューを実施した．おもに沿岸域についての調査からは，風車ロータとの衝突による死亡のリスクは小さく，ただちに普通種の個体数レベルへの影響が出るものではないと結論付けた．また，調査された沿岸の場所のうち，風車のロータとの衝突による死亡のリスクは軽微であり，普通種の個体数レベルへの影響については，即時の懸念を生み出さないと結論付けた．16 の調査結果から，行方不明の鳥の数を 2.2 倍することで，衝突による死亡数を風車 1 基あたり最大で年間 6～7 羽と見積もった．当時デンマークには約 3500 の風車があり，これにより，衝突で死亡する鳥の最大数は 20000～25000 と計算され，デンマークの交通で毎年少なくとも 100 万羽の鳥が犠牲になっているのと比較された．この研究では，生息地が直接失われることは少なく，ほとんど重要ではないとして除外しているが，ウィンドファームの工事によって地域が変化する問題，とくに，低い平地での排水については注目すべきであるとしている．また，ある地域に一時的にとどまっている数種類の鳥が悪影響を受ける可能性があり，とくにガチョウや渉禽（しょうきん）類の場合，風車から 250～800 m の範囲で影響が記録されていることを指摘した．

Committee on Environmental Impacts of Wind Energy Projects（2007）は，風車が鳥やコウモリに与える影響に関する文献について，包括的なレビューを実施した．データ数が明らかに少ないものの，2003 年には米国での鳥類の死亡のうち 0.003%が風車によるものであると見積もった．また，猛禽類に関する 14 の調査例の結果を引用し，風車 1 基あたり年間平均 0.03 羽が風車により死亡しているとした．風力エネルギーの開発を継続させながら重要野鳥生息地を保護するために講じることができる対策には，次のものがある．

・ウィンドファームサイトごとに，どのような種が生息し，鳥類がサイトをどのように利用しているかを確かめるための基本調査を行い，すべての風車の環境影響評価書に盛り込むことを義務付ける．
・サイトの特別な調査により否定されないかぎり，渡り鳥の既知の飛来経路と鳥が多く集まる領域の利用は避ける．また，渡り鳥の経路がある場合，風車は十分な間隔をもって配置する（風車をグループ化してその間に大きな空間を確保するなど）．
・営巣地やねぐらの場所など，希少種や敏感な種の微小生息地は，風車や補助構造物の建設を避ける必要がある．また，気象マストや風車は鳥に危険を及ぼす可能性があることに注意する．
・工事期間中は特別な配慮が必要である．サイト全体にわたるさまざまな撹乱を避けるために，工事のための無制限なアクセスはしないようにする．また，工事は極力繁殖期を避ける．それが無理な場合は，営巣中の鳥がやむを得ず移動しなければならないことがないように，工事は繁殖期より前に行う．
・タワーはラティス型よりも鋼管型が望ましい．また，風況観測マストについても，ガイワイヤを用いないものを検討する．
・小型の風車を数多く建てるより，風車を大型にして数を減らすことが望ましい．鳥にとっては，大型風車の低速回転のブレードのほうが小型風車より認識しやすい．
・ウィンドファーム内の集電設備は地下に埋設する．
・鳥が風車のウェイクに絡まれないように，風車は間隔を十分にとって配置する．ロータの先端間の最小間隔は，英国のウィンドファームにおける衝突による死亡がもっとも少ない事例に基づいて，暫定的に 120 m とする．風車の位置は尾根や鞍部を避け，鳥が高地を横切るのを妨げないように配慮する．

Drewitt と Langston（2006）は，ウィンドファームの開発は以下の場所を避けるべきであるとしている．

・水鳥や渉禽類が多い場所
・猛禽類の活動が盛んな場所
・繁殖と越冬が盛んな場所

スコットランドでは，30 MW のウィンドファームの開発が，猛禽類に関する調査に加えて，450 ha の針葉樹林をヒース状の荒れ地に変え，さらに 230 ha にわたる羊の排除まで行ったあとに，初めて可能となった．このことは注目に値する（Madders and Walker 1999）．このように荒れ地状の生息地を拡大することで，獲物となる多くの動物がウィンドファームからいなくなり，イヌワシやその他の猛禽類による衝突の危険性が減少すると予想された．

10.5.2　コウモリに対する影響

コウモリとそのねぐらは，多くの国で主要な法律や規制によって保護されている．英国では，コウモリの活動を故意に邪魔することは違法である．現在，風車はコウモリにリスクをもたらす可能性があり（Horn et al. 2008; Mathews et al. 2016），これはウィンドファーム開発の環境影響評価で扱う必要がある．この評価の実施方法，および，管理されているコウモリの個体数に対するウィンドファームの影響に関するガイダンスは，Rodrigues et al.（2008）および Scottish National Heritage（2019b）に記載されている．

ウィンドファームは，コウモリに対し，ブレードとの衝突または圧外傷による飛行中の負傷または死亡，採餌（さいじ）環境と移動経路の妨害，とくにウィンドファームの建設中のねぐらの損傷または妨害，および個体または種の移動などにより影響を与える可能性がある．ウィンドファームの開発の検討においては，コウモリへの潜在的な影響を詳細に評価する必要がある．このプロセスは，鳥に対して必要なプロセスと似ている．

評価においては以下を考慮する．

・種の特定とサイトでのコウモリの活動の程度
・風車による死亡のリスク

第10章　陸上の風車の設置とウィンドファーム

・種の個体数への影響

評価は，まず机上調査によって行われ，次にコウモリ探知機を使用した現地調査によって行われる．コウモリ探知機は，コウモリが発する人には聞こえない超音波を，聞こえる音に変換する．この音は，種を識別するために利用できる．コウモリには多くの種類があるが，英国で一般的な種類は，エコーロケーションコールの有効範囲がわずか数メートルであるため，生け垣，森林，壁，川などの生息地の近く，および樹冠の内側と真上を飛ぶことを好む．英国では，サイトを通過したり，昆虫を探したりするときのコウモリの活動は，樹木限界線から50 m 以上離れると減少することが示されている．また，英国の風力発電所でのコウモリの死亡は，おもに4月から10月の間に，最高気温が10℃，地上の風速が5 m/s 未満の暖かい夜に発生することが示されている（Mathews et al. 2016）．

ウィンドファームがコウモリに与える影響は，風車をコウモリの活動場所（とくにねぐら）から離れた場所に注意深く配置することで最小限に抑えることができる．ゆえに，コウモリが生息する可能性が高い森林または湿地周辺に緩衝地帯を設ける必要がある．Rodrigues et al.（2008）では，風車のブレードの先端と樹木限界線との間のもっとも近い距離を200 m にすることを推奨している．しかし，この緩衝地帯は，存在する可能性が高いコウモリの種によっては，英国では50 m に縮小されている．

低風速における風車のアイドリング速度を2 rpm 未満に低下すると，コウモリの死亡率が50%低下することが示されているため，風車制御システムを調整して，低風速時にはロータをアイドリングすることが一つの対策になる．さらに，4月から10月の間は，その対策によりわずかな発電電力量損失でコウモリの死亡率を減らすことができる．ウィンドファームでコウモリの活動が検出された場合，風車は，夏季の夜間に，地上での風速が6.5 m/s でアイドリング状態を維持する必要があることが示唆されている．

Scottish National Heritage（2019b）の付録には，建設後に大規模なウィンドファームでコウモリがどのように特定されたかを説明している．ほとんどのコウモリの活動は，夜間の気温が11.5℃を超え，風速が5 m/s を下回った，8月中旬から9月中旬の間に起こったことがわかった．採用された緩和策は，風速が5 m/s 未満で風車を停止し，5.5 m/s で再起動し，気温が11.5℃を超える夜間に風車の出力を抑制することであった．制御システムにこの変更が加えられたあと，訓練を受けた犬によるコウモリの死亡率に関する現地調査の結果，これらの手段によって影響が低減されることがわかった．

参考文献

Angulo, I., de la Vega, D., Cascón, I. et al.（2014）. Impact analysis of wind farms on telecommunication service. *Renewable Sustainable Energy Rev.* 32: 84–99.

Bacon, D. F.（2002）. Fixed link wind turbine exclusion zone method. Radiocommunications Agency.

Bosilovich, M., Cullather, R. and National Centre for Atmospheric Research Staff（2019）. The climate guide: NASA's MERRA2 reanalysis. https://climatedataguide.ucar.edu/climate-data/nasas-merra2-reanalysis（accessed 15 April 2020）.

Bowdler, D. and Leventhall, G.（eds.）（2011）. *Wind Turbine Noise.* Multi Science.

British Standards Institution.（2014）. *BS 4142: Method for rating industrial noise affecting mixed residential and industrial areas.*

Carta, J. A., Velazquez, S. and Cabrera, P.（2013）. A review of measure-correlate-predict（MCP）methods used to estimate long-term wind characteristics at a target site. *Renewable Sustainable Energy Rev.* 27: 362–400.

Chapman, S. and Crichton, F. (2017). *Wind Turbine Syndrome: A Communicated Disease.* Sydney University Press.

Colby, W., Dobie, R., Leventhall, G., Lipscomb, D., McCunney, R., Seilo, M. and Søndergaard, B. (2009). Wind turbine sound and health effects: an expert panel review. Report by American Wind Energy Association (AWEA).

Committee on Environmental Impacts of Wind Energy Projects (2007). Environmental impacts of wind-energy projects.

Danish Statutory Order on Noise from Wind Turbines. (2011). Statutory Order No. 1284 of 15 December 2011.

DCLG. (2015). Planning practice guidance for renewable and low carbon energy. https://www.gov.uk/guidance/renewable-and-low-carbon-energy (accessed 17 March 2019)

DECC. (2011) Update of UK shadow flicker evidence base. Report by Parsons Brinckerhoff. https://www.gov.uk/government/news/update-of-uk-shadow-flicker-evidence-base (accessed 17 March 2019).

Derrick, A. (1993). Development of the measure-correlate-predict strategy for site assessment. Proceedings of the European Wind Energy Association Conference, Travemunde, pp. 681–685.

Devine-Wright, P. (2005). Beyond NIMBYism: towards an integrated framework for understanding public perceptions of wind energy. *Wind Energy* 8 (2): 125–139.

Drewitt, A. L. and Langston, R. H. W. (2006). Assessing the impacts of wind farms on birds. *Ibis* 148: 29–42.

Eberle, A., Roberts, O., Key, A., Bhaskar, P. and Dykes, K. (2019). NREL's balance of system cost model for land based wind. *NREL/TP-6A20-72201.* https://www.nrel.gov/docs/fy19osti/72201.pdf (accessed 15 April 2020).

Electricity Networks Association. (2012). Separation between wind turbines and overhead lines, principles of good practice. *Engineering Recommendation L44.*

ETSU. (1996). Birds and wind turbines: can they co-exist? Proceedings of a seminar held at the Institute for Terrestrial Ecology, Huntingdon, England (26 March 1996).

ETSU. (2002). Wind energy and aviation interests–interim guidelines. Wind Energy Defense and Civil Aviation Interests Working Group. *ETSU Report W/14/00626/REP.*

ETSU-R-97. (1997). The assessment and rating of noise from wind farms. Final Report of the Working Group on Noise from Wind Turbines, 1997. https://webarchive.nationalarchives.gov.uk/ukgwa/+/www.berr.gov.uk/energy/sources/renewables/explained/wind/onshore-offshore/page21743.html (accessed 5 February 2019).

EUROCONTROL. (2014). Guidelines; how to assess the potential impact of wind turbines on surveillance sensors. *EUROCONTROL-GUID-130.* https://www.eurocontrol.int/sites/default/files/publication/files/20140909-impact-wind-turbines-sur-sensors-guid-v1.2.pdf(accessed 21 March 2019).

EWEA. (2009). *Wind Energy–The Facts.* London: Earthscan.

Gipe, P. (1995). *Wind Energy Comes of Age.* Chichester: Wiley.

Glasson, J., Therivel, R. and Chadwick, A. (2012). *Introduction to Environmental Impact Assessment, 4e.* Routledge.

Hansen, C. H., Doolan, C. J. and Hansen, K. L. (2017). *Wind Farm Noise.* Chichester: Wiley.

Hau, E. (2013). *Wind Turbines: Fundamentals, Technologies, Applications, Economics,* 3e. Berlin:Springer Verlag.

Horn, J. W., Arnett, E. B. and Kunz, T. H. (2008). Behavioral responses of bats to operating wind turbines. *J. Wildl. Manage.* 72: 123–132.

IEC 61400-11. (2006). *Wind turbine generator systems–Part 11: Acoustic noise measurement techniques.* Geneva, Switzerland: International Electrotechnical Commission.

IEC 61400-14.（2005）. *Wind turbines–Part 14: Declaration of apparent sound power level and tonality values.* Geneva, Switzerland: International Electrotechnical Commission.

IOA.（2013）. Good practice guide to the application of ETSU-R-97 for the assessment and rating of wind turbine noise.

IOA.（2016）. IOA Noise Working Group（Wind Turbine Noise）Amplitude Modulation Working Group Final Report.

IRENA.（2012）. Renewable energy technologies cost analysis series, volume 1: power sector, issue 5/5–wind power.

ISO 9613-2.（1996）. *Acoustics–Attenuation of sound during propagation outdoors–Part 2: General method of calculation.* Geneva, Switzerland: International Organization for Standardization.

Jakobsen, J.（2012）. Danish regulation of low frequency noise from wind turbines. *J. Low Freq.Noise Vibr. Act. Control* 31（4）: 239–246.

Jenn, D. and Cuong, T.（2012）. Wind turbine radar cross section. *Int. J Antennas Propag.* 2012: 252689.

Jones, C. R. and Eiser, J. R.（2010）. Understanding 'local' opposition to wind development in the UK: how big is a backyard? *Energy Policy* 38（6）: 3106–3117.

Landberg, L. and Mortensen, N. G.（1993）. A comparison of physical and statistical methods for estimating the wind resource at a site. Proceedings of the 15th British Wind Energy Association Conference（6–8 October 1993）, pp. 119–125.

Landscape Institute and Institute of Environmental Management & Assessment.（2013）. *Guidelines for Landscape and Visual Impact Assessment*, 3e. Routledge.

Langston, R. H. W. and Pullan, J. D.（2003）. Windfarms and birds: an analysis of the effects of windfarms on birds, and guidance on environmental assessment criteria and site selection issues. BirdLife International on behalf of the Bern Convention. *T-PVS/Inf（2003）12*, p. 58. https://tethys.pnnl.gov/sites/default/files/publications/Langston%20and%20Pullan%202003.pdf（accessed April 2019）.

Mathews, F., Richardson, S., Lintott, P. and Hosken, D.（2016）. Understanding the risk to European protected species（bats）at onshore wind turbine sites to inform risk management. University of Exeter. https://tethys.pnnl.gov/publications/understanding-risk-european-protected-species-bats-onshore-wind-turbine-sites-inform（accessed April 2019）.

Moglia, A., Trusszi, G., and Orsenigo, L.（1996）. Evaluation methods for the electromagnetic interferences due to wind farms. Proceedings of the Conference on Integration of Wind Power Plants in the Environment and Electric Systems, Rome（7–9 October 1996）, paper 4.6.

Morris, P. and Therivel, R.（2009）. *Methods of Environmental Impact Analysis*, 3e. Routledge.

Nieuwenhuizen, E. and Kohl, M.（2015）. Differences in noise regulation for wind turbines in four European countries. Proceedings of EuroNoise 2015, Mastricht（31 May–3 June）. https://www.conforg.fr/euronoise2015/proceedings/data/articles/000575.pdf（accessed 12 August 2019）.

Nord2000.（2006）. Comprehensive sound propagation model. DELTA Danish Electronics, Light and Acoustics.

NTIA.（2008）. Assessment of the effects of wind turbines on air traffic control radar. *NTIA Techni-cal Report TR-08-454*.

Ofcom.（2009）. Tall structures and their impact on broadcast and other wireless services.

Pearce-Higgins, J. W., Stephen, L., Douse, A. and Langston, R. H. W.（2012）. Greater impacts of wind farms on bird populations during construction than subsequent operation: results of a multi-site and multi-species analysis. *J. Appl. Ecol.* 49: 386–394. https://besjournals.onlinelibrary.wiley.com/doi/full/10.1111/j.1365-2664.2012.02110.x（accessed April 2019）.

Perrow, M. R.（ed.）（2017）. *Wildlife and Wind Farms Conflicts and Solutions, Volume 1: Onshore Potential Effects.* Exeter, UK: Pelagic Publishing.

Pinder, J. N.（1992）. Mechanical noise from wind turbines. *Wind Eng.* 16（3）: 158–168.

Poupart, G. J. (2003), Wind farms impact on radar aviation interests final report. Qinetiq for DTI. *DTI PUB URN 03/1294*. Part 1: https://webarchive.nationalarchives.gov.uk/ukgwa/20060216231311/www.dti.gov.uk/energy/renewables/publications/pdfs/w1400614part1.pdf. Part 2: https://webarchive.nationalarchives.gov.uk/ukgwa/20060216231311/www.dti.gov.uk/energy/renewables/publications/pdfs/w1400614part2.pdf (accessed August 2019).

Randhawa, B. S. and Rudd, R. (2009) . RF measurement assessment of potential wind farm interference to fixed links and scanning telemetry devices. *ERA Technology for Ofcom*. Report No. 2008-0568.

Rodrigo, J. S., Chávez Arroyo, R. A., Witha, B. et al. (2020). The new European wind atlas model chain. *J. Phys. Conf. Ser.* 1452 (1): 012087. https://doi.org/10.1088/1742-6596/1452/1/012087 (accessed 15 April 2020).

Rodrigues, L., Bach, L., Dubourg-Savage, M.-J. et al. (2008). *Guidelines for Consideration of Bats in Wind Farm Projects*. UNEP/EUROBATS, EUROBATS Publication Series No 3.

Rogers, A. L., Manwell, J. F. and Wright, S. (2002) Wind turbine acoustic noise–a white paper.

Royal Society for the Protection of Birds. (2019). How do wind farms affect birds?

Scottish National Heritage. (2017). Visual representation of wind farms–guidance, version 2.2′.

Scottish National Heritage. (2019a). Wind farm impacts on birds. https://www.nature.scot/professional-advice/planning-and-development/renewable-energy-development/types-renewable-technologies/onshore-wind-energy/wind-farm-impacts-birds (accessed March 2019).

Scottish National Heritage. (2019b). Bats and onshore wind turbines: survey, assessment and mitigation.

Spera, D. A. (ed.) (1994). *Wind Turbine Technology–Fundamental Concepts of Wind Turbine Engineering*. New York: ASME Press.

Stanton, C. (1994). The visual impact and design of wind farms in the landscape. Proceedings of the British Wind Energy Association Conference, Sterling (15–17 June 1994), pp. 249–255.

Stehly, T. and Beiter, P. (2020). 2018 cost of wind energy review. *NREL/TP-5000-74598*. https://www.nrel.gov/docs/fy20osti/74598.pdf (accessed 15 April 2020).

Swanick, C. (2013). *Guidelines for Landscape and Visual Impact Assessment*, 3e. Routledge.

Troen, I. and Petersen, E. L. (1989). *European Wind Atlas*. Roskilde: Risø National Laboratory. http://orbit.dtu.dk/files/112135732/European_Wind_Atlas.pdf (accessed October 2018).

Tudor, C. (2014). An approach to landscape character assessment. Natural England. https://assets.publishing.service.gov.uk/government/uploads/system/uploads/attachment_data/file/691184/landscape-character-assessment.pdf (accessed April 2019).

University of Newcastle. (2002). Visual assessment of windfarms best practice. *Scottish Natural Heritage Commissioned Report F01AA303A*.

van Kats, P. J. and van Rees, J. (1989). Large wind turbines: a source of interference for TV broadcast reception. In: *Wind Energy and the Environment*, IEE Energy Series (ed. Swift-Hook, D. T.). Institution of Electrical Engineers.

Wagner, S., Bareis, R. and Guidati, G. (1996). *Wind Turbine Noise*. Berlin: Springer-Verlag.

Walmsley, J. L., Salmon, J. R., and Taylor, P. A. (1982). On the application of a model of boundary-layer flow over low hills to real terrain. *Boundary Layer Meteorol.* 23: 17–46.

Walmsley, J. L., Taylor, P. A. and Keith, T. (1986). A simple model of neutrally stratified boundary-layer flow over complex terrain with surface roughness modulations–MS3DJH/3R. *Boundary Layer Meteorol.* 36: 157–186.

Warren, C. R. and MacFadyen, M. (2010). Does community ownership affect public attitudes to wind energy? A case study from south-west Scotland. *Land Use Policy* 27: 204–213.

WAsP. (2020). Welcome to the world of WAsP by DTU Wind Energy. https://www.wasp.dk and Chapter 8 of *European Wind Atlas*, published by Risø National Laboratory, Denmark, for the Commission of the European Communities.

ソフトウェア

LandBOSSE (Land-Based Balance of System Systems Engineering): https://pypi.org/project/landbosse (accessed 15 April 2020).

MERRA-2 (Modern Era Retrospective Analysis for Research and Application version 2): https://gmao.gsfc.nasa.gov/reanalysis/MERRA-2 (accessed 15 April 2020).

New European Wind Atlas (2019): https://map.neweuropeanwindatlas.eu (accessed 15 April 2020).

WindFarm (wind farm design software): https://www.resoft.co.uk (accessed 12 December 2019).

第11章 風力発電と電力系統

11.1 はじめに

風は広く分布する密度の低いエネルギー源であるため，ウィンドファームや個々の風車は広域にわたって分散配置される．もともと，公共の電力系統は大規模集中型発電所（火力発電や水力発電）から需要家の負荷に電力を供給するために建設されていたが，風車からの電力を集めるためにも拡張されつつある．電力系統のうち，送電系統（transmission system）は大規模発電所から需要中心地へ電力を大規模に輸送する．非常に大規模なウィンドファーム（一般に 100 MW 以上）は送電系統に直接接続されるが，小規模なウィンドファームや個々の風車は配電系統（distribution system）に接続され，分散型電源とよばれる（Jenkins et al. 2010）．分散型電源は，現在の多くの電力系統の設計では考慮されていないため，その運用方法を変える必要がある．分散型電源の出力があるエリアの需要を上回った場合，配電系統に流れる電力潮流の方向が逆転し，通常の動作とは違った状態を引き起こす可能性があるが，多くの分散型電源の出力は，送電系統運用者（Transmission System Operator: TSO）が測定や制御をすることはできない．

ウィンドファームの出力が，その国の発電・送電系統の技術的・商業的な運用に大きな影響を与えるほど大きくなっている国もある．ある程度までの容量の風力発電は単なるマイナスの負荷とみなすことができるが，大規模なウィンドファームは，電力系統の安全な運用に必要なサービス（とくに事故時運転継続，電圧制御，周波数応答）に貢献することが求められる．風力発電は運用コストが非常に低いため，風が吹いていて系統が電力を受け入れることができれば常に発電を行う．風力発電の設備容量が大きな電力市場では，強風で負荷が低いときに電力卸価格がマイナスになるケースもある．その場合，電力系統の運用を維持するために必要な従来型の制御可能な同期発電機の運転を継続させるために，電力量（エネルギー）の価格以外の商業的なメカニズム† が追加で必要になる．

11.1.1 電力系統

図 11.1 は典型的な電力系統を表したものである．電力は大規模な集中型電源によって発電され，連系された高圧（High Voltage: HV）送電系統に供給される．通常，発電所は火力，原子力，または水力で発電しており，それぞれ最大 1 GW（100 万 kW）の容量がある．送電系統は相互連系されているため，発電機から配電系統に供給する変圧器まで，電力が流れる経路が多数存在する．各発電所から配電系統に供給する変圧器に流れる電力の経路は，直接制御されるわけではなく，送電回路のインピーダンスと発電機や負荷の運転状態によって決まる．

† 訳註：一般に，電力量が取引される電力市場だけ（いわゆるエネルギー・オンリー市場）でなく，容量メカニズムやアンシラリーサービスを市場で価値付けする制度などを指す．

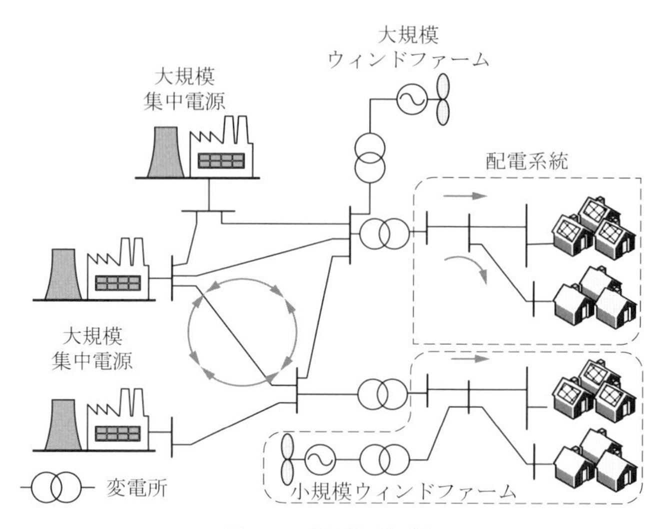

図 11.1　大規模電力系統

一次変電所では，送電系統からの電力をより低圧の配電系統に供給する．国によって運用が異なるが，送電系統に接続された一次配電系統で用いられる電圧は 150 kV にもなることがある†．より低圧の配電系統（10～11 kV や 30～33 kV など）は，一般に，二次変電所と負荷の間の単一経路で放射状に敷設される．負荷密度の高い都市部や工業地帯の配電系統には，大口径の地下ケーブルや大容量の変圧器が用いられる．しかし，農村部では需要家の負荷が小さいため，配電線路は，電圧を必要な範囲内に維持しながら電力を輸送するための限られた容量しかもたないように設計されている．小規模なウィンドファームや個々の風車は，多くの場合，農村部の架空配電線に接続されている．これらの回路設計は，導体の熱容量よりも電圧低下や電圧上昇を考慮して制限される傾向があるため，そのエリアの架空送電線の風力発電を受け入れる能力が大幅に制限される場合もある．

表 11.1 に各国の電圧階級を示す．実際の区分はさまざまであり，歴史的な経緯によることも多いので，あくまで概略の値である．

表 11.1　電力系統の電圧階級

系統区分	英国	欧州大陸	米国
需要家引込線	単相 230 V	単相 230 V または三相 400 V	単相 120 V または三相 208 V
低圧配電線路	400 V	400 V	120～600 V
中圧配電線路	11～132 kV	11～150 V	2.4～34.5 kV
高圧および超高圧送電線路	275～400 kV	220～400 kV	46～765 kV

† 訳註：日本では「電気設備の技術基準を定める省令」により，交流線路では，低圧が 600 V 以下，高圧が 600 V を超え 7 kV 以下，特別高圧が 7 kV を超えるものと定義されている．一方，国際規格 IEC 60038:2009 では，100 V～1 kV, 1 kV～35 kV, 35 kV 超～230 kV, 245 kV 超の四つのカテゴリーが規定されており，欧米諸国ではそれぞれ低圧（LV），中圧（MV），高圧（HV），超高圧（UHV）とよばれることが多い．とくに「高圧」は，日本と海外で規定される電圧階級がまったく異なることに注意を要する．また，欧州の配電系統運用者は 150 kV の線路まで管理することもある．

11.1.2 配電系統

伝統的な配電系統の機能は，電力損失を最小限に抑え，電圧を確実に制限内に維持しながら，送電系統から需要家の負荷に電力を送ることである．回路の電圧降下は電流に比例し，導体の熱によるエネルギー損失は電流の 2 乗に比例するため，電流を低く抑える必要がある．また，電力は電流と電圧の積であることから，電力系統の電圧階級は高くしなければならない．しかし，高圧用の電線，ケーブル，変圧器などの設備は，絶縁にコストがかかって高価になるため，適切な配電系統の電圧階級を選択することが経済的な選択となる．

図 11.2 は英国の典型的な配電系統の模式図であるが，ほとんどの国でも同様である．連系された送電系統から電力が送られ，一次配電電圧（この例では 132 kV）に変圧される．その後，一連の地中ケーブルや架空送電線路を経由して，需要家に送られる．一般家庭や小規模な商業施設では，三相 400 V または単相 230 V で電力が供給されるのが一般的である．配電系統を通じて輸送する必要のある電力が小さくなるに従って，変圧器の電圧階級が低くなる．この例では，33 kV と 11 kV という，中間的な電圧階級が示されている．

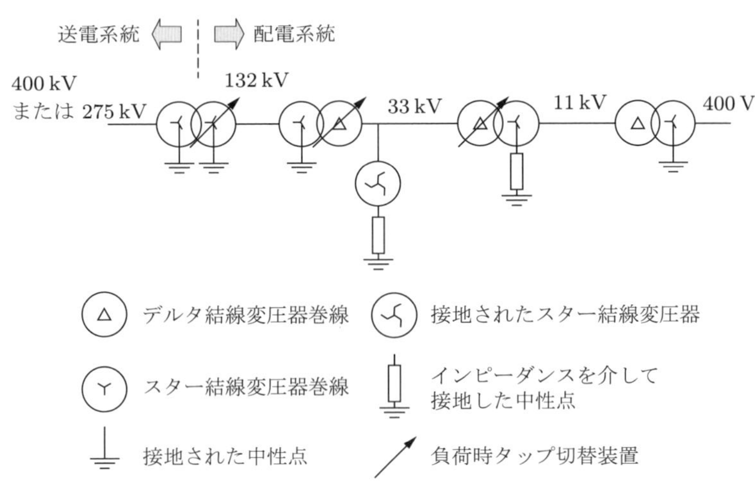

図 11.2 英国の典型的な配電系統における変圧器と接地の構成

米国の需要密度の低いエリアなどでは長い単相線路が用いられることもあるが，配電線路は三相が主流であり，約 10 kW 以上の風車の接続に適しているのは，平衡三相線路のみである．三相変圧器の巻線はスター結線（star connection）かデルタ結線（delta connection）に接続され，選択される結線はエリアによってさまざまであり，一般には歴史的経緯によって決まっている．スター結線の利点は，変圧器の中性点に直接接続できるため，簡単に接地できることである．変圧器にデルタ結線がある場合，中性点を作るために接地用変圧器を使用しなければならない．なお，英国の慣行では，送電系統もしくは高圧配電系統に接続する変圧器の 1 点のみで配電系統の各電圧階級の中性点を接地するのが一般的である．一部の欧州大陸の国では，中性点を絶縁して配電系統を運用している．また，米国の一部では，配電回路の中性点の導体は複数の箇所で接地されている．

電流が回路を通過すると電圧が変化する．付録 A11 に，小規模ウィンドファームの電気接続を評価するために必要となる代表的な計算法を示す．電圧変化を補償するために，タップを変えることで変圧器の巻線比を変更する．11 kV/400 V の変圧器は固定タップ（fixed tap）であり，変圧器が

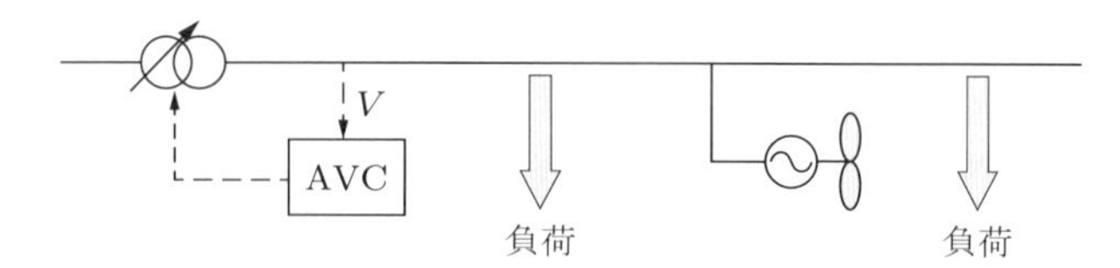

図 11.3　配電系統の電圧制御

無負荷の場合にのみ手動で変更することが可能である．それ以上の電圧の変圧器には負荷時タップ切替器（on-load tap changer）があり，電流によって系統電圧が変化すると自動的に作動する．

負荷時タップ切替器のもっとも単純な制御方法は，自動電圧制御装置（Automatic Voltage Controller: AVC）を使って変圧器の低圧側端子を設定値に近づけることである（図 11.3）．AVC は変圧器の低圧母線の電圧を測定して設定値と比較し，負荷時タップ切替器に変圧器の巻線比を変更する指示を出すことで動作する．この種の制御システムは，低圧回路に接続された発電機の存在に影響されない．変圧器を流れる電力潮流が逆になり，有効電力や無効電力が低圧側から高圧側の系統に流れても，高圧側系統の電源インピーダンスが分散型電源の等価電源インピーダンスよりもはるかに小さいため，この制御システムは十分機能する．また，系統電圧は，発電機ではなく，おもに高圧側系統の電圧とタップ切替器によって制御される．タップ切替器の設計によっては，変圧器の低圧側から高圧側へ電力が流れると，定格電流が減少するものもある．

しかし，風力発電が生み出す電気の一部はその周辺の負荷で消費される場合が多いため，配電系統の変圧器における逆潮流の能力をフル出力で必要とする分散型風力発電は稀である．

一部の配電系統では，「線路電圧降下補償」または「電流結合」として知られる技術を利用して，回路上の遠隔点における電圧が制御される（Lakervi and Holmes 1995）．これは，AVC 継電器によって測定されたローカル電圧に，回路上の電圧降下に比例する信号を加えることで実現される．風車が線路電圧降下補償で制御された変圧器から供給される系統に接続されている場合，回路内の電流の向きが変化し，この技術が正しく機能しなくなる場合もある．

11.1.3　送電系統

送電系統はメッシュ状に相互接続された系統であり，電圧階級は欧州の大部分で 220～400 kV，米国や中国などの大きな国では最大 765 kV で運用されている．送電系統はその戦略的重要性から，通常は複数の線路を並列に接続して運用され，電気事故が発生しても，その線路を切り離すことにより，送電系統が負荷への電力供給を十分に継続できるようになっている．このため，通常運用時の線路の利用率は非常に低い．また，熱として失われる電力損失は，送電系統内では 2%未満であるのに対し，並列経路の少ない配電系統では通常 6%である．相互接続された送電系統における電圧は，おもに無効電力の流れによって決まるため，大規模なウィンドファームの無効電力は，送電系統運用者の要求に応じて制御できる必要がある．

交流の電力系統の周波数は，系統全体で同一であり，発電される有効電力と消費される負荷のバランスによって決定される．負荷における需要が発電電力を上回れば周波数は低下し，発電電力が需要を上回れば周波数は上昇する．需要電力と供給電力のミスマッチにより周波数が変化する速度は，電力系統に接続されたすべての回転機（発電機と負荷）の慣性に依存する．孤立系統（ピーク時需要 50～60 GW の英国グレートブリテン島など）は，周波数制御のための一つのノードとして考慮することが有効である一方，欧州大陸や米国のような大規模な連系系統では，地域間の電力潮流がかなり制約される．また，風力発電の出力は風速によって変化するため，連系系統が過負荷にならないようにするためには，ほかの電源が出力を変えなければならない．

11.2 風車の電気システム

大型の風車は，安定した三相交流系統に接続されているときのみ運転するように設計されており，単独で（すなわち独立して）運転することはできない．主系統は，風車の制御に用いられる基準電圧と周波数を提供し，風車の安定度を確保する．また，低風速時には風車の補機にも電力を供給する．定速風車の場合は，系統から誘導発電機の運転に必要な無効電力が供給される．可変速風車の場合は，パワーエレクトロニクス装置を用いたコンバータの制御システムを通じて，風車の周波数が系統周波数に同期される．風車は，風速に応じて変化する電力を系統に供給し，火力または水力のような大規模従来型電源は，系統の周波数と電圧の安定度を提供する．風車は現在のところ，ブラックアウトの際の系統のブラックスタート（black start）には用いられていない．

風車のナセル内の発電機と主電源回路に採用される電圧階級は，通常 1000 V 未満で，欧州では 690 V，米国では 575 V など，国際的な標準電圧のいずれかが選択されることが多い．大型の電気機器の電圧はきわめて低いため，電流は高くなる．たとえば，1000 V で発電する 3 MW の風車では，各相に 1700 A 以上の電流が流れる．なお，定格出力 4～5 MW の風車でも，発電機の電圧を 1000 V 未満に抑えることがコスト上有利であることが知られている．

多くの国では，1000 V 以上の電圧に対する安全要件が非常に厳しくなっており，作業を行う前に，回路を接地するための専用装置の設置など，特別な予防措置が必要とされている．さらに，低圧の利点として，発電電力量の増加に加え，開閉装置，発電機，ナセルとタワー基部をつなぐフレキシブル垂下ケーブルの選択肢が広がることによるコストの低減が挙げられる．最近の設計では，4～5 MW 以上の超大型風車では，コンバータと発電機の電流を減らすために風車の内部電圧を 5～6 kV としているものもある．

11.2.1 風車用変圧器

発電機の電圧が低い場合，風車をウィンドファームの集電系統（collection system）† に接続するための変圧器と，それに付随する開閉装置が必要となる．この集電系統は通常，中圧（英国では 11 または 33 kV）で運用される．多くのメーカーは，風車とともに変圧器と開閉装置を供給しており，変圧器は，ナセル，タワーの上部（ヨーベアリングの下），タワーの基部，またはタワーのすぐ隣の建屋のいずれかに配置される（図 11.4 を参照）．設置場所によって，変圧器には絶縁オイルまたは注型樹脂の固体絶縁物が用いられる．

初期のウィンドファームでは，多数の小型風車が 1 基の変圧器に接続されていたが，風車の定格出力が大きくなり，その結果，電流が高くなると，この方法では低圧ケーブルに過度の電圧変動や電力損失が生じることが認識されるようになった．複数の風車を 1 基の変圧器に接続することは，近接設置された比較的小型の風車に対してのみ，コスト効果がよい場合があるが，最新の風車では，

† 訳注：電気的には配電系統とほぼ同じ構成であるが，ウィンドファーム構内では電気を「配る」のでなく「集める」ため，近年では，大規模ウィンドファームが数多く建設される欧州や北米では，集電系統という用語がもっぱら用いられている．ウィンドファーム構内の集電系統は，大規模な洋上ウィンドファームになるとケーブル総延長が 100 km 以上に及ぶものもある．詳しくは 11.3.1 項も参照のこと．

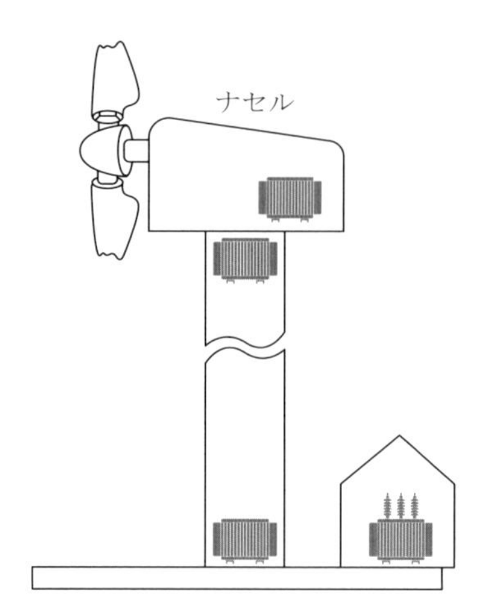

図 11.4　風車における変圧器の配置の選択肢

風車 1 基につき 1 基の変圧器が設置されている．

歴史的に，風車には既製の配電用変圧器が用いられてきたが，事故が多発したため，現在では，風車用に特別に設計された変圧器を用いるのが一般的になっている（Jose and Chako 2014）．風車用変圧器を設計する際に考慮すべきおもな要因は以下のとおりである．

- **変圧器の異常負荷**：公共の配電系統で用いられるほとんどの変圧器とは対照的に，風車用変圧器は，そこを流れる電力レベルが頻繁に変化するため，変圧器の巻線に繰り返し熱応力がかかる．また，風車の変圧器はほとんどの時間，定格電力以下で運用され，設備利用率（負荷率）は 30〜35%以下と低い．銅損は変圧器に流れる電流の 2 乗に比例するため，低出力時には小さいが，常に鉄心の磁気損失が生じる．したがって，風車用変圧器の総コストを計算する際には，風速によって変化する変圧器損失が重要となる．
- **高調波（harmonics）**：7.5.3 項で述べたように，最新の可変速風車は，風車変圧器を通過する高調波電流を発生させる．これらの高調波電流は，異常な磁束経路，損失，変圧器の発熱を引き起こす可能性がある．

風車変圧器のとくに過酷な条件は，電力用変圧器規格 IEC 60076-16（2015）† の専用の項で述べられている．

11.2.2　風車電気システムの保護

すべての電気回路は，経年劣化や一般的な劣化，または機械的な損傷によって絶縁が破壊された場合に短絡事故を起こしやすいため，事故を検知してシステムのその部分を絶縁する自動的な保護が必要である．風車の電気保護は，ほかの電気設備に適用されるのと同じ一般原則に従うが（Alstom Grid 2011），大きな相違点がある．

配電系統は通常，線路に流れる電流の異常な高値を測定し，定められた時間（3 秒未満）後に遮断器を開放することで短絡事故を検出する．誘導発電機や電圧源コンバータ（Voltage Source Converter: VSC）は，短絡時に持続的な過電流が流れるとは考えられないため，従来の時間遅延型過電流保護

† 訳注：同 IEC 規格は 2018 年に改正され，IEC/IEEE 60076-16:2018 (Ed. 2.0) として発行されている．

装置では事故電流を確実に検出することはできない．そこで，主電源からの過電流を検出すると風車を解列し，解列された風車の周波数と電圧の変化により単独運転を検出する．このように，まず主系統からの過電流を検出し，風車を解列し，次に風車の電圧や周波数の異常を検出するという順序でトリップすることは，従来の配電系統ではよい方法とは考えられていなかった．しかし，事故時にも大きな電流を発生しない分散型電源では，実用的な代替方法が存在しない．

定速誘導発電機の発電端に三相短絡が発生すると，電気機械に蓄積された磁気エネルギーが減衰するため，事故電流は急速に（数サイクル以内に）消滅する．誘導発電機は系統やローカル系統のコンデンサから磁化電流を吸収するため，持続的な事故電流は発生せず，三相事故によって端子電圧が低下した場合，検出は不可能である．一部の不平衡事故（二相短絡事故など）では，風車全出力の 2〜3 倍の事故電流が持続することがあるが，この場合も，通常，これらの電流の検出は，保護継電器（リレー）にはよらない．

発電機リアクタンスは事故後の時間によって変化するが，短絡計算のための定速誘導発電機の単純なモデリング法の一つは，発電機リアクタンスと直列の 1 [p.u.] の電圧源として表すことである（Jenkins et al. 2010; Veers 2019）．このシンプルな方法では，誘導機が発電している場合には，内部電圧が高くなるため，初期電流がやや低くなる可能性がある．回転子に抵抗をもつ可変滑り風車も同様に扱うことができ，外部滑り抵抗が回転子回路にあるか否かについては保守的な仮定がなされている．

コンバータを介して接続するすべての風車（二重給電誘導発電機（DFIG），およびフルパワーコンバータ方式）の事故電流の影響は，コンバータの詳細設計や制御システムによって決まる．したがって，事故計算では，メーカーによる短絡や系統電圧の低下に対する風車システムの応答の試験データが用いられる．その結果得られるモデルは，通常，非常に単純で，電圧とリアクタンスの直列形となる．簡単な評価では，ローカル事故に対する DFIG の応答は二つの段階に分けることができる（Kanellos and Kabouris 2009; Morren and de Haan 2007）．第 1 段階（約 2〜3 サイクル）では，定速誘導発電機として動作するとみなすことができるが，とくに超同期で動作し，回転子と固定子の両者の回路を通じて電力を出力している場合は，内部電圧が上昇する．第 2 段階では，電流は，繊細なパワーエレクトロニクス装置をもつ固定子側コンバータからより堅牢な回転子側コンバータ回路に迂回させられ，クローバー保護装置の作動によって制限される．

フルパワーコンバータから系統に流入する短絡電流は，系統側コンバータによって決まり，通常はその全負荷電流の 110%を大きく超えることはない．したがって，フルパワーコンバータ風車は，ほぼ定格電流の定電流源として近似できるが，IEC 60909（2016）では，再発電が可能な可変速ドライブの事故電流の寄与については，公称電流の 3 倍を仮定することが推奨されている．

風車内の低圧回路のほとんどはヒューズで保護されている．ヒューズは開閉装置よりも安価で，非常に高速（半サイクル以内）に動作する利点があるが，風車へのおもな電気接続は継電器と開閉装置で保護されている．風車メーカーは通常，過電圧・不足電圧および過周波数・不足周波数を検出する継電器を備えた風車用変圧器をウィンドファームの集電系統に接続するために，開閉装置を提供している．これらの要素の設定と時間遅れは，風車の運用方針，すなわち，系統の短絡事故が発生したときに解列するのか，運転を継続するのかによって決まる．

図 11.5 に，800 kW 風車のヒューズと保護装置の配置を示す．コンバータの出力電流は，800 A のヒューズと 630 A の絶縁開閉装置を介して集電系統に接続され，絶縁スイッチの直前で，三つの避雷器が 125 A のヒューズを通して接地されている．また，制御回路への補助電源は 25 A のヒュー

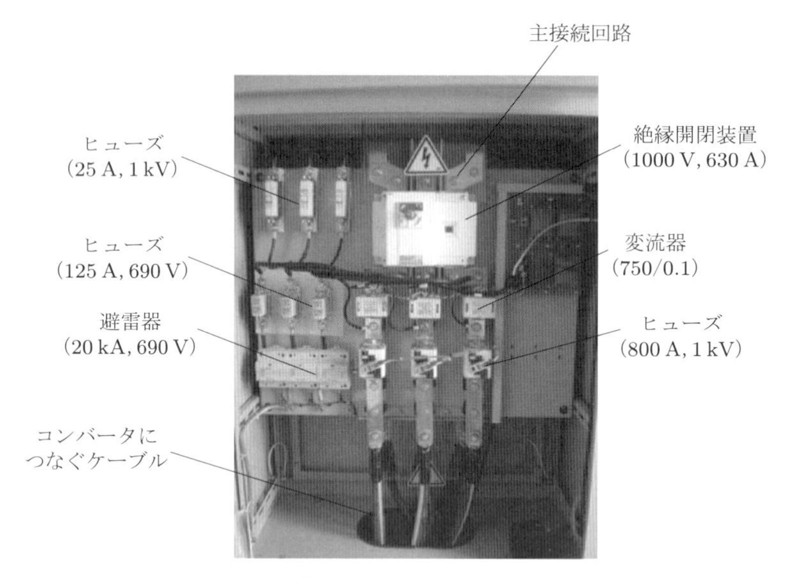

図 11.5　風車の保護回路（スリランカ WindForce 社より）

図 11.6　1.5 MW 風車の変圧器と開閉装置（旧 NEG Micon 社より）

ズを通して供給される．

図 11.6 に，1.5 MW 風車の開閉装置を示す．技術者が作業している右側が中圧開閉装置，左側が低圧開閉装置である．中圧開閉装置は集電系統からユニットを分離して接地する環状の主ユニットで，低圧開閉装置はタワーに引き込まれるケーブルを保護するモールドケースの開閉装置である．開閉装置のすぐ後ろには変圧器（図には示されていない）があり，全体は風車タワーの外側で耐候性のある筐体に格納されている．

11.2.3　風車の雷保護

雷は風車にとって重大な危険要因であり，とくにブレードや構造物を直撃雷から保護し，電気および制御システムを直撃雷と誘導過電圧の両者から保護するために，適切な保護手段を講じる必要がある．図 11.7 に，雷の被害を受けた，初期の風車の雷保護されていないガラス繊維強化プラスチック（Glass Fibre Reinforced Plastic: GFRP）製のブレードの例を示す．

図 11.7 正極性の雷撃（80 kA 超）で損傷した，雷保護されていない GFRP 製ブレード（Cotton et al. 1999 より）

風車の雷保護に関する規格は，包括的な標準規格である IEC 61400-24（2019）[†1] に，また，サージ防護デバイスの適用に関する詳細は，技術仕様書 DD CLC/TS 50539-22（2010）[†2] に示されている．これらの文書に従うことで，雷による被害や逸失電力量を，完全になくすことはできないまでも，大幅に減らすことができる．

雷（lightning）は複雑な自然現象であり，その発生頻度や強度は地球上でさまざまに異なる．落雷（lightning flash）という用語は，同じ電離経路を用いる一連の放電を表すために用いられ，最大で 1 秒間継続する．落雷の個々の構成要素は雷撃（stroke）とよばれる．

落雷は通常，以下の四つに分類される．

- 負極性の下向き放電
- 正極性の下向き放電
- 負極性の上向き放電
- 正極性の上向き放電

負極性の下向き放電は，雷雲からのステップトリーダ（stepped leader）で開始し，負の電荷を大地に移動させるものであり，落雷としてもっとも一般的である．負極性の下向きの落雷は，通常，数マイクロ秒間続く高いサージ電流と，それに続く数百 A の継続電流で構成される．その後，雷雲と大地の間の最初の電流移動が消滅したあと，何度も雷撃が起こることがある．しかし，洋上や沿岸部では，電荷移動や比エネルギーが高い単一の長時間雷撃からなる，正極性の下向きの落雷が大部分を占めることがある．上向きの落雷は，通常，通信鉄塔や大型風車など非常に高い構造物に対して発生し，雷性状は下向きの落雷と大きく異なる．電流波高値は 15 kA 程度と低いものの，電荷量は非常に大きく，そのため，大きな被害をもたらす可能性がある．とくに，風車のブレードの先

†1 訳注：同規格を翻訳し若干の変更を加えた国内規格が，JIS C 1400-24:Ed.2.0「風力発電システム——第 24 部：雷保護，第 2 版」（2023）として発行されている．

†2 訳注：ここで示された技術仕様書は欧州規格であるが，サージ防護デバイスに関する国際規格としては IEC 61643 シリーズを，国内規格としては JIS C 5381 シリーズを参照のこと．

表 11.2　雷が風車に与える影響

パラメータ	風車に対する影響
電流波高値 [A]	導体の発熱，衝撃効果，圧力，電磁力
比エネルギー [J/Ω]	導体の発熱，衝撃効果，取付部品の溶融
電流傾度 [A/s]	配線への誘導電圧，フラッシオーバ，衝撃効果
電荷量 [C]	着雷部やアーク部などの損傷（ベアリングの損傷など）

端は現在地上 150 m 以上になるため，負極性の上向きの落雷の影響が懸念されている．なお，正極性の上向きの落雷は稀である．

表 11.2 は，雷性状に通常用いられるパラメータと，風車に派生し得る代表的な損傷を示したものである．1 回の雷撃の電流波高値は 250 kA を超える場合があるが，中央値は約 80 kA 程度である．それらに対応する電荷量は上位 5%値で 350 C，中央値で 80 C であり，比エネルギーは上位 5%値で 15 MJ/Ω，中央値で 650 kJ/Ω である（IEC 61400-24（2019）の Appendix A 参照）．これらのパラメータの範囲が非常に広いため，ウィンドファームまたは風車の雷保護に関する検討の初期段階は，リスク評価である．雷の頻度や強度は地理的状況や電気的トポロジーによって大きく異なるため，リスク評価には風車の位置を考慮することが含まれる．平坦な地形における風車への落雷の頻度は，風車の高さの 3 倍の半径をもつ円の領域への落雷の頻度と同じであると仮定し，1 年間の風車への落雷回数 N_d を次式のように推定することができる．

$$N_d = N_g \times 9\pi \times H^2 \times 10^{-6}$$

ここで，H はブレード先端の高さ [m]，N_g は年平均落雷密度 [$\mathrm{km^{-2}\,yr^{-1}}$] である．

表 11.3 に，雷害の頻度に関する過去のデータを示す（Cotton 2000; Lorentzou et al. 2004）．このデータはかなり古く，作成された当時から風車設計と雷保護システムの両者が大きく進歩しているが，問題の潜在的な規模，および，効果的な雷保護の重要性を示している．表 11.3 に示した事故の多くは，風車やウィンドファームの制御システムに影響を与える間接的な雷撃によるものであった．データから，事故の数は制御システムおよび電気システムに影響する事故が大半を占め，ブレードの損傷は修理費用がもっとも高く，風車稼働率の低下，ひいてはウィンドファームの減収をもたらすことが明らかになっている．Nysted 洋上ウィンドファームの雷性能の研究と規格に対する雷撃の重大性の比較は，Peespati et al.（2011）に記載されている．

表 11.3　風車の雷害頻度

国	期間	風車年（基数 × 年）	落雷数	100 風車年あたりの事故
ドイツ	1991～1998	9204	738	8.0
デンマーク	1991～1998	22000	851	3.9
スウェーデン	1992～1998	1487	86	5.8

数年前までは，風車のブレードが GFRP やウッド・エポキシ（wood-epoxy）などの非導電性材料で作られている場合，翼端ブレーキなどで金属部品を使用していなければ，この種のブレードに明確な雷保護は必要ないと考えられていた．しかし，今日では，ブレードが非導電性材料で作られていても着雷し，適切な保護システムを施さなければ壊滅的な損害を引き起こす可能性があることが，多くのサイトの経験から得られている（Cotton et al. 2001; Glushakov 2007）．

雷は電流源であり，ブレードに落雷し，適切な大きさの金属製の受雷部システムの導体で大地と導通していない場合，アークによって圧力上昇が引き起こされ，ブレードに致命的な損傷を与えることがある．また，雷電流が急激に上昇し，誘導電圧が非常に高くなることにより，制御回路や計器回路を損傷させることがある．ブレードの構造を補強するために，導電性はあるが抵抗が大きいカーボンファイバーを用いる場合は，さらなる予防措置が必要である．

今日の風車ブレードは非常に長い中空構造であり，風車ロータに直撃した雷がブレードの外皮を貫通してアークを形成すると，このアークによる圧力衝撃波は，ブレードを噴破させたり，ブレード構造に亀裂を生じさせたりすることがある．したがって，効果的な保護には，雷を保護システムに直接着雷させ，適切な断面積をもつ金属導体でブレードの長手方向に安全に導通させることが不可欠である．とくに，翼端付近はもっとも脆弱な部分である．長さ 20〜30 m までのブレードは，翼端の両側にある受雷部（レセプタ）で効果的に保護されると考えられているが，それ以上の長さのブレードでは中間レセプタが必要となる．

実際にはさまざまな保護方式があるが，最新の大型風車のブレードの典型的な雷保護システムは，長さ 200 mm の金属製翼端レセプタや，ブレードの両表面に沿って翼端に向かって 1〜5 m の間隔で配置されたボタン状の金属製中間レセプタで構成される．レセプタはブレード内の絶縁アルミニウムまたは銅製の引き下げ導線に接続され，翼根のピッチベアリングに接続されている．典型的な方式を図 11.8 に示す．

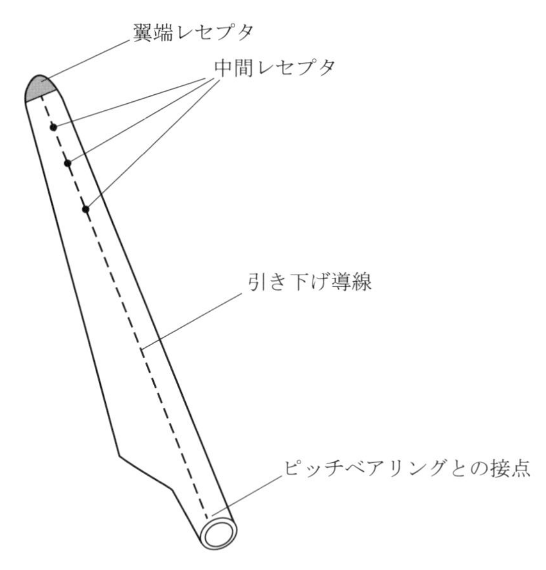

図 11.8　大型風車ブレードの雷保護

雷電流が翼根まで導通すると，タワーの外側，つまり大地まで安全に電流を流すのが課題である．これは，電流がピッチ，主軸，ヨーの各軸受（ベアリング）を安全に通過するとともに，ナセル内の発電機や精密な制御機器を損傷しないようにする必要があるため，容易なことではない．風車軸受が雷電流の通過によってどのように損傷するかに関する現在の理解は，IEC 61400-24（2010）に要約されている．

一般に，大きな荷重を受ける軸受は，雷によって致命的な損傷を受ける可能性は低いが，耐用年数が短くなる可能性がある．ブレードのピッチベアリングは，大型で通常は静止しているため，雷電流が通過してもほとんど損傷はない．しかし，高速で回転し，油の流体力学的な層を形成する主軸受は，より損傷を受けやすい．ベアリング自体がもっとも低インダクタンスの経路であり，高周波雷電流の優先経路であるため，大型ベアリングの周囲で雷電流を導通させる効果的な手段は今のところない．

風車への落雷は制御系や電気系に損傷を与えるが，近傍の大地への落雷によって引き起こされる電流やその後に生じる電圧によって，間接的に損傷を受けることもある．おもな損傷メカニズムは直接的な伝導と磁気結合であり，おもな保護対策として，良好なボンディング，効果的な遮蔽，適切なサージ防護デバイスの適用が挙げられる．風車の制御システムおよび電気システムは，雷が直接着雷する可能性や，想定される電流および電磁場の大きさに応じて，風車を各区域に分割することで，雷から保護されている．これは雷保護ゾーン（Lightning Protection Zone: LPZ）法として知られている（IEC 61400-24 2010）．

通常，風車ブレードは LPZ 0，保護されたファラデーケージを形成する導電体から構成されるナセルは LPZ 1，ナセル内または金属タワー内のアース付き筐体に設置された機器は LPZ 2 とみなされる．導体が低い LPZ から高い LPZ に接続されている場合は，適切なサージ防護デバイスが必要である．また，風車は多くの場合，公共の架空配電系統に接続されているため，電力系統側の雷による過電圧から風車の変圧器を保護する目的でサージ防護デバイスが必要となる場合もある．光ファイバケーブルではなく金属製の通信回線を用いる場合も，同様の配慮が必要である†．

11.3　ウィンドファームの電気システム

11.3.1　集電系統

ウィンドファームは，広大な敷地に設置された多数の風車による発電出力を，中圧集電系統によって集電する．ウィンドファームの典型的な集電系統を図 11.9 に示す．

ウィンドファーム内の風車の位置は，風況，サイトの地形，計画や許認可を行う規制機関の要件

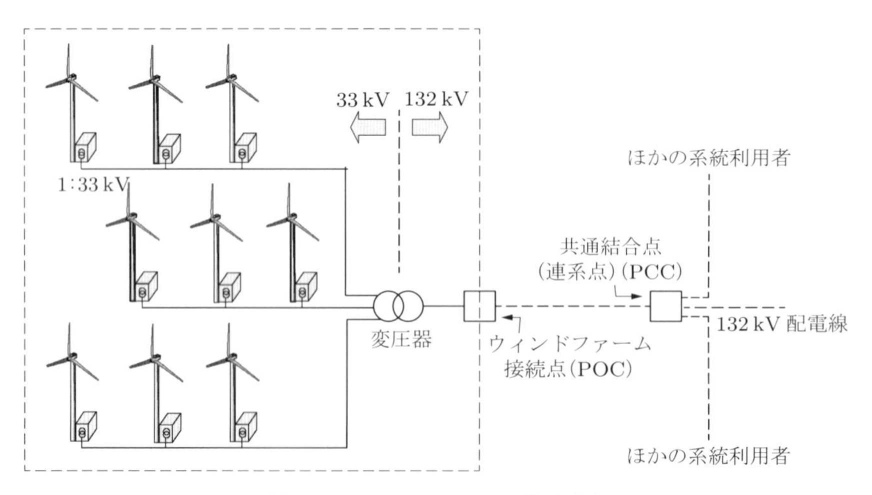

図 11.9　ウィンドファームの集電系統

† 訳注：光ファイバケーブルでも，メタル心線を用いている場合，サージが侵入する事例も報告されているので注意が必要である．

によって決定される．また，集電系統は，風車からの電気を集め，公共の電力系統に送るために設計される．

ウィンドファームの集電系統の電圧階級の選択は，通常，ケーブルや開閉装置の入手性を勘案して，そのエリアの配電事業者の慣習に従う．したがって，ウィンドファームの集電回路は，英国では11〜33 kV（大規模洋上ウィンドファームでは66 kV），欧州大陸では10〜30 kV が選択されることが多く，米国では34.5 kV が一般に用いられている．大規模なウィンドファームでは，変圧器（たとえば33/132 kV，英国では33/275 kV）を設置して，国全体の送電系統に送るために昇圧する．

ウィンドファームの中圧線路の中性点接地の配置は，地元の公益事業の慣習に影響される（図11.2を参照）†．英国の 11 kV 線路では，一般に中性点を直接接地するか，インピーダンスや抵抗（一般に低い値），またはリアクトル（1000 A の短絡または地絡電流を流すためには 6.35 Ω が多い）を介して接地する．中性点直接接地は，余分な装置を必要としないので安価であるが，高い地絡電流につながり，機器の損傷や高い歩幅電圧・接触電圧を引き起こす可能性がある（ANSI/IEEE 80 2000）．33 kV や 66 kV の線路は抵抗接地されることが多いが，132 kV で運用される線路では直接接地される．欧州大陸では，一部の中圧線路の中性点を非接地にしているため，単相地絡が発生しても，健全な相の電圧が $\sqrt{3}$ 倍上昇した状態でウィンドファームの運転を継続することができる．

集電系統の設計は，公共の中圧配電系統の設計と非常によく似ているが，いくつかの特殊な点がある．一般に，中圧の電気設備の事故を考慮して線路に冗長性をもたせることは適切ではない．これまでの運用経験と信頼度計算の結果，ウィンドファームの集電系統は個々の風車よりもはるかに信頼度が高く，線路を二重化することはコスト効率が悪いことが明らかになっている．これはウィンドファームを電力系統に接続するための線路または変圧器にも当てはまり，通常，冗長化には正当性はない．風力発電の集電回路の一部に事故があった場合，ウィンドファームのその部分の逸失電力量が唯一の影響となる．これによる損失は簡単に見積もることができ，一般にわずかな額である．

これとは対照的に，公共の配電系統の線路に事故があった場合，需要家が電力を得られないことになる．この電力供給の損失がもたらす社会的・商業的価値を定量化することは困難であるが，一般に電力小売価格よりも 2 桁以上高いと考えられている．したがって，通常，公共の電力供給のための中圧配電線路は冗長化されているが，ウィンドファームの集電系統は通常，絶縁と開閉のための限定された開閉装置を備えた単純な放射状回路で構成されている．風車の変圧器は，簡単な開閉装置を介して放射状回路に接続されている．また，中圧集電ケーブルは通常，ケーブルの分岐を避けるために風車変圧器の開閉装置で接続されている．

欧州では，ウィンドファーム内の集電回路のほとんどに地中ケーブルが使われている．これは景観上の理由と，風車の組み立てや修理に大型クレーンが必要になるため，安全性を考慮してのことである．一方で，世界のほかの地域では，コスト削減のため，架空線が用いられることもある．地中ケーブルを用いる場合，直列誘導リアクタンスが低く，電流による電圧の変動が小さいため，線路の寸法はおもに定格電流と電力損失を考慮して決定される．

電気システムの詳細設計が必要な段階に達した風力発電プロジェクトでは，風資源とその発電電力量についても十分な見積もりを行う必要がある．このデータをもとに，潮流解析を用いてさまざまな風車出力における電気機器の電力損失を計算し，全プロジェクト期間にわたってこれを合計す

† 訳注：日本における中性点接地の要件・推奨に関しては，経済産業省告示「電気設備の技術基準の解釈」ならびに同省産業保安グループ電力安全課「電気設備の技術基準の解釈の解説」を参照のこと．

ることで，割引キャッシュフロー法（discounted cash flow method）を用いて最適なケーブルサイズと変圧器の容量を容易に決定することができる．風車によって発電された電力の価格が高く見積もれる国では，電力損失を減らすために，必要以上に熱容量の大きいケーブルや変圧器を使用することで，コスト効率が向上する可能性もある．また，低損失の変圧器の採用も，検討する価値がある．

接続点（Point Of Connection: POC）は，ウィンドファームの集電系統が電力網に接続される点として定義される．また，共通結合点（Point of Common Coupling: PCC）は，ほかの系統利用者が接続している（または接続可能な）系統上のウィンドファームにもっとも近い点である．多くの場合，この二つの点は同一であるが，接続点が所有権の境界を定義し，風車が電力品質に与える影響は共通結合点で計測されるという違いがある．

11.3.2　ウィンドファームの接地

電力系統の中性点（系統接地）は，すべての電気機器の金属筐体および外部導電部分（機器接地）と同様に，以下を実現するために，大地への確実な接続が要求されている．

- 地絡電流のための低インピーダンス経路を設置することによる十分な電気保護（過電流保護）
- 歩幅電圧・接触電圧の制御を含む，人および動物への感電危険性の最小化
- 雷電流の十分な放電と，それに伴う電圧の制御
- 人体や機器に危険を及ぼす可能性のある大きな電位差が発生しないようにすること

なお，接地は英国では ‘earthing’，米国では ‘grounding’ とよばれるが，これらの用語は同義である†．

三相電源回路の中性点は，通常，地絡電流の経路を確保するために各電圧階級で接地されている．また，電気機器の金属筐体は，内部の絶縁不良が発生した場合でもそれらの電位が上昇しないことを保証するために接地されている．風車のような高構造物は，雷電流のための低インピーダンス経路を確実に保持するために接地される．これらの三つの異なる目的は，共通接地やウィンドファームのボンディングシステムで達成される．

接地には安全上の意味があるのが明白なので，従来型の発電所のための各国規格と国際規格の両者で利用可能な重要な諸規定がある．交流変電所の接地については，米国規格 ANSI/IEEE 80（2000）が広く適用されており，英国の実践を論じた有益な指針としては，Copper Development Association（1997）がある．

ウィンドファームの接地システムは，かなり特殊である．ウィンドファームは非常に広範囲で，数 km に及ぶこともある．また，現在の風車はその高さのために落雷しやすく，丘の頂上の岩場の高抵抗率地盤に設置されることが多い．したがって，正常に接地が実施されない傾向があるため，特別な考え方が必要となる．50/60 Hz の商用周波数における事故電流と（高周波の）雷からの保護のため，ウィンドファーム全体の単一の接地システムが IEC 61400-24（2019）で推奨されており，風車基礎のまわりの土中での環状電極という形で実装されることが多い．電極は基礎の補強材に接続され，集電ケーブルの上のケーブルトレンチに裸導線の接地線を敷設して，各風車の接地を

† 訳注：国際規格では ‘earthing’，米国 IEEE 規格では ‘grounding’ がそれぞれ用いられている．日本でも「接地」はしばしば慣用的に「アース」や「グラウンド」とよばれるが，これらは同義とみなしてよい．

隣接した風車に接続する．これらの導体によって，ウィンドファームのすべての部分のボンディングと，接地システムの接地へのインピーダンスを低減するための長い水平電極の両者が実現できる．

商用周波数の事故電流と雷電流のために同一の物理的接地網が慣習的に用いられているが，接地システムの応答は，雷電流の高周波成分と 50/60 Hz の商用周波数ではかなり異なっている．ウィンドファームの接地システムの性能は，図 11.10 のように考えることによって定性的に理解することができる．

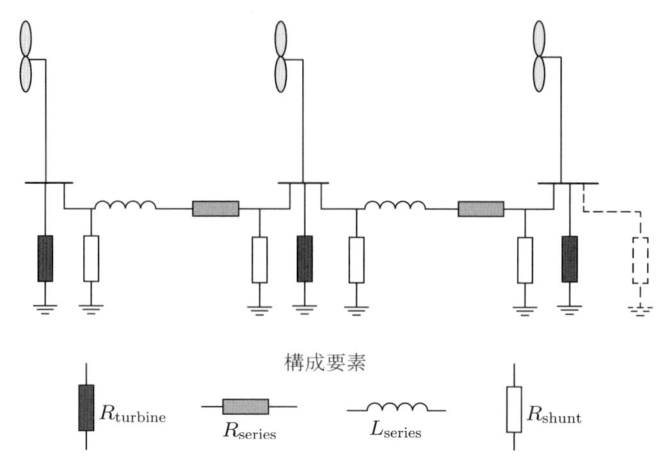

図 11.10　ウィンドファームの接地システムの模式図

各風車では，通常，深さ約 1 m の基礎の周辺に裸導線を環状に配置し（カウンターポイズ接地（counterpoise earth）とよばれることもある），可能であれば，地面に垂直電極を打ち込むことによって局所的に接地し，風車の基礎の鉄筋や鉄塔をこの局所接地にボンディングする．この局所接地の目的は雷電流および商用周波数の事故電流の両者の効果に対して等電位ボンディングを提供し，ウィンドファーム全体の接地システムの構成要素の一つとすることである．これらの風車の局所接地は，図 11.10 では R_{turbine} として示されている．

隣接する風車どうしを結ぶ長い水平電極は，伝送線路に似た複雑な挙動を示す．図 11.10 に π 型等価回路を示す．対地抵抗は R_{shunt} で示され，直列インピーダンスは R_{series} と L_{series} の組み合わせである．R_{series} は接地線の長手方向の抵抗に由来するもので，L_{series} は接地回路の自己インダクタンスである．大規模なウィンドファームで見られる長距離の接地システムでは，この直列インピーダンスは無視することができない．風車への落雷は周波数が高いため，直列インダクタンスによって接地網の効果が少なくなり，風車の局所接地のみが有効となることが容易に理解できる．IEC 61400-24（2019）では，長さが 80 m 以上の水平導体では，高周波の雷電流に対して，接地システムの対地有効インピーダンスは減少しないとしている．商用周波数の事故電流であっても，直列インピーダンスによって，直列インピーダンスを無視できるような狭い範囲の接地システムで予想されるよりも，かなり高い接地インピーダンスとなる．この議論では，並列コンデンサや土壌のイオン化は無視されているが，これらは高周波や大電流時に重要になる場合がある．

ウィンドファームの接地システムのこの複雑な挙動は，サイトでの測定によって確認されている．表 11.4 は，英国の二つのウィンドファームの主変電所における接地インピーダンスの測定値である．

商用周波数の場合でも，ほとんど等しい抵抗および誘導成分（すなわち，大地への接地システム

表 11.4　ウィンドファームの変電所における接地インピーダンスの測定値の例

ウィンドファーム容量 [MW]	風車基数	水平接地導体の亘長 [km]	主変電所の接地インピーダンス（50 Hz 時）
7.2	24	6.7	$0.89 + j0.92$
33.6	56	17.7	$0.46 + j0.51$

のインピーダンスの比率 X/R がほぼ 1.0）から構成される接地インピーダンスが見られる場合がある．これは，純抵抗成分が小さい接地系統のために開発された単純な従来の計算手法をウィンドファームに用いると，楽観的な結果となる場合があることを示唆しており，重要である．よって，雷の周波数に対する長い水平導体のインピーダンスは，十分考慮する必要がある．そのためには，洗練された数値解析を用いて，商用周波数および雷サージ周波数の両者における接地システムの性能を計算する必要がある．同様に，接地抵抗を測定することだけを目的とする単純な試験方法は，大規模なウィンドファームでは楽観的な結果をもたらす場合がある．

大規模ウィンドファームの商用周波数における接地インピーダンスを決定する効果的な測定方法は，電流注入試験によるものである．この試験では，ウィンドファームの接地電極に通常 10～20 A の電流を注入し，電位上昇を遠方の「真の」接地に対して測定する．しかし，注入された電流の帰路は，ウィンドファームにおける測定に影響を与えないように，通常，ウィンドファームから 5～10 km ほど離さなければならない．そのため，ウィンドファームと主系統を結ぶ通電していない線路を試験電流の経路として用いるのが一般的である．

ウィンドファームの接地システムの電位上昇は，従来通信回線のメタル線用の遠隔接地として使われていたものに対して測定される．理想的には，通信回線の経路は，誘導効果を避けるために，電源回路に直交する必要がある．この種の試験は，ウィンドファームの運転停止中に行い，電流注入回路の遠方端に仮設接地を設置する必要があるため，困難で費用がかかる可能性がある．また，通信会社がメタル線を使わなくなったため，遠方接地の基準を提供するために通信回線を用いることは難しくなっている．しかし，直列インダクタンスの大きな接地システムで，より簡単な試験が有用な結果を与えるかどうかは大いに疑問である．

11.4　ウィンドファームの配電系統への接続

配電事業者は，合意された電力品質で需要家に電力を供給するように配電系統を運用する義務があり，風力発電を配電線路に接続できるかどうかは，配電系統のほかの利用者への影響に基づいて検討することになる．また，ほかの分散型電源や負荷の接続についても，同様に考慮される．需要家が想定する受電電圧は，英国規格 EN 50160（British Standards Institution 2010）に詳述されており†，公共の配電系統に適用される規格は Electricity Networks Association（2003, 2019a）に記載されている．

風車が配電系統に与えるおもな影響は以下のとおりである．

・ゆっくりとした（または定常的な）電圧変動
・フリッカを誘発する急激な電圧変化

† 訳注：日本では経済産業省「電気設備に関する技術基準を定める省令」および「電気設備の技術基準の解釈」，ならびに日本電気協会「高圧受電規程」JEAC8011-2020 などを参照のこと．

・高調波などの波形ひずみ

一方，風車の運転は，以下の影響を受ける．

・電圧不平衡（逆相電圧）
・過渡電圧変動（電圧降下）

風車による定常電圧の変動は，通常，風力発電が最大で系統負荷が最小（またはゼロ）の条件，および，発電がなく系統負荷が最大の条件を想定して評価される．これはかなり保守的な条件であり，この条件に従えば，系統の定常電圧の制限を違反することはない．つまり，この条件に従えば，風車の出力は（系統事故が発生した場合を除いて）常に系統に送電することができるが，この仮定を厳密に適用すると，系統の増強に高い費用がかかるか，風車の接続許可が得られない可能性がある．

場合によっては，系統事業者と発電事業者の間でプロジェクト固有の協定が結ばれ，系統容量が増加してもウィンドファームを接続することができるが，風が強く系統の負荷が低い時間帯，または系統が異常な状態のときには，ウィンドファームの出力が制限（出力抑制）されるようになっている．これにより，通常許容されるよりも大きな容量のウィンドファームを接続することができるが，ウィンドファーム事業者は，系統制約時に発電できないリスクを負うことになる．発電できないリスクは風況と負荷パターンから推定することができ，年に数時間だけ風力発電が停止して収入がなくなるというリスクを受け入れることで，接続コストを大幅に削減することができる．このような方法を実現するために必要な制御システムは，通常，系統の増強よりも低コストで済む．

電圧変動は，固定タップ切替式の 11/0.4 kV 変圧器を介して，需要家に供給する線路に直接伝わるため，11 kV 線路で許容される定常電圧変動は，通常 ±1%または ±2%と小さい．一方，33 kV や 132 kV の線路では，低圧系統に供給する自動負荷タップ切替装置が高圧系統の変動を補償できるため，たとえば最大 ±6%と，より広い電圧範囲での運用が許容される．したがって，11 kV では回路のインピーダンスが高く，風車から流入する電流が比較的大きく，許容できない電圧変動が生じるため，限られた容量の風力発電しか接続できないことが一般的である．配電系統の特定の地点に接続できるウィンドファームの規模を決定するには，特定のプロジェクトについて一連の計算を行う必要がある（付録 A11 を参照）．表 11.5 は，特定の電圧階級に接続される可能性のあるウィンドファームの最大容量を示すものである．ここで，ウィンドファームは多数の風車で構成されているため，接続評価は，個々の大規模電気機器に起因する高周波の電力品質問題ではなく，電圧上昇効果によって行われると仮定している．

大規模ウィンドファームに必要な計算は複雑であるため，コンピュータによる系統の解析が必要となる．風力発電の初期には，ウィンドファームの設備容量 [MW] とウィンドファームを接続しな

表 11.5 ウィンドファームの配電系統に接続可能な容量の目安（WPD 2018）

接続電圧 [kV]	ウィンドファーム定格 [MW]
0.4	0.00～0.25
11	0.25～4.00
33	4～20
132	20～

表 11.6　大規模（定速誘導発電機）ウィンドファームの容量と接続短絡レベルの比率の例

ウィンドファーム容量 [MW]	風車基数	接続短絡レベル [Mvar]	接続短絡レベル [Mvar] に対するウィンドファームの容量 [MW] の比率 [%]
21.6	36	121	18
30.9	113	145	21

い場合の平衡短絡レベル [Mvar] の比に基づいて接続を許可する評価方法を採用した国もあった[†]．しかし，このような単純なルールは制限が多すぎるため，接続許可の拒否や配電系統の過剰な補強につながる可能性がある．表 11.6 は，英国で商用運転している二つの大規模ウィンドファームに関するデータで，短絡レベルに対するウィンドファーム容量の比率がかなり高い．どちらのウィンドファームも数年間順調に稼働しているが，各サイトの風車の数が多いため，個々の風車の影響は小さいことに注意する必要がある．どちらのサイトも 33 kV の系統に接続されており，ほかの需要家には，自動タップ切替装置を備えた変圧器のみを通して供給されている．

11.4.1　系統解析

大規模なウィンドファームが系統に及ぼす影響を評価し，風車を効果的に運転できるような系統条件を確保するために，系統解析が必要である．現在では高度な数値解析が利用可能となっており，大規模プロジェクトでは常に用いられている．

潮流解析：系統電圧が制限内に収束すること，および，線路が過負荷にならないことを保証するため，また，損失を計算するために用いられる．この解析では，系統トポロジーや，線路，ケーブル，変圧器のインピーダンスを入力として用いる．次に，需要家負荷と電源の出力から，電圧，有効・無効電力潮流，系統損失の面で系統の定常状態の挙動を計算する．ここで，一般に，三相平衡線路が仮定される．風力発電の解析では，負荷潮流解析に，系統変圧器のタップ切替装置の優れたモデルや，風車の効果的な表現が含まれていることが重要である．単純な負荷潮流はある瞬間の系統の状態を与えるが，解析によっては，負荷の日変動や風車のプロファイルを用いて計算を繰り返し，一定期間の系統性能を示すことができる．これは逐次定常解析として知られている．

事故解析：系統の短絡事故時に風車から供給される電流が，開閉装置やほかの系統構成要素に過度のストレスを与えないことを確認するために用いられる．配電系統に電源を追加すると，もとの保護機能が意図どおりに動作しなくなる可能性がある．そのため，風車から新たに短絡電流が発生した際に，系統電圧をローカルに維持することによって配電系統の継電器が誤作動しないことを確認するために，事故解析が用いられる．また，平衡事故と不平衡事故の両者を調査する場合もある．解析では，電力系統への不平衡短絡の影響を計算するために，対称座標法が用いられる．風車の接続を調べるために用いられる事故の解析には，誘導発電機またはパワーエレクロニクス機器を用いたコンバータの，詳細なモデルが必要である．短絡解析の目的を考

---

† 回路の電気的な「強度」は，短絡レベルまたは事故レベルによって示される．短絡レベルは，事故前の電圧と，三相平衡事故が発生した場合に流れる電流の積である．この電流と電圧の組み合わせが同時に発生しないことは明らかであるが，事故レベル（Mvar で表示）は事故電流を供給し，電圧変動に耐える回路の能力を直感的に理解できる有用なパラメータとなる．単位法では，事故レベルは電源インピーダンスの大きさの逆数となる（Weedy et al. 2012）．

慮し，たとえば，線路の遮断器の定格には最大事故電流の寄与を仮定し，ヒューズと保護継電器の動作には最大・最小の両者の事故電流を計算することが，保守的な結果を与える．事故解析は，事故発生後の特定の時間における事故電流の流れと系統電圧を出力として与える．一部の解析では，解析的な手法で事故電流の時間的減衰を推定しているが，おもな解析は定常的な手法を用いている．

過渡安定度解析：系統上の擾乱に対する風車の応答を調べることができる．解析では，基本周波数のフェーザ（phasor）を用いた等価単相表現に基づき，系統状態の変化を積分アルゴリズムにより計算するため，平衡系統を仮定している．従来，同期発電機の位相角安定性を調べるには過渡安定度解析が用いられており，有用な結果を得るには風車の優れたモデルが必要である．

電磁界解析：より高度なツールの一つであり，上述の解析とは異なり，完全な基本周波数波形を仮定しておらず，誘導発電機とパワーエレクトロニクス装置を用いたコンバータの両者を詳細に表現することができる．この解析では，詳細な時間領域を模擬することにより，コンバータから発生するひずみ波形の再構築や，雷などによる高周波の過渡現象の解析などができる．電力系統のほぼすべての状態を解析することができるが，その分，複雑で計算時間がかかる．電磁界解析は，小規模なウィンドファームの基本設計に日常的に用いられているわけではなく，特定の問題を研究するためにのみ用いられている．

ほかにも，確率論的潮流解析法，最適潮流解析法，高調波負荷潮流解析法，ならびに，さまざまな接地コードなど，より専門的な解析手法や関連ツールは数多く存在する．しかし，これらの利用には専門的な知識が必要であり，小規模な風力発電プロジェクトでは一般に用いられていない．

11.4.2　ウィンドファームの電気的保護

図 11.11 は，中圧配電系統に接続された小規模ウィンドファームの簡略化された保護体系を示している．風車を公共の電力系統に接続するために必要な保護に関する詳細なガイダンスは，Electricity Networks Association（2019b）および IEEE 1547（2018）に記載されている．

ウィンドファームの短絡電流のほとんどは系統から流入することが想定されるため，垂下ケーブルを保護するために各風車タワーの基部に遮断器（通常はモールドケース形）が設置されている（図 11.11 参照）．タワー基部の筐体から風車変圧器に至る低圧ケーブルは，別の遮断器（左側回路）または低コストのヒューズ（右側回路）で保護されている．これにより，風車のすべての電気回路が中圧で開閉されることなく系統から解列されるような絶縁点が形成される．

中圧／低圧変圧器の低圧側端子の周辺領域は，中圧ヒューズを使用して保護するのがとくに困難な領域である．これは，変圧器の磁化突入電流に耐えられるほど堅牢でなければならない一方，変圧器のインピーダンスや事故の抵抗，および，デルタ／スター結線の構成によって事故電流が制限される場合の低圧側端子の地絡の検出に，十分な感度が必要であるからである．この問題は，公共の配電系統で用いられる中圧／低圧変圧器にも共通したものであり，一般的な解決策は，ヒューズと開閉装置の組み合わせ（スイッチヒューズとよばれることもある）を用いることである．これらは，図 11.11 では右側の母線に接続されている．

変圧器の中圧側巻線に事故が発生すると，中圧ヒューズによって除去される高い事故電流が発生

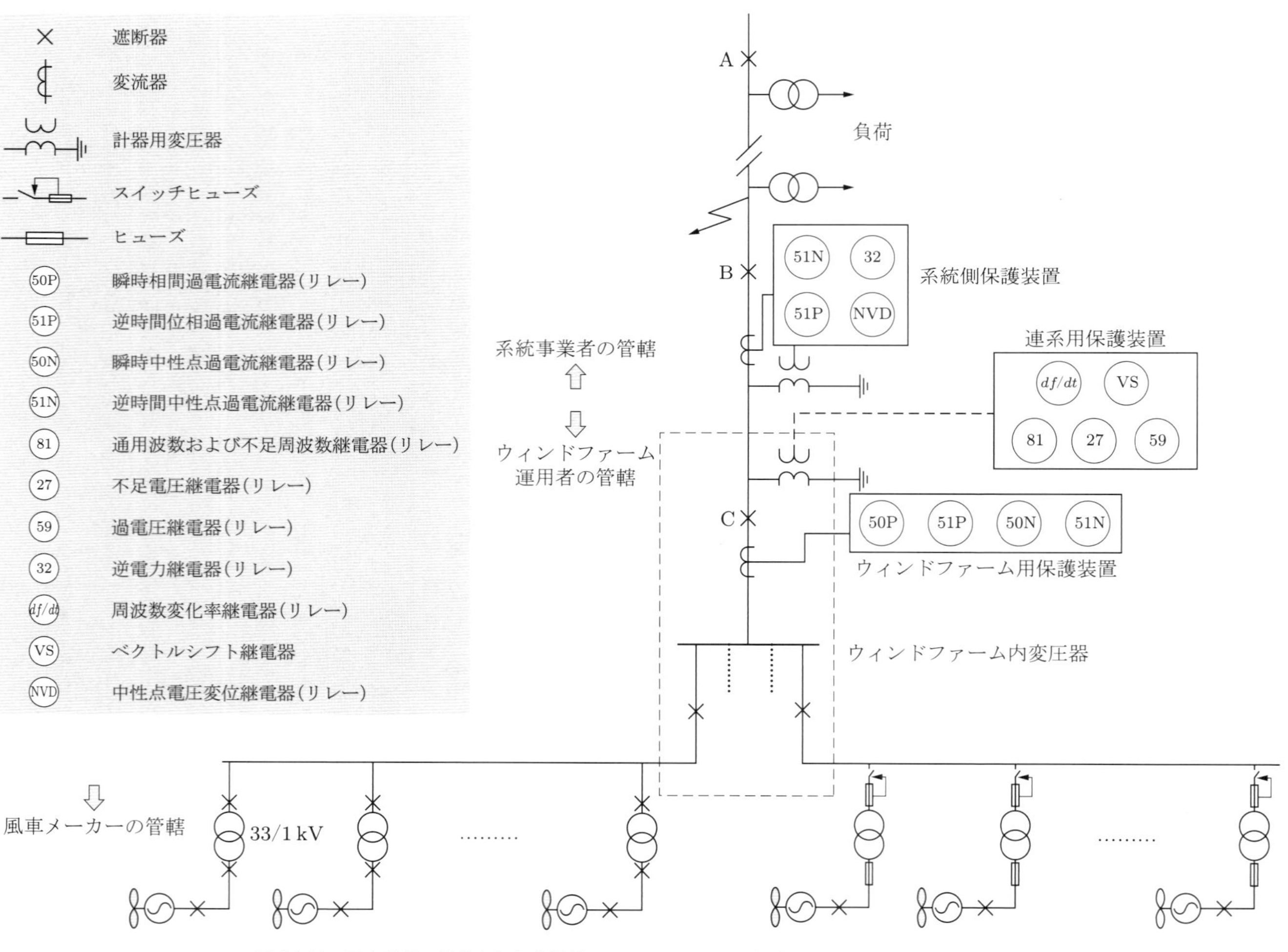

図 11.11　電力系統に接続された小規模ウィンドファームの簡略化された典型的な保護体系

する．しかし，低圧側端子での事故は，単純な中圧ヒューズではこの事故による低い事故電流を効果的に除去できない可能性があるため，問題となる．したがって，ヒューズが作動すると，ヒューズカートリッジのストライカーピンが開閉器を開放して全相を遮断するメカニズムがはたらく．別の解決策としては，制限付き地絡保護を使用して，低圧側巻線および端子近傍での事故から地絡電流を検出する方法があるが，これには，より高価な中圧遮断器（左側回路の母線）が必要になる．

ウィンドファームの集電系統の中圧ケーブル回路は，過電流継電器や地絡継電器，および，遮断器Cの操作によって，従来の方法で保護されている．公共の配電系統の保護では，故障のある区間または線路のみを切り離して，できるだけ多くの需要家への供給を維持することが重要である．ウィンドファームでは，一部の風車が不必要に解列された場合でも，逸失電力量が新たに発生するだけなので，解列された風車の識別はそれほど重要ではない．したがって，少数の中圧遮断器と，シンプルで低コストの保護が適切である．しかし，限られた事故電流であっても，可能性のあるすべての事故状態を検出し，事故が発生した線路部分を特定できるような効果的な保護装置を確実に設置することは，依然として困難である．

ウィンドファームの絶縁不良とそれに続く短絡電流からの保護は，配電系統から供給される事故電流に依存する．しかし，ウィンドファームが配電系統の事故に電流を供給しないようにするための保護も必要である．風車は信頼できる事故電流源ではないため，従来の過電流保護は有効でない場合がある．図 11.11 で示されたように，系統上で短絡が発生すると，配電系統からの事故電流によって作動する電流作動保護装置が遮断器 A を開放する．これによってウィンドファームが解列し，その出力がローカルな負荷の有効・無効電力と正確に一致しなければ，ウィンドファームの電圧と周波数が変化する．その後，系統への接続が失われたことを検出する電源喪失過周波数・不足周波数継電器または過電圧・不足電圧継電器により，連系用保護装置が遮断器 B をトリップさせる．過周波数・不足周波数継電器と過電圧・不足電圧継電器は，無駄な動作を減らすために 500 ms 遅延させるのが一般的である．Veers（2019）では，米国における実例が述べられている．

11.4.3 単独運転と単独運転防止

単独運転（islanding）とは，風車が系統から解列された際に運転を継続し，ローカルな負荷に供給する状態を指す．多くの配電事業者は，以下のようなさまざまな理由から，単独運転を回避するための協調保護を必要としている．

- 需要家が周波数と電圧の必要限界の範囲外の供給を受ける可能性
- 系統の一部が十分な中性点接地がない状態で運用される可能性
- 同期外れの際の再閉路に伴う危険性
- 配電系統の運用の規制に違反する可能性
- 系統から切り離された線路が風車から通電されていることに気づかない配電系統作業者に対する潜在的な危険性

ウィンドファームの運用者の観点からは，おもな危険性は同期外れの際の再閉路である．多くの配電線路では，架空線の過渡的な事故によって需要家の停電が長引かないよう，遮断器に自動再閉路機能を備えている．図 11.11 のように，系統事故で開放したあと，最大で数秒後に再閉路するように遮断器 A が設定される場合がある．ウィンドファームが運転を続け，遮断器 B と C が閉路し続けている場合，系統電圧が風車と同期されずに印加されるため，発電機の軸に非常に高い電流やトルクが発生する場合がある．このことは，迅速な単独運転防止を行うことのおもな技術的動機となっている．なぜならば，とくに風車の場合，風車出力（有効電力，無効電力ともに）と負荷を長時間にわたり一致させられる可能性はきわめて低いためである．

これまで，単独運転を検出するための堅牢な保護システムを考案するために，かなりの努力が払われてきた．しかし，ウィンドファームの出力がローカルな負荷と正確に一致している場合，系統へも系統からも電流は流れず，遮断器の開閉にかかわらず，ウィンドファームから見た系統の状態に違いがないため，これは非常に困難なこととなる．

一般に使用されている継電器（リレー）は，周波数変化率（Rate of Change of Frequency: RoCoF，すなわち df/dt）継電器またはベクトルシフト継電器（Vector-Shift Protection: VSP）で，後者は，単独運転が発生したときの電圧ベクトルの跳躍を計測するものである．どちらの継電器も線路に流れる電流に依存しており，さまざまなレベルの感度を提供するよう調整することができる．しかし，感度が高すぎると，遠方の大規模負荷や従来型発電所のトリップなどの系統擾乱がもとになって，誤動作によるトリップが発生しやすくなる．英国では近年，系統のレジリエンスを向上させるため，RoCoF 継電器の感度を 0.125～1 Hz/s に変更し，500 ms の遅延を設けるよう規制が強化されている．また，VSP は不必要に動作するケースがあることが示され，使用されなくなった（Electricity Networks Association 2019b）．

電源喪失の際の保護技術は国によってそれぞれ大きく異なる．一部の国では，転送トリップを使用することが好まれている．転送トリップでは，上位系統の事業者の遮断器が開放されると，その動作がウィンドファームの遮断器に伝達され，即座に開放される．これは単独運転に対する保証にはなるが，多数の遠隔の遮断器からの通信回線が必要となるため，実装にコストがかかる場合がある．配電系統のほぼすべてが地中にあり，架空線での過渡的な事故が発生しない場合には，自動再閉路は使用されないため，電源喪失の保護に対する要求は少なく，単純な不足周波数・過周波数保護で十分と考えられるのは興味深い．一方で，非常に大規模なウィンドファームでは，系統を維持するために系統事故時にも運転を継続することが重要であるため，高感度の協調保護は備えていない．系統運用者の運用方針や単独運転に関する規格は急速に発展している．

11.4.4　ウィンドファームの系統側保護装置

系統側保護装置は，ウィンドファームでの事故が系統に被害を与えないようにすることを目的として，配電系統運用者によって所有されている．この装置は，逆定値最小時間（Inverse Denite Minimum Time: IDMT）過電流や地絡に対する保護装置，および，逆電力継電器や中性点電圧継電器から構成されている．IDMT 過電流からの保護はウィンドファームの保護も兼ねている．また，逆電力継電器は，風車が系統から電力を得て電動機として動作しないようにするためのものであり，中性点電圧継電器は系統の非接地状態を検出するものである．

遮断器 A と B の間の線路の事故が，線間ではなく単相地絡である場合には，複雑な問題が発生する．このような事故は架空線路にとくに多く見られる．33/0.69 kV などの風車用変圧器は高圧側にデルタ結線をもつが，これには接続可能な中性点がなく，接地も行われていない．したがって，ウィンドファームが絶縁され，遮断器 A が開放されている場合，接地電流が流れる経路がないため，原理的には，単相地絡は電流が流れない状態でいつまでも持続する．実際には，若干の浮遊容量性電流（stray capacity current）が流れるが，従来の地絡保護装置を動作させるには不十分で，間欠的なアーク放電につながる可能性がある．従来の解決策は，中性点電圧置換継電器を使用して，線路の一つの相が接地されていることを検出し，中性点を置き換えることであった．この方式の欠点は，高圧側に複雑な（5アームの）変圧器が必要で，そのためのコストがかかることである．このコストを受容することは，大規模なウィンドファームでは可能だが，単基の風車では難しい場合もある．

11.5　送電系統のグリッドコードと大規模ウィンドファームの接続

単独の風車や小規模ウィンドファームは中圧配電系統に接続され，大規模ウィンドファームは高圧配電系統または送電系統に接続される．歴史的に見ると，配電系統と送電系統の運用は異なる考え方に基づいており，ウィンドファームの規模や接続される系統の電圧階級によって，適用される規制が異なっている．しかし，分散型電源の増加に伴い，送電系統と配電系統の差は小さくなり，さまざまな定格出力のウィンドファームがさまざまな電圧階級の系統に接続され，それに対する規制が収斂（しゅうれん）しつつある．

現在，中圧に接続された単独の風車や小規模ウィンドファームに適用される規制では，系統事故が発生した場合や系統の一部が単独運転になった場合，速やかに解列することが要求されている．そのため，系統の電圧や周波数が通常の運用範囲から逸脱した場合，風車は速やかに解列され，通常の系統状態が回復するまで再接続されないようになっている．この規制は，配電系統運用者が孤立状態での運用を避け，同期外れでの再接続や，安全上の問題があるかもしれない系統の孤立した部分における逆潮流，ならびに，系統の非接地部分の運用の可能性がないことを保証するためのものである．系統の状態が異常なときに迅速に遮断するというこの要件は，電源喪失時の保護とも協調する．単独の風車や小規模ウィンドファームは，系統周波数の維持に積極的に貢献することはない．

一方，大規模ウィンドファームはグリッドコードに従っている．現在，大規模ウィンドファームの数や容量は増加しており，そのことは，実際に風車の出力が系統周波数に影響を与え，系統との無効電力の授受によって送電系統の電圧に影響を与えることを意味している．大規模ウィンドファームの運用の考え方では，系統の電圧と周波数が正常な範囲を超えた場合に，解列するのではなく，系統を維持するために運転を継続する．さらに，大規模ウィンドファームは，系統運用者の要求に応じて，送電端電圧を制御し，出力を調整できるようにしなければならない．

送電系統の電圧は，おもに大規模集中電源から送電線路に流入する無効電力の影響により決まる．さらに，タップ切替式変圧器が配電系統の電圧レベルを決定する．他方，電圧の低い配電系統に接続された風車は，電圧にローカルな影響を与えるだけで，力率制御や一定量の無効電力の授受によって，配電系統の電圧に依存しながら運用されている．

多くの国では，小規模分散型電源の接続に関する国内規制や，大規模ウィンドファームに関する独自のグリッドコードを定めている．風力発電をはじめとする分散型電源の重要性が増すにつれ，規格は継続的に進化している．欧州送電系統運用者ネットワーク（European Network Transmission System Operators: ENTSO-E）は，パワーパークモジュールとよばれる，ウィンドファームの欧州系統への接続に関する共通の方法と手順を開発した（ENTSO-E 2019）．パワーパークモジュールは，各国の国内規格に翻訳されている（たとえば，Electricity Networks Association 2019b）．

ウィンドファームには小規模と大規模という二つの異なる運用の考え方があり，従来型電源の規模や台数と比較した場合の，風力発電の規模や電圧階級の相対的な重要性を反映している．したがって，英国のグリッドコードは，系統が堅牢なイングランドでは50 MW以上のウィンドファームに適用されるが，系統が脆弱なスコットランドの人口が少ないエリアでは10 MW以上が対象となる．

風力発電の増加に伴い，系統運用に貢献できるよう，グリッドコードの多くの側面が小規模なウィンドファームにも適用されることになると考えられる．将来，配電系統の運用方法は，分散型電源や能動的に制御される負荷の容量増加を反映するよう改定されることになる．

英国のグレートブリテン島では，近年，機器の事故や誤動作により，大規模な集中型電源や洋上ウィンドファームがほぼ同時にトリップし，周波数低下が発生し，分散型電源のかなりの容量が電源喪失保護装置の不適切な作動によりトリップして悪化するという事案が発生した（National Grid: ESO 2019b）．その際，急速に低下する系統周波数が検出され，系統全体を維持するために，不足周波数継電器によって負荷が遮断された．この不適切な動作を受け，電源喪失保護を目的とする分散型電源の保護については，過渡的な不足周波数の事象に対する感度を緩和し，誤動作によるトリップを回避するような対策がとられている．米国では，太陽光発電のインバータに関して，同様の事象が報告されている（NERC 2017）．

11.5.1　事故時運転継続能力

グリッドコードは，もともと大規模な火力発電や水力発電の接続のために開発されたが，現在では大規模なウィンドファームにも適用されている．これらは，単独の風車を対象とするのではなく，連系点で送電系統に接続されるウィンドファーム全体を対象としている．

大規模ウィンドファームには，電力系統で予想される周波数と電圧の範囲で連続運転し，系統事故時にトリップしないことが要求される．これは，送電系統の電圧や周波数に擾乱があった際に，電力系統に電力を供給し続けられるようにするためである．図 11.12 は，高圧系統に接続された大規模ウィンドファームの典型的な要件を示したものである．周波数と電圧の制限値（f_1～f_4 および V_1～V_4）の正確な値は，各国の系統の技術的特性と系統運用者の慣例によってさまざまである．周波数と電圧の範囲内で運転を継続することで，大規模ウィンドファームは系統安定度に貢献できる．

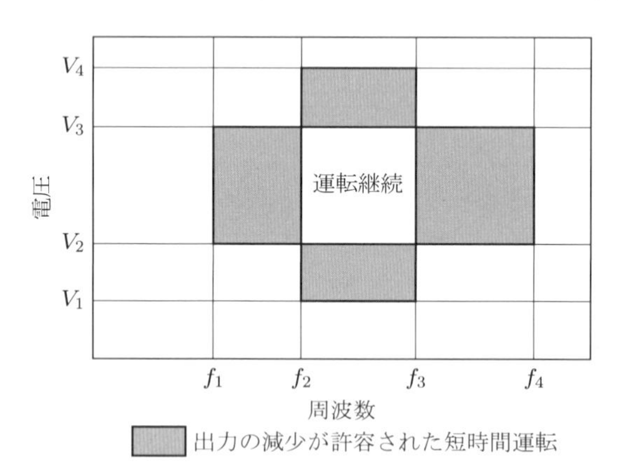

図 11.12　運転継続領域と短時間運転領域の典型的な形状

11.5.2　無効電力容量

送電系統の電圧は，大規模電源の送電端電圧と送電線路を流れる無効電力によって決まる．大規模ウィンドファームは，その送電端電圧を制御するか，または，定められた水準の無効電力を系統と授受するように運転することが要求される．

ウィンドファームの無効電力の発生または吸収能力の典型的な要件を，図 11.13 および図 11.14

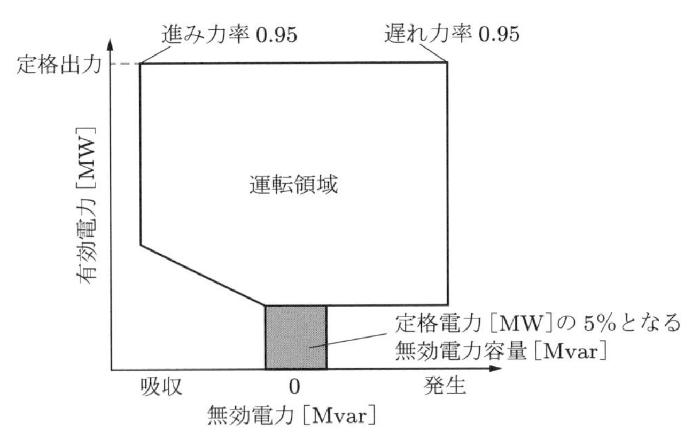

図 11.13　英国グレートブリテン島で要求される有効・無効電力特性

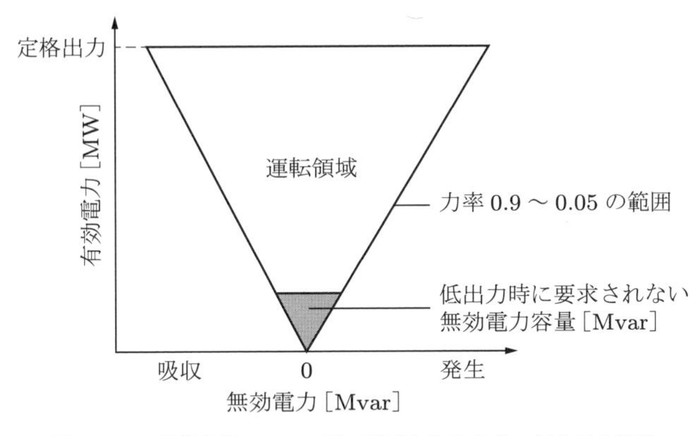

図 11.14　欧州大陸の二つの国で要求される有効・無効電力特性

に示す．ウィンドファームは，送電系統運用者の指示に従い，定められたエリア内のいかなる地点でも運転できることが要求される．どのような電力特性においてこの性能が要求されるかは，各国の系統の必要性に応じてさまざまである．

可変速風車は，原理的にはパワーエレクトロニクス機器によるコンバータの定格内であれば，どのような力率でも運転することが可能である．ただし，実際には，単一の風車のパワーエレクトロニクス機器によるコンバータだけでは，大規模なウィンドファームの無効電力供給に対するグリッドコード要件に完全に適合させることは困難である．おもな理由は以下のとおりである．

・地理的に分散するさまざまな出力の多数の風車の無効電力を迅速に調整することは困難である．
・ウィンドファームの変圧器から供給される無効電力は，系統との間で授受される有効電力と無効電力の両方によって変化する．
・広範囲な無効電力範囲を指定すると，風車コンバータのコストが増加する．

したがって，グリッドコードの要件を満たすために，ウィンドファームの系統連系点に無効電力補償装置を追加設置するのが一般的である．図 11.15 は，ウィンドファームで一般に見られるさまざまなタイプの無効電力補償装置の 1 相を示したものである．なお，図では，スター結線の中性点への接続は省略されている．

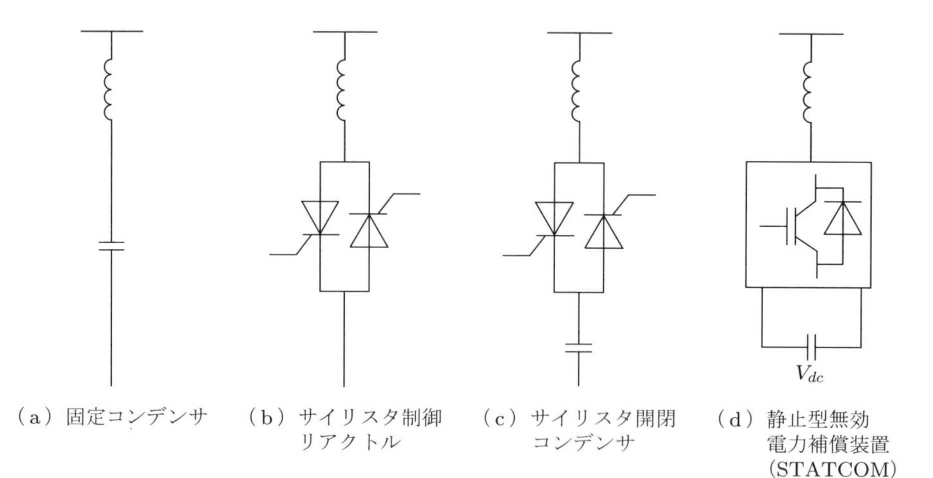

図 11.15　一般に使用される無効電力補償装置

固定コンデンサは，一定の容量性リアクタンスを提供し，通常の動作では，一定水準の無効電力を系統に供給する．サイリスタ開閉コンデンサは，離散的ではあるが可変の無効電力を供給する．固定コンデンサやサイリスタ開閉コンデンサは，突入電流を制限し，ある程度の高調波をフィルタリングするためのものである．それらのインダクタンスは，通常小さい．また，サイリスタ制御リアクトルは，サイリスタを切り替えて系統電圧を段階的に印加するため，誘導リアクタンスが連続的に変化する．これらすべての装置の無効電力出力は，送電端電圧の 2 乗に比例するため，系統事故時には急速に低下する．代替案としては，電圧形コンバータを基本にした静止型無効電力補償装置（STATic COMpensator: STATCOM）を使用する方法がある．この装置は設置面積が小さく，連続的に可変の無効電流を供給し，その無効電力出力は系統電圧にのみ比例する．STATCOM は，交流コンデンサやインダクタから無効電力を発生／吸収するのではなく，小容量の直流コンデンサをエネルギー貯蔵装置として電圧を発生させ，結合リアクタに電流を流すことで機能する．

11.5.3　周波数応答

系統周波数は，実際に発電された電力と負荷で消費される電力の瞬時のバランスによって決まる．負荷が発電電力を上回れば系統周波数は低下し，発電電力が上回れば周波数は上昇する．したがって，大規模な負荷が遮断されるなどして電力系統の周波数が上昇した場合には，風車は出力を低減しなければならない．

図 11.16 に，多くのグリッドコードで要求される典型的な周波数応答，ならびに，過周波数応答と不足周波数応答の典型的な値を示す．不足周波数応答を提供できるようにするには，まずブレードのピッチ角を調整するか，最適でない回転速度で運転することによって風車の負荷を低減する必要がある．

図 11.17 は，デルタ制御とよばれる，風車の負荷を減らして予備力容量を確保する方法の一例である．制御が開始されると，ウィンドファームの出力はその時点での風況で可能な最大値よりも低下し，発電が不足した際に系統を維持するために利用できる予備力容量が提供される．低負荷運転の要件は多くのグリッドコードで規定されているが，本来，風によって発電される電力量の一部が捨て

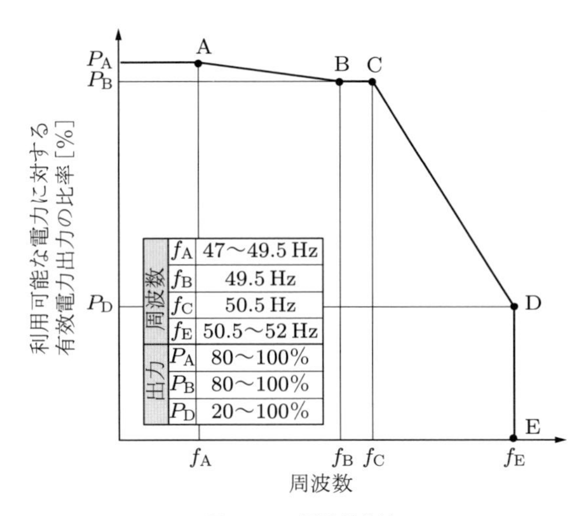

図 11.16　周波数特性

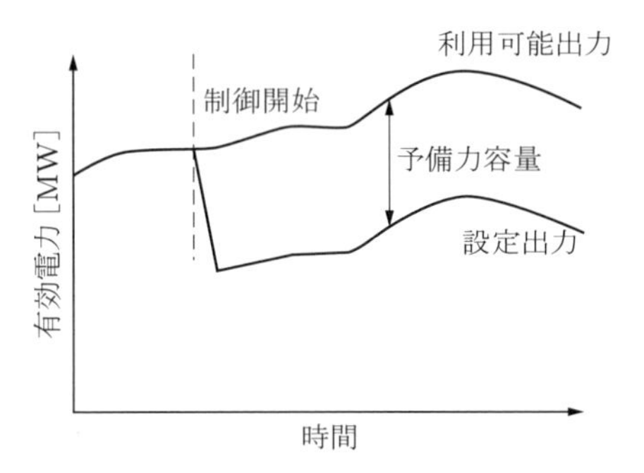

図 11.17　有効電力のデルタ制御

られることになるため，系統運用者が低負荷運転を指令することはほとんどない（EWEA 2009）†.

11.5.4　フォルトライドスルー

送電系統に短絡事故が発生すると，広い範囲で電圧が低下する．いかなる系統でも落雷などによる事故は避けられず，電圧低下は数百 km にも及ぶことがある．遮断器が送電系統の事故箇所を遮断することによって約 100 ms で事故を除去し，さらに，適切な発電機が接続されていれば，その後，系統電圧は回復する．系統事故が発生すると，線路が解列し大規模集中電源が喪失する可能性があるため，ウィンドファームが電力系統に電力を供給し続けなければならないのはまさにこのときである．したがって，グリッドコードでは，大規模ウィンドファームは系統事故中も送電系統の短絡事故による電圧低下に対して安定的に運転を継続する能力を示さなければならないと定められている（フォルトライドスルー，Fault Ride Through: FRT）.

† 訳注：2010 年代中ごろ以降，風や日射が強い時間帯に卸電力（スポット）価格がほぼゼロに低下したり，ネガティブプライス（負の価格）がついたりすることがしばしば発生している．そのため，系統運用者が低負荷運転を指令せずとも発電事業者が自主的に低負荷運転を行う市場行動が，デンマーク，スペイン，オーストラリア，北米の一部地域などで観測されている．これは「自主的出力抑制」「経済的出力抑制」ともよばれ，電力量 [kW h] を売るスポット市場で減損となる場合があるが，予備力を提供することで卸電力価格以上の価値となり，需給調整市場やリアルタイム市場で収益を得ることもできる．

風車が出力できる電力は電圧と電流の積であるため，送電端電圧が低下すると，風車はその電力を系統に出力できず，過回転になる．電気エネルギーに転換されるべき機械エネルギーは，回転運動エネルギーとして発電機とロータに蓄積される．また，定速誘導発電機による風車は，系統事故により過回転になり，その後電圧が回復すると，大量の無効電力を吸収してさらに電圧が低下し，電圧が不安定になる可能性がある．そのため，定速風車は過渡的な電圧降下に対応することができない．しかし，可変速風車は，ロータ回転速度を上昇させることで，電圧低下や過渡的な出力低下に対応することが可能である．ただし，電圧低下時にコンバータが系統と確実に同期するために，堅牢な制御システムが必要である．

図 11.18 は，ウィンドファームが運転継続しなければならない電圧と時間の範囲について，典型的な例を示したものである．

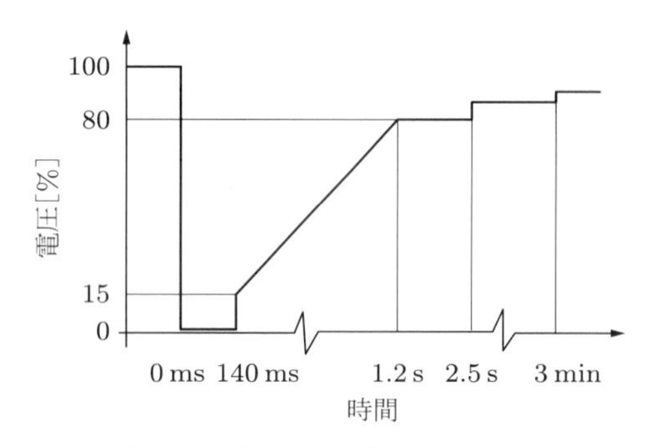

図 11.18　典型的な事故時運転継続特性

11.5.5　高速事故電流注入

送電系統の事故によって発生する広範な系統電圧の低下は，事故が解消されたあとに無効電流を注入することによって軽減されることがある．そのため，一部のグリッドコードでは，過渡的な系統電圧低下のあとに無効電流を迅速に注入できることを大規模ウィンドファームに要求している．この機能は，高速事故電流注入とよばれている．必要なのは無効電力だけなので，このサービスを提供するために風車を低負荷運転させる必要はない．

11.5.6　疑似慣性

従来の回転同期発電機が，太陽光発電や可変速風力発電など，コンバータを介して接続する電源に置き換えられるにつれ，電力系統の慣性が減少することが系統運用者によって懸念されている．風車の慣性は，パワーエレクトロニクス機器によるコンバータによって電力系統から分離されている．そのため，発電と負荷の需給バランスが崩れると，系統周波数の変化率が増加する．電力系統の慣性は，フライホイールなどの慣性体を追加するか，コンバータの制御を用いて系統周波数が低下した際に蓄積エネルギーを注入することでしか増やすことができない．

可変速風車の従来の制御システムでは，系統周波数を主要な入力変数として使用していない．系統電圧の位相角と周波数は，系統側コンバータのパワーエレクトロニクス機器によるスイッチングを同期させるために用いられるが，主制御ループは発電機の回転速度を計測して，風車があらかじめ定められた運転特性に従うようにトルクをかける．たとえば，大規模集中電源が突然解列して系統周波数が低下しても，可変速風車は，自動的に追加のエネルギーを供給することはない．これは，従来の同期発電機や定速誘導発電機が，系統周波数の低下や，発電機および電動機の回転速度の低下に応じて，その運動エネルギーの一部を受動的に電力系統に伝送するのとは対照的である．周波数低下時に投入される電力は，発電機の慣性と系統周波数の変化率に比例する．疑似慣性（合成慣性ともよばれる）は，この効果を模擬し，系統周波数が低下すると系統に電力を供給する．すなわち，可変速発電機のアクティブ制御システムということができる．

図 11.19 に示す制御ループを追加することで，疑似慣性を実装することができる．系統周波数の変化率を測定し，それに比例して電力を供給することで，疑似的に慣性を付加する（ループ 1）．風車のロータに制動トルクを付加することで，系統にエネルギーが供給され，風車のロータが減速する．また，周波数低下の大きさを利用して，周波数に比例してロータに追加トルクをかけることもできる（ループ 2）．疑似慣性を提供する機能は，一部のグリッドコードで要求されているが，すべてのグリッドコードで要求されているわけではない．一部の送電系統運用者は，この効果が一過性であり，周波数が回復したあとにロータを再加速させなければならないことを懸念しており，その有効性に異議を唱えている．

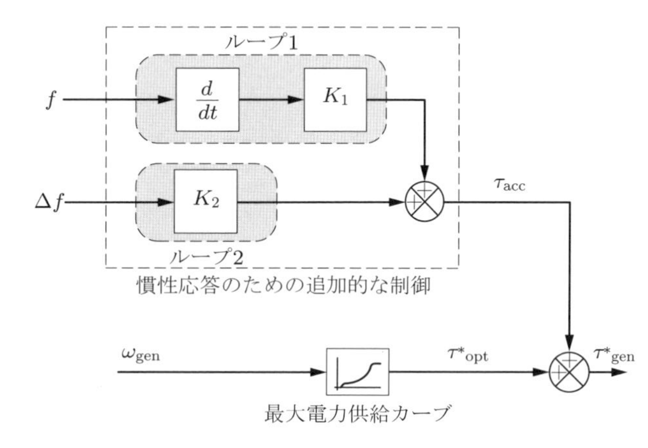

図 11.19 可変速風車に疑似慣性をもたせるための追加制御ループ

11.6 風力発電と発電システム

今日，風車は多くの電力系統において重要な電源となっており，発電容量の開発や運用の方法を変えつつある．電気をコスト効率よく大量に貯蔵することはできないため，電力系統における電源の役割は，一定期間にわたって電力量 [kW h] を供給するだけでなく，需要を満たすために必要な電力 [kW] をいつでも供給することである．化石燃料を利用する電源は，化石燃料に蓄えられたエネルギーを利用するため，その出力は容易に制御できる．一方，風車は風が吹けばいつでも発電し，可能なかぎり最大の出力が得られるよう運転するため，負荷の増加に対応できる電力量はわずかである．

発電機の設備利用率（capacity factor）は，ある期間に発生した電力量を，その期間に定格出力で連続運転した場合に発生し得る電力量で除したものと定義される．これは，通常，1 年間の平均値として計算され，発電所がどの程度効果的に利用されているかを示す．発電所の事故や電力の利用が見込めない場合，また，再生可能エネルギーにとって重要なことであるが，入力エネルギーが不足する，すなわち風速が低下する場合，設備利用率は 100%を下回る．風車の設備利用率は，陸上の風力資源が良好な地域では一般に 25〜30%であり，離岸距離の大きい洋上に設置された超大型風車では 45〜50%になることがある．風力発電の性能を，80〜90%の設備利用率をもつ火力発電や原子力発電の性能と比較すると，国全体の需要を賄うには，より大きな設備容量が必要であることがわかる．設備利用率は，風車がどれだけ効果的に機能しているかを示すよい指標であるが，特定の時間における電力供給に対する風力発電の貢献度を示すものではない．

風車は運転コストが低いため，ひとたび建設すれば，風が吹けばいつでも発電し，運転コストの高い化石燃料による電源が必要な時間を短縮することができる．これは CO_2 排出量の削減の観点からは望ましいが，系統に占める風力発電の比率が高くなると，従来の制御可能な化石燃料による電源の稼働時間が短くなり，収入が減少する．再生可能エネルギー電源の容量が増え，その結果，制御可能な電源が運転して収入を得る機会が減ることで，火力発電を保有する発電会社の中には，経営難に陥っているところもある．この問題に対処するため，一部の国では，供給される電気エネルギーに対する支払いに加えて，柔軟性のある発電容量（必要な時に発電できる能力）に対する支払いも導入している．

多くの国では，電力系統は自由化され，発電，小売，送電，配電を扱う会社に分かれている．自由化された電力系統の一部（発電と小売）は市場として運営されているが，ほかの一部（送電と配電系統）は自然独占であり，需要家の便益のために国家によって規制されている．市場は短期的には発電事業者や小売事業者の行動に影響を与えるが，電力系統の根本的な運用は垂直統合型の国家独占と同じであり，市場や規制は，さまざまな主体のもっとも効率的な行動を見出すメカニズムにすぎないと考えることができる．

11.6.1　風力発電を含む発電システムの開発（計画）

すべての電源は事故により利用できない可能性があるが，風力発電は機器の事故だけでなく，風速が低いために稼働しないこともある．風力発電を発電ポートフォリオに加えることにより，より多くの発電容量が必要となり，発電計画マージン（公称発電容量とピーク負荷の差）を押し広げることになる．発電システムは，例外的な状況を除き，常に需要を満たすように計画されており，そのアデカシー（adequacy）によって評価される．

定められた水準の発電アデカシーを計画する基本的な考え方を図 11.20 に示す．同図は，電力系統の需要と利用可能な発電の時間ごとの確率分布を示している．発電電力が不足するリスクは，これらの離散的な確率分布の交点で発生し，電力不足確率（Loss Of Load Probability: LOLP）や不足電力期待値（Loss Of Load Expectation: LOLE）などの多くの指標によって定量化することができる．なお，LOLP は 1 年間に負荷が利用可能な電力を何回上回ると予想されるかを示す指標であり，LOLE はこの状態の累積時間を示す．

英国のグレートブリテン島では，再生エネルギーの急速な増加に伴い，発電アデカシーを評価する指標として，LOLP と計画マージンに代わって，LOLE が使用されるようになった．LOLE は，多くの国の電力系統のアデカシーを評価するために利用されており，典型的な値として，3 時間/年（フランス）から 8 時間/年（アイルランド）がある．また，米国の多くの同期エリアでも利用されている．グレートブリテン島の最適な LOLE は，新規にガス火力を導入する年間コスト（47 英ポンド/kW）とブラックアウト（停電）による逸失電力量の限界コスト（17 英ポンド/kW h）を比較

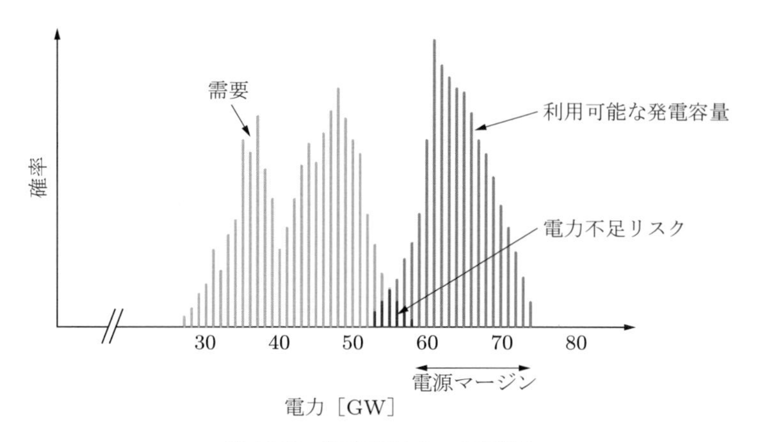

図 11.20 発電アデカシーの説明図

し，3 時間/年程度とされた（Department of Energy and Climate Change 2013）．LOLE はアデカシー計算であり，系統運用者はアデカシー計算に表れない手段（系統電圧を下げるか，特定の条件下で一時的に電源の公称定格を超えるよう求めるなど）で負荷を下げたり供給を増やしたりできるため，予想される電力不足とブラックアウトの時間が一致することはない．各時間のピーク消費電力と利用可能な発電電力の離散確率分布から LOLP と LOLE を計算する方法は，Weedy et al.（2012）に記載されている．

電力系統の脱炭素化に伴い，発電システムのアデカシーの計算はますます高度化している．そのため，さまざまな種類の低炭素発電，貯蔵できない自然のエネルギーによる再生可能エネルギー電源の容量，限られたエネルギーしか貯蔵できない蓄電池などのエネルギー貯蔵技術，需要側応答（デマンドレスポンス）などの種類が着実に増加している．

現在のグレートブリテン島では，さまざまな電源方式に対するディレーティングファクター（derating factor）を用いて，調整された容量マージンを計算する方法がある．ディレーティングファクターとは，電力需要のピーク時（グレートブリテン島では 1 月の夕方）に技術的に発電可能であると考えられる電源の比率を意味する．各発電方式のディレーティングファクターは，その特性や，電力系統に占めるその電源方式の比率に依存する．再生可能エネルギー発電技術（たとえば，風力あるいは太陽光など）は，ほぼ同時刻に同じような出力をする可能性が高いため，系統に接続される容量が大きくなるほど，そのディレーティングファクターは減少する．

表 11.7 に，2019 年のグレートブリテン島の発電システムのアデカシーを評価するために用いられたディレーティングファクターの一部を示す（National Grid: ESO 2019a）．これは，ピーク需要時に発電可能であると考えられる風力発電の追加的容量の比率を示しているため，風力発電のディレーティングファクターは低く見える．

グレートブリテン島の場合，LOLE の計算は，ディレーティングファクターと発電システムのモデルを使って行われる．時間に依存しない計算では，負荷と利用可能な電源のディレーティングファクターの確率分布を比較し，LOLE の見積もりの単一推定値を算出する．一方，不確実性を含むより包括的な結果は，完全な逐次モンテカルロシミュレーションから計算することができる（Lane Clark and Peacock 2017）．

表 11.7　英国グレートブリテン島で用いられているディレーティングファクターの例

発電方式	ディレーティングファクター [%]
原子力	81
コンバインドサイクルガスタービン	90
エネルギー貯蔵（2 時間，蓄電池）	41〜62
エネルギー貯蔵（4 時間，揚水発電）	66〜95
デマンドレスポンス	86
陸上風力	7.4〜9.0
洋上風力	10.5〜14.5
太陽光	2.3〜3.2

11.6.2　風力発電を含む発電システムの運用

メリットオーダー（merit order）は，発電システムの運用を古典的に表現したもので，電源を運用コスト（短期限界費用）順に並べたものである．運用コストを最小にするために，電源は限界費用の低い順に電力を供給するよう指令される．ここで，電源はすでに建設されているものとし，燃料費と運転費のみを考慮する．また，需要は日や年周期で変動しており，この原則に従ってさまざまな電源が運転するよう指令される．電力価格は，必要とされる電源の運用コストの中でもっとも高価なものとなる．メリットオーダーの実施には，集中制御によるものと市場によるものがある．図 11.21 は，発電の運用コストと，夏と冬に発生する可能性のある負荷の範囲を示した，典型的な発電メリットオーダーである．

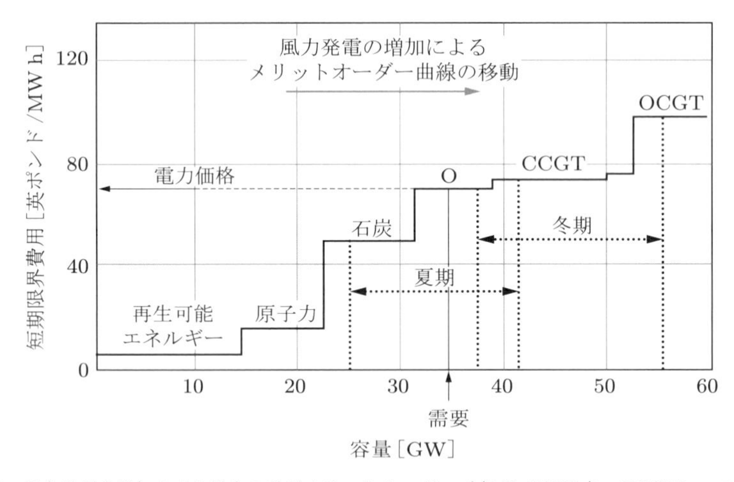

図 11.21　風力発電を増加させた場合の発電メリットオーダー（点 O は運用点，CCGT：コンバインドサイクルガスタービン，OCGT：オープンサイクルガスタービン）

風力発電は限界費用が低いため，風車が利用可能で風速が適切にあれば常に運転する．運転している風力発電は左端に位置し，ほかのメリットオーダーは右側に移動する．これによって，電力価格が下がり，化石燃料による電源が発電できる時間数が減るという効果がある．

正味負荷（需要負荷から低炭素発電を引いたもの）に追従するため，また，発電所の事故や系統制約のための予備力として，エネルギー貯蔵を併設する発電所（火力発電や水力発電，蓄電池など）が必要とされる場合もある．このような運用要件は，発電事業者に発電電力量 [kW h] に対する報酬だけを与える従来のやり方とは相容れない．そこで，発電事業者は，アンシラリーサービス（ancillary service）に対する支払いだけでなく，容量支払いによっても報酬を受けるようになってきている．容量支払いは，電源に運転指令がなくても，必要なときに電源が利用できるようにするために行われる．なお，アンシラリーサービスとは，周波数応答や無効電力供給など，電力系統を運用するために必要な特定の運用サービスのことである．

11.6.3　風力発電の予測

従来の垂直統合型の電力系統では，火力発電はユニットコミットメント（unit commitment）と経済負荷配分（economic despatch）の二つの考え方で運用される．ユニットコミットメントは，需要を満たすために電源の最適な選択（たとえば，最小コストや最小 CO_2 排出量）をすることである．この最適化の制約には，各電源の最大および最小出力，出力変化速度，最小起動・停止時間，線路の負荷などの系統制約，部分的に負荷のかかった発電機の適切な予備を維持するための要件が含まれる．電源が系統に接続されると，そのもっとも経済的な出力は経済負荷配分によって決定される．なお，ユニットコミットメントと経済負荷配分は，発電スケジューリングともよばれる（Wood et al. 2013）．

市場ベースの電力系統では，各発電事業者は，小売事業者と交わした約定を最小限のコストで満たすことを目的に，電源のポートフォリオを独自に最適化する．しかし，大規模火力発電所では最大 8 時間前に発電所と契約を交わし，その運用を最適化しなければならないという原則は変わらない．送電系統運用者は，最終的な需給バランスと周波数，無効電力，予備力の管理を行う．

風力発電が電力系統に大量導入されると，火力発電から供給される正味負荷の平均は著しく減少するが，利用可能な電源の不確実性は増加する．そのため，風力発電の出力予測は，系統運用において非常に重要となる（Boyle 2009）．

風力発電の出力予測は，以下のようなさまざまな目的のために，空間的・時間的なスケールで必要とされている．

- 需給バランスをとるための電源のスケジューリング
- 必要な予備力（部分負荷運転する電源，蓄電池，または高速起動のガスタービン）の決定（これには，予測の精度を評価する必要がある）
- 送電系統の運用と線路の混雑管理
- 発電ポートフォリオの運用による収益の最大化

風力発電の予測は，4〜6 時間先までの超短期予測，48〜72 時間先の範囲の短期予測，7 日先までの中期予測に分類されるが，これらの定義は厳密ではない．

風力発電の出力を予測する方法には，以下のようなものがある．

- 時系列解析
- 数値気象予測（Numerical Weather Prediction: NWP）を用いた統計・機械学習モデル
- NWP を用いた物理モデル
- ハイブリッドモデル

ウィンドファーム（またはウィンドファーム群）の出力の超短期予測は，予測される変数（風速やウィンドファーム出力など）の測定データの過去の時系列に基づいてのみ行うことができる．また，この解析と NWP を統合することで，コストや複雑さを回避することができる．カルマンフィルタなどの多くの技術が研究された結果，パーシステンス（persistence）の 15～20%の改善が報告されている．なお，パーシステンスとは，予報が最後に測定された値と同じであることを単純に仮定するものである．超短期予測は，当日市場でのエネルギー取引やアンシラリーサービスの管理に用いられる．

4～6 時間以上先の予報は NWP に基づいている．NWP モデルは各国の気象機関が運用し，風速や風向を含む一般的な気象予報を行うものである．NWP モデルは，気象観測所や人工衛星からの気象観測データと数値モデルを用いて，地球の大気の状態を予測するものである．計算量が非常に多いため，空間メッシュはかなり粗い．局所的 NWP モデルは，グローバルモデルの結果を入力として，より高い解像度の結果を提供するが，地球の一部の領域のみを対象としている．国や地域の NWP では，個々の予測モデルでさまざまな初期条件や多くの異なる物理パラメータを使用して複数の予測結果を作成し，それらを組み合わせてアンサンブル予測を行うのが一般的である．局所的 NWP の結果は，国の気象サービスから購入することができる．短期および中期の予測は，電源のユニットコミットメント，前日市場の取引，保守点検のスケジューリングに用いられる．

予測には，統計モデルと物理モデルの二つの基本的なモデルが用いられる．統計または機械学習による風力発電予測モデルは，大量のデータを使って変数間の関係を構築し，物理的なプロセスを明示的に表現せずに過去の出力と気象の関係を求め，NWP 風予測を用いて将来の出力を一律に予測する．代表的な手法として，時系列解析や人工ニューラルネットワーク（Artificial Neural Network: ANN），サポートベクターマシン（Support Vector Machine: SVM）などが用いられる．

物理モデリングに基づく手法は，ウィンドファーム内の風の流れと風車のパワーカーブを表現する．この手法は，局所的 NWP モデルによる風速予測を，48 時間の時間範囲で 8 時間ごとに，おおむね 20 km 四方のグリッドで実施する．次に，この風速予測をウィンドファームのサイト内の風車高さに変換（ダウンスケール）する．平坦な地形では空間内挿法で行われるが，より複雑な地形ではメソスケールモデルが用いられ，数値流体力学のマイクロスケールモデルと併用される場合もある．ウィンドファームの出力は，このサイトの風速を使用して，風車のパワーカーブ，その地域の地形，および風車のウェイクにおけるエネルギー損失を考慮してモデル化される．モデル出力の統計値は，ウィンドファームの出力や風速の測定値と比較することで，モデルを改良するために用いられる．あるエリアのウィンドファームの出力予測は，アップスケールとよばれるプロセスで，適切に測定された複数のウィンドファームの結果と，それほど詳細なモニタリングが行われていないほかのウィンドファームの基本データを組み合わせることによって行われる．

図 11.22 に，風力発電予測ツールの情報の流れを示す．統計モデルを用いたツールの情報の流れは物理モデルに似ているが，詳細なウィンドファームと地形モデルは含まれていない．ハイブリッドモデルは，統計モデルと物理モデルを組み合わせて利用する．風力発電予測に関する解説論文は，Monteiro et al. (2009)，Giebel et al. (2011)，ならびに，Foley et al. (2012) を参照のこと．

11.7　電力品質

電力品質は，需要家に供給される電力が適切な規格にどれだけ準拠し，需要家の最終消費機器を

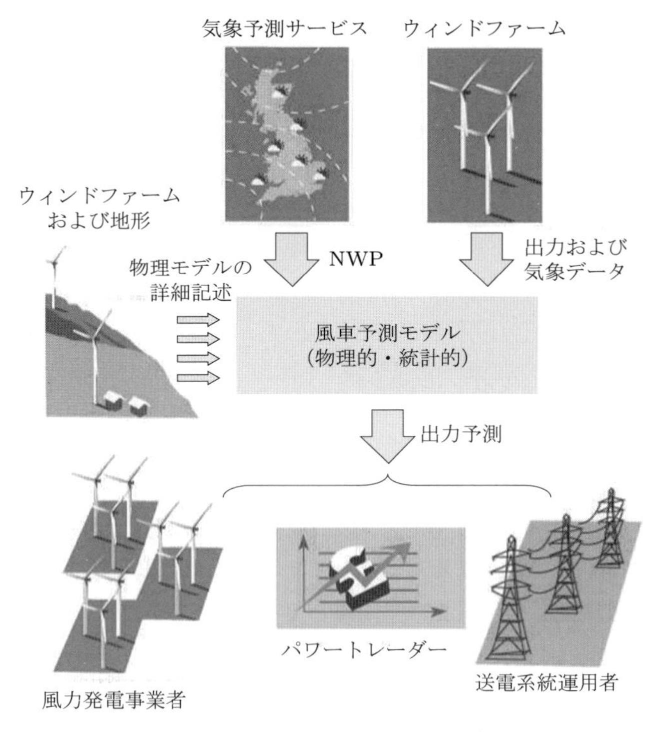

図 11.22 風力発電予測ツールにおける情報の流れ

どれだけ適正に動作させるかを表すものである(Dugan et al. 1996).そのため,配電および送電系統の運用に大きく影響されるものの,基本的に需要家に焦点を当てた指標であるといえる.風車やその他の分散型電源は,需要家に供給する電圧をひずませることで電力品質を低下させることがあるが,系統の短絡レベルを上げることで電圧を安定させ,電力品質を向上させることも可能である.短絡レベルが高い系統では,電源インピーダンスが低く,電流が変化しても電圧が一定に保たれるため,電力品質が向上する.

電力供給は,要求された値(電圧や周波数など)から逸脱する可能性がある.その様相は,過渡現象や短時間の変動(電圧降下や動揺など)から,長期的な波形のひずみ(フリッカ,高調波,不平衡など)まで多岐にわたる.ただし,持続的かつ完全に供給に支障が出る場合は,一般に,電力品質というよりも系統運用の問題と考えられている.とくに,コンピュータで制御された制御回路や,パワーエレクトロニクス機器によるコンバータを含む高感度負荷機器の使用が増加しており,電力系統に起因する擾乱によって機器が誤動作すると商業的に影響を受けると需要家も認識しつつあるため,電力品質の重要性は高まっている.

電力品質の問題は,ローカルな配電系統に接続された分散型風車においてとくに重要である.なぜなら,個々の陸上風車は最大 3 MW と大型で,電源インピーダンスが高く(つまり短絡レベルが低く),需要家が電気的に近接して接続されている配電線路に給電する場合もあるからである.パワーエレクトロニクス機器によるコンバータを用いる可変速風車では,系統電圧の高調波ひずみが重要になる場合がある.一方,定速誘導発電機をもつ風車の系統への接続は,大きな過渡電圧を回避するために慎重に管理する必要がある.

風車は,通常の運転では出力が連続的に変化する.風車出力の周波数の高い変動は,乱流,ウィンドシアー，タワーシャドウ，風車制御システムの動作の影響によって発生する．定速風車や一部の可変速風車では，その制御システムによって，ブレードがタワーを通過する周波数（大型風車では通常 1 Hz 程度）で周期的な出力脈動が発生し，風速変化による周波数の低い出力変動に重畳される．また，風車の動特性による出力変動（最大で数 Hz）も存在する．ロータの可変速運転には，ロータのフライホイール作用によって，風車出力の周波数の高い変動の多くが系統に伝達されず，平滑化されるという利点がある．その一方で，制御システムのチューニングが不十分な可変速風車や，滑りの小さい誘導発電機を使用した定速風車では，ブレード通過周波数やロータ回転周波数で出力が周期的に変動し，これらの周波数で系統電圧変動を引き起こすことになる．また，大型風車を脆弱な系統に接続すると，瞬時過渡電圧変動が発生することがある．

配電事業者から系統連系や継続運転の許可を得るうえで，風車が配電系統の電力品質を低下させないことは必要不可欠である．風車が電力品質に及ぼす影響の特別な重要性は，Electricity Networks Association（2019a）などの，あらゆる機器の接続によって生じる電圧変動の上限を定める各国の国内規格に加えて，国際規格 IEC 61400-21, *Measurements and Assessment of Power Quality Characteristics of Grid Connected Wind Turbines*（IEC 2008a）† でも認められている．この規格は，風車出力の電圧品質を説明するために，風車メーカーが提供すべき電圧品質の指標を列挙している．また，系統電圧降下に対する風車の応答，および，風車の電力制御システムと系統保護システムの動作を判断するために必要な試験手順も示されている．

IEC 61400-21 で考慮されているおもな項目は以下のとおりである．

1) 電圧変動
    - 系統電源インピーダンスの位相角と年間平均風速の関数としての，連続運転時のフリッカ係数．フリッカ係数は，風車が系統にもたらす過渡的な電圧変化の程度を記述する．
    - 10 分および 120 分以内の風車の最大起動回数．
    - 起動時のフリッカステップ係数と電圧変化係数を系統電源インピーダンス位相角の関数で表したもの．

2) 高調波電流および次数間高調波
    - 風車起動時の高調波を除く，連続運転時の最大 50 倍の高調波電流．

3) 系統電圧降下に対する応答

4) 有効電力制御
    - 最大出力電力（10 分間平均値，60 秒間平均値，200 ms 間平均値）．
    - 風車起動後のランプ率制限．
    - 系統周波数支持用有効電力設定値制御．

5) 無効電力機能および設定値制御

† 訳注：同 IEC 規格はその後大幅改編・改訂され，2019 年に IEC 61400-21-2, '*Measurement and assessment of electrical characteristics—Wind turbines*' と '*Measurement and assessment of electrical characteristics—Wind turbine harmonic model and its application*' が，2023 年に IEC 61400-21-2, '*Measurement and assessment of electrical characteristics—Wind power plan*' が，それぞれ発行されている．

6) 系統保護

・不足電圧・過電圧および周波数継電器の設定と再接続時間.

多数の風車（10 基以上）を有するウィンドファームを接続する場合のおもな問題は，定常的な電力潮流と電圧上昇にあると考えられる．一方，脆弱な系統上の単一の大型風車の場合，制限要因は過渡電圧変動となることが多い．電力品質は，新規の大型風車の設計・開発では重要な考慮事項であり，出力の過渡的変動を抑えることが可能な可変速運転が採用される要因の一つとなっている．

図 11.23 は，風力発電に関する電力品質の見方を示している．図 (a) は，送電系統と配電系統に起因すると考えられる擾乱であり，風車が接続される電圧を変動させる可能性のあるさまざまな影響を示している．

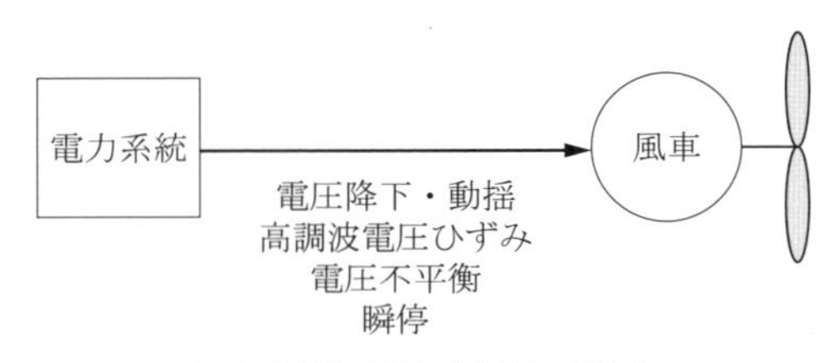

（a）配電系統に起因する擾乱

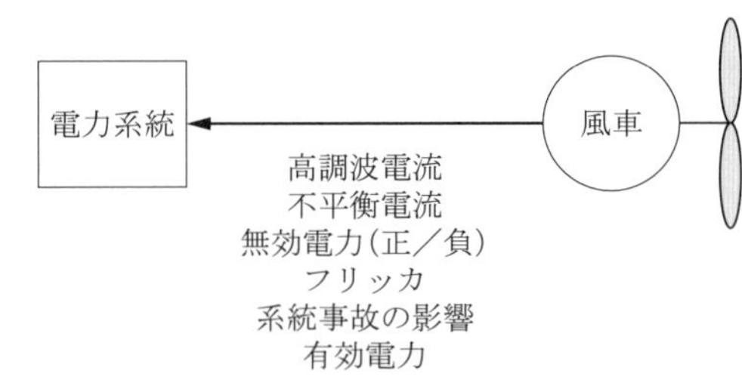

（b）風車に起因する擾乱

図 11.23　電力品質問題の発生源

電圧降下とは，通常，送電系統や配電系統の事故により発生し，最大 1 分間，公称電圧の 10%から 90%程度まで電圧が低下することである．とくに，定速誘導発電機をもつ風車は，風車の負荷が失われると速度超過となるため，注意が必要である．その結果，無効電力が必要になり，系統電圧がさらに低下する可能性がある．電圧が低下すると，遮断器が動作したり，電圧の変化に敏感な制御回路が誤動作したりする可能性がある．

可変速風車の制御システムは，パワーエレクトロニクス機器によるスイッチング動作を系統電圧に同期させる際に位相同期ループに依存しているため，電圧降下時に誤動作する可能性がある．インバータの制御に位相同期ループを使用し続けることは，一部の送電系統運用者から，発電機の安定度を高めるためによりシンプルで堅牢なコンバータの電圧制御の使用要件を検討する観点により疑問視されている．系統の電圧降下の際，電圧が低いために風車が系統に電力を送れなくなるが，発電機は発電し続けるため，可変速風車の直流リンクの電圧が上昇する．解決策としては，可変速風車の直流リンクにクローバー抵抗を使用するか，電圧降下時に空力ロータの回転速度を上昇させて運動エネルギーを蓄積させる方法がある．電圧動揺（110%以上の電圧上昇）は電圧降下に比べてあまり一般的ではなく，多くの国の風力発電において，大きな問題にはなっていない．

テレビやパソコンなどの電子機器の普及により，多くの電力系統で高調波電圧ひずみの環境が増加しており，英国では，系統計画者が許容できるレベルを超える高調波が 1 日の特定の時間帯に検出されることが珍しくない（Electricity Networks Association 2020）．高調波電圧のひずみは風車の損失増加につながり，また，制御システムの動作やパワーエレクトロニクス機器によるコンバータの性能に支障をきたす可能性がある．なお，定速の誘導発電機をもつ風車では力率改善コンデンサを使用するのが一般的であるが，これらは高調波電流に対するインピーダンスが低く，系統上のほかの発電設備の誘導リアクタンスと高調波共振する可能性がある．

系統の電圧不平衡は損失を増加させ，トルクリップル（torque ripple）を引き起こし，定速誘導発電機に影響を与える（Electricity Networks Association 2003）．また，電源電圧の不平衡を考慮した設計でないかぎり，電圧不平衡により，コンバータによって予期せぬ高調波電流が系統に注入される可能性もある．電圧不平衡は，通常，負の位相シーケンス電圧の観点から説明される．対称成分法（Weedy et al. 2012）を用いると，三相電圧位相は平衡動作（正相シーケンス）と不平衡動作（負相シーケンス）に分けて記述できる．

直流電圧から三相交流電圧を合成する可変速発電機システムの系統側コンバータでは，不平衡や単相電圧のひずみが問題になることがある．この三相交流電圧は，系統に接続された結合リアクタンスを通して電流を注入するために用いられる．系統電圧がひずんでいたり，各相の電圧すべてが不平衡であったりする場合，不平衡電流が注入されたり，電流波形がひずんだりする可能性がある．そこで，各相の系統電圧を検出する独立した位相同期ループを用いる方法がある．

図 11.23(b) は，分散型風車が配電系統に擾乱をもたらし，電力品質の低下を引き起こす可能性があることを示している．パワーエレクトロニクス機器によるコンバータを用いた可変速風車は，系統に高調波電流を注入する可能性があるが，不平衡運転は系統に負の位相電流を注入することになり，その結果，系統電圧の不平衡を引き起こすことになる．可変速風車は，有効電力を出力しながら無効電力を供給・吸収することもあり，系統，負荷，発電の詳細によっては，望ましくない定常電圧変動につながる可能性がある．電圧フリッカとは，ブレード通過による出力変動やその他の過渡的な影響によって引き起こされる電圧の動的変化の影響を指す．風車と大規模な産業用負荷の電力品質問題にはかなりの類似性があり，一般に両者には同じ規格が適用される．

11.7.1　電圧フリッカの検知

電圧フリッカ（voltage flicker）は，風車または負荷の変化によって生じる系統電圧の動的な変動を表す（Bossanyi et al. 1998; Tande 2003; Tande 2005）．この用語の起源は，白熱灯の明るさの変動と，それに続く急激な電圧変化によって需要家が迷惑することにある．電圧フリッカは，白熱灯の輝度変化が人間の目や脳に与える影響を実験的に測定したもので，これを系統上の動的な電圧変動を許容する指標として用いるのはかなり珍しい評価といえる．光強度の変化に対する人間の感度は周波数に依存する．図 11.24 は，観察者が知覚できそうな正弦波電圧変化の大きさを実験室における試験で示したものであり，人間の目は 15 Hz（1 分間に 900 回の変化）付近の電圧変動にもっとも敏感であることがわかる．系統上のフリッカに関する国内外のさまざまな規格は，このような曲線に基づいている．白熱灯は，パワーエレクトロニクス機器によるコンバータを介した，より効率的なタイプに置き換えられつつあるが，フリッカ規格は一般に過渡電圧変動の評価に用いられ，分散型風車にとってかなり重要なものである．

フリッカは通常，短期感度係数 P_{st} で評価される．P_{st} 値は，測定された系統電圧の 10 分時系列

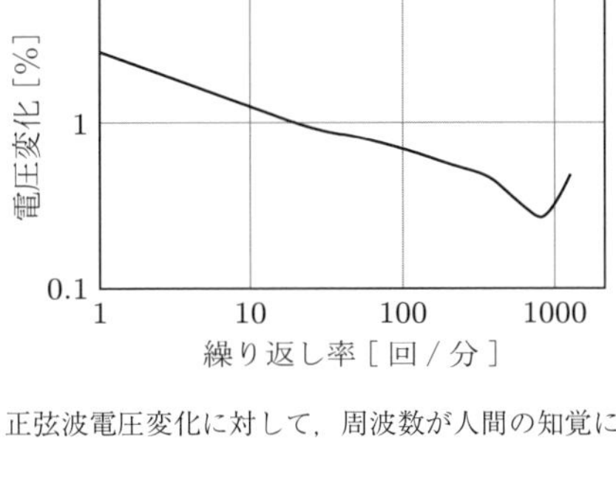

図 11.24 正弦波電圧変化に対して，周波数が人間の知覚に及ぼす影響

図 11.25 フリッカ測定の原理（IEC 61000-4-15 2008b）

から，変動する光の中で人間の目が知覚する不快感に基づいて計画された値である．フリッカの測定法を図 11.25 に示す．P_{st} は電圧変化の大きさに対して線形であるが，図 11.24 に示した周波数依存性を含んでいる．また，12 個の P_{st} 値を二乗和の平方根により結合し，2 時間の長期感度係数 P_{lt} を計算することができる（Electricity Networks Association 2019a）．なお，IEC 61400-21 では，P_{st} と P_{lt} の制限値は区別されていない（IEC 2008a）．

複数の風車が無相関なトルク変動を受ける場合，その出力や系統フリッカへの影響は，以下のように減少する．

$$\frac{\Delta P}{P} = \frac{1}{\sqrt{n}} \frac{\Delta p}{p}$$

ここで，n は発電機の数，P はウィンドファームの定格出力，p は各風車の定格出力，ΔP および Δp はそれらの電力変動の大きさである．

配電系統のフリッカに対する許容限界の範囲は，各国規格および国際規格に示されている．技術勧告 P28（Electricity Networks Association 2019a）では，系統上のすべての電源からの P_{st} の絶対最大値を 1.0 とし，2 時間 P_{lt} 値を 0.6 と定めている．しかし，これらの限界の近くでは細心の注意が必要である．なぜなら，限界に達したあとの電圧の大きさの変化の 6 乗から 8 乗の間で苦情のリスクが増加するが，同じ文書で提案されている近似の評価方法は，P_{st} が 0.5 を超えないことに基づいているためである．BS EN 50160（British Standards Institution 2010）の規定では，P_{lt} は 1 週間で 95% の時間において 1 未満であるので，著しく厳しいわけではない．また，Gardner（1996）では，0.25〜0.5 の範囲にある多くの公共施設の P_{st} 制限について述べられている．

11.7.2 系統接続された風車の電力品質特性の測定および評価

風車の電力品質を決定し，稼働中の性能を予測することは容易ではないが，IEC 61400-21（2008a）が指針を提供している．風車の電力品質の評価は以下の要素に依存するため，難しい点が多々ある．

・風車全体の設計（風車ロータや制御システムを含む）
・風車および接続する系統の状態
・発電時の風況

試験用風車端における電圧変動には，電気系統における周囲のフリッカレベルと試験サイトにおける系統電源インピーダンスの X/R 比が大きな影響を与えるため，単純な測定では不十分である．そこで，フリッカを評価するために，試験用風車の出力を電流測定し，短絡レベルと電源インピーダンスの X/R 比が定義された配電系統で発生する電圧変動を合成する手順が開発されている．これは，図 11.26 に示すように，架空の送電系統を使ったシミュレーションとして知られるものであり，これらの合成された電圧変動により，試験用風車が定められた系統上で引き起こす可能性のあるフリッカを計算する．実際の配電系統のある地点に特定の風車を設置する場合，これらの試験結果は実際の短絡レベルを反映するようにスケーリングされ，接続点の X/R 比を補間する．また，さまざまな年平均風速をもつ場所で使用できるフリッカ係数を提供するために，想定する年平均のレイリー分布に基づく重み付け係数が適用される．

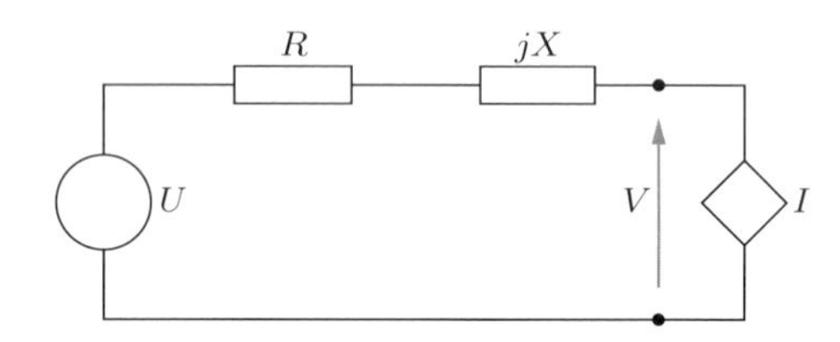

図 11.26　ある系統において引き起こされる可能性のあるさまざまな電圧変動を求めるための，架空の系統の利用．I：測定された複素電流，R：架空の系統の抵抗，jX：架空の系統の誘導リアクタンス，U：理想電源電圧，V：フリッカ計算に提供する合成電圧 $|V|$．

IEC 61400-21 では，カットイン風速や定格風速での風車の起動，および，二速式発電機の速度変更時の影響を評価する方法も定義されている．この場合も電流を測定し，仮想の送電系統と組み合わせて，電圧の時系列をフリッカ計算に提供する．

11.7.3　高調波

風車で生み出される電流や電力系統の電圧は，どちらも完全な正弦波ではない．このような，機器の誤作動の原因となる正弦波のひずみの特性は，フーリエ解析を用いて高調波として記述できる．

風車から発生する高調波電流は，風車の種類によってさまざまである．7.5.1 項で記述したように，定速誘導発電機をもつ風車は，誘導機が最初に系統に接続される際に電流を低減するために，逆並列サイリスタを用いたソフトスタータを用いている．このソフトスタータは，系統電圧が風車に徐々に印加されるにつれて，連続的に変化する高調波電流を発生させる．これらの高調波電流は常に変化するが，一般に持続時間も 5 秒未満と短いため，通常は無視することができる．

制御可能なパワーエレクロニクス装置を用いたバック・トゥ・バック（BTB）コンバータを搭載した可変速風車では，常になんらかの高調波電流が発生する．7.5.3 項で述べたように，パルス幅変調（PWM）スイッチングによって，キャリア周波数およびその倍数で高調波が発生する．これらの周波数は通常，系統周波数の 50 倍以上（つまり，50 Hz 系統で 2500 Hz 以上）となる．風車のコンバータ出力における電圧高調波を最小化するために，通常は，線路リアクタとシャントコンデンサで形成されたパッシブフィルタが用いられる．

ウィンドファームから発生する高調波電流の影響は，高調波発生試験，および，高調波感受性試験により評価される．高調波発生試験は，電流および電圧波形のひずみ，ならびに，グリッドコードまたは高調波規格に対する準拠性を評価する．この試験には，従来の高調波流出試験が含まれる．高調波流出試験では，風車を表現する簡単な方法として，理想的な高調波電流源を用い，一定の系統パラメータを仮定する．しかし，周囲の系統が高調波発生源の端子における高調波ひずみを変化させない電流源コンバータとは異なり，風車の電圧源コンバータ（Voltage Source Converter: VSC）によって発生する高調波電流は，風車の運転条件，コンバータ制御動作，さらには系統条件によって変化する．実際には，さまざまな系統短絡容量があるため，VSC を理想的な高調波電流源で表現すると，不正確な結果が生じる可能性がある．

系統のテブナン（Thevenin）等価回路に接続された VSC を図 11.27 に示す．内部フィルタと風車のインダクタンス，外部の系統キャパシタンス，および系統インダクタンスはすべて，全体的な系統インピーダンスに寄与することになる．このインピーダンスは，さまざまな周波数で最大値と最小値をもち，風車の動作によって発生する高調波電圧を効果的に増幅または減衰させることになる．

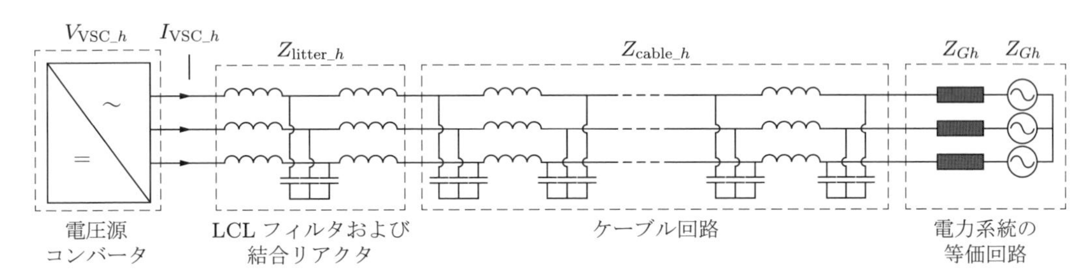

図 11.27　系統に接続された電圧源コンバータ（VSC）をもつ風車の高調波等価回路

多くのガイドラインや規格では，個別および全高調波ひずみの要件は 50 次までの高調波となっている．これは一般に，他励式の電流源コンバータに有効であるが，VSC では，10 kHz を超える高次高調波が発生する可能性がある．このような高い周波数では，電流ひずみは一般に系統にそれほど流出しないが，それでもこれらの高調波を評価するために，IEC 61400-21 では，高調波電流を 50 次高調波まで個別に記載し，その後 2〜9 kHz の帯域を 200 Hz ごとにまとめて計測することが望ましいと記載されている．

高調波感受性試験では，ウィンドファームや風車の構成要素の動作が不安定になる可能性や，系統の共振周波数が加わることに重きが置かれる．高調波感受性を調査するには，数値電磁過渡解析手法などの，より高度な解析技術が必要である（Glasdan 2016; Kocewiak 2012）．

参考文献

Alstom Grid. (2011). Network protection and automation guide. https://www.alstom.com/press-centre/2011/9/alstom-grid-offers-new-edition-of-network-protection-and-automation-guide (accessed 11 February 2018).

ANSI/IEEE 80. (2000). *IEEE guide for safety in AC substation grounding.*

Bossanyi, E., Saad-Saoud, Z. and Jenkins, N. (1998). Prediction of flicker caused by wind turbines. *Wind Energy* 1 (1): 35–50.

Boyle, G. (ed.) (2009). *Renewable Energy and the Grid.* Earthscan.

British Standards Institution. (2010). *BS EN 50160: Voltage characteristics of electricity supplied by public distribution systems.*

Copper Development Association. (1997). Earthing practice. *CDA Publication No 119.* Copper Development Association, Potters Bar.

Cotton, I. (2000). Lightning protection for wind turbines.Proceedings of the International Conference on Lightning Protection, pp. 848–853.

Cotton, I., Jenkins, N. and Pandiaraj, K. (2001). Lightning protection for wind turbine blades and bearings. *Wind Energy* 4: 23–37.

DD CLC/TS 50539-22. (2010). *Low-voltage surge protective devices–Surge protective devices for specific application including dc. Part 22: Selection and application principles—Wind turbine applications.*

Department of Energy and Climate Change. (2013). *Annex C: Reliability standard methodology.* https://assets.publishing.service.gov.uk/government/uploads/system/uploads/attachment_data/file/223653/emr_consultation_annex_c.pdf (accessed 4 April 2020).

Dugan, R. C., McGranaghan, M. F. and Beaty, H. W. (1996). *Electrical Power Systems Quality.* New York: McGraw-Hill.

Electricity Networks Association. (2003). Planning limits for voltage unbalance in the UK for 132 kV and below. *Engineering Recommendation EREC P29.*

Electricity Networks Association. (2019a). Planning limits for voltage fluctuations caused by industrial, commercial and domestic equipment in the UK. *Engineering Recommendation EREC P28.*

Electricity Networks Association. (2019b). Requirements for the connection of generation equipment in parallel with public distribution networks on or after 27 April 2019. *Engineering Recommendation G99/1-4.*

Electricity Networks Association. (2020). Limits for harmonics in the UK electricity supply system. *Engineering Recommendation G5/5.*

ENTSOE. (2019). *Requirements for Types B, C and D power park modules.* https://www.entsoe.eu (accessed 22 December 2019).

EWEA. (2009). *Wind Energy—The Facts.* London: Earthscan.

Foley, A. M., Leahy, P. G., Marvuglia, A. and Keogh, E. J. (2012). Current methods and advances in forecasting of wind power generation. *Renewable Energy* 37: 1–8.

Gardner, P. (1996). Experience of wind farm electrical issues in Europe and further afield. Proceedings of the 18th British Wind Energy Association Conference, pp. 59–64.

Giebel, G., Brownsword, R., Kariniotakis, G., Denhard, M. and Draxi, C. (2011). A state-of-the-art in short term prediction of wind power: a literature overview 2nd edition. ANEMOS plus. https://orbit.dtu.dk/en/publications/the-state-of-the-art-in-short-term-prediction-of-wind-power-a-lit (accessed 10 April 2020).

Glasdan, G. (2016) Harmonics in offshore wind power plants–application of power electronic devices in transmission systems. PhD thesis, Aalborg University. https://www.springer.com/gp/book/9783319264752 (accessed 26 April 2020).

Glushakov, B. (2007). Effective lightning protection for wind turbine generators. *IEEE Trans. Energy Convers.* 22 (1): 214–222.

IEC 61400-21. (2008a). *Measurements and assessment of power quality characteristics of grid connected wind turbines.* Geneva, Switzerland: International Electrotechnical Commission.

IEC 61000-4-15. (2008b). *Electromagnetic compatibility (EMC)—Part 4: Testing and measurement techniques—Section 15: Flickermeter—Functional and design specifications.* Geneva, Switzerland: International Electrotechnical Commission.

IEC 60076-16. (2015). *Power transformers–Part 16: Transformers for wind turbine applications* (edition 2). Geneva, Switzerland: International Electrotechnical Commission.

IEC 60909-0:2001. (2016). *Short circuit current calculations in 3-phase a.c. systems.* Geneva, Switzerland: International Electrotechnical Commission.

IEC 61400-24.（2019）. *Lightning protection for wind turbines.* Geneva, Switzerland: International Electrotechnical Commission.

IEEE 1547.（2018）. *Standard for interconnection and interoperability of distributed energy resources with associated electric power systems interfaces.*

Jenkins, N., Ekanayake, J. B. and Strbac, G.（2010）. *Distributed Generation.* London: Institution of Engineering and Technology.

Jose, G. and Chako, R.（2014）. A review of wind turbine transformers. Proceedings of the International Conference on Magnetics, Machines and Drives（24–26 July 2014）. Kottoyam, India.

Kanellos, F. D. and Kabouris, J.（2009）. Wind farm modelling for short circuit level calculations in large power systems. *IEEE Trans. Power Delivery* 24（3）: 1687–1695.

Kocewiak, L. H.（2012）Harmonics in large offshore wind farms. PhD thesis Department of Energy Technology, Aalborg University. https://vbn.aau.dk/ws/portalfiles/portal/316423403/lukasz_kocewiak.pdf（accessed 26 April 2020）.

Lakervi, E. and Holmes, E. J.（1995）. *Electricity Distribution Network Design*, 2e. Bristol: Peter Peregrinus.

Lane Clark and Peacock（2017）Unserved energy model. Report for BEIS and NG: ESO.

Lorentzou, M. I., Hatziargyriou, N. D. and Cotton, I.（2004）. Key issues in lightning protection of wind turbines. Proceedings of the WSEAS Conference on Circuits, Greece.

Monteiro, C., Bessa, R. Miranda, V., Botterud, A. Wang, J. and Conzelmann, G.（2009）. Wind power forecasting: state-of-the-art. https://www.osti.gov.（accessed 10 April 2020）.

Morren, J. and de Haan, S. W. H.（2007）. Short-circuit current of wind turbines with doubly-fed induction generator. *IEEE Trans. Energy Convers.* 22（1）: 174–180.

National Grid: ESO.（2019a）. Electricity capacity report. https://www.emrdeliverybody.com/Capacity%20Markets%20Document%20Library/Electricity%20Capacity%20Report%202019.pdf（accessed 4 April 2020）.

National Grid: ESO.（2019b）. Technical Report on the events of 9 August 2019. https://www.ofgem.gov.uk/system/files/docs/2019/09/eso_technical_report_-_final.pdf（accessed 16 December 2019）.

NERC.（2017）. 1,200 MW fault induced solar photovoltaic resource interruption disturbance report Southern California 8/16/2016 event. https://www.nerc.com/pa/rrm/ea/1200_MW_Fault_Induced_Solar_Photovoltaic_Resource_/1200_MW_Fault_Induced_Solar_Photovoltaic_Resource_Interruption_Final.pdf（accessed 15 December 2019）.

Peespati, V., Cotton, I., Soerensen, T. S. et al.（2011）. Lightning protection of wind turbines–a comparison of measured data with protection levels. *IET Renew. Power Gener.* 5（1）: 48–57.

Tande, J. O. G.（2003）. Grid integration of wind farms. *Wind Energy* 6（3）: 281–296.

Tande, J. O. G.（2005）. *Power quality.* In: *Wind Power in Power Systems*（ed. T. Ackermann), 159–174. Chichester: Wiley.

Veers, P.（ed.）（2019）. *Wind Energy Modeling and Simulation.* IET.

Weedy, B. M., Cory, B. J., Jenkins, N. et al.（2012）. *Electric Power Systems*, 5e. Chichester: Wiley.

Wood, A. J., Wollenberg, B. F. and Sheble, B.（2013）. *Power Generation Operation and Control.* Wiley.

WPD.（2018）. Long term development statement for Western Power Distribution（South Wales）Plc's electricity distribution system. November 2018. https://www.westernpower.co.uk/our-network/long-term-development（accessed 10 April 2020）.

付録 A11

風車の接続のための簡単な計算

A11.1　単位法

単位法（per-unit system，Weedy and Cory 1998）は電力技術者が用いる方法であり，すべての数値を以下のような比率によって表して，計算を単純にするものである．

$$\frac{\text{（任意の単位系での）実際の値}}{\text{（任意の単位系での）基準値や参照値}}$$

単位法の利点は，以下のとおりである．

・計算中の $\sqrt{3}$ の出現が減る．
・類似の単位値を異なる規模の系統に適用することができる．
・電圧基準値を適切に選択することで，複数の変圧器を含む系統の解析が容易になる．

たとえば，単純な配電線路における風車や小規模ウィンドファームの評価に必要な簡単な計算には，以下のことだけ行えばよい．

1) 基準となる任意の発電電力量 [VA]（たとえば，10 MVA の小規模ウィンドファームの接続）を仮定する．
2) 系統の各電圧階級（たとえば 33 kV と 11 kV）の電圧基準を選択する．これらの電圧基準は，変圧器の公称巻線比に関連することが望ましい．
3) 発電所端での適切な有効電力と無効電力の潮流を単位法で計算する（たとえば，10 MVA の基準発電電力量 [VA] が選択された 5 MW の電力潮流は $P = 5/10 = 0.5$ [p.u.] である．同様に，1 Mvar の無効電力潮流は $Q = 1/10 = 0.1$ [p.u.] である）．
4) 必要であれば，送電線のインピーダンスを，Ω で表したものから，$Z_{\text{base}} = V_{\text{base}}^2/VA_{\text{base}}$ の基準インピーダンスを用いた単位法による値に変換する．
5) 所定の電圧階級での基準電流を $I_{\text{base}} = VA_{\text{base}}/(\sqrt{3} \times V_{\text{base}})$ から計算する．

A11.2　電力潮流，低周期の電圧変動および系統損失

分散型の風車からの出力が近隣の負荷によってローカルに消費される場合，配電系統の電圧と損失に対する影響は有益となる場合が多い．しかし，配電系統を通じて電力を輸送する必要がある場合，損失が増加し，低周期の電圧変動が過度になることもある（Jenkins, Ekanayake and Strbac 2010）．

風車が力率 1（すなわち，無効電力 $Q = 0$）で運転されている場合，軽負荷の放射状線路（図

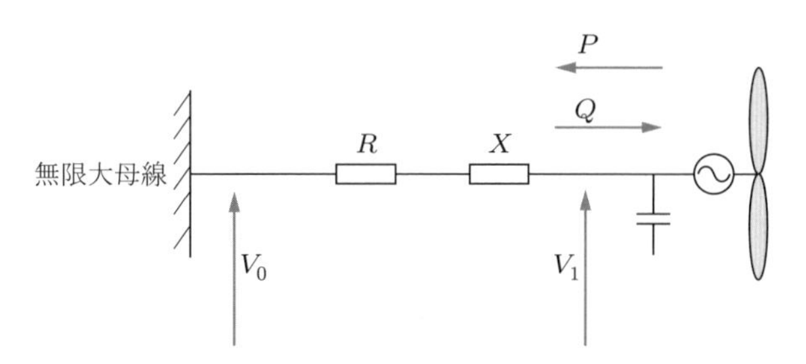

図 A11.1　放射状線路での定速風車

A11.1）での電圧上昇は，近似的に以下の式で与えられる．

$$\Delta V = V_1 - V_0 = \frac{PR}{V_0} \tag{A11.1}$$

風車を進み力率で運転する（無効電力を吸収する）と電圧上昇は減るが，系統損失は増加する．この場合の電圧上昇は，以下の式で与えられる．

$$\Delta V = V_1 - V_0 = \frac{PR - XQ}{V_0} \tag{A11.2}$$

11 kV の架空配電線路のインピーダンスは，一般に，誘導リアクタンスの抵抗に対する比（X/R 比）が 2 である．定格出力での非補償の誘導発電機では，進み力率が 0.98 であり，$P = -2Q$ である．このため，この状況では，最大出力で線路の電圧上昇は生じない．しかし，線路の有効電力損失 W は，近似的に以下の式で与えられる．

$$W = \frac{(P^2 + Q^2)R}{V_0^2} \tag{A11.3}$$

風車が吸収する無効電力は電圧上昇を制限するようにはたらくが，接続した線路で高い有効電圧損失が発生する．電圧上昇と線路損失の式 (A11.1)～(A11.3) は近似にすぎず，高負荷の線路には用いられない．放射状線路での電圧上昇に対する簡単で正確な計算は，逐次法を用いて行われることがある．以下，複素数は太字で示す．図 A11.1 の風車端において，皮相電力（複素電力とよばれることもある）$\boldsymbol{S}_1$ は，次式で与えられる．

$$\boldsymbol{S}_1 = P - jQ \tag{A11.4}$$

（遅れ力率で運転する風車では無効電力が供給され，$\boldsymbol{S}_1$ は $P + jQ$ で与えられる．）

定義によると $\boldsymbol{S} = \boldsymbol{V}\boldsymbol{I}^*$ である．ここで，*は複素共役（複素数の虚数成分の符号を反転させたもの）を示す．したがって，線路に流れる電流は次式で与えられる．

$$\boldsymbol{I} = \frac{\boldsymbol{S}_1^*}{\boldsymbol{V}_1^*} = \frac{P + jQ}{\boldsymbol{V}_1^*} \tag{A11.5}$$

線路の電圧上昇は $\boldsymbol{IZ}$ で与えられる．すなわち，

$$\boldsymbol{V}_1 = \boldsymbol{V}_0 + \boldsymbol{I}\boldsymbol{Z} = \boldsymbol{V}_0 + \frac{(R + jX)(P + jQ)}{\boldsymbol{V}_1^*} \tag{A11.6}$$

となる．よって，一般に，系統電圧 $\boldsymbol{V}_0$ が決まると発電機の母線電圧 $\boldsymbol{V}_1$ が求められる．$\boldsymbol{V}_1$ は，次式で示す簡単な漸化式から得ることができる．

$$\boldsymbol{V}_1^{(n+1)} = \boldsymbol{V}_0 + \frac{(R + jX)(P + jQ)}{\boldsymbol{V}_1^{*(n)}} \tag{A11.7}$$

ここで，n は反復回数である．

これは，従来のガウス－ザイデル（Gauss–Seidel）負荷潮流アルゴリズムを単純化したものである（Weedy et al. 2012）．計算が収束すれば正確な解を得ることができる．より複雑な負荷潮流計算には，商用の電力系統解析プログラムを用いる場合もある．これらのプログラムには，タップ切替器を備えた変圧器のモデルが含まれ，より高度なアルゴリズムを用いて，わずかな反復回数で大規模な連系系統を解くことができる．

例 A11　放射状回路の電圧上昇の計算

進み力率 0.98 で動作する 5 MW のウィンドファームを考える．系統電圧 $\boldsymbol{V}_0$ は $(1 + j0)$ p.u. であり，10 MVA 母線での回路インピーダンス $\boldsymbol{Z}$ は $(0.05 + j0.1)$ p.u. である（図 A11.2 参照）．0.98 の進み力率は，1.01 Mvar の無効電力が吸収されることを意味する．このため，式 (A11.7) に従うと，次式のようになる．

$$\boldsymbol{V}_1^{(n+1)} = 1 + \frac{(0.05 + j0.1)(0.5 + j0.101)}{\boldsymbol{V}_1^{*(n)}}$$

最初の反復（$n = 0$）において，$\boldsymbol{V}_1^{*(0)} = 1 + j0$ と仮定すると，$\boldsymbol{V}_1^{(1)}$ は次のように計算される．

$$\boldsymbol{V}_1^{(1)} = 1.0149 + j0.0551$$

2 回目の反復（$n = 1$）では，$\boldsymbol{V}_1^{*(1)} = 1.0149 - j0.0511$ であるため，

$$\boldsymbol{V}_1^{(2)} = 1.0117 + j0.0549$$

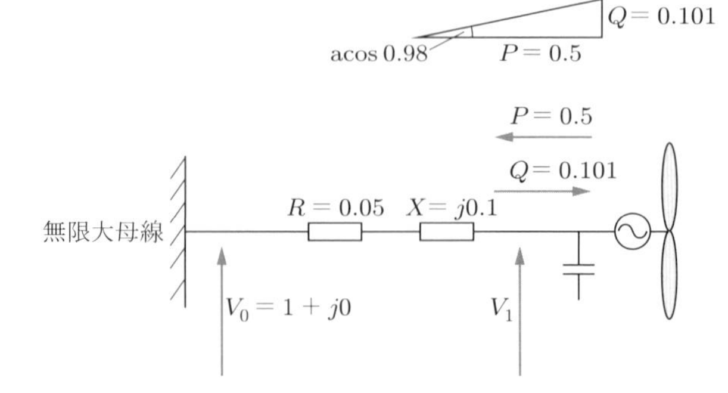

図 A11.2　放射状線路の電圧上昇の計算例（値はすべて単位法）

となる．

3 回目の反復（$n = 2$）では，$\boldsymbol{V}_1^{*(2)} = 1.0117 - j0.0549$ であるため，

$$\boldsymbol{V}_1^{(3)} = 1.0117 - j0.0551$$

となり，値が収束する．

したがって，角度 $3°$ のとき $\boldsymbol{V}_1 = 1.013$ [p.u.] であり，風車端電圧は無限大母線の電圧より 1.3%上昇する．二つの電圧ベクトルの位相角は $3°$ とわずかである．簡易計算（$V_1 = V_0 + PR - XQ$）により，電圧 V_1 は 1.015 p.u.（すなわち 1.5%の上昇）となる．これは，1 回目の反復の結果により確認できる．

線路電流 $\boldsymbol{I}$ は以下により計算される．

$$\begin{aligned}\boldsymbol{I} &= \frac{\boldsymbol{S}_1^*}{\boldsymbol{V}_1^*} = \frac{0.5 + j0.101}{1.0117 - j0.0551} \\ &= 0.4873 + j0.1264\,\text{p.u.} \\ |\boldsymbol{I}| &= 0.503\,\text{p.u.}\end{aligned}$$

33 kV の電圧階級に接続する場合，母線電流は以下の式で与えられる．

$$I_{\text{base}} = \frac{VA_{\text{base}}}{\sqrt{3} \times \text{V}_{\text{base}}} = \frac{5 \times 10^6}{1.732 \times 33 \times 10^3} = 87.5\,\text{A}$$

したがって，33 kV 線路に流れる電流の大きさは 44 A である．

線路での有効電力損失 W は

$$W = I^2 R = 0.0127\,\text{p.u} \quad \text{すなわち} \quad 127\,\text{kW}$$

となる†．

風車接続点より前の風車端における三相平衡短絡レベルは，以下のように簡単に求められる．

$$\begin{aligned}S'' &= \frac{1}{|\boldsymbol{Z}|} = \frac{1}{(0.05^2 + 0.1^2)^{1/2}} \\ S'' &= 8.94\,\text{p.u.} \quad \text{すなわち} \quad 89.4\,\text{Mvar}\end{aligned}$$

発電機が接続されると，遮断器から見た短絡電流に影響することになる．定速誘導発電機が直接接続された場合，短絡電流は，系統事故で閉路した際に，一般に定格の約 5 倍となる．たとえば，この例の場合は約 25 Mvar となり，合計 115 Mvar の短絡レベルが発生する．インバータを介して接続する可変速発電機では，定格の 1〜3 倍（5〜15 Mvar）の影響となり，95〜105 Mvar の短絡レベルとなる．

しかし，三相平衡事故に対する誘導機の影響は急速に減衰し，遮断器を開放することによって遮断される事故電流への寄与はわずかなものになる．誘導発電機やコンバータからの影響を含む事故電流の計算に関する詳細なガイダンスは，IEC 60909（IEC 2016）に記載されている．

† 計算に単位法が用いられている場合，これは三相の電圧損失の合計となることに注意を要する．

第12章

洋上風車と洋上ウィンドファーム

12.1 洋上ウィンドファーム

人口密度の高い欧州北部の諸国では，環境やその他の計画上の制約から，陸上での大型ウィンドファームの建設許可を得ることが困難になってきている．このような立地上の制約から，北海，アイルランド海，バルト海の比較的浅い海域で洋上ウィンドファームの開発が進められてきた．これらの海域には，水深 50 m 以下で良好な風力資源をもつ領域が広く存在する．中国では，電力網が整備された大都市の電力消費地に近い東部沿岸で，洋上ウィンドファームの開発が進められている．また，米国でも，東海岸に大規模なウィンドファームを設置する計画が進んでいる．

2019 年には洋上ウィンドファームの設備容量が約 29 GW となり，世界の風力発電の約 4.8%を占めるまでになった．また，2019 年の調査では，世界の洋上風力発電の技術的なポテンシャルは，世界の電力需要よりも多い 36000 TW h/年と推定されている（IEA 2019）．これは，電力を陸に送るために，着床式基礎と交流電力回路という確立された技術を使用することを想定して推定されたものである．

ウィンドファームを洋上に設置するメリットは以下のとおりである．

- 環境・社会への影響を抑えながら，広大なエリアをウィンドファーム開発に利用できること
- 超大型の風車を，工場からウィンドファームのサイトまで直接海上輸送できること
- 平均風速が高く，それによって，沖合の新しい洋上ウィンドファームでは 40～50%という高い設備利用率が得られること
- 一般に，風の乱れが陸上より小さいこと
- 送電ケーブルの陸揚げ地点と電力網への接続が，大都市，すなわち電力消費地に近いこと

一方，風車を洋上に設置するデメリットは，洋上での設置・運用コストが高いことや，大規模かつ複雑なプロジェクトのため開発・建設に時間がかかることである．

2019 年に新たに設置された風車容量の約 10%が洋上であった．図 12.1(a) に，近年の世界の洋上ウィンドファーム容量の推移を示す．2000 年ごろまでの案件は小規模で，沿岸から 5 km 以内の浅水域にあり，その後，より大規模なウィンドファームが沖合に建設されるようになった．デンマークの Horns Rev（160 MW，2002 年）と Nysted（166 MW，2003 年）の二つの大規模ウィンドファームは，その代表例である．現在，欧州北部の沿岸では，最大 1000 MW のいくつかのウィンドファームが建設または計画されている．また，2008 年に中国初の大型洋上ウィンドファームが稼働し，2010 年以降，おもに沖合 10 km 未満の水深 5～25 m の海域で導入量が急増している（He et al. 2016）．2019 年には中国で，ほかのどの国よりも容量が多い 2.4 GW の洋上風車が設置された．図 12.1(b) に，2019 年に 1 GW 以上の洋上ウィンドファームをもつ国々の沿岸海域における，

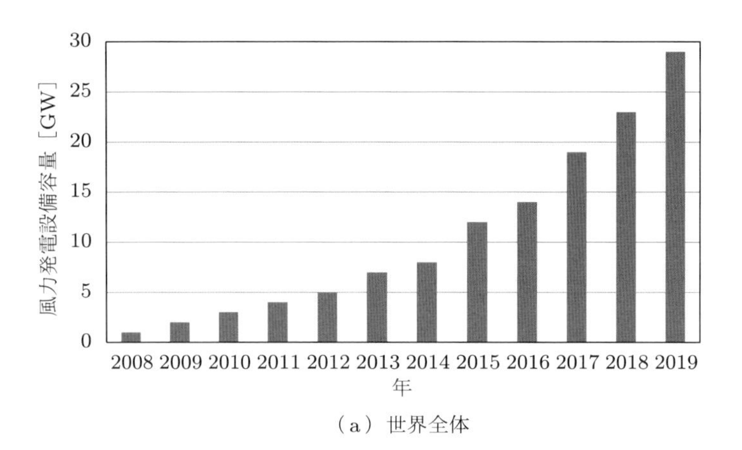

（a）世界全体

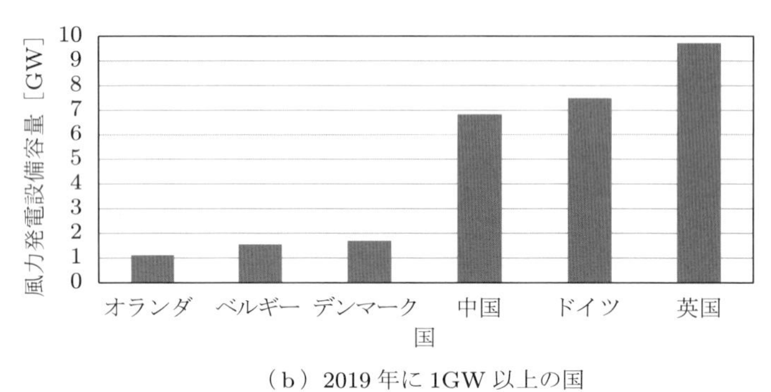

（b）2019年に1GW以上の国

図12.1　洋上ウィンドファームの設備容量（Global Wind Energy Council 2020）

洋上風力発電の設備容量を示す．

かつて洋上風力発電は風車市場のごく一部にすぎず，初期のプロジェクトに使用された風車は，陸上用のものを洋上用に改良したものであった．しかし，今日の洋上風力発電は，定格出力9 MW，直径最大160 mの3枚翼アップウィンドロータをもつ可変速風車を使用しており，特別な技術領域とみなされている．2019年には，欧州に設置された新しいウィンドファーム容量の24%が洋上となり，新しい洋上風車の平均定格出力は7.2 MWとなった（Wind Europe 2020）．

さらに大型（12～15 MW）の風車を使用するウィンドファームも計画中である．水深30～35 mまではモノパイルや重力式基礎が，それ以上の水深ではジャケットやトリポッド構造が使用されており，より水深の大きい海域でもモノパイル基礎を使用する努力が続けられている．また，浮体式洋上風車は水深100 m程度の海域で実証実験が行われているが，まだ広くは使用されていない．

沿岸に近い初期の小規模のウィンドファームでは，電力は，30～36 kVの送電ケーブルで陸揚げされている．大規模な洋上ウィンドファームでは，洋上変電所を用いて集電電圧を150～200 kV程度まで昇圧してから陸まで送電しており，より大規模な沖合での案件では，集電電圧66 kVの高圧直流（High Voltage Direct Current: HVDC）送電を用いることになると考えられる．また，維持管理のためのアクセスには一般には船舶が用いられるが，ヘリコプターが用いられている例もある．

表12.1は，1 GWの洋上ウィンドファームについて，2022年の試運転を想定した場合のコストに関する調査結果である（BVG Associates 2019）．調査したウィンドファームは，100基の10 MW風車で構成され，沖合60 kmの水深30 mのサイトが想定されている．また，風車のロータ直径は

表 12.1 1 GW の洋上ウィンドファームのコスト目安（BVG Associates 2019）

コスト要素	内容	推定コスト	総初期費用に占める割合 [%]
開発・プロジェクトマネジメント	設計・エンジニアリング，計画同意の取得，環境影響評価などの建設開始までの活動	120 MGBP	5
風車（タワーを含む）	風車をメーカー近くの港に納入：10 MGBP メーカーによる各風車の据付と試運転：1 MGBP	1100 MGBP	45
プラント設備費用（Balance Of Plant: BOP）	基礎，集電システムなどの風車を除くウィンドファームのすべての構成要素，ウィンドファームに直接関係する送電回路	600 MGBP	24
据付・試運転	風車・プラント設備据付，海上輸送，引き渡しまでのプロジェクト管理	650 MGBP	26
総初期費用	—	2470 MGBP	100
運転・保守	ウィンドファーム事業者が負担する経常的な費用	75 MGBP/年	3
撤去	残存価額を除く	300 MGBP	12

170〜200 m，ハブ高さは海面上 110 m，ロータ速度は 5〜15 rpm，最大翼端速度は 100 m/s で，2 段増速機とフルパワーの AC-DC-AC コンバータによる電力変換を想定した．また，ウィンドファームの予想設備利用率は 50%とした．

表 12.1 によれば，洋上ウィンドファームのコストに占める風車の割合は陸上プロジェクト（表 10.1 参照）よりも低く，基礎，ケーブル，系統連系の割合がより大きいことがわかる．また，洋上での機器の設置，撤去，および保守も重要である．

洋上風力発電の発電コストは，その短い歴史の中で大きく変化した．Gross ら（2010）は，初期の英国の洋上ウィンドファームのコストの調査を行った．英国の洋上ウィンドファームの設備費は，2002〜2004 年は 1.5 MGBP/MW（GBP: Great Britain Pound）より低い額で比較的落ち着いていた．しかし，その後，経験を積み，ウィンドファームがさらに沖合の深水域に設置されるようになると，設備費は 2 倍の 3 MGBP/MW になり，その結果，均等化発電コスト（LCoE）は 85 GBP/MW h（2004 年）〜150 GBP/MW h（2010 年）に上昇した．これらの値は，陸上風力発電における値（設備費 1.3 MGBP/MW〜1.8 MGBP/MW，LCoE 94 GBP/MW h（DECC 2010））とほぼ同程度である．2010 年から 2016 年にかけて，洋上風力発電の LCoE は緩やかに低下し，2014 年に 106 GBP/MW h となった（BEIS 2020）．これは，容量 5 MW 未満の小規模陸上ウィンドファームの発電コスト 63 GBP/MW h とほぼ同程度である（BEIS 2020）．

Gross ら（2010）は，2000 年代中ごろ〜2009 年にかけて英国の洋上ウィンドファームのコストを押し上げた要因は，以下のようなものであるとしている（影響が大きい順）．

1. 材料費，資材費，労務費
2. 為替変動
3. 材料費の高騰に加えて，物資輸送上の制約，市場状態および技術的問題による風車価格の上昇
4. いくつかの最先端のウィンドファームがより沖合の深水域に設置されるようになったことによる設置費，基礎コスト，運転の保守（Operation and Maintenance: O&M）費の増加

5. 設置・運用の物資輸送上の制約，とくに作業船と港湾の確保
6. 計画と合意形成にかかわる遅れ

これらの要因の中には，現在ではもはや適用されないものもあるが，このリストは洋上ウィンドファームのコストに適用されるリスクを要約している．

2010 年以降，コスト低下が続いており，IRENA（2019a, b）は 2018 年に稼働した洋上ウィンドファームの平均 LCoE を約 97.5 GBP（127 USD/MW h）としている．ウィンドファームの LCoE の将来予測では，設備利用率と風車定格の継続的な上昇，および，発電コストの低下が見込まれている（表 12.2 参照）．

表 12.2　ウィンドファームの稼働率および LCoE の将来予測

稼働開始年	設備利用率 [%]		LCoE [GBP/MWh]	
	陸上	洋上	陸上	洋上
2018（平均）	34	43	46	100
2030	30〜55	36〜58	23〜38	38〜69
2050	32〜58	43〜60	15〜23	23〜54

発電される電力の最低価格を保証する公的支援のための入札により，洋上風力発電のコストがさらに低下することが明らかになった．英国では，2022/2023 年の運転開始に向けた 2015〜2017 年の入札により，コストが約 1/2 になった．さらに，2019 年の競争入札では，2023/2024 年に供給される総容量 2600 MW の二つの洋上ウィンドファームからの電力について，差金決済取引（CfD）の行使価格（strike price）により，39.65 GBP/MW h の固定価格が保証された（BEIS 2019）．また，ドイツやオランダでも同様に，大規模な洋上ウィンドファームプロジェクトの競争入札による発電コストの低下が明らかにされている．このように，洋上ウィンドファームに必要な公的支援が劇的に減少した背景には，風車やウィンドファーム技術のコスト低減，スケールメリット，融資コストの低下があると考えられている（Radov et al. 2017）．なお，LCoE，行使価格，CfD については，付録 A.12 に記載している．

調査によって推定された発電コスト（LCoE）と競争入札によって明らかになったコスト（権利行使価格）は，目的も基準としている条件や仮定も異なるため，直接比較することはできない（BEIS 2020）．英国では，プロジェクトの不履行に対する罰則が限定的であるが，プロジェクト開発の初期費用や陸上への送電費用を入札の落札額から除外している国もある．また，従来型発電機からの予備電源や，より広範な送電網の整備などの，風力発電を国内の電力系統に連系するために必要なコストは，落札額に含まれない場合が多い．慣例により，これらの英国における入札の行使価格は 2012 年の価格で表示されている．しかし，全般的な傾向として，洋上風力発電のコストは明らかに低下している．

洋上風力発電はまだ発展途上であるが，海岸から遠く離れ，より厳しい環境下にウィンドファームを建設することで経験が蓄積されつつあり，洋上風力発電に関する書籍やレポートが数多く出版されている．Ackerman（2005）は洋上電力システムを取り上げ，Hau（2006）はその概要を示している．洋上の気候学と気象学については，バーテルミー（Barthelmie）らがいくつかの論文で取り上げ，ダレン（Dalen）とヤコブソン（Jakobdsson）が，Twiddell と Gaudiosi（2009）が編集した洋上風力発電に関する総合書籍で取り上げている．洋上でのウィンドファームの設置は Thomson

(2012) が，洋上風力エネルギーの環境影響については Koller ら (2006) や Perrow (2019) が検討している．信頼性と可用性については Tavner (2012) が，浮体式洋上風車については Cruz と Atcheson (2016) が解説している．また，最近の開発については，Ng と Ran (2016) および Anaya-Lara ら (2018) が述べている．

本章では，洋上の気象について概説したあと，洋上風車の設計荷重について，陸上とは大きく異なることを示す．下部構造の設計として，モノパイル式基礎の疲労計算について触れ，浮体構造物の開発について概説する．また，環境に関するおもな検討事項や，洋上集電システムや陸上への送電に関する特殊な側面についても触れる．

12.2　洋上の風力エネルギー賦存量

12.2.1　洋上風

沖合から陸地に向けて風が吹く場合，陸上から遠い洋上のサイトも沿岸近くのサイトも，陸上に比べて風を遮るものがないので，平均風速は一般に高い．同様に，洋上の風の乱れも，一般に陸上に比べてはるかに低く，海面の粗度が小さいことによりウィンドシアーも小さい．しかし，波高が増すと海面での粗度が増加するため，波が高いときには乱れとウィンドシアーはかなり大きくなる．また，波は風により生成されるので，強風の継続時間によって波と風にはかなりの時間差があり，遠洋での暴風によりウィンドファームで波高が高くなるときには，風速は低くなっている場合もある．また，ウィンドファームから遠い海域での強風により生じた長周期のうねりが，その風自体はウィンドファームに届かない場合でも，長距離を伝播してくる可能性がある．洋上風力発電の設計荷重に対する風の影響については，12.3.2 項で述べる．

12.2.2　サイトにおける風速の評価

ウィンドファームの候補地における風力発電プロジェクトの経済的成立性の決定にあたっては，長期間の風速を定量的に求めることが重要になる．一般に陸上のウィンドファームでは，風況観測マストで風のデータを収集するか，近隣のプロジェクトにおける発電量を分析することによって長期間の風況を予測する (10.1.3 項)．サイトでの長期にわたる風況は，通常，地域気象官署で観測された長期間の時系列データをサイトにおける風況モデルと併せて分析することにより予測する．

洋上風力プロジェクトでも同様な方法がとられるが，風況観測マストを海上に設置するにはかなりのコストがかかるとともに，プロジェクトの遅延の要因となる．そのため，最近では，ブイに搭載した LiDAR システムを使用して，サイトの風速プロファイルを測定することが多くなっている (IEA 2016)．また，予備的な方法として，近くのサイトあるいは海域における公的機関で測られた風のデータなどの二次的な情報に基づいて風の賦存量を評価することもできる．そのような場合は，参照点と対象とするサイト間の風況の違いに加え，この評価による不確かさについても考慮しなければならない．

広い海域にわたって風の賦存量の分布を評価するにはさまざまな方法がある．これらには，WAsP (Mortensen et al. 1998) などの風をモデル化して計算機で解析する手法や，メソスケールモデルのようなより高度なモデル化手法がある．メソスケール法では，高層気象の状態を全球気象モデルから求め，これらの結果を地域気象モデル（代表的なスケールは 50 km × 50 km 程度）の境界条件として，海面パラメータ，気温，風速の間の経験的に求められた関係 (Barthelmie et al. 2009) とともに用いる．この方法のメリットは，過去の大規模な観測データベースから構築されたロバストな理論的気象モデルを通して，大きなスケールの総観的な傾向と同時に，熱的効果および地形効果など，より局所的な影響を求めることができる点である．

地球観測用の人工衛星に搭載された機器により記録したデータは，高さ 10 m の洋上風の賦存量を示す（Hasager 2014; Peña et al. 2013）．受動型マイクロ波による海面風速の測定は，数年前から 1 日に最大 6 回の頻度で，約 25 km の空間分解能で行われている．また，最近では，能動型マイクロ波散乱計が，同じ空間分解能で風速と風向の推定値を求めるために使用されている．散乱計は，短いマイクロ波パルスのビームを放射する．共振後方散乱の強度は風波の勾配，すなわち，その観測時点での海面風速に比例する（Aage et al. 1998）．なお，後方散乱の強さと風速との関係は経験的に求められる．求められた風速値の絶対的な精度は，経験則の妥当性の影響を受ける．データは空間的，時間的に連続なサンプリングではないが，対象とする数百 km にわたる海域で，風の賦存量の空間分布をロバストに評価できる方法が開発されている．さらに，合成開口レーダー（Synthetic Aperture Radar: SAR）は，最小 1 km の空間分解能で測定が可能であるが，サンプリング周波数は低い．なお，SAR は，風力エネルギー賦存量を求めるためだけでなく，ウィンドファームのウェイクを調べる際にも使用される．

以上をまとめると，洋上風力のサイトでの風の賦存量を求めるには，さまざまな観測方法と，計算機による解析を前提としたモデルを用いる方法がある．もととなるデータと採用する分析方法の不確かさは，長期の発電量の予測に関する信頼性のレベルを左右し，すべての洋上ウィンドファームの経済的成立性に大きく影響を及ぼす．

12.2.3 洋上ウィンドファームのウェイク

洋上ウィンドファームは，とくに風速が定格風速より低い場合に，ウェイクロスでかなりの発電電力量を失う．ウェイクロスは風車が受ける風速に依存し，風速はスラスト係数と相関しているため，低い運転風速でウェイクロスが大きくなる．風速が定格風速より高い場合，ピッチ制御風車では，ブレードのフェザリングによって出力を抑えるため，下流側の風車のウェイクロスも小さくなる．したがって，すべての風車は，風速がある値より高くなると，ウェイク中にあっても定格出力で発電する．一方，ストール制御機は，高風速においてもスラスト係数は大きいままで，すべての風速でウェイクロスが大きい．ただし，洋上でストール制御機を使用することはほとんどない．スラスト係数は気流から取得する運動量を意味するが，下流遠方では，ウィンドファーム上空の流速の大きい流れが混合することで運動量が補給される．この運動量の補給は，洋上で一般的な乱れが小さい場合よりも，陸上ウィンドファームのような乱れが大きい風況のほうが，より速く行われる．また，ウィンドファームのウェイクロスは風向と風車間隔に大きく依存する．風車が規則正しく並んでいる場合，ある風向範囲でウェイクロスは大きくなり，ウィンドファーム全体の平均ウェイクロスは風速と風向の結合確率分布に依存する．ウィンドファームのウェイクロスは，前列の風車の発電電力量の 10～20%の範囲であるが，風車が密集している方向に風向が完全にそろった場合には 70～80%にも達する．

初期の風車間隔が狭いプロジェクトでは，風車配置によるウェイクロスが大きかった（Bartgelmie et al. 2005）．たとえば，初期の Lillgrund 洋上ウィンドファーム（図 12.2）は，ロータ直径 93.5 m

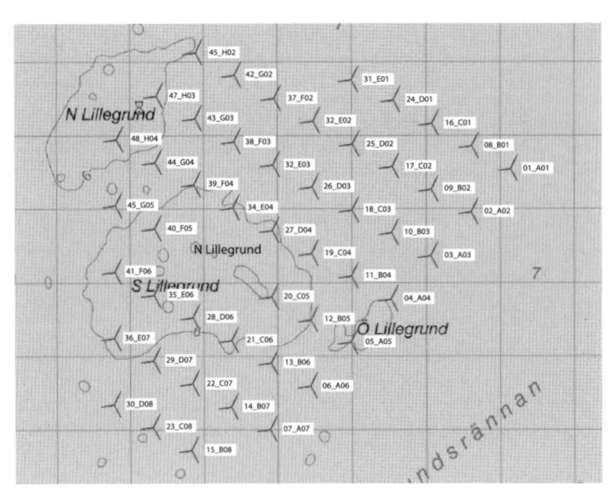

図 12.2 Lillgrund ウィンドファームの風車配置（Lillgrund Pilot Project 2009a; Vattenfall 社より）

の 2.3 MW 風車 48 基で構成されており（Lillgrund Pilot Project 2008, 2009a）†，通常より狭い間隔（列方向に 3.3D で，列の間隔は 4.4D；D はロータ直径）で風車が設置されている．風車の間隔が小さくなったのは，許認可申請で風車基礎の位置が決まったあとに，メーカーが風車のロータ直径を大きくしたためである．継続的な計測によって，列に沿った定格風速より低い風速では，前から 2 基目の風車のウェイクロスによる発電損失は 80%となること（すなわち，2 基目の風車は 1 基目の風車の 20%しか発電しないこと），また，風車間隔 4.4D に関しては，列間の発電損失は最大で約 70%となることがわかった．

図 12.3 に，定格風速より低い風速におけるウィンドファームの配置効率（array efficiency）の風向による変化を示す．配置効率は，ある風速での風車 1 基あたりの列平均発電量を，対応するウェイクロスの影響がない場合，つまり，風上最前列の風車出力で除したものとして定義する．列に沿って風が吹く場合，明らかに顕著な落ち込みが見られる．風向の確率分布を一様と仮定すると，ウィンドファーム全体の配置効率は定格風速以下では 67%で，サイトの風速分布に年間平均風速 8 m/s のレイリー分布を仮定すると 77%である．この値は，風車配置が密な洋上ウィンドファームの出力は，単機設置の風車の約 23%にまで低下することを意味している（Lillgrund Pilot Project 2009a）．

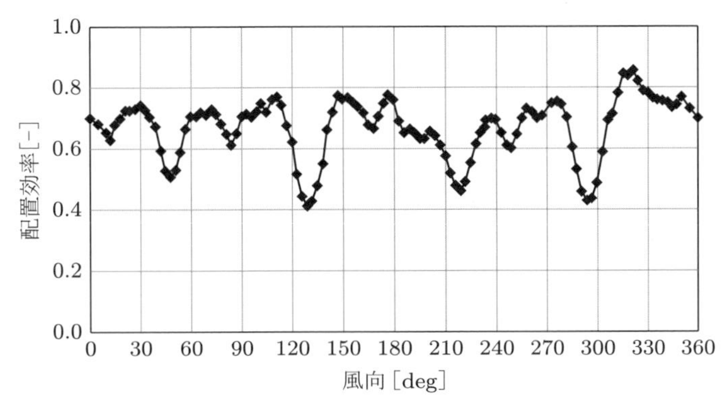

図 12.3 Lillgrund ウィンドファームにおける，定格風速より低い風速での風向と配置効率との関係（Lillgrund Pilot Project 2009a; Vattenfall 社より）

† Lillgrund Pilot Project Reports：US DoE, ETDEWEB（https://www.osti.gov/etdeweb）参照．

Lillgrund ウィンドファームの風車間隔は例外的に狭い．Horns Rev 1 の風車間隔は列方向に $7D$ で，列間隔は $10D$ である．Hansen ら（2010）は，列の中で2基目の風車のウェイクロスによる最大出力損失は，いくつかの狭い風向範囲において風速 5～9 m/s で約 40%で，風速 11～13 m/s では 30%まで回復することを示した．各風車で発生する流量欠損範囲は約 25°～30° で，ウィンドファーム全体の配置ロスは 12.4%であることが報告されている．Barthelmie ら（2007）は，Middelgrunden ウィンドファーム（横方向の間隔 $2.4D$ で曲線状に並んだ1列の風車）でのウェイクロスは約 10%であると報告している．

ウェイクロスには大気乱流と大気安定度が大きく影響する（Barthelmie and Jensen 2010）．乱流混合によって，下流へ移流するに従いウェイクの幅は広く，強さは弱くなり，速度欠損は減少する．サイトによってはバックグラウンドの乱れのレベルが低く，ウェイクが下流遠方まで及ぶこともあるが，それはある狭い範囲の風向に限られる．

ウェイクロスと洋上での配置効率を予測するにはさまざまな方法がある（Ivanell et al. 2018）が，それらは，解析的なウェイクロスモデルと，計算流体力学を用いたものに大別される．もっとも簡単な解析的モデルは，トップハット型ウェイク分布を用いて，ウェイク減衰係数によりウェイクが線形に広がると仮定するものである．この簡単なモデル（Katic et al. 1987）は，ウィンドファームの初期設計に広く用いられており，Cleve ら（2009）は Nysted 洋上ウィンドファームのウェイクを検討するためにも用いた．また，Archer ら（2018）は，六つの解析的なウェイクロスモデルを比較し，いまだにこの簡単なモデルがもっとも効果的なものの一つであることを示した．

Barthelmie ら（2009）は，簡単な解析的手法，レイノルズ平均したナビエ–ストークス方程式から求められる若干高度なモデル，ウェイクにより生成される乱れ，および，それぞれの乱れの重ね合わせに関する経験則を含む，6種類のさまざまなウェイクモデルを比較した．これらのうちの2種類の手法は，ロータディスクによる運動量の減衰を考慮することにより，ウィンドファーム全体を過ぎる流れを計算流体力学によって再現するものである．この論文では，ほとんどのよく知られたウェイクモデルは，単基あるいは小規模のウィンドファームではよい結果を与えるが，大規模な洋上ウィンドファームではウェイクロスを過小評価することが指摘されている．これは，上流側の風車により生成される乱れと大気安定度の影響をうまく表していないためであると考えられる．陸上では，そのような影響は地形により生じる大きな乱れによって不明確になる傾向がある．洋上ウィンドファームのウェイクが発電量と乱流に及ぼす影響に関するその後の研究は，Barthelmie et al.（2010）や Ivanell et al.（2018）で報告されている．

比較的簡単なモデルも，測定値に対して十分に校正されていれば，ウェイク効果による全体的な発電量損失をよく推定することができる．ただし，今日，ウィンドファームのウェイクロスを最小限に抑えるために風車をアクティブ制御することに関心が高まっており，これを効果的に行うには，平均値だけでなく，さまざまな大気条件と風車運転パラメータの変化に対しても精度のよいウェイクモデルを使用することが重要である．このようなウェイクモデリングとそのウィンドファーム制御への応用については，第9章で詳しく説明されている．

多くの洋上ウィンドファームが建設されることにより，より大規模なスケールでは，ウィンドファーム全体のウェイクが別のウィンドファームの発電量に及ぼす影響だけでなく，対象海域から得られる風力エネルギーの賦存量に与える影響も興味の対象となっている．図 12.1(b) によれば，すでに，英国海域では 8 GW，ドイツ海域では 6 GW 以上の規模の洋上ウィンドファームが稼働しており，欧州の洋上ウィンドファームの容量は 2030 年までに 70 GW にも及ぶと推定されている．洋上ウィンドファームは通常，港や陸上電力系統へのアクセスがよい浅い海域にまとめて設置される．ほとんどの気象条件では，大気の乱れによる風車のウェイクが影響するのは，洋上ウィンドファーム内のみである．ウィンドファーム全体のウェイクに関する初期の研究は，Frandsen et al.（2009）に要約されている．Hasager（2014）は，衛星観測により，洋上ウィンドファームのウェイクが数十 km にわたって存在することを示した．Platis ら（2018）は，航空機によって記録された風速データを使用して，安定大気条件（気温が海面温度よりも高く，空気の鉛直運動が抑制されている場合）において，洋上ウィンドファームのウェイクが最大 45 km まで及び，最大 40%の風速欠損と乱れの増加を引き起こすことを示した．

確立されたウィンドファームの発電量予測モデルは，風車下流のウェイクによる風速の低下を考慮している．しかし，今日では，風車の上流または横方向の風速もわずかに低下する可能性があることを示す証拠がある．この効果はブロッケージ（blockage）とよばれ，個別の風車による効果とウィンドファーム全体による効果があると考えられている．ブロッケージによるウィンドファームの発電電力量の減少は，以下のようなさまざまな要因に依存すると考えられている．

・風車の配置密度
・大気の安定性：安定条件下ではブロッケージが大きくなる．
・風車のロータ直径に対するハブ高さの比：大きいほどブロッケージが減少する．

これらの要因は，風速と風向（すなわちアレイ配置）に加えて，ウェイクロスにも大きな影響を与える．ブロッケージは，つい最近特定され，広く議論されるようになった（Bleeg et al. 2018）．この影響は，有意ではあるものの，風車のウェイクによって引き起こされる発電電力量ロスよりも 1 桁低いが，これまで予測できなかった洋上ウィンドファームの発電量の減少の原因となる可能性があるものである．以上のように，洋上ウィンドファームの出力予測の改善に関する研究は継続されている．

12.3 設計荷重

12.3.1 国際基準

北海油田の開発に伴い，海洋構造物に作用する風荷重と波荷重を規定する各国の国内基準が作成され，初期の洋上ウィンドファームの設計にはこれらが用いられた．しかし，洋上風車は，風車支持構造物に作用する風荷重が全荷重の中ではるかに重要な要素であるという点で，石油プラットフォームとは異なるため，早々に洋上風車用の設計基準の必要性が認識された．

洋上風車構造のための最初の基準は，2004 年に Det Norske Veritas から出版された．洋上基準 DNV-OS-J101, *Design of Offshore Wind Turbine Structures*（洋上風車構造の設計）は，海象条件，設計荷重ケース，波荷重，構造設計にわたる包括的な内容の文書である．設計荷重は IEC 61400-1 のものと同じであるが，具体的な波高あるいは海象条件が規定されている．2007 年には，荷重ケースが IEC 61400-3（下記参照）に整合するように改訂され，さらに，2014 年に改訂版が発行された．

Germanischer Lloyd（GL）は，2005 年に，*Guideline for the Certification of Offshore Wind Turbines*（洋上風車の認証のためのガイドライン）を出版した．これは，ロータとナセルから支持構造までを含み，陸上風車の資料と平行した構成となっているが，各章で，洋上に設置する場合にとくに必要な要件についてまで内容が拡張されている．このガイドラインは2012年に全面改訂された（Germanischer Lloyd 2012）．

2013年のDet Norske VeritasとGLの合併に伴い，DNV-OS-J101とGLのガイドラインは，DNVGL-ST-0126（2016），*Support Structures for Wind Turbines*（風車支持構造）に置き換えられ，設計荷重要件は削除されて，別の規格DNVGL-ST-0437, *Loads and Site Conditions for Wind Turbines*（風車荷重およびサイト条件）に含まれることになった．

International Electrotechnical Commission（IEC，国際電気標準会議）では，IEC 61400-3, *Wind Turbines—Part 3: Design Requirements for Offshore Wind Turbines*（風車—第3部：洋上風車の設計要件）を2009年に制定し，2019年にはその改訂版であるIEC 61400-3-1, Part 3-1: *Design Requirements for Fixed Offshore Wind Turbines*（着床式洋上風車の設計要件）を発行した（IEC 61400-3-1 2019）．GLガイドラインと異なるのは，これは独立した文書ではなく，IEC 61400-1とともに用いることを前提としている点である（第5章参照）．さらに，2019年には，浮体式洋上風車用の技術仕様書であるIEC 61400-3-2が発行された（IEC 61400-3-2 2019）．

IEC 61400-3で規定されている荷重ケースはIEC 61400-1のものと密接な対応関係があり，各ケースに考慮すべき海象条件が追加されている．すべての荷重ケースで不規則な海象条件が規定されており，複数の10分間のシミュレーションを行う必要がある．具体的には，各荷重ケースに対するハブ高さの平均風速と海象状態に対して最低限6波のシミュレーションを実施する必要があるが，荷重ケースによっては，かなりの数のシミュレーションが必要になるものがある．規定されている気象と海象条件に関しては次項で示す．

IEC 61400-3基準の制定にあたっては，欧州共同体による *Recommendation for Design of Offshore Wind Turbines*（洋上風車の設計指針），通称RECOFFのための研究開発プロジェクト（契約番号ENK5-CT-2000-00322）の援助のもとでいくつかの研究が行われ，70数編の論文が発表されている．

12.3.2　気象条件

IEC 61400-3-1は，下部構造はサイトで規定した気象状態に対して設計するよう要求しているが，ロータとナセル（Rotor-Nacelle Assembly: RNA）については，洋上サイト固有の外部条件がRNAの構造的健全性を損なわないことを証明できれば，IEC 61400-1で定義されている通常の風車クラスの中の一つに対して設計することもできる．また，サイトのハブ高さにおける風に関する以下の諸量は，極力，現地観測によって求めるものとしている．

- 10分間平均風速の再現期間50年の最大値U_{ref}と，再現期間1年の最大値
- 風速と風向の分布
- 風車稼働時の風速範囲，ならびに，U_{ref}における乱流強度
- 風速ごとの乱流強度の標準偏差
- ウィンドシアー
- 空気密度

なお，洋上では表面粗度が小さいため，通常，ウィンドシアーは陸上よりも小さく，0.1以下が一般的である．

現地観測を行わない場合，上記の諸量は各国の国内基準から求めることができるが，乱流強度に

ついては，地表面粗度パラメータ z_0 から求められる．海面粗度は風速とともに増加し，z_0 は次のチャーノック（Charnock）式で求められる．

$$z_0\left(\overline{U}\right)=\frac{A_c}{g}\left[\frac{\kappa\overline{U}}{\ln\left(z_{\mathrm{hub}}/z_0\left(\overline{U}\right)\right)}\right]^2 \tag{12.1}$$

ここで，A_c はチャーノック定数，g は重力加速度，κ はフォン・カルマン定数（$\kappa=0.4$）である．IEC 61400-3 では A_c の値として，沖合では 0.011，沿岸近くでは 0.034 が推奨されている．乱流強度の設計値は，次式による 90%分位値にとる．

$$I_u=\frac{1}{\ln\left(z_{\mathrm{hub}}/z_0\left(\overline{U}\right)\right)}+1.28\frac{4.0I_{\mathrm{ref}}}{\overline{U}} \tag{12.2}$$

上式の第 1 項は乱流強度の平均値に対してよく用いられる式で，第 2 項で乱流強度の標準偏差の 1.28 倍を加えて 90%分位値としている．ここで，I_{ref} は基準平均風速 $\overline{U}=15\,\mathrm{m/s}$ での，ハブ高さにおける平均乱流強度である．I_{ref} を第 1 項で与えた卓越風速 $\overline{U}$ での平均乱流強度に置き換えると，式 (12.2) は次式のように近似される．

$$I_u=\frac{\sigma_1}{\overline{U}}=\frac{1}{\ln\left(z_{\mathrm{hub}}/z_0\left(\overline{U}\right)\right)}\left(1+1.28\frac{4.0}{\overline{U}}\right)$$

なお，洋上のいくつかのサイトで著しく大きな標準偏差が記録されたため，IEC 61400-3（2009）では，上式の分子を IEC 61400-1 の 1.44 m/s より大きい 4.0 m/s としている．

図 12.4 に，このようにして求めた沖合および沿岸近くにおける乱流強度と風速の関係を，陸上での中程度の乱流強度（カテゴリー B）との比較で示す．沿岸の乱流強度は沖合の乱流強度よりわずかに高いだけであるが，5〜25 m/s の風車の発電風速範囲にわたって，両者とも陸上に比べてかなり小さいことがわかる．

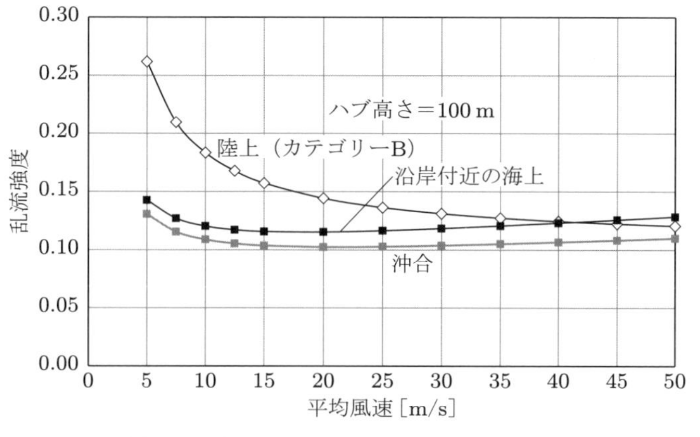

図 12.4 海上および陸上の風速に対する乱流強度

12.3.3 海象条件

下部構造の設計には，波，海潮流，水位，および，必要に応じて洗掘，海底の変化，海氷などの海象条件が必要になる．IEC 61400-3-1 の DLC 1.6 以外の風車発電時の荷重ケースは，すべて IEC 61400-1 にも記載があり，通常海況が規定されている．一方で，DLC 1.6 では，高波浪時海況が規定されている．また，風車が発電状態ではない各荷重ケースでは，それぞれの極値条件が規定されている．

波に関しては不規則海象モデルがもっとも正確であるが，暴風時の波荷重モデルの非線形性に関しては，12.3.10 項で述べるように，水位の時刻歴にも極値規則波を埋め込む必要がある．以降の項では，IEC 61400-3-1 で定義されている各海象条件と設計規則波に関して述べ，流れがある場合と水位についても触れる．しかし，これらの話題に移る前に，不規則な海象モデルを表すためによく用いられる波浪スペクトルについて解説する．

12.3.4　波浪スペクトル

海面形状は，異なる振幅と周期で進行する多くの単一規則波を重ね合わせたものとして考えることができる．この波の重ね合わせは，周波数スペクトル，すなわち，平均潮位からの海面高さ変動の 2 乗のスペクトル密度と周波数の関係で表すことができる．このスペクトルは海象状態を表し，通常は 3 時間持続していると考える．

この周波数スペクトルで重要なパラメータは，有義波高（significant wave height）H_s とスペクトル密度のピーク周波数 f_p である．有義波高はある評価時間中（通常 3 時間）の波の波高を大きい順に並べたときの上位 1/3 までの平均値として定義されており，目視で観測される波高に対応する．なお，スペクトルの面積は海面高さの分散 σ_η^2 に等しい．

周波数スペクトルの形状は吹送距離（fetch）とその間の風速の変化に従って変化する．ピアソン－モスコヴィッツ（Pierson–Moskowitz: PM）スペクトルは，IEC 61400-3 では次式で規定されており，十分に発達した海の周波数スペクトルによくあてはまると考えられている．

$$S_{\eta\eta}(f) = \frac{5}{16}\frac{H_s^2}{f}\left(\frac{f_p}{f}\right)^4 \exp\left[-\frac{5}{4}\left(\frac{f_p}{f}\right)^4\right] \tag{12.3}$$

この式は，有義波高 H_s が海面高さの標準偏差の 4 倍であるという仮定に基づいているが，この仮定は波高分布がレイリー分布に従う場合に正しい．波高のレイリー分布は，厳密には狭帯域周波数スペクトルによって生成されるが，これは実際の波高スペクトルのよい近似とみなされる．IEC 61400-3-1 では，波浪スペクトルの定義に関して，ISO 19901-1 を参照している．

十分に発達した海象状態は，風速が十分に長い吹送距離にわたって維持された場合にのみ生じる．多くの場合，暴風時間もしくは吹送距離，またはその両方が小さいため，周波数スペクトルは PM スペクトルよりも尖った分布を示す．ドイツのジルト（Sylt）島付近での波浪観測から作られた JONSWAP（Joint North Sea Wave Project，北海波浪共同研究）スペクトルは，このピークの先鋭度をモデル化した PM スペクトルの変形版である．PM スペクトルには，周波数に応じたピークの先鋭度を表すパラメータ（1～5）と，JONSWAP スペクトルの面積を PM スペクトルの面積に等しくするための正規化係数が乗じられる．

ピークの先鋭度を表すパラメータ γ^α は，有義波高 H_s [m]，ピークスペクトル周期 $T_p\,(=1/f_p)$ [s]，周波数 f [Hz] によって与えられる．$T_p/H_s^{0.5}$ が 3.6～5.0 の範囲では，$\gamma = \exp(5.75-1.15T_p/H_s^{0.5})$ で，$\alpha = \exp[-0.5(f/f_p-1)^2/\sigma^2]$，$\sigma = 0.07$（$f < f_p$ のとき），$\sigma = 0.09$（$f > f_p$ のとき）であ

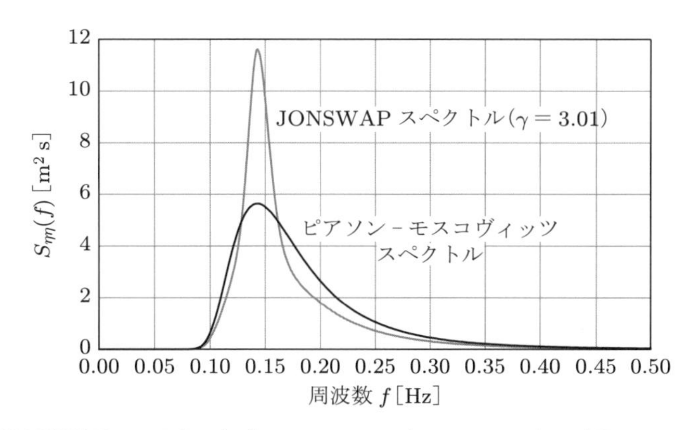

図 12.5 JONSWAP スペクトルとピアソン－モスコヴィッツスペクトル（$H_s = 3\,\mathrm{m}$，$T_p = 7\,\mathrm{s}$）

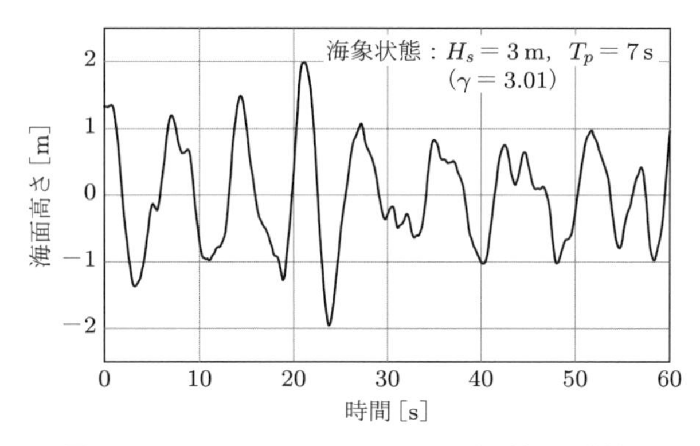

図 12.6 JONSWAP スペクトルによる海面高さの時刻歴

り，正規化係数は $(1 - 0.287 \ln \gamma)$ である．$T_p/H_s^{0.5}$ が 3.6 より小さい場合，$\gamma = 5$ で，$T_p/H_s^{0.5}$ が 5 より大きい場合，$\gamma = 1$ である．$T_p/H_s^{0.5}$ が 5.0 より大きい場合，JONSWAP スペクトルは PM スペクトルに等しい．

図 12.5 に，有義波高 3 m，ピーク周期 7 s の JONSWAP スペクトルと PM スペクトルを示す．また，図 12.6 に，上記の JONSWAP スペクトルを用いたシミュレーションから求められた海面高さの時刻歴の例を示す．

12.3.5 極値荷重：風車発電時の荷重ケースとその海象条件

表 12.3 に，IEC 61400-3-1 の風車発電時の極値荷重ケースを，IEC 61400-1 の陸上風車の場合の荷重ケースと対応付けて示す．

N は通常荷重ケース，A は異常荷重ケースを示す．それぞれで用いる荷重に対する部分安全係数は，第 5 章の表 5.2 に示されている．

表中の風の条件の略語の意味を以下にまとめる．

・NTM ：通常乱流モデル（Normal Turbulence Model）
・NWP ：通常風速プロファイル（Normal Wind Profile）（定常風）
・ETM ：極値乱流モデル（Extreme Turbulence Model）

表 12.3　風車発電時の極値荷重ケース

設計条件	DLC	対応する陸上風車の DLC	風の条件	風速範囲	波の条件	水位	電力系統への接続，故障の種類	DLC の種類
発電	1.1	1.1	NTM	カットイン～カットアウト	NSS，すなわち $H_s = E\left[H_s \vert \bar{U}\right]$ 外挿が必要	平均潮位	なし	N
	1.3	1.3	ETM	カットイン～カットアウト	NSS	平均潮位	なし	N
	1.4	1.4	ECD	定格 −2 m/s～定格 +2 m/s	NSS	平均潮位	なし	N
	1.5	1.5	EWS	カットイン～カットアウト	NSS	平均潮位	なし	N
	1.6	なし	NTM	カットイン～カットアウト	SSS～選択した風速における H_s の 50 年再現期待値	通常水位範囲	なし	N
発電中の障害の発生	2.1	2.1	NTM	カットイン～カットアウト	NSS	平均潮位	制御システムまたは系統遮断	N
	2.2	2.2	NTM	カットイン～カットアウト	NSS	平均潮位	制御システムの異常故障	A
	2.3	2.3	EOG	定格 −2m/s～定格 +2 m/s	NSS	平均潮位	外部電気あるいは内部電気の障害	A
	2.5	2.5	NWP	カットイン～カットアウト	NSS	平均潮位	低電圧ライドスルー	N
起動	3.2	3.2	EOG	カットイン，定格風速，カットアウト	NSS	平均潮位	なし	N
	3.3	3.3	EDC	カットイン，定格風速，カットアウト	NSS	平均潮位	なし	N
通常停止	4.2	4.2	EOG	定格風速，カットアウト	NSS	平均潮位	なし	N
緊急停止	5.1	5.1	NTM	定格風速，カットアウト	NSS	平均潮位	なし	N

・ECD ：風向変化を伴う極値コヒーレントガスト（Extreme Coherent gust with Direction change）
・EWS ：極値ウィンドシアー（Extreme Wind Shear）
・EOG ：発電中の極値ガスト（Extreme Operating Gust）
・EDC ：極値風向変化（Extreme Direction Change）

それぞれの風の条件の意味については，5.3 節および 5.4.1 項で説明されている．

波の条件は，DLC 1.6 で 'Severe Sea State: SSS'（高波浪時海況）となっている以外は，すべての荷重ケースで 'Normal Sea State: NSS'（通常海況）が用いられている．以下では，これら二つの波の条件について説明する．

■通常海況（Normal Sea State: NSS）

IEC 61400-3-1 では，PM スペクトルあるいは JONSWAP スペクトルのいずれかによる不規則海象モデルで通常海況を定義している．各通常海況では，有義波高は想定する平均風速における期待値とし，対象地点の気象・海象のデータベースに基づいて求める．通常，気象・海象のデータは風速と波に対する散布図としてまとめられており，そこから各風速の有義波高の期待値を求める．一般に風速と波の散布図は，平均風速と有義波高の二次元配列の各ビンにおける発生頻度を二次元の表の形でまとめる．さらに，ピークスペクトル周期（peak spectral period）T_p あるいは平均ゼロクロッシング周期（mean zero-crossing period）T_z を追加した，三次元の散布図としても示すことができる．なお，平均ゼロクロッシング周期は，ピークスペクトル周期との間に次式に示す関係がある．

$$T_p = T_z \sqrt{\frac{11+\gamma}{5+\gamma}}$$

ここに，γ は前項で定義したとおりである．

図 12.7 に，オランダ沿岸のエイマイデン（Ijmuiden）沖合約 15 km にある NL-1 サイトにおける二次元散布図データを示す．これは平均風速の発生頻度を有義波高 0.5 m ごとに示したものである．

ピークスペクトル周期 T_p の範囲には注意が必要で，とくに支持構造の固有周期に近い T_p では検討が必要である．発電時の終局荷重ケースでは，DLC 1.6 以外の海象条件は基本的にすべて同じであり，通常海況で通常水流（normal current），かつ，平均潮位（mean sea level）である．通常水流は 1 時間平均風速の 1%に等しい海面での吹送流と，潮流（平均潮流速）から設定する．

■高波浪時海況（Severe Sea State: SSS）

IEC 61400-3-1 の高波浪時海況（DLC 1.6）は，通常海況と同じく風車発電中に発生し，有義波高に関してのみ通常海況と異なる．各平均風速 $\overline{U}$ における有義波高 $H_{s,SSS}\left(\overline{U}\right)$ は，サイト海域の気象・海象のデータベースの外挿によって，その平均風速との組み合わせの発生周期が 50 年となる値とする．この外挿法については，本項の「環境コンター」で後述する．スペクトルのピーク周期は，通常海況と同様に，もっとも不利となる値としなければならない．

DLC 1.6 のその他の海象条件は，水流は通常水流，水位は，天文潮（astronomic tide）の範囲

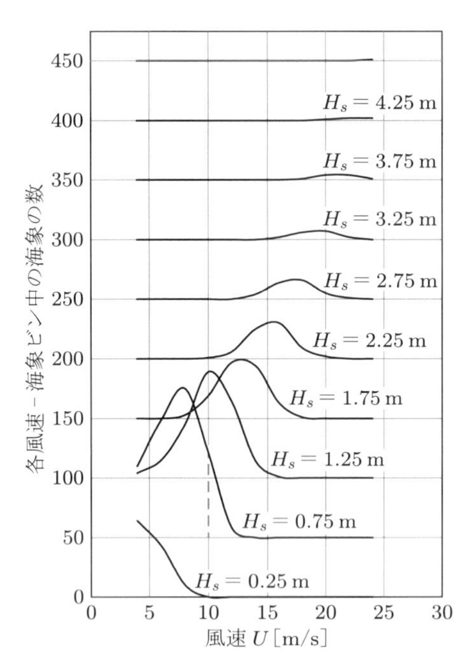

図 12.7　NL-1 サイトの風と波の散布図からのデータ．縦軸は，横軸の各偶数値の風速のビン（3～5, 5～7, 7～9 m/s など）中の海象数（総数 985）を表す．破線は，$H_s = 0.75$ m, $U = 10$ m/s のビンの海象の数が 71 であることを示す．

である通常水位範囲（normal water-level range）中の値とする．

■極値規則波の埋め込み

IEC 61400-3-1 の DLC 1.6 は，各シミュレーションで，平均風速ごとに，高波浪時海況での有義波高（上述）から求められる極値規則波を含めることを要求している．規則波の波高は，高波浪時海況での極値波高の期待値である．波高の確率分布がレイリー分布の場合，波高 h が H を超える確率は次式のようになる．

$$P(h > H) = \exp\left[-0.5\left(\frac{H/2}{\sigma_\eta}\right)^2\right] = \exp\left[-2\left(\frac{H}{H_s}\right)^2\right] \qquad (12.4)$$

N 波中の極値波高の最多値は $H_s\sqrt{0.5\ln N}$ であるが，極値波高の期待値はこれより若干大きく，$H_s\left(\sqrt{0.5\ln N} + 0.2886/\sqrt{2\ln N}\right)$ である．

平均波周期が 10.8 s の海象の場合，3 時間中に 1000 波の波があるので，極値波高は $1.86H_s$ より大きくなるものもあり，その期待値は $1.94H_s$ である．しかし，IEC 61400-3-1 の付録 F では，極値規則波の波高は $H_{SWH}\left(\overline{U}\right) = 1.86H_{s,SSS}\left(\overline{U}\right)$ として求めてもよいものとしている．

波周期は $11.1\sqrt{H_{s,SSS}\left(\overline{U}\right)/g}$～$14.3\sqrt{H_{s,SSS}\left(\overline{U}\right)/g}$ の範囲内でもっとも大きな波荷重となる値とする．ここで，6 回以上の 1 時間シミュレーションを行う必要がある．

■環境コンター

発電時の荷重条件の一つである DLC 1.6 は，平均風速 $\overline{U}$ と有義波高 H_s の組み合わせの 50 年再現期待値に関するものであるが，これは，$\overline{U}$–H_s 空間の環境コンターを作成することで求められる．本項では，IEC 61400-3-1 の付録 F に示されている，逆信頼性一次解析（Inverse First Order Reliability Method: IFORM）を用いた環境コンターの計算法を説明する．

平均風速と有義波高のある組み合わせの非超過確率は，次式のように表される．

$$F\left(H_s|\overline{U}\right) F\left(\overline{U}\right)$$

ここで，$F\left(\overline{U}\right)$ は平均風速の累積分布関数（Cumulative Distribution Function: CDF）であり，$F\left(H_s|\overline{U}\right)$ は平均風速 $\overline{U}$ における有義波高の CDF である．

この確率は $(1-1/N)$ であり，再現期間 50 年の組み合わせの場合，N は 50 年間に発生する海象の数で，代表的な海象継続時間を 3 時間とすると，$N = 50 \times 365 \times 24/3 = 146000$ である．

環境コンターは，次式が成り立つように，平均風速と有義波高を無相関な二つの正規分布変数 U_1 と U_2 に変換することで求められる．

$$\begin{aligned} F\left(\overline{U}\right) &= \Phi\left(U_1\right) \\ F\left(H_s|\overline{U}\right) &= \Phi\left(U_2\right) \end{aligned} \tag{12.5}$$

ここで，

$$\Phi\left(U\right) = \frac{1}{\sqrt{2\pi}} \int_{-\infty}^{U} \exp\left(\frac{-u^2}{2}\right) du \tag{12.6}$$

である．

正規分布変数 U_1 と U_2 の結合確率密度関数（Probability Density Function: PDF）は

$$p\left(U_1, U_2\right) = \frac{1}{\sqrt{2\pi}} \exp\left(-\frac{U_1^2}{2}\right) \times \frac{1}{\sqrt{2\pi}} \exp\left(-\frac{U_2^2}{2}\right) = \frac{1}{2} \exp\left(-\frac{U_1^2 + U_2^2}{2}\right) \tag{12.7}$$

となり，原点について軸対称である．また，原点から同じ半径にある U_1–U_2 空間の点は同じ確率密度となる．図 12.8 に，無相関な二つの正規分布変数の結合確率密度関数を示す．

再現期間 N 年の風速は，有義波高によらず $F\left(\overline{U}\right) = \Phi\left(U_1\right) = 1 - 1/N$，すなわち，$U_1 = \Phi^{-1}\left(1 - 1/N\right)$ である．U_1–U_2 空間で風速が N 年再現期待値を超える確率は，図 12.9 で β を $\Phi^{-1}\left(1 - 1/N\right)$ とした場合，点 $\left(U_1, U_2\right)$ が線 ABC の右側にある確率で表される．

結合確率密度関数面（図 12.9）よりも下側の体積が半径 β の円の任意の接線を超えて広がっている場合，点 $\left(U_1,\, U_2\right)$ が接線 DEF を超えている確率は，点 $\left(U_1,\, U_2\right)$ が接線 ABC を超える確率と同じ $1/N$ である．したがって，半径 β の円は，点 $\left(U_1, U_2\right)$ がそれぞれの接線の外側にある確率が $1/N$ であり，そのような接線群の内部包絡線であるといえる．この意味で，これは二次元正規空間に変換された N 年の環境コンターを表すということができる．ちなみに，U_1 あるいは U_2 が負となる部分は，それぞれの最小値の N 年再現期待値を表す．

気象・海象データが平均風速と有義波高の散布図の形で表されている場合，この方法を実際に適用する手順は以下のようになる．

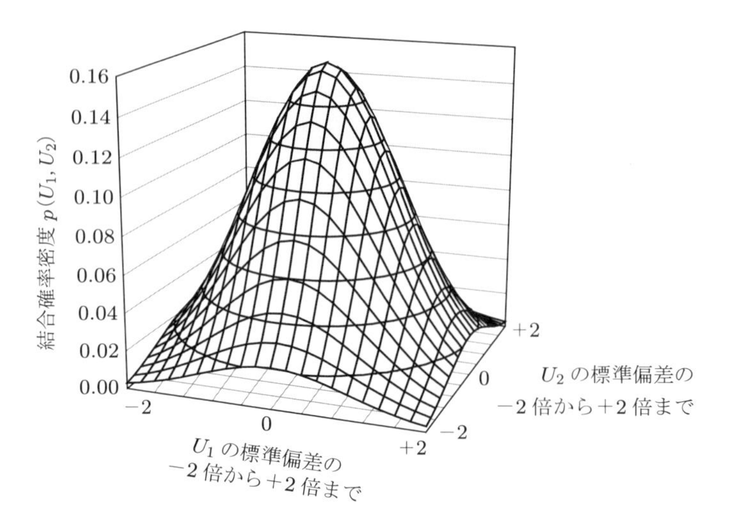

図 12.8　無相関な二つの正規分布変数の結合確率密度

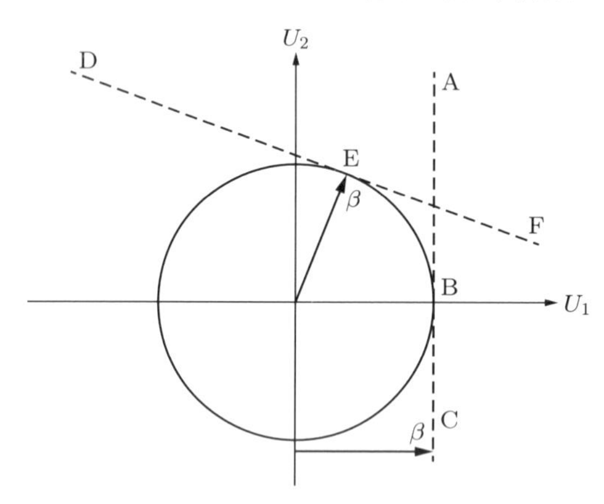

図 12.9　U_1–U_2 空間で環境コンターを表す半径 β の円

1. (a) 散布図を用いて，想定している風速ビンの平均風速 $\overline{U}$ に対する非超過確率 $F\left(\overline{U}\right)$ を計算する．
   (b) 対応する正規分布変数の値 $U_1 = \Phi^{-1}\left(F\left(\overline{U}\right)\right)$ を計算する．
   (c) $U_2 = \sqrt{\beta^2 - U_1^2}$ を計算する（根号内が負の場合は H_s の最小値とする）．
   (d) 次式により，$\overline{U}$ における有義波高の 50 年再現期待値を求める．

$$H_{s,SSS}\left(\overline{U}\right) = \bar{H}_s\left(\overline{U}\right) + U_2 \sigma_{H_s}\left(\overline{U}\right)$$

   ここで，$\overline{H}_s\left(\overline{U}\right), \sigma_{H_s}(\overline{U})$ はそれぞれ，散布図から抽出した $\overline{U}$ における有義波高の平均値，標準偏差である．
2. ステップ 1 に戻り，次の風速ビンについて計算する．
3. $H_{s,SSS}\left(\overline{U}\right)$，$\overline{U}$ により環境コンターを描く．

上記の手順では，$\overline{U}$ における有義波高が正規分布していると仮定しており，実際のデータとは必ずしも整合していないことに注意が必要である．なお，有義波高は対数正規分布していると仮定し

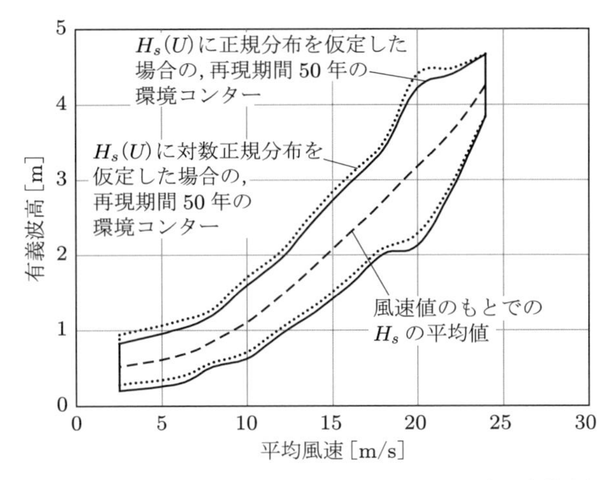

図 12.10 NL-1 サイトの散布図から求めた平均風速と再現期間 50 年の有義波高の環境コンター

たほうが安全側となる．いずれの分布形にせよ，その妥当性を目視か統計量にて確認しなければならない．

図 12.10 に，NL-1 における散布図（図 12.7 参照）から求めた再現期間 50 年の環境コンターを示す．

12.3.6 極値荷重：風車発電時以外の荷重ケースと海象条件

表 12.4 に，IEC 61400-3-1 の風車発電時以外の極値荷重ケースを，IEC 61400-1 の陸上風車の荷重ケースと対応付けて示す．設計平均風速 U_{ref} は，陸上風車と同様に再現期間 50 年の 10 分間平均値である．なお，IEC 61400-3-1 では乱流風速モデルの使用を規定しているため，定常極限風速モデルを使用する IEC 61400-1 のオプションは除外している．風と海象条件の再現期間は，風車が正常な状態の通常の荷重ケースである DLC 6.1 と DLC 6.2 では 50 年であるが，DLC 6.3 と DLC 7.1 では 1 年であり，それぞれ極値ヨーと機械的な異常を考慮する．また，系統喪失に関する DLC 6.2 では，制御系とヨー制御に使用する 6 時間のバックアップ電源がない場合には，$\pm 180°$ までのヨー角に対して検討する．

風車発電時以外のすべての荷重ケースでは，風向と波向きが同一でない場合の影響を考慮する必要がある．

■極値海況

IEC 61400-3-1 は，PM スペクトルまたは JONSWAP スペクトルに基づく不規則海象モデルで極値海況を定義しており，有義波高の再現期間は DLC に応じて 50 年または 1 年としている．これらは，有義波高の長期分布の裾部分を外挿することによって求められる．スペクトルピーク周期は，通常海況と同様，もっとも不利な値とする．

それ以外の海象条件として，極値流速（潮汐および高潮による水流も含む）と極値水位範囲があり，再現期間は DLC に応じて 50 年または 1 年とする．ただし，大規模な統計解析を避けるため，場合によっては，個々のパラメータ値に応じて，どちらの再現期間を用いるか決定することが望ましい．また，潮汐と高潮によって発生する水流は，1/7 乗則，すなわち $U_c(z) = U_c(0)\left[(z+d)/d\right]^{1/7}$ に従って，深さによって変化する．ここで，z と d は図 12.12 で定義されている．

表 12.4　風車発電時以外の極値荷重ケース

設計条件	DLC	対応する陸上風車のDLC	風の条件	風速	波と水流の条件	水位	電力網への接続，ヨーおよび障害の種類	DLCの種類
待機／静止	6.1	6.1	50年 EWM乱流	U_{ref}	50年極値海況 $H_s = H_{s50}$ および 50年極値水流	極値水位範囲	なし	N
	6.2	6.2	50年 EWM乱流	U_{ref}	50年極値海況 $H_s = H_{s50}$ および 50年極値水流	極値水位範囲	電力系統への接続喪失， ±180° までのヨー	A
	6.3	6.3	1年 EWM乱流	$0.8 \times U_{\mathrm{ref}}$	1年極値海況 $H_s = H_{s1}$ および 1年極値水流	通常水位範囲	極値ヨー（±20°）	N
障害発生した状態での待機／停止	7.1	7.1	1年 EWM乱流	$0.8 \times U_{\mathrm{ref}}$	1年極値海況 $H_s = H_{s1}$ および 1年極値水流	通常水位範囲	障害状態	A

EWM：極値風モデル（Extreme Wind Model）

■極値規則波の埋め込み

IEC 61400-3-1 は，各 1 時間シミュレーションに，制約付き波浪（constrained wave，12.3.10 項参照）の形で極値規則波を考慮することを要求している．ここで，各極値海象荷重ケースに対して，6 回以上の 1 時間シミュレーションが必要である．なお，深水域では，極値波高は有義波高の 1.86 倍であると仮定してもよい．

■浅水域における海象の修正

波高が平均水深の 78%に達すると波は砕波し始める．深水域の波が浅水域に入ってくるにつれ，波高のレイリー分布の上側の裾が切り詰められるため，1000 波の最大値に対する式 $1.86H_s$ を用いて波高を求めることは過剰に安全側となる．Battjes と Groenedijk（2000）は，一様な勾配の海底を伝播する波の修正波高分布の計算モデルを考案した（IEC 61400-3-1 付録 B 参照）．このモデルは，サイト固有の波浪の観測値を利用でき，波の進行方向がもっとも急な海底勾配の方向に対して 30° 以内の場合に適用できる．

12.3.7 疲労荷重

表 12.5 に，IEC 61400-3 の風車発電時および非発電時の疲労荷重ケースの概要を，IEC 61400-1 の陸上用荷重ケースと対応付けて示す．

表中の風の条件と水位の略語の意味は，次のとおりである．

- ・NTM：通常乱流モデル（Normal Turbulence Model）
- ・NWP：通常風速鉛直分布モデル（Normal Wind Profile）（乱れなし）
- ・NSS：通常海況（Normal Sea State）
- ・NWLR：通常水位範囲（Normal Water-Level Range）
- ・MSL：平均潮位（Mean Sea Level）

ここで，水流は考慮しない．

風速ごとの有義波高と波周期の頻度分布に，サイト固有の三次元散布図から求められる風速と海象の各組み合わせの頻度を乗じて，その影響を考慮しなければならない．また，支持構造物の固有振動数に対応する T_p の値では，とくに注意が必要である．ただし，シミュレーションを数多く行うことは極力避けるのが望ましく，計算ケースは極力まとめるのがよい．波高と波周期のビンをまとめて粗くすることによる誤差は，損傷等価平均波高（damage equivalent mean wave height）と損傷等価平均波期間（damage equivalent mean period）をビンごとに計算すれば小さくすることができる．前者は次式のようになる．

$$H_s = \left(\frac{1}{N} \sum_{i=1}^{N} H_{s_i}^m \right)^{1/m}$$

ここで，m は S–N 曲線の勾配の逆数である．また，後者の損傷等価平均波周期は，平均波周波数の逆数として計算される．Evans（2004）はケーススタディーを行い，波高ビン幅 0.5 m，波周期ビン幅 0.5 s で計算した損傷等価荷重に対して，風速ビンの幅を 2 m/s とした場合，損傷等価荷重の誤差はたかだか数パーセントであると報告している．

表 12.5 疲労荷重ケース

設計条件	DLC	対応する陸上風車の DLC	風の条件	風速	波の条件	水位	電力網への接続，ヨーおよび障害の有無
発電	1.2	1.2	NTM	カットイン～カットアウト	NSS における H_s, T_p, $\overline{U}$ の結合確率密度分布	NWLR もしくは $\geq$MSL	なし
発電中の障害発生	2.4	2.4	NTM	カットイン～カットアウト	NSS; $H_s = E[H_s \mid \overline{U}]$	NWLR もしくは $\geq$MSL	障害あり
起動	3.1	3.1	NWP	カットイン～カットアウト	NSS; $H_s = E[H_s \mid \overline{U}]$	NWLR もしくは $\geq$MSL	なし
通常停止	4.1	4.1	NWP	カットイン～カットアウト	NSS; $H_s = E[H_s \mid \overline{U}]$	NWLR もしくは $\geq$MSL	なし
待機	6.4	6.4	NTM	$< 0.7U_{\mathrm{ref}}$	NSS における H_s, T_p, $\overline{U}$ の結合確率密度分布	NWLR もしくは $\geq$MSL	なし
障害状態での待機／停止	7.2	なし	NTM	< カットアウト	NSS における H_s, T_p, $\overline{U}$ の結合確率密度分布	NWLR もしくは $\geq$MSL	障害あり

IEC 61400-3-1 では，風車が停止あるいは待機状態の場合に，障害がない場合と障害がある場合の二つの疲労荷重ケースを規定している．障害がある場合については IEC 61400-1 にはないが，洋上風車は停止している時間がかなり長い可能性があり，風車が停止しているときは空力減衰が大きく低下するので，この場合についても考慮する必要がある．

障害がない状態の風車待機時の疲労荷重（DLC 6.4）で考慮する最大風速は $0.7U_{\mathrm{ref}}$ であり，その年間超過時間は 30 分程度と考えられる．一方，風車待機時の故障による疲労荷重（DLC 7.2）で考慮する最大風速はカットアウト風速で，その年間超過時間は 60 時間程度と考えられる．DLC 7.2 に対する風車停止の総時間に関しては何も指定されていないので，荷重の予測に際しては注意が必要である．

12.3.8 波理論

波の運動に関しては，規則的で周期的な（二次元）波に関していくつかの理論があるが，洋上構造物に作用する荷重の計算で通常用いられるのは，エアリー波理論（Airy theory），ストークス波理論（Stokes theory），ディーンの流れ関数理論（Dean's stream function theory）の三つである．

エアリー波理論は線形理論であり，実際の海象状態における水粒子速度を，波周波数と波長が異なる多数の微小振幅波の重ね合わせで表す．しかし，波高が大きくなると，水深や波長に応じてエアリー波理論の精度が低下するため，ストークス波やディーンの流れ関数のような非線形理論を用いる必要がある．ただし，それらは非線形理論であるため，1 種類の規則波で構成される波浪伝播にしか適用することができない．図 12.11 に，波高，水深，波周期に応じて利用できる波理論を示す．

図 12.11 から，ディーンの流れ関数理論は砕波付近を除いてあらゆる場合に適用できることがわかる．また，ストークス波理論はかなり複雑であるため，これ以上の説明はここでは省略し，それ

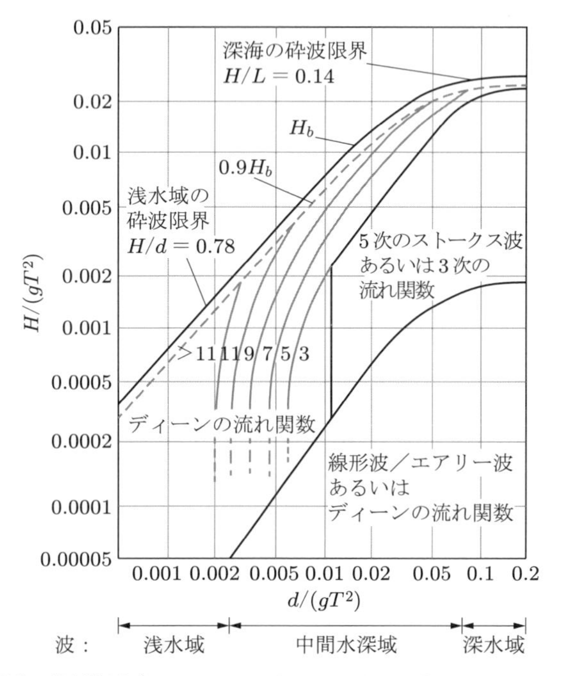

図 12.11 規則波理論の適用範囲（Barltrop et al. 1990; Open Government License v1.0 より）

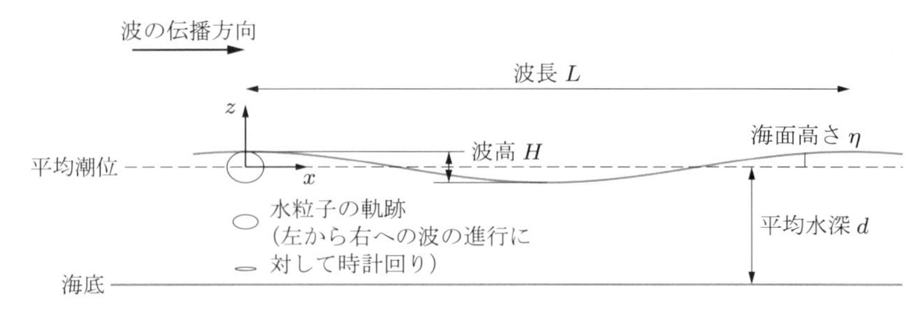

図 12.12　規則的，周期的な二次元波のパラメータと座標系の定義

以外の二つの理論について解説することにする．

■エアリー波理論

規則的で周期的な（二次元）波中の流体運動は，ラプラス方程式 $\nabla^2\phi\,(x,z,t)=0$ を満足する．ここに，ϕ は速度ポテンシャルで，水粒子の水平速度は $u=-\partial\phi/\partial x$，鉛直速度は $w=-\partial\phi/\partial z$ で表される．ここで，図 12.12 に示すように，x は水平座標で波の進行方向であり，z は鉛直座標で平均水面から上向きを正にとる．なお，ここで採用した速度ポテンシャルの定義は，マイナス記号を含むため，第 4 章の定義とは異なる．

流体運動は，以下の五つの境界条件も満足しなければならない．

1. 水粒子は海底面で鉛直速度 w はゼロで，水平速度成分のみをもつ．
2. 自由表面の法線方向の速度成分はゼロ．
3. 自由表面で非定常ベルヌーイの式を満たす．
4. 時間に関する周期境界条件 $\varphi\,(x,z,t)=\varphi\,(x,z,t+T)$ を満たす．ここで，T は波周期．
5. 空間に関する周期境界条件 $\varphi\,(x,z,t)=\varphi\,(x+L,z,t)$ を満たす．ここで，L は波長．

条件 2 は次式のように表される．

$$w=\frac{\partial\eta}{\partial t}+u\frac{\partial\eta}{\partial x} \tag{12.8}$$

ここで，η は平均潮位から測った海面高さで，u は水粒子の水平速度成分である．条件 3 の非定常ベルヌーイの式は，水の自由表面に作用する大気圧を一定とすると，次式のようになる．

$$-\frac{\partial\phi}{\partial t}+\frac{u^2+w^2}{2}+gz=C\,(t) \tag{12.9}$$

エアリー波理論では，水中の任意の点における速度ポテンシャルは次式のようになる．

$$\phi=-\frac{Hg}{2w}\frac{\cosh\,k\,(z+d)}{\cosh\,kd}\sin\,(kx-\omega t) \tag{12.10}$$

ここで，H は波高，d は平均水深，$k=2\pi/L$，$\omega=2\pi/T$ である．図 12.13 に，水深 15 m で波長 80 m の場合の，1 波長全体の速度ポテンシャルの等値線を示す．なお，等値線は静水面までしか描かれていないことに注意を要する．これは，エアリー波理論が，厳密には，波高が無限小の場合にのみ正しいためである．波は左から右へ進行するとすると，速度ポテンシャルの最大値は，右側

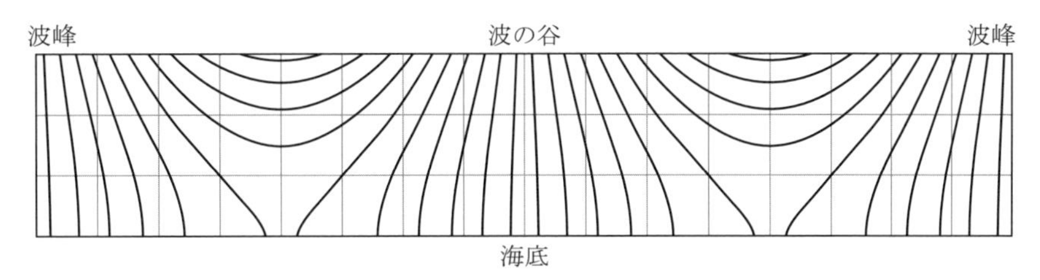

図 12.13 エアリー波理論の速度ポテンシャルの等値線

1/4 の点の水面において見られる．

速度ポテンシャルの式は条件 1, 4, 5 を厳密に満足するが，式 (12.8) と式 (12.9) については，それらを線形化した場合のみ，これらの条件を満足する．

線形化した式 (12.9) は，式の左辺を $z = 0$ まわりにテイラー展開することで，次式のように求められる．

$$\left(-\frac{\partial\phi}{\partial t} + \frac{u^2+w^2}{2} + gz\right)_{z=\eta}$$
$$= \left(-\frac{\partial\phi}{\partial t} + \frac{u^2+w^2}{2} + gz\right)_{z=0} + \eta\left[-\frac{\partial^2\phi}{\partial t\partial z} + \frac{\partial}{\partial z}\left(\frac{u^2+w^2}{2}\right) + g\right]_{z=0} + \cdots = C(t) \tag{12.11}$$

次に，すべての 1 次の項は十分小さいと仮定すると，すべての 2 次の項は無視することができるため，次式のようになる．

$$\left(-\frac{\partial\phi}{\partial t}\right)_{z=0} + \eta g = C(t)$$

この式は，

$$\eta = \frac{1}{g}\left(-\frac{\partial\phi}{\partial t}\right)_{z=0} + \frac{1}{g}C(t) \tag{12.12}$$

となる．式 (12.10) を上式に代入し，海面高さの空間平均と時間平均はゼロと定義していることに注意すると $C(t) = 0$ となり，次式を得る．

$$\eta = \frac{H}{2}\cos(kx - \omega t) \tag{12.13}$$

式 (12.8) も同様に，$z = 0$ で $w = -\partial\eta/\partial t$ となり，

$$w = -\left(\frac{\partial\phi}{\partial z}\right)_{z=0} = \frac{Hgk}{2\omega}\frac{\sinh kd}{\cosh kd}\sin(kx - \omega t) \tag{12.14}$$

と，

$$\left(\frac{\partial\eta}{\partial t}\right)_{z=0} = \frac{H}{2}\omega\sin(kx - \omega t)$$

を代入すると，次式を得る．

$$L = \frac{gT^2}{2\pi} \tanh kd \tag{12.15}$$

また，任意の深さにおける水粒子の水平および鉛直方向の速度と加速度 u, $\dot{u}$, w, $\dot{w}$ は次式のようになる．

$$\left.\begin{aligned}
u &= -\frac{\partial \phi}{\partial x} = \frac{Hgk}{2\omega}\frac{\cosh k(z+d)}{\cosh kd}\cos(kx-\omega t) \\
&= \frac{H\omega}{2}\frac{\cosh k(z+d)}{\sinh kd}\cos(kx-\omega t) \\
\dot{u} &= \frac{\partial u}{\partial t} = \frac{Hgk}{2}\frac{\cosh k(z+d)}{\cosh kd}\sin(kx-\omega t) \\
&= \frac{H\omega^2}{2}\frac{\cosh k(z+d)}{\sinh kd}\sin(kx-\omega t)
\end{aligned}\right\} \tag{12.16}$$

$$\left.\begin{aligned}
w &= -\frac{\partial \phi}{\partial z} = \frac{Hgk}{2\omega}\frac{\sinh k(z+d)}{\cosh kd}\sin(kx-\omega t) \\
&= \frac{H\omega}{2}\frac{\sinh k(z+d)}{\sinh kd}\sin(kx-\omega t) \\
\dot{w} &= \frac{\partial w}{\partial t} = -\frac{Hgk}{2}\frac{\sinh k(z+d)}{\cosh kd}\cos(kx-\omega t) \\
&= -\frac{H\omega^2}{2}\frac{\sinh k(z+d)}{\sinh kd}\cos(kx-\omega t)
\end{aligned}\right\} \tag{12.17}$$

水粒子の変位は上式を積分することで求められる．水粒子は，図 12.12 に示したように，主軸が水平の楕円運動をする．これは，時刻 $t = 0$ における波の位置を示している．

図 12.14 には，$H/(gT^2)$ と $d/(gT^2)$ の関係について，エアリー波理論による水粒子の波峰下での水平速度の予測精度を，より精度の高いディーンの理論，および，5 次のストークス理論と比較して示す．この図は，Barltrop と Adams（1991）の *Dynamics of Fixed Marine Structures*（固定式海洋構造物の力学）に掲載されているものである．この文献には，ほかのパラメータの予測精度に関しても同様の図が掲載されている．

■ディーンの流れ関数理論

ディーンの流れ関数理論（Dean and Dalrymple 1984）は，本質的には速度ポテンシャルの式に調和関数列を加えることによりエアリー波理論を拡張したもので，自由表面での境界条件（式 (12.8), (12.9)）を線形化しなくとも満足する．この理論では，速度ポテンシャルではなく，以下で説明する流れ関数（stream function）とよばれるパラメータを用いている．

波浪中で水粒子が描く軌跡は流線（streamline）とよばれ，それに沿って流れ関数パラメータは一定の値をとる．流れ関数 ψ は，その勾配が流線に直交しており，その位置での水粒子速度に比例するものとして定義される．すなわち，

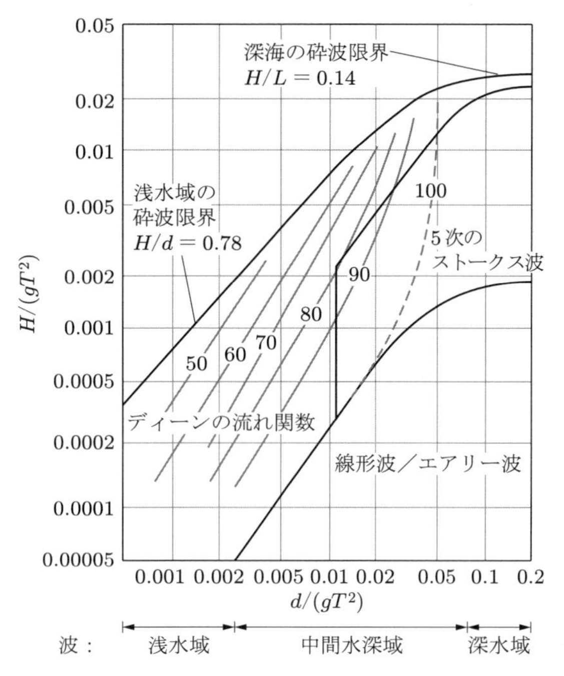

図 12.14 エアリー波理論による，水粒子の波峰下での水平速度（図 12.11 に示す理論に対する比率 [%] で示す．Barltrop et al. 1990; Open Government License v1.0 より）

$$
\begin{aligned}
u &= -\frac{\partial \psi}{\partial z} \\
w &= \frac{\partial \psi}{\partial x}
\end{aligned}
\tag{12.18}
$$

となる．

エアリー波理論では，流れ関数は次式のようになる．

$$
\psi = -\frac{Hg}{2\omega}\frac{\sinh k\,(z+d)}{\cosh kd}\cos\,(kx-\omega t) \tag{12.19}
$$

図 12.15 に，水深 15 m，波長 80 m における，1 波長全体の流線を示す．

式 (12.19) と図 12.15 の流線は静止座標系における場合であるが，波の波峰および谷と同じ速度（$C = L/T$）で移動する移動座標系でも同様に表すことができる．この場合，エアリー波理論の流れ関数は次式のようになる．

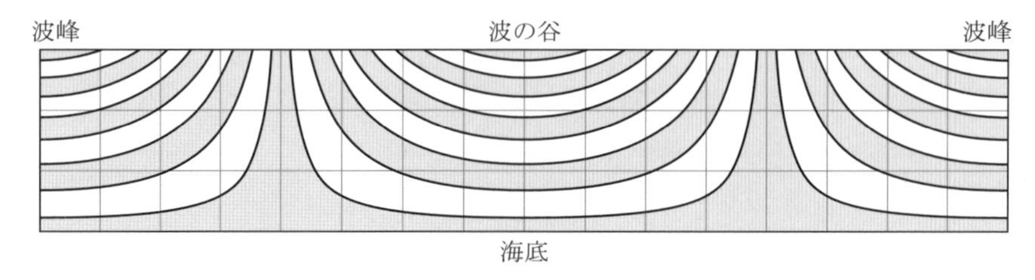

図 12.15 静止座標系におけるエアリー波理論の流線．速度ポテンシャルの図と同様，流線は静水面までしか描かれていない．これは，エアリー波理論は波高が無限小の場合にのみ正しいためである．

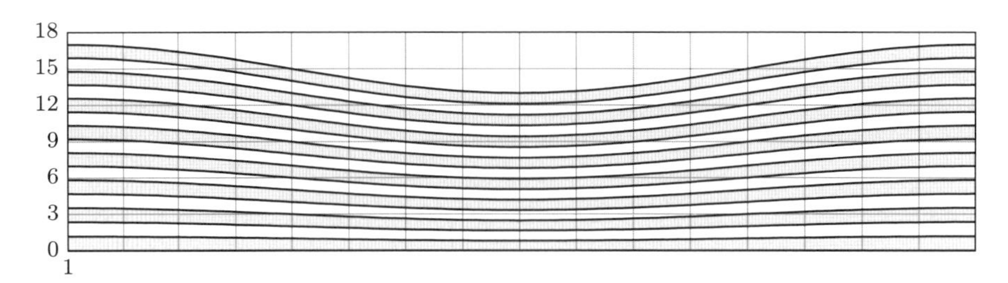

図 12.16　波浪の伝播とともに移動する移動座標系から見たエアリー波理論の流線

$$\overline{\psi} = Cz - \frac{Hg}{2\omega}\frac{\sinh k\,(z+d)}{\cosh kd}\cos kx \tag{12.20}$$

この式は時間に関係しないというメリットがある．図 12.16 に，図 12.15 と同じケースについて移動座標系に対して描いた 1 波長全体にわたる流線を示すが，エアリー解が不正確になることを明確に示すために，波高は比較的高い 4 m とした．

ディーンの流れ関数は，同じ移動座標系で表すと，次式のような調和関数列からなる．

$$\overline{\psi} = Cz + \sum_{n=1}^{N} X_n \sinh nk\,(z+d)\cos(nkx) \tag{12.21}$$

$N = 1$ の場合，上式は式 (12.20) になることから，

$$X_1 = -\frac{Hg}{2\omega\cosh kd} \tag{12.22}$$

である．

水粒子速度は次式のようになる．

$$u = -\frac{\partial\overline{\psi}}{\partial z} = -C - \sum_{n=1}^{N} nkX_n \cosh nk\,(z+d)\cos(nkx) \tag{12.23}$$

$$w = -\frac{\partial\overline{\psi}}{\partial x} = -\sum_{n=1}^{N} nkX_n \sinh nk\,(z+d)\sin(nkx) \tag{12.24}$$

上式で必要な項数 N は，波高が砕波限界に近づくに従って増加する．なお，N 項を用いた解は N 次の解という．式 (12.21) に自由表面で $z = \eta$ を代入すると次式を得る．

$$\eta = \frac{\overline{\psi}_0}{C} - \frac{1}{C}\sum_{n=1}^{N} X_n \sinh nk\,(\eta+d)\cos(nkx) \tag{12.25}$$

海面高さ η の空間平均はゼロと定義すると，

$$\overline{\psi}_0 = \frac{1}{L}\int_0^L \sum_{n=1}^{N} X_n \sinh nk\,(\eta+d)\cos(nkx)\,dx \tag{12.26}$$

となる．なお，この式の右辺は，双曲関数の係数 $\sinh nk\,(h+d)$ を乗じた $\cos\,(nkx)$ による可変重み付けのため，ゼロにはならない．

ここで，満足しなければならない境界条件は以下のとおりである．

1. 海底面における水粒子速度の鉛直成分はゼロ．
2. 自由表面の法線方向の速度はゼロ．
3. 自由表面で定常のベルヌーイの式を満たす．
4. 空間に関する周期境界条件 $-\overline{\psi}\,(x,z) = \overline{\psi}\,(x+L,z)$ を満たす．ここで，L は波長．

式 (12.24) と式 (12.21) は，条件 1 と条件 4 をそれぞれ満たすが，自由表面は流線でもあるので，条件 2 も満たされる．

自由表面における定常ベルヌーイの式（条件 3）は次式のようになる．

$$\frac{u^2+w^2}{2} + g\eta = K \tag{12.27}$$

波長，平均水深，波高 H がわかっている場合，問題は，$\eta_{\max} - \eta_{\min} = H$ という条件のもとで，波形に沿ったすべての点で式 (12.27) を極力満たすような一連の係数 X_n の値と波速 C の値を見つけることである．

以下のステップにより，低い次数の解は表計算でも求めることができる．

1. $X_2, X_3, \ldots, X_N$ をすべてゼロにする．
2. エアリー波理論により，$C = \sqrt{(g/k)\tan kd}$ とする．
3. X_1 を $X_1 = -0.8Hg/(2\omega\cosh kd)$ のように，式 (12.22) による値よりも若干小さく設定する．
4. 式 (12.25) と式 (12.26) を反復的に用いて，半波長にわたって等間隔に分布する M 個の点において海面形状を計算する．
5. 式 (12.27) を用いて，M 個の点で $K_1, K_2, \ldots, K_m, \ldots, K_M$ の値を計算する．
6. $\overline{K} = \sum_{m=1}^{M} K_m/M$ として，$\sum_{m=1}^{M}\left(K_m - \overline{K}\right)^2$ を計算する．
7. 上で求めた合計を $\eta_{\max} - \eta_{\min} = H$ の条件のもとで X_1 と C について最小化し，X_1 と C の新しい値を求める．
8. X_2 についても，ステップ 4〜7 を繰り返して同様に分布するようにする．
9. X_2 と X_3 についても，ステップ 4〜7 を繰り返して同様に分布するようにする．
10. 以下同様．

図 12.17 に，水深 15 m，波長 100 m，波高 10 m の場合に，この方法で $M = 40$ とした 5 次の解から求めた半波長の間の流線を示す．波形は正弦波とはまったく異なり，波峰は狭く谷は広く，波峰は平均潮位から波の谷までの距離よりもかなり高いことがわかる．

水粒子の水平速度成分は，式 (12.23) を用いて流れ関数から求めることができる．図 12.18 には，上記の例について静止座標系で見たときの，波峰および波の谷での水粒子の水平速度成分の分布を示す．

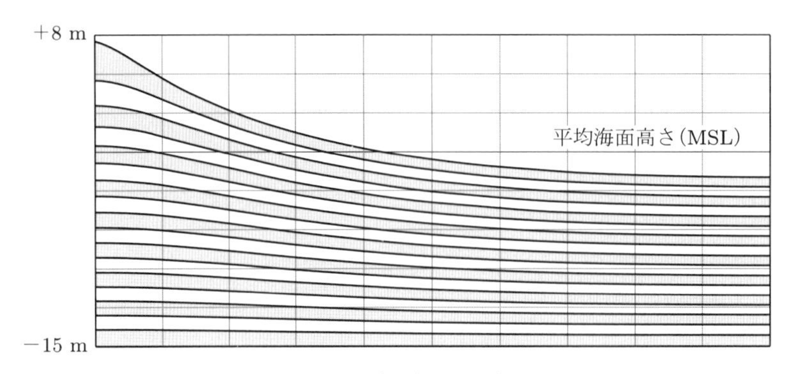

図 12.17　ディーンの流れ関数理論による移動座標系で表した流線．$L = 100\,\mathrm{m}$, $d = 15\,\mathrm{m}$, $H = 10\,\mathrm{m}$, $T = 8.36\,\mathrm{s}$ に対して，$X_1 = -32.3\,\mathrm{m}^2/\mathrm{s}$, $X_2 = -2.70\,\mathrm{m}^2/\mathrm{s}$, $X_3 = -0.212\,\mathrm{m}^2/\mathrm{s}$, $X_4 = -0.017\,\mathrm{m}^2/\mathrm{s}$, $X_5 = -0.0035\,\mathrm{m}^2/\mathrm{s}$, MSL からの波の最高高さ $= 7.47\,\mathrm{m}$.

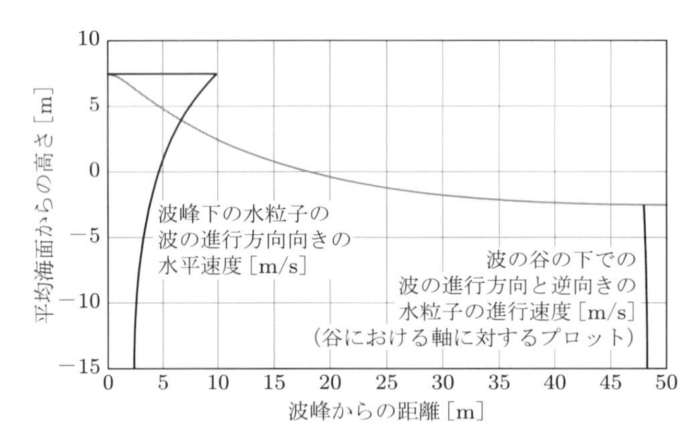

図 12.18　波峰と波の谷の下の水粒子の水平速度成分の分布．波峰下での水粒子の水平速度は大きく，波速に近い．波長 100 m，周期 8.36 s，平均水深 15 m，波高 10 m，波速 $L/T = 100/8.36 = 12.0\,\mathrm{m/s}$，波峰下での水粒子の水平速度=9.9 m/s，波の谷の下での水粒子の水平速度 $= -2.0\,\mathrm{m/s}$.

12.3.9　支持構造に作用する波荷重

水没している構造に作用する波荷重は，その大きさ，形状，表面粗度に依存する．波長に比べて部材が小さい場合，構造物の存在による波の乱れは無視でき，荷重は乱されていない波の運動からモリソン式（Morison's equation）により求められる．しかし，部材が大きくなると，波の変形を考慮する必要があるため，波の回折を計算し，構造の各面に作用する変動波圧を数値的に求める必要がある．

■モリソン式

部材幅が波長の約 1/5 より小さい場合の荷重は，通常，次に示すモリソン式により，抗力と慣性力の和として表される．

$$F = \frac{1}{2}C_D \rho D\,|u|\,u + C_M \rho A \frac{\partial u}{\partial t} \tag{12.28}$$

ここで，F は部材単位長さあたりの力，D は部材幅，A は断面積，C_D は抗力係数，C_M は慣性力係数（inertia coefficient）である．なお，水粒子速度 u と加速度 $\partial u/\partial t$ は部材の影響を受けていない値で，部材の中心線に作用するものとする．第 1 項の抗力は非線形で，水粒子速度の 2 乗に依存する．これは波峰が部材を過ぎるときにピークに達し，慣性力はそれより先行して（エアリー波の場合 $T/4$ だけ先行）ピークに達する．エアリー波の場合，慣性力項は

$$F_{\text{inertia}} = C_M \rho A \frac{H\omega^2}{2} \frac{\cosh k\,(z+d)}{\sinh kd}$$

であり，深水域では $F_{\text{inertia}} = C_M \rho A (H\omega^2/2) e^{kz}$ となる．

モリソン式は，一般に多面体部材にも用いられるが，ここではモノパイルあるいはジャケット構造の部材のような円柱部材に用いることを考える．

■抗力係数と慣性力係数の値

抗力係数と慣性力係数の経験値は，以下の要素から決定される．

- ・レイノルズ数 uD/ν．ここで，ν は海水の動粘性係数（10 ℃で $1.35 \times 10^{-6}\,\text{m}^2/\text{s}$）．
- ・円柱部材の相対粗度 k/D．ここで，k は表面粗度で，山から谷までの高さで表す．
- ・クーリガン－カーペンター数（Keulegan–Carpenter number）$K_C = u_{\max} T/D$．ここで，$u_{\max}$ は最大水粒子速度（海面で $u_{\max} = H\omega/\,(2\tanh kd)$（式 (12.16)）．したがって，$K_C = \pi H/\,(D\tanh kd)$）．
- ・波による最大水粒子速度に対する水流の比．

レイノルズ数の影響：風車の支持構造物のレイノルズ数は，海が静穏であるとき以外は通常は超臨界域に相当する値であるため，定常流れに対する抗力係数 C_{DS} はレイノルズ数には依存しない．

相対粗度の影響：定常流に対する抗力係数は，図 12.19 に示すように，表面が滑らかな円柱の場合には約 0.65 で，表面が粗い円柱の場合には約 1.05 まで増加する．この図は，ISO 19902:2007, *Petroleum and Natural Gas Industries—Fixed Steel Offshore Structures*（石油と天然ガス—固定式鋼製沖合構造物），ならびに，DNVGL-RP-C205 (2017), *Environmental Conditions and Environmental Loads*（環境条件と環境荷重）の推奨値を示しており，両者の C_{DS}

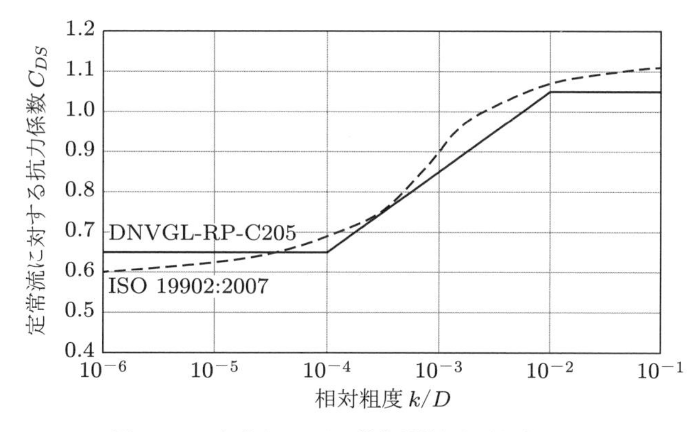

図 12.19　定常流における抗力係数と相対粗度の関係

は近い値を示している.

設計高潮位より下の部分では, 海中生物の付着を表面粗度と部材径の両方について考慮しなければならない. 付着海中生物の最終的な厚さは, HSE Offshore Technology Report 2001/010, *Environmental Considerations*（HSE 海洋技術報告 2001/010,「環境検討項目」）(HSE 2002) では 200 mm, DNVGL-RP-C205 では 60～100 mm とされているが, 海中生物の付着の程度はサイトによって大きく異なる. 仮に, 安全側に考えて, 最終的に成長する厚さをおおむね表面の山から谷の高さとすると, 相対粗度はモノパイル直径 4 m の風車の場合では 0.015～0.050 となり, 定常流に対する抗力係数は 1.05～1.10 となる.

設計高潮位より上の部分では, 海中生物の付着は無視でき, 表面粗度 k は表 12.6 の値を用いることができる.

表 12.6　表面粗度（DNVGL-RP-C205 2017 より）

材料	表面粗度 k [mm]
塗装していない新しい鋼材	0.05
塗装済の鋼材	0.005
腐食の進んだ鋼材	3
コンクリート	3

クーリガン－カーペンター数の影響：進行波における振動流とは, 流れの方向が反転したときに, 円筒の後流が円筒の一方の側から反対側に移ることである. 後流中をゆっくりと移動していた水塊は, 流れの方向が反転したあと, 円筒がない場合の速度よりも反対方向に大きな速度をもつようになる. 波荷重のための抗力係数を求めるにあたって, この影響は, 定常流の抗力係数 C_{DS} にクーリガン－カーペンター数に応じた後流増幅係数（wake amplification factor）ψ を乗じることで考慮する. 図 12.20 に, DNVGL-RP-C205 での粗い円柱と滑らかな円柱の ψ と K_C の関係を示す. ISO 19902:2007 で与えられているものも, 基本的にこれとほとんど同じである.

慣性力係数は, クーリガン－カーペンター数がきわめて低い場合, 流れのはく離がないポテンシャル理論により得られる値 (2.0) であるが, $K_C > 3$ の場合, 流れのはく離によりその値は低下

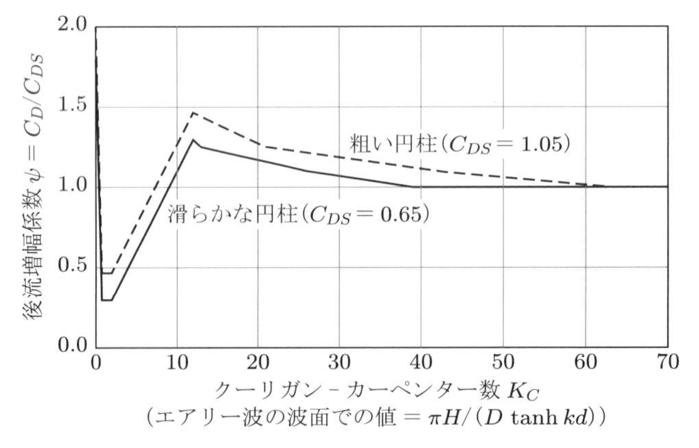

図 12.20　クーリガン－カーペンター数に対する後流増幅係数 $\psi = C_D/C_{DS}$（DNVGL-RP-C205）

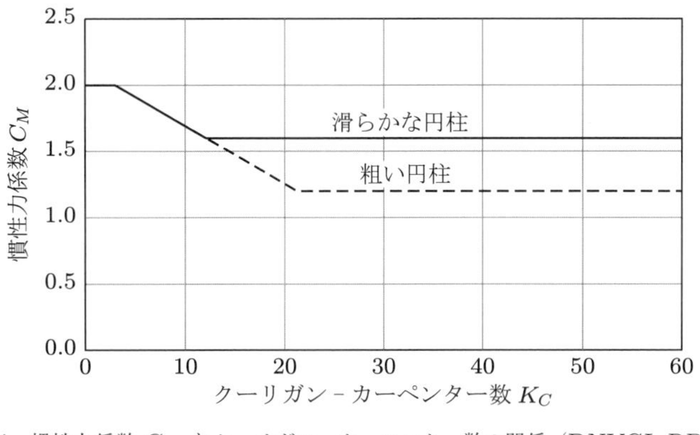

図 12.21 慣性力係数 C_M とクーリガン－カーペンター数の関係（DNVGL-RP-C205）

し始め，滑らかな円柱では 1.6，粗い円柱では 1.2 に漸近する．図 12.21 に，DNVGL-RP-C205 での粗い円柱と滑らかな円柱の C_M と K_C の関係を示す．なお，ISO 19902:2007 で与えられているものも，基本的にこれとほとんど同じである．

水流の影響：定常な流れがあると，抗力係数 C_D は，波の進行方向に対する流れの角度によらず，定常流における値 C_{DS} に近づく．流れの方向が波の進行方向と同じで，流れが波の運動のもとでの最大水粒子速度の 0.4 倍より大きい場合には，$C_D = C_{DS}$ とする．

■慣性力に対する抗力の比

エアリー波では，海面での単位幅あたりの最大慣性力に対する単位幅あたりの最大抗力の比は，次式のように表される．

$$\frac{F_{D\max}}{F_{M\max}} = \frac{C_D}{C_M}\frac{H}{\pi D}\frac{1}{\tanh(kd)} = \frac{C_D}{C_M}\frac{K_C}{\pi^2} \tag{12.29}$$

図 12.22 に，DNVGL-RP-C205 で推奨されている，粗い円柱（$C_{DS} = 1.05$）のクーリガン－カーペンター数に対する C_D および C_M を示す．図には，上式から求めた最大慣性力に対する最大抗力

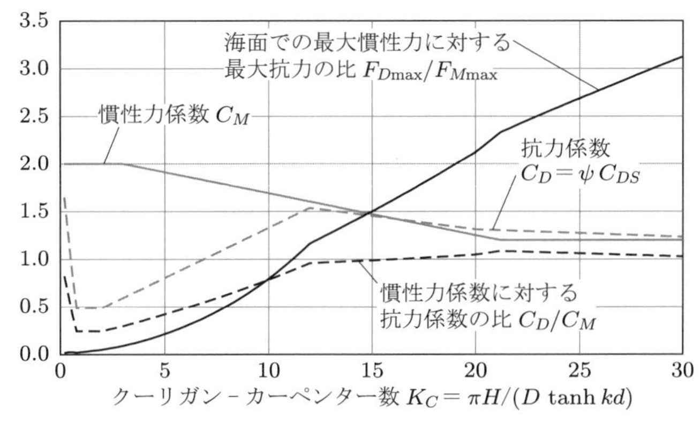

図 12.22 粗い円柱のクーリガン－カーペンター数に対する C_D，C_M，C_D/C_M，および，海面における最大慣性力に対する最大抗力の比 $F_{D\max}/F_{M\max}$

の比も示す．

抗力と慣性力の相対的な大きさによって，抗力と慣性力のいずれかが支配的な状態となる．表面が粗い円柱では，クーリガン－カーペンター数が $\pi^2 C_M/C_D = \pi^2\,(1.64/1.45) = 11.2$ を超えたときに慣性力が支配的な状態から抗力が支配的な状態へ遷移する．一方で，水深が深くなると，$\tanh kd$ は 1 に近づくので，円柱の直径に対する波高の比が $11.2/\pi$ 倍，つまり 3.5 倍を超えると抗力が支配的になる．水深が浅くなると，$\tanh kd$ は 1 よりも小さくなるため，この比は水深が深い場合に比べて小さくなる．よって，直径約 4.0 m のモノパイルに作用する荷重は，通常海況においては，慣性力が支配的であることがわかる．

■円柱に作用するエアリー波による波荷重

円柱に作用するエアリー波による波荷重は，式 (12.16) の水粒子の水平速度と加速度を式 (12.28) に代入することで容易に求められる．しかし，エアリー波理論は微小振幅波に基づいており，静水面より上での速度や加速度は求められない．したがって，通常は，自由表面のある瞬間における運動は，エアリー波から求めた静水面における運動と同じであると仮定し，自由表面より下の運動は，自由表面から海底までの水柱を，平均水深に対応する高さに一様に圧縮あるいは引き伸ばしたあとにエアリー波理論によって与えられる運動と仮定する．この方法は Wheeler（1970）が考案したもので，ウェーラのストレッチ法（Wheeler stretching）として知られている．

図 12.23 に，直径 4 m の直立円柱に作用する，波高 3 m のエアリー波による抗力と慣性力の時間変化を示す．予想されるように，抗力成分は慣性力成分よりもはるかに小さい．図から，ウェーラのストレッチ法により，慣性力のピークは波峰の近くに移動することがわかる．

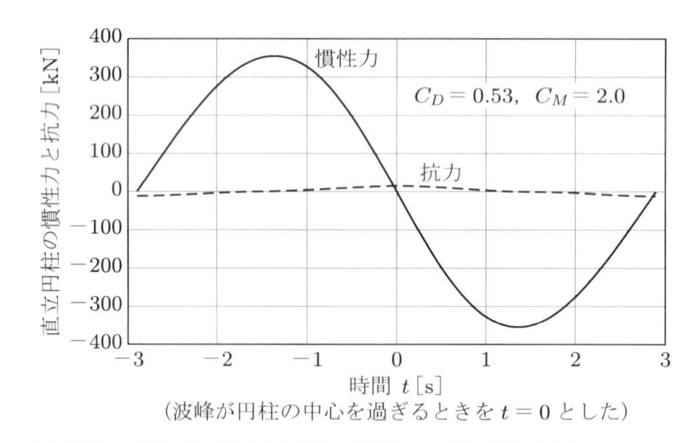

図 12.23　直立円柱に作用する波周期 1 周期間の波荷重の変化（円柱直径 4 m，エアリー波の波高 $H = 3$ m，水深 $d = 15$ m，波長 $L = 50$ m，波周期 $T = 5.8$ s）

この場合，抗力が荷重全体の最大値にはまったく寄与しないのは明らかである．一般に，抗力は，K_C が $0.5\pi^2 C_M/C_D$ を超えると荷重の最大値に影響し始める．

■円柱に作用する非線形波による波荷重

波高が大きく，非線形性がある波においては，モリソン式で用いる水粒子速度と加速度は非線形理論に基づいたものでなければならない．図 12.24 に，5 次のディーンの流れ関数理論に基づく，直径 4 m の直立円柱に作用する波高 10 m の規則波による抗力と慣性力の変化を示す．ここで，抗

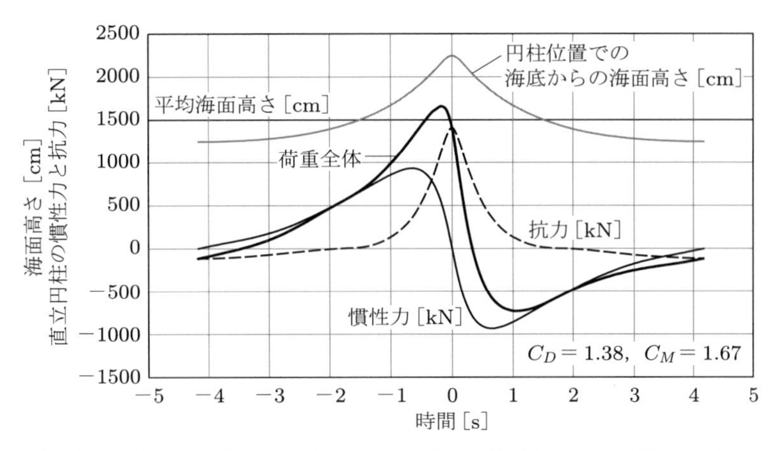

図 12.24 直立円柱に作用する波周期 1 周期間の波荷重の変化（円柱直径 4 m，規則波の波高 $H = 10\,\mathrm{m}$，平均水深 $d = 15\,\mathrm{m}$，波長 $L = 100\,\mathrm{m}$，波周期 $T = 8.36\,\mathrm{s}$）

力係数と慣性力係数には DNVGL-RP-C205 の推奨値を用いた．荷重はすでに述べたのと同様に，各時刻での水深にわたって積分して求めた．

波峰が円柱を過ぎるとき，水深が増加し，波速 12 m/s に対して，波浪中の水粒子速度が 9.9 m/s まで増大することで抗力がピークに達する．また，慣性力の最大値の位相進みは，エアリー波の場合の $\pi/4$ に対して小さい．慣性力のピーク値に対する抗力のピーク値の比が，先に述べたエアリー波の例に比べて 35 倍大きいことは驚きに値する．一方で，$(C_D/C_M) \times (H/D)$ の比率は 10.4 倍にとどまる．

■回折（diffraction）

構造部材の幅が波長に比べて無視できなくなると，波が変形し，モリソン式で暗黙に仮定していた波の透過性は成り立たなくなるため，回折の影響を計算する必要がある．変形した波による構造物まわりの流れは，構造物の表面の法線方向には流れが生じないという要件を満たす速度ポテンシャルの分布で求められる．回折の計算から求められる構造物に作用する荷重は，抗力ではなく慣性力であることに注意が必要である．通常，大きな構造物に作用する抗力は，慣性力に比べて無視できる．ここで，速度ポテンシャルが自由表面での線形化した境界条件しか満たさないため，回折理論が線形波に限定されることは重要である．

マッカミー（MacCamy）とフックス（Fuchs）は，水面を切る大きな直立円柱について，ベッセル関数を用いて速度ポテンシャルの解を閉じた形で求めた（MacCamy and Fuchs 1954）．この方法では，速度ポテンシャルを，円柱がないとした場合の速度ポテンシャルと，その速度ポテンシャルによる円柱表面を横切る流れを打ち消すポテンシャルの二つの部分からなるとしている．このポテンシャルと非定常のベルヌーイの式を用いて，円柱上の波圧と単位長さあたりの荷重を求めることができる．図 12.25 に，求められた慣性力係数 C_M と波長に対する直径の比 D/L との関係を示す．D/L に対して，慣性力係数は，初めに若干増加したあとに急激に減少する．

速度ポテンシャルに対するマッカミーとフックスの式の導出と，円柱に作用する荷重の計算法は，Dean and Dalrymple（1984）で述べられている．

一般的な形状の場合では，解は閉じた形では求められず，数値的に求めるしかない．この場合でも，構造物がない場合の速度ポテンシャル（第 1 の速度ポテンシャル）と，構造物表面を横切る流

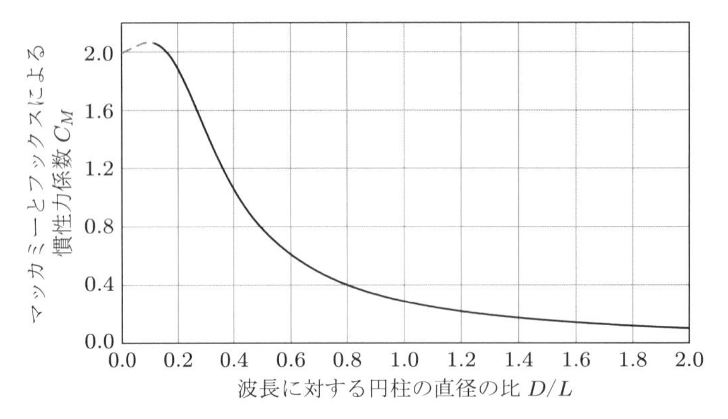

図 12.25　波長に対する円柱の直径と，マッカミーとフックスによる慣性力係数の関係

れがゼロになるように第 1 の速度ポテンシャルに足し合わせる第 2 の速度ポテンシャルを，ラプラス方程式とその境界条件を満たすように求める必要がある．構造物の表面は N 個の面要素に分割し，それぞれ擾乱速度ソースが面上に一様に分布しているとし，これら N 個の擾乱ソースから求められる速度ポテンシャルの合計を第 2 の速度ポテンシャルとする．各面で流れがゼロという要件を課すと，ソースの大きさに関する N 元連立方程式となる．

i 番目の面での単位面積あたりのソース強度を f_i とし，i 番目の面の中心から放射される単位擾乱ソースによる速度ポテンシャルを $\Phi_i(x, y, z, t)/4\pi$ とすると，N 個すべての擾乱ソースによる，j 番目の面に垂直な総ポテンシャルの勾配は次式のようになる．

$$\begin{aligned}\left(\frac{\partial \phi_S}{\partial n}\right)_j &= \frac{1}{4\pi}\left[\left(\frac{\partial \Phi_1}{\partial n}\right)_j f_1 S_1 + \cdots + \left(\frac{\partial \Phi_i}{\partial n}\right)_j f_i S_i + \cdots + \left(\frac{\partial \Phi_N}{\partial n}\right)_j f_N S_N\right] \\ &= \frac{1}{4\pi}\sum_i \left(\frac{\partial \Phi_i}{\partial n}\right)_j f_i S_i\end{aligned}$$

ここで，S_i は i 番目の面の面積である．

面 j を横切る流れをゼロとすると，$(\partial \phi_I/\partial n)_j = -(\partial \phi_S/\partial n)_j$ である．ここで，$(\partial \phi_I/\partial n)_j$ は構造物がない場合の面に垂直なポテンシャル勾配である．これにより，次式に示す一連の方程式となり，ここからソース強度 f_i が求められる．

$$\left(\frac{\partial \phi_I}{\partial n}\right)_j = -\frac{1}{4\pi}\sum_i \left(\frac{\partial \Phi_i}{\partial n}\right)_j f_i S_i \tag{12.30}$$

Wehausen と Laitone（1960）は，*Surface Waves*（表面波）の 478 ページで $\Phi_i(x, y, z, t)$ に対する式を示した．点源から予測される項 $(1/r)\cos\omega t$ と，海底下の鏡像湧き出し（mirror source）に対する項 $(1/r_2)\cos\omega t$（ここで，r は点源から点 (x, y, z) までの半径，r_2 は鏡像湧き出しから点 (x, y, z) までの半径）のほかに，湧き出しと同位相および $90°$ 位相で第 1 種ベッセル関数が関係する二つの項がある．これらの項には，自由表面境界条件を満たすことと無限遠へ向けて減衰することが要求される．

上述したように，回折理論は線形波に対してのみ厳密解となる．非線形波に対しては，構造物を透明と扱い，面における線形波水粒子加速度に対する非線形波水粒子加速度の比で回折解析を行って，求められる構造物の表面の各面に作用する荷重を割り増すことで，近似的な解が求められる．

■砕波（breaking waves）

深海波（deep water wave）は浅い水域に達し，波高が水深の 0.78 倍を超えると砕波し，砕波しない場合の荷重に比べて瞬間的に 1 桁大きな荷重を発生させる．

砕波は通常，崩れ波，巻き波，砕け寄せ波の三つのタイプに分けられる．Muir Wood と Fleming（1981）によると，これらは，「基本的に巻き波砕波は波峰の速度が波速を超えたときに生じ，崩れ波砕波は波峰の速度が波速にほぼ等しいとき，砕け寄せ波砕波は波峰が前方に巻く前に波の底が海岸を這い上がるときに生じる」と分類される．風車構造の場合，明らかに巻き波砕波がもっとも重要である．巻き波砕波では，進行してくる海水の壁が鉛直面に当たり，衝撃的な荷重を発生させる．

構造物に作用する波による衝撃荷重は，流体力学的には，構造物の形状，波の先端の形状，空気の混入が関係する複雑な三次元問題であるため，なんらかの仮定を設けて簡単化する必要がある．図 12.26 に，直立円柱に当たる巻き波砕波を示す．波の前面は一般にへこんでいるので，直立しているとして扱い，その高さは波峰高さ η_b の λ 倍で，円柱まわりの海水の流れは二次元問題と考える．λ は砕波巻き込み率（curling factor）とよばれる．

砕波により円柱に作用する衝撃力に対して，さまざまな理論が考案されている（Wienke and Oumeraci 2005）．図 12.27 に，いくつかの理論による単位長さあたりの衝撃力の時系列を示す．

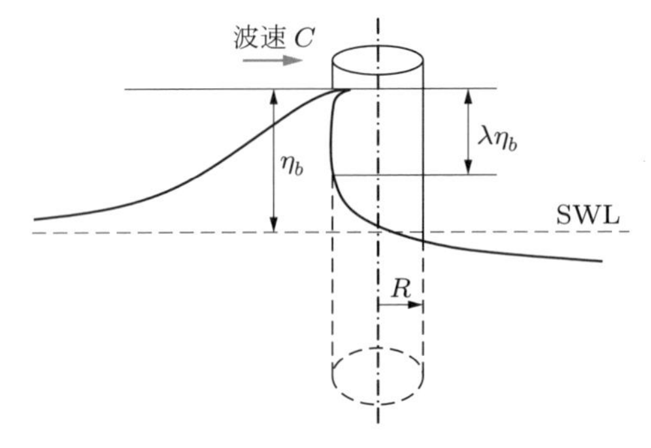

図 12.26 円柱の場合の砕波

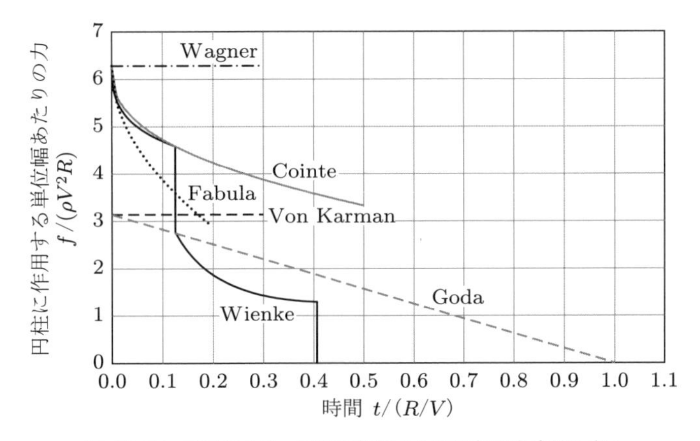

図 12.27 理論による，円柱に作用する衝撃力の時系列の違い

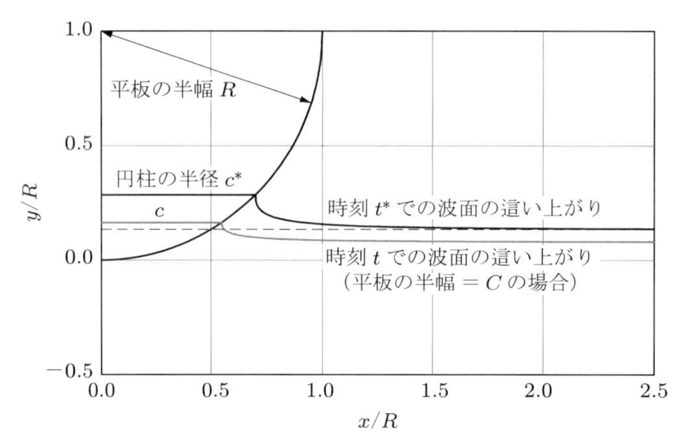

図 12.28　波面が円柱に達したときの海水の這い上がり．時刻 t^* での円柱の影響を受けない波面を破線で表す．また，円柱の影響を受けない波面の速度を V とする．

初期衝撃力係数 $f/\left(\rho V^2 R\right)$ の大きさは π から 2π とかなりの開きがある．また，円柱の両側で海水の這い上がりを考慮すると，この値は大きくなる（図 12.28 参照）．

円柱に作用する力は，次式の非定常のベルヌーイの式から求められる波圧を，没水している部分の表面積にわたって積分することで得られる．

$$p(x,t) = \rho\frac{\partial\phi}{\partial t} - \frac{1}{2}\rho\left[\left(\frac{\partial\phi}{\partial x}\right)^2 + \left(\frac{\partial\phi}{\partial y}\right)^2\right] + C(t) \tag{12.31}$$

ここで，高さは一定なので重力項は省略される．

平板近似による速度ポテンシャル：速度ポテンシャル ϕ を求める問題は，各瞬間の流れ場として，その瞬間における円柱の没水幅に等しい幅の平板まわりの流れ場が適用できるものと仮定すると簡単になる（図 12.28）．Milne-Thomson（1967）によると，平均流方向に正対する平板まわりの流れの複素ポテンシャルは，次式のようになる．

$$w = -iV\sqrt{z^2 - c^2} \tag{12.32}$$

ここで，V は平板から正の y 方向の遠方の流速，$z = x + iy$，平板の幅は $2c$ である．速度ポテンシャルは w の実部で与えられ，平板の上流側の表面で $\phi = V\sqrt{c^2 - x^2}$ に等しくなる．

平板の上流遠方では，圧力，$\partial\phi/\partial t$，$\partial\phi/\partial x$ はすべてゼロなので，$C(t) = 0.5\rho V^2$ であり，式 (12.31) は次式のようになる．

$$\begin{aligned} p(x,t) &= \rho\frac{\partial}{\partial t}\left(V\sqrt{c^2 - x^2}\right) - \frac{1}{2}\rho\left(\frac{\partial\phi}{\partial x}\right)^2 + \frac{1}{2}\rho V^2 \\ &= \frac{\rho V c}{\sqrt{c^2 - x^2}}\frac{dc}{dt} - \frac{1}{2}\rho V^2\frac{x^2}{c^2 - x^2} + \frac{1}{2}\rho V^2 \end{aligned} \tag{12.33}$$

波の前面の這い上がり：Wagner（1932）は，静水面に打ち付ける船体の両側で加速した波面の進行を求める方法を導き出した．この方法により，円柱に衝撃力を及ぼす波面の dc/dt を求めることができる（図 12.28 参照）．式 (12.32) から，仮想平板を過ぎる流れの平板の面上の 1 点における速度は，次式のように表すことができる．

$$-\left(\frac{\partial\phi}{\partial y}\right)_{y=0,x>c} = \frac{V}{\sqrt{1-(c/x)^2}} \tag{12.34}$$

この式を時間で積分すると，波面が時刻 t^* で達する円柱表面上の点 (c^*, y) の y 座標は次式のようになる．

$$y\left(t^*\right) = \int_0^{t^*} \frac{V dt}{\sqrt{1-(c/c^*)^2}} \tag{12.35}$$

ここで，$\mu = V/\left(dc/dt\right)$ を定義すると，$V dt = \mu dc$ であるので，

$$y\left(t^*\right) = \int_0^{c^*} \frac{\mu dc}{\sqrt{1-(c/c^*)^2}} \tag{12.36}$$

となる．

$\mu = \alpha_1 c + \alpha_3 c^3 + \alpha_5 c^5 + \cdots$ とすると，この式を積分することができ，α_n の値は，$y\left(t^*\right)$，c^* が円柱の輪郭に沿うという条件から求められる．たとえば，$\mu = \alpha_1 c$ とすると次式のようになる．

$$y\left(t^*\right) = \int_0^{c^*} \frac{\alpha_1 c dc}{\sqrt{1-(c/c^*)^2}} = \alpha_1 \left[-c^{*2}\sqrt{1-(c/c^*)^2}\right]_0^{c^*} = \alpha_1 c^{*2} \tag{12.37}$$

放物線断面に対する解：$\alpha_1 c^{*2}$ を円の放物線近似 $y\left(t^*\right) = 0.5c^{*2}/R$ と等しいとすると，$\alpha_1 = 0.5/R$ となる．したがって $\mu = 0.5c/R$ および $dc/dt = V/\mu = V \times 2R/c$ となり，式 (12.33) に代入すると次式のようになる．

$$\begin{aligned} p\left(x,t\right) &= \frac{2\rho V^2 R}{\sqrt{c^2-x^2}} + \frac{1}{2}\rho V^2 - \frac{1}{2}\rho V^2 \frac{x^2}{c^2-x^2} \\ &= \frac{2\rho V^2 R}{\sqrt{c^2-x^2}} + \frac{1}{2}\rho V^2 \left(2 - \frac{c^2}{c^2-x^2}\right) \end{aligned} \tag{12.38}$$

この式を平板の幅にわたって積分すると，円柱の単位長さあたりの力が次式のように求められる．

$$f = 2\rho V^2 R \times 2\int_0^c \frac{dx}{\sqrt{c^2-x^2}} + \frac{1}{2}\rho V^2 \times 2\int_0^c \left(2 - \frac{c^2}{c^2-x^2}\right) dx$$

$$= 4\rho V^2 R \arcsin\left(\frac{x}{c}\right) + \rho V^2 \int_0^c \left(2 - \frac{c^2}{c^2 - x^2}\right) dx$$

$$= \rho V^2 R 2\pi + \frac{2c}{R} - \frac{c}{R}\left[\tanh^{-1}\left(\frac{x}{c}\right)\right]_0^c \tag{12.39}$$

上式の第 3 項目は，仮想平板の端部において波圧が負の無限大になるので，理論的には負の無限大になる．しかし，負の波圧を無視すると，安全側の結果が得られる．$c = 0$ に対する単位幅あたりの初期力は $2\pi\rho V^2 R$ であり，この速度に対する抗力よりも 1 桁大きい．

2 段階解法：Wienke（2001）は，円柱断面の $c^*/R < 1/\sqrt{2}$ 部分を上述した放物線で，それ以上の部分を 4 次曲線で近似した．これにより，円柱に作用する力は，図 12.27 に示した段状の時系列になる．

円に近い断面に対する級数解：円柱の円断面 $y(t^*)/R = 1 - \sqrt{1 - (c^*/R)^2}$ は，二項級数で近似することができる．

$$y(t^*) = \frac{1}{2}\left(\frac{c^*}{R}\right)^2 + \frac{1}{8}\left(\frac{c^*}{R}\right)^4 + \frac{1}{16}\left(\frac{c^*}{R}\right)^6 + \frac{5}{128}\left(\frac{c^*}{R}\right)^8 + \cdots \tag{12.40}$$

式 (12.36) に代入し，$\mu = \alpha_1 c + \alpha_3 c^3 + \alpha_5 c^5 + \cdots$ とすると，次式が得られる．

$$\mu = \frac{1}{2}\left(\frac{c}{R}\right) + \frac{3}{16}\left(\frac{c}{R}\right)^3 + \frac{5}{128}\left(\frac{c}{R}\right)^5 + \cdots$$
$$+ \frac{(2n+1)(2n-1)(2n-3)\cdots}{2n(2n-2)(2n-4)\cdots}\frac{(2n-1)(2n-3)(2n-5)\cdots}{(2n+2)(2n)(2n-2)\cdots}\left(\frac{c}{R}\right)^{2n+1}$$

$c^*/R > 0.8$ の断面を表すにはこの級数のうち数項しか必要ないが，c^*/R が 1 に近づくに従い，多くの項が必要になる．波圧分布の式 (12.33) は次式のようになる．

$$p(x,t) = \frac{\rho V^2 c/\mu}{\sqrt{c^2 - x^2}} + \frac{1}{2}\rho V^2\left(2 - \frac{c^2}{c^2 - x^2}\right) \tag{12.41}$$

すでに述べたように，単位幅あたりの力は，仮想平板の端部近傍の負圧を無視して，上式を水に接している幅にわたって積分することで得られる．波圧の符号が変わる x の値を c' と記すと，円柱の単位幅あたりの力は次式のようになる．

$$f = \rho V^2 R\left[\frac{2c}{\mu R}\arcsin\left(\frac{c'}{C}\right) + \frac{2c'}{R} - \frac{c}{R}\tanh^{-1}\left(\frac{c'}{c}\right)\right] \tag{12.42}$$

海水が最初に円柱に当たってから測った時間と水に接する幅 $2c$ との関係は，$V dt = \mu dc$ を積分することで求められる．図 12.29 に，μ の級数展開で 100 項用いた場合の単位幅あたりの力の時系列を示す．

円に対する級数近似は，c/R が 1 に近づくと精度が悪くなることに注意が必要である．ただし，これは，c/R が大きくなった場合に平板による理想化が非現実的になるということに比べ

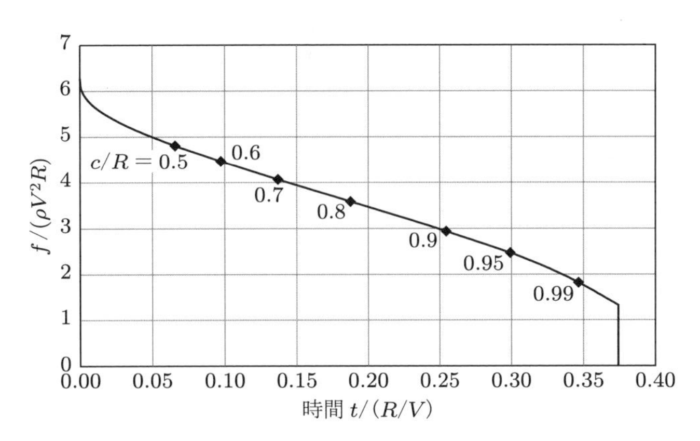

図 12.29 平板近似した砕波による，円柱の単位幅あたりの力の時系列

れば，大きな問題ではない．

実験による計測結果：Wienke と Oumeraci（2005）は，ハノーバー沿岸研究センターの水槽で行われた，砕波を受ける直立円柱および傾斜円柱に関する広範囲な実験の計測結果を報告した．円柱周囲の波圧の計測結果は，ワグナー（Wagner）波面の這い上がりモデルが妥当であることを示し，総荷重の計測値により，砕波巻き込み率が直立円柱では 0.46 であることを示した．この値は，Goda ら（1966）により得られた値（0.4〜0.5）と一致している．

12.3.10 制約付き波浪

不規則な海象の大きな波によって生じる構造荷重を求めることは複雑な問題である．これは，線形理論によって無数の単純な正弦波を足し合わせると，波の振幅が大きくなりすぎるためである．IEC 61400-3-1（2019）の付録 C は，長い時間にわたって発生した一連の不規則な線形波に一つの非線形波（波の谷から次の谷まで）を埋め込む，制約付き波浪（constrained wave）を示している．

発生した波と埋め込む波では，両者の波浪運動を滑らかに接続する必要がある．基本的な考え方は，発生した不規則波中に，所望の規則波と同程度の大きさの波を見つけ，それを規則波で置き換えることである．しかし，大きい波を見つけるには多くのシミュレーションが必要となり，また，波峰の両側の谷が同じ高さになることはめったにない．さらに，通常，静水面から波峰までの高さは，発生した波では波高の約 1/2 であるが，埋め込む非線形波では約 3/4 である．

これらの問題を避けるために，Rainey と Champ（2007）は，埋め込む波の波峰とその両側の谷の 3 点で，その高さと勾配を制約条件として波を発生させる方法を考案した．制約付き波浪は，ニューウェーブ（New Wave）理論（Tromans et al. 1991）を用いて，もとのシミュレーション波形を，課された条件を満足するように補正することにより求められる．

Bierbooms（2006）は，この方法を用いた風の再現について述べ，制約付きガストの時系列の式を求めた．同様のやり方で，時刻 $t = t_0$ で最大値 A をもつように制約を課した場合，水面高さの時系列の式は次式のようになる．

$$\eta_c(t) = \eta(t) + \kappa(t - t_0)(A - \eta(t_0)) - \frac{\dot{\kappa}(t - t_0)}{\ddot{\kappa}(0)}\dot{\eta}(t_0) \qquad (12.43)$$

ここで，$\eta(t)$ はもとのシミュレーションの水面高さ，$\kappa(t - t_0)$ は水面高さの自己相関関数，

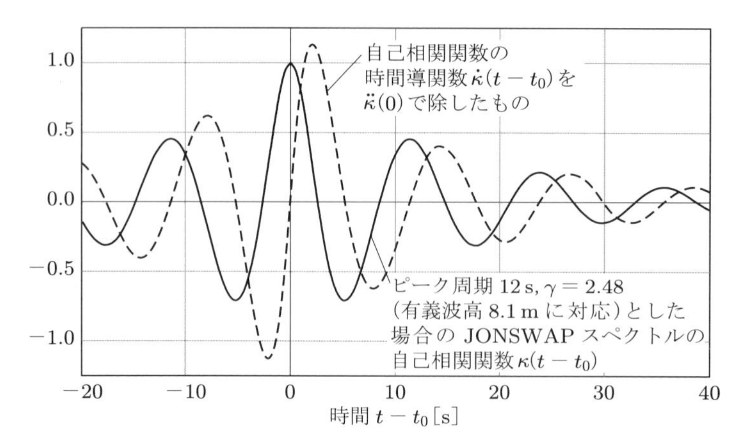

図 12.30　JONSWAP スペクトルの自己相関関数とその時間導関数

$\dot{\kappa}(t-t_0)$ はその時間導関数，$\ddot{\kappa}(0)$ は同じく 2 階導関数の $t = t_0$ における値である．図 12.30 に，自己相関関数とその時間導関数（$\ddot{\kappa}(0)$ で基準化）を示すが，二つの補正項が波周波数で変化している様子と，$|t-t_0|$ の増加に伴って減衰していく様子がわかる．

この方法は，連続した三つの時刻で，水面高さとその勾配に制約を課すように拡張することができる．図 12.31 には，もとの水面高さの時刻歴と，波峰（時刻 t_2）での所望の制約高さ C，および，その前後の波の谷（時刻 t_1 および t_3）での所望の制約高さ D を示す．

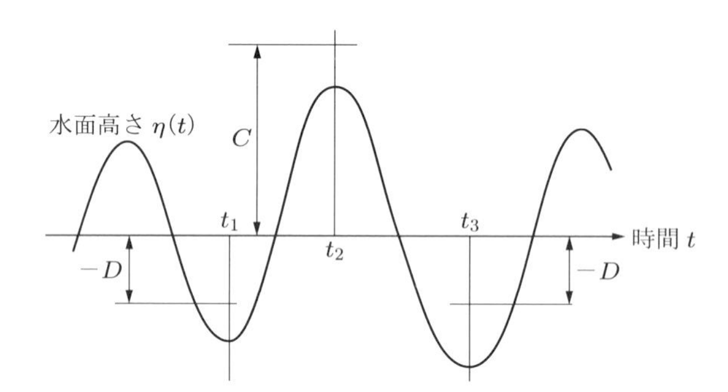

図 12.31　もとの水面の時刻歴と時刻 t_1, t_2, t_3 での所望の制約

これら六つの制約によって再現される水面高さ変動の時刻歴の式は次式のようになる．

$$\eta_c(t) = \eta(t) + a\kappa(t-t_1)(D-\eta(t_1)) + b\frac{\dot{\kappa}(t-t_1)}{\ddot{\kappa}(0)}\dot{\eta}(t_1) + c\kappa(t-t_2)(C-\eta(t_2)) + d\frac{\dot{\kappa}(t-t_2)}{\ddot{\kappa}(0)}\dot{\eta}(t_2) + e\kappa(t-t_3)(D-\eta(t_3)) + f\frac{\dot{\kappa}(t-t_3)}{\ddot{\kappa}(0)}\dot{\eta}(t_3) \tag{12.44}$$

ここで，a, b, c, d, e, f の六つが未知係数である．これらは上式とその時間導関数で，$t = t_1, t = t_2$, $t = t_3$ のとき，$\eta_c(t_1)$ を D，$\eta_c(t_2)$ を C，$\eta_c(t_3)$ を D，$\dot{\eta}_c(t_1), \dot{\eta}_c(t_2), \dot{\eta}_c(t_3)$ をゼロとすることによって得られる 6 元連立方程式を解くことで求められる．

図 12.32 に，15 m の規則波を挿入するように制約を課して再現した水面高さの時刻歴を示す．再現にあたっては，評価時間 3 時間中で極値波が 15 m を超えるようにするため，有義波高 8.1 m の JONSWAP スペクトルを用いた．スペクトルピーク周波数に対応する波周期は 12 s である．

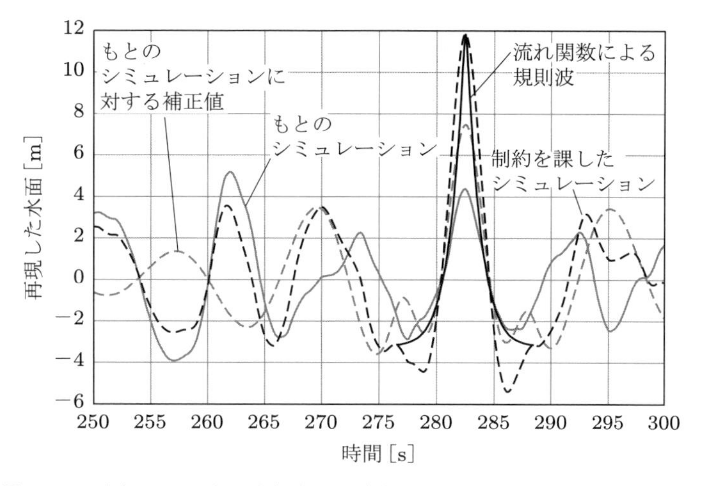

図 12.32 波高 15 m の規則波を挿入して制約を課した水面高さの再現時刻歴の例

制約付きシミュレーションの 276.5 s から 12 s 間にわたって埋め込んだ波の波形は，5 次の流れ関数理論から求めた．線形波と非線形波の境界にあたる波の谷付近で，波の運動（したがって波荷重）が不連続になることに対して，Rainey と Champ（2007）は，余弦型混合関数を用いて平滑化して接続する方法を考案した．遷移領域での水粒子の速度と加速度は，線形波と非線形波から求められる解を，混合関数によって求められる重みを付けて足し合わせることで求められる．

これは波の方程式の厳密な解とはならないものの，もとにした不規則海象状態が，非線形極値波が構造物を過ぎる前の構造物の運動の初期条件を与えるという意味で，実用的な工学的手法である．

12.3.11 支持構造物の荷重の解析

石油およびガス採掘のための海洋構造物では，慣例的に極値荷重は非線形規則波の時系列を用いて，また，疲労荷重はさまざまな不規則海象を用いて求めている．後者の場合，応答の共振は，周波数応答関数を用いて，周波数領域の解析により考慮している．また，波は線形で抗力はかなり小さいと仮定しており，モリソン式の抗力項は線形化して扱っている．

風車の支持構造物は，石油やガス採掘に用いられる一般的な海洋構造物とは，以下の点で異なる．

1. 風車は通常，浅い海域に位置するので，非線形波荷重がより重要になる．
2. 風車は静水面からかなり高い位置にあり，浅い海域に位置することから，風荷重がはるかに大きくなる．
3. 発電中の風車の場合，風速が低くてもロータスラスト荷重は大きく，ガスト中をロータが通過する場合や，ロータ速度やピッチ角の制御を行う場合に，不規則に変動する周期的荷重が生じるため，支持構造に作用する風荷重は，海底油田のプラットフォームに作用する荷重や静止した風車に作用する荷重とはまったく異なる．
4. 風車は一般には一本の円筒で支持され，これは海底油田あるいはガス田プラットフォームに通常用いられるラティス構造ほど剛ではない．

風車荷重の解析に時間領域での複数のシミュレーションを使用するおもな要因の一つは，決定論的荷重と確率論的荷重を組み合わせた応力幅を周波数領域で計算できないことである．また，洋上風車の場合，シミュレーションでは波荷重も加えなければならない．

波荷重は，海象状態を定義する波浪スペクトル（12.3.4項）を用いて，さまざまな周波数と不規則な位相をもつ多数の小さな波を重ね合わせることによって再現する．これらの波の振幅は，周波数ごとのスペクトル密度の平方根から求められる．これにより，線形波理論の仮定のもとで海面高さの時刻歴を求めることができ，水粒子の運動が求められる．そして，モリソン式を用いて水粒子の運動から波荷重が求められる．

波荷重はロータやナセルには直接は作用しないが，支持構造物が波荷重を受けることによるタワー頂部での加速度は，風車に慣性力として作用する．しかし，これらの荷重は一般に比較的小さいため，陸上風車用の設計値が洋上風車にも用いられる．

以下では，極値荷重と疲労荷重それぞれにおける波荷重の取り扱いについて解説する．

■極値荷重

一般に，極値荷重ケースは乱流風と不規則海象で規定され，水粒子の運動と荷重の算定では線形理論を仮定する必要がある．12.3.5項と12.3.6項で述べた多くのDLCでは，基本的に風荷重が重要であり，波の線形性の仮定による誤差の影響は大きくない．しかし，DLC 1.6, 6.1, 6.2, 6.3, 7.1では極値波浪が規定されており，設計基準では，各1時間のシミュレーションに制約付き波浪を含めることによって，水粒子の運動の非線形性を適切に評価することが求められている．

■疲労荷重

5.9.4項に示したように，風荷重による疲労損傷の評価では，周波数領域よりも時間領域のシミュレーションのほうが都合がよい．これは，時間領域でのシミュレーションでは非線形空気力に加え，決定論的荷重成分と不規則荷重成分の組み合わせも考慮することができるからである．洋上風車構造の場合，時間領域でのシミュレーションは，波によるタワーの運動の空力減衰が再現でき，また，風荷重と波荷重から組み合わせ応力変動が直接求められ，応力繰り返しのレインフローカウント（rain flow count）が可能になるため，さらに有利である．また，この場合でも波荷重の計算は線形波理論に基づくが，波は小さいので，この仮定による誤差は比較的小さい．

疲労荷重の時間領域での計算では，多くのシミュレーションを行わなければならない．とくに，複数の風車の位置を検討する場合の計算量は膨大である．これは設計の最終確認に対して勧められる方法であるが，計算時間がかかるため，支持構造の初期設計では周波数領域で疲労計算を行うほうがよい．モノパイル支持構造の周波数領域での荷重計算法は，12.7.4項でさらに解説する．

12.4　風車サイズの最適化

洋上サイトの風車の最適なロータ直径は，基本的に第6章で述べた陸上風車と同じ方法で，コストモデルと適当なスケーリング則を用いて評価することができる．ここで，おもな課題の一つは，洋上風力の建設総額のかなりの比重を占める下部構造と設置のコストについて，実際に近いモデルをつくることである．検討段階では，水深と基礎の種類および風車ロータ直径の違いを考慮し，すでに建設されたウィンドファームによるコストデータに基づいてモデルを設定するのが理想的であるが，実際にはそのようなデータを得ることは難しい．

INNWINDのコストモデル（INNWIND 2016）では，ジャケットと浮体式支持構造の選択が可能だが，水深の区別はない．ジャケットのコストは，風車の定格出力の 0.75 乗で変化するという仮定がなされている．0.75 という指数は，一見するとかなり低いように思われるが，以下のように，定格風速が同じで直径の異なる複数の風車が同じ水深で設計された場合の支持構造を考えると，この値が妥当であることがわかる．海水面からの風車ハブ高さがロータ直径に比例すると仮定すると，タワー基部曲げモーメントはロータ直径の 3 乗に比例して変化する．そのため，ジャケット高さが一定のまま，レグ間隔，部材直径，壁厚，格間高さがすべてロータ直径に比例して増加する場合，風荷重だけを考慮して設計されたジャケットの質量は，ロータ直径の 2 乗としてスケールすることになる．ジャケットのレグとブレース直径がロータ直径に比例することを考えると，波荷重による転倒モーメントは，最大でもロータ直径の 2 乗，つまりタワー基部曲げモーメントよりも小さな割合で増加するため，風と波の荷重を組み合わせて設計したジャケットの質量は，直径の 2 乗より多少小さくなる．つまり，風車の定格出力の 1 乗弱に比例するはずである．

輸送と設置のコストは，風車の総設置コストの主要な構成要素であるが，サイト特有のものであるため，モデル化が非常に難しい．INNWIND のコストモデルでは，これらを 345 EUR/MW（EUR：ユーロ）と仮定している．これに集電・送電システムのコストとして，340 EUR/MW を加算している．

図 12.33 は，ジャケット基礎の洋上風車を対象として，均等化発電コスト（LCoE）における資本費成分が風車定格に対してどのように変化するかを，ある特定の条件下で INNWIND コストモデルを用いて計算し，その結果を 2012 年時点の単価でプロットしたものである．ここで，風車の寿命は 20 年とし，割引率は 5%とした．風車の定格風速と高さ 119 m での年平均風速は，それぞれ 11.4 m/s と 9.2 m/s とした．定格出力約 4.5 MW，ロータ直径 125 m で最小の LCoE（0.064 EUR/kW h）が得られているが，曲線は非常に平坦であることがわかる．

比較のため，図 12.33 には，米国の NREL（National Renewable Energy Laboratory）の洋上風車コストモデル（NREL 2006）を修正したものを用いて，同様の計算を行った結果も示す．このモデルは，第 2 版で説明したモノパイル支持構造を用いている．ここで，LCoE は，同じ割引率を用いて，2002 年時点の単価で表されている．図から，このモデルで LCoE が最小になるのは，定

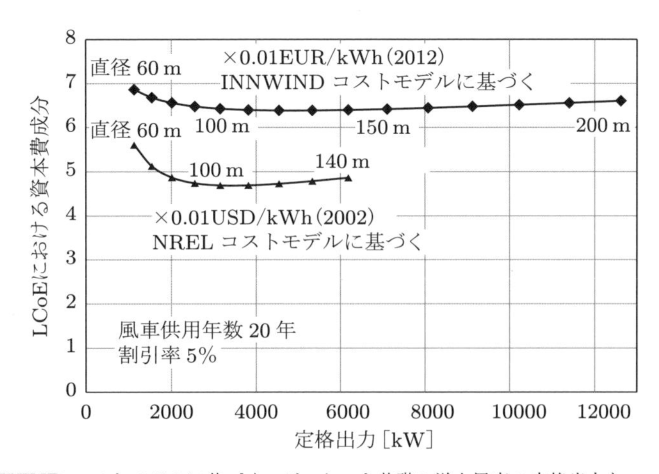

図 12.33 INNWIND コストモデルに基づく，ジャケット基礎の洋上風車の定格出力とロータ直径に対する，LCoE における資本費の成分．定格風速は 11.4 m/s，高さ 119 m での年平均風速は 9.2 m/s，風の鉛直分布のべき指数は 0.09．アレイロス，風車停止時間，ブレードの汚れによる発電量の低下は 15%．

格出力がやや低い約 3.5 MW，ロータ直径 105 m のときであることがわかる．この差は，モノパイルのコストがロータ直径の 2 乗に比例して変化すると仮定したため，ロータ直径に対してより急激に上昇することによるものである可能性がある．

12.5　洋上風車の信頼性

陸上／洋上にかかわらず，風車の部品に不具合が発生した場合，その修理のために作業員が到着するまでの間，かなりの時間の停止を余儀なくされるので，風車には高い信頼性が期待される．図 12.34 に，欧州で行われた二つの大きな調査による，風車の部位ごとの故障率と，1 故障あたりの停止時間を示す．

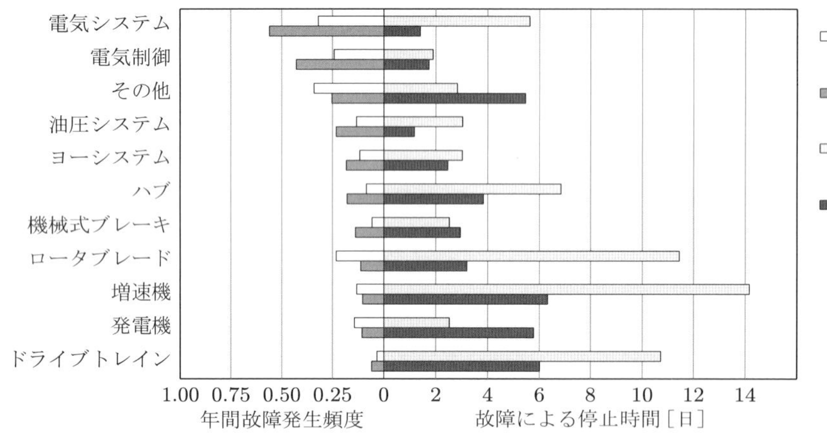

図 12.34　13 年間にわたる欧州の風車の二つの大規模な調査．20000 風車·年のデータに基づく，風車の部位ごとの故障率と故障による停止時間（WMEP：フラウンホーファー風力エネルギーシステム研究所，LWK：シュレースヴィッヒ＝ホルシュタイン農業会議所．ダラム（Durham）大学とフラウンホーファー風力エネルギーシステム研究所より）．

とくに，洋上風車の場合には，アクセス自体に時間と費用がかかり，天候に大きく左右され，停止時間が長くなるので，信頼性を 1 桁高めておく必要がある．

本節では，発電方式，冗長性，腐食に対する保護，条件付きモニタリングの項目ごとに，風車の信頼性を改善する方法について示す．

12.5.1　発電方式

風車は必要最低限の部品によって，最大限の電力を取得し，電力系統へ適合し，動力伝達に無理がないように構成されているが，風車が大型化すると複雑化することから，とくに洋上風車では可変速ピッチ制御がほとんどを占めている．このタイプの風車では，周波数変換器とピッチ制御の二つの機構を追加することになるが，信頼性に関する実態調査 Reliawind（Wilkinson et al. 2010）からは，これらの機構による停止が，全停止時間の中でもっとも大きな比率（それぞれ 20% と 30%）を占めていることがわかる．

大型風車の場合，定速機は発電電力の変動を十分に抑制できないので実用的でないことは否めないが，洋上では，ピッチ制御の優位性については疑問の余地がある．ピッチ制御による発電量の増加が投資した設備費用に見合うものであるかについては，ピッチ制御を採用したことで故障による停止で発電できない割合が増えることをふまえたうえで，十分に検討する必要がある．なお，ピッチ制御を適用しない場合には，翼端ブレーキなどのブレーキが別に必要になり，その分の費用を考えなければならない．

ダイレクトドライブ発電機を用いると，増速機やそれに付随する故障はなくなる．WMEP と LWK の調査結果（図 12.34）によると，増速機の故障率はかなり低いが，いったん故障すると，それによる停止時間はすべての部位の中でもっとも長い．しかし，Spinato（2009）の調査によれば，ダイレクトドライブ風車の発電機と変換器の総故障率は，増速機付きの風車の増速機，発電機，電力変換器の総故障率よりも高く，増速機を排除することのメリットはあまりないように思われる．それにもかかわらず，ダイレクトドライブ方式への移行が進んでいるのは，発電機と電力変換器が故障しても増速機付き風車よりも停止時間が短くなるよう，改良が加えられたためである．

12.5.2 冗長性

安全性確保の最終的な手段として冗長性をもたせることは必要不可欠であるが，とくに洋上では，より確実な運転の信頼性を確保するために，重要な部品の予備を備えておくことも検討の価値がある．たとえばいくつかのメーカーでは，すでにブレードのピッチ角の計測に二つの独立したシステムを採用しており，周波数変換器も予備を搭載している．これは，ピッチやヨーの駆動系に関しても同様であり，強度に余力をもたせて，想定した供用期間まで寿命を延ばすことができる．

12.5.3 部品の品質

洋上では，高い品質の部品を用いると信頼性の向上につながる場合がある．たとえば，複列ピッチベアリングは単列ベアリングよりも強い．

Spinato（2009）は，風車の発電機と電力変換器の故障率は，少なくとも運転初期の段階ではほかの工業製品よりも高いことを示し，従来以上に徹底した試験を行うことを推奨している．ただし，風車の増速機の信頼性はほかの工業製品と変わらないとしている．

12.5.4 防食

洋上風車には，海洋大気中の塩分粒子が風によって運ばれて集まることから（Gong et al. 1997），なんらかの防護策を追加する必要がある．これには，高い品質の表面塗装を用いることのほかに，空気対空気熱交換器を備えた密閉型発電機を用いることや，変圧器などの電気機器にも同様な対策を施すことが含まれる．これらの熱交換機から取り出された空気はナセル内の空気を露点温度より高く保ち，結露を防ぐことができる．さらに，ナセルやハブ内部の圧力を高くして，湿気や塩分を含んだ空気の侵入を防ぐ．なお，ナセルとハブの間に隔壁がない場合，スピナとナセルの間を入り組ませて密閉し，外気が極力侵入しないような対策を講じる必要がある．

12.5.5 状態監視

初期不良が故障に至る前に状態監視により検知されれば，信頼性は明らかに向上する．従来は，風車の健全性は以下のような方法で測定していた．

- 油圧，軸受温度，振動などの値が異常値の手前に達した際の自動的な通報

・増速機の歯車の磨滅や高速軸のずれなどの定期点検
・機械の動きの目視点検
・定期的なオイル点検

これらはすべて状態監視の例である．なお，状態監視とは，「機械の状態値を監視するプロセスで，そこでの大きな変化は破壊の兆候と考えられる」として定義される．

洋上風車の場合，定期的にアクセスすることは難しく，費用がかかるため，とくに増速機と軸受に関して，遠隔操作による監視あるいはオンライン状態監視の手法を開発し，積極的に利用することに注力してきた．そのためには，それぞれの破壊の兆候を検出し，修理の必要性を判断するための，計測可能な指標を決める必要がある．CONMOWプロジェクト（CONdition Monitoring of Offshore Wind turbines）の最終報告書 *Condition Monitoring for Offshore Wind Farms*（洋上ウィンドファームの状態監視）（Wiggelinkhuizen et al. 2007）と，Offshore M&R の最終報告書 *Advanced Maintenance and Repair for Offshore Wind Farms Using Fault Prediction and Condition Monitoring Techniques*（洋上ウィンドファームの障害予測手法と状態監視による最先端の維持管理と修理）（ISET 2006）には，利用可能な技術に関する有益な調査によりその有用性が示されているほか，実機での検証についても書かれている．また，Crabtree（2010）は，当時市販の状態監視システムをリストアップしている．

以下では代表的な状態監視法について述べる．

■ドライブトレインの振動の監視

増速機と発電機躯体に加速度計を取り付け，それぞれの位置での振動の信号を連続的に監視する．定速発電機では，それぞれの信号の高速フーリエ変換（Fast Fourier Transform: FFT）でスペクトルを求めると，増速機の各段の歯車の噛み合わせ振動数と軸の回転速度に対応する，スペクトルのピークが得られる．そのような振動の信号の挙動の時間変化を監視して，ベアリングの磨滅あるいは歯の損傷による変化を発見することができるが，遊星軸受のような部品で，カバー上に取り付けた加速度計への直接的な振動伝達経路がない場合には，スペクトルピークの検出は難しい．さらに，低速軸受では，軸の回転速度は非常に低く，加速度計で磨滅を探知するのは難しい．

振動の信号は出力レベル，風速，ヨーエラーによって変化するので，ビンごとに整理する必要がある．データを集めることにより，ばらつきはより明確になり，同タイプの風車で風車個体間の比較も行うことができる．

可変速発電機の場合，各スペクトルピークの周波数は連続的に変化するため，オーダートラッキング法（order tracking method）を用いて，周波数を風車の回転速度で規準化したスペクトルを求めなければならない．そのような方法の一つが同期オーダートラッキングである．同期オーダートラッキングでは，FFTを行う前に，軸に設置したエンコーダを用いて，信号のサンプリング周期を回転あたり固定した回数に制御する．あるいは，1回転に1回のタコメータ信号をアナライザに入力すれば，回転速度に比例してサンプリング周期を変えることができる．なお，信号の監視は，風車の回転速度がほとんど一定になる定格風速以上での運転時に限定することもできる．

上述のように，振動の監視システムでは膨大なデータを処理する必要があり，疑わしい振動信号の変化を見つけ出すような機能を備えた専用の信号処理ソフトウェアが必要になる．専門家チームが変化を判断してどのような場合に行動を起こす必要があるか決めるのが望ましいが，2007年の

CONMOW の報告書では，そのような予測をするにはまだ経験が十分とはいえず，異常なデータが検知された場合は，風車を停止するか検査の回数を増やすとしている．

■潤滑油と破片の検出

潤滑油中の破片の量を計測できる機器があれば，定期的に潤滑油を交換したり，解析を待たずして磨滅疲労の始まりを探知したりすることができる．しかし，そのような機器は軸受やギアへの潤滑油管の中に設置する必要があり，はね掛け潤滑式の増速機の場合には用いることはできない．

■ナセルの振動の監視

ナセルに取り付けられた横方向および前後方向の加速度計は，ロータ質量のアンバランスとブレードピッチエラーを探知することができる．なお，ロータ質量のアンバランスは，水の侵入や結氷があると増加する．また，ブレードの低い回転周波数を計測するには，静的加速度計とよばれる特別な加速度計が必要になる（ISET 2006）．

■ピッチベアリング抵抗

電気式のピッチ駆動装置では，ピッチベアリングの状態はモータの電流を測ることによって監視できる．信号に大きなピークがある場合，ベアリングの固渋による不安定な動きに起因する可能性がある．

■付加値

警報レベルや故障レベルの設定を低くしすぎて故障警報の発生頻度が多くなると，状態監視システムのメリットがなくなる．CONMOW では故障警報のレベルを含めて，付加値を決める要因に着目して検討を行ったが，状態監視システムを設置することによる全体的なメリットについては，何も結論は述べていない．

12.6　着床式支持構造の概要

洋上風車の支持構造は陸上風車のものよりもはるかに巨大になるが，これは，基礎からのハブ高さがより高いことと，波による荷重が加わるためである．その結果，洋上風車では，コストに占める支持構造の割合が陸上風車に比べてはるかに高くなり，経済性設計の必要性がより高くなる．

最小ハブ高さは，ブレード先端と海水面との間の最小クリアランスに関する規定によって決まる．英国では，海事沿岸警備隊が，平均高水位（MHWS）の海面と風車のロータとの間の隙間を 22 m 以上とすることを推奨している（MGN 371 2008）．

ほとんどの洋上風車の設計は陸上風車を発展させたもので，通常，波峰より上の部分は陸上のタワーの設計を利用し，それより下の海底までの部分にはいわゆる下部構造（sub-structure）を設置する．「支持構造（support structure）」という呼称は，ナセルを支持する構造全体を指すが，本節では下部構造に限定して解説する．

下部構造の設計には海洋構造物や海洋荷重の専門知識が必要なため，この分野の経験が豊富な会社に依頼し，下部構造と風車タワーを別々の設計チームが担当するのが一般的である．そのため，支持構造物全体を一体的に設計し，下部構造とタワーへの材料配分をより効率的に行うことが求められており，これが大幅なコスト削減につながることを示唆する研究結果もある（Gentils et al. 2017 など）．

洋上風車にこれまで用いられてきた，モノパイル，重力式，ジャケット，トリポッド，トリパイルの 5 種類の下部構造について，以下で順番に考察する．モノパイルがもっとも普及しており，支持構造の約 80%を占め，ジャケット（~15%）と重力式（~5%）がそれに続く（BVG Associates 2019）．

モノパイルの周波数領域における疲労設計は 12.7.4 項で詳しく解説する．

12.7　着床式支持構造

12.7.1　モノパイル：はじめに

モノパイルは海底面下に打設する鋼製円筒で，必要に応じて海底を掘削する．軟らかい岩盤の場合，杭（pile）を受け入れる前にソケットを掘削する．ソケットは，杭を受けるために，通常，直径を少し小さくする．水深が深くなるにつれ，波荷重は風荷重よりも急激に大きくなるため，製造能力の制限を無視しても，水深 25 m 以上ではモノパイルは競争力がないと考えられていた．ただし，既存のウィンドファームではモノパイルの直径は通常 4~8 m の範囲であるのに対し，現在では 11 m までのモノパイルを製造することが可能である（SIF 2020; EEW 2020）．モノパイルは現在，Greater Gabbard，Galloper，Sandbank など，水深 35 m 前後の海域のウィンドファームにも使用されており，Galloper のモノパイルは直径 7.5 m である（Galloper 2020）．

モノパイル基礎は，モノパイル本体と，モノパイルとタワー基部をつなぐトランジションピースで構成されるものが多い．打設作業中にモノパイルを正確に垂直に維持することが困難になる可能性を考慮して，モノパイルとトランジションピースの間には，モノパイルの傾きを修正するために，グラウトを充填したスリーブ（sleeve）接合が使用される．図 12.35 にそのような配置を示す．

モノパイルの鉛直性が合理的に保証される場合，モノパイルとトランジションピースの間にボルト接合を用いることができるが，通常，グラウトスリーブ接合は，モノパイルの腐食防止，ならびに，二次鋼製部材（アクセスラダー，犠牲陽極固定具など）の取り付け点を提供するためにそのまま使用される．また，トランジションピースをなくし，タワーをモノパイルフランジに直接ボルトで固定することも可能である．Scroby Sands ウィンドファームでは，打設条件が十分に整っていたため，後者の方法が採用された．このような杭だけの構法は人気があるが，杭が長く重くなり，1500 t 以上の質量が予想される．

モノパイルの設計では，鋼材応力，杭頭回転，支持構造固有振動数を許容範囲内に収める必要がある．予備設計でこれを実現するための簡易設計手順が，Arany ら（2017）により示されている．

必然的に，杭が根入れする地盤の挙動が最大の不確実性である．これについては次項で，最近の研究に焦点を当てながら詳細に考察する．12.7.3 項で一般的な鋼材設計について述べ，12.7.4 項では，波荷重による疲労損傷の評価におけるスペクトル法の使用について考察する．

12.7.2　モノパイル：地盤工学的設計

風車を支えるモノパイルの地盤工学的設計は，次の三つの主要な要件を満たす必要がある．

・極値転倒モーメントに耐える．

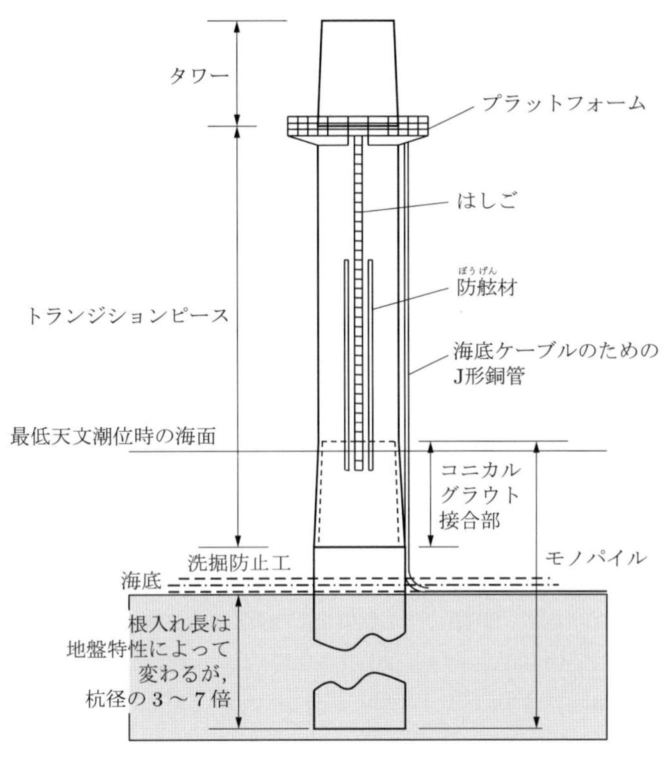

図 12.35　コニカルグラウト接合部を有するモノパイルとトランジションピースの代表的な配置

・モノパイル頂部の永久変位を制限する．
・支持構造の固有振動数に関する制約を満たす．

少なくとも原理的には，これらのうちのいずれかにより，必要な直径と根入れ長を決めることができる．一般に，モノパイルが根入れする地盤は，海底面より下にある杭の水平方向の移動と屈曲を許容する柔軟な媒体として扱わなければならず，杭は通常，根入れの下半分のある点を中心に回転する．

海底面におけるモノパイルの永久傾斜の最大許容値は，通常，ウィンドファームの設計基準において，繰り返し荷重の影響を考慮して規定されており，DNVGL-ST-0118（2016）で参照されている 0.5°（0.0087 rad）や，より大きな 0.75° が用いられることが多い．一般に，モノパイルの設計は，極限地盤支持力よりも，この傾斜限界の大きさで決まることがわかっている．

杭と地盤の相互作用を解析するには，根入れ深さにわたって杭に作用する独立した非線形水平ばね（p–y ばね，または，ウィンクラー（Winkler）ばね）として地盤をモデル化するのが一般的である．軟弱粘土中の直径 319 mm × 長さ 12.8 m の杭（Matlock 1970）や，砂中の直径 610 mm × 長さ 21 m の杭（Reese et al. 1974）などの細長い杭の野外試験結果から，土質特性に基づいて単位深さあたりの水平荷重と杭のたわみの関係を示す p–y 曲線が開発されており，これらは API RP 2A や ISO 19902 などの指針の基礎となっている．

■PISA プロジェクト

風車を支持するモノパイルの直径に対する根入れ長の比（アスペクト比ともいう）は，p–y 曲線の開発時に用いたものより1桁小さいことが多いため，杭にはたらくこれ以外の力がより重要視されるようになった．その結果，このようなより太い杭の設計に対する p–y 曲線のアプローチの有効性が不確かであることと，初期の洋上ウィンドファームから得られた支持構造の固有振動数の測定値が予測よりも高かったこと（Kallehave et al. 2014）から，より正確な設計規則を確立するために，大規模な研究活動が立ち上げられた．それがPISAプロジェクトである．PISAプロジェクトは，以下の内容を含む．

1. 粘土地盤サイトと砂地盤サイトにおける，直径2.0 m以下でさまざまなアスペクト比の杭に対する，単調水平荷重下での広範囲な試験
2. 1. の二つのサイトの地層に対して開発した地盤構成モデルを用いて，さまざまな試験の形状に対応した三次元有限要素法解析
3. 三次元有限要素法解析結果と試験結果との比較による，三次元有限要素法解析の検証
4. 三次元有限要素法解析結果からの一次元杭モデルの作成，および，分布水平力，分布せん断力，底面せん断力，底面モーメントについての，無次元化された荷重と変位との関係の構築

これらの4項目について，以下に概要を説明するが，より全体的な概要についてはByrne et al.(2017)，詳細な情報については，2019年と2020年に *Géotechnique* に掲載された一連の八つの論文（Byrne et al. 2020a; Richards et al. 2019, 2020; Taborda et al. 2020; Zdravković et al. 2020a; Zdravković et al. 2020b; Burd 2020; Byrne et al. 2020b）に詳しい．

杭試験：2015年に，硬い粘土にある杭について東ヨークシャーのホーンシー（Hornsea）近郊のカウデン（Cowden）で，密度の高い海砂にある杭についてフランス北部のダンケルク（Dunkirk）で試験が実施された．これらの試験では，直径0.76 m，根入れ長2.3～7.6 mの杭と，直径2.0 m，根入れ長10.5 mの杭すべてに，地上10 mで水平荷重をかけた．杭の形状は，ウィンドファームに設置するモノパイルを代表するものとして，直径に対する根入れ長の比（embedded length to diameter ratio: L/D）が3～10の範囲のものを選択した．

試験杭には，傾斜計，変位計，および，高分解能光ファイバーひずみ計を設置した．高分解能光ファイバーひずみ計は，繰り返し微分することで杭に作用する土の水平荷重の分布を計算するためのものである．図12.36に，硬い粘土に深さ7.6 mまで根入れした直径0.76 mの杭についての解析結果を示す．(b)と(c)に示した傾斜計とひずみゲージの測定値にもっとも適合するように，ティモシェンコ梁理論（Timoshenko beam theory）に基づく支配方程式を解いて，最適モデル曲線を求めた．地表面でのモデルの変位，回転，せん断力，モーメントと，測定値から計算された実際の値はよく一致している．

三次元有限要素法解析：三次元有限要素法解析は，試験結果で検証できるように，二つのサイトで試験した各杭の形状ごとに事前に実施された．この目的のためには，小さいひずみから大きいひずみまでの実測された地盤挙動を可能なかぎり正確に再現する，粘土と砂の地盤構成モデルを作成することが非常に重要であると考えられた．

氷礫（ひょうれき）粘土と密な砂の材料は，限界状態の枠組み（Zdravković et al. 2020a）で定式化された修正カム–クレイ（Modified Cam-Clay: MCC）モデルと境界曲面塑性（bounding surface

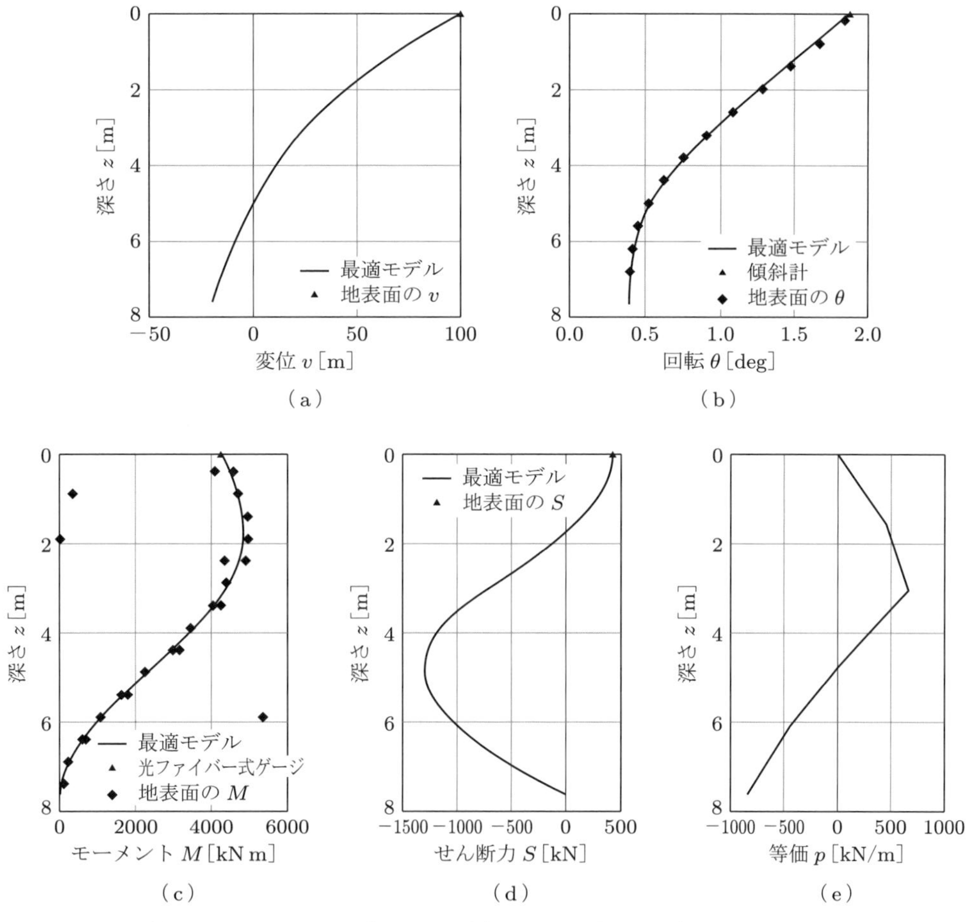

図 12.36 硬い粘土中に深さ 7.6 m まで根入れした直径 0.76 m の杭の，地表から 10 m の位置に 425 kN の水平荷重を加えた場合の応答（Byrne et al.（2020a）より；CC-BY 4.0）

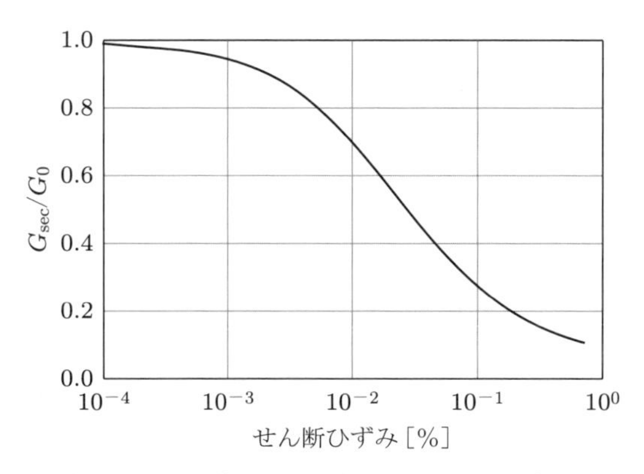

図 12.37 三軸試験結果による粘土のせん断ひずみに対する割線せん断弾性率の低下

plasticity type）モデルをそれぞれ使用してモデル化した．ひずみレベルの増加に伴うせん断弾性率の低下（たとえば氷礫粘土について図 12.37 に示す）を考慮し，非一様な地盤条件を反映するために，モデルパラメータを深さによって変化させた．

地盤，鋼管杭，およびそれらのインターフェースをモデル化するために，3 種類の有限要素を用いた．インターフェース要素は，荷重を受けた杭の片側に開く隙間が適切にモデル化できるように，杭表面に垂直な方向の引張支持力をゼロとした．

カウデン粘土とダンケルク砂の三次元有限要素法によるモデル化は，それぞれ Zdravković et al.（2020b）および Taborda et al.（2020）に報告されている．

三次元有限要素解析の検証：三次元有限要素解析の結果は，予測した杭の応答と杭の試験で測定した応答を比較することによって検証した．図 12.38 の異なる長さの直径 0.76 m の杭の比較に示されるように，とくに小さな変位では，おおむね良好な一致が見られた．このことから，三次元有限要素法解析は，より単純な一次元杭モデル開発に有効であることが確認された．

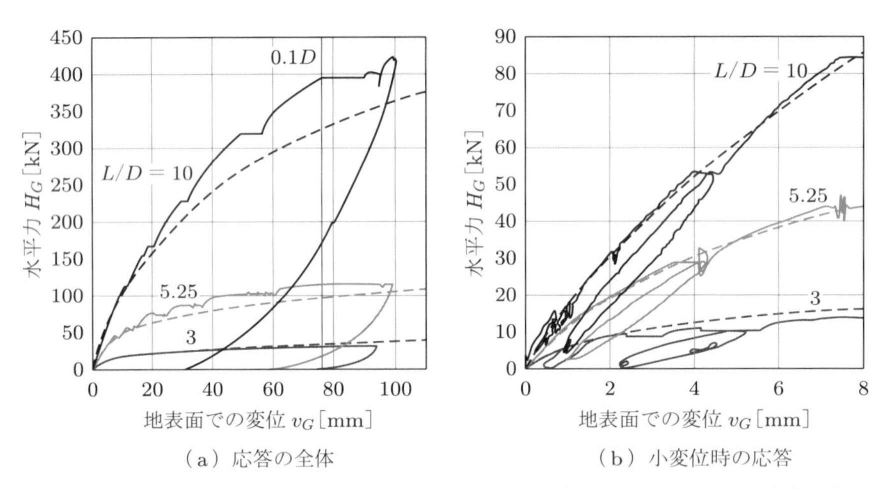

図 12.38　$D = 0.762$ m の場合の，3 種類の L/D 比における，地表面での水平力に対する変位応答の実測値と予測値の比較（破線は三次元有限要素法計算の結果．Byrne et al.（2017）より）

杭の一次元モデルの開発：図 12.39 に，PISA の一次元モデルの杭に作用する四つの地盤反力を示す．これらの反力は一般に，無次元力－変位曲線で記述される（図 12.40 参照）．この曲線は，初期勾配，極限力，極限力に達する変位，曲率の四つのパラメータで定義される．

一般に，これらのパラメータは力の成分ごとに深さ方向に変化し，各深さ依存性の式は，各ケースの杭配置の三次元有限要素法解析結果を合成することにより得られる．

図 12.41 に，粘土層中の杭に対する無次元化した極限分布水平力と深さの関係の設計曲線を示す．単位深さあたりの極限水平力の正規化変数は $\bar{p}_u = p_u/(s_u D)$ とした．実線は，さまざまな三次元有限要素法解析から計算した力と変位に基づいており，設計のための最適曲線は破線で示す．この場合，設計曲線は理論的考察に基づき，以下のように指数関数型であると仮定した．

$$\bar{p}_u = N_1 + N_2 \exp\left(\frac{-\xi z}{D}\right) \tag{12.45}$$

なお，有限要素法解析で得られた極限水平力では，極限反力が発現しない杭回転点で急激な落ち込みが見られた．

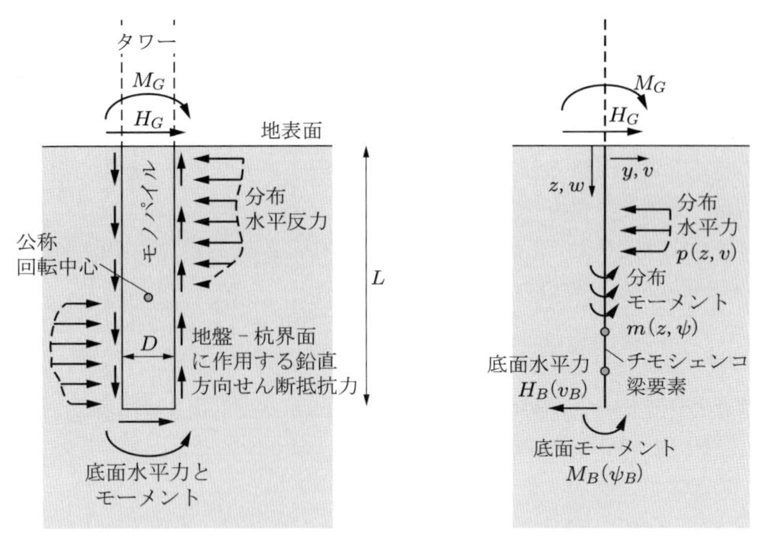

（a）PISA 一次元杭モデルでの杭に作用する地盤反力成分　（b）一次元有限要素モデルでこれらの荷重を受ける杭の理想化

図 12.39 杭に作用する地盤反力（符号規則を統一している．Byrne et al.（2020b）より；CC-BY 4.0）

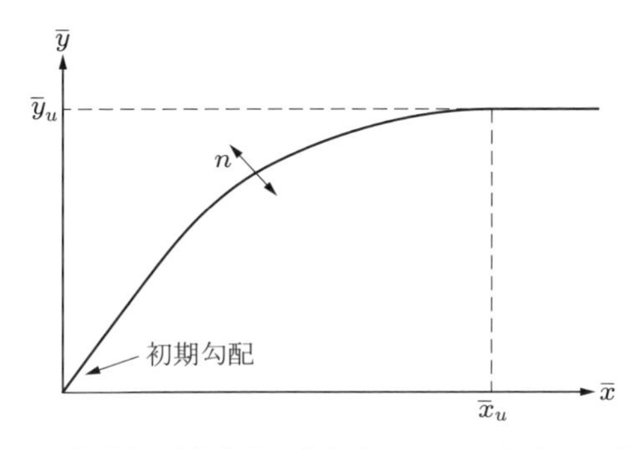

図 12.40 無次元化された水平力－変位曲線の形式（Byrne et al.（2020b）より；CC-BY 4.0）

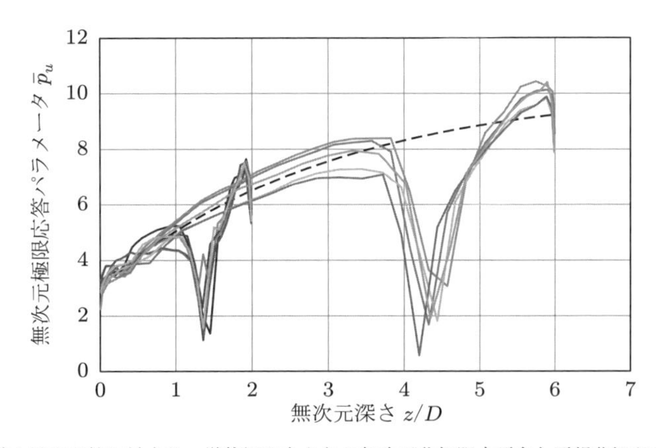

図 12.41 粘土層中の杭に対する，単位深さあたりの無次元化極限水平力と正規化深さの関係（破線）（Byrne et al.（2020b）より；CC-BY 4.0）

ほかの三つの地盤反力の相対的な寄与を調べたところ，$L/D = 2$ の長さに対して太い杭では全体の 1/4 以上であったが，$L/D = 6$ の細長い杭では 1/15 にすぎないことがわかった．

氷礫粘土と密な砂の地盤反力曲線パラメータは，技術的にはそれぞれの試験サイトで適用される地盤強度プロファイルに対してのみ有効であることは重要だが，深さに対する地盤強度の変化がほかのサイトでも同様であるかぎり，妥当な精度で適用することができる．詳細な設計計算を行う場合，サイト特有の一次元モデルパラメータは，サイト調査で得られた実際の地盤強度プロファイルを利用して，上記のような三次元有限要素法校正プロセスによって求めることが望ましい．

■互層地盤

プロジェクトの第2段階では，互層地盤について，等価な三次元有限要素法解析から得られたデータとの比較により，PISA 設計モデルの正確さを評価し，ほとんどのケースで良好な一致が得られた（Burd et al. 2020）．

■PISA 法の潜在的なメリット

PISA 設計法によるコスト節約の可能性は，以下の例によってもっともよく示されている（Byrne et al. 2017）．この例では，粘土層に深さ 35 m まで根入れした直径 8.75 m の杭の荷重－変位応答を，高さ 87.5 m にかかる荷重の作用下で調査した（図 12.42 参照）．API RP 2A などの規則における p–y モデルに従って計算したこの杭の極限水平支持力は，一次元 PISA モデルで求めたものの約 40%であることがわかる．

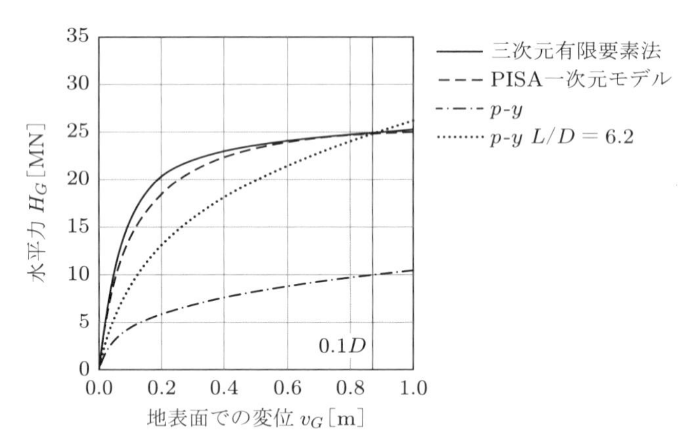

図 12.42　粘土層に深さ 35 m（$L/D = 4$）まで根入れした直径 8.75 m の杭の，高さ 87.5 m の水平力と地表面での変位（Byrne et al.（2017）より）

同様の杭を API RP 2A の規則に従って設計した場合，PISA 一次元モデルが 35 m の根入れに対して予測した 25 MN の極限水平支持力を達成するためには，54 m の根入れ（$L/D = 6.2$）が必要であることがわかった．この結果は，PISA 法を使用すれば，杭の根入れ部分の材料を 35%削減できることを示している．

■繰り返し荷重

風と波の組み合わせ荷重により，モノパイルは，その供用期間に振幅と方向が変動する荷重サイクルを 10^8 回オーダーで経験することになり，周囲の地盤に大きな影響を及ぼす．通常，おもに一方向に定常的な荷重がかかる場合，その方向への小さな永久傾斜が時間とともに蓄積するが，これを風車メーカーが許容する値（一般に 0.5°）に制限する必要がある．これに対して，地盤の挙動を三次元で解析するのではなく，一次元または二次元でモノパイルの回転とモーメント荷重を時間的に関連付けるモデルを開発するのが一般的である．

1 回の除荷と再載荷サイクルの基本的なモーメント – 回転曲線は，ヒステリシスに関するメージング（Masing）則（Masing 1926; Beuckelaers 2017）を用いて，初期載荷曲線 $\theta = f(M)$ から導き出すことができる．除荷または再載荷時の回転は，$\theta = \theta_r + 2f(M - M_r)/2$ で与えられる．ここで，θ_r と M_r は前回の応力反転時の回転とモーメントである．これに永久回転 θ_p を加える必要がある．この永久回転は，サイクルごとに生成され，連続したサイクルで累積する．図 12.43 に，典型的な初期載荷，除荷，再載荷の曲線を示すが，ここから再載荷する場合の割線剛性は，初期載荷よりはるかに大きい．

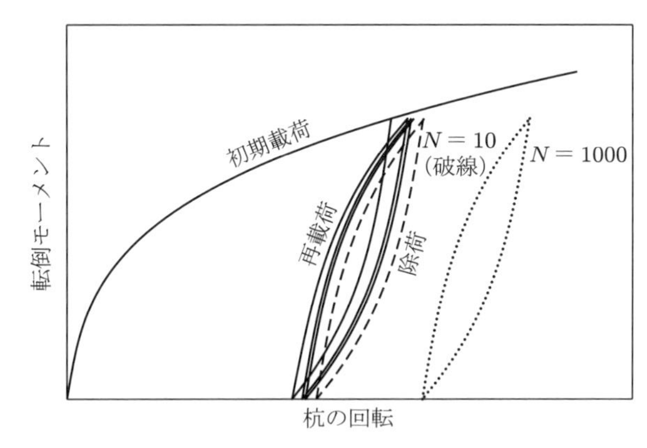

図 12.43 初期載荷，除荷—再載荷時の杭の回転と作用モーメントの関係

図 12.43 に，初期載荷と最初の 3 サイクルの除荷—再載荷時の，モーメント – 回転の軌跡を示す．併せて，10 回目と 1000 回目の除荷—再荷重サイクルの軌跡も示す．

オックスフォード（Oxford）大学では，直径 80 mm の剛な鋼管を深さ 360 mm または 320 mm まで砂に打ち込んで，繰り返し荷重に対するモノパイルの応答を調べる一連の模型試験を実施した（Leblanc et al. 2010; Richards et al. 2019, 2020）．ルブラン（Leblanc）は，一定振幅荷重による N 回繰り返しによるモノパイルの累積回転は，次式で記述できると結論付けた．

$$\Delta\theta\,(N) = \theta_s \times T_b\left(\frac{M_{\max}}{M_r}, R_d\right) \times T_c\left(\frac{M_{\min}}{M_{\max}}\right) \times N^{0.31} \qquad (12.46)$$

ここで，θ_s は初期載荷による回転角，T_b と T_c は荷重特性と相対密度 R_d に依存する無次元関数，M_r はモノパイルの極限モーメント反力である．T_c は，$M_{\min}$ が 0 のとき 1 とする．得られた T_b と T_c の $M_{\max}/M_r$ と $M_{\min}/M_{\max}$ に対する変化を，それぞれ図 12.44 に示す．この図から，累積回転は $M_{\max}/M_r$ に対して線形に増加し，$M_{\min}$ が負の場合はより急速に大きくなることがわかる．

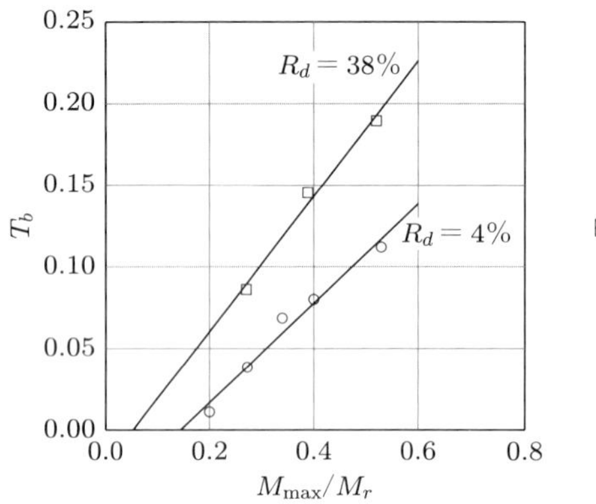

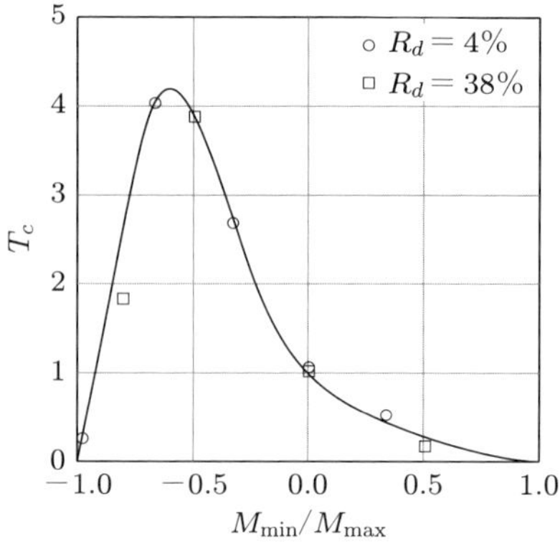

図 12.44　$M_{\max}/M_r$ と $M_{\min}/M_{\max}$ に対する T_b と T_c（Leblanc et al.（2010）より）

ルブランらは，無次元化されたモーメントと回転パラメータの間に以下の関係を用いて，模型試験と実物大試験結果を比較することを提案した．

$$\tilde{M} = f\left(\tilde{V}, \tilde{e}, \eta\right)\tilde{\theta} \tag{12.47}$$

ここで，$\tilde{M} = M/(L^3 D\gamma')$, $\tilde{V} = V/(L^2 D\gamma')$, $\tilde{e} = M/(HL)$, $\eta = L/D$, $\tilde{\theta} = \theta\sqrt{p_a/(L\gamma')}$ で，γ' は土の有効単位重量，p_a は大気圧である．また，せん断弾性率は，深さに対して，鉛直有効応力の平方根に比例して増加すると仮定した．この仮定および，同じ摩擦角を得るために実機の相対密度を等価な模型スケールの相対密度（かなり低い）に変換することには，避けられない不確かさがあるため，模型試験の結果を実機の設計に適用する際には注意が必要である．しかし，PISA プロジェクトの一環で実施した密な砂の大規模野外試験では，杭の累積回転は $N^{0.31}$ にほぼ比例して増加すること，つまり，式 (12.46) に従って増加することが示された（Beuckelaers 2017）．同様の結果は，並行して実施した粘土の試験でも得られた．

風車モノパイルが受ける複雑な荷重状態とサイクル数の多さを考えると，適切に校正できるのであれば，解析モデルを利用することは非常に魅力的な選択肢である．このようなモデルの一つは，Hyperplastic Accelerated Ratcheting モデル（Houlsby et al. 2017）である．このモデルでは，非線形ヒステリシスとラチェット挙動の両方をとらえ，非常に多数回の繰り返しで起こるラチェット現象を，はるかに少ない繰り返し回数で模擬することができる．

PISA 法で採用されている，単調載荷に対して過剰に安全側でない設計法が広く採用されれば，繰り返し荷重に対する応答はより重要な設計上の検討事項になることが予想される．

■洗掘（scour）

モノパイルのまわりの海底が砂か粒状土質である場合，水流と波による海水の動きによって大きく浸食される．Sumer と Fredsoe（2001）は，広範な実験から，水流のみが作用する場合に洗掘深さは最大となり，平均値は杭径 D の 1.3 倍，標準偏差は $0.7D$ に達することを示した．

この程度の洗掘になると，基礎の安定性と支持構造物の固有振動数に影響を及ぼすので，通常は岩礁の形で洗掘防止を施し，維持する．洗掘防止はモノパイルの打設前または打設直後に設置する（静的洗掘防止）か，数週間後に洗掘によるくぼみが形成されてから設置する（動的洗掘防止）．海底面上に設置する静的洗掘防止の欠点は，その端部で洗掘が発生し，その部分において岩礁保護が低下することであるが，これは洗掘防止の半径を広げることで緩和することができる．

洗掘孔の深さの予測と洗掘防止設計のための設計ツールとして，Opti-Pile Design Tool（den Boon et al. 2004）が開発され，模型実験と既存のウィンドファームからのデータで検証が行われた．このツールは，所定の最大水流速度において，安定な岩の大きさと，必要な洗掘防止半径を求めることができる．予想されるように，Boon らによる模型実験は，洗掘防止が海底面より下になる場合よりも，静的洗掘防止のように洗掘防止が海底より盛り上がる場合のほうが，大きな岩が必要であることを示している．

Whitehouse ら（2011）は，英国の五つの洋上ウィンドファーム（海底材料がおもに非粘性で洗掘防止が施されていない）で測定した洗掘深さを調査し，記録された最大洗掘孔深さは $1.38D$ であることを報告した．彼らはまた，洗掘防止が施されたモノパイルのデータを照合し，意外にも，岩石保護の周辺部でより大きな洗掘深さが記録されていることを発見した．これは，岩石マウンドによる流れの乱れが原因であると考えられる．

粘土の洗掘に対する敏感さはあまりよく理解されていないが，Whitehouse ら（2011）は，非排水せん断強度が 100 kPa 以上の粘土は，外洋の領域では洗掘に対して抵抗力がある可能性が高いとみなしている．

12.7.3 モノパイル：鋼構造設計

鋼構造設計は以下の項目から決まる．

- ・極値荷重に対する耐力
- ・疲労荷重に対する耐力
- ・繰り返し荷重による共振を避けるように調整した固有振動数

通常，極値波荷重は抗力が支配的であり，直径に比例して増加するが，疲労荷重は慣性力が支配的で，断面積と同様に直径の 2 乗で増加する．しかし，モノパイル（monopile）の曲げモーメントの風荷重成分は直径にはほとんど関係ないので，モノパイルの直径を大きくし，座屈抵抗応力度が許すかぎり断面を小さくして鋼材厚を薄くするのが明らかに有利である．ただし，たとえば直径が一定のトランジションピースを考えると，モノパイルの直径はタワー基部の直径と一致させなければならないことと，製作能力の問題もあり，モノパイルの小径化には限界がある．

波による疲労荷重は支持構造のモード形状に依存するが（12.7.4 項の式 (12.63) 参照），これは剛性分布にも依存するので，疲労荷重に対する設計は自ずと繰り返し計算が必要になる．したがって，初期設計は極値荷重に対する耐力に対して行い，そこからモード形の初期値を求めて疲労荷重を設定するのが簡単である．波荷重が設計で重要になる場合，極値曲げモーメントの分布には波峰付近で明瞭な折れ曲がりが現れるが，疲労荷重における曲げモーメント図には折れ曲がりが明瞭には現れないことに注意が必要である．これは通常，疲労荷重は支持構造を共振させるので，曲げモーメント分布においては，タワーの頂部の質量の影響が波荷重の影響よりも大きくなるためである．このように，陸上の風車に対して設計したタワーは，波がタワー自体に当たらないとしても，波による疲労荷重があるため，洋上に用いるには適さない．図 12.45 に，5 MW 風車の支持構造に対する極値曲げモーメントの分布と疲労曲げモーメントの分布の例を示す．

海底部の断面は極値荷重によって決まり，波峰高さの断面は疲労荷重によって決まるように思われるが，この場合，限界疲労詳細カテゴリー（detail category）を DC90 とすると，海底までの断

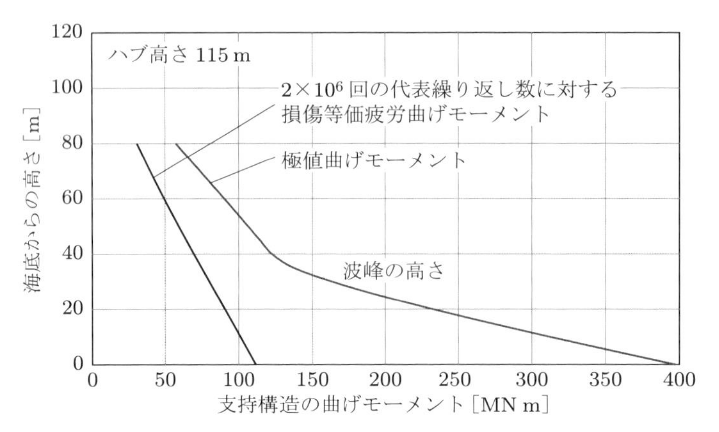

図 12.45 5 MW 風車の支持構造に対する極値曲げモーメントの分布と疲労曲げモーメントの分布

面が疲労荷重で決まるようになる．一般には，極値荷重と疲労荷重の大きさの割合，限界疲労詳細カテゴリー，モノパイルの鋼材厚などの要因によって，各高さでの断面が極値荷重と疲労荷重のいずれで決まるかがわかる．

疲労や極限荷重に対する設計が完了した時点で，支持構造の固有振動数の適合性を検証し，必要に応じて調整することができる．

実際には，ほとんどの場合，洋上に設置される風車は陸上に設置される風車よりも大きく，ほとんどが可変速機で，ロータ回転の加減速によって風による出力変動を吸収し，急激な電気的出力変動を起こさないようにしている．回転速度の最小値に対する最大値の比は，一般に 1.5〜2.5 とかなり大きいので，その結果，回転周波数の最大値とブレード通過周波数の最小値の間のタワーの固有振動数の存在域はかなり狭い．5 MW 風車における例を図 12.46 に示す．

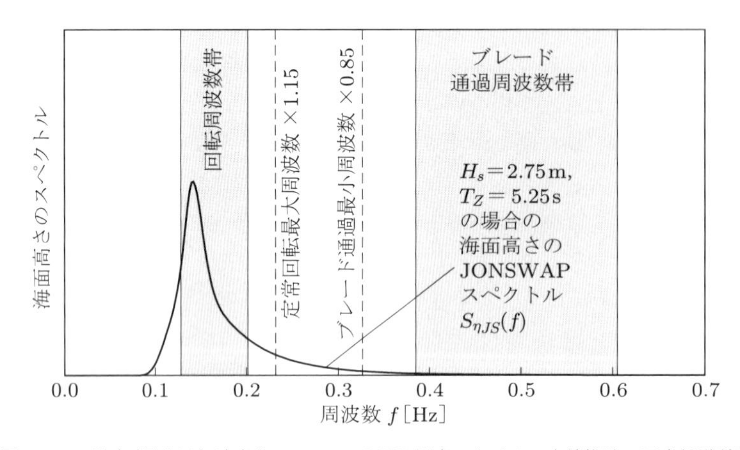

図 12.46 最大/最小回転速度比 1.57 の 5 MW 風車における，支持構造の固有振動数帯

風車の加振周波数と支持構造の固有振動数の間に約 15%の余裕が必要であることを考慮すると，この場合，利用可能な振動数は 0.23〜0.33 Hz に限られる．

水深約 20 m で，5 MW 風車を支持する直径 6 m のモノパイルでは，極値荷重と疲労荷重のもとで適切な強度を与える設計として，0.23 Hz 強が固有振動数の下限値であることがわかる．

疲労解析については 12.7.4 項で詳しく取り上げる．

■トランジションピース (transition piece)

本節の冒頭で述べたように，通常は，いわゆるトランジションピースとよばれる円筒をモノパイルとタワー基部の間に設置する（図 12.35 参照）．トランジションピースは通常はモノパイルの上部に被せるが，スリーブジョイントが二つの要素間の荷重経路を形成する場合，その重なり部分の長さは杭径の約 1.5 倍必要である．この場合，モノパイルが傾いてもトランジションピースが鉛直になるように十分な余裕をもたせるために，鋼管間の公称ギャップは約 150 mm とする．グラウト接合部に関しては，項目を改めて解説する．

ウィンドファームによっては，モノパイルの上部とトランジションピースの間に，スリーブやグラウトを施した接合部以外にも，フランジ付きのボルト接合部を使用する場合もある．この場合，ボルト接合部は全荷重に対して設計され，トランジションピースのスリーブは二次鋼構造の取り付け部となり，グラウトはモノパイルの腐食防止として機能する．この方法は，モノパイルの鉛直性が確保できる場合にかぎり，適用できる．

通常，風車へのアクセス，および，工具類やスペア部品の受け渡しのために，トランジションピースの頂部に，タワーを取り囲むように外部プラットフォームを設置する．このため，プラットフォームに小型のダビットクレーンを設置するのが一般的である．船舶からは，トランジションピースの外側に取り付けられた，防舷材である一対の鋼管の間のはしごによってアクセスする（写真 5）．

プラットフォームの高さ，つまりトランジションピースの頂部は，通常は潮位偏差と高潮を考慮して，波峰とプラットフォームの間の間隔（エアギャップ）が適切になるように設定する．エアギャップはおおむね 1.5 m である．よくあるように，モノパイルの上端が最高天文潮位（HAT）に設定される場合，トランジションピースの長さは，スリーブ長さ，高潮，50 年再現期間の波の波峰高さ ηH_{50} の合計に 1.5 m を加えたものが必要となる．英国領海内の有義潮位偏差では，25 m 以上のトランジションピースが用いられ，その質量は数百トンに達する．リバプール近郊の洋上ウィンドファーム Burbo Bank Extension の 8 MW 風車を支持する長さ 23 m，直径 6.5 m のトランジションピースは 450 t で，そのうち 236 t は一次鋼構造である（Bladt Industries 2016）．また，水深が大きくなると，モノパイルの直径は 6 m 以上必要になり，グラウト接合部より上の部分のトランジションピースは，テーパを付けて波荷重にさらされる部分を減らして，それより直径が小さいタワー基部につなげたほうが有利である．

■ケーブルダクト

風車の送電ケーブルは，J チューブ（J-tube）といわれる，トランジションピースとモノパイルの内側か外側のいずれかに設置される鋼製の保護管を通して送り出す．海底で 90° の曲がりを付けてケーブルを水平に送り出しているので，その形状から J チューブとよばれている．ケーブルは杭の中で垂直に自由懸垂させることができるが，杭の動きによる水平方向の加振に対して拘束する必要がある．

■防食

防食の方法はモノパイルとトランジションピースの高さ方向の暴露の程度に応じて異なり，気中部（atmospheric zone），飛沫帯（splash zone），海底下への根入れ部を含む海中部（submerged zone）の三つの部位に分けられる．表 12.7 に詳細に示すように，DNVGL-RP-0416（2016），*Corrosion Protection for Wind Turbines*（風車の防食）は，これらそれぞれの部位に対して防食の推奨方法

表 12.7　支持構造物の部位別防食対策

部位	外表面の防食	内表面の防食
気中部	塗装	塗装
平均潮位（MWL）より上の飛沫帯（上端は，再現期間1年の高潮位に再現期間1年の有義波高の半分を加えた高さ）	塗装，および，塗膜寿命が切れた期間に対する腐食代（温帯地域での最小腐食速度 = 0.3 mm/年）	塗装，および，塗膜寿命が切れた期間に対する腐食代（温帯地域での最小腐食速度 = 0.1 mm/年）
MWL以下の飛沫帯（下端は，再現期間1年の低潮位から再現期間1年の有義波高の半分を引いた高さ）	電気防食およびオプションで塗装	電気防食または腐食代，いずれの場合もオプションで塗装
海中部	電気防食およびオプションで塗装	電気防食または腐食代，いずれの場合もオプションで塗装
海底から1m以下の根入れ部	防食不要	防食不要

出典：DNVGL-RP-0416（2016）

を与えている．

通常，電気防食は犠牲陽極の形をとる．水深20mで杭径5mのモノパイルの亜鉛を使用した犠牲陽極の質量は約5tである．

2010年以前は，海中部のモノパイル内表面が，密閉されたプラットフォームで作られた気密区画内であれば，そこに防食は要求されていなかった．しかし，多くの内部腐食の事例が報告されるようになり，ケーブルシールやアクセスハッチを通して空気の出入りがあったことが考慮された結果，推奨事項が強化された．

■グラウト接合部の設計

モノパイルとトランジションピースの間のグラウト接合は，それより上の重量を支え，転倒モーメントと捩れの荷重に対して抵抗できるものでなければならない．軸力と捩れ荷重はグラウトと鋼材の界面でせん断を生じるが，一方で転倒モーメントは圧縮を生じるので，この2種類の荷重は別々に検討するのがよい．

1. **転倒モーメント**：転倒モーメントはスリーブから杭へ，グラウト中の圧縮応力と，水平および垂直せん断応力によって伝達される．その圧縮応力は接合部の中ほどの高さでゼロであり，頂部と底部で最大となるような，ほぼ線形の分布をする．トランジションピースはモノパイルに被さっていると仮定すると，接合部の上側半分は風上側で，接合部の下側半分は風下側で圧縮を受ける．

   スリーブから杭への水平力により，それぞれの壁体内に高いせん断応力が生じ，作用モーメントがスリーブと杭のモーメント耐力に達したとき，推奨されるグラウト接合部 $L/D = 1.5$ に許容される最大値に達する．このときグラウトに生じる公称圧縮応力は比較的小さく，接合部にすべての荷重が作用した場合でも5〜10 MPa程度であるが，接合部の両端には大きな応力集中が発生する．また，モーメントの作用によって発生するグラウト中のせん断応力が圧縮応力と組み合わさって作用する結果，グラウトの引張応力が発生し，これにより設計が決まる場合がある．

2. **軸力と捩れ荷重**：軸力と捩れ荷重によるグラウトと鋼材の界面上のせん断は，溶接ビード（weld bead）か薄い鋼棒を鋼管に溶接した，シアキー（shear key）を付けることで緩和される．しかし，シアキーは疲労応力の原因となるため不利である．

   水平方向のシアキーを用いない場合，鉛直方向の荷重は別の方法で伝達しなければならない．多くの初期の設計は，円筒鋼管とグラウトの界面での摩擦，および，初期滑りが生じたときに表面不整が互いにずれることで発生する半径方向の応力に頼っていた．しかし，この設計では，数年にわたり断続的に滑りが発生し，最終的には補修が必要となることがわかったため，摩擦による荷重伝達は許容されなくなった（Lotsberg et al. 2011）．今日では，円筒形の代わりに頂角の非常に小さい円錐台状の接合部が使用され，グラウト中の圧縮応力の鉛直成分が円錐台の鋼材表面に作用することにより，鉛直荷重に抵抗することができるようになっている．鋼管部材に必要なフープ応力（hoop stress）を発生させるためには，トランジションピースを若干沈下させることが必要である．DNVGL 標準の DNVGL-ST-0126（2016），*Support Structures for Wind Turbines*（風車の支持構造）は，最大頂角を 4° と規定している．

■深水域のモノパイル

浅水域のモノパイルでは，波荷重はモーメントとしての作用長さが小さいため，風荷重が支配的であり，モノパイルの質量はおもにモノパイルの長さに比例して増加する．しかし，水深が大きくなると波荷重も増加し，モノパイルの直径も増加し，質量は急激に大きくなる．

De Vries と Krolis（2007）は，Vestas V90 3 MW 風車の支持構造について，ドイツ沿岸から約 80 km 沖合の北海（水深 20～50 m）を仮定して，極値波高 20.3 m の条件で試設計した．ここで，固有振動数の目標値（0.32 Hz）と座屈強度の必要値を満たすようにした．図 12.47 に，水深と支持構造（モノパイル，トランジションピース，タワー）の質量の関係を示す．

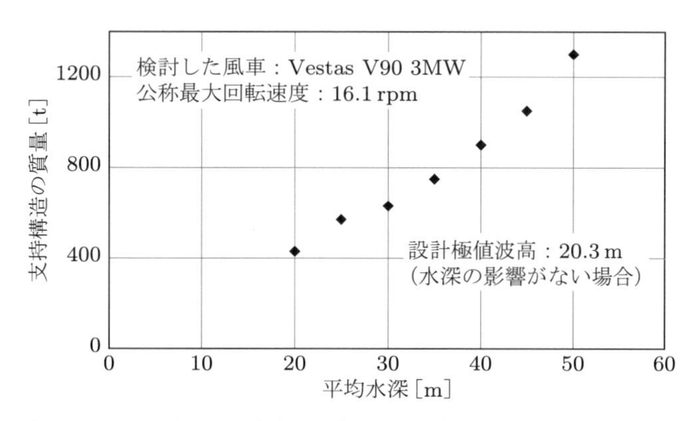

図 12.47 平均水深と支持構造の質量の関係（Van der Tempel 2006）

水深 20 m の場合の質量はその他の水深から求められるものよりも小さいが，これは，この水深では極値波高が水深により抑えられて，プラットフォームの高さとハブ高さの両方が小さくなっているためである．この条件のもとでの支持構造の質量を見る際に，Vestas V90 風車の RNA の質量は 112 t にすぎないことには注意を要する．

モノパイルの直径は，水深 20 m では 4 m，水深 50 m では 6 m であり，既存の生産設備能力の上限値である 10 m 以内に十分収まっている．

12.7.4　モノパイル：疲労の周波数応答解析

短期的には，風荷重と波荷重は統計的には独立した過程であり，これらによる構造のあらゆる断面での荷重のパワースペクトルを単純に足し合わせることにより，全荷重のパワースペクトルを求めることができる．本項では，まず初めに波荷重による疲労と風荷重による疲労の各々の計算法を示し，次に両者の組み合わせについて解説する．

■波荷重の周波数応答解析

洋上風車の波による疲労損傷の計算には，石油やガスのプラットフォームに対して確立された周波数領域での計算法が用いられる．この方法のメリットは，時間領域で多くのシミュレーションを行ってレインフローカウントを行うことに比べて，はるかに計算量が少ないことである．計算は，海象条件ごとの波浪スペクトルから，検討している点における応力スペクトルを，周波数ごとの応力振幅と波高の関係である伝達関数を用いて求めることから始める．次に，各応力スペクトルを応力幅の確率分布に変換し（5.9.3 項のディルリク式など），適当な S–N 曲線を用いて各海象条件における疲労損傷を求める．最後に，すべての海象状態における損傷を合計して，検討している点における総疲労損傷を求める．

この方法は，波荷重と波高には線形関係があることを仮定している．12.3.9 項で解説したように，モリソン式で求めた円筒に作用する波荷重は，波高に対して線形な慣性力項と線形ではない抗力項の二つの項で構成されている．ところが，水深が大きくなり，波高が円筒の直径の 3.5 倍より小さくなると，クーリガン－カーペンター数は 11 より小さくなり（図 12.22），慣性力が支配的になるため，疲労荷重の計算では非線形抗力項は無視することができて都合がよい．

以下では，疲労計算の方法について詳細に解説する．

■モノパイルの曲げモーメントと応力伝達関数

準静的成分：モノパイル支持構造の円筒の半径を r とすると，波荷重による海底面での準静的モーメントのピーク値 M_0 は，モリソン式を水深にわたって積分することで，次式のように表すことができる．

$$
\begin{aligned}
M_0 &= C_M \rho \pi r^2 \int_{-d}^{0} (\dot{u})_{\max} (z+d)\, dz \\
&= C_M \rho \pi r^2 \frac{Hgk}{2} \int_{-d}^{0} \frac{\cosh k(z+d)}{\cosh kd} (z+d)\, dz \\
&= C_M \rho \pi r^2 \frac{Hg}{2} (\tanh kd) \left(d + \frac{1-\cosh kd}{k \sinh kd} \right)
\end{aligned}
\qquad (12.48)
$$

水深が大きい場合，つまり $d > 0.08gT^2$ の場合は，これは次式のように近似できる．

$$
M_0 = C_M \rho \pi r^2 \frac{Hgd}{2} \qquad (12.49)
$$

波数 k（$= 2\pi/L$）は波周期に依存するので（式 (12.15) 参照），M_0 は一般に周波数に依存する．伝達関数は，波の振幅に対する準静的曲げモーメントのピーク値の波数（したがって周波数 f）ごとの比率であり，次式のように表される．

$$H_{M0/\eta}(f) = \frac{M_0}{H/2} = C_M \rho \pi r^2 g (\tanh kd) \left(d + \frac{1 - \cosh kd}{k \sinh kd} \right) \tag{12.50}$$

モノパイルの壁厚を t とすると，曲げ応力は $M_0/(\pi r^2 t)$ であるので，波の振幅とピーク曲げ応力の比，つまり曲げ応力伝達関数は，動的な増幅を無視すると次式のように表される．

$$H_{\sigma 0/\eta}(f) = C_M \rho \frac{g}{t} (\tanh kd) \left(d + \frac{1 - \cosh kd}{k \sinh kd} \right) \tag{12.51}$$

この式では慣性力係数 C_M が関係しているが，モノパイルの半径は陽には含まれていない．

共振成分：波周波数が支持構造の固有振動数に近い場合，支持構造の応答は動的になり，その応答は付録 A5 で述べた静止ブレードの場合と同じように増幅する．簡略化のために，海底が剛であるとすると，式 (A5.26) と同様に，波が支持構造物の 1 次モードを励起することによる海底面でのモーメントは，次式のように表される．

$$M_1(t) = \omega_1^2 f_1(t) \int_0^{H+d} m(y) \mu_1(y) y dy \tag{12.52}$$

ここに，ω_1 は支持構造の固有角振動数，$f_1(t)$ は 1 次モードのハブ変位，$m(y)$ は単位長さあたりの質量分布，$y\ (= z + d)$ は海底からの高さ，$\mu_1(y)$ は 1 次モード形である．式 (A5.3) のように考えると，ハブ変位は次式のように表される．

$$f_1(t) = \frac{1}{k_1} \frac{\displaystyle\int_0^{H+d} \mu_1(y) q_1(y) dy}{\sqrt{\left[1 - (\omega/\omega_1)^2\right]^2 + 4\xi_1^2 (\omega/\omega_1)^2}} \cos(\omega t + \phi) \tag{12.53}$$

ここで，$k_1 = m_1 \omega_1^2$ であり，$q_1(y) = C_M \rho A (Hgk/2)(\cosh ky / \cosh kd)$ は波荷重の振幅，ξ_1 は 1 次減衰比である．$m_1 = \int_0^{H+d} m(y) \mu_1^2(y) dy$ は一般化質量で，ω は波の角周波数である．したがって，式 (12.52) は次式のようになる．

$$M_1(t) = C_M \rho \pi r^2 \frac{Hgk}{2} \int_0^d \mu_1(y) \frac{\cosh ky}{\cosh kd} dy \times \frac{\displaystyle\int_0^{H+d} m(y) \mu_1(y) y dy}{m_1 \sqrt{\left[1 - (\omega/\omega_1)^2\right]^2 + 4\xi_1^2 (\omega/\omega_1)^2}} \cos(\omega t + \phi) \tag{12.54}$$

一般化質量 m_1 は，通常，タワー頂部質量によって決まるので，比率 $\int_0^{H+d} m(y) \mu_1(y) y dy / m_1$ は近似的に海底からハブまでの高さ $H + d$ に等しくなる．そこで，$\int_0^{H+d} m(y) \mu_1(y) y dy / m_1$ を海底からの有効ハブ高さ $H' + d$ と定義すると，式 (12.54) は次式のように単純化される．

$$M_1(t) = C_M \rho \pi r^2 \frac{Hgk}{2} \int_0^d \mu_1(y) \frac{\cosh ky}{\cosh kd} dy \times \frac{H' + d}{\sqrt{\left[1 - (\omega/\omega_1)^2\right]^2 + 4\xi_1^2 (\omega/\omega_1)^2}} \cos(\omega t + \phi) \tag{12.55}$$

式 (12.55) の共振モーメントと式 (12.48) の準静的モーメントの振幅を比較すると，1 次モードが動的に励起された際の海底面でのモーメントの増幅率は次式のようになることがわかる．

$$\frac{M_1}{M_0} = \frac{k \int_0^d \mu_1(y) \frac{\cosh ky}{\cosh kd} dy}{(\tanh kd)\left[d + \frac{(1 - \cosh kd)}{k \sinh kd}\right]} \frac{H' + d}{\sqrt{\left[1 - (\omega/\omega_1)^2\right]^2 + 4\xi_1^2 (\omega/\omega_1)^2}} = \frac{\lambda(d)}{\sqrt{\left[1 - (f/f_1)^2\right]^2 + 4\xi_1^2 (f/f_1)^2}} \tag{12.56}$$

ここで，

$$\lambda(d) = \frac{k \int_0^d \mu_1(y) \frac{\cosh ky}{\cosh kd} dy}{(\tanh kd)\left[d + \frac{(1 - \cosh kd)}{k \sinh kd}\right]} (H' + d) \tag{12.57}$$

とした．

$\lambda(d)$ は片持ち梁の根元近くの波荷重が 1 次モードの共振に及ぼす影響の指標で，動的増幅率 (Dynamic Magnification Ratio: DMR) による動的増幅分 $1/\sqrt{[1-(f/f_1)^2]^2 + 4\xi_1^2(f/f_1)^2}$ を除いたものである．水深が大きい場合の波では，波荷重は平均潮位のまわりの領域に集中するので，$\lambda(d)$ の式の分数部は $\mu_1(d)/d$ で近似される．さらに，上に述べたように，$(H' + d)$ は $(H + d)$ で近似することができる．これら二つの近似を考慮すると，$\lambda(d)$ は次式のようになる．

$$\lambda^*(d) = \frac{\mu_1(d)(H + d)}{d} \tag{12.58}$$

なお，アスタリスクは近似値であることを示す．

波荷重は通常は支持構造の根元近くに作用するので，$\mu_1(d)$ は $d/(H + d)$ よりはるかに小さくなる．たとえば，$d/(H + d)$ を 0.2 とし，海底を剛とした場合は，$\mu_1(d)$ は約 0.03 で，$\lambda^*(d)$ は 0.15 となる．実際，海底は完全に剛であるとみなされることはほとんどなく，海底下の杭の有効固定深さ m は杭径の数倍あるため，$\mu_1(d)$ の値は大きくなる．しかし，海底面でのモーメントの波荷重による増幅は，同じ荷重がタワー頂部に作用した場合に比べてはるかに小さくなることは間違いない．

波の振幅に対する曲げモーメントのピーク値 M_1 の周波数 f ごとの比率である伝達関数は，次式のようになる．

$$H_{M1/\eta}(f) = \frac{M_1}{H/2}$$
$$= C_M \rho \pi r^2 gk \int_0^d \mu_1(y) \frac{\cosh ky}{\cosh kd} dy \frac{H' + d}{\sqrt{\left[1 - (f/f_1)^2\right]^2 + 4\xi_1^2 (f/f_1)^2}} \tag{12.59}$$

この式は，次式のように短くすると便利である．

$$H_{M1/\eta}(f) = G_{M1/\eta}(f) \frac{1}{\sqrt{\left[1 - (f/f_1)^2\right]^2 + 4\xi_1^2 (f/f_1)^2}}$$
$$= G_{M1/\eta}(f) \times DMR \tag{12.60}$$

ここで，

$$G_{M1/\eta}(f) = C_M \rho \pi r^2 gk \int_0^d \mu_1(y) \frac{\cosh ky}{\cosh kd} dy \,(H' + d) \tag{12.61}$$

とした．

したがって，

$$\lambda(d) = \frac{M_1/DMR}{M_0} = \frac{H_{M1/\eta}(f)/DMR}{H_{M0/\eta}(f)} = \frac{G_{M1/\eta}(f)}{H_{M0/\eta}(f)} \tag{12.62}$$

である．

■海底面での曲げモーメントの伝達関数の例

図 12.48 に，伝達関数の例を考えるうえで対象とする 5 MW 風車の支持構造を示す．タワーは，海底に打設された直径 6 m のモノパイル上に設置されている．地盤特性は，モノパイルの有効固定点が海底下 $m = 20$ m となるように仮定する．海底からハブまでの高さは 115 m で，平均水深は 23 m である．

y 座標は片持ち梁の根元からの距離と定義し，今の場合，固定点である海底下 m の深さから測るものとする．これは海底面での準静的モーメントには影響しないが，海底面での共振モーメントには大きく影響する．式 (12.54) は次式のようになる．

$$M_1(t) = C_M \rho \pi r^2 \frac{Hgk}{2} \int_m^{d+m} \mu_1(y) \frac{\cosh k(y - m)}{\cosh kd} dy$$
$$\times \frac{\displaystyle\int_0^{H+d+m} m(y)\mu_1(y)(y - m)\,dy}{m_1 \sqrt{\left[1 - (\omega/\omega_1)^2\right]^2 + 4\xi_1^2 (\omega/\omega_1)^2}} \cos(\omega t + \phi) \tag{12.63}$$

ここで，すでに述べたように，$\int_0^{H+d+m} m(y)\mu_1(y)(y - m)\,dy/m_1$ は $(H' + d)$ で置き換えら

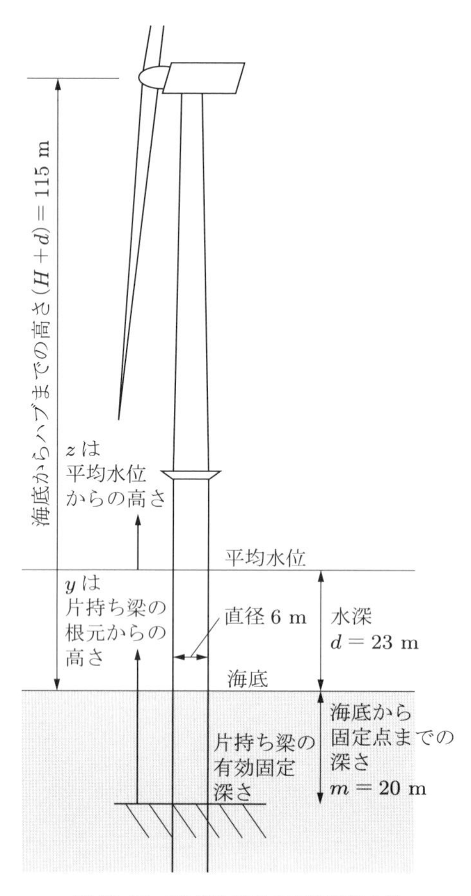

図 12.48　5 MW 風車の支持構造の例

れる．

モード形状を決めると，平均水位での規準化たわみは $\mu_1(d+m)=0.071$ となり，$\lambda^*(d+m)=\mu_1(d+m)(H+d)/d=0.071\times(115/23)=0.355$ となる．

図 12.49 に，海底面における準静的曲げモーメントの伝達関数 $H_{M0/\eta}(f)$，および，1 次モードの共振曲げモーメントの伝達関数 $H_{M1/\eta}(f)$ と，JONSWAP スペクトルの例（$H_s=2.75\,\mathrm{m}$，$T_z=5.25\,\mathrm{s}$）を示す．支持構造の固有振動数 f_1 を 0.24 Hz，減衰比 ξ を 5%とすると，ピークの動的増幅率（DMR）は 10 となる．

明らかに，減衰比は共振ピークを決めるうえでもっとも重要である．減衰のおもな成分である，空力減衰，構造減衰，および，地盤履歴から生じる減衰については，本項で後述する．

海底面での準静的曲げモーメントに対する伝達関数は，波周波数とともに増加する．したがって，海水の運動，つまり波荷重は，波長が短くなるにつれて，しだいに海面近くに集中するようになるものの，水粒子加速度の増加はこの効果を上回り，所与の波の振幅に対して転倒モーメントは増加する．

図 12.49 に，海底面での 1 次モード共振モーメントの伝達関数を動的増幅率で割ったもの $H_{M1/\eta}(f)/DMR=G_{M1/\eta}(f)$ も示す．関数 $G_{M1/\eta}(f)$ の形は準静的モーメントの伝達関数にきわめてよく似ている．これは，両者の比率を $\lambda(d)=G_{M1/\eta}(f)/H_{M0/\eta}(f)$ としてプロットす

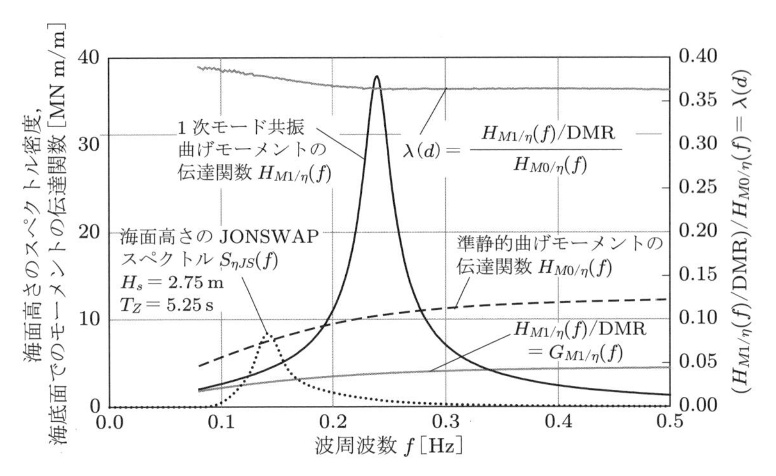

図 12.49 図 12.48 の支持構造の，海底面でのモーメントの準静的伝達関数と共振伝達関数（モノパイルの直径 6 m，$C_M = 2$，平均水深 23 m，海底からのハブ高さ 115 m，支持構造の固有振動数 $f_1 = 0.24$ Hz，減衰比 $\xi = 0.05$）

ると，波周波数には敏感ではなく，$\lambda^*(d)$ の値 0.355 にほぼ等しいことからわかる．

■回折の影響

12.3.9 項では，円筒の直径が波長に対して相対的に大きい場合，波の回折が慣性力係数に影響を与えることを示した．図 12.25 に示したように，D/L が約 0.17 以上では，回折によって慣性力係数は公称値 2.0 から急激に小さくなる．図 12.49 では，慣性力係数は簡単のため一定（$C_M = 2.0$）としたが，図 12.50 には，回折が海底面での準静的モーメントの伝達関数に与える影響を示す．また，同図には，$H_s = 2.75$ m, $T_z = 5.25$ s の海象条件の場合の JONSWAP スペクトルも示す．

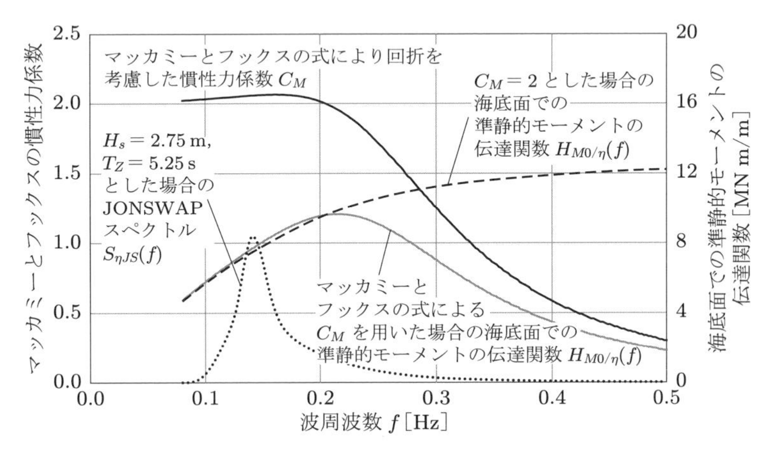

図 12.50 図 12.48 に示した支持構造における，回折が海底面での準静的モーメントの伝達関数に与える影響

この支持構造物において，この海象条件下では，慣性力係数の低下は，JONSWAP スペクトルの高周波数の裾部分に対応する波による荷重のみに影響を及ぼすことがわかる．しかし，支持構造の共振周波数 0.24 Hz でマッカミーとフックスによる慣性力係数は 1.8 まで小さくなるため，回折を考慮すると，共振モーメントは若干小さくなるといえる．

■空力減衰

風車の発電中，ロータの空力減衰は，波による支持構造物の波向き方向の運動を大きく減衰させる．ブレードのピッチが一定の場合，これは各風速で式 (5.135) の閉じた形の式を用いて簡単に推定することができるが，アクティブピッチ制御の場合は，空力減衰は制御に大きく依存するため，簡単には計算できない．

風車の時刻歴解析では，支持構造の空力減衰は自動的に，陽的にではなく陰的に考慮される．しかし，各風速における空力減衰は，乱流中で発電している風車のタワー頂部にステップ荷重を作用させた場合の過渡応答の時刻歴から，ブレードのピッチ制御の影響も含んだ形で求めることができる．その際，各風速で，タワー頂部変位の時刻歴を，タワー頂部にステップ荷重は作用させずに同じ乱流シード（seed）に対する計算結果から差し引いて，ステップ荷重のみに対するタワー頂部の過渡変位を求める必要がある．そして減衰定数は，1 次モードの自由振動の対数減衰率から求められる．

図 12.51 に，上述の方法によって求められた，平均風速に対する空力減衰の例を示す (Kuhn 2000)．検討の対象とした風車は，定速・ピッチ制御の Opti-OWECS の 2 枚翼 3 MW 風車である．基礎は，固有振動数がロータの回転周波数より低いモノパイルで，海底からのハブ高さ 80 m，水深 21 m である．

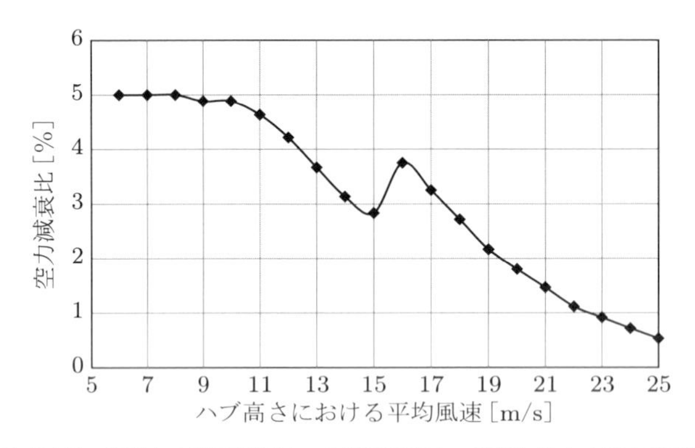

図 12.51　乱流中の固定速度ピッチ制御風車の，風速に対する空力減衰比

図から，10 m/s から定格風速 13.7 m/s までは内翼部で剥離が進行することで減衰は低下するが，定格風速を超えると流れが再付着し，減衰は回復することがわかる．しかし，16 m/s より高風速側では，タワー頂部の振動に応じて急激なピッチ制御の作用がしだいに増えるため，空力減衰はかなり低下する．これは，タワー頂部が風方向に前後運動し，ブレードがフェザーして出力が増えることを抑え，それによってロータのスラストが低下するといったプロセスが繰り返されるためである．

共振周波数で支持構造物の振動を抑えるように制御システムを設計することは，最近では一般的になってきており，それにより，固定ピッチ運転の付着流れにより得られる減衰以上の有効減衰が得られることになる（第 8 章参照）．

■風向と波向きの不一致の影響

風車の横方向運動の減衰は非常に小さいので，風向と波向きが一致しない場合，波による支持構造の減衰は低下する．疲労の計算ではこの影響を考慮する必要がある．

■構造減衰

モノパイルの構造減衰は空力減衰よりもはるかに小さい．たとえば，風荷重に対するEurocode EN 1991-1-4（2005）では，鋼製煙突の構造減衰は，対数減衰率で0.012（減衰比0.19%）で，DNVGL-RP-C205（2017），*Environmental Conditions and Environmental Loads*（環境条件と環境荷重）では，大気中の鋼製部材の減衰比は0.15%である．

■地盤減衰

地盤の減衰には，逸散減衰（radiation damping）と履歴減衰（hysteretic material damping）の2種類があるが，後者は1 Hz以下の周波数では無視できる（Andersen 2010）．履歴減衰は，地盤特性と荷重振幅の両方に依存するため，減衰の大きさは変化する．

Tarp-Johansen（2009）は，三次元有限要素法を用いてモノパイル基礎まわりの海底の地盤減衰を検討し，支持構造の地盤による対数減衰率は0.035〜0.050（減衰比0.55〜0.80%）であることを示した．しかし，杭の根入れ長が短い（杭径の4.25倍）と，地盤中での運動は大きくなり，通常の場合よりも地盤減衰は大きくなる．

Damgaardら（2012）は，タワーダンパを取り付けた洋上風車支持構造物振動の減衰に関する測定結果を報告しており，10回急停止させたあとの加速度の履歴から，減衰比は平均2.25%と算出した．また，減衰比の合計から測定されたタワーダンパの寄与（〜1.3%）と，構造減衰，空力減衰，流体力学的減衰の推定寄与をすべて差し引くことにより，地盤減衰を0.58%と推定した．

地盤減衰は，それぞれの非線形p–y曲線から得られる，異なる深さでの荷重サイクルにおける履歴損失から解析的に推定することもできる．全体としての減衰比は次式で与えられる．

$$\xi_s = \frac{\displaystyle\int_0^L \Delta E\,(z,y)\,dz}{\displaystyle\int_0^L \frac{1}{2}k\,(z)\,y^2(z)\,dz}4\pi \tag{12.64}$$

ここで，積分は杭の根入れ長にわたって行い，$\Delta E\,(z,y)$は1回の荷重サイクルでの履歴損失，$k\,(z)$はp–y曲線の傾き，$y\,(z)$は杭の変位振幅を表す．

Carswellら（2015）は，さまざまな情報源からの実験および解析結果のレビューにより，地盤減衰比は0.17〜1.5%と報告しているが，地盤減衰比は変位振幅とともに増加することを考えると，結果に幅があることが予想される．

サイトごとに地盤減衰を求めることは難しいので，単純に，地盤減衰をまったく考えないことにして安全側の設計とするのも一つの方法である．

■風車停止時の減衰

風車が停止している場合，空力減衰は無視できるほどに小さく，支持構造の減衰は，溶接構造と基礎地盤による減衰に加え，若干の波と流れによる減衰があるのみである．GL（2005）の*Guideline for the Certification of Offshore Wind Turbines*（洋上風車の認証のための指針）は，このような条件における減衰比を約1%としている．Damgaardら（2012）が報告した測定結果でも，タワーダンパの寄与を差し引くと同様の値になる．風車停止時の減衰がこれよりはるかに小さくなると，支持構造の波によって励起される振動は風車運転中よりもかなり大きくなるので，疲労損傷の計算では，風車の停止時間の比率は注意して決定する必要がある．

■モノパイルの曲げモーメントスペクトル

海底面での 1 次共振モードにおけるモーメントは，波浪スペクトルに海底面での 1 次共振モーメント伝達関数を乗じることで，次式のように求められる．

$$S_{M1}(f) = S_{\eta JS}\left(H_{M1/\eta}(f)\right)^2 \tag{12.65}$$

図 12.52 に，海象状態を JONSWAP スペクトルでモデル化した波浪スペクトルの，図 12.48 に示す支持構造物の曲げモーメントスペクトルへの変換を示す．海象状態は $H_s = 2.75\,\mathrm{m}$, $T_z = 5.25\,\mathrm{s}$ であり，ピーク形状係数は $\gamma = 2.32$，ピーク周波数は $f_p = 0.141\,\mathrm{Hz}$ である．図には，JONSWAP スペクトル，1 次共振モーメント応答の伝達関数の 2 乗，および，結果として得られた海底面での 1 次モードのモーメントスペクトルを示す．

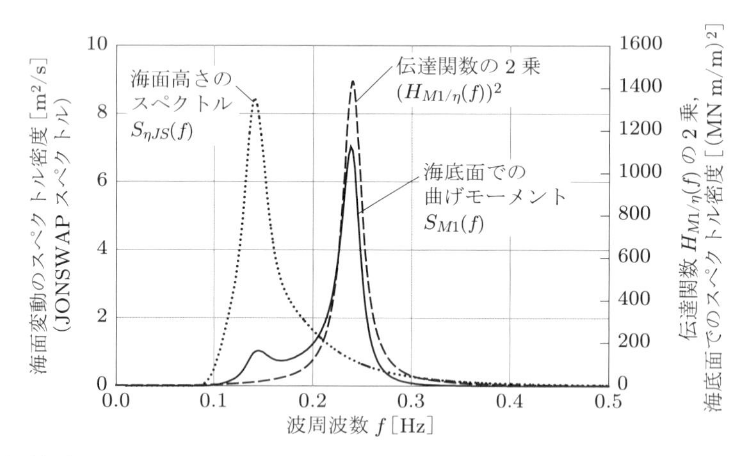

図 12.52　海面変動のスペクトルと，図 12.48 に示した支持構造の海底面での共振曲げモーメント（固有振動数：$f_1 = 0.24\,\mathrm{Hz}$, 海象状態：$H_s = 2.75\,\mathrm{m}$, $T_z = 5.25\,\mathrm{s}$, $T_p = 7.08\,\mathrm{s}$, $f_p = 0.141\,\mathrm{Hz}$, モノパイルの直径 6 m，$C_M = 2$，平均水深 23 m，海底からのハブ高さ 115 m，支持構造の固有振動数 0.24 Hz，減衰比 $\xi = 0.05$）

完全な解析には支持構造物の 2 次以上のモードの動的応答が必要になるが，慣性力が支配的な場合，これらのモードはほとんど励起されない．

この例では，1 次共振モーメント応答のスペクトルには明瞭な共振ピークが見られるとともに，波周波数付近に小さいピークが現れている．後者のピークは準静的スペクトルのピークよりもはるかに小さいが（図 12.53），高次モードの励起による海底面でのモーメントを 1 次モードのモーメントに加えていくと，これらが一致してくるものと考えられる．

■疲労解析のためのモーメント応答の近似

1 次モードの共振応答が狭帯域（狭い周波数範囲内で発生していること）で，疲労解析を目的とする場合，共振モーメントスペクトルは，高さが $S_{M1}(f_1)$ で，1 次モード周波数を中心とした幅（帯域幅）が $\pi\xi f_1$ の矩形で近似することができる．図 12.53 にこれを示す．矩形の面積は次式で表される．

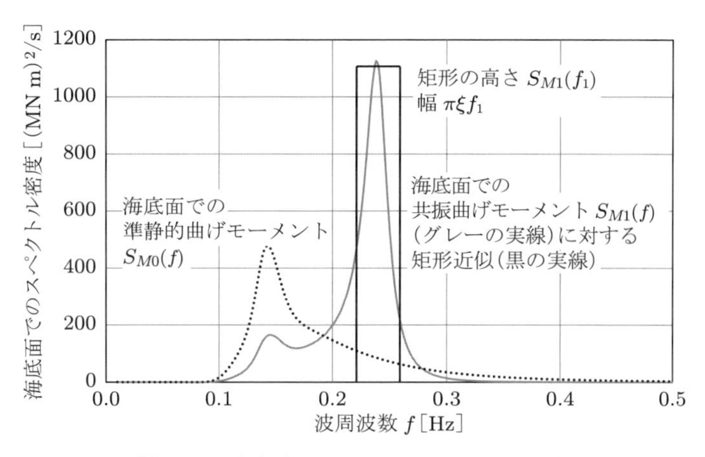

図 12.53 海底面でのモーメントスペクトルの近似

$$S_{M1}(f)\,\pi\xi f_1 = S_{\eta JS}\left(H_{M1/\eta}(f_1)\right)^2 \pi\xi f_1 \tag{12.66}$$

伝達関数は動的増幅率（DMR）に比例し，その値は共振点で $1/(2\xi)$ であるので，矩形の面積は減衰比に反比例することになる．共振曲げモーメントの標準偏差は矩形の面積の平方根に等しく，次式のように表せる．

$$\begin{aligned}\sigma_{M1} &= H_{M1/\eta}(f_1)\sqrt{S_\eta(f_1)\,\pi\xi f_1}\\ &= C_M\rho\pi r^2 gk\int_m^{d+m}\mu_1(y)\frac{\cosh k(y-m)}{\cosh kd}dy\times(H'+d)\sqrt{\frac{S_\eta(f_1)\,f_1\pi}{4\xi}}\end{aligned} \tag{12.67}$$

共振曲げモーメントスペクトルの矩形近似と準静的スペクトルが重なる部分は小さいとすると，全モーメントスペクトルはこれら二つの和によって安全側に近似される．

さらなる簡単化は，準静的伝達関数の周波数による変化を無視することで，準静的モーメントスペクトルを波のスペクトルとピーク波周波数の準静的伝達関数の 2 乗の積とすることである．すなわち，

$$S_{M0}(f) = S_{\eta JS}(f)\left(H_{M0/\eta}(f_p)\right)^2 \tag{12.68}$$

とする．このとき，準静的曲げモーメントの標準偏差は容易に次式のように表される．

$$\sigma_{M0} = \sigma_\eta H_{M0/\eta}(f_p) = \frac{H_s}{4}C_M\rho\pi r^2 g(\tanh k_p d)\left(d+\frac{1-\cosh k_p d}{k_p\sinh k_p d}\right) \tag{12.69}$$

ここで，σ_η は海面高さの標準偏差で，k_p はピーク周波数 f_p に対応する波数である．最後に，海底面での全モーメント応答の標準偏差は，次式のように，準静的成分の 2 乗と共振応答の 2 乗の和の平方根から得られる．

$$\sigma_M^2 = \sigma_{M0}^2 + \sigma_{M1}^2 \tag{12.70}$$

■疲労損傷の算定

モーメントスペクトルから疲労損傷を求める方法は，狭帯域として扱えるか否かによって異なる．共振モーメントが卓越する場合，ピーク波周波数を中心とする準静的応答の影響はほとんどなく，応答は狭帯域として扱うことができ，すべての荷重繰り返しは共振周波数で生じると考えることができる．準静的応答の標準偏差を式 (12.69) を用いて考慮する場合，狭帯域の仮定は安全側である．これは，広帯域性を考慮すると疲労損傷の計算値は小さくなるからである．

代表繰り返し数 N_R に対する損傷等価応力幅（damage equivalent stress range, Barltrop and Adams 1991 参照）は，狭帯域の荷重繰り返しの場合，次式のようになる．

$$\Delta\sigma_{eq} = \sigma_\sigma \sqrt{8}\ \sqrt[m]{\frac{n}{N_R}\Gamma\left(\frac{2+m}{2}\right)} \tag{12.71}$$

ここで，σ_σ は変動応力の標準偏差（$= \sigma_M/\pi r^2 t$），m は両対数軸で表した S–N 曲線（直線と仮定する）の勾配の逆数，n は海象状態の継続時間にわたる荷重繰り返し回数である．$m = 4, n = N_R$ とすると，$\Delta\sigma_{eq} = 3.363\sigma_\sigma$ である．

一方，全モーメントのスペクトルが広帯域の場合，ディルリク法（5.9.3 項）を用いて近似的な応力幅の確率分布を求めることができ，S–N 曲線（12.7.9 項参照）と組み合わせて用いることで，海象ごとの疲労損傷を求めることができる．

■風荷重の周波数応答解析

陸上風車支持構造物の周波数領域における動的解析および疲労解析は，5.12.5 項と 5.12.6 項で述べたが，風荷重のもとでの洋上支持構造物についても同様に検討する．風荷重と波荷重が統計的に独立であるとすると，組み合わせ荷重のモーメントスペクトルは，風荷重によるモーメントスペクトルと波荷重によるモーメントスペクトルの単純な和で求めることができる．

■風荷重の時刻歴応答解析

12.3 節の最後の部分で述べたように，風荷重による疲労損傷の評価では，周波数領域での解析よりも時間領域での解析が望ましい．これは，空気力の非線形性や制御系の非線形性に加え，決定論的に求められる荷重成分と確率統計的な扱いが必要な不規則荷重成分の組み合わせを考慮できるためである．以下では，風荷重による疲労繰り返しを時間領域で求め，波荷重による疲労繰り返しを周波数領域で求めて合算する方法を述べる．

■風荷重による疲労スペクトルと波荷重による疲労スペクトルの合算

(a) 風荷重による疲労を時刻歴応答解析とレインフローカウントを用いて求める方法

Kuhn（2001）は，時刻歴応答解析と周波数領域での疲労解析を用いて，風荷重と波荷重による疲労損傷を別々に求め，両者を合算する方法を提案した．図 12.54 に，その手順を図式的に示す．

図に示す損傷等価応力幅は，指定した繰り返し回数 N_R に適用した場合，実際に計算された疲労応力スペクトルと同じ疲労損傷になると定義される応力幅である．N_R は通常 10^7 回とする．

図に示した手順の中でもっとも重要なステップは，風による損傷等価応力幅と波による損傷等価応力幅の合算の部分である．以下では，この部分の根拠を述べる．

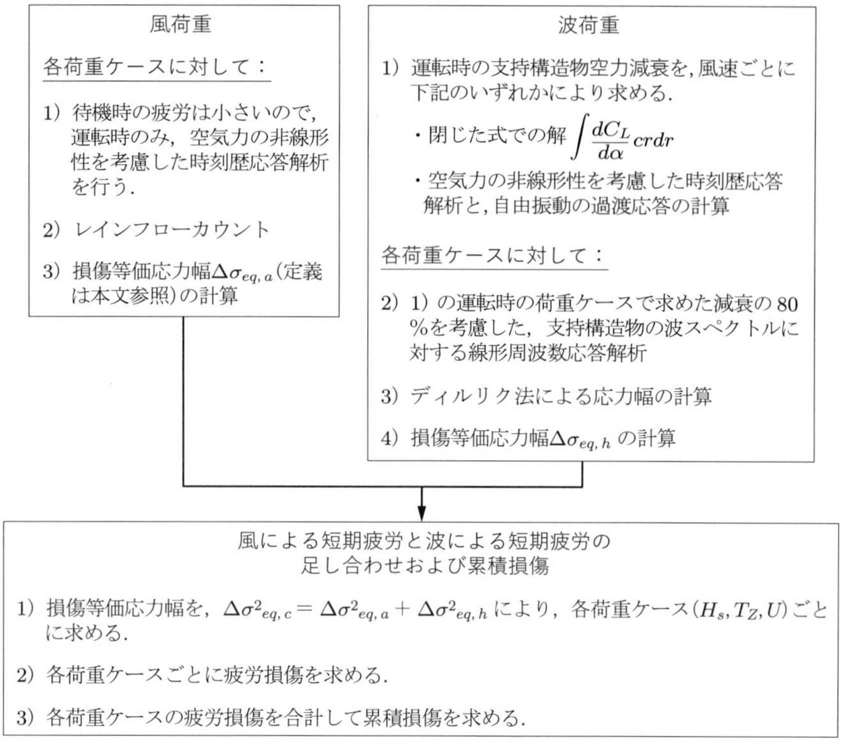

風荷重

各荷重ケースに対して：

1) 待機時の疲労は小さいので，運転時のみ，空気力の非線形性を考慮した時刻歴応答解析を行う．

2) レインフローカウント

3) 損傷等価応力幅$\Delta\sigma_{eq,a}$（定義は本文参照）の計算

波荷重

1) 運転時の支持構造物空力減衰を，風速ごとに下記のいずれかにより求める．

・閉じた式での解 $\int \frac{dC_L}{d\alpha} crdr$

・空気力の非線形性を考慮した時刻歴応答解析と，自由振動の過渡応答の計算

各荷重ケースに対して：

2) 1) の運転時の荷重ケースで求めた減衰の 80 %を考慮した，支持構造物の波スペクトルに対する線形周波数応答解析

3) ディルリク法による応力幅の計算

4) 損傷等価応力幅$\Delta\sigma_{eq,h}$ の計算

風による短期疲労と波による短期疲労の足し合わせおよび累積損傷

1) 損傷等価応力幅を，$\Delta\sigma^2{}_{eq,c} = \Delta\sigma^2{}_{eq,a} + \Delta\sigma^2{}_{eq,h}$ により，各荷重ケース(H_s, T_Z, U)ごとに求める．

2) 各荷重ケースごとに疲労損傷を求める．

3) 各荷重ケースの疲労損傷を合計して累積損傷を求める．

図 12.54 疲労損傷の簡易計算法の流れ

狭帯域での繰り返し荷重に対して，代表繰り返し回数 N_R での損傷等価応力幅は，すでに述べたように次式で求めることができる．

$$\Delta\sigma_{eq} = \sigma_\sigma \sqrt{8}\ \sqrt[m]{\frac{n}{N_R}\Gamma\left(\frac{2+m}{2}\right)} \tag{12.72}$$

Hancock と Gall (1985) は，荷重が広帯域過程である場合，平均周期とゼロクロス周期の比 $\beta = T_c/T_z$ の m 乗根を上式に乗じる，次式のような経験的修正を提案した．

$$\Delta\sigma_{eq} = \sigma_\sigma \sqrt{8}\ \sqrt[m]{\frac{T_c}{T_z}\frac{n}{N_R}\Gamma\left(\frac{2+m}{2}\right)} \tag{12.73}$$

組み合わせ応答の分散 $\sigma^2_{\sigma,c}$ は，風荷重と波荷重に対する応答の分散の和 $\sigma^2_{\sigma,a} + \sigma^2_{\sigma,h}$ に等しい．したがって，式 (12.73) を $\sigma_{\sigma,a}$ と $\sigma_{\sigma,h}$ のそれぞれに対して用いると，次式が得られる．

$$\Delta\sigma_{eq,c} = \sqrt{\Delta\sigma^2_{eq,a}\left(\frac{T_{z,a}}{T_{z,c}}\right)^{2/m} + \Delta\sigma^2_{eq,h}\left(\frac{T_{z,h}}{T_{z,c}}\right)^{2/m}} \tag{12.74}$$

さらに，ゼロクロス周期の重みを省くと，これは次のような簡単な式になる．

$$\Delta\sigma_{eq,c} = \sqrt{\Delta\sigma^2_{eq,a} + \Delta\sigma^2_{eq,h}} \tag{12.75}$$

Kuhn（2001）は，上述の設計例でモノパイル支持構造の固有振動数をロータ回転周波数より低くした場合について，海底面下 5.5 m の断面と，タワー頂部フランジより 10.6 m 下の断面における疲労損傷の計算に，上に示した簡便法を適用した場合の精度検討結果を報告している．この報告では，風荷重からの等価応力と波荷重からの等価応力に重みを付け 2 乗和をとった式 (12.74) の簡便法，および，重みを付けない式 (12.75) から求めた等価応力幅を，風荷重と波荷重をともに考慮した完全な時刻歴応答解析から求めた結果と比較した．両方とも正確な結果が得られたが，意外にも，重みを付けない 2 乗和のほうがより精度がよく，等価応力の最大誤差が約 3%であるのに対し，重み付き 2 乗和の場合は約 5%であった．

(b) 風荷重による曲げ応力スペクトルを時刻歴応答解析により求める方法

もう一つの方法は，Van der Tempel（2006）によって考案されたもので，時刻歴応答解析を用いて風荷重による曲げ応力スペクトルを求めるものである．おもな手順は以下のとおりである．

1. タワー頂部を固定して各風速で時刻歴応答解析を行い，タワー頂部における合力変動の時刻歴波形からそのスペクトルを求める．
2. そのスペクトルを流入風の乱れのスペクトルで除し，流入風の変動とタワー頂部の荷重変動の間の伝達関数を求める．
3. タワー頂部のステップ載荷に対する自由振動の過渡応答の時刻歴解析などを用いて，各風速で空力減衰を求める（上記の「空力減衰」の項参照）．
4. 有限要素法を用いて，支持構造物のタワー頂部荷重と支持構造物の各位置における曲げ応力の間の伝達関数を空力減衰ごとに求める．
5. 手順 2 と 4 で求めた伝達関数をかけ合わせて，流入風変動と曲げ応力変動の間の伝達関数 $H_{\sigma/U}\left(f,\bar{U}\right)$ を風速ごとに求める．
6. 伝達関数 $H_{\sigma/U}\left(f,\bar{U}\right)$ と流入風の変動スペクトルをかけ合わせて，風荷重による曲げ応力の変動スペクトルを風速ごとに求める．

この方法のメリットは，タワー頂部に作用する変動空気力は，タワー頂部を固定とした時刻歴応答解析で求めた場合，支持構造物に依存しないため，水深や地盤条件を変更しても再計算の必要がないという点である．

風荷重と波荷重を合算した荷重による曲げ応力のスペクトルは，平均風速とそのときの海象条件の組み合わせに対する風荷重スペクトルと波荷重スペクトルを合算することで求められる．これらの合算荷重に対する曲げ応力スペクトルから，ディルリク法を用いて，応力幅の確率分布，さらには，疲労損傷が求められる．

12.7.5　重力式基礎

洋上風車を支持する重力式基礎（gravity base）の力学的メカニズムは，基本的には陸上の直接基礎（7.10.1 項）と同じである．すなわち，支持構造物による復元モーメントと風車の自重によって転倒モーメントに抵抗する．しかし，通常洋上における重力式基礎の原材料とされる鉄筋コンクリート（鋼製，あるいは，鋼とコンクリートの合成構造も試みられている）は，洋上では，陸上の場合よりも転倒に対する有効性は低い．これは，浮力が自重を低減するためであり，対策として，バラストを追加して質量を補わなければならない．さらに注意しなければならないことは，粒状地盤上の基礎では，土粒子の有効応力が低いため，支持力は陸上の等価非水没地盤の場合よりも低いということである．

重力式基礎は，杭打ち工事が不要であるというメリットがある．杭打ち工事は顕著な環境影響の原因となるほか，海底に岩盤がある場合はまったく実行できない場合もある．しかし，重力式基礎の設計は，輸送と設置の方法をよく考慮して行う必要がある．輸送と設置には，おもに三つの選択肢がある．

- 台船でサイトへ輸送してフローティングクレーンで据え付ける方法
- フローティングクレーンを輸送と据え付けの両方に用いる方法
- 重力式基礎を浮かべ，サイトへ曳航（えいこう）し，制御して沈設する方法

最初の二つは，クレーン能力の制限から最小限の質量で設計することが重要であり，三つ目は安定性を考慮する必要がある．したがって，最初の二つの選択肢にはセル構造が有望であり，また，三つ目の選択肢には不可欠である．ここでは，上記の三つの輸送・設置方法のそれぞれを，三つのウィンドファームの重力式基礎について説明する．

■南バルト海における重力式基礎

南バルト海は，波が比較的穏やかで潮位変化が無視できるほど小さいので，海底の整地と重力式基礎の輸送は北海のような条件よりも容易である．そのため，デンマークおよびスウェーデンの沿岸近くの浅い海域では重力式基礎がよく用いられた．

図 12.55 に，Siemens 社の 2.3 MW 風車を支持するための重力式基礎を示す．この風車は，スウェーデン領海のオーレスン（Öresund）橋のすぐ南にある Lillgrund ウィンドファームに 48 基設置された（Vattenfall 社が所有・運営する Lillgrund ウィンドファームの情報による）．基礎は，幅 16.45 m の六角形スラブ（コーナーからコーナーまで 19 m）の上に円筒が立ち上がったもので，そのスラブ高さ 2.4 m の六つの半径方向隔壁は，外壁に対して筋違（すじかい）状に設置され，円筒を補剛している．それによって六つのバラスト用の受け皿が作られるので，基礎を設置したあとにバラスト用の砕石で埋め戻し，そのまわりを岩で固める．この基本設計案に対して，水深が 4～9 m に対応できるように，全高 10.3, 11.3, 12.3, 13.3, 14.3 m の五つの案が作成された（海氷荷重を低減するた

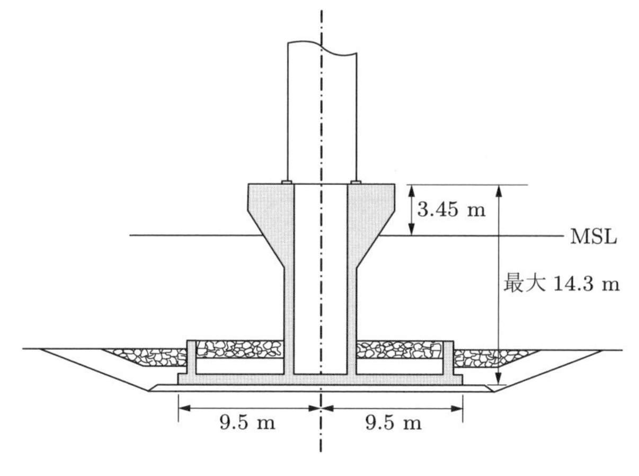

図 12.55　スウェーデンの Lillgrund ウィンドファームで用いられた鉄筋コンクリート製の重力式基礎

図 12.56　シフィノウィシチェの港湾のバージ上で建設中の Lillgrund ウィンドファームの重力式基礎（Lillgrund Pilot Project 2008; Vattenfall 社より）

めに，円筒の頂部部分は逆円錐形状とした）．この基礎は，ポーランド沿岸のシフィノウィシチェ（Swinoujscie）の港湾で係留されたバージ上で建造された．バージ 1 隻あたり四つの基礎が製造され（図 12.56），建造後そのまま現地へ輸送された．

現地の整地工事では，海底面に深さ約 2.5 m の浅いピットを掘削し，掘削部の周囲に鋼製型枠を据え，重力式基礎を載せるための砕石を薄く敷いた．また，鋼製型枠は水平に設置し，潜水作業員が中心支持部に取り付けられている回転梁を用いて，砕石床を水平にした．バージに搭載したクレーンで各基礎を設置したあと（図 12.57），基礎の周囲の隙間を濾床石で埋め戻し，その上に洗掘防止として岩礁を盛った．最後に，円筒部の内部にバラスト材を詰め，その上にコンクリートスラブを打った．もっとも背が高い基礎の質量は，バラストなしで 1375 t，バラストを入れると 2250 t である．

図 12.57　Lillgrund ウィンドファームでの設置工事における，浮体上のクレーンによる重力式基礎の揚重作業（Lillgrund Pilot Project 2008; Vattenfall 社より）

バルト海ではこのほかに，同様の重力式基礎が，Siemens 社の 2.3 MW 風車が設置されている Rodsand 1 (Nysted) および Rodsand 2 のウィンドファームで用いられている．ただし，Rodsand 2 では，基礎スラブは 4 辺が短く，残りの 4 辺が長い八角形で，内壁は十字形に配置されている．2010 年に設置された Rodsand の基礎は 1 MW あたり 350 kGBP であり，これは英国のモノパイル基礎の半額といわれている.

■ベルギー沖の北海の重力式基礎

2008年まで，重力式基礎は北海にはほとんどなく，目立った存在であった．これはおそらくすでに述べたような理由によるものと思われる．しかし，その年，REpower 5 MW風車を支持する非常に大きな六つの重力式基礎が，ベルギーの沖合30 kmのThornton Bankウィンドファームの深水域に設置された（図12.58参照）.

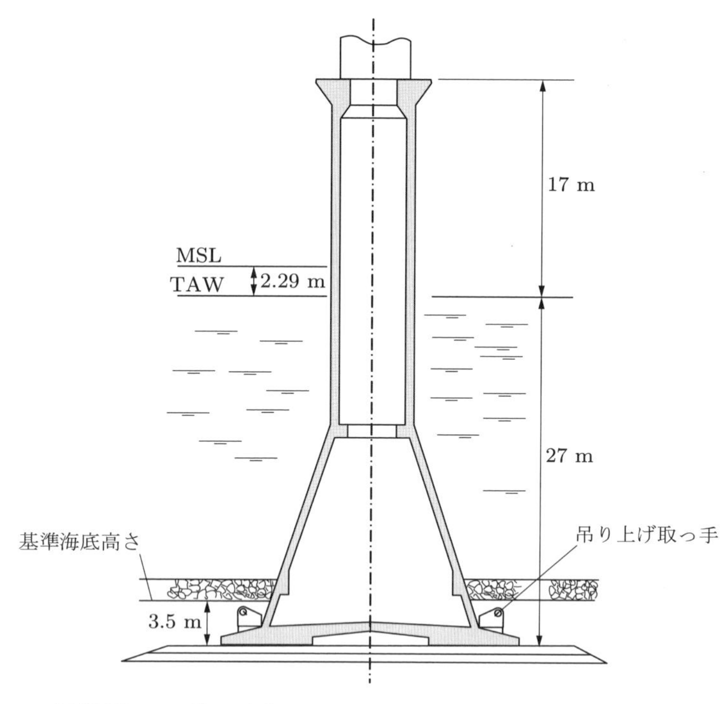

図12.58 ベルギーのThornton Bankウィンドファームで用いられた，プレストレスコンクリート製の重力式基礎の設計案

同プロジェクトの計画段階では，モノパイルと重力式基礎が詳細に検討されたが，水深23 mではモノパイルのサイズは大きくなり，鋼材価格が高く，打設の問題があったため，重力式基礎が選択されることとなった．重力式基礎の設計の詳細とその設置に関しては，Peire et al.（2009）に詳しい.

Thornton Bankウィンドファームの深水域に採用された重力式基礎の形状は，南バルト海の浅い水域のものとはかなり異なる．円筒部とそれを支える片持ちスラブの代わりに，円筒部は円錐台上に設置され，水面付近で波荷重の増加を抑える形で基礎スラブ外周部へ効率的に荷重を伝達した．ここでも，バラストを含まない構造の質量が決め手になり，円筒部と円錐台は，コンクリートをより効率的に利用するために，プレストレスをかけたものとした.

主要諸元は以下のとおりである.

・高さ：最大44 m（水深により若干の差あり）
・円筒部の直径：6.5 m

・基礎スラブの直径：23.5 m
・円錐台高さと基礎の直径：17 m
・円筒部と円錐台の壁厚：0.5 m

この重力式基礎は，基準海底面から3.5 m下の位置に設置した．これは漂砂と自然浸食を考慮して30年間保証された最低海底面である．重力式基礎の頂部にはアクセス用プラットフォームが設置されており，その高さは，平均潮位（MSL）より2.29 m下にあるベルギー基準海面（Tweede Algemene Waterpassing: TAW，ベルギー海図基準面（Belgian standard datum level）ともよばれる）から17 mの高さである．

基礎はオステンド（Ostend）の岸壁に造られた高さ約1.2 mの平行コンクリート梁の上で建設し，完成すると，何台かの自走式マルチ車軸モジュラートレーラーをコンクリート梁の間に置き，その油圧サスペンションでコンクリート梁から持ち上げた．基礎はトレーラーによって岸壁の端まで非常にゆっくりと運び，そこで起重機船Rambizによって，専用の揚重フレームと基礎スラブに取り付けられた四つの大きな吊り金具を用いてまるごと吊り上げ，Thornton Bankへ曳航した．その後，Rambizは各基礎をあらかじめ整地しておいた海底の位置へ下ろし，専用の油圧式ピン解除機構を用いて吊り上げケーブルを外した．

重力式基礎の設置に先立って，海底において一連の作業が必要であった．まず，幅50 m × 80 mの基礎用ピットのために深さ約7 m浚渫（しゅんせつ）した．その際，長手が北東～南西方向となるようにし，支配的な流れの方向と平行になるようにした．また，表面を平坦にするため，浚渫の最後の1 mは比較的穏やかな海象のときに行う必要があった．その後，ダイナミックポジショニングシステムを搭載した排水量18000 tの作業船Seahorseと，調査機器を搭載した遠隔操作の水中ロボットを用いて細かい濾層を敷き，その上に粗い層になるように1.3 mの厚さの砂利を撒いて，基礎のための床を造った．最後に，専用に作成したレベル出し治具を掃引して，表面を正確に平らに調整した．その結果，構造物の設置後の鉛直に対する傾きは平均0.1°以下に抑えられた．

設置後，各基礎のまわりの隙間には浚渫したときの砂を埋め戻し，基礎の内部にもバラストとして入れた．最後に，各基礎のまわりには洗掘防止用に岩礁を造った．

バラストがない状態で，高さ44 mの基礎の質量は3000 tで，バラストとしては約2000 m^3の砂を用いた．

■英国ブライス（Blyth）沖の北海の重力式基礎

建設現場からウィンドファームサイト内まで浮かべて運んだ最初の重力式基礎は，英国ノーサンバーランド（Northumberland）沖のBlythウィンドファーム（出力41.5 MW，MHI Vestas V164-8.3 MW風車5基）で用いられたものである．この重力式基礎は，直径約30 m，高さ約10 mのコンクリート製の円筒形のシェルの上に円錐形のシェルが覆い被さった構造である．この円錐形シェルは，底面スラブからタワー界面まで約60 m伸びる直径約7 mの鉛直鋼管を支える（図12.59参照）．各基礎には1800 m^3のコンクリートを要した（EDF Energy Renewables 2017）．

この構造5基が，タイン（Tyne）川沿いのウォールセンド（Wallsend）にあるドライドックで一列に並べて建設された（図12.60参照）．円錐形シェルを形成するスラブセクターは別にプレキャストし，鋼管を設置したあと，クレーンで所定の位置に据え付けた（写真7参照）．各セクターの側面にはループ状の補強が施され，建てたあとに隣接するセクターの補強と結合し，ジョイントコン

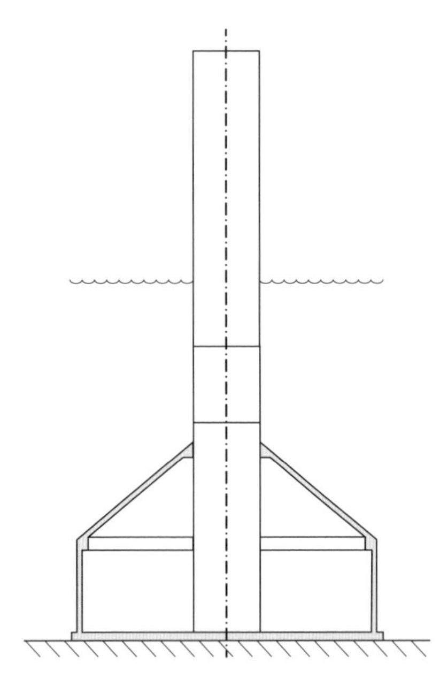

図 12.59 Blyth ウィンドファームの重力式基礎の断面図

図 12.60 タイン川沿いのドライドックで建設中の Blyth 洋上ウィンドファームの重力式基礎（EDF Renewables UK より）

クリートを打ったあとにセクター同士を強固に結合した．各セクターの上部と鋼管との間の重要な接合部では，補強ループを鋼管に溶接された 48 枚の放射状の鉛直鋼板と結合した．

重力式基礎はタイン川に浮き出させ，円筒部をほぼ完全に水没させた状態でウィンドファームサイトまで曳航した．浮遊安定性は，厚いコンクリート製の底面スラブによって確保した．ウィンドファームサイトでは，バラストとして海水を基礎に注入して，整地しておいた海底への沈設を制御した．海底に正しく設置したあと，水バラストを砂バラストに置き換えて重力式基礎の質量を 15000 t に増加させ，転倒に対する抵抗力を高めた．浮き出しは 2017 年 7 月から 8 月にかけて行い，翌月に風車の設置が完了した．撤去は，設置のプロセスを逆にするだけで実現できる．ウィンドファーム全体の資本コストは約 1 億 4500 万ポンドであった（Coastal Energy and Environment 2018）．

12.7.6　ジャケット構造

水深が大きい場合には，モノパイルや重力式基礎よりもジャケット構造（jacket structure）のほうが軽量になる．その基本的な設計コンセプトは，ほぼ鉛直に近い数本の鋼管脚部を，やや細いブレースによって各面内でつなぐものである．もとは石油および天然ガスの分野で考案されたものであるが，風力発電用に，より経済性を高めるよう改良が加えられている．

図 12.61 に，2009 年に北海の Alpha-Ventus ウィンドファームで設置された 4 段 4 脚構造のジャケットの構造図を示す．なお，「4 段」という表現は，各脚が格間（bay）によって四つの区画，すなわち，「段」に分割されていることを意味する．このサイトは，ドイツのボルクム（Borkum）島の北 45 km，水深 30 m の，オランダとの国境に近い海域にある．この設計案は，最初 2006 年に Beatrice Demonstrator プロジェクトで検証され，その際，スコットランドのマレー湾（Moray Firth）の水深 45 m の海域に，5 段構造のものが 2 基設置された．2010 年には Ormonde プロジェクトで，やや小型の 3 段構造である以外は同じ設計の基礎 30 基が，アイルランド海の水深 17〜21 m の海域に設置された．この構造は，上述の三つのサイトすべてで，REpower 社の 5 MW 風車を搭載している．

Beatrice Demonstrator プロジェクトの成功により，同じ地域に超大型のウィンドファームを建設することになった．2017 年から，水深 55 m までの海域に，Siemens-Gamesa 社の 7 MW 風車用のジャケット構造を 84 基設置し，2019 年に 588 MW のウィンドファームを完成させた．

ジャケット構造はモノパイルに比べて脚部の間隔が広く，主たる荷重である転倒モーメントに対する腕の長さが大きくとれるので，かなり軽量化することができる．また，部材の外郭断面積が小

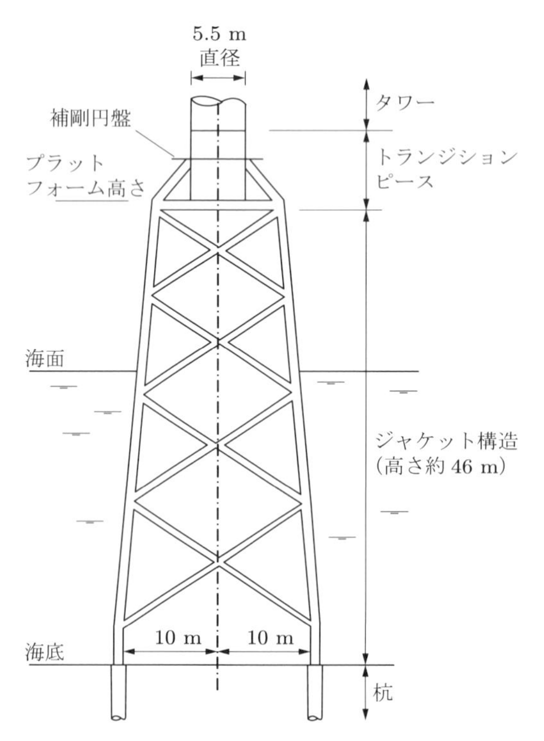

図 12.61　Alpha-Ventus ウィンドファームの REpower 5 MW 風車用の 4 脚ジャケット構造
（アクセス用はしご，プラットフォームの手すり，J チューブは省略）

さいため，疲労に対する影響の大きい，構造物に作用する波による慣性力も小さい．しかし，部材全体の幅は大きくなるため，極値荷重を決める波による抗力は増加する．また，ブレースと脚部材の複雑で溶接の多い形状は，応力集中や，溶接接合部の性能低下（円筒タワーの疲労設計に関しては 7.9.3 項参照）によって生じる材料の追加を無視しても，大幅なコスト増となる．そのため，ジャケット構造の単位質量あたりのコストは，モノパイルの 2.5 倍になる可能性がある．

■ トランジションセクション

ジャケット頂部での脚部の幅からタワーの直径へ急変する部分では，遷移部分（トランジションセクション）が必要である．初期のものでは，これは，ジャケットの各脚部に斜めに繋がる部材で支持される円筒形のタワー継手部，脚の上部を結ぶ正方形の辺に沿った水平部材，および，タワー継手部分の脚部と同じ高さで一体化されたプラットフォームで構成されていた．近年では，大きな水平の補剛円盤を用いることで，ジャケット脚部を斜めに延長した水平部材により，タワー継手部分の壁が変形することを回避している．Beatrice Demonstrator プロジェクトにおける支持構造では，トランジションセクションは 163 t に及び，ジャケットの質量 360 t の約半分を占める．

2019 Beatrice ウィンドファームでは，プラットフォームはジャケットの上部ではなくトランジションセクションの上部に配置され，タワーの継手部からジャケットの脚への荷重伝達は，放射状のツインウェブ型片持ち梁を用いており，それぞれのトップコード鋼管部材が，それを支えるジャケット脚の上部に向かって傾斜して設置されている．

これらの設計では，トランジションセクションの質量が大きいため，ジャケット上部の脚の間隔をタワー継手部の半径と同じにして，より直接的な荷重経路を実現できないかとの疑問が生じる（図 12.62 など）．

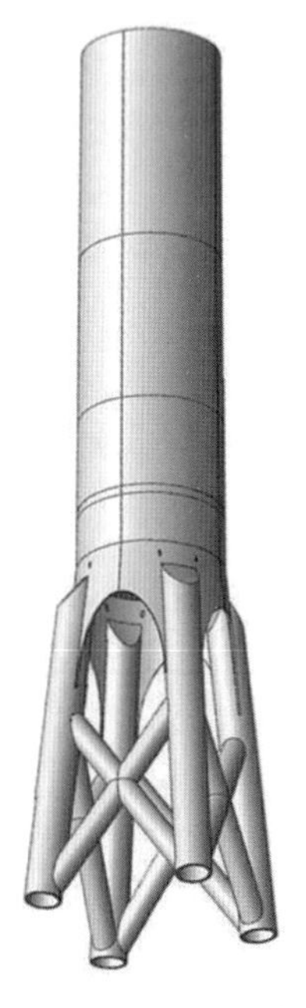

図 12.62 タワーからジャケット脚に直接荷重が伝達するように構成されたトランジションセクション（DNVGL より）

この例では，ジャケット脚の直径がタワー直径の1/4であるため，それぞれの応力レベルが同じであれば，ジャケット脚の肉厚をタワー肉厚と等しくすることができる．ただし，上部のブレースと脚の接続部では応力が集中するため，脚の肉厚を上部で大幅に増加させなければならなくなる．

■3脚ジャケット

ジャケットが4本脚でなければならない本質的な理由はなく，近年では3本脚の設計も見られるようになってきている．とくに，East Anglia Oneウィンドファーム（平均水深45 m）ではSiemens Gamesa社の7 MW風車102基，また，アバディーン（Aberdeen）沖のEuropean Offshore Wind Deployment Centre（水深20〜30 m）では，Vestas社の8.4 MW風車11基に使用されている．3本脚のジャケットでは，タワーの継手部から各ジャケットの脚まで梁成が大きい箱型片持ち梁が突き出ており，両プロジェクトにおいてより簡潔なトランジションピースの設計が適用されている（写真6参照）．

■風車の動的応答解析のための簡略化されたジャケットモデル

12.6節で述べたように，風車と下部構造の設計責任は，通常，風車メーカーと基礎設計者という，異なる事業体の間で分担される．ジャケット下部構造の場合，構造の複雑さと波荷重のために，風車メーカー独自の設計ソフトウェアで正確にモデル化することは困難であるため，基礎設計者は，風車設計者が風荷重と波荷重に対する動的応答を計算するために，ジャケットの簡易構造モデル（スーパーエレメント；superelement）を提供することが一般的である．

一般に，ジャケット／タワー界面の6自由度に対する，質量，剛性，減衰を表す各々$[6 \times 6]$の行列（マトリックス）からなるスーパーエレメントで基礎構造を準静的に表現することは，ジャケットの内部振動モード，すなわち，ジャケット／タワー界面が固定されている場合の加振の影響を考慮しないため，正確でないことがわかっている．内部振動モードもモデル化したスーパーエレメント用により大きな行列を導くために，クレイグ–バンプトン（Craig–Bampton）縮合法（Craig and Bampton 1968）が一般に用いられている．通常，10 Hz以下の内部振動モードはすべて考慮する．とくに，ブレースの横振動モードは，ブレード通過周波数の高調波によって励起される可能性があるため，考慮する必要がある．Van der Valk（2014）は，ジャケット構造へのクレイグ–バンプトン縮合法の適用について，より詳細に示している．

荷重ケース解析のために基礎設計者と風車設計者が行うべき一連の作業の例は，以下のとおりである．

1. 風車設計者は，基礎設計者にジャケットの振動数に関する制約条件を与え，タワーとジャケットの界面における極値インターフェース荷重と疲労インターフェース荷重の推定値を提供する．
2. 基礎設計者は，ジャケットの設計を提案し，剛構造を仮定して，各荷重ケースに対してジャケットに作用する波荷重と一定重力荷重を求めるための解析を実施する．次に，クレイグ–バンプトン縮合法により，スーパーエレメントを定義するモード質量とモード剛性マトリックス，および，各ジャケットモードの波荷重の時刻歴を計算する．スーパーエレメントの減衰は，一般に質量と剛性マトリックスに基づくレイリー減衰として含める．スーパーエレメントのマトリックスと波荷重は，風車設計者に提供する．

3. 風車設計者は，RNA，タワー，タワー基部のスーパーエレメント（および，それに伴う波荷重）の連成モデルを用いて，空力弾性コードによる解析を行う．系全体の連成応答を評価し，インターフェース荷重の時刻歴を更新して基礎設計者に戻す．
4. 基礎設計者は，各荷重ケースについて，波荷重と修正されたインターフェース荷重の時刻歴に対してジャケットの動的応答を解析し，極値荷重や疲労荷重に対する構造の妥当性を検証する．
5. 必要に応じてステップ 2～4 を繰り返し，設計を改善する．

このアプローチは，Collier と Alblas（2018）により，一般的な 7 MW 風車を例に，一体設計アプローチと比較されている．

■杭打ち

ジャケット本体は，その四隅で海底になんらかの方法で固定して，転倒モーメントによる引き抜きに対して抵抗しなければならない．通常は杭を打設していたが，2018 年に設置された二つのウィンドファームではサクションバケット（suction bucket）が用いられ，さらにもう 1 サイトでも計画されている．

Beatrice Demonstrator プロジェクトでは，ジャケット本体は，各脚部に杭用のスリーブを取り付けて製作し，ジャケットを海底に下ろしたあと，直径 1.83 m の杭を各スリーブに通して海底に打設し，油圧をかけて杭を拡げ，スリーブ内周のへこみに食い込ませて，それぞれの杭とスリーブを互いに固定した．

Alpha-Ventus ウィンドファームではこれとは異なり，杭は先行して打設した．杭用のスリーブを用いる代わりに，ジャケット脚部の先に延長部分を取り付け，ジャケットを海底に据える際に，これらを杭に差し込み（その際，杭の上部に詰まった土は，事前に取り除いておく），最後にジャケット脚部を杭の頂部に載せ，ジャケット各脚部の延長部分と杭の間の隙間をグラウト接合することで，ジャケットを海底に固定した．図 12.63 に，Ormonde ウィンドファームで用いられた例を示す．

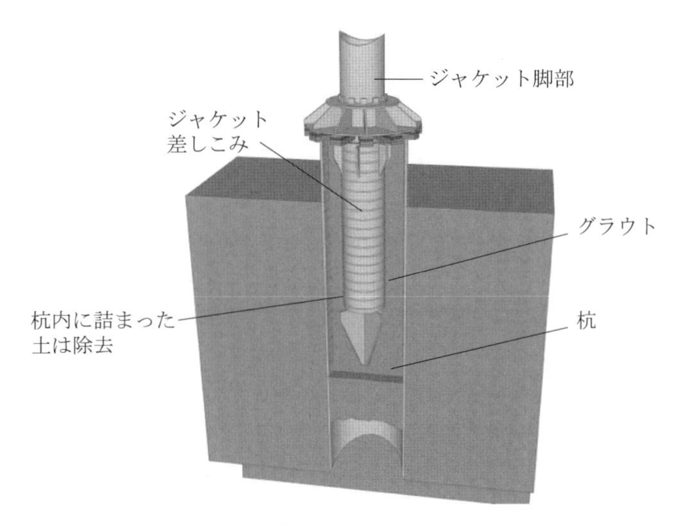

図 12.63 Ormonde ウィンドファームにおける，同心円状差し込みのグラウト接合によるジャケット脚部の杭への固定（Offshore Design Engineering Ltd（ODE）より）

通常，4脚ジャケットでは，杭の上端レベルのわずかな違いを吸収するために，ジャケット脚ベースカラーの下側にエラストマーベアリング（elastomeric bearing）を取り付ける．グラウト注入中は，ジャケット差し込みと杭の相対的な動きを厳密に制限することが重要であるため，グラウト注入作業は，十分に穏やかな天候時に実施する必要がある．

この施工方法では，杭を最初に正確な位置に設置することが重要であるが，ここでは，内外二つの部分からなる鋼製型枠を海底面に置いて実施した（Norwind 2010）．外側部分は，内側の八角形部分の周囲4箇所で位置決めし，仮杭で固定する．外側部分は杭のガイドを備えており，それぞれの位置で本設の杭を挿入し，深く打設する．2019 Beatriceウィンドファームでも同様の杭設置技術を採用し，700tの再利用可能な杭設置フレームを用いた．

■サクションバケット

サクションバケットは平行な側面をもつ倒立バケットで，各ジャケット脚部の底面に強固に固定される．設置の際にはジャケットを水中に下ろし，バケットの縁が海底に接地したところで，ポンプで各バケット内の水を吸い出し，上部の水圧でバケットが地盤中に押し込まれ，バケットの天端が海底に付くまで吸い出しを続ける．サクションバケットは，砂地盤や粘土地盤でも設置可能であるが，水深が15～20mより浅い海域では，水圧が低いためあまり適さない．また，巨礫があるとバケットが目標の深さまで届かないことがあるため，注意が必要である．

最初のサクションバケット・ジャケット基礎は，2014年にBorkum Riffgrund 1に設置され，Siemens社の3.6MW風車を搭載した．2018年には，MHI Vestas V-164風車用に，Borkum Riffgrund 2で20基，アバディーン沖のEuropean Offshore Wind Deployment Centreで11基が設置されたが，いずれも3脚ジャケットが採用されている．アバディーンサイトのサクションバケットは，直径9.5～10.5m，深さ9～13mであった（Vattenfall 2017）．また，Oersted社は，サクションバケット基礎とその限界に関する有用な説明を，参考文献のリストとともに発表している（Oersted 2019）．

■風車の取り付け方法

Beatrice Demonstrator，Alpha-Ventus，ならびに，2019 Beatriceウィンドファームでは，大型の起重機船を用いてジャケット本体を海底に設置した．また，Beatrice Demonstratorでは，起重機船は，あらかじめ組み立てておいたRNAとタワーを各ジャケット本体に設置するためにも用いた（図12.64）．

同図には，ジャケットの頂部とタワー基部に取り付けて接合作業をしやすくするために新たに開発した，仮設の八角形インターフェースフレームも示す．これは油圧式アクチュエータを備えており，うねりによるジャケット本体に対する起重機船の動揺を除去することができるため，起重機船により吊り下げられた風車タワーとジャケットの衝突を避けることができる．一方，これとは対照的に，Alpha-Ventusと2019 Beatriceウィンドファームでは，自己昇降式クレーンバージを用いて，タワー，ナセル，ロータを順番に組み立てた．

■ジャケットの質量

表12.8に，Beatrice DemonstratorとAlpha-Ventusウィンドファームにおける，ジャケット本体，二次部材，杭の概略の質量を示す．

図 12.64　Beatrice Demonstrator プロジェクトでの，起重機船による，あらかじめ組み立てておいたタワーと RNA の取り付け

表 12.8　Beatrice Demonstrator と Alpha-Ventus ウィンドファームにおける，ジャケット本体，二次部材，杭の概略質量（Seidel 2007a, b）

ウィンドファーム	Beatrice	Alpha-Ventus
水深	45 m	30 m
部位	概略質量 [t]	
ジャケット本体	360	—
トランジションセクションとプラットフォーム	160	—
杭スリーブ	163	データなし
主要構造の合計	683	425
船着き場	68	—
アノード	52	—
その他（J 形鋼管など）	25	—
二次部材の合計	145	85
杭	468	315
総質量	1296	825

杭の質量はいずれも全体の 1/3 以上で，Beatrice Demonstrator では，トランジションセクションはジャケット本体の 1/2 に近いことがわかる．

■モノパイルの質量との比較

モノパイル支持構造の質量（Vries と Krolis（2007）が Vestas V90 3 MW 風車（12.7.3 項，深水域のモノパイル参照）について試算したタワーを含む）から，支持構造物の固有振動数と定格出力時のロータ速度との関係を表すスケール則により，REpower 5 MW 機の質量を求めることができる．モノパイルとタワーからなる支持構造を，頂部に質量 M がある，長さ L の一様で質量のない片持ち梁とすると，固有振動数は次式のように簡単に表すことができる．

$$\omega^2 = \frac{3EI}{ML^3}$$

したがって，逆に固有振動数がわかれば，断面 2 次モーメントは次式のようになる．

$$I = \frac{ML^3\omega^2}{3E} \tag{12.76}$$

この式は，一様なテーパ構造の海底面での断面 2 次モーメントについても，分母の値は異なるものの，同様に成立する．

ある水深における V90 3 MW のモノパイルとタワーの壁厚と半径を同じ比率で拡大すれば，同じ水深における REpower 5 MW 風車のモノパイルとタワーの断面 2 次モーメントになると仮定すると，断面積の比率 k_A は，断面 2 次モーメントの比率の平方根，すなわち

$$k_A = \frac{\omega_5}{\omega_3}\sqrt{\frac{M_5}{M_3}\frac{L_5^3}{L_3^5}} = \frac{\omega_5}{\omega_3}\sqrt{\frac{M_5}{M_3}\frac{(D+H_5)^3}{(D+H_3)^3}} \tag{12.77}$$

となる．ここで，ω_5/ω_3 は 5 MW 機と 3 MW 機の定格ロータ速度の比，D は水深，H_5, H_3 は 5 MW 機と 3 MW 機のハブ高さである．質量の比率 k_w は，断面積の比率と片持ち梁の長さの比率 $(D + H_5)\,/\,(D + H_3)$ をかけ合わせることで求められる．表 12.9 には上式に用いる値を示す．

図 12.65 に，水深に対する Vestas V90 3 MW 風車用のモノパイルとタワーの質量と，REpower 5 MW 風車にスケールアップした値を，Beatrice Demonstrator と Alpha-Ventus ウィンドファームでのジャケットの杭とタワー（210 t とした）からなる主要構造の総質量とともに示す．ジャケッ

表 12.9　水深と質量比の関係を求めるために用いた風車の諸元

風車	Vestas V90 3 MW	REpower 5 MW
定格ロータ速度 [rpm]	16.1	12.1
タワー頂部質量 M [t]	112	410
ハブ高さ H [m]	68.5	87
モノパイル＋タワー質量（水深 30 m での比率）	1	2.211

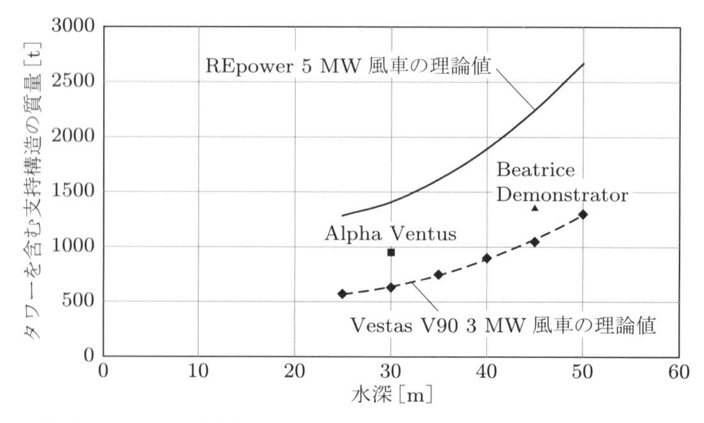

図 12.65　5 MW 風車のモノパイル支持構造の水深に対する質量の理論値と，Alpha-Ventus および Beatrice Demonstrator のジャケットの質量

トはかなり軽量で，水深が大きくなるとその効果が顕著になることがわかる．

■ジャケット構造とタワーの一体化

ジャケット構造と円筒タワーの間の質量の大きいトランジションセクションをなくす一つの方法は，前者をラティスタワー（またはトラスタワー）と組み合わせることである．そのようにすれば，ラティスタワーの脚部はジャケット脚部の単なる延長となる．アップウィンド風車を支持するラティスタワーは，適当な翼端間隔を確保するために，通常，中央部をくびれさせる必要があるが，ダウンウィンド風車の場合は，海底からナセルまで脚部を直線状にすることができる．ここでも，プラットフォームからナセルへのアクセスにはリフトを用いるが，部材との接触から保護するため，強化プラスチック管の中を通す．この種の支持構造は，フォース湾（Firth of Forth）での実証ウィンドファームに提案されており，定格出力が最大 9 MW の 2 枚翼ダウンウィンド風車を利用することになっている（Forthwind 2015）．

12.7.7　トリポッド構造

トリポッド構造（tripod structure）のおもなメリットは，転倒モーメントに対して，構造的にモノパイルよりも効率的に抵抗できることと，脚部の幅が広いため，脚部に適当にバラストを入れることにより，杭打ちの必要がなくなることである．しかし，ジャケット構造とは異なり，ロータのスラストによる主要部材の曲げモーメントは，いくつかの部材に分配してトリポッドの頂点から海底に向けて線形に低減するため，明らかに低減することはできても，完全になくすことはできない．

トリポッド構造にはいくつかの変形版がある．基本的なトリポッドは，3 本の傾斜した脚部が頂点で短いカラムに統合されていて，これらの脚部は正三角形の各辺をなすつなぎ梁で結合されている．タワーは短いカラムの上に取り付けられる．

この変形版である中央カラムトリポッド（Center Column Tripod: CCT）は，通常は短いカラムが海底まで達する長いカラムとなり，脚部間のつなぎ梁の代わりに各脚部と半径方向のつなぎ梁で結合した構造をもつ．

また，トリポッドの部材数は，平面トリポッド（Flat Faced Tripod: FFT）を用いることで低減できる．この案では，カラムがトリポッド基部を構成する直角二等辺三角形の 90° の頂点に移動することにより，傾斜した脚部は 2 本だけになり，2 本のつなぎ材で各脚部をカラム基部につなぎ留める．

カラムの曲げモーメントを低減することができるというトリポッドの構造的メリットは，トリポッドを高くすると明らかに増加するが，波荷重を最小化するためには，トリポッドの頂点を波峰高さにすることは避けるのが望ましい．さらに，頂点が波峰高さより上にあると，船舶のアクセスは難しくなる．

■Alpha-Ventus のトリポッド構造

北海の水深 30 m の海域の Alpha-Ventus のサイト（前項参照）に，6 基の Multibrid M5000 風車用にトリポッド構造が設置された．これらは CCT 型で，トリポッドの頂点は海面下にある．そのため，トリポッド基礎としては小型であり，トリポッドの脚部は，より大きい引き抜きに対処しなければならない．

表 12.10 に，Seidel（2007a）による同ウィンドファームのトリポッド構造とジャケット構造の

表 12.10　Alpha-Ventus におけるトリポッド構造とジャケット構造の質量比較

構造種別部材	トリポッド推定質量 [t]	ジャケット質量 [t]
主要構造，杭スリーブ，プラットフォーム，トランジションセクション（ジャケットのみ）	840	425
二次部材（ボートランディング，J チューブ，電気防食の陽極）	85	85
杭	370	315
合計	1295	825

質量の比較を示す．

杭を含む構造全体の質量については，トリポッド構造の推定値はジャケット構造を 50%以上上回る．

なお，より大型の FFT 型トリポッドの場合，経済的優位性については検討の余地がある．

■Borkum West 2 のトリポッド構造

2015 年に稼働開始した Borkum West 2 ウィンドファームは，水深約 30 m で，1 基あたり 900 t のトリポッドで支持された，40 基の AREVA M5000 5 MW 風車で構成されている．

12.7.8　トリパイル構造

BARD 社は，水深 25～40 m の海域に同社の 5 MW 風車を支持するためのトリパイル構造（tripile structure）を開発した．これは，約 20 m 間隔の直径 3.35 m の鉛直杭 3 本と，それらをつなぐ 3 本の腕からなるトランジション構造の上にタワーを搭載するものである．各腕の端部から鉛直円筒が真下に伸び，3 本の鋼管が 3 本の杭の頂部に挿入され，モノパイルのトランジションピースと同じ方法でグラウト結合される．トランジション構造の腕は長方形断面で，平板から容易に製造することができる．

図 12.66 に，設置完了したトリパイル構造を示す．

トランジション構造は 470 t で，杭は 420 t にのぼり，総質量は Alpha-Ventus ウィンドファームのジャケット構造（825 t）と同じ程度である．

図 12.66　設置が完了したトリパイル構造．周囲が縞模様のように見えるのが杭上部で，プラットフォームの高さまで伸び，その上に 3 本腕のトランジション構造がある（BARD Group/Scheer）．

12.7.9　疲労設計のための S–N 曲線

■S–N 曲線の選定方法

疲労計算で用いる S–N 曲線を選定する際には，疲労を検討する部分の継手，腐食，板厚，材料強度の部分安全係数を考慮しなければならない．

疲労を検討する部分の継手の影響：モノパイルの壁を貫通する J チューブ，あるいは，溶接された付属物がある場合を除いて，疲労で問題になる継手は，ほとんどは横突き合わせ溶接（transverse butt weld）である．EN 1993-1-9（2005），*Design of Steel Structures—Part 1–9: Fatigue*（鋼構造設計—1–9 部：疲労）によると，横突き合わせ溶接は，溶接突起が 10%未満の場合は DC90 で，溶接部を研磨する場合は DC112 である．なお，溶接突起が 10～20%の場合，DC80 となる．

ISO 19902:2007, *Petroleum and Natural Gas Industries—Fixed Steel Offshore Structures*（石油・ガス産業—固定式洋上鋼構造）では，英国鋼橋基準 BS 153 をもとに，アルファベットの文字で分類した複数の S–N 曲線を用いている．横突き合わせ溶接に用いることができる S–N 曲線は，溶接部を研磨した場合は C，溶接突起が低い場合は D，溶接突起が高い場合は E である．溶接突起が低い場合の曲線である ISO 19902 の曲線 D と EN 1993-1-9 の DC90 は，図 12.67 に示すように，カットオフ限界までは互いに平行できわめて近い．

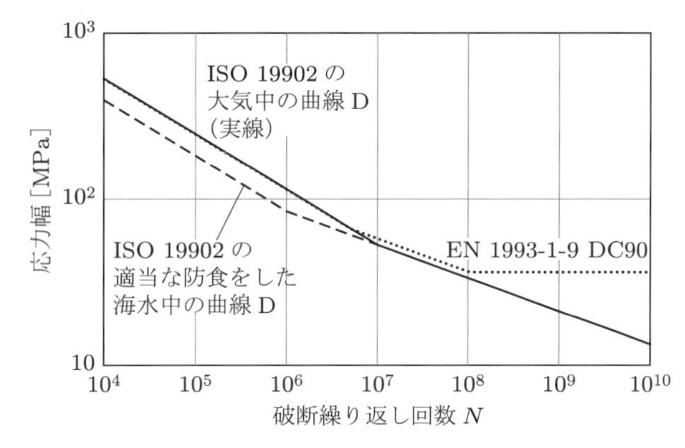

図 12.67　過度な補強をしない場合の横突き合わせ溶接の設計用 S–N 曲線の比較

DNVGL-RP-C203（2016），*Fatigue Design of Offshore Structures*（洋上構造物の疲労設計）で規定されている S–N 曲線は，ISO 19902 で規定されているものと同様で，曲線 D および E はほぼ同じであるが，曲線 C はやや異なっている．

腐食の影響：海水中での電気防食を施した試験体の疲労試験からは，10^6 回以下の疲労寿命に対応する応力幅に疲労強度の低下が見られる．これに対して ISO 19902 では，適当な防食を施した構造物の S–N 曲線を別に示している．図 12.67 に，適当な防食をした海水中の曲線 D を示す．

板厚の影響：板厚の増加により溶接疲労強度が低下することは，1980 年代に十字継手（cruciform joint）に関して初めて認識されるようになった．これは，溶接部の寸法が主材板厚に対して一様であると仮定した場合，溶接止端部の下で，初期亀裂が進展し得る深さでの幾何学的応力が板厚とともに増加するためであると考えられる．

板厚効果（より正しくは寸法効果）については，基準板厚より大きい板厚に対して，疲労強度低減係数 $(t_{\mathrm{ref}}/t)^k$ を適用することが，規格によって許容されてきた．ここで，k は板厚指数とよばれる．なお，EN 1993-1-9 では，$k = 0.2$，$t_{\mathrm{ref}} = 25\,\mathrm{mm}$ である．モノパイルの板厚は 80 mm に達することも多く，その場合，低減係数は 0.792 となり，設計に大きな影響を与える．また，ISO 19902 の低減係数はより厳しく，板厚指数は 0.25，基準板厚は 16 mm である．

低減係数 $(t_{\mathrm{ref}}/t)^k$ は単純明快であるが，強度低下は板厚よりも作用応力方向の溶接部長さ L_t と密接に関係していることが示唆されている．Lotsberg（2014）は，破壊力学の手法を用いて，種々の溶接部長さをもつ溶接形状の破断までの亀裂成長を解析し，その結果を次に示す修正 S–N 曲線式に盛り込んだ．

$$\log N = \log a - m \log \left[S \left(\frac{t_{\mathrm{eff}}}{t_{\mathrm{ref}}} \right)^k \right] \tag{12.78}$$

ここで，板厚 t は，溶接部長さと関係付けるため，有効板厚 t_{eff} に置き換えた．これらの結果に基づいて，有効板厚と溶接部長さの関係は次式で表すことができると結論付けられた．

$$t_{\mathrm{eff}} = \min\left[(14 + 0.66 L_t), t\right] \tag{12.79}$$

ここで，L_t と板厚の単位は mm である．

式 (12.78), (12.79) は，DNVGL の推奨方法 DNVGL-RP-C203（2016）に採用され，寸法効果を考慮するための疲労強度低減係数 $(t_{\mathrm{ref}}/t_{\mathrm{eff}})^k$ が大幅に緩和された．開先角 30° の両面突き合わせ溶接（double-sided butt weld，図 12.68 参照）の場合，突き合わせ溶接幅，つまり L_t は約 $t/\sqrt{3}$ となり，図 12.69 に示す有効板厚と実際の板厚の関係が得られる．

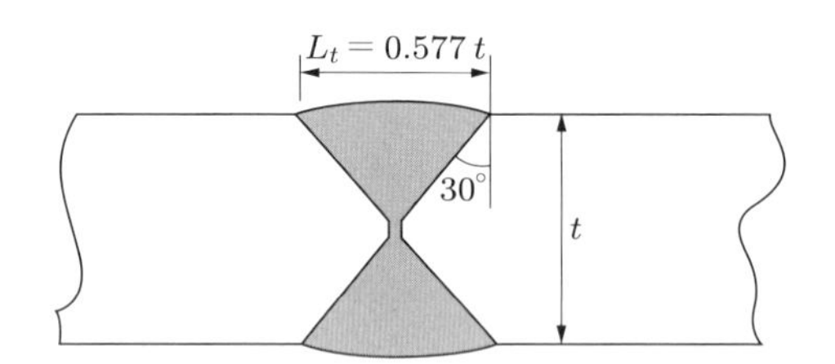

図 12.68　開先角 30° の両面突き合わせ溶接

基準板厚 t_{ref} は鋼管継手以外の溶接継手では 25 mm のままで，k の値は，DNVGL-RP-C203（2016）に先行する DNV-RP-203 と同様，クラス D と E の溶接では 0.2 である．得られる突き合わせ溶接の疲労強度低減係数をほかの二つの規格のものと比較すると，図 12.69 のようになる．

応力集中係数：ジャケット構造のブレースと脚の間の荷重伝達により，必然的に溶接部に大きな局所応力集中が生じるため，ホットスポットの応力集中係数（Stress Concentration Factor: SCF）を計算するための一連の複雑な数式が開発されている（Efthymiou 1988）．応力集中は，モノパイルやジャケット部材の周溶接でも発生する．その原因としては，たとえば，板厚の変

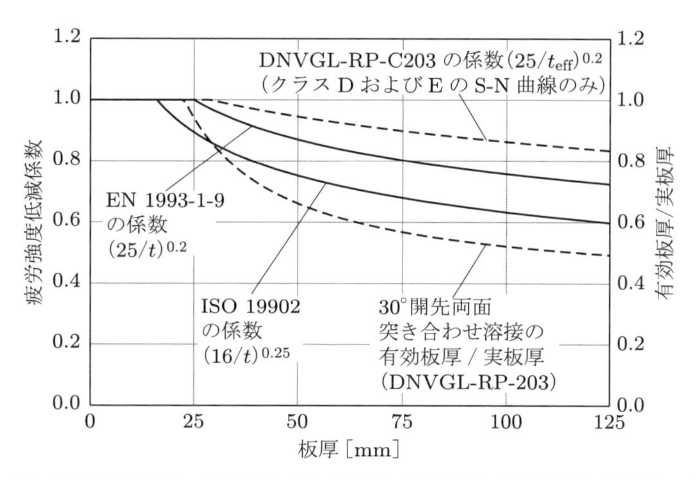

図 12.69 ISO 19902（2007），EN1993-1-9（2005），DNVGL-RP-C203（2016）の板厚による突き合わせ溶接疲労強度低減係数

化，円錐部と円筒部の間の移行部，板材の偏差が挙げられる．

歴史的に，板材の偏差による適度な SCF が突き合わせ溶接の S–N 曲線にすでに考慮されているか否かについては，規格間で若干の相違があり（Lotsberg 2016），SCF の許容値としては 1.05 や 1.1 が用いられている．DNVGL-RP-C203 では，板厚が同じ鋼管同士の周溶接の SCF を次式のように与えている．

$$SCF = 1 + \frac{3\,(\delta_m - \delta_0)}{t} \exp\left(-\frac{1.817L}{2\sqrt{tD}}\right) \tag{12.80}$$

ここで，δ_m は板材の実際の偏差，$\delta_0 = 0.05\,t$ は S–N データと解析方法に固有の偏差，L は突き合わせ溶接の幅である．指数表現により，周方向応力による継手の中心線からの距離によるモーメント減衰を考慮してもよい．

材料強度に対する部分安全係数（partial safety factor for material strength）：モノパイルの疲労損傷の検査は，海洋生物の付着や周辺環境の危険性により，一般に不可能であるため，安全寿命設計（safe-life design）が必要である．モノパイルが破損した場合の影響が大きいことをふまえ，EN 1993-1-9 は材料強度の部分係数として $\gamma_m = 1.35$ を推奨している．これは，IEC 61400-1 における，定期検査がない場合の材料係数 1.1 と，重大な結果をもたらす場合の故障の結果に対する部分安全係数（partial safety factor for consequence of failure）1.15 の積である 1.265 より高い．

ISO 19902 では，材料強度の部分安全係数を 1 としている．一方で，設計疲労係数（Design Fatigue Factor: DFF）を 10 として計算することにより，疲労損傷和（通常 1 より小さいことが要求される）を大きくして，定期点検の欠如と故障による重大な影響を考慮している．これは，S–N 曲線の逆勾配が $m = 5$ の場合の材料強度に対する部分安全係数 1.58 に相当するかなり高い値であり，石油・ガス構造物の高い安全臨界性を反映している．

DNVGL-ST-0126 (2016), *Support Structures for Wind Turbines*（風車の支持構造）では，構造物の検査不可能な部分については，破壊の影響が低いと考えられるため，DFF の値として 3 という低い値を採用している．これは，$m = 5$ の場合の $\gamma_m \sim 1.25$ に相当する．

システム効果：設計に使用される S–N 曲線は，通常，試験結果の平均線から標準偏差の 2 倍を差し引いて得られるため，DFF を 1 として設計すると，試験片幅と同じ長さの溶接部の破壊確率は 2.3%となる．しかし，洋上風車支持構造物の溶接部は数 m になることが多いため，荷重がホットスポットに集中せず，均一に分布している場合は，破壊確率が著しく高くなる可能性がある．これはシステム効果の一例で，とくにパイプラインで問題となる（Lotsberg 2010）．

例として，一定振幅の一方向荷重に対して DFF を 3 として設計されたモノパイルについて，周溶接の破壊確率の増加について検討する．DFF は，許容応力幅を係数 $(1/\mathrm{DFF})^{1/m}$ で減少させる．ここで，S–N 曲線の逆勾配 m を高サイクル疲労の場合の 5 とすると，この係数の値は $(1/3)^{0.2}$ または 0.8027 となる．また，疲労試験片の溶接部の長さを 100 mm，モノパイルの直径を 6 m，すなわち，円周は 18.85 m と仮定する．

DFF の増加による破壊確率の低下は，試験結果に見られる標準偏差により変化する．ここでは，DNVGL-RP-C203（2016）の付録 F5 に従って，$\log N$ の標準偏差を 0.2 と仮定する．これは，低サイクル試験結果に適用される S–N 曲線の逆勾配が 3 の場合の $\log S$ の標準偏差 $0.2/3 = 0.06667$ に相当する．周溶接部は損傷和を 1/3 として，すなわち，DFF を 3 として設計されているので，溶接長 100 mm の破壊確率は 0.03%になる．

風荷重と波荷重が同一方向から作用する場合，溶接部の応力幅は円周上で正弦波状に変化するため，荷重方向に沿って直径から離れるに従って，破壊確率は低下する．そこで，円周上 100 mm の溶接部の生存確率をかけ合わせ，全体の溶接部の生存確率を求めると，溶接部の破壊確率は 0.89%となる．これは，もっとも荷重の大きい 100 mm 長の溶接部における破壊確率の約 30 倍となり，非安全側の設計であることがわかる．なお，全体の破壊確率を 0.03%に下げるには，板厚を約 12%増加させる必要がある．

寿命延長：設計基準における疲労設計の考え方は，破壊確率を，DFF によって求められる所定のレベル以下に抑えることである．上述したように，この確率は，設計荷重とマイナー和の不確かさを無視すると，DFF が 3 の場合の高サイクル疲労で 0.03%になる．図 12.70 に，このようにして設計した溶接部の 20 年間の累積破壊確率を示す．20 年経過後も溶接部が使用され続け

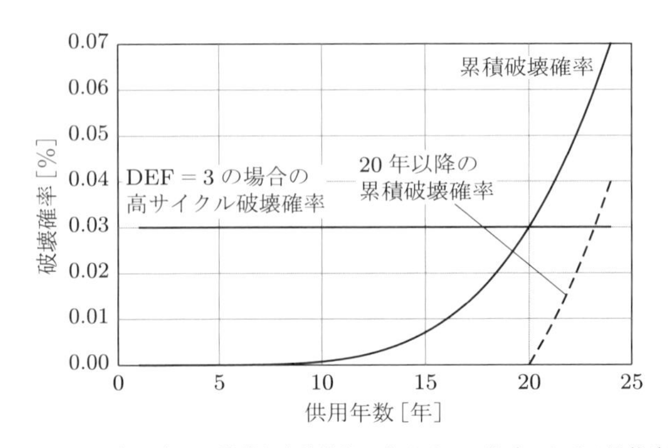

図 12.70　DFF を 3 として設計した溶接部の高サイクル荷重における累積破壊確率

る場合，次の 3 年間の破壊確率は当初の目標値である 0.03%以下であり，最初の 20 年間，溶接部が無事であれば，さらに 3 年間は安全に使用できることになる．

荷重とマイナー和の不確かさを考慮すれば，累積破壊確率曲線はより平坦になり，当初の設計寿命である 20 年が経過したあとの安全寿命は延びるが，必然的に破壊確率のしきい値は大きくなる．

12.8　浮体式支持構造

12.8.1　概要

着床式支持構造物のコストは，水深が大きくなるにつれて急激に上昇し，水深 50 m を超えると著しく大きくなる．海底が急傾斜した海岸線は数多くあるが，そのような海岸線では海底に構造物を設置できるスペースがほとんどないため，このような場所を利用できる浮体式支持構造物の開発に注目が集まっている．2009 年，ノルウェー南西部のカルム（Karmøy）島付近に 2.3 MW の浮体式洋上風車 Hywind が設置され，MW 級の浮体式風力発電が初めて実現した．

その後，さらにさまざまなタイプの浮体式風車の試験機が試運転され，2017 年には Hywind Scotland によって，ピーターヘッド（Peterhead）沖に 5 基の 6 MW 風車による最初のウィンドファームが設置された．

浮体式洋上風車には，水深の大きい場所を利用できる以外にも利点がある．まず，風車設置場所の水深や地盤の状態に合わせて支持構造を調整する必要がないため，一つのウィンドファームだけでなく，波浪条件の似たすべてのウィンドファームに同じ設計のものを設置することができる．また，浮体式支持構造は，風車を岸壁や保護水域で設置することができるため，設置の際天候に左右されにくく，外洋で SEP 船を用いる必要がない．その一方で，海底に係留用のアンカーを設置し，アンカーと浮体構造物を接続する必要がある．浮体式洋上風車に関する工学的課題については，Butterfield et al.（2007）に有用な紹介がある．

浮体式支持構造物の運動は 6 自由度をもち，その自由度は船舶と同様に定義される．ただし，船舶の進行方向ではなく風向に対して定義する．

1. **サージ（surge）**：風向に沿った軸（x 軸，風下を指す）に沿った水平方向の移動
2. **スウェイ（sway）**：風向に直交する軸（y 軸，風を正面に受ける観測者にとって右向き）に沿った水平方向の移動
3. **ヒーブ（heave）**：鉛直方向の移動（z 軸，上向き）
4. **ロール（roll）**：風向に沿った x 軸まわりの回転
5. **ピッチ（pitch）**：風向に直交する y 軸まわりの回転
6. **ヨー（yaw）**：鉛直方向の z 軸まわりの回転

したがって，軸の方向は巻頭の図 C2 と同じであり，同様に，各軸まわりの正の回転の方向は時計回りである．慣習的に，六つの運動には上記のような番号を付け，座標系の原点は水面とタワー軸との交点とする．

これら六つの自由度は，風，波，流れの荷重に対する浮体構造物の応答の解析が，着床式構造物より桁違いに複雑であることを意味する．このことについて詳しく述べるのは本書の範囲外であるが，

12.8.3 項と 12.8.4 項で設計要件の紹介をする．位置保持については 12.8.5 項で考察し，それに続いて，いくつかの既存の設備のケーススタディーを行う．より詳細な扱いについては，Cruz and Atcheson（2016）にある．

12.8.2　浮体構造のコンセプト

浮体式支持構造は，利用されるおもな安定化原理によって，以下のように分類するのが一般的である．

- **スパーブイ（spar buoy）**：喫水の大きい縦長の中空円筒で，構造物全体（風車，タワー，スパーブイからなる）の重心が浮心より下になるように，底部にバラストが設置されている．
- **バージ（barge）**または**セミサブ（semi-submersible）**：浮体の傾きによって生じる正味の復元モーメントと水面面積の組み合わせによって安定する．
- **テンションレグプラットフォーム（Tension Leg Platform: TLP）**：初期張力を与えた鉛直係留によって傾きを制限する．

図 12.71 に，これら三つの形式の外観を示す．

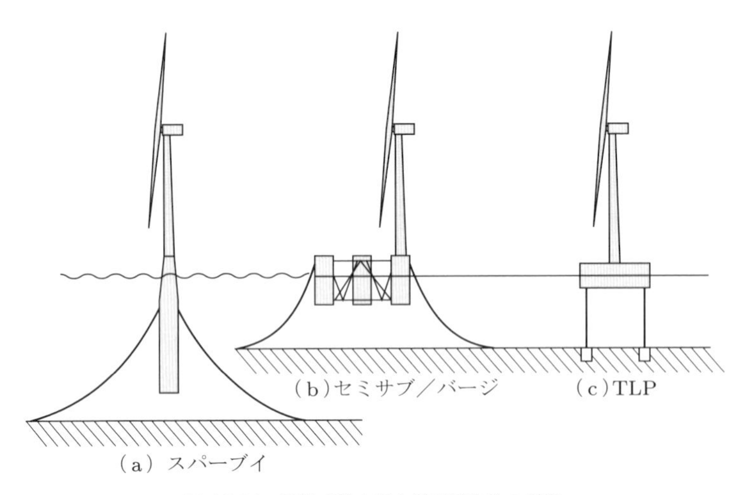

図 12.71　浮体式洋上風力発電構造物の種類

■スパーブイ

スパーブイの喫水は，風車を含む構造物全体の重心を浮心より下に位置させるために，浮体構造の長さを海面から風車ハブ高さと同程度にする必要がある．そのため，スパーブイはほかのタイプの浮体よりも大きな水深を必要とする．また，風車をスパーブイに設置する際にも大きな水深が必要である．

さらに，係留はサージやスウェイの運動を制限するだけでなく，ヨー方向の運動も拘束する必要がある．このため，各係留を 2 本の同じ短いリンクケーブルに分割し，スパーブイの両側に取り付けるヨーク（yoke）方式が採用されている．

■バージ

浮体式バージは必要とする喫水がもっとも小さいため，ほとんどの港から設置することができる．2006年にストラスクライド（Strathclyde）大学で開発され，NRELで研究されたITIバージは，1辺40mの正方形で，深さ10mの浮体であるが，それ以上の進展はない．なお，バージ浮体は，その固有の安定性が，波浪荷重にさらされやすいという欠点がある．

■セミサブ

セミサブは，大きく離した3～4本の鉛直円筒をブレースで固定したもので，波浪荷重の影響を受けにくく，安定性に優れている．また，円筒の底面では波面よりも水粒子速度が小さくなるため，ピッチやロール運動が小さくなる．風車タワーを1本の円柱の上に設置し，ほかの円柱にはバラストを追加して，風車とタワーの質量をバランスさせることができる．また，ロータのスラスト荷重によってプラットフォームにかかるモーメントに対抗するため，必要に応じてバラスト水を円柱間で移動させ，プラットフォームの傾きを最小化することもできる．

■テンションレグプラットフォーム（TLP）

テンションレグプラットフォームには，ピッチとロールの運動をほぼ排除し，ナセルの加速度を最小限に抑えることができるという大きなメリットがある．その反面，テンションレグケーブルのアンカーは大きな引き抜き力に耐えなければならないのに加えて，とくに大きな波の谷の通過時にもケーブルのゆるみ（slack）が発生しないように，十分な張力をかけなければならないため，係留用アンカーはほかのプラットフォームのものよりかなり高価で重要になる．なお，TLP以外のプラットフォームでは，アンカー付近の係留系は海底でほとんど動かないため，アンカーは水平方向の力だけに耐えられればよい．

■風車に作用する荷重の増加

浮体の動的応答は，必然的に，風車のさまざまな要素に作用する荷重を増加させる．JonkmanとMatha（2010）は，NRELの5MW参照風車をTLP，スパーブイ，バージの3種類の浮体式プラットフォームに搭載した場合の荷重の増加を調べ，それらを比較した．極値荷重については，IEC 61400-3のDLC 1.1, 1.3, 1.4, 1.5からの最大荷重を各浮体式洋上風車について計算し，ブレード翼根，主軸，ヨーベアリング，タワー基部の4箇所の荷重を，陸上風車の最大値と比較した（図12.72参照）．

タワー上部については，TLPとスパーでは荷重の増加は比較的小さいが，タワー基部ではそれぞれ25%と60%上昇することがわかる．一方，ピッチ運動の固有周期11.6sに近い周期の波による大きなピッチ加振を受けるITIバージでは，荷重の増加ははるかに大きくなる（Jonkman 2007）．

12.8.3　設計基準

浮体式洋上風車の設計のための最初の設計基準であるDNV-OS-J103は，2013年に発行され，2018年に改訂されてDNVGL-ST-0119と改題された．その後，2019年にIECの技術仕様書であるIEC-61400-3-2, *Design Requirements for Floating Offshore Wind Turbines*（浮体式洋上風車の設計要件）が発行された．DNVGLとIECの両文書は，着床式海洋構造物の対応規格に規定されている荷重ケースを考慮することを要求し，さらに，浮体式風車に特有のいくつかの荷重

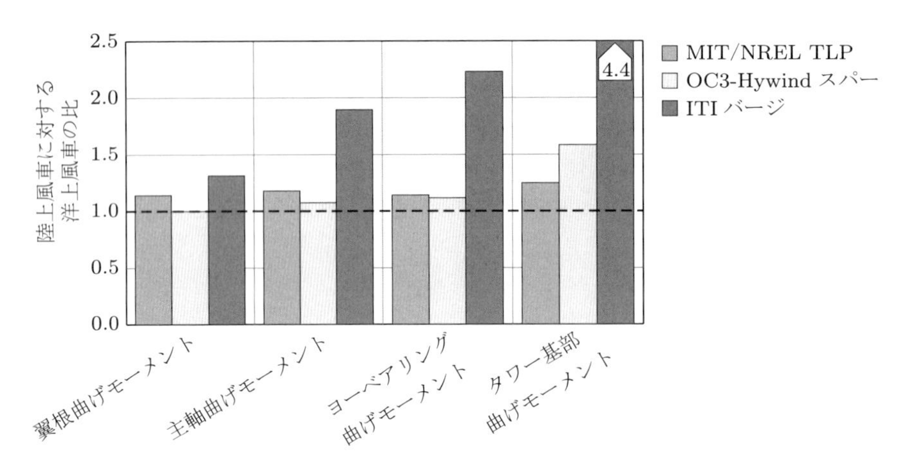

図 12.72　NREL 5 MW 参照風車を搭載した浮体式洋上風車に作用する極値風車荷重の陸上風車に対する比（Jonkman and Matha（2010）より）.

ケースを追加している．どちらも，終局限界状態（ULS）の荷重ケースについて，風，波，潮流のもっとも好ましくない方向を想定することが重要であると強調している．

12.8.4　設計の考慮事項

浮体式風車の設計プロセスにおける各段階の概要は，Sandner et al.（2014a），INNWIND Deliverable D4.3.3, *Innovative Concepts for Floating Structures*（革新的な浮体構造コンセプト）から参照した，以下のリストのようになる．

1. プラットフォームのタイプの選択（バラスト，浮力，係留安定化）．
2. 適切な静水圧特性をもつ設計空間を静水圧解析により与える．ここで，質量，重心，慣性モーメントなどの関連する構造諸元を決定する．
3. 考えられるすべての設計の材料費と製造費を見積もり，概算の資本費（CAPEX）を求め，設計の実現可能性を評価する．
4. ポテンシャル法による周波数領域での動的解析により，波浪荷重とプラットフォーム運動による流体力学的荷重を求める．この解析では，概念的な係留系で拘束された剛体浮体を想定し，定常状態での動的挙動を最適化する．
5. 定常状態での係留系設計の調整．
6. IEC 61400-3 に規定されている荷重ケースから選択した重要なケースについて，現実的な条件下での運動を再現するため，空力—サーボ—水力—弾性解析ツール（aero-servo-hydro-elastic software tool）による連成動的解析を行う．
7. 波浪水槽試験による，重要なケースの数値シミュレーションの検証．
8. 高度なソフトウェアツールによる，非線形波，漂流力，越波などを考慮した重要な荷重ケースの検討．
9. CAPEX と運転保守費（OPEX）を考慮した詳細な LCoE の計算．
10. 洋上規格に準拠した時間領域の連成シミュレーションに基づく構造寸法を含む，詳細な部位要素の設計．
11. 製造・設置工程，保守，ロジスティクス，安全衛生，環境，法規制に関する決定．

これらの段階のうち代表的なものについて，以下に詳しく説明する．

■初期設計目標

あらゆる浮体構造物において，第 1 の設計目標は，波浪荷重による加振を最小限に抑えることであるため，あらゆる海況に対して，6 自由度の固有振動数が，大きなエネルギーをもつ波振動数の範囲以下になるようにする．北大西洋ではゼロクロス周期が 17〜18 s までの海況に遭遇することがあり，これは完全に発達した海況では，ピーク周期 25 s に相当する．このことは，実際の固有周期はサイトの位置によっては 25〜30 s を超えることを意味する．

浮体式洋上風車の場合，もっとも重要な運動はピッチとロールである．これらにより，ハブ高さでは変位が大きくなり，ナセルの加速度が大きくなる．ピッチ運動の固有周期は次式で与えられる．

$$T_{55} = 2\pi\sqrt{\frac{I_{55,S} + I_{55,A}}{C_{55}}} \tag{12.81}$$

ここで，添字 55 はピッチ運動を表し，$I_{55,S}$ はピッチ軸まわりの浮体構造物の慣性モーメント，$I_{55,A}$ は構造物のピッチングに伴う水の付加質量による慣性モーメント，C_{55} は復元モーメントである．

第 2 の設計目標は，ロータのスラストによるプラットフォームのピッチを制限することである．これは年間発電量低下を極力避けるためである．浮体の最大平均ピッチ角は次式で与えられる．

$$\bar{\beta} = \frac{(H + d_m)\,T - M_{RNA}e}{C_{55}} \tag{12.82}$$

ここで，H は水面からのハブ高さ，d_m は係留取り付け位置の深さ，T は定格風速での平均スラスト，M_{RNA} はロータとナセルの合計質量，e はタワー軸から重心の距離（前方を正とする）である．与えられた出力に対して定格スラストを下げることは明らかに有益であるが，これは低誘導係数ロータ（low induction rotor）により達成することができる（6.4.4 項）．

上記の INNWIND の研究では，定格風速で運転中のプラットフォームの平均ピッチ角の目標値を 3.5° に設定したが，その後のコンクリートスパーの設計研究では 5°（Matha et al. 2015）としている．これは，着床式洋上風車の典型的な軸傾斜に基づくと，アップウィンド浮体式風車が定格風速でロータ面を約 10° 傾けることに相当する．この点で，ダウンウィンド風車のほうが明らかに有利である．

■設計空間（design space）

各プラットフォームのトポロジーについて，上記の二つの設計要件を満たしながら，プラットフォームの主要寸法を大幅に変更できる可能性がある．一般に，設計空間を構成する広い範囲の値に対して検討し，コストが最小となる解を求めるのが望ましい．このプロセスは，12.8.5 項でスパーブイの直径，12.8.6 項でセミサブのカラムの直径について解説する．

■規則波に対する応答

浮体構造物の線形規則波による加振に対する応答を求める手順は古くから確立されており，以下のような，6 自由度の連成項をもつ六つの運動方程式の解に基づいている．

$$\sum_{k=1}^{6}\left[\left(M_{jk}+A_{jk}\left(\omega\right)\right)\ddot{\eta}_k+B_{jk}\left(\omega\right)\dot{\eta}_k+C_{jk}\eta_k\right]=F_{wj}\sin\left(\omega t+\phi\right)\qquad(j=1,\ldots,6)\tag{12.83}$$

ここで，$B_{jk}(\omega)$ は造波減衰（radiative damping）項，C_{jk} は復元剛性，$F_{wj}\sin(\omega t+\phi)$ は固定とみなす構造物に作用する波荷重である．$A_{jk}(\omega)$ は付加質量（added mass）項で，質量 × 長さまたは質量 × (長さの 2 乗) の単位をもつ．$A_{jk}(\omega)\ddot{\eta}_k$ は，k 番目の自由度に関連する付加質量または慣性の加速度による，j 番目の自由度の運動方程式への慣性力の寄与を与える．なお，風向が対称面に一致する浮体式洋上風車のように，x-z 平面に対して対称な物体では，サージ，ヒーブ，ピッチ運動とスウェイ，ロール，ヨー運動との間に連成はない．

式 (12.83) は，重ね合わせの原理を利用して，さまざまな周波数を含むランダムな海況に拡張し，時間領域と周波数領域の両方で解くことができる．浮体式風車の場合，変動風によるロータの空力荷重の影響を考慮するために各式の右辺に項を追加し，さらに，水平変位による係留力の変化を考慮するために左辺に項を追加しなければならない．浮体式風車のモデリングに対する周波数領域の適合性は，Lupton と Langley（2013）によって検討されている．

一般に，波浪荷重 F_{wj} は，ポテンシャル流の方程式を数値的に解く回折解析（12.3.9 項の「回折」を参照）から求めなければならず，造波減衰項 $B_{jk}(\omega)$ と付加質量項 $A_{jk}(\omega)$ を求めるには，異なる境界条件を用いて同様の解析を実行しなければならない．これらの解析は，WAMIT，WADAM，ANSYS AQWA などのポテンシャル法（パネル法とよばれることもある）コードを用いて実行することができる．

スパーブイの場合，またはセミサブの鉛直円筒浮体の場合，直径が波長の 1/5 以下であれば，流体力はモリソン式を使って適切に表現できるため，ポテンシャル法コードを用いる必要はない．この方法には，線形慣性力だけでなく非線形（すなわち二次）粘性抗力を考慮できるという利点がある．スパーブイのサージとピッチの運動方程式は次式のようになる．

$$\begin{aligned}&\left(M_{11}+A_{11}\right)\ddot{\eta}_1+\left(M_{15}+A_{15}\right)\ddot{\eta}_5+K_1\left(\eta_1-\eta_5 d_m\right)\\&\quad=\frac{1}{2}\rho\frac{\pi D^2}{4}C_m\int_{-d_S}^{0}\dot{u}dz+\frac{1}{2}\rho DC_D\int_{-d_S}^{0}\left|u-\dot{\eta}_1+\dot{\eta}_5 z\right|\left(u-\dot{\eta}_1+\dot{\eta}_5 z\right)dz+T\left(t\right)\end{aligned}\tag{12.84}$$

$$\begin{aligned}&\left(M_{51}+A_{51}\right)\ddot{\eta}_1+\left(M_{55}+A_{55}\right)\ddot{\eta}_5+K_1\left(\eta_1-\eta_5 d_m\right)d_m+C_{55}\eta_5\\&\quad=\frac{1}{2}\rho\frac{\pi D^2}{4}C_m\int_{-d_S}^{0}\dot{u}zdz+\frac{1}{2}\rho DC_D\int_{-d_S}^{0}\left|u-\dot{\eta}_1+\dot{\eta}_5 z\right|\left(u-\dot{\eta}_1+\dot{\eta}_5 z\right)zdz+T\left(t\right)H\end{aligned}\tag{12.85}$$

ここで，η_1, η_5 はそれぞれサージ変位とピッチ変位，K_1, d_m はそれぞれ係留の水平方向剛性と取り付け深さ，d_S は喫水，$T(t)$ は時間変動するロータスラストである．厳密には，式 (12.85) にはスラスト偏心によるロータピッチングモーメントの項を追加する必要があるが，ここでは，簡略化のため省略している．

■空力—サーボ—水力—弾性解析コード

浮体式洋上風車の動的解析コードは，空気力および流体力のほかに，弾性変形および制御システムの挙動を考慮する必要があるため，空力—サーボ—水力—弾性解析コードとよばれ，陸上風車の解析用のプログラムと浮体式プラットフォーム解析用のプログラムを統合したものとなることが多い．

表12.11に，代表的な動的解析コードと，それぞれに使用されている空気力，流体力，構造，係留のモデルを示す．ほぼすべてのモデルが波による抗力の計算にモリソン式を採用しているが，慣性力の計算にはポテンシャル法を使用しているものもある．ポテンシャル法は一般に非線形波を扱えないため，バージ型構造物の極値波浪時の動的解析には問題が残る．

これらの動的解析コードの性能を比較するために，それぞれを使用して，単機のセミサブ型風車設計において代表的な設計荷重ケースのシミュレーションを実行したところ，よい結果が得られたことが報告されている（Azcona et al. 2013）．

■ピッチ制御の調整

風速が定格以上になると，出力制限と過速度防止を目的としてブレードをピッチ制御するため，スラスト荷重が低下する．浮体式洋上風車では，風に対するプラットフォームのピッチング運動が風速の上昇として感知され，ブレードがピッチ変角し，スラストを低下させる可能性がある．これは，プラットフォームの固有振動数におけるプラットフォームの振動を徐々に増加させることになる．この挙動を回避するためのピッチ制御システムの適切な調整については，8.3.5項で説明している．

■重要な荷重ケースの選択

前述のとおり，浮体式洋上風車の動的挙動の解析は，着床式洋上風車の解析に比べて桁違いに複雑であり，固有振動周期が長いため，シミュレーション時間も長くなる．一方で，風速，海象，風と波のミスアライメント，流れのさまざまな組み合わせを考慮すると，最終設計のために数千ケースの設計荷重ケースを解析する必要がある場合がある．

このような観点から，多数の荷重ケースを迅速に解析し，正確な解析を行うべき重要な荷重ケースを選択することができる，よりシンプルなモデルが必要とされている．そのようなモデルの一つが，時間領域で動作するSLOW（Simplified Low Order Wind turbine）モデルである（Matha et al. 2014）．これは，翼素運動量（BEM）理論の反復計算を避け，流体力学的荷重の計算にポテンシャル法ではなくモリソン式を用い，風車の自由度を低減し，係留力は準静的に計算することで，計算効率を高める．変動流入風速を，模擬乱流場中と同じ瞬間的なロータスラストを発生させる等価な風速値とし，ロータのスラストとトルクは，BEM理論の代わりに，ブレードピッチ角，ロータ速度，相対風速の関数として計算する．風車の自由度は，ロータの回転および，タワーの前後方向と左右方向の曲げに限定されるが，プラットフォームの6自由度はすべて保持される．

また，ブレードピッチ制御パラメータを含む浮体式風車設計の最適化のために，スウェイ，ヒーブ，ロール，ヨー運動を省略した，より簡単なバージョンも開発された（Sandner et al. 2014b）．

12.8.5 スパーブイの設計空間

風車を決めると，プラットフォームのピッチ角，および，ピッチとロールの固有振動数の制限を満たすことができるスパーブイの喫水と直径の範囲が決まる．

ロータ直径180 mの9 MW風車を支持する，図12.73に示す鋼製スパーブイを考える．風車の誘導係数が0.19と低い場合，定格風速での平均定格スラストは約1100 kNとなる．ハブ高さ115 m，係留深さ20 mとし，RNAの重心位置の偏心によるモーメントを無視すると，定格時の平均ピッチ

表 12.11 浮体式洋上風車の動的解析コード

略語	機関名	コード	構造モデル	浮体モデル	流体力モデル	係留モデル	空力モデル	動的失速
CENER	CENER	OPASS+FAST	Modal+MBS	剛	PF+ME	動的	BEM	有
DTU	DTU	HAWC2	FEM+MBS	柔	ME（IW）	動的	BEM	有
GH	GH	Bladed 4.4	Modal+MBS	柔	ME（IW）	準静的	BEM	有
GH Adv	GH	Bladed Adv Hydro Beta	Modal+MBS	柔	PF+ME（IW）	準静的	BEM	有
NTUAm	NTUA	Hydro-GAST	FEM+MBS	柔	ME（IP）	動的	BEM	有
NTUAp	NTUA	Hydro-GAST	FEM+MBS	剛	PF+ME（IP）	動的	BEM	有
SWE	SWE	SIMPAK+HydroDyn	Modal+MBS	剛	PF+QD	準静的	BEM	有

Azcona et al.（2013）, INNWIND D4.21, '*State-of-the-Art and Implementation of Design Tools for Floating Structures*' より．
CENER: National Renewable Energy Centre of Spain，DTU: Danish Technical University，GH：Garrad Hassan，NTUA: National Technical University, Athens, SWE: Stuttgart Wind Energy
FEM：有限要素法，MBS：マルチボディシステム，Modal: モーダル法
ME：モリソン式，PF：ポテンシャル流，QD：二次抗力，IP：瞬間位置における ME の計算，IW：波高に対する ME の積分
BEM：翼素運動量理論

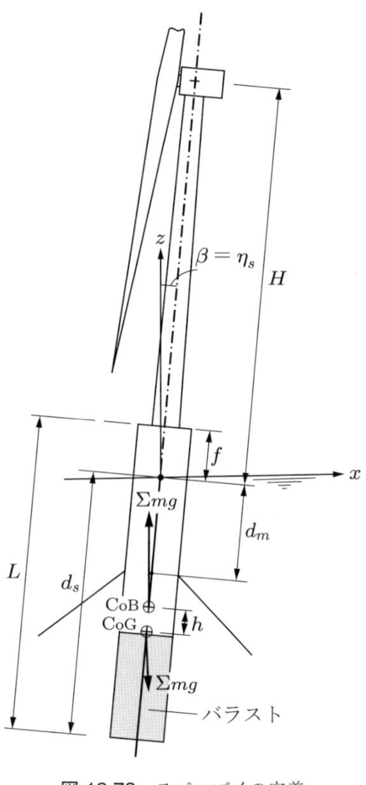

図 12.73 スパーブイの定義

を 5° に抑えるためには，復元剛性 C_{55} として，$1100 \times 135/0.08727 = 1.70 \times 10^6$ kN m/rad が必要である．復元剛性は次式で与えられる．

$$C_{55} = mgh + \frac{\rho_w g \pi D^4}{64} \tag{12.86}$$

ここで，m は浮体式洋上風車の全質量，h は重心からの浮心の高さ，ρ_w は海水の密度であるが，通常，水線面積による後者の項は前者に比べてはるかに小さい．また，重心を十分に低くするためには，円筒の底部に相当量のバラストを追加しなければならないことがわかる．なお，簡単のためにスパーブイは一様な円柱であると仮定しているが，実際には，波浪荷重を軽減するために上部で直径を小さくする．乾舷 f は決めておくのが便利であるため，ここでは 15 m とする．

各スパーブイの直径に対して，対応するバラストの質量と合わせて，必要な復元剛性の値を与える長さ L を求めることができる．この長さは，図 12.74 に示すように，直径に対してほぼ反比例する．この図には，スパー鋼材とバラストの質量のスパーの直径に対する変化も示す．スパー鋼材質量（壁厚 70 mm と仮定）は直径に対してほとんど変化せず，約 3000 t で，風車とタワーの質量（それぞれ 650 t, 1200 t）の合計を超えている．ちなみに，108 m × 直径 15 m，喫水 93 m で総排水量が約 17000 t のスパーブイのバラスト質量は，約 12000 t である．

スパー鋼材質量の影響はほとんどないが，バラスト質量はスパー直径と水深の減少に伴って急激に増加するので，スパーブイは水深を十分に利用するのが有利であることがわかる．

図 12.74 には，式 (12.81) により算出した，ピッチ運動の固有周期のスパー直径に対する変化も

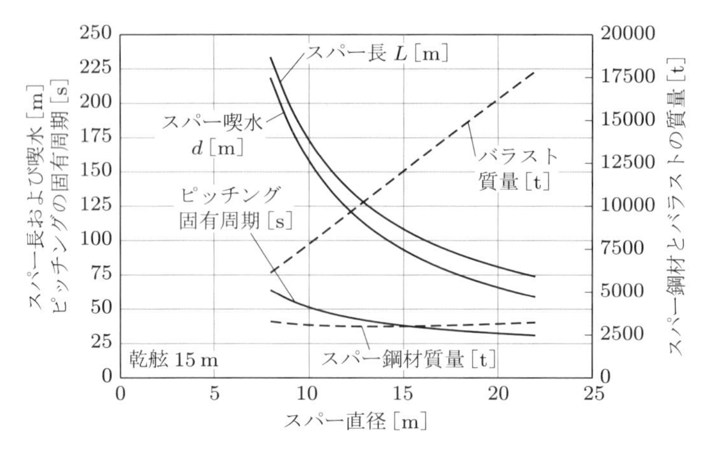

図 12.74　定格風速で平均ピッチ角 5° となるように設計された 9 MW 風車を支持するスパーブイにおける，スパー長，スパー鋼材質量，バラスト質量，ピッチング固有周期の，スパー直径に対する変化

示す．水の付加質量は，水平軸に対する浮体構造の慣性モーメントの一部として考慮する必要があるが，スパーは円筒形であるため，その排水量と等しくなるように考慮する．その結果，検討した直径の範囲では，周期が 30 s を超える．

12.8.6　セミサブの設計空間

セミサブにはさまざまな形状が考えられるが，ここでは図 12.75 に示すように，三つまたは四つの鉛直円筒形チャンバー（またはカラム）を互いにブレース結合した設計のみを検討する．支持する風車は，前項で説明した 9 MW 風車を想定する．

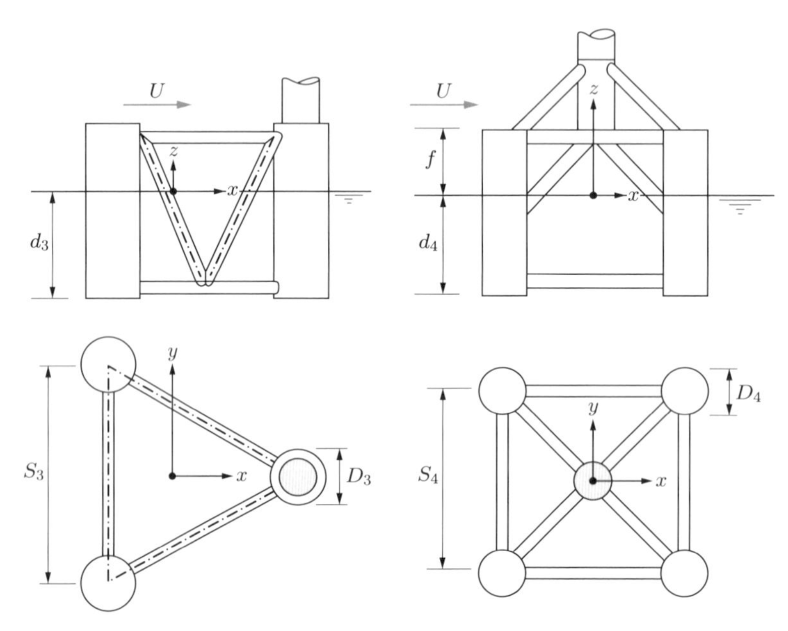

図 12.75　3 カラムおよび 4 カラムのセミサブの例

■中央に風車タワーを有する4カラムセミサブ

ピッチとロールの復元剛性は次式で与えられる．

$$C_{55} = \rho_w g \frac{\pi D_4^2}{4} s_4^2 + 4\rho_w g \frac{\pi D_4^4}{64} \tag{12.87}$$

ここで，重心が浮心より上にあることによる若干の不安定化効果は無視している．また，第2項は比較的小さいので無視すると，一定の復元剛性を維持するためには，カラム間隔をカラム直径に反比例させる必要があることがわかる．前述のスパーブイと同様に，定格風速での平均ピッチを5° に抑えるための目標復元剛性は 1.70×10^6 kN m/rad となる．

浮体構造物の慣性モーメントとピッチによる水の付加質量は，式 (12.81) により，ピッチングの固有周期に影響する．風車とタワーの質量はそれぞれ 650 t と 1200 t とし，乾舷 f も 15 m で一定とする．ハブ高さ 115 m はカラム間隔の 2～3 倍であることから，慣性モーメントに対する mx^2 の項の寄与は比較的小さく，固有周期を長くするには，喫水を大きくすることがもっとも有効な手段である．

図 12.76 には，$C_{55} = 1.70 \times 10^6$ kN m/rad を達成するために必要なカラム間隔と，25 s のピッチングの固有周期を達成するために必要な喫水を示す．同図には，4 本のカラムを形成する鋼製シェルの壁厚を 70 mm で一定と仮定した場合の想定質量と，必要なバラスト質量も示す．ここで，鋼製シェルが設計されておらず，カラム間ブレースの排水量，慣性モーメント，付加質量への寄与がすべて無視されているため，これらはあくまで想定上の数値である．バラスト質量はカラム直径が大きくなると急激に増加する．また，カラム直径 12 m でも，喫水は 26 m とかなり大きいことがわかる．

■ヒーブプレート（heave plate）のメリット

ヒーブプレートは船体から突出した水平板で，ヒーブの付加質量と粘性減衰の両方を増加させ，低

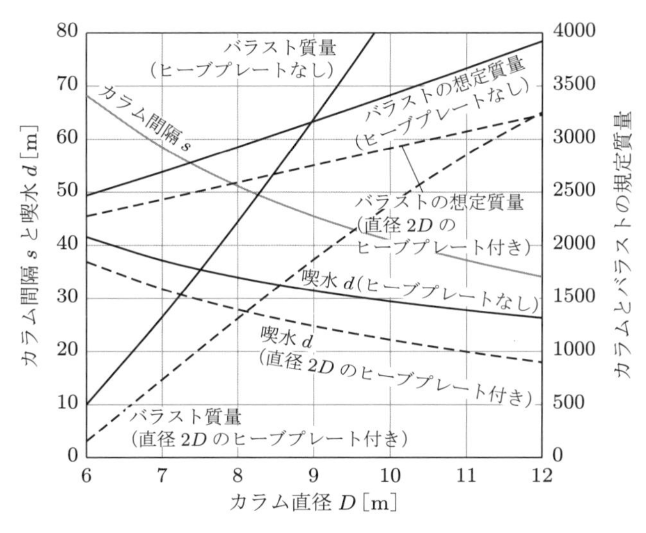

図 12.76 中央に配置された 9 MW 風車を支える 4 カラムセミサブにおける，カラム間隔，喫水，想定カラム鋼材質量，バラスト質量の，カラム直径による変化．定格風速で平均ピッチ 5°，ピッチング固有周期 25 s を達成するように計算された．

周波数での波浪励起荷重を減少させることにより，ヒーブ運動を低減させるものである．鉛直カラムをブレースで繋いだセミサブの場合，付加質量はピッチ運動とロール運動の固有周期を大幅に増加させ，プラットフォームの波浪励起に対する敏感さを低下させることができる．さらに，ヒーブプレートに伴う付加質量による波の慣性力は，カラムの底部に作用する波の流体力学的荷重を減じる．

深海の線形波では，水深 d での変動水圧は $\rho_w g\ (H/2)e^{-kd}\sin\omega t$ であるので，直径 D，喫水 d の円柱の場合，鉛直波荷重は $\rho_w(\pi/4)D^2 g(H/2)e^{-kd}\sin\omega t$ となる．

カラム底面のヒーブプレートに対して共存する慣性力は，次式で与えられる．

$$A_{hp}\frac{\partial w\,(d)}{\partial t} = -A_{hp}\omega^2\frac{H}{2}e^{-kd}\sin\omega t \tag{12.88}$$

ここで，A_{hp} は円柱底面のヒーブプレートの付加質量，$w\,(d)$ は深さ d での水粒子の鉛直速度である．よって，全鉛直荷重は次式のようになる．

$$\left(\rho_w\frac{\pi}{4}D^2 g - A_{hp}\omega^2\right)e^{-kd}\frac{H}{2}\sin\omega t \tag{12.89}$$

したがって，ヒーブプレートは，波の周波数が $\sqrt{\rho_w(\pi/4)D^2 g/A_{hp}}$ のとき，鉛直波荷重を除去する効果がある．

直径 D_D の薄い円形の水平円盤が単独で垂直に振動するときの理論的な付加質量は $(1/3)\rho_w D_D^3$ である．これは，水平方向の直径 D_D，高さ $(2/\pi)D_D$ の楕円体を占めると考えることができる．直径 D の円柱の底面に直径 D_D のヒーブ板を取り付けた場合，円柱は楕円体の上半分を占め，楕円体内の水の質量は次式のように減少する．

$$\frac{1}{12}\rho_w\left(2D_D^3 + 3\pi D_D^2 h - \pi^3 h^3 - 3\pi D^3 h\right) \tag{12.90}$$

ここで，$h = (1/\pi)\sqrt{D_D^2 - D^2}$ である（Tao et al. 2007）．Tao ら（2007）が提案したように，楕円体内の水がヒーブプレートに付着して移動すると仮定すると，上式はヒーブプレートによる付加質量の理論値を与えることになる．

Tian ら（2016）は，振動する円板に関する自らとほかの研究者による模型実験から，付加質量の測定値の理論値に対する比が，クーリガン－カーペンター数（$K_C =$ 振幅 $\times\, 2\pi/D$）が $K_C = 0.0$ のときは約 1.0 であり，$K_C = 1.0$ では約 1.5 まで増加することを明らかにした．また，Moreno ら（2016）は，$D_D/D = 2.84$ の円柱底部のヒーブプレートを静水中で振動させて，同様の結果を得ている．

さらに，式 (12.90) により，ヒーブの付加質量が $0.275\rho_w D_D^3$ または $2.20\rho_w D^3$ であると仮定して，4 カラムセミサブにカラム直径の 2 倍のヒーブプレートを追加した場合の影響を調査し，図 12.76 に結果をプロットした（破線）．これにより，ピッチ振動の固有周期を 25 s に維持したまま，カラム直径 10 m で喫水を 25%減少させることができ，すべてのカラム直径でバラスト質量を大幅に減少させられることがわかる．

■風車タワーをカラムの一つと同軸に設置した 3 カラムセミサブ

ピッチとロールの復元剛性は次式で与えられる．

$$C_{55} = \frac{1}{2}\rho_w g \frac{\pi D_3^2}{4} s_3^2 + 3\rho_w g \frac{\pi D_3^4}{64} \tag{12.91}$$

ここで，重心が浮心より上にあることによる若干の不安定効果は無視している．風車は 3 本のカラムのうち 1 本で完全に支持されているため，このカラムにはバラストがなく，プラットフォームのトリムを維持するためにほかの 2 本のカラムそれぞれに風車と同じ質量のバラストを追加する必要があると仮定する．風車の質量と高さを前項と同じにすると，$C_{55} = 1.70 \times 10^6$ kN m/rad に必要なカラム間隔と，カラムと風車を合わせた質量を支えるのに必要な喫水の両方を，ある範囲のカラム直径に関して計算し，その結果から固有周期を各形状について計算することができる（図 12.77 参照）．上述のように，カラム底面にヒーブプレートを追加すると，ピッチとロールの固有周期が大幅に増加する．これは，同図に示すカラム直径の 2 倍のカラムヒーブプレートがある場合とない場合のセミサブの固有周期を比較すると明らかである．

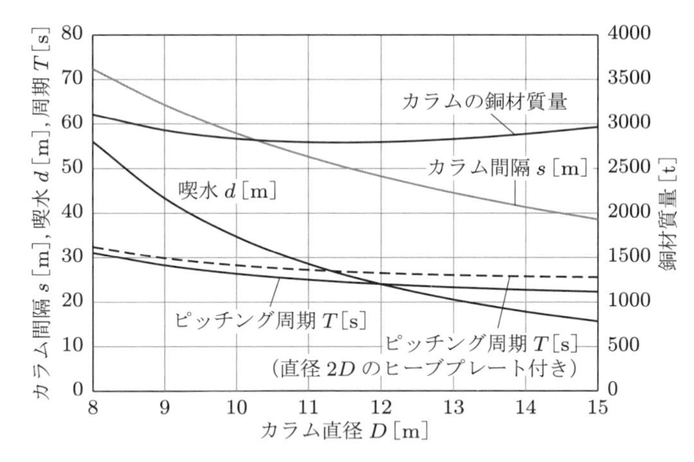

図 12.77 カラムの一つで 9 MW 風車を支持した 3 カラムセミサブにおける，カラム間隔，喫水，ピッチング固有周期，想定カラム鋼材質量の，カラム直径に対する変化．定格風速で平均ピッチ 5° を達成するように計算された．

上述の 3 カラムと 4 カラムのセミサブについて，水線面積と喫水が同じ場合の想定カラム質量と固有振動数を比較することは有益である．カラム直径 11.547 m，喫水 25.9 m の 3 カラムセミサブの想定カラム質量は 2790 t で，カラム直径 10 m で同喫水の 4 カラムセミサブの 3170 t より大幅に小さく，固有周期は 3 カラムセミサブのほうがやや大きい（25.9 s に対して 26.8 s）ことがわかる．なお，いずれもカラム直径の 2 倍のヒーブプレートが装着されていると仮定している．

■固有振動数の考察

理論的には，上記 3 カラムセミサブの寸法を縮小して，たとえば直径が 1/2（ハブ高さも 1/2）の風車を搭載し，固有周期をもとの値の $1/\sqrt{2}$ に減少させることが可能である．しかし，この場合，波浪の影響を過剰に受けてしまうため，浮体へ搭載する風車は小型のものよりも大型のもののほうが適している．

12.8.7 位置保持

浮体式プラットフォームの係留システムは，海底に固定された 3 本以上の放射状係留索で構成される．石油・ガスプラットフォームは，冗長性をもたせるために，コーナーごとに少なくとも 2 本の索を使用している（Ahilan 2018）が，風車は通常無人であり，危険な燃料を貯蔵しないため，これは必要ないと考えられてきた．

係留索は，ゆるんで一部が着床しているもの，ゆるんでいるが着床していないもの，緊張しているものに分類されるが，アンカーを鉛直引き抜きに対して設計する必要がないことから，ゆるんで一部が着床しているものが好まれる．また，材質は，鋼製チェーン，鋼製ワイヤーロープ，ナイロン，ポリエステルが一般的である．

各係留索の向きは，浮体式プラットフォームの移動に伴って必然的に変化するため，各係留索の取り付け点には，フェアリード（fairlead）とよばれるガイドが設けられる．したがって，プラットフォームへの係留索の取り付け点を略して，フェアリードとよぶことにする．

係留系の剛性はスパーブイとセミサブプラットフォームのサージとスウェイの固有振動数を決定するため，これらの振動数が波の周波数範囲以下になるように，係留系を十分に柔軟にする必要がある．鋼製チェーンは，係留が部分的に着床する系には適しているが，緊張係留として使用するには剛すぎると考えられる．水深が非常に深い場合，鋼製チェーン係留はプラットフォームに過剰な鉛直荷重を及ぼすことがあるが，これは，係留の上部にナイロンやポリエステルを使用することによって軽減することができる．

浮体式プラットフォームへのおもな荷重源は，ロータスラスト，流体抗力，ならびに，波浪荷重である．表 12.12 には，直径 D と喫水 d のスパーブイの海象荷重の計算式と，12.8.5 項の直径 15 m，喫水 93 m のスパーブイの例における指標となる大きさを示す．波浪荷重による係留力は係留系の剛性に依存するが，ここでは，係留系の剛性は $k_{11} = 110\,\mathrm{kN/m}$ で一定と仮定し，110 s のサージ固有周期を与えている．

係留索は動的荷重を受けるが，プラットフォームの固有振動数が低いため，応答への影響は小さく，ほとんどの目的には準静的解析が適切である．係留が海底に垂直に降下する位置（図 12.78 参照）に対するフェアリードの変位 $X(H)$ と係留水平力 H の関係は，係留の一部が海底に静止していると仮定して弾性伸長を無視すると，次式のようになる．

$$X(H) = Z + \frac{H}{w}\left[\cosh^{-1}\left(1 + \frac{wZ}{H}\right) - \sqrt{2\frac{HZ}{w} + Z^2}\right] \tag{12.92}$$

表 12.12　直径 15 m，喫水 93 m のスパーブイで直径 180 m の 9 MW 風車を支持する場合の係留系荷重の目安

荷重源	荷重条件	荷重の式	荷重の大きさ [kN]
ロータスラスト	定常風における定格出力での運転	—	1100
流れ	海面で $u_c = 1.5\,\mathrm{m/s}$，深さに対して 1/7 のべき乗則で変化．海底深さ $d_B = 120\,\mathrm{m}$	$C_D \frac{1}{2}\rho u_c^2 D \frac{7}{9} \times \left[d_B - (d_B - d)\left(\frac{d_B - d}{d_B}\right)^{2/7}\right]$	1450
極値波	$H_s = 14.5\,\mathrm{m}$, $T = 19\,\mathrm{s}$, $T_1 = 110\,\mathrm{s}$，$k_{11} = 110\,\mathrm{kN/m}$, $k = \frac{\omega^2}{g}$	$k_{11}\frac{1}{1-(T/T_1)^2}\frac{1.86H_s}{2}\frac{1-e^{-kd}}{kd}$	950
合計	—	—	3500

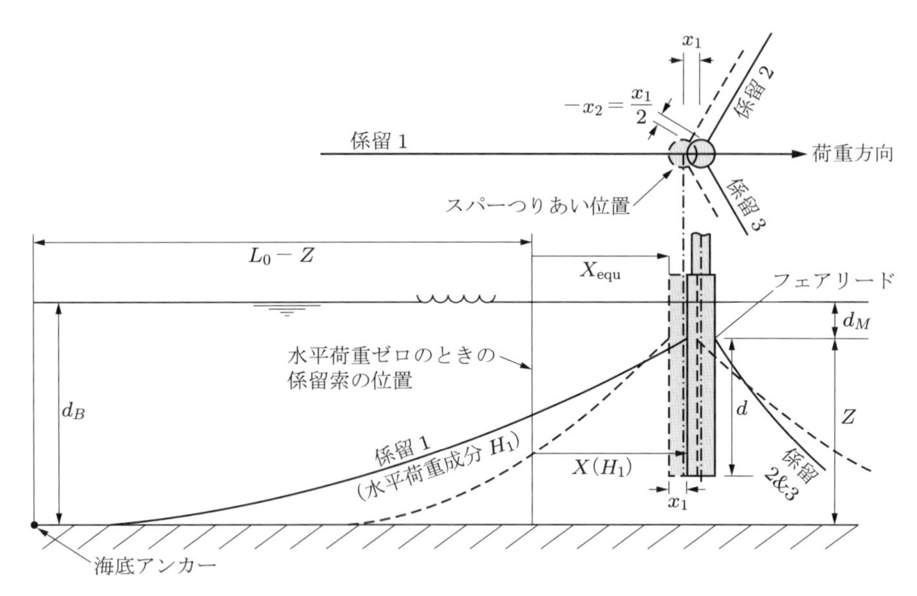

図 12.78 スパーブイの係留系配置図．ヨー拘束に必要なヨーク係留アタッチメントは，わかりやすくするために図示していない．

ここで，w は係留の単位長さあたりの水中重量（buoyant weight），Z は水平と仮定した海底からのプラットフォーム係留取り付け部の高さである．H に関して微分すると，次式のように水平係留剛性の逆数が得られる．

$$\frac{dX}{dH} = \frac{1}{w}\left[\cosh^{-1}\left(1 + \frac{wZ}{H}\right) - \frac{2}{\sqrt{1 + 2H/(wZ)}}\right] \tag{12.93}$$

完全な係留系の水平剛性は，浮体プラットフォームのつりあい位置からの変位によって生じる係留索水平荷重の変化のベクトル和によって求めることができる．図 12.78 に示すように，長さ L_0 の 3 本の係留索を平面的に 120° 間隔で配置したスパーブイ係留系を考える．海底アンカーは，スパーブイのフェアリードのつりあい位置から水平距離 $(L_0 - Z + X_{\mathrm{equ}})$ に配置し，次式で与えられる水平予荷重 H_0 を系に作用させる．

$$X_{\mathrm{equ}} = Z + \frac{H_0}{w}\left[\cosh^{-1}\left(1 + \frac{wZ}{H_0}\right) - \sqrt{2\frac{H_0 Z}{w} + Z^2}\right] \tag{12.94}$$

スパーブイに水平方向の外力が加わると，スパーブイは初期位置から移動して係留力が変化し，その結果，作用力とつりあうようになる．水平力が係留 1 と同一線上に，アンカーから離れる方向に作用する場合，プラットフォーム上の係留 1 方向の全係留力は，$H_{S1} = (H_1 - H_0) - 0.5\,(H_2 - H_0) - 0.5\,(H_3 - H_0) = H_1 - H_2$ である．ここで，H_1, H_2, H_3 は 3 本の係留索に作用する水平力成分である．$x_2 = -x_1/2$ とすると，$H_{S1} = H\,(x_1) - H\,(-x_1/2)$ と書くことができる．$H\,(x_1)$ は式 (12.92) に基づくルックアップテーブルの形で，$x_1 + X_{\mathrm{equ}}$ を $X\,(H)$ に，$H_1\,(x_1)$ を H に代入して，次式のように求めることができる．

$$x_1 + X_{\mathrm{equ}} = Z + \frac{H_1}{w}\left[\cosh^{-1}\left(1 + \frac{wZ}{H_1}\right) - \sqrt{2\frac{H_1 Z}{w} + Z^2}\right] \tag{12.95}$$

図12.79は，係留チェーン質量が0.5 t/m，海底からのフェアリード高さが100 m，予荷重 H_0 が1000 kNの場合の解析結果である．係留1の荷重と係留系の荷重の水平成分と，それらに対応する剛性，および，フェアリードの係留傾斜を，スパーブイの変位の関数として示す．これらは線形関係とは程遠く，係留アンカーから離れる方向に1100 kNのロータスラストが作用すると約7.5 m変位するが，この力が反対方向から作用すると変位は約11 mとかなり大きいことがわかる．

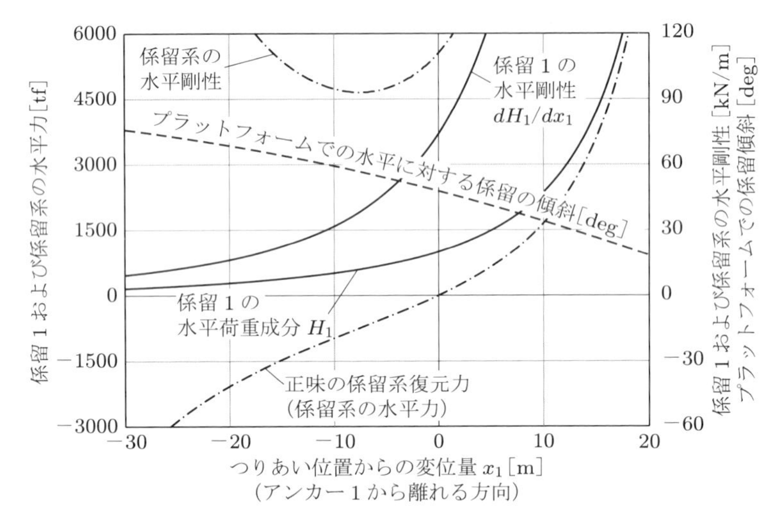

図12.79　チェーン質量0.5 t/m，海底からのフェアリード高さ100 m，水平予荷重1000 kNの場合の，スパーブイの変位に対する係留系水平力，剛性，傾斜の変化

12.8.8　スパーブイの事例：Hywind Scotland

2017年に稼働開始したHywind Scotlandの浮体式洋上ウィンドファーム（図12.80）は，ピーターヘッド（Peterhead）の東に約25 kmの場所で，約1.4 km間隔のスパーブイに取り付けられた5基のSiemens社製6 MW風車で構成されている．この設計は，2009年にノルウェーのベルゲン（Bergen）南方のカルム（Karmøy）沖に設置された2.3 MWのスパーブイ試験機を発展させたものである．表12.13に，スパーブイと風車のおもな質量と寸法を示す．

図12.81には，浮かせる準備のために船舶に積み込まれた2基のスパーブイを示す．浮かせたあと，各スパーブイはベルゲンの南方，ストルド（Stord）近くの組み立てサイトに曳航し，8000 tの海水でバラストして，その軸を鉛直に回転させた（Equinor 2020）．そして，5000 tのバラスト水をポンプで抜き取り，5500 tの砕石バラストに入れ替えた．その後，風車タワー，ナセル，ロータを取り付け（写真8），完成品は北海を横断してピーターヘッド沖の係留位置まで曳航したあと，係留系に取り付けた．

各スパーブイは，半径約640 m，水深100 mの海底に設置したサクションアンカーに，120°間隔で設置した3本の係留で定点保持した．長さ16 mのサクションアンカーは，直径5 m，質量は約300 tである．係留チェーンは約0.5 t/mで，幅約0.5 mのリンクがある．それらは，ヨーを拘束するため，ヨークを使用してスパーブイに取り付けられている．表12.14に，スパーブイの6自

図 12.80　Hywind Scotland ウィンドファームのイメージ図（Equinor 社より）

表 12.13　Hywind Scotland のスパーブイと風車のおもな寸法と質量
（Hywind 2017, 2020; Siemens Gamesa 2020）

スパーブイ		風車	
直径	14.4 m	定格出力	6 MW
水面縮小部での直径	9.45 m	ロータ直径	154 m
全長	90.6 m	ハブ高さ（水面上）	98 m
喫水	77.6 m	風車質量	360 t
おおよその水深	100 m	タワー質量	670 t
乾舷	13.0 m	風車 + タワー質量	1030 t
係留アタッチメントの喫水	20.6 m		
浮心下の重心深さ	～8 m		
鋼材質量	2300 t		
バラスト質量	～8500 t		
スパーブイの総質量	～11200 t		
風車 + タワー質量	1030 t		
排水量	～12000 t		

図 12.81　船舶に積み込まれた浮かせる前の Hywind スパーブイ（Equinor 社より）.

由度それぞれの固有周期を示す（Hywind 2020）.

サージとスウェイの固有周期が非常に長いため，スパーブイの水平運動の振幅は，スパーブイの深さ方向に平均した大きな波の水粒子の振幅に近くなると考えられる.

表 12.14　Hywind スパーブイ浮体式風車の固有周期（Hywind 2020）

運動	固有周期 [s]
サージ	96
スウェイ	96
ヒーブ	26
ロール	34
ピッチ	34
ヨー	13

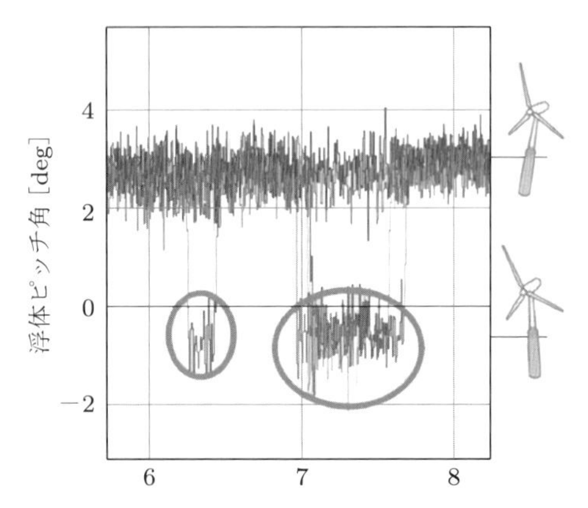

図 12.82　2017 年 10 月 17 日のハリケーン Ophelia 時の，平均風速 22 m/s で運転中の 5 基の風車すべてのピッチ運動（Hywind 2020; Equinor 社より）

浮体式洋上風車は，ナセルとタワーに設置された運動センサー，スパーとタワーに取り付けたひずみゲージ，係留のロードセルによって広範囲に監視される．図 12.82 に，暴風波浪時の 5 基の風車のピッチ角の軌跡を示す．平均風速約 22 m/s で定格風速時よりスラストが低下したときの浮体の平均ピッチ角は約 3° であることがわかる．また，浮体ピッチ角の振幅が 1° を超えることはほとんどなく，ナセルのピーク加速度も 0.1 m/s^2 以下である．丸で囲んだ部分は，強風のために 1 基以上の風車が停止していた期間を示す．このとき，RNA の重心が偏心しているため，風車は風に向かって傾斜している．

プロジェクトの資本コスト約 2 億 GBP をベースに，以下のようないくつかの仮定をすると，ウィンドファームからの LCoE を推定することができる．

・ウィンドファームの稼働率：50%
・設計寿命：20 年
・割引率：5%

この場合，O&M コストを 17 GBP/MW h とすると，発電コストは約 140 GBP/MW h となる．

12.8.9　3 カラムセミサブの事例：WindFloat Atlantic

WindFloat Atlantic は，ポルトガル北部のヴィアナ・ド・カステロ（Viana do Costello）の西に約 20 km の場所にある 3 基のセミサブプラットフォームに，MHI Vestas 社の 8.4 MW 風車を搭載し，2020 年に運転を開始した浮体式洋上ウィンドファームである．プラットフォームは，図

図 12.83 風車建方のためにフェロル（Ferrol）に移動する前の，フェネ（Fene）の岸壁からセミサブへ積み込み中の WindFloat Atlantic のプラットフォーム（Navantia; Principle Power, Inc. より）

12.83 に示すように，正三角形の角に位置する 3 本の鉛直鋼製カラムをトラスブレースで繋ぎ，そのうちの 1 本に風車タワーを搭載している．

この設計は，2011 年に設置された 2.0 MW の試験機 WindFloat 1 に続き，同じくポルトガル北部のアグサドウラ（Aguçadoura）から約 5 km の地点に計画されているウィンドファームに使われている（下記参照）．表 12.15 に，WindFloat Atlantic プロジェクトの一環として 2020 年に配備されるセミサブと風車のおおよその寸法を示す．プラットフォームは，高弾性ポリエチレン（High-Modulus PolyEthylene: HMPE）ロープ，チェーン，アンカーに鉛直荷重をかけないドラッグ貫入アンカー，および，現地の条件に応じて，ほかの部品からなる初期張力の低いカテナリー係留システムを装備している．

表 12.15 WindFloat Atlantic セミサブと風車の概略寸法

セミサブ		風車	
鉛直カラム数	3	定格出力	8.4 MW
カラム中心の間隔	50 m	ロータ直径	164 m
カラム直径	12 m	ハブ高さ（水面上）	100 m
カラムの高さ	29 m		
喫水	18 m		
水深	100 m		

3 本のカラムのうち 1 本が負担する風車の質量は，ほかの 2 本のカラムの海水バラストでバランスさせている．さらに，プラットフォームにはアクティブバラストシステムが搭載されており，風向きやスラスト荷重が変化しても，各カラムのコンパートメント間で水をポンプで調整することでトリムを維持して，ロータのスラストによる転倒モーメントと風向きの変化を補償する．

波浪によるプラットフォームのピッチとロールの運動は，各カラムの底面に取り付けた封水板（water-entrapment plate）またはヒーブプレートによって大幅に低減される．このプレートは大きな付加水質量を発生させ，プラットフォームのピッチとロールの固有周期を最大波よりも長くする．また，同時に大きな粘性減衰も発生させる．

プラットフォームは喫水が小さいため，風車のタワー，ナセル，ロータを岸壁で順次吊り上げてプラットフォーム上に配置することができる．サイトへ曳航後，ドラッグ貫入アンカーに取り付けた係留索でプラットフォームを所定の位置に固定する．

WindFloat Atlanticプロジェクトは，EDP Renewables社（54.4%），Engie社（25%），Repsol社（19.4%），Principle Power社（1.2%）からなるWindplusコンソーシアムが中心となって推進しており，このウィンドファームへの外部投資額は約9600万EURである．

■WindFloat 1

WindFloat試験機は，カラムをつなぐトラス部材やタワー上に設置されたモーションセンサーやひずみゲージで広範囲に監視され（Cermelli et al. 2018），測定データは数値解析の結果とおおむね一致することが確認された．曲げモーメントと軸力のスペクトルの図からは，以下の荷重源の影響が容易に判別できることがわかった．

・うねり，風波
・突風
・ピッチ励振，タワー共振
・ロータ回転周波数とブレード通過周波数

WindFloat 1試験機は2016年に撤去された．プロジェクト全体については，Roddier et al.（2017）に詳しく報告されている．

12.8.10　リング型浮体式プラットフォーム：Floatgen（フランス）

Floatgenプラットフォームは，コンクリート製のセル構造で，四角いバージの中央に大きな開口部があり，浮体は減衰プールを囲むようになっている．減衰プールは，プラットフォームの動きを減衰させる役割を果たす．このプラットフォームには，Vestas V80 2MW風車が，プラットフォームの4辺のうちの一つの中央に位置するトランジションピースに取り付けられている（図12.84参照）．表12.16に主要諸元を示す．

このプラットフォームはIdeol社が設計し，Bouygues Travaux Publics社がサン＝ナゼール（St Nazaire）で建設して，2018年にル・クロワジック（Le Croisic）沖20kmの地点に曳航された．

図12.84　実海域に設置されたFloatgen（Ideol & V. Joncheray より）

表 12.16 Floatgen プラットフォームと風車の主要諸元（Choisnet et al. 2018, 2020）

浮体プラットフォーム		風車	
バージ外形寸法	36 m × 36 m × 深さ 9.5 m	定格出力	2 MW
中央開口部の寸法	21 m × 21 m	ロータ直径	8 m
喫水	7 m	ハブ高さ（水面上）	66.6 m
外周のヒーブプレートの幅	2.1 m		
水深	約 35 m		
ピッチとロールの固有周期	11 s		

プラットフォームは，図 12.84 にも明確に見えるように，平面で 120° の間隔で配置した 3 対のナイロン係留によって固定されている．風車とプラットフォームには 1000 個以上のセンサーが設置され，性能と海上位置保持を監視し，予測と比較することができる．

ピッチとロールの固有周期は 11 s で，遭遇する波の周期の範囲内にあるため，減衰プールとヒーブプレートはプラットフォームの励起を制限するために重要な役割を果たす．Choisnet ら（2020）は，プラットフォームの運動によるナセル加速度は，運転中の翼根曲げモーメントをわずかしか増加させないと報告している．しかし，プラットフォームの運動がタワー基部モーメントに及ぼす影響は，これよりもはるかに大きいことがわかった．

12.9 洋上ウィンドファームの環境影響評価

12.9.1 環境影響評価

洋上ウィンドファームは環境上重要な海域に広く展開することが多く，その建設が海洋環境にかなりの影響を及ぼす可能性がある．大規模な陸上ウィンドファームと同じく，洋上ウィンドファームでも，建設と運転の許諾申請に先立って，環境影響評価（EIA）が必要になる．欧州では，環境影響評価に関する指令（2009/31/EC 2009）により，EIA の実施が義務付けられており，この要件が海上ウィンドファームでいかに実践されるかについてのより詳細な解説は，CEFAS（2004），ならびに，OSPAR Commission（2008）に示されている．EIA の実施後は，環境報告書を作成し，洋上ウィンドファーム開発の提案書とともに計画／許認可当局へ提出する（DECC 2011）．

個々のウィンドファームプロジェクトで必要な EIA とは別に，戦略的環境評価（Strategic Environmental Assessments: SEA）が国あるいは地方の役所によって行われる．これは，将来の風力発電開発の広範なパラメータや，洋上ウィンドファームの開発に適当であるエリアを定め，個々のプロジェクトの EIA に対してとくに配慮が必要な箇所を特定するものである．最近の SEA（OESEA3 2016）は，水深 60 m までで最大 15 MW までの着床式風車と，水深 200 m までの浮体式風車を用いた英国海域での洋上発電開発の可能性を検討した．この評価は包括的な文献調査に基づいており，参考文献の網羅的なリストも添付されている．

プロジェクトの EIA では，工事，運転，撤去のすべての段階での環境影響を評価し，望ましくない影響を避けるために採用できる方法，あるいは，完全に避けることが不可能な場合，緩和する方法について検討する．沿岸域は，釣り，商業，レクリエーションなどのさまざまな目的で使用されており，洋上ウィンドファームの開発提案に高い関心がある団体が数多く存在すると考えられる．データ収集と調査による詳しい検討の実施に先立ち，EIA の調査範囲を記載した調査範囲報告書について，許認可当局と合意をとるのが一般的である（Hornsea 4 2018）．

洋上ウィンドファームの開発は，最初のコンセプトから建設開始まで 10 年を要するといわれている．洋上風車と周辺機器（バランスオブプラント，BOP）の技術は急速に発展しているため，当初想定していた風車，ファームレイアウト，建設・メンテナンス技術は，建設時には時代遅れになる可能性がある．合意プロセスの開始時にウィンドファームを厳密に定義してしまうと，ウィンドファームの開発期間中に生じる技術の進歩や，それに伴うコスト削減を利用することができなくなる．イングランドやウェールズなどのいくつかの国の計画法は，環境への影響の厳密な評価を確保しつつ，ウィンドファームの設計にある程度の柔軟性をもたせるように発展してきた．これは，プロジェクトエンベロープ法（project envelope approach，イングランドでは特定の判例にちなんで Rochdale エンベロープとよばれている）として知られており，申請書を提出する時点でプロジェクトの詳細が完全に確定していない場合の計画申請とその EIA を扱う方法である（Infrastructure Planning Commission 2011）．

EIA の調査範囲指定の時点で完全に決定されない可能性のある詳細情報として，以下のようなものがある．

- 風車の種類と基数
- 基礎形式（これは風車の高さや種類，海底の状態に依存する可能性がある）
- 電力ケーブルの経路（埋設か海底敷設か）
- 陸揚げ地点の位置
- 陸上変電所の位置

プロジェクトエンベロープ法は，現実的な最悪の場合の条件と，ウィンドファームの重要なパラメータの明確な範囲を定義する．たとえば，風車の基数や種類を特定するのではなく，風車の最小数と最大数，ロータ直径，ならびに，ブレード先端高さの範囲を定義する．環境報告書では，環境に重大な悪影響を及ぼす可能性のある側面を特定し，意思決定者はそのパラメータの範囲に基づいてプロジェクトを評価する．

12.9.2　洋上ウィンドファームの環境報告書の内容

環境影響評価に関する指令（2009/31/EC 2009）で，EIA の内容には，プロジェクトの説明と，重大な悪影響を回避・緩和するために提案された対策が含まれると定義されている．これにはまた，プロジェクトが環境に及ぼすと思われるおもな影響を特定し評価するために必要なデータ，緩和策，プロジェクトの開発者が検討した代替の概要が含まれる．プロジェクトの開発における選択は，環境への影響を考慮して正当化されなければならない．なお，十分な技術的資料とともに，技術的でない短い要約も必要となる．

洋上ウィンドファームの環境報告書は提案する開発のすべてを記述することから始まり，この中には，風車，そのレイアウトと基礎，アレイ配線，洋上変電所，陸上への海底ケーブル，陸上ケーブル，陸上変電所，その他，これらに付随するあらゆる内容が含まれる．プロジェクト海域のベースラインデータを集めるには，海底，海洋生物，鳥類，哺乳類，魚類資源，海洋交通，送電ケーブルが陸揚げされる潮間帯，および，考古学の調査に関する，膨大な作業が必要になる．さらに，陸と海の眺望の視覚的評価も行われる．その後，ウィンドファームの潜在的な影響とその緩和策を検討する．一般には，工事後および試運転時に環境モニタリングの実施が求められる．

環境調書の主要な読者は，プロジェクトを進めるか否かを決めなければならない当局で，次に，その地域と海洋環境を利用する，もしくはほかの利害関係をもつ，さまざまな利害関係者である．
とくに考慮すべき環境影響項目は以下のとおりである．

・海景と視覚的影響
・海洋性哺乳類：騒音と振動による分布，妨害，移動に対する影響
・水産資源：群生パターン，群生領域，漁業
・鳥類：分布，妨害，移動，死亡数
・水底に生息する底生生物：海底の動植物群
・波浪環境，潮汐環境
・水質：水質汚濁
・堆積物の輸送，洗掘などの海浜状態および堆積状態の変化
・海上航行とレーダー
・考古学
・指定領域

陸上のウィンドファームと同様に，視覚的影響と眺望の変化は問題になる可能性があり，ウィンドファームの開発に対する反対の原因になり得る．Scottish Natural Heritage（2012）は，洋上風力開発による海の眺望の変化と視覚的影響の評価（Seascape and Visual Impact Assessment: SVIA）を実施するための具体的な指針を発行している．SVIA によって，現状の海の眺望の特徴と，ウィンドファームの開発によって視覚的特性に及ぼされる変化を明らかにすることができる．その判断は，対象者にとってどのように感じられるかということと，海の眺望の中で変化がどこまで吸収されるかという点に基づいて行われる．陸地からは，その土地の住人が開発行為に対してもっとも敏感な対象者であると考えられ，港湾などではほとんど問題はない．沖合では，レクリエーションのための航行者がもっとも敏感な対象者であるが，一方で，ほとんどの石油・天然ガス基地の関係者は敏感ではない．海の眺望の中で変化がどこまで吸収されるかという点は，ウィンドファームまでの海の眺望全体の品質と変化に対する敏感さ，および，海の眺望に付随する価値を考慮して評価される．

開発が見える範囲は，理論的可視領域（Zones of Theoretical Visibility: ZTV）を用いて示される．この方法は，気象条件に関しては何も考慮せず，地形と地球の湾曲を考慮して，1 本以上の風車あるいは風車の部分が見える領域を求める．したがって，ZTV はもっとも遠くまで見える場合を示す．ZTV によると，沿岸からの距離が 24 km を超えるウィンドファームでは視覚的影響はほとんどない．さまざまな気象条件と光の状態での開発の視覚的影響を考慮するためには，調査範囲選定段階で許認可当局と取り決めた位置からのワイヤーフレームおよび画像合成を用いて画像が作成される．大規模なウィンドファームでは，三次元モデリングやビデオモンタージュがしだいに用いられるようになっている．

音は空気中よりも水中を伝わりやすく，洋上ウィンドファームの建設時および運転時の音は，海洋性哺乳類や魚類，また，ウィンドファームが海岸に近い場合は住民にも影響を与える可能性がある．打撃式杭打設によるモノパイル基礎の設置はとくに騒音が大きいため，この施工方法で杭を打設する場合，杭打設中に海洋性哺乳類がその区域にいないことを確認するために，目視観察と受動的音響検知機が必要となる場合がある（JNCC 2009）．海洋性哺乳類にその区域から遠ざかるよう促すために，音響抑止操置を用いることもある．また，陸上で音が聞こえる場合は，工事時間が制限され

る可能性がある．杭打設中の海中の騒音は非常に大きく（音源から1 mの位置で最大200 dB），これを制御するため杭打ちは静かに始め，魚類と海洋性哺乳類がその領域から去るようにすることが慣例となっている（Huddleston 2010; Sparling et al. 2015; Herschel et al. 2015; Boyle and New 2018）．また，騒音の伝播を制限するために気泡カーテン（bubble curtain）が使用されることがある（Tsouvalas and Metrikine 2016; Dahne et al. 2017）．

風車や変電所の基礎のまわり，および，送電線が敷設される部分では洗掘がよく問題になり，砕石の投入などによる洗掘防止が必要になる．これは海底の地形を変化させ，海底の動植物の変化をもたらす可能性がある（Whitehouse et al. 2011）．

船舶とボートは，ドップラー効果を用いた航行レーダーのようなより高価な機器の代わりに，簡易な低コストのパルスレーダーを用いて固定物体と移動物体とを判別することがある．ウィンドファームが海洋レーダーに及ぼす影響を，先進的なデジタル信号処理技術を用いて低減することについてはほとんど知見がなく，ウィンドファームは，監視船が移動しないかぎりほかの風車や船舶を探知することができないような，ブラインドエリアを生むということも指摘されている（Howard and Brown 2004）．また，高さのある風車構造物からは大きなエコーが発生し，レーダー応答が強いため，余計な多重反射エコーが発生することが明らかになった．

DrewittとLangston（2006）によって，洋上ウィンドファームが鳥類に及ぼす影響について，衝突，妨害による移動，障害効果，生息地の減少の四つの項目に対して検討が行われた．検討したウィンドファームのほとんどは鳥類が多く集まる場所からは遠いが，衝突による死亡数は少ないものの痕跡がある．同様に，妨害による移動の証拠は限られているが，障害効果はHorns RevとNystedの洋上ウィンドファームで報告されている．沿岸での設置（変電所）および浅い海域での設置の場合の生息地の減少は，特別な関心をもって注目されている．

12.9.3　運転中のウィンドファームの環境モニタリング

初期の洋上ウィンドファームの環境影響に関する多くの研究が，公的資金によって行われた．これらの研究は，現在設置されているものよりもかなり小型の風車が使用されたものであるが，一般に公開されている報告書を通じて，初期の経験に関する有益な記録を提供している．

包括的な環境モニタリングが，Horns Rev（160 MW，14～20 km沖合）とNysted（166 MW，10 km沖合）のデンマークの洋上ウィンドファームで，2000～2006年にかけて行われた（DONG Energy et al. 2006）．包括的環境モニタリングプログラムでは，ウィンドファームの工事と運転が及ぼす影響を，下記の項目について調査した．

- 海底動植物への影響，とくに基礎と洗掘防止工による影響
- ウィンドファーム周辺の魚類の分布と電磁場が魚類に与える影響
- 海洋性哺乳類の挙動とウィンドファームおよびその工事に対する反応
- 捕食している鳥類と休息している鳥類の数と分布，および，渡り鳥に与える影響と衝突のリスク

海底に砂が堆積するウィンドファームでは，固い洗掘防止工を用いると，海底面がより多様になり，海底の生物量が50～150倍増加する．局部的な魚類の群生，あるいは，魚類に与える電磁場の影響についての証拠はほとんどない．海洋性哺乳類（アザラシ・アシカ類とネズミイルカ）に与えるおもな影響は，モノパイル基礎の設置での杭打ちにより，ネズミイルカがその領域から逃げ出し

ているというものである．また，鳥類がウィンドファームを避けて，移動距離が若干伸びているという証拠もある．Nysted でのモデル化したケワタガモの衝突率は 0.02%（45 羽）と低い．以上をまとめると，これら二つの大規模ウィンドファームでモニタリングされた環境影響は限定的である．

同様の研究は，Lillgrund 洋上ウィンドファームでも行われた．これには，視覚的影響調査におけるフォトモンタージュの使用に関する評価（Lillgrund Pilot Project 2009b）や，実施された環境影響モニタリングのレビュー（Lillgrund Pilot Project 2009c）が含まれている．また，このプロジェクトは，*Handbook for Marine Archeology*（海洋考古学ハンドブック，Lillgrund Pilot Project 2009d）のスポンサーにもなっている．

英国の初期の二つの洋上ウィンドファーム，North Hoyle と Scroby Sands でも環境モニタリングが行われた．これらのウィンドファームでは，2 MW の風車 30 基が 33 kV の陸上変電所に直接繋がれており，洋上変電所はなかった．North Hoyle ウィンドファームは北ウェールズ（North Wales）沿岸から 4～5 マイル沖合で，Scroby Sands ウィンドファームはイングランドの東海岸から 2 マイル沖合である．North Hoyle での環境モニタリングでは，開始後 2 年で海洋堆積成分，海底生物，鳥類の分布に小さな変化が見られた（DTI 2006a）．その傾向はウィンドファームによるものとは考えられず，全体的には，ウィンドファームの工事とその後 2 年間の運転期間で大きな環境影響はないと結論付けられた．

Scroby Sands でのモニタリングプログラム（DTI 2006b）では，海底地形調査，風車と送電ケーブルまわりの調査が行われた．また，アザラシ・アシカ類と小型のアジサシの生息についても調査された．海底地形の調査からは，いくつかの風車のまわりでは洗掘の深さは 5 m までで，直径は約 60 m であることがわかった．これらは岩石で埋め戻した．海底ケーブルの敷設深さ（当初は 3 m）は海底状態とともに変化し，送電ケーブルが露出あるいは損傷を受けることに対しては，岩石床を敷設して保護することにした．DECC（2008）では，モノパイル式基礎のまわりの洗掘の変化と，洗掘防止とそのデータについて解説している．

洋上ウィンドファームの環境影響に関する一連の研究が，Offshore Renewables Joint Industry Programme（ORJIP，洋上再生可能エネルギー共同事業プログラム）（2018）において実施された．これらには，鳥の衝突回避研究，音響抑止装置の有効性の研究，沖合サイトでの杭打ちの魚への影響の研究が含まれる．鳥類衝突回避研究（Skov et al. 2018）は，洋上ウィンドファームの 600000 の映像を分析し，6 回の衝突があった 12000 の映像での鳥の行動を示した．分析の結果，海鳥の衝突リスクは予想よりもはるかに低いが，海鳥は回避行動を示し，風車を避けるために飛行経路を変更したことが明らかになった．また，ウィンドファームの工事，とくに杭打ちの際に周辺に海洋性哺乳類の進入禁止区域を設定するための，音響抑止装置の効果も調査された．この研究では，試験した対策は洋上ウィンドファームの建設現場から海洋性哺乳類を効果的に遠ざけることができるため，有人監視の必要性を減らすことができると結論付けた．なお，杭打ちが魚類に与える影響と必要な同意規定は，引き続き研究対象になっている．

12.10　洋上集電・送電システム

1990 年代に設置された最初の洋上ウィンドファームは，陸上で実証されたシンプルで確立された設計の風車を洋上に適用した，小規模な実証プロジェクトであった．代表的なものは，誘導発電機を使用して定速・ストール制御を行う，定格 500～600 kW の，いわゆるデンマーク型の風車であった．また，集電電圧は10 kVまたは11 kVで，長さ2〜3 kmの海底集電ケーブルで陸上配電網に直接接続されていた．2000年ごろから，風車はより大きな（約2 MW）可変速風車となり，集電電圧は30〜36 kVと高くなったが，陸上の電力系統への接続は，依然としてアレイ集電電圧のままであった．その後，大規模なウィンドファームが建設されると，洋上変電所で電圧を132〜150 kVに昇圧した電力を陸上まで送電するようになった．電圧をより高くすることで，電気的な損失を低減し，より細いケーブルで必要な送電容量が得られる．多くの場合，計画・許認可当局にとっては，上陸までに海岸を横切る海底ケーブルの数と環境影響を低減することが重要である．

今日の洋上ウィンドファームは，集電電圧66〜72 kVで，最大9 MWの洋上風車を使用しており，総容量1000 MW以上にまで大規模化している．また，ほとんどの大規模な洋上ウィンドファームは，電力を陸上に送電するために交流接続を使用してきたが，直流接続を使用するプロジェクトも出てきている．

ごく初期の実証プロジェクトのあと，洋上ウィンドファームの電気システムは，英国の洋上ウィンドファーム開発の三つのラウンドに対応した，三つのフェーズで開発されてきた．三つのラウンドに分けるのは，英国で採用された管理・許認可プロセスを反映したためであるが，ほとんどの国における洋上集電・送電システムの技術開発も反映されている（図12.85）．

・英国ラウンド1：各々30基の風車による定格出力が60〜90 MWの洋上ウィンドファーム．離岸距離は30 km未満，ウィンドファームの集電電圧は30〜36 kVで，2条または3条のケーブルを使用して陸上に送電するのが，もっとも費用対効果が高いことが示された．
・英国ラウンド2：洋上ウィンドファームはより大規模（最大500 MW）になり，離岸距離は90 km未満で，洋上変電所により132 kVまたは150 kVまで昇圧して送電していた．
・英国ラウンド3：現在，最大1000 MWの洋上ウィンドファームが段階的に建設されており，離岸距離は最大150 kmで，66〜72 kVのACで風車から集電し，220 kVの交流，または，高圧直流（HVDC）で陸上に送電するのが一般的である．

いずれも，出力電圧を上げるために，各風車のタワー内に変圧器（乾式樹脂モールド式が多い）を配置しているが，より大型の風車では，タワー内ケーブルのサイズ，質量，および損失を低減するために，変圧器はナセル内に配置されている．なお，数MWまでの風車では，発電機と可変速コンバータの電圧は1000 V未満であるが，さらに大型の風車では最大6 kVである．また，アレイ集

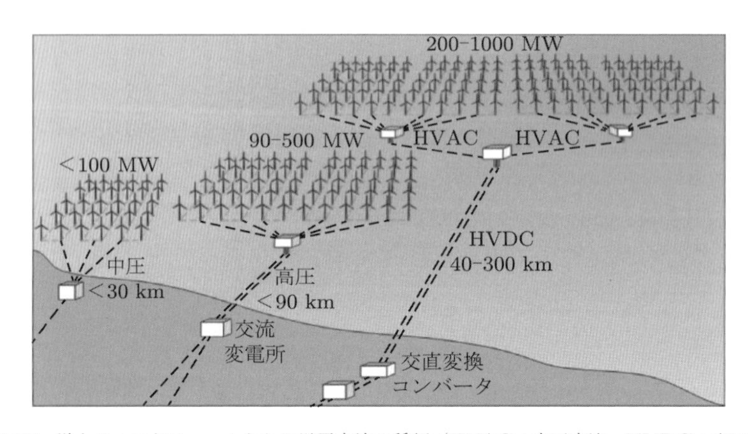

図12.85　洋上ウィンドファームからの送電方法の種類（HVAC：高圧交流，HVDC：高圧直流）

電ケーブルは，基礎とタワーの接続部であるトランジションピースに取り付けられたJチューブを通すが，Jチューブ内の短いケーブルの温度上昇により，収集回路の定格電力が制限される．

12.10.1 洋上ウィンドファーム送電システム

英国のラウンド1の洋上ウィンドファームの大半は，最大約30～40 MW（600～800 A）の複数の33 kVケーブル回路を使用していた．ここで，風車はアレイストリングとして接続し，それらのストリングの3相集電ケーブルを海岸まで延長し，陸上の33/132 kV変電所に接続される前にトランジション接手で地中ケーブルに結合していた．

英国のラウンド2のウィンドファームの典型的な電気システムを図12.86に示す．33 kV 3コアの架橋ポリエチレン絶縁ケーブル（cross-Linked PolyEthylene insulated cables: XLPE）によるアレイ集電ケーブル（各30～40 MW）を使用して，最大8基の風車を洋上変電所の母線に接続していた．また，これらのケーブルの導体直径は，変電所から先細りにすることが多かった．洋上プラットフォームに設置した変電所にアレイケーブルを接続し，収集電圧を33 kVから132 kVに変圧して陸上に送電していた．90 MVAまでの洋上変電所では，通常，一つの33/132 kV変圧器を使用していたが，さらに大規模の洋上変電所では，個々の機器を軽量化し，一つの変圧器が使用できなくてもウィンドファームを（定格出力未満で）運転し続けることができるように，複数の変圧器を使用していた．また，通常，洋上変電所のプラットフォームには補助ディーゼル発電機による補助電源があり，送電回路が利用できない場合に風車に熱を供給していた．

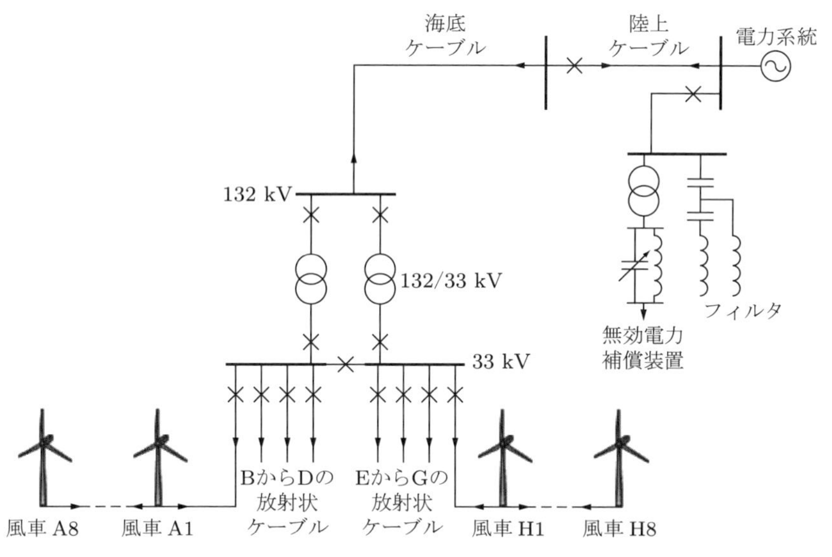

図12.86 英国ラウンド2洋上ウィンドファームの典型的な集電・送電

陸上への送電回路には，132，150，または220 kVの3芯XLPEケーブルが用いられた．海底ACケーブル（800 mm^{2}の銅線）の容量は，132 kVで約200 MVA，220 kVで330 MVAである．陸上では，トランジション接手により，3芯の海底ケーブルを3本の単芯の地中ケーブルに接続していたが，ケーブルが陸上に接続される前に架空線部を設けているものもあった．また，陸上変電所は多くの場合，海岸から数十キロ内陸に位置し，無効電力補償装置と高調波フィルタを備えていた．

英国のラウンド3のプロジェクトは，段階的に受注・開発されている．このプロジェクトでは，現在は最大9MWの風車を使用しているが，1000MWを超えるウィンドファームでは，最大12MWの風車を使用する予定である．ほとんどの場合，220kVの交流で陸上まで送電することが予想されるが，洋上交流ハブで集電して，陸上へHVDC送電するものもある．

ウィンドファームの洋上電気システムの設計には，包括的な電気システムの研究が必要である．Lillgrundプロジェクトでは，ケーブルの定格，負荷（電力）潮流，短絡，高調波，接地，電圧変動，信頼性，アーク故障，動的シミュレーション，保護調整，絶縁調整，電磁干渉，雷保護などの調査が実施された（Lillgrund Pilot Project 2008）．

陸上の電力網は，信頼性の高い電力を供給し，単一の電気的故障や，場合によっては二つの独立した故障によっても電源が失われないように，冗長回路が具備されている．それとは対照的に，洋上ウィンドファームの洋上送電システムは，風車で発電した電力を供給するものであり，また，洋上の電力機器，とくに海底ケーブルはコストが高く，電力の価値は比較的低いため，陸上のウィンドファームと同様に，伝送線路に完全な冗長性をもたせることはできない．また，部分的な冗長性では，構成要素に高い頻度で影響の大きい障害が発生する場合がある．ウィンドファームが定格出力で稼働するのは1年間のうちの一部であるため，ウィンドファーム容量の50%，または，70%の二つの変圧器が設置されている場合にいずれかの変圧器が故障しても，発電電力量の低下はごく一部である．また，集電網のレイアウトによっては，ストリング間に短いケーブルを設置して冗長性を向上させることにより，費用対効果が高くなる場合がある（Anaya-Lara et al. 2018）．なお，適用すべき冗長性のレベルは，費用便益分析によって評価することができる．

英国のラウンド2洋上ウィンドファームの送電回路に関して，もっとも費用対効果の高い構成を決定するための費用便益分析が行われた．この研究では，以下の要素に対して，調和的な解が求められた．

- プロジェクト期間全体にわたる損失によるコスト
- 送電装置の故障や保守により予想される発電電力量の低下
- 洋上送電システムを構成する海底送電ケーブル，洋上変電所プラットフォーム（変圧器，無効電力補償装置，開閉器を含む），陸上回路，および送電機器のコスト

その結果，洋上ウィンドファームの送電回路は，陸上ウィンドファームと同様に，明確な冗長性をもたないように設計することが望ましいとわかった．洋上の送電回路の機器の故障には，陸上の場合よりもはるかに長い修理時間を必要とする．たとえば，洋上変圧器の修理に要する平均時間は6か月と想定される．しかし，洋上機器のコストは非常に高いため，変圧器や海底送電ケーブル回路は冗長性をもたせることはできない．ただし，海底ケーブルの定格が限られるため，大規模な洋上ウィンドファームでは複数の交流ケーブル回路が必要である．また，ウィンドファームがフル出力で稼働するのは限られた期間のみであるため，送電網が冗長容量なしで設計されていても，その安全性は非常に高くなる．3×132kVの3芯海底ケーブルをもつ600MWの洋上ウィンドファームに関する計算では，1条のケーブルが故障しても，年間の発電電力量が8%しか低下しないことが示された．また，同研究では，風車が広範囲に分散している場合，送電電力量をすべての風車の全出力定格の単純な合計よりも若干低くすることにより，費用対効果が高くなる可能性があると結論付けられた．

最大容量で稼働している大規模なウィンドファームが，送電線路の故障のために陸上電力網から突然切断された場合，電力系統の周波数は急速に低下する．この周波数低下の大きさと速度は，陸

上の電力系統の容量と慣性により変化する．ウィンドファームが大規模になるにつれて，ウィンドファームからの突発的な電源喪失が陸上系統に及ぼす影響を考慮する必要性がますます高くなっている．英国においては，一つの電源喪失による影響は，伝統的に 1320 MW（660 MW 火力発電 2 基分）に限られており，洋上ウィンドファームの送電線路，さらには，ウィンドファーム全体は，単一の故障による電源喪失がより大きな結果にならないように設計されている．

12.10.2 海底交流ケーブルシステム

大規模な洋上ウィンドファームには，ウィンドファーム内での集電と陸上への送電のために，非常に広範な海底交流ケーブルの電力網がある．30〜36 kV の集電線路と，132, 150, または 220 kV の陸への送電ケーブルは非常に長く，大きな負荷が接続されていないという点で，通常見られないものである．負荷が接続されていないこのような大規模なケーブルシステムは，陸上の配電系統ではめったに見られない．コストを削減するために，極力早く地中送電線から架空送電線に切り替えられることが多く，これは，中国や米国の一部に見られるような非常に大規模な陸上ウィンドファームの電気システムにも共通している．高圧の海底ケーブルには，誘電率の高い XLPE 絶縁体を使用しているため，絶縁体に空気を使用する架線よりもはるかに高いシャント（並列）静電容量がある．このように，洋上ウィンドファームのケーブル回路の無効電力，高調波および過渡特性は一般的ではないため，特別な考慮が必要である．

50 Hz または 60 Hz では，高圧でシャント容量が大きいため，無効電力 [var] が発生する．これにより，有効電力を伝送する回路の容量が減少し，系統電圧も上昇する．なお，ケーブルの無負荷無効電力は，次の式で与えられる．

$$Q = 2\pi f l C V^2$$

ここで，f は系統周波数，V は定格電圧，l はケーブルの長さ，C は単位長さあたりのケーブルの静電容量である．

図 12.87 に，長さ 1 km の 132 kV ケーブルの相ごとの近似等価回路を示す．送電されていない場合，約 1 Mvar の無効電力を生成する．この無効電力により，ウィンドファームと電力系統の電圧が上昇し，ケーブルの熱容量の一部も使われる．電圧上昇は，無効電力補償装置，洋上プラットフォームの固定シャントリアクトル，ならびに，陸上変電所の STATCOM または SVC で制御する．

基本周波数（50 または 60 Hz）の無効電力に加えて，大規模な電力網のシャント静電容量が高調波周波数で共振を引き起こす可能性がある．図 12.88 に洋上ウィンドファームの電気システムの回路図を，また，図 12.89 に 132 kV 母線から見たインピーダンスの計算値を示す．ケーブル容量と

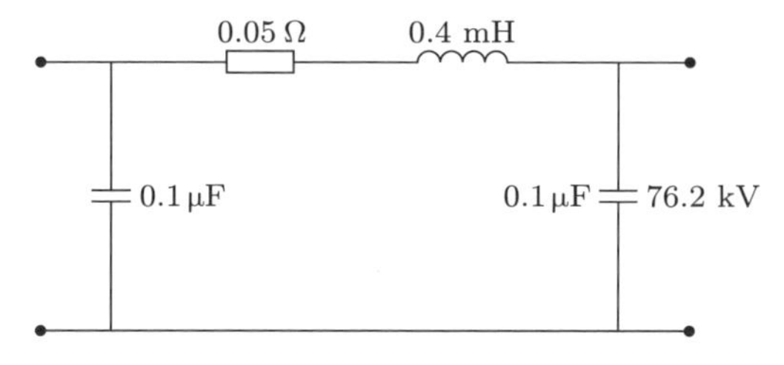

図 12.87　1 km の 132 kV ケーブル各相の近似等価回路

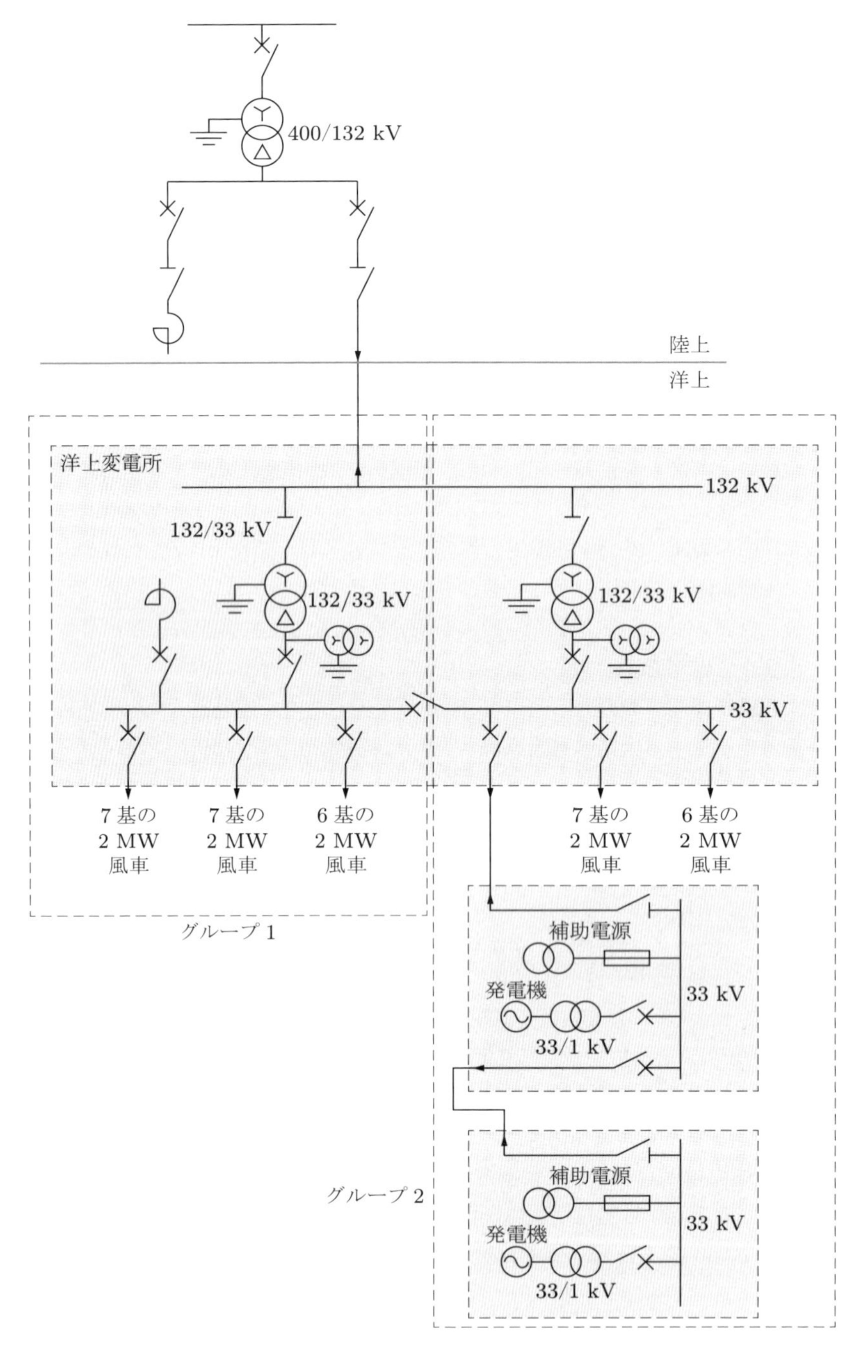

図 12.88　典型的な洋上ウィンドファームの交流接続

ケーブルと変圧器の誘導リアクタンスの相互作用によって，多数の直列および並列共振が引き起こされる．直列共振は低インピーダンス，並列共振は高インピーダンスにおいて現れる．また，高調波共振の周波数と大きさは，使用するケーブルと風車の数に応じて変化する（King and Ekanayake 2010）．

すべての陸上系統の電圧には，非線形負荷によって引き出される電流によって発生する高調波が

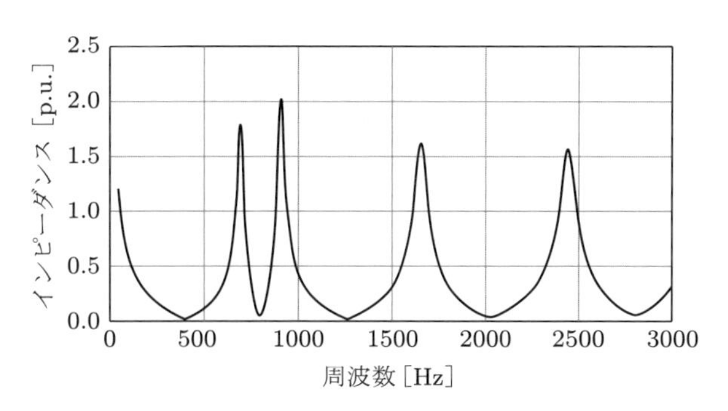

図 12.89 図 12.88 の 132 kV 母線のインピーダンス

含まれている．ウィンドファームの系統内の高調波共振が，この既存のひずみによって励起されないようにするために，陸上変電所では高調波フィルタが必要になることが多い．さらに，パワーエレクトロニクスコンバータと STATCOM などのパワーエレクトロニクス無効補償装置を使用する可変速風車は，ネットワークに高調波電流を注入する．これらの高調波が増幅されると，洋上ネットワークに重大な電圧ストレスが発生し，風車のパワーエレクトロニクス制御システムとの複雑な相互作用が発生し，予期しない機器の誤動作を引き起こす可能性がある．

ウィンドファーム内の一時的な過電圧は，陸上の架空送電系統では雷がおもな原因であるのに対して，洋上では遮断器の動作によって引き起こされる可能性がある (Lars Liljestrand 2007)．真空遮断器は，信頼性が高くメンテナンス要件が少ないため，洋上ウィンドファームの集電網を制御するためによく使用されるが，真空遮断器が複数のプレストライク (pre-strike) と再点火 (re-ignition) を引き起こし，高周波の過渡電流が発生する場合もある．また，洋上ウィンドファームの大規模なケーブルシステムと多数の昇圧変圧器の組み合わせにより，多くの電圧反射が発生する．ここで，サージインピーダンスが低いほど過渡過電圧の上昇率が高くなるが，ケーブルのサージインピーダンスは 40 Ω 未満であるのに対して，架空線では通常 300〜400 Ω であるため，洋上ウィンドファームの広範なケーブルシステムでは，高い過渡過電圧と遮断器の要件が厳しくなる可能性がある．また，風車の変圧器をスイッチング過電圧から保護するために，避雷器を取り付ける必要がある場合もある．

図 12.90 に，洋上ウィンドファームの 33 kV 集電ケーブルが真空遮断器によって通電されたあとの電圧のシミュレーション結果を示す．陸上の接続点の主遮断器がウィンドファームを送電網の残りの部分から切り離すと，一時的な過電圧が長く続く可能性があり，その結果，稼働中のウィンドファームと高圧ケーブルが分離される (Akhmatov 2006; Wiechowski and Eriksen 2008)．なお，風車の保護システムによっては，切り離された電力系統に電流を注入し続け，その静電容量を充電する場合がある．この場合，風車が切断されると，長い交流ケーブルの静電容量と分路リアクトルのインダクタンスに蓄えられたエネルギーが低周波で振動し，数秒間持続する高電圧を発生させる．このような現象が予想される場合には，ケーブル／リアクトル系統からエネルギーを吸収できる過電圧保護が必要になる．

一部の初期の洋上ウィンドファームでは，変圧器の故障率がかなり高いと報告されていた．多数の故障が発生したために変電所変圧器を交換した洋上ウィンドファームが二つあり，主要な洋上変電所の故障により，ウィンドファーム全体が 4.5 か月停止した事例もあった．これらの故障の理由は複雑であったが，高周波，高電圧のスイッチング過渡現象が大きく作用した可能性がある．その

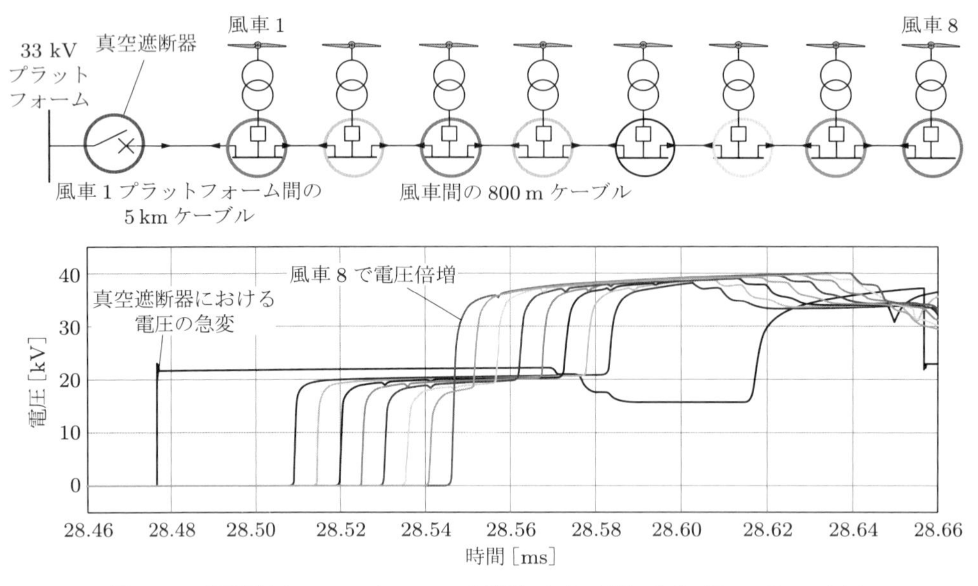

図 12.90　通電開始時のウィンドファーム集電網における電圧の伝搬（Rose King より）

ため，洋上の電気システムを過電圧から保護するには，サージ保護装置と電力機器の絶縁強度を適切に調整することが不可欠である（IEEE PES Wind Plant Collector System Design Working Group 2009）.

12.10.3　HVDC 送電

図 12.91 に，洋上ウィンドファームの HVDC 送電回路を示す．ウィンドファームからの電力は洋上コンバータによって直流に整流され，ケーブルで直流送電され，陸上コンバータによって交流に変換される．また，洋上コンバータは，ウィンドファームのローカル交流電圧と周波数を発生させる．

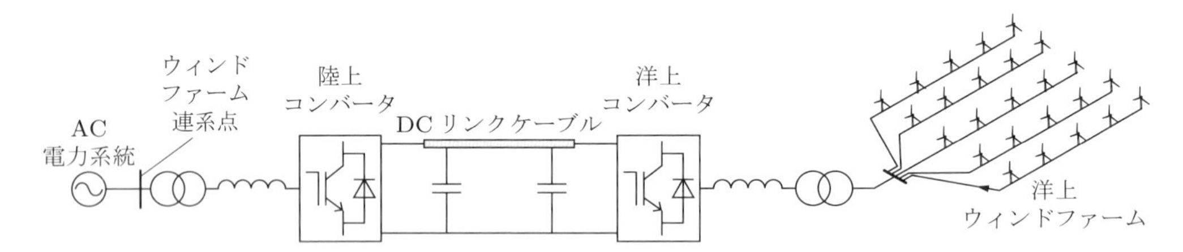

図 12.91　電圧源コンバータ（VSC）を用いた洋上ウィンドファームからの HVDC 送電

高圧交流ケーブルの有効長は，その静電容量と，発生する無効電力により制限される．したがって，HVDC 送電線路を用いることで，はるか沖合にある非常に大規模なウィンドファームを，より費用対効果の高い方法で陸上に接続することができる．直流での海底送電が交流よりも費用対効果が高くなる具体的距離は，ウィンドファームの定格電力，送電電圧，地盤条件，ケーブルと変電所またはコンバータ機器の価格，電気損失により変化する．洋上ウィンドファームからの HVDC 送電は，300 MW 以上のウィンドファームで，ケーブル亘長が電圧に応じて 50〜70 km の場合に，実現可能な選択肢になることが示唆されている（Koch and Retzmann 2010; Glasdam et al. 2012）.

しかし，稼働中のウィンドファームでは，かなり大規模で遠隔地にある多くの洋上ウィンドファームでも，交流送電接続が選択されている．

HVDC 技術には，電流源コンバータ（Current Source Converter: CSC）と電圧源コンバータ（Voltage Source Converter: VSC）の二つがある．CSC 技術は，パルスによって点弧（オン）し，流れる電流がゼロになると消弧（オフ）する，サイリスタなどの他励式（line-commutated）整流素子に基づいている．また，コンバータは堅牢な交流系統に接続する必要がある．これは，交流系統の電圧によって，電流がコンバータの一つの位相から別の位相に強制的に転流されるためである．また，直流回路では，電流は常に同じ方向に流れる必要があるため，電力の流れの方向を変えるには，コンバータの電圧極性を逆にする必要がある．なお，CSC を用いた HVDC は，洋上ウィンドファームの接続には用いられていない．

HVDC の VSC は，能動的にオン／オフできる半導体スイッチを使用する．通常，パワーエレクトロニクス素子としては，2〜3 の電圧レベルのパルス幅変調（Pulse Width Modulation: PWM）を使用してスイッチングされる絶縁ゲートバイポーラトランジスタ（Insulated Gate Bipolar Transistors: IGBT）が用いられる．図 7.58 と 7.59 は，個々の可変速風車の低圧階級に使用される PWM の原理を示している．HVDC の VSC は，洋上ウィンドファームの交流の電圧と周波数を生成することができる．初期の HVDC の VSC は PWM を用いていたが，洋上の直流送電線路に必要な超高圧階級の正弦波電圧を発生させるために，モジュラーマルチレベルコンバータ（Modular Multi-level Converter: MMC）が用いられるようになった（Glasdam et al. 2012）．

MMC は，PWM よりもパワーエレクトロニクス素子を低速でスイッチングするため，スイッチング損失と電圧変化率が小さくなる．また，MMC は IGBT を直列に接続する必要性を減らし，個々

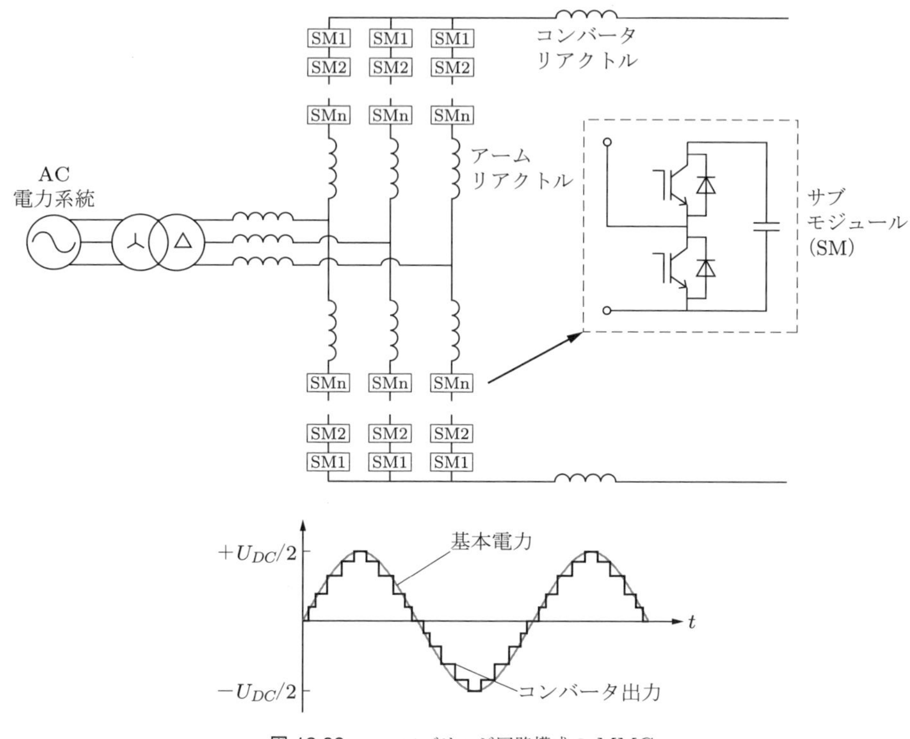

図 12.92 ハーフブリッジ回路構成の MMC

の半導体スイッチの故障に対する冗長性を高めるため，電圧階級が高い場合に用いられることが多くなっている（Akagi 2011; Peralta et al. 2012）．図12.92にモジュラーVSCの簡略回路図を示す．MMCの各アームは，直流コンデンサ，IGBT，およびダイオードの多数のサブモジュールで構成される．IGBTは，フルブリッジ回路構成またはハーフブリッジ回路構成のいずれかに配置することができる．サブモジュールは，多くの場合，個々のサブモジュール電圧に限定的にPWMを追加して，正弦波の電圧階段近似を形成するために順番に切り替える．アームとコンバータのリアクトルによって電流が平滑化され，非常に多数（多くの場合，各アームに数百個）のサブモジュールによって故障電流が制限され，高調波が非常に低いレベルに抑えられる．

参考文献

2009/31/EC.（2009）. *The Environmental Impact Assessment Directive.*（accessed 27 June 2019）.

Aage, C., Allan, T. D., Carter, D. J. T. et al.（1998）. *Oceans from Space: A Textbook for Offshore Engineers and Naval Architects.* France: Ifremer Repéres Océans.

Ackerman, T. (ed.)（2005）. *Wind Power in Power Systems.* Chichester: Wiley.

Ahilan, R. V.（2018）. On mooring systems for oil & gas vs floating wind. Offshore Engineering Society Presentation 10.1. https://www.ice.org.uk/events/past-events-and-recordings/recorded-lectures/on-mooring-systems-for-oil-gas-vs-floating-wind.

Akagi, H.（2011）. Classification, terminology, and application of the modular multilevel cascade converter（MMCC）. *IEEE Trans. Power Electron.* 26（11）: 3119–3130.

Akhmatov, V.（2006）. Excessive overvoltage in long cables of large offshore wind farms. *Wind Engineering* 30（5）: 375–383.

Anaya-Lara, O., Tande, J. O., Uhlen, K. et al.（2018）. *Offshore Wind Energy Technology.* Chichester: Wiley.

Andersen, L.（2008）. Assessment of lumped-parameter models for rigid footings. *Comput. Struct.* 88: 1333–1347.

Arany, L., Bhattacharya, S., Macdonald, J., and Hogan, S. J.（2017）. Design of monopiles for offshore wind turbines in 10 steps. *J. Soil Dyn. Earthquake Eng.* 92: 126–152. https://doi.org/10.1016/j.soildyn.2016.09.024.

Archer, C. L., Vasel-Be-Hagh, A., Yan, C. et al.（2018）. Review and evaluation of wake loss models for wind energy applications. *Appl. Energy* 226: 1187–1207.

Azcona, J., Bekiropoulos, D., Bredmose, H. et al.（2013）. State-of-the-art and implementation of design tools for floating structures. *INNWIND Deliverable* D4.21.

Barltrop, N. D. P. and Adams, A. J.（1991）. *Dynamics of Fixed Marine Structures.* Butterworth-Heinemann.

Barltrop, N. D. P., Mitchell, G. M. and Atkins, J. B.（1990）. Fluid loading on offshore fixed structures. *Offshore Technology Report* OTH90322, HMSO.

Barthelmie, R. and Jensen, L. E.（2010）. Evaluation of power losses due to wind turbine wakes at the Nysted offshore wind farm. *Wind Energy.* 13: 573–586. https://doi.org/10.1002/we.408.

Barthelmie, R., Hansen, O., Enevoldsen, K. et al.（2005）. Ten years of meteorological measurements for offshore wind farms. *J. Solar Energy Eng.* 127（2）: 170–176.

Barthelmie, R., Frandsen, S. T., Nielsen, N. M. et al.（2007）. Modelling and measurements of power losses and turbulence intensity in wind turbine wakes at Middelgrunden offshore wind farm. *Wind Energy* 10: 217–228.

Barthelmie, R., Hansen, K. S., Frandsen, S. T. and Rathmann, O.（2009）. Modelling and measuring flow and wind turbine wakes in large wind farms offshore. *Wind Energy* 12: 431–444.

Barthelmie, R., Pryor, S. C., Frandsen, S. T. et al.（2010）. Quantifying the impact of wind turbine wakes on power output at offshore wind farms. *J. Atmos. Oceanic Technol.* 27（8）: 1302–1317.

Battjes, J. A. and Groenendijk, H. W. (2000). Wave height distributions on shallow foreshores. *J. Coastal Eng.* 40: 161–182.

BEIS. (2019). Contracts for Differences allocation round 3 results. https://www.gov.uk/government/publications/contracts-for-difference-cfd-allocation-round-3-results.

BEIS. (2020). Electricity generation costs. UK Department of Business. Energy and Industrial Strategy. (accessed September 2020).

Beuckelaers, W. J. A. P. (2017). Numerical modelling of laterally loaded piles for offshore wind turbines. DPhil thesis, University of Oxford.

Bierbooms, W. A. A. M. (2006). Constrained stochastic simulation—generation of time series around some specific event in a normal process. *Extremes.* 8: 207–224.

Bladt Industries. (2016). Burbo Bank Extension—32 offshore foundations.

Bleeg, J., Purcell, M., Ruisi, R. and Traiger, E. (2018). Wind farm blockage and the consequences of neglecting its impact on energy production. *Energies.* 11: 1609.

den Boon J. H., Sutherland J., Whitehouse R. et al. (2004). Scour behaviour and scour protection for monopile foundations of offshore wind turbines. Proceedings of the European Wind Energy Conference & Exhibition.

Boyle, G., New, P., (2018). ORJIP impacts from piling on fish at offshore wind sites: collating population information, gap analysis and appraisal of mitigation options. *Final report for the Carbon Trust.* (accessed 9 September 2019).

Burd, H. J., Abadie, C. N., Byrne, B. W., Houlsby, G. T., Martin, C. M., McAdam, R. A., Jardine, R. J., Pedro, A. M. G., Potts, D. M., Taborda, D. M. G., Zdravkovic, L. and Pacheco Andrade, M. (2020). Application of the PISA design model to monopiles embedded in layered soils. *Géotechnique.* 70 (11): 1067–1082. https://doi.org/10.1680/jgeot.20.PISA.009.

Butterfield, S. et al. (2007). Engineering challenges for floating offshore wind turbines. *NREL/CP-500-38776.*

BVG Associates. (2019). Guide to an offshore wind farm—updated and extended. Crown Estate and Offshore Renewable Energy Catapult. (accessed June 2019).

Byrne, B. W., McAdam, R. A., Burd, H. J., Houlsby, G. T., Martin, C. M., Beuckelaers, W. J. A. P., Zdravković, L., Taborda, D. M. G., Potts, D. M., Jardine, R. J., Ushev, E., Liu, T., Abadias, D., Gavin, K., Igoe, D., Doherty, P., Skov Gretlund, J., Pacheco Andrade, M., Muir Wood, A., Schroeder, F. C., Turner, S., Plummer, M. A. L., (2017). PISA: New design method for offshore wind turbine monopiles. Proceedings of the Society for Underwater Technology 8th International Conference on Offshore Site Investigation and Geotechnics, London, UK (September).

Byrne, B. W., McAdam, R. A., Burd, H. J. et al. (2020a). Monotonic laterally loaded pile testing in a stiff glacial clay till at Cowden. *Géotechnique.* 70 (11): 970–985. https://doi.org/10.1680/jgeot.18.PISA.003.

Byrne, B. W., Houlsby, G. T., Burd, H. J. et al. (2020b). PISA design model for monopiles for offshore wind turbines: application to a stiff glacial clay till. *Géotechnique.* 70 (11): 1030–1047. https://doi.org/10.1680/jgeot.18.P.255.

Carswell, W., Johansson, J., Løvholt, F. et al. (2015). Foundation damping and the dynamics of offshore wind turbine monopiles. *Renewable Energy.* 80 (2015): 724–736.

CEFAS. (2004). *Offshore wind farms: Guidance note for environmental impact assessment in respect of FEPA and CPA requirements.* https://www.cefas.co.uk/publications/files/windfarm-guidance.pdf (accessed 27 June 2019).

Cermelli, C., Leroux, C., Dominguez, S. D. and Peiffer, A. (2018). Experimental measurements of WindFloat 1 prototype responses and comparison with numerical model. Proceedings of the ASME 2018 37th International Conference on Ocean, Offshore and Arctic Engineering.

Choisnet, T., Percher, Y., Adam, R. et al. (2020). On the correlation between floating wind turbine accelerations, rotor and tower loads. Proceedings of the ASME 2020 39th International Conference on Ocean, Offshore and Arctic Engineering (OMAE2020).

Choisnet, T., Rogier, E., Percher, Y. et al. (2018). Performance and mooring qualification in Floatgen: the first French offshore wind turbine project. Proceedings of the 16ièmes Journées de l'Hydrodynamique, Marseille.

Cleve, J., Grenier, M., Enevoldsen, P. et al. (2009). Model-based analysis of wake-flow data in the Nysted offshore wind farm. *Wind Energy.* 12 (2): 125–135. https://doi.org/10.1002/we.314.

Coastal Energy and Environment. (2018). Blyth Offshore Demonstrator Array 2: a case study.

Collier W. and Alblas L. M. (2018). Reducing cost in jacket design: comparing the integrated and super element approach. Proceedings of the 3rd International Conference on Offshore Renewable Energy (CORE 2018), Glasgow, UK.

Crabtree, C. J., (2010). Survey of commercially available condition monitoring systems for wind turbines. Supergen Wind Energy Technologies Consortium/Durham University.

Craig, R. R. and Bampton, M. C. C. (1968). Coupling of substructures for dynamic analysis. *AIAA Journal* 6 (7): 1313–1319.

Cruz, J. and Atcheson, M. (eds.) (2016). *Floating Offshore Wind Energy: The Next Generation of Wind Energy.* Switzerland: Springer.

Dahne, M., Tougaard, J., Carstensen, J. et al. (2017). Bubble curtains attenuate noise from offshore wind farm construction and reduce temporary habitat loss for harbour porpoises. *Mar. Ecol. Prog. Ser.* 580: 221–237. https://tethys.pnnl.gov/sites/default/files/publications/Dahne-et-al-2017.pdf (accessed 5 March 2020).

Damgaard, M., Andersen, J., Ibsen, L. B. and Andersen, L. (2012). Natural frequency and damping estimation of an offshore wind turbine structure. In: *Proceedings of the 22nd International Offshore and Polar Engineering Conference*, vol. 4, 300–307. International Society of Offshore & Polar Engineers.

Dean, R. G. and Dalrymple, R. A. (1984). *Water Wave Mechanics for Engineers and Scientists.* World Scientific.

DECC. (2008). Dynamics of scour pits and scour protection—synthesis report and recommendations. https://tethys.pnnl.gov/sites/default/files/publications/Whitehouse-et-al-2008.pdf (accessed 14 November 2019).

DECC. (2010). UK electricity generation costs update. (accessed 30 April 2020).

DECC. (2011). National policy statement for renewable energy infrastructure. *EN-3 Department of Energy and Climate Change.* https://www.gov.uk/government/publications/national-policy-statements-for-energy-infrastructure (accessed 15 November 2019).

Det Norske Veritas DNV-OS-J101. (2004). *Design of offshore wind turbine structures.*

DNVGL-RP-0416. (2016). *Corrosion protection for wind turbines.* Akershus, Norway: DNVGL.

DNVGL-RP-C203. (2016). *Fatigue design of offshore steel structures.* Akershus, Norway: DNVGL.

DNVGL-RP-C205. (2017). *Environmental conditions and environmental loads.* Akershus, Norway: DNVGL.

DNVGL-ST-0126. (2016). *Support structures for wind turbines.* Akershus, Norway: DNVGL.

DNVGL-ST-0437. (2016). *Loads and site conditions for wind turbines.* Akershus, Norway: DNVGL.

Dong Energy, Vattenfall, Danish Energy Authority, and Danish Forest and Nature Agency. (2006). Danish offshore wind—key environmental issues. https://tethys.pnnl.gov/sites/default/files/publications/ Danish_Offshore_Wind_Key_Environmental_Issues.pdf (accessed 13 November 2019).

Drewitt, A. L. and Langston, R. H. W. (2006). Assessing the impact of wind farms on birds. *Ibis* 148: 29–42.

DTI. (2006a). Capital grants scheme for North Hoyle offshore wind farm. https://webarchive.nationalarchives.gov.uk/+/http:/www.berr.gov.uk/files/file41542.pdf (accessed 13 November 2019).

DTI. (2006b). Capital grants scheme for Scroby Sands offshore wind farm. (accessed 13 November 2019).

EDF Energy Renewables. (2017). Blyth Offshore Demonstrator Wind Farm.

EEW. (2020). Offshore wind. https://eew-group.com/industries/offshore-wind.

Efthymiou, M. (1988). Development of SCF formulae and generalised influence functions for use in fatigue analysis. Proceedings of OTJ'88, Recent Developments in Tubular Joint Technology. London.

EN 1991-1-4. (2005). *Eurocode 1: Actions on structures—Part 1-4: General actions—Wind actions.* Brussels: European Committee for Standardization.

EN 1993-1-9. (2005) *Eurocode 3: Design of steel structures—Part 1-9: Fatigue.* Brussels: European Committee for Standardization.

Equinor. (2020). How Hywind works. https://www.equinor.com/en/what-we-do/floating-wind/how-hywind-works.html (accessed 22 April 2020).

Evans, B. (2004). Lumping of fatigue load cases. *RECOFF Document* No. 16a.

Forthwind Ltd. (2015). Forth Wind Offshore Wind Demonstration Project, Methil, Fife. https://marine.gov.scot/datafiles/lot/forthwind_methil/Forthwind ES Non Technical Summary.pdf (accessed 26 May 2020).

Frandsen, S., Barthelmie, R. J., Jorgensen, H. E. et al. (2009). The making of a second-generation wind farm efficiency model-complex. *Wind Energy.* 12 (5): 431–444.

Galloper. (2020). Galloper foundations installation completed ahead of time. https://www.galloperwind farm.com/galloper-foundations-installation-completed-ahead-of-time.

Gentils, T., Wang, L. and Kolios, A. (2017). Integrated structural optimisation of offshore wind turbine support structures based on finite element analysis and genetic algorithm. *Appl. Energy* 199: 187–204.

Germanischer Lloyd (2012). *Rules and guidelines IV—Industrial services, 2—Guideline for the certification of offshore wind turbines.*

Glasdam, G., Hjerrild, J., Kocewiak, L. H. and Bak, C. L. (2012). Review on multi-level voltage source converter based HVDC technologies of large offshore wind farms. Proceedings of the IEEE International Conference on Power System Technology (POWERCON), Auckland.

Global Wind Energy Council. (2020). Global wind report 2019. https://gwec.net/global-wind-report-2019/ (accessed 31 July 2020).

Goda, Y., Haranaka, S. and Kitahata, M. (1966). Study on impulsive breaking wave forces on piles. *Port Harbour Tech. Res. Inst.* 6 (5): 1–30. (in Japanese).

Gong, S. L., Barrie, L. A. and Blanchet, J. P. (1997). Modelling sea-salt aerosols in the atmosphere. *J. Geophys. Res.* 102 (D3): 3805–3818.

Gross, R., Greenacre, P. and Heptonstall, P. (2010). *Great Expectations: The Cost of Offshore Wind in UK Waters—Understanding the Past and Projecting the Future.* London: UK Energy Research Centre.

Hancock, J. W. and Gall, D. S. (1985). Fatigue under narrow and broad band stationary loading. *Final Report of the Cohesive Programme of R&D into Fatigue of Offshore Structures.* Marine Technology Directorate Ltd, UK.

Hansen, K. S. et al. (2010). Power deficits due to wind turbine wakes at Horns Rev wind farm. Proceedings of TORQUE 2010: The Science of Making Torque from Wind (28–30 June). Crete, Greece.

Hasager, C. B. (2014). Offshore winds mapped from satellite remote sensing. *WIREs Energy Environ.* 3: 594–693. https://doi.org/10.1002/wene.123.

Hau, E. (2006). *Wind Turbine Fundamentals Technologies, Applications Economics.* Berlin: Springer.

He, Z. X., Xu, S. C., Shen, W. X. et al. (2016). Review of factors affecting China's offshore wind power industry. *Renewable Sustainable Energy Rev.* 56: 1372–1386.

Herschel, A., Stephenson, S., Sparling, C., Sams, C. and Monnington, J. (2015). The use of acoustic deterrents for the mitigation of injury to marine mammals during pile driving for offshore wind farm construction. ORJIP PROJECT 4. Stage one of phase two. *Report submitted to the Carbon Trust.*

Hornsea 4. (2018). Environmental impact scoping report. https://hornseaprojects.co.uk/-/media/WWW

/Docs/Corp/UK/Hornsea-Project-Four/Scoping-Report/Hornsea-Four-Scoping-Report-LOW-RES (accessed 15 November 2019).

Houlsby, G. T., Abadie, C. N., Beuckelaers, W. J. A. P. and Byrne, B. W. (2017). A model for nonlinear hysteretic and ratcheting behaviour. *Int. J. Solids Struct.* 120: 67–80.

Howard, M. and Brown, C. (2004). Results of the electromagnetic investigations and assessment of marine radar, communications and positioning systems undertaken at the North Hoyle wind farms by Qinetiq and Maritime and Coastguard Agency. https://users.ece.utexas.edu/~ling/EU1%20QuinetiQ%20effects_of_offshore_wind_farms_on_marine_systems-2.pdf (accessed 13 November 2019).

HSE. (2002). Environmental considerations—offshore technology report. *2001/010.*

Huddleston, J. (ed.) (2010). *Understanding the environmental Impacts of Offshore Wind Farms*, 238. Collaborative Offshore Wind Research into the Environment; COWRIE.

Hywind. (2017). Hywind Scotland—The world's first commercial floating wind farm. brochure-hywind-A4.pdf (accessed 10 February 2020).

Hywind. (2020). Hywind Scotland input to Wind Energy Handbook_v1.ppt.

IEA. (2016). *Recommended practices for floating LiDAR systems.* Wind Annex 32 Work Package 1.5. State-of-the-art report. (accessed June 2019).

IEA. (2019). Offshore wind outlook 2019: world energy outlook special report. https://www.iea.org/reports/offshore-wind-outlook-2019 (accessed 1 November 2019).

IEC 61400-3-1. (2019). *Wind energy generation systems—Part 3–1: Design requirements for fixed offshore wind turbines.*

IEC 61400-3-2. (2019). *Wind energy generation systems—Part 3–2: Design requirements for floating offshore wind turbines.*

IEEE PES Wind Plant Collector System Design Working Group. (2009). Wind power plant grounding, overvoltage protection, and insulation coordination. Proceedings of the IEEE Power & Energy Society General Meeting. Calgary.

Infrastructure Planning Commission. (2011). Advice Note Nine: Rochdale envelope. https://infrastructure.planninginspectorate.gov.uk/legislation-and-advice/advice-notes/advice-note-nine-rochdale-envelope/ (accessed 23 June 2019).

INNWIND. (2016). Costs-Models-v1-02-1-Mar-2016-10MW-RWT.xls at http://www.innwind.eu.

IRENA. (2019a). *Renewable Power Generation Costs in 2018.* Abu Dhabi: International Renewable Energy Agency.

IRENA. (2019b). *Future of Wind: Deployment, Investment, Technology, Grid Integration and Socio-economic Aspects.* Abu Dhabi: International Renewable Energy Agency.

ISET. (2006). Advanced maintenance and repair for offshore wind farms using fault prediction and condition monitoring techniques. *Offshore M&R Final Report*, NNE5/2001/710.

ISO 19902. (2007). *Petroleum and natural gas industries—Fixed steel offshore structures.*

Ivanell, S., Nilsson, K., Eriksson, O., Soderbberg, S. and Och, I. E. (2018). Wind turbine wakes and wind farm wakes. *Energiforsk Report* 2018:541. https://www.energiforsk.se/en/programme/wind-research-industry-network/reports/wind-turbine-wakes-and-wind-farm-wakes (accessed 29 February 2020).

JNCC. (2009). *Statutory nature conservation agency protocol for minimising the risk of disturbance and injury to marine mammals frompiling noise—Annex e.* Joint Nature Conservation Committee. http://archive.jncc.gov.uk/PDF/Piling%20Protocol%20June%202009.pdf (accessed 22 September 2019).

Jonkman, J. M. (2007). Dynamics modeling and loads analysis of an offshore floating wind turbine. *NREL/TP-500-41958.*

Jonkman, J. M. and Matha, D. (2010). A quantitative comparison of the responses of three floating platforms. *NREL/CP-500-46726.*

Kallehave, D., Byrne, B. W., LeBlanc Thilsted, C. and Kousgaard Mikkelson, K. (2014). Optimization of monopiles for offshore wind turbines. Philos. *Trans. R. Soc. Ser. A* 373: 0100.

Katic, I., Hojstrup, J., Jensen, N. O. (1987). A simple model for cluster efficiency. EWEC '86 Conference Proceedings. Rome. https://backend.orbit.dtu.dk/ws/portalfiles/portal/106427419/A_Simple_Model_for_Cluster_Efficiency_EWEC_86_.pdf (accessed 29 February 2020).

King, R. and Ekanayake, J. B. (2010). Harmonic modelling of offshore wind farms. Proceedings of the IEEE PES Meeting July 2010.

Koch, H. and Retzmann, D. (2010). Connecting large offshore wind farms to the transmission network. Proceedings of the Transmission and Distribution Conference and Exposition, 2010 IEEE PES.

Koller, J., Koppel, J. and Peters, W. (2006). *Offshore Wind Energy: Research on Environmental Impacts*. Springer.

Kuhn, M. J. (2001). *Dynamics and Design Optimisation of Offshore Wind Energy Conversion Systems*. DUWIND.

Lars Liljestrand, A. S. (2007). Transients in collection grids of large offshore wind parks. *Wind Energy* 11 (1): 45–61.

Leblanc, C., Byrne, B. W. and Houlsby, G. T. (2010). Response of stiff piles to random two-way lateral loading. *Géotechnique* 60 (9): 715–721. https://doi.org/10.1680/geot.09.T.011.

Lillgrund Pilot Project. (2008). Technical description Lillgrund Wind Power Plant. https://www.osti.gov/etdeweb/servlets/purl/979747 (accessed 1 December 2019).

Lillgrund Pilot Project. (2009a). Assessment of the Lillgrund Windfarm, power performance and wake effects. https://www.osti.gov/etdeweb/biblio/979752 (accessed 8 September 2019).

Lillgrund Pilot Project. (2009b). Lillgrund Wind Farm—visual effects. https://www.osti.gov/etdeweb/biblio/979744 (accessed 14 November 2019).

Lillgrund Pilot Project. (2009c). Lillgrund Offshore Wind Farm—environmental monitoring. https://www.osti.gov/etdeweb/biblio/979748 (accessed 14 November 2019).

Lillgrund Pilot Project. (2009d). Archaeological handbook for establishing offshore wind farms in Sweden. https://www.osti.gov/etdeweb/servlets/purl/979742 (accessed 14 November 2019).

Lotsberg, I. (2010). System effects in a fatigue design of long pipes and pipelines. Proceedings of the 29th International Conference on Offshore Mechanics and Arctic Engineering, Shanghai.

Lotsberg, I. (2014). Assessment of the size effect for use in design standards for fatigue analysis. *Int. J. Fatigue* 66: 86–100.

Lotsberg, I. (2016). *Fatigue Design of Marine Structures*. Cambirdge University Press.

Lotsberg, I., Serednicki, A., Cramer, E., Bertnes, H. and Haahr, P. E. (2011). On the structural capacity of grouted connections in offshore structures. Proceedings of the 30th International Conference on Offshore Mechanics and Arctic Engineering, Rotterdam.

Lupton, R. and Langley, R. (2013). Efficient modelling of floating wind turbines Proceedings of the 9th PhF Seminar on Wind Energy in Europe, Upsala University.

MacCamy, R. C. and Fuchs, R. A. (1954). Wave forces in piles: A diffraction theory. *Technical Memorandum* No. 69, Beach Erosion Board, US Navy Corps of Engineers.

Masing, G. (1926). Eigenspannungen und Verfestigung beim Messing. In: *Proceedings of the 2nd International Congress of Applied Mechanics*, 332–335. Orell Füssli Verlag.

Matha, D., Sandner, F. and Schlipf, D. (2014). Efficient critical design load case identification for floating offshore wind turbines with a reduced nonlinear model. *J. Phys. Conf. Ser.* 555: 012069.

Matha, D., Sandner, F., Molins, C. et al. (2015). Efficient preliminary floating offshore wind turbine design and testing methodologies and application to a concrete spar design. *Trans. R. Soc. A* 373: 0350. https://doi.org/10.1098/rsta.2014.0350.

Matlock, H. (1970). Correlations for design of laterally loaded piles in soft clay. In: *Second Annual Offshore Technology Conference*, Houston, Texas, vol. 1, OTC 1204, 577–594. Offshore Technology Conference.

MGN371. (2008). *Offshore renewable energy installations (OREIs)—Guidance on UK navigational practice, safety and emergency response issues.* Maritime and Coastguard Agency.

Milne-Thomson, L. M.（1967）. *Theoretical Hydrodynamics*, 5e. Macmillan.

Moreno, J., Thiagarajan, K. P., Cameron, M. and Urbina, R.（2016）. Added mass and damping of a column with heave plate oscillating in waves. Proceedings of IWWWFB31, Plymouth, MI, USA（3–6 April 2016）.

Mortensen N. G., Landberg L., Troen I. and Petersen E. L.（1998）. Wind Atlas Analysis and Applications Program WAsP. https://orbit.dtu.dk/files/106061302/ris_i_666_EN_v.1_ed.2_.pdf（accessed 10 September 2019）.

Muir Wood, A. M. and Fleming, C. A.（1981）. *Coastal Hydraulics*, 2e. Macmillan.

Ng, C. and Ran, L. (eds.)（2016）. *Offshore Wind Farms: Technologies, Design and Operation.* Woodhead, Elsevier.

Norwind.（2010）. Lessons learned from the first German Offshore wind farm—Alpha Ventus. Proceedings of the SPE Conference Bergen（14 April 2010）.

NREL.（2006）. Wind turbine design cost and scaling model. *NREL/TP-500-40566.*

Oersted.（2019）. Our experience with suction bucket jacket foundations. https://orsted.com/en/what-we-do/renewable-energy-solutions/offshore-wind/wind-technology/suction-bucket-jacket-foundations（accessed May 2020）.

OESEA3.（2016）. UK offshore energy strategic environmental assessment. Department of Energy and Climate Change. https://assets.publishing.service.gov.uk/government/uploads/system/uploads/attachment_data/file/504827/OESEA3_Environmental_Report_Final.pdf（accessed 1July 2019）.

ORJIP.（2018）. Offshore Renewables Joint Industry Programme. https://www.carbontrust.com/offshore-wind/orjip（accessed 14 November 2019）.

OSPAR Commission.（2008）. Assessment of the environmental impact of offshore wind-farms. https://www.ospar.org/documents?d=7114（accessed 27 June 2019）.

Peire, K., Nonneman, H. and Bosschen, E.（2009）. Gravity base foundations for the Thornton Bank offshore windfarm. *Terra et Aqua* 115: 19–29.

Peña, A., Hasager, C. B., Lange, J. et al.（2013）. Remote sensing for wind energy. *DTU Wind Energy E*, No. 0029. https://backend.orbit.dtu.dk/ws/portalfiles/portal/55501125/Remote_Sensing_for_Wind_Energy. pdf（accessed 6 March 2020）.

Peralta, J., Saad, H., Dennetiere, S. et al.（2012）. Detailed and averaged models for a 401-level MMC–HVDC system. *IEEE Trans. Power Delivery* 27（3）: 1501–1508.

Perrow, M. R. (ed.)（2019）. *Wildlife and Wind Farms, Conflicts and Solutions. Offshore: Potential Effects*, vol. 3. Pelagic Publ.

Platis, A., Simon, K., Siedersleben, S. K. et al.（2018）. First in situ evidence of wakes in the far field behind offshore wind farms. *Sci. Rep.* 8: 2163.

Radov, D., Koenig, C. et al.（2017）. Offshore revolution? Decoding the UK offshore wind auctions and what the results mean for a “zero-subsidy” future. NERA Economic Consulting. https://www.nera.com/insights/publications/2017/offshore-revolution--decoding-the-uk-offshore-wind-auctions-and-.html（accessed 4 January 2020）.

Rainey and Camp.（2007）. Constrained non-linear waves for offshore wind turbine design. *J. Phys.: Conf. Ser.* 75: 012067.

Reese, L., Cox, W. R. and Koop, F. D.（1974）. Analysis of laterally loaded piles in sand. Proceedings of the 6th Offshore Technology Conference, Houston, paper no. 2079.

Richards, I. A., Houlsby, G. T. and Byrne, B. W.（2019）. Exploring the response of a monopile to storm loading. Proceedings of the Coastal Structures Conference 2019.

Richards, I. A., Byrne, B. W. and Houlsby, G. T.（2020）. Monopile rotation under complex cyclic lateral loading in sand. *Géotechnique.* 70（10）:916–930. https://doi.org/10.1680/jgeot.18.P.302.

Roddier, D., Cermelli, C., Aubault, A. and Peiffer, A.（2017）. Summary and conclusions of the full life-cycle of the WindFloat FOWT prototype project. Proccedings of the ASME 2017 36th International

Conference on Ocean, Offshore and Arctic Engineering.

Sandner, F., Wie, Y., Matha, D. et al. (2014a). Innovative concepts for floating structures. *INNWIND Deliverable* D4.3.3.

Sandner, F., Schlipf, D. Matha, D., and Cheng, P. W. (2014b). Integrated optimization of floating wind turbine systems. Proceedings of the ASME 2014 33rd International Conference on Ocean, Offshore and Arctic Engineering.

Scottish Natural Heritage. (2012). *Guidance on assessing the impact on coastal landscape and seascape—Guidance for scoping an environmental statement.* https://www.nature.scot/doc/archive/guidance-offshore-renewables-assessing-impact-coastal-landscape-and-seascape-guidance-scoping (accessed 22 September 2019).

Seidel, M. (2007a). Jacket substructures for the REpower 5 M wind turbine. Conference Proceedings of European Offshore Wind 2007, Berlin.

Seidel, M. (2007b, 2007). Tragstruktur und Installation der REpower 5 M in 45 m Wassertiefe. *Stahlbau 76* (Heft 9).

Siemens Gamesa. (2020). SWT-6.0-154 offshore wind turbine. (accessed 2 October 2020).

SIF. (2020). Wind foundations.

Skov, H., Heinänen, S., Norman, T., Ward, R. M., Méndez-Roldán, S. and Ellis, I. (2018). ORJIP bird collision and avoidance study. *Final report for the Carbon Trust.*

Sparling, C., Sams, C., Stephenson, S., Joy, R., Wood, J., Gordon, J., Thompson, D., Plunkett, R., Miller, B. and Götz, T. (2015). The use of acoustic deterrents for the mitigation of injury to marine mammals during pile driving for offshore wind farm construction. ORJIP Project 4. Stage one of phase two. Submitted to the Carbon Trust (unpublished). (accessed 22 September 2019).

Spinato, F. (2009). Reliability of wind turbine subassemblies. IET *Renew. Power Gener.* 3 (4): 387–401.

Sumer, B. M. and Fredsoe, J. (2001). Scour around pile in combined waves and current. *J. Hydraul. Eng.* 127 (5): 403–411.

Taborda, D. M. G., Zdravković, L., Potts, D. M. et al. (2020). Finite element modelling of laterally loaded piles in a dense marine sand at Dunkirk. *Géotechnique.* 70 (11): 1014–1029. https://doi.org/10.1680/jgeot.18.PISA.006.

Tao, L., Molin, B., Scolan, Y. M. and Thiagarajan, K. (2007). Spacing effects on hydrodynamics of heave plates on offshore structures. *J. Fluids Struct.* 23 (8): 1119–1136.

Tarp-Johansen, N. J. (2009). Comparing sources of damping of cross-wind motion. Proceedings of EWEC 2009.

Tavner, P. (2012). *Offshore Wind Turbines—Reliability, Availability and Maintenance.* London: IET.

Thomson, K. E. (2012). *Offshore Wind: A Comprehensive Guide to Successful Wind Farm Installation.* London: Academic Press.

Tian, X., Tao, L., Li, X. and Yang, J. (2016). Hydrodynamic coefficients of oscillating flat plates at 0:15 < KC < 3.15. *J. Mar. Sci. Technol.* https://doi.org/10.1007/s00773-016-0401-2.

Tromans, P., Anaturk, A. and Hagermeijer, P. (1991). A new model for the kinematics of large ocean waves—application as a design wave. Proceedings of the First International Offshore and Polar Engineering Conference, Edinburgh.

Tsouvalas, A. and Metrikine, A. V. (2016). Noise reduction by the application of an air-bubble curtain in offshore pile driving. *J. Sound Vib.* 371: 150–1170. https://www.sciencedirect.com/science/article/abs/pii/S0022460X16001681 (accessed 5 March 2020).

Twiddell, J. and Gaudiosi, G. (eds.) (2009). *Offshore Wind Power.* Earthscan.

Van der Tempel, J. (2006). Design of support structures for offshore wind turbines. PhD Thesis, Delft University of Technology.

Van der Valk, P. L. C. (2014). Coupled simulations of wind turbines and offshore support structures – strategies based on the dynamic substructuring paradigm. PhD thesis, Delft University of Technology.

Vattenfall. (2017). Offshore wind: suction buckets reduce cost and underwater noise. https://group.vattenfall.com/press-and-media/newsroom/2017/offshore-wind-suction-buckets-reduce-cost-and-underwater-noise.

de Vries, W. E. and Krolis, V. D. (2007). Effects of deep water on monopile support structures for offshore wind turbines. Proceedings of EWEC 2007.

Wagner, H. (1932). Über Stoß- und Gleitvorgänge an der Oberfläche von Flüssigkeiten. *Zeitschrift für angewandte Mathematik und Mechanic* 12 (4): 193–215. (in German).

Wehausen, J. V. and Laitone, E. V. (1960). Surface Waves, Encyclopedia of Physics, vol. IX. Springer-Verlag. Available online at the University of California website, https://engineering.berkeley.edu.

Wheeler, J. D. (1970). Method of calculating forces produced by irregular waves. *J. Pet. Technol.* 22: 359–367.

Whitehouse, R. J. S., Harris, J. M., Sutherland, J. and Rees, J. (2011). The nature of scour development and scour protection at offshore wind farm foundations. *Mar. Pollut. Bull.* 62 (1): 73–88. https://doi.org/10.1016/j.marpolbul.2010.09.007.

Wiechowski, W. and Eriksen, P. B. (2008). Selected studies on offshore wind farm cable connections—challenges and experience of the Danish TSO. In: *Power and Energy Society General Meeting—Conversion and Delivery of Electrical Energy in the 21st Century*, 1–8. Pittsburgh, PA: IEEE.

Wienke, J. (2001). Druckschlagbelastung auf schlanke zylindrische bauwerkr durch brechende Wellen—theoretische unde großmaßstäbliche Laboruntersuchungen. PhD Thesis, TU Braunschweig, www.biblio.tu-bs.de (in German).

Wienke, J. and Oumeraci, H. (2005). Breaking wave impact force on a vertical and inclined slender pile—theoretical and large-scale model investigations. *J. Coastal Eng.* 52: 435–462.

Wiggelinkhuizen, E. J., Verbruggen T. W., Braam, H. et al. (2007).Condition monitoring for offshore wind farms. *CONMOW final report* ECN-E-07-044.

Wilkinson, M., Hendriks, B., Spinato, F. et al. (2010). Methodology and results of the Reliawind reliability field study. Proceedings of EWEC 2010.

Wind Europe. (2020). Wind energy in Europe in 2019. https://windeurope.org/wp-content/uploads/files/about-wind/statistics/WindEurope-Annual-Statistics-2019.pdf (accessed 31 July 2020).

Zdravković, L., Jardine, R. J., Taborda, D. M. G. et al. (2020a). Ground characterisation for PISA pile testing and analysis. *Géotechnique.* 70 (11): 945–960. https://doi.org/10.1680/jgeot.18.PISA.001.

Zdravković, L., Taborda, D. M. G., Potts, D. M. et al. (2020b). Finite element modelling of laterally loaded piles in a stiff glacial clay till at Cowden. *Géotechnique.* 70 (11): 999–1013. https://doi.org/10.1680/jgeot.18.PISA.005.

付録 A12

発電コスト

洋上ウィンドファームで発電する電力のコストを示すために，以下の二つの大きく異なるパラメータが使用される．均等化発電コスト（LCoE）は，国または機関が投資すべき発電技術の選択を支援するために，政策立案者が戦略的に使用する経済指標である．それとは対照的に，行使価格（strike cost）は，再生可能エネルギーによる発電電力に対する保証価格である．発電事業者は差金決済取引（CfD）に基づいて差額を受け取る．なお，CfD は電力の市場価格が行使価格を下回った場合に風力発電事業者に支払いを行う保証の一種である．一方，市場価格が行使価格を上回った場合は発電事業者に支払いを要求する．均等化発電コストと行使価格の指標の単位はいずれも EUR/MW h であるが，それらが基づく目的も前提条件も異なる．なお，前提条件には，各年の価格／コスト，割引率，ならびに，想定する洋上／陸上送電，系統連系のコストなどが含まれる．

A12.1　均等化発電コスト

発電所の LCoE [EUR/MW h]（BEIS 2020）は，以下のように定義される．

- 発電所の全期間にわたる総コストの正味現在価値（Net Present Value: NPV）
- 発電所の存続期間中に生成されるエネルギーの NPV

風力発電プロジェクト（ウィンドファーム）の均等化発電コスト（LCoE）は以下に大きく依存する．

- ウィンドファームの総設置費用：風車，BOP（Balance Of Plant），設置費用
- 設備利用率：風力資源，風車の利用可能率（availability），送電に関する制約
- 運転・保守費（固定費と変動費）：洋上ウィンドファームの場合，LCoE の最大 20～25%
- 資金調達のコスト：選択した割引率と自己資本比率に対する負債を考慮したもの

通常，LCoE には，ウィンドファームと直接の系統連系のコストのみが含まれ，電力系統の需給調整，広範な電力系統のコスト，大気への影響などの，より広範なコストは含まれない．

A12.2　権利行使価格と差金決済取引

差金決済取引（CfD）は，洋上ウィンドファームから電力を調達するために英国で使用されている金融商品である．新しい洋上ウィンドファームの容量に対して利用できる予算は政府によって決定され，政府機関が将来のある日付から始まる一定期間の電力を購入することに同意する権利行使

価格を決定するために，オークションが行われる．低い入札額を提出して CfD を取得した売電事業者には，発電した単位発電電力量あたりの英国エネルギー市場における権利行使価格と平均電力価格との間の差額が支払われる．英国の平均市場価格が行使価格を下回った場合，売電事業者には差額が支払われるが，価格が市場価格を上回った場合は，政府機関に払い戻される．

CfD は，ウィンドファームの建設コストを反映し，ウィンドファームからの電力を固定予算に対して最低コストで調達できるようにしている．これにより，事業開発者には契約期間中，固定価格が保証される．これにより，電力価格が高い時期に消費者を保護しながら，発電事業者が低いエネルギー市場価格にさらされにくくする．

差金決済取引とそのオークションは，洋上ウィンドファームからの電力のコストを劇的に削減したとされている．確認された最新の行使価格は 40 GBP/MW h であるが，この価格は，英国の平均的な電力卸売市場価格に匹敵し，電力の小売価格の半額以下である．これは，洋上ウィンドファームからの電力に対して，政府の補助金が不要であることを示している．

索　引

■T

■U

■V

■W

■Y

■Z

■あ　行

■か　行

■さ　行

■た　行

■な 行

■は 行

■ま　行

■や　行

■ら　行

■わ　行

著者紹介

トニー・バートン（Tony Burton）

長大橋の設計と建設に携わったあと，1982 年に Wind Energy Group（WEG）社に加わり，イギリスのエネルギー省の Offshore Wind Energy Assessment の Phase IIB をコーディネートし，British Aerospace 社，GEC，ならびに，CEGB と共同で，直径 100 m の風車による大規模洋上ウィンドファームの概略設計とコスト推算を行った．続いて，イギリスの 3 MW 試作機の開発に携わり，その建設と試運転を監督するためにオークニー（Orkney）に移った．1992 年にウェールズに移り，WEG 社の 300 kW 風車 24 基で構成したイギリス初期のウィンドファームの一つである Cemmaes ウィンドファームの建設および運用を行うサイトエンジニアになった．1995 年から 2012 年まで風車の基礎設計コンサルタントのあと，GL Garrad Hassan 社に加わり，2017 年に退職するまで洋上風車の支持構造の設計に従事した．

ニック・ジェンキンス（Nick Jenkins）

インペリアルカレッジロンドン（Imperial College London）で風力・ディーゼルシステムで博士号を取得し，現在，カーディフ（Cardiff）大学の再生可能エネルギー分野の教授．14 年間の企業経験（うち 5 年間は発展途上国）があり，産業界では最終的に，風車の開発事業者・メーカーである Wind Energy Group 社のプロジェクトディレクターとなった．大学においては，電力工学と再生可能エネルギーの教育と研究活動を発展させてきた．CIGRE の Distinguished Member，IET，IEEE，Royal Academy of Engineering，および，Learned Society of Wales のフェロー．2009 年から 2011 年まで，スタンフォード（Stanford）大学の Atmosphere and Energy Program の Shimizu 客員教授．

アービン・ボサニ（Ervin Bossanyi）

ケンブリッジ（Cambridge）大学にて理論物理を学び，エネルギー経済学の博士号を取得したあと，1978 年から風力エネルギー関連の業務に取り組んできた．レディング（Reading）大学と Rutherford Appleton Laboratory で研究員として勤務したあと，1986 年に Wind Energy Group 社に移り，先進的な制御の研究を行った．1994 年からは，国際的なコンサルタント Garrad Hassan 社（現 DNV GL 社）で主席エンジニアを務めた．2014 年に風力エネルギーの開発への卓越した貢献により European Academy of Wind Energy の Scientific Award を受賞し，2016 年からブリストル（Bristol）大学で名誉客員教授を務めている．

デビッド・シャープ（David Sharpe）

航空機の構造技術者として British Aircraft Corporation に勤め，1969 年から 1995 年まで，キングストン・ポリテクニック（Kingston Polytechnic）とロンドン大学クイーンメアリー校（Queen Mary College, University of London）で航空工学の上級講師を務めた．また，1996 年から 2003 年の間，ラフバラー大学（Loughborough University）の Centre for Renewable Energy Systems Technology の上級研究員．さらに，Royal Aeronautical Society のメンバーで，British Wind Energy Association の創設時のメンバーでもある．1976 年以降，風車の空気力学の研究で活躍している．現在，ストラスクライド大学（University of Strathclyde），グラスゴー（Glasgow）の Future Wind and Marine Technology Innovation Centre の客員教授．

マイケル・グラハム（Michael Graham）

数学科を卒業し，ケンブリッジ大学で工学を学んだ．インペリアルカレッジロンドンで航空学の博士号を取得し，1990 年から非定常空気力学の教授，1999 年から 2003 年まで航空学部長．1990 年から風力エネルギーの研究に従事し，EU Joule II ROTOW プロジェクトをコーディネートした．ほかにも，風車のロータとウェイクの空気力学を扱う EU および EPSRC の多くの研究プログラムに参加している．Royal Academy of Engineering，RAeS，ならびに，RINA のフェロー．

訳者紹介

監訳

吉田茂雄（よしだ・しげお）——監訳，序文，謝辞，記号のまとめ，第 1 章，第 8 章
Shigeo Yoshida
佐賀大学　海洋エネルギー研究所　教授，九州大学　応用力学研究所　教授
博士（工学）

訳者（五十音順）

石原　孟（いしはら・たけし）——第 5 章
Takeshi Ishihara
東京大学　大学院工学系研究科　教授
博士（工学）

出野　勝（いでの・まさる）——第 10 章
Masaru Ideno
日本風力エネルギー学会　監事
（元株式会社東洋設計）

今村　博（いまむら・ひろし）——第 6 章
Hiroshi Imamura
株式会社ウインドエナジーコンサルティング　代表取締役
博士（工学）

鎌田泰成（かまだ・やすなり）——第 9 章
Yasunari Kamada
三重大学　工学研究科　准教授
博士（工学）

小垣哲也（こがき・てつや）——第 4 章
Tetsuya Kogaki
産業技術総合研究所　再生可能エネルギー研究センター　研究チーム長
博士（工学）

嶋田健司（しまだ・けんじ）——第 12 章（12.9 節まで）
Kenji Shimada
清水建設株式会社　技術研究所
博士（工学）

飛永育男（とびなが・いくお）——第 7 章
Ikuo Tobinaga
株式会社日立製作所　風力発電システム部　部長，九州大学　洋上風力研究開発センター　客員教授
技術士（機械設計）

前田太佳夫（まえだ・たかお）——第 3 章
Takao Maeda
三重大学　工学研究科　教授
博士（工学）

安田　陽（やすだ・よう）——第 11 章，第 12 章（12.10 節）
Yoh Yasuda
環境エネルギー政策研究所　主任研究員，九州大学　洋上風力研究開発センター　客員教授，
ストラスクライド大学　アカデミックビジター
博士（工学）

山口　敦（やまぐち・あつし）——第 2 章
Atsushi Yamaguchi
足利大学　工学部　教授，東京大学　工学系研究科総合研究機構　特任准教授
博士（工学）

風力エネルギーハンドブック（第 3 版）

2025 年 3 月 31 日　第 3 版第 1 刷発行

訳者　吉田茂雄
石原　孟・出野　勝・今村　博・鎌田泰成・小垣哲也・
嶋田健司・飛永育男・前田太佳夫・安田　陽・山口　敦

編集担当　鈴木　遼（森北出版）
編集責任　上村紗帆（森北出版）
組版　藤原印刷
印刷　同
製本　ブックアート

発行者　森北博巳
発行所　森北出版株式会社
〒 102-0071　東京都千代田区富士見 1-4-11
03-3265-8342（営業・宣伝マネジメント部）
https://www.morikita.co.jp/

Printed in Japan
ISBN978-4-627-65113-5

MEMO

MEMO

MEMO

MEMO

MEMO